FÍSICA I

MECÂNICA

14e

YOUNG & FREEDMAN

SEARS & ZEMANSKY

FÍSICA I
MECÂNICA

14e   YOUNG & FREEDMAN

SEARS & ZEMANSKY

Hugh D. Young

Roger A. Freedman
Universidade da Califórnia, Santa Bárbara

Colaborador
A. Lewis Ford
Universidade A&M do Texas

Tradutor:
Daniel Vieira

Revisão técnica:
Adir Moysés Luiz
Doutor em ciência
Professor associado aposentado do Instituto de Física da Universidade Federal do Rio de Janeiro

©2016 by Pearson Education do Brasil Ltda.
Copyright © 2016, 2014, 2012 by Pearson, Inc.

Todos os direitos reservados. Nenhuma parte desta publicação poderá ser reproduzida ou transmitida de qualquer modo ou por qualquer outro meio, eletrônico ou mecânico, incluindo fotocópia, gravação ou qualquer outro tipo de sistema de armazenamento e transmissão de informação, sem prévia autorização, por escrito, da Pearson Education do Brasil.

Gerente editorial	Thiago Anacleto
Supervisora de produção editorial	Silvana Afonso
Coordenador de produção editorial	Jean Xavier
Editor de aquisições	Vinícius Souza
Editora de texto	Sabrina Levensteinas
Editor assistente	Marcos Guimarães e Karina Ono
Preparação	Renata Siqueira Campos
Revisão	Arlete Sousa
Capa	Solange Rennó
Projeto gráfico e diagramação	Casa de Ideias

Dados Internacionais de Catalogação na Publicação (CIP)
(Câmara Brasileira do Livro, SP, Brasil)

Young, Hugh D.
 Física I, Sears e Zemansky : mecânica / Hugh D. Young, Roger A. Freedman ; colaborador A. Lewis Ford; tradução Daniel Vieira; revisão técnica Adir Moysés Luiz. – 14. ed. – São Paulo: Pearson Education do Brasil, 2016.

 Bibliografia
 ISBN 978-85-430-0568-3

 1. Física 2. Mecânica I. Freedman, Roger A.. II. Ford, A. Lewis. III. Título.

15-07465   CDD-530

Índice para catálogo sistemático:
1. Física 530

Printed in Brazil by Reproset RPPZ 217564

Direitos exclusivos cedidos à
Pearson Education do Brasil Ltda.,
uma empresa do grupo Pearson Education
Avenida Santa Marina, 1193
CEP 05036-001 - São Paulo - SP - Brasil
Fone: 11 2178-8609 e 11 2178-8653
pearsonuniversidades@pearson.com

Distribuição
Grupo A Educação
www.grupoa.com.br
Fone: 0800 703 3444

SUMÁRIO

FÍSICA I

MECÂNICA

1 UNIDADES, GRANDEZAS FÍSICAS E VETORES ... 1
1.1 A natureza da física ... 2
1.2 Solução de problemas de física ... 2
1.3 Padrões e unidades ... 4
1.4 Utilização e conversão de unidades ... 6
1.5 Incerteza e algarismos significativos ... 8
1.6 Estimativas e ordens de grandeza ... 11
1.7 Vetores e soma vetorial ... 11
1.8 Componentes de vetores ... 15
1.9 Vetores unitários ... 20
1.10 Produtos de vetores ... 21
Resumo ... 27
Problemas/Exercícios/Respostas ... 29

2 MOVIMENTO RETILÍNEO ... 37
2.1 Deslocamento, tempo e velocidade média ... 38
2.2 Velocidade instantânea ... 40
2.3 Aceleração instantânea e aceleração média ... 44
2.4 Movimento com aceleração constante ... 48
2.5 Queda livre de corpos ... 55
2.6 Velocidade e posição por integração ... 58
Resumo ... 61
Problemas/Exercícios/Respostas ... 63

3 MOVIMENTO EM DUAS OU TRÊS DIMENSÕES ... 73
3.1 Vetor posição e vetor velocidade ... 73
3.2 Vetor aceleração ... 77
3.3 Movimento de um projétil ... 82
3.4 Movimento circular ... 90
3.5 Velocidade relativa ... 94
Resumo ... 99
Problemas/Exercícios/Respostas ... 100

4 LEIS DE NEWTON DO MOVIMENTO ... 110
4.1 Força e interações ... 111
4.2 Primeira lei de Newton ... 114
4.3 Segunda lei de Newton ... 119
4.4 Massa e peso ... 126
4.5 Terceira lei de Newton ... 128
4.6 Exemplos de diagramas do corpo livre ... 132
Resumo ... 134
Problemas/Exercícios/Respostas ... 135

5 APLICAÇÕES DAS LEIS DE NEWTON ... 143
5.1 Uso da primeira lei de Newton: partículas em equilíbrio ... 143
5.2 Uso da segunda lei de Newton: dinâmica de partículas ... 149
5.3 Forças de atrito ... 157
5.4 Dinâmica do movimento circular ... 166
5.5 Forças fundamentais da natureza ... 172
Resumo ... 174
Problemas/Exercícios/Respostas ... 176

6 TRABALHO E ENERGIA CINÉTICA ... 190
6.1 Trabalho ... 191
6.2 Energia cinética e o teorema do trabalho-energia ... 196
6.3 Trabalho e energia com forças variáveis ... 202
6.4 Potência ... 209
Resumo ... 212
Problemas/Exercícios/Respostas ... 213

7 ENERGIA POTENCIAL E CONSERVAÇÃO DA ENERGIA ... 223
7.1 Energia potencial gravitacional ... 223
7.2 Energia potencial elástica ... 233
7.3 Forças conservativas e forças não conservativas ... 240
7.4 Força e energia potencial ... 244
7.5 Diagramas de energia ... 247
Resumo ... 249
Problemas/Exercícios/Respostas ... 251

8 MOMENTO LINEAR, IMPULSO E COLISÕES ... 261
8.1 Momento linear e impulso ... 262
8.2 Conservação do momento linear ... 267
8.3 Conservação do momento linear e colisões ... 272
8.4 Colisões elásticas ... 277
8.5 Centro de massa ... 281
8.6 Propulsão de um foguete ... 285
Resumo ... 289
Problemas/Exercícios/Respostas ... 290

9 ROTAÇÃO DE CORPOS RÍGIDOS ... 302
9.1 Velocidade angular e aceleração angular ... 302
9.2 Rotação com aceleração angular constante ... 308
9.3 Relações entre a cinemática linear e a angular ... 310
9.4 Energia no movimento de rotação ... 314
9.5 Teorema dos eixos paralelos ... 319
9.6 Cálculos do momento de inércia ... 320
Resumo ... 323
Problemas/Exercícios/Respostas ... 324

10 DINÂMICA DO MOVIMENTO DE ROTAÇÃO — 335

- 10.1 Torque — 335
- 10.2 Torque e aceleração angular de um corpo rígido — 338
- 10.3 Rotação de um corpo rígido em torno de um eixo móvel — 342
- 10.4 Trabalho e potência no movimento de rotação — 349
- 10.5 Momento angular — 351
- 10.6 Conservação do momento angular — 354
- 10.7 Giroscópios e precessão — 358
- Resumo — 361
- Problemas/Exercícios/Respostas — 363

11 EQUILÍBRIO E ELASTICIDADE — 375

- 11.1 Condições de equilíbrio — 376
- 11.2 Centro de gravidade — 376
- 11.3 Solução de problemas de equilíbrio de corpos rígidos — 380
- 11.4 Tensão, deformação e módulos de elasticidade — 384
- 11.5 Elasticidade e plasticidade — 391
- Resumo — 392
- Problemas/Exercícios/Respostas — 394

FÍSICA II

TERMODINÂMICA E ONDAS

12 GRAVITAÇÃO

- 12.1 Lei de Newton da gravitação
- 12.2 Peso
- 12.3 Energia potencial gravitacional
- 12.4 Movimento de satélites
- 12.5 As leis de Kepler e o movimento de planetas
- 12.6 Distribuição esférica de massa
- 12.7 Peso aparente e rotação da terra
- 12.8 Buraco negro
- Resumo
- Problemas/exercícios/respostas

13 MOVIMENTO PERIÓDICO

- 13.1 Causas da oscilação
- 13.2 Movimento harmônico simples
- 13.3 Energia no movimento harmônico simples
- 13.4 Aplicações do movimento harmônico simples
- 13.5 O pêndulo simples
- 13.6 O pêndulo físico
- 13.7 Oscilações amortecidas
- 13.8 Oscilações forçadas e ressonância
- Resumo
- Problemas/exercícios/respostas

14 MECÂNICA DOS FLUIDOS

- 14.1 Gases, líquidos e densidade
- 14.2 Pressão em um fluido
- 14.3 Empuxo
- 14.4 Escoamento de um fluido
- 14.5 Equação de Bernoulli
- 14.6 Viscosidade e turbulência
- Resumo
- Problemas/exercícios/respostas

15 ONDAS MECÂNICAS

- 15.1 Tipos de ondas mecânicas
- 15.2 Ondas periódicas
- 15.3 Descrição matemática das ondas
- 15.4 Velocidade de uma onda transversal
- 15.5 Energia no movimento ondulatório
- 15.6 Interferência de ondas, condições de contorno de uma corda e princípio da superposição
- 15.7 Ondas sonoras estacionárias em uma corda
- 15.8 Modos normais de uma corda
- Resumo
- Problemas/exercícios/respostas

16 SOM E AUDIÇÃO

- 16.1 Ondas sonoras
- 16.2 Velocidade das ondas sonoras
- 16.3 Intensidade do som
- 16.4 Ondas estacionárias e modos normais
- 16.5 Ressonância e som
- 16.6 Interferência de ondas
- 16.7 Batimentos
- 16.8 O efeito Doppler
- 16.9 Ondas de choque
- Resumo
- Problemas/exercícios/respostas

17 TEMPERATURA E CALOR

- 17.1 Temperatura e equilíbrio térmico
- 17.2 Termômetros e escalas de temperatura
- 17.3 Termômetro de gás e escala Kelvin
- 17.4 Expansão térmica
- 17.5 Quantidade de calor
- 17.6 Calorimetria e transições de fase
- 17.7 Mecanismos de transferência de calor
- Resumo
- Problemas/exercícios/respostas

18 PROPRIEDADES TÉRMICAS DA MATÉRIA

- 18.1 Equações de estado
- 18.2 Propriedades moleculares da matéria
- 18.3 Modelo cinético-molecular de um gás ideal
- 18.4 Calor específico
- 18.5 Velocidades moleculares
- 18.6 Fases da matéria
- Resumo
- Problemas/exercícios/respostas

19 A PRIMEIRA LEI DA TERMODINÂMICA

- 19.1 Sistemas termodinâmicos
- 19.2 Trabalho realizado durante variações de volume

19.3	Caminhos entre estados termodinâmicos	24.2	Capacitores em série e em paralelo
19.4	Energia interna e a primeira lei da termodinâmica	24.3	Armazenamento de energia em capacitores e energia do campo elétrico
19.5	Tipos de processos termodinâmicos	24.4	Dielétricos
19.6	Energia interna de um gás ideal	24.5	Modelo molecular da carga induzida
19.7	Calor específico de um gás ideal	24.6	Lei de Gauss em dielétricos
19.8	Processo adiabático de um gás ideal		Resumo
	Resumo		Problemas/exercícios/respostas
	Problemas/exercícios/respostas		

20 A SEGUNDA LEI DA TERMODINÂMICA

- 20.1 Sentido de um processo termodinâmico
- 20.2 Máquinas térmicas
- 20.3 Máquinas de combustão interna
- 20.4 Refrigeradores
- 20.5 Segunda lei da termodinâmica
- 20.6 O ciclo de Carnot
- 20.7 Entropia
- 20.8 Interpretação microscópica da entropia
  Resumo
  Problemas/exercícios/respostas

FÍSICA III
ELETROMAGNETISMO

21 CARGA ELÉTRICA E CAMPO ELÉTRICO

- 21.1 Carga elétrica
- 21.2 Condutores, isolantes e cargas induzidas
- 21.3 Lei de Coulomb
- 21.4 Campo elétrico e forças elétricas
- 21.5 Determinação do campo elétrico
- 21.6 Linhas de um campo elétrico
- 21.7 Dipolos elétricos
  Resumo
  Problemas/exercícios/respostas

22 LEI DE GAUSS

- 22.1 Carga elétrica e fluxo elétrico
- 22.2 Determinação do fluxo elétrico
- 22.3 Lei de Gauss
- 22.4 Aplicações da lei de Gauss
- 22.5 Cargas em condutores
  Resumo
  Problemas/exercícios/respostas

23 POTENCIAL ELÉTRICO

- 23.1 Energia potencial elétrica
- 23.2 Potencial elétrico
- 23.3 Determinação do potencial elétrico
- 23.4 Superfícies equipotenciais
- 23.5 Gradiente de potencial
  Resumo
  Problemas/exercícios/respostas

24 CAPACITÂNCIA E DIELÉTRICOS

- 24.1 Capacitância e capacitores

25 CORRENTE, RESISTÊNCIA E FORÇA ELETROMOTRIZ

- 25.1 Corrente
- 25.2 Resistividade
- 25.3 Resistência
- 25.4 Força eletromotriz e circuitos
- 25.5 Energia e potência em circuitos elétricos
- 25.6 Teoria da condução em metais
  Resumo
  Problemas/exercícios/respostas

26 CIRCUITOS DE CORRENTE CONTÍNUA

- 26.1 Resistores em série e em paralelo
- 26.2 Leis de Kirchhoff
- 26.3 Instrumentos de medidas elétricas
- 26.4 Circuitos R-C
- 26.5 Sistemas de distribuição de potência
  Resumo
  Problemas/exercícios/respostas

27 CAMPO MAGNÉTICO E FORÇAS MAGNÉTICAS

- 27.1 Magnetismo
- 27.2 Campo magnético
- 27.3 Linhas do campo magnético e fluxo magnético
- 27.4 Movimento de partículas carregadas em um campo magnético
- 27.5 Aplicações do movimento de partículas carregadas
- 27.6 Força magnética sobre um condutor conduzindo uma corrente
- 27.7 Força e torque sobre uma espira de corrente
- 27.8 O motor de corrente contínua
- 27.9 O efeito Hall
  Resumo
  Problemas/exercícios/respostas

28 FONTES DE CAMPO MAGNÉTICO

- 28.1 Campo magnético de uma carga em movimento
- 28.2 Campo magnético de um elemento de corrente
- 28.3 Campo magnético de um condutor retilíneo conduzindo uma corrente
- 28.4 Força entre condutores paralelos
- 28.5 Campo magnético de uma espira circular
- 28.6 Lei de Ampère

28.7 Aplicações da lei de Ampère
28.8 Materiais magnéticos
Resumo
Problemas/exercícios/respostas

29 INDUÇÃO ELETROMAGNÉTICA
29.1 Experiências de indução
29.2 Lei de Faraday
29.3 Lei de Lenz
29.4 Força eletromotriz produzida pelo movimento
29.5 Campos elétricos induzidos
29.6 Correntes de rodamoinho
29.7 Corrente de deslocamento e equações de Maxwell
29.8 Supercondutividade
Resumo
Problemas/exercícios/respostas

30 INDUTÂNCIA
30.1 Indutância mútua
30.2 Indutores e autoindutância
30.3 Energia do campo magnético
30.4 O circuito R-L
30.5 O circuito L-C
30.6 O circuito R-L-C em série
Resumo
Problemas/exercícios/respostas

31 CORRENTE ALTERNADA
31.1 Fasor e corrente alternada
31.2 Resistência e reatância
31.3 O circuito R-L-C em série
31.4 Potência em circuitos de corrente alternada
31.5 Ressonância em circuitos de corrente alternada
31.6 Transformadores
Resumo
Problemas/exercícios/respostas

32 ONDAS ELETROMAGNÉTICAS
32.1 Equações de Maxwell e ondas eletromagnéticas
32.2 Ondas eletromagnéticas planas e a velocidade da luz
32.3 Ondas eletromagnéticas senoidais
32.4 Energia e momento linear em ondas eletromagnéticas
32.5 Ondas eletromagnéticas estacionárias
Resumo
Problemas/exercícios/respostas

FÍSICA IV
ÓTICA E FÍSICA MODERNA

33 NATUREZA E PROPAGAÇÃO DA LUZ
33.1 Natureza da luz
33.2 Reflexão e refração
33.3 Reflexão interna total
33.4 Dispersão
33.5 Polarização
33.6 Espalhamento da luz
33.7 Princípio de Huygens
Resumo
Problemas/exercícios/respostas

34 ÓTICA GEOMÉTRICA E INSTRUMENTOS DE ÓTICA
34.1 Reflexão e refração em uma superfície plana
34.2 Reflexão em uma superfície esférica
34.3 Refração em uma superfície esférica
34.4 Lentes delgadas
34.5 Câmera
34.6 O olho
34.7 A lupa
34.8 Microscópios e telescópios
Resumo
Problemas/exercícios/respostas

35 INTERFERÊNCIA
35.1 Interferência e fontes coerentes
35.2 Interferência da luz produzida por duas fontes
35.3 Intensidade das figuras de interferência
35.4 Interferência em películas finas
35.5 O interferômetro de Michelson
Resumo
Problemas/exercícios/respostas

36 DIFRAÇÃO
36.1 Difração de Fresnel e difração de Fraunhofer
36.2 Difração produzida por uma fenda simples
36.3 Intensidade na difração produzida por uma fenda simples
36.4 Fendas múltiplas
36.5 A rede de difração
36.6 Difração de raios X
36.7 Orifícios circulares e poder de resolução
36.8 Holografia
Resumo
Problemas/exercícios/respostas

37 RELATIVIDADE
37.1 Invariância das leis físicas
37.2 Relatividade da simultaneidade
37.3 Relatividade dos intervalos de tempo
37.4 Relatividade do comprimento
37.5 As transformações de Lorentz
37.6 O efeito Doppler para as ondas eletromagnéticas
37.7 Momento linear relativístico
37.8 Trabalho e energia na relatividade
37.9 Mecânica newtoniana e relatividade
Resumo
Problemas/exercícios/respostas

38 FÓTONS: ONDAS DE LUZ SE COMPORTANDO COMO PARTÍCULAS
38.1 Luz absorvida como fótons: o efeito fotoelétrico

38.2	Luz emitida como fótons: produção de raios X		42.2	Espectro molecular
38.3	Luz dispersa como fótons: dispersão de Compton e produção de pares		42.3	Estrutura de um sólido
			42.4	Bandas de energia
38.4	Dualidade onda-partícula, probabilidade e incerteza		42.5	Modelo do elétron livre para um metal
			42.6	Semicondutores
	Resumo		42.7	Dispositivos semicondutores
	Problemas/exercícios/respostas		42.8	Supercondutividade
				Resumo
				Problemas/exercícios/respostas

39 A NATUREZA ONDULATÓRIA DAS PARTÍCULAS

- 39.1 Ondas de elétrons
- 39.2 O átomo nuclear e espectros atômicos
- 39.3 Níveis de energia e o modelo do átomo de Bohr
- 39.4 O laser
- 39.5 Espectros contínuos
- 39.6 Revisão do princípio da incerteza
  Resumo
  Problemas/exercícios/respostas

40 MECÂNICA QUÂNTICA I: FUNÇÕES DE ONDA

- 40.1 Funções de onda e a equação unidimensional de Schrödinger
- 40.2 Partícula em uma caixa
- 40.3 Poços de potencial
- 40.4 Barreira de potencial e efeito túnel
- 40.5 O oscilador harmônico
- 40.6 Medição na mecânica quântica
  Resumo
  Problemas/exercícios/respostas

41 MECÂNICA QUÂNTICA II: ESTRUTURA ATÔMICA

- 41.1 A equação de Schrödinger em três dimensões
- 41.2 Partícula em uma caixa tridimensional
- 41.3 O átomo de hidrogênio
- 41.4 O efeito de Zeeman
- 41.5 Spin eletrônico
- 41.6 Átomos com muitos elétrons e o princípio de exclusão
- 41.7 Espectro de raios X
- 41.8 Entrelaçamento quântico
  Resumo
  Problemas/exercícios/respostas

42 MOLÉCULAS E MATÉRIA CONDENSADA

- 42.1 Tipos de ligações moleculares

43 FÍSICA NUCLEAR

- 43.1 Propriedades do núcleo
- 43.2 Ligação nuclear e estrutura nuclear
- 43.3 Estabilidade nuclear e radioatividade
- 43.4 Atividade e meia-vida
- 43.5 Efeitos biológicos da radiação
- 43.6 Reações nucleares
- 43.7 Fissão nuclear
- 43.8 Fusão nuclear
  Resumo
  Problemas/exercícios/respostas

44 FÍSICA DAS PARTÍCULAS E COSMOLOGIA

- 44.1 Partículas fundamentais – uma história
- 44.2 Aceleradores de partículas e detectores
- 44.3 Interações entre partículas
- 44.4 Quarks e o modelo com simetria de oito modos
- 44.5 O modelo padrão e os modelos futuros
- 44.6 O universo em expansão
- 44.7 O começo do tempo
  Resumo
  Problemas/exercícios/respostas

APÊNDICES

A	O sistema internacional de unidades	408
B	Relações matemáticas úteis	410
C	Alfabeto grego	412
D	Tabela periódica dos elementos	413
E	Fatores de conversão das unidades	414
F	Constantes numéricas	415
	Respostas dos problemas ímpares	417
	Créditos	421
	Índice remissivo	422
	Sobre os autores	429

REFERÊNCIA DE CLAREZA E RIGOR

Desde a sua primeira edição, o livro *Física* tem sido reconhecido por sua ênfase nos princípios fundamentais e em como aplicá-los. O texto é conhecido por sua narrativa clara e abrangente, e por seu conjunto amplo, profundo e ponderado de exemplos funcionais — ferramentas-chave para o desenvolvimento do conhecimento conceitual e das habilidades para a solução de problemas.

A **décima quarta edição** melhora as características essenciais do texto, enquanto acrescenta novos recursos influenciados pela pesquisa acadêmica em física. Com foco no aprendizado visual, novos tipos de problemas encabeçam as melhorias elaboradas para criar o melhor recurso de aprendizagem para os alunos de física de hoje.

FOCO NA SOLUÇÃO DE PROBLEMAS

◀ O **FOCO NA SOLUÇÃO DE PROBLEMAS** baseado em pesquisa — **IDENTIFICAR, PREPARAR, EXECUTAR, AVALIAR** — é utilizado em cada Exemplo. Essa abordagem consistente ajuda os alunos a enfrentarem os problemas de modo ponderado, em vez de partir direto para o cálculo.

ESTRATÉGIAS PARA A SOLUÇÃO DE PROBLEMAS ▶ fornecem aos alunos táticas específicas para a resolução de determinados tipos de problema.

◀ **PROBLEMAS EM DESTAQUE**, que ajudam os alunos a passarem de exemplos resolvidos de um único conceito para problemas multiconceituais ao final do capítulo, foram revisados com base no feedback dos revisores, garantindo que sejam eficazes e estejam no nível de dificuldade apropriado.

INFLUENCIADO PELO QUE HÁ DE MAIS NOVO EM PESQUISA ACADÊMICA

PEDAGOGIA INSPIRADA POR DADOS E PESQUISA

DADOS MOSTRAM

Força e movimento

Quando os alunos recebiam um problema sobre forças atuando sobre um objeto e como elas afetam o movimento dele, mais de 20% davam uma resposta incorreta. Erros comuns:

- Confusão sobre forças de contato. Se os seus dedos empurram um objeto, a força que você exerce atua somente quando seus dedos e o objeto estão em contato. Quando o contato acaba, a força não está mais presente, mesmo que o objeto ainda esteja se movendo.
- Confusão sobre a terceira lei de Newton. A terceira lei relaciona as forças que dois objetos exercem um sobre o outro. Por si só, essa lei não diz nada sobre duas forças que atuam sobre o mesmo objeto.

◀ **NOTAS DADOS MOSTRAM** alertam os alunos para os erros estatisticamente mais comuns cometidos na solução de problemas de determinado tópico.

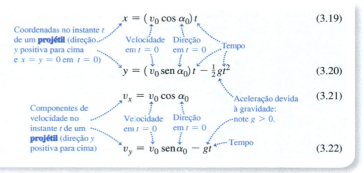

▲ Todas as **EQUAÇÕES PRINCIPAIS AGORA ESTÃO COMENTADAS** para ajudar os alunos a fazer uma ligação entre entendimento conceitual e matemático da física.

9.89 •• DADOS Você está reformando um Chevrolet 1965. Para decidir se irá substituir o volante por um mais novo e mais leve, você deseja determinar o momento de inércia do volante original, com diâmetro de 35,6 cm. Ele não é um disco uniforme e, portanto, você não pode usar $I = \frac{1}{2}MR^2$ para calcular o momento de inércia. Você remove o volante do carro e usa rolamentos de baixo atrito para montá-lo sobre uma haste horizontal, estacionária, que passa pelo centro do volante, que pode então girar livremente (cerca de 2 m acima do chão). Depois de fixar uma ponta de um longo pedaço de linha de pesca à borda do volante, você enrola a linha por algumas voltas em [...]da e suspende um bloco de metal de 5,60 kg pela [...]a linha. Quando o bloco é liberado do repouso, ele [...]nto o volante gira. Com fotografias de alta veloci-[...]ede a distância d que o bloco desceu em função do [...] que foi liberado. A equação para o gráfico mos-[...]ura P9.89, que oferece um bom ajuste aos pontos

◀ **PROBLEMAS DE DADOS** aparecem em cada capítulo. Esses problemas de raciocínio baseados em dados, muitos deles ricos em contexto, exigem que os alunos usem evidência experimental, apresentada no formato de tabela ou gráfico, para formular conclusões.

Problemas com contexto

BIO Fluxo sanguíneo no coração. O sistema circulatório humano é fechado — ou seja, o sangue bombeado do ventrículo esquerdo do coração para as artérias é restrito a uma série de vasos contínuos, ramificados, à medida que passa pelos capilares e depois para as veias e retorna ao coração. O sangue em cada uma das quatro câmaras do coração repousa rapidamente antes que seja ejetado por contração do músculo do coração.

2.90 Se a contração do ventrículo esquerdo dura 250 ms e a velocidade do fluxo sanguíneo na aorta (a maior artéria que sai do coração) é de 0,80 m/s ao final da contração, qual é a aceleração média de um glóbulo vermelho ao sair do coração? (a) 310 m/s^2; (b) 31 m/s^2; (c) 3,2 m/s^2; (d) 0,32 m/s^2.

2.91 Se a aorta (com diâmetro d_a) se ramifica em duas artérias de mesmo tamanho com uma área combinada igual à da aorta, qual é o diâmetro de uma das ramificações? (a) $\sqrt{d_a}$; (b) $d_a\sqrt{2}$; (c) $2d_a$; (d) $d_a/2$.

◀ Cada capítulo inclui de três a cinco **PROBLEMAS COM CONTEXTO**, que seguem o formato usado nos testes de medicina MCAT. Esses problemas exigem que os alunos investiguem diversos aspectos de uma situação física da vida real, normalmente biológica por natureza, conforme descrito em um texto inicial.

PREFÁCIO

Para o professor

Este livro é o resultado de seis décadas e meia de liderança e inovação no ensino da física. A primeira edição do livro *Física*, de Francis W. Sears e Mark W. Zemansky, publicada em 1949, foi revolucionária dentre os livros-texto baseados em cálculo por dar ênfase aos princípios da física e suas aplicações. O êxito alcançado por esta obra para o uso de diversas gerações de alunos e professores, em várias partes do mundo, atesta os méritos desse método e das muitas inovações introduzidas posteriormente. Tornou-se famoso pela clareza das aplicações e pela solução de exemplos e problemas fundamentais para a compreensão da matéria.

Ao preparar esta décima quarta edição, incrementamos e desenvolvemos o livro, de modo a incorporar as melhores ideias extraídas de pesquisas acadêmicas, com ensino aprimorado de solução de problemas, pedagogia visual e conceitual pioneira e novas categorias de problemas de final de capítulo, além de melhorar as explicações de novas aplicações da Física oriundas das pesquisas científicas recentes.

Novidades desta edição

- **Todas as equações principais agora incluem anotações** que descrevem a equação e explicam os significados dos símbolos. Essas anotações ajudam a promover o processamento detalhado da informação e melhoram a assimilação do conteúdo.
- **Notas de DADOS MOSTRAM** em cada capítulo, com base em dados capturados de milhares de alunos, advertem sobre os erros mais comuns cometidos ao resolver problemas.
- **Conteúdo atualizado da física moderna** inclui seções sobre medição quântica (Capítulo 40) e entrelaçamento quântico (Capítulo 41), bem como dados recentes sobre o bóson de Higgs e radiação básica cósmica (Capítulo 44).
- **Aplicações adicionais da biociência** aparecem por todo o texto, principalmente na forma de fotos, com legendas explicativas, para ajudar os alunos a ver como a física está conectada a muitos avanços e descobertas nas biociências.
- **O texto foi simplificado**, com uma linguagem mais concisa e mais focada.
- **Revendo conceitos de...** relaciona os conceitos passados essenciais, no início de cada capítulo, para que os alunos saibam o que precisam ter dominado antes que se aprofundem no capítulo atual.

Principais recursos de *Física*

- **Problemas em destaque** ao final dos capítulos, muitos deles revisados, oferecem uma transição entre os Exemplos de único conceito e os problemas mais desafiadores do final do capítulo. Cada Problema em Destaque impõe um problema difícil, multiconceitual, que normalmente incorpora a física dos capítulos anteriores. Um **Guia da Solução** de modelo, consistindo em perguntas e dicas, ajuda a treinar os alunos para enfrentar e resolver problemas desafiadores com confiança.
- **Grupos de problemas** profundos e extensos abordam uma vasta gama de dificuldade (com pontos azuis para indicar o nível de dificuldade relativo) e exercitam tanto a compreensão da física quanto a habilidade para a solução de problemas. Muitos problemas são baseados em situações complexas da vida real.
- Este livro contém mais **Exemplos** e **Exemplos Conceituais** que a maioria dos outros principais livros baseados em cálculo, permitindo que os alunos explorem desafios para a solução de problemas que não são tratados em outros livros-texto.

- Uma **abordagem para a solução de problemas (Identificar, Preparar, Executar e Avaliar)** é usada em cada Exemplo, bem como nas Estratégias para a Solução de Problemas e nos Problemas em Destaque. Essa abordagem consistente ajuda os alunos a saber como enfrentar uma situação aparentemente complexa de modo ponderado, em vez de partir direto para o cálculo.
- **Estratégias para a Solução de Problemas** ensinam os alunos a tratar de tipos específicos de problemas.
- As **figuras** utilizam um estilo gráfico simplificado, com foco na física de uma situação, e incorporam mais **anotações explicativas** que na edição anterior. As duas técnicas têm demonstrado um forte efeito positivo sobre o aprendizado.
- Os populares **parágrafos de "Atenção"** focalizam as principais ideias erradas e as áreas problemáticas do aluno.
- As perguntas de **Teste sua compreensão**, ao final da seção, permitem que os alunos verifiquem se entenderam o material, usando um formato de exercício de múltipla escolha ou de ordenação, para descobrir problemas conceituais comuns.
- **Resumos visuais** ao final de cada capítulo apresentam as principais ideias em palavras, equações e imagens em miniatura, ajudando os alunos a revisarem de forma mais eficiente.

Para o aluno
Como aprender física para valer

Mark Hollabaugh, Normandale Community College, Professor Emérito

A física abrange o pequeno e o grande, o velho e o novo. Dos átomos até as galáxias, dos circuitos elétricos até a aerodinâmica, a física é parte integrante do mundo que nos cerca. Você provavelmente está fazendo este curso de física baseada em cálculo como pré-requisito para cursos subsequentes que fará para se preparar para uma carreira de ciências ou engenharia. Seu professor deseja que você aprenda física e que goste da experiência. Ele está muito interessado em ajudá-lo a aprender essa fascinante matéria. Essa é uma das razões para ter escolhido este livro-texto para o seu curso. Também foi por isso que os doutores Young e Freedman me pediram para escrever esta seção introdutória. Desejamos seu sucesso!

O objetivo desta seção é fornecer algumas ideias que possam auxiliá-lo durante a aprendizagem. Após uma breve abordagem sobre hábitos e estratégias gerais de estudo, serão apresentadas sugestões específicas sobre como usar o livro-texto.

Preparação para este curso

Caso esteja adiantado em seus estudos de física, você aprenderá mais rapidamente alguns conceitos, por estar familiarizado com a linguagem dessa matéria. Da mesma forma, seus estudos de matemática facilitarão sua assimilação dos aspectos matemáticos da física. Seu professor poderá indicar alguns tópicos de matemática que serão úteis neste curso.

Aprendendo a aprender

Cada um de nós possui um estilo próprio e um método preferido de aprendizagem. Compreender seu estilo de aprender ajudará a focar nos aspectos da física que podem ser mais difíceis e a usar os componentes do seu curso que o ajudarão a superar as dificuldades. Obviamente, você preferirá dedicar mais tempo estudando os assuntos mais complicados. Se você aprende mais ouvindo, assistir às aulas e conferências será muito importante. Se aprende mais explicando, o trabalho em equipe vai lhe ser útil. Se a sua dificuldade está na solução de problemas, gaste uma parte maior do seu tempo aprendendo a resolver problemas. Também é fundamental desenvolver bons hábitos de estudo. Talvez a coisa mais importante que você possa fazer por si mesmo seja estabelecer uma rotina de estudos, em horários regulares e em um ambiente livre de distrações.

Responda para si mesmo as seguintes perguntas:
- Estou apto a usar os conceitos matemáticos fundamentais da álgebra, da geometria e da trigonometria? (Em caso negativo, faça um programa de revisão com a ajuda de seu professor.)
- Em cursos semelhantes, qual foi a atividade na qual tive mais dificuldade? (Dedique mais tempo a isso.) Qual foi a atividade mais fácil para mim? (Execute-a primeiro; isso lhe dará mais confiança.)
- Eu entendo melhor a matéria se leio o livro antes ou depois da aula? (Pode ser que você aprenda melhor fazendo uma leitura superficial da matéria, assistindo à aula e depois relendo com mais atenção.)
- Eu dedico tempo adequado aos meus estudos de física? (Uma regra prática para um curso deste tipo é dedicar, em média, 2h30 de estudos para cada hora de aula. Para uma semana com 5 horas de aula, deve-se dedicar cerca de 10 a 15 horas por semana estudando física.)
- Devo estudar física todos os dias? (Distribua as 10 ou 15 horas de estudos durante a semana!) Em que parte do dia meus estudos são mais eficientes? (Escolha um período específico do dia e atenha-se a ele.)
- Eu estudo em um ambiente silencioso, que favorece minha concentração? (As distrações podem quebrar sua rotina de estudos e atrapalhar a assimilação de pontos importantes.)

Trabalho em grupo

Cientistas e engenheiros raramente trabalham sozinhos e preferem cooperar entre si. Você aprenderá melhor e com mais prazer estudando física com outros colegas. Alguns professores aplicam métodos formais de aprendizagem cooperativa ou incentivam a formação de grupos de estudo. Você pode, por exemplo, formar seu próprio grupo de estudos com os colegas de sala de aula. Use e-mail para se comunicar com outros colegas. Seu grupo de estudos será um excelente recurso quando estiver fazendo revisões para os exames.

Aulas e anotações

Um componente importante de seu curso são as aulas e conferências. Na física isso é especialmente importante, porque seu professor geralmente faz demonstrações de princípios físicos, executa simulações em computador ou exibe vídeos. Todos esses recursos ajudam você a entender os princípios fundamentais da física. Não falte a nenhuma aula, e caso, por algum motivo, isso seja inevitável, peça a algum colega do seu grupo de estudos suas anotações e explique o que aconteceu.

Faça anotações das aulas sob a forma de tópicos e deixe para completar os detalhes do conteúdo mais tarde. É difícil anotar palavra por palavra, portanto, anote apenas as ideias básicas. O professor pode usar um diagrama contido no livro. Deixe um espaço em suas notas para inserir o diagrama depois. Após as aulas, revise suas anotações, preenchendo as lacunas e anotando os pontos que devem ser mais desenvolvidos posteriormente. Anote as referências de páginas, equações ou seções do livro.

Faça perguntas em classe ou procure o professor depois da aula. Lembre-se de que a única pergunta "tola" é aquela que não foi feita. Sua instituição poderá ter assistentes de ensino ou outros profissionais disponíveis para ajudá-lo com alguma dificuldade.

Exames

Fazer uma prova gera um elevado nível de estresse. Contudo, estar bem preparado e descansado alivia a tensão. Preparar-se para uma prova é um processo contínuo; ele começa assim que a última prova termina. Imediatamente depois de uma prova, você deve rever cuidadosamente os eventuais erros cometidos. Se tiver resolvido um problema e cometido erros, proceda do seguinte modo: divida uma folha de papel em duas colunas. Em uma delas, escreva a solução correta do problema. Na outra, coloque sua solução e, se souber, onde foi que errou. Caso não consiga identificar o erro com certeza, ou não souber como evitar cometê-lo novamente, consulte seu professor. A física se constrói a partir de princípios básicos e é necessário corrigir imediatamente qualquer interpretação incorreta. *Atenção*: embora você possa passar em um exame deixando para estudar na última hora, não conseguirá reter adequadamente os conceitos necessários para serem usados na próxima prova.

AGRADECIMENTOS

Desejamos agradecer às centenas de revisores e colegas que ofereceram valiosos comentários e sugestões para este livro. O sucesso duradouro de *Física* deve-se, em grande medida, às suas contribuições.

Miah Adel (U. of Arkansas at Pine Bluff), Edward Adelson (Ohio State U.), Julie Alexander (Camosun C.), Ralph Alexander (U. of Missouri at Rolla), J. G. Anderson, R. S. Anderson, Wayne Anderson (Sacramento City C.), Sanjeev Arora (Fort Valley State U.), Alex Azima (Lansing Comm. C.), Dilip Balamore (Nassau Comm. C.), Harold Bale (U. of North Dakota), Arun Bansil (Northeastern U.), John Barach (Vanderbilt U.), J. D. Barnett, H. H. Barschall, Albert Bartlett (U. of Colorado), Marshall Bartlett (Hollins U.), Paul Baum (CUNY, Queens C.), Frederick Becchetti (U. of Michigan), B. Bederson, David Bennum (U. of Nevada, Reno), Lev I. Berger (San Diego State U.), Angela Biselli (Fairfield U.), Robert Boeke (William Rainey Harper C.), Bram Boroson (Clayton State U.), S. Borowitz, A. C. Braden, James Brooks (Boston U.), Nicholas E. Brown (California Polytechnic State U., San Luis Obispo), Tony Buffa (California Polytechnic State U., San Luis Obispo), Shane Burns (Colorado C.), A. Capecelatro, Michael Cardamone (Pennsylvania State U.), Duane Carmony (Purdue U.), Troy Carter (UCLA), P. Catranides, John Cerne (SUNY at Buffalo), Shinil Cho (La Roche C.), Tim Chupp (U. of Michigan), Roger Clapp (U. of South Florida), William M. Cloud (Eastern Illinois U.), Leonard Cohen (Drexel U.), W. R. Coker (U. of Texas, Austin), Malcolm D. Cole (U. of Missouri at Rolla), H. Conrad, David Cook (Lawrence U.), Gayl Cook (U. of Colorado), Hans Courant (U. of Minnesota), Carl Covatto (Arizona State U.), Bruce A. Craver (U. of Dayton), Larry Curtis (U. of Toledo), Jai Dahiya (Southeast Missouri State U.), Dedra Demaree (Georgetown U.), Steve Detweiler (U. of Florida), George Dixon (Oklahoma State U.), Steve Drasco (Grinnell C.), Donald S. Duncan, Boyd Edwards (West Virginia U.), Robert Eisenstein (Carnegie Mellon U.), Amy Emerson Missouri (Virginia Institute of Technology), Olena Erhardt (Richland C.), William Faissler (Northeastern U.), Gregory Falabella (Wagner C.), William Fasnacht (U.S. Naval Academy), Paul Feldker (St. Louis Comm. C.), Carlos Figueroa (Cabrillo C.), L. H. Fisher, Neil Fletcher (Florida State U.), Allen Flora (Hood C.), Robert Folk, Peter Fong (Emory U.), A. Lewis Ford (Texas A&M U.), D. Frantzsog, James R. Gaines (Ohio State U.), Solomon Gartenhaus (Purdue U.), Ron Gautreau (New Jersey Institute of Technology), J. David Gavenda (U. of Texas, Austin), Dennis Gay (U. of North Florida), Elizabeth George (Wittenberg U.), James Gerhart (U. of Washington), N. S. Gingrich, J. L. Glathart, S. Goodwin, Rich Gottfried (Frederick Comm. C.), Walter S. Gray (U. of Michigan), Paul Gresser (U. of Maryland), Benjamin Grinstein (UC, San Diego), Howard Grotch (Pennsylvania State U.), John Gruber (San Jose State U.), Graham D. Gutsche (U.S. Naval Academy), Michael J. Harrison (Michigan State U.), Harold Hart (Western Illinois U.), Howard Hayden (U. of Connecticut), Carl Helrich (Goshen C.), Andrew Hirsch (Purdue U.), Linda Hirst (UC, Merced), Laurent Hodges (Iowa State U.), C. D. Hodgman, Elizabeth Holden (U. of Wisconsin, Platteville), Michael Hones (Villanova U.), Keith Honey (West Virginia Institute of Technology), Gregory Hood (Tidewater Comm. C.), John Hubisz (North Carolina State U.), Eric Hudson (Pennsylvania State U.), M. Iona, Bob Jacobsen (UC, Berkeley), John Jaszczak (Michigan Technical U.), Alvin Jenkins (North Carolina State U.), Charles Johnson (South Georgia State C.), Robert P. Johnson (UC, Santa Cruz), Lorella Jones (U. of Illinois), Manoj Kaplinghat (UC, Irvine), John Karchek (GMI Engineering & Management Institute), Thomas Keil (Worcester Polytechnic Institute), Robert Kraemer (Carnegie Mellon U.), Jean P. Krisch (U. of Michigan), Robert A. Kromhout, Andrew Kunz (Marquette U.), Charles Lane (Berry C.), Stewart Langton (U. of Victoria), Thomas N. Lawrence (Texas State U.), Robert J. Lee, Alfred Leitner (Rensselaer Polytechnic U.), Frederic Liebrand (Walla Walla U.), Gerald P. Lietz (DePaul U.), Gordon Lind (Utah State U.), S. Livingston (U. of Wisconsin, Milwaukee), Jorge Lopez (U. of Texas, El Paso),

Elihu Lubkin (U. of Wisconsin, Milwaukee), Robert Luke (Boise State U.), David Lynch (Iowa State U.), Michael Lysak (San Bernardino Valley C.), Jeffrey Mallow (Loyola U.), Robert Mania (Kentucky State U.), Robert Marchina (U. of Memphis), David Markowitz (U. of Connecticut), Philip Matheson (Utah Valley U.), R. J. Maurer, Oren Maxwell (Florida International U.), Joseph L. McCauley (U. of Houston), T. K. McCubbin, Jr. (Pennsylvania State U.), Charles McFarland (U. of Missouri at Rolla), James Mcguire (Tulane U.), Lawrence McIntyre (U. of Arizona), Fredric Messing (Carnegie Mellon U.), Thomas Meyer (Texas A&M U.), Andre Mirabelli (St. Peter's C., New Jersey), Herbert Muether (SUNY, Stony Brook), Jack Munsee (California State U., Long Beach), Lorenzo Narducci (Drexel U.), Van E. Neie (Purdue U.), Forrest Newman (Sacramento City C.), David A. Nordling (U.S. Naval Academy), Benedict Oh (Pennsylvania State U.), L. O. Olsen, Michael Ottinger (Missouri Western State U.), Russell Palma (Minnesota State U., Mankato), Jim Pannell (DeVry Institute of Technology), Neeti Parashar (Purdue U., Calumet), W. F. Parks (U. of Missouri), Robert Paulson (California State U., Chico), Jerry Peacher (U. of Missouri at Rolla), Arnold Perlmutter (U. of Miami), Lennart Peterson (U. of Florida), R. J. Peterson (U. of Colorado, Boulder), R. Pinkston, Ronald Poling (U. of Minnesota), Yuri Popov (U. of Michigan), J. G. Potter, C. W. Price (Millersville U.), Francis Prosser (U. of Kansas), Shelden H. Radin, Roberto Ramos (Drexel U.), Michael Rapport (Anne Arundel Comm. C.), R. Resnick, James A. Richards, Jr., John S. Risley (North Carolina State U.), Francesc Roig (UC, Santa Barbara), T. L. Rokoske, Richard Roth (Eastern Michigan U.), Carl Rotter (U. of West Virginia), S. Clark Rowland (Andrews U.), Rajarshi Roy (Georgia Institute of Technology), Russell A. Roy (Santa Fe Comm. C.), Desi Saludes (Hillsborough Comm. C.), Thomas Sandin (North Carolina A&T State U.), Dhiraj Sardar (U. of Texas, San Antonio), Tumer Sayman (Eastern Michigan U.), Bruce Schumm (UC, Santa Cruz), Melvin Schwartz (St. John's U.), F. A. Scott, L. W. Seagondollar, Paul Shand (U. of Northern Iowa), Stan Shepherd (Pennsylvania State U.), Douglas Sherman (San Jose State U.), Bruce Sherwood (Carnegie Mellon U.), Hugh Siefkin (Greenville C.), Christopher Sirola (U. of Southern Mississippi), Tomasz Skwarnicki (Syracuse U.), C. P. Slichter, Jason Slinker (U. of Texas, Dallas), Charles W. Smith (U. of Maine, Orono), Malcolm Smith (U. of Lowell), Ross Spencer (Brigham Young U.), Julien Sprott (U. of Wisconsin), Victor Stanionis (Iona C.), James Stith (American Institute of Physics), Chuck Stone (North Carolina A&T State U.), Edward Strother (Florida Institute of Technology), Conley Stutz (Bradley U.), Albert Stwertka (U.S. Merchant Marine Academy), Kenneth Szpara-DeNisco (Harrisburg Area Comm. C.), Devki Talwar (Indiana U. of Pennsylvania), Fiorella Terenzi (Florida International U.), Martin Tiersten (CUNY, City C.), David Toot (Alfred U.), Greg Trayling (Rochester Institute of Technology), Somdev Tyagi (Drexel U.), Matthew Vannette (Saginaw Valley State U.), Eswara Venugopal (U. of Detroit, Mercy), F. Verbrugge, Helmut Vogel (Carnegie Mellon U.), Aaron Warren (Purdue U., North Central), Robert Webb (Texas A&M U.), Thomas Weber (Iowa State U.), M. Russell Wehr (Pennsylvania State U.), Robert Weidman (Michigan Technical U.), Dan Whalen (UC, San Diego), Lester V. Whitney, Thomas Wiggins (Pennsylvania State U.), Robyn Wilde (Oregon Institute of Technology), David Willey (U. of Pittsburgh, Johnstown), George Williams (U. of Utah), John Williams (Auburn U.), Stanley Williams (Iowa State U.), Jack Willis, Suzanne Willis (Northern Illinois U.), Robert Wilson (San Bernardino Valley C.), L. Wolfenstein, James Wood (Palm Beach Junior C.), Lowell Wood (U. of Houston), R. E. Worley, D. H. Ziebell (Manatee Comm. C.), George O. Zimmerman (Boston U.)

Além disso, gostaria de agradecer aos meus colegas do passado e do presente da UCSB, incluindo Rob Geller, Carl Gwinn, Al Nash, Elisabeth Nicol e Francesc Roig, pelo dedicado apoio e pelas valiosas discussões. Expresso minha gratidão especial aos meus primeiros professores, Willa Ramsay, Peter Zimmerman, William Little, Alan Schwettman e Dirk Walecka, por me mostrarem como é claro e envolvente o ensino da física, e a Stuart Johnson, por me convidar a participar deste projeto como coautor deste livro a partir da nona edição. Meus especiais agradecimentos a Lewis Ford, por criar diversos novos problemas para esta edição, incluindo a nova categoria de problemas DADOS; a Wayne Anderson, que revisou cuidadosamente todos os problemas e os resolveu, com Forrest Newman e Michael Ottinger; e a Elizabeth George, que forneceu a maior parte da nova categoria de Problemas com Contexto. Agradeço em particular a Tom Sandin, por suas diversas contribuições para os problemas de final de capítulo, incluindo a verificação cuidadosa de todos eles e a escrita de outros novos. Também tiro meu chapéu e dou as boas-vindas a Linda Hirst, por colaborar com uma série de ideias que se tornaram novos recursos de Aplicação nesta edição. Quero expressar meu agradecimento especial à equipe editorial da Pearson norte-americana: a Nancy Whilton, pela visão editorial; a Karen Karlin, por sua leitura atenta e cuidadoso desenvolvimento desta edição; a Charles Hibbard, pela cuidadosa leitura das provas; e a Beth Collins, Katie Conley, Sarah Kaubisch, Eric Schrader e Cindy Johnson, por manter a produção editorial fluindo. Acima de tudo, desejo expressar minha gratidão e meu amor à minha esposa, Caroline, a quem dedico minhas contribuições a este livro. Alô, Caroline, a nova edição finalmente saiu – vamos comemorar!

Diga-me o que você pensa!

Gosto de receber notícias de alunos e professores, especialmente com relação a erros ou defeitos que vocês encontrarem nesta edição. O falecido Hugh Young e eu dedicamos muito tempo e esforço para escrever o melhor livro que soubemos escrever, e espero que ele o ajude à medida que você ensina e aprende física. Por sua vez, você pode me ajudar avisando sobre o que ainda precisa ser melhorado! Por favor, fique à vontade para entrar em contato eletronicamente ou pelo correio comum. Seus comentários serão muito bem recebidos.

Agosto de 2014
Roger A. Freedman
Department of Physics
University of California, Santa Barbara
Santa Barbara, CA 93106-9530
airboy@physics.ucsb.edu
http://www.physics.ucsb.edu/~airboy/
Twitter: @RogerFreedman

Material de apoio do livro

No site www.grupoa.com.br professores e alunos podem acessar os seguintes materiais adicionais:

Para professores:
- Apresentações em PowerPoint;
- Manual de soluções;
- Exercícios adicionais (em inglês).

Esse material é de uso exclusivo para professores e está protegido por senha. Para ter acesso a ele, os professores que adotam o livro devem entrar em contato através do e-mail divulgacao@grupoa.com.br.

Para estudantes:
- Exercícios adicionais.

? Tornados são gerados por fortes tempestades. Dessa forma, torna-se fundamental aprendermos a fazer uma previsão da trajetória de tempestades. Considere um furacão se movendo com uma velocidade de 15 km/h em uma direção formando um ângulo de 37° com o eixo leste-oeste e se deslocando no sentido norte. Faça o cálculo de quanto ele se afastará da origem ao longo do eixo norte-sul no sentido norte em 2 horas. (I) 30 km; (II) 24 km; (III) 18 km; (IV) 12 km; (V) 9 km.

1 UNIDADES, GRANDEZAS FÍSICAS E VETORES

OBJETIVOS DE APRENDIZAGEM

Ao estudar este capítulo, você aprenderá:

1.1 O que é uma teoria física.

1.2 Os quatro passos que você pode usar para resolver quaisquer problemas físicos.

1.3 Três grandezas fundamentais da física e as grandezas que os físicos usam para medi-las.

1.4 Como trabalhar com grandezas em seus cálculos.

1.5 Como manter o controle de algarismos significativos em seus cálculos.

1.6 Como fazer estimativas grosseiras de ordens de grandeza.

1.7 A diferença entre escalares e vetores, e como somar e subtrair vetores graficamente.

1.8 O que são os componentes de um vetor e como usá-los em cálculos.

1.9 O que são vetores unitários e como usá-los com componentes para descrever vetores.

1.10 Duas maneiras de multiplicar vetores: o produto escalar e o produto vetorial.

A física é uma das ciências mais importantes. Cientistas de todas as disciplinas usam os conceitos da física, desde os químicos, que estudam a estrutura das moléculas, até os paleontólogos, que tentam reconstruir como os dinossauros caminhavam, e os climatologistas, que analisam como as atividades humanas afetam a atmosfera e os oceanos. A física é também a base de toda engenharia e tecnologia. Nenhum engenheiro pode projetar uma tela plana de TV, uma prótese de perna ou mesmo uma ratoeira mais eficiente sem antes entender os princípios básicos da física.

O estudo da física também é uma aventura. Ela poderá ser desafiadora, algumas vezes frustrante, ocasionalmente dolorosa e, com frequência, significativamente gratificante. Se desejar saber por que o céu é azul, como as ondas de rádio se propagam através do espaço ou como um satélite permanece em órbita, você encontrará as respostas ao aplicar conceitos fundamentais da física. Acima de tudo, você passará a encarar a física como uma elevada aquisição da mente humana na busca para compreender nossa existência e nosso mundo.

Neste capítulo inicial, apresentaremos algumas preliminares importantes que serão necessárias em nosso estudo. Discutiremos a natureza da teoria física e o uso de modelos idealizados para representar sistemas físicos. Introduziremos os sistemas de unidades usados para descrever grandezas físicas e discutiremos como representar a exatidão de um número. Apresentaremos exemplos de problemas para os quais não podemos (ou não desejamos) encontrar uma resposta exata, porém para os quais um cálculo aproximado pode ser útil e interessante. Finalmente, estudaremos diversos aspectos dos vetores e da álgebra vetorial. Os vetores serão permanentemente necessários em nossos estudos de física para descrever e analisar grandezas físicas que possuem módulo e direção, como velocidade e força.

1.1 A NATUREZA DA FÍSICA

A física é uma ciência *experimental*. O físico observa fenômenos naturais e tenta encontrar os padrões e os princípios que relacionam esses fenômenos. Esses padrões são denominados teorias físicas ou, quando bem estabelecidos e bastante utilizados, leis ou princípios físicos.

> **ATENÇÃO** **O significado de "teoria"** Chamar uma ideia de teoria *não* significa que se trata apenas de um pensamento aleatório ou um conceito não comprovado. Uma teoria é, isso sim, uma explicação de fenômenos naturais pautada em observação e princípios fundamentais aceitos. Exemplo disso é a bem fundamentada teoria da evolução biológica, resultante de extensiva pesquisa e observação por gerações de biólogos.

Para desenvolver uma teoria física, o físico deve aprender a fazer perguntas pertinentes, projetar experimentos para tentar respondê-las e tirar conclusões apropriadas dos resultados. A **Figura 1.1** mostra duas importantes instalações utilizadas em experimentos de física.

De acordo com a lenda, Galileu (Galileo Galilei — 1564-1642) deixava cair objetos leves e pesados do topo da inclinada Torre de Pisa (Figura 1.1a) para verificar se suas velocidades de queda livre eram diferentes. Examinando os resultados dessas experiências (que eram na verdade muito mais sofisticadas do que as contadas na lenda), ele deu o salto intuitivo para o princípio, ou teoria, segundo o qual a aceleração de um corpo em queda livre não depende de seu peso.

O desenvolvimento de teorias físicas como a de Galileu é sempre um processo com caminhos indiretos, becos sem saída, suposições erradas e o abandono de teorias malsucedidas em favor de outras mais promissoras. A física não é simplesmente uma coleção de fatos e de princípios; também é o *processo* pelo qual chegamos a princípios gerais que descrevem como o universo físico se comporta.

Nunca se considera uma teoria como a verdade final e definitiva. Existe sempre a possibilidade de novas observações exigirem a revisão ou o abandono de uma teoria. Faz parte da natureza da teoria física podermos desaprovar uma teoria ao encontrarmos um comportamento que não seja coerente com ela, porém nunca podemos provar que uma teoria esteja sempre correta.

Retornando a Galileu, suponha que você deixe cair uma bala de canhão e uma pena. Certamente elas *não* caem com a mesma aceleração. Isto não significa que Galileu estivesse errado; significa que sua teoria estava incompleta. Se deixássemos cair a bala de canhão e a pena *no vácuo* para eliminar os efeitos do ar, então elas cairiam com a mesma aceleração. A teoria de Galileu possui um **limite de validade**: ela se aplica somente a objetos para os quais a força exercida pelo ar (em decorrência do empuxo e da resistência do ar) seja muito menor que o peso do objeto. Objetos como penas ou paraquedas estão claramente fora desse limite.

1.2 SOLUÇÃO DE PROBLEMAS DE FÍSICA

Em algum ponto em seus estudos, a maioria dos estudantes de física pensa: "Entendo os conceitos, mas não consigo resolver os problemas". Em física, porém, compreender realmente um conceito ou princípio *significa* ser capaz de aplicá-lo a uma variedade de problemas práticos. Aprender a resolver problemas é fundamental; você não *sabe* física, a menos que você *faça* física.

Como você aprende a resolver problemas de física? Em todo capítulo deste livro, você encontrará *Estratégias para a solução de problemas* que apresentam técnicas de preparo e solução de problemas de modo eficiente e preciso. Após cada *Estratégia para a solução de problemas*, há um ou mais *Exemplos* resolvidos que demonstram a aplicação dessas técnicas. (As *Estratégias para a solução de problemas* também o manterão longe de técnicas *incorretas* que você pode se sentir tentado a usar.) Há também exemplos extras que não estão associados

Figura 1.1 Dois ambientes de pesquisa.

(a) Segundo a lenda, Galileu investigava a queda livre de corpos deixando-os cair da Torre de Pisa, na Itália.

Também se diz que ele estudou o movimento pendular observando as oscilações de um candelabro na catedral atrás da torre.

(b) A nave espacial Planck foi projetada para estudar a radiação eletromagnética que restou do Big Bang, 13,8 bilhões de anos atrás.

A imagem destes técnicos está refletida no espelho de coleta de luz da nave durante o teste de pré-lançamento.

a uma estratégia em particular, além de um problema em destaque que usa as principais ideias do capítulo. Estude essas estratégias e exemplos com atenção e resolva por si mesmo cada exemplo em um pedaço de papel.

Diferentes técnicas são úteis para a resolução de diversos tipos de problemas de física e, por isso, este livro apresenta dezenas de *Estratégias para a solução de problemas*. Entretanto, seja qual for o tipo de problema a solucionar, há algumas etapas essenciais a seguir. (As mesmas etapas são igualmente úteis para problemas de matemática, engenharia, química e muitas outras áreas.) Neste livro, organizamos esses passos em quatro etapas de solução de problemas.

Todas as *Estratégias para a solução de problemas* e os *Exemplos* deste livro seguirão esses quatro passos. (Em alguns casos, combinaremos os dois ou três primeiros passos.) Recomendamos que você siga essas mesmas etapas quando for resolver um problema. Você pode achar útil usar o seguinte acrônimo: ***IPEA***, segundo o qual você poderá lembrar das iniciais das etapas importantes para resolver um problema: *Identificar, Preparar, Executar* e *Avaliar*.

ESTRATÉGIA PARA A SOLUÇÃO DE PROBLEMAS 1.1 — SOLUÇÃO DE PROBLEMAS DE FÍSICA

IDENTIFICAR *os conceitos relevantes*: use as condições físicas estabelecidas no problema para auxiliá-lo na decisão de quais conceitos físicos são relevantes. Nesse ponto, você deve identificar a **variável-alvo** do problema — ou seja, as grandezas cujos valores está tentando descobrir, como a velocidade em que um projétil atinge o solo, a intensidade do som de uma sirene ou a dimensão da imagem produzida por uma lupa. Identifique as grandezas conhecidas, conforme foi estabelecido ou se pode deduzir pelo enunciado do problema. Esse passo é essencial se o problema pede como solução uma expressão algébrica ou uma resposta numérica.

PREPARAR *o problema*: dados os conceitos que você identificou, as grandezas conhecidas e as variáveis-alvo, escolha as equações que vai utilizar para resolver o problema e decida como vai usá-las. Assegure-se de que as variáveis que você identificou possuem uma correlação exata com as que estão presentes nas equações. Se for apropriado, faça um desenho da situação descrita no problema (papel milimetrado, régua, transferidor e compasso irão ajudá-lo a fazer desenhos claros e úteis). Da melhor maneira que puder, estime quais serão seus resultados e, se for apropriado, faça uma previsão de qual será o comportamento físico do sistema como um todo. Os exemplos desenvolvidos neste livro incluem dicas a respeito de como fazer esses tipos de estimativas e previsões. Se isso parecer desafiador demais, não se preocupe: você vai melhorar com a prática!

EXECUTAR *a solução*: é nesse momento que você "faz as contas". Estude os exemplos resolvidos para ver o que se deve fazer nesse passo.

AVALIAR *sua resposta*: compare sua resposta com suas estimativas e reveja tudo se encontrar alguma discrepância. Se sua resposta inclui uma expressão algébrica, assegure-se de que ela representa corretamente o que aconteceria se as variáveis da expressão assumissem valores muito pequenos ou muito grandes. Para referências futuras, tome nota de qualquer resposta que represente uma quantidade que tenha relevância significativa. Questione-se como você poderia responder a uma versão mais genérica ou mais difícil do problema que acabou de resolver.

Modelos idealizados

Na linguagem cotidiana, geralmente usamos a palavra "modelo" para indicar uma réplica em pequena escala, como um modelo de estrada de ferro ou uma pessoa que exibe artigos de vestuário (ou a ausência deles). Na física, um **modelo** é uma versão simplificada de um sistema físico que seria complicado demais para analisar com detalhes completos.

Por exemplo, suponha que queiramos analisar o movimento de uma bola de beisebol atirada ao ar (**Figura 1.2a**). O quão complicado é este problema? A bola não é uma esfera perfeita (ela possui costuras salientes) e gira durante seu movimento no ar. O vento e a resistência do ar influenciam seu movimento, o peso da bola varia ligeiramente com a variação da altitude etc. Se tentarmos incluir todos esses fatores, a análise se tornará inutilmente complexa. Em vez disso, criamos uma versão simplificada do problema. Desprezamos a forma e o tamanho da bola considerando-a um objeto puntiforme, ou **partícula**. Desprezamos a resistência supondo que ela se desloca no vácuo e consideramos o peso constante. Agora o problema se torna bastante simples de resolver (Figura 1.2b). Analisaremos esse modelo com detalhes no Capítulo 3.

Figura 1.2 Para simplificar a análise de **(a)** uma bola de beisebol arremessada ao ar, usamos **(b)** um modelo idealizado.

(a) Arremesso real de uma bola de beisebol
A bola de beisebol gira e tem um formato complexo.
A resistência do ar e o vento exercem forças sobre a bola.
A força gravitacional sobre a bola depende da altitude.
Direção do movimento

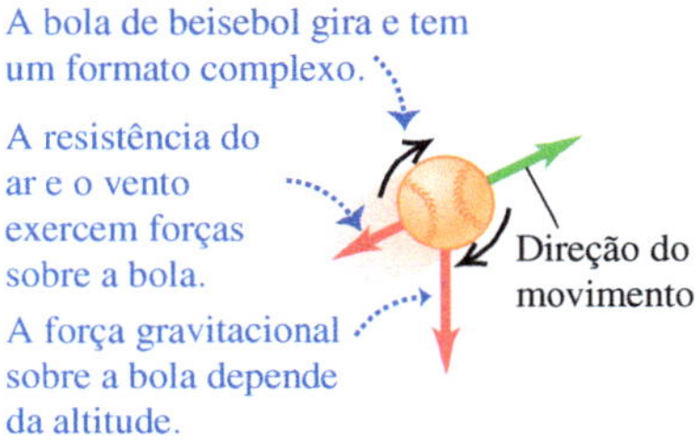

(b) Modelo idealizado da bola de beisebol
Trate a bola de beisebol como um objeto puntiforme (partícula).
Sem resistência do ar.
A força gravitacional sobre a bola é constante.
Direção do movimento

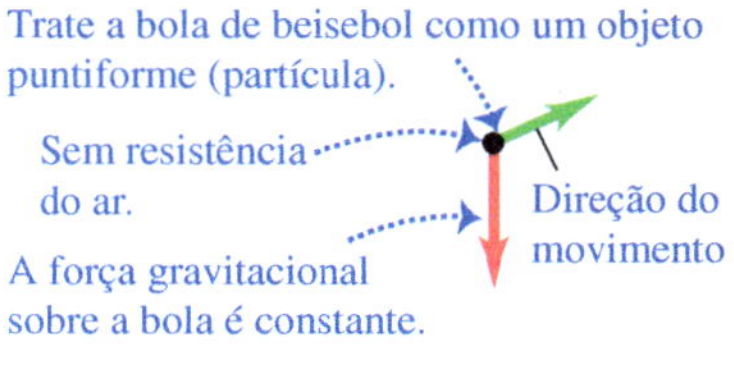

Temos de ignorar completamente alguns efeitos menores para fazer um modelo idealizado, mas precisamos ser cuidadosos para não negligenciar demais. Se ignorarmos completamente os efeitos da gravidade, então nosso modelo prevê que, quando a bola for lançada, ela seguirá em uma linha reta e desaparecerá no espaço. Um modelo útil simplifica um problema o suficiente para torná-lo viável, mas ainda mantém suas características essenciais.

A validade de nossas previsões usando um modelo é limitada pela validade do modelo. Por exemplo, a previsão de Galileu sobre a queda livre de corpos (Seção 1.1) corresponde a um modelo idealizado que não inclui os efeitos da resistência do ar. Esse modelo funciona bem para uma bala de canhão, mas nem tanto para uma pena.

Os modelos idealizados desempenham um papel crucial neste livro. Observe-os nas discussões de teorias físicas e suas aplicações em problemas específicos.

1.3 PADRÕES E UNIDADES

Como aprendemos na Seção 1.1, a física é uma ciência experimental. Os experimentos exigem medidas, e normalmente usamos números para descrever os resultados dessas medidas. Qualquer número usado para descrever quantitativamente um fenômeno físico denomina-se **grandeza física**. Por exemplo, duas grandezas físicas para descrever você são o seu peso e a sua altura. Algumas grandezas físicas são tão fundamentais que podemos defini-las somente descrevendo como elas são medidas. Tal definição denomina-se **definição operacional**. Alguns exemplos: medir distância usando uma régua e medir intervalo usando um cronômetro. Em outros casos, definimos uma grandeza física descrevendo como calculá-la a partir de outras grandezas que *podemos* medir. Portanto, poderíamos definir a velocidade média de um objeto em movimento como a distância percorrida (medida com uma régua) dividida pelo intervalo do percurso (medido com um cronômetro).

Quando medimos uma grandeza, sempre a comparamos com um padrão de referência. Quando dizemos que uma Ferrari 458 Itália possui comprimento de 4,53 metros, queremos dizer que possui comprimento 4,53 vezes maior que uma barra de um metro, a qual, por definição, possui comprimento igual a um metro. Tal padrão define uma **unidade** da grandeza. O metro é uma unidade de distância, e o segundo é uma unidade de tempo. Quando usamos um número para descrever uma grandeza física, precisamos sempre especificar a unidade que estamos utilizando; descrever uma distância simplesmente como "4,53" não significa nada.

Para calcular medidas confiáveis e precisas, necessitamos de medidas que não variem e que possam ser reproduzidas por observadores em diversos locais. O sistema de unidades usado por cientistas e engenheiros, em todas as partes do mundo, normalmente é denominado "sistema métrico", porém, desde 1960, ele é conhecido oficialmente como **Sistema Internacional** ou **SI** (das iniciais do nome francês *Système International*). No Apêndice A, apresentamos uma lista de todas as unidades SI, bem como as definições das unidades mais fundamentais.

Tempo

De 1889 até 1967, a unidade de tempo era definida como certa fração do dia solar médio, a média de intervalos entre sucessivas observações do Sol em seu ponto mais elevado no céu. O padrão atual, adotado desde 1967, é muito mais preciso. Fundamentado em um relógio atômico, que usa a diferença de energia entre os dois menores estados de energia do átomo de césio (^{133}Cs). Quando bombardeado com micro-ondas na frequência apropriada, os átomos de césio sofrem transições de um estado para outro. Um **segundo** (abreviado como s) é definido como o tempo necessário para a ocorrência de 9.192.631.770 ciclos dessa radiação (**Figura 1.3a**).

Figura 1.3 Medições utilizadas para determinar (**a**) a duração de um segundo e (**b**) o tamanho de um metro. Essas medições são úteis para estabelecer padrões porque oferecem os mesmos resultados, não importa onde sejam feitas.

(**a**) Medição de um segundo

Radiação de micro-ondas com uma frequência exata de 9.192.631.770 ciclos por segundo...

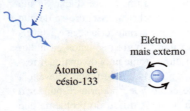

... faz com que o elétron mais externo de um átomo de césio-133 inverta a direção de seu giro.

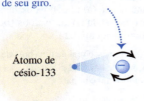

Um relógio atômico usa esse fenômeno para sintonizar micro-ondas a esta frequência exata. Em seguida, ele conta um segundo a cada 9.192.631.770 ciclos.

(**b**) Medindo o metro

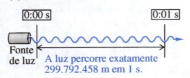

Comprimento

Em 1960, um padrão atômico para o metro também foi estabelecido, usando-se o comprimento de onda da luz vermelho-laranja emitida pelos átomos do criptônio (^{86}Kr) em um tubo de descarga luminescente. Por esse padrão de comprimento, a velocidade da luz em um vácuo foi medida em 299.792.458 m/s. Em novembro de 1983, o padrão de comprimento foi novamente alterado, de modo que a velocidade da luz no vácuo foi *definida* como sendo exatamente igual a 299.792.458 m/s. Logo, a nova definição de **metro** (abreviado como m) passou a ser a distância que a luz percorre no vácuo em uma fração de 1/299.792.458 do segundo (Figura 1.3b). Essa definição moderna fornece um padrão de comprimento muito mais preciso que o construído com base no comprimento de onda da luz.

Massa

A unidade de massa, o **quilograma** (abreviado como kg), é definida como a massa de um cilindro específico feito com uma liga de platina e irídio. Esse cilindro é mantido na Agência Internacional de Pesos e Medidas em Sèvres, próximo de Paris (**Figura 1.4**). Um padrão atômico para massa seria mais fundamental, porém, até o presente, não podemos medir massas em escala atômica com exatidão igual à obtida em medidas macroscópicas. O *grama* (que não é uma unidade fundamental) é igual a 0,001 quilograma.

Outras *unidades derivadas* podem ser formadas a partir das unidades de medida fundamentais. Por exemplo, as unidades de velocidade são metros por segundo, ou m/s; estas são as unidades de comprimento (m) divididas pelas de tempo (s).

Figura 1.4 O objeto de metal cuidadosamente confinado nesses recipientes aninhados de vidro é o padrão internacional do quilograma.

Prefixos das unidades

Uma vez definidas as unidades fundamentais, é fácil introduzir unidades maiores e menores para as mesmas grandezas físicas. No sistema métrico, elas são relacionadas com as unidades fundamentais (ou, no caso da massa, com o grama) por meio de múltiplos de 10 ou de $\frac{1}{10}$. Logo, um quilômetro (1 km) é igual a 1000 metros, e um centímetro (1 cm) é igual a $\frac{1}{100}$ metros. Normalmente, escrevemos múltiplos de 10 ou de $\frac{1}{10}$ usando notação exponencial: $1000 = 10^3$, $\frac{1}{1000} = 10^{-3}$ e assim por diante. Usando essa notação, 1 km = 10^3 m e 1 cm = 10^{-2} m.

Os nomes das demais unidades são obtidos adicionando-se um **prefixo** ao nome da unidade fundamental. Por exemplo, o prefixo "quilo", abreviado por k, significa sempre um múltiplo de 1000, portanto:

$$1 \text{ quilômetro } = 1 \text{ km } = 10^3 \text{ metros } = 10^3 \text{ m}$$
$$1 \text{ quilograma } = 1 \text{ kg } = 10^3 \text{ gramas } = 10^3 \text{ g}$$
$$1 \text{ quilowatt } = 1 \text{ kW } = 10^3 \text{ watts } = 10^3 \text{ W}$$

Os prefixos padronizados do SI são indicados no Apêndice A, com as respectivas abreviações e significados.

A **Tabela 1.1** apresenta diversos exemplos do uso dos prefixos que designam múltiplos de 10 para unidades de comprimento, massa e tempo. A **Figura 1.5** mostra como esses prefixos ajudam a descrever tanto longas quanto curtas distâncias.

TABELA 1.1 Algumas unidades de medida de comprimento, massa e tempo.

Comprimento	Massa	Tempo
1 nanômetro = 1 nm = 10^{-9} m (algumas vezes maior que o maior átomo)	1 micrograma = 1 μg = 10^{-6} g = 10^{-9} kg (massa de uma partícula muito pequena de poeira)	1 nanossegundo = 1 ns = 10^{-9} s (tempo para a luz percorrer 0,3 m)
1 micrômetro = 1 μm = 10^{-6} m (tamanho de uma bactéria e outras células)	1 miligrama = 1 mg = 10^{-3} g = 10^{-6} kg (massa de um grão de sal)	1 microssegundo = 1 μs = 10^{-6} s (tempo para um satélite percorrer 8 mm)
1 milímetro = 1 mm = 10^{-3} m (diâmetro do ponto feito por uma caneta)	1 grama = 1 g = 10^{-3} kg (massa de um clipe de papel)	1 milissegundo = 1 ms = 10^{-3} s (tempo para o som percorrer 3 cm)
1 centímetro = 1 cm = 10^{-2} m (diâmetro de seu dedo mínimo)		
1 quilômetro = 1 km = 10^{3} m (percurso em uma caminhada de 10 minutos)		

Figura 1.5 Alguns comprimentos típicos no universo.

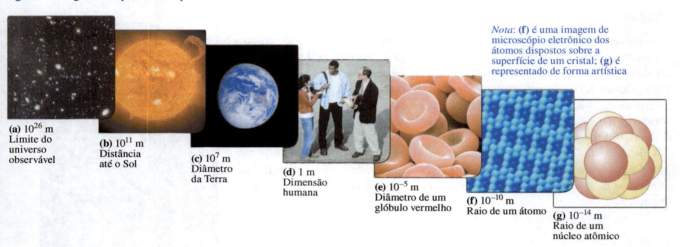

Nota: **(f)** é uma imagem de microscópio eletrônico dos átomos dispostos sobre a superfície de um cristal; **(g)** é representado de forma artística

(a) 10^{26} m Limite do universo observável
(b) 10^{11} m Distância até o Sol
(c) 10^{7} m Diâmetro da Terra
(d) 1 m Dimensão humana
(e) 10^{-5} m Diâmetro de um glóbulo vermelho
(f) 10^{-10} m Raio de um átomo
(g) 10^{-14} m Raio de um núcleo atômico

Figura 1.6 Muitos itens utilizam tanto as unidades SI quanto as inglesas. Por exemplo, o velocímetro de um automóvel montado nos Estados Unidos, que mostra a velocidade tanto em quilômetros por hora (escala interna) quanto em milhas por hora (escala externa).

Sistema inglês

Por fim, mencionamos o sistema inglês de unidades de medida. Essas unidades são usadas somente nos Estados Unidos e em apenas alguns outros países e, na maioria deles, elas estão sendo substituídas pelas unidades de medida SI. As unidades de medida inglesas são oficialmente definidas em termos das unidades de medida SI, como pode ser visto a seguir:

Comprimento: 1 polegada = 2,54 cm (exatamente)

Força: 1 libra = 4,448221615260 newtons (exatamente)

O newton, abreviado como N, é a unidade de força do SI. A unidade inglesa de tempo é o segundo, definida da mesma forma que no SI. Na física, as unidades inglesas são usadas somente em mecânica e termodinâmica; não há sistema inglês de unidades elétricas.

Neste livro, usamos as unidades SI para todos os exemplos e problemas. Ao resolver os problemas com unidades SI, pode ser que você queira convertê-las para os equivalentes aproximados ingleses, caso esteja mais familiarizado com eles (**Figura 1.6**). Mas recomendamos que tente *pensar* o máximo possível em unidades SI.

1.4 UTILIZAÇÃO E CONVERSÃO DE UNIDADES

Usamos equações para relacionar grandezas físicas representadas por símbolos algébricos. A cada símbolo algébrico, sempre associamos um número e uma unidade. Por exemplo, d pode representar uma distância de 10 m, t, um tempo de 5 s e v, uma velocidade de 2 m/s.

Uma equação deve sempre possuir **coerência dimensional**. Não se pode somar automóvel com maçã; dois termos só podem ser somados ou equacionados caso possuam a mesma unidade. Por exemplo, se um corpo se move com velocidade constante v e se desloca a uma distância d em um tempo t, essas grandezas podem ser relacionadas pela equação:

$$d = vt$$

Caso d seja medido em metros, então o produto vt também deve ser expresso em metros. Usando os valores anteriores como exemplo, podemos escrever:

$$10 \text{ m} = \left(2\frac{\text{m}}{\text{s}}\right)(5 \text{ s})$$

Como a unidade s do denominador do membro direito da equação é cancelada com a unidade s, o produto possui unidade de metro, como esperado. Nos cálculos, as unidades são tratadas do mesmo modo que os símbolos algébricos na divisão e na multiplicação.

ATENÇÃO **Sempre use unidades em cálculos.** Quando os cálculos envolvem números com unidades em um problema, recomendamos que você *sempre* escreva os números com as respectivas unidades, como no exemplo anterior. Isso permite que se faça uma verificação útil dos cálculos. Se, em um estágio da solução, você notar alguma inconsistência de unidades, saberá que cometeu um erro em alguma etapa. Neste livro, *sempre* escreveremos as unidades em todos os cálculos e recomendamos enfaticamente que você siga essa prática na solução de problemas.

ESTRATÉGIA PARA A SOLUÇÃO DE PROBLEMAS 1.2 SOLUÇÃO DE PROBLEMAS DE FÍSICA

IDENTIFICAR *os conceitos relevantes*: na maioria dos casos, é melhor usar as unidades fundamentais do SI (comprimento em metros, massa em quilogramas e tempo em segundos) na solução de um problema. Caso necessite da resposta em um conjunto diferente de unidades (como quilômetros, gramas ou horas), deixe para fazer a conversão ao final do problema.

PREPARAR *o problema* e **EXECUTAR** *a solução*: na divisão e na multiplicação, as unidades são tratadas como se fossem símbolos algébricos comuns. Isso proporciona um método fácil para converter unidades. A ideia básica é que podemos expressar a mesma grandeza com duas unidades diferentes e fazer uma igualdade.

Por exemplo, quando dizemos que 1 min = 60 s, não queremos dizer que 1 seja igual a 60; queremos dizer que 1 min corresponde ao mesmo intervalo de 60 s. Por esse motivo, a razão (1 min)/(60 s) = (60 s)/(1 min) = 1. Podemos multiplicar uma grandeza por qualquer um desses fatores (que chamamos de *multiplicadores de unidade*) sem alterar seu valor. Por exemplo, para determinar o número de segundos em 3 min, escrevemos:

$$3 \text{ min} = (3 \text{ min})\left(\frac{60 \text{ s}}{1 \text{ min}}\right) = 180 \text{ s}$$

AVALIAR *sua resposta:* se você converter unidades corretamente, como no exemplo anterior, cancelará as unidades não desejadas. Caso você multiplique 3 min por (1 min)/(60 s), obterá o resultado $\frac{1}{20}$ min²/s, que não faz sentido algum para medir o tempo. Para que você converta unidades de modo apropriado, deve escrevê-las em *todas* as etapas dos cálculos.

Por fim, questione se sua resposta é razoável. Por exemplo, o resultado 3 min = 180 s é razoável? A resposta é sim; o segundo é uma unidade menor que o minuto; logo, existem mais segundos que minutos em um mesmo intervalo.

EXEMPLO 1.1 — CONVERSÃO DE UNIDADES DE VELOCIDADE

O recorde mundial de velocidade no solo é de 763,0 mi/h, estabelecido em 15 de outubro de 1997 por Andy Green com o *Thrust SSC*, um carro movido a jato. Expresse essa velocidade em metros por segundo.

SOLUÇÃO

IDENTIFICAR, PREPARAR E EXECUTAR: queremos converter as unidades de uma velocidade de mi/h para m/s. Temos, portanto, que encontrar multiplicadores da unidade de medida que relacione (i) milhas a metros e (ii) horas a segundos. No Apêndice E, encontramos as igualdades 1 mi = 1,609 km, 1 km = 1.000 m e 1 h = 3.600 s. Desenvolvemos a conversão da maneira demonstrada a seguir, o que nos assegura que todos os cancelamentos desejados quando à divisão são efetuados:

$$763,0 \text{ mi/h} = \left(763,0 \frac{\text{mi}}{\text{h}}\right)\left(\frac{1,609 \text{ km}}{1 \text{ mi}}\right)\left(\frac{1000 \text{ m}}{1 \text{ km}}\right)\left(\frac{1 \text{ h}}{3600 \text{ s}}\right)$$

$$= 341,0 \text{ m/s}$$

AVALIAR: este exemplo mostra uma regra prática: uma velocidade expressa em m/s é um pouco menor que a metade do valor expresso em mi/h, e um pouco menor que um terço do valor expresso em km/h. Por exemplo, a velocidade normal em uma rodovia é cerca de 30 m/s = 67 mi/h = 108 km/h, e a velocidade típica de uma caminhada é de aproximadamente 1,4 m/s = 3,1 mi/h = 5,0 km/h.

EXEMPLO 1.2 — CONVERSÃO DE UNIDADES DE VOLUME

Um dos maiores diamantes lapidados do mundo é o *First Star of Africa* (Primeira Estrela da África), montado no Cetro Real Inglês e mantido na Torre de Londres. Seu volume é igual a 1,84 polegada cúbica (pol³). Qual é seu volume em centímetros cúbicos? E em metros cúbicos?

SOLUÇÃO

IDENTIFICAR, PREPARAR E EXECUTAR: devemos converter as unidades de um volume em polegadas cúbicas (pol³) para centímetros cúbicos (cm³) e metros cúbicos (m³). No Apêndice E, vemos a igualdade 1 pol = 2,540 cm, de onde podemos obter que 1 pol³ = (2,54 cm)³. Temos, então,

$$1,84 \text{ pol}^3 = (1,84 \text{ pol}^3)\left(\frac{2,54 \text{ cm}}{1 \text{ pol}}\right)^3$$

$$= (1,84)(2,54)^3 \frac{\text{pol}^3 \text{cm}^3}{\text{pol}^3} = 30,2 \text{ cm}^3$$

O Apêndice E também nos informa que 1 m = 100 cm, logo,

$$30,2 \text{ cm}^3 = (30,2 \text{ cm}^3)\left(\frac{1 \text{ m}}{100 \text{ cm}}\right)^3$$

$$= (30,2)\left(\frac{1}{100}\right)^3 \frac{\text{cm}^3 \text{ m}^3}{\text{cm}^3} = 30,2 \times 10^{-6} \text{ m}^3$$

$$= 3,02 \times 10^{-5} \text{ m}^3$$

AVALIAR: seguindo os mesmos passos dessas conversões, você pode mostrar que 1 pol³ ≈ 16 cm³ e que 1 m³ ≈ 60.000 pol³?

1.5 INCERTEZA E ALGARISMOS SIGNIFICATIVOS

As medidas sempre envolvem incertezas. Se você medir a espessura da capa de um livro com uma régua comum, sua medida será confiável até o milímetro mais próximo. Suponha que você meça 3 mm. Seria *errado* expressar esse resultado como 3,0 mm. Por causa das limitações do dispositivo de medida, você não pode afirmar se a espessura real é 3,0 mm, 2,85 mm ou 3,11 mm. Contudo, se você usasse um micrômetro calibrador, um dispositivo capaz de medir distâncias com segurança até 0,01 mm, o resultado poderia ser expresso como 2,91 mm. A distinção entre essas duas medidas corresponde a suas respectivas **incertezas**. A medida realizada com um micrômetro possui uma incerteza menor; ela é mais precisa. A incerteza também é chamada **erro** da medida, visto que ela indica a maior diferença esperada entre o valor real e o medido. A incerteza ou erro no valor da grandeza depende da técnica usada na medida.

Geralmente, indicamos a **acurácia** ou exatidão de um valor medido — ou seja, o grau de aproximação esperado entre o valor real e o medido — escrevendo o número seguido do sinal ± e um segundo número indicando a incerteza da medida. Se o diâmetro de uma barra de aço for indicado por 56,47 ± 0,02 mm, concluímos que o valor real não deve ser menor que 56,45 mm, nem maior do que 56,49 mm. Em notação resumida, às vezes utilizada, o número 1,6454(21) significa 1,6454 ± 0,0021. O número entre parênteses indica a incerteza nos dígitos finais do número principal.

Também podemos indicar a acurácia mediante o máximo **erro fracionário** ou **erro percentual** (também chamados de *incerteza fracionária* ou *incerteza percentual*). Um resistor com a indicação "47 ohms ± 10%" deve possuir um valor de resistência provável que difere no máximo de 10% de 47 ohms, ou seja, cerca de 5 ohms. O valor da resistência deve estar situado entre 42 e 52 ohms. Para o diâmetro da barra de aço mencionado anteriormente, o erro fracionário é igual a (0,02 mm)/(56,47 mm), ou aproximadamente 0,0004; o erro percentual é aproximadamente igual a 0,04%. Algumas vezes, até mesmo erros percentuais pequenos podem se tornar importantes (**Figura 1.7**).

Em muitos casos, a incerteza de um número não é apresentada explicitamente. Em vez disso, ela é indicada pelo número de dígitos confiáveis, ou **algarismos significativos**, do valor da medida. Dissemos que a medida da espessura da capa de um livro forneceu o valor 2,91 mm, que possui três algarismos significativos. Com isso, queremos dizer que os dois primeiros algarismos são corretos, enquanto o terceiro dígito é incerto. O último dígito está na casa dos centésimos, de modo que a incerteza é aproximadamente igual a 0,01 mm. Dois valores com o *mesmo* número de algarismos significativos podem possuir incertezas *diferentes*; uma distância de 137 km também possui três algarismos significativos, porém a incerteza é aproximadamente igual a 1 km. Uma distância de 0,25 km possui dois algarismos significativos (o zero à esquerda da vírgula decimal não é contado); se for dito 0,250 km, serão três algarismos significativos.

Quando você usa números com incertezas para calcular outros números, os resultados obtidos também são incertos. Quando você multiplica ou divide números, o número de algarismos significativos do resultado não pode ser maior que o menor número de algarismos significativos dos fatores envolvidos. Por exemplo, 3,1416 × 2,34 × 0,58 × 4,3. Quando adicionamos ou subtraímos números, o que importa é a localização da vírgula indicadora da casa decimal, não o número de algarismos significativos. Por exemplo, 123,62 + 8,9 = 132,5. Embora 123,62 possua uma incerteza de 0,01, a incerteza de 8,9 é de 0,1. Sendo assim, o resultado possui uma incerteza de 0,1 e deve ser expresso como 132,5, e não 132,52. A **Tabela 1.2** resume essas regras para algarismos significativos.

Para aplicar esses conceitos, vamos supor que você queira verificar o valor de π, a razão entre a circunferência e o seu diâmetro. O verdadeiro valor dessa grandeza com dez dígitos é 3,141592654. Para testar isso, desenhe um grande círculo e meça sua circunferência e diâmetro ao milímetro mais próximo, obtendo os valores 424 mm e 135 mm (**Figura 1.8**). Usando a calculadora, você chega ao quociente (424 mm)/(135 mm) = 3,140740741. Pode parecer divergente do valor real de π, mas lembre-se de que cada uma de suas medidas possui três algarismos significativos e, portanto, sua medida de π só pode ter três algarismos significativos. O resultado deve ser simplesmente 3,14. Respeitando-se o limite de três algarismos significativos, seu resultado está de acordo com o valor real.

Nos exemplos e problemas neste livro, normalmente apresentamos os resultados com três algarismos significativos; portanto, as respostas que você encontrar não devem possuir mais do que três algarismos significativos. (Muitos números em nossa vida cotidiana possuem até uma menor exatidão. Por exemplo, o velocímetro de um automóvel em geral fornece dois algarismos significativos.) Mesmo que você use uma calculadora com visualização de dez dígitos, seria errado fornecer a resposta com dez dígitos, porque representa incorretamente a exatidão dos resultados. Sempre arredonde seus resultados, indicando apenas o número correto de algarismos significativos ou, em caso de dúvida, apenas mais um algarismo. No Exemplo 1.1, seria errado escrever a resposta como 341,01861 m/s. Observe que, quando você reduz a resposta ao número apropriado de algarismos significativos, deve *arredondar,* e não *truncar* a resposta. Usando a calculadora

Figura 1.7 Este acidente espetacular foi causado por um erro percentual muito pequeno — ultrapassar em apenas alguns metros a posição final, em uma distância total percorrida de centenas de milhares de metros.

TABELA 1.2 Uso de algarismos significativos.

Multiplicação ou divisão:
O resultado não pode ter mais algarismos significativos que o fator com o **menor** número de algarismos significativos:

$$\frac{0{,}745 \times 2{,}2}{3{,}885} = 0{,}42$$

$$1{,}32578 \times 10^7 \times 4{,}11 \times 10^{-3} = 5{,}45 \times 10^4$$

Adição ou subtração:
O número de algarismos significativos é determinado pelo termo com a maior incerteza (ou seja, menos algarismos à direita da vírgula decimal):

$$27{,}153 + 138{,}2 - 11{,}74 = 153{,}6$$

Figura 1.8 Como determinar o valor de π a partir da circunferência e diâmetro de um círculo.

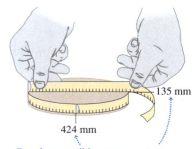

Os valores medidos possuem apenas três algarismos significativos; portanto, o cálculo da razão (π) também possui apenas três algarismos significativos.

para dividir 525 m por 311 m, você encontrará 1,688102894; com três algarismos significativos, o resultado é 1,69, e não 1,68.

Quando você trabalha com números muito grandes ou muito pequenos, pode mostrar os algarismos significativos mais facilmente usando **notação científica**, algumas vezes denominada **notação com potências de 10**. A distância entre a Terra e a Lua é aproximadamente igual a 384.000.000 m, porém este modo de escrever não fornece indicação do número de algarismos significativos. Em vez disso, deslocamos oito casas decimais para a esquerda (o que corresponde a dividir por 10^8) e multiplicamos o resultado por 10^8. Logo,

$$384.000.000 \text{ m} = 3{,}84 \times 10^8 \text{ m}$$

Usando essa forma, fica claro que o número possui três algarismos significativos. O número $4{,}0 \times 10^{-7}$ também possui três algarismos significativos, embora haja dois zeros depois da vírgula. Note que, em notação científica, toda quantidade deve ser expressa por um número entre 1 e 10, seguido da multiplicação pela potência de 10 apropriada.

Quando um inteiro ou uma fração ocorrem em uma equação, consideramos o inteiro como se não tivesse nenhuma incerteza. Por exemplo, na equação $v_x^2 = v_{0x}^2 + 2a_x(x - x_0)$, que é a Equação 2.13 do Capítulo 2, o coeficiente 2 vale *exatamente* 2. Podemos supor que esse coeficiente possua um número infinito de algarismos significativos (2,000000...). A mesma observação é válida para o expoente 2 em v_x^2 e v_{0x}^2.

Finalmente, convém notar a diferença entre **precisão** e exatidão ou acurácia. Um relógio digital barato que indica as horas como 10h35min17s é muito *preciso* (ele indica até o segundo); porém, se o seu funcionamento produz um atraso de alguns minutos, o valor indicado não é *exato*. Por outro lado, o relógio do seu avô pode ser exato (isto é, mostrar o tempo com exatidão), mas, se esse relógio não possui o ponteiro dos segundos, ele não é muito preciso. Medidas de elevada qualidade devem ser simultaneamente precisas *e* exatas.

EXEMPLO 1.3 ALGORITMOS SIGNIFICATIVOS NA MULTIPLICAÇÃO

A energia de repouso E de um corpo em repouso de massa m é dada pela famosa equação de Einstein $E = mc^2$, onde c é a velocidade da luz no vácuo. Determine E para um elétron para o qual (até três algoritmos significativos) a massa $m = 9{,}11 \times 10^{-31}$ kg. A unidade SI para energia E é o joule (J); 1 J = 1 kg · m²/s².

SOLUÇÃO

IDENTIFICAR E PREPARAR: nossa variável-alvo é a energia E. Nos é dada a equação e o valor da massa m; de acordo com a Seção 1.3 (ou o Apêndice F), o valor exato da velocidade da luz é $c = 2{,}99792458 \times 10^8$ m/s.

EXECUTAR: substituindo os valores de m e de c na equação de Einstein, encontramos

$$E = (9{,}11 \times 10^{-31} \text{ kg})(2{,}99792458 \times 10^8 \text{ m/s})^2$$
$$= (9{,}11)(2{,}99792458)^2 (10^{-31})(10^8)^2 \text{ kg} \cdot \text{m}^2/\text{s}^2$$
$$= (81{,}87659678)(10^{[-31+(2\times 8)]}) \text{ kg} \cdot \text{m}^2/\text{s}^2$$
$$= 8{,}187659678 \times 10^{-14} \text{ kg} \cdot \text{m}^2/\text{s}^2$$

Como o valor de m foi dado com três algarismos significativos, podemos aproximar o resultado para

$$E = 8{,}19 \times 10^{-14} \text{ kg} \cdot \text{m}^2/\text{s}^2 = 8{,}19 \times 10^{-14} \text{ J}$$

AVALIAR: embora a energia de repouso contida em um elétron possa parecer desprezivelmente pequena, ela é enorme na escala atômica. Compare nossa resposta com 10^{-19} J, a energia obtida ou perdida por um único átomo em uma reação química típica. A energia de repouso de um elétron é cerca de 1.000.000 de vezes maior! (Discutiremos a importância da energia de repouso no Capítulo 37, vol. 4.)

TESTE SUA COMPREENSÃO DA SEÇÃO 1.5 A densidade de um material é igual à divisão de sua massa pelo seu volume. Qual é a densidade (em kg/m³) de uma rocha com massa de 1,80 kg e volume de $6{,}0 \times 10^{-4}$ m³? (i) 3×10^3 kg/m³; (ii) $3{,}0 \times 10^3$ kg/m³; (iii) $3{,}00 \times 10^3$ kg/m³; (iv) $3{,}000 \times 10^3$ kg/m³; (v) qualquer dessas alternativas — todas são matematicamente equivalentes. ∎

1.6 ESTIMATIVAS E ORDENS DE GRANDEZA

Enfatizamos a importância de se conhecer a exatidão de números que representam grandezas físicas. Porém, mesmo a estimativa mais grosseira de uma grandeza geralmente nos fornece uma informação útil. Às vezes, sabemos como calcular certa grandeza, mas precisamos fazer hipóteses sobre os dados necessários para os cálculos, ou os cálculos exatos podem ser tão complicados que fazemos algumas aproximações grosseiras. Em qualquer dos dois casos, nosso resultado será uma suposição, mas tal suposição pode ser útil mesmo quando a incerteza possuir um fator de dois, dez ou ainda maior. Tais cálculos normalmente são denominados **estimativas de ordem de grandeza**. O grande físico nuclear ítalo-americano Enrico Fermi (1901-1954) chamava-os de "cálculos feitos nas costas de um envelope".

No final deste capítulo, desde o 1.17 até o 1.23, são propostas várias estimativas de "ordem de grandeza". A maioria delas exige a elaboração de hipóteses para os dados necessários. Não tente procurar muitos dados; elabore as melhores hipóteses possíveis. Mesmo que elas estejam fora da realidade de um fator de dez, os resultados podem ser úteis e interessantes.

EXEMPLO 1.4 | UMA ESTIMATIVA DE ORDEM DE GRANDEZA

Você está escrevendo um conto de aventuras no qual o herói foge pela fronteira transportando, em sua mala, barras de ouro estimadas em um bilhão de dólares. Isto seria possível? Poderia caber tanto ouro nessa mala?

SOLUÇÃO

IDENTIFICAR, PREPARAR E EXECUTAR: o ouro vale cerca de 1.400 dólares a onça, ou cerca de 100 dólares por $\frac{1}{14}$ de onça. (O preço do ouro oscilou de 200 até 1.900 dólares por onça nos últimos vinte anos.) Uma onça equivale a cerca de 30 gramas, então 100 dólares de ouro têm uma massa de cerca de $\frac{1}{14}$ de 30 gramas, ou aproximadamente 2 gramas. Um bilhão (10^9) de dólares em ouro tem uma massa 10^7 vezes maior, ou seja, cerca de 2×10^7 (20 milhões) de gramas ou 2×10^4 (20.000) quilogramas. Mil quilogramas equivalem a uma tonelada (ton) e, sendo assim, a mala pesa cerca de vinte toneladas! Nenhum ser humano consegue carregar tanto peso.

E qual é o *volume* aproximado desse ouro? A densidade da água é de cerca de 10^3 kg/m^3. Se o ouro, que é muito mais denso que a água, possuir uma densidade dez vezes maior, então 10^4 kg de ouro caberiam em 1 m^3. Dessa forma, 10^9 dólares em ouro possuem um volume de 2 m^3, que é muito maior que o volume de uma mala.

AVALIAR: é evidente que o conto deve ser reescrito. Refaça o cálculo com uma mala cheia de diamantes de cinco quilates (1 grama), cada um valendo 500 mil dólares. Daria certo?

TESTE SUA COMPREENSÃO DA SEÇÃO 1.6 Você pode estimar o total de dentes na boca de todos (alunos, funcionários e acadêmicos) no seu *campus*? (*Dica:* quantos dentes há em sua boca? Conte-os!) ❙

1.7 VETORES E SOMA VETORIAL

Algumas grandezas físicas, como tempo, temperatura, massa, densidade e carga elétrica, podem ser descritas por um único número com uma unidade. Porém, outras grandezas importantes possuem uma *direção* associada com elas e não podem ser descritas por um único número. Um exemplo simples de grandeza que possui direção é o movimento de um avião: para descrever completamente seu movimento, não basta dizer com que velocidade ele se desloca; é necessário dizer a direção de seu movimento. A velocidade do avião, combinada com a direção do movimento, constitui uma grandeza chamada *velocidade*. Outro exemplo é a *força*, que na física significa a ação de empurrar ou puxar um corpo. Descrever completamente uma força significa fornecer não apenas o quanto a força empurra ou puxa um corpo, mas também a direção dessa força.

Quando uma grandeza física é descrita por um único número, ela é denominada **grandeza escalar**. Diferentemente, uma **grandeza vetorial** é descrita por um **módulo** que indica a "quantidade" ou o "tamanho" do vetor, juntamente com

Aplicação Temperatura escalar, vento vetorial O nível de conforto em um dia de vento depende da temperatura, uma grandeza escalar que pode ser positiva ou negativa (digamos, +5 °C ou –20 °C), mas não possui direção. Também depende da velocidade do vento, que é uma grandeza vetorial, que possui módulo e direção (por exemplo, 15 km/h vindo do Oeste).

Figura 1.9 Deslocamento como uma grandeza vetorial.

(a) Representamos um deslocamento com uma seta que aponta na direção e no sentido do deslocamento.

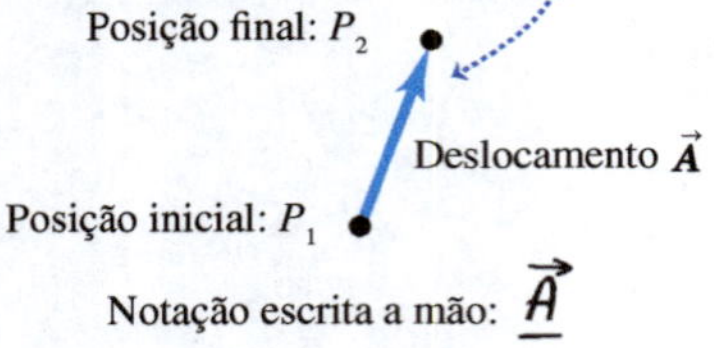

Posição final: P_2
Deslocamento $\vec{A}$
Posição inicial: P_1
Notação escrita a mão: $\underline{\vec{A}}$

(b) Um deslocamento é sempre uma reta direcionada da posição inicial até a final. Não depende da trajetória descrita, ainda que seja uma trajetória curva.

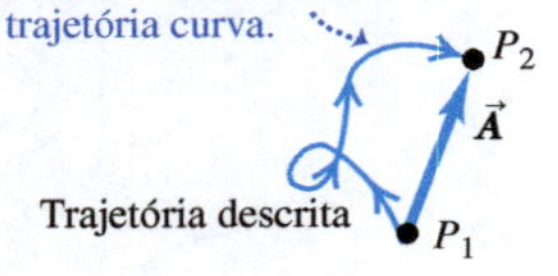

Trajetória descrita

(c) O deslocamento total para uma trajetória fechada é 0, não importa o caminho percorrido nem a distância percorrida.

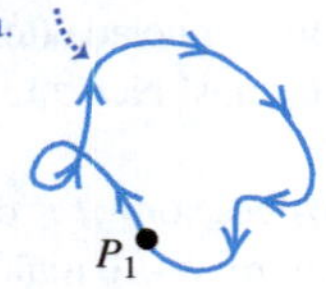

Figura 1.10 O significado de vetores que possuem o mesmo módulo e a mesma direção ou direção oposta.

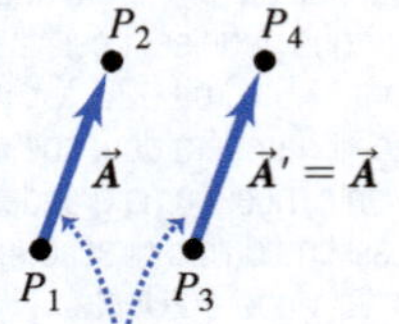

$\vec{A}$ $\vec{A}' = \vec{A}$

Os deslocamentos $\vec{A}$ e $\vec{A}'$ são iguais porque eles possuem o mesmo comprimento e direção.

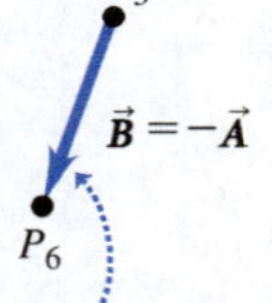

$\vec{B} = -\vec{A}$

O deslocamento $\vec{B}$ possui o mesmo módulo que $\vec{A}$, mas em direção oposta; $\vec{B}$ é o negativo de $\vec{A}$.

uma direção e um sentido no espaço. Os cálculos envolvendo uma grandeza escalar são feitos pelas operações aritméticas normais. Por exemplo, 6 kg + 3 kg = 9 kg ou 4 × 2 s = 8 s. Contudo, os cálculos que envolvem vetores necessitam de operações específicas.

Para entender mais sobre vetores e as operações com eles envolvidas, começaremos com uma grandeza vetorial muito simples, o **deslocamento**. Ele é simplesmente a variação da posição de um objeto. É uma grandeza vetorial porque temos de especificar não apenas a distância percorrida, mas também em que direção e sentido ocorre o deslocamento. Se você caminhar 3 km para o norte a partir da sua porta da frente, não chegará ao mesmo lugar que caminhando 3 km para o sudeste; esses dois deslocamentos possuem o mesmo módulo, mas direções e sentidos diferentes.

Geralmente representamos uma grandeza vetorial por uma única letra, tal como $\vec{A}$ na **Figura 1.9a**. Neste livro, sempre designaremos uma grandeza vetorial por *fonte em itálico e negrito, com uma seta sobre a letra*. Fazemos isso para você lembrar que uma grandeza vetorial possui propriedades diferentes das grandezas escalares; a seta serve para lembrar que uma grandeza vetorial possui direção e sentido. Quando usar um símbolo para designar um vetor, *sempre* utilize uma seta sobre a letra. Se você não fizer essa distinção na notação entre uma grandeza vetorial e uma escalar, também poderá ocorrer uma confusão na sua maneira de pensar.

Quando *desenhar* uma grandeza vetorial, é conveniente que você use uma seta em sua extremidade. O comprimento do segmento fornece o módulo do vetor, a direção é indicada pela direção do segmento da reta e o sentido é indicado pelo sentido da seta. O deslocamento é sempre dado por um segmento de reta que fornece o módulo que liga o ponto inicial ao ponto final da trajetória, mesmo no caso de uma trajetória curva (Figura 1.9b). Note que o deslocamento não é associado diretamente com a *distância* total da trajetória descrita. Caso a partícula continuasse a se deslocar até o ponto P_2 e depois retornasse ao ponto P_1, seu deslocamento na trajetória fechada seria igual a *zero* (Figura 1.9c).

Vetores **paralelos** são aqueles que possuem a mesma direção. Se dois vetores possuem o mesmo módulo e a mesma direção e o mesmo sentido eles são *iguais*, independentemente do local onde se encontram no espaço. Na **Figura 1.10**, o vetor $\vec{A}'$ que liga o ponto P_3 ao ponto P_4 possui o mesmo módulo, a mesma direção e o mesmo sentido do vetor $\vec{A}$ que liga o ponto P_1 com o ponto P_2. Esses dois deslocamentos são iguais, embora comecem em pontos diferentes. Na Figura 1.10, vemos que $\vec{A}' = \vec{A}$ e estamos usando negrito no sinal de igual para enfatizar que essa igualdade envolve dois vetores, e não duas grandezas escalares. Duas grandezas vetoriais são iguais somente quando elas possuem o mesmo módulo, a mesma direção e o mesmo sentido.

O vetor $\vec{B}$ na Figura 1.10, no entanto, não é igual a $\vec{A}$, porque sua direção é *oposta* à de $\vec{A}$. Definimos um **vetor negativo** como um vetor que possui o mesmo módulo do vetor original, mas com direção *oposta*. O valor negativo de um vetor $\vec{A}$ é designado por $-\vec{A}$ e usamos um sinal negativo em negrito para enfatizar sua natureza vetorial. Caso $\vec{A}$ seja um vetor de 87 m apontando para o sul, então $-\vec{A}$ será um vetor de 87 m apontando para o norte. Logo, a relação entre o vetor $\vec{A}$ e o vetor $\vec{B}$ na Figura 1.10 pode ser escrita como $\vec{A} = -\vec{B}$ ou $\vec{B} = -\vec{A}$. Quando dois vetores $\vec{A}$ e $\vec{B}$ possuem direções opostas, possuindo ou não o mesmo módulo, dizemos que eles são **antiparalelos**.

Normalmente, representamos o *módulo* de uma grandeza vetorial usando a mesma letra usada pelo vetor, mas em *itálico* e *sem* a seta em cima. Por exemplo, se o vetor deslocamento $\vec{A}$ possui 87 m na direção sul, então A = 87m. O uso de barras verticais laterais é uma notação alternativa para o módulo de um vetor:

$$(\text{Módulo de } \vec{A}) = A = |\vec{A}| \qquad (1.1)$$

Por definição, o módulo de um vetor é uma grandeza escalar (um número), sendo *sempre positivo*. Note que um vetor nunca pode ser igual a um escalar porque eles representam grandezas diferentes. A expressão "$\vec{A} = 6$ m" é tão errada quanto dizer "2 laranjas = 3 maçãs"!

Quando desenhamos diagramas contendo vetores, geralmente adotamos uma escala semelhante à usada em mapas. Por exemplo, um deslocamento de 5 km pode ser representado por um vetor com 1 cm de comprimento e um deslocamento de 10 km, por um vetor com 2 cm de comprimento.

Soma e subtração vetorial

Suponha agora que uma partícula sofra um deslocamento $\vec{A}$, seguido de outro deslocamento $\vec{B}$. O resultado final é igual a um único deslocamento, começando no mesmo ponto inicial e terminando no mesmo ponto final $\vec{C}$ (**Figura 1.11a**). Dizemos que o deslocamento $\vec{C}$ é a **resultante** ou **soma vetorial** dos deslocamentos $\vec{A}$ e $\vec{B}$. Essa soma é expressa simbolicamente por

$$\vec{C} = \vec{A} + \vec{B} \qquad (1.2)$$

Usamos negrito no sinal de soma para enfatizar que a soma de dois vetores exige um processo geométrico e é uma operação diferente da soma de grandezas escalares, tal como 2 + 3 = 5. Na soma vetorial, normalmente desenhamos o *início* do *segundo* vetor a partir da *extremidade* do *primeiro* (Figura 1.11a).

Caso você faça a soma, primeiro $\vec{A}$ e $\vec{B}$ na ordem inversa, com $\vec{B}$ primeiro e depois $\vec{A}$, o resultado será o mesmo (Figura 1.11b). Logo,

$$\vec{C} = \vec{B} + \vec{A} \quad \text{e} \quad \vec{A} + \vec{B} = \vec{B} + \vec{A} \qquad (1.3)$$

Assim, conclui-se que a ordem da soma vetorial não importa. Em outras palavras, dizemos que a soma vetorial é uma operação *comutativa*.

A Figura 1.11c mostra uma representação alternativa para a soma vetorial: quando desenhamos o início de $\vec{A}$ e de $\vec{B}$ no mesmo ponto, o vetor $\vec{C}$ é a diagonal de um paralelogramo construído de tal modo que os vetores $\vec{A}$ e $\vec{B}$ sejam seus lados adjacentes.

> **ATENÇÃO Módulos na soma vetorial** Sendo $\vec{C} = \vec{A} + \vec{B}$, é um erro comum concluir que o módulo C é dado pela soma do módulo A com o módulo B. A Figura 1.11 mostra que, em geral, essa conclusão está *errada*; você pode notar pelo desenho que $C < A + B$. Note que o módulo da soma vetorial $\vec{A} + \vec{B}$ depende dos módulos de $\vec{A}$ e de $\vec{B}$ e do ângulo entre $\vec{A}$ e $\vec{B}$. Somente no caso particular de $\vec{A}$ e $\vec{B}$ serem *paralelos* é que o módulo de $\vec{C} = \vec{A} + \vec{B}$ é dado pela soma dos módulos de $\vec{A}$ e de $\vec{B}$ (**Figura 1.12a**). Ao contrário, quando $\vec{A}$ e $\vec{B}$ são *antiparalelos* (Figura 1.12b), o módulo de $\vec{C}$ é dado pela *diferença* entre os módulos de $\vec{A}$ e de $\vec{B}$. Os estudantes que não tomam o cuidado de distinguir uma grandeza escalar de uma vetorial frequentemente cometem erros sobre o módulo de uma soma vetorial.

A **Figura 1.13a** mostra *três* vetores $\vec{A}$, $\vec{B}$ e $\vec{C}$. Na Figura 1.13b, os vetores $\vec{A}$ e $\vec{B}$ são inicialmente somados, obtendo-se a soma vetorial $\vec{D}$; a seguir, os vetores $\vec{C}$ e $\vec{D}$ são somados pelo mesmo método, obtendo-se a soma vetorial $\vec{R}$:

$$\vec{R} = (\vec{A} + \vec{B}) + \vec{C} = \vec{D} + \vec{C}$$

Como alternativa, inicialmente podem ser somados os dois vetores $\vec{B}$ e $\vec{C}$, obtendo-se a soma vetorial $\vec{E}$ (Figura 1.13c); a seguir, soma-se os vetores $\vec{A}$ e $\vec{E}$ para obter a soma vetorial $\vec{R}$:

$$\vec{R} = \vec{A} + (\vec{B} + \vec{C}) = \vec{A} + \vec{E}$$

Figura 1.11 Três modos de somar dois vetores.

(a) Podemos somar dois vetores desenhando a extremidade de um com o início do outro.

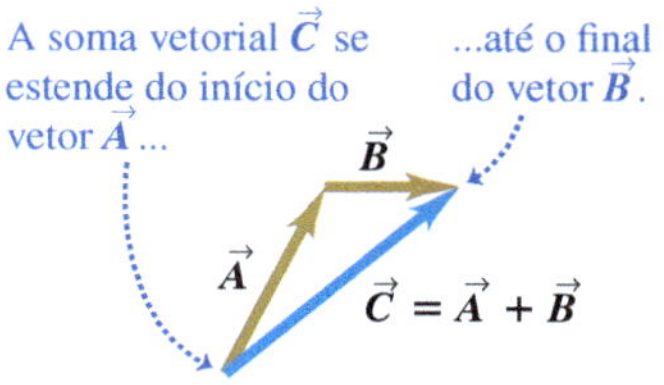

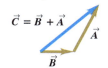

A soma vetorial $\vec{C}$ se estende do início do vetor $\vec{A}$... ...até o final do vetor $\vec{B}$.

(b) Somá-los em ordem inversa produz o mesmo resultado: $\vec{A} + \vec{B} = \vec{B} + \vec{A}$. A ordem não importa na soma vetorial...

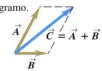

(c) Podemos também somá-los juntando os pontos iniciais e construindo um paralelogramo.

Figura 1.12 Somando vetores (a) paralelos e (b) antiparalelos.

(a) Somente quando os dois vetores $\vec{A}$ e $\vec{B}$ são paralelos, o módulo de sua soma $\vec{C}$ é igual à soma de seus módulos: $C = A + B$.

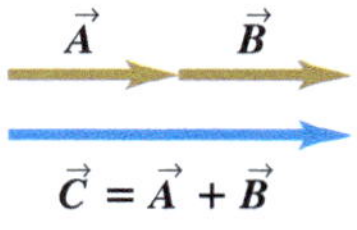

(b) Quando $\vec{A}$ e $\vec{B}$ são antiparalelos, o módulo de sua soma vetorial $\vec{C}$ é igual à *diferença* de seus módulos: $C = |A - B|$.

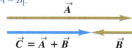

Figura 1.13 Diversas construções para achar a soma vetorial $\vec{A} + \vec{B} + \vec{C}$.

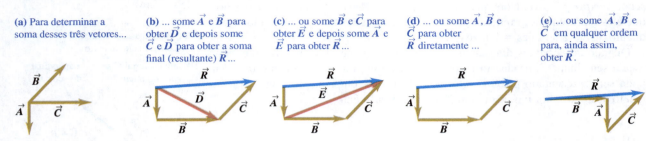

(a) Para determinar a soma desses três vetores...

(b) ... some $\vec{A}$ e $\vec{B}$ para obter $\vec{D}$ e depois some $\vec{C}$ e $\vec{D}$ para obter a soma final (resultante) $\vec{R}$...

(c) ... ou some $\vec{B}$ e $\vec{C}$ para obter $\vec{E}$ e depois some $\vec{A}$ e $\vec{E}$ para obter $\vec{R}$...

(d) ... ou some $\vec{A}$, $\vec{B}$ e $\vec{C}$ para obter $\vec{R}$ diretamente ...

(e) ... ou some $\vec{A}$, $\vec{B}$ e $\vec{C}$ em qualquer ordem para, ainda assim, obter $\vec{R}$.

Não é nem mesmo necessário desenhar os vetores $\vec{D}$ e $\vec{E}$; basta desenhar os sucessivos vetores $\vec{A}$, $\vec{B}$ e $\vec{C}$ com o início de cada vetor na extremidade do vetor precedente e o vetor $\vec{R}$ ligando o início do primeiro vetor com a extremidade do último (Figura 1.13d). A ordem é indiferente; a Figura 1.13e mostra outra ordem, e convidamos você a fazer outras variações. Vemos que a soma vetorial obedece à lei da *associatividade*.

Podemos também *subtrair* vetores. Lembrem-se de que $-\vec{A}$ é um vetor que possui o mesmo módulo e a mesma direção, mas sentido contrário a $\vec{A}$. Definimos a diferença $\vec{A} - \vec{B}$ entre dois vetores $\vec{A}$ e $\vec{B}$ como a soma vetorial de $\vec{A}$ e $-\vec{B}$

$$\vec{A} - \vec{B} = \vec{A} + (-\vec{B}) \tag{1.4}$$

A **Figura 1.14** mostra um exemplo de subtração vetorial.

Figura 1.14 Para construir a subtração vetorial $\vec{A} - \vec{B}$, você pode ou inserir a extremidade de $-\vec{B}$ na ponta de $\vec{A}$ ou colocar os dois vetores $\vec{A}$ e $\vec{B}$ ponta com ponta.

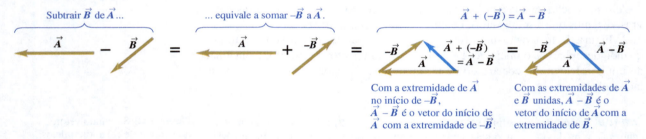

Figura 1.15 Multiplicação de um vetor por um escalar.

(a) Multiplicar um vetor por um escalar positivo altera o módulo (comprimento) do vetor, mas não sua direção.

$2\vec{A}$ tem o dobro do comprimento de $\vec{A}$.

(b) Multiplicar um vetor por um escalar negativo altera seu módulo e reverte sua direção.

$-3\vec{A}$ é três vezes o comprimento de $\vec{A}$ e aponta na direção oposta.

Uma grandeza vetorial como o deslocamento pode ser multiplicada por uma grandeza escalar (um número comum). O deslocamento $2\vec{A}$ é um deslocamento (grandeza vetorial) com as mesmas características do vetor $\vec{A}$, porém com o dobro de seu módulo; isso corresponde a somar o vetor $\vec{A}$ com ele mesmo (**Figura 1.15a**). Em geral, quando um vetor $\vec{A}$ é multiplicado por um escalar c, o resultado $c\vec{A}$ possui módulo $|c|A$ (o valor absoluto de c multiplicado pelo módulo do vetor $\vec{A}$). Supondo que c seja um número positivo, o vetor $c\vec{A}$ é um vetor que possui a mesma direção e sentido do vetor $\vec{A}$; caso c seja um número negativo, o vetor $c\vec{A}$ possui a mesma direção, mas um sentido contrário a $\vec{A}$. Logo, $3\vec{A}$ é um vetor paralelo a $\vec{A}$, enquanto $-3\vec{A}$ é um vetor antiparalelo a $\vec{A}$ (Figura 1.15b).

A grandeza escalar usada para multiplicar um vetor pode ser uma grandeza física que possua unidades. Por exemplo, você pode estar familiarizado com a relação $\vec{F} = m\vec{a}$; a força resultante $\vec{F}$ (uma grandeza vetorial) que atua sobre um corpo é igual ao produto da massa do corpo m (uma grandeza escalar positiva) pela sua aceleração $\vec{a}$ (uma grandeza vetorial). A direção e o sentido de $\vec{F}$ coincidem com a direção e o sentido da aceleração $\vec{a}$ porque m é uma grandeza positiva e o módulo da força resultante $\vec{F}$ é igual ao produto da massa m pelo módulo da aceleração $\vec{a}$. A unidade do módulo de uma força é igual ao produto da unidade de massa pela unidade do módulo da aceleração.

EXEMPLO 1.5 — SOMA DE DOIS VETORES EM ÂNGULOS RETOS

Uma esquiadora percorre 1,0 km para o norte e depois 2,0 km para o leste em um campo horizontal coberto de neve. A que distância ela está do ponto de partida e em que direção?

SOLUÇÃO

IDENTIFICAR E PREPARAR: o problema envolve a combinação de dois deslocamentos em ângulo reto. A soma vetorial é semelhante à solução de um triângulo retângulo, de modo que podemos usar o teorema de Pitágoras e uma trigonometria simples. As variáveis-alvo são a distância e a direção total da esquiadora em relação a seu ponto de partida. Na **Figura 1.16**, mostramos um diagrama em escala dos deslocamentos da esquiadora. Descrevemos a direção do ponto de partida pelo ângulo ϕ (a letra grega fi). O deslocamento parece ser de pouco mais de 2 km. A medição do ângulo com um transferidor indica que ϕ é aproximadamente de 63°.

EXECUTAR: a distância do ponto de partida ao de chegada é igual ao comprimento da hipotenusa:

$$\sqrt{(1{,}00 \text{ km})^2 + (2{,}00 \text{ km})^2} = 2{,}24 \text{ km}$$

Um pouco de trigonometria (veja no Apêndice B) nos permite encontrar o ângulo ϕ:

$$\tan \phi = \frac{\text{Lado oposto}}{\text{Lado adjacente}} = \frac{2{,}00 \text{ km}}{1{,}00 \text{ km}} = 2{,}00$$

$$\phi = \arctan 2{,}00 = 63{,}4°$$

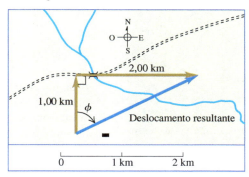

Figura 1.16 Diagrama vetorial, desenhado em escala, para um percurso de esqui.

Podemos descrever a direção como 63,4° do norte para o leste ou 90° − 63,4° = 26,6° do leste para o norte.

AVALIAR: as respostas que encontramos a partir do cálculo (2,24 km e ϕ = 63,4°) são bem próximas das nossas previsões. Na Seção 1.8, veremos como somar facilmente dois vetores que *não* estão em ângulo reto.

TESTE SUA COMPREENSÃO DA SEÇÃO 1.7 Dois vetores de deslocamentos, $\vec{S}$ e $\vec{T}$, possuem módulos S = 3 m e T = 4 m. Qual das seguintes alternativas poderia corresponder ao módulo do vetor da diferença $\vec{S} - \vec{T}$? (Pode haver mais de uma resposta correta.) (i) 9 m; (ii) 7 m; (iii) 5 m; (iv) 1 m; (v) 0 m; (vi) −1 m. ∎

DADOS MOSTRAM

Adição e subtração de vetores

Quando os alunos recebiam um problema sobre soma ou subtração de dois vetores, mais de 28% davam uma resposta incorreta. Erros comuns:

- Ao somar vetores, desenhar os vetores $\vec{A}, \vec{B}$ e $\vec{A} + \vec{B}$ incorretamente. O arranjo de ponta e extremidade mostrado nas figuras 1.11a e 1.11b é mais fácil.
- Ao subtrair vetores, desenhar os vetores $\vec{A}, \vec{B}$ e $\vec{A} - \vec{B}$ incorretamente. Lembre-se de que subtrair $\vec{B}$ de $\vec{A}$ é o mesmo que somar $-\vec{B}$ e $\vec{A}$ (Figura 1.14).

1.8 COMPONENTES DE VETORES

Na Seção 1.7, somamos vetores mediante um diagrama em escala e usamos as propriedades de um triângulo retângulo. A medida direta feita no diagrama oferece uma exatidão muito pequena, e os cálculos envolvendo um triângulo retângulo só funcionam quando os vetores são perpendiculares. Logo, é necessário usar um método simples e geral para a soma vetorial. Esse procedimento é o método dos *componentes*.

Para definir os componentes de um vetor $\vec{A}$, começamos com um sistema (cartesiano) de coordenadas retangular com eixos (**Figura 1.17**). Se pensarmos em $\vec{A}$ como um vetor deslocamento, poderemos considerar $\vec{A}$ como a soma de um deslocamento paralelo ao eixo x e um ao eixo y. Usamos os números A_x e A_y para nos dizer quanto deslocamento existe paralelo ao eixo x e quanto existe paralelo ao eixo y, respectivamente. Por exemplo, se o eixo $+x$ aponta para o leste e o eixo $+y$ aponta para o norte, $\vec{A}$ na Figura 1.17 poderia ser a soma de um deslocamento de 2,00 m para o leste e um deslocamento de 1,00 m para o norte. Então A_x = +2,00 m e A_y = +1,00 m. Depois, usamos a mesma ideia para quaisquer vetores, não apenas os de deslocamento. Os dois números, A_x e A_y, são os **componentes** do vetor $\vec{A}$.

Figura 1.17 Representamos um vetor $\vec{A}$ em termos de seus componentes A_x e A_y.

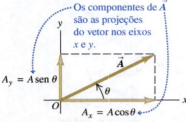

Neste caso, A_x e A_y são positivos.

> **ATENÇÃO** **Componentes não são vetores** Os componentes A_x e A_y de um vetor $\vec{A}$ são apenas números; eles *não* são vetores. Por essa razão, estamos usando tipos itálicos *sem* uma seta para designá-los, em vez de usar um tipo itálico negrito com uma seta sobre a letra, notação reservada para vetores.

Podemos calcular os componentes do vetor $\vec{A}$ conhecendo seu módulo A e sua direção. Descrevemos a direção de um vetor mediante o ângulo que ele faz com alguma direção de referência. Na Figura 1.17, essa referência é o eixo positivo x, e o ângulo entre o vetor $\vec{A}$ e o sentido positivo do eixo x é θ (a letra grega teta). Imagine que o vetor $\vec{A}$ estivesse sobre o eixo $+x$ e que você o girasse até sua direção verdadeira, como indicado pela seta na Figura 1.17. Quando essa rotação ocorre no sentido do eixo $+x$ para $+y$, dizemos que o ângulo θ é *positivo*; quando essa rotação ocorre no sentido do eixo $+x$ para $-y$, dizemos que o ângulo θ é *negativo*. Logo, o eixo $+y$ faz um ângulo de 90°, o eixo $-x$ faz um ângulo de 180° e o eixo $-y$ faz um ângulo de 270° (ou $-90°$). Medindo-se θ desse modo, e usando-se as definições das funções trigonométricas,

$$\frac{A_x}{A} = \cos\theta \quad \text{e} \quad \frac{A_y}{A} = \operatorname{sen}\theta$$
$$A_x = A\cos\theta \quad \text{e} \quad A_y = A\operatorname{sen}\theta \quad (1.5)$$

(medindo-se θ supondo uma rotação no sentido do eixo $+x$ para $+y$)

Figura 1.18 Os componentes de um vetor podem ser números positivos ou negativos.

(a)

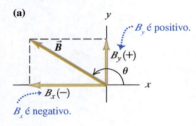

B_x é negativo.

(b)

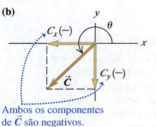

Ambos os componentes de $\vec{C}$ são negativos.

Na Figura 1.17, os componentes A_x e A_y são positivos. Isso está de acordo com as equações 1.5; o ângulo θ está no primeiro quadrante (entre 0° e 90°) e tanto o seno como o cosseno de um ângulo são positivos nesse quadrante. Porém, na **Figura 1.18a**, o componente B_x é negativo e o B_y, positivo. (Se o eixo $+x$ aponta para o leste e o eixo $+y$ aponta para o norte, $\vec{B}$ poderia representar um deslocamento de 2,00 m para o oeste e 1,00 m para o norte. Como o oeste está na direção $-x$ e o norte está na direção $+y$, $B_x = -2,00$ m é negativo e $B_y = +1,00$ m é positivo.) Novamente, isso está de acordo com as equações 1.5; agora, θ está no segundo quadrante, de modo que $\cos\theta$ é negativo e $\operatorname{sen}\theta$ é positivo. Na Figura 1.18b, os componentes C_x e C_y são negativos ($\operatorname{sen}\theta$ e $\cos\theta$ são negativos no terceiro quadrante).

> **ATENÇÃO** **Relação do módulo e direção de um vetor com seus componentes** As equações 1.5 são válidas *somente* quando o ângulo θ for medido considerando-se uma rotação no sentido $+x$. Se o ângulo do vetor for medido considerando-se outra direção de referência ou outro sentido de rotação, as relações são diferentes! O Exemplo 1.6 ilustra essa questão.

EXEMPLO 1.6 CÁLCULO DOS COMPONENTES

(a) Quais são os componentes x e y do vetor $\vec{D}$ na **Figura 1.19a**? Seu módulo é $D = 3,0$ m e o ângulo $\alpha = 45°$. (b) Quais são os componentes x e y do vetor $\vec{E}$ na Figura 1.19b? Seu módulo é $E = 4,50$ m e o ângulo $\beta = 37,0°$.

SOLUÇÃO

IDENTIFICAR E PREPARAR: podemos usar as equações 1.5 para encontrar os componentes desses vetores, mas é preciso ter cuidado: os ângulos α e β na Figura 1.19 não são medidos no sentido do eixo $+x$ para o eixo $+y$. Estimamos, pela figura, que os comprimentos dos dois componentes na parte (a) são aproximadamente 2 m, e os da parte (b) são 3 m e 4 m. A figura indica os sinais dos componentes.

EXECUTAR: (a) O ângulo α (a letra grega alfa) entre o vetor $\vec{D}$ e o sentido positivo do eixo x é medido no sentido *negativo* do eixo y. Logo, o ângulo que devemos usar nas equações 1.5 é $\theta = -\alpha = -45°$. Encontramos

$$D_x = D\cos\theta = (3,00\text{ m})(\cos(-45°)) = +2,1\text{ m}$$
$$D_y = D\operatorname{sen}\theta = (3,00\text{ m})(\operatorname{sen}(-45°)) = -2,1\text{ m}$$

(Continua)

(*Continuação*)

Caso você substituísse θ = 45° nas equações 1.5, você acharia um sentido errado para D_y.

(b) Na Figura 1.19b, o eixo x não é horizontal e o eixo y não é vertical (não formam ângulos retos), de modo que não importa se são horizontais e verticais, respectivamente. Mas não podemos usar o ângulo β (a letra grega beta) nas equações 1.5, pois β é medido a partir do eixo +y. Em vez disso, temos que usar o ângulo θ = 90,0° − β = 90,0° − 37,0° = 53,0°. Depois, encontramos

$$E_x = E \cos 53{,}0° = (4{,}50 \text{ m})(\cos 53{,}0°) = +2{,}71 \text{ m}$$

$$E_y = E \sen 53{,}0° = (4{,}50 \text{ m})(\sen 53{,}0°) = +3{,}59 \text{ m}$$

AVALIAR: nossas respostas para as duas partes estão próximas do que prevíamos. Mas por que as respostas na parte (a) possuem corretamente apenas dois algarismos significativos?

Figura 1.19 Cálculo dos componentes x e y de vetores.

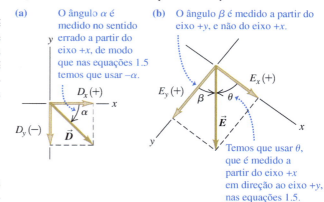

Cálculos de vetor com o uso de componentes

O uso de componentes facilita bastante a execução de vários cálculos envolvendo vetores. Vamos analisar três exemplos importantes: determinar módulo e direção de um vetor, multiplicar grandezas vetoriais por escalares e calcular a soma de dois ou mais vetores.

> **ATENÇÃO** **Como determinar a direção de um vetor a partir de seus componentes** Existe uma pequena complicação para o uso das equações 1.7 para calcular θ: dois ângulos quaisquer que diferem em 180° têm a mesma tangente. Suponha que $A_x = 2$ m e que $A_y = -2$ m, como ilustra a **Figura 1.20**; então, tan θ = −1. Porém, existem dois ângulos que possuem tangente igual a −1: 135° e 315° (ou −45°). Para decidir qual é o valor correto, devemos examinar cada componente. Como A_x é positivo e A_y é negativo, o ângulo deve estar no quarto quadrante; logo, θ = 315° (ou −45°) é o valor correto. Muitas calculadoras de bolso dão como resultado arctan (−1) = −45°. Neste caso, isso é correto; mas, caso você tenha $A_x = -2$ m e $A_y = 2$ m, então o ângulo correto é 135°. De modo semelhante, supondo que A_x e A_y sejam negativos, a tangente é positiva, mas o ângulo está no terceiro quadrante. Você deve *sempre* desenhar um esquema, como o da Figura 1.20, para verificar qual é o valor correto.

Figura 1.20 A ilustração de um vetor revela os sinais de seus componentes x e y.

Vamos supor que $\tan \theta = \dfrac{A_y}{A_x} = -1$.

O que é θ?

Dois ângulos possuem tangentes de −1: 135° e 315°.
A inspeção do diagrama revela que θ deve ser 315°.

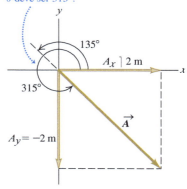

1. **Como determinar o módulo e a direção de um vetor a partir de seus componentes**. Podemos descrever completamente um vetor especificando seu módulo, sua direção e seu sentido, ou mediante seus componentes x e y. As equações 1.5 mostram como calcular os componentes conhecendo-se o módulo, a direção e o sentido. Podemos também inverter o processo: calcular o módulo, a direção e o sentido conhecendo os componentes. Aplicando o teorema de Pitágoras na Figura 1.17, obtemos o módulo do vetor $\vec{A}$:

$$A = \sqrt{A_x^2 + A_y^2} \quad (1.6)$$

(Sempre consideramos somente o valor positivo da raiz.) A Equação 1.6 é válida para qualquer escolha do eixo x e do eixo y, desde que eles sejam mutuamente perpendiculares. A direção e o sentido decorrem da definição da tangente de um ângulo. Medindo-se θ supondo uma rotação no sentido do eixo +x para o eixo +y (como na Figura 1.17), temos:

$$\tan \theta = \frac{A_y}{A_x} \quad \text{e} \quad \theta = \arctan \frac{A_y}{A_x} \quad (1.7)$$

Sempre usaremos o símbolo arctan para a função inversa da função tangente (ver Exemplo 1.5, na Seção 1.7). A notação $\tan^{-1}$ também é muito usada, e sua calculadora pode ter uma tecla INV ou 2ND junto com a mesma tecla TAN.

2. **Como multiplicar uma grandeza vetorial por uma grandeza escalar.** Se multiplicarmos um vetor $\vec{A}$ por uma grandeza escalar c, cada componente do produto de $\vec{D} = c\vec{A}$ é igual ao produto de c e o componente correspondente de $\vec{A}$:

$$D_x = cA_x, \qquad D_y = cA_y \qquad \text{(componentes de } \vec{D} = c\vec{A}) \qquad (1.8)$$

Por exemplo, segundo a Equação 1.8, cada componente do vetor $2\vec{A}$ é duas vezes maior que o componente correspondente do vetor $\vec{A}$, portanto, $2\vec{A}$ está na mesma direção de $\vec{A}$, mas possui o dobro do módulo. Cada componente do vetor $-3\vec{A}$ é três vezes maior que o componente correspondente do vetor $\vec{A}$, mas possui o sinal oposto, portanto $-3\vec{A}$ está na direção oposta de $\vec{A}$ e possui três vezes o módulo. Logo, a Equação 1.8 está de acordo com a nossa discussão na Seção 1.7 relativa à multiplicação de um vetor por um escalar (Figura 1.15).

3. **Como usar componentes para calcular uma soma vetorial (resultante) de dois vetores.** A **Figura 1.21** mostra dois vetores $\vec{A}$ e $\vec{B}$ e a resultante $\vec{R}$, com os componentes x e y desses três vetores. Podemos ver do diagrama que o componente R_x da resultante é simplesmente a soma $(A_x + B_x)$ dos componentes x dos vetores que estão sendo somados. O mesmo resultado é válido para os componentes y. Em símbolos,

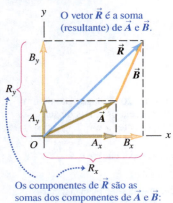

Figura 1.21 Como determinar a soma (resultante) dos vetores $\vec{A}$ e $\vec{B}$ usando componentes.

Os componentes de $\vec{R}$ são as somas dos componentes de $\vec{A}$ e $\vec{B}$:
$R_y = A_y + B_y \qquad R_x = A_x + B_x$

$$\text{Cada componente de } \vec{R} = \vec{A} + \vec{B} \ldots$$
$$R_x = A_x + B_x, \qquad R_y = A_y + B_y \qquad (1.9)$$
$$\ldots \text{é a soma dos componentes correspondentes de } \vec{A} \text{ e } \vec{B}.$$

A Figura 1.21 mostra esse resultado para o caso no qual todos os componentes A_x, A_y, B_x e B_y são positivos. Você pode desenhar outros diagramas para verificar que as equações 1.9 são válidas para *qualquer* sinal dos componentes dos vetores $\vec{A}$ e $\vec{B}$.

Se conhecermos os componentes de dois vetores $\vec{A}$ e $\vec{B}$, talvez pelo uso da Equação 1.5, poderemos calcular os componentes da resultante $\vec{R}$. Se desejarmos especificar o módulo, a direção e o sentido de $\vec{R}$, poderemos usar as equações 1.6 e 1.7, substituindo os diversos valores de A pelos respectivos valores de R.

Esse procedimento da soma de dois vetores pode ser facilmente estendido para a soma de qualquer número de vetores. Seja $\vec{R}$ a soma dos vetores $\vec{A}$, $\vec{B}$, $\vec{C}$, $\vec{D}$, $\vec{E}$, ... então, os componentes de $\vec{R}$ são:

$$R_x = A_x + B_x + C_x + D_x + E_x + \cdots$$
$$R_y = A_y + B_y + C_y + D_y + E_y + \cdots \qquad (1.10)$$

Mencionamos somente vetores situados no plano xy, porém o método dos componentes é válido para qualquer vetor no espaço. Introduzimos um eixo z ortogonal ao plano xy; assim, em geral, todo vetor $\vec{A}$ possui os componentes A_x, A_y e A_z nas três direções de coordenadas. O módulo A é dado por:

$$A = \sqrt{A_x^2 + A_y^2 + A_z^2} \qquad (1.11)$$

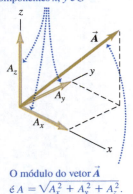

Figura 1.22 Um vetor em três dimensões.

Em três dimensões, um vetor tem componentes x, y e z.

O módulo do vetor $\vec{A}$ é $A = \sqrt{A_x^2 + A_y^2 + A_z^2}$.

Novamente, devemos considerar somente o valor positivo da raiz quadrada (**Figura 1.22**). As equações 1.10 para o vetor resultante $\vec{R}$ devem possuir um terceiro componente:

$$R_z = A_z + B_z + C_z + D_z + E_z + \cdots$$

Embora nossa discussão sobre soma vetorial esteja centrada somente na soma de *deslocamentos*, o método se aplica a qualquer tipo de grandeza vetorial. Estudaremos o conceito de força no Capítulo 4 e mostraremos que, para a soma de forças, usaremos as mesmas regras adotadas para os deslocamentos.

ESTRATÉGIA PARA A SOLUÇÃO DE PROBLEMAS 1.3   SOMA VETORIAL

IDENTIFICAR *os conceitos relevantes*: defina a variável-alvo. Pode ser o módulo da soma vetorial, a direção ou ambos.

PREPARAR *o problema*: desenhe inicialmente o sistema de coordenadas e todos os vetores que deverão ser somados. Coloque o início do primeiro vetor na origem do sistema de coordenadas, o início do segundo vetor na extremidade do primeiro vetor e assim sucessivamente. Desenhe a resultante $\vec{R}$ ligando o início do primeiro vetor (na origem) à extremidade do último. Use seu desenho para estimar, grosso modo, o módulo e a direção de $\vec{R}$. Selecione as ferramentas matemáticas que usará para o cálculo completo: equações 1.5 para obter os componentes dos vetores indicados, se for preciso, equações 1.10 para obter os componentes da soma vetorial, Equação 1.11 para obter seu módulo e equações 1.7 para obter sua direção.

EXECUTAR *a solução* da seguinte forma:
1. Ache os componentes *x* e *y* de cada vetor e registre os cálculos em uma tabela, como no Exemplo 1.7. Caso o vetor seja descrito pelo módulo *A* e pelo ângulo *θ*, supondo uma rotação no sentido do eixo +*x* para o eixo +*y*, então os componentes são dados pela Equação 1.5:

$$A_x = A \cos \theta \qquad A_y = A \, \text{sen}\, \theta$$

Caso os ângulos sejam medidos usando-se outras convenções, talvez usando direções distintas, converta-os supondo uma rotação a partir do sentido positivo do eixo *x*, como no Exemplo 1.6.
2. Para achar o componente R_x da soma vetorial, some seus componentes algebricamente, levando em conta os respectivos sinais. Proceda da mesma forma para achar o componente R_y da soma vetorial. Veja o Exemplo 1.7.
3. A seguir, calcule o módulo *R* da soma vetorial e a direção *θ* do vetor resultante, dados pelas equações 1.6 e 1.7:

$$R = \sqrt{R_x^2 + R_y^2} \qquad \theta = \arctan \frac{R_y}{R_x}$$

AVALIAR *sua resposta*: confira seus resultados de módulo e direção da soma vetorial, comparando-os com as aproximações que fez a partir do seu desenho. O valor do ângulo *θ* obtido com uma calculadora pode estar correto ou então defasado em 180°; você poderá decidir o valor correto pelo seu desenho.

EXEMPLO 1.7   SOMA DE VETORES USANDO COMPONENTES

Três finalistas de um reality show encontram-se no centro de um campo plano e grande. Cada competidor recebe uma barra de um metro, uma bússola, uma calculadora, uma pá e (em ordens diferentes para cada competidor) os três deslocamentos seguintes:

$\vec{A}$: 72,4 m, 32,0° do norte para o leste
$\vec{B}$: 57,3 m, 36,0° do oeste para o sul
$\vec{C}$: 17,8 m do norte para o sul

Os três deslocamentos levam a um ponto onde as chaves de um Porsche novo foram enterradas. Dois competidores começam imediatamente a fazer medições, porém a vencedora foi quem realizou *cálculos* antes das medidas. O que ela calculou?

SOLUÇÃO

IDENTIFICAR E PREPARAR: o objetivo é determinar a soma (resultante) dos três deslocamentos; portanto, trata-se de um problema de soma vetorial. A situação é descrita na **Figura 1.23**. Escolhemos o eixo +*x* orientado como leste e o eixo +*y* como norte. Pelo diagrama, podemos estimar que o vetor $\vec{R}$ possui módulo aproximadamente igual a 10 m e forma um ângulo de 40° com o eixo +*y* com rotação no sentido do oeste para o norte (logo, *θ* é cerca de 90° mais 40°, ou aproximadamente 130°).

Figura 1.23 Três deslocamentos sucessivos, $\vec{A}$, $\vec{B}$ e $\vec{C}$ e a resultante (ou soma vetorial) $\vec{R} = \vec{A} + \vec{B} + \vec{C}$.

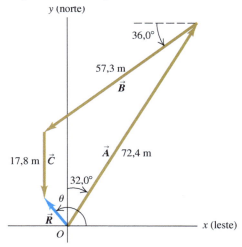

EXECUTAR: os ângulos dos vetores, medidos considerando-se uma rotação do eixo +*x* para o eixo +*y*, são (90,0° − 32,0°) = 58,0°, (180,0° + 36,0°) = 216,0° e 270,0°, respectivamente. Agora podemos usar as equações 1.5 para encontrar os componentes de $\vec{A}$:

(Continua)

20 Física I

(Continuação)

$$A_x = A \cos\theta_A = (72,4 \text{ m})(\cos 58,0°) = 38,37 \text{ m}$$
$$A_y = A \sen\theta_A = (72,4 \text{ m})(\sen 58,0°) = 61,40 \text{ m}$$

Note que usamos um algarismo significativo a mais para os componentes calculados; devemos aguardar o resultado final para arredondar o número correto de algarismos significativos. A tabela a seguir mostra os componentes de todos os deslocamentos, a soma dos componentes e os demais cálculos das equações 1.6 e 1.7.

Distância	Ângulo	Componente x	Componente y
$A = 72,4$ m	58,0°	38,37 m	61,40 m
$B = 57,3$ m	216,0°	−46,36 m	−33,68 m
$C = 17,8$ m	270,0°	0,00 m	−17,80 m
		$R_x = -7,99$ m	$R_y = 9,92$ m

$$R = \sqrt{(-7,99 \text{ m})^2 + (9,92 \text{ m})^2} = 12,7 \text{ m}$$

$$\theta = \arctan\frac{9,92 \text{ m}}{-7,99 \text{ m}} = -51°$$

A comparação com o ângulo θ na Figura 1.23 mostra que o ângulo calculado está nitidamente deslocado em 180°. O valor correto é $\theta = 180° + (-51°) = 129°$, ou 39° do norte para o oeste.

AVALIAR: nossos cálculos para R e θ não diferem muito das nossas estimativas. Note como desenhar o diagrama da Figura 1.23 tornou fácil evitar um erro de 180° na direção da soma vetorial.

TESTE SUA COMPREENSÃO DA SEÇÃO 1.8 Considere dois vetores $\vec{A}$ e $\vec{B}$ no plano xy. (a) É possível $\vec{A}$ possuir o mesmo módulo de $\vec{B}$, mas componentes diferentes? (b) É possível $\vec{A}$ possuir os mesmos componentes de $\vec{B}$, mas diferir no módulo? ▌

1.9 VETORES UNITÁRIOS

Um **vetor unitário** é aquele que possui módulo igual a 1, não possuindo nenhuma unidade. Seu único objetivo é *apontar*, ou seja, descrever uma direção e um sentido no espaço. Os vetores unitários fornecem uma notação conveniente para cálculos que envolvem os componentes de vetores. Sempre usaremos acento circunflexo ou "chapéu" (^) para simbolizar um vetor unitário e distingui-lo de um vetor comum cujo módulo pode ou não ser igual a 1.

Em um sistema de coordenadas xy, definimos um vetor unitário $\hat{\imath}$ apontando no sentido positivo do eixo x e um vetor unitário $\hat{\jmath}$ apontando no sentido positivo do eixo y (**Figura 1.24a**). Podemos então expressar um vetor $\vec{A}$, em termos de seus componentes, como

$$\vec{A} = A_x\hat{\imath} + A_y\hat{\jmath} \tag{1.12}$$

A Equação 1.12 é uma equação vetorial; cada termo, como $A_x\hat{\imath}$, é uma grandeza vetorial (Figura 1.24b).

Usando vetores unitários, podemos escrever a soma vetorial $\vec{R}$ de dois vetores $\vec{A}$ e $\vec{B}$ do seguinte modo:

$$\vec{A} = A_x\hat{\imath} + A_y\hat{\jmath}$$
$$\vec{B} = B_x\hat{\imath} + B_y\hat{\jmath}$$
$$\vec{R} = \vec{A} + \vec{B}$$
$$= (A_x\hat{\imath} + A_y\hat{\jmath}) + (B_x\hat{\imath} + B_y\hat{\jmath})$$
$$= (A_x + B_x)\hat{\imath} + (A_y + B_y)\hat{\jmath}$$
$$= R_x\hat{\imath} + R_y\hat{\jmath} \tag{1.13}$$

A Equação 1.13 reproduz o conteúdo das equações 1.9 sob a forma de uma única equação vetorial, em vez de usar duas equações para os componentes dos vetores.

Quando os vetores não estão contidos no plano xy, torna-se necessário usar um terceiro componente. Introduzimos um terceiro vetor unitário $\hat{k}$ apontando no

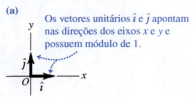

Figura 1.24 (a) Os vetores unitários $\hat{\imath}$ e $\hat{\jmath}$. (b) Podemos expressar um vetor $\vec{A}$ em termos dos seus componentes.

(a) Os vetores unitários $\hat{\imath}$ e $\hat{\jmath}$ apontam nas direções dos eixos x e y e possuem módulo de 1.

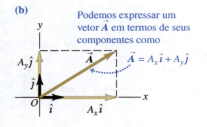

(b) Podemos expressar um vetor $\vec{A}$ em termos de seus componentes como $\vec{A} = A_x\hat{\imath} + A_y\hat{\jmath}$

sentido positivo do eixo z (**Figura 1.25**). Neste caso, a forma geral das equações 1.12 e 1.13 é

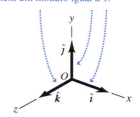

Figura 1.25 Os vetores unitários $\hat{\imath}$, $\hat{\jmath}$ e $\hat{k}$.

Os vetores unitários $\hat{\imath}$, $\hat{\jmath}$ e $\hat{k}$ apontam nas direções dos eixos x, y e z positivos e têm um módulo igual a 1.

Qualquer vetor pode ser expresso em termos de seus componentes x, y e z ...

$$\vec{A} = A_x\hat{\imath} + A_y\hat{\jmath} + A_z\hat{k}$$
$$\vec{B} = B_x\hat{\imath} + B_y\hat{\jmath} + B_z\hat{k}$$

(1.14)

... e vetores unitários $\hat{\imath}$, $\hat{\jmath}$ e $\hat{k}$.

$$\vec{R} = (A_x + B_x)\hat{\imath} + (A_y + B_y)\hat{\jmath} + (A_z + B_z)\hat{k}$$
$$= R_x\hat{\imath} + R_y\hat{\jmath} + R_z\hat{k}$$

(1.15)

EXEMPLO 1.8 — USO DE VETORES UNITÁRIOS

Dados os dois deslocamentos

$$\vec{D} = (6{,}00\,\hat{\imath} + 3{,}00\,\hat{\jmath} - 1{,}00\hat{k})\text{ m} \quad \text{e}$$
$$\vec{E} = (4{,}00\,\hat{\imath} - 5{,}00\,\hat{\jmath} + 8{,}00\hat{k})\text{ m}$$

encontre o módulo de deslocamento $2\vec{D} - \vec{E}$.

SOLUÇÃO

IDENTIFICAR E PREPARAR: devemos multiplicar o vetor $\vec{D}$ por 2 (uma grandeza escalar) e subtrair o vetor $\vec{E}$ do resultado, a fim de obter o vetor $\vec{F} = 2\vec{D} - \vec{E}$. A Equação 1.8 diz que, para multiplicar $\vec{D}$ por 2, devemos simplesmente multiplicar cada um de seus componentes por 2. Podemos usar a Equação 1.15 para fazer a subtração; recapitulando a Seção 1.7, subtrair um vetor é o mesmo que somar o negativo desse vetor.

EXECUTAR: Temos

$$\vec{F} = 2(6{,}00\hat{\imath} + 3{,}00\hat{\jmath} - 1{,}00\hat{k})\text{ m} - (4{,}00\hat{\imath} - 5{,}00\hat{\jmath} + 8{,}00\hat{k})\text{ m}$$
$$= [(12{,}00 - 4{,}00)\hat{\imath} + (6{,}00 + 5{,}00)\hat{\jmath} + (-2{,}00 - 8{,}00)\hat{k}]\text{ m}$$
$$= (8{,}00\hat{\imath} + 11{,}00\hat{\jmath} - 10{,}00\hat{k})\text{ m}$$

Pela Equação 1.11, o módulo de $\vec{F}$ é

$$F = \sqrt{F_x^2 + F_y^2 + F_z^2}$$
$$= \sqrt{(8{,}00\text{ m})^2 + (11{,}00\text{ m})^2 + (-10{,}00\text{ m})^2}$$
$$= 16{,}9\text{ m}$$

AVALIAR: nossa resposta tem a mesma ordem de grandeza dos maiores componentes que aparecem na soma. Não deveríamos esperar que nossa resposta fosse muito maior do que isso, mas poderia ser muito menor.

TESTE SUA COMPREENSÃO DA SEÇÃO 1.9 Disponha os seguintes vetores ordenando-os de acordo com seus módulos, a partir do maior módulo. (i) $\vec{A} = (3\hat{\imath} + 5\hat{\jmath} - 2\hat{k})$ m; (ii) $\vec{B} = (-3\hat{\imath} + 5\hat{\jmath} - 2\hat{k})$ m; (iii) $\vec{C} = (3\hat{\imath} - 5\hat{\jmath} - 2\hat{k})$ m; (iv) $\vec{D} = (3\hat{\imath} + 5\hat{\jmath} + 2\hat{k})$ m. ∎

1.10 PRODUTOS DE VETORES

Vimos como a soma vetorial evoluiu naturalmente a partir da combinação de deslocamentos, e mais adiante a usaremos para calcular outras grandezas vetoriais. Podemos também escrever concisamente muitas outras relações entre grandezas físicas usando *produtos* de vetores. Os vetores não são números comuns, de modo que o produto comum não é diretamente aplicado para vetores. Vamos definir dois tipos de produtos de vetores. O primeiro, denominado *produto escalar*, fornece um resultado que é uma grandeza escalar. O segundo, denominado *produto vetorial*, fornece outra grandeza vetorial.

Produto escalar

O **produto escalar** de dois vetores $\vec{A}$ e $\vec{B}$ é designado por $\vec{A} \cdot \vec{B}$. Embora $\vec{A}$ e $\vec{B}$ sejam vetores, a grandeza $\vec{A} \cdot \vec{B}$ é escalar.

Figura 1.26 Cálculo do produto escalar de dois vetores, $\vec{A} \cdot \vec{B} = AB \cos \phi$.

(a) Desenhe o início dos vetores no mesmo ponto.

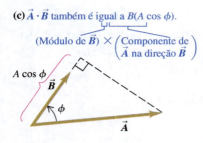

(b) $\vec{A} \cdot \vec{B}$ é igual a $A(B \cos \phi)$.
(Módulo de $\vec{A}$) × (Componente de $\vec{B}$ na direção de $\vec{A}$)
$B \cos \phi$

(c) $\vec{A} \cdot \vec{B}$ também é igual a $B(A \cos \phi)$.
(Módulo de $\vec{B}$) × (Componente de $\vec{A}$ na direção $\vec{B}$)
$A \cos \phi$

Figura 1.27 O produto escalar $\vec{A} \cdot \vec{B} = AB \cos \phi$ pode ser positivo, negativo ou zero, dependendo do ângulo entre $\vec{A}$ e $\vec{B}$.

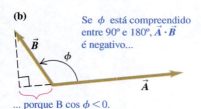

(a) Se ϕ está compreendido entre 0° e 90°, $\vec{A} \cdot \vec{B}$ é positivo...
... porque $B \cos \phi > 0$.

(b) Se ϕ está compreendido entre 90° e 180°, $\vec{A} \cdot \vec{B}$ é negativo...
... porque $B \cos \phi < 0$.

(c) Se $\phi = 90°$, $\vec{A} \cdot \vec{B} = 0$ porque $\vec{B}$ possui zero componente na direção de $\vec{A}$.
$\phi = 90°$

Para definir o produto escalar $\vec{A} \cdot \vec{B}$ de dois vetores $\vec{A}$ e $\vec{B}$, desenhamos o início desses vetores no mesmo ponto (**Figura 1.26a**). O ângulo entre os vetores é designado por ϕ (a letra grega fi) e está sempre compreendido entre 0° e 180°. A Figura 1.26b mostra a projeção do vetor $\vec{B}$ na direção de $\vec{A}$; essa projeção é o componente de $\vec{B}$ na direção de $\vec{A}$ e é dada por $B \cos \phi$. (Podemos obter componentes ao longo de *qualquer* direção conveniente e não somente nas direções dos eixos x e y.) Definimos $\vec{A} \cdot \vec{B}$ como o módulo de $\vec{A}$ multiplicado pelo componente de $\vec{B}$ paralelo ao vetor $\vec{A}$. Ou seja,

$$\vec{A} \cdot \vec{B} = AB \cos \phi = |\vec{A}||\vec{B}| \cos \phi \tag{1.16}$$

Produto escalar dos vetores $\vec{A}$ e $\vec{B}$ = Módulos de $\vec{A}$ e $\vec{B}$
Ângulo entre $\vec{A}$ e $\vec{B}$ iniciados no mesmo ponto

Como alternativa, podemos definir $\vec{A} \cdot \vec{B}$ como o produto do módulo de $\vec{B}$ multiplicado pelo componente de $\vec{B}$ na direção do vetor $\vec{B}$, como indicado na Figura 1.26c. Logo, $\vec{A} \cdot \vec{B} = B(A \cos \phi) = AB \cos \phi$, que é o mesmo que a Equação 1.16.

O produto escalar é uma grandeza escalar, não um vetor, possuindo valor positivo, negativo ou zero. Quando ϕ está compreendido entre 0° e 90°, $\cos \phi > 0$ e o produto escalar é positivo (**Figura 1.27a**). Quando está compreendido entre 90° e 180°, de modo que $\cos \phi < 0$, o componente de $\vec{B}$ paralelo ao vetor $\vec{A}$ é negativo, e $\vec{A} \cdot \vec{B}$ é negativo (Figura 1.27b). Finalmente, quando $\phi = 90°$, $\vec{A} \cdot \vec{B} = 0$ (Figura 1.27c). *O produto escalar de dois vetores perpendiculares é sempre igual a zero.*

Para dois vetores arbitrários $\vec{A}$ e $\vec{B}$, $AB \cos \phi = BA \cos \phi$. Isto significa que $\vec{A} \cdot \vec{B} = \vec{B} \cdot \vec{A}$. O produto escalar obedece à lei comutativa da multiplicação; a ordem do produto dos dois vetores não importa.

Usaremos o produto escalar no Capítulo 6 para definir o trabalho realizado por uma força. Em capítulos posteriores, usaremos o produto escalar para diversas finalidades, desde o cálculo de um potencial elétrico até a determinação dos efeitos produzidos pela variação de campos magnéticos em circuitos elétricos.

Cálculo do produto escalar usando componentes

Podemos calcular o produto escalar $\vec{A} \cdot \vec{B}$ diretamente quando os componentes x, y e z dos vetores $\vec{A}$ e $\vec{B}$ forem conhecidos. Para ver como isso é feito, vamos calcular o produto escalar dos vetores unitários $\hat{\imath}$, $\hat{\jmath}$ e $\hat{k}$. Todos os vetores unitários possuem módulo 1 e são perpendiculares uns aos outros. Usando a Equação 1.16, encontramos:

$$\hat{\imath} \cdot \hat{\imath} = \hat{\jmath} \cdot \hat{\jmath} = \hat{k} \cdot \hat{k} = (1)(1) \cos 0° = 1$$
$$\hat{\imath} \cdot \hat{\jmath} = \hat{\imath} \cdot \hat{k} = \hat{\jmath} \cdot \hat{k} = (1)(1) \cos 90° = 0 \tag{1.17}$$

Agora expressamos $\vec{A}$ e $\vec{B}$ em termos dos respectivos componentes, expandimos o produto e usamos esses produtos entre os vetores unitários:

$$\begin{aligned}\vec{A} \cdot \vec{B} &= (A_x \hat{\imath} + A_y \hat{\jmath} + A_z \hat{k}) \cdot (B_x \hat{\imath} + B_y \hat{\jmath} + B_z \hat{k}) \\ &= A_x \hat{\imath} \cdot B_x \hat{\imath} + A_x \hat{\imath} \cdot B_y \hat{\jmath} + A_x \hat{\imath} \cdot B_z \hat{k} \\ &\quad + A_y \hat{\jmath} \cdot B_x \hat{\imath} + A_y \hat{\jmath} \cdot B_y \hat{\jmath} + A_y \hat{\jmath} \cdot B_z \hat{k} \\ &\quad + A_z \hat{k} \cdot B_x \hat{\imath} + A_z \hat{k} \cdot B_y \hat{\jmath} + A_z \hat{k} \cdot B_z \hat{k} \\ &= A_x B_x \hat{\imath} \cdot \hat{\imath} + A_x B_y \hat{\imath} \cdot \hat{\jmath} + A_x B_z \hat{\imath} \cdot \hat{k}\end{aligned}$$

$$+ A_y B_x \hat{j} \cdot \hat{i} + A_y B_y \hat{j} \cdot \hat{j} + A_y B_z \hat{j} \cdot \hat{k}$$
$$+ A_z B_x \hat{k} \cdot \hat{i} + A_z B_y \hat{k} \cdot \hat{j} + A_z B_z \hat{k} \cdot \hat{k} \tag{1.18}$$

Pelas Equações 1.17, vemos que seis desses nove componentes se anulam, e os três que sobram fornecem simplesmente:

Produto escalar dos vetores $\vec{A}$ e $\vec{B}$ — Componentes de $\vec{A}$
$$\vec{A} \cdot \vec{B} = A_x B_x + A_y B_y + A_z B_z \tag{1.19}$$
Componentes de $\vec{B}$

Logo, *o produto escalar entre dois vetores é igual à soma dos produtos escalares entre seus respectivos componentes.*

O produto escalar fornece um método direto para o cálculo do ângulo ϕ entre dois vetores $\vec{A}$ e $\vec{B}$ cujos componentes sejam conhecidos. Nesse caso, a Equação 1.19 deve ser usada para o cálculo do produto escalar de $\vec{A}$ e $\vec{B}$. O Exemplo 1.10 mostra como fazer isso.

EXEMPLO 1.9 CÁLCULO DO PRODUTO ESCALAR

Ache o produto escalar $\vec{A} \cdot \vec{B}$ dos dois vetores da **Figura 1.28**. Os módulos dos vetores são $A = 4{,}00$ e $B = 5{,}00$.

SOLUÇÃO

IDENTIFICAR E PREPARAR: podemos calcular o produto escalar de duas maneiras: usando os módulos dos vetores e o ângulo entre eles (Equação 1.16) e usando os componentes dos vetores (Equação 1.19). Utilizaremos as duas maneiras, e os resultados confirmarão.

Figura 1.28 Dois vetores $\vec{A}$ e $\vec{B}$ em duas dimensões.

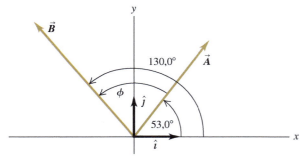

EXECUTAR: o ângulo entre os dois vetores $\vec{A}$ e $\vec{B}$ é $\phi = 130{,}0° - 53{,}0° = 77{,}0°$, de modo que a Equação 1.16 nos dá

$$\vec{A} \cdot \vec{B} = AB \cos \phi = (4{,}00)(5{,}00) \cos 77{,}0° = 4{,}50$$

Para usar a Equação 1.19, temos primeiro de achar os componentes dos vetores. Os ângulos de $\vec{A}$ e $\vec{B}$ são dados com relação ao eixo $+x$ e são medidos no sentido do eixo $+x$ para o eixo $+y$, de modo que podemos usar as equações 1.5:

$$A_x = (4{,}00) \cos 53{,}0° = 2{,}407$$
$$A_y = (4{,}00) \operatorname{sen} 53{,}0° = 3{,}195$$
$$B_x = (5{,}00) \cos 130{,}0° = -3{,}214$$
$$B_y = (5{,}00) \operatorname{sen} 130{,}0° = 3{,}830$$

Assim como no Exemplo 1.7, mantemos um algarismo significativo extra nos componentes e arredondamos no final. A Equação 1.19 agora nos dá

$$\vec{A} \cdot \vec{B} = A_x B_x + A_y B_y + A_z B_z$$
$$= (2{,}407)(-3{,}214) + (3{,}195)(3{,}830) + (0)(0) = 4{,}50$$

AVALIAR: os dois métodos têm os mesmos resultados, como deveriam.

EXEMPLO 1.10 CÁLCULO DE ÂNGULOS USANDO O PRODUTO ESCALAR

Ache o ângulo entre os dois vetores

$$\vec{A} = 2{,}00\hat{i} + 3{,}00\hat{j} + 1{,}00\hat{k}$$

e

$$\vec{B} = -4{,}00\hat{i} + 2{,}00\hat{j} - 1{,}00\hat{k}$$

SOLUÇÃO

IDENTIFICAR E PREPARAR: temos os componentes x, y e z de dois vetores. Nossa variável-alvo é o ângulo ϕ entre eles (**Figura 1.29**). Para achá-lo, resolvemos a Equação 1.16, $\vec{A} \cdot \vec{B} = AB \cos \phi$, para ϕ em termos do produto escalar $\vec{A} \cdot \vec{B}$ e os módulos A e B. Podemos usar a Equação 1.19 para avaliar o

(*Continua*)

(Continuação)
produto escalar, $\vec{A} \cdot \vec{B} = A_xB_x + A_yB_y + A_zB_z$, e podemos usar a Equação 1.16 para achar A e B.

EXECUTAR: resolvemos a Equação 1.16 para cos ϕ e usamos a Equação 1.19 para escrever $\vec{A} \cdot \vec{B}$:

$$\cos \phi = \frac{\vec{A} \cdot \vec{B}}{AB} = \frac{A_xB_x + A_yB_y + A_zB_z}{AB}$$

Figura 1.29 Dois vetores em três dimensões.

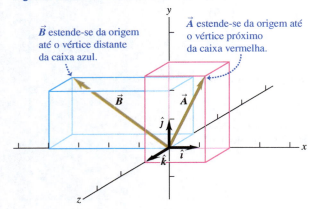

Podemos usar esta fórmula para achar o ângulo entre dois vetores $\vec{A}$ e $\vec{B}$ *quaisquer*. Aqui, temos $A_x = 2{,}00$, $A_y = 3{,}00$ e $A_z = 1{,}00$, e $B_x = -4{,}00$, $B_y = 2{,}00$ e $B_z = -1{,}00$. Assim,

$$\vec{A} \cdot \vec{B} = A_xB_x + A_yB_y + A_zB_z$$
$$= (2{,}00)(-4{,}00) + (3{,}00)(2{,}00) + (1{,}00)(-1{,}00)$$
$$= -3{,}00$$

$$A = \sqrt{A_x^2 + A_y^2 + A_z^2} = \sqrt{(2{,}00)^2 + (3{,}00)^2 + (1{,}00)^2}$$
$$= \sqrt{14{,}00}$$

$$B = \sqrt{B_x^2 + B_y^2 + B_z^2} = \sqrt{(-4{,}00)^2 + (2{,}00)^2 + (-1{,}00)^2}$$
$$= \sqrt{21{,}00}$$

$$\cos \phi = \frac{A_xB_x + A_yB_y + A_zB_z}{AB} = \frac{-3{,}00}{\sqrt{14{,}00}\sqrt{21{,}00}} = -0{,}175$$

$$\phi = 100°$$

AVALIAR: para conferir este resultado, note que o produto escalar $\vec{A} \cdot \vec{B}$ é negativo. Isso significa que o ângulo ϕ está compreendido entre 90° e 180° (Figura 1.27), o que está de acordo com nossa resposta.

Produto vetorial

Figura 1.30 O produto vetorial de (a) $\vec{A} \times \vec{B}$ e (b) $\vec{B} \times \vec{A}$.

(a) Usando a regra da mão direita para achar a direção de $\vec{A} \times \vec{B}$.

① Una $\vec{A}$ e $\vec{B}$ pelo início do vetor
② Aponte os dedos da mão direita ao longo de $\vec{A}$, com a palma virada para $\vec{B}$.
③ Encurve os dedos em direção a $\vec{B}$.
④ O polegar aponta no sentido de $\vec{A} \times \vec{B}$.

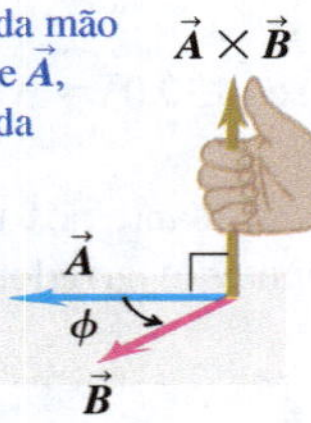

(b) Usando a regra da mão direita para achar a direção de $\vec{B} \times \vec{A} = \vec{A} \times \vec{B}$ (produto vetorial é anticomutativo)

① Una $\vec{A}$ e $\vec{B}$ pelo início do vetor
② Aponte os dedos da mão direita ao longo de $\vec{B}$, com a palma virada para $\vec{A}$.
③ Encurve os dedos no sentido de $\vec{A}$.
④ O polegar aponta no sentido de $\vec{B} \times \vec{A}$.
⑤ $\vec{B} \times \vec{A}$ possuem o mesmo módulo de $\vec{A} \times \vec{B}$, mas apontam no sentido oposto.

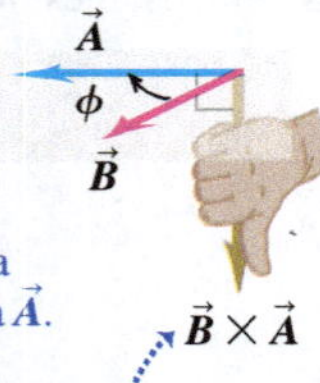

O **produto vetorial** de dois vetores, $\vec{A}$ e $\vec{B}$, é designado por $\vec{A} \times \vec{B}$. Como sugere o nome, o produto vetorial é um vetor em si. Usaremos esse produto no Capítulo 10 para descrever o torque e o momento angular; nos capítulos 27 e 28 (no Volume 3), seu uso também será frequente para descrever campos e forças magnéticas.

Para definir o produto vetorial $\vec{A} \times \vec{B}$ de dois vetores $\vec{A}$ e $\vec{B}$, desenhamos os dois com início em um mesmo ponto (**Figura 1.30a**). Assim, os dois vetores ficam situados em um mesmo plano. Definimos o produto vetorial como uma grandeza vetorial perpendicular a esse plano (isto é, tanto perpendicular a $\vec{A}$ quanto a $\vec{B}$) e possuindo módulo dado por AB sen ϕ. Isto é, se $\vec{C} = \vec{A} \times \vec{B}$, então:

Módulo do produto **vetorial de vetores** $\vec{B}$ e $\vec{A}$
$$C = AB \operatorname{sen} \phi \qquad (1.20)$$
Módulos de $\vec{A}$ e $\vec{B}$ ⋯ Ângulo entre $\vec{A}$ e $\vec{B}$ iniciados no mesmo ponto

Medimos o ângulo ϕ entre $\vec{A}$ e $\vec{B}$ como o menor ângulo entre esses dois vetores, ou seja, o ângulo ϕ está compreendido entre 0° e 180°. Logo, sen $\phi \geq 0$ e C na Equação 1.20 nunca possui valor negativo, como deve ser para o módulo de um vetor. Note também que, quando $\vec{A}$ e $\vec{B}$ forem dois vetores paralelos ou antiparalelos, $\phi = 0°$ ou 180° e $C = 0$. Ou seja, *o produto vetorial de dois vetores paralelos ou antiparalelos é sempre igual a zero*. Em particular, *o produto vetorial de qualquer vetor com ele mesmo é igual a zero*.

ATENÇÃO **Produto vetorial *versus* produto escalar** Recomenda-se cautela para distinguir entre a expressão AB sen ϕ para o módulo do produto vetorial $\vec{A} \times \vec{B}$ e a expressão semelhante AB cos ϕ para o produto escalar $\vec{A} \cdot \vec{B}$. Para compreender a diferença entre essas duas expressões, imagine que o ângulo entre os vetores $\vec{A}$ e $\vec{B}$ possa variar enquanto seus módulos permanecem constantes. Quando $\vec{A}$ e $\vec{B}$ são paralelos, o módulo do produto vetorial é igual a zero e o produto escalar será máximo. Quando $\vec{A}$ e $\vec{B}$ são perpendiculares, o módulo do produto vetorial será máximo e o produto escalar será zero.

Existem sempre *dois* sentidos para uma direção perpendicular a um plano, um para cima e outro para baixo do plano. Escolhemos qual desses sentidos nos dá a direção de $\vec{A} \times \vec{B}$ do seguinte modo: imagine que o vetor $\vec{A}$ sofra uma rotação em torno de um eixo perpendicular ao plano até que ele se superponha com o vetor $\vec{A}$, escolhendo nessa rotação o menor ângulo entre os vetores $\vec{A}$ e $\vec{B}$. Faça uma rotação dos quatro dedos da mão direita em torno da linha perpendicular, de modo que o dedo polegar aponte no sentido de $\vec{A} \times \vec{B}$. A **regra da mão direita** é indicada na Figura 1.30a, que descreve uma segunda forma de pensar a respeito dessa regra.

Da mesma forma, determinamos o sentido de $\vec{B} \times \vec{A}$ fazendo uma rotação de $\vec{B}$ para $\vec{A}$, como indicado na Figura 1.30b. O resultado é um vetor *oposto* a $\vec{A} \times \vec{B}$. O produto vetorial *não* é comutativo, mas *anticomutativo*. De fato, para dois vetores $\vec{A}$ e $\vec{B}$,

$$\vec{A} \times \vec{B} = -\vec{B} \times \vec{A} \qquad (1.21)$$

Assim como fizemos para o caso do produto escalar, podemos fazer uma interpretação geométrica para o módulo do produto vetorial. Na **Figura 1.31a**, B sen ϕ é o componente do vetor $\vec{B}$ em uma direção *perpendicular* à direção do vetor $\vec{A}$. Pela Equação 1.20, vemos que o módulo de $\vec{A} \times \vec{B}$ é igual ao módulo de $\vec{A}$ multiplicado pelo componente de $\vec{B}$ em uma direção perpendicular à direção de $\vec{A}$. A Figura 1.31b mostra que o módulo de $\vec{A} \times \vec{B}$ também é igual ao módulo de $\vec{B}$ multiplicado pelo componente de $\vec{A}$ em uma direção perpendicular à direção de $\vec{B}$. Note que a Figura 1.31 mostra um caso no qual ϕ está compreendido entre 0° e 90°; você deve desenhar um diagrama semelhante para ϕ compreendido entre 90° e 180° para verificar que a mesma interpretação geométrica vale para o módulo de $\vec{A} \times \vec{B}$.

Cálculo do produto vetorial usando componentes

Quando conhecemos os componentes de $\vec{A}$ e $\vec{B}$, podemos calcular os componentes do produto vetorial mediante procedimento semelhante ao adotado para o produto escalar. Inicialmente, convém fazer uma tabela de multiplicação vetorial para os vetores unitários $\hat{\imath}$, $\hat{\jmath}$ e $\hat{k}$, todos os três perpendiculares entre si (**Figura 1.32a**). O produto vetorial de um vetor com ele mesmo é igual a zero, logo

$$\hat{\imath} \times \hat{\imath} = \hat{\jmath} \times \hat{\jmath} = \hat{k} \times \hat{k} = \mathbf{0}$$

O zero em negrito é para lembrar que esse produto fornece um *vetor* nulo, isto é, aquele cujos componentes são nulos e não possui direção definida. Usando as equações 1.20 e 1.21 e a regra da mão direita, encontramos:

$$\hat{\imath} \times \hat{\jmath} = -\hat{\jmath} \times \hat{\imath} = \hat{k}$$
$$\hat{\jmath} \times \hat{k} = -\hat{k} \times \hat{\jmath} = \hat{\imath}$$
$$\hat{k} \times \hat{\imath} = -\hat{\imath} \times \hat{k} = \hat{\jmath} \qquad (1.22)$$

Pode-se verificar essas equações pela Figura 1.32a.

A seguir, escrevemos $\vec{A}$ e $\vec{B}$ em termos dos respectivos componentes e vetores unitários e desenvolvemos a expressão para o produto vetorial:

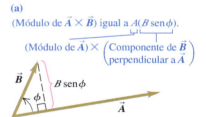

Figura 1.31 Cálculo do módulo AB sen ϕ do produto vetorial de dois vetores, $\vec{A} \times \vec{B}$.

(a)
(Módulo de $\vec{A} \times \vec{B}$) igual a $A(B \operatorname{sen}\phi)$.

(Módulo de $\vec{A}$) × $\begin{pmatrix}\text{Componente de } \vec{B} \\ \text{perpendicular a } \vec{A}\end{pmatrix}$

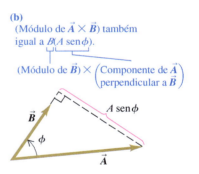

(b)
(Módulo de $\vec{A} \times \vec{B}$) também igual a $B(A \operatorname{sen}\phi)$.

(Módulo de $\vec{B}$) × $\begin{pmatrix}\text{Componente de } \vec{A} \\ \text{perpendicular a } \vec{B}\end{pmatrix}$

Figura 1.32 (a) Sempre usaremos um sistema de coordenadas com orientação da mão direita, como este. (b) Nunca usaremos um sistema de coordenadas com orientação da mão esquerda (para o qual $\hat{\imath} \times \hat{\jmath} = -\hat{k}$, e assim por diante).

(a) Sistema de coordenadas com orientação da mão direita.

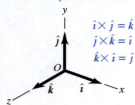

(b) Sistema de coordenadas com orientação da mão esquerda: não será usado.

$$\vec{A} \times \vec{B} = (A_x\hat{\imath} + A_y\hat{\jmath} + A_z\hat{k}) \times (B_x\hat{\imath} + B_y\hat{\jmath} + B_z\hat{k})$$

$$= A_x\hat{\imath} \times B_x\hat{\imath} + A_x\hat{\imath} \times B_y\hat{\jmath} + A_x\hat{\imath} \times B_z\hat{k}$$

$$+ A_y\hat{\jmath} \times B_x\hat{\imath} + A_y\hat{\jmath} \times B_y\hat{\jmath} + A_y\hat{\jmath} \times B_z\hat{k}$$

$$+ A_z\hat{k} \times B_x\hat{\imath} + A_z\hat{k} \times B_y\hat{\jmath} + A_z\hat{k} \times B_z\hat{k} \quad (1.23)$$

Os termos individuais também podem ser reescritos na Equação 1.23 como $A_x\hat{\imath} \times B_y\hat{\jmath} = (A_xB_y)\hat{\imath} \times \hat{\jmath}$, e assim por diante. Usando a tabela de multiplicação para vetores unitários nas equações 1.22 e então reagrupando os termos, encontramos:

$$\vec{A} \times \vec{B} = (A_yB_z - A_zB_y)\hat{\imath} + (A_zB_x - A_xB_z)\hat{\jmath} + (A_xB_y - A_yB_x)\hat{k} \quad (1.24)$$

Se você comparar a Equação 1.24 com a Equação 1.14, verá que os componentes de $\vec{C} = \vec{A} \times \vec{B}$ são

> **Componentes do produto vetorial** $\vec{A} \times \vec{B}$
>
> $$C_x = A_yB_z - A_zB_y \quad C_y = A_zB_x - A_xB_z \quad C_z = A_xB_y - A_yB_x \quad (1.25)$$
>
> A_x, A_y, A_z = componentes de $\vec{A}$ B_x, B_y, B_z = componentes de $\vec{B}$

Com o sistema de eixos da Figura 1.32a, se for invertido o sentido do eixo z obteremos o sistema de coordenadas da Figura 1.32b. Logo, como você pode verificar, a definição do produto vetorial fornece $\hat{\imath} \times \hat{\jmath} = -\hat{k}$, em vez de $\hat{\imath} \times \hat{\jmath} = \hat{k}$. De fato, todos os produtos vetoriais dos vetores unitários $\hat{\imath}$, $\hat{\jmath}$ e $\hat{k}$ teriam sinais opostos aos indicados nas equações 1.22. Vemos que existem dois tipos de sistemas de coordenadas, diferenciados pelos sinais dos produtos vetoriais dos respectivos vetores unitários. Um sistema de coordenadas para o qual $\hat{\imath} \times \hat{\jmath} = \hat{k}$, como indicado na Figura 1.32a, denomina-se **sistema da mão direita**. A prática normal aconselha a usar *somente* sistemas com orientação da mão direita. Neste livro seguiremos essa prática.

EXEMPLO 1.11 CÁLCULO DE UM PRODUTO VETORIAL

O vetor $\vec{A}$ possui módulo igual a 6 unidades e está contido no eixo +x. O vetor $\vec{B}$ possui módulo igual a 4 unidades e está contido no plano xy, formando um ângulo de 30° com o eixo +x (**Figura 1.33**). Calcule o produto vetorial $\vec{C} = \vec{A} \times \vec{B}$.

Figura 1.33 Os vetores $\vec{A}$ e $\vec{B}$ e seu produto vetorial $\vec{C} = \vec{A} \times \vec{B}$. O vetor $\vec{A}$ está contido no plano xy.

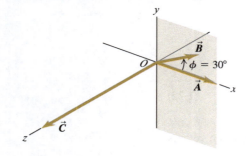

SOLUÇÃO

IDENTIFICAR E PREPARAR: podemos achar o produto vetorial por dois métodos diferentes, o que permitirá verificar nossos cálculos. No primeiro, usamos a Equação 1.20 e a regra da mão direita; em seguida, usamos a Equação 1.25 para achar o produto vetorial por meio do uso dos componentes.

EXECUTAR: usando o primeiro método, pela Equação 1.20, o módulo do produto vetorial é dado por:

$$AB \operatorname{sen} \phi = (6)(4)(\operatorname{sen} 30°) = 12$$

De acordo com a regra da mão direita, o sentido de $\vec{A} \times \vec{B}$ é o mesmo do eixo +z (o sentido do vetor unitário $\hat{k}$), de modo que $\vec{C} = \vec{A} \times \vec{B} = 12\hat{k}$.

Para usar as equações 1.25, primeiro determinamos os componentes de $\vec{A}$ e de $\vec{B}$. Note que $\vec{A}$ aponta ao longo do eixo x, de modo que seu único componente diferente de zero é A_x. Para $\vec{B}$, a Figura 1.33 mostra que $\phi = 30°$ é medido a partir do eixo +x em direção ao eixo +y, de modo que podemos usar as equações 1.5:

(Continua)

(*Continuação*)

$$A_x = 6 \qquad A_y = 0 \qquad A_z = 0$$
$$B_x = 4\cos 30° = 2\sqrt{3} \qquad B_y = 4\,\text{sen}\,30° = 2 \qquad B_z = 0$$

Então, as equações 1.25 resultam em

$$C_x = (0)(0) - (0)(2) = 0$$
$$C_y = (0)(2\sqrt{3}) - (6)(0) = 0$$
$$C_z = (6)(2) - (0)(2\sqrt{3}) = 12$$

Assim, novamente temos $\vec{C} = 12\hat{k}$.

AVALIAR: os dois métodos chegam ao mesmo resultado. Dependendo da situação, pode ser mais conveniente usar um ou outro.

TESTE SUA COMPREENSÃO DA SEÇÃO 1.10 O vetor $\vec{A}$ possui módulo 2 e o vetor $\vec{B}$, módulo 3. O ângulo ϕ entre $\vec{A}$ e $\vec{B}$ é (i) 0°, (ii) 90° ou (iii) 180°. Para cada uma dessas situações, defina o valor de ϕ. (Em cada situação, pode haver mais de uma resposta correta.) (a) $\vec{A} \cdot \vec{B} = 0$; (b) $\vec{A} \times \vec{B} = \mathbf{0}$; (c) $\vec{A} \cdot \vec{B} = 6$; (d) $\vec{A} \cdot \vec{B} = -6$; (e) (módulo de $\vec{A} \times \vec{B} = 6$. ▮

CAPÍTULO 1   RESUMO

Grandezas físicas e unidades: as grandezas físicas fundamentais da mecânica são massa, comprimento e tempo. As unidades SI correspondentes são quilograma, metro e segundo. As unidades derivadas para outras grandezas físicas são produtos ou quocientes dessas unidades básicas. As equações devem ser dimensionalmente coerentes; dois termos só podem ser somados quando possuírem as mesmas unidades (exemplos 1.1 e 1.2).

Algarismos significativos: a exatidão ou acurácia de uma medição pode ser indicada pelo número de algarismos significativos ou pela incerteza estipulada. Os algoritmos significativos no resultado de um cálculo são determinados pelas regras resumidas na Tabela 1.2. Quando dispomos apenas de estimativas grosseiras para os dados de entrada, normalmente podemos fazer estimativas úteis de ordem de grandeza (exemplos 1.3 e 1.4).

Algarismos significativos destacados

$$\pi = \frac{C}{2r} = \frac{0{,}424\ \text{m}}{2(0{,}06750\ \text{m})} = 3{,}14$$

$$123{,}62 + 8{,}9 = 132{,}5$$

Grandezas escalares, grandezas vetoriais e soma vetorial: as grandezas escalares são números que devem ser combinados usando-se as regras normais da aritmética. As grandezas vetoriais possuem módulo, direção e sentido e devem ser combinadas usando-se as regras da soma vetorial. O negativo de um vetor possui o mesmo módulo, mas aponta no sentido oposto (Exemplo 1.5).

$$\vec{A} + \vec{B} = \vec{A} + \vec{B}$$

Componentes vetoriais e soma vetorial: a soma vetorial pode ser feita usando-se os componentes dos vetores. O componente x de $\vec{R} = \vec{A} + \vec{B}$ é a soma dos componentes x de $\vec{A}$ e $\vec{B}$, o mesmo ocorrendo com os componentes y e z (exemplos 1.6 e 1.7).

$$R_x = A_x + B_x$$
$$R_y = A_y + B_y \qquad (1.9)$$
$$R_z = A_z + B_z$$

Vetores unitários: os vetores unitários descrevem certas direções e sentidos no espaço. Um vetor unitário possui módulo igual a 1, sem unidades. Especialmente úteis são os vetores unitários $\hat{i}$, $\hat{j}$ e $\hat{k}$, alinhados aos eixos x, y e z de um sistema retangular de coordenadas (Exemplo 1.8).

$$\vec{A} = A_x\hat{i} + A_y\hat{j} + A_z\hat{k} \quad (1.14)$$

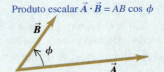

Produto escalar: o produto escalar $C = \vec{A} \cdot \vec{B}$ de dois vetores $\vec{A}$ e $\vec{B}$ é uma grandeza escalar. Pode ser expresso em termos dos módulos de $\vec{A}$ e $\vec{B}$ e o ângulo ϕ, entre os dois vetores, ou em termos dos componentes dos dois vetores. O produto escalar é comutativo; $\vec{A} \cdot \vec{B} = \vec{B} \cdot \vec{A}$. O produto escalar de dois vetores perpendiculares é igual a zero (exemplos 1.9 e 1.10).

$$\vec{A} \cdot \vec{B} = AB\cos\phi = |\vec{A}||\vec{B}|\cos\phi \quad (1.16)$$

$$\vec{A} \cdot \vec{B} = A_xB_x + A_yB_y + A_zB_z \quad (1.19)$$

Produto escalar $\vec{A} \cdot \vec{B} = AB\cos\phi$

Produto vetorial: o produto vetorial $\vec{C} = \vec{A} \cdot \vec{B}$ de dois vetores $\vec{A}$ e $\vec{B}$ é um terceiro vetor $\vec{C}$. O módulo de $\vec{A} \times \vec{B}$ depende dos módulos de $\vec{A}$ e $\vec{B}$ e do ângulo ϕ entre os dois vetores. A direção do produto vetorial é perpendicular ao plano dos dois vetores que estão sendo multiplicados, conforme a regra da mão direita. Os componentes de $\vec{C} = \vec{A} \times \vec{B}$ podem ser expressos em termos dos componentes de $\vec{A}$ e de $\vec{B}$. O produto vetorial não é comutativo; $\vec{A} \times \vec{B} = -\vec{B} \times \vec{A}$. O produto vetorial de dois vetores paralelos ou antiparalelos é igual a zero (Exemplo 1.11).

$$C = AB\,\text{sen}\,\phi \quad (1.20)$$

$$\begin{aligned}C_x &= A_yB_z - A_zB_y \\ C_y &= A_zB_x - A_xB_z \\ C_z &= A_xB_y - A_yB_x\end{aligned} \quad (1.25)$$

$\vec{A} \times \vec{B}$ é ortogonal ao plano de $\vec{A}$ e $\vec{B}$

(Módulo de $\vec{A} \times \vec{B}$) = $AB\,\text{sen}\,\phi$

Problema em destaque   Vetores no telhado

Uma unidade de ar-condicionado é fixada a um telhado que se inclina em um ângulo de 35° acima da horizontal (**Figura 1.34**). Seu peso é uma força $\vec{F}$ sobre o aparelho que é dirigida verticalmente para baixo. Para que a unidade não quebre as telhas do telhado, o componente do peso da unidade perpendicular ao telhado não pode exceder 425 N. (Um newton, ou 1 N, é a unidade SI de força. É igual a 0,2248 lb). (a) Qual é o peso máximo permitido para a unidade? (b) Se a fixação falhar, a unidade desliza 1,50 m ao longo do telhado antes que seja detida por um parapeito. Quanto trabalho a força do peso faz na unidade durante seu deslizamento se a unidade tem o peso calculado na parte (a)? O trabalho realizado por uma força $\vec{F}$ sobre um oxbjeto que sofre um deslocamento $\vec{s}$ é $W = \vec{F} \cdot \vec{s}$.

GUIA DA SOLUÇÃO

IDENTIFICAR E PREPARAR:
1. Este problema envolve vetores e componentes. Quais são as quantidades conhecidas? Que aspecto(s) do vetor de peso (módulo, direção e sentido, e/ou componentes em particular) representa(m) a variável-alvo para a parte (a)? Quais aspectos você precisa conhecer para resolver a parte (b)?

Figura 1.34 Uma unidade de ar-condicionado sobre um telhado inclinado.

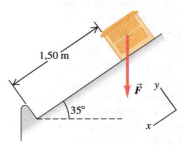

2. Crie um esboço com base na Figura 1.34. Desenhe os eixos x e y, escolhendo o sentido positivo para cada um. Seus eixos não precisam ser horizontal e vertical, mas sim, perpendiculares entre si. A Figura 1.34 mostra uma escolha conveniente de eixos: o eixo x é paralelo à inclinação do telhado.
3. Escolha as equações que você usará para determinar as variáveis-alvo.

EXECUTAR:
4. Use o relacionamento entre módulo e direção de um vetor e seus componentes para resolver a variável-alvo na parte

(Continua)

(*Continuação*)

(a). Cuidado: 35° é o ângulo correto para usar na equação? (Dica: verifique seu esboço.)
5. Cuide para que sua resposta tenha o número correto de algarismos significativos.
6. Use a definição do produto escalar para resolver a variável-alvo na parte (b). Novamente, use o número correto de algarismos significativos.

AVALIAR:
7. Sua resposta na parte (a) inclui um componente de vetor cujo valor absoluto é maior que o módulo do vetor? Isso é possível?
8. Há duas maneiras de encontrar o produto escalar de dois vetores, uma delas utilizada para resolver a parte (b). Verifique sua resposta repetindo o cálculo pela outra maneira. As respostas são as mesmas?

PROBLEMAS

•, ••, •••: níveis de dificuldade. **PC**: problemas cumulativos, incorporando material de outros capítulos. **CALC**: problemas exigindo cálculo. **DADOS:** problemas envolvendo dados reais, evidência científica, projeto experimental e/ou raciocínio científico. **BIO**: problemas envolvendo biociências.

QUESTÕES PARA DISCUSSÃO

Q1.1 Quantas experiências corretas são necessárias para refutar uma teoria? Quantas são necessárias para aprovar uma teoria? Explique.

Q1.2 Alguém pede para você calcular a tangente de 5,0 metros. Isso é possível? Explique.

Q1.3 Qual é sua altura em centímetros? Qual é seu peso em newtons?

Q1.4 Suponha que um Instituto Brasileiro de Ciências mantenha diversas cópias acuradas do padrão internacional de quilograma. Mesmo após uma limpeza minuciosa, esses padrões nacionais de quilograma ganham massa a uma taxa média de aproximadamente 1 μg/y (1 y = 1 ano) quando comparado com o padrão internacional de quilograma a cada dez anos. Essa variação aparente é importante? Explique.

Q1.5 Além de um pêndulo ou de um relógio de césio, que fenômeno físico poderia ser usado para definir um padrão de tempo?

Q1.6 Descreva como você poderia estimar a espessura de uma folha de papel usando uma régua.

Q1.7 O número π = 3,14159... é um número sem dimensão, visto que pode ser calculado como a razão entre dois comprimentos. Descreva mais duas ou três grandezas físicas e geométricas que não possuam dimensões.

Q1.8 Quais são as unidades de volume? Suponha que outro aluno diga que o volume de um cilindro com altura h e raio r seja dado por $\pi r^3 h$. Explique por que isso está errado.

Q1.9 Em uma competição com três arqueiros, cada um atira quatro flechas. As quatro flechas de José ficam a 10 cm acima, 10 cm abaixo, 10 cm para a esquerda e 10 cm para a direita do alvo. Todas as quatro setas de Mário ficam dentro de um círculo de 1 cm de raio com centro a 20 cm do alvo central. Todas as quatro setas de Flávio ficam a 1 cm do alvo central. O juiz afirma que um dos arqueiros é acurado, mas não preciso, outro é simultaneamente preciso e acurado, e o outro é preciso, mas não acurado. Identifique os arqueiros que se enquadram nessas descrições e explique seu raciocínio.

Q1.10 O vetor $(\hat{\imath} + \hat{\jmath} + \hat{k})$ é unitário? O vetor $(3,0\hat{\imath} - 2,0\hat{\jmath})$ é unitário? Justifique suas respostas.

Q1.11 Uma ciclovia circular possui raio igual a 500 m. Qual é a distância percorrida por uma ciclista que percorre a pista da extremidade norte para a sul? E quando ela faz uma volta completa no círculo? Explique.

Q1.12 Dois vetores cujos comprimentos sejam diferentes podem possuir uma soma vetorial igual a zero? Qual a restrição para os comprimentos a fim de que possuam uma soma vetorial igual a zero? Explique.

Q1.13 Algumas vezes falamos de "um sentido para o tempo" que evolui do passado para o futuro. Isso significa que o tempo é uma grandeza vetorial? Explique seu raciocínio.

Q1.14 Os controladores de tráfego aéreo fornecem instruções para os pilotos informando em que direção e sentido eles devem voar. Essas instruções são chamadas de "vetores". Se estas forem as únicas informações dadas aos pilotos, o nome "vetor" está ou não sendo usado corretamente? Explique.

Q1.15 Você pode achar uma grandeza vetorial que possua módulo igual a zero, tendo, porém, componentes diferentes de zero? Explique. É possível o módulo de um vetor ser menor que o de qualquer de seus componentes? Explique.

Q1.16 (a) Faz sentido afirmar que um vetor é *negativo*? Por quê? (b) Faz sentido afirmar que um vetor é o negativo de outro? Por quê? Esta sua resposta contradiz o que você afirmou na parte (a)?

Q1.17 Se $\vec{C} = \vec{A} + \vec{B}$, o que deve ser verdadeiro sobre as direções e módulos de $\vec{A}$ e $\vec{B}$ se $C = A + B$? O que deve ser verdadeiro sobre as direções e módulos de $\vec{A}$ e $\vec{B}$ se $C = 0$?

Q1.18 Se $\vec{A}$ e $\vec{B}$ são vetores diferentes de zero, é possível que $\vec{A} \cdot \vec{B}$ e $\vec{A} \times \vec{B}$ sejam *ambos* zero? Explique.

Q1.19 O que resulta de $\vec{A} \cdot \vec{A}$, o produto escalar de um vetor consigo mesmo? E no caso de $\vec{A} \times \vec{A}$, o produto vetorial de um vetor consigo mesmo?

Q1.20 Seja $\vec{A}$ um vetor diferente de zero. Por que $\vec{A}/A$ é um vetor unitário e qual é sua direção e sentido? Se θ é o ângulo entre $\vec{A}$ e o eixo $+x$, explique por que $(\vec{A}/A) \cdot \hat{\imath}$ é denominado *cosseno diretor* deste eixo.

Q1.21 A Figura 1.7 mostra o resultado de um erro inaceitável na posição de parada de um trem. Se um trem viaja por 890 km de Berlim a Paris e depois ultrapassa o fim da linha em 10,0 m, qual é o erro percentual na distância total coberta? É correto escrever que a distância total coberta pelo trem é de 890.010 km? Explique sua resposta.

Q1.22 Quais das seguintes são operações matemáticas legítimas: (a) $\vec{A} \cdot (\vec{B} - \vec{C})$; (b) $(\vec{A} - \vec{B}) \times \vec{C}$; (c) $\vec{A} \cdot (\vec{B} \times \vec{C})$; (d) $\vec{A} \times (\vec{B} \times \vec{C})$; (e) $\vec{A} \times (\vec{B} \cdot \vec{C})$? Forneça a razão da resposta em cada caso.

Q1.23 Considere os dois produtos vetoriais $\vec{A} \times (\vec{B} \times \vec{C})$ e $(\vec{A} \times \vec{B}) \times \vec{C}$. Forneça um exemplo para mostrar que esses dois vetores normalmente não possuem nem módulos nem direções iguais. Você pode escolher os três vetores $\vec{A}, \vec{B}$ e $\vec{C}$, de modo que esses dois produtos vetoriais *sejam* iguais? Em caso afirmativo, dê um exemplo.

Q1.24 Demonstre que não importa o que sejam $\vec{A}$ e $\vec{B}$, $\vec{A} \cdot (\vec{B} \times \vec{C}) = 0$. (*Sugestão*: não procure uma prova matemática elaborada. Em vez disso, examine a definição da direção e do sentido do produto vetorial.)

Q1.25 (a) Se $\vec{A} \cdot \vec{B} = 0$, é necessariamente verdadeiro que $A = 0$ ou $B = 0$? Explique. (b) Se $\vec{A} \times \vec{B} = \mathbf{0}$, é necessariamente verdadeiro que $A = 0$ ou $B = 0$? Explique.

Q1.26 Se $\vec{A} = \mathbf{0}$ para um vetor no plano xy, é verdadeiro que $A_x = -A_y$? O que se *pode* afirmar sobre A_x e A_y?

EXERCÍCIOS

Seção 1.3 Padrões e unidades
Seção 1.4 Utilização e conversão de unidades

1.1 • Começando pela definição 1 pol = 2,54 cm, calcule o número de (a) quilômetros em 1,00 milha e (b) pés em 1,00 km.

1.2 •• De acordo com o rótulo de um frasco de molho para salada, o volume do conteúdo é de 0,473 litro (L). Usando apenas a conversão 1 L = 1.000 cm³, expresse esse volume em milímetros cúbicos.

1.3 •• Calcule o tempo em nanossegundos que a luz leva para percorrer uma distância de 1,0 km no vácuo. (Este resultado é uma grandeza importante de se lembrar.)

1.4 •• A densidade do ouro é 19,3 g/cm³. Qual é esse valor em quilogramas por metro cúbico?

1.5 • O motor de um potente automóvel Chevrolet Corvette 1963 possui um volume aproximadamente igual a 5,3 L. Sabendo que 1 decâmetro (dam) é igual a 10 m, expresse esse volume em decâmetros cúbicos.

1.6 •• Um campo quadrado que mede 100,0 m por 100,0 m possui uma área de 1,0 hectare. Um acre corresponde a uma área de 4.046,84 m². Se um terreno possui uma área de 12,0 acres, qual é sua área em hectares?

1.7 • Qual será sua idade daqui a 1,0 bilhão de segundos? (Considere um ano de 365 dias.)

1.8 • Ao dirigir em um país exótico, você vê um aviso de limite máximo de velocidade de 100 mi/h na rodovia. Expresse esse limite em km/h e em m/s.

1.9 • O consumo de gasolina de um carro híbrido é aproximadamente igual a 15,0 km/L. (a) Se você estiver dirigindo esse carro nos Estados Unidos e quiser comparar seu consumo com o de outros carros desse país, expresse esse consumo em mpg (milhas por galão). Use os fatores de conversão do Apêndice E. (b) Se o tanque de gasolina desse carro admite 45 L, quantos tanques de gasolina você usará para dirigir por 1.500 km?

1.10 • As seguintes conversões ocorrem com frequência em física e são muito úteis. (a) Considere 1 mi = 5.280 pés e 1 h = 3.600 s para converter 60 mph em unidades de pés/s. (b) A aceleração de um objeto em queda livre é de 32 pés/s². Considere 1 pé = 30,48 cm para expressar essa aceleração em unidades de m/s². (c) A densidade da água é 1,0 g/cm³. Converta essa densidade em unidades de kg/m³.

1.11 •• **Neptúnio.** No outono de 2002, um grupo de cientistas do Los Alamos National Laboratory determinou que a massa crítica do neptúnio-237 é de aproximadamente 60 kg. A massa crítica de um material passível de desintegração nuclear é a quantidade mínima que deve ser acumulada para iniciar uma reação em cadeia. Esse elemento possui densidade de 19,5 g/cm³. Qual seria o raio de uma esfera desse material que possui massa crítica?

1.12 • **BIO** (a) A dose diária recomendada (DDR) do metal de magnésio é 410 mg/dia para homens. Expresse essa quantidade em g/dia. (b) Para adultos, a DDR do aminoácido lisina é de 12 mg por kg de massa corporal. Quantos gramas por dia um adulto de 75 kg deveria receber? (c) Uma cápsula multivitamínica pode conter 2,0 mg de vitamina B_2 (riboflavina) e a DDR é de 0,0030 g/dia. Quantas dessas cápsulas uma pessoa deverá tomar a cada dia para obter a quantidade adequada dessa vitamina, se não receber nada de outras fontes? (d) A DDR para o microelemento selênio é 0,000070 g/dia. Expresse essa dose em mg/dia.

1.13 •• **BIO Bactérias.** As bactérias variam em tamanho, mas um diâmetro de 2,0 μm não é raro. Quais são o volume (em centímetros cúbicos) e a área da superfície (em milímetros quadrados) de uma bactéria esférica com esse tamanho? (Consulte as fórmulas relevantes no Apêndice B.)

Seção 1.5 Incerteza e algarismos significativos

1.14 • Usando uma régua de madeira, você mede o comprimento de uma placa metálica retangular e encontra 12 mm. Usando um micrômetro para medir a largura da placa, você encontra 5,98 mm. Forneça as respostas dos seguintes itens com o número correto de algarismos significativos. (a) Qual a área do retângulo? (b) Qual a razão entre a largura do retângulo e seu comprimento? (c) Qual o perímetro do retângulo? (d) Qual a diferença entre o comprimento do retângulo e sua largura? (e) Qual a razão entre o comprimento do retângulo e sua largura?

1.15 •• Um valor aproximado útil e fácil de lembrar para o número de segundos em um ano é $\pi \times 10^7$. Determine o erro percentual nesse valor aproximado. (Um ano compreende 365,24 dias.)

1.16 • Expresse cada aproximação de π até seis algoritmos significativos: (a) 22/7 e (b) 355/113. (c) Essas aproximações são acuradas nessa precisão?

Seção 1.6 Estimativas e ordens de grandeza

1.17 •• **BIO** Um homem normal de meia-idade vai ao hospital para fazer exames de rotina. A enfermeira anota "200" na sua ficha médica, mas se esquece de incluir as unidades. Qual das seguintes grandezas esse número pode representar? (a) A massa dele em quilogramas; (b) a altura dele em metros; (c) a altura dele em centímetros; (d) a altura dele em milímetros; (e) a idade dele em meses.

1.18 • Quantos litros de gasolina são consumidos no Brasil em um dia? Suponha que haja um carro para cada quatro pessoas, que cada carro seja dirigido por uma média de 10.000 quilômetros por ano e que um carro percorra em média 14 quilômetros por litro de gasolina.

1.19 • **BIO** Quantas vezes uma pessoa normal pisca os olhos em toda sua vida?

1.20 • **BIO** Quatro astronautas estão em uma estação espacial esférica. (a) Se, como é comum, cada um deles respira cerca de 500 cm³ de ar a cada respiração, aproximadamente que volume de ar (em metros cúbicos) esses astronautas respiram em um ano? (b) Qual teria de ser o diâmetro (em metros) da estação espacial para conter todo esse ar?

1.21 • Na ópera de Wagner *O anel dos nibelungos*, a deusa Freia é resgatada em troca de uma pilha de ouro com largura e altura suficientes para escondê-la de vista. Estime o valor dessa pilha de ouro. A densidade do ouro é 19,3 g/cm³ e seu valor é aproximadamente US$ 10 por grama.

1.22 • BIO Quantas vezes o coração de uma pessoa bate em toda sua vida? Quantos litros de sangue ele bombeia nesse período? (Estime que, em cada batida do coração, o volume de sangue bombeado é aproximadamente 50 cm³.)

1.23 • Você está usando gotas de água para diluir pequenas quantidades de um produto químico no laboratório. Quantas gotas de água há em uma garrafa de 1 L? (*Dica:* comece estimando o diâmetro de uma gota de água.)

Seção 1.7 Vetores e soma vetorial

1.24 •• Para os vetores $\vec{A}$ e $\vec{B}$ na **Figura E1.24**, use um desenho em escala para achar o módulo e a direção (a) da soma vetorial $\vec{A} + \vec{B}$ e (b) da diferença vetorial $\vec{A} - \vec{B}$. Use suas respostas para encontrar o módulo e a direção de (c) $-\vec{A} - \vec{B}$ e (d) $\vec{B} - \vec{A}$. (Veja também o Exercício 1.31 para usar um método alternativo na solução deste problema.)

1.25 •• Um empregado do correio dirige um caminhão de entrega e faz o trajeto indicado na **Figura E1.25**. Determine o módulo, a direção e o sentido do deslocamento resultante usando diagramas em escala. (Veja o Exercício 1.32 para usar um método alternativo na solução deste problema.)

Figura E1.24

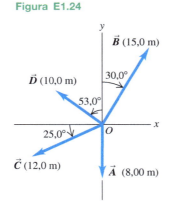

Figura E1.25

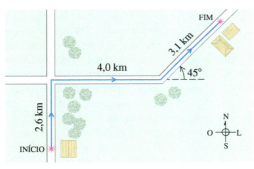

1.26 •• Uma exploradora está pesquisando uma caverna. Ela percorre 180 m em linha reta para oeste, depois caminha 210 m em uma direção formando 45° com a direção anterior e em sentido sul para leste; a seguir, percorre 280 m a 30° no sentido do norte para o leste. Depois de um quarto deslocamento não medido, ela retorna ao ponto de partida. Use um diagrama em escala para determinar o módulo, a direção e o sentido do quarto deslocamento. (Veja o Problema 1.61 para usar um método alternativo na solução de um problema semelhante a este.)

Seção 1.8 Componentes de vetores

1.27 • Determine os componentes x e y dos vetores $\vec{A}, \vec{B}, \vec{C}$ e $\vec{D}$ indicados na Figura E1.24.

1.28 •• Tomemos θ como o ângulo que o vetor $\vec{A}$ forma com o eixo +x, medido no sentido anti-horário desse eixo. Determine o ângulo θ para um vetor que possui os seguintes componentes: (a) $A_x = 2{,}0$ m, $A_y = -1{,}0$ m; (b) $A_x = 2{,}0$ m, $A_y = 1{,}0$ m; (c) $A_x = -2{,}0$ m, $A_y = 1{,}0$ m; (d) $A_x = -2{,}0$ m, $A_y = -1{,}0$ m.

1.29 • O vetor $\vec{A}$ tem componente y $A_y = +9{,}60$. $\vec{A}$ forma um ângulo de 32,0° em sentido anti-horário a partir do eixo +y. (a) Qual é o componente x de $\vec{A}$? (b) Qual é o módulo de $\vec{A}$?

1.30 • O vetor $\vec{A}$ está a 34,0° em sentido anti-horário do eixo −y. O componente x de $\vec{A}$ é $A_x = -16{,}0$ m. (a) Qual é o componente y de $\vec{A}$? (b) Qual é o módulo de $\vec{A}$?

1.31 • Para os vetores $\vec{A}$ e $\vec{B}$ na Figura Q1.24, use o método dos componentes para achar o módulo e a direção e sentido de (a) a soma vetorial $\vec{A} + \vec{B}$; (b) a soma vetorial $\vec{B} + \vec{A}$; (c) a diferença vetorial $\vec{A} - \vec{B}$; (d) a diferença vetorial $\vec{B} - \vec{A}$.

1.32 •• Um empregado do serviço postal dirige um caminhão de entrega e faz o trajeto indicado na Figura Q1.25. Use o método dos componentes para determinar o módulo, a direção e o sentido do deslocamento resultante. Mediante um diagrama vetorial (aproximadamente em escala), mostre que o deslocamento resultante obtido com esse diagrama concorda aproximadamente com o resultado obtido pelo método dos componentes.

1.33 •• Um professor de física desorientado dirige 3,25 km para o norte, depois 2,2 km para oeste e, a seguir, 1,50 km para o sul. Determine o módulo, a direção e o sentido do deslocamento resultante, usando o método dos componentes. Usando diagramas (aproximadamente em escala), mostre que o deslocamento resultante encontrado em seu diagrama concorda aproximadamente com o resultado obtido pelo método dos componentes.

1.34 • Determine o módulo, a direção e o sentido dos vetores representados pelos seguintes pares de componentes: (a) $A_x = -8{,}60$ cm, $A_y = 5{,}20$ cm; (b) $A_x = -9{,}70$ m, $A_y = -2{,}45$ m; (c) $A_x = 7{,}75$ km, $A_y = -2{,}70$ km.

1.35 •• O vetor $\vec{A}$ possui comprimento igual a 2,80 cm e está no primeiro quadrante a 60,0° acima do eixo x. O vetor $\vec{B}$ possui comprimento igual a 1,90 cm e está no quarto quadrante a 60,0° abaixo do eixo x (**Figura E1.35**). Use componentes para encontrar o módulo e a direção de (a) $\vec{A} + \vec{B}$; (b) $\vec{A} - \vec{B}$; (c) $\vec{B} - \vec{A}$. Em cada caso, faça um diagrama da soma ou da diferença e mostre que os resultados concordam aproximadamente com as respostas numéricas obtidas.

Figura E1.35

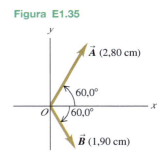

Seção 1.9 Vetores unitários

1.36 • Em cada caso, determine os componentes de x e y do vetor $\vec{A}$: (a) $\vec{A} = 5{,}0\hat{\imath} - 6{,}3\hat{\jmath}$; (b) $\vec{A} = 11{,}2\hat{\jmath} - 9{,}91\hat{\imath}$; (c) $\vec{A} = -15{,}0\hat{\imath} + 22{,}4\hat{\jmath}$; (d) $\vec{A} = 5{,}0\vec{B}$, onde $\vec{B} = 4\hat{\imath} - 6\hat{\jmath}$.

1.37 •• Escreva cada vetor indicado na Figura Q1.24 em termos dos vetores unitários $\hat{\imath}$ e $\hat{\jmath}$.

1.38 •• Dados dois vetores $\vec{A} = 4{,}00\hat{\imath} + 7{,}00\hat{\jmath}$ e $\vec{B} = 5{,}00\hat{\imath} - 2{,}00\hat{\jmath}$, (a) ache o módulo de cada vetor; (b) escreva uma expressão para a diferença vetorial $\vec{A} - \vec{B}$ usando vetores unitários; (c) ache o módulo e a direção da diferença vetorial $\vec{A} - \vec{B}$; (d) faça um diagrama vetorial para $\vec{A}, \vec{B}$ e $\vec{A} - \vec{B}$, e mostre que os resultados concordam aproximadamente com a resposta do item (c).

1.39 •• (a) Escreva cada vetor indicado na **Figura E1.39** em termos dos vetores unitários $\hat{\imath}$ e $\hat{\jmath}$. (b) Use vetores unitários para escrever o vetor $\vec{C}$, onde $\vec{C} = 3{,}00\vec{A} - 4{,}00\vec{B}$ (c) Encontre o módulo e a direção de $\vec{C}$.

1.40 • Sejam dados dois vetores, $\vec{A} = -3{,}00\hat{\imath} + 6{,}00\hat{\jmath}$ e $\vec{B} = 7{,}00\hat{\imath} + 2{,}00\hat{\jmath}$. Sejam positivos os ângulos anti-horários. (a) Que ângulo $\vec{A}$ forma com o eixo $+x$? (b) Que ângulo $\vec{B}$ forma com o eixo $+x$? (c) O vetor $\vec{C}$ é a soma de $\vec{A}$ e $\vec{B}$, de modo que $\vec{C} = \vec{A} + \vec{B}$. Que ângulo $\vec{C}$ forma com o eixo $+x$?

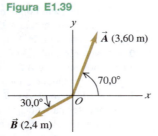

Figura E1.39

1.41 • Dados dois vetores $\vec{A} = -2{,}00\hat{\imath} + 3{,}00\hat{\jmath} + 4{,}00\hat{k}$ e $\vec{B} = 3{,}00\hat{\imath} + 1{,}00 - 3{,}00\hat{k}$, (a) ache o módulo de cada vetor; (b) use vetores unitários para escrever uma expressão para a diferença vetorial $\vec{A} - \vec{B}$; e (c) ache o módulo da diferença vetorial $\vec{A} - \vec{B}$. Este módulo é o mesmo de $\vec{B} - \vec{A}$? Explique.

Seção 1.10 Produtos de vetores

1.42 •• (a) Ache o produto escalar dos dois vetores $\vec{A}$ e $\vec{B}$ mencionados no Exercício 1.38. (b) Encontre o ângulo entre esses dois vetores.

1.43 • Para os vetores $\vec{A}$, $\vec{B}$ e $\vec{C}$ indicados na Figura E1.24, ache os produtos escalares (a) $\vec{A} \cdot \vec{B}$; (b) $\vec{B} \cdot \vec{C}$; (c) $\vec{A} \cdot \vec{C}$.

1.44 •• Encontre o produto vetorial $\vec{A} \times \vec{B}$ (expresso em termos de vetores unitários) dos vetores indicados no Exercício 1.38. Qual o módulo desse produto vetorial?

1.45 •• Ache o ângulo entre cada par de vetores:
(a) $\vec{A} = -2{,}00\hat{\imath} + 6{,}00\hat{\jmath}$ e $\vec{B} = 2{,}00\hat{\imath} - 3{,}00\hat{\jmath}$
(b) $\vec{A} = 3{,}00\hat{\imath} + 5{,}00\hat{\jmath}$ e $\vec{B} = 10{,}00\hat{\imath} + 6{,}00\hat{\jmath}$
(c) $\vec{A} = -4{,}00\hat{\imath} + 2{,}00\hat{\jmath}$ e $\vec{B} = 7{,}00\hat{\imath} + 14{,}00\hat{\jmath}$

1.46 • Para os dois vetores indicados na Figura Q1.35, ache o módulo e a direção do (a) produto vetorial $\vec{A} \times \vec{B}$; (b) produto vetorial $\vec{B} \times \vec{A}$.

1.47 • Para os vetores $\vec{A}$ e $\vec{D}$ indicados na Figura Q1.24, ache o módulo e a direção do (a) produto vetorial $\vec{A} \times \vec{D}$; (b) produto vetorial $\vec{D} \times \vec{A}$.

1.48 • Para os vetores $\vec{A}$ e $\vec{B}$ indicados na Figura Q1.39, ache (a) o produto escalar $\vec{A} \cdot \vec{B}$; (b) o módulo e a direção do produto vetorial $\vec{A} \times \vec{B}$.

PROBLEMAS

1.49 •• **Anãs brancas e estrelas de nêutrons.** Lembre-se de que densidade é massa dividida pelo volume e consulte o Apêndice B se for preciso. (a) Calcule a densidade média da Terra em g/cm^3, supondo que nosso planeta seja uma esfera perfeita. (b) Em cerca de 5 bilhões de anos, no final de sua vida, nosso Sol vai acabar como uma anã branca com aproximadamente a mesma massa, tal como agora, mas reduzido para cerca de 15.000 km de diâmetro. Qual será sua densidade nesse estágio? (c) Uma estrela de nêutrons é o remanescente de certas supernovas (explosões de estrelas gigantes). Geralmente, estrelas de nêutrons têm cerca de 20 km de diâmetro e aproximadamente a mesma massa do nosso Sol. Qual é a densidade típica da estrela de nêutrons em g/cm^3?

1.50 • A milha ainda é uma unidade de comprimento muito usada nos Estados Unidos e na Europa. Sabendo que 1 mi é aproximadamente igual a 1,61 km, calcule: (a) o número de metros quadrados existentes em uma milha quadrada; (b) o número de decímetros cúbicos existentes em uma milha cúbica.

1.51 •• **Um planeta semelhante à Terra.** Em janeiro de 2006, astrônomos relataram a descoberta de um planeta comparável em tamanho ao da Terra, na órbita de outra estrela e com aproximadamente 5,5 vezes a massa da Terra. Acredita-se que consista em um misto de rocha e gelo, semelhante a Netuno. Se esse planeta possui a mesma densidade de Netuno (1,76 g/cm^3), qual é seu raio expresso (a) em quilômetros e (b) como múltiplo do raio da Terra? Consulte o Apêndice F para obter dados de astronomia.

1.52 •• **O *maser* de hidrogênio.** Um *maser* é um dispositivo tipo laser, que produz ondas eletromagnéticas com frequências nas faixas de micro-ondas e ondas de rádio do espectro eletromagnético. As ondas de rádio geradas por um *maser* de hidrogênio podem ser usadas como um padrão de frequência. A frequência dessas ondas é igual a 1.420.405.751,786 hertz. (Um hertz é o mesmo que um ciclo por segundo.) Um relógio controlado por um *maser* de hidrogênio pode atrasar ou adiantar apenas 1 s em 100.000 anos. Para as respostas às perguntas seguintes, use apenas três algarismos significativos. (O grande número de algarismos significativos nessa frequência simplesmente ilustra a impressionante exatidão de sua medida.) (a) Qual é o intervalo de tempo de um ciclo dessa onda de rádio? (b) Quantos ciclos ocorrem em 1 h? (c) Quantos ciclos poderiam ter ocorrido durante a idade da Terra, estimada em 4,6 × 10^9 anos? (d) Quantos segundos um relógio controlado por um *maser* de hidrogênio poderia atrasar ou adiantar em um intervalo igual à idade da Terra?

1.53 • BIO **Respirando oxigênio.** A densidade do ar sob as condições normais de laboratório é de 1,29 kg/m^3, e o teor de oxigênio desse ar corresponde a cerca de 20%. Normalmente, as pessoas aspiram cerca de meio litro de ar a cada respiração. (a) Quantos gramas de oxigênio uma pessoa respira por dia? (b) Se esse ar for armazenado não comprimido em um tanque cúbico, qual é o tamanho de cada lado do tanque?

1.54 ••• Um pedaço retangular de alumínio tem 7,60 ± 0,01 cm de comprimento e 1,90 ± 0,01 cm de largura. (a) Ache a área do retângulo e a incerteza na área. (b) Verifique se a incerteza fracionária na área é igual à soma das incertezas fracionárias no comprimento e na largura. (Este é um resultado geral.)

1.55 ••• À medida que você come um pacote de biscoitos de chocolate, observa que cada biscoito é um disco circular com um diâmetro de 8,50 ± 0,02 cm e espessura de 0,050 ± 0,005 cm. (a) Ache o volume médio de um biscoito e a incerteza no volume. (b) Ache a razão entre o diâmetro e a espessura e a incerteza nessa razão.

1.56 • BIO Tecidos biológicos são tipicamente compostos de 98% de água. Considerando-se a densidade da água como 1,0 × 10^3 kg/m^3, estime a massa (a) do coração de um humano adulto; (b) de uma célula com diâmetro de 0,5 μm; (c) de uma abelha.

1.57 • BIO Estime o número de átomos existentes em seu corpo. (*Dica:* com base em seus conhecimentos de biologia e de química, quais os tipos mais comuns de átomos existentes em seu corpo? Qual é a massa de cada um desses átomos? O Apêndice D apresenta uma relação das massas atômicas dos diferentes elementos, expressas em unidades de massa atômica; você encontrará o valor de uma unidade de massa atômica, ou 1 u, no Apêndice E.)

1.58 •• Duas cordas em um plano vertical exercem as mesmas forças de módulo sobre um peso suspenso, mas a tração entre elas possui um ângulo de 72,0°. Qual é a força de tração que cada uma exerce, se a tração resultante é de 372 N diretamente para cima?

1.59 ••• Dois operários puxam horizontalmente uma caixa pesada, mas um deles usa o dobro da força do outro. A maior tração está na direção 21,0° de norte para oeste, e o resultante dessas duas forças é 460,0 N no sentido norte. Use os componentes vetoriais para achar o módulo de cada uma dessas forças e a direção e o sentido da menor força.

1.60 •• Três cordas horizontais puxam uma pedra enorme encravada no solo, produzindo as forças vetoriais $\vec{A}$, $\vec{B}$ e $\vec{C}$, demonstradas na **Figura P1.60**. Encontre o módulo e a direção de uma quarta força que produzirá a soma vetorial zero para as quatro forças.

Figura P1.60

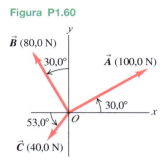

1.61 ••• Como dito no Exercício 1.26, uma pesquisadora está estudando uma caverna. Ela percorre 180 m em linha reta para oeste, depois caminha 210 m em uma direção que forma 45° de sul para leste, e a seguir percorre 280 m a 30° no sentido do norte para o leste. Depois de um quarto deslocamento, ela retorna ao ponto de partida. Use o método dos componentes para determinar o módulo, a direção e o sentido do quarto deslocamento. Verifique se a solução obtida usando-se um diagrama em escala é aproximadamente igual ao resultado obtido pelo método dos componentes.

1.62 ••• **Aterrissagem de emergência.** Um avião parte do aeroporto de Galisteo e voa 170 km, a 68° do norte para o leste e depois muda de direção, passando a voar a 230 km a 36,0° do leste para o sul, fazendo na sequência um pouso de emergência em um pasto. Quando o aeroporto envia uma equipe de resgate, em qual direção e a que distância essa equipe voará para seguir diretamente até esse avião?

1.63 ••• **BIO Ombro deslocado.** Um paciente com um ombro deslocado é colocado em um aparelho de tração conforme mostra a **Figura P1.63**. As trações $\vec{A}$ e $\vec{B}$ possuem o mesmo módulo e precisam ser combinadas para produzir uma força de tração de 12,8 N para fora, no braço do paciente. Qual deve ser o valor dessa força de tração?

Figura P1.63

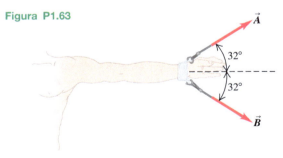

1.64 •• Uma velejadora encontra ventos que impelem seu pequeno barco a vela. Ela veleja 2,0 km para leste, a seguir, 3,50 km para sudeste e depois, certa distância em direção desconhecida. No final do trajeto, ela está a 5,80 km diretamente a leste de seu ponto de partida (**Figura P1.64**). Determine o módulo e a direção do terceiro deslocamento. Faça um diagrama em escala da soma vetorial dos deslocamentos e mostre que ele concorda aproximadamente com o resultado obtido mediante sua solução numérica.

Figura P1.64

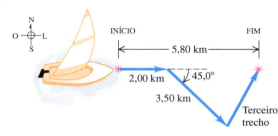

1.65 •• Você sai do aeroporto de Congonhas e voa por 23,0 km na direção 34,0° do leste para o sul. Depois, voa por 46,0 km na direção norte. Então, até que distância e direção você precisa voar para alcançar a pista de pouso que está a 32,0 km a oeste do aeroporto de Congonhas?

1.66 ••• Em um voo de treinamento, uma aprendiz de piloto voa de Lincoln, no Estado de Nebraska, até Clarinda, em Iowa; a seguir, até St. Joseph, no Missouri; depois até Manhattan, no Kansas (**Figura P1.66**). Os ângulos formados pelos deslocamentos são medidos em relação ao norte: 0° significa o sentido norte, 90° é o leste, 180° é o sul e 270° é o oeste. Use o método dos componentes para achar (a) a distância que ela terá de voar para voltar de Manhattan até Lincoln; (b) a direção (em relação ao norte) que ela deverá voar para voltar ao ponto de partida. Ilustre a solução fazendo um diagrama vetorial.

Figura P1.66

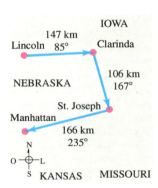

1.67 •• Como um teste de habilidades de orientação, sua turma de física realiza uma disputa em um campo grande e aberto. Cada participante deverá seguir 20,8 m ao norte do ponto de partida, depois 38,0 m a leste e, por fim, 18,0 m na direção 33,0° do oeste para o sul. O vencedor é aquele que levar o menor tempo para encontrar um dólar de prata escondido sob uma pedra. Lembrando-se do que aprendeu na aula, você corre do ponto de partida em linha reta até a moeda escondida. A que distância e em que direção e sentido você deve correr?

1.68 ••• **O retorno.** Um explorador na Antártica deixa seu abrigo durante um apagão. Ele dá 40 passos no sentido nordeste, depois 80 passos em uma direção que forma um ângulo de 60° do oeste para o norte e, a seguir, 50 passos diretamente para o sul. Considerando-se que seus passos têm o mesmo comprimento: (a) faça um diagrama, aproximadamente em escala, dos três vetores e da resultante da soma vetorial. (b) Ajude-o a evitar que ele se perca na neve, fornecendo-lhe o vetor deslocamento, calculado pelo método dos componentes, necessário para que ele retorne a seu abrigo.

1.69 •• Você está perdido à noite em um campo grande, aberto. Seu GPS lhe diz que você está a 122,0 m de seu carro, na direção 58,0° do sul para o oeste. Você percorre 72,0 m na direção oeste ao longo de um canal. Por qual distância e em que direção você precisa caminhar para chegar ao seu carro?

1.70 ••• Um barco parte da ilha de Guam e navega a 285 km e 62,0° do oeste para o norte. Em qual direção ele deve seguir agora e qual a distância a percorrer de modo que seu deslocamento resultante seja 115 km diretamente a leste da ilha?

1.71 •• **BIO Ossos e músculos.** O braço de um paciente em tratamento pesa 20,5 N e ergue-se a um peso de 112,0 N. Essas duas forças têm direção verticalmente para baixo. As únicas outras forças significativas no braço dele vêm do músculo do bíceps (que age perpendicularmente ao braço) e do cotovelo. Se o bíceps produz uma tração de 232 N, quando o braço é levantado a 43° em relação ao plano horizontal, descubra o módulo e a direção da força que o cotovelo exerce sobre o braço. (A soma das forças do cotovelo e do bíceps deve equilibrar o peso do braço e o peso que ele carrega, de modo que a soma vetorial deve ser 132,5 N para cima.)

1.72 ••• Você está com fome e decide ir a seu restaurante favorito na região. Você sai de seu apartamento e toma o elevador para descer 10 andares (cada andar tem 3,0 m de altura) e depois segue 15 m ao sul, até a saída do prédio. Então, caminha 0,200 km a leste, vira para o norte e segue 0,100 km até a entrada do restaurante. (a) Determine o deslocamento de seu apartamento até o restaurante. Use a notação do vetor unitário em sua resposta, certificando-se de deixar clara a escolha das coordenadas. (b) Qual distância você percorreu de seu apartamento até a lanchonete e qual é o módulo do deslocamento que você calculou na parte (a)?

1.73 •• Ao seguir um mapa do tesouro, você parte de um velho carvalho. Primeiro, caminha 825 m diretamente para o sul, depois vira e segue 1,25 km a 30,0° do norte para o oeste e, finalmente, caminha 1,0 km a 32,0° do leste para o norte, onde encontra o tesouro: uma biografia de Isaac Newton! (a) Para retornar ao velho carvalho, em que direção deve ir e qual distância deve percorrer? Use os componentes para resolver este problema. (b) Para conferir seu cálculo na parte (a), desenhe uma solução gráfica aproximada em escala.

1.74 •• Um poste está a 52,0 m de onde você está parado, na direção 37,0° do leste para o norte. Um segundo poste está em uma direção norte-sul, apontando para o sul. A que distância você está do segundo poste, se a distância entre os dois postes é de 68,0 m?

1.75 •• Um cão em um campo aberto corre por 12,0 m para o leste e depois 28,0 m na direção 50,0° do norte para o oeste. Em que direção e sentido e a que distância o cão precisa correr para parar a 10,0 m ao sul do seu ponto de partida original?

1.76 ••• Ricardo e Jane estão parados sob uma árvore no meio de um pasto. Há uma discussão entre eles, e em seguida os dois partem em diferentes direções e sentidos. Ricardo caminha 26,0 m na direção a 60,0° do norte para o oeste. Jane segue por 16,0 m na direção a 30,0° do oeste para o sul. Então eles param e olham um para o outro. (a) Qual é a distância entre eles? (b) Em que direção e sentido Ricardo deve caminhar para ir diretamente a Jane?

1.77 ••• Você está acampando com dois amigos, José e Carlos. Como os três gostam de privacidade, vocês não montam as barracas perto uma das outras. A barraca de José está a 21,0 m da sua, na direção 23,0° do leste para o sul. A de Carlos está a 32,0 m da sua, na direção 37,0° do leste para o norte. Qual é a distância entre a barraca de Carlos e a de José?

1.78 •• **Ângulo da ligação no metano.** Na molécula do metano, CH$_4$, cada átomo de hidrogênio ocupa o vértice de um tetraedro regular em cujo centro se encontra o átomo de carbono. Usando coordenadas de tal modo que uma das ligações C — H esteja na direção de $\hat{\imath} + \hat{\jmath} + \hat{k}$, uma ligação C — H adjacente estará na direção $\hat{\imath} - \hat{\jmath} - \hat{k}$. Calcule o ângulo entre essas duas ligações.

1.79 •• Os dois vetores $\vec{A}$ e $\vec{B}$ possuem produto escalar −6,00, e seu produto vetorial possui módulo +9,00. Qual é o ângulo entre esses vetores?

1.80 •• Um cubo é colocado de modo que um de seus vértices esteja na origem e três arestas coincidam com os eixos x, y e z de um sistema de coordenadas (**Figura P1.80**). Use vetores para calcular: (a) o ângulo entre a aresta ao longo do eixo z (linha ab) e a diagonal da origem até o vértice oposto (linha ad); (b) o ângulo entre a linha ac (a diagonal de uma das faces) e a linha ad.

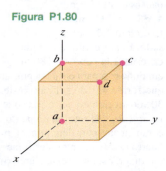

Figura P1.80

1.81 •• O vetor $\vec{A}$ tem módulo de 12,0 m, e o vetor $\vec{B}$ tem módulo de 16,0 m. O produto escalar $\vec{A} \cdot \vec{B}$ é 112,0 m². Qual é o módulo do produto vetorial entre esses dois vetores?

1.82 ••• Obtenha um *vetor unitário* perpendicular aos dois vetores indicados no Exercício 1.41.

1.83 •• O produto escalar dos vetores $\vec{A}$ e $\vec{B}$ é +48,0 m². O vetor $\vec{A}$ tem módulo 9,00 m na direção 28,0° do sul para o oeste. Se o vetor $\vec{B}$ tem direção 39,0° do leste para o sul, qual é o módulo de $\vec{B}$?

1.84 •• Dois vetores $\vec{A}$ e $\vec{B}$ possuem módulos A = 3,00 e B = 3,00. Seu produto vetorial é $\vec{A} \times \vec{B} = -5,00\hat{k} + 2,00\hat{\imath}$. Qual é o ângulo entre $\vec{A}$ e $\vec{B}$?

1.85 •• São dados dois vetores $\vec{A} = 5,0\hat{\imath} - 6,5\hat{\jmath}$ e $\vec{B} = 3,5\hat{\imath} - 7,0\hat{\jmath}$. Um terceiro vetor, $\vec{C}$, se encontra no plano xy. O vetor $\vec{C}$ é perpendicular ao vetor $\vec{A}$, e o produto escalar de $\vec{C}$ com $\vec{B}$ é 15,0. Por essa informação, ache os componentes do vetor $\vec{C}$.

1.86 •• Mais tarde, em nossos estudos de física, encontraremos grandezas representadas por $(\vec{A} \times \vec{B}) \cdot \vec{C}$. (a) Quaisquer que sejam os vetores $\vec{A}$, $\vec{B}$ e $\vec{C}$, prove que $\vec{A} \cdot (\vec{B} \times \vec{C}) = (\vec{A} \times \vec{B}) \cdot \vec{C}$. (b) Calcule $(\vec{A} \times \vec{B}) \cdot \vec{C}$ para os três vetores seguintes: $\vec{A}$ com módulo A = 5,00 e ângulo θ_A = 26,0° (medido supondo-se uma rotação no sentido do eixo +x para o eixo +y), $\vec{B}$ com módulo B = 4,0 e ângulo θ_B = 63,0° e $\vec{C}$ com módulo 6,0 e orientado ao longo do eixo +z. Os vetores $\vec{A}$ e $\vec{B}$ estão sobre o plano xy.

1.87 ••• **DADOS** Você é o líder de equipe em uma empresa farmacêutica. Vários técnicos estão preparando amostras, e você deseja comparar as densidades delas (densidade = massa/volume) usando os valores de massa e volume que eles relataram. Infelizmente, você não especificou quais unidades deveriam ser usadas. Os técnicos usaram diversas unidades no informe de seus valores, como mostra a tabela a seguir.

Código da amostra	Massa	Volume
A	8,00 g	$1,67 \times 10^{-6}$ m^3
B	6,00 μg	$9,38 \times 10^6$ μm^3
C	8,00 mg	$2,50 \times 10^{-3}$ cm^3
D	$9,00 \times 10^{-4}$ kg	$2,81 \times 10^3$ mm^3
E	$9,00 \times 10^4$ ng	$1,41 \times 10^{-2}$ mm^3
F	$6,00 \times 10^{-2}$ mg	$1,25 \times 10^8$ μm^3

Liste os códigos da amostra em ordem crescente de densidade.

1.88 ••• **DADOS** Você é um engenheiro mecânico trabalhando para uma fábrica. Duas forças, $\vec{F}_1$ e $\vec{F}_2$, atuam sobre a peça de um equipamento. Seu chefe lhe pediu para achar o módulo da maior dessas duas forças. Você pode variar o ângulo entre $\vec{F}_1$ e $\vec{F}_2$ de 0° a 90°, enquanto o módulo de cada força permanece constante. E você pode medir o módulo da força resultante que ela produz (sua soma vetorial), mas não pode medir diretamente o módulo de cada força separada. Você mede o módulo da força resultante para quatro ângulos θ entre as direções das duas forças da seguinte maneira:

θ	Força resultante (N)
0,0°	8,00
45,0°	7,43
60,0°	7,00
90,0°	5,83

(a) Qual é o módulo da maior dessas duas forças?
(b) Quando o equipamento é usado na linha de produção, o ângulo entre as duas forças é 30,0°. Qual é o módulo da força resultante neste caso?

1.89 ••• **DADOS** *Navegando no sistema solar.* A espaçonave *Mars Polar Lander* (explorador polar de Marte) foi lançada em 3 de janeiro de 1999. No dia 3 de dezembro de 1999, ela pousou na superfície de Marte em alta velocidade e provavelmente se desintegrou, ocasião em que as posições de Marte e da Terra eram dadas pelas seguintes coordenadas:

	x	y	z
Terra	0,3182 UA	0,9329 UA	0,0000 UA
Marte	1,3087 UA	−0,4423 UA	−0,0414 UA

Nessas coordenadas, o Sol está na origem e o plano da órbita da Terra é o *xy*. A Terra corta o eixo +*x* uma vez por ano no equinócio do outono, o primeiro dia de outono no Hemisfério Norte, o que ocorre em torno do dia 22 de setembro. Uma UA, ou *unidade astronômica,* equivale a $1,496 \times 10^8$ km, a distância média entre a Terra e o Sol. (a) Em um diagrama, mostre as posições do Sol, da Terra e de Marte no dia 3 de dezembro de 1999. (b) Calcule as seguintes distâncias em UA no dia 3 de dezembro de 1999: (i) entre o Sol e a Terra; (ii) entre o Sol e Marte; (iii) entre a Terra e Marte. (c) Observando-se da Terra, qual era o ângulo entre a direção que unia a Terra a Marte e a direção que unia a Terra ao Sol no dia 3 de dezembro de 1999? (d) Verifique e explique se Marte era visível à meia-noite na sua cidade no dia 3 de dezembro de 1999. (Quando é meia-noite no seu local, o Sol está do lado oposto da Terra em relação a você.)

PROBLEMAS DESAFIADORES

1.90 ••• **Passe completo.** O time de futebol americano da Enormous State University (ESU) usa deslocamentos vetoriais para registrar suas jogadas, com a origem tomada na posição da bola no centro do campo. Em um passe do goleiro, um lateral começa em $+1,0\hat{\imath} - 5,0\hat{\jmath}$, onde as unidades são metros, $\hat{\imath}$ é para a direita e $\hat{\jmath}$ é campo adentro. Os deslocamentos seguintes do recebedor são $+9,0\hat{\imath}$ (ele está em movimento antes de receber a bola), $+11,0\hat{\jmath}$ (segue campo adentro), $-6,0\hat{\imath} + 4,0\hat{\jmath}$ (dribla) e $+12,0\hat{\imath} + 18,0\hat{\jmath}$ (dribla). Enquanto isso, o lançador foi direto para a posição $-7,0\hat{\jmath}$. A que distância e em que direção o lançador deve lançar a bola? (Como técnico, você será aconselhado a fazer um diagrama da situação antes de resolvê-la numericamente.)

1.91 ••• **Navegando na Ursa Maior.** As sete estrelas principais da Ursa Maior parecem estar sempre situadas a uma mesma distância da Terra, embora elas estejam muito afastadas entre si. A **Figura P1.91** indica a distância entre a Terra e cada uma dessas estrelas. As distâncias são dadas em anos-luz (al) — um ano-luz é a distância percorrida pela luz durante um ano, e equivale a $9,461 \times 10^{15}$ m. (a) Alcaide e Méraque estão 25,6° separadas no céu. Em um diagrama, mostre as posições relativas do Sol, de Alcaide e de Méraque. Calcule a distância em anos-luz entre Alcaide e Méraque. (b) Para um habitante de um planeta na órbita de Méraque, qual seria a separação angular entre o Sol e Alcaide?

Figura P1.91

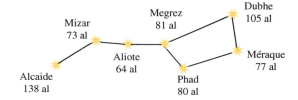

Problemas com contexto

BIO Calculando o volume do pulmão em humanos. Em humanos, oxigênio e dióxido de carbono são trocados no sangue dentro de bolsas chamadas alvéolos nos pulmões. Os alvéolos oferecem uma grande superfície para a troca de gás. Medições cuidadosas recentes mostram que o número total de alvéolos em um par de pulmões normais é cerca de 480×10^6 e que o volume médio de um único alvéolo é $4,2 \times 10^6$ μm^3. (O volume de uma esfera é $V = \frac{4}{3} \pi r^3$, e a área de uma esfera é $A = 4\pi r^2$.)

1.92 Qual é o volume total da região de troca de gás dos pulmões? (a) 2000 μm^3; (b) 2 m^3; (c) 2,0 L; (d) 120 L.

1.93 Se considerarmos que os alvéolos são esféricos, qual é o diâmetro de um alvéolo típico? (a) 0,20 mm; (b) 2 mm; (c) 20 mm; (d) 200 mm.

1.94 Os indivíduos variam bastante no volume total dos pulmões. A **Figura P1.94** mostra os resultados da medição do volume total dos pulmões e volume alveolar médio de seis indivíduos. Por esses dados, o que você poderia deduzir sobre a relação entre o tamanho alveolar, o volume total dos pulmões e a quantidade de alvéolos por indivíduo? À medida que o volume total dos pulmões aumenta, (a) a quantidade e o volume dos alvéolos individuais aumenta; (b) a quantidade de alvéolos aumenta e o volume dos alvéolos individuais diminui; (c) o volume dos alvéolos individuais permanece constante e a quantidade de alvéolos aumenta; (d) tanto a quantidade de alvéolos quanto o volume dos alvéolos individuais permanecem constantes.

Figura P1.94

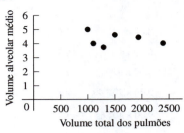

RESPOSTAS

Resposta à pergunta inicial do capítulo

(iii) Tome o eixo $+x$ apontado para leste e o eixo $+y$ apontado para norte. O que estamos tentando determinar é o componente y do vetor de velocidade, que possui módulo $v = 15$ km/h e está a um ângulo $\theta = 37°$, medido do eixo $+x$ para o eixo $+y$. Pelas equações 1.5, temos $v_y = v$ sen $\theta = (15$ km/h$)$ sen $37° = 9$ km/h. Logo, o furacão move-se a 9 km rumo ao norte em 1 hora e 18 km rumo ao norte em 2 horas.

Respostas às perguntas dos testes de compreensão

1.5 (ii) Densidade = $(1,80$ kg$)/(6,0 \times 10^{-4}$ m$^3) = 3,0 \times 10^3$ kg/m^3. Quando multiplicamos ou dividimos, o número com menos algarismos significativos controla o número de algarismos significativos no resultado.

1.6 A resposta depende de quantos alunos são matriculados em seu *campus*.

1.7 (ii), (iii) e (iv). O vetor $-\vec{T}$ possui o mesmo módulo do vetor $\vec{T}$, portanto $\vec{S} - \vec{T} = \vec{S} + (-\vec{T})$ é a *soma* de um vetor de módulo 3 m e outro de 4 m. Essa soma resulta no módulo 7 m, se $\vec{S}$ e $-\vec{T}$ forem paralelos, e no módulo 1 m, se $\vec{S}$ e $-\vec{T}$ forem antiparalelos. O módulo de $\vec{S} - \vec{T}$ é 5 m, se $\vec{S}$ e $-\vec{T}$ forem perpendiculares, de modo que os vetores $\vec{S}, \vec{T}$ e $\vec{S} - \vec{T}$ formem um triângulo retângulo 3-4-5. A resposta para (i) é impossível porque o módulo da soma de dois vetores não pode ser maior que a soma dos módulos; a resposta para (v) é impossível porque a soma de dois vetores poderá ser nula somente se os dois vetores forem antiparalelos e tiverem o mesmo módulo; e a resposta para (vi) é impossível porque o módulo de um vetor não pode ser negativo.

1.8 (a) sim, (b) não. Os vetores $\vec{A}$ e $\vec{B}$ podem ter o mesmo módulo, mas diferentes componentes se apontam para diferentes direções. Se, contudo, possuírem os mesmos componentes, serão o mesmo vetor ($\vec{A} = \vec{B}$) e, portanto, deverão ter o mesmo módulo.

1.9 Todos possuem o mesmo módulo. Os quatro vetores $\vec{A}, \vec{B}, \vec{C}$ e $\vec{D}$ apontam para direções opostas, mas todos possuem o mesmo módulo:

$$A = B = C = D = \sqrt{(\pm 3 \text{ m})^2 + (\pm 5 \text{ m})^2 + (\pm 2 \text{ m})^2}$$
$$= \sqrt{9 \text{ m}^2 + 25 \text{ m}^2 + 4 \text{ m}^2} = \sqrt{38 \text{ m}^2} = 6,2 \text{ m}$$

1.10 (a) (ii) $\phi = 90°$, (b) (i) $\phi = 0°$ ou (iii) $\phi = 180°$, (c) (i) $\phi = 0°$, (d) (iii) $\phi = 180°$, (e) (ii) $\phi = 90°$. (a) O produto escalar é zero somente se $\vec{A}$ e $\vec{B}$ forem perpendiculares. (b) O produto vetorial é zero somente se $\vec{A}$ e $\vec{B}$ forem paralelos ou antiparalelos. (c) O produto escalar é igual ao produto dos módulos ($\vec{A} \cdot \vec{B} = AB$) somente se $\vec{A}$ e $\vec{B}$ forem paralelos. (d) O produto escalar é igual à negativa do produto dos módulos ($\vec{A} \cdot \vec{B} = -AB$), somente se $\vec{B}$ e $\vec{B}$ forem antiparalelos. (e) O módulo do produto vetorial é igual ao produto dos módulos [(módulo de $\vec{A} \times \vec{B}$) = AB] somente se $\vec{A}$ e $\vec{B}$ forem perpendiculares.

Problema em destaque

(a) $5,2 \times 10^2$ N
(b) $4,5 \times 10^2$ N $\cdot$ m

? Um velocista em geral acelera gradualmente no decorrer de uma corrida e desacelera gradualmente após cruzar a linha de chegada. Em que parte do movimento é correto dizer que ele está acelerando? (i) Durante a corrida; (ii) depois que ele cruza a linha de chegada; (iii) ambas as opções anteriores; (iv) nem (i) nem (ii); (v) a resposta depende da rapidez com que o corredor ganha velocidade durante a corrida.

2 MOVIMENTO RETILÍNEO

OBJETIVOS DE APRENDIZAGEM
Ao estudar este capítulo, você aprenderá:
2.1 Como as ideias de deslocamento e velocidade média nos ajudam a descrever o movimento retilíneo.
2.2 O significado de velocidade instantânea; a diferença entre vetor velocidade e velocidade escalar.
2.3 Como usar a aceleração média e a aceleração instantânea para descrever as mudanças no vetor velocidade.
2.4 Como usar equações e gráficos para resolver problemas que envolvem movimento retilíneo com aceleração constante.
2.5 Como resolver problemas nos quais um objeto está caindo livremente apenas sob a influência da gravidade.
2.6 Como analisar o movimento retilíneo quando a aceleração não é constante.

Revendo conceitos de:
1.7 Vetor deslocamento.
1.8 Componentes de um vetor.

Que distância um avião deve percorrer em uma pista antes de atingir a velocidade de decolagem? Quando você lança uma bola diretamente para cima, que altura ela atinge? Quando um copo escorrega de sua mão, de quanto tempo você dispõe para segurá-lo antes que ele atinja o solo? São esses os tipos de perguntas que você aprenderá a responder neste capítulo. Estamos iniciando o estudo da física com a *mecânica*, o estudo das relações entre força, matéria e movimento. O objetivo deste e do próximo capítulo é o estudo da *cinemática*, a parte da mecânica que trata do movimento. Mais tarde, estudaremos a *dinâmica*, que nos ajuda a compreender por que os objetos se movem de diferentes maneiras.

Neste capítulo, estudaremos o tipo mais simples de movimento: uma partícula se deslocando ao longo de uma linha reta. Para descrever esse movimento, introduziremos as grandezas físicas de *velocidade* e *aceleração*. Essas grandezas possuem definições mais precisas e um pouco diferentes das usadas na linguagem cotidiana. Uma observação importante é que essas grandezas são *vetores*. Como você aprendeu no Capítulo 1, isso significa que elas possuem módulo, direção e sentido. Neste capítulo, estamos interessados apenas em descrever o movimento em uma linha reta, de modo que, por enquanto, não necessitamos do tratamento matemático completo dos vetores. Porém, no Capítulo 3, abordaremos o movimento em duas e em três dimensões, casos em que o uso dos vetores é essencial.

Desenvolveremos equações simples para descrever o movimento no caso especial em que a aceleração permanece constante. Um exemplo é a queda livre de um corpo. Também consideraremos casos nos quais a aceleração varia durante o movimento; para essa situação, necessitamos do uso da integração para descrever o movimento. (Caso você ainda não tenha estudado integração, a Seção 2.6 é opcional.)

2.1 DESLOCAMENTO, TEMPO E VELOCIDADE MÉDIA

Suponha que, em uma corrida de carros, uma competidora dirija seu carro em um trecho retilíneo (**Figura 2.1**). No estudo do movimento, precisamos de um sistema de coordenadas. Escolhemos o eixo Ox para nosso sistema de coordenadas ao longo do trecho retilíneo, com a origem O situada no início da linha reta. Descreveremos a posição do carro de acordo com a posição de seu ponto representativo, como sua extremidade dianteira. Ao fazer isso, o carro todo é representado por esse ponto, razão pela qual o consideramos uma **partícula**.

Um modo útil para a descrição do movimento do carro consiste em dizer como x varia em um intervalo de tempo. Suponha que, 1,0 s depois do início do movimento, a extremidade dianteira do carro esteja no ponto P_1, a 19 m da origem, e que, 4,0 s depois do início do movimento, esse ponto se desloque para P_2, a 277 m da origem. O *deslocamento* da partícula é um vetor que aponta de P_1 para P_2 (Seção 1.7). A Figura 2.1 mostra que esse vetor se posiciona ao longo do eixo Ox. O componente x do deslocamento é simplesmente a variação no valor de x, (277 m − 19 m) = 258 m, em um intervalo de tempo (4,0 s − 1,0 s) = 3,0 s. Definimos a **velocidade média** do carro nesse intervalo de tempo como um *vetor* cujo componente x é a variação de x dividida por esse intervalo: (258 m)/(3,0 s) = 86 m/s.

Em geral, a velocidade média depende do intervalo específico de tempo escolhido. Para um intervalo de 3,0 s *antes* do início da corrida, a velocidade média seria zero, porque o carro estaria em repouso na linha de partida e seu deslocamento seria nulo.

Vamos generalizar o conceito de velocidade média. Em um instante t_1, o carro se encontra no ponto P_1, cuja coordenada é x_1 e, no instante t_2, ele se encontra no ponto P_2, cuja coordenada é x_2. O deslocamento do carro no intervalo de tempo entre t_1 e t_2 é o vetor que liga P_1 a P_2. O componente x do deslocamento do carro, designado como Δx, é simplesmente a variação da coordenada x:

$$\Delta x = x_2 - x_1 \tag{2.1}$$

O carro se move somente pelo eixo Ox; logo, os componentes y e z do deslocamento são iguais a zero.

> **ATENÇÃO** **O significado de Δx** Note que Δx *não* é o produto de Δ vezes x; esse símbolo significa simplesmente "variação da grandeza x". Sempre usamos a letra grega maiúscula Δ (delta) para representar a *variação* de uma grandeza, calculada como a diferença entre seu valor *final* e seu valor *inicial* — nunca o contrário. Analogamente, escrevemos o intervalo de tempo entre t_1 e t_2 como Δt e a variação na grandeza t: $\Delta t = t_2 - t_1$ (a diferença entre o valor final e o inicial).

O componente x da velocidade média, ou **velocidade x média**, é o componente x do deslocamento, Δx, dividido pelo intervalo de tempo Δt durante o qual ocorre

Figura 2.1 Posição de um carro de corrida em dois instantes de sua trajetória.

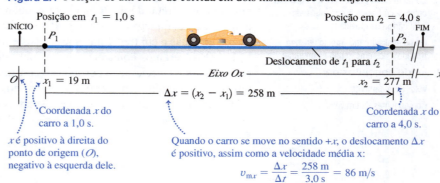

o deslocamento. Representaremos essa grandeza pelo símbolo v_{mx} (em que o "m" subscrito significa valor médio e o "x" subscrito indica que esse é o componente x):

Velocidade x média de uma partícula em **movimento retilíneo** durante o intervalo de tempo de t_1 a t_2

$$v_{mx} = \frac{\Delta x}{\Delta t} = \frac{x_2 - x_1}{t_2 - t_1} \quad (2.2)$$

- Δx: Componente x do deslocamento da partícula
- Δt: Intervalo de tempo
- $x_2 - x_1$: Coordenada x final menos coordenada x inicial
- $t_2 - t_1$: Tempo final menos tempo inicial

Como um exemplo, para o carro na Figura 2.1, $x_1 = 19$ m, $x_2 = 277$ m, $t_1 = 1,0$ s e $t_2 = 4,0$ s. Logo, a Equação 2.2 fornece:

$$v_{mx} = \frac{277 \text{ m} - 19 \text{ m}}{4,0 \text{ s} - 1,0 \text{ s}} = \frac{258 \text{ m}}{3,0 \text{ s}} = 86 \text{ m/s}$$

A velocidade média do carro de corrida é positiva. Isso significa que, durante o intervalo de tempo, a coordenada x cresce e o carro se move no sentido positivo do eixo Ox (da esquerda para a direita na Figura 2.1).

Quando a partícula se move no sentido *negativo* do eixo Ox durante o intervalo de tempo, sua velocidade média para esse intervalo é negativa. Por exemplo, suponha que uma caminhonete se mova da direita para a esquerda ao longo da pista (**Figura 2.2**). A caminhonete se encontra no ponto $x_1 = 277$ m em um instante $t_1 = 16,0$ s e em $x_2 = 19$ m no instante $t_2 = 25,0$ s. Logo, $\Delta x = (19 \text{ m} - 277 \text{ m}) = -258$ m e $\Delta t = (25,0 \text{ s} - 16,0 \text{ s}) = 9,0$ s. O componente x da velocidade média será $v_{mx} = \Delta x/\Delta t = (-258 \text{ m})/(9,0 \text{ s}) = -29$ m/s. A **Tabela 2.1** apresenta algumas regras simples para decidir se a velocidade x é positiva ou negativa.

> **ATENÇÃO** **O sinal do componente x da velocidade média** Em nosso exemplo, velocidade média positiva implica em um deslocamento para a direita, como na Figura 2.1, e velocidade média negativa implica em um deslocamento para a esquerda, como na Figura 2.2. Porém, essas conclusões estão corretas *somente* quando o eixo Ox é orientado da esquerda para a direita. Poderíamos também ter orientado o eixo Ox da direita para a esquerda, com origem no ponto final. Neste caso, o carro de corrida teria uma velocidade média negativa e a caminhonete teria uma velocidade média positiva. Você deve escolher o sentido do eixo ao resolver quase todos os problemas. Uma vez feita essa escolha, é *necessário* considerar esse sentido ao interpretar os sinais de v_{mx} e de outras grandezas que descrevem o movimento!

No caso do movimento retilíneo, em geral Δx indica, simplesmente, o deslocamento e v_{mx}, a velocidade média. Contudo, lembre-se de que essas grandezas indicam simplesmente os componentes x de grandezas vetoriais que, nesse caso particular, possuem *apenas* componentes x. No Capítulo 3, o deslocamento,

Figura 2.2 Posições de uma caminhonete em dois instantes durante seu movimento. Os pontos P_1 e P_2 indicam agora as posições da caminhonete, e não do carro de corrida, de modo que elas são o inverso da Figura 2.1.

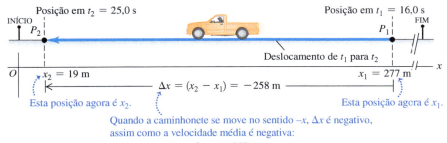

TABELA 2.1 Regras para o sinal da velocidade x.

Se a coordenada x é:	...a velocidade x é:
Positiva e crescente (tornando-se mais positiva)	Positiva: a partícula se move no sentido do eixo $+Ox$
Positiva e decrescente (tornando-se menos positiva)	Negativa: a partícula se move no sentido do eixo $-Ox$
Negativa e crescente (tornando-se menos negativa)	Positiva: a partícula se move no sentido do eixo $+Ox$
Negativa e decrescente (tornando-se mais negativa)	Negativa: a partícula se move no sentido do eixo $-Ox$

Nota: estas regras aplicam-se tanto à velocidade x média v_{mx} quanto à velocidade x instantânea v_x (que será discutida na Seção 2.2).

a velocidade e a aceleração serão considerados com dois ou três componentes diferentes de zero.

A **Figura 2.3** mostra um gráfico da posição do carro de corrida em função do tempo, ou seja, é um **gráfico *xt***. A curva dessa figura *não* representa a trajetória do carro no espaço; como indicado na Figura 2.1, essa trajetória é uma linha reta. Em vez da trajetória, o gráfico mostra as variações da posição do carro com o tempo. Os pontos designados por p_1 e p_2 correspondem aos pontos P_1 e P_2 da trajetória do carro. A linha reta $p_1 p_2$ é a hipotenusa de um triângulo retângulo, cujo lado vertical é $\Delta x = x_2 - x_1$ e cujo lado horizontal é $\Delta t = t_2 - t_1$. A velocidade média do carro $v_{mx} = \Delta x/\Delta t$ é a *inclinação* da linha reta $p_1 p_2$, ou seja, a razão entre o lado vertical Δx do triângulo retângulo e o lado horizontal Δt. (A inclinação tem unidades de metros divididos por segundos, ou m/s, as unidades corretas para a velocidade média.)

A velocidade média depende apenas do deslocamento total $\Delta x = x_2 - x_1$, que ocorre durante o intervalo de tempo $\Delta t = t_2 - t_1$, e não dos detalhes ocorridos durante esse intervalo. Suponha que uma motocicleta ultrapasse o carro de corrida no ponto P_1 da Figura 2.1 no mesmo instante t_1 e, a seguir, diminua a velocidade para passar pelo ponto P_2 no mesmo instante t_2 do carro. Os dois veículos possuem o mesmo deslocamento no mesmo intervalo e, portanto, apresentam a mesma velocidade média.

Quando as distâncias são medidas em metros e os tempos em segundos, a velocidade média é dada em metros por segundo, ou m/s (**Tabela 2.2**). Outras unidades de velocidade comuns são quilômetros por hora (km/h), pés por segundo (pés/s), milhas por hora (mi/h) e nós (1 nó = 1 milha náutica/h = 6.080 pés/h).

TESTE SUA COMPREENSÃO DA SEÇÃO 2.1 Cada uma das viagens de automóvel descritas a seguir leva uma hora. O sentido positivo de *x* é do oeste para leste. (i) O automóvel *A* segue a 50 km para leste. (ii) O automóvel *B* segue a 50 km para oeste. (iii) O automóvel *C* segue a 60 km para leste, dá meia-volta e segue a 10 km para oeste. (iv) O automóvel *D* segue a 70 km para leste. (v) O automóvel *E* segue a 20 km para oeste, dá meia-volta e segue a 20 km para leste. (a) Classifique as cinco viagens por ordem de velocidade média, da mais positiva para a mais negativa. (b) Há viagens com a mesma velocidade média? Se houver, quais? (c) Há alguma viagem com velocidade média igual a zero? Qual? ∎

TABELA 2.2 Ordens de grandeza de algumas velocidades.

O rastejar de uma cobra	10^{-3} m/s
Uma caminhada rápida	2 m/s
Homem mais veloz	11 m/s
Velocidade máxima em uma estrada	30 m/s
Carro mais veloz	341 m/s
Movimento aleatório de moléculas do ar	500 m/s
Avião mais veloz	1.000 m/s
Satélite de comunicação em órbita	3.000 m/s
Elétron na órbita de um átomo de hidrogênio	2×10^6 m/s
A luz deslocando-se no vácuo	3×10^8 m/s

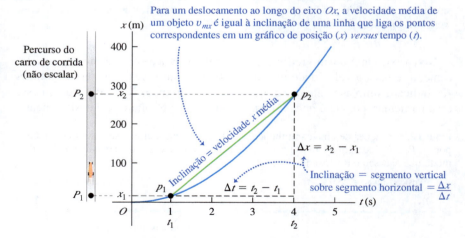

Figura 2.3 Gráfico da posição de um carro de corrida em função do tempo.

2.2 VELOCIDADE INSTANTÂNEA

Às vezes, a velocidade média é tudo o que precisamos para conhecer o movimento de uma partícula. Por exemplo, uma corrida em movimento retilíneo é realmente uma competição para saber de quem é a velocidade média, v_{mx}, com o maior módulo. O prêmio vai para o competidor capaz de percorrer o deslocamento Δx do início ao fim no menor intervalo de tempo Δt (**Figura 2.4**).

Mas a velocidade média de uma partícula durante um intervalo de tempo não pode nos informar nem o módulo, nem o sentido do movimento em cada instante do intervalo. Para isso, é necessário saber a **velocidade instantânea**, ou a velocidade em um instante ou em um ponto específico ao longo da trajetória.

> **ATENÇÃO** **Qual é a duração de um instante?** No cotidiano, você pode usar a frase "só um instante" para indicar que um fato ocorrerá em um curto intervalo de tempo. Contudo, em física, um instante não possui nenhuma duração; ele se refere a um único valor definido para o tempo.

Para achar a velocidade instantânea do carro no ponto P_1 indicado na Figura 2.1, imaginamos que o ponto P_2 se aproxima continuamente do ponto P_1 e calculamos a velocidade média $v_{mx} = \Delta x/\Delta t$ nos deslocamentos e nos intervalos de tempo cada vez menores. Tanto Δx quanto Δt tornam-se muito pequenos, mas a razão entre eles não se torna necessariamente pequena. Em linguagem matemática, o limite de $\Delta x/\Delta t$ quando Δt tende a zero denomina-se **derivada** de x em relação a t, e é escrito como dx/dt. Usaremos o símbolo v_x, sem nenhum "m" subscrito, para designar a **velocidade instantânea ao longo do eixo Ox**:

Figura 2.4 O vencedor de uma competição de natação de 50 m é aquele que possui uma velocidade média cujo módulo é o maior de todos, ou seja, o nadador que percorrer a distância Δx de 50 m no menor intervalo de tempo Δt.

A **velocidade x instantânea** de uma partícula em **movimento retilíneo**...

$$v_x = \lim_{\Delta t \to 0} \frac{\Delta x}{\Delta t} = \frac{dx}{dt} \quad (2.3)$$

... é igual ao limite da velocidade x média da partícula à medida que o intervalo de tempo aproxima-se de zero...

... e é igual à taxa de variação instantânea da coordenada x da partícula.

Sempre supomos que o intervalo de tempo Δt é positivo, de modo que v_x possui o mesmo sinal de Δx. Quando o sentido positivo do eixo Ox é orientado da esquerda para a direita, um valor positivo de v_x indica que x é crescente e que o movimento ocorre da esquerda para a direita; um valor negativo de v_x indica que x é decrescente e que o movimento ocorre da direita para a esquerda. Um corpo pode ter valores de v_x positivos e de x negativos, e vice-versa; x indica onde o corpo se encontra, enquanto v_x nos informa como ele se move (**Figura 2.5**). As regras que apresentamos na Tabela 2.1 (Seção 2.1) para o sinal da velocidade x média v_{mx} também se aplicam ao sinal da velocidade x instantânea, v_x.

A velocidade instantânea, assim como a velocidade média, é uma grandeza vetorial. A Equação 2.3 define seu componente x. No movimento retilíneo, todos os demais componentes da velocidade instantânea são nulos e, neste caso, costumamos dizer que v_x é simplesmente a velocidade instantânea. (No Capítulo 3, abordaremos o caso geral em que a velocidade instantânea pode ter componentes x, y e z não nulos.) Quando empregamos a palavra "velocidade", sempre queremos dizer velocidade instantânea, e não velocidade média.

Os termos "vetor velocidade", "velocidade" e "velocidade escalar" são usados quase como sinônimos na linguagem cotidiana, mas na física possuem definições completamente diferentes. Usamos a expressão **velocidade escalar ou a expressão módulo do vetor velocidade** para designar uma distância percorrida dividida pelo tempo, tanto no caso instantâneo quanto considerando-se a média. Usamos o símbolo v sem *nenhum* subscrito para designar *velocidade instantânea*, que indica com que rapidez uma partícula está se movendo; a velocidade instantânea indica se o movimento é rápido ou lento *e* em qual direção e sentido ele ocorre. Como a velocidade escalar instantânea é o módulo do vetor velocidade instantânea, a velocidade escalar instantânea nunca pode ser negativa. Por exemplo, suponha que duas partículas se movam na mesma direção, mas em sentidos contrários, uma com velocidade instantânea $v_x = 25$ m/s e a outra com $v_x = -25$ m/s. A velocidade escalar instantânea dessas partículas é a mesma, ou seja, 25 m/s.

Figura 2.5 Em qualquer problema envolvendo movimento retilíneo, a escolha de qual sentido é positivo depende exclusivamente de você.

Um ciclista movendo-se para a esquerda...

$O \longrightarrow x$

... possui uma velocidade x negativa v_x se escolhermos o sentido positivo de x para a direita...

$x \longleftarrow O$

... mas possui uma velocidade x positiva v_x se escolhermos o sentido positivo de x para a esquerda.

ATENÇÃO **Velocidade escalar e velocidade média** A velocidade escalar média *não* é igual ao módulo da velocidade média. Em 2009, César Cielo estabeleceu um recorde de velocidade na natação ao nadar 100,0 m em 46,91 s. A velocidade escalar média desse nadador foi (100,0 m)/(46,91 s) = 2,132 m/s. Porém, como ele nadou dois trechos de ida e volta em uma piscina de 50 m, seu vetor deslocamento total e o *vetor velocidade* média foram iguais a zero! Tanto a velocidade escalar média quanto a velocidade escalar instantânea são grandezas escalares, não vetoriais, visto que não informam nem a direção nem o sentido do movimento.

EXEMPLO 2.1 VELOCIDADE MÉDIA E VELOCIDADE INSTANTÂNEA

Um leopardo africano está de tocaia a 20 m a leste de um jipe de observação blindado (**Figura 2.6a**). No instante $t = 0$, o leopardo começa a perseguir um antílope que está a 50 m a leste do veículo. Durante os 2,0 s iniciais do ataque, a coordenada x do leopardo varia com o tempo de acordo com a equação $x = 20\,m + (5,0\,m/s^2)t^2$. (a) Determine o deslocamento do leopardo durante o intervalo entre $t_1 = 1,0$ s e $t_2 = 2,0$ s. (b) Ache a velocidade instantânea durante o mesmo intervalo. (c) Ache a velocidade instantânea no tempo $t_1 = 1,0$ s, considerando $\Delta t = 0,1$ s, depois 0,01 s e, a seguir, 0,001 s. (d) Deduza uma expressão geral para a velocidade instantânea em função do tempo e, a partir dela, calcule a velocidade v_x para $t = 1,0$ s e $t = 2,0$ s.

SOLUÇÃO

IDENTIFICAR E PREPARAR: a Figura 2.6b mostra nosso desenho do movimento do leopardo. Para analisar esse problema, usamos a Equação 2.1 para deslocamento, a Equação 2.2 para velocidade média e a Equação 2.3 para velocidade instantânea.
EXECUTAR: (a) Nos instantes $t_1 = 1,0$ s e $t_2 = 2,0$ s, as posições x_1 e x_2 do leopardo são

$$x_1 = 20\,m + (5,0\,m/s^2)(1,0\,s)^2 = 25\,m$$
$$x_2 = 20\,m + (5,0\,m/s^2)(2,0\,s)^2 = 40\,m$$

O deslocamento durante esse intervalo de 1,0 s é

$$\Delta x = x_2 - x_1 = 40\,m - 25\,m = 15\,m$$

(b) A velocidade média x durante esse intervalo é

$$v_{mx} = \frac{x_2 - x_1}{t_2 - t_1} = \frac{40\,m - 25\,m}{2,0\,s - 1,0\,s} = \frac{15\,m}{1,0\,s}$$
$$= 15\,m/s$$

(c) Para $\Delta t = 0,1$ s, o intervalo é de $t_1 = 1,0$ s a um novo $t_2 = 1,1$ s. No instante t_2, a posição é

$$x_2 = 20\,m + (5,0\,m/s^2)(1,1\,s)^2 = 26,05\,m$$

A velocidade x média durante esse intervalo de 0,1 s é

$$v_{mx} = \frac{26,05\,m - 25\,m}{1,1\,s - 1,0\,s} = 10,5\,m/s$$

Seguindo esse padrão, você pode calcular as velocidades x médias para os intervalos $t = 0,01$ s e $t = 0,001$ s. Os resultados são 10,05 m/s e 10,005 m/s, respectivamente. À medida que Δt se torna menor, a velocidade x média fica cada vez mais próxima do valor 10,0 m/s. Logo, concluímos que a velocidade instantânea para $t = 1,0$ s é igual a 10,0 m/s. (Suspendemos as regras para a contagem de algarismos significativos nesses cálculos.)

(d) Pela Equação 2.3, a velocidade x instantânea é $v_x = dx/dt$. A derivada de uma constante é zero, de modo que a derivada de t^2 é $2t$. Logo,

Figura 2.6 Leopardo atacando um antílope a partir de uma tocaia. Os animais não estão desenhados na mesma escala do eixo.

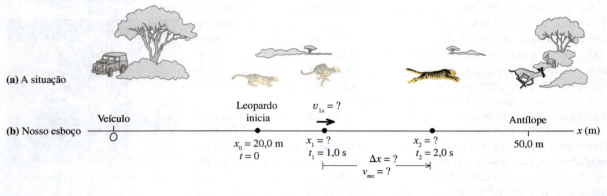

(Continua)

(*Continuação*)

$$v_x = \frac{dx}{dt} = \frac{d}{dt}[20 \text{ m} + (5{,}0 \text{ m/s}^2) t^2]$$

$$= 0 + (5{,}0 \text{ m/s}^2)(2t) = (10 \text{ m/s}^2) t$$

No instante $t = 1{,}0$ s, $v_x = 10$ m/s, de acordo com o resultado obtido no item (c). No instante $t = 2{,}0$ s, $v_x = 20$ m/s.

AVALIAR: nossos resultados demonstram que o leopardo ganhou velocidade a partir de $t = 0$ (quando em repouso) até $t = 1{,}0$ s ($v_x = 10$ m/s) e até $t = 2{,}0$ s ($v_x = 20$ m/s). Isto faz sentido; o leopardo percorreu apenas 5 m no intervalo de $t = 0$ até $t = 1{,}0$ s, mas percorreu 15 m no intervalo de $t = 1{,}0$ s até $t = 2{,}0$ s.

Cálculo da velocidade usando um gráfico *xt*

A velocidade *x* de uma partícula também pode ser encontrada a partir de um gráfico da posição da partícula em função do tempo. Suponha que você deseja calcular a velocidade *x* do carro de corrida no ponto P_1 indicado na Figura 2.1. Quando o ponto P_2 dessa figura se aproxima do ponto P_1, o ponto p_2 nos gráficos *xt* indicados nas **figuras 2.7a** e 2.7b se aproxima do ponto p_1 e a velocidade média é calculada em intervalos Δt cada vez menores. No limite $\Delta t \to 0$, indicado na Figura 2.7c, a inclinação da linha reta $p_1 p_2$ torna-se igual à inclinação da tangente da curva no ponto p_1. Assim, *em um gráfico da posição da partícula em função do tempo no movimento retilíneo, a velocidade x instantânea em qualquer ponto é igual à inclinação da tangente da curva nesse ponto.*

Quando a tangente é inclinada para cima e para a direita, como no gráfico *xt* da Figura 2.7c, sua inclinação e velocidade são positivas e o movimento ocorre no sentido positivo do eixo *Ox*. Quando a tangente é inclinada para baixo e para a direita, sua inclinação e velocidade são negativas e o movimento ocorre no sentido negativo do eixo *Ox*. Quando a tangente é horizontal, a inclinação é igual a zero e a velocidade é nula. A **Figura 2.8** ilustra essas três possibilidades.

Figura 2.7 Usamos um gráfico *xt* para ir de (a) e (b), velocidade média, para (c), velocidade instantânea v_x. Em (c), achamos a inclinação da tangente para a curva *xt*, dividindo qualquer intervalo vertical (em unidades de distância) ao longo da tangente pelo intervalo horizontal correspondente (em unidades de tempo).

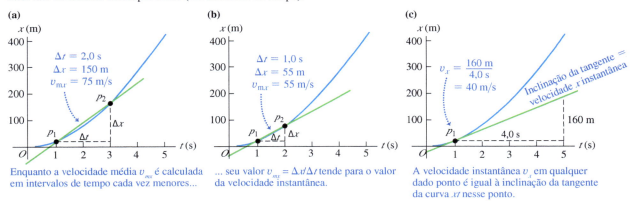

Figura 2.8 (a) Gráfico *xt* do movimento de uma certa partícula. (b) Diagrama do movimento mostrando a posição e a velocidade da partícula em cada um dos cinco instantes indicados no gráfico *xt*.

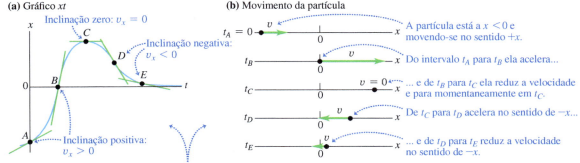

- Em um gráfico *xt*, a inclinação da tangente em qualquer ponto é igual à velocidade da partícula nesse ponto.
- Quanto maior a inclinação (positiva ou negativa) do gráfico *xt* de um objeto, maior a velocidade desse objeto no sentido positivo ou negativo de *x*.

Figura 2.9 Gráfico *xt* para uma partícula.

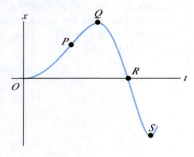

Note que a Figura 2.8 ilustra o movimento de uma partícula de dois modos: (a) mostra um gráfico *xt* e (b) mostra um exemplo de **diagrama do movimento**. Um diagrama do movimento indica a posição da partícula em diversos instantes de seu movimento (como se fosse um filme ou vídeo do movimento da partícula), bem como apresenta flechas para indicar as velocidades da partícula em cada instante. Tanto o gráfico *xt* quanto o diagrama do movimento são valiosas ferramentas para a compreensão do movimento. Você verificará que é conveniente usar *ambos* os recursos na solução de problemas que envolvem movimentos.

TESTE SUA COMPREENSÃO DA SEÇÃO 2.2 A **Figura 2.9** é um gráfico *xt* do movimento de uma partícula. (a) Classifique os valores da velocidade v_x da partícula nos pontos *P*, *Q*, *R* e *S*, do mais positivo para o mais negativo. (b) Em quais pontos v_x é positiva? (c) Em quais pontos v_x é negativa? (d) Em quais pontos v_x é nula? (e) Classifique os valores da *velocidade escalar* da partícula nos pontos *P*, *Q*, *R* e *S*, do mais rápido para o mais lento.

2.3 ACELERAÇÃO INSTANTÂNEA E ACELERAÇÃO MÉDIA

Assim como a velocidade indica uma taxa de variação da posição com o tempo, a *aceleração* descreve uma taxa de variação da velocidade com o tempo. Como a velocidade, a aceleração também é uma grandeza vetorial. No movimento retilíneo, seu único componente diferente de zero está sobre o eixo ao longo do qual ocorre o movimento. Como veremos, a aceleração em um movimento retilíneo pode referir-se tanto ao aumento quanto à redução da velocidade.

Aceleração média

Vamos considerar novamente o movimento de uma partícula ao longo do eixo *Ox*. Suponha que em dado instante t_1 a partícula esteja em um ponto P_1 e possua um componente *x* da velocidade (instantânea) v_{1x}, e que em outro instante t_2 a partícula esteja em um ponto P_2 e possua um componente *x* da velocidade v_{2x}. Logo, a variação do componente *x* da velocidade é $\Delta v_x = v_{2x} - v_{1x}$ em um intervalo $\Delta t = t_2 - t_1$. Definimos a **aceleração média** a_{mx} da partícula que se move de P_1 a P_2 como uma grandeza vetorial cujo componente *x* é dado pela razão entre Δv_x, a variação do componente *x* da velocidade e o intervalo Δt:

Aceleração média *x* de uma partícula em **movimento retilíneo** durante o intervalo de t_1 a t_2 ⟶ Mudança no componente *x* da velocidade da partícula

$$a_{mx} = \frac{\Delta v_x}{\Delta t} = \frac{v_{2x} - v_{1x}}{t_2 - t_1} \quad (2.4)$$

Velocidade *x* final menos velocidade *x* inicial ⟵ Intervalo de tempo ⟶ Tempo final menos tempo inicial

Para o movimento retilíneo ao longo do eixo *Ox*, chamamos a_{mx} simplesmente de aceleração média. (No Capítulo 3, encontraremos outros componentes do vetor aceleração média.)

Quando a velocidade é expressa em metros por segundo e o tempo em segundos, a aceleração média é expressa em metros por segundo por segundo, ou (m/s)/s. Normalmente, escrevemos isso como m/s² e lemos "metro por segundo ao quadrado".

> **ATENÇÃO Aceleração *versus* velocidade** A velocidade indica como a posição de um corpo varia com o tempo; é um vetor cujo módulo indica a velocidade do deslocamento do corpo, e sua direção e sentido mostram a direção e o sentido do movimento. A aceleração indica como a velocidade e a direção do movimento variam com o tempo. Pode ser útil lembrar-se da frase "a aceleração está para a velocidade assim como a velocidade está para a posição". Também pode ser útil se imaginar movendo-se com o corpo em movimento. Quando o corpo acelera para a frente e ganha velocidade, você se sente

empurrado para trás; quando ele acelera para trás e perde velocidade, você se sente empurrado para a frente. Quando a velocidade é constante e não há aceleração, você não tem nenhuma dessas sensações. (Explicaremos essas sensações no Capítulo 4.)

EXEMPLO 2.2 ACELERAÇÃO MÉDIA

Uma astronauta saiu de um ônibus espacial em órbita no espaço para testar uma nova unidade de manobra tripulada. À medida que ela se move em linha reta, seu companheiro a bordo da espaçonave mede sua velocidade a cada intervalo de 2,0 s, começando em $t = 1,0$ s, do seguinte modo:

t	v_x	t	v_x
1,0 s	0,8 m/s	9,0 s	−0,4 m/s
3,0 s	1,2 m/s	11,0 s	−1,0 m/s
5,0 s	1,6 m/s	13,0 s	−1,6 m/s
7,0 s	1,2 m/s	15,0 s	−0,8 m/s

Calcule a aceleração média e verifique se a velocidade da astronauta aumenta ou diminui para cada um dos seguintes intervalos de 2,0 s: (a) $t_1 = 1,0$ s até $t_2 = 3,0$ s; (b) $t_1 = 5,0$ s até $t_2 = 7,0$ s; (c) $t_1 = 9,0$ s até $t_2 = 11,0$ s; (d) $t_1 = 13,0$ s até $t_2 = 15,0$ s.

SOLUÇÃO

IDENTIFICAR E PREPARAR: usamos a Equação 2.4 para encontrar o valor de a_{mx} a partir da variação em velocidade para cada intervalo. Para determinar as variações em velocidade, usaremos o conceito de que a velocidade v é o módulo da velocidade instantânea v_x.

A parte superior da **Figura 2.10** mostra um gráfico da velocidade em função do tempo. No gráfico $v_x t$, a inclinação da linha que une os pontos do início e do final de cada intervalo fornece a aceleração média $a_{mx} = \Delta v_x / \Delta t$ para cada intervalo. As quatro inclinações (e, portanto, os *sinais* das acelerações médias) são, da esquerda para a direita, positiva, negativa, negativa e positiva. A terceira e a quarta inclinações (e, portanto, as próprias acelerações médias) possuem maiores módulos que a primeira e a segunda.

EXECUTAR: usando a Equação 2.4, encontramos:
(a) $a_{mx} = (1,2 \text{ m/s} - 0,8 \text{ m/s})/(3,0 \text{ s} - 1,0 \text{ s}) = 0,2 \text{ m/s}^2$.
A velocidade escalar (o módulo da velocidade instantânea) aumenta de 0,8 m/s para 1,2 m/s.
(b) $a_{mx} = (1,2 \text{ m/s} - 1,6 \text{ m/s})/(7,0 \text{ s} - 5,0 \text{ s}) = -0,2 \text{ m/s}^2$.
A velocidade diminui de 1,6 m/s para 1,2 m/s.
(c) $a_{mx} = [-1,0 \text{ m/s} - (-0,4 \text{ m/s})]/(11,0 \text{ s} - 9,0 \text{ s}) = -0,3 \text{ m/s}^2$.
A velocidade aumenta de 0,4 m/s para 1,0 m/s.
(d) $a_{mx} = [-0,8 \text{ m/s} - (-1,6 \text{ m/s})]/(15,0 \text{ s} - 13,0 \text{ s}) = 0,4 \text{ m/s}^2$.
A velocidade diminui de 1,6 m/s para 0,8 m/s.
Na parte inferior da Figura 2.10, representamos graficamente os valores de a_{mx}.

AVALIAR: os sinais e os módulos relativos das acelerações médias correspondem às nossas previsões qualitativas. Observe que, quando a aceleração média x possui o *mesmo* sentido (mesmo sinal algébrico) da velocidade inicial, como nos intervalos (a) e (c), a astronauta acelera. Quando a_{mx} possui sinal algébrico *contrário*, como nos intervalos (b) e (d), ela diminui a aceleração. Logo, a aceleração positiva x implica velocidade crescente, quando a velocidade x é positiva [intervalo (a)], mas redução da velocidade, quando ela é negativa [intervalo (d)]. Da mesma forma, a aceleração negativa x implica velocidade crescente, quando a velocidade x é negativa [intervalo (c)], mas decrescente, quando a velocidade é positiva [intervalo (b)].

Figura 2.10 Nossos gráficos de velocidade *versus* tempo (parte superior) e aceleração média *versus* tempo (parte inferior) para a astronauta.

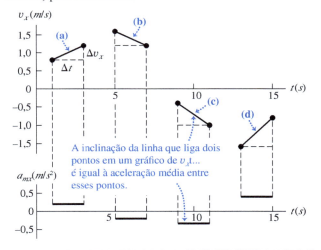

Aceleração instantânea

Podemos agora definir a **aceleração instantânea** seguindo o mesmo procedimento adotado quando definimos velocidade instantânea. Considere a situação em que um piloto de carro de corrida acaba de entrar na reta final do *Grand Prix*, como ilustra a **Figura 2.11**. Para definir a aceleração instantânea no ponto P_1, imaginamos que o ponto P_2 da Figura 2.11 se aproxima continuamente do ponto P_1, de modo que a aceleração média seja calculada em intervalos cada vez menores.

A **aceleração instantânea** x de uma partícula em **movimento retilíneo**... é igual ao limite da aceleração média x quando o intervalo de tempo tende a zero ...

$$a_x = \lim_{\Delta t \to 0} \frac{\Delta v_x}{\Delta t} = \frac{dv_x}{dt} \qquad (2.5)$$

... e é igual à taxa instantânea de variação da velocidade x com o tempo.

Figura 2.11 Um carro de corrida do *Grand Prix* na reta final.

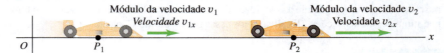

Note que a_x na Equação 2.5 é, de fato, o componente x do vetor **aceleração instantânea x**; no movimento retilíneo, todos os demais componentes desse vetor são iguais a zero. A partir de agora, quando usarmos o termo "aceleração", designaremos a aceleração instantânea, não a aceleração média.

EXEMPLO 2.3 — ACELERAÇÃO MÉDIA E ACELERAÇÃO INSTANTÂNEA

Suponha que a velocidade v_x do carro na Figura 2.11 em qualquer instante t seja dada pela equação

$$v_x = 60 \text{ m/s} + (0{,}50 \text{ m/s}^3)t^2$$

(a) Ache a variação da velocidade média do carro no intervalo entre $t_1 = 1{,}0$ s e $t_2 = 3{,}0$ s. (b) Ache a aceleração média do carro nesse intervalo. (c) Ache a aceleração instantânea do carro para $t_1 = 1{,}0$ s, considerando $\Delta t = 0{,}1$ s, $0{,}01$ s e $0{,}001$ s. (d) Deduza uma expressão geral para a aceleração instantânea em função do tempo e, a partir dela, calcule a_x para $t = 1{,}0$ s e $t = 3{,}0$ s.

SOLUÇÃO

IDENTIFICAR E PREPARAR: este exemplo é análogo ao Exemplo 2.1 da Seção 2.2. Naquele caso, encontramos a velocidade média x ao longo de intervalos cada vez mais curtos a partir da variação da posição e determinamos a velocidade instantânea x pela diferenciação da posição como uma função do tempo. Neste caso, temos um paralelo exato. Usando a Equação 2.4, encontramos a *aceleração* média x da variação na *velocidade* em um intervalo. Da mesma forma, usando a Equação 2.5, obteremos uma expressão para a *aceleração* instantânea derivando a *velocidade* em função do tempo.

EXECUTAR: (a) Antes de aplicar a Equação 2.4, temos de achar a velocidade x em cada instante da equação fornecida. Para $t_1 = 1{,}0$ s e $t_2 = 3{,}0$ s, as velocidades são

$$v_{1x} = 60 \text{ m/s} + (0{,}50 \text{ m/s}^3)(1{,}0 \text{ s})^2 = 60{,}5 \text{ m/s}$$
$$v_{2x} = 60 \text{ m/s} + (0{,}50 \text{ m/s}^3)(3{,}0 \text{ s})^2 = 64{,}5 \text{ m/s}$$

A variação da velocidade Δv_x entre $t_1 = 1{,}0$ s e $t_2 = 3{,}0$ s é dada por

$$\Delta v_x = v_{2x} - v_{1x} = 64{,}5 \text{ m/s} - 60{,}5 \text{ m/s} = 4{,}0 \text{ m/s}$$

(b) A aceleração média durante esse intervalo de duração $t_2 - t_1 = 2{,}0$ s é

$$a_{mx} = \frac{v_{2x} - v_{1x}}{t_2 - t_1} = \frac{4{,}0 \text{ m/s}}{2{,}0 \text{ s}} = 2{,}0 \text{ m/s}^2$$

Durante esse intervalo, a velocidade e a aceleração média possuem o mesmo sinal (nesse caso, positivo) e o carro acelera.

(c) Quando $\Delta t = 0{,}1$ s, $t_2 = 1{,}1$ s. Prosseguindo como antes, encontramos

$$v_{2x} = 60 \text{ m/s} + (0{,}50 \text{ m/s}^3)(1{,}1 \text{ s})^2 = 60{,}605 \text{ m/s}$$
$$\Delta v_x = 0{,}105 \text{ m/s}$$
$$a_{mx} = \frac{\Delta v_x}{\Delta t} = \frac{0{,}105 \text{ m/s}}{0{,}1 \text{ s}} = 1{,}05 \text{ m/s}^2$$

Convidamos você a seguir o mesmo raciocínio e refazer os cálculos de a_{mx} para os intervalos $\Delta t = 0{,}01$ s e $\Delta t = 0{,}001$ s; os resultados são $a_{mx} = 1{,}005$ m/s^2 e $a_{mx} = 1{,}0005$ m/s^2, respectivamente. À medida que Δt se torna cada vez menor, a aceleração média x fica cada vez mais próxima do valor 1,0 m/s^2. Logo, concluímos que a aceleração instantânea para $t = 1{,}0$ s é igual a 1,0 m/s^2.

(d) Pela Equação 2.5, a aceleração instantânea x é $a_x = dv_x/dt$. A derivada de uma constante é igual a zero e a derivada de t^2 é $2t$, portanto

$$a_x = \frac{dv_x}{dt} = \frac{d}{dt}[60 \text{ m/s} + (0{,}50 \text{ m/s}^3)t^2]$$
$$= (0{,}50 \text{ m/s}^3)(2t) = (1{,}0 \text{ m/s}^3)t$$

Para $t = 1{,}0$ s,

$$a_x = (1{,}0 \text{ m/s}^3)(1{,}0 \text{ s}) = 1{,}0 \text{ m/s}^2$$

Para $t = 3{,}0$ s,

$$a_x = (1{,}0 \text{ m/s}^3)(3{,}0 \text{ s}) = 3{,}0 \text{ m/s}^2$$

AVALIAR: note que nenhum desses valores encontrados no item (d) é igual à aceleração média obtida no item (b). Isso porque a aceleração instantânea desse carro varia com o tempo. A taxa de variação da aceleração com o tempo produz uma variação brusca da velocidade.

Cálculo da aceleração usando um gráfico $v_x t$ ou um gráfico xt

Na Seção 2.2, interpretamos a velocidade média e a velocidade instantânea de uma partícula em termos da inclinação em um gráfico de posição em função do tempo. De modo semelhante, podemos ter melhor noção dos conceitos de aceleração média e instantânea x usando um gráfico com a velocidade instantânea v_x no eixo vertical e o tempo t no eixo horizontal — ou seja, um **gráfico $v_x t$** (**Figura 2.12**). Os pontos nesse gráfico, designados por p_1 e p_2, correspondem aos pontos P_1 e P_2 indicados na Figura 2.11. A aceleração média $a_{mx} = \Delta v_x / \Delta t$ durante esse intervalo é a inclinação da linha $p_1 p_2$.

À medida que o ponto P_2 da Figura 2.11 se aproxima do ponto P_1, o ponto p_2 no gráfico $v_x t$ indicado na Figura 2.12 se aproxima do ponto p_1 e a inclinação da linha reta $p_1 p_2$ se aproxima da inclinação da tangente da curva no ponto p_1. Portanto, *em um gráfico da velocidade em função do tempo, a aceleração instantânea x em qualquer ponto é igual à inclinação da tangente da curva nesse ponto.* Na Figura 2.12, tangentes traçadas em diferentes pontos ao longo da curva possuem diferentes inclinações, de modo que a aceleração instantânea varia com o tempo.

> **ATENÇÃO** **Sinais de aceleração e velocidade** Note que o sinal algébrico da aceleração *não* é suficiente para informar se um corpo está em movimento acelerado ou retardado. Você deve comparar o sinal da velocidade com o da aceleração. Quando v_x e a_x possuem o *mesmo* sinal, o movimento do corpo está sendo acelerado. Quando ambos forem positivos, o corpo está se movendo no sentido positivo com uma velocidade crescente. Quando ambos forem negativos, o corpo está se movendo no sentido negativo com uma velocidade que se torna cada vez mais negativa, e novamente a velocidade é crescente. Quando v_x e a_x possuem sinais *opostos*, o movimento do corpo é retardado. Quando v_x é positivo e a_x é negativo, o corpo se desloca no sentido positivo com velocidade decrescente; quando v_x é negativo e a_x é positivo, ele se desloca no sentido negativo com uma velocidade que se torna menos negativa, e novamente o movimento do corpo é retardado. A **Tabela 2.3** resume essas regras, e a **Figura 2.13** ilustra algumas dessas possibilidades.

O termo "*desaceleração*" algumas vezes é usado para designar diminuição de velocidade. Como isso pode corresponder a um valor de a_x positivo ou negativo, dependendo do sinal de v_x, evitamos esse termo.

Também podemos estudar a aceleração de uma partícula a partir do gráfico de sua *posição versus* tempo. Como $a_x = dv_x/dt$ e $v_x = dx/dt$, podemos escrever:

$$a_x = \frac{dv_x}{dt} = \frac{d}{dt}\left(\frac{dx}{dt}\right) = \frac{d^2 x}{dt^2} \quad (2.6)$$

Ou seja, a_x é a derivada de segunda ordem de x em relação a t. A derivada de segunda ordem de qualquer função é relacionada com a *concavidade* ou *curvatura* do gráfico dessa função (**Figura 2.14**). Em um ponto no qual o gráfico xt tenha concavidade voltada para cima (encurvado para cima), como o ponto A ou E na Figura 2.14a, a aceleração x é positiva e v_x é crescente. Em um ponto no qual o gráfico xt tenha concavidade voltada para baixo (encurvado para baixo), como o ponto C na Figura 2.14a, a aceleração x é negativa e v_x é decrescente. Em

TABELA 2.3 Regras para o sinal da aceleração.

Se a velocidade x é:	...a aceleração é:
Positiva e crescente (tornando-se mais positiva)	Positiva: a partícula se move no sentido do eixo $+Ox$ em velocidade crescente
Positiva e decrescente (tornando-se menos positiva)	Negativa: a partícula se move no sentido do eixo $+Ox$ em velocidade decrescente
Negativa e crescente (tornando-se menos negativa)	Positiva: a partícula se move no sentido do eixo $-Ox$ em velocidade decrescente
Negativa e decrescente (tornando-se mais negativa)	Negativa: a partícula se move no sentido do eixo $-Ox$ em velocidade crescente

Nota: estas regras aplicam-se tanto à aceleração média a_{mx} quanto à aceleração instantânea a_x.

Figura 2.12 Gráfico $v_x t$ do movimento indicado na Figura 2.11.

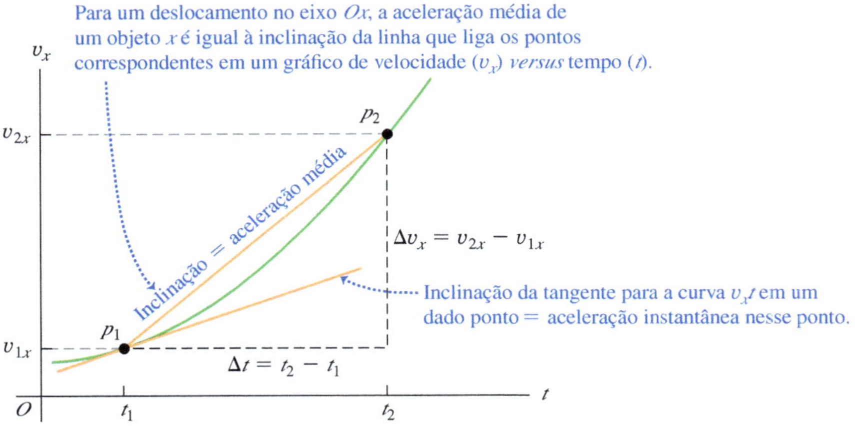

Para um deslocamento no eixo Ox, a aceleração média de um objeto x é igual à inclinação da linha que liga os pontos correspondentes em um gráfico de velocidade (v_x) *versus* tempo (t).

Inclinação = aceleração média

$\Delta v_x = v_{2x} - v_{1x}$

Inclinação da tangente para a curva $v_x t$ em um dado ponto = aceleração instantânea nesse ponto.

$\Delta t = t_2 - t_1$

Figura 2.13 (a) Gráfico $v_x t$ do movimento de uma partícula diferente da mostrada na Figura 2.8. (b) Diagrama do movimento mostrando a posição, a velocidade e a aceleração da partícula em cada um dos instantes indicados no gráfico $v_x t$.

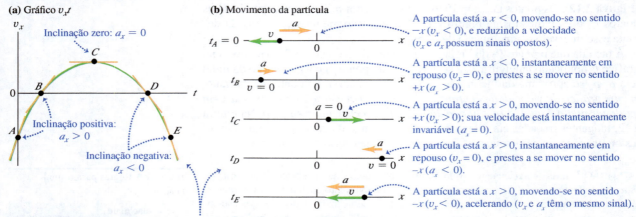

- Em um gráfico $v_x t$, a inclinação da tangente em qualquer ponto é igual à aceleração da partícula nesse ponto.
- Quanto maior a inclinação (positiva ou negativa), maior a aceleração da partícula no sentido positivo ou negativo de x.

Figura 2.14 (a) O mesmo gráfico xt indicado na Figura 2.8a. (b) Diagrama do movimento mostrando a posição, a velocidade e a aceleração da partícula em cada um dos instantes indicados no gráfico xt.

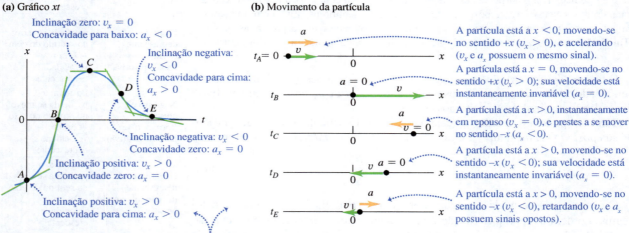

- Em um gráfico xt, a concavidade em qualquer ponto indica a aceleração da partícula nesse ponto.
- Quanto maior a concavidade (positiva ou negativa), maior a aceleração da partícula no sentido positivo ou negativo de x.

um ponto no qual o gráfico xt não possui nenhuma concavidade, como nos pontos de inflexão B e D, a aceleração é igual a zero e a velocidade não varia.

Examinando a concavidade de um gráfico xt, torna-se fácil determinar o *sinal* da aceleração. Essa técnica é menos útil para a determinação do módulo da aceleração, visto que a concavidade de um gráfico é difícil de ser determinada com exatidão.

TESTE SUA COMPREENSÃO DA SEÇÃO 2.3 Analise novamente o gráfico xt na Figura 2.9, ao final da Seção 2.2. (a) Em quais dos pontos P, Q, R e S a aceleração a_x é positiva? (b) Em quais dos pontos a aceleração é negativa? (c) Em quais pontos a aceleração parece ser zero? (d) Em cada ponto, indique se a velocidade está aumentando, diminuindo ou é constante. ▮

2.4 MOVIMENTO COM ACELERAÇÃO CONSTANTE

O mais simples dos movimentos acelerados é o movimento retilíneo com aceleração *constante*. Neste caso, a velocidade varia com a mesma taxa durante o movimento. Como exemplo, um corpo em queda livre possui uma aceleração constante quando os efeitos da resistência do ar são desprezados. O mesmo ocorre quando um corpo escorrega ao longo de um plano inclinado ou de uma superfície horizontal com atrito, ou no caso do movimento de um caça a jato sendo lançado pela catapulta de um porta-aviões.

A **Figura 2.15** é um diagrama do movimento que mostra a posição, a velocidade e a aceleração para uma partícula que se move com aceleração constante. Nas **figuras 2.16** e **2.17**, mostramos esse mesmo diagrama por meio de gráficos. Como a aceleração a é constante, o **gráfico $a_x t$** (gráfico da aceleração *versus* tempo) indicado na Figura 2.16 é uma linha horizontal. O gráfico da velocidade *versus* tempo (gráfico $v_x t$) possui uma *inclinação* constante, pois a aceleração é constante e, portanto, o gráfico é uma linha reta (Figura 2.17).

Quando a aceleração a_x é constante, a aceleração média a_{mx} para qualquer intervalo de tempo é a mesma que a_x. Assim, é fácil deduzir equações para a posição x e para a velocidade v_x em função do tempo. Para achar uma expressão para v_x, primeiro substituímos a_{mx} na Equação 2.4 por a_x:

$$a_x = \frac{v_{2x} - v_{1x}}{t_2 - t_1} \tag{2.7}$$

Agora, faça $t_1 = 0$ e suponha que t_2 seja um instante posterior arbitrário t. Usamos o símbolo v_{0x} para a velocidade no instante $t = 0$; a velocidade para qualquer instante t é v_x. Então, a Equação 2.7 torna-se:

$$a_x = \frac{v_x - v_{0x}}{t - 0}$$

ou

Velocidade x no instante t de uma partícula com **aceleração constante** x ⋯⋯⋯ $v_x = v_{0x} + a_x t$ ⋯⋯⋯ Velocidade x da partícula no instante 0

Aceleração constante x da partícula   Tempo

$$v_x = v_{0x} + a_x t \tag{2.8}$$

Na Equação 2.8, o termo $a_x t$ é o produto da variação da velocidade por unidade de tempo, a_x, multiplicada pelo tempo t. Portanto, indica a variação *total* da velocidade desde o instante inicial $t = 0$ até um instante posterior t. A velocidade v_x em qualquer instante t é igual à velocidade inicial v_{0x} (para $t = 0$) mais a variação da velocidade $a_x t$ (Figura 2.17).

Outra interpretação da Equação 2.8 é que a variação da velocidade $v_x - v_{0x}$ da partícula desde $t = 0$ até um instante posterior t é igual à *área* sob o gráfico entre esses limites em um gráfico $a_x t$. Na Figura 2.16, a área sob a linha do gráfico de aceleração *versus* o tempo é indicada pelo retângulo com altura a_x e comprimento t. A área desse retângulo é igual a $a_x t$, que pela Equação 2.8 é igual à variação da velocidade $v_x - v_{0x}$. Na Seção 2.6, verificamos que, mesmo no caso em que a aceleração não seja constante, a variação da velocidade continua sendo dada pela área sob a linha em um gráfico $a_x t$, embora nesse caso a Equação 2.8 não se aplique.

A seguir, queremos deduzir uma expressão para a posição x da partícula que se move com aceleração constante. Para isso, usaremos duas diferentes expressões para a velocidade média v_{mx} da partícula desde $t = 0$ até um instante posterior t. A primeira expressão resulta da definição de v_{mx}, Equação 2.2, que permanece válida em caso de aceleração constante ou não. Denominamos a posição no instante $t = 0$ de *posição inicial* e a representamos por x_0. Designamos simplesmente por x a posição em um instante posterior t. Para o intervalo $\Delta t = t - 0$ e para o deslocamento correspondente $\Delta x = x - x_0$, a Equação 2.2 fornece

$$v_{mx} = \frac{x - x_0}{t} \tag{2.9}$$

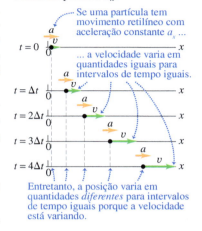

Figura 2.15 Diagrama do movimento para uma partícula que se move em linha reta no sentido positivo de x com aceleração constante positiva a_x.

Figura 2.16 Gráfico da aceleração *versus* tempo ($a_x t$) para uma partícula que se move em linha reta com aceleração constante positiva a_x.

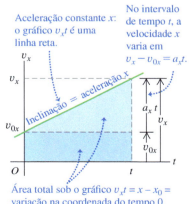

Figura 2.17 Gráfico da velocidade *versus* tempo ($v_x t$) para uma partícula que se move em linha reta com aceleração constante positiva a_x. A velocidade inicial v_{0x} também é positiva neste caso.

BIO Aplicação Testando humanos em altas acelerações

Em experimentos realizados pela Força Aérea dos Estados Unidos nas décadas de 1940 e 1950, os humanos pilotando um trenó a jato puderam suportar acelerações de até 440 m/s². As três primeiras fotos nesta sequência mostram o médico da Força Aérea John Stapp acelerando do repouso até 188 m/s (678 km/h = 421 mi/h) em apenas 5 s. As fotos 4 a 6 mostram um módulo de aceleração ainda maior, quando o equipamento freou até parar.

Para deduzir uma segunda expressão para v_{mx}, observe que a velocidade varia com uma taxa constante se a aceleração for constante. Nesse caso, a velocidade média durante o intervalo de tempo de 0 até t é simplesmente a média aritmética das velocidades desde o início até o instante final do intervalo:

$$v_{mx} = \tfrac{1}{2}(v_{0x} + v_x) \quad \text{(somente para aceleração constante)} \tag{2.10}$$

(Essa equação *não* vale quando a aceleração varia durante o intervalo de tempo.) Sabemos também que, no caso de aceleração constante, a velocidade v_x em qualquer instante t é dada pela Equação 2.8. Substituindo essa expressão por v_x na Equação 2.10, encontramos:

$$v_{mx} = \tfrac{1}{2}(v_{0x} + v_{0x} + a_x t) \quad \text{(somente para}$$
$$= v_{0x} + \tfrac{1}{2}a_x t \quad \text{aceleração constante)} \tag{2.11}$$

Finalmente, igualando a Equação 2.9 com a Equação 2.11 e simplificando o resultado, obtemos:

$$v_{0x} + \tfrac{1}{2}a_x t = \frac{x - x_0}{t}$$

ou

Posição no instante t de uma partícula com **aceleração constante** x

Posição da partícula no instante 0 — Tempo

$$x = x_0 + v_{0x}t + \tfrac{1}{2}a_x t^2 \tag{2.12}$$

Velocidade da partícula no instante 0 — Aceleração constante da partícula

A Equação 2.12 mostra que, se para um instante inicial $t = 0$, a partícula está em uma posição x_0 e possui velocidade v_{0x}, sua nova posição em qualquer instante t é dada pela soma de três termos — a posição inicial x_0, mais a distância $v_{0x}t$ que ela percorreria caso a velocidade permanecesse constante, mais uma distância adicional $\tfrac{1}{2}a_x t^2$ produzida pela variação da velocidade x.

Um gráfico da Equação 2.12, que é um gráfico xt para movimento com aceleração constante (**Figura 2.18a**), é sempre uma *parábola*. A Figura 2.18b mostra esse gráfico. A curva intercepta o eixo vertical (eixo Ox) em x_0, na posição $t = 0$. A inclinação da tangente em $t = 0$ é igual a v_{0x}, a velocidade inicial, e a inclinação da tangente para qualquer tempo t é igual à velocidade v_x em qualquer tempo. A inclinação e a velocidade são continuamente crescentes, de modo que a aceleração a_x é positiva; também se pode verificar isso porque o gráfico na Figura

Figura 2.18 (a) Movimento em linha reta com aceleração constante. (b) Gráfico de posição *versus* tempo (xt) para esse movimento (o mesmo que aparece nas figuras 2.15, 2.16 e 2.17). Para esse movimento, a posição inicial x_0, a velocidade inicial v_{0x} e a aceleração a_x são todas positivas.

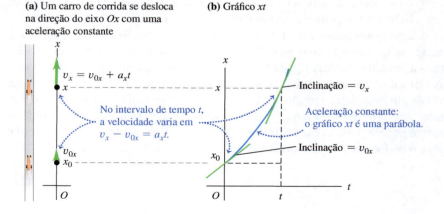

2.18b é côncavo para cima (encurvado para cima). Se a_x é negativo, o gráfico xt é uma parábola côncava para baixo (encurvada para baixo).

Quando a aceleração é zero, o gráfico xt é uma linha reta; quando a aceleração é constante, o termo adicional $\frac{1}{2}a_x t^2$ na Equação 2.12 para x em função de t encurva o gráfico para formar uma parábola (**Figura 2.19a**). Podemos analisar o gráfico $v_x t$ da mesma forma. Quando a aceleração é zero, esse gráfico é uma linha horizontal (a velocidade é constante). Acrescentando-se uma aceleração constante na Equação 2.8, temos uma inclinação para esse gráfico (Figura 2.19b).

Aqui está outra forma de derivar a Equação 2.12. Do mesmo modo que a velocidade é dada pela área sob um gráfico $a_x t$, o deslocamento (a variação da posição) é igual à área sob um gráfico $v_x t$. Ou seja, o deslocamento $x - x_0$ de uma partícula desde $t = 0$ até um instante posterior t é igual à área sob o gráfico $v_x t$ entre esses dois limites de tempo. Na Figura 2.17, a área sob o gráfico é composta pela soma da área do retângulo de lado vertical v_{0x} e lado horizontal t mais a área do triângulo dada por $\frac{1}{2}(a_x t)(t) = \frac{1}{2}a_x t^2$. Já a área total sob o gráfico $v_x t$ é $x - x_0 = v_{0x}t + \frac{1}{2}a_x t^2$, de acordo com a Equação 2.12.

O deslocamento durante um dado intervalo de tempo sempre pode ser calculado pela área sob a curva $v_x t$. Isso é verdade mesmo quando a aceleração *não* é constante, embora para esses casos a Equação 2.12 não possa ser aplicada. (Isso será demonstrado na Seção 2.6.)

Em muitos problemas, é conveniente usar uma equação que envolva a posição, a velocidade e a aceleração (constante), que não leve em conta o tempo. Para obtê-la, inicialmente explicitamos t na Equação 2.8; a seguir, a expressão obtida deve ser substituída na Equação 2.12 e simplificada:

$$t = \frac{v_x - v_{0x}}{a_x}$$

$$x = x_0 + v_{0x}\left(\frac{v_x - v_{0x}}{a_x}\right) + \tfrac{1}{2}a_x\left(\frac{v_x - v_{0x}}{a_x}\right)^2$$

Transferindo o termo x_0 para o membro esquerdo, multiplicando por $2a_x$ e simplificando:

$$2a_x(x - x_0) = 2v_{0x}v_x - 2v_{0x}^2 + v_x^2 - 2v_{0x}v_x + v_{0x}^2$$

Finalmente, ao simplificar, obtemos

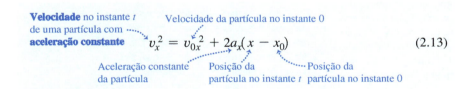

$$v_x^2 = v_{0x}^2 + 2a_x(x - x_0) \qquad (2.13)$$

Figura 2.19 Como uma aceleração constante afeta (a) o gráfico xt e (b) o gráfico $v_x t$ de um corpo.

Podemos obter outra equação útil igualando as duas expressões de v_{mx}, dadas pelas equações 2.9 e 2.10, e multiplicando os dois membros por t:

$$x - x_0 = \tfrac{1}{2}(v_{0x} + v_x)t \qquad (2.14)$$

Posição no instante t de uma partícula com **aceleração constante** · Posição da partícula no instante 0 · Tempo · Velocidade da partícula no instante 0 · Velocidade da partícula no instante t

Note que a Equação 2.14 não contém a aceleração a_x. Essa equação pode ser útil quando a_x possuir um valor constante, porém desconhecido.

As equações 2.8, 2.12, 2.13 e 2.14 são as *equações do movimento com aceleração constante* (**Tabela 2.4**). Usando essas equações, podemos resolver *qualquer* problema que envolva o movimento retilíneo com aceleração constante.

TABELA 2.4 Equações de movimento com aceleração constante.

Equação		Inclui grandezas		
$v_x = v_{0x} + a_x t$	(2.8)	t		v_x	a_x
$x = x_0 + v_{0x}t + \tfrac{1}{2}a_x t^2$	(2.12)	t	x		a_x
$v_x^2 = v_{0x}^2 + 2a_x(x - x_0)$	(2.13)		x	v_x	a_x
$x - x_0 = \tfrac{1}{2}(v_{0x} + v_x)t$	(2.14)	t	x	v_x	

ESTRATÉGIA PARA A SOLUÇÃO DE PROBLEMAS 2.1 MOVIMENTO COM ACELERAÇÃO CONSTANTE

IDENTIFICAR *os conceitos relevantes:* na maioria dos problemas de movimento retilíneo, você pode usar as equações de aceleração constante 2.8, 2.12, 2.13 e 2.14. Mas, eventualmente, você encontrará uma situação em que a aceleração *não é* constante. Nesse caso, necessitará de uma abordagem diferente (ver Seção 2.6).

PREPARAR *o problema* seguindo estes passos:
1. Leia o problema cuidadosamente. Crie um diagrama de movimento mostrando o local da partícula nos instantes em que houver interesse. Decida onde colocar a origem das coordenadas e a direção do eixo, assinalando qual é seu sentido positivo. É sempre útil colocar a partícula na origem $t = 0$; então $x_0 = 0$. Sua escolha do sentido positivo do eixo automaticamente determina o sentido positivo da velocidade e da aceleração. Se o eixo Ox for orientado para a direita da origem, então v_x e a_x também serão positivos quando tiverem esse sentido.
2. Identifique as grandezas físicas (tempos, posições, velocidades e acelerações) que aparecem nas equações 2.8, 2.12, 2.13 e 2.14, atribuindo-lhes símbolos apropriados: x, x_0, v_x e a_x, ou símbolos relacionados. Reformule o problema em palavras: "Quando uma partícula atinge seu ponto mais alto?" significa "Qual é o valor de t quando x tem seu valor máximo?". Já o Exemplo 2.4 "Onde está o motociclista quando sua velocidade é de 25 m/s?" quer dizer "Qual é o valor de x quando $v_x = 25$ m/s?". Esteja atento a informações implícitas. Por exemplo, "Um carro para em um semáforo" normalmente significa $v_{0x} = 0$.
3. Faça uma lista de grandezas como x, x_0, v_x, v_{0x}, a_x e t. Em geral, algumas delas serão conhecidas e outras, desconhecidas. Escreva os valores das conhecidas e decida quais das desconhecidas são variáveis-alvo. Anote a *ausência* de qualquer uma das grandezas que aparecem nas quatro equações de aceleração constante.
4. Use a Tabela 2.4 para identificar as equações que se aplicam. (Normalmente são aquelas que não incluem qualquer uma das grandezas ausentes, identificadas na etapa 3.) Normalmente, você encontrará uma única equação que contém apenas uma das variáveis-alvo. Às vezes, você deverá achar duas equações, cada uma contendo as mesmas duas incógnitas.
5. Faça um esboço dos gráficos correspondentes às equações que se aplicam. O gráfico $v_x t$ da Equação 2.8 é uma linha reta com inclinação a_x. O gráfico xt da Equação 2.12 é uma parábola voltada para cima, se a_x for positiva, ou para baixo, se a aceleração for negativa.
6. Com base em sua experiência com esse tipo de problema, e levando em consideração o que seus gráficos lhe informam, faça as previsões qualitativas e quantitativas que puder a respeito da solução.

EXECUTAR *a solução:* se uma única equação se aplicar, resolva-a para a variável-alvo, *usando somente símbolos*. A seguir, substitua os valores conhecidos e calcule o valor da variável-alvo. Algumas vezes, você terá de resolver um sistema de duas equações com duas incógnitas; resolva-as simultaneamente para as variáveis-alvo.

AVALIAR *sua resposta:* faça uma análise rigorosa dos resultados para verificar se eles fazem sentido. Eles estão dentro dos limites de valores que você esperava?

EXEMPLO 2.4 — CÁLCULOS ENVOLVENDO ACELERAÇÃO CONSTANTE

Um motociclista se dirige para o leste da cidade de Osasco (SP) e acelera a moto a uma aceleração constante de 4,0 m/s² depois de passar pela placa que indica os limites da cidade (**Figura 2.20**). No instante $t = 0$, ele está a 5,0 m a leste do sinal, movendo-se para leste a 15 m/s. (a) Determine sua posição e velocidade para $t = 2,0$ s. (b) Onde está o motociclista quando sua velocidade é de 25 m/s?

Figura 2.20 Motociclista deslocando-se com aceleração constante.

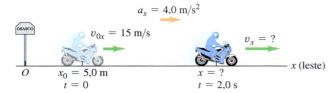

SOLUÇÃO

IDENTIFICAR E PREPARAR: o enunciado do problema revela que a aceleração é constante. Portanto, podemos usar as equações de aceleração constante. Escolhemos o sinal demarcador do limite da cidade como origem das coordenadas ($x = 0$) e orientamos o eixo $+Ox$ de oeste para leste (veja a Figura 2.20, que também funciona como um diagrama de movimento). As variáveis conhecidas são posição e velocidade iniciais, $x_0 = 5,0$ m e $v_{0x} = 15$ m/s. A aceleração constante é $a_x = 4,0$ m/s². As variáveis-alvo na parte (a) são os valores da posição x e da velocidade v_x em um instante posterior $t = 2,0$ s; a variável-alvo na parte (b) é o valor de x quando $v_x = 25$ m/s.

EXECUTAR: (a) Visto que conhecemos os valores de x_0, v_{0x} e a_x, a Tabela 2.4 nos diz que podemos determinar a posição x em $t = 2,0$ s usando a Equação 2.12 e a velocidade v_x nesse instante usando a Equação 2.8:

$$x = x_0 + v_{0x}t + \tfrac{1}{2}a_x t^2$$
$$= 5,0 \text{ m} + (15 \text{ m/s})(2,0 \text{ s}) + \tfrac{1}{2}(4,0 \text{ m/s}^2)(2,0 \text{ s})^2$$
$$= 43 \text{ m}$$
$$v_x = v_{0x} + a_x t$$
$$= 15 \text{ m/s} + (4,0 \text{ m/s}^2)(2,0 \text{ s}) = 23 \text{ m/s}$$

(b) Queremos encontrar o valor de x para $v_x = 25$ m/s, mas não sabemos quando a motocicleta possui essa velocidade. A Tabela 2.4 nos diz que devemos usar a Equação 2.13, que envolve x, v_x e a_x, mas não envolve t:

$$v_x^2 = v_{0x}^2 + 2a_x(x - x_0)$$

Explicitando x e substituindo os valores numéricos conhecidos, obtemos

$$x = x_0 + \frac{v_x^2 - v_{0x}^2}{2a_x}$$
$$= 5,0 \text{ m} + \frac{(25 \text{ m/s})^2 - (15 \text{ m/s})^2}{2(4,0 \text{ m/s}^2)} = 55 \text{ m}$$

AVALIAR: você pode conferir o resultado no item (b) usando primeiro a Equação 2.8, $v_x = v_{0x} + a_x t$, para descobrir o instante em que $v_x = 25$ m/s, que é $t = 2,5$ s. Então, você pode usar a Equação 2.12, $x = x_0 + v_{0x}t + \tfrac{1}{2}a_x t^2$, para explicitar x. Você deverá encontrar $x = 55$ m, a mesma resposta dada na solução. Mas esse é o caminho mais longo para resolver o problema. O método usado no item (b) é muito mais eficiente.

EXEMPLO 2.5 — DOIS CORPOS COM ACELERAÇÕES DIFERENTES

Um motorista dirige a uma velocidade constante de 15 m/s quando passa em frente a uma escola, onde a placa de limite de velocidade indica 10 m/s. Um policial que estava parado no local da placa acelera sua motocicleta e persegue o motorista com uma aceleração constante de 3,0 m/s² (**Figura 2.21a**).

(a) Qual o intervalo desde o início da perseguição até o momento em que o policial alcança o motorista? (b) Qual é a velocidade do policial nesse instante? (c) Que distância cada veículo percorreu até esse momento?

Figura 2.21 (a) Movimento com aceleração constante concomitante a um movimento com velocidade constante. (b) Gráfico de x em função de t para cada veículo.

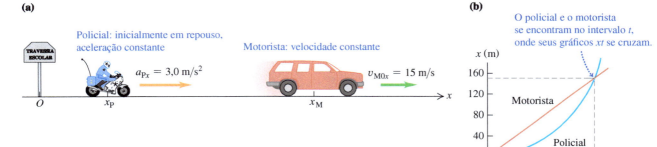

(*Continua*)

(*Continuação*)

SOLUÇÃO

IDENTIFICAR E PREPARAR: o policial e o motorista se movem com aceleração constante (que é igual a zero para o motorista), de modo que podemos usar as equações deduzidas anteriormente. Escolhemos o sentido positivo para a direita e a origem coincidindo com o sinal da escola, de modo que $x_0 = 0$ para ambos os veículos. Sejam x_P a posição do policial e x_M a posição do motorista em qualquer instante. As velocidades iniciais são $v_{P0x} = 0$ e $v_{M0x} = 15$ m/s; as acelerações constantes são $a_{Px} = 3,0$ m/s^2 e $a_{Mx} = 0$. Nossa variável-alvo na parte (a) corresponde ao instante em que o policial e o motorista estão na mesma posição x; a Tabela 2.4 nos diz que a Equação 2.12 é útil nessa parte. Na parte (b), usaremos a Equação 2.8 para achar a velocidade v do policial (o módulo de sua velocidade) no instante encontrado na parte (a). Na parte (c), usaremos a Equação 2.12 novamente para achar a posição do seu veículo nesse mesmo instante.

A Figura 2.21b mostra um gráfico xt para ambos os veículos. A linha reta representa o movimento do motorista, $x_M = x_{M0} + v_{M0x}t = v_{M0x}t$. O gráfico do movimento do policial é a metade direita de uma parábola com concavidade voltada para cima:

$$x_P = x_{P0} + v_{P0x}t + \tfrac{1}{2}a_{Px}t^2 = \tfrac{1}{2}a_{Px}t^2$$

Um bom desenho mostra que o policial e o motorista estão na mesma posição ($x_P = x_M$) em cerca de $t = 10$ s, quando ambos se afastaram cerca de 150 m da placa.

EXECUTAR: (a) Para calcular o tempo t no momento em que o motorista e o policial estão na mesma posição, definimos $x_P = x_M$, igualando as expressões acima e explicitando t nessa equação:

$$v_{M0x}t = \tfrac{1}{2}a_{Px}t^2$$

$$t = 0 \quad \text{ou} \quad t = \frac{2v_{M0x}}{a_{Px}} = \frac{2(15 \text{ m/s})}{3,0 \text{ m/s}^2} = 10 \text{ s}$$

Existem *dois* instantes nos quais os dois veículos possuem o mesmo valor de x, como indica a Figura 2.21b. O primeiro, $t = 0$, corresponde ao ponto em que o motorista passa pela placa onde o policial estava. O segundo, $t = 10$ s, corresponde ao momento em que o policial alcança o motorista.

(b) Queremos o módulo da velocidade do policial v_{Px} no instante t, encontrado na parte (a). Substituindo os valores de v_{P0x} e a_{Px} na Equação 2.8, com $t = 10$ s da parte (a), encontramos

$$v_{Px} = v_{P0x} + a_{Px}t = 0 + (3,0 \text{ m/s}^2)(10 \text{ s}) = 30 \text{ m/s}$$

A velocidade do policial é o valor absoluto disso, que também é 30 m/s.

(c) Em 10 s, a distância percorrida pelo motorista é

$$x_M = v_{M0x}t = (15 \text{ m/s})(10 \text{ s}) = 150 \text{ m}$$

e a distância percorrida pelo policial é

$$x_P = \tfrac{1}{2}a_{Px}t^2 = \tfrac{1}{2}(3,0 \text{ m/s}^2)(10 \text{ s})^2 = 150 \text{ m}$$

Isso confirma que eles percorreram distâncias iguais após 10 s.

AVALIAR: nossos resultados nas partes (a) e (c) combinam com nossas estimativas do desenho. Note que, quando o policial passa pelo motorista, eles *não* têm a mesma velocidade. O motorista está se movendo a 15 m/s e o policial, a 30 m/s. Você também pode ver isso pela Figura 2.21b. Onde as duas curvas xt se cruzam, suas inclinações (iguais aos valores de v_x para os dois veículos) são diferentes.

É apenas uma coincidência que, quando os dois veículos estão na mesma posição, o policial está com o dobro da velocidade do motorista? A Equação 2.14, $x - x_0 = \tfrac{1}{2}(v_{0x} + v_x)t$, oferece a resposta. Como o motorista tem velocidade constante, $v_{M0x} = v_{Mx}$, e o deslocamento do motorista $x - x_0$ no instante t é $v_{M0x}t$. Como $v_{P0x} = 0$, no mesmo instante t o deslocamento do policial é $\tfrac{1}{2}v_{Px}t$. Os dois veículos têm o mesmo desenvolvimento no mesmo período de tempo, de modo que $v_{M0x}t = \tfrac{1}{2}v_{Px}t$ e $v_{Px} = 2v_{M0x}$ — ou seja, o policial tem exatamente o dobro da velocidade do motorista. Isso é verdadeiro, não importando o valor da aceleração do policial.

Para o caso específico do movimento com aceleração constante esquematizado na Figura 2.15 e cujos gráficos são apresentados nas figuras 2.16, 2.17 e 2.18, os valores x_0, v_{0x} e a_x são todos positivos. Convidamos você a refazer essas figuras considerando um, dois ou três desses valores negativos.

TESTE SUA COMPREENSÃO DA SEÇÃO 2.4 O Exemplo 2.5 mostra quatro gráficos $v_x t$ para dois veículos. Qual gráfico está correto?

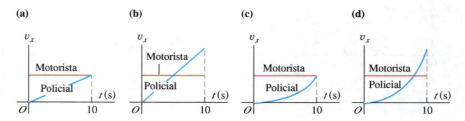

2.5 QUEDA LIVRE DE CORPOS

O exemplo mais familiar de um movimento com aceleração (aproximadamente) constante é a queda livre de um corpo atraído pela força gravitacional da Terra. Tal movimento despertou a atenção de filósofos e cientistas desde tempos remotos. No século IV a.C., Aristóteles pensou (erroneamente) que objetos mais pesados caíam mais rapidamente que objetos leves, com velocidades proporcionais aos respectivos pesos. Dezenove séculos mais tarde, Galileu (ver Seção 1.1) afirmou que um corpo deveria cair com aceleração constante independentemente de seu peso.

Experiências demonstram que, quando os efeitos do ar podem ser desprezados, Galileu está correto; todos os corpos em um dado local caem com a mesma aceleração, independentemente de seus tamanhos e pesos. Além disso, quando a distância da queda livre é pequena em comparação com o raio da Terra e ignoramos os pequenos efeitos exercidos por sua rotação, a aceleração é constante. O movimento ideal resultante de todos esses pressupostos denomina-se **queda livre**, embora ele inclua também a ascensão de um corpo. (No Capítulo 3, estenderemos a discussão da queda livre para incluir o movimento de projéteis, que possuem componentes do movimento na horizontal e na vertical.)

A **Figura 2.22** é uma fotografia de múltipla exposição da queda livre de uma bola feita com auxílio de um estroboscópio luminoso que produz uma série de *flashes* com intervalos de tempo iguais. Para cada *flash* disparado, a imagem da bola fica gravada no filme nesse instante. A distância crescente entre duas imagens consecutivas na Figura 2.22 mostra que a velocidade está aumentando e que a bola acelera para baixo. Medidas cuidadosas mostram que a variação da velocidade é sempre a mesma entre os intervalos, de modo que a aceleração de uma bola em queda livre é constante.

A aceleração constante de um corpo em queda livre denomina-se **aceleração da gravidade**, e seu módulo é designado por g. Sempre usaremos o valor aproximado de g na superfície terrestre ou próximo a ela:

$$g = 9{,}80 \text{ m/s}^2 = 980 \text{ cm/s}^2 = 32{,}2 \text{ pés/s}^2 \quad \text{(valor aproximado próximo à superfície terrestre)}$$

O valor exato varia de um local para outro, de modo que normalmente fornecemos o valor de g na superfície terrestre com somente dois algarismos significativos (9,8 m/s^2). Na superfície da Lua, como a atração gravitacional é da Lua e não da Terra, $g = 1{,}6$ m/s^2. Próximo à superfície do Sol, $g = 270$ m/s^2.

> **ATENÇÃO** g **é sempre um número positivo** Como g é o *módulo* de uma grandeza vetorial, ele é sempre um número *positivo*. Se você considerar que o sentido positivo está para cima, como fazemos na maioria das situações envolvendo queda livre, a aceleração é negativa (para baixo) e igual a $-g$. Tenha cuidado com o sinal de g, ou então terá dificuldade com os problemas de queda livre.

Nos exemplos seguintes, usaremos as equações de movimento com aceleração constante da Seção 2.4. Sugerimos que, antes de resolver esses exemplos, você leia novamente a Estratégia para a solução de problemas 2.1 dessa seção.

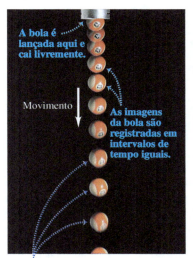

Figura 2.22 Fotografia de múltipla exposição de uma bola em queda livre.

• A velocidade média em cada intervalo é proporcional à distância entre as imagens.
• Essa distância aumenta continuamente, de modo que a velocidade da bola está variando constantemente; a bola acelera para baixo.

DADOS MOSTRAM

Queda livre

Quando os alunos recebiam um problema sobre queda livre, mais de 20% davam uma resposta incorreta. Erros comuns:

- Confusão entre velocidade escalar, vetor velocidade e aceleração. A velocidade escalar nunca pode ser negativa; o vetor velocidade pode ser positivo ou negativo, dependendo do sentido do movimento. Em queda livre, velocidade escalar e vetor velocidade variam continuamente, mas a aceleração (taxa de variação da velocidade) é constante e para baixo.
- Não observar que um corpo em queda livre que se move para cima com uma certa velocidade além de um ponto passará pelo mesmo ponto na mesma velocidade quando se mover para baixo (ver Exemplo 2.7).

EXEMPLO 2.6 UMA MOEDA EM QUEDA LIVRE

Uma moeda de 1 euro é derrubada da Torre de Pisa. Ela parte do repouso e se move em queda livre. Calcule sua posição e sua velocidade nos instantes 1,0 s, 2,0 s e 3,0 s.

SOLUÇÃO

IDENTIFICAR E PREPARAR: "queda livre" significa "possuir uma aceleração constante pela gravidade". Portanto, podemos usar as equações de aceleração constante. O lado direito da **Figura 2.23** demonstra nosso diagrama de movimento para a

Figura 2.23 Uma moeda em queda livre a partir do repouso.

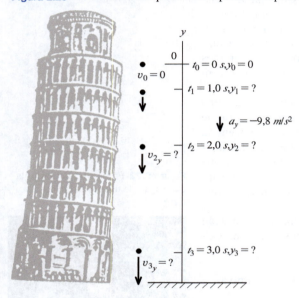

moeda. Como o eixo é vertical, vamos chamá-lo de y em vez de x. Todos os valores de x das equações serão substituídos por y. Consideramos a origem O como o ponto inicial e escolhemos um eixo vertical orientado com sentido positivo *de baixo para cima*. A coordenada inicial y_0 e a velocidade inicial v_{0y} são iguais a zero. A aceleração está orientada para baixo (no sentido negativo do eixo Oy), de modo que $a_y = -g = -9,8$ m/s^2. (Lembre-se de que, por definição, g é sempre positivo.) As variáveis-alvo são y e v_y nos três instantes especificados. Para determiná-las, usamos as equações 2.8 e 2.12, substituindo-se x por y. Nossa escolha do sentido para cima como positivo significa que todas as posições e velocidades que calcularmos serão negativas.

EXECUTAR: em um instante t após a moeda ser derrubada, sua posição e velocidade são:

$$y = y_0 + v_{0y}t + \tfrac{1}{2}a_y t^2 = 0 + 0 + \tfrac{1}{2}(-g)t^2 = (-4,9 \text{ m/s}^2)t^2$$

$$v_y = v_{0y} + a_y t = 0 + (-g)t = (-9,8 \text{ m/s}^2)t$$

Quando $t = 1,0$ s, $y = (-4,9 \text{ m/s}^2)(1,0 \text{ s})^2 = -4,9$ m e $v_y = (-9,8 \text{ m/s}^2)(1,0 \text{ s}) = -9,8$ m/s; depois de 1 s, a moeda está a 4,9 m abaixo da origem (y é negativo) e possui uma velocidade orientada para baixo (v_y é negativa) com módulo igual a 9,8 m/s. A posição e a velocidade nos instantes 2,0 s e 3,0 s são encontradas da mesma forma. Os resultados são $y = -20$ m e $v_y = -20$ m/s em $t = 2,0$ s, e $y = -44$ m e $v_y = -29$ m/s em $t = 3,0$ s.

AVALIAR: todas as respostas são negativas, como esperávamos. Mas também poderíamos ter escolhido o sentido para baixo. Nesse caso, a aceleração teria sido $a_y = +g$ e todas as respostas teriam sido positivas.

EXEMPLO 2.7 MOVIMENTO PARA CIMA E PARA BAIXO EM QUEDA LIVRE

Você arremessa uma bola de baixo para cima do topo de um edifício alto. A bola deixa sua mão à velocidade de 15 m/s em um ponto que coincide com a extremidade superior do parapeito do edifício; a seguir, ela passa a se mover em queda livre. Quando a bola volta, ela passa raspando pelo parapeito e continua a queda. Calcule (a) a posição e a velocidade da bola 1,0 s e 4,0 s depois que ela deixa sua mão; (b) a velocidade quando a bola está a 5,0 m acima do parapeito; (c) a altura máxima atingida; (d) a aceleração da bola quando ela se encontra em sua altura máxima.

SOLUÇÃO

IDENTIFICAR E PREPARAR: as palavras "queda livre" no enunciado do problema significam que a aceleração é constante e se deve à gravidade. Nossas variáveis-alvo são posição [nas partes (a) e (c)], velocidade [nas partes (a) e (b)] e aceleração [na parte (d)]. Tome a origem na extremidade superior do parapeito, no ponto onde a bola deixa sua mão, e considere o sentido positivo como de baixo para cima (**Figura 2.24**). A posição inicial y_0 é igual a zero, a velocidade inicial v_{0y} é +15,0 m/s e a aceleração é $a_y = -g = -9,80$ m/s^2. Na parte (a), como no Exemplo 2.6, usaremos as equações 2.12 e 2.8 para achar a posição e a velocidade em função do tempo. Na parte (b), precisamos encontrar a velocidade em uma certa *posição* (nenhum tempo é indicado); por isso, nessa parte, usaremos a Equação 2.13.

A **Figura 2.25** mostra os gráficos yt e $v_y t$ para a bola. O gráfico yt é uma parábola com concavidade para baixo, que sobe e depois desce, e o gráfico $v_y t$ é uma linha reta com inclinação para baixo. Note que a velocidade da bola é zero quando ela está em seu ponto mais alto.

EXECUTAR: (a) A posição y e a velocidade v_y em qualquer instante t são dadas pelas equações 2.12 e 2.8, substituindo-se x por y, portanto:

$$y = y_0 + v_{0y}t + \tfrac{1}{2}a_y t^2 = y_0 + v_{0y}t + \tfrac{1}{2}(-g)t^2$$
$$= (0) + (15,0 \text{ m/s})t + \tfrac{1}{2}(-9,80 \text{ m/s}^2)t^2$$
$$v_y = v_{0y} + a_y t = v_{0y} + (-g)t$$
$$= 15,0 \text{ m/s} + (-9,80 \text{ m/s}^2)t$$

Quando $t = 1,00$ s, essas equações fornecem $y = +10,1$ m e $v_y = +5,2$ m/s. Ou seja, a bola está a 10,1 m acima da origem (y é positivo) e se move de baixo para cima (v_y é positiva) com um módulo igual a 5,2 m/s. Esse valor é menor que a velocidade inicial, já que a bola perde velocidade conforme ascende. Quando

(Continua)

(*Continuação*)

Figura 2.24 Posição e velocidade de uma bola lançada verticalmente de baixo para cima.

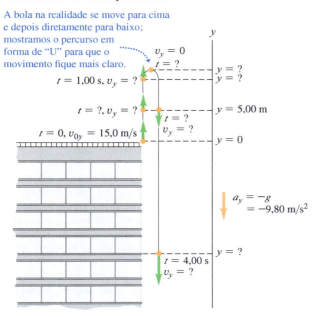

Figura 2.25 (a) Posição e (b) velocidade em função do tempo para uma bola lançada verticalmente de baixo para cima com velocidade inicial de 15,0 m/s.

(a) Gráfico yt (concavidade voltada para baixo porque $a_y = -g$ é negativo)

(b) Gráfico $v_y t$ (linha reta com inclinação negativa porque $a_y = -g$ é constante e negativo)

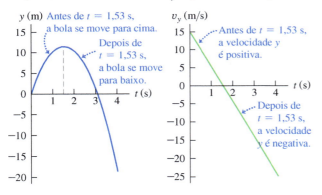

$t = 4,0$ s, as equações fornecem $y = -18,4$ m e $v_y = -24,2$ m/s A bola já passou pela altura máxima e está 18,4 m *abaixo* da origem (y é negativo). Ela possui uma velocidade *orientada de cima para baixo* (v_y é negativa), cujo módulo é igual a 24,2 m/s.

A Equação 2.13 nos diz que a bola se move na velocidade inicial de 15,0 m/s enquanto se move de cima para baixo, passando pelo ponto de lançamento (a origem), e continua a ganhar velocidade enquanto desce além desse ponto.

(b) A velocidade v_y em qualquer posição y é dada pela Equação 2.13, substituindo-se x por y, portanto:

$$v_y^2 = v_{0y}^2 + 2a_y(y - y_0) = v_{0y}^2 + 2(-g)(y - 0)$$
$$= (15,0 \text{ m/s})^2 + 2(-9,80 \text{ m/s}^2)y$$

Quando a bola está 5,0 m acima da origem, $y = +5,00$ m, logo

$$v_y^2 = (15,0 \text{ m/s})^2 + 2(-9,80 \text{ m/s}^2)(5,00 \text{ m}) = 127 \text{ m}^2/\text{s}^2$$
$$v_y = \pm 11,3 \text{ m/s}$$

Obtivemos *dois* valores de v_y, um positivo e outro negativo, porque a bola passa duas vezes pelo ponto $y = +5,0$ m: uma vez durante a ascensão (quando v_y é positivo) e a outra durante a queda (quando v_y é negativo) (ver figuras 2.24 e 2.25a).

(c) No exato instante em que a bola atinge seu ponto mais elevado y_1, sua velocidade é momentaneamente nula: $v_y = 0$. Usamos a Equação 2.13 para descobrir y_1. Com $v_y = 0$, $y_0 = 0$ e $a_y = -g$, obtemos:

$$0 = v_{0y}^2 + 2(-g)(y_1 - 0)$$
$$y_1 = \frac{v_{0y}^2}{2g} = \frac{(15,0 \text{ m/s})^2}{2(9,80 \text{ m/s}^2)} = +11,5 \text{ m}$$

(d) **ATENÇÃO Um erro conceitual de queda livre** É um erro comum supor que no ponto da altura máxima, onde a velocidade é zero, a aceleração também seja zero. Se isso fosse verdade, a bola ficaria suspensa nesse ponto para sempre! Para entender a razão, lembre-se de que a aceleração é a variação da velocidade, e a velocidade da bola está variando continuamente. Em cada ponto, incluindo no ponto mais elevado, e em qualquer velocidade, inclusive zero, a aceleração em queda livre é sempre $a_y = -g = -9,80$ m/s².

AVALIAR: uma forma útil de conferir qualquer problema de queda livre é desenhar dois gráficos de posição e velocidade em função do tempo (yt e $v_y t$), como mostra a Figura 2.25. Observe que esses gráficos são os das equações 2.12 e 2.8, respectivamente. Dadas a posição inicial, a velocidade inicial e a aceleração, você pode facilmente criar esses gráficos usando uma calculadora gráfica ou um programa matemático on-line.

EXEMPLO 2.8 DUAS SOLUÇÕES OU UMA?

Calcule o instante para o qual a bola do Exemplo 2.7 está a 5,0 m abaixo do parapeito do edifício.

SOLUÇÃO

IDENTIFICAR E PREPARAR: tratamos isso como no Exemplo 2.7, de modo que y_0, v_{0y} e $a_y = -g$ têm os mesmos valores de lá.

Agora, porém, a variável-alvo é o tempo em que a bola está em $y = -5,00$ m. A melhor equação a usar é a Equação 2.12, que oferece a posição y em função do tempo t:

$$y = y_0 + v_{0y}t + \tfrac{1}{2}a_y t^2$$
$$= y_0 + v_{0y}t + \tfrac{1}{2}(-g)t^2$$

(*Continua*)

(*Continuação*)

Esta é uma equação *quadrática* para *t*, que queremos resolver para o valor de *t* quando *y* = −5,00 m.

EXECUTAR: inicialmente, reagrupamos os termos dessa equação para ficar na forma padronizada de uma equação do segundo grau para uma incógnita *x*, $Ax^2 + Bx + C = 0$:

$$\left(\tfrac{1}{2}g\right)t^2 + (-v_{0y})t + (y - y_0) = At^2 + Bt + C = 0$$

Por comparação, identificamos $A = \tfrac{1}{2}g$, $B = -v_{0y}$ e $C = y - y_0$. Usando a fórmula da solução de uma equação de segundo grau (Apêndice B), verificamos que essa equação possui *duas* soluções:

$$t = \frac{-B \pm \sqrt{B^2 - 4AC}}{2A}$$

$$= \frac{-(-v_{0y}) \pm \sqrt{(-v_{0y})^2 - 4\left(\tfrac{1}{2}g\right)(y - y_0)}}{2\left(\tfrac{1}{2}g\right)}$$

$$= \frac{v_{0y} \pm \sqrt{v_{0y}^2 - 2g(y - y_0)}}{g}$$

Substituindo os valores $y_0 = 0$, $v_{0y} = +15,0$ m/s, $g = 9,80$ m/s² e $y = -5,0$ m, encontramos:

$$t = \frac{(15,0 \text{ m/s}) \pm \sqrt{(15,0 \text{ m/s})^2 - 2(9,80 \text{ m/s}^2)(-5,00 \text{ m} - 0)}}{9,80 \text{ m/s}^2}$$

Você pode confirmar que as respostas numéricas são *t* = +3,36 s e *t* = −0,30 s. A resposta *t* = −0,30 s não faz sentido físico, pois refere-se a um tempo *anterior* à saída da bola de sua mão em *t* = 0. Assim, a resposta correta é *t* = +3,36 s.

AVALIAR: de onde surgiu a segunda "solução", errada? A explicação é que equações de aceleração constante, como a 2.12, são baseadas na hipótese de que a aceleração é constante para *todos* os valores de tempo, sejam eles positivos, negativos ou nulos. Logo, a solução *t* = −0,30 s refere-se a um momento imaginário em que uma bola em queda livre estava a 5,00 m abaixo do parapeito do edifício e subindo para alcançar sua mão. Como a bola não saiu da sua mão e entrou em queda livre antes de *t* = 0, esse resultado é pura ficção.

Convidamos você a repetir esses cálculos para achar os tempos para os quais a bola está a 5,0 m *acima* da origem (*y* = +5,0 m). As duas respostas são *t* = +0,38 s e *t* = +2,68 s; esses valores correspondem a valores positivos de *t* e ambos referem-se ao movimento real da bola depois que você a arremessou. O tempo menor corresponde ao instante em que ela passa por esse ponto no movimento de ascensão, e o tempo maior, ao instante em que ela passa por esse ponto durante a queda. [Compare esse resultado com a solução da parte (b) do Exemplo 2.7, e novamente consulte a Figura 2.25a.]

Você também deve obter as soluções para os tempos correspondentes a *y* = +15,0 m. Nesse caso, as duas soluções envolvem a raiz quadrada de um número negativo, de modo que *não* existe nenhuma solução real. Novamente, a Figura 2.25a mostra o motivo; na parte (c) do Exemplo 2.7, achamos que a altura máxima atingida pela bola é *y* = +11,5 m, de modo que a bola *jamais* poderia atingir uma altura *y* = +15,0 m. Embora uma equação do segundo grau, como a 2.12, sempre possua duas soluções, em algumas situações uma delas ou as duas podem deixar de ser fisicamente possíveis.

TESTE SUA COMPREENSÃO DA SEÇÃO 2.5 Se você arremessa uma bola de baixo para cima com certa velocidade inicial, ela cai livremente e atinge uma altura máxima *h* em um instante *t*, após deixar sua mão. (a) Se você jogar a bola para cima com o dobro da velocidade inicial, que nova altura máxima a bola atingirá? (i) $h\sqrt{2}$; (ii) 2*h*; (iii) 4*h*; (iv) 8*h*; (v) 16*h*. (b) Se você jogar a bola para cima com o dobro da velocidade inicial, quanto tempo levará para ela atingir sua nova altura máxima? (i) *t*/2; (ii) $t/\sqrt{2}$; (iii) *t*; (iv) $t\sqrt{2}$; (v) 2*t*. ∎

2.6 VELOCIDADE E POSIÇÃO POR INTEGRAÇÃO

Esta seção opcional destina-se a estudantes que já tenham aprendido um pouco de cálculo integral. Na Seção 2.4, analisamos o caso especial do movimento retilíneo com aceleração constante. Quando a_x não é constante, como ocorre frequentemente, as equações que foram deduzidas nessa seção não são mais válidas (**Figura 2.26**). Contudo, mesmo quando a_x varia com o tempo, ainda podemos usar a relação $v_x = dx/dt$ para achar a velocidade v_x em função do tempo quando a posição *x* da partícula for conhecida em função do tempo.

Entretanto, em muitas situações, embora sabendo a aceleração em função do tempo, não conhecemos nem a posição nem a velocidade em função do tempo, mas sim a aceleração (**Figura 2.27**). Como determinar a posição e a velocidade a partir da aceleração em função do tempo $a_x(t)$?

A **Figura 2.28** mostra um gráfico de aceleração *versus* tempo para um corpo cuja aceleração não é constante. Podemos dividir o intervalo de tempo entre t_1 e t_2 em intervalos muito menores e designar cada um deles como Δt. Seja a_{mx} a

Figura 2.26 Quando você pisa até o fundo no pedal do acelerador do seu carro, a aceleração resultante *não* é constante: quanto maior a velocidade do carro, mais lentamente ele ganha velocidade adicional. Para um carro comum, o tempo para acelerar de 50 km/h a 100 km/h é igual ao dobro do tempo necessário para acelerar de 0 a 50 km/h.

Figura 2.27 O sistema de navegação inercial (INS — *Inertial Navigation System*) a bordo de uma aeronave registra sua aceleração. Dadas a posição inicial da aeronave e a velocidade antes da decolagem, o INS usa os dados da aceleração para calcular sua posição e velocidade durante o voo.

aceleração média durante Δt. Pela Equação 2.4, a variação da velocidade Δv_x durante Δt é dada por

$$\Delta v_x = a_{mx} \Delta t$$

Graficamente, Δv_x é a área sombreada do retângulo que possui altura a_{mx} e largura Δt, ou seja, a área sob a curva entre a extremidade esquerda e a extremidade direita de Δt. A variação total da velocidade em qualquer intervalo de tempo (digamos, de t_1 a t_2) é a soma das variações de Δv_x de todos os pequenos subintervalos. Logo, a variação total da velocidade é dada graficamente pela área *total* sob a curva $a_x t$ delimitada entre as linhas verticais t_1 e t_2. (Na Seção 2.4, mostramos que isso é verdade para o caso específico do movimento com aceleração a_x constante.)

No limite em que todos os intervalos Δt tornam-se muito pequenos e numerosos, o valor de a_{mx} para o intervalo entre t e $t + \Delta t$ se aproxima da aceleração a_x no tempo t. Nesse limite, a área sob a curva $a_x t$ é dada pela *integral* de a_x (que geralmente é função de t) de t_1 a t_2. Se v_{1x} for a velocidade do corpo no tempo t_1 e v_{2x} for a velocidade no tempo t_2, então

$$v_{2x} - v_{1x} = \int_{v_{1x}}^{v_{2x}} dv_x = \int_{t_1}^{t_2} a_x \, dt \qquad (2.15)$$

A variação na velocidade v_x é obtida pela integral da aceleração a_x em relação ao tempo.

Podemos fazer exatamente o mesmo procedimento com a curva da velocidade *versus* tempo. Se x_1 for a posição do corpo no tempo t_1 e x_2 for a posição no tempo t_2, pela Equação 2.2, o deslocamento Δx durante um pequeno intervalo de tempo Δt será igual a $v_{mx} \Delta t$, onde v_{mx} é a velocidade média durante Δt. O deslocamento total $x_2 - x_1$ durante o intervalo $t_2 - t_1$ é dado por:

$$x_2 - x_1 = \int_{x_1}^{x_2} dx = \int_{t_1}^{t_2} v_x \, dt \qquad (2.16)$$

A variação da posição x — isto é, o deslocamento — é dada pela integral da velocidade v_x em relação ao tempo. Graficamente, o deslocamento durante o intervalo t_1 e t_2 é dado pela área sob a curva $v_x t$ entre esses dois limites. (Esse resultado é semelhante ao obtido na Seção 2.4 para o caso específico no qual v_x era dada pela Equação 2.8.)

Figura 2.28 Um gráfico $a_x t$ para um corpo cuja aceleração não é constante.

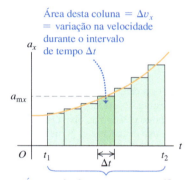

Área desta coluna = Δv_x = variação na velocidade durante o intervalo de tempo Δt

Área total sob a curva em um gráfico xt entre os tempos t_1 e t_2 = variação da velocidade que ocorre entre esses limites.

Quando $t_1 = 0$ e t_2 for t em algum instante posterior, e quando x_0 e v_{0x} corresponderem, respectivamente, à posição e à velocidade, para $t = 0$, então podemos reescrever as equações 2.15 e 2.16 do seguinte modo:

Velocidade de uma partícula no instante t → Velocidade da partícula no instante 0

$$v_x = v_{0x} + \int_0^t a_x \, dt \qquad (2.17)$$

Integral da aceleração da partícula entre os instantes 0 e t

Posição de uma partícula no instante t → Posição da partícula no instante 0

$$x = x_0 + \int_0^t v_x \, dt \qquad (2.18)$$

Integral da velocidade da partícula entre os instantes 0 e t

Conhecendo a aceleração a_x em função do tempo e a velocidade inicial v_{0x}, podemos usar a Equação 2.17 para achar a velocidade v_x em qualquer tempo; em outras palavras, podemos achar v_x em função do tempo. Conhecendo essa função e sabendo a posição inicial x_0, podemos usar a Equação 2.18 para achar a posição x a qualquer tempo.

EXEMPLO 2.9 — MOVIMENTO COM ACELERAÇÃO VARIÁVEL

Sueli está dirigindo seu Mustang 1965 em um trecho retilíneo de uma estrada. No tempo $t = 0$, quando ela está se movendo a 10 m/s no sentido positivo do eixo Ox, ela passa por um poste de sinalização a uma distância $x = 50$ m. Sua aceleração em função do tempo é dada por:

$$a_x = 2,0 \text{ m/s}^2 - (0,10 \text{ m/s}^3) t$$

(a) Deduza uma expressão para a posição e a velocidade em função do tempo. (b) Qual é o instante em que sua velocidade atinge o valor máximo? (c) Qual é a velocidade máxima? (d) Onde está o carro quando a velocidade atinge seu valor máximo?

SOLUÇÃO

IDENTIFICAR E PREPARAR: a aceleração é uma função do tempo, por isso *não* podemos usar as fórmulas de aceleração constante da Seção 2.4. Em vez disso, usamos a Equação 2.17 para obter uma expressão para v_x em função do tempo, e depois usamos esse resultado na Equação 2.18 para achar uma expressão para x em função de t. Poderemos, então, responder a uma série de perguntas sobre o movimento.

EXECUTAR: (a) No tempo $t = 0$, a posição de Sueli é $x_0 = 50$ m e sua velocidade é $v_{0x} = 10$ m/s. Para usar a Equação 2.17, observamos que a integral de t^n (exceto por $n = -1$) é $\int t^n \, dt = \frac{1}{n+1} t^{n+1}$, de modo que

$$v_x = 10 \text{ m/s} + \int_0^t [2,0 \text{ m/s}^2 - (0,10 \text{ m/s}^3) t] \, dt$$

$$= 10 \text{ m/s} + (2,0 \text{ m/s}^2) t - \tfrac{1}{2}(0,10 \text{ m/s}^3) t^2$$

A seguir, usamos a Equação 2.18 para achar x em função do tempo t:

$$x = 50 \text{ m} + \int_0^t [10 \text{ m/s} + (2,0 \text{ m/s}^2) t - \tfrac{1}{2}(0,10 \text{ m/s}^3) t^2] \, dt$$

$$= 50 \text{ m} + (10 \text{ m/s}) t + \tfrac{1}{2}(2,0 \text{ m/s}^2) t^2 - \tfrac{1}{6}(0,10 \text{ m/s}^3) t^3$$

A **Figura 2.29** mostra gráficos de a_x, v_x e x em função do tempo, conforme mostrado nas equações anteriores. Note que, para qualquer tempo t, a inclinação do gráfico $v_x t$ fornece o valor de a_x e a inclinação do gráfico xt fornece o valor de v_x.

(b) O valor máximo de v_x ocorre quando v para de crescer e começa a decrescer. Para esse instante, $dv_x/dt = a_x = 0$. Igualando a zero a expressão de a_x e explicitando t, obtemos

$$0 = 2,0 \text{ m/s}^2 - (0,10 \text{ m/s}^3) t$$

$$t = \frac{2,0 \text{ m/s}^2}{0,10 \text{ m/s}^3} = 20 \text{ s}$$

(c) Para achar a velocidade máxima, substituímos $t = 20$ s (quando a velocidade é máxima) na equação para v_x da parte (a):

$$v_{\text{máx-}x} = 10 \text{ m/s} + (2,0 \text{ m/s}^2)(20 \text{ s}) - \tfrac{1}{2}(0,10 \text{ m/s}^3)(20 \text{ s})^2$$

$$= 30 \text{ m/s}$$

(d) Para obter a posição do carro no instante que achamos na parte (b), substituímos $t = 20$ s na equação geral de x da parte (a):

$$x = 50 \text{ m} + (10 \text{ m/s})(20 \text{ s}) + \tfrac{1}{2}(2,0 \text{ m/s}^2)(20 \text{ s})^2$$

$$- \tfrac{1}{6}(0,10 \text{ m/s}^3)(20 \text{ s})^3$$

$$= 517 \text{ m}$$

(Continua)

(*Continuação*)

Figura 2.29 A posição, a velocidade e a aceleração do carro do Exemplo 2.9 em função do tempo. Você é capaz de mostrar que, se esse movimento continuasse, o carro pararia no instante *t* = 44,5 s?

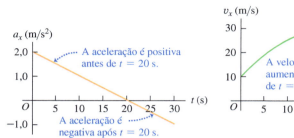
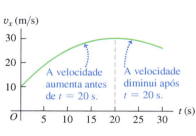
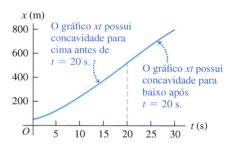

AVALIAR: a Figura 2.29 ajuda a interpretar nossos resultados. O gráfico no topo dessa figura indica que a_x é positiva entre $t = 0$ e $t = 20$ s e negativa a partir daí. É nula em $t = 20$ s, o tempo no qual v_x atinge seu valor máximo (o ponto mais alto no gráfico do meio). O carro acelera até $t = 20$ s (porque v_x e a_x possuem o mesmo sinal) e passa a diminuir de velocidade depois de $t = 20$ s (porque v_x e a_x possuem sinais contrários).

Uma vez que o valor máximo de v_x ocorre para $t = 20$ s, o gráfico *xt* (o gráfico da direita na Figura 2.29) possui sua inclinação máxima nesse instante. Note que o gráfico *xt* possui concavidade para cima (curvado para cima) de $t = 0$ até $t = 20$ s, quando a_x é positiva. O gráfico possui concavidade para baixo (curvado para baixo) após $t = 20$ s, quando a_x é negativa.

CAPÍTULO 2   RESUMO

Movimento retilíneo, velocidade média e velocidade instantânea: quando uma partícula se move em linha reta, descrevemos sua posição em relação à origem *O* especificando uma coordenada tal como *x*. A velocidade média da partícula v_{mx} em um intervalo de tempo $\Delta t = t_2 - t_1$ é igual a seu deslocamento $\Delta x = x_2 - x_1$ dividido por Δt. A velocidade instantânea v_x em qualquer instante *t* é igual à velocidade média para o intervalo de tempo entre *t* e $t + \Delta t$ até o limite em que Δt seja zero. Da mesma forma, v_x é a derivativa da função posição em relação ao tempo (Exemplo 2.1).

$$v_{mx} = \frac{\Delta x}{\Delta t} = \frac{x_2 - x_1}{t_2 - t_1} \quad (2.2)$$

$$v_x = \lim_{\Delta t \to 0} \frac{\Delta x}{\Delta t} = \frac{dx}{dt} \quad (2.3)$$

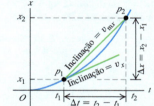

Aceleração média e instantânea: a aceleração média a_{mx} em um intervalo de tempo Δt é igual à variação em velocidade $\Delta v_x = v_{2x} - v_{1x}$ no intervalo dividido por Δt. A aceleração instantânea a_x é o limite de a_{mx} conforme Δt tende a zero, ou a derivativa de v_x em relação a *t* (exemplos 2.2 e 2.3).

$$a_{mx} = \frac{\Delta v_x}{\Delta t} = \frac{v_{2x} - v_{1x}}{t_2 - t_1} \quad (2.4)$$

$$a_x = \lim_{\Delta t \to 0} \frac{\Delta v_x}{\Delta t} = \frac{dv_x}{dt} \quad (2.5)$$

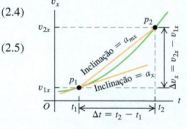

Movimento retilíneo com aceleração constante: quando a aceleração é constante, quatro equações relacionam a posição *x* e a velocidade v_x, em qualquer instante *t*, à posição inicial x_0, à velocidade inicial v_{0x} (ambas medidas no instante $t = 0$) e à aceleração a_x (exemplos 2.4 e 2.5).

Aceleração constante somente:

$$v_x = v_{0x} + a_x t \quad (2.8)$$

$$x = x_0 + v_{0x}t + \tfrac{1}{2}a_x t^2 \quad (2.12)$$

$$v_x^2 = v_{0x}^2 + 2a_x(x - x_0) \quad (2.13)$$

$$x - x_0 = \tfrac{1}{2}(v_{0x} + v_x)t \quad (2.14)$$

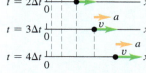

Corpos em queda livre: a queda livre é um caso particular de movimento com aceleração constante. O módulo da aceleração da gravidade é uma grandeza positiva, g. A aceleração de um corpo em queda livre é sempre orientada de cima para baixo (exemplos 2.6 a 2.8).

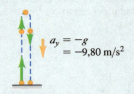

Movimento retilíneo com aceleração variada: quando a aceleração não é constante, mas é conhecida em função do tempo, podemos determinar a velocidade e a posição em função do tempo, integrando a função aceleração (Exemplo 2.9).

$$v_x = v_{0x} + \int_0^t a_x \, dt \quad (2.17)$$

$$x = x_0 + \int_0^t v_x \, dt \quad (2.18)$$

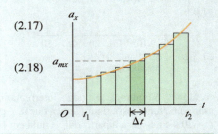

Problema em destaque A queda de um super-herói

O super-herói Lanterna Verde para no topo de um prédio alto. Ele cai livremente a partir do repouso até o solo, caindo por metade da distância total até o solo durante o último 1 s de sua queda (**Figura 2.30**). Qual é a altura h do prédio?

Figura 2.30 Nosso desenho para este problema.

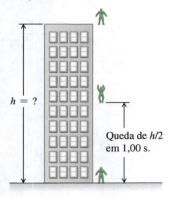

GUIA DA SOLUÇÃO
IDENTIFICAR E PREPARAR
1. Você sabe que o Lanterna Verde caiu livremente a partir do repouso. O que isso significa para a sua aceleração? E sobre sua velocidade inicial?

2. Escolha o sentido positivo para o eixo Oy. É mais fácil fazer a mesma escolha que usamos para os objetos em queda livre, na Seção 2.5.

3. Você pode dividir a queda do Lanterna Verde em duas partes: do topo do prédio até a metade do percurso e da metade até o solo. Você sabe que a segunda parte da queda dura 1,00 s. Decida o que precisaria saber sobre o movimento do Lanterna Verde na metade do percurso para explicitar a variável h. Depois, escolha duas equações, uma para a primeira parte da queda e outra para a segunda parte, que você usará em conjunto para encontrar uma expressão para h. (Existem vários pares de equações que você poderia escolher.)

EXECUTAR

4. Use suas duas equações para explicitar a altura h. As alturas são sempre números positivos, de modo que sua resposta deverá ser positiva.

AVALIAR

5. Para verificar sua resposta para h, use uma das equações de queda livre para descobrir quanto tempo leva para o Lanterna Verde cair (i) do topo do prédio até metade de sua altura e (ii) da metade da altura do prédio até o solo. Se a sua resposta para h estiver correta, o tempo (ii) deverá ser 1,00 s maior que o tempo (i). Se não for, volte e procure os erros na forma como encontrou h.

PROBLEMAS

•, ••, •••: níveis de dificuldade. **PC**: problemas cumulativos, incorporando material de outros capítulos. **CALC**: problemas exigindo cálculo. **DADOS:** problemas envolvendo dados reais, evidência científica, projeto experimental e/ou raciocínio científico. **BIO**: problemas envolvendo biociências.

QUESTÕES PARA DISCUSSÃO

Q2.1 O velocímetro de um automóvel mede a velocidade escalar ou o vetor velocidade? Explique.

Q2.2 A **Figura Q2.2** mostra uma série de fotografias em alta velocidade de um inseto voando em linha reta, da esquerda para a direita (no sentido positivo do eixo Ox). Qual dos gráficos na Figura Q2.2 descreve de forma mais plausível o movimento desse inseto?

Figura Q2.2

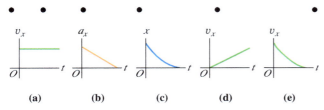

Q2.3 Um objeto com aceleração constante pode reverter o sentido de seu percurso? *Duas vezes*? Em cada caso, explique seu raciocínio.

Q2.4 Em que condições uma velocidade média é igual a uma velocidade instantânea?

Q2.5 É possível um objeto (a) reduzir a velocidade enquanto o módulo de sua aceleração cresce? (b) aumentar a velocidade enquanto sua aceleração é reduzida? Em cada caso, explique seu raciocínio.

Q2.6 Sob quais condições o módulo do vetor velocidade média é igual ao módulo da velocidade escalar?

Q2.7 Quando um Dodge Viper está no lava-jato situado na Rua da Consolação, uma BMW Z3 está na Rua Bela Cintra com a Avenida Paulista. Mais tarde, quando o Dodge chega à Rua Bela Cintra com a Avenida Paulista, a BMW chega ao lava-jato na Consolação. Como estão relacionadas as velocidades médias dos carros entre esses dois intervalos de tempo?

Q2.8 Um motorista em Curitiba foi levado a julgamento por excesso de velocidade. A evidência contra o motorista foi o depoimento de uma policial que notou que o carro do acusado estava emparelhado com um segundo carro que o ultrapassou. Conforme a policial, o segundo carro já havia ultrapassado o limite de velocidade. O motorista acusado se defendeu alegando que "o segundo carro me ultrapassou, portanto eu não estava acelerando". O juiz deu a sentença contra o motorista, alegando que, "se dois carros estavam emparelhados, ambos estavam acelerando". Se você fosse o advogado de defesa do motorista acusado, como contestaria?

Q2.9 É possível ter deslocamento nulo e velocidade média diferente de zero? E deslocamento nulo e vetor velocidade diferente de zero? Ilustre suas respostas usando um gráfico xt.

Q2.10 Pode existir uma aceleração nula e uma velocidade diferente de zero? Ilustre suas respostas usando um gráfico $v_x t$.

Q2.11 É possível ter uma velocidade nula e uma aceleração média diferente de zero? E velocidade nula e aceleração instantânea diferente de zero? Ilustre suas respostas usando um gráfico $v_x t$ e exemplifique tal movimento.

Q2.12 Um automóvel está se deslocando para oeste. Ele pode ter uma velocidade orientada para oeste e ao mesmo tempo uma aceleração orientada para leste? Em que circunstâncias?

Q2.13 A caminhonete da Figura 2.2 está em $x_1 = 277$ m para $t_1 = 16{,}0$ s e em $x_2 = 19$ m para $t_2 = 25{,}0$ s. (a) Desenhe *dois* diferentes gráficos xt possíveis para o movimento da caminhonete. (b) As duas velocidades médias v_{mx} durante os intervalos de t_1 até t_2 possuem o mesmo valor nos dois gráficos? Explique.

Q2.14 Em movimento com aceleração constante, a velocidade de uma partícula é igual à metade da soma da velocidade inicial com a velocidade final. Isso ainda é verdade se a aceleração *não* for constante? Explique.

Q2.15 Você lança uma bola de beisebol verticalmente para cima e ela atinge uma altura máxima muito maior que sua altura. O módulo da aceleração é maior enquanto ela está sendo lançada ou logo depois que ela deixa a sua mão? Explique.

Q2.16 Prove as seguintes afirmações: (a) desprezando os efeitos do ar, quando você lança qualquer objeto verticalmente para cima, ele possui a mesma velocidade em seu ponto de lançamento tanto durante a ascensão quanto durante a queda. (b) O tempo total da trajetória é igual ao dobro do tempo que o objeto leva para atingir sua altura máxima.

Q2.17 Uma torneira mal fechada libera uma gota a cada 1,0 s. Conforme essas gotas caem, a distância entre elas aumenta, diminui ou permanece a mesma? Prove.

Q2.18 A posição inicial e a velocidade inicial de um veículo são conhecidas e faz-se um registro da aceleração a cada instante. Depois de certo tempo, a posição do veículo pode ser determinada a partir desses dados? Caso seja possível, explique como isso poderia ser feito.

Q2.19 Do topo de um edifício alto, você joga uma bola de baixo para cima com velocidade v_0 e outra bola de cima para baixo com velocidade v_0. (a) Qual das bolas possui maior velocidade ao atingir o chão? (b) Qual das bolas chega primeiro ao chão? (c) Qual das bolas possui maior deslocamento ao atingir o chão? (d) Qual das bolas percorreu a maior distância ao atingir o chão?

Q2.20 Você corre no sentido de oeste para leste a uma velocidade constante de 3,00 m/s por uma distância de 120,0 m e, depois, continua correndo no mesmo sentido a uma velocidade constante de 5,00 m/s por outros 120,0 m. Para o percurso total de 240,0 m, sua velocidade média é igual, maior ou menor que 4,00 m/s? Explique.

Q2.21 Um objeto é lançado verticalmente para cima e não encontra resistência do ar. Como o objeto poderá ter uma aceleração quando tiver parado no ponto mais alto?

Q2.22 Quando você solta um objeto de uma certa altura, ele precisa de um tempo T até atingir o solo, sem resistência do ar. Se você o soltasse de uma altura três vezes maior, quanto tempo (em termos de T) seria necessário para ele atingir o solo?

EXERCÍCIOS

Seção 2.1 Deslocamento, tempo e velocidade média

2.1 • Um carro trafega no sentido $+x$ em uma estrada reta e nivelada. Para os primeiros 4,00 s de seu movimento, a velocidade média do carro é $v_{mx} = 6{,}25$ m/s. Que distância o carro percorre em 4,00 s?

2.2 •• Em uma experiência, um pombo-correio foi retirado de seu ninho, levado para um local a 5.150 km do ninho e libertado. Ele retorna ao ninho depois de 13,5 dias. Tome a origem no ninho e estenda um eixo $+Ox$ até o ponto onde ele foi libertado. Qual a velocidade média do pombo-correio em m/s para: (a) o voo de retorno e (b) o trajeto todo, desde o momento em que ele é retirado do ninho até seu retorno?

2.3 •• **De volta para casa.** Normalmente, você faz uma viagem de carro de San Diego a Los Angeles com uma velocidade média de 105 km/h, em 1h50 min. Em uma tarde de sexta-feira, contudo, o trânsito está muito pesado e você percorre a mesma distância com uma velocidade média de apenas 70 km/h. Calcule o tempo que você leva nesse percurso.

2.4 •• **De um pilar até um poste.** Começando em um pilar, você corre 200 m para leste (o sentido do eixo $+Ox$) com uma velocidade média de 5,0 m/s e, a seguir, corre 280 m para oeste com uma velocidade média de 4,0 m/s até um poste. Calcule: (a) sua velocidade escalar média do pilar até o poste e (b) o módulo do vetor velocidade média do pilar até o poste.

2.5 • Partindo da porta de entrada de uma casa no campo, você percorre 60,0 m no sentido leste até um moinho de vento, vira-se e depois percorre lentamente 40,0 m em sentido oeste até um banco, onde você se senta e observa o nascer do sol. Foram necessários 28,0 s para fazer o percurso da casa até o moinho e depois 36,0 s para seguir do moinho até o banco. Para o trecho total da porta da frente até o banco, quais são (a) o vetor velocidade média e (b) a velocidade escalar média?

2.6 •• Um Honda Civic percorre um trecho retilíneo ao longo de uma estrada. Sua distância a um sinal de parada é uma função do tempo t dada pela equação $x(t) = \alpha t^2 - \beta t^3$, onde $\alpha = 1{,}50$ m/s^2 e $\beta = 0{,}0500$ m/s^3. Calcule a velocidade média do carro para os seguintes intervalos: (a) $t = 0$ até $t = 2{,}0$ s; (b) $t = 0$ até $t = 4{,}0$ s; (c) $t = 2{,}0$ s até $t = 4{,}0$ s.

Seção 2.2 Velocidade instantânea

2.7 • **CALC** Um carro para em um semáforo. A seguir, ele percorre um trecho retilíneo de modo que sua distância desde o sinal é dada por $x(t) = bt^2 - ct^3$, onde $b = 2{,}40$ m/s^2 e $c = 0{,}120$ m/s^3. (a) Calcule a velocidade média do carro para o intervalo $t = 0$ até $t = 10{,}0$ s. (b) Calcule a velocidade instantânea do carro para $t = 0$, $t = 5{,}0$ s e $t = 10{,}0$ s. (c) Quanto tempo após partir do repouso o carro retorna novamente ao repouso?

2.8 • **CALC** Um pássaro está voando para o leste. Sua distância a partir de um prédio alto é dada por $x(t) = 28{,}0$ m $+ (12{,}4$ m/s$)t - (0{,}0450$ m/s$^3)t^3$. Qual é a velocidade instantânea do pássaro quando $t = 8{,}00$ s?

2.9 •• Uma bola se move em linha reta (o eixo Ox). O gráfico na **Figura E2.9** mostra a velocidade dessa bola em função do tempo. (a) Qual é a velocidade escalar média e o vetor velocidade média nos primeiros 3,0 s? (b) Suponha que a bola se mova de tal modo que o gráfico, após 2,0 s, seja $-3{,}0$ m/s em vez de $+3{,}0$ m/s. Determine a velocidade escalar média e o vetor velocidade média da bola nesse caso.

Figura E2.9

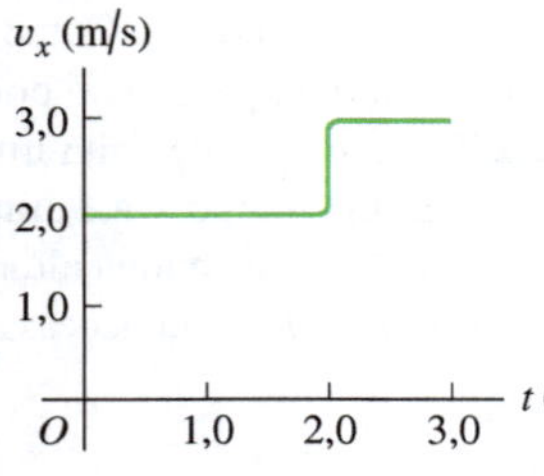

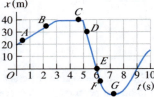

2.10 •• Uma professora de física sai de sua casa e se dirige a pé pelas calçadas do *campus*. Depois de 5 min começa a chover e ela volta para casa. Sua distância da casa em função do tempo é indicada pelo gráfico da **Figura E2.10**. Em qual dos pontos indicados sua velocidade é: (a) zero? (b) constante e positiva? (c) constante e negativa? (d) crescente em módulo? (e) decrescente em módulo?

Figura E2.10

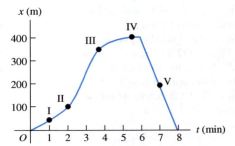

2.11 •• Um carro de testes trafega em movimento retilíneo pelo eixo Ox. O gráfico na **Figura E2.11** mostra a posição x do carro em função do tempo. Determine sua velocidade instantânea nos pontos de A até G.

Figura E2.11

Seção 2.3 Aceleração instantânea e aceleração média

2.12 • A **Figura E2.12** mostra a velocidade em função do tempo de um carro movido a energia solar. O motorista acelera a partir de um sinal de parada e se desloca durante 20 s com velocidade constante de 60 km/h, e a seguir pisa no freio e para 40 s após sua partida do sinal. (a) Calcule sua aceleração média para os seguintes intervalos: (i) $t = 0$ até $t = 10$ s; (ii) $t = 30$ s até $t = 40$ s; (iii) $t = 10$ s até $t = 30$ s; (iv) $t = 0$ até $t = 40$ s. (b) Qual é a aceleração instantânea a $t = 20$ s e a $t = 35$ s?

Figura E2.12

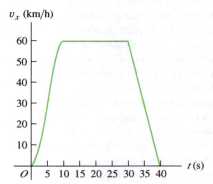

2.13 • **O carro mais rápido (e mais caro)!** A tabela mostra dados de teste para o Bugatti Veyron Super Sport, o carro mais veloz já fabricado. O carro se move em linha reta (eixo Ox).

Tempo (s)	0	2,1	20,0	53
Velocidade (m/s)	0	60	200	253

(a) Desenhe um gráfico $v_x t$ da velocidade desse carro (em km/h) em função do tempo. A aceleração é constante? (b) Calcule a aceleração média (em m/s^2) entre (i) 0 e 2,1 s; (ii) 2,1 s e 20,0 s;

(iii) 20,0 s e 53 s. Esses resultados são compatíveis com seu gráfico na parte (a)? (Antes de você decidir comprar esse carro, talvez devesse saber que apenas 300 serão fabricados, ele consome todo o combustível em 12 minutos na velocidade máxima e custa mais de US$ 1,5 milhão!)

2.14 •• **CALC** Um carro de corrida parte do repouso e viaja para leste por um trecho reto e nivelado. Durante os primeiros 5,0 s do movimento do carro, o componente voltado para o leste do vetor velocidade do carro é dado por $v_x(t) = (0{,}860 \text{ m/s}^3)t^2$. Qual é a aceleração do carro quando $v_x = 12{,}0$ m/s?

2.15 • **CALC** Uma tartaruga se arrasta em linha reta, à qual chamaremos de eixo Ox, com o sentido positivo para a direita. A equação para a posição da tartaruga em função do tempo é $x(t) = 50{,}0$ cm $+ (2{,}0 \text{ cm/s})t - (0{,}0625 \text{ cm/s}^2)t^2$. (a) Determine a velocidade, a posição e a aceleração iniciais da tartaruga. (b) Em qual instante t a velocidade da tartaruga é zero? (c) Quanto tempo do ponto inicial a tartaruga leva para retornar ao ponto de partida? (d) Em qual instante t a tartaruga está a uma distância de 10,0 cm do ponto inicial? Qual é a velocidade (módulo, direção e sentido) da tartaruga em cada um desses instantes? (e) Desenhe um gráfico de x versus t, v_x versus t e a_x versus t, para o intervalo de tempo $t = 0$ até $t = 40$ s.

2.16 • Uma astronauta saiu da Estação Espacial Internacional para testar um novo veículo espacial. Seu companheiro permanece a bordo e registra as variações de velocidade dadas a seguir, cada uma ocorrendo em intervalos de 10 s. Determine o módulo, a direção e o sentido da aceleração média em cada intervalo. Suponha que o sentido positivo seja da esquerda para a direita. (a) No início do intervalo, a astronauta se move para a direita ao longo do eixo Ox com velocidade de 15,0 m/s e, no final do intervalo, ela se move para a direita com velocidade de 5,0 m/s. (b) No início do intervalo, a astronauta move-se a 5,0 m/s para a esquerda e, no final, move-se para a esquerda com velocidade de 15,0 m/s. (c) No início do intervalo, ela se move para a direita com velocidade de 15,0 m/s e, no final, move-se para a esquerda com velocidade de 15,0 m/s.

2.17 • **CALC** A velocidade de um carro em função do tempo é dada por $v_x(t) = \alpha + \beta t^2$, onde $\alpha = 3{,}00$ m/s e $\beta = 0{,}100$ m/s^3. (a) Calcule a aceleração média do carro para o intervalo de $t = 0$ a $t = 5{,}0$ s. (b) Calcule a aceleração instantânea para $t = 0$ e $t = 5{,}0$ s. (c) Desenhe gráficos $v_x t$ e $a_x t$ para o movimento do carro entre $t = 0$ e $t = 5{,}0$ s.

2.18 •• **CALC** Um microprocessador controla a posição do para-choque dianteiro de um carro usado em um teste. A posição é dada por $x(t) = 2{,}17$ m $+ (4{,}80 \text{ m/s}^2)t^2 - (0{,}100 \text{ m/s}^6)t^6$. (a) Determine sua posição e aceleração para os instantes em que o carro possui velocidade zero. (b) Desenhe gráficos xt, $v_x t$ e $a_x t$ para o movimento do para-choque entre $t = 0$ e $t = 2{,}0$ s.

Seção 2.4 Movimento com aceleração constante

2.19 •• Um antílope que se move com aceleração constante leva 6,0 s para percorrer uma distância de 70,0 m entre dois pontos. Ao passar pelo segundo ponto, sua velocidade é de 15,0 m/s. (a) Qual era sua velocidade quando passava pelo primeiro ponto? (b) Qual era sua aceleração?

2.20 •• **BIO Desmaio?** Um piloto de caça deseja acelerar desde a posição de repouso a uma aceleração constante de $5g$ para atingir Mach 3 (três vezes a velocidade do som) o mais rápido possível. Os testes experimentais revelam que ele desmaiará se essa aceleração for mantida por mais de 5,0 s. Considere que a velocidade do som é de 331 m/s. (a) O período de aceleração durará tempo suficiente para fazer com que ele desmaie? (b) Qual é a maior velocidade que ele poderá atingir com uma aceleração de $5g$ antes de desmaiar?

2.21 • **Um arremesso rápido.** O arremesso mais rápido já medido de uma bola de beisebol saiu da mão do arremessador a uma velocidade de 45,0 m/s. Se o arremessador estava em contato com a bola a uma distância de 1,50 m e produziu aceleração constante, (a) qual aceleração ele deu à bola e (b) quanto tempo ele levou para arremessá-la?

2.22 •• **Um saque no tênis.** No saque mais rápido já medido no tênis, a bola deixou a raquete a 73,14 m/s. O saque de uma bola de tênis normalmente está em contato com a raquete por 30,0 ms e parte do repouso. Suponha que a aceleração seja constante. (a) Qual foi a aceleração da bola nesse saque? (b) Qual foi a distância percorrida pela bola durante o saque?

2.23 •• **BIO** *Airbag* de automóvel. O corpo humano pode sobreviver a um trauma por acidente com aceleração negativa (parada súbita) quando o módulo de aceleração é menor do que 250 m/s^2. Suponha que você sofra um acidente de automóvel com velocidade inicial de 105 km/h e seja amortecido por um *air bag* que infla no painel. Qual deve ser a distância em que o *airbag* para seu movimento para que você consiga sobreviver ao acidente?

2.24 • **BIO** Um piloto que acelera a mais de $4g$ começa a sentir tontura, mas não perde completamente a consciência. (a) Considerando aceleração constante, qual é o tempo mais curto que o piloto do jato, começando do repouso, pode permanecer até atingir Mach 4 (quatro vezes a velocidade do som) sem passar mal? (b) Até que distância o avião viajará durante esse período de aceleração? (Considere que a velocidade do som no ar frio é de 331 m/s.)

2.25 • **BIO Lesões pelo *airbag*.** Durante um acidente automobilístico, os *airbags* do veículo se posicionam e suavizam o impacto dos passageiros mais do que se tivessem atingido o para-brisas ou o volante. De acordo com os padrões de segurança, os *airbags* produzem uma aceleração máxima de $60g$, que dura apenas 36 ms (ou menos). Até que distância (em metros) uma pessoa trafega até chegar a uma parada completa em 36 ms a uma aceleração constante de $60g$?

2.26 • **BIO Prevenção de fraturas no quadril.** Quedas que resultam em fraturas no quadril são uma causa importante de lesões e até mesmo morte entre os mais idosos. Normalmente, a velocidade do quadril no impacto é cerca de 2,0 m/s. Se isso puder ser reduzido para 1,3 m/s ou menos, o quadril normalmente não sofrerá fratura. Um modo de fazer isso é usando almofadas elásticas para quadril. (a) Se uma almofada típica tem 5,0 cm de espessura e se comprime em 2,0 cm durante o impacto de uma queda, que aceleração constante (em m/s^2 e em g) o quadril sofre para reduzir sua velocidade de 2,0 m/s para 1,3 m/s? (b) A aceleração que você encontrou na parte (a) pode parecer grande, mas, para avaliar seus efeitos sobre o quadril, calcule quanto tempo ela dura.

2.27 • **BIO Somos marcianos?** Sugere-se, não jocosamente, que a vida possa ter sido originada em Marte e transportada para a Terra quando um meteoro atingiu Marte e liberou partes de rocha (talvez contendo vida primitiva) da superfície daquele planeta. Os astrônomos sabem que muitas rochas marcianas vieram para a Terra dessa maneira. (Por exemplo, procure na internet por "ALH 84001".) Uma objeção a essa ideia é que os micróbios teriam de passar por uma aceleração letal enorme durante o impacto. Vamos investigar qual poderia ser essa aceleração. Para escapar de Marte, os fragmentos de rocha teriam de alcançar sua velocidade de escape de 5,0 km/s, e isso provavelmente aconteceria a uma distância de cerca de 4,0 m durante o impacto do meteoro. (a) Qual seria a aceleração (em m/s^2 e em g) desse fragmento de rocha, se a aceleração fosse constante? (b) Quanto tempo essa aceleração duraria? (c) Nos testes, os cientistas descobriram que mais de 40% da bactéria *Bacillus subtilis* sobreviveria após uma aceleração de 450.000*g*. Com base na sua resposta para a parte (a), podemos desconsiderar a hipótese de que a vida poderia ter sido lançada de Marte para a Terra?

2.28 • **Entrando na rodovia.** Um carro está parado na rampa de acesso de uma rodovia, esperando uma diminuição no tráfego. O motorista se move a uma aceleração constante ao longo da rampa para entrar na rodovia. O carro parte do repouso, move-se ao longo de uma linha reta e atinge uma velocidade de 20 m/s no final da rampa de 120 m de comprimento. (a) Qual é a aceleração do carro? (b) Quanto tempo ele leva para percorrer a rampa? (c) O tráfego na rodovia se move a uma velocidade constante de 20 m/s. Qual é o deslocamento do tráfego enquanto o carro atravessa a rampa?

2.29 •• No lançamento, uma nave espacial pesa 4,5 milhões de libras. Quando lançada a partir do repouso, leva 8,0 s para atingir 161 km/h e, ao final do primeiro minuto, sua velocidade é de 1.610 km/h. (a) Qual é a aceleração média (em m/s^2) da nave (i) durante os primeiros 8,0 s e (ii) entre 8,0 s e o final do primeiro minuto? (b) Supondo que a aceleração seja constante, durante cada intervalo (mas não necessariamente a mesma em ambos os intervalos), que distância a nave viajou (i) durante os primeiros 8,0 s e (ii) durante o intervalo entre 8,0 s e 1,0 min?

2.30 •• Um gato anda em uma linha reta, à qual chamaremos de eixo *Ox*, com o sentido positivo para a direita. Como um físico observador, você mede o movimento desse gato e desenha um gráfico da velocidade do felino em função do tempo (**Figura E2.30**). (a) Determine a velocidade do gato a *t* = 4,0 s e a *t* = 7,0 s. (b) Qual é a aceleração do gato a *t* = 3,0 s? A *t* = 6,0 s? A *t* = 7,0 s? (c) Qual é a distância percorrida pelo gato nos primeiros 4,5 s? De *t* = 0 até *t* = 7,5 s? (d) Desenhe gráficos claros da aceleração e da posição do gato em função do tempo, supondo que ele tenha partido da origem.

Figura E2.30

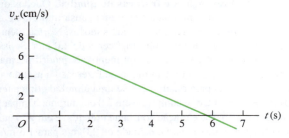

2.31 •• O gráfico da **Figura E2.31** mostra a velocidade da motocicleta de um policial em função do tempo. (a) Calcule a aceleração instantânea para *t* = 3 s, *t* = 7 s e *t* = 11 s. (b) Qual foi o deslocamento do policial nos 5 s iniciais? E nos 9 s iniciais? E nos 13 s iniciais?

2.32 • Dois carros, *A* e *B*, movem-se ao longo do eixo *Ox*. O gráfico da **Figura E2.32** mostra as posições de *A* e *B* em função do tempo.

Figura E2.31

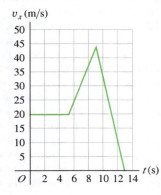

(a) Faça um diagrama de movimento (como o da Figura 2.13b ou o da Figura 2.14b) mostrando a posição, a velocidade e a aceleração do carro para *t* = 0, *t* = 1 s e *t* = 3 s. (b) Para que tempo(s), caso exista algum, *A* e *B* possuem a mesma posição? (c) Faça um gráfico de velocidade *versus* tempo para *A* e *B*. (d) Para que tempo(s), caso exista algum, *A* e *B* possuem a mesma velocidade? (e) Para que tempo(s), caso exista algum, o carro *B* ultrapassa o carro *A*?

Figura E2.32

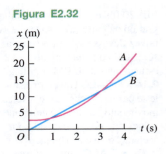

2.33 •• Um pequeno bloco tem aceleração constante enquanto desliza por uma rampa sem atrito. O bloco é lançado a partir do repouso, no topo da rampa, e sua velocidade depois de ter percorrido 6,80 m até a parte inferior da rampa é 3,80 m/s. Qual é a velocidade do bloco quando ele está a 3,40 m do topo da rampa?

2.34 • No momento em que um sinal luminoso fica verde, um carro que estava parado começa a mover-se com aceleração constante de 2,80 m/s^2. No mesmo instante, um caminhão que se desloca com velocidade constante de 20,0 m/s ultrapassa o carro. (a) Qual a distância percorrida a partir do sinal para que o carro ultrapasse o caminhão? (b) Qual é a velocidade do carro no momento em que ultrapassa o caminhão? (c) Faça um gráfico *xt* dos movimentos desses dois veículos. Considere *x* = 0 o ponto de intersecção inicial. (d) Faça um gráfico $v_x t$ dos movimentos desses dois veículos.

Seção 2.5 Queda livre de corpos

2.35 •• (a) Se uma pulga pode dar um salto e atingir uma altura de 0,440 m, qual seria sua velocidade inicial ao sair do solo? (b) Durante quanto tempo ela permanece no ar?

2.36 •• Uma pequena pedra é lançada verticalmente para cima com velocidade de 22,0 m/s a partir do beiral de um prédio com 30,0 m de altura. A pedra não atinge o prédio ao descer, e para na rua em frente a ele. Desconsidere a resistência do ar. (a) Qual é a velocidade da pedra antes que ela alcance a rua? (b) Quanto tempo é decorrido desde que a pedra é lançada até que ela alcance a rua?

2.37 • Um malabarista lança um pino de boliche diretamente para cima com uma velocidade inicial de 8,20 m/s. Quanto tempo se passa até que o pino retorne às mãos do malabarista?

2.38 •• Você lança uma bola de massa diretamente para cima, em direção ao teto, que está 3,60 m acima do ponto onde a bola sai de sua mão. A velocidade inicial da bola ao deixar sua mão é de 9,50 m/s. (a) Qual é a velocidade da bola imediatamente antes de atingir o teto? (b) Quanto tempo decorrerá desde quando ela sai da sua mão até que ela atinja o teto?

2.39 •• Uma bola de tênis em Marte, onde a aceleração devido à gravidade é de 0,379*g* e a resistência do ar é desprezível, é atingida diretamente para cima e retorna ao mesmo nível 8,5 s depois. (a) A que altura, acima do ponto de contato original, a bola subirá? (b) Em que velocidade ela estava se movendo logo depois de ser atingida? (c) Desenhe gráficos para a posição vertical da bola, a velocidade vertical e a aceleração vertical em função do tempo enquanto ela está no ar marciano.

2.40 •• **Descida na Lua.** Um módulo explorador da Lua está pousando na Base Lunar I (**Figura E2.40**). Ele desce lentamente sob a ação dos retropropulsores do motor de descida. O motor se separa do módulo quando ele se encontra a 5,0 m da superfície lunar e possui uma velocidade para baixo igual a 0,8 m/s. Ao se separar do motor, o módulo inicia uma queda livre. Qual é a velocidade do módulo no instante em que ele toca a superfície? A aceleração da gravidade na Lua é igual a 1,6 m/s².

Figura E2.40

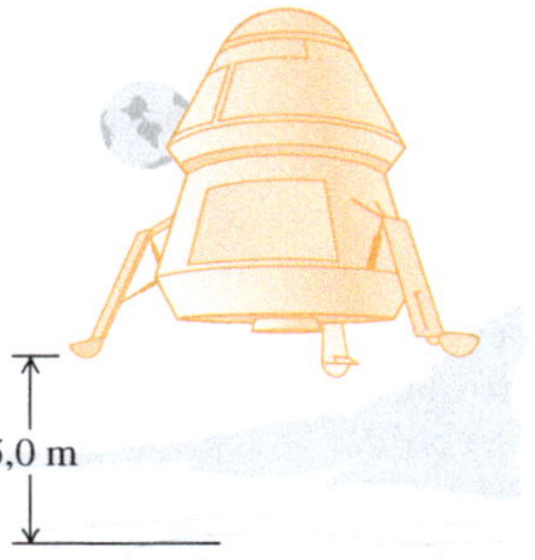

2.41 •• **Um teste simples para o tempo de reação.** Uma régua de medição é mantida verticalmente acima de sua mão, com a extremidade inferior entre o polegar e o indicador. Ao ver a régua sendo largada, você a segura com esses dois dedos. Seu tempo de reação pode ser calculado pela distância percorrida pela régua, medida diretamente pela posição dos seus dedos na escala da régua. (a) Deduza uma relação para seu tempo de reação em função da distância d. (b) Calcule o tempo de reação considerando uma distância medida igual a 17,6 cm.

2.42 •• Um tijolo é largado (velocidade inicial nula) do alto de um edifício. Ele atinge o solo em 1,90 s. A resistência do ar pode ser desprezada, de modo que o tijolo está em queda livre. (a) Qual é a altura do edifício em metros? (b) Qual é o módulo da velocidade quando ele atinge o solo? (c) Faça gráficos $a_y t$, $v_y t$ e yt para o movimento do tijolo.

2.43 •• **Falha no lançamento.** Um foguete de 7.500 kg é lançado verticalmente da plataforma com uma aceleração constante no sentido de baixo para cima de 2,25 m/s² e não sente qualquer resistência significativa do ar. Ao atingir uma altura de 525 m, seus motores falham repentinamente, de modo que a única força atuando sobre ele nesse momento é a gravidade. (a) Qual é a altura máxima que esse foguete atingirá a partir da plataforma de lançamento? (b) A partir da falha no motor, quanto tempo decorrerá antes que o foguete caia sobre a plataforma de lançamento e qual será sua velocidade instantes antes da queda? (c) Faça gráficos $a_y t$, $v_y t$ e yt do movimento do foguete, do instante do lançamento até a queda.

2.44 •• Um balonista de ar quente que se desloca verticalmente para cima com velocidade constante de módulo igual a 5,0 m/s deixa cair um saco de areia no momento em que ele está a uma distância de 40,0 m acima do solo (**Figura E2.44**). Após ser largado, o saco de areia passa a se mover em queda livre. (a) Calcule a posição e a velocidade do saco de areia 0,250 s e 1,0 s depois de ser largado. (b) Calcule o tempo que o saco de areia leva para atingir o solo desde o momento em que foi lançado. (c) Qual é a velocidade do saco de areia quando atinge o solo? (d) Qual é a altura máxima em relação ao solo atingida pelo saco de areia? (e) Faça gráficos $a_y t$, $v_y t$ e yt para o movimento do saco de areia.

Figura E2.44

$v = 5{,}00$ m/s

40,0 m em relação ao solo

2.45 • **BIO** O *Sonic Wind (Vento Sônico) N. 2* é uma espécie de trenó movido por um foguete, usado para investigar os efeitos fisiológicos de acelerações elevadas. Ele se desloca em uma pista retilínea com 1.070 m de comprimento. Partindo do repouso, pode atingir uma velocidade de 224 m/s em 0,900 s. (a) Calcule a aceleração em m/s², supondo que ela seja constante. (b) Qual a razão entre essa aceleração e a aceleração de um corpo em queda livre (g)? (c) Qual a distância percorrida em 0,900 s? (d) Um artigo publicado por uma revista afirma que, ao final de uma corrida, a velocidade desse trenó diminui 283 m/s até zero em 1,40 s e que, durante esse intervalo, a aceleração é maior que 40 g. Esses valores são coerentes?

2.46 • Um ovo é atirado verticalmente de baixo para cima de um ponto próximo do beiral na extremidade superior de um edifício alto. Ele passa rente ao beiral em seu movimento para baixo, atingindo um ponto a 30,0 m abaixo do beiral, 5,0 s após deixar a mão do lançador. Despreze a resistência do ar. (a) Calcule a velocidade inicial do ovo. (b) Qual a altura máxima atingida acima do ponto inicial do lançamento? (c) Qual o módulo da velocidade nessa altura máxima? (d) Qual o módulo e o sentido da aceleração nessa altura máxima? (e) Faça gráficos de $a_y t$, $v_y t$ e yt para o movimento do ovo.

2.47 •• Uma rocha de 15 kg cai de uma posição de repouso na Terra e atinge o solo em 1,75 s. Quando cai da mesma altura no satélite de Saturno, Encélado, ela atinge o solo em 18,6 s. Qual é a aceleração da gravidade em Encélado?

2.48 • Uma pedra grande é expelida verticalmente de baixo para cima por um vulcão com velocidade inicial de 40,0 m/s. Despreze a resistência do ar. (a) Qual é o tempo que a pedra leva, após o lançamento, para que sua velocidade seja de 20,0 m/s de baixo para cima? (b) Qual o tempo que a pedra leva, após o lançamento, para que sua velocidade seja de 20,0 m/s de cima para baixo? (c) Quando o deslocamento da pedra, a partir de sua posição inicial, é igual a zero? (d) Quando a velocidade da pedra é igual a zero? (e) Qual o módulo e o sentido da aceleração enquanto a pedra (i) está se movendo de baixo para cima? (ii) Está se movendo de cima para baixo? (iii) Está no ponto mais elevado da sua trajetória? (f) Faça gráficos $a_y t$, $v_y t$ e yt para o movimento.

2.49 •• Você atira uma pequena pedra diretamente para cima a partir da beira de uma ponte que cruza um rio em uma estrada. A pedra passa por você ao descer, 6,00 s depois de ser atirada. Qual é a velocidade da pedra imediatamente antes de atingir a água, 28,0 m abaixo do ponto onde ela saiu de sua mão? Despreze a resistência do ar.

2.50 •• **CALC** Um pequeno objeto se move ao longo do eixo Ox com aceleração $a_x(t) = -(0{,}0320$ m/s³$)(15{,}0$ s $- t)$. Em $t = 0$, o objeto está em $x = -14{,}0$ m e possui velocidade $v_{0x} = 8{,}00$ m/s. Qual é a coordenada x do objeto quando $t = 10{,}0$ s?

Seção 2.6 Velocidade e posição por integração

2.51 • **CALC** Um foguete parte do repouso e se move para cima a partir da superfície da Terra. Durante os primeiros 10,0 s de seu movimento, a aceleração vertical do foguete é dada por $a_y = (2{,}80$ m/s³$)t$, onde o sentido $+y$ é para cima. (a) Qual é a altura do foguete acima da superfície da Terra a $t = 10{,}0$ s? (b) Qual é a velocidade do foguete quando ele estiver 325 m acima da superfície da Terra?

2.52 •• **CALC** A aceleração de um ônibus é dada por $a_x(t) = \alpha t$, onde $\alpha = 1{,}2$ m/s³. (a) Se a velocidade do ônibus para $t = 1{,}0$ s é igual a 5,0 m/s, qual é sua velocidade para $t = 2{,}0$ s? (b) Se a posição do ônibus para $t = 1{,}0$ s é igual a 6,0 m, qual sua posição para $t = 2{,}0$ s? (c) Faça gráficos $a_y t$, $v_y t$ e xt para esse movimento.

2.53 •• **CALC** A aceleração de uma motocicleta é dada por $a_x(t) = At - Bt^2$, onde $A = 1,50$ m/s³ e $B = 0,120$ m/s⁴. A motocicleta está em repouso na origem no instante $t = 0$. (a) Calcule sua velocidade e posição em função do tempo. (b) Calcule a velocidade máxima que ela pode atingir.

2.54 •• **BIO** **O salto voador de uma pulga.** A **Figura E2.54** mostra o gráfico de dados coletados de uma pulga saltitante de 210 μg em um filme de alta velocidade (3.500 quadros/segundo). Essa pulga tinha aproximadamente 2 mm de comprimento e saltou a um ângulo de decolagem quase vertical. Use o gráfico para responder a estas perguntas: (a) a aceleração da pulga pode chegar a zero? Se sim, quando? Justifique sua resposta. (b) Determine a altura máxima que a pulga atingiu nos primeiros 2,5 ms. (c) Determine a aceleração da pulga a 0,5 ms, 1,0 ms e 1,5 ms. (d) Determine a altura da pulga a 0,5 ms, 1,0 ms e 1,5 ms.

Figura E2.54

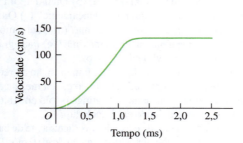

PROBLEMAS

2.55 • **BIO** Um velocista típico pode manter sua aceleração máxima por 2,0 s e sua velocidade máxima é de 10 m/s. Depois que ele atinge essa velocidade máxima, a aceleração torna-se zero, e então ele corre a uma velocidade constante. Suponha que a aceleração seja constante durante os primeiros 2,0 s da corrida, que ele comece a partir do repouso, e que ele corra em uma linha reta. (a) Quanto o velocista correu ao atingir a velocidade máxima? (b) Qual é o módulo de sua velocidade média para uma corrida com estas distâncias: (i) 50,0 m; (ii) 100,0 m; (iii) 200,0 m?

2.56 • **CALC** Um módulo lunar está descendo em direção à superfície da Lua. Até que o módulo atinja a superfície, sua altura é dada por $y(t) = b - ct + dt^2$, onde $b = 800$ m é a altura inicial do módulo acima da superfície, $c = 60,0$ m/s e $d = 1,05$ m/s². (a) Qual é a velocidade inicial do módulo, em $t = 0$? (b) Qual é a velocidade do módulo imediatamente antes de atingir a superfície lunar?

2.57 ••• **Análise de terremoto.** Terremotos produzem diversos tipos de ondas de choque. As mais conhecidas são as ondas P (P de *primária* ou *pressão*) e ondas S (S de *secundária* ou *shear* — transversa). Na crosta terrestre, as ondas P trafegam a cerca de 6,5 km/s e as ondas S se movem a 3,5 km/s. O atraso no tempo entre a chegada dessas duas ondas em uma estação de registro sísmico diz aos geólogos a que distância ocorreu um terremoto. Se o atraso é de 33 s, a que distância da estação sísmica ocorreu o terremoto?

2.58 •• Uma pedra é largada do teto de um prédio alto. Depois de estar caindo por alguns segundos, ela percorre 40,0 m no intervalo de 1,00 s. Que distância ela cairá durante o próximo segundo? Despreze a resistência do ar.

2.59 ••• Um foguete carregando um satélite está acelerando para cima, a partir da superfície da Terra. A 1,15 s após o lançamento, o foguete libera o topo de sua plataforma de lançamento, 63 m acima do solo. Depois de mais 4,75 s, ele está 1,00 km acima do solo. Calcule o módulo da velocidade média do foguete para (a) a parte de 4,75 s de seu voo e (b) os primeiros 5,90 s de seu voo.

2.60 ••• Um trem parte do repouso em uma estação e acelera a uma taxa de 1,60 m/s² por 14,0 s. Ele corre em velocidade constante por 70,0 s e reduz a velocidade a uma taxa de 3,50 m/s² até que para na próxima estação. Determine a distância *total* percorrida.

2.61 • Uma gazela está correndo em linha reta (o eixo Ox). O gráfico na **Figura P2.61** mostra a velocidade desse animal em função do tempo. Nos primeiros 12,0 s, determine: (a) a distância total percorrida e (b) o deslocamento da gazela. (c) Faça um gráfico $a_x t$ demonstrando a aceleração desse animal em função do tempo para os primeiros 12,0 s.

Figura P2.61

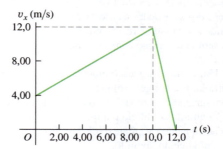

2.62 •• **Colisão.** O maquinista de um trem de passageiros que viaja com velocidade $v_{TP} = 25,0$ m/s avista um trem de carga cuja traseira se encontra a 200,0 m de distância à frente (**Figura P2.62**). O trem de carga se desloca no mesmo sentido do trem de passageiros com velocidade $v_{TC} = 15,0$ m/s. O maquinista imediatamente aciona o freio, produzindo uma aceleração constante igual a 0,100 m/s² no sentido contrário à velocidade do trem, enquanto o trem de carga continua com a velocidade constante. Considere $x = 0$ como o local onde se encontra a frente do trem de passageiros quando o freio é acionado. (a) As vacas na vizinhança assistirão a uma colisão? (b) Se houver uma colisão, em que ponto ela ocorrerá? (c) Faça um único gráfico mostrando a posição da frente do trem de passageiros e a traseira do trem de carga.

Figura P2.62

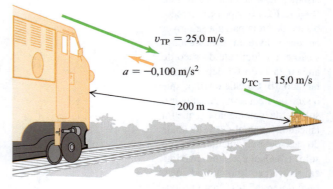

2.63 ••• Uma bola deixa a posição de repouso e rola colina abaixo com aceleração uniforme, percorrendo 200 m no decorrer do segundo intervalo de 5,0 s de seu movimento.

Qual a distância percorrida no primeiro intervalo de 5,0 s do movimento?

2.64 •• Dois carros estão a 200 m de distância entre si e os dois se movem em sentidos contrários a uma velocidade constante de 10 m/s. Da capota de um deles, um vigoroso gafanhoto pula entre os carros com uma velocidade horizontal constante de 15 m/s em relação ao solo. O inseto pula no instante em que pousa, ou seja, não se demora sobre qualquer dos carros. Qual a distância total percorrida pelo gafanhoto antes que os carros colidam?

2.65 • Um automóvel e um caminhão partem do repouso no mesmo instante, estando o automóvel uma certa distância atrás do caminhão. O caminhão possui aceleração constante de 2,10 m/s² e o automóvel, de 3,40 m/s². O automóvel ultrapassa o caminhão depois que este se deslocou 60,0 m. (a) Qual o tempo necessário para que o automóvel ultrapasse o caminhão? (b) Qual era a distância inicial do automóvel em relação ao caminhão? (c) Qual a velocidade de cada um desses veículos quando eles estão lado a lado? (d) Em um único diagrama, desenhe a posição de cada veículo em função do tempo. Considere $x = 0$ como a posição inicial do caminhão.

2.66 •• Você está parado em repouso em um ponto de ônibus. Um ônibus movendo-se a uma velocidade constante de 5,00 m/s para à sua frente. Quando a traseira dele passa 12,00 m por você, você observa que esse é o seu ônibus, e então começa a correr no mesmo sentido dele com aceleração constante de 0,960 m/s². A que distância você terá de correr antes de alcançar a traseira do ônibus, e com que velocidade você deverá estar correndo? Um universitário comum seria fisicamente capaz de conseguir isso?

2.67 •• **Ultrapassagem.** O motorista de um carro deseja ultrapassar um caminhão que se desloca com velocidade constante de 20,0 m/s. Inicialmente, o carro também se desloca com velocidade de 20,0 m/s e seu para-choque dianteiro está 24,0 m atrás do para-choque traseiro do caminhão. O motorista acelera com taxa constante de 0,600 m/s², a seguir volta para a pista do caminhão, quando a traseira de seu carro está a 26,0 m à frente do caminhão. O carro possui comprimento de 4,5 m e o comprimento do caminhão é igual a 21,0 m. (a) Qual o tempo necessário para o carro ultrapassar o caminhão? (b) Qual a distância percorrida pelo carro nesse intervalo? (c) Qual é a velocidade final do carro?

2.68 •• **CALC** A velocidade de um objeto é dada por $v_x(t) = \alpha - \beta t^2$, onde $\alpha = 4,0$ m/s e $\beta = 2,0$ m/s³. No instante $t = 0$, o objeto está em $x = 0$. (a) Calcule a posição e a aceleração do objeto em função do tempo. (b) Qual a distância *positiva* máxima entre o objeto e a origem?

2.69 ••• **CALC** A aceleração de uma partícula é dada por $a_x(t) = -2,00$ m/s² $+ (3,00$ m/s³$)t$. (a) Calcule a velocidade inicial v_{0x} de modo que a partícula tenha a mesma coordenada x para $t = 4,00$ s e $t = 0$. (b) Qual será sua velocidade para $t = 4,0$ s?

2.70 • **Queda do ovo.** Você está sobre o telhado do prédio da Física, 46 m acima do solo (**Figura P2.70**). Seu professor de física, que possui 1,80 m de altura, está caminhando próximo ao edifício com uma velocidade constante de 1,20 m/s. Se você deseja jogar um ovo na cabeça dele, em que ponto ele deve estar quando você largar o ovo? Suponha que o ovo esteja em queda livre.

Figura P2.70

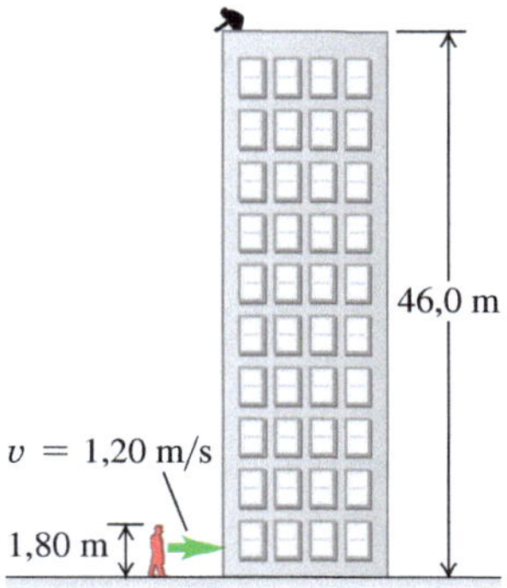

46,0 m
$v = 1,20$ m/s
1,80 m

2.71 • Um vulcão na Terra pode ejetar rochas verticalmente a uma altura máxima H. (a) A que altura (em termos de H) essas rochas chegariam, se um vulcão em Marte as expelisse com a mesma velocidade inicial? A aceleração da gravidade em Marte é de 3,71 m/s², e a resistência do ar pode ser desprezada em ambos os planetas. (b) Se as rochas ficam suspensas no ar por um intervalo de tempo T, por quanto tempo (em termos de T) elas permanecerão no ar em Marte?

2.72 •• Uma malabarista joga bolas ao ar enquanto realiza outras atividades. Em um ato, ela joga uma bola verticalmente para cima e, enquanto a bola está no ar, ela corre até uma mesa a 5,50 m de distância, a uma velocidade escalar constante de 3,00 m/s, e retorna bem a tempo de apanhar a bola em queda. (a) Qual é a velocidade inicial mínima com que ela deve jogar a bola para cima de modo a realizar esse feito? (b) A que altura de sua posição inicial está a bola quando a malabarista chega à mesa?

2.73 ••• **Atenção abaixo.** Sérgio arremessa uma esfera de chumbo de 7 kg de baixo para cima, aplicando-lhe um impulso que a acelera a partir do repouso até 35,0 m/s² para um deslocamento vertical de 64,0 cm. Ela sai da sua mão a 2,20 m acima do solo. Despreze a resistência do ar. (a) Qual a velocidade da esfera imediatamente após sair da sua mão? (b) Qual a altura máxima atingida pela esfera? (c) Qual o tempo de que ele dispõe para sair da vertical antes que a esfera volte até a altura da sua cabeça, situada a 1,83 m acima do solo?

2.74 ••• Um vaso de flores cai do peitoril de uma janela e passa pela janela de baixo. Despreze a resistência do ar. Ele leva 0,380 s para passar por essa janela, cuja altura é igual a 1,90 m. Qual é a distância entre o topo dessa janela e o peitoril de onde o vaso caiu?

2.75 •• Duas pedras são lançadas verticalmente para cima a partir do solo, uma com o triplo da velocidade inicial da outra. (a) Se a pedra mais rápida leva 10 s para retornar ao solo, quanto tempo a pedra mais lenta levará para retornar? (b) Se a pedra mais lenta alcançar uma altura máxima de H, a que altura (em termos de H) a pedra mais rápida subirá? Considere uma queda livre.

2.76 ••• **Um foguete de múltiplos estágios.** No primeiro estágio de um foguete de dois estágios, ele é lançado de uma plataforma a partir do repouso, mas com uma aceleração constante de 3,50 m/s², no sentido de baixo para cima. Em 25,0 s após o lançamento, o foguete aciona o segundo estágio por 10,0 s, que repentinamente aumenta sua velocidade para 132,5 m/s, no sentido de baixo para cima, a 35,0 s do lançamento. Mas essa arrancada consome todo o combustível, e a única força a atuar sobre o foguete passa a ser a gravidade, depois que o segundo estágio for disparado. A resistência ao ar pode ser desprezada. (a) Determine a altura máxima atingida pelo foguete de dois estágios, acima da plataforma. (b) Quanto tempo após o acionamento do segundo estágio o foguete levará para cair de volta na plataforma? (c) Com que velocidade o foguete estará se movendo assim que atingir a plataforma de lançamento?

2.77 ••• Durante seu estágio em uma companhia aeroespacial, você deverá projetar um pequeno foguete de pesquisa. O foguete deve ser lançado a partir do repouso, na superfície da Terra, e deve alcançar uma altura máxima de 960 m acima do solo. Os motores do foguete dão a ele uma aceleração para cima de 16,0 m/s² durante o tempo T em que eles disparam. Depois que os motores desligam, o foguete está em queda livre. A resistência do ar pode ser ignorada. Qual deverá ser o valor de T para que o foguete alcance a altitude exigida?

2.78 •• Uma professora de física faz uma demonstração ao ar livre e, estando em repouso, repentinamente cai da beira de um penhasco alto e ao mesmo tempo grita "Socorro!". Após 3,0 s da queda, ela ouve o eco de seu grito, que vem do fundo do vale abaixo dela. A velocidade do som é 340 m/s. (a) Qual é a altura do penhasco? (b) Desprezando-se a resistência do ar, a qual velocidade ela estará se movendo quando atingir o solo? (A velocidade real seria menor, em virtude da resistência do ar.)

2.79 ••• Um helicóptero transportando o Dr. Evil decola com uma aceleração constante e ascendente de 5,0 m/s². O agente secreto Austin Powers pula a bordo assim que o helicóptero deixa o solo. Após os dois lutarem por 10,0 s, Powers desliga o motor e salta do helicóptero. Suponha que o helicóptero esteja em queda livre após o motor ser desligado e ignore os efeitos da resistência do ar. (a) Qual é a altura máxima sobre o solo que o helicóptero atinge? (b) Powers aciona um dispositivo a jato que carrega às costas 7,0 s após deixar o helicóptero e depois se mantém a uma aceleração constante descendente com módulo 2,0 m/s². A que distância do solo Powers está quando o helicóptero se espatifa no solo?

2.80 •• **Altura do penhasco.** Você está escalando um penhasco quando, de repente, se vê envolto pela névoa. Para saber a altura em que está, você joga uma pedra do alto e 8,0 s depois ouve o som dela atingindo o solo, ao pé do penhasco. (a) Desprezando-se a resistência do ar, a que altura está o penhasco, considerando que a velocidade do som é 330 m/s? (b) Suponha que você tenha ignorado o tempo que leva para o som chegar até você. Nesse caso, você teria superestimado ou subestimado a altura do penhasco? Explique seu raciocínio.

2.81 •• **CALC** Um objeto está se movendo ao longo do eixo Ox. No instante $t = 0$, ele tem velocidade $v_{0x} = 20,0$ m/s. A partir do instante $t = 0$, ele tem aceleração $a_x = -Ct$, onde C tem unidades de m/s³. (a) Qual é o valor de C se o objeto para em 8,00 s após $t = 0$? (b) Para o valor de C calculado na parte (a), a que distância o objeto trafega durante os 8,00 s?

2.82 •• Uma bola é lançada do solo diretamente de baixo para cima com velocidade v_0. No mesmo instante, outra bola é largada do repouso a uma altura H, diretamente acima do ponto onde a primeira bola foi lançada para cima. Despreze a resistência do ar. (a) Calcule o instante em que as duas bolas colidem. (b) Ache o valor de H em termos de v_0 e g, de modo que, no momento da colisão, a primeira bola atinja sua altura máxima.

2.83 • **CALC** Dois carros, A e B, se deslocam ao longo de uma linha reta. A distância de A ao ponto inicial é dada em função do tempo por $x_A(t) = \alpha t + \beta t^2$, com $\alpha = 2,60$ m/s e $\beta = 1,20$ m/s². A distância de B ao ponto inicial é dada em função do tempo por $x_B(t) = \gamma t^2 - \delta t^3$, com $\gamma = 2,80$ m/s² e $\delta = 0,20$ m/s³. (a) Qual carro está na frente logo que eles saem do ponto inicial? (b) Em que instante(s) os carros estão no mesmo ponto? (c) Em que instante(s) a distância entre os carros A e B não aumenta nem diminui? (d) Em que instante(s) os carros A e B possuem a mesma aceleração?

2.84 •• **DADOS** Em seu laboratório de física, você solta um pequeno planador a partir do repouso em diversos pontos em uma rota aérea longa, sem atrito, que está inclinada em um ângulo θ acima da horizontal. Com uma fotocélula eletrônica, você mede o tempo t necessário para o planador deslizar por uma distância x a partir do ponto de lançamento até o final da rota. Suas medições são dadas na **Figura P2.84**, que mostra um polinômio de segundo grau (quadrático) ajustado aos dados plotados. Você deverá encontrar a aceleração do planador, que é considerada constante. Há algum erro em cada medição, de modo que, em vez de usar um único conjunto de valores x e t, você pode ser mais preciso se usar métodos gráficos para obter seu valor medido da aceleração a partir do gráfico. (a) Como você pode refazer o gráfico dos dados de modo que os pontos de dados fiquem mais próximos de uma linha reta? (*Dica:* você poderia desenhar x, t ou ambos, elevado a alguma potência.) (b) Construa o gráfico descrito na parte (a) e ache a equação para a linha reta que melhor se encaixe aos pontos de dados. (c) Use a linha reta da parte (b) para calcular a aceleração do planador. (d) O planador é lançado a uma distância $x = 1,35$ do final da rota. Use o valor da aceleração obtido na parte (c) para calcular a velocidade do planador quando ele alcança o final da rota.

Figura P2.84

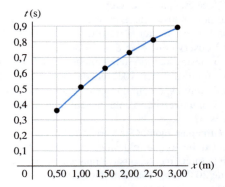

2.85 •• **DADOS** Em um experimento no laboratório de física, você lança uma pequena bola de aço em diversas alturas acima do solo e mede a velocidade da bola imediatamente antes de atingir o solo. Você desenha seus dados em um gráfico que tem a altura de lançamento (em metros) no eixo vertical e o quadrado da velocidade final (em m²/s²) no eixo horizontal. Nesse gráfico, seus pontos de dados estão próximos de uma formação em linha reta. (a) Usando $g = 9,80$ m/s² e ignorando o efeito da resistência do ar, qual é o valor numérico da inclinação dessa linha reta? (Inclua as unidades corretas.) A presença da resistência do ar reduz o módulo da aceleração para baixo, e o efeito dessa resistência aumenta à medida que a velocidade do objeto aumenta. Você repete o experimento, mas dessa vez lançando uma bola de tênis. A resistência do ar agora tem um efeito observável sobre os dados. (b) A velocidade final para uma altura qualquer é maior, menor ou igual àquela de quando você ignorou a resistência do ar? (c) O gráfico da altura *versus* o quadrado da velocidade final ainda é uma linha reta? Desenhe a forma qualitativa do gráfico quando a resistência do ar está presente.

2.86 ••• **DADOS** Um carrinho de controle remoto parte do repouso e segue em movimento retilíneo. Um smartphone montado no carrinho tem um aplicativo que transmite o módulo da aceleração do carro (medido por um acelerômetro) a cada segundo. Os resultados são dados nesta tabela:

Tempo (s)	Aceleração (m/s²)
0	5,95
1,00	5,52
2,00	5,08
3,00	4,55
4,00	3,96
5,00	3,40

Cada valor medido tem algum erro experimental. (a) Desenhe um gráfico de aceleração *versus* tempo e determine a equação para a linha reta que oferece o melhor ajuste dos dados. (b) Use a equação para $a(t)$ que você encontrou na parte (a) para calcular $v(t)$, a velocidade do carro em função do tempo. Desenhe o gráfico de $v \times t$. Esse gráfico é uma linha reta? (c) Use seu resultado da parte (b) para calcular a velocidade do carro em $t = 5,00$ s. (d) Calcule a distância que o carro trafega entre $t = 0$ e $t = 5,00$ s.

PROBLEMAS DESAFIADORES

2.87 ••• Estando inicialmente agachado, um atleta dá um salto vertical para atingir a máxima altura possível. Os melhores atletas permanecem cerca de 1,0 s no ar (o "tempo de suspensão" no ar). Considere o atleta como uma partícula e denomine $y_{máx}$ sua altura máxima acima do solo. Para explicar por que ele parece estar suspenso no ar, calcule a razão entre o tempo em que ele fica acima de $y_{máx}/2$ e o tempo que ele leva para subir do chão até essa altura. Você pode ignorar a resistência do ar.

2.88 ••• **Pegando o ônibus.** Uma estudante está se deslocando com sua velocidade máxima de 5,0 m/s para pegar um ônibus parado no ponto. Quando ela está a uma distância de 40,0 m do ônibus, ele começa a se mover com aceleração constante igual a 0,170 m/s². (a) Durante quanto tempo e por qual distância a estudante deve correr a 5,0 m/s para que alcance o ônibus? (b) Quando a estudante alcança o ônibus, qual é a velocidade dele? (c) Faça um gráfico de xt para a estudante e para o ônibus. Considere $x = 0$ como a posição inicial da estudante. (d) As equações usadas para calcular o tempo na parte (a) possuem uma segunda solução, que corresponde a um tempo posterior para o qual a estudante e o ônibus estão na mesma posição, caso continuem com seus movimentos especificados. Explique o significado dessa segunda solução. Qual é a velocidade do ônibus neste ponto? (e) Caso sua velocidade máxima fosse igual a 3,5 m/s, ela poderia alcançar o ônibus? (f) Qual seria a velocidade *mínima* para que ela pudesse alcançar o ônibus? Neste caso, quanto tempo e qual seria a distância percorrida para que a estudante pudesse alcançar o ônibus?

2.89 ••• Uma bola é atirada de baixo para cima do canto superior do telhado de um edifício. Uma segunda bola é largada do mesmo ponto 1,00 s mais tarde. Despreze a resistência do ar. (a) Sabendo que a altura do edifício é igual a 20,0 m, qual deve ser a velocidade inicial da primeira bola para que ambas atinjam o solo no mesmo instante? Em um mesmo gráfico, desenhe a posição de cada bola em função do tempo medido a partir do lançamento da primeira bola. Considere a mesma situação, mas agora suponha que a velocidade inicial v_0 da primeira bola seja conhecida e que a altura h do edifício seja uma incógnita. (b) Qual deve ser a altura do edifício para que ambas atinjam o solo no mesmo instante para os seguintes valores de v_0: (i) 6,0 m/s; (ii) 9,5 m/s? (c) Quando v_0 for superior a certo valor máximo $v_{máx}$, não existirá nenhum valor de h que satisfaça a condição de as bolas atingirem o solo no mesmo instante. Resolva explicitando $v_{máx}$. O valor $v_{máx}$ possui uma interpretação física simples. Qual seria? (d) Quando v_0 for inferior a certo valor mínimo $v_{mín}$, não existirá um valor de h que satisfaça a condição de as bolas atingirem o solo no mesmo instante. Resolva explicitando $v_{mín}$. O valor $v_{mín}$ também possui uma interpretação física simples. Qual seria?

Problemas com contexto

BIO Fluxo sanguíneo no coração. O sistema circulatório humano é fechado — ou seja, o sangue bombeado do ventrículo esquerdo do coração para as artérias é restrito a uma série de vasos contínuos, ramificados, à medida que passa pelos capilares e depois para as veias e retorna ao coração. O sangue em cada uma das quatro câmaras do coração repousa rapidamente antes que seja ejetado por contração do músculo do coração.

2.90 Se a contração do ventrículo esquerdo dura 250 ms e a velocidade do fluxo sanguíneo na aorta (a maior artéria que sai do coração) é de 0,80 m/s ao final da contração, qual é a aceleração média de um glóbulo vermelho ao sair do coração? (a) 310 m/s²; (b) 31 m/s²; (c) 3,2 m/s²; (d) 0,32 m/s².

2.91 Se a aorta (com diâmetro d_a) se ramifica em duas artérias de mesmo tamanho com uma área combinada igual à da aorta, qual é o diâmetro de uma das ramificações? (a) $\sqrt{d_a}$; (b) $d_a\sqrt{2}$; (c) $2d_a$; (d) $d_a/2$.

2.92 O vetor velocidade do sangue na aorta pode ser medido diretamente com técnicas de ultrassom. Um gráfico típico do vetor velocidade do sangue *versus* tempo durante um único batimento cardíaco aparece na **Figura P2.92**. Qual afirmação é a melhor interpretação desse gráfico? (a) O fluxo sanguíneo muda de sentido em cerca de 0,25 s; (b) a velocidade do fluxo sanguíneo começa a diminuir em cerca de 0,10 s; (c) a aceleração do sangue é maior em módulo em cerca de 0,25 s; (d) a aceleração do sangue é maior em módulo em cerca de 0,10 s.

Figura P2.92

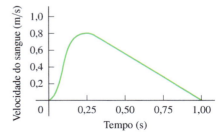

RESPOSTAS

Resposta à pergunta inicial do capítulo
(iii) A aceleração se refere a *qualquer* variação na velocidade, incluindo tanto seu aumento quanto sua redução.

Respostas às perguntas dos testes de compreensão
2.1 Respostas para (a): (iv), (i) e (iii) (empate), (v), (ii); resposta para (b): (i) e (iii); resposta para (c): (v) Em (a), a velocidade

média é $v_{mx} = \Delta x/\Delta t$. Para todas as cinco viagens, $\Delta t = 1$h. Para cada uma das viagens, temos (i) $\Delta x = +50$ km, $v_{mx} = +50$ km/h; (ii) $\Delta x = -50$ km, $v_{mx} = -50$ km/h; (iii) $\Delta x = 60$ km $- 10$ km $= +50$ km, $v_{mx} = +50$ km/h; (iv) $\Delta x = +70$ km, $v_{mx} = +70$ km/h; (v) $\Delta x = -20$ km $+ 20$ km $= 0$, $v_{mx} = 0$. Em (b), ambos possuem $v_{mx} = +50$ km/h.

2.2 Respostas: (a) ***P, Q*** e ***S*** (**empatadas**), ***R***; a velocidade é (b) positiva, quando a inclinação do gráfico *xt* é positiva (***P***); (c) negativa, quando a inclinação é negativa (***R***); e (d) zero, quando a inclinação é zero (***Q*** e ***S***); (e) ***R, P, Q*** e ***S*** (**empatadas**). A velocidade é maior quando a inclinação do gráfico *xt* é a máxima (seja positiva ou negativa) e zero, quando a inclinação é zero.

2.3 Respostas: (a) ***S***, onde o gráfico *xt* tem concavidade voltada para cima; (b) ***Q***, onde o gráfico *xt* tem concavidade voltada para baixo; (c) ***P*** e ***R***, onde o gráfico *xt* não tem concavidade nem para cima nem para baixo; (d) em *P*, $a_x = 0$ (velocidade **não varia**); em *Q*, $a_x < 0$ (velocidade está **diminuindo**, ou seja, variando de positiva para zero para negativa); em *R*, $a_x = 0$ (velocidade **não varia**); em *S*, $a_x > 0$ (velocidade está **aumentando**, ou seja, variando de negativa para zero para positiva).

2.4 Resposta: (b) A aceleração da policial é constante, logo, seu gráfico $v_x t$ é uma linha reta, e a motocicleta da policial está se movendo mais rapidamente que o carro do motorista quando os dois veículos se encontram, em $t = 10$ s.

2.5 Respostas: (a) (iii) Use a Equação 2.13 substituindo *x* por *y* e $a_y = -g$; $v_y^2 = v_{0y}^2 - 2g(y - y_0)$. A altura inicial é $y_0 = 0$ e a velocidade na altura máxima $y = h$ é $v_y = 0$, portanto, $0 = v_{0y}^2 - 2gh$ e $h = v_{0y}^2/2g$. Se a velocidade inicial é aumentada por um fator de 2, a altura máxima aumenta por um fator de $2^2 = 4$ e a bola vai à altura de $4h$. (b) (v) Use a Equação 2.8 substituindo *x* por *y* e $a_y = -g$; $v_y = v_{0y} - gt$. A velocidade na altura máxima é $v_y = 0$, de modo que $0 = v_{0y} - gt$ e $t = v_{0y}/g$. Se a velocidade inicial é aumentada por um fator de 2, o tempo para se atingir a altura máxima aumenta por um fator de 2 e torna-se $2t$.

2.6 Resposta: (ii) A aceleração a_x é igual à inclinação do gráfico $v_x t$. Quando a_x está aumentando, a inclinação do gráfico $v_x t$ também aumenta e o gráfico tem concavidade para cima.

Problema em destaque
$h = 57,1$ m

? Quando um ciclista faz uma curva com um vetor velocidade que possui um módulo constante ele está acelerando? Neste caso, qual é a direção e o sentido da sua aceleração? (i) Não; (ii) sim, na direção de seu movimento; (iii) sim, para dentro da curva; (iv) sim, para fora da curva; (v) sim, mas em alguma outra direção.

3 MOVIMENTO EM DUAS OU TRÊS DIMENSÕES

OBJETIVOS DE APRENDIZAGEM
Ao estudar este capítulo, você aprenderá:

3.1 Como usar vetores para representar a posição e a velocidade de um corpo em duas ou três dimensões.

3.2 Como achar o vetor aceleração de um corpo e por que um corpo tem essa aceleração, mesmo que sua velocidade escalar seja constante, e como interpretar os componentes da aceleração paralela e perpendicular da trajetória de um corpo.

3.3 Como resolver problemas que envolvem a trajetória em curva percorrida por um projétil.

3.4 Como analisar o movimento em uma trajetória circular, seja com velocidade constante ou com variação na velocidade.

3.5 Como relacionar as velocidades de um corpo em movimento, visto a partir de dois diferentes pontos de referência.

Revendo conceitos de:
2.1 Velocidade média.
2.2 Velocidade instantânea.
2.3 Aceleração média e instantânea.
2.4 Movimento retilíneo com aceleração constante.
2.5 Movimento de corpos em queda livre.

O que determina onde uma bola de beisebol vai parar? Como você descreve o movimento do carro de uma montanha-russa ao longo de um trilho em curva ou o voo de uma águia circulando por um campo aberto? O que atinge o solo primeiro: uma bola lançada horizontalmente ou uma bola simplesmente largada a partir do mesmo ponto?

Não podemos responder a essas questões usando as técnicas do Capítulo 2, no qual consideramos partículas se movendo somente ao longo de uma linha reta. Em vez disso, é necessário estender a descrição do movimento para duas e três dimensões. Continuaremos a usar as grandezas vetoriais de deslocamento, velocidade e aceleração, mas não vamos mais considerar movimentos ao longo de uma linha reta. Verificaremos que muitos movimentos importantes ocorrem somente em duas dimensões, ou seja, estão contidos em um *plano*.

Também será necessário considerar como o movimento de uma partícula é descrito por observadores que possuem movimentos relativos entre si. O conceito de *velocidade relativa* desempenhará um papel importante neste livro, quando estudarmos as colisões, explorarmos os fenômenos eletromagnéticos e introduzirmos a fascinante teoria da relatividade de Einstein.

Este capítulo une a matemática vetorial que aprendemos no Capítulo 1 com a linguagem cinemática do Capítulo 2. Como antes, estamos interessados em descrever o movimento, e não em analisar suas causas. Porém, a linguagem que você aprenderá aqui será uma ferramenta essencial para capítulos posteriores, quando estudarmos a relação entre força e movimento.

3.1 VETOR POSIÇÃO E VETOR VELOCIDADE

Vejamos como descrever o movimento de uma partícula no espaço. Considere uma partícula que esteja em um ponto P em dado instante. O **vetor posição** $\vec{r}$ da

74 Física I

Figura 3.1 O vetor posição $\vec{r}$ da origem O até o ponto P possui componentes x, y e z.

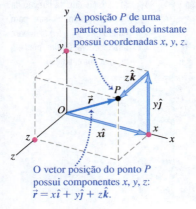

O vetor posição do ponto P possui componentes x, y, z: $\vec{r} = x\hat{\imath} + y\hat{\jmath} + z\hat{k}$.

Figura 3.2 A velocidade média $\vec{v}_m$ entre os pontos P_1 e P_2 possui a mesma direção e o mesmo sentido do vetor deslocamento $\Delta\vec{r}$.

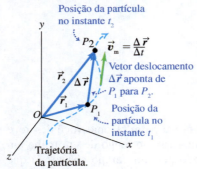

Figura 3.3 Os vetores $\vec{v}_1$ e $\vec{v}_2$ são as velocidades instantâneas nos pontos P_1 e P_2 mostrados na Figura 3.2.

partícula nesse instante é um vetor que vai da origem do sistema de coordenadas até o ponto P (**Figura 3.1**). As coordenadas cartesianas x, y e z do ponto P são os componentes x, y e z do vetor $\vec{r}$. Usando os vetores unitários introduzidos na Seção 1.9, podemos escrever

$$\vec{r} = x\hat{\imath} + y\hat{\jmath} + z\hat{k} \qquad (3.1)$$

Durante um intervalo de tempo Δt, a partícula se move de um ponto P_1, onde o vetor posição é $\vec{r}_1$, até um ponto P_2, onde o vetor posição é $\vec{r}_2$. A variação da posição (o deslocamento) durante esse intervalo é $\Delta\vec{r} = \vec{r}_2 - \vec{r}_1 = (x_2 - x_1)\hat{\imath} + (y_2 - y_1)\hat{\jmath} + (z_2 - z_1)\hat{k}$. Definimos a **velocidade média** $\vec{v}_m$ do mesmo modo que fizemos no Capítulo 2 para um movimento retilíneo, como o deslocamento dividido pelo intervalo (**Figura 3.2**):

$$\vec{v}_m = \frac{\Delta\vec{r}}{\Delta t} = \frac{\vec{r}_2 - \vec{r}_1}{t_2 - t_1} \qquad (3.2)$$

Note que *dividir* um vetor por um escalar é um caso especial de *multiplicar* o vetor por um escalar, descrito na Seção 1.7; a velocidade média $\vec{v}_m$ é igual ao vetor deslocamento $\Delta\vec{r}$ multiplicado por $1/\Delta t$. Note também que o componente x da Equação 3.2 é $v_{mx} = (x_2 - x_1)/(t_2 - t_1) = \Delta x/\Delta t$. É exatamente a Equação 2.2, a expressão para a velocidade média que encontramos na Seção 2.1 para o movimento unidimensional.

Agora, definimos a **velocidade instantânea** tal como no Capítulo 2: é a taxa instantânea de variação do vetor posição com o tempo. A diferença fundamental é que agora a posição $\vec{r}$ e a velocidade instantânea $\vec{v}$ são vetores:

$$\vec{v} = \lim_{\Delta t \to 0} \frac{\Delta\vec{r}}{\Delta t} = \frac{d\vec{r}}{dt} \qquad (3.3)$$

O *módulo* do vetor $\vec{v}$ em qualquer instante é a *velocidade* v da partícula no referido instante. A *direção* de $\vec{v}$ é a direção em que ela se move no referido instante.

Note que, quando $\Delta t \to 0$, os pontos P_1 e P_2 na Figura 3.2 ficam cada vez mais próximos. Nesse limite, o vetor $\Delta\vec{r}$ torna-se tangente à curva. A direção do vetor $\Delta\vec{r}$ nesse limite também é igual à direção da velocidade instantânea. Dessa forma, *o vetor velocidade instantânea é tangente à trajetória em cada um dos seus pontos* (**Figura 3.3**).

Normalmente é mais fácil calcular o vetor velocidade instantânea usando componentes. Durante qualquer deslocamento de $\Delta\vec{r}$, as variações Δx, Δy e Δz das três coordenadas da partícula são os *componentes* de $\Delta\vec{r}$. Daí se conclui que os componentes v_x, v_y e v_z da velocidade instantânea $\vec{v} = v_x\hat{\imath} + v_y\hat{\jmath} + v_z\hat{k}$ são simplesmente as derivadas das coordenadas x, y e z em relação ao tempo. Ou seja:

$$v_x = \frac{dx}{dt} \qquad v_y = \frac{dy}{dt} \qquad v_z = \frac{dz}{dt} \qquad (3.4)$$

O componente x de $\vec{v}$ é $v_x = dx/dt$, que é o mesmo da Equação 2.3 para o movimento retilíneo que obtivemos na Seção 2.2. Logo, a Equação 3.4 é uma extensão direta do conceito de velocidade instantânea para o movimento em três dimensões.

Também podemos obter esse resultado da Equação 3.4 derivando a Equação 3.1. Os vetores unitários $\hat{\imath}$, $\hat{\jmath}$ e $\hat{k}$ não dependem do tempo; logo, suas derivadas são nulas, e encontramos

$$\vec{v} = \frac{d\vec{r}}{dt} = \frac{dx}{dt}\hat{\imath} + \frac{dy}{dt}\hat{\jmath} + \frac{dz}{dt}\hat{k} \quad (3.5)$$

Isso mostra novamente que os componentes de $\vec{v}$ são dx/dt, dy/dt e dz/dt.

O módulo do vetor velocidade instantânea $\vec{v}$ — isto é, a velocidade escalar — é dado em termos dos componentes v_x, v_y e v_z pelo teorema de Pitágoras:

$$|\vec{v}| = v = \sqrt{v_x^2 + v_y^2 + v_z^2} \quad (3.6)$$

A **Figura 3.4** mostra a situação quando uma partícula se move no plano xy. Nesse caso, z e v_z são nulos. Então, a velocidade escalar (o módulo do vetor $\vec{v}$) é:

$$v = \sqrt{v_x^2 + v_y^2}$$

e a direção da velocidade instantânea $\vec{v}$ é dada pelo ângulo α (a letra grega alfa) indicado nessa figura. Vemos que

$$\tan \alpha = \frac{v_y}{v_x} \quad (3.7)$$

(Usamos α para indicar a direção do vetor velocidade instantânea para não confundir com a direção θ do vetor *posição* da partícula.)

A partir de agora, sempre que mencionarmos a palavra "velocidade", queremos nos referir ao vetor velocidade *instantânea* $\vec{v}$ (em vez do vetor velocidade média). Normalmente, não se costuma dizer que $\vec{v}$ é um vetor; cabe a você lembrar-se de que velocidade é uma grandeza vetorial que possui módulo, direção e sentido.

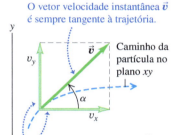

Figura 3.4 Os dois componentes da velocidade para movimento no plano xy.

EXEMPLO 3.1 CÁLCULO DA VELOCIDADE INSTANTÂNEA MÉDIA

Um veículo robótico está explorando a superfície de Marte. O módulo de aterrissagem é a origem do sistema de coordenadas e a superfície do planeta é o plano xy. O veículo, que será representado por um ponto, possui componentes x e y que variam com o tempo de acordo com a seguinte relação:

$$x = 2,0 \text{ m} - (0,25 \text{ m/s}^2)t^2$$
$$y = (1,0 \text{ m/s})t + (0,025 \text{ m/s}^3)t^3$$

(a) Calcule as coordenadas do veículo e sua distância do módulo de aterrissagem no instante $t = 2,0$ s. (b) Calcule o vetor deslocamento e o vetor velocidade média no intervalo entre $t = 0,0$ s e $t = 2,0$ s. (c) Deduza uma expressão geral para o vetor velocidade instantânea do vetor $\vec{v}$. Expresse a velocidade instantânea $\vec{v}$ em $t = 2,0$ s, usando componentes e também em termos de módulo e direção.

SOLUÇÃO

IDENTIFICAR E PREPARAR: este problema se refere ao movimento em duas dimensões. Logo, devemos usar as expressões dos vetores obtidos nesta seção. A **Figura 3.5** mostra a trajetória do veículo robótico (linha tracejada). Usaremos a Equação 3.1 para a posição $\vec{r}$, a expressão $\Delta\vec{r} = \vec{r}_2 - \vec{r}_1$ para o deslocamento, a Equação 3.2 para a velocidade média e as equações 3.5, 3.6 e 3.7 para a velocidade instantânea e seu módulo e direção.

Figura 3.5 No instante $t = 0,0$ s, o veículo possui o vetor posição $\vec{r}_0$ e o vetor velocidade instantânea $\vec{v}_0$. Do mesmo modo, $\vec{r}_1$ e $\vec{v}_1$ são os vetores no instante $t = 1,0$ s; $\vec{r}_2$ e $\vec{v}_2$ são os vetores no instante $t = 2,0$ s.

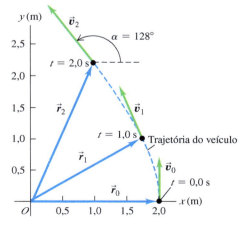

(*Continua*)

(Continuação)

EXECUTAR: (a) No instante $t = 2,0$ s, as coordenadas do veículo são:

$$x = 2,0 \text{ m} - (0,25 \text{ m/s}^2)(2,0 \text{ s})^2 = 1,0 \text{ m}$$

$$y = (1,0 \text{ m/s})(2,0 \text{ s}) + (0,025 \text{ m/s}^3)(2,0 \text{ s})^3 = 2,2 \text{ m}$$

A distância entre o veículo e a origem nesse instante é:

$$r = \sqrt{x^2 + y^2} = \sqrt{(1,0 \text{ m})^2 + (2,2 \text{ m})^2} = 2,4 \text{ m}$$

(b) Para achar o deslocamento e a velocidade média no intervalo de tempo informado, primeiro escrevemos o vetor posição $\vec{r}$ em função do tempo t. Pela Equação 3.1, temos

$$\vec{r} = x\hat{i} + y\hat{j}$$
$$= [2,0 \text{ m} - (0,25 \text{ m/s}^2)t^2]\hat{i}$$
$$+ [(1,0 \text{ m/s})t + (0,025 \text{ m/s}^3)t^3]\hat{j}$$

Em $t = 0,0$ s, o vetor posição $\vec{r}_0$ é

$$\vec{r}_0 = (2,0 \text{ m})\hat{i} + (0,0 \text{ m})\hat{j}$$

A partir da parte (a), o vetor posição $\vec{r}_2$ em $t = 2,0$ s é

$$\vec{r}_2 = (1,0 \text{ m})\hat{i} + (2,2 \text{ m})\hat{j}$$

O deslocamento de $t = 0,0$ s até $t = 2,0$ s, portanto, pode ser calculado da seguinte forma:

$$\Delta\vec{r} = \vec{r}_2 - \vec{r}_0 = (1,0 \text{ m})\hat{i} + (2,2 \text{ m})\hat{j} - (2,0 \text{ m})\hat{i}$$
$$= (-1,0 \text{ m})\hat{i} + (2,2 \text{ m})\hat{j}$$

Durante esse intervalo, o veículo se move 1,0 m no sentido negativo do eixo x e 2,2 m no sentido positivo do eixo y. Pela Equação 3.2, calculamos a velocidade média no intervalo como o deslocamento dividido pelo tempo decorrido:

$$\vec{v}_m = \frac{\Delta\vec{r}}{\Delta t} = \frac{(-1,0 \text{ m})\hat{i} + (2,2 \text{ m})\hat{j}}{2,0 \text{ s} - 0,0 \text{ s}}$$
$$= (-0,50 \text{ m/s})\hat{i} + (1,1 \text{ m/s})\hat{j}$$

Os componentes dessa velocidade média são $v_{mx} = -0,50$ m/s e $v_{my} = 1,1$ m/s.

(c) De acordo com a Equação 3.4, os componentes da velocidade *instantânea* são as derivadas das coordenadas em relação ao tempo:

$$v_x = \frac{dx}{dt} = (-0,25 \text{ m/s}^2)(2t)$$

$$v_y = \frac{dy}{dt} = 1,0 \text{ m/s} + (0,025 \text{ m/s}^3)(3t^2)$$

Podemos então escrever o vetor velocidade instantânea como

$$\vec{v} = v_x\hat{i} + v_y\hat{j}$$
$$= (-0,50 \text{ m/s}^2)t\hat{i} + [1,0 \text{ m/s} + (0,075 \text{ m/s}^3)t^2]\hat{j}$$

Para $t = 2,0$ s, os componentes da velocidade instantânea $\vec{v}_2$ são

$$v_{2x} = (-0,50 \text{ m/s}^2)(2,0 \text{ s}) = -1,0 \text{ m/s}$$

$$v_{2y} = 1,0 \text{ m/s} + (0,075 \text{ m/s}^3)(2,0 \text{ s})^2 = 1,3 \text{ m/s}$$

O módulo da velocidade instantânea (isto é, a velocidade escalar) no tempo $t = 2,0$ s é

$$v_2 = \sqrt{v_{2x}^2 + v_{2y}^2} = \sqrt{(-1,0 \text{ m/s})^2 + (1,3 \text{ m/s})^2}$$
$$= 1,6 \text{ m/s}$$

A Figura 3.5 mostra a direção do vetor velocidade $\vec{v}_2$, que está em um ângulo α entre 90° e 180° em relação ao eixo x positivo. A partir da Equação 3.7, temos

$$\arctan\frac{v_y}{v_x} = \arctan\frac{1,3 \text{ m/s}}{-1,0 \text{ m/s}} = -52°$$

Esse está fora por 180°; o valor correto de $\alpha = 180° - 52° = 128°$, ou 38° direção norte para oeste.

AVALIAR: compare os componentes da *velocidade média* da parte (b) para o intervalo de $t = 0,0$ s a $t = 2,0$ s ($v_{mx} = -0,50$ m/s e $v_{my} = 1,1$ m/s) com os componentes da velocidade *instantânea* em $t = 2,0$ s obtidos na parte (c) ($v_{2x} = -1,0$ m/s e $v_{2y} = 1,3$ m/s). Assim como ocorre em uma dimensão, o vetor velocidade média $\vec{v}_m$ sobre o intervalo em geral *não* é igual à velocidade instantânea $\vec{v}$ no final do intervalo (veja o Exemplo 2.1).

A Figura 3.5 mostra os vetores de posição e os vetores de velocidade instantânea em $t = 0,0$ s, 1,0 e 2,0 s. (Calcule essas grandezas para $t = 0,0$ s e $t = 1,0$ s.) Observe que $\vec{v}$ é tangente à trajetória em qualquer ponto. O módulo de $\vec{v}$ aumenta na medida em que o carrinho se move, o que significa que sua velocidade está aumentando.

TESTE SUA COMPREENSÃO DA SEÇÃO 3.1 Em quais destas situações o vetor velocidade média $\vec{v}_m$ em um intervalo é igual à velocidade instantânea $\vec{v}$ no final do intervalo? (i) Um corpo movendo-se ao longo de uma curva com velocidade constante; (ii) um corpo movendo-se ao longo de uma curva com velocidade aumentando; (iii) um corpo movendo-se ao longo de uma linha reta com velocidade constante; (iv) um corpo movendo-se ao longo de uma linha reta com velocidade aumentando. ∎

3.2 VETOR ACELERAÇÃO

Vamos agora considerar o vetor *aceleração* de uma partícula que se move no espaço. Analogamente ao caso do movimento retilíneo, a aceleração indica como a velocidade de uma partícula está variando. Porém, como estamos tratando a velocidade como um vetor, a aceleração descreverá variações no módulo da velocidade (isto é, a velocidade escalar) *e* variações da direção da velocidade (isto é, a direção e o sentido do movimento no espaço).

Na **Figura 3.6a**, um carro (tratado como uma partícula) está se movendo ao longo de uma trajetória curva. Os vetores $\vec{v}_1$ e $\vec{v}_2$ representam, respectivamente, o vetor velocidade instantânea do carro no instante t_1, quando ele está no ponto P_1, e o vetor velocidade instantânea do carro no instante t_2, quando ele está no ponto P_2. No intervalo de tempo entre t_1 e t_2, *a variação vetorial da velocidade é* $\vec{v}_2 - \vec{v}_1 = \Delta\vec{v}$, então $\vec{v}_2 = \vec{v}_1 + \Delta\vec{v}$ (Figura 3.6b). Definimos o vetor **aceleração média** $\vec{a}_m$ do carro nesse intervalo como a variação vetorial da velocidade dividida pelo intervalo $t_2 - t_1 = \Delta t$:

Vetor aceleração média de uma partícula durante o intervalo de t_1 a t_2

$$\vec{a}_m = \frac{\Delta\vec{v}}{\Delta t} = \frac{\vec{v}_2 - \vec{v}_1}{t_2 - t_1} \quad (3.8)$$

Variação na velocidade da partícula
Velocidade final menos a inicial
Intervalo de tempo
Tempo final menos o inicial

A aceleração média é uma grandeza *vetorial* que possui a mesma direção e sentido do vetor $\Delta\vec{v}$ (Figura 3.6c). Observe que $\vec{v}_2$ é a soma vetorial de $\vec{v}_1$ com a variação $\Delta\vec{v}$ (Figura 3.6b). O componente x da Equação 3.8 é $a_{mx} = (v_{2x} - v_{1x})/(t_2 - t_1)\, \Delta v_x/\Delta t$, que é exatamente a Equação 2.4 para a aceleração média no movimento retilíneo.

Como no Capítulo 2, definimos a **aceleração instantânea** $\vec{a}$ no ponto P_1 como o limite da aceleração média quando o ponto P_2 se aproxima do ponto P_1, assim, $\Delta\vec{v}$ e Δt tendem a zero simultaneamente (**Figura 3.7**):

O **vetor aceleração instantânea** de uma partícula...

$$\vec{a} = \lim_{\Delta t \to 0} \frac{\Delta\vec{v}}{\Delta t} = \frac{d\vec{v}}{dt} \quad (3.9)$$

...é igual ao limite de seu vetor aceleração média quando o intervalo se aproxima de zero...
...e é igual à taxa de variação de seu vetor velocidade instantânea.

O vetor velocidade $\vec{v}$ é tangente à trajetória da partícula. Porém, o vetor aceleração instantânea $\vec{a}$ *não* tem de ser sempre tangente à trajetória. Se a trajetória for curva, $\vec{a}$ aponta para o lado côncavo da trajetória — ou seja, para o lado interno

Figura 3.6 (a) Um carro se move ao longo de uma curva de P_1 até P_2. (b) Obtemos a variação de velocidade $\Delta\vec{v} = \vec{v}_2 - \vec{v}_1$ por subtração de vetores. (c) O vetor $\vec{a}_m = \Delta\vec{v}/\Delta t$ representa a aceleração média entre P_1 e P_2.

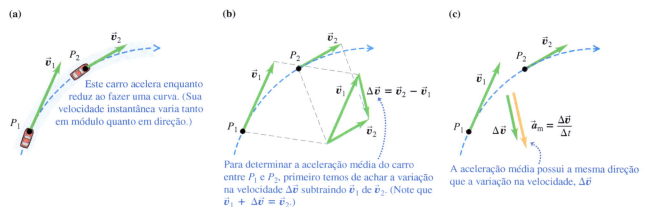

BIO Aplicação **Cavalos em uma trajetória curva** Ao inclinar-se para o lado e bater o chão com seus cascos em um ângulo, estes cavalos submetem às suas laterais a aceleração necessária para fazer uma acentuada mudança de direção.

de qualquer volta que a partícula esteja fazendo (Figura 3.7a). A aceleração é tangente à trajetória somente se a partícula se move em uma linha reta (Figura 3.7b).

> **ATENÇÃO** **Qualquer partícula que segue uma trajetória curva está acelerando** Quando uma partícula se move ao longo de uma trajetória curva, sua aceleração é sempre diferente de zero, mesmo quando o módulo da velocidade for constante. Essa conclusão pode parecer contrária ao uso cotidiano da palavra "aceleração" no sentido de aumento de velocidade. A definição mais precisa da Equação 3.9 mostra que existe aceleração diferente de zero sempre que houver *qualquer* variação do vetor velocidade, incluindo apenas variação da direção desse vetor, sem variação do módulo da velocidade.

Para se convencer de que uma partícula possui aceleração diferente de zero quando ela descreve uma trajetória curva com velocidade constante, lembre-se do que sente quando está viajando em um carro. Quando o carro acelera, você tende a se mover no interior dele em um sentido contrário ao da *aceleração* do carro. (Explicaremos a razão desse comportamento no Capítulo 4.) Logo, você tende a ser empurrado para a traseira do carro quando ele acelera para a frente (aumenta de velocidade), e para a frente do carro quando ele acelera para trás (diminui de velocidade). Quando o carro faz uma curva em uma estrada plana, você tende a ser empurrado para fora da curva; portanto, o carro possui uma aceleração para dentro da curva.

Normalmente, estamos interessados na aceleração instantânea, e não na aceleração média. A partir de agora, quando mencionamos a palavra "aceleração", estamos nos referindo ao vetor aceleração instantânea $\vec{a}$.

Cada componente do vetor aceleração $\vec{a} = a_x\hat{\imath} + a_y\hat{\jmath} + a_z\hat{k}$ é dado pela derivada do respectivo componente do vetor velocidade:

Cada **componente do vetor aceleração instantânea** da partícula...

$$a_x = \frac{dv_x}{dt} \quad a_y = \frac{dv_y}{dt} \quad a_z = \frac{dv_z}{dt} \quad (3.10)$$

...é igual à taxa de variação instantânea dos seus componentes de velocidade correspondentes.

Em termos de vetores unitários,

$$\vec{a} = \frac{d\vec{v}}{dt} = \frac{dv_x}{dt}\hat{\imath} + \frac{dv_y}{dt}\hat{\jmath} + \frac{dv_z}{dt}\hat{k} \quad (3.11)$$

O componente x das equações 3.10 e 3.11, $a_x = dv_x/dt$, é a expressão da Equação 2.5 para a aceleração instantânea em uma dimensão. A **Figura 3.8** apresenta o exemplo de um vetor aceleração que possui ambos os componentes, x e y.

Figura 3.8 Quando o arqueiro dispara a flecha, seu vetor aceleração possui tanto um componente horizontal (a_x) quanto um componente vertical (a_y).

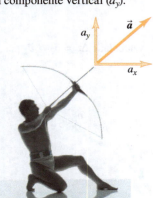

Figura 3.7 (a) Aceleração instantânea $\vec{a}$ no ponto P_1 da Fig. 3.6. (b) Aceleração instantânea para o movimento ao longo de uma linha reta.

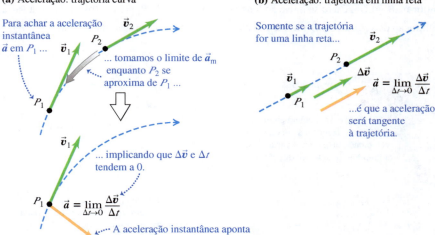

Como cada componente da velocidade é dado pela derivada da respectiva coordenada da posição, podemos escrever os componentes a_x, a_y e a_z do vetor aceleração $\vec{a}$ como

$$a_x = \frac{d^2x}{dt^2} \qquad a_y = \frac{d^2y}{dt^2} \qquad a_z = \frac{d^2z}{dt^2} \qquad (3.12)$$

EXEMPLO 3.2 — CÁLCULO DA ACELERAÇÃO INSTANTÂNEA E DA ACELERAÇÃO MÉDIA

Vamos analisar novamente os movimentos do veículo robótico mencionado no Exemplo 3.1. (a) Calcule os componentes do vetor aceleração média no intervalo entre $t = 0{,}0$ s e $t = 2{,}0$ s. (b) Ache a aceleração instantânea em $t = 2{,}0$ s.

SOLUÇÃO

IDENTIFICAR E PREPARAR: no Exemplo 3.1, encontramos os componentes da velocidade instantânea do veículo em qualquer tempo t:

$$v_x = \frac{dx}{dt} = (-0{,}25 \text{ m/s}^2)(2t) = (-0{,}50 \text{ m/s}^2)t$$

$$v_y = \frac{dy}{dt} = 1{,}0 \text{ m/s} + (0{,}025 \text{ m/s}^3)(3t^2)$$

$$= 1{,}0 \text{ m/s} + (0{,}075 \text{ m/s}^3)t^2$$

Usaremos as relações vetoriais entre velocidade, aceleração média e aceleração instantânea. Na parte (a), determinamos os valores de v_x e v_y no início e no final do intervalo e então usamos a Equação 3.8 para calcular os componentes da aceleração média. Na parte (b), determinamos os componentes da aceleração instantânea em qualquer instante t, tomando as derivativas de tempo dos componentes de velocidade, como nas Equações 3.10.

EXECUTAR: (a) no Exemplo 3.1, achamos que em $t = 0{,}0$ s, os componentes da velocidade instantânea são

$$v_x = 0{,}0 \text{ m/s} \qquad v_y = 1{,}0 \text{ m/s}$$

e em $t = 2{,}0$ s, os componentes são

$$v_x = -1{,}0 \text{ m/s} \qquad v_y = 1{,}3 \text{ m/s}$$

Dessa forma, os componentes da aceleração média no intervalo de $t = 0{,}0$ s até $t = 2{,}0$ s são:

$$a_{mx} = \frac{\Delta v_x}{\Delta t} = \frac{-1{,}0 \text{ m/s} - 0{,}0 \text{ m/s}}{2{,}0 \text{ s} - 0{,}0 \text{ s}} = -0{,}50 \text{ m/s}^2$$

$$a_{my} = \frac{\Delta v_y}{\Delta t} = \frac{1{,}3 \text{ m/s} - 1{,}0 \text{ m/s}}{2{,}0 \text{ s} - 0{,}0 \text{ s}} = 0{,}15 \text{ m/s}^2$$

(b) Usando as equações 3.10, encontramos

$$a_x = \frac{dv_x}{dt} = -0{,}50 \text{ m/s}^2 \qquad a_y = \frac{dv_y}{dt} = (0{,}075 \text{ m/s}^3)(2t)$$

Podemos escrever o vetor aceleração instantânea $\vec{a}$ no instante t como

$$\vec{a} = a_x\hat{\imath} + a_y\hat{\jmath} = (-0{,}50 \text{ m/s}^2)\hat{\imath} + (0{,}15 \text{ m/s}^3)t\hat{\jmath}$$

Para $t = 2{,}0$ s, os componentes da aceleração instantânea são

$$a_x = -0{,}50 \text{ m/s}^2 \qquad a_y = (0{,}15 \text{ m/s}^3)(2{,}0 \text{ s}) = 0{,}30 \text{ m/s}^2$$

$$\vec{a} = (-0{,}50 \text{ m/s}^2)\hat{\imath} + (0{,}30 \text{ m/s}^2)\hat{\jmath}$$

O módulo da aceleração nesse instante é

$$a = \sqrt{a_x^2 + a_y^2}$$

$$= \sqrt{(-0{,}50 \text{ m/s}^2)^2 + (0{,}30 \text{ m/s}^2)^2} = 0{,}58 \text{ m/s}^2$$

O desenho desse vetor é mostrado na **Figura 3.9** e mostra que o ângulo β de $\vec{a}$ em relação ao sentido positivo do eixo x está entre 90° e 180°. Da Equação 3.7, obtemos

$$\arctan\frac{a_y}{a_x} = \arctan\frac{0{,}30 \text{ m/s}^2}{-0{,}50 \text{ m/s}^2} = -31°$$

Logo, $\beta = 180° + (-31°) = 149°$.

AVALIAR: a trajetória do veículo e os vetores velocidade e aceleração para $t = 0{,}0$ s, $t = 1{,}0$ s e $t = 2{,}0$ s são indicados na Figura 3.9. [Use os resultados da parte (b) para calcular sozinho a aceleração instantânea em $t = 0{,}0$ s e $t = 1{,}0$ s.] Note que a direção do vetor $\vec{v}$ é *diferente* da direção do vetor $\vec{v}$ em todos os pontos indicados. O vetor velocidade $\vec{v}$ é tangente à trajetória em cada ponto (como sempre acontece), e o vetor aceleração $\vec{a}$ aponta para o lado côncavo da trajetória.

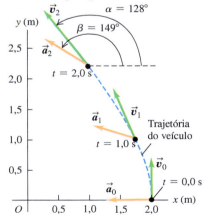

Figura 3.9 Trajetória do veículo robótico mostrando a velocidade e a aceleração para $t = 0{,}0$ s ($\vec{v}_0$ e $\vec{a}_0$), $t = 1{,}0$ s ($\vec{v}_1$ e $\vec{a}_1$) e $t = 2{,}0$ s ($\vec{v}_2$ e $\vec{a}_2$).

Figura 3.10 A aceleração pode ser decomposta em um componente $a_\parallel$ paralelo à trajetória (ou seja, ao longo da tangente da trajetória) e um componente $a_\perp$ perpendicular à trajetória (ou seja, ao longo da normal à trajetória).

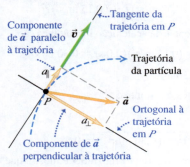

Os componentes perpendiculares e paralelos da aceleração

A Equação 3.10 nos fala sobre os componentes de um vetor da aceleração instantânea da partícula $\vec{a}$ ao longo dos eixos x, y e z. Outra maneira útil de entender esse vetor $\vec{a}$ é pensar nele em termos de seu componente *paralelo* à trajetória da partícula e à sua velocidade $\vec{v}$, e outro componente *perpendicular* à trajetória e a $\vec{v}$ (**Figura 3.10**). Isto porque o componente paralelo $a_\parallel$ nos informa sobre mudanças no *módulo da velocidade* da partícula, enquanto seu componente perpendicular $a_\perp$ nos informa sobre as variações na *direção do movimento* da partícula. Para entender por que os componentes paralelo e perpendicular de $\vec{a}$ possuem essas propriedades, consideremos dois casos especiais.

Na **Figura 3.11a**, o vetor aceleração possui a mesma direção do vetor velocidade $\vec{v}_1$. Portanto, $\vec{a}$ possui apenas um componente paralelo $a_\parallel$ (ou seja, $a_\perp = 0$). A variação de velocidade $\Delta\vec{v}$ durante um pequeno intervalo Δt possui a mesma direção que $\vec{a}$ e, portanto, também de $\vec{v}_1$. A velocidade $\vec{v}_2$, no final do intervalo Δt, possui a mesma direção que $\vec{v}_1$, mas com um módulo maior. Dessa forma, durante o intervalo Δt, a partícula da Figura 3.11a se moveu em linha reta com velocidade crescente (compare com a Figura 3.7b).

Na Figura 3.11b, a aceleração é *perpendicular* ao vetor velocidade, portanto $\vec{a}$ possui apenas um componente perpendicular $a_\perp$ (ou seja, $a_\parallel = 0$). Durante um pequeno intervalo Δt, a variação da velocidade $\Delta\vec{v}$ é aproximadamente perpendicular a $\vec{v}_1$, e então $\vec{v}_1$ e $\vec{v}_2$ possuem direções diferentes. Quando o intervalo Δt tende a zero, o ângulo ϕ na figura também tende a zero, $\Delta\vec{v}$ se torna perpendicular a *ambos* os vetores $\vec{v}_1$ e $\vec{v}_2$, os quais possuem o mesmo módulo. Em outras palavras, a velocidade escalar permanece constante, porém a trajetória da partícula torna-se curva.

Na maioria dos casos, a aceleração $\vec{a}$ possui *ambos* os componentes, o paralelo e o perpendicular à velocidade $\vec{v}$, como na Figura 3.10. Então a velocidade da partícula sofrerá variação (descrita pelo componente paralelo $a_\parallel$) e a direção de seu movimento sofrerá variação (descrita pelo componente perpendicular $a_\perp$).

A **Figura 3.12** mostra uma partícula descrevendo uma trajetória curva em três situações diferentes: velocidade constante, velocidade crescente e velocidade escalar

Figura 3.11 O efeito da aceleração direcionada (a) em paralelo e (b) ortogonal à velocidade de uma partícula.

Figura 3.12 Vetores de velocidade e aceleração para uma partícula que atravessa um ponto P em uma trajetória curva com (a) velocidade constante, (b) velocidade crescente e (c) velocidade decrescente.

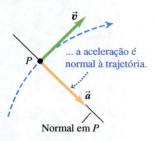
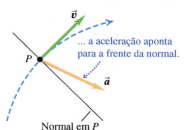
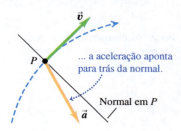

decrescente. Quando a velocidade é constante, $\vec{a}$ é perpendicular, ou *normal* à $\vec{v}$ e à trajetória e aponta para o lado côncavo da curva (Figura 3.12a). Quando a velocidade é crescente, ainda existe um componente perpendicular de $\vec{a}$, mas também existe um componente paralelo que possui a mesma direção de $\vec{v}$ (Figura 3.12b). Então, $\vec{a}$ aponta para a frente da normal à trajetória. (Este foi o caso do Exemplo 3.2.) Quando o módulo da velocidade é decrescente, o componente paralelo possui direção oposta à direção de $\vec{v}$, e $\vec{a}$ aponta para trás da normal à trajetória (Figura 3.12c; compare com a Figura 3.7a). Usaremos essas ideias na Seção 3.4, quando estudarmos o caso especial do movimento circular.

EXEMPLO 3.3 CÁLCULO DOS COMPONENTES PARALELO E PERPENDICULAR DA ACELERAÇÃO

Para o veículo robótico mencionado nos exemplos 3.1 e 3.2, ache os componentes paralelos e perpendiculares da aceleração em $t = 2{,}0$ s.

Figura 3.13 Os componentes paralelo e perpendicular da aceleração do veículo robótico em $t = 2{,}0$ s.

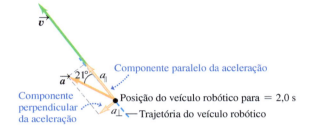

SOLUÇÃO

IDENTIFICAR E PREPARAR: queremos encontrar os componentes do vetor aceleração $\vec{a}$ que são paralelos e perpendiculares ao vetor velocidade $\vec{v}$. Achamos as direções de $\vec{v}$ e $\vec{a}$ nos exemplos 3.2 e 3.1, respectivamente. A Figura 3.9 mostra os resultados. Isso nos permitirá encontrar o ângulo entre os dois vetores e, portanto, os componentes de $\vec{a}$ a partir da direção de $\vec{v}$.

EXECUTAR: no Exemplo 3.2, achamos que, para $t = 2{,}0$ s, a partícula tem aceleração de módulo $0{,}58$ m/s² em um ângulo de 149° em relação ao sentido positivo do eixo x. Conforme o Exemplo 3.1, nesse mesmo instante o vetor velocidade forma um ângulo de 128° em relação ao sentido positivo do eixo x. O ângulo entre $\vec{a}$ e $\vec{v}$ é 149° − 128° = 21° (**Figura 3.13**). Desta forma, os componentes paralelo e perpendicular da aceleração são:

$$a_{\parallel} = a \cos 21° = (0{,}58 \text{ m/s}^2) \cos 21° = 0{,}54 \text{ m/s}^2$$

$$a_{\perp} = a \text{ sen } 21° = (0{,}58 \text{ m/s}^2) \text{ sen } 21° = 0{,}21 \text{ m/s}^2$$

AVALIAR: o componente paralelo $a_{\parallel}$ é positivo (possui a mesma direção de $\vec{v}$), indicando que a velocidade é crescente nesse instante. O valor de $a_{\parallel} = +0{,}54$ m/s² indica que a velocidade aumenta naquele instante a uma taxa de 0,54 m/s por segundo. O componente perpendicular $a_{\perp}$ não é nulo e, portanto, concluímos que a trajetória do veículo é curva neste ponto; em outras palavras, o veículo está fazendo uma volta.

EXEMPLO CONCEITUAL 3.4 ACELERAÇÃO DE UMA ESQUIADORA

Uma esquiadora se move ao longo de uma rampa (**Figura 3.14a**). A rampa é retilínea do ponto A ao ponto C e encurvada a partir do ponto C. A esquiadora ganha velocidade quando desce do ponto A ao ponto E, onde sua velocidade adquire valor máximo. Sua velocidade passa a diminuir depois que ela passa do ponto E. Desenhe a direção do vetor aceleração nos pontos B, D, E e F.

SOLUÇÃO

A Figura 3.14b demonstra nossa solução. No ponto B, a esquiadora se move em linha reta com velocidade crescente; logo, sua aceleração aponta de cima para baixo, na mesma direção e sentido de sua velocidade. Nos pontos D, E e F, a esquiadora se move ao longo de uma trajetória curva; logo, sua aceleração possui um componente perpendicular à trajetória (no sentido do lado côncavo da trajetória) em cada um desses pontos. No ponto D também existe um componente na direção de seu movimento, porque ela ainda está ganhando velocidade quando passa por esse ponto. Portanto, o vetor aceleração aponta para a *frente* da normal à sua trajetória no ponto D. A velocidade escalar da esquiadora não varia instantaneamente no ponto E; sua velocidade adquire o valor máximo nesse ponto, de modo

Figura 3.14 (a) A trajetória da esquiadora. (b) Nossa solução.

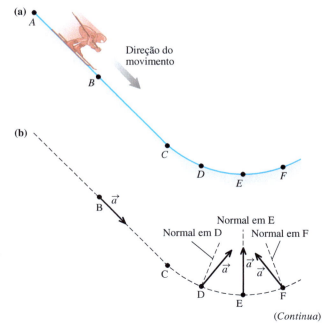

(Continua)

(*Continuação*)

que sua derivada é igual a zero. Portanto, não existe nenhum componente paralelo de $\vec{a}$, e a aceleração é perpendicular ao seu movimento. Por fim, no ponto *F*, há um componente paralelo com sentido *oposto* ao sentido de seu movimento, pois sua velocidade está diminuindo. Portanto, o vetor aceleração aponta para *trás* da normal à sua trajetória.

Na próxima seção, examinaremos a aceleração da esquiadora quando ela saltar da rampa.

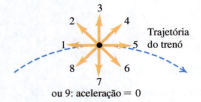

ou 9: aceleração = 0

TESTE SUA COMPREENSÃO DA SEÇÃO 3.2 Um trenó passa pelo topo de uma colina coberta de neve. Sua velocidade diminui ao subir pela encosta da colina e aumenta ao descer pelo outro lado. Qual dos vetores (de 1 a 9) na figura demonstra corretamente a direção da aceleração do trenó no topo da colina? (A alternativa 9 corresponde a uma aceleração igual a zero.) ❚

3.3 MOVIMENTO DE UM PROJÉTIL

Um **projétil** é qualquer corpo lançado com uma velocidade inicial e que segue uma trajetória determinada exclusivamente pela aceleração da gravidade e pela resistência do ar. Uma bola de beisebol batida, uma bola de futebol chutada e uma bala disparada por uma arma de fogo são exemplos de projéteis. A curva descrita pelo projétil é a sua **trajetória**.

A fim de analisarmos o movimento de um projétil, começaremos com um modelo idealizado, representando o projétil como uma partícula com aceleração (devida à gravidade) constante em módulo, direção e sentido. Vamos desprezar os efeitos de resistência do ar e a curvatura e rotação da Terra. Como todo modelo, ele possui algumas limitações. A curvatura da Terra tem de ser considerada no movimento de um míssil de longo alcance e a resistência do ar é de importância fundamental, por exemplo, para o movimento de um paraquedista. Contudo, podemos aprender muito da análise desse modelo simplificado. No restante deste capítulo, a frase "movimento de um projétil" implica que desprezamos os efeitos de resistência do ar. No Capítulo 5, veremos o que ocorre quando não podemos desprezar os efeitos da resistência do ar.

Notamos, inicialmente, que o movimento de um projétil está sempre confinado em um plano vertical determinado pela direção da velocidade inicial (**Figura 3.15**). Isso ocorre porque a aceleração da gravidade é sempre vertical; a gravidade não pode produzir um movimento lateral do projétil. Logo, o movimento de um projétil ocorre em *duas dimensões*. O plano do movimento será considerado o plano de coordenadas *xy*, sendo o eixo *x* horizontal e o eixo *y* vertical e orientado de baixo para cima.

A chave para analisar o movimento de um projétil é tratar as coordenadas *x* e *y* separadamente. A **Figura 3.16** ilustra isso para dois projéteis: uma bola à esquerda, largada do repouso, e uma bola à direita, projetada horizontalmente da mesma altura. A figura mostra que o movimento horizontal do projétil da direita *não* tem efeito sobre seu movimento vertical. Para os dois projéteis, o componente *x* da aceleração é igual a zero, e o componente *y* é constante e igual a $-g$. (Lembre-se de que, por definição, *g* é sempre positivo; com a nossa escolha do sentido do eixo, a_y é negativo.) Dessa forma, *podemos considerar o movimento de um projétil como a combinação de um movimento horizontal com velocidade constante e um movimento vertical com aceleração constante.*

Assim, podemos expressar todas as relações vetoriais para posição, velocidade e aceleração usando equações separadas para os componentes horizontal e vertical. Os componentes de $\vec{a}$ são

$$a_x = 0 \quad a_y = -g \quad \text{(movimento de um projétil, sem resistência do ar)} \quad (3.13)$$

Uma vez que os componentes *x* e *y* da aceleração são constantes, podemos usar as equações 2.8, 2.12, 2.13 e 2.14 diretamente. Por exemplo, suponha que, no instante $t = 0$, a partícula esteja em repouso no ponto (x_0, y_0) e que nesse instante

Figura 3.15 Trajetória de um projétil.

- O movimento de um projétil ocorre em um plano vertical contendo o vetor velocidade inicial $\vec{v}_0$.
- Sua trajetória depende somente de $\vec{v}_0$ e da aceleração descendente em função da gravidade.

sua velocidade inicial possua componentes v_{0x} e v_{0y}. Os componentes da aceleração são $a_x = 0$ e $a_y = -g$. Considerando inicialmente o movimento no eixo x e substituindo a_x por 0 nas equações 2.8 e 2.12, achamos

$$v_x = v_{0x} \tag{3.14}$$

$$x = x_0 + v_{0x}t \tag{3.15}$$

Para o movimento no eixo y, substituindo x por y, v_x por v_y, v_{0x} por v_{0y} e considerando $a_y = -g$ para a_x, achamos

$$v_y = v_{0y} - gt \tag{3.16}$$

$$y = y_0 + v_{0y}t - \tfrac{1}{2}gt^2 \tag{3.17}$$

Normalmente, é mais simples considerar a posição inicial ($t = 0$) como a origem; neste caso, $x_0 = y_0 = 0$. Este ponto poderia ser, por exemplo, a posição da mão quando lançamos uma bola ou a posição de uma bala quando ela deixa o cano da arma.

A **Figura 3.17** mostra a trajetória de um projétil que começa na origem (ou a atravessa) em dado instante $t = 0$. Os componentes da posição, da velocidade e da aceleração são indicados para intervalos iguais. O componente x da velocidade, v_x, é constante; o componente y da velocidade, v_y, varia em quantidades iguais durante intervalos, exatamente como se o projétil fosse lançado verticalmente com a mesma velocidade inicial y.

Podemos também representar a velocidade inicial $\vec{v}_0$ por seu módulo v_0 (a velocidade escalar inicial) e seu ângulo α_0 com o sentido positivo do eixo Ox (**Figura 3.18**). Em termos dessas grandezas, os componentes v_{0x} e v_{0y} da velocidade inicial são:

$$v_{0x} = v_0 \cos \alpha_0 \qquad v_{0y} = v_0 \operatorname{sen} \alpha_0 \tag{3.18}$$

Usando esse resultado (Equação 3.18) nas relações indicadas pelas equações 3.14 a 3.17 e fazendo $x_0 = y_0 = 0$, obtemos as equações a seguir. Elas descrevem a posição e a velocidade do projétil na Figura 3.17 em qualquer instante t:

Figura 3.16 A bola da esquerda é largada do repouso e a bola da direita é projetada horizontalmente ao mesmo tempo.

- A qualquer instante, as duas bolas possuem coordenadas e velocidades diferentes no eixo x, mas com a mesma coordenada, velocidade e aceleração no eixo y.
- O movimento horizontal da bola da direita não tem efeito sobre seu movimento vertical.

Figura 3.17 Se desprezarmos a resistência do ar, a trajetória de um projétil é uma combinação do movimento horizontal com a velocidade constante e do movimento vertical com a aceleração constante.

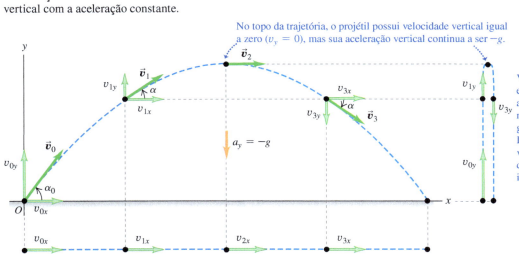

84 Física I

Figura 3.18 Os componentes de velocidade inicial v_{0x} e v_{0y} de um projétil (como um bola de futebol chutada) relacionam-se com a velocidade escalar inicial v_0 e o ângulo inicial α_0.

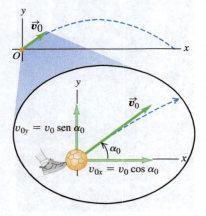

$$x = (v_0 \cos \alpha_0) t \quad (3.19)$$

Coordenadas no instante t de um **projétil** (direção y positiva para cima e $x = y = 0$ em $t = 0$) — Velocidade em $t = 0$ — Direção em $t = 0$ — Tempo

$$y = (v_0 \text{sen } \alpha_0) t - \tfrac{1}{2} g t^2 \quad (3.20)$$

$$v_x = v_0 \cos \alpha_0 \quad (3.21)$$

Componentes de velocidade no instante t de um **projétil** (direção y positiva para cima) — Velocidade em $t = 0$ — Direção em $t = 0$ — Aceleração devida à gravidade: note $g > 0$.

$$v_y = v_0 \text{sen } \alpha_0 - gt \quad (3.22)$$

Podemos extrair muitas informações das equações 3.19 a 3.22. Por exemplo, em qualquer instante t, a distância r entre o projétil e a origem é dada por

$$r = \sqrt{x^2 + y^2} \quad (3.23)$$

A velocidade escalar do projétil (o módulo de sua velocidade) em qualquer instante é dada por

$$v = \sqrt{v_x^2 + v_y^2} \quad (3.24)$$

A *direção e o sentido* da velocidade em termos do ângulo α que ela faz com o sentido positivo do eixo x (Figura 3.17) são dados por

$$\tan \alpha = \frac{v_y}{v_x} \quad (3.25)$$

O vetor velocidade $\vec{v}$ em cada ponto é tangente à trajetória no referido ponto. Podemos deduzir a equação da forma da trajetória em termos de x e de y eliminando t. Pelas equações 3.19 e 3.20, encontramos $t = x/(v_0 \cos \alpha_0)$ e

$$y = (\tan \alpha_0) x - \frac{g}{2 v_0^2 \cos^2 \alpha_0} x^2 \quad (3.26)$$

Não se preocupe com os detalhes desta equação; o ponto importante é sua forma geral. As grandezas v_0, $\tan \alpha_0$, $\cos \alpha_0$ e g são constantes, de modo que essa equação tem a forma:

$$y = bx - cx^2$$

Figura 3.19 As trajetórias aproximadamente parabólicas de uma bola quicando.

onde b e c são constantes. Trata-se da equação de uma *parábola*. A trajetória do movimento de um projétil, com nosso modelo simplificado, é sempre uma parábola (**Figura 3.19**).

Quando a resistência do ar *não* pode ser desprezada e tem de ser incluída, calcular a trajetória torna-se bem mais complicado; os efeitos da resistência do ar dependem da velocidade, de modo que a aceleração deixa de ser constante. A **Figura 3.20** mostra uma simulação de computador para a trajetória de uma bola de beisebol sem resistência do ar e considerando uma resistência proporcional ao quadrado da velocidade da bola de beisebol. Vemos que a resistência do ar possui um grande efeito; o projétil não tão vai alto ou tão distante, e a trajetória deixa de ser uma parábola.

Figura 3.20 A resistência do ar tem um efeito amplo no movimento de uma bola de beisebol. Nesta simulação, deixamos uma bola cair abaixo da altura da qual foi arremessada (por exemplo, a bola poderia ter sido arremessada de um penhasco.)

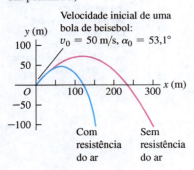

EXEMPLO CONCEITUAL 3.5 — ACELERAÇÃO DE UMA ESQUIADORA (CONTINUAÇÃO)

Vamos retomar o Exemplo conceitual 3.4, da esquiadora. Qual é a aceleração dela nos pontos *G*, *H* e *I* na **Figura 3.21a** *após* ela saltar da rampa? Despreze a resistência do ar.

SOLUÇÃO

A Figura 3.21b mostra nossa resposta. A aceleração da esquiadora variou de um ponto a outro enquanto ela estava sobre a rampa. Mas, assim que deixa a rampa, ela se torna um projétil. Logo, nos pontos *G*, *H* e *I*, e de fato em *todos* os pontos após ela saltar da rampa, a aceleração é orientada de cima para baixo e possui módulo g. Por mais complicada que seja a aceleração de uma partícula antes de ela se tornar um projétil, sua aceleração como projétil é dada por $a_x = 0$, $a_y = -g$.

Figura 3.21 (a) A trajetória da esquiadora durante o salto. (b) Nossa solução.

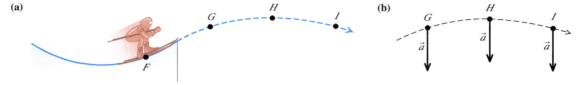

ESTRATÉGIA PARA A SOLUÇÃO DE PROBLEMAS 3.1 — MOVIMENTO DE UM PROJÉTIL

NOTA: as estratégias recomendadas nas seções 2.4 e 2.5 para problemas de aceleração constante em movimento retilíneo também são úteis aqui.

IDENTIFICAR *os conceitos relevantes*: o principal conceito a se lembrar é que, durante o movimento do projétil, a aceleração é descendente e possui um módulo g constante. Vale observar que as equações de movimento de um projétil não se aplicam ao *arremessar* uma bola, porque o arremesso sofre ação tanto da mão do arremessador quanto da gravidade. Essas equações se aplicam somente *após* a bola deixar a mão do arremessador.

PREPARAR *o problema* usando os seguintes passos:
1. Defina seu sistema de coordenadas e faça um desenho mostrando os eixos. Em geral, é sempre melhor colocar o eixo *x* na horizontal e o eixo *y* na vertical, colocando a origem na posição em que um corpo inicialmente se torna um projétil (por exemplo, onde uma bola deixa a mão do arremessador ou uma bala sai do cano de uma espingarda). Nesse caso, os componentes da aceleração (constante) são $a_x = 0$ e $a_y = -g$, e a posição inicial é $x_0 = y_0 = 0$; e você pode usar as equações 3.19 a 3.22. (Se você escolher uma origem diferente ou eixos, terá de modificar essas equações.)
2. Faça uma lista com as grandezas conhecidas e as desconhecidas, para descobrir quais incógnitas são suas variáveis-alvo. Por exemplo, você poderia ter a velocidade inicial (sejam os componentes ou o módulo e a direção e sentido) e precisar achar a posição e os componentes da velocidade em qualquer outro instante. Cuide para que tenha tantas equações quantas variáveis-alvo a serem achadas. Além das equações 3.19 a 3.22, as equações 3.23 a 3.26 também podem ser úteis.
3. Normalmente, é útil formular o problema em palavras e posteriormente traduzi-las em símbolos. Por exemplo, *quando* uma partícula atinge um certo ponto? (Ou seja, qual é o valor de *t*?) *Onde* está a partícula quando sua velocidade possui um dado valor? (Ou seja, qual é o valor de *x* e de *y* quando os valores de v_x ou v_y forem especificados?) Como $v_y = 0$ no ponto mais elevado de sua trajetória, a pergunta "Quando o projétil atinge o ponto mais elevado de sua trajetória?" se traduz em "Qual é o valor de *t* quando $v_y = 0$?" Da mesma forma, "Quando o projétil retorna à sua elevação inicial?" se traduz em "Qual é o valor de *t* quando $y = y_0$?".

EXECUTAR *a solução*: use as equações que você escolheu para achar as incógnitas. Resista à tentação de segmentar a trajetória e analisar cada segmento separadamente. Não é necessário recomeçar quando o projétil atinge seu ponto mais alto! Quase sempre é mais fácil usar os mesmos eixos e escala de tempo por todo o problema. Se precisar de valores numéricos, use $g = 9{,}80$ m/s². Lembre-se de que *g* é positivo!

AVALIAR *sua resposta*: seus resultados fazem sentido? Os valores numéricos parecem razoáveis?

EXEMPLO 3.6 UM CORPO PROJETADO HORIZONTALMENTE

Um motociclista dublê se projeta para fora da beira de um penhasco. No ponto exato da borda, sua velocidade é horizontal e possui módulo igual a 9,0 m/s. Ache a posição do motociclista, a distância da borda do penhasco e a velocidade 0,50 s após ele ter saído da beira do penhasco.

SOLUÇÃO

IDENTIFICAR E PREPARAR: a **Figura 3.22** mostra nosso desenho da trajetória da motocicleta com o dublê. Ele está em movimento de projétil assim que sai da beira do penhasco, que consideramos como a origem (logo, $x_0 = 0$ e $y_0 = 0$). A velocidade inicial $\vec{v}_0$ é puramente horizontal na beira do penhasco (ou seja, $\alpha_0 = 0$), assim, as velocidades iniciais dos componentes são $v_{0x} = v_0 \cos \alpha_0 = 9{,}0$ m/s e $v_{0y} = v_0 \sen \alpha_0 = 0$. Para achar a posição do motociclista no instante $t = 0{,}50$ s, usamos as equações 3.19 e 3.20; então, determinamos a distância a partir da origem usando a Equação 3.23. Por fim, usamos as equações 3.21 e 3.22 para encontrar os componentes de velocidade em $t = 0{,}50$ s.

Figura 3.22 Nosso desenho para este problema.

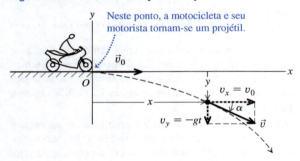

EXECUTAR: a partir das equações 3.19 e 3.20, as coordenadas x e y em $t = 0{,}50$ s são

$$x = v_{0x}t = (9{,}0 \text{ m/s})(0{,}50 \text{ s}) = 4{,}5 \text{ m}$$

$$y = -\tfrac{1}{2}gt^2 = -\tfrac{1}{2}(9{,}80 \text{ m/s}^2)(0{,}50 \text{ s})^2 = -1{,}2 \text{ m}$$

O valor negativo de y mostra que, nesse instante, o motociclista está abaixo de seu ponto de partida.
Da Equação 3.23, a distância do motociclista de seu ponto de partida em $t = 0{,}50$ s é

$$r = \sqrt{x^2 + y^2} = \sqrt{(4{,}5 \text{ m})^2 + (-1{,}2 \text{ m})^2} = 4{,}7 \text{ m}$$

Pelas equações 3.21 e 3.22, os componentes da velocidade em $t = 0{,}50$ s são:

$$v_x = v_{0x} = 9{,}0 \text{ m/s}$$

$$v_y = -gt = (-9{,}80 \text{ m/s}^2)(0{,}50 \text{ s}) = -4{,}9 \text{ m/s}$$

A motocicleta tem a mesma velocidade horizontal v_x de quando deixou o penhasco em $t = 0$, além de ter uma velocidade vertical v_y (negativa) para baixo. Se usarmos vetores unitários, a velocidade em $t = 0{,}50$ s será

$$\vec{v} = v_x \hat{i} + v_y \hat{j} = (9{,}0 \text{ m/s})\hat{i} + (-4{,}9 \text{ m/s})\hat{j}$$

Pelas equações 3.24 e 3.25, em $t = 0{,}50$ s, a velocidade tem módulo v e ângulo α dados por

$$v = \sqrt{v_x^2 + v_y^2} = \sqrt{(9{,}0 \text{ m/s})^2 + (-4{,}9 \text{ m/s})^2} = 10{,}2 \text{ m/s}$$

$$\alpha = \arctan \frac{v_y}{v_x} = \arctan \left(\frac{-4{,}9 \text{ m/s}}{9{,}0 \text{ m/s}}\right) = -29°$$

A motocicleta está se movendo a 10,2 m/s em uma direção 29° abaixo da horizontal.

AVALIAR: como demonstrado na Figura 3.17, o aspecto horizontal do movimento da motocicleta não varia em função da gravidade; a motocicleta continua a se mover horizontalmente a 9,0 m/s, cobrindo 4,5 m em 0,50 s. Inicialmente, a motocicleta possui velocidade vertical zero e por isso cai verticalmente, como um corpo solto a partir do repouso, e desce uma distância de $\tfrac{1}{2}gt^2 = 1{,}2$ m em 0,50 s.

EXEMPLO 3.7 ALCANCE E ALTURA DE UM PROJÉTIL I: UMA BOLA DE BEISEBOL

Uma bola de beisebol deixa o bastão do batedor com uma velocidade inicial $v_0 = 37{,}0$ m/s com um ângulo inicial $\alpha_0 = 53{,}1°$. (a) Ache a posição da bola e o módulo, a direção e o sentido de sua velocidade para $t = 2{,}00$ s. (b) Calcule o tempo que a bola leva para atingir a altura máxima de sua trajetória e ache a altura h nesse instante. (c) Ache o *alcance horizontal R* — ou seja, a distância entre o ponto inicial e o ponto onde a bola atinge o solo — e a velocidade da bola imediatamente antes de alcançar o solo.

SOLUÇÃO

IDENTIFICAR E PREPARAR: conforme mostramos na Figura 3.20, a resistência do ar para o movimento de uma bola de beisebol não pode ser desprezada. Contudo, para simplificar, vamos ignorar a resistência do ar neste exemplo e usar as equações de movimento de um projétil. A bola de beisebol é batida cerca de um metro acima do solo, mas desprezamos essa distância e supomos que o movimento se inicia no nível do solo ($y_0 = 0$). A **Figura 3.23** mostra nosso desenho da trajetória da bola. Usamos o mesmo sistema de coordenadas da Figura 3.17 ou 3.18, de modo que podemos aplicar as equações 3.19 a 3.22. Nossas variáveis-alvo são (a) a posição e a velocidade da bola 2,0 s após ela deixar o bastão, (b) o tempo t decorrido após deixar o bastão, quando a bola está em sua altura máxima (ou seja, quando $v_y = 0$) e a coordenada y nesse instante e (c) a coordenada x no instante em que a bola retornar ao nível do solo ($y = 0$) e o componente vertical da velocidade da bola nesse instante.

(Continua)

(*Continuação*)

Figura 3.23 Nosso desenho para este problema.

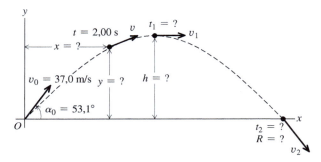

EXECUTAR: (a) Queremos achar x, y, v_x e v_y no instante $t = 2,0$ s. A velocidade inicial da bola tem componentes

$$v_{0x} = v_0 \cos \alpha_0 = (37,0 \text{ m/s}) \cos 53,1° = 22,2 \text{ m/s}$$

$$v_{0y} = v_0 \text{ sen } \alpha_0 = (37,0 \text{ m/s}) \text{ sen } 53,1° = 29,6 \text{ m/s}$$

Pelas equações 3.19 a 3.22,

$$x = v_{0x}t = (22,2 \text{ m/s})(2,00 \text{ s}) = 44,4 \text{ m}$$

$$y = v_{0y}t - \tfrac{1}{2}gt^2$$
$$= (29,6 \text{ m/s})(2,00 \text{ s}) - \tfrac{1}{2}(9,80 \text{ m/s}^2)(2,00 \text{ s})^2 = 39,6 \text{ m}$$

$$v_x = v_{0x} = 22,2 \text{ m/s}$$

$$v_y = v_{0y} - gt = 29,6 \text{ m/s} - (9,80 \text{ m/s}^2)(2,00 \text{ s}) = 10,0 \text{ m/s}$$

O componente y da velocidade é positivo em $t = 2,00$ s, o que significa que a bola ainda está em movimento ascendente nesse instante (Figura 3.23). O módulo e a direção da velocidade podem ser determinados pelas equações 3.24 e 3.25:

$$v = \sqrt{v_x^2 + v_y^2} = \sqrt{(22,2 \text{ m/s})^2 + (10,0 \text{ m/s})^2} = 24,4 \text{ m/s}$$

$$\alpha = \arctan\left(\frac{10,0 \text{ m/s}}{22,2 \text{ m/s}}\right) = \arctan 0,450 = 24,2°$$

A bola está se movendo a 24,4 m/s em uma direção 24,2° acima da horizontal.

(b) No ponto mais alto, a velocidade vertical v_y é zero. Designamos esse momento como o instante t_1; logo

$$v_y = v_{0y} - gt_1 = 0$$

$$t_1 = \frac{v_{0y}}{g} = \frac{29,6 \text{ m/s}}{9,80 \text{ m/s}^2} = 3,02 \text{ s}$$

A altura h nesse instante é o valor de y no instante t_1:

$$h = v_{0y}t_1 - \tfrac{1}{2}gt_1^2$$

$$= (29,6 \text{ m/s})(3,02 \text{ s}) - \tfrac{1}{2}(9,80 \text{ m/s}^2)(3,02 \text{ s})^2 = 44,7 \text{ m}$$

(c) Encontraremos o alcance horizontal R em duas etapas. Inicialmente, achamos o instante t_2 quando $y = 0$ (a bola está no nível do solo):

$$y = 0 = v_{0y}t_2 - \tfrac{1}{2}gt_2^2 = t_2(v_{0y} - \tfrac{1}{2}gt_2)$$

Trata-se de uma equação do segundo grau em t_2. As duas raízes são

$$t_2 = 0 \quad \text{e} \quad t_2 = \frac{2v_{0y}}{g} = \frac{2(29,6 \text{ m/s})}{9,80 \text{ m/s}^2} = 6,04 \text{ s}$$

A bola está em $y = 0$ nos dois instantes. A bola *deixa* o solo em $t_2 = 0$, e atinge o solo em $t_2 = 2v_{0y}/g = 6,04$ s.

O alcance horizontal R é o valor de x quando a bola retorna ao solo, isto é, para $t = 6,04$ s:

$$R = v_{0x}t_2 = (22,2 \text{ m/s})(6,04 \text{ s}) = 134 \text{ m}$$

O componente vertical da velocidade quando a bola atinge o solo é

$$v_y = v_{0y} - gt_2 = 29,6 \text{ m/s} - (9,80 \text{ m/s}^2)(6,04 \text{ s})$$

$$= 29,6 \text{ m/s}$$

Ou seja, v_y possui o mesmo módulo da velocidade inicial v_{0y}, porém em sentido contrário (de cima para baixo). Como v_x é constante, o ângulo $\alpha = -53,1°$ (abaixo da horizontal) nesse instante é igual e de sinal contrário ao ângulo inicial $\alpha_0 = 53,1°$.

AVALIAR: é sempre recomendável conferir os resultados, obtendo-os de outra forma. Por exemplo, podemos verificar nossa resposta para a altura máxima no item (b) aplicando a fórmula da aceleração constante da Equação 2.13 para o movimento y:

$$v_y^2 = v_{0y}^2 + 2a_y(y - y_0) = v_{0y}^2 - 2g(y - y_0)$$

No ponto máximo, $v_y = 0$ e $y = h$. Resolva esta equação para h; você deverá achar a mesma resposta que obteve no item (b). (Achou?)

Observe que o instante em que a bola atinge o solo, $t_2 = 6,04$ s, é exatamente o dobro do tempo para atingir o ponto mais alto, $t_1 = 3,02$ s. Logo, o tempo de descida é igual ao tempo de subida. Isso é *sempre* assim se o ponto inicial e o final estiverem na mesma elevação e se a resistência do ar puder ser desprezada. É interessante notar que $h = 44,7$ m no item (b) é comparável aos 61,0 m de altura sobre a segunda base no topo do Marlins Park, em Miami, e que o alcance horizontal $R = 134$ m no item (c) é maior que a distância de 99,7 m da *home plate* (a base principal) até o muro ao lado direito no Safeco Field, em Seattle. Na vida real, em razão da resistência do ar (que desprezamos no exemplo), uma bola de beisebol com a velocidade escalar inicial e o ângulo usados aqui não vai subir tão alto nem ir tão longe quanto os nossos cálculos (veja a Figura 3.20).

EXEMPLO 3.8 — ALCANCE E ALTURA DE UM PROJÉTIL II: ALTURA MÁXIMA, ALCANCE MÁXIMO

Para um projétil lançado com velocidade inicial v_0 e formando um ângulo α_0 (entre 0° e 90°), deduza expressões gerais para a altura máxima h e para o alcance horizontal R (Figura 3.23). Para um dado v_0, qual valor de α_0 fornece altura máxima? Qual valor fornece o alcance máximo?

SOLUÇÃO

IDENTIFICAR E PREPARAR: trata-se praticamente do mesmo exercício dos itens (b) e (c) do Exemplo 3.7. A diferença é que procuramos expressões gerais para h e R. Também procuramos os valores de α_0 que forneçam os valores máximos de h e R. Na solução do item (b) do Exemplo 3.7, descobrimos que o projétil alcança o ponto alto da trajetória (de modo que $v_y = 0$) no instante $t_1 = v_{0y}/g$, e no item (c) do mesmo exemplo descobrimos que o projétil retornou à altura inicial (de modo que $y = y_0$) no instante $t_2 = 2v_{0y}/g = 2t_1$. Usamos a Equação 3.20 para achar a coordenada y h em t_1, e a Equação 3.19 para achar a coordenada x R em t_2. Expressaremos nossas respostas em termos da velocidade de lançamento v_0 e do ângulo de lançamento α_0, usando a Equação 3.18.

EXECUTAR: da Equação 3.18, $v_{0x} = v_0 \cos\alpha_0$ e $v_{0y} = v_0 \sen\alpha_0$. Logo, podemos escrever o instante t_1, quando $v_y = 0$, como:

$$t_1 = \frac{v_{0y}}{g} = \frac{v_0 \sen\alpha_0}{g}$$

A seguir, pela Equação 3.20, a altura $y = h$ nesse instante é

$$h = (v_0 \sen\alpha_0)\left(\frac{v_0 \sen\alpha_0}{g}\right) - \tfrac{1}{2}g\left(\frac{v_0 \sen\alpha_0}{g}\right)^2 = \frac{v_0^2 \sen^2\alpha_0}{2g}$$

Para uma dada velocidade de lançamento v_0, vemos que o maior valor de h ocorre quando $\sen\alpha_0 = 1$ e $\alpha_0 = 90°$, ou seja, quando o projétil é lançado diretamente de baixo para cima. (Se ele fosse lançado horizontalmente, como no Exemplo 3.6, $\alpha_0 = 0$ e sua altura máxima seria zero!)

O instante t_2, quando o projétil atinge ao solo, é

$$t_2 = \frac{2v_{0y}}{g} = \frac{2v_0 \sen\alpha_0}{g}$$

O alcance horizontal R é o valor de x para o segundo instante. Pela Equação 3.19,

$$R = (v_0 \cos\alpha_0)t_2 = (v_0 \cos\alpha_0)\frac{2v_0 \sen\alpha_0}{g} = \frac{v_0^2 \sen 2\alpha_0}{g}$$

(Usamos a identidade trigonométrica $2\sen\alpha_0 \cos\alpha_0 = \sen 2\alpha_0$, encontrada no Apêndice B.) O valor máximo de $\sen 2\alpha_0$ é igual a 1; isso ocorre quando $2\alpha_0 = 90°$, ou $\alpha_0 = 45°$. Esse ângulo fornece o alcance máximo para uma dada velocidade inicial, se a resistência do ar puder ser ignorada.

AVALIAR: a **Figura 3.24** é fundamentada na superposição de três fotos de trajetórias obtidas pelo disparo de uma espingarda de mola para ângulos de lançamento de 30°, 45° e 60°. A velocidade inicial v_0 é aproximadamente a mesma nos três casos. O maior alcance horizontal é para o ângulo de 45°. Os alcances são aproximadamente iguais para os ângulos de 30° e 60°. Você é capaz de provar que, para o mesmo v_0, o alcance para um ângulo α_0 é igual ao alcance para um ângulo $90° - \alpha_0$? (Este não é o caso na Figura 3.24, em virtude da resistência do ar.)

Figura 3.24 Um ângulo de lançamento de 45° fornece o alcance horizontal máximo. O alcance é mais curto com ângulos de lançamento de 30° e 60°.

Um lançamento de 45° dá o maior alcance; outros ângulos têm alcance reduzido.

Ângulo de lançamento:
$\alpha_0 = 30°$
$\alpha_0 = 45°$
$\alpha_0 = 60°$

> **ATENÇÃO Altura e alcance de um projétil** Não recomendamos a memorização das fórmulas anteriores para h e para R. Elas se aplicam apenas nas circunstâncias especiais descritas. Em particular, a expressão de R vale *somente* quando o ponto de lançamento e o ponto de retorno ao solo estão no mesmo nível. Existem muitos problemas no final deste capítulo para os quais as referidas fórmulas *não* se aplicam.

EXEMPLO 3.9 — ALTURAS INICIAIS E FINAIS DIFERENTES

Você lança uma bola de sua janela a 8,0 m acima do solo. Quando a bola deixa sua mão, ela se move a 10,0 m/s, formando um ângulo de 20° abaixo da horizontal. A que distância horizontal de sua janela a bola atinge o solo? Despreze a resistência do ar.

SOLUÇÃO

IDENTIFICAR E PREPARAR: assim como em nossos cálculos do alcance horizontal nos exemplos 3.7 e 3.8, queremos encontrar a coordenada horizontal de um projétil, quando ele está a um dado valor de y. A diferença neste caso é que esse valor de y não é igual à coordenada y inicial. Novamente tomamos o eixo x como horizontal e o eixo y como orientado de baixo para cima e colocamos a origem das coordenadas no ponto em que a bola deixa a sua mão (**Figura 3.25**). Temos $v_0 = 10{,}0$ m/s e $\alpha_0 = -20°$ (o ângulo é negativo porque a velocidade inicial está abaixo da horizontal). Nossa variável-alvo é o valor de x no ponto em que a bola atinge o solo, quando $y = -8{,}0$ m. Usaremos a Equação 3.20 para determinar o tempo t em que isso acontece, e depois calculamos o valor de x nesse instante usando a Equação 3.19.

(Continua)

(*Continuação*)

Figura 3.25 Nossa representação gráfica deste problema.

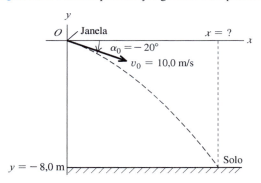

EXECUTAR: para determinar *t*, reescrevemos a Equação 3.20 na forma padronizada de uma equação do segundo grau em *t*:

$$\tfrac{1}{2}gt^2 - (v_0 \operatorname{sen}\alpha_0)t + y = 0$$

As raízes dessa equação são:

$$t = \frac{v_0 \operatorname{sen}\alpha_0 \pm \sqrt{(-v_0 \operatorname{sen}\alpha_0)^2 - 4\left(\tfrac{1}{2}g\right)y}}{2\left(\tfrac{1}{2}g\right)}$$

$$= \frac{v_0 \operatorname{sen}\alpha_0 \pm \sqrt{v_0^2 \operatorname{sen}^2\alpha_0 - 2gy}}{g}$$

$$= \frac{\left[\begin{array}{c}(10{,}0 \text{ m/s}) \operatorname{sen}(-20°) \\ \pm \sqrt{(10{,}0 \text{ m/s})^2 \operatorname{sen}^2(-20°) - 2(9{,}80 \text{ m/s}^2)(-8{,}0 \text{ m})}\end{array}\right]}{9{,}80 \text{ m/s}^2}$$

$$= -1{,}7 \text{ s} \quad \text{ou} \quad 0{,}98 \text{ s}$$

Podemos descartar a raiz negativa, visto que ela se refere a um instante antes que a bola saia de sua mão. A raiz positiva indica que a bola leva 0,98 s para atingir o solo. Pela Equação 3.19, a coordenada *x* da bola nesse instante é:

$$x = (v_0 \cos \alpha_0)t = (10{,}0 \text{ m/s}) [\cos(-20°)] (0{,}98 \text{ s}) = 9{,}2 \text{ m}$$

A bola atinge o solo a uma distância horizontal de 9,2 m da sua janela.

AVALIAR: a raiz $t = -1{,}7$ s é exemplo de uma solução "fictícia" para uma equação do segundo grau. Reveja o Exemplo 2.8 na Seção 2.5; revise essa discussão.

EXEMPLO 3.10 — O GUARDA DO ZOOLÓGICO E O MACACO

Um macaco escapa do jardim zoológico e sobe em uma árvore. O guarda do zoológico tenta em vão fazê-lo descer e atira um dardo tranquilizante na direção do macaco (**Figura 3.26**). O esperto animal larga o galho no mesmo instante em que o dardo é disparado. Mostre que o dardo *invariavelmente* atinge o macaco, desde que o alcance antes que o animal chegue ao solo e fuja.

SOLUÇÃO

IDENTIFICAR E PREPARAR: neste exemplo, temos *dois* corpos em movimento de projétil: o dardo e o macaco. Ambos possuem posição e velocidade iniciais diferentes, mas assumem o movimento de um projétil no mesmo instante $t = 0$. Primeiro usaremos a Equação 3.19 para encontrar um exemplo para o instante *t* em que as coordenadas x_{macaco} e x_{dardo} (x_M e x_D, respectivamente) são as mesmas. Depois usaremos a Equação 3.20 para verificar se y_{macaco} e y_{dardo} (y_M e y_D, respectivamente) também são iguais nesse instante; se forem, o dardo atingirá o macaco. Fazemos a escolha usual das direções de *x* e *y* e colocamos a origem das coordenadas na boca da arma com o dardo tranquilizante (Figura 3.26).

EXECUTAR: o macaco cai verticalmente para baixo, de modo que $x_M = d$. Usando a Equação 3.19, $x_D = (v_0 \cos \alpha_0)t$. Quando essas coordenadas *x* são iguais, para o instante *t*:

$$d = (v_0 \cos \alpha_0)t \quad \text{logo} \quad t = \frac{d}{v_0 \cos \alpha_0}$$

Agora, devemos demonstrar que $y_M = y_D$ nesse instante. O macaco está em queda livre em uma dimensão; sua posição em qualquer instante é dada pela Equação 2.12, fazendo-se as mudanças de símbolos necessárias. A Figura 3.26 mostra que a altura do local inicial do macaco acima da boca da arma é $y_{M0} = d \tan \alpha_0$, logo

$$y_M = d \tan \alpha_0 - \tfrac{1}{2}gt^2$$

Pela Equação 3.20,

$$y_D = (v_0 \operatorname{sen} \alpha_0)t - \tfrac{1}{2}gt^2$$

Comparando essas duas equações, teremos $y_M = y_D$ (e um acerto no alvo) se $d \tan \alpha_0 = (v_0 \operatorname{sen} \alpha_0)t$, quando as duas coordenadas *x* são iguais. Para provar que isso ocorre, substituímos *t* por $d/(v_0 \cos \alpha_0)$ no instante em que $x_M = x_D$. Com certeza, encontraremos que:

$$(v_0 \operatorname{sen} \alpha_0)t = (v_0 \operatorname{sen} \alpha_0) \frac{d}{v_0 \cos \alpha_0} = d \tan \alpha_0$$

AVALIAR: provamos que, no instante em que as coordenadas *x* são iguais, as coordenadas *y* do dardo e do macaco também são iguais; logo, um dardo apontado para a posição inicial do macaco sempre o atingirá, qualquer que seja o valor de v_0 (desde que o macaco não alcance o solo primeiro). Esse resultado também não depende do valor de *g*, a aceleração da gravidade. Se não houvesse gravidade ($g = 0$), o macaco ficaria em repouso

(*Continua*)

(*Continuação*)

e o dardo seguiria uma trajetória retilínea até atingi-lo. Com a gravidade, ambos "caem" à mesma distância $gt^2/2$ abaixo da posição correspondente a $t = 0$ e, ainda assim, o dardo atinge o macaco (Figura 3.26).

Figura 3.26 O dardo tranquilizante atinge o macaco em queda.

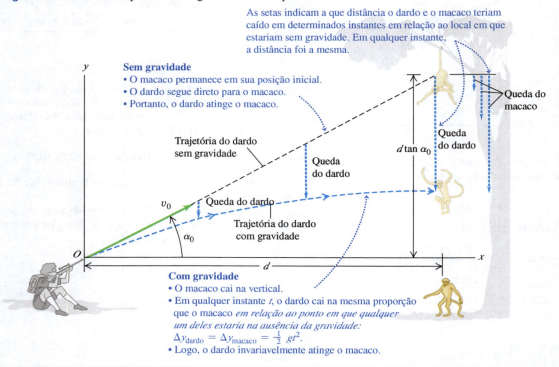

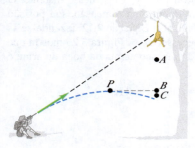

TESTE SUA COMPREENSÃO DA SEÇÃO 3.3 No Exemplo 3.10, suponha que o dardo tranquilizante possua uma velocidade relativamente baixa ao ser disparado, de modo que atinge uma altura máxima em um ponto *P* antes de atingir o macaco, como mostra a figura. Quando o dardo está na posição *P*, o macaco estará (i) no ponto *A* (acima de *P*), (ii) no ponto *B* (na mesma altura de *P*) ou (iii) no ponto *C* (abaixo de *P*)? Despreze a resistência do ar. ∎

3.4 MOVIMENTO CIRCULAR

Quando uma partícula se move ao longo de uma trajetória curva, a direção de sua velocidade varia. Como vimos na Seção 3.2, isso significa que a partícula *deve* possuir um componente de aceleração perpendicular à trajetória, mesmo quando o módulo da velocidade for constante (Figura 3.11b). Nesta seção, calcularemos a aceleração para o importante caso especial de movimento circular.

Movimento circular uniforme

Quando uma partícula se move ao longo de uma circunferência com *velocidade escalar constante*, dizemos que ela descreve um **movimento circular uniforme**. Um carro percorrendo uma curva de raio constante com velocidade constante, um satélite movendo-se em uma órbita circular e um patinador descrevendo uma circunferência em uma pista de gelo com velocidade constante são exemplos de movimento circular uniforme (**Figura 3.27a**; compare com a Figura 3.12a). Não existe um componente de aceleração paralelo (tangente) à trajetória; caso houvesse, o módulo da velocidade seria variável. O vetor da aceleração é perpendicular (normal) à trajetória e, portanto, orientado para dentro (nunca para fora!) em direção ao centro da trajetória circular. Isso faz com que a direção da velocidade varie sem mudar a velocidade escalar.

Figura 3.27 Um carro em movimento circular uniforme. Se o carro está em movimento circular uniforme, como em (a), a velocidade escalar é constante e a aceleração é orientada para o centro da trajetória circular (compare com a Figura 3.12).

(a) Movimento circular uniforme: velocidade escalar constante ao longo de uma trajetória circular

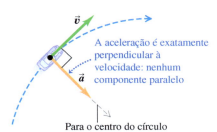

(b) Um carro aumenta a velocidade ao longo de uma trajetória circular

(c) Um carro reduz a velocidade ao longo de uma trajetória circular

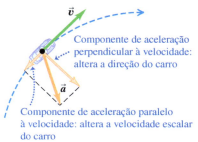

Podemos achar uma expressão simples para o módulo da aceleração no movimento circular uniforme. Começamos com a **Figura 3.28a**, que mostra uma partícula se movendo com velocidade escalar constante ao longo de uma circunferência de raio R com centro em O. A partícula se move a uma distância Δs de P_1 a P_2 em um intervalo Δt. A variação do vetor velocidade $\Delta \vec{v}$ durante esse intervalo é indicada na Figura 3.28b.

Os ângulos designados por $\Delta \phi$ nas figuras 3.28a e 3.28b são iguais porque $\vec{v}_1$ é perpendicular à linha OP_1 e $\vec{v}_2$ é perpendicular à linha OP_2. Portanto, os triângulos nas figuras 3.28a e 3.28b são *semelhantes*. As razões entre lados correspondentes são iguais, logo

$$\frac{|\Delta \vec{v}|}{v_1} = \frac{\Delta s}{R} \quad \text{ou} \quad |\Delta \vec{v}| = \frac{v_1}{R} \Delta s$$

O módulo a_m da aceleração média durante o intervalo Δt é, portanto,

$$a_m = \frac{|\Delta \vec{v}|}{\Delta t} = \frac{v_1}{R} \frac{\Delta s}{\Delta t}$$

O módulo a da aceleração *instantânea* $\vec{a}$ no ponto P_1 é o limite dessa expressão quando o ponto P_2 tende a se superpor ao ponto P_1:

$$a = \lim_{\Delta t \to 0} \frac{v_1}{R} \frac{\Delta s}{\Delta t} = \frac{v_1}{R} \lim_{\Delta t \to 0} \frac{\Delta s}{\Delta t}$$

Se o intervalo Δt é curto, Δs é a distância que a partícula se move ao longo de sua trajetória curva. Portanto, o limite $\Delta s/\Delta t$ é a velocidade escalar v_1 no ponto P_1. Além disso, P_1 pode ser qualquer ponto da trajetória, de modo que podemos retirar o índice inferior (subscrito) e designar por v a velocidade escalar em qualquer ponto. Logo,

Módulo da aceleração de um objeto no **movimento circular uniforme**
$$a_{rad} = \frac{v^2}{R}$$
Velocidade escalar do objeto
Raio da trajetória circular do objeto
(3.27)

Introduzimos um índice inferior "rad" para lembrar que a direção da aceleração instantânea em cada ponto da trajetória é sempre orientada radialmente para dentro do círculo (em direção ao seu centro; ver figuras 3.27a e 3.28c). Portanto, *no movimento circular uniforme, o módulo a_{rad} da aceleração instantânea é igual ao quadrado da velocidade escalar v dividido pelo raio R do círculo. Sua direção é perpendicular a $\vec{v}$ e aponta para dentro do círculo ao longo do raio* (**Figura 3.29a**).

Figura 3.28 Achando a variação da velocidade $\Delta \vec{v}$, a aceleração média $\vec{a}_m$ e a aceleração instantânea $\vec{a}_{rad}$ para uma partícula que se move em círculo a uma velocidade constante.

(a) Um ponto percorre uma distância Δs a uma velocidade escalar constante ao longo de uma trajetória circular.

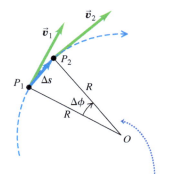

(b) A variação correspondente em velocidade e aceleração média.

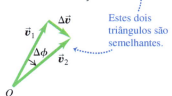

(c) A aceleração instantânea

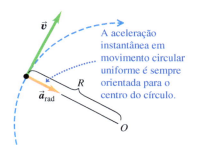

Figura 3.29 Aceleração e velocidade (a) para uma partícula em movimento circular uniforme e (b) para um projétil sem nenhuma resistência do ar.

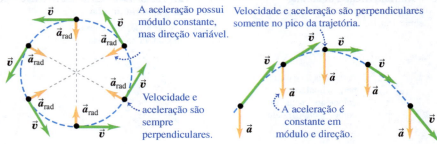

Como a aceleração é sempre orientada para dentro do círculo, ela é também chamada de **aceleração centrípeta**. A palavra *centrípeta* deriva do grego e significa "que se dirige para o centro".

> **ATENÇÃO** Movimento circular uniforme *versus* movimento de um projétil A aceleração em movimento circular uniforme (Figura 3.29a) possui semelhanças com a aceleração do movimento de um projétil (Figura 3.29b). É verdade que, nos dois tipos de movimento, o *módulo* da aceleração é o mesmo em qualquer instante. Entretanto, no movimento circular uniforme, a *direção* de $\vec{a}$ varia continuamente — sempre está orientada para o centro do círculo. No movimento de um projétil, por outro lado, a direção de $\vec{a}$ permanece a mesma em qualquer instante.

Também podemos expressar o módulo da aceleração em um movimento circular uniforme em termos do **período** T do movimento, o tempo que a partícula leva para fazer uma revolução (uma volta completa em torno do círculo). Em um intervalo T, a partícula se desloca a uma distância igual ao comprimento da circunferência $2\pi R$, de modo que sua velocidade escalar é:

$$v = \frac{2\pi R}{T} \tag{3.28}$$

Quando substituímos esse resultado na Equação 3.27, obtemos a expressão alternativa:

$$a_{rad} = \frac{4\pi^2 R}{T^2} \tag{3.29}$$

Módulo da aceleração de um objeto em **movimento circular uniforme**. Raio da trajetória circular do objeto. Período do movimento.

DADOS MOSTRAM

Aceleração em uma trajetória curva

Quando alunos recebiam um problema sobre um objeto seguindo uma trajetória curva (não necessariamente a trajetória parabólica de um projétil), mais de 46% davam uma resposta incorreta. Erros comuns:

- Confusão entre o vetor aceleração $\vec{a}$ e o vetor velocidade $\vec{v}$.
  Lembre-se de que $\vec{a}$ é a taxa de variação de $\vec{v}$, e em uma trajetória curva $\vec{a}$ e $\vec{v}$ não podem estar na mesma direção (ver Figura 3.12).
- Confusão sobre a direção de $\vec{a}$. Se a trajetória é curva, $\vec{a}$ sempre tem um componente voltado para o interior da curva (ver Figura 3.12).

EXEMPLO 3.11 — ACELERAÇÃO CENTRÍPETA EM UMA ESTRADA CURVA

O carro esportivo Aston Martin V8 Vantage possui "aceleração lateral" de $0{,}96g = (0{,}96)(9{,}8 \text{ m/s}^2) = 9{,}4 \text{ m/s}^2$. Isso representa a aceleração centrípeta máxima sem que o carro deslize para fora de uma trajetória circular. Se o carro se desloca a uma velocidade constante de 40 m/s (ou cerca de 144 km/h), qual é o raio R mínimo da curva que ele pode aceitar? (Suponha que a curva não possua inclinação lateral.)

SOLUÇÃO

IDENTIFICAR, PREPARAR E EXECUTAR: como o carro está em movimento circular uniforme a uma velocidade escalar constante ao longo de uma curva que é um segmento de um círculo, podemos aplicar a Equação 3.27 para determinar a incógnita R (o raio da curva) em termos de uma dada aceleração centrípeta a_{rad} e velocidade escalar v:

$$R = \frac{v^2}{a_{rad}} = \frac{(40 \text{ m/s})^2}{9{,}4 \text{ m/s}^2} = 170 \text{ m}$$

Esse é o raio *mínimo* da curva, pois a_{rad} é a aceleração centrípeta *máxima*.

AVALIAR: o raio mínimo R requerido da curva é proporcional ao *quadrado* da velocidade escalar. Logo, mesmo uma pequena redução nessa velocidade pode tornar R substancialmente menor. Por exemplo, uma redução de 20% em v (de 40 m/s para 32 m/s) provoca uma redução de 36% em R (de 170 m para 109 m). Outra forma de reduzir o raio da curva é quando ela possui *inclinação lateral*. Veremos essa opção no Capítulo 5.

EXEMPLO 3.12 ACELERAÇÃO CENTRÍPETA EM UM PARQUE DE DIVERSÕES

Em um brinquedo de um parque de diversões, os passageiros viajam com velocidade constante em um círculo de raio 5,0 m. Eles fazem uma volta completa no círculo em 4,0 s. Qual é a aceleração deles?

SOLUÇÃO

IDENTIFICAR E PREPARAR: a velocidade é constante, de modo que se trata de um problema envolvendo um movimento circular uniforme. Podemos usar a Equação 3.29 para calcular a aceleração, pois são dados $R = 5,0$ m e o período $T = 4,0$ s. Como alternativa, podemos calcular primeiro a velocidade v pela Equação 3.28 e depois acharmos a aceleração pela Equação 3.27.

EXECUTAR: pela Equação 3.29, temos:

$$a_{rad} = \frac{4\pi^2(5,0 \text{ m})}{(4,0 \text{ s})^2} = 12 \text{ m/s}^2 = 1,3g$$

AVALIAR: vamos conferir essa resposta usando o segundo método, alternativo. Pela Equação 3.28, a velocidade é

$$v = \frac{2\pi R}{T} = \frac{2\pi(5,0 \text{ m})}{4,0 \text{ s}} = 7,9 \text{ m/s}$$

A aceleração centrípeta é, então:

$$a_{rad} = \frac{v^2}{R} = \frac{(7,9 \text{ m/s})^2}{5,0 \text{ m}} = 12 \text{ m/s}^2$$

Como na Figura 3.29a, a direção de $\vec{a}$ aponta sempre para o centro do círculo. O módulo de $\vec{a}$ é relativamente suave enquanto o brinquedo está em movimento; algumas montanhas-russas submetem seus passageiros a acelerações de até 4 g.

Movimento circular não uniforme

Consideramos, ao longo desta seção, que o módulo da velocidade da partícula permanecia constante durante o movimento. Quando essa velocidade varia, a partícula descreve um **movimento circular não uniforme**. Nesse movimento, a Equação 3.27 ainda fornece a componente *radial* da aceleração, $a_{rad} = v^2/R$, que é sempre *perpendicular* à velocidade instantânea e aponta para o centro do círculo. Porém, como o módulo da velocidade v da partícula possui diversos valores em diferentes pontos da trajetória, o valor de a_{rad} não é constante. A aceleração radial (centrípeta) assume o valor máximo no ponto da circunferência para o qual a velocidade escalar possui seu valor máximo.

Em um movimento circular não uniforme existe também um componente da aceleração que é *paralelo* à velocidade instantânea (ver figuras 3.27b e 3.27c). Trata-se do componente $a_\parallel$ mencionado na Seção 3.2, que agora será designado por a_{tan} para enfatizar que ele é *tangente* à circunferência. O componente tangencial da aceleração a_{tan} é dado pela taxa de variação da *velocidade escalar*. Logo,

$$a_{rad} = \frac{v^2}{R} \quad \text{e} \quad a_{tan} = \frac{d|\vec{v}|}{dt} \quad \text{(movimento circular não uniforme)} \quad (3.30)$$

O componente tangencial da aceleração possui direção paralela à direção do vetor velocidade, com o mesmo sentido deste vetor quando a velocidade escalar aumenta, e sentido contrário quando o módulo da velocidade diminui (**Figura 3.30**). Se a velocidade da partícula é constante, $a_{tan} = 0$.

Aplicação Cuidado! Curva fechada adiante! Estes carros de montanha-russa estão em movimento circular não uniforme. Eles aumentam e diminuem sua velocidade à medida que se movimentam por um círculo vertical. As maiores acelerações envolvidas no trajeto em alta velocidade ao redor do círculo fechado significam estresse extra nos sistemas circulatórios dos passageiros, motivo pelo qual pessoas com problemas cardíacos são aconselhadas a não entrar nesses brinquedos.

ATENÇÃO Movimento circular uniforme *versus* não uniforme Note que estas duas grandezas:

$$\frac{d|\vec{v}|}{dt} \quad \text{e} \quad \left|\frac{d\vec{v}}{dt}\right|$$

não são semelhantes. A primeira, igual à aceleração tangencial, é a razão da variação da velocidade escalar; corresponde a zero sempre que uma partícula se move com velocidade escalar constante, mesmo que sua direção de movimento varie (tal como no movimento circular *uniforme*). A segunda é o módulo da aceleração do vetor; corresponde a zero somente quando o *vetor* aceleração da partícula é zero — ou seja, quando a partícula se move em linha reta com velocidade escalar constante. No movimento circular *uniforme*, $|d\vec{v}/dt| = a_{rad} = v^2/r$; no movimento circular *não uniforme*, há também um componente tangencial da aceleração, de modo que $|d\vec{v}/dt| = \sqrt{a_{rad}^2 + a_{tan}^2}$.

Figura 3.30 Partícula movendo-se em um círculo vertical, como um carro de uma montanha-russa, com velocidade variável.

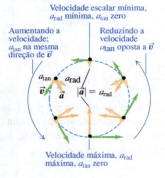

TESTE SUA COMPREENSÃO DA SEÇÃO 3.4 Suponha que a partícula na Figura 3.30 possua uma aceleração quatro vezes maior na parte de baixo do círculo que em seu topo. Se comparado à sua velocidade escalar no topo do círculo, sua velocidade escalar na parte de baixo do círculo é (i) $\sqrt{2}$ vezes maior; (ii) 2 vezes maior; (iii) $2\sqrt{2}$ vezes maior; (iv) 4 vezes maior; ou (v) 16 vezes maior? ∎

3.5 VELOCIDADE RELATIVA

Certamente você já deve ter observado que um carro que se desloca para a frente parece deslocar-se para trás quando você o ultrapassa. Em geral, quando dois observadores medem a velocidade de um objeto em movimento, eles obtêm resultados diferentes se um observador se move em relação ao outro. A velocidade medida por um dos observadores denomina-se velocidade *relativa* ao observador considerado, ou simplesmente **velocidade relativa**. A **Figura 3.31** mostra uma situação em que a compreensão da velocidade relativa é extremamente importante.

Inicialmente, estudaremos a velocidade relativa ao longo de uma linha reta e, depois, generalizaremos para a velocidade relativa em um plano.

Figura 3.31 Os pilotos de uma exibição aérea enfrentam um problema complicado envolvendo velocidade relativa. Eles devem considerar a velocidade relativa do ar sobre as asas (para que a força de sustentação atinja valores apropriados sobre as asas), a velocidade relativa entre os aviões (para que fiquem próximos, em formação, sem que haja colisões) e a velocidade relativa em relação ao público (para que eles possam ser vistos).

Velocidade relativa em uma dimensão

Uma mulher caminha com velocidade de 1,0 m/s no corredor de um trem que se move com velocidade de 3,0 m/s (**Figura 3.32a**). Qual é a velocidade da mulher? Trata-se de uma questão bastante simples, mas que não possui uma resposta única. Em relação a um passageiro sentado no trem, ela se move a 1,0 m/s. Uma pessoa parada em uma bicicleta ao lado do trem vê a mulher deslocar-se com velocidade 1,0 m/s + 3,0 m/s = 4,0 m/s. Um observador em outro trem movendo-se em sentido oposto daria ainda outra resposta. É necessário especificar a velocidade *relativa* a um observador particular. A velocidade relativa da mulher em relação ao trem é 1,0 m/s, sua velocidade relativa ao ciclista é 4,0 m/s, e assim por diante. Cada observador equipado com uma régua e um cronômetro em princípio constitui um **sistema de referência**. Logo, um sistema de referência é um sistema de coordenadas acrescido de uma escala de tempo.

Vamos designar por A o sistema de referência do ciclista (em repouso com relação ao solo) e por B o sistema de referência do trem em movimento. Para um movimento retilíneo, a posição de um ponto P em relação ao sistema de referência A é dada pela distância $x_{P/A}$ (posição de P em relação a A), e a posição em relação ao sistema de referência B é dada pela distância $x_{P/B}$ (Figura 3.32b). A distância entre a origem de A e a origem de B (posição de B em relação a A) é $x_{B/A}$. Pela Figura 3.32b, podemos ver que

$$x_{P/A} = x_{P/B} + x_{B/A} \qquad (3.31)$$

Isso nos informa que a coordenada de P em relação a A é igual à coordenada de P em relação a B mais a coordenada de B em relação a A.

A velocidade relativa de P em relação a A, designada por $v_{P/Ax}$, é a derivada de $x_{P/A}$ em relação ao tempo. As demais velocidades são obtidas de modo semelhante. Logo, derivando a Equação 3.31, obtemos a seguinte relação entre as várias velocidades:

$$\frac{dx_{P/A}}{dt} = \frac{dx_{P/B}}{dt} + \frac{dx_{B/A}}{dt} \qquad \text{ou}$$

Velocidade relativa ao longo de uma linha: $\quad v_{P/Ax} = v_{P/Bx} + v_{B/Ax} \qquad (3.32)$

Velocidade de P em relação a A — Velocidade de P em relação a B — Velocidade de B em relação a A

Voltando ao caso da mulher caminhando no trem na Figura 3.32a, vemos que *A* é o sistema de referência do ciclista, *B* é o sistema de referência do trem e o ponto *P* representa a passageira. Usando a notação anterior, temos

$$v_{P/Bx} = +1,0 \text{ m/s} \quad v_{B/Ax} = +3,0 \text{ m/s}$$

Pela Equação 3.32, a velocidade da passageira $v_{P/Ax}$ relativa ao ciclista é dada por

$$v_{P/Ax} = +1,0 \text{ m/s} + 3,0 \text{ m/s} = +4,0 \text{ m/s}$$

como já sabíamos.

Neste exemplo, as duas velocidades são orientadas da esquerda para a direita, e implicitamente adotamos esse sentido como positivo. Caso a mulher caminhasse para a *esquerda* em relação ao trem, então $v_{P/Bx} = -1,0$ m/s, e sua velocidade relativa ao ciclista seria $v_{P/Ax} = -1,0$ m/s + 3,0 m/s = +2,0 m/s. A soma indicada na Equação 3.32 sempre deve ser encarada como uma soma algébrica, e toda e qualquer velocidade pode ser negativa.

Quando a mulher olha para fora da janela, o ciclista parado no solo parece se mover para trás; podemos designar a velocidade relativa do ciclista em relação à mulher por $v_{A/Px}$. É claro que ela é igual e contrária a $v_{P/Ax}$. Em geral, quando *A* e *B* são dois pontos ou sistemas de referência quaisquer:

$$v_{A/Bx} = -v_{B/Ax} \quad (3.33)$$

Figura 3.32 (a) Mulher caminhando no interior do trem. (b) A posição da mulher relativa ao sistema de referência do ciclista e ao sistema de referência do trem.

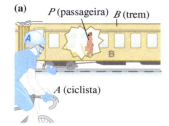

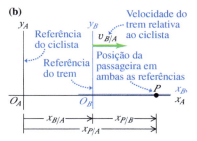

ESTRATÉGIA PARA A SOLUÇÃO DE PROBLEMAS 3.2 — VELOCIDADE RELATIVA

IDENTIFICAR *os conceitos relevantes:* quando você se deparar com a frase "velocidade relativa a" ou "velocidade em relação a", é provável que os conceitos de velocidade relativa sejam aplicáveis.

PREPARAR *o problema:* desenhe e classifique cada sistema de referência do problema. Cada corpo em movimento possui seu próprio sistema de referência; além disso, você quase sempre terá de incluir o sistema de referência da superfície terrestre. (Enunciados como "O carro está viajando rumo ao norte a 90 km/h" implicitamente se referem à velocidade do carro relativa à superfície terrestre.) Use as classificações para identificar a incógnita. Por exemplo, se você quer determinar a velocidade *x* de um carro (*C*) em relação a um ônibus (*B*), sua incógnita é $v_{C/Bx}$.

EXECUTAR *a solução:* solucione a incógnita usando a Equação 3.32. (Se as velocidades não estão orientadas na mesma direção, será preciso usar a forma vetorial dessa equação, derivada posteriormente nesta seção.) É importante observar a ordem dos índices inferiores duplos na Equação 3.32: $v_{B/Ax}$ sempre denota "velocidade *x* de *B* relativa a *A*". Esses índices obedecem a um interessante tipo de álgebra. Encarando os índices como frações, a fração do lado esquerdo seria o *produto* das frações do lado direito: *P/A* = (*P/B*)(*B/A*). Essa regra é útil para ser aplicada a diversos sistemas de referência. Por exemplo, se houver três diferentes sistemas de referência *A*, *B* e *C*, podemos escrever a Equação 3.32 como

$$v_{P/Ax} = v_{P/Cx} + v_{C/Bx} + v_{B/Ax}$$

AVALIAR *sua resposta:* esteja alerta para sinais negativos perdidos na sua resposta. Se a incógnita é a velocidade *x* de um carro relativa à de um ônibus ($v_{C/Bx}$), tome cuidado para não se confundir e calcular acidentalmente a velocidade *x* do *ônibus* relativa à do *carro* ($v_{B/Cx}$). Se cometer esse erro, poderá desfazê-lo usando a Equação 3.33.

EXEMPLO 3.13 — VELOCIDADE RELATIVA EM UMA ESTRADA RETILÍNEA

Você está dirigindo para o norte por uma estrada retilínea de duas pistas com velocidade constante de 88 km/h. Um caminhão se aproxima em sentido contrário com velocidade constante de 104 km/h (**Figura 3.33**). (a) Qual a velocidade do caminhão em relação a você? (b) Qual a sua velocidade em relação ao caminhão? c) Como as velocidades relativas variam depois que o caminhão cruzar com você? Trate este problema como unidimensional.

SOLUÇÃO

IDENTIFICAR E PREPARAR: este exemplo se refere a velocidades relativas ao longo de uma linha reta. Existem três sistemas

(Continua)

(*Continuação*)
de referência: você (V), o caminhão (C) e a superfície da Terra (T). Tome o sentido norte como positivo (Figura 3.33). Então, sua velocidade em relação à Terra é $v_{V/Tx} = +88$ km/h. O caminhão inicialmente se aproxima de você, logo ele está se movendo para o sul, fornecendo $v_{C/Tx} = -104$ km/h. As incógnitas nas partes (a) e (b) são, respectivamente, $v_{C/Vx}$ e $v_{V/Cx}$. Usaremos a Equação 3.32 para achar a primeira incógnita e a Equação 3.33 para achar a segunda.

EXECUTAR: (a) Para determinar $v_{C/Vx}$, primeiro escrevemos a Equação 3.32 para a $v_{C/Tx}$ conhecida e depois reagrupamos como:

$$v_{C/Tx} = v_{C/Vx} + v_{V/Tx}$$

$$v_{C/Vx} = v_{C/Tx} - v_{V/Tx}$$

$$= -104 \text{ km/h} - 88 \text{ km/h} = -192 \text{ km/h}$$

O caminhão se desloca a 192 km/h na direção x (sentido sul) em relação a você.
(b) Pela Equação 3.33,

$$v_{V/Cx} = -v_{C/Vx} = -(-192 \text{ km/h}) = +192 \text{ km/h}$$

Você se desloca a 192 km/h na direção x (sentido norte) em relação ao caminhão.
(c) As velocidades relativas *não* variam de forma alguma depois que o caminhão cruzar com você. As *posições* relativas entre os corpos não importam no cálculo da velocidade relativa. A velocidade relativa do caminhão em relação a você continua sendo de 192 km/h no sentido sul, mas agora ele se afasta de você em vez de se aproximar.

AVALIAR: para conferir sua resposta no item (b), tente usar a Equação 3.32 diretamente na forma $v_{V/Cx} = v_{V/Tx} + v_{T/Cx}$. (Lembre-se de que a velocidade x da Terra em relação ao caminhão é o oposto da velocidade x do caminhão em relação à Terra: $v_{T/Cx} = -v_{C/Tx}$.) Você obtém o mesmo resultado?

Figura 3.33 Sistemas de referência para você e para o caminhão.

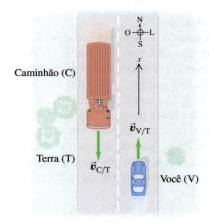

Velocidade relativa em duas ou três dimensões

Podemos estender o conceito de velocidade relativa para incluir movimento em um plano ou no espaço mediante o uso da regra da soma vetorial para as velocidades. Suponha que a mulher na Figura 3.32a, em vez de se mover ao longo do corredor do trem, esteja se movendo lateralmente dentro de um vagão, com velocidade de 1,0 m/s (**Figura 3.34a**). Novamente, podemos descrever a posição da mulher P em relação a dois sistemas de referência: o sistema A para o observador parado em solo e B para o trem em movimento. Porém, em vez da coordenada x, usamos o vetor posição $\vec{r}$ porque agora o problema envolve duas dimensões. Então, conforme mostra a Figura 3.34b,

$$\vec{r}_{P/A} = \vec{r}_{P/B} + \vec{r}_{B/A} \tag{3.34}$$

Assim como fizemos antes, derivamos essa equação para obter uma relação entre as diversas velocidades relativas; a velocidade de P relativa a A é $\vec{v}_{P/A} = d\vec{r}_{P/A}/dt$, e assim por diante para as outras velocidades. Obtemos

Velocidade relativa no espaço: $\vec{v}_{P/A} = \vec{v}_{P/B} + \vec{v}_{B/A}$ (3.35)
Velocidade de P relativa a A — Velocidade de P relativa a B — Velocidade de B relativa a A

A Equação 3.35 é conhecida como a *transformação de velocidade de Galileu*, que relaciona a velocidade de um corpo P em relação ao sistema de referência A e sua velocidade em relação ao sistema de referência B ($\vec{v}_{P/A}$ e $\vec{v}_{P/B}$, respectivamente) com a velocidade do sistema B em relação ao sistema A ($\vec{v}_{B/A}$). Quando todas as três velocidades relativas são paralelas à mesma linha reta, então a Equação 3.35 se reduz à Equação 3.32 para os componentes da velocidade ao longo dessa linha.

Figura 3.34 (a) Uma passageira atravessando um vagão de trem de um lado a outro. (b) Posição da mulher em relação ao sistema de referência do ciclista e ao sistema de referência do trem. (c) Diagrama vetorial para a velocidade da mulher em relação ao solo (o sistema de referência do ciclista), $\vec{v}_{P/A}$.

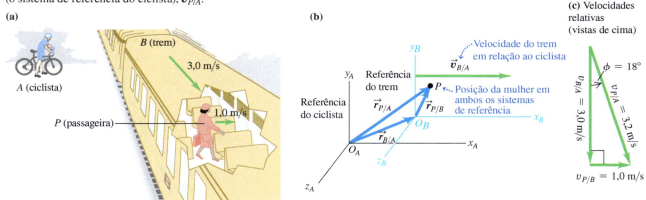

Se o trem está se movendo a $v_{B/A} = 3{,}0$ m/s em relação ao solo e a passageira está se movendo a $v_{P/B} = 1{,}0$ m/s em relação ao trem, então seu vetor velocidade relativa $\vec{v}_{P/A}$ em relação ao solo é obtido conforme indicado na Figura 3.34c. O teorema de Pitágoras fornece

$$v_{P/A} = \sqrt{(3{,}0 \text{ m/s})^2 + (1{,}0 \text{ m/s})^2} = \sqrt{10 \text{ m}^2/\text{s}^2} = 3{,}2 \text{ m/s}$$

A Figura 3.34c também mostra que a *direção* do vetor velocidade relativa da mulher em relação ao solo faz um ângulo ϕ com o vetor velocidade relativa do trem $\vec{v}_{B/A}$, onde

$$\tan\phi = \frac{v_{P/B}}{v_{B/A}} = \frac{1{,}0 \text{ m/s}}{3{,}0 \text{ m/s}} \quad \text{e} \quad \phi = 18°$$

Como no caso de um movimento retilíneo, temos a seguinte regra válida em qualquer caso em que A e B são dois pontos ou sistemas de referência *quaisquer*:

$$\vec{v}_{A/B} = -\vec{v}_{B/A} \tag{3.36}$$

A velocidade relativa da mulher em relação ao trem é igual e contrária à velocidade relativa do trem em relação à mulher e assim por diante.

No início do século XX, Albert Einstein demonstrou que a Equação 3.35 deve ser modificada quando o módulo da velocidade se aproxima da velocidade da luz, designada por c. Ocorre que, se a passageira na Figura 3.32a pudesse andar na direção do eixo do trem a $0{,}30c$ e o trem se movesse a $0{,}90c$, então sua velocidade escalar relativa ao solo não seria $1{,}20c$, mas $0{,}94c$; nada pode se mover mais rapidamente do que a luz! Retomaremos à *teoria da relatividade* no Capítulo 37 (Volume 4).

EXEMPLO 3.14 — VOANDO COM VENTO CRUZADO

A bússola de um avião mostra que ele se desloca para o norte, e seu indicador de velocidade do ar mostra que ele está se movendo no ar com velocidade igual a 240 km/h. Se existe um vento de 100 km/h de leste para oeste, qual é a velocidade do avião em relação à Terra?

SOLUÇÃO

IDENTIFICAR E PREPARAR: este problema envolve as velocidades em duas dimensões (sentido norte e sentido leste), de modo que se trata de um problema sobre velocidade relativa usando vetores. Temos o módulo e a direção da velocidade do avião (P) em relação ao ar (A). Temos também o módulo e a direção da velocidade do vento, que é a velocidade do ar (A) em relação à Terra (T):

$$\vec{v}_{P/A} = 240 \text{ km/h} \quad \text{sentido norte}$$

$$\vec{v}_{A/T} = 100 \text{ km/h} \quad \text{sentido leste}$$

Usaremos a Equação 3.35 para achar nossas incógnitas: o módulo e a direção do vetor velocidade $\vec{v}_{P/T}$ do avião em relação à Terra.

EXECUTAR: utilizando a Equação 3.35, temos

(Continua)

(*Continuação*)

$$\vec{v}_{P/T} = \vec{v}_{P/A} + \vec{v}_{A/T}$$

A **Figura 3.35** mostra que as três velocidades relativas constituem uma adição de vetor de triângulo retângulo; as incógnitas são o módulo da velocidade escalar $v_{P/T}$ e o ângulo α. Pelo diagrama, achamos

$$v_{P/T} = \sqrt{(240 \text{ km/h})^2 + (100 \text{ km/h})^2} = 260 \text{ km/h}$$

$$\alpha = \arctan\left(\frac{100 \text{ km/h}}{240 \text{ km/h}}\right) = 23° \text{ nordeste}$$

AVALIAR: você pode verificar os resultados fazendo medições no desenho em escala da Figura 3.35. O vento cruzado aumenta a velocidade do avião em relação à Terra, mas em compensação faz o avião sair de sua rota.

Figura 3.35 O avião vai para o norte, mas o vento sopra para leste, produzindo a velocidade relativa resultante $\vec{v}_{P/T}$ do avião em relação à Terra.

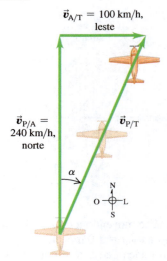

EXEMPLO 3.15 CORREÇÃO DE VENTO CRUZADO

Com a velocidade do vento e do ar conforme o Exemplo 3.14, em que direção o piloto deve inclinar o avião para que ele siga para o norte? Qual seria, então, sua velocidade em relação à Terra?

SOLUÇÃO

IDENTIFICAR E PREPARAR: como o Exemplo 3.14, este é um problema sobre velocidade relativa com vetores. A **Figura 3.36** ilustra a situação com um desenho em escala. Novamente, os vetores são dispostos de acordo com a Equação 3.35 e formam um triângulo:

$$\vec{v}_{P/T} = \vec{v}_{P/A} + \vec{v}_{A/T}$$

Conforme a Figura 3.36, o piloto aponta o bico do avião de modo a formar um ângulo β em relação ao vento e, assim, compensar o vento ortogonal. Esse ângulo, que informa a direção do vetor $\vec{v}_{P/A}$ (a velocidade do avião em relação ao ar), é uma das nossas incógnitas. A outra incógnita é a velocidade escalar do avião sobre o solo, que é o módulo do vetor $\vec{v}_{P/T}$ (a velocidade do avião em relação à Terra). As grandezas conhecidas e desconhecidas são:

$\vec{v}_{P/T}$ = módulo desconhecido   para norte

$\vec{v}_{P/A}$ = 240 km/h   direção desconhecida

$\vec{v}_{A/T}$ = 100 km/h   para leste

Podemos resolver as incógnitas usando a Figura 3.36 e a trigonometria.

EXECUTAR: a partir da Figura 3.36, a velocidade $v_{P/T}$ e o ângulo β são dados por

$$v_{P/T} = \sqrt{(240 \text{ km/h})^2 - (100 \text{ km/h})^2} = 218 \text{ km/h}$$

$$\beta = \arcsen\left(\frac{100 \text{ km/h}}{240 \text{ km/h}}\right) = 25°$$

O piloto deve inclinar o avião em 25° de norte a oeste e sua velocidade em relação ao solo é de 218 km/h.

AVALIAR: note que havia duas incógnitas — o módulo e a direção de um vetor —, tanto neste exemplo quanto no Exemplo 3.14. A diferença é que, no Exemplo 3.14, a direção e o módulo se referiam ao *mesmo* vetor ($\vec{v}_{P/T}$); aqui, eles se referem a vetores *diferentes* ($\vec{v}_{P/T}$ e $\vec{v}_{P/A}$).

Não é de se surpreender que um *vento contrário* reduza a velocidade de um avião em relação ao solo. Este exemplo demonstra que um *vento cruzado* também reduz a velocidade de um avião — um infortúnio no dia a dia da aeronáutica.

Figura 3.36 O piloto deve inclinar o avião na direção do vetor $\vec{v}_{P/A}$ para que ele siga para o norte em relação à Terra.

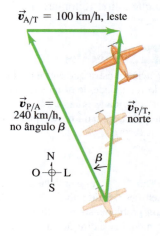

TESTE SUA COMPREENSÃO DA SEÇÃO 3.5 Suponha que o bico de um avião esteja direcionado para leste e que o avião possua uma velocidade do ar de 150 km/h. Devido ao vento, o avião se move para *norte* em relação ao solo e sua velocidade escalar relativa à Terra é 150 km/h. Qual é a velocidade do ar relativa à Terra? (i) 150 km/h de oeste para leste; (ii) 150 km/h de norte para sul; (iii) 150 km/h de noroeste para sudeste; (iv) 212 km/h de oeste para leste; (v) 212 km/h de norte para sul; (vi) 212 km/h de noroeste para sudeste; (vii) não há ocorrência possível de um vento com velocidade tal que possa causar isso. ∎

CAPÍTULO 3   RESUMO

Vetor posição, vetor velocidade e vetor aceleração: o vetor posição $\vec{r}$ é um vetor que vai da origem do sistema de coordenadas a um ponto P do espaço, cujas coordenadas cartesianas são x, y e z.
O vetor velocidade média $\vec{v}_m$ durante um intervalo de tempo Δt é o deslocamento $\Delta \vec{r}$ (a variação no vetor posição $\vec{r}$) dividido por Δt. O vetor velocidade instantânea $\vec{v}$ é a derivada em relação ao tempo de $\vec{r}$, e seus componentes são as derivadas em relação ao tempo de x, y e z. A velocidade escalar instantânea é o módulo de $\vec{v}$. O vetor velocidade $\vec{v}$ de uma partícula é sempre tangente à trajetória da partícula (Exemplo 3.1).
O vetor aceleração média $\vec{a}_m$ durante um intervalo Δt é a variação do vetor velocidade $\Delta \vec{v}$ dividido por Δt. O vetor aceleração instantânea $\vec{a}$ é a derivada em relação ao tempo de $\vec{v}$, e seus componentes são as derivadas em relação ao tempo de v_x, v_y e v_z (Exemplo 3.2).
O componente de aceleração paralelo à direção da velocidade instantânea afeta o módulo da velocidade, enquanto o componente de $\vec{a}$ perpendicular a $\vec{v}$ afeta a direção do movimento (exemplos 3.3 e 3.4).

$$\vec{r} = x\hat{\imath} + y\hat{\jmath} + z\hat{k} \quad (3.1)$$

$$\vec{v}_m = \frac{\vec{r}_2 - \vec{r}_1}{t_2 - t_1} = \frac{\Delta \vec{r}}{\Delta t} \quad (3.2)$$

$$\vec{v} = \lim_{\Delta t \to 0} \frac{\Delta \vec{r}}{\Delta t} = \frac{d\vec{r}}{dt} \quad (3.3)$$

$$v_x = \frac{dx}{dt} \quad v_y = \frac{dy}{dt} \quad v_z = \frac{dz}{dt} \quad (3.4)$$

$$\vec{a}_m = \frac{\vec{v}_2 - \vec{v}_1}{t_2 - t_1} = \frac{\Delta \vec{v}}{\Delta t} \quad (3.8)$$

$$\vec{a} = \lim_{\Delta t \to 0} \frac{\Delta \vec{v}}{\Delta t} = \frac{d\vec{v}}{dt} \quad (3.9)$$

$$a_x = \frac{dv_x}{dt}$$
$$a_y = \frac{dv_y}{dt} \quad (3.10)$$
$$a_z = \frac{dv_z}{dt}$$

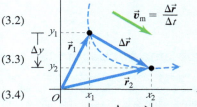

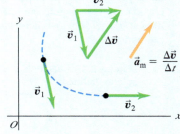

Movimento de um projétil: no movimento de um projétil, desprezada a resistência do ar, $a_x = 0$ e $a_y = -g$. As coordenadas e os componentes da velocidade em função do tempo são simples funções de tempo, e o formato da trajetória é sempre uma parábola. Geralmente definimos a origem na posição inicial do projétil (exemplos 3.5 a 3.10).

$$x = (v_0 \cos \alpha_0) t \quad (3.19)$$
$$y = (v_0 \sen \alpha_0) t - \tfrac{1}{2} g t^2 \quad (3.20)$$
$$v_x = v_0 \cos \alpha_0 \quad (3.21)$$
$$v_y = v_0 \sen \alpha_0 - gt \quad (3.22)$$

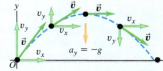

Movimento circular uniforme e não uniforme: quando uma partícula se move ao longo de um círculo de raio R com velocidade escalar v constante (movimento circular uniforme), ela possui aceleração dirigida $\vec{a}$ para o centro do círculo e perpendicular ao vetor $\vec{v}$. O módulo a_{rad} da aceleração pode ser expresso em termos de v e R ou em termos de R e o período T (o tempo de uma rotação), onde $v = 2\pi R/T$ (exemplos 3.11 e 3.12).
Se o módulo da velocidade não for constante no movimento circular não uniforme, ainda existirá um componente radial de $\vec{a}$, dado pela Equação 3.27 ou 3.29, mas existirá também um componente de $\vec{a}$ paralelo (tangencial) à trajetória. Esse componente tangencial é igual taxa de variação da velocidade escalar, dv/dt.

$$a_{rad} = \frac{v^2}{R} \quad (3.27)$$

$$a_{rad} = \frac{4\pi^2 R}{T^2} \quad (3.29)$$

Velocidade relativa: quando um corpo P se move em relação a outro corpo (ou sistema de referência) B, e B se move em relação a um corpo (ou sistema de referência) A, designamos a velocidade de P relativa a B por $\vec{v}_{P/B}$, a velocidade de P relativa a A por $\vec{v}_{P/A}$ e a velocidade de B relativa a A por $\vec{v}_{B/A}$. Se essas velocidades estiverem ao longo da mesma linha, seus componentes ao longo dessa linha estão relacionados pela Equação 3.32. De modo geral, essas velocidades estão relacionadas pela Equação 3.35 (exemplos 3.13 a 3.15).

$$v_{P/Ax} = v_{P/Bx} + v_{B/Ax} \quad (3.32)$$
(velocidade relativa ao longo de uma linha)

$$\vec{v}_{P/A} = \vec{v}_{P/B} + \vec{v}_{B/A} \quad (3.35)$$
(velocidade relativa no espaço)

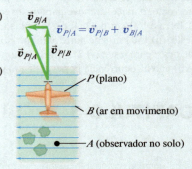

Problema em destaque — Lançamento ao longo de um plano inclinado

Você lança uma bola com uma velocidade escalar inicial v_0 a um ângulo ϕ acima da superfície de um plano inclinado de um ângulo θ acima da horizontal (**Figura 3.37**). (a) Ache a distância, medida ao longo do plano inclinado, desde o ponto de lançamento até o ponto em que a bola atinge o plano inclinado. (b) Que ângulo ϕ oferece o alcance máximo, medido ao longo do plano inclinado? A resistência do ar pode ser ignorada.

Figura 3.37 Lançando uma bola a partir de um plano inclinado.

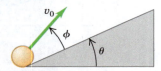

GUIA DA SOLUÇÃO
IDENTIFICAR E PREPARAR
1. Como não há resistência do ar, este é um problema de movimento de um projétil. O objetivo é achar o ponto onde a trajetória parabólica da bola encontra o plano inclinado.
2. Escolha os eixos x e y e a posição da origem. Se estiver em dúvida, use as sugestões dadas na Estratégia para solução de problemas 3.1, na Seção 3.3.
3. Nas equações de projétil da Seção 3.3, o ângulo de lançamento α_0 é medido a partir da horizontal. Qual é esse ângulo em termos de θ e ϕ? Quais são os componentes x e y iniciais da velocidade inicial da bola?
4. Você precisará escrever uma equação que relacione x e y para os pontos ao longo do plano inclinado. Que equação é essa? (Isso exige apenas geometria e trigonometria, não física.)

EXECUTAR
5. Escreva as equações para as coordenadas x e y da bola em função do tempo t.
6. Quando a bola atinge o plano, x e y estão relacionados pela equação que você encontrou na etapa 4. Com base nisso, em que instante t a bola atinge o plano inclinado?
7. Com base na sua resposta da etapa 6, em que coordenadas x e y a bola para no plano inclinado? Qual a distância entre esse ponto e o ponto de lançamento?
8. Que valor de ϕ oferece a distância *máxima* do ponto de lançamento até o ponto da queda? (Use seu conhecimento de cálculo.)

AVALIAR
9. Verifique suas respostas para o caso $\theta = 0$, que corresponde ao plano na posição horizontal, e não inclinado. (Você já sabe as respostas para esse caso. Saberia dizer por quê?)

PROBLEMAS

•, ••, •••: níveis de dificuldade. **PC**: problemas cumulativos, incorporando material de outros capítulos. **CALC**: problemas exigindo cálculo. **DADOS:** problemas envolvendo dados reais, evidência científica, projeto experimental e/ou raciocínio científico. **BIO**: problemas envolvendo biociências.

QUESTÕES PARA DISCUSSÃO
Q3.1 Um pêndulo simples (um corpo oscilando na extremidade de um fio) descreve um arco de círculo em cada oscilação. Qual é a direção e o sentido da aceleração do corpo nas extremidades da oscilação? E no ponto médio? Explique como você obteve cada resposta.

Q3.2 Refaça a Figura 3.11a, supondo que $\vec{a}$ seja antiparalelo a $\vec{v}_1$. A partícula se move em linha reta? O que ocorre com a velocidade escalar?

Q3.3 Desprezando a resistência do ar, um projétil se move em uma trajetória parabólica. Existe algum ponto em que $\vec{a}$ é paralelo a $\vec{v}$? E perpendicular a $\vec{v}$? Explique.

Q3.4 Um livro escorrega horizontalmente para fora do topo de uma mesa. Ao sair da borda da mesa, o livro tem uma velocidade horizontal de módulo v_0. O livro atinge o solo no instante t. Se a velocidade inicial do livro for dobrada para $2v_0$, o que acontece com (a) o tempo em que o livro está no ar, (b) a distância horizontal que o livro percorre enquanto está no ar e (c) a velocidade do livro imediatamente antes de atingir o solo? Em particular, cada uma dessas quantidades permanece igual, dobra ou varia de alguma outra maneira? Explique.

Q3.5 No mesmo instante em que a bala sai horizontalmente do cano de uma arma, você solta uma bala na mesma altura do cano. Desprezando a resistência do ar, qual das duas chegará primeiro ao solo? Explique.

Q3.6 Um pacote é largado de um avião que voa em uma mesma altitude com velocidade constante. Desprezando a resistência do ar, qual seria a trajetória do pacote observada pelo piloto? E a trajetória observada por uma pessoa no solo?

Q3.7 Desenhe os seis gráficos para os componentes x e y da posição, da velocidade e da aceleração em função do tempo para movimento de um projétil com $x_0 = y_0 = 0$ e $0 < \alpha_0 < 90°$.

Q3.8 Supondo que uma rã possa pular sempre com a mesma velocidade inicial em qualquer direção (para a frente ou diretamente de baixo para cima), como a altura máxima que ela pode atingir se relaciona com o alcance horizontal máximo $R_{máx} = v_0^2/g$?

Q3.9 Um projétil é disparado de baixo para cima, a um ângulo θ acima da horizontal com velocidade escalar inicial v_0. Em sua altura máxima, determine seu vetor de velocidade, sua velocidade escalar e seu vetor de aceleração.

Q3.10 Em um movimento circular uniforme, qual é a velocidade *média* e a aceleração *média* para uma rotação? Explique.

Q3.11 Em um movimento circular uniforme, como varia a aceleração quando a velocidade cresce por um fator igual a 3? E quando o raio diminui por um fator igual a 2?

Q3.12 Em um movimento circular uniforme, a aceleração é perpendicular à velocidade em cada instante, embora ambas mudem de direção continuamente. Isso continua válido quando o movimento não é uniforme, ou seja, quando a velocidade escalar não é constante?

Q3.13 As gotas da chuva vistas pelo vidro lateral de um carro em movimento caem em uma direção diagonal, mesmo sem a ação do vento. Por quê? A explicação é a mesma ou diferente para a diagonal que se vê no para-brisa?

Q3.14 No caso de uma chuva forte, o que determina a melhor posição para segurar um guarda-chuva?

Q3.15 Você está na margem oeste de um rio cujas águas escoam para o norte com velocidade de 1,2 m/s. Sua velocidade de nado em relação à água é igual a 1,5 m/s e o rio possui 60 m de largura. Qual é a trajetória em relação ao solo para você atravessar o rio no menor intervalo possível? Explique seu raciocínio.

Q3.16 Uma pedra é atirada no ar a um ângulo sobre a horizontal e sofre uma resistência desprezível do ar. Qual gráfico na **Figura Q3.16** descreve da melhor forma a *velocidade escalar v* da pedra em função do tempo t, enquanto ela está suspensa no ar?

Figura Q3.16

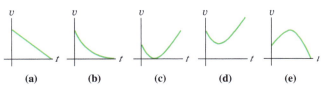

EXERCÍCIOS

Seção 3.1 Vetor posição e vetor velocidade

3.1 • Um esquilo possui coordenadas x e y (1,1 m e 3,4 m) para $t_1 = 0$ e coordenadas (5,3 m e $-0,5$ m) para $t_2 = 3,0$ s. Para esse intervalo, calcule (a) os componentes da velocidade média; (b) o módulo e a direção da velocidade média.

3.2 • Um rinoceronte está na origem do sistema de coordenadas para $t_1 = 0$. Para o intervalo entre $t_1 = 0$ e $t_2 = 12,0$ s, sua velocidade média possui componente $x = -3,8$ m/s e componente $y = 4,9$ m/s. Para $t_2 = 12,0$ s, (a) quais são as coordenadas x e y do rinoceronte? (b) Qual é a distância entre a origem e o rinoceronte?

3.3 •• **CALC** Um webdesigner cria uma animação na qual um ponto da tela do computador possui posição

$$\vec{r} = [4,0 \text{ cm} + (2,5 \text{ cm/s}^2)t^2]\hat{\imath} + (5,0 \text{ cm/s})t\hat{\jmath}.$$

(a) Ache o módulo, a direção e o sentido da velocidade média do ponto para o intervalo entre $t = 0$ e $t = 2,0$ s. (b) Ache o módulo, a direção e o sentido da velocidade instantânea para $t = 0$, $t = 1,0$ s e $t = 2,0$ s. (c) Faça um desenho da trajetória do ponto no intervalo entre $t = 0$ e $t = 2,0$ s e mostre as velocidades calculadas em (b).

3.4 • **CALC** A posição de um esquilo correndo em um parque é dada por $\vec{r} = [(0,280 \text{ m/s})t + (0,0360 \text{ m/s}^2)t^2]\hat{\imath} + (0,0190 \text{ m/s}^3)t^3\hat{\jmath}$. (a) Quais são $v_x(t)$ e $v_y(t)$, os componentes x e y da velocidade do esquilo, em função do tempo? (b) Para $t = 5,00$ s, a que distância o esquilo está de sua posição inicial? (c) Para $t = 5,00$ s, qual é o módulo e a direção da velocidade do esquilo?

Seção 3.2 Vetor aceleração

3.5 • Um avião a jato está voando a uma altura constante. No instante $t_1 = 0$, os componentes da velocidade são $v_x = 90$ m/s, $v_y = 110$ m/s. No instante $t_2 = 30,0$ s, os componentes são $v_x = -170$ m/s, $v_y = 40$ m/s. (a) Faça um esboço do vetor velocidade para t_1 e para t_2. Qual é a diferença entre esses vetores? Para esse intervalo, calcule (b) os componentes da aceleração média e (c) o módulo, a direção e o sentido da aceleração média.

3.6 •• A velocidade de um cachorro correndo em um campo aberto possui componentes $v_x = 2,6$ m/s e $v_y = -1,8$ m/s para $t_1 = 10,0$ s. Para o intervalo entre $t_1 = 10,0$ s e $t_2 = 20,0$ s, a aceleração média do cachorro possui módulo igual a 0,45 m/s^2, formando um ângulo de 31,0°, medido considerando-se uma rotação do eixo $+x$ para o eixo $+y$. Para $t_2 = 20,0$ s, (a) quais são os componentes x e y da velocidade do cachorro? (b) Ache o módulo, a direção e o sentido da velocidade do cachorro. (c) Faça um desenho mostrando o vetor velocidade para t_1 e para t_2. Qual é a diferença entre esses vetores?

3.7 •• **CALC** Um pássaro voando em um plano xy possui coordenadas $x(t) = \alpha\, t$ e $y(t) = 3,0$ m $- \beta t^2$, onde $\alpha = 2,4$ m/s e $\beta = 1,2$ m/s^2. (a) Faça um esboço da trajetória do pássaro entre $t = 0$ e $t = 2,0$ s. (b) Ache o vetor velocidade e o vetor aceleração do pássaro em função do tempo. (c) Ache o módulo, a direção e o sentido do vetor velocidade e do vetor aceleração do pássaro para $t = 2,0$ s. (d) Faça um esboço do vetor velocidade e do vetor aceleração do pássaro para $t = 2,0$ s. Nesse instante, a velocidade escalar do pássaro está aumentando, diminuindo ou é constante? O pássaro está fazendo uma volta? Se estiver, em que sentido?

3.8 • **CALC** Um carrinho de controle remoto está se movendo em um estacionamento vazio. A velocidade do carrinho em função do tempo é dada por $\vec{v} = [5,00 \text{ m/s} - (0,0180 \text{ m/s}^3)t^2]\hat{\imath} +$

[2,00 m/s + (0,550 m/s²)t]ĵ. (a) Determine $a_x(t)$ e $a_y(t)$ e obtenha os componentes x e y do vetor velocidade do carro em função do tempo. (b) Quais são o módulo e a direção do vetor velocidade do carro para $t = 8,00$ s? (c) Quais são o módulo e a direção da aceleração do carro para $t = 8,00$ s?

Seção 3.3 Movimento de um projétil

3.9 • Um livro de física escorrega horizontalmente para fora do topo de uma mesa com velocidade de 1,10 m/s. Ele atinge o solo em 0,480 s. Desprezando a resistência do ar, ache (a) a altura do topo da mesa até o solo; (b) a distância horizontal entre a extremidade da mesa e o ponto onde ele atingiu o solo; (c) os componentes horizontal e vertical da velocidade do livro e o módulo, a direção e o sentido da velocidade imediatamente antes de o livro atingir o solo; (d) faça diagramas xt, yt, $v_x t$ e $v_y t$ para o movimento.

3.10 •• Uma corajosa nadadora com peso igual a 510 N mergulha de um penhasco com uma plataforma de salto horizontal, como mostra a **Figura E3.10**. Qual deve ser sua velocidade mínima imediatamente ao saltar do topo do penhasco para que consiga ultrapassar um degrau no pé do rochedo, com largura de 1,75 m e 9,00 m abaixo do topo do penhasco?

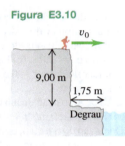

Figura E3.10

3.11 • Dois grilos, Chirpy e Milada, saltam do topo de um rochedo íngreme. Chirpy simplesmente se deixa cair e chega ao solo em 2,70 s, enquanto Milada salta horizontalmente com velocidade inicial de 95,0 cm/s. A que distância da base do rochedo Milada vai atingir o chão? Despreze a resistência do ar.

3.12 • Um jogador chuta uma bola de futebol com velocidade inicial cujo componente vertical é 12,0 m/s e o componente horizontal é 20,0 m/s. Despreze a resistência do ar. (a) Quanto tempo a bola leva para atingir a altura máxima de sua trajetória? (b) Qual a altura desse ponto? (c) Quanto tempo a bola leva (desde o momento do chute inicial) até o instante em que ela retorna ao mesmo nível inicial? Qual é a relação entre esse tempo e o calculado no item (a)? (d) Que distância horizontal ela percorreu durante esse tempo? (e) Faça diagramas xt, yt, $v_x t$ e $v_y t$ para o movimento.

3.13 •• **Saltando o rio I.** Durante uma tempestade, um carro chega onde deveria haver uma ponte, mas o motorista a encontra destruída, levada pelas águas. Como precisa chegar ao outro lado, o motorista decide tentar saltar sobre o rio com o carro. O lado da estrada em que o carro está fica 21,3 m acima do rio, enquanto o lado oposto está a apenas 1,8 m acima do rio. O rio é uma torrente de águas turbulentas com largura de 48,0 m. (a) A que velocidade o carro deverá estar correndo no momento em que deixa a estrada para cruzar sobre o rio e aterrissar em segurança na margem oposta? (b) Qual é a velocidade escalar do carro pouco antes de aterrissar do outro lado?

3.14 • BIO **Saltador campeão no mundo dos insetos.** A cigarra *Philaenus spumarius* mantém o recorde mundial de saltos de insetos. Ao saltar em um ângulo de 58,0° acima da horizontal, algumas das pequenas cigarras alcançaram uma altura máxima de 58,7 cm acima do nível do solo. (Veja a revista *Nature*, Vol. 424, 31 de julho de 2003, p. 509.) (a) Qual foi a velocidade de partida desse salto? (b) Que distância horizontal a cigarra percorre para esse salto recordista mundial?

3.15 •• No interior de uma nave espacial em repouso sobre a superfície terrestre, uma bola rola pelo topo de uma mesa horizontal e cai no chão a uma distância D do pé da mesa. Essa nave agora aterrissa no inexplorado Planeta X. O comandante, Capitão Curioso, rola a mesma bola pela mesma mesa e com a mesma velocidade escalar inicial como ocorreu na superfície terrestre e descobre que ela cai no chão a uma distância de $2,76D$ do pé da mesa. Qual é a aceleração da gravidade no Planeta X?

3.16 • No nível do solo, uma bala é disparada com velocidade inicial de 40,0 m/s, a 60° sobre a horizontal e sem sofrer resistência significativa do ar. (a) Ache os componentes horizontal e vertical da velocidade inicial da bala. (b) Quanto tempo ela leva para atingir seu ponto mais alto? (c) Ache sua altura máxima sobre o solo. (d) A que distância de seu ponto de disparo a bala aterrissa? (e) Em seu ponto mais alto, ache os componentes horizontal e vertical de sua aceleração e velocidade.

3.17 • Um jogador de beisebol bate uma bola de forma que ela abandona o bastão com velocidade de 30,0 m/s, formando um ângulo de 36,9° acima da horizontal. Despreze a resistência do ar. (a) Ache os *dois* instantes para os quais a altura da bola está a 10,0 m acima do nível inicial. (b) Calcule os componentes vertical e horizontal da velocidade da bola em cada um dos dois tempos calculados no item (a). (c) Determine o módulo, a direção e o sentido da velocidade da bola quando ela retorna ao nível inicial.

3.18 • Um taco golpeia uma bola de golfe em uma pequena elevação acima do solo com uma velocidade de 12,0 m/s e um ângulo inicial de 51,0° acima da horizontal. A bola atinge o campo 2,08 s após a tacada. Despreze a resistência do ar. (a) Quais são os componentes da aceleração da bola durante o voo? (b) Quais são os componentes da velocidade da bola no início e no final de sua trajetória? (c) Qual é a distância horizontal percorrida pela bola? (d) Por que a expressão de R obtida no Exemplo 3.8 *não* pode ser usada para dar a resposta correta do item (c)? (e) Qual era a altura da bola no momento em que ela saiu do taco? (f) Faça diagramas xt, yt, $v_x t$ e $v_y t$ para o movimento.

3.19 •• **Ganhe o prêmio.** Em um parque de diversões, você pode ganhar uma girafa inflável se conseguir lançar uma moeda de 25 centavos em um pequeno prato. O prato está sobre uma prateleira acima do ponto em que a moeda deixa sua mão, a uma distância horizontal de 2,1 m deste ponto (**Figura E3.19**). Se você lança a moeda com velocidade de 6,4 m/s formando um ângulo de 60° acima da horizontal, a moeda cairá no prato. Despreze a resistência do ar. (a) Qual é a altura da prateleira em relação ao nível da sua mão? (b) Qual é o componente vertical da velocidade da moeda imediatamente antes que ela encoste no prato?

Figura E3.19

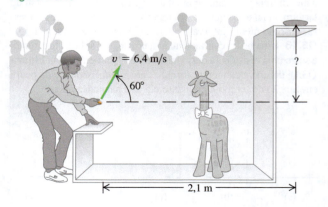

3.20 • Bombeiros estão lançando um jato de água em um prédio em chamas, usando uma mangueira de alta pressão que dispara água a uma velocidade escalar de 25,0 m/s. Quando sai da mangueira, a água passa a adquirir o movimento de um projétil. Os bombeiros ajustam o ângulo de elevação α da mangueira até a água levar 3,0 s para atingir o prédio a 45,0 m de distância. Despreze a resistência do ar e suponha que o final da mangueira esteja ao nível do solo. (a) Ache o ângulo de elevação α. (b) Ache a velocidade escalar e a aceleração da água no ponto mais alto de sua trajetória. (c) A que altura do chão a água atinge o prédio e qual sua velocidade pouco antes de atingir o prédio?

3.21 •• Um homem está parado no alto de um edifício de 15,0 m de altura e atira uma pedra com velocidade de módulo de 30,0 m/s, formando um ângulo inicial de 33,0° acima da horizontal. Despreze a resistência do ar. Calcule (a) a altura máxima acima do telhado atingida pela pedra; (b) o módulo da velocidade da pedra imediatamente antes de ela atingir o solo e (c) a distância horizontal entre a base do edifício e o ponto onde ela atinge o solo. (d) Faça diagramas xt, yt, $v_x t$ e $v_y t$ para o movimento.

3.22 •• Um balão de 124 kg carregando um cesto de 22 kg está descendo a uma velocidade constante de 20,0 m/s. Uma pedra de 1,0 kg é atirada do cesto em uma trajetória perpendicular à do balão que desce, com velocidade inicial de 15,0 m/s, medida em relação a uma pessoa em repouso no cesto. Essa pessoa vê a pedra atingir o solo 5,00 s após ser atirada. Suponha que o balão continue sua descida com a mesma velocidade escalar constante de 20,0 m/s. (a) Qual era a altura do balão quando a pedra foi atirada? (b) Qual é a altura do balão quando a pedra atinge o solo? (c) No instante em que a pedra atinge o solo, a que distância ela está do cesto? (d) No instante em que a pedra vai atingir o solo, determine seus componentes horizontal e vertical medidos por um observador (i) em repouso no cesto e (ii) em repouso no solo.

Seção 3.4 Movimento circular
3.23 •• A Terra possui um raio igual a 6.380 km e faz um giro completo em 24 horas. (a) Qual é a aceleração radial de um objeto no equador da Terra? Dê sua resposta em m/s² e como uma fração de g. (b) Se a_{rad} no equador fosse maior do que g, os objetos seriam ejetados da Terra e voariam para o espaço. (Veremos a razão disso no Capítulo 5.) Qual deveria ser o período mínimo de rotação da Terra para que isso ocorresse?

3.24 •• BIO **Vertigem.** Nosso equilíbrio é mantido, pelo menos em parte, pelo fluido endolinfa no ouvido interno. Giros deslocam esse fluido, causando vertigem. Suponha que um patinador esteja girando muito rapidamente, a 3,0 rotações por segundo, em torno de um eixo vertical ao centro de sua cabeça. Considere que o ouvido interno esteja a aproximadamente 7,0 cm do eixo de giro. (A distância varia de uma pessoa para outra.) Qual é a aceleração radial (em m/s² e em g) do fluido endolinfa?

3.25 • BIO **Desmaio do piloto em um mergulho acentuado.** Um avião a jato segue em um mergulho conforme mostra a **Figura E3.25**. A parte mais baixa da trajetória é uma semicircunferência com um raio de curvatura de 280 m. De acordo com testes médicos, os pilotos perderão a consciência quando subirem depois de um mergulho em uma aceleração para cima maior que 5,5g. Qual o módulo da velocidade (em m/s) para a qual o piloto desmaiará durante esse mergulho?

Figura E3.25

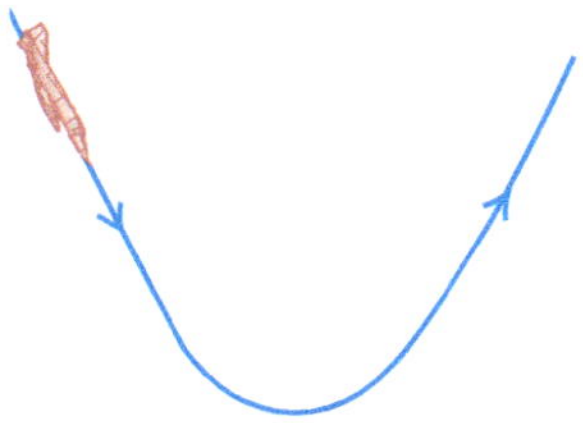

3.26 •• Um modelo de rotor de helicóptero possui quatro lâminas, cada qual com 3,40 m de comprimento desde o eixo central até sua extremidade. O modelo gira em um túnel de vento com 550 rpm (rotações por minuto). (a) Qual é a velocidade linear da extremidade da lâmina em m/s? (b) Qual é a aceleração radial da extremidade da lâmina expressa como múltiplo da aceleração da gravidade, g?

3.27 • Uma roda-gigante com raio igual a 14,0 m está girando em torno de um eixo horizontal passando pelo seu centro (**Figura E3.27**). A velocidade linear de uma passageira em sua periferia é igual a 6,00 m/s. Determine o módulo, a direção e o sentido da aceleração da passageira (a) no ponto mais baixo do movimento circular, (b) no ponto mais alto do movimento circular. (c) Quanto tempo a roda-gigante leva para completar uma rotação?

Figura E3.27

3.28 • O raio da órbita da Terra em torno do Sol (supostamente circular) é igual a $1,50 \times 10^8$ km, e a Terra percorre essa órbita em 365 dias. (a) Qual é o módulo da velocidade orbital da Terra em m/s? (b) Qual é a aceleração radial da Terra no sentido do Sol em m/s²? (c) Repita os cálculos de (a) e de (b) para o planeta Mercúrio (raio da órbita = $5,79 \times 10^7$ km, período orbital = 88,0 dias).

3.29 •• BIO **Hipergravidade.** No Ames Research Center, a NASA usa sua grande centrífuga "20-G" para testar os efeitos de acelerações muito grandes ("hipergravidade") sobre pilotos e astronautas de testes. Nesse dispositivo, um braço de 8,84 m de comprimento gira uma extremidade em um plano horizontal, e o astronauta fica preso na outra extremidade. Suponha que ele esteja alinhado ao longo do braço, com a cabeça na extremidade mais externa. A aceleração sustentada máxima à qual os humanos são sujeitos nessa máquina é geralmente 12,5g. (a) A que velocidade a cabeça do astronauta deve se mover para sentir essa aceleração máxima? (b) Qual é a *diferença* entre a aceleração de sua cabeça e a de seus pés, se o astronauta tiver 2,00 m de altura? (c) Qual é a velocidade em rpm (rotações por minuto) em que o braço está girando para produzir a aceleração máxima sustentada?

Seção 3.5 Velocidade relativa
3.30 • O vagão-plataforma de um trem se desloca para a direita, com uma velocidade escalar de 13,0 m/s relativa a um observador fixo no solo. Há alguém dirigindo uma *scooter* sobre o vagão-plataforma (**Figura E3.30**). Qual a velocidade (módulo, direção e sentido) da lambreta em relação ao vagão, se sua velocidade relativa ao observador em solo é (a) 18,0 m/s para a direita? (b) 3,0 m/s para a esquerda? (c) Zero?

Figura E3.30

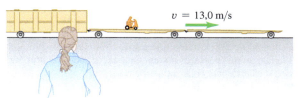

3.31 • A "esteira rolante horizontal" do terminal de um aeroporto se move a 1,0 m/s e tem 35,0 m de comprimento. Se uma mulher pisa em uma das extremidades e caminha a 1,5 m/s em relação à plataforma móvel, de quanto tempo ela necessita para chegar à extremidade oposta, se andar (a) na mesma direção em que a plataforma se move? (b) Na direção oposta?

3.32 • Dois píeres estão localizados em um rio: o píer B está situado a 1.500 m de A corrente abaixo (**Figura E3.32**). Dois amigos devem fazer um percurso do píer A ao píer B e depois voltar. Um deles vai de barco com velocidade constante de 4,0 km/h em relação à água. O outro caminha pela margem do rio com velocidade constante de 4,0 km/h. A velocidade do rio é igual a 2,80 km/h no sentido de A para B. Calcule o tempo de cada um para fazer o percurso de ida e volta.

Figura E3.32

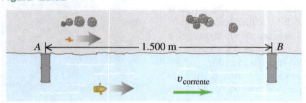

3.33 •• Uma canoa tem velocidade de 0,40 m/s a sudeste em relação à Terra. A canoa se desloca em um rio que escoa a 0,50 m/s para leste em relação à Terra. Determine o módulo, a direção e o sentido da velocidade da canoa em relação ao rio.

3.34 •• Um avião ultraleve aponta para o sul, e seu indicador de velocidade em relação ao ar mostra 35 m/s. O avião está submetido a um vento de 10 m/s que sopra na direção sudoeste em relação à Terra. (a) Faça um diagrama vetorial mostrando a relação entre os vetores dados e $\vec{v}_{P/T}$ (a velocidade do avião em relação à Terra). (b) Usando a coordenada x para o leste e a coordenada y para o norte, determine os componentes de $\vec{v}_{P/T}$. (c) Determine o módulo, a direção e o sentido de $\vec{v}_{P/T}$.

3.35 • **Cruzando o rio I.** A água de um rio escoa com velocidade de 2,0 m/s para o sul. Um homem dirige um barco a motor ao longo do rio; sua velocidade é igual a 4,2 m/s em relação à água, na direção leste. A largura do rio é igual a 500 m. (a) Determine o módulo, a direção e o sentido de sua velocidade em relação à Terra. (b) Quanto tempo é necessário para atravessar o rio? (c) A que distância ao sul do ponto inicial ele atingirá a margem oposta?

3.36 • **Cruzando o rio II.** (a) Em que direção o barco do Exercício 3.35 deveria apontar para atingir a margem oposta diretamente a leste do ponto inicial? (Sua velocidade em relação à água permanece igual a 4,2 m/s.) (b) Qual é a velocidade do barco em relação à Terra? (c) Quanto tempo é necessário para atravessar o rio?

3.37 •• **BIO Migração de pássaros.** Gansos canadenses migram basicamente na direção norte-sul por mais de mil quilômetros em alguns casos, viajando por velocidades de cerca de 100 km/h. Se um ganso estiver voando a 100 km/h em relação ao ar, mas um vento de 40 km/h estiver soprando de oeste para leste, (a) em que ângulo em relação à direção norte-sul esse pássaro deverá apontar para viajar diretamente para o sul em relação ao solo? (b) Quanto tempo o ganso levará para cobrir uma distância em solo de 500 km de norte a sul? (*Nota:* mesmo em noites nubladas, muitos pássaros podem navegar usando o campo magnético da Terra para fixar a direção norte-sul.)

3.38 •• O piloto de um avião deseja voar para oeste. Um vento de 80,0 km/h sopra para o sul. (a) Se a velocidade do avião em relação ao ar (sua velocidade se o ar estivesse em repouso) é igual a 320,0 km/h, qual deve ser a direção escolhida pelo piloto? (b) Qual é a velocidade do avião em relação ao solo? Ilustre sua solução com um diagrama vetorial.

PROBLEMAS

3.39 • **CALC** Um foguete é lançado a um ângulo do topo de uma torre com altura $h_0 = 50,0$ m. Em razão do projeto dos motores, suas coordenadas de posição estão na forma $x(t) = A + Bt^2$ e $y(t) = C + Dt^3$, onde A, B, C e D são constantes. Além disso, a aceleração do foguete 1,0 s após o lançamento é $\vec{a} = (4,00\hat{\imath} + 3,00\hat{\jmath})$ m/s². Suponha que a origem das coordenadas esteja na base da torre. (a) Ache as constantes A, B, C e D, incluindo suas unidades SI. (b) No instante imediatamente posterior ao lançamento do foguete, quais são seu vetor de aceleração e sua velocidade? (c) Quais são os componentes x e y da velocidade do foguete 10,0 s após seu lançamento e com que velocidade ele se desloca? (d) Qual é o vetor posição do foguete 10,0 s após seu lançamento?

3.40 ••• **CALC** Um modelo de foguete com defeito se move no plano xy (o sentido positivo do eixo vertical y é de baixo para cima). A aceleração do foguete possui os componentes $a_x(t) = \alpha t^2$ e $a_y(t) = \beta - \gamma t$, onde $\alpha = 2,50$ m/s⁴, $\beta = 9,0$ m/s² e $\gamma = 1,40$ m/s³. Para $t = 0$, o foguete está na origem e possui velocidade $\vec{v}_0 = v_{0x}\hat{\imath} + v_{0y}\hat{\jmath}$, sendo $v_{0x} = 1,00$ m/s e $v_{0y} = 7,00$ m/s. (a) Determine o vetor velocidade e o vetor posição em função do tempo. (b) Qual a altura máxima atingida pelo foguete? (c) Qual o deslocamento horizontal do foguete quando ele retorna para o ponto $y = 0$?

3.41 •• **CALC** Se $\vec{r} = bt^2\hat{\imath} + ct^3\hat{\jmath}$, onde b e c são constantes positivas, quando o vetor velocidade criará um ângulo de 45,0° com os eixos x e y?

3.42 •• **CALC** A posição de uma libélula voando paralela ao solo é dada em função do tempo por $\vec{r} = [2,90$ m $+ (0,0900$ m/s²$)t^2]\hat{\imath} - (0,0150$ m/s³$)t^3\hat{\jmath}$. (a) Em que valor de t o vetor velocidade da libélula forma um ângulo de 30,0° em sentido horário a partir do eixo $+x$? (b) No instante calculado no item (a), qual é o módulo e a direção do vetor aceleração da libélula?

3.43 ••• **PC** Um foguete de teste é lançado por aceleração ao longo de um plano inclinado de 200,0 m, a 1,9 m/s², partindo do repouso no ponto A (**Figura P3.43**). O plano inclinado se ergue a 35,0° sobre a horizontal e, no instante em que o foguete parte dele, os motores se apagam e ele fica sujeito somente à gravidade (a resistência do ar pode ser desprezada). Determine (a) a altura máxima sobre o solo atingida pelo foguete e (b) o maior alcance horizontal do foguete a partir do ponto A.

Figura P3.43

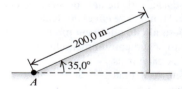

3.44 •• **CALC** Um pássaro voa em um plano xy com um vetor velocidade dado por $\vec{v} = (\alpha - \beta t^2)\hat{\imath} + \gamma t\hat{\jmath}$, sendo $\alpha = 2,4$ m/s, $\beta = 1,6$ m/s³ e $\gamma = 4,0$ m/s². O sentido positivo do eixo vertical y é de baixo para cima. Em $t = 0$, o pássaro está na origem. (a) Determine o vetor posição e o vetor aceleração do pássaro em função do tempo. (b) Qual é a altura do pássaro (coordenada y) quando ele voa sobre $x = 0$ pela primeira vez depois de $t = 0$?

3.45 •• Na selva, um veterinário com uma arma carregada com um dardo tranquilizante e um macaco astuto de 1,5 kg estão 25 m acima do solo, cada qual em uma árvore a 70 m de distância uma da outra. Assim que o veterinário atira horizontalmente no macaco, este se solta da árvore na tentativa de escapar do tiro. Qual deve ser a velocidade mínima do dardo no cano da arma para que atinja o macaco antes que ele chegue ao chão?

3.46 ••• **BIO Em espiral.** É comum ver aves de rapina ganhando altura impulsionadas por uma corrente de ar quente. A trajetória que elas percorrem se assemelha a uma espiral. Pode-se reproduzir o movimento em espiral como um movimento circular uniforme combinado com uma velocidade ascendente constante. Suponha que um pássaro complete um círculo com raio de 6,00 m a cada 5,00 s e suba verticalmente a uma taxa de 3,0 m/s. Determine (a) a velocidade escalar do pássaro em relação ao solo; (b) a aceleração do pássaro (módulo, direção e sentido); e (c) o ângulo entre o vetor de velocidade do pássaro e a horizontal.

3.47 •• No combate a incêndios em florestas, aviões jogam água para ajudar equipes que trabalham no solo. Um piloto em treinamento lança uma caixa com corante vermelho, na esperança de atingir um alvo no solo. Se o avião está voando horizontalmente a 90,0 m acima do solo com velocidade de 64,0 m/s, a que distância horizontal do alvo o piloto deve lançar a caixa? Despreze a resistência do ar.

3.48 ••• Uma dublê de cinema pula de um helicóptero em voo a 30,0 m acima do solo com velocidade constante cujo componente vertical é igual a 10,0 m/s de baixo para cima e cujo componente horizontal é igual a 15,0 m/s ao sul. Despreze a resistência do ar. (a) Em que lugar do solo (em relação ao ponto onde ela abandonou o helicóptero) a dublê colocou almofadas de espuma para amortecer a queda? (b) Faça diagramas xt, yt, $v_x t$ e $v_y t$ para o movimento.

3.49 •• Um avião voa a uma velocidade de 90,0 m/s, a um ângulo de 23,0° acima da horizontal. Quando está a 114 m diretamente sobre um cachorro parado no nível do solo, uma mala cai do compartimento de bagagem. A que distância do cachorro a mala vai cair? Despreze a resistência do ar.

3.50 •• Um canhão, localizado a 60,0 m da base de um rochedo vertical de 25,0 m de altura, lança uma bala de 15 kg, a 43° sobre a horizontal e em direção ao rochedo. (a) Qual deve ser a velocidade mínima na boca do canhão para que a bala passe sobre o topo do rochedo? (b) O solo no topo do rochedo é plano, com uma elevação constante de 25,0 m acima do canhão. Sob as condições do item (a), a que distância da borda do rochedo a bala toca o solo?

3.51 • **PC CALC** Um foguete experimental é lançado com uma velocidade inicial de 12,0 m/s na direção horizontal a partir do teto de um prédio de 30 m de altura. O motor do foguete produz uma aceleração horizontal de $(1,60 \text{ m/s}^3)t$, na mesma direção da velocidade inicial, mas na direção vertical a aceleração é g, de cima para baixo. Despreze a resistência do ar. Que distância horizontal o foguete atravessa antes de atingir o solo?

3.52 ••• Um navio se aproxima do porto a 45,0 cm/s e uma importante peça do equipamento de ancoragem precisa ser lançada para que ele possa aportar. Esse equipamento é lançado a 15,0 m/s e 60,0° acima da horizontal, do topo de uma torre, à beira da água, 8,75 m acima do convés do navio (**Figura P3.52**). Para esse equipamento cair na frente do navio, a que distância D da doca o navio deve estar quando o equipamento for lançado? Despreze a resistência do ar.

Figura P3.52

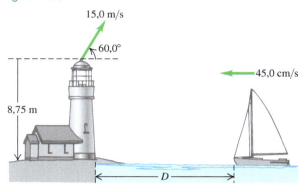

3.53 ••• **O maior alcance de uma bola de beisebol.** De acordo com o Livro dos Recordes *Guinness*, o recorde de alcance de uma bola de beisebol foi obtido em uma rebatida feita por Roy "Dizzy" Carlyle em um jogo de uma liga menor. A bola percorreu uma distância horizontal de 188 m até atingir o solo fora do campo. (a) Supondo que a bola tenha sido lançada a 45,0° acima da horizontal e desprezando a resistência do ar, qual era a velocidade inicial da bola para que isso ocorresse, sabendo-se que ela foi batida em um ponto a 0,9 m acima do nível do solo? Despreze a resistência do ar e suponha que o solo seja perfeitamente plano. (b) Em que ponto a bola passou acima de uma cerca de 3,0 m de altura, sabendo-se que a cerca estava a uma distância de 116 m do ponto do lançamento da bola?

3.54 •• **Uma missão de misericórdia.** Um avião está lançando fardos de feno para o gado que se encontra preso em uma nevasca nas Grandes Planícies. O piloto libera os fardos a 150 m acima do nível do solo, quando a aeronave está voando a 75 m/s em uma direção 55° acima da horizontal. A que distância antes do gado o piloto deverá soltar o feno para que os fardos caiam no ponto onde o gado está parado?

3.55 •• Uma bola de beisebol, arremessada a um ângulo de 60,0° acima do plano horizontal, atinge um prédio a 18,0 m de distância, em um ponto 8,00 m acima do ponto do qual foi lançada. Despreze a resistência do ar. (a) Determine o módulo da velocidade inicial da bola (a velocidade com que ela foi arremessada). (b) Determine o módulo e a direção da velocidade da bola imediatamente antes de atingir o prédio.

3.56 ••• Uma mangueira de água é usada para encher um grande tanque cilíndrico com diâmetro D e altura $2D$. O jato de água sai da mangueira a 45° acima da horizontal, a partir do mesmo nível da base do tanque, e está a uma distância $6D$ (**Figura P3.56**). Para que *intervalo* de velocidades de lançamento (v_0) a água entrará no tanque? Despreze a resistência do ar e expresse sua resposta em termos de D e g.

Figura P3.56

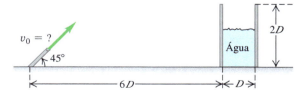

3.57 •• Um gafanhoto salta para o ar da beirada de um rochedo vertical, como mostra a **Figura P3.57**. Determine (a) a velocidade inicial do gafanhoto e (b) a altura do rochedo.

Figura P3.57

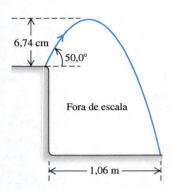

Fora de escala

3.58 •• **Chutando para ganhar um ponto extra.** No futebol canadense, após um *touchdown* (aterrissagem, nome popular de uma jogada vencedora), o time tem a oportunidade de conquistar mais um ponto chutando a bola sobre a barra entre as traves do gol. A barra fica a 10,0 pés acima do solo, e a bola é chutada do nível do solo, na direção horizontal a 36,0 pés de distância da barra (**Figura P3.58**). As regras são enunciadas em unidades inglesas, mas devem ser convertidas para SI neste problema. (a) Há um ângulo mínimo acima do solo que garante que a bola passará sobre a barra, seja qual for a velocidade do chute. Qual é esse ângulo? (b) Se a bola for chutada a 45,0° acima da horizontal, qual deverá ser a velocidade escalar inicial suficiente para que ela passe sobre a barra? Expresse sua resposta em m/s e em km/h.

Figura P3.58

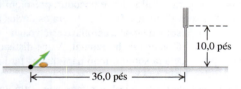

3.59 ••• **Cuidado!** Uma bola de neve rola do telhado de um celeiro que possui uma inclinação para baixo igual a 40° (**Figura P3.59**). A extremidade do telhado está situada a 14,0 m acima do solo e a bola de neve possui velocidade de 7,00 m/s quando abandona o telhado. Despreze a resistência do ar. (a) A que distância do celeiro a bola de neve atingirá o solo caso não colida com nada durante sua queda? (b) Faça diagramas xt, yt, v_xt e v_yt para o movimento do item (a). (c) Um homem de 1,9 m de altura está parado a uma distância de 4,0 m da extremidade do celeiro. Ele será atingido pela bola de neve?

Figura P3.59

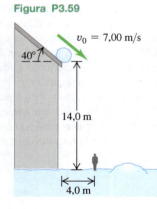

3.60 •• Um menino situado sobre uma árvore a 12,0 m acima do solo joga uma bola para seu cão, que está parado logo abaixo da árvore, e começa a correr no instante em que a bola é arremessada. Se o menino arremessa a bola horizontalmente a 8,50 m/s, (a) com que velocidade o cão precisa correr para apanhar a bola assim que ela atingir o solo e (b) a que distância da árvore o cão pegará a bola?

3.61 •• Suponha que o menino no Problema 3.60 arremesse a bola para cima, em um ângulo formando 60,0° com a horizontal, mas tudo o mais seja igual. Repita as partes (a) e (b) daquele problema.

3.62 •• Uma pedra é atirada do telhado de um edifício de altura h com velocidade v_0, formando um ângulo α_0 com a horizontal. Despreze a resistência do ar. Determine a velocidade da pedra imediatamente antes de atingir o solo e mostre que essa velocidade não depende do ângulo α_0.

3.63 •• **Saltando no rio II.** Um professor de física faz loucas proezas em suas horas vagas. Sua última façanha foi tentar saltar sobre um rio com sua motocicleta (**Figura P3.63**). A rampa de decolagem era inclinada em 53,0°, a largura do rio era de 40,0 m, e a outra margem estava a 15,0 m abaixo do topo da rampa. O rio estava a 100 m abaixo do nível da rampa. Despreze a resistência do ar. (a) Qual deveria ser a velocidade dele para que pudesse alcançar a outra margem sem cair no rio? (b) Caso sua velocidade fosse igual à metade do valor encontrado em (a), onde ele cairia?

Figura P3.63

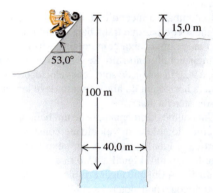

3.64 • Uma bola de 2,7 kg é jogada de baixo para cima com velocidade inicial de 20 m/s, da borda de um rochedo que mede 45,0 m de altura. No instante em que a bola é jogada, uma mulher começa a correr a partir da base do rochedo, com velocidade constante de 6,0 m/s. Ela corre em linha reta no nível do solo, e a resistência do ar sobre a bola é desprezível. (a) A que ângulo sobre a horizontal a bola deve ser jogada para que a corredora consiga pegá-la antes que atinja o solo e que distância ela percorre até conseguir isso? (b) Desenhe cuidadosamente a trajetória da bola do ponto de vista de (i) uma pessoa em repouso no solo e (ii) a corredora.

3.65 • Uma pedra de 76,0 kg rola horizontalmente pelo topo de um rochedo vertical, que está 20 m acima da superfície de um lago (**Figura P3.65**). O topo da face vertical de uma barragem localiza-se a 100 m do pé do rochedo, e o topo da barragem está no mesmo nível da superfície do lago. Uma planície nivelada está 25 m abaixo do topo da barragem. (a) Qual deve ser a velocidade mínima da rocha ao cair do rochedo, de modo que role para a planície, sem atingir a represa? (b) A que distância da base da represa a rocha atinge a planície?

Figura P3.65

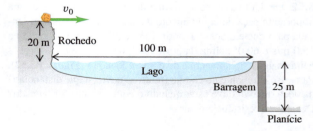

3.66 •• **Atirando o almoço.** Henriqueta está indo para a aula de física e corre pela calçada a 3,05 m/s. De repente, seu marido Bruno percebe que ela saiu com tanta pressa que esqueceu seu sanduíche. Ele corre para a janela do apartamento, que está 38,0 m acima do nível da rua, e se projeta sobre a calçada, pretendendo jogá-lo para a esposa. Bruno joga o pacote horizontalmente 9,0 s após Henriqueta passar sob a janela e ela consegue apanhá-lo sem parar de correr. Despreze a resistência do ar. (a) Com que velocidade inicial Bruno deve jogar o sanduíche para que Henriqueta possa apanhá-lo antes que caia no chão? (b) Onde Henriqueta está quando apanha o sanduíche?

3.67 •• Uma carreta carregando uma plataforma vertical para lançamento de foguetes se desloca para a direita, a uma velocidade constante de 30,0 m/s ao longo de uma pista horizontal. Essa plataforma lança um foguete verticalmente de baixo para cima, com velocidade inicial de 40,0 m/s em relação à carreta. (a) Que altura o foguete atingirá? (b) Que distância a carreta percorre enquanto o foguete está no ar? (c) Onde, em relação à carreta, o foguete aterrissará?

3.68 •• Uma equipe de bombeiros usa um esguicho que lança água a 25,0 m/s por um ângulo fixo de 53,0° acima da horizontal. Os bombeiros desejam direcionar a água para uma chama que está 10,0 m acima do nível do solo. A que distância do prédio eles deverão posicionar seu esguicho? Existem *duas* possibilidades; você consegue descobri-las? (*Dica:* comece com um desenho mostrando a trajetória da água.)

3.69 ••• No meio da noite, você está parado a uma distância horizontal de 14,0 m da cerca alta em volta da propriedade de seu tio rico. O topo da cerca está a 5,00 m acima do solo. Você prendeu uma mensagem importante em uma pedra, que deseja lançar sobre a cerca. O solo é nivelado, e a espessura da cerca é pequena o bastante para ser desprezada. Você lança a pedra de uma altura de 1,60 m acima do solo e a um ângulo de 56,0° acima da direção horizontal. (a) Que velocidade inicial mínima a pedra deverá ter ao sair de sua mão para ultrapassar o topo da cerca? (b) Para a velocidade inicial calculada em (a), a que distância horizontal além da cerca a pedra tocará o solo?

3.70 ••• **PC Bang!** Um estudante está sentado sobre uma plataforma a uma distância h acima do solo. Ele lança um grande rojão horizontalmente com uma velocidade v. Entretanto, um vento que sopra paralelo ao solo dá ao artefato uma aceleração horizontal constante com módulo a. Isso faz com que o artefato caia no chão diretamente sob o estudante. Determine a altura h em termos de v, a e g. Despreze o efeito da resistência do ar sobre o movimento vertical.

3.71 •• Um piloto de avião coloca o curso da direção para oeste com uma bússola e mantém uma velocidade em relação ao ar de 220 km/h. Depois de voar durante 0,500 h, ele se encontra sobre uma cidade a 120 km a oeste e 20 km ao sul de sua posição inicial. (a) Ache a velocidade do vento (módulo, direção e sentido). (b) Se a velocidade do vento fosse igual a 40 km/h para o sul, em que direção o piloto deveria orientar seu curso para que pudesse se dirigir para oeste? Considere a mesma velocidade em relação ao ar de 220 km/h.

3.72 •• **Gotas de chuva.** Quando a velocidade de um trem é de 12,0 m/s na direção leste, as gotas de chuva que caem verticalmente em relação à superfície terrestre deixam vestígios com inclinação de 30,0° em relação à vertical, nas janelas do trem. (a) Qual é o componente horizontal da velocidade de uma gota em relação à superfície terrestre? E em relação ao trem? (b) Qual é o módulo da velocidade da gota em relação à superfície terrestre? E em relação ao trem?

3.73 ••• Em uma partida de futebol da Copa do Mundo, José está correndo para o gol na direção norte, com velocidade de 8,0 m/s em relação ao solo. Um jogador do seu time passa a bola para ele. A bola tem velocidade de 12,0 m/s e se move em uma direção de 37,0° a nordeste em relação ao solo. Quais são o módulo e a direção da velocidade da bola em relação a José?

3.74 •• Um elevador sobe com velocidade constante de 2,50 m/s. Um parafuso no teto, a 3,00 m do piso do elevador, se solta e cai. (a) Quanto tempo ele leva para atingir o piso? Qual é a velocidade do parafuso no momento em que ele atinge o piso (b) para um observador dentro do elevador? (c) E para um observador parado fora do elevador? (d) Para o observador do item (c), qual é a distância percorrida pelo parafuso entre o teto e o piso do elevador?

3.75 •• Duas jogadoras de futebol, Maria e Alice, estão correndo quando Alice passa a bola para Maria. Maria está correndo na direção norte com uma velocidade de 6,00 m/s. A velocidade da bola em relação a Maria é 5,00 m/s em uma direção 30,0° a sudeste. Quais são o módulo e a direção da velocidade da bola em relação ao solo?

3.76 •• **DADOS** Um estilingue lança uma pequena pedra do solo com velocidade v_0, a um ângulo θ_0 acima do solo. Você precisa determinar v_0. Pela forma como o estilingue foi construído, você sabe que, para uma boa aproximação, v_0 é independente do ângulo de lançamento. Você vai até um campo aberto e nivelado, seleciona um ângulo de lançamento e mede a distância horizontal que a pedra percorre. Você usa $g = 9,80$ m/s^2 e despreza a pequena altura da ponta do estilingue acima do solo. Como sua medição inclui alguma incerteza nos valores medidos para o ângulo de lançamento e para o alcance horizontal, você repete a medição para diversos ângulos de lançamento e obtém os resultados dados na **Figura P3.76**. A resistência do ar é desprezada, pois não há vento e a pedra é pequena e pesada. (a) Selecione um modo de representar os dados como uma linha reta. (b) Use a inclinação da linha com melhor ajuste de seus dados do item (a) para calcular v_0. (c) Quando o ângulo de lançamento é 36,9°, qual é a altura máxima que a pedra alcança acima do solo?

Figura P3.76

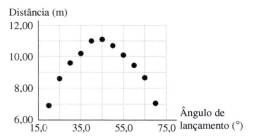

3.77 •• **DADOS** Você construiu uma pistola de batatas acionada por spray de cabelo e deseja descobrir a velocidade de disparo v_0 das batatas, a velocidade que elas alcançam ao sair do cano da pistola. A mesma quantidade de spray é utilizada a cada disparo da arma, e você confirmou, por disparos repetidos a mesma altura, que a velocidade do disparo é aproximadamente a mesma para cada tiro. Você sobe em uma torre de transmissão de micro-ondas (com permissão, é claro) para disparar as batatas horizontalmente em diferentes alturas acima do solo. Seu amigo mede a altura do cano da pistola acima do solo e o alcance R de cada batata. Os seguintes dados são obtidos:

Altura do disparo h	Alcance horizontal R
2,00 m	10,4 m
6,00 m	17,1 m
9,00 m	21,3 m
12,00 m	25,8 m

Cada um dos valores de h e R tem algum erro de medição: a velocidade do disparo não é exatamente a mesma a cada tentativa, e o cano não é exatamente horizontal. Assim, você usa todas as medições para conseguir a melhor estimativa de v_0. Não há vento soprando, de modo que você decide desprezar a resistência do ar. Você usa $g = 9,80$ m/s^2 em sua análise. (a) Selecione um modo de representar os dados como uma linha reta. (b) Use a inclinação da linha com melhor ajuste do item (a) para calcular o valor médio de v_0. (c) Qual seria o alcance horizontal de uma batata disparada a partir do nível do solo a um ângulo de 30,0° acima da horizontal? Use o valor de v_0 que você calculou no item (b).

3.78 ••• DADOS Você é membro de uma equipe de geólogos na África Central. Sua equipe chega a um rio largo que está correndo para o leste. Você precisa determinar a largura do rio e a velocidade atual (a velocidade da água em relação ao solo). Você tem um pequeno barco com um motor de popa. Medindo o tempo gasto para atravessar um lago em que não há correnteza, você calibrou o acelerador para a velocidade do barco em águas paradas. Você define o acelerador de modo que a velocidade do barco em relação ao rio seja constante, a 6,00 m/s. Atravessando o rio rumo ao norte, você chega à margem oposta em 20,1 s. Para a viagem de volta, você muda a aceleração para que a velocidade do barco em relação à água seja 9,00 m/s. Você atravessa rumo ao sul de uma margem para a outra e atravessa o rio em 11,2 s. (a) Qual é a largura do rio e qual é a velocidade atual? (b) Com o acelerador preparado de modo que a velocidade do barco em relação à água seja 6,00 m/s, qual é o menor tempo em que você poderia atravessar o rio, e onde você aportaria na outra margem?

PROBLEMAS DESAFIADORES

3.79 ••• CALC Um projétil é lançado de um ponto P. Ele se move de tal modo que sua distância ao ponto P é sempre crescente. Determine o ângulo máximo acima da horizontal com o qual o projétil foi lançado. Despreze a resistência do ar.

3.80 ••• Dois estudantes estão praticando canoagem em um rio. Quando eles estão se dirigindo no sentido contrário da corrente, uma garrafa vazia cai acidentalmente da canoa. A seguir, eles continuam remando durante 60 minutos, atingindo um ponto a 2,0 km do inicial, correnteza acima. Nesse ponto eles notam a falta da garrafa e, pensando na preservação do meio ambiente, dão uma volta e retornam no sentido da corrente. Eles recolhem a garrafa (que acompanhou o movimento da corrente) em um ponto situado a 5,0 km correnteza abaixo, do ponto onde eles retornaram. (a) Supondo que o esforço feito para remar seja constante em todas as etapas do trajeto, qual a velocidade de escoamento do rio? (b) Qual seria a velocidade da canoa em um lago calmo, supondo que o esforço feito para remar seja o mesmo?

3.81 ••• PC Um foguete projetado para colocar pequenas cargas em órbita é conduzido a uma altura de 12,0 km acima do nível do mar por uma aeronave convertida. Quando a aeronave está voando em linha reta com velocidade constante de 850 km/h, o foguete é liberado. Depois de soltá-lo, a aeronave mantém as mesmas altitude e velocidade e continua a voar em linha reta. O foguete cai durante um pequeno intervalo, depois do qual seu motor é acionado. Com o motor funcionando, o efeito combinado da gravidade e da força motriz produz uma aceleração constante de módulo 3,0g dirigida para cima e formando um ângulo de 30,0° com a horizontal. Por razões de segurança, o foguete deve permanecer pelo menos a uma distância de 1,0 km à frente da aeronave quando ele sobe até atingir a altura dela. Sua tarefa é calcular o intervalo mínimo da queda do foguete antes de seu motor ser acionado. Despreze a resistência do ar. Sua solução deve incluir: (i) um diagrama que mostre as trajetórias do voo do foguete e da aeronave, identificadas mediante seus respectivos vetores para a velocidade e a aceleração em diversos pontos; (ii) um gráfico xt que mostre os movimentos do foguete e da aeronave; e (iii) um gráfico yt que mostre os movimentos do foguete e da aeronave. Nos diagramas e nos gráficos, indique o instante em que o foguete é lançado, o instante em que o motor é acionado e o instante em que o foguete sobe atingindo a altura da aeronave.

Problemas com contexto

BIO Dispersão balística de sementes. Algumas plantas dispersam suas sementes quando o fruto se parte e contrai, propelindo-as pelo ar. A trajetória dessas sementes pode ser determinada com uma câmera de alta velocidade. Em um experimento em um tipo de planta, as sementes são projetadas 20 cm acima do nível do solo com velocidades iniciais entre 2,3 m/s e 4,6 m/s. O ângulo de dispersão é medido a partir da horizontal, com +90° correspondendo a uma velocidade inicial diretamente para cima e −90° sendo diretamente para baixo.

3.82 O experimento foi projetado para que as sementes não se movam mais do que 0,20 mm entre os quadros fotográficos. Qual taxa de quadro mínima para a câmera de alta velocidade é necessária para conseguir isso? (a) 250 quadros/s; (b) 2.500 quadros/s; (c) 25.000 quadros/s; (d) 250.000 quadros/s.

3.83 Cerca de quanto tempo uma semente disparada a 90° na velocidade inicial mais alta possível precisa para atingir sua altura máxima? Despreze a resistência do ar e considere que o solo é plano. (a) 0,23 s; (b) 0,47 s; (c) 1,0 s; (d) 2,3 s.

3.84 Se uma semente é disparada a um ângulo de 0° com a velocidade inicial máxima, a que distância da planta ela pousará? Despreze a resistência do ar e considere que o solo é plano. (a) 20 cm; (b) 93 cm; (c) 2,2 m; (d) 4,6 m.

3.85 Uma grande quantidade de sementes é observada, e seus ângulos de lançamento são registrados. Descobriu-se que o intervalo dos ângulos de projeção é de −51° a 75°, com uma média de 31°. Aproximadamente 65% das sementes são lançadas entre 6° e 56°. (Veja W. J. Garrison et al., "Ballistic seed projection in two herbaceous species", Amer. J. Bot., set. 2000, 87:9, 1257-64.) Quais destas hipóteses têm melhor suporte desses dados? As sementes são disparadas preferencialmente (a) em ângulos que maximizam a altura que elas alcançam acima da planta; (b) em ângulos abaixo da horizontal, a fim de lançar as sementes no solo com mais força; (c) em ângulos que maximizam a distância horizontal que as sementes alcançam a partir da planta; (d) em ângulos que minimizam o tempo que as sementes passam expostas ao ar.

RESPOSTAS

Resposta à pergunta inicial do capítulo
(**iii**) Um ciclista que faz uma curva a uma velocidade escalar constante possui aceleração orientada para o interior da curva (ver Seção 3.2, principalmente a Figura 3.12a).

Respostas às perguntas dos testes de compreensão

3.1 Resposta: (iii) Se a velocidade instantânea $\vec{v}$ é constante por um intervalo de tempo, seu valor em qualquer ponto (incluindo o final do intervalo) é o mesmo que a velocidade média $\vec{v}_m$ no intervalo. Em (i) e (ii), a direção de $\vec{v}$ ao final do intervalo é tangente à trajetória nesse ponto, enquanto a direção de $\vec{v}_m$ aponta desde o início da trajetória até o final dela (na direção do deslocamento líquido). Em (iv), $\vec{v}$ e $\vec{v}_m$ são ambos orientados ao longo da linha reta, mas $\vec{v}$ possui módulo maior, porque o módulo da velocidade é crescente.

3.2 Resposta: vetor 7. No ponto alto da trajetória do trenó, a velocidade escalar é mínima. Nesse ponto, a velocidade não está nem crescendo nem diminuindo, e o componente paralelo da aceleração (ou seja, o componente horizontal) é zero. A aceleração possui somente um componente perpendicular orientado para o interior da trajetória curva do trenó. Em outras palavras, a aceleração é orientada para baixo.

3.3 Resposta: (i) Na ausência de gravidade ($g = 0$), o macaco não cairia e o dardo seguiria uma trajetória retilínea (demonstrada como uma linha tracejada). O efeito da gravidade consiste em fazer o macaco e o dardo percorrerem a mesma distância em queda, $\frac{1}{2}gt^2$ abaixo de suas posições $g = 0$. O ponto A está na mesma distância abaixo da posição inicial do macaco que o ponto P em relação à linha tracejada; logo, o ponto A é onde encontraremos o macaco no instante em questão.

3.4 Resposta: (ii) Tanto no topo quanto na parte de baixo do círculo, a aceleração é puramente radial e é dada pela Equação 3.27. O raio R é o mesmo em ambos os pontos; logo, a diferença em aceleração deve-se puramente às diferenças na velocidade escalar. Como a_{rad} é proporcional ao quadrado de v, a velocidade escalar deve ser duas vezes maior na parte de baixo do círculo do que no topo.

3.5 Resposta: (vi) O efeito do vento consiste em cancelar o movimento do avião na direção leste e dar-lhe um movimento em direção ao norte. Logo, a velocidade do ar relativa ao solo (a velocidade do vento) deve ter um componente de 150 km/h para oeste e um componente de 150 km/h para o norte. A combinação deles é um vetor de módulo $\sqrt{(150\ \text{km/h})^2 + (150\ \text{km/h})^2}$ = 212 km/h que aponta para noroeste.

Problema em destaque

(a) $R = \dfrac{2v_0^2}{g}\dfrac{\cos(\theta + \phi)\operatorname{sen}\phi}{\cos^2\theta}$ (b) $\phi = 45° - \dfrac{\theta}{2}$

? Sob que circunstâncias o haltere é empurrado pelo halterofilista com a mesma força com que o haltere empurra o halterofilista? (i) Quando ele segura o haltere estacionário; (ii) quando ele levanta o haltere; (iii) quando ele abaixa o haltere; (iv) dois dentre os itens (i), (ii) e (iii); (v) todos os itens (i), (ii) e (iii); (vi) nenhum dos anteriores.

4 LEIS DE NEWTON DO MOVIMENTO

OBJETIVOS DE APRENDIZAGEM

Ao estudar este capítulo, você aprenderá:

4.1 Qual é o conceito de força na física, por que as forças são vetores e o significado da força resultante sobre um objeto.

4.2 O que acontece quando a força resultante é nula e o significado dos sistemas de referência inerciais.

4.3 Como a aceleração de um objeto é determinada pela força resultante sobre o objeto e sua massa.

4.4 A diferença entre a massa de um objeto e seu peso.

4.5 Como se relacionam as forças que dois corpos exercem mutuamente.

4.6 Como usar um diagrama do corpo livre para ajudar na análise das forças resultantes sobre um objeto.

Revendo conceitos de:

2.4 Movimento retilíneo com aceleração constante.

2.5 Movimento de corpos em queda livre.

3.2 Aceleração como um vetor.

3.4 Movimento circular uniforme.

3.5 Velocidade relativa.

Nos dois capítulos anteriores, vimos como usar a *cinemática* para descrever o movimento em uma, duas ou três dimensões. Mas o que *causa* o movimento dos corpos? Por exemplo, por que uma pluma cai mais lentamente que uma bola de futebol? Por que você se sente empurrado para trás em um carro que acelera para a frente? As respostas para essas e outras questões semelhantes nos conduzem ao estudo da **dinâmica**, a relação entre o movimento e as forças que o produzem.

Os princípios da dinâmica foram claramente estabelecidos pela primeira vez por Isaac Newton (1642-1727); hoje, eles são conhecidos como as **leis de Newton do movimento**. A primeira afirma que, quando a força resultante que atua sobre um corpo é igual a zero, o movimento do corpo não se altera. A segunda lei de Newton afirma que um corpo sofre aceleração quando a força resultante que atua sobre um corpo *não* é igual a zero. A terceira lei é uma relação entre as forças de interação que um corpo exerce sobre outro.

Newton não *derivou* as três leis do movimento, mas as *deduziu* a partir de uma série de experiências realizadas por outros cientistas, especialmente Galileu Galilei (que faleceu no ano do nascimento de Newton). As leis de Newton são o fundamento da **mecânica clássica** (também conhecida como **mecânica newtoniana**); aplicando-as, podemos compreender os tipos mais familiares de movimento. As leis de Newton necessitam de modificações somente em situações que envolvem velocidades muito elevadas (próximas à velocidade da luz) e dimensões muito pequenas (tal como no interior de um átomo).

As leis de Newton podem ser enunciadas de modo muito simples, embora alguns estudantes tenham dificuldade para entendê-las e utilizá-las. O motivo é que, antes de estudar física, durante anos você caminhou, jogou bola, empurrou caixas e fez dezenas de coisas que envolvem movimento. Nesse período, você desenvolveu um "senso comum" relativo a noções sobre o movimento e suas causas. Porém, muitas dessas noções pautadas no senso comum não se sustentam perante uma análise lógica. Grande parte da tarefa deste capítulo — e do restante de nosso estudo da física — consiste em ajudá-lo a perceber que o senso comum pode ocasionalmente induzir ao erro e a ajustar sua compreensão do mundo da física de modo a torná-la compatível com o que as experiências comprovam.

4.1 FORÇA E INTERAÇÕES

Na linguagem cotidiana, exercer uma **força** significa puxar ou empurrar. Uma definição melhor é de que uma força é uma *interação* entre dois corpos ou entre o corpo e seu ambiente (**Figura 4.1**). Por isso, sempre nos referimos à força que um corpo *exerce* sobre outro. Quando você empurra um carro atolado na lama, exerce uma força sobre ele; um cabo de aço exerce uma força sobre a viga que ele sustenta em uma construção; e assim por diante. Conforme a Figura 4.1, força é uma grandeza *vetorial*; você pode empurrar ou puxar um corpo em direções diferentes.

Quando uma força envolve contato direto entre dois corpos, como o ato de puxar ou empurrar um objeto com a mão, ela é chamada de **força de contato**. As **figuras 4.2a**, 4.2b e 4.2c mostram três tipos comuns de forças de contato. A **força normal** (Figura 4.2a) é exercida sobre um objeto por qualquer superfície com a qual ele tenha contato. O adjetivo *normal* significa que a força sempre age perpendicularmente à superfície de contato, seja qual for o ângulo dessa superfície. Em contraste, a **força de atrito** (Figura 4.2b) exercida sobre um objeto por uma superfície age *paralelamente* à superfície, no sentido oposto ao deslizamento. A força de puxar que uma corda esticada exerce sobre um objeto ao qual ela está amarrada é chamada de **força de tensão** (Figura 4.2c). Um exemplo dessa força é o ato de puxar seu cachorro pela coleira.

Existem, também, forças denominadas **forças de longo alcance**, que atuam mesmo quando os corpos estão muito afastados entre si. Por exemplo, a força entre um par de ímãs e a força da gravidade (Figura 4.2d); a Terra exerce uma atração gravitacional sobre um objeto em queda, mesmo que não haja nenhum contato direto entre o objeto e a Terra. A atração gravitacional que a Terra exerce sobre você é o seu **peso**.

Para descrever um vetor força $\vec{F}$, é necessário descrever a *direção* e o *sentido* em que ele age, bem como seu *módulo*, que especifica a "quantidade" ou "intensidade" com que a força puxa ou empurra. A unidade SI do módulo de uma força é o *newton*, abreviado por N. (A Seção 4.3 apresenta uma definição precisa do newton.) Na **Tabela 4.1**, indicamos valores típicos dos módulos de algumas forças.

Um instrumento comum para medir módulos de força é o *dinamômetro*, cujo funcionamento é semelhante ao de uma *balança de molas*. Ele consiste em uma

Figura 4.1 Algumas propriedades das forças.
- Uma força é o ato de empurrar ou puxar.
- Uma força é a interação entre dois objetos ou entre um objeto e seu ambiente.
- Uma força é uma grandeza vetorial, que possui módulo, direção e sentido.

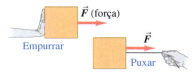

Figura 4.2 Quatro tipos de força.

(a) Força normal $\vec{n}$: quando um objeto repousa sobre uma superfície ou a empurra, a superfície exerce uma força sobre ele, orientada perpendicularmente à superfície.

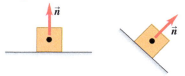

(b) Força de atrito $\vec{f}$: além da força normal, uma superfície pode exercer uma força de atrito sobre um objeto, orientada paralelamente à superfície.

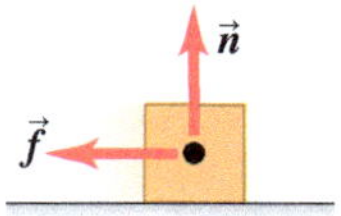

(c) Força de tensão $\vec{T}$: uma força de puxar exercida sobre um objeto por uma corda, um cabo etc.

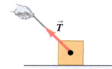

(d) Peso $\vec{p}$: a força de puxar da gravidade sobre um objeto é uma força de longo alcance (uma força que age a certa distância).

TABELA 4.1 Valores típicos dos módulos de algumas forças.

Atração gravitacional exercida pelo Sol sobre a Terra	$3,5 \times 10^{22}$ N
Peso de uma baleia-azul	$1,9 \times 10^{6}$ N
Força de propulsão máxima de uma locomotiva	$8,9 \times 10^{5}$ N
Peso aproximado de um homem com massa de 110 kg	$1,1 \times 10^{3}$ N
Peso de uma maçã média	1 N
Peso do menor ovo de um inseto	2×10^{-6} N
Atração elétrica entre o próton e o elétron em um átomo de hidrogênio	$8,2 \times 10^{-8}$ N
Peso de uma pequena bactéria	1×10^{-18} N
Peso de um átomo de hidrogênio	$1,6 \times 10^{-26}$ N
Peso de um elétron	$8,9 \times 10^{-30}$ N
Atração gravitacional entre o próton e o elétron em um átomo de hidrogênio	$3,6 \times 10^{-47}$ N

mola protegida no interior de uma caixa cilíndrica com um ponteiro ligado em sua extremidade. Quando são aplicadas forças nas extremidades da mola, ela se deforma; o valor da deformação é proporcional à força aplicada. Podemos fazer uma escala para o ponteiro e calibrá-la usando diversos pesos de 1 N cada. Quando um, dois ou mais desses pesos são suspensos pela balança simultaneamente, a força que deforma a mola será de 1 N, 2 N e assim sucessivamente, de modo que possamos marcar os pontos referentes a 1 N, 2 N etc. A seguir, poderemos usar esse instrumento para medir o módulo de uma força desconhecida. O instrumento pode ser usado tanto para forças que empurram a mola quanto para forças que a puxam.

A **Figura 4.3** mostra um dinamômetro sendo usado para medir uma força que empurra e outra que puxa uma caixa. Em cada caso, desenhamos uma flecha para representar o vetor da força aplicada. As flechas indicam o módulo, a direção e o sentido da força. O comprimento da flecha também indica o módulo do vetor; quanto mais longo o vetor, maior o módulo de força.

Figura 4.3 Usando uma flecha vetorial para designar a força que exercemos quando (a) puxamos um bloco com um barbante ou (b) empurramos um bloco com uma vara.

(a) Uma força de puxar de 10 N, formando um ângulo de 30° sobre a horizontal.

(b) Uma força de empurrar de 10 N, formando um ângulo de 45° sob a horizontal.

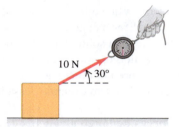
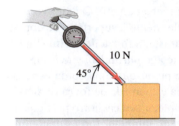

Figura 4.4 Superposição de forças.

Duas forças $\vec{F}_1$ e $\vec{F}_2$ que atuam sobre um ponto O exercem o mesmo efeito que uma única força $\vec{R}$ dada pela soma vetorial.

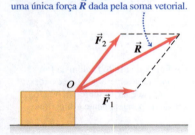

Superposição de forças

Quando você joga uma bola, pelo menos duas forças agem sobre ela: o empurrão da sua mão e o puxão para baixo da gravidade. Experiências comprovam que, quando duas forças $\vec{F}_1$ e $\vec{F}_2$ atuam simultaneamente em um mesmo ponto de um corpo (**Figura 4.4**), o efeito sobre o movimento do corpo é o mesmo que o efeito produzido por uma única força $\vec{R}$ dada pela soma vetorial ou resultante das duas forças: $\vec{R} = \vec{F}_1 + \vec{F}_2$. Generalizando, *o efeito sobre o movimento de um corpo produzido por um número qualquer de forças é o mesmo efeito produzido por uma força única igual à soma vetorial de todas as forças*. Esse resultado importante é denominado princípio de **superposição de forças**.

Visto que forças são grandezas vetoriais e se combinam seguindo a regra da soma vetorial, podemos usar todas as regras da matemática vetorial que aprendemos no Capítulo 1 para resolver problemas que envolvam vetores. Essa é uma ótima oportunidade para revisar as regras de adição de vetor apresentadas nas seções 1.7 e 1.8.

Na Seção 1.8, aprendemos que é mais fácil somar vetores usando componentes. É por isso que normalmente descrevemos a força $\vec{F}$ em termos de seus componentes F_x e F_y. Observe que os eixos de coordenadas x e y *não* precisam ser horizontais e verticais, respectivamente. Como exemplo, na **Figura 4.5**, a força $\vec{F}$ atua sobre um engradado puxado rampa acima em um ponto O. Nessa situação, é mais conveniente escolher um eixo sendo paralelo à rampa e o outro perpendicular a ela. Para o caso da Figura 4.5, F_x e F_y são positivos; em outras situações, dependendo da sua escolha de eixos e da orientação da força $\vec{F}$, qualquer um dos valores de F_x e de F_y pode ser negativo ou nulo.

Figura 4.5 F_x e F_y são os componentes de $\vec{F}$ paralelo e perpendicular à superfície da ladeira no plano inclinado.

Cortamos um vetor quando o substituímos pelos seus componentes.

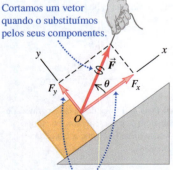

Os eixos x e y podem ter qualquer orientação, bastando que sejam mutuamente perpendiculares.

ATENÇÃO Uso de sinal ondulado em diagramas de força Na Figura 4.5, usamos um sinal ondulado sobre o vetor força $\vec{F}$ para indicar que essa força foi substituída pelos seus componentes x e y. Caso contrário, o diagrama estaria incluindo a mesma força duas vezes. Usamos esse sinal ondulado em todo diagrama em que a força é substituída pelos seus componentes. Procure um sinal ondulado em outras figuras neste e nos próximos capítulos.

Normalmente precisaremos determinar o vetor soma (resultante) de *todas* as forças que atuam sobre um corpo. Chamaremos essa soma de **força resultante** que atua sobre um corpo. Usaremos a letra grega maiúscula Σ ("sigma" maiúscula, equivalente à letra *S*) como uma notação manuscrita para designar uma soma. Se as forças forem designadas por $\vec{F}_1, \vec{F}_2, \vec{F}_3$ e assim por diante, abreviaremos a soma do seguinte modo:

A força resultante atuando sobre um corpo ...
$$\vec{R} = \Sigma \vec{F} = \vec{F}_1 + \vec{F}_2 + \vec{F}_3 + \ldots \quad (4.1)$$
... é a soma vetorial ou resultante de todas as forças individuais atuando sobre esse corpo.

$\Sigma \vec{F}$ é lido como "o vetor soma das forças" ou "vetor força resultante". O componente x da força resultante é a soma dos componentes x das forças individuais, e o mesmo acontece para o componente y (**Figura 4.6**):

$$R_x = \Sigma F_x \qquad R_y = \Sigma F_y \quad (4.2)$$

Cada componente pode ser positivo ou negativo; portanto, tome cuidado com os sinais quando avaliar essas somas.

Uma vez determinados R_x e R_y, podemos achar o módulo, a direção e o sentido da força resultante $\vec{F} = \Sigma \vec{F}$ que atua sobre um corpo. O módulo é:

$$R = \sqrt{R_x^2 + R_y^2}$$

e o ângulo θ entre $\vec{R}$ e o eixo $+x$ pode ser determinado pela relação $\tan \theta = R_y/R_x$. Os componentes R_x e R_y podem ser positivos, negativos ou nulos, e o ângulo θ pode estar em qualquer um dos quatro quadrantes.

Para problemas em três dimensões, as forças também possuem componentes no eixo z; portanto, adicionamos a equação $R_z = \Sigma F_z$ à Equação 4.2. O módulo da força resultante será então

$$R = \sqrt{R_x^2 + R_y^2 + R_z^2}$$

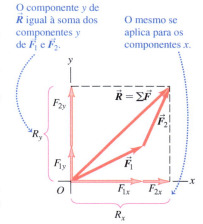

Figura 4.6 Achando os componentes do vetor soma (resultante) $\vec{R}$ de duas forças $\vec{F}_1$ e $\vec{F}_2$.

O componente y de $\vec{R}$ igual à soma dos componentes y de $\vec{F}_1$ e $\vec{F}_2$.

O mesmo se aplica para os componentes x.

EXEMPLO 4.1 SUPERPOSIÇÃO DE FORÇAS

Três lutadores profissionais estão lutando pelo cinturão do campeonato. Olhando de cima, eles aplicam três forças horizontais sobre o cinturão, conforme indicado na **Figura 4.7a**. Os módulos das três forças são $F_1 = 250$ N, $F_2 = 50$ N e $F_3 = 120$ N. Ache os componentes x e y da força resultante. Determine o módulo, a direção e o sentido da força resultante.

SOLUÇÃO

IDENTIFICAR E PREPARAR: trata-se apenas de um problema de soma vetorial, em que os vetores representam forças. Queremos achar os componentes x e y da força $\vec{R}$ resultante, por isso usaremos o método dos componentes da soma vetorial expressa pelas equações 4.2. Quando obtivermos os componentes de $\vec{R}$, poderemos encontrar seu módulo, direção e sentido.

EXECUTAR: na Figura 4.7a, os ângulos entre as forças $\vec{F}_1$, $\vec{F}_2$ e $\vec{F}_3$ e o eixo $+x$ são $\theta_1 = 180° - 53° = 127°$, $\theta_2 = 0°$ e $\theta_3 = 270°$. Os componentes x e y das três forças são

$F_{1x} = (250 \text{ N}) \cos 127° = -150 \text{ N}$
$F_{1y} = (250 \text{ N}) \text{ sen } 127° = 200 \text{ N}$
$F_{2x} = (50 \text{ N}) \cos 0° = 50 \text{ N}$
$F_{2y} = (50 \text{ N}) \text{ sen } 0° = 0 \text{ N}$
$F_{3x} = (120 \text{ N}) \cos 270° = 0 \text{ N}$
$F_{3y} = (120 \text{ N}) \text{ sen } 270° = -120 \text{ N}$

(Continua)

(*Continuação*)

Pelas equações 4.2, a força resultante $\vec{R} = \Sigma \vec{F}$ possui componentes

$R_x = F_{1x} + F_{2x} + F_{3x} = (-150\text{ N}) + 50\text{ N} + 0\text{ N} = -100\text{ N}$
$R_y = F_{1y} + F_{2y} + F_{3y} = 200\text{ N} + 0\text{ N} + (-120\text{ N}) = 80\text{ N}$

O componente x da força resultante é negativo e o componente y da força resultante é positivo, como mostra a Figura 4.7b.
O módulo de $\vec{R}$ é

$$R = \sqrt{R_x^2 + R_y^2} = \sqrt{(-100\text{ N})^2 + (80\text{ N})^2} = 128\text{ N}$$

Para achar o ângulo entre a força resultante e o eixo $+x$, utilizamos a Equação 1.7:

$$\theta = \arctan\frac{R_y}{R_x} = \arctan\left(\frac{80\text{ N}}{-100\text{ N}}\right) = \arctan(-0{,}80)$$

O arco-tangente de $-0{,}80$ é $-39°$, mas a Figura 4.7b mostra que a força resultante está no segundo quadrante. Logo, a resposta correta é $\theta = -39° + 180° = 141°$.

AVALIAR: nessa situação, a força resultante *não* é zero, e você pode deduzir que o lutador 1 (que exerce a maior força sobre o cinturão, $F_1 = 250\text{N}$) provavelmente sairá com o cinturão ao final da luta.

Você deverá verificar a direção de $\vec{R}$ somando os vetores $\vec{F}_1$, $\vec{F}_2$ e $\vec{F}_3$ graficamente. Seu desenho mostra que $\vec{R} = \vec{F}_1 + \vec{F}_2 + \vec{F}_3$ e o sentido da resultante aponta para o segundo quadrante, conforme descobrimos?

Figura 4.7 (a) Três forças atuando sobre um cinturão.
(b) A força resultante $\vec{R} = \Sigma \vec{F}$ e seus componentes.

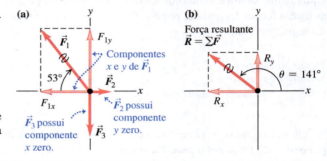

TESTE SUA COMPREENSÃO DA SEÇÃO 4.1 A Figura 4.5 mostra uma força $\vec{F}$ atuando sobre uma caixa. Com os eixos x e y mostrados na figura, qual afirmação sobre os componentes da força *gravitacional* que a Terra exerce sobre a caixa (o peso dela) está *correta*? (i) Os componentes x e y são ambos positivos; (ii) o componente x é zero e o componente y é positivo; (iii) o componente x é negativo e o componente y é positivo; (iv) os componentes x e y são ambos negativos; (v) o componente x é zero e o componente y é negativo; (vi) o componente x é positivo e o componente y é negativo. ▮

4.2 PRIMEIRA LEI DE NEWTON

Como as forças que atuam sobre um corpo afetam o movimento? Para começar, vamos verificar o que ocorre quando a força resultante sobre um corpo é igual a *zero*. Quando um corpo está em repouso, e se nenhuma força resultante atua sobre ele (isto é, nenhuma força o puxa ou empurra), você certamente concorda que ele permanecerá em repouso. Porém, o que ocorre quando o corpo está em *movimento* e a força resultante sobre ele é igual a zero?

Para ver o que ocorre nesse caso, suponha que você jogue um disco de hóquei sobre o topo de uma mesa horizontal aplicando sobre ele uma força horizontal com sua mão (**Figura 4.8a**). Depois que você parou de empurrar, o disco *não* continua a se mover indefinidamente; ele diminui a velocidade e para. Para que seu movimento continuasse, você teria de continuar a empurrar (ou seja, aplicar uma força). O senso comum levaria você a concluir que corpos em movimento devem parar naturalmente e que seria necessário aplicar uma força para sustentar o movimento.

Imagine agora que você empurre o disco de hóquei sobre uma superfície plana de gelo (Figura 4.8b). Depois que você parar de empurrar, o disco percorrerá uma distância maior antes de parar. Coloque-o em uma mesa de hóquei com ar comprimido, de modo que ele flutue em uma camada de ar; nesse caso, ele percorre uma distância muito maior (Figura 4.8c). Em cada caso, o *atrito*, uma força de interação entre a superfície do disco e a superfície sobre a qual ele desliza, é responsável pela diminuição da velocidade do disco; a diferença entre os três casos é o módulo da força de atrito. O gelo exerce uma força de atrito menor que a da superfície da mesa, de modo que o disco percorrerá uma distância maior antes de parar.

Figura 4.8 Quanto mais lisa a superfície, mais longe um disco desliza após tomar uma velocidade inicial. Se ele se move em uma mesa de hóquei com ar comprimido (c), a força de atrito é praticamente zero, de modo que o disco continua a deslizar com velocidade quase constante.

(a) Mesa: o disco desliza pouco. **(b)** Gelo: o disco desliza um pouco mais. **(c)** Mesa de hóquei com ar comprimido: o disco desliza ainda mais.

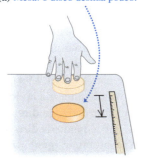
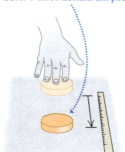
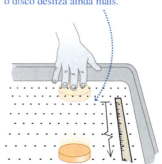

As moléculas de ar exercem a menor força de atrito entre as três. Caso fosse possível eliminar completamente o atrito, a velocidade do disco não diminuiria nunca e não precisaríamos de nenhuma força para mantê-lo em movimento. Portanto, o senso comum de que seria necessário aplicar uma força para sustentar o movimento é *incorreto*.

Experiências como as que acabamos de descrever mostram que, quando *nenhuma* força resultante atua sobre um corpo, ele permanece em repouso *ou* se move em linha reta com velocidade constante. Uma vez iniciado o movimento, não seria necessária nenhuma força resultante para mantê-lo. Este é o enunciado da *primeira lei de Newton:*

> **PRIMEIRA LEI DE NEWTON DO MOVIMENTO:** quando a força resultante sobre um corpo é igual a zero, ele se move com velocidade constante (que pode ser nula) e aceleração nula.

A tendência de um corpo permanecer deslocando-se, uma vez iniciado o movimento, resulta de uma propriedade denominada **inércia**. Você usa essa propriedade quando tenta se servir de ketchup sacudindo sua embalagem. Inicialmente, quando você movimenta a embalagem para baixo (com o ketchup dentro), o conteúdo tende a se mover para baixo; quando você inverte o movimento, o ketchup continua a mover-se para a frente e vai terminar no seu hambúrguer; pelo menos, espera-se que sim. A tendência de um corpo parado manter-se em repouso também é decorrente da inércia. Você já deve ter visto uma experiência na qual a louça distribuída sobre uma toalha de mesa não cai após a toalha ser puxada repentinamente. A força de atrito sobre a porcelana durante um intervalo de tempo muito curto não é suficiente para que ela se mova, logo, ela permanece praticamente em repouso.

É relevante notar que, na primeira lei de Newton, o que importa é conhecer a força *resultante*. Por exemplo, um livro de física em repouso sobre uma mesa horizontal possui duas forças atuando sobre ele: uma força de apoio para cima, ou força normal, exercida pelo apoio da mesa (ver Figura 4.2a) e a força de cima para baixo, oriunda da atração gravitacional que a Terra exerce sobre ele (uma força de longo alcance que atua sempre, independentemente da altura da mesa; ver Figura 4.2d). A reação de apoio da mesa para cima é igual à força da gravidade para baixo, de modo que a força *resultante* que atua sobre o livro (ou seja, a soma vetorial das duas forças) é igual a zero. De acordo com a primeira lei de Newton, se o livro

Aplicação Empurrando um trenó com a primeira lei de Newton A força da gravidade sobre a criança e o trenó é balanceada por uma força normal para cima exercida pelo solo. O pé do adulto exerce uma força para a frente que equilibra a força para trás do atrito sobre o trenó. Logo, não há uma força resultante sobre a criança e o trenó, e eles deslizam com velocidade constante.

está em repouso sobre a mesa, ele deve permanecer em repouso. O mesmo princípio pode ser aplicado a um disco de hóquei se deslocando sobre uma superfície horizontal sem atrito: a soma vetorial da reação de apoio da superfície para cima e da força da gravidade para baixo é igual a zero. Uma vez iniciado o movimento do disco, ele deve continuar com velocidade constante porque a força *resultante* atuando sobre ele é igual a zero.

Vejamos outro exemplo. Suponha que um disco de hóquei esteja em repouso sobre uma superfície horizontal com atrito desprezível, tal como uma mesa de hóquei com ar comprimido ou um bloco de gelo. Se o disco estiver inicialmente em repouso e uma única força horizontal $\vec{F}_1$ atuar sobre ele (**Figura 4.9a**), o disco começa a se mover. Caso o disco já estivesse se movendo antes da aplicação da força, esta produziria uma variação do módulo da velocidade, da direção e do sentido do vetor velocidade ou dessas três grandezas, dependendo da direção e do sentido da força aplicada. Nesse exemplo, a força resultante é igual a $\vec{F}_1$, que *não* é igual a zero. (Existem também duas forças verticais: a reação de apoio da superfície, de baixo para cima, e a força da gravidade, de cima para baixo. Porém, como dissemos antes, essas forças se anulam.)

Suponha agora que seja aplicada uma segunda força $\vec{F}_2$ (Figura 4.9b), igual em módulo e com sentido contrário à força $\vec{F}_1$. As duas forças são antiparalelas (negativas uma em relação à outra), $\vec{F}_2 = -\vec{F}_1$, e sua soma vetorial é igual a zero:

$$\Sigma \vec{F} = \vec{F}_1 + \vec{F}_2 = \vec{F}_1 + (-\vec{F}_1) = 0$$

Novamente, verificamos que, se um corpo está parado inicialmente, ele deve manter-se em repouso; se inicialmente ele já estava em movimento, deve continuar em movimento com velocidade constante. Esses resultados mostram que, na primeira lei de Newton, *força resultante igual a zero é equivalente a nenhuma força*. Isso decorre apenas do princípio da superposição de forças estudado na Seção 4.1.

Quando um corpo está em repouso ou movendo-se com velocidade constante (em uma linha reta com velocidade constante), dizemos que o corpo está em **equilíbrio**. Para um corpo estar em equilíbrio, ou ele não é acionado por força alguma ou o é por várias forças tais que sua soma vetorial — ou seja, a força resultante — seja zero:

Primeira lei de Newton: a força resultante sobre um corpo ... ⟶ $\Sigma \vec{F} = 0$ ⟵ ... deverá ser zero se o corpo estiver em **equilíbrio**. (4.3)

Figura 4.9 (a) Um disco de hóquei acelera no sentido de uma força resultante aplicada $\vec{F}_1$. (b) Quando a força resultante é igual a zero, a aceleração é nula e o disco está em equilíbrio.

(a) Um disco sobre uma superfície sem atrito acelera quando sofre ação de uma única força horizontal.

(b) Esse disco sofre ação de duas forças horizontais cuja soma vetorial é igual a zero. Ele se comporta como se nenhuma força atuasse sobre ele.

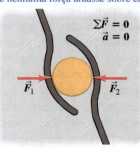

Estamos supondo que o corpo possa ser representado adequadamente por uma partícula pontual. Quando o corpo possui um tamanho finito, também devemos considerar *onde* as forças estão aplicadas sobre o corpo. Voltaremos a esse ponto no Capítulo 11.

EXEMPLO CONCEITUAL 4.2   FORÇA RESULTANTE NULA SIGNIFICA VELOCIDADE CONSTANTE

No clássico filme de ficção científica da década de 1950, *Da Terra à Lua*, uma espaçonave se move no vácuo do espaço sideral, longe de qualquer planeta, quando seu motor para de funcionar. Em virtude disso, a espaçonave diminui de velocidade e fica em repouso. Como você aplica a primeira lei de Newton nessa situação?

SOLUÇÃO

Depois que o motor para, não existe nenhuma força atuando sobre a espaçonave; portanto, pela primeira lei de Newton, ela *não* deve parar, e sim continuar a se mover em linha reta com velocidade escalar constante. Alguns filmes de ficção fizeram um uso muito preciso da ciência; este não foi um deles.

EXEMPLO CONCEITUAL 4.3   VELOCIDADE CONSTANTE SIGNIFICA FORÇA RESULTANTE NULA

Você está dirigindo um Maserati GranTurismo S ao longo de uma pista retilínea de teste com velocidade escalar constante igual a 250 km/h. Você ultrapassa um fusca Volkswagen 1971 que se move com velocidade escalar constante igual a 75 km/h. Para qual dos dois carros a força resultante é maior?

SOLUÇÃO

A palavra fundamental nesta questão é "resultante". Os dois carros estão em equilíbrio porque se movem com velocidade constante; logo, a força *resultante* sobre cada carro é igual a *zero*.

Essa conclusão parece contradizer o senso comum, segundo o qual o carro mais rápido deve possuir uma força motriz maior. É verdade que a força motriz do Maserati é maior que a do fusca (graças à elevada potência do Maserati). Porém, também existe uma força *para trás*, exercida sobre cada carro em virtude do atrito com o solo e da resistência do ar. Quando o carro está viajando com velocidade constante, a soma vetorial das forças para a frente e para trás é zero. Há mais resistência do ar no Maserati, mais veloz, do que no Volkswagen 71, mais lento; por isso, o motor do Maserati deve ser mais potente que o do Volkswagen.

Sistema de referência inercial

Ao discutirmos velocidade relativa na Seção 3.5, introduzimos o conceito de *sistema de referência*. Esse conceito é essencial para as leis de Newton do movimento. Suponha que você esteja em um ônibus que acelera ao longo de uma estrada retilínea. Se você pudesse ficar em pé apoiado em patins no interior do ônibus, você se deslocaria *para trás* em relação ao ônibus à medida que o motorista acelerasse o veículo. Ao contrário, se o ônibus freasse para parar, você começaria a se mover para a frente. Tudo se passa como se a primeira lei de Newton não estivesse sendo obedecida; aparentemente, não existe nenhuma força resultante atuando sobre você, embora sua velocidade esteja variando. O que existe de errado?

O fato é que o ônibus está sendo acelerado em relação à Terra e este *não* é um sistema de referência adequado para a aplicação da primeira lei de Newton. Essa lei vale para alguns sistemas de referência e não para outros. Um sistema de referência para o qual a primeira lei de Newton *é* válida denomina-se **sistema de referência inercial**. A Terra pode ser considerada, no mínimo aproximadamente, um sistema de referência inercial, mas o ônibus não. (A Terra não é exatamente um sistema de referência inercial porque possui uma aceleração devida à sua rotação e por causa de seu movimento em torno do Sol. Contudo, esses efeitos são muito pequenos; veja os exercícios 3.23 e 3.28.) Como a primeira lei de Newton é usada para definir um sistema de referência inercial, algumas vezes ela é chamada *lei da inércia*.

A **Figura 4.10** nos ajuda a compreender o que ocorre quando você viaja em um veículo em aceleração. Na Figura 4.10a, um veículo está inicialmente em repouso e, a seguir, começa a acelerar para a direita. Uma passageira sobre patins (cujas rodas praticamente eliminam os efeitos do atrito) não sofre quase nenhuma força resultante sobre si e, por isso, tende a permanecer em repouso em relação ao sistema de referência inercial da Terra. À medida que o veículo acelera para a frente, ela se move para trás em relação ao veículo. De modo semelhante, um passageiro

Figura 4.10 Viajando em um veículo acelerando.

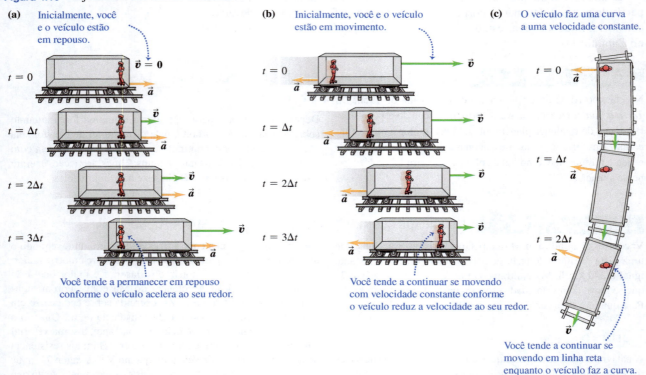

(a) Inicialmente, você e o veículo estão em repouso.
Você tende a permanecer em repouso conforme o veículo acelera ao seu redor.

(b) Inicialmente, você e o veículo estão em movimento.
Você tende a continuar se movendo com velocidade constante conforme o veículo reduz a velocidade ao seu redor.

(c) O veículo faz uma curva a uma velocidade constante.
Você tende a continuar se movendo em linha reta enquanto o veículo faz a curva.

em um veículo que reduz a velocidade tende a continuar se movendo com velocidade constante em relação à Terra e, portanto, move-se para a frente em relação ao veículo (Figura 4.10b). Um veículo também está acelerando quando se move a uma velocidade constante, mas faz uma curva (Figura 4.10c). Nesse caso, um passageiro tende a continuar se movendo em relação à Terra com uma velocidade constante em linha reta; em relação ao veículo, o passageiro se move lateralmente para fora da curva.

Em cada caso mostrado na Figura 4.10, um observador fixo no sistema de referência do veículo pode ser levado a concluir que *há* uma força resultante atuando sobre o passageiro, já que sua velocidade *relativa ao veículo* varia conforme o caso. Essa conclusão está errada; a força resultante sobre o passageiro é, na verdade, igual a zero. O erro do observador do veículo está em tentar aplicar a primeira lei de Newton ao sistema de referência do veículo, que *não* é um sistema de referência inercial e no qual essa lei não se aplica (**Figura 4.11**). Neste livro, usaremos *somente* sistemas de referência inerciais.

Mencionamos apenas um sistema de referência (aproximadamente) inercial: a superfície terrestre. Mas há muitos desses sistemas. Quando temos um sistema de referência inercial A, que obedece à primeira lei de Newton, então *qualquer* segundo sistema de referência B também será inercial, se ele se mover em relação a A com velocidade constante $\vec{v}_{B/A}$. Podemos provar isso usando a relação da velocidade relativa da Equação 3.35, na Seção 3.5:

$$\vec{v}_{P/A} = \vec{v}_{P/B} + \vec{v}_{B/A}$$

Suponha que P seja um corpo que se move com velocidade constante $\vec{v}_{P/A}$ em relação a um sistema de referência inercial A. Pela primeira lei de Newton, a força resultante sobre esse corpo é igual a zero. A velocidade de P relativa a outro sistema de referência B possui um valor diferente, $\vec{v}_{P/B} = \vec{v}_{P/A} - \vec{v}_{B/A}$. Mas, se a velocidade relativa $\vec{v}_{B/A}$ dos dois sistemas for constante, então $\vec{v}_{P/B}$ também é

Figura 4.11 A partir do sistema de referência do carro, quando o carro freia repentinamente, parece que uma força empurra os bonecos de teste de colisão para a frente. Conforme o carro para, os bonecos continuam a se mover para a frente como consequência da primeira lei de Newton.

constante. Logo, *B* também é um sistema de referência inercial; a velocidade de *P* nesse sistema de referência é constante e a força resultante sobre *P* é igual a zero; portanto, *B* obedece à primeira lei de Newton. Observadores nos sistemas *A* e *B* discordarão sobre a velocidade de *P*, mas concordarão que *P* possui velocidade constante (aceleração zero) e força resultante nula atuando sobre ele.

Na formulação das leis de Newton, não há nenhum sistema de referência inercial privilegiado em relação a todos os outros. Se um sistema de referência é inercial, então qualquer outro sistema que se mova em relação a ele com velocidade constante também o é. Sob esse ponto de vista, o estado de repouso e o estado de movimento com velocidade constante não são muito diferentes: ambos ocorrem quando o vetor soma das forças que atuam sobre o corpo é igual a zero.

TESTE SUA COMPREENSÃO DA SEÇÃO 4.2 Em qual das seguintes situações a força resultante que atua sobre um corpo é igual a zero? (i) Um voo de avião que se desloca para o norte, com altura e velocidade constantes a 120 m/s; (ii) um carro subindo uma colina, com 3° de inclinação e velocidade constante 90 km/h; (iii) uma águia voando em círculo a constantes 20 km/h e 15 m de altura sobre um campo aberto; (iv) uma caixa com superfícies lisas, sem atrito, transportada por um caminhão que acelera em uma estrada plana a 5 m/s². ▮

4.3 SEGUNDA LEI DE NEWTON

Segundo a primeira lei de Newton, quando um corpo sofre uma força resultante nula, ele se move com velocidade constante e aceleração zero. Na **Figura 4.12a**, um disco de hóquei desliza da esquerda para a direita sobre uma superfície de gelo. O atrito é desprezível; portanto, não há forças horizontais atuando sobre o disco; a força da gravidade, que atua de cima para baixo, e a força normal exercida pela superfície de gelo, que atua de baixo para cima, somam zero. Logo, a força resultante $\Sigma \vec{F}$ que atua sobre o disco é nula, o disco possui aceleração zero e sua velocidade é constante.

Figura 4.12 Usando um disco de hóquei sobre uma superfície sem atrito, vamos explorar a relação entre a força resultante $\Sigma \vec{F}$ que atua sobre um corpo e a aceleração resultante $\vec{a}$ do corpo.

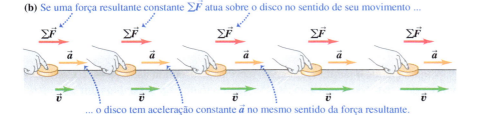

Mas o que acontece quando a força resultante é *diferente* de zero? Sobre um disco em movimento, na Figura 4.12b, aplicamos uma força horizontal constante na mesma direção e sentido em que ele se move. Logo, $\Sigma\vec{F}$ é constante e se desloca no mesmo sentido e na mesma direção horizontal de $\vec{v}$. Descobrimos que, enquanto a força está atuando, a velocidade do disco varia a uma taxa constante; ou seja, o disco se move com aceleração constante. O módulo da velocidade do disco aumenta, de modo que a aceleração $\vec{a}$ ocorre na mesma direção e sentido de $\vec{v}$ e $\Sigma\vec{F}$.

Na Figura 4.12c, invertemos o sentido da força sobre o disco, de modo que $\Sigma\vec{F}$ atua em oposição a $\vec{v}$. Também nesse caso, o disco possui uma aceleração; o disco se move cada vez mais lentamente para a direita. A aceleração $\vec{a}$, neste caso, é para a esquerda, na mesma direção de $\Sigma\vec{F}$, porém possui sentido contrário. Como no caso anterior, a experiência prova que a aceleração será constante se $\Sigma\vec{F}$ for constante.

Concluímos que *uma força resultante que atua sobre um corpo faz com que o corpo acelere na mesma direção e sentido da força.* Se o módulo da força resultante for constante, como nas figuras 4.12b e 4.12c, assim também será o módulo de aceleração.

Essas conclusões sobre força resultante e aceleração também se aplicam a um corpo que se move ao longo de uma trajetória curva. Por exemplo, a **Figura 4.13** mostra um disco de hóquei que se desloca em um círculo horizontal sobre uma superfície de gelo, com atrito desprezível. Uma corda que prende o disco à superfície exerce uma força de tensão de módulo constante orientado para o interior do círculo. O resultado é uma força resultante e uma aceleração que são constantes em módulo e direcionadas para o centro do círculo. A velocidade escalar do disco é constante; logo, identificamos um movimento circular uniforme, como foi discutido na Seção 3.4.

A **Figura 4.14a** mostra outra experiência para explorar a relação entre a aceleração e a força resultante que atua sobre um corpo. Aplicamos uma força horizontal constante sobre um disco de hóquei em uma superfície horizontal sem atrito, usando o dinamômetro descrito na Seção 4.1 com a mola esticada a um valor constante. Tanto na Figura 4.12b quanto na 4.12c, essa força horizontal é igual à força resultante que atua sobre o disco. Fazendo variar o módulo da força resultante, a aceleração varia com a mesma proporção. Dobrando-se a força resultante, a aceleração dobra (Figura 4.14b); usando-se metade da força resultante, a aceleração se reduz à metade (Figura 4.14c) e assim por diante. Diversas experiências análogas mostram que, *para qualquer dado objeto, o módulo da aceleração é diretamente proporcional ao módulo da força resultante que atua sobre o corpo.*

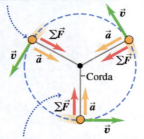

Figura 4.13 Vista aérea de um disco de hóquei em movimento circular uniforme sobre uma superfície horizontal sem atrito.

O disco se move com velocidade escalar constante em torno do círculo.

Em todos os pontos a aceleração $\vec{a}$ e a força resultante $\Sigma\vec{F}$ apontam no mesmo sentido — sempre orientadas para o centro do círculo.

Massa e força

Nossos resultados significam que, para um dado corpo, a *razão* entre o módulo $|\Sigma\vec{F}|$ da força resultante e o módulo da aceleração $a = |\vec{a}|$ é constante, independentemente do módulo da força resultante. Essa razão denomina-se *massa inercial* do corpo, ou simplesmente **massa**, e será representada por m. Ou seja:

$$m = \frac{|\Sigma\vec{F}|}{a} \quad \text{ou} \quad |\Sigma\vec{F}| = ma \quad \text{ou} \quad a = \frac{|\Sigma\vec{F}|}{m} \quad (4.4)$$

A massa mede quantitativamente a inércia, já discutida na Seção 4.2. Conforme a última das equações na Equação 4.4, quanto maior a massa, mais um corpo "resiste" a ser acelerado. Quando você segura uma fruta e a joga levemente para cima e para baixo para estimar seu peso, você está aplicando uma força e observando quanto a fruta acelera para cima e para baixo em resposta. Se uma força produz uma aceleração grande, a massa da fruta é pequena; se a mesma força produz uma aceleração pequena, a massa da fruta é grande. De modo semelhante, se você aplicar a mesma força em uma bola de tênis de mesa e depois em uma bola de basquete, vai notar que a bola possui uma aceleração muito menor porque sua massa é muito maior.

A unidade SI de massa é o **quilograma**. Mencionamos na Seção 1.3 que o quilograma é oficialmente definido como a massa de um padrão de uma liga de

Figura 4.14 O módulo da aceleração $\vec{a}$ de um corpo é diretamente proporcional ao módulo da força resultante $\Sigma\vec{F}$ que atua sobre o corpo de massa m.

(a) Uma força resultante constante $\Sigma\vec{F}$ provoca uma aceleração constante $\vec{a}$.

(b) Dobrando-se a força resultante, a aceleração dobra.

(c) A metade da força reduz a aceleração pela metade.

irídio-platina mantido em uma repartição de pesos e medidas próxima de Paris (Figura 1.4). Podemos usar esse quilograma padrão, juntamente com a Equação 4.4, para definir o **newton**:

> **Um newton é o valor da força resultante que imprime a um corpo de um quilograma de massa uma aceleração de um metro por segundo ao quadrado.**

Podemos usar essa definição para calibrar um dinamômetro e outros instrumentos destinados a medir forças. Por causa da maneira como definimos o newton, ele é relacionado às unidades de massa, comprimento e tempo. Para que as equações 4.4 sejam dimensionalmente coerentes, a seguinte relação precisa ser verdadeira:

1 newton = (1 quilograma) (1 metro por segundo ao quadrado)

ou

$$1 \text{ N} = 1 \text{ kg} \cdot \text{m/s}^2$$

Usaremos essa relação muitas vezes nos próximos capítulos e, portanto, ela deve ser sempre lembrada.

Podemos também usar as equações 4.4 para comparar massas com a massa padrão e, portanto, *medir* massas. Suponha que apliquemos uma força resultante $\Sigma \vec{F}$ sobre um corpo de massa conhecida m_1 e achamos uma aceleração de módulo a_1 (**Figura 4.15a**). A seguir, podemos aplicar a mesma força a um outro corpo de massa m_2 e achar uma aceleração de módulo a_2 (Figura 4.15b). Então, de acordo com as equações 4.4,

$$m_1 a_1 = m_2 a_2$$

$$\frac{m_2}{m_1} = \frac{a_1}{a_2} \quad \text{(mesma força resultante)} \tag{4.5}$$

Para a mesma força resultante, a razão entre as massas é o inverso da razão entre as acelerações. Em princípio, poderíamos usar a Equação 4.5 para medir uma massa desconhecida m_2; porém, normalmente é mais prático determinar a massa indiretamente pela medida do *peso* do corpo. Voltaremos a esse ponto na Seção 4.4.

Quando duas massas m_1 e m_2 se juntam, verificamos que elas formam um corpo composto de massa $m_1 + m_2$ (Figura 4.15c). Essa propriedade aditiva das massas parece óbvia, porém ela deve ser verificada experimentalmente. Efetivamente, a massa de um corpo depende do número de prótons, nêutrons e elétrons que ele contém. Essa não seria uma boa *definição* de massa, visto que não existe nenhum método prático para contar o número dessas partículas. Contudo, o conceito de massa fornece a maneira mais fundamental para caracterizar a quantidade de matéria contida em um corpo.

Enunciado da segunda lei de Newton

A experiência mostra que a força *resultante* sobre um corpo é a responsável por sua aceleração. Se a combinação de forças $\vec{F}_1$, $\vec{F}_2$, $\vec{F}_3$ e assim por diante é aplicada sobre um corpo, ele terá a mesma aceleração (módulo, direção e sentido) que teria se uma única força dada pela soma vetorial $\vec{F}_1 + \vec{F}_2 + \vec{F}_3 + \ldots$ atuasse sobre ele. Em outras palavras, o princípio da superposição das forças também vale quando a força resultante que atua sobre o corpo não é zero e o corpo possui uma aceleração.

Figura 4.15 Para uma força resultante $\vec{F}$ atuando sobre um corpo, a aceleração é inversamente proporcional à massa do corpo. As massas se somam como escalares comuns.

(a) Uma força $\Sigma \vec{F}$ conhecida faz com que um objeto com massa m_1 tenha uma aceleração $\vec{a}_1$.

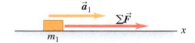

(b) Aplicando a mesma força $\Sigma \vec{F}$ a um segundo objeto e observando a aceleração, podemos medir a massa.

(c) Quando os dois objetos se juntam, o mesmo método mostra que sua massa composta é a soma das massas individuais.

As equações 4.4 relacionam o módulo da força resultante que atua sobre um corpo com o módulo da aceleração que ela produz. Também vimos que a força resultante possui a mesma direção e o mesmo sentido da aceleração, seja a trajetória retilínea, seja curvilínea. Mais que isso, as forças que afetam o movimento de um corpo são *externas*, aquelas exercidas sobre o corpo por outros corpos em seu ambiente. Newton sintetizou todas essas relações e resultados experimentais em uma única formulação, denominada *segunda lei de Newton do movimento*:

> **SEGUNDA LEI DE NEWTON DO MOVIMENTO:** quando uma força resultante externa atua sobre um corpo, ele se acelera. A aceleração possui a mesma direção e o mesmo sentido da força resultante. O vetor força resultante é igual ao produto da massa do corpo pelo vetor aceleração do corpo.

Em símbolos,

Segunda lei de Newton: Se houver uma força resultante sobre um corpo ... $\sum \vec{F} = m\vec{a}$ ... o corpo acelera na mesma direção e no mesmo sentido da força resultante. Massa do corpo (4.6)

Uma formulação alternativa é que a aceleração de um corpo possui a mesma direção e o mesmo sentido da força resultante que atua sobre ele e é igual à força resultante dividida pela sua massa:

$$\vec{a} = \frac{\sum \vec{F}}{m}$$

A segunda lei de Newton é uma lei fundamental da natureza, a relação básica entre força e movimento. No restante deste capítulo e em todo o capítulo seguinte, vamos nos dedicar a estudar como aplicar essa lei em diversas situações.

A Equação 4.6 possui muitas aplicações práticas (**Figura 4.16**). Na realidade, você já a utilizou diversas vezes para medir a aceleração de seu corpo. Na parte interna do seu ouvido, células ciliares microscópicas sentem o módulo, a direção e o sentido da força que elas devem exercer para que pequenas membranas se desloquem com a mesma aceleração do corpo inteiro. Pela segunda lei de Newton, a aceleração das membranas — e, portanto, do seu corpo inteiro — é proporcional a essa força e possui a mesma direção e o mesmo sentido. Desse

Figura 4.16 O projeto de uma motocicleta de alto desempenho depende fundamentalmente da segunda lei de Newton. Para maximizar a aceleração para a frente, o projetista deve fazer a motocicleta ser o mais leve possível (isto é, minimizar sua massa) e usar o motor mais potente possível (isto é, maximizar a força motriz).

modo, você pode sentir o módulo, a direção e o sentido de sua aceleração mesmo com os olhos fechados!

Aplicações da segunda lei de Newton

Existem pelo menos quatro aspectos da segunda lei de Newton que necessitam de atenção especial. Primeiro, a Equação 4.6 é uma equação *vetorial*. Normalmente, ela será usada mediante a forma dos componentes, escrevendo-se uma equação separada para cada componente da força e a aceleração correspondente:

Segunda lei de Newton: Cada componente da força resultante sobre um corpo ...

$$\Sigma F_x = ma_x \quad \Sigma F_y = ma_y \quad \Sigma F_z = ma_z \quad (4.7)$$

... é igual à massa do corpo vezes o componente correspondente da aceleração.

Esse conjunto de equações para cada componente é equivalente à Equação 4.6 para um único vetor.

Segundo, o enunciado da segunda lei de Newton refere-se a forças *externas*. É impossível um corpo afetar seu próprio movimento exercendo uma força sobre si mesmo; se isso fosse possível, você poderia dar um pulo até o teto puxando seu cinto de baixo para cima! É por isso que somente forças externas são incluídas na soma $\Sigma \vec{F}$ nas equações 4.6 e 4.7.

Terceiro, as equações 4.6 e 4.7 são válidas apenas quando a massa m é *constante*. É fácil imaginar sistemas que possuem massas variáveis, como um caminhão-tanque vazando líquido, um foguete se deslocando ou um vagão em movimento em uma estrada de ferro sendo carregado com carvão. Porém, tais sistemas são mais bem estudados mediante o conceito de momento linear; esse assunto será abordado no Capítulo 8.

Finalmente, a segunda lei de Newton é válida somente em sistemas de referência inerciais, como no caso da primeira lei. Portanto, ela não vale para nenhum dos veículos acelerados indicados na Figura 4.10; em relação a qualquer um desses sistemas, o passageiro acelera, embora a força resultante seja igual a zero. Geralmente, supomos que a Terra seja aproximadamente um sistema de referência inercial; entretanto, em virtude do movimento de rotação e do movimento orbital, esse sistema não é exatamente inercial.

Aplicação Culpe a segunda lei de Newton Este carro parou devido à segunda lei de Newton do movimento: a árvore exerceu uma força externa no carro, dando-lhe uma aceleração que mudou sua velocidade para zero.

> **ATENÇÃO** $m\vec{a}$ **não é uma força** Observe que, embora o vetor $m\vec{a}$ seja igual ao vetor soma $\Sigma \vec{F}$ de todas as forças atuando sobre o corpo, o vetor $m\vec{a}$ *não* é uma força. A aceleração é o *resultado* de uma força resultante diferente de zero; não é uma força propriamente dita. De acordo com o senso comum, existe uma "força de aceleração" que empurra você contra o assento do carro quando acelera bruscamente o carro a partir do repouso. Porém, *tal força não existe*; em vez disso, sua inércia determina que você fique em repouso em relação à Terra e o carro acelere para a frente (Figura 4.10a). A confusão provocada pelo senso comum é que se tenta aplicar a segunda lei de Newton a um sistema de referência onde ela não vale, como o sistema de referência não inercial de um carro com aceleração. Sempre vamos estudar movimentos em relação a um sistema de referência *inercial*.

Para aprender a usar a segunda lei de Newton, vamos começar neste capítulo com exemplos de movimento retilíneo. No Capítulo 5, examinaremos casos mais gerais e desenvolveremos estratégias para a solução de problemas mais detalhados.

EXEMPLO 4.4: DETERMINAÇÃO DA ACELERAÇÃO A PARTIR DA FORÇA

Um trabalhador aplica uma força horizontal constante de módulo igual a 20 N sobre uma caixa de massa igual a 40 kg que está em repouso sobre uma superfície horizontal com atrito desprezível. Qual é a aceleração da caixa?

SOLUÇÃO

IDENTIFICAR E PREPARAR: este problema envolve força e aceleração. Sempre que encontrar um problema deste tipo, você deve abordá-lo usando a segunda lei de Newton. Os primeiros passos para resolver *qualquer* problema envolvendo forças são escolher o sistema de coordenadas e identificar todas as forças que atuam sobre o corpo em questão. Em geral é conveniente tomar um eixo ao longo da direção da aceleração do corpo, que neste caso é horizontal, ou em oposição a ela. Escolhemos o eixo +x no mesmo sentido da força (ou seja, a direção e o sentido em que a caixa acelera) e o eixo +y apontando para cima (**Figura 4.17**). Na maioria dos problemas referentes à força (inclusive este), os vetores de força ficam em um plano e, por isso, o eixo z não é usado.

Figura 4.17 Nosso desenho para este problema. O piso sob a caixa acabou de ser encerado, por isso assumimos que o atrito é desprezível.

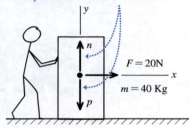

A caixa não possui aceleração vertical; portanto, a soma dos componentes verticais da força resultante é igual a zero. No entanto, para maior clareza, mostramos as forças verticais atuando sobre a caixa.

As forças que atuam sobre a caixa são (i) a força horizontal $\vec{F}$ exercida pelo trabalhador com módulo 20 N; (ii) o peso $\vec{p}$ da caixa, ou seja, a força de cima para baixo oriunda da atração gravitacional da Terra; e (iii) a força de reação de baixo para cima $\vec{n}$ exercida pela superfície sobre o corpo. Como na Seção 4.2, denominamos a força $\vec{n}$ como força *normal* porque ela é normal (perpendicular) à superfície de contato. (Usamos a letra n em itálico para não confundir com a abreviação N, reservada para o newton, unidade de força.) O enunciado diz que o atrito é desprezível, de modo que não incluímos nenhuma força de atrito. Como a caixa não se move verticalmente, a aceleração y é zero: $a_y = 0$. Nossa variável-alvo é o componente x da aceleração, a_x, que determinaremos usando a segunda lei de Newton na forma de componentes, conforme as equações 4.7.

EXECUTAR: na Figura 4.17, apenas a força de 20 N exercida pelo trabalhador possui componente x diferente de zero. Logo, de acordo com a primeira relação na Equação 4.7,

$$\Sigma F_x = F = 20 \text{ N} = ma_x$$

Logo, o componente x da aceleração é

$$a_x = \frac{\Sigma F_x}{m} = \frac{20 \text{ N}}{40 \text{ kg}} = \frac{20 \text{ kg} \cdot \text{m/s}^2}{40 \text{ kg}} = 0{,}50 \text{ m/s}^2$$

AVALIAR: a aceleração possui a direção e o sentido do eixo +x, a mesma direção e o mesmo sentido da força resultante. A força resultante é constante, logo, a aceleração também é constante. Caso fossem dadas a posição e a velocidade inicial da caixa, poderíamos achar a posição e a velocidade em qualquer instante pela equação do movimento com aceleração constante que deduzimos no Capítulo 2.

Note que, para determinar a_x, não tivemos de usar o componente y da segunda lei de Newton dada pelas equações 4.7, $\Sigma F_y = ma_y$. Usando essa equação, você poderia demonstrar que o módulo n da força normal, nessa situação, é igual ao peso da caixa?

EXEMPLO 4.5: DETERMINAÇÃO DA FORÇA A PARTIR DA ACELERAÇÃO

Uma garçonete empurra uma garrafa de ketchup de massa igual a 0,45 kg ao longo de um balcão liso e horizontal. Quando a garrafa deixa sua mão, ela possui velocidade de 2,8 m/s, que depois diminui por causa do atrito horizontal constante exercido pela superfície superior do balcão. A garrafa percorre uma distância de 1,0 m até parar. Determine o módulo, a direção e o sentido da força de atrito que atua na garrafa.

SOLUÇÃO

IDENTIFICAR E PREPARAR: este problema envolve forças e aceleração (a redução na velocidade da garrafa de ketchup), portanto usaremos a segunda lei de Newton para resolvê-lo. Como no Exemplo 4.4, o primeiro passo é escolher o sistema de coordenadas e depois identificar as forças que atuam sobre o corpo (neste caso, a garrafa de ketchup). Conforme a **Figura 4.18**, escolhemos o eixo +x no mesmo sentido em que desliza, sendo

a origem o ponto onde a garrafa deixa a mão da garçonete. A força de atrito $\vec{f}$ atua para fazer diminuir a velocidade da garrafa, de modo que seu sentido deve ser oposto ao da velocidade (veja a Figura 4.12c).

Nossa variável-alvo é o módulo f da força de atrito, que encontraremos usando o componente x da segunda lei de Newton, conforme as equações 4.7. O valor de a_x não é fornecido, mas

Figura 4.18 Nosso desenho para este problema.

Desenhamos um diagrama para o movimento da garrafa e outro para as forças que atuam sobre ela.
m = 0,45 kg

(Continua)

(*Continuação*)

sabemos que a força de atrito é constante. Logo, a aceleração também é constante e podemos calcular a_x usando uma das fórmulas de aceleração constante na Seção 2.4. Como conhecemos a coordenada x e a velocidade x iniciais ($x_0 = 0$, $x = 1,0$ m), assim como as finais ($v_{0x} = 2,8$ m/s, $v_x = 0$), a equação mais fácil de usar é a 2.13, $v_x^2 = v_{0x}^2 + 2a_x(x - x_0)$.

EXECUTAR: resolvemos a Equação 2.13 para a_x,

$$a_x = \frac{v_x^2 - v_{0x}^2}{2(x - x_0)} = \frac{(0 \text{ m/s})^2 - (2,8 \text{ m/s})^2}{2(1,0 \text{ m} - 0 \text{ m})} = -3,9 \text{ m/s}^2$$

O sinal negativo indica que o sentido da aceleração é para a *esquerda* na Figura 4.18, oposto à sua velocidade; como é de se esperar, pois a garrafa está diminuindo de velocidade. A força resultante na direção de x é $-f$, o componente x da força de atrito, logo

$$\Sigma F_x = -f = ma_x = (0,45 \text{ kg})(-3,9 \text{ m/s}^2)$$
$$= -1,8 \text{ kg} \cdot \text{m/s}^2 = -1,8 \text{ N}$$

O sinal negativo indica novamente que o sentido da força é para a esquerda. O *módulo* da força de atrito é dado por $f = 1,8$ N.

AVALIAR: para conferir o resultado, tente repetir o cálculo com o eixo $+x$ à *esquerda* na Figura 4.18. Nesse caso, você deve descobrir que ΣF_x é igual a $+f = +1,8$ N (porque a força de atrito agora é na direção $+x$), e novamente descobrirá que $f = 1,8$ N. Suas respostas para os *módulos* das forças (que são sempre números positivos) nunca devem depender da sua escolha dos eixos das coordenadas!

Algumas observações sobre unidades

É conveniente fazer algumas observações sobre unidades. No sistema métrico CGS (não usado neste livro), a unidade de massa é o grama, igual a 10^{-3} kg, e a unidade de distância é o centímetro, igual a 10^{-2} m. A unidade de força correspondente denomina-se *dina:*

$$1 \text{ dina} = 1 \text{ g} \cdot \text{cm/s}^2 = 10^{-5} \text{ N}$$

No sistema inglês, a unidade de força é a *libra* (ou libra-força) e a unidade de massa é o *slug* (**Figura 4.19**). A unidade de aceleração é 1 pé/s², logo,

$$1 \text{ libra} = 1 \text{ slug} \cdot \text{pé/s}^2$$

A definição oficial da libra é

$$1 \text{ libra} = 4,448221615260 \text{ newtons}$$

É útil lembrar que uma libra é aproximadamente 4,4 N e um newton é aproximadamente 0,22 libra. Outro fato útil: um corpo com massa de 1 kg possui peso de aproximadamente 2,2 lb na superfície terrestre.

Na **Tabela 4.2**, apresentamos um resumo das unidades de força, massa e aceleração nos três sistemas.

Figura 4.19 Apesar do nome *slug* (*lesma* em inglês), a unidade inglesa de massa não tem qualquer relação com o tipo de lesma que aparece na figura. Uma lesma de jardim típica possui massa aproximadamente igual a 15 gramas, ou cerca de 10^{-3} slug.

TABELA 4.2 Unidades de força, massa e aceleração.

Sistema de unidades	Força	Massa	Aceleração
SI	newton (N)	quilograma (kg)	m/s²
CGS	dina (dyn)	grama (g)	cm/s²
Inglês	libra (lb)	slug	pés/s²

TESTE SUA COMPREENSÃO DA SEÇÃO 4.3 Classifique as seguintes situações por ordem crescente de módulo da aceleração do objeto. Há algum caso com o mesmo módulo de aceleração? (i) Um objeto de 2,0 kg que sofre uma força resultante de 2,0 N; (ii) um objeto de 2,0 kg que sofre uma força resultante de 8,0 N; (iii) um objeto de 8,0 kg que sofre uma força resultante de 2,0 N; (iv) um objeto de 8,0 kg que sofre uma força resultante de 8,0 N. ∎

4.4 MASSA E PESO

O *peso* de um corpo é uma das forças mais familiares que a Terra exerce sobre o corpo. (Se você estiver em outro planeta, seu peso será a força gravitacional que o planeta exerce sobre você.) Infelizmente, os termos *massa* e *peso*, em geral, são mal empregados e considerados sinônimos em nossa conversação cotidiana. É extremamente importante que você saiba a diferença entre essas duas grandezas físicas.

A massa caracteriza a propriedade da *inércia* de um corpo. Por causa de sua massa, a louça fica praticamente em repouso sobre a mesa quando você puxa repentinamente a toalha por baixo dela. Quanto maior a massa, maior a força necessária para produzir uma dada aceleração; isso se reflete na segunda lei de Newton, $\Sigma \vec{F} = m\vec{a}$.

Por outro lado, o peso de um corpo é a *força* de atração gravitacional exercida pela Terra sobre o corpo. Massa e peso se relacionam: um corpo que possui massa grande também possui peso grande. É difícil lançar uma pedra grande horizontalmente porque ela possui uma grande *massa*, e é difícil levantá-la porque ela possui um grande *peso*.

Para compreender a relação entre massa e peso, note que um corpo em queda livre possui uma aceleração igual a *g* (veja na Seção 2.5). De acordo com a segunda lei de Newton, uma força deve produzir essa aceleração. Quando um corpo de 1 kg cai com aceleração igual a 9,8 m/s², a força necessária possui o seguinte módulo:

$$F = ma = (1 \text{ kg})(9{,}8 \text{ m/s}^2) = 9{,}8 \text{ kg} \cdot \text{m/s}^2 = 9{,}8 \text{ N}$$

A força que faz o corpo acelerar de cima para baixo é o peso do corpo. Qualquer corpo próximo da superfície da Terra que possua massa de 1 kg *deve* possuir um peso igual a 9,8 N para que ele tenha a aceleração que observamos quando o corpo está em queda livre. Generalizando, qualquer corpo de massa *m* deve possuir um peso com módulo *p* dado por

$$p = mg \qquad (4.8)$$

Módulo do peso de um corpo · Massa do corpo · Módulo da aceleração da gravidade

Logo, o módulo *p* do peso de um corpo é diretamente proporcional à sua massa *m*. O peso de um corpo é uma força, uma grandeza vetorial, de modo que podemos escrever a Equação 4.8 como uma equação vetorial (**Figura 4.20**):

$$\vec{p} = m\vec{g} \qquad (4.9)$$

Lembre-se de que *g* é o *módulo* de $\vec{g}$, a aceleração da gravidade; logo, *g* é sempre um número positivo. Portanto, *p*, dado pela Equação 4.8, é o *módulo* do peso e também é sempre um número positivo.

ATENÇÃO **O peso de um corpo atua o tempo inteiro** O peso de um corpo atua *o tempo inteiro* sobre o corpo, independentemente de ele estar ou não em queda livre. Se suspendemos um objeto com uma corda, ele está em equilíbrio e sua aceleração é igual a zero. Porém, seu peso, dado pela Equação 4.9, continua puxando-o para baixo (Figura 4.20). Nesse caso, a corda exerce uma força que puxa o objeto de baixo para cima. A *soma vetorial* das forças é igual a zero, mas o peso ainda atua.

Figura 4.20 Relação entre massa e peso de um corpo.

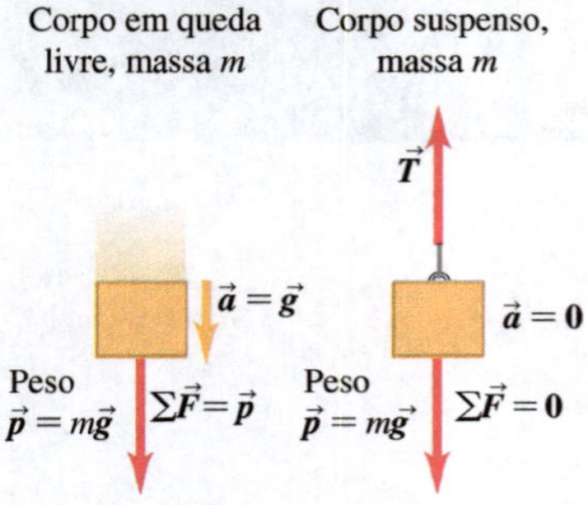

Corpo em queda livre, massa *m*
$\vec{a} = \vec{g}$
Peso $\vec{p} = m\vec{g}$
$\Sigma \vec{F} = \vec{p}$

Corpo suspenso, massa *m*
$\vec{T}$
$\vec{a} = 0$
Peso $\vec{p} = m\vec{g}$
$\Sigma \vec{F} = 0$

• A relação entre massa e peso: $\vec{p} = m\vec{g}$.
• A relação é a mesma, estando um corpo em queda livre ou estacionário.

EXEMPLO CONCEITUAL 4.6 FORÇA RESULTANTE E ACELERAÇÃO EM QUEDA LIVRE

No Exemplo 2.6 (Seção 2.5), uma moeda de um euro foi largada do repouso do alto da Torre Inclinada de Pisa. Se a moeda cai em queda livre, de modo que os efeitos do ar sejam desprezíveis, como a força resultante sobre ela varia durante a queda?

SOLUÇÃO

Em queda livre, a aceleração $\vec{a}$ da moeda é constante e igual a $\vec{g}$. Portanto, de acordo com a segunda lei de Newton, a força resultante $\Sigma\vec{F} = m\vec{a}$ também é constante e igual a $m\vec{g}$, que é o peso da moeda $\vec{p}$ (**Figura 4.21**). A velocidade da moeda varia enquanto ela cai, mas a força resultante que atua sobre ela permanece constante. (Se isso lhe causou alguma surpresa, releia o Exemplo conceitual 4.3.)

A força resultante sobre uma moeda em queda livre é constante, mesmo que você a jogue inicialmente de baixo para cima.

A força que sua mão exerceu sobre a moeda ao jogá-la é uma força de contato, que desaparece no instante em que a moeda perde contato com sua mão. A partir daí, a única força que atua sobre a moeda é seu peso $\vec{p}$.

Figura 4.21 A aceleração de um objeto em queda livre é constante, assim como a força resultante que atua sobre o objeto.

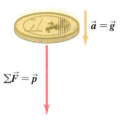

Variação de *g* com o local

Usaremos $g = 9{,}80$ m/s² para os problemas na superfície da Terra (ou, se os outros dados no problema forem fornecidos com apenas dois algarismos significativos, $g = 9{,}8$ m/s²). Na realidade, o valor de *g* varia de um ponto a outro na superfície da Terra — desde aproximadamente 9,78 m/s² a aproximadamente 9,82 m/s² — porque a Terra não é uma esfera perfeita e em decorrência de sua rotação e seu movimento orbital. Em um ponto onde $g = 9{,}80$ m/s², o peso de um quilograma-padrão é igual a $p = 9{,}80$ N. Em outro ponto onde $g = 9{,}78$ m/s², o peso de um quilograma seria $p = 9{,}78$ N, porém sua massa continuaria igual a 1 kg. O peso de um corpo varia de um local para outro; a massa, não.

Se levarmos um quilograma-padrão para a superfície da Lua, onde a aceleração de um corpo em queda livre é de 1,62 m/s² (o valor de *g* na superfície da Lua), seu peso será 1,62 N, porém sua massa continuará igual a 1 kg (**Figura 4.22**). Um astronauta de 80,0 kg pesa na Terra (80,0 kg) (9,80 m/s²) = 784 N, mas na Lua o peso desse astronauta seria apenas (80,0 kg) (1,62 m/s²) = 130 N. No Capítulo 13, veremos como calcular o valor de *g* na superfície da Lua ou em outros mundos.

Figura 4.22 O peso de um corpo de 1 quilograma de massa (a) na Terra e (b) na Lua.

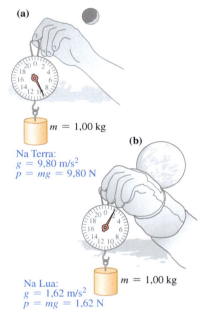

Medidas da massa e do peso

Na Seção 4.3, descrevemos um método para avaliar massas comparando sua aceleração quando submetidas à mesma força resultante. Contudo, normalmente o método mais simples para avaliar a massa de um corpo consiste em medir seu peso, geralmente mediante comparação a um padrão. De acordo com a Equação 4.8, dois corpos que possuem o mesmo peso no mesmo local devem possuir a mesma massa. Podemos comparar pesos de modo muito preciso; a familiar balança de braços iguais (**Figura 4.23**) permite isso com grande precisão (até 1 parte em 10^6), visto que, quando dois corpos possuem o mesmo peso no mesmo local, eles possuem a mesma massa.

O conceito de massa desempenha dois papéis bastante diferentes na mecânica. O peso de um corpo (a força da atração gravitacional sobre o corpo) é proporcional à sua massa; podemos denominar *massa gravitacional* a essa propriedade do corpo. Por outro lado, a propriedade inercial decorrente da segunda lei de Newton pode ser chamada de *massa inercial*. Se essas duas quantidades fossem diferentes, a aceleração da gravidade poderia ser diferente para corpos diferentes. Contudo, experiências extraordinariamente precisas estabeleceram que essas massas *são* iguais, com precisão superior a uma parte em 10^{12}.

Figura 4.23 Uma balança de braços iguais determina a massa de um corpo (como uma maçã) comparando seu peso com um peso conhecido.

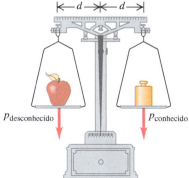

ATENÇÃO **Não confunda massa com peso** As unidades SI de massa e de peso são frequentemente mal empregadas em nosso cotidiano. Expressões como "Esta caixa pesa 6 kg" são incorretas; o que a frase significa realmente é que a *massa* da caixa, provavelmente determinada indiretamente por *pesagem*, é igual a 6 kg. Tome cuidado para evitar esse tipo de erro em seus trabalhos! Em unidades SI, o peso (uma força) é medido em newtons, enquanto a massa é medida em quilogramas.

EXEMPLO 4.7 MASSA E PESO

Um Rolls Royce de $2{,}49 \times 10^4$ N em movimento ao longo da direção e sentido do eixo $+x$ para repentinamente em uma situação de emergência; o componente x da força resultante que atua sobre o carro é $-1{,}83 \times 10^4$ N. Qual é sua aceleração?

SOLUÇÃO

IDENTIFICAR E PREPARAR: nossa variável-alvo é o componente x da aceleração do carro, a_x. Usamos a parte do componente x da segunda lei de Newton, equações 4.7, para relacionar força e aceleração. Para isso, precisamos conhecer a massa do carro. Entretanto, como o newton é uma unidade de força, sabemos que $2{,}49 \times 10^4$ N é o *peso* do carro, não a sua massa. Logo, primeiro usaremos a Equação 4.8 para determinar a massa do carro a partir de seu peso. O carro tem uma velocidade x positiva e está diminuindo a velocidade, de modo que sua aceleração x será negativa.

EXECUTAR: a massa do carro é

$$m = \frac{p}{g} = \frac{2{,}49 \times 10^4 \text{ N}}{9{,}80 \text{ m/s}^2} = \frac{2{,}49 \times 10^4 \text{ kg} \cdot \text{m/s}^2}{9{,}80 \text{ m/s}^2}$$

$$= 2.540 \text{ kg}$$

Como $\Sigma F_x = m a_x$, obtemos

$$a_x = \frac{\Sigma F_x}{m} = \frac{-1{,}83 \times 10^4 \text{ N}}{2.540 \text{ kg}} = \frac{-1{,}83 \times 10^4 \text{ kg} \cdot \text{m/s}^2}{2.540 \text{ kg}}$$

$$= -7{,}20 \text{ m/s}^2$$

AVALIAR: o sinal negativo significa que o vetor aceleração aponta no sentido $+x$, conforme esperávamos. O módulo dessa aceleração é muito alto; os passageiros nesse carro experimentarão uma força muito grande nos ombros exercida pelos seus cintos de segurança.

Note que a aceleração também pode ser escrita como $-0{,}735\,g$. Vale mencionar que $-0{,}735$ também é a razão de $-1{,}83 \times 10^4$ N (o componente x da força resultante) por $2{,}49 \times 10^4$ N (o peso). Na verdade, a aceleração de um corpo, expressa como um múltiplo de g, é *sempre* igual à razão da força resultante sobre o corpo pelo seu peso. Você sabe por quê?

TESTE SUA COMPREENSÃO DA SEÇÃO 4.4 Suponha que um astronauta aterrisse em um planeta onde $g = 19{,}6$ m/s^2. Em comparação com a Terra, caminhar seria mais fácil, mais difícil ou igual? E apanhar uma bola que se move horizontalmente a 12 m/s? (Considere que a roupa do astronauta é de um modelo leve, que não restringe em nada seus movimentos.) ❙

4.5 TERCEIRA LEI DE NEWTON

Uma força atuando sobre um corpo é sempre o resultado de uma interação com outro corpo, de modo que as forças sempre ocorrem em pares. Você não pode puxar a maçaneta de uma porta sem que ela empurre você para trás. Quando você chuta uma bola, a força para a frente que seu pé exerce sobre ela faz a bola mover-se ao longo de sua trajetória; porém, você sente a força que a bola exerce sobre seu pé.

Em cada um dos casos citados anteriormente, a força que você exerce sobre o corpo é igual e contrária à força que o corpo exerce sobre você. A experiência mostra que, quando dois corpos interagem, as duas forças decorrentes da interação possuem sempre o *mesmo módulo* e a *mesma direção,* mas possuem *sentidos contrários*. Esse resultado denomina-se *terceira lei de Newton do movimento*:

TERCEIRA LEI DE NEWTON DO MOVIMENTO: quando um corpo A exerce uma força sobre um corpo B (uma "ação"), o corpo B exerce uma força sobre o corpo A (uma "reação"). Essas duas forças têm o mesmo módulo e a mesma direção, mas possuem sentidos opostos. Essas duas forças atuam em corpos *diferentes*.

Por exemplo, na **Figura 4.24**, $\vec{F}_{A \text{ em } B}$ é a força exercida *pelo* corpo A (primeiro subscrito) *sobre* o corpo B (segundo subscrito) e $\vec{F}_{B \text{ em } A}$ é a força exercida *pelo* corpo B (primeiro subscrito) *sobre* o corpo A (segundo subscrito). Em forma de equação,

Terceira lei de Newton: quando dois corpos A e B exercem forças um no outro ...

$$\vec{F}_{A \text{ em } B} = -\vec{F}_{B \text{ em } A} \quad (4.10)$$

... as duas forças têm o mesmo módulo, mas sentidos opostos.

Note: as duas forças atuam em corpos *diferentes*.

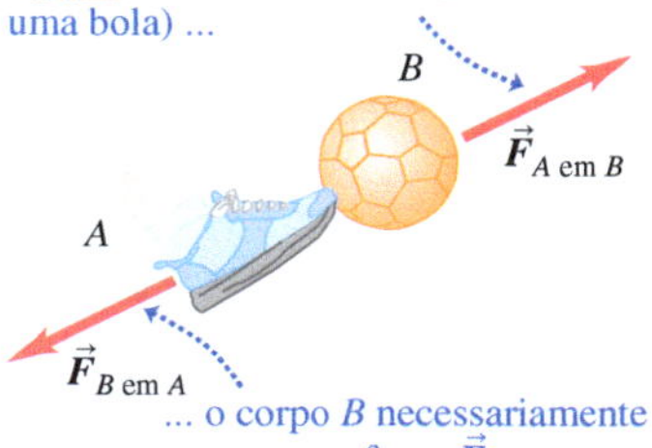

Figura 4.24 Terceira lei de Newton do movimento.

Quando um corpo A exerce uma força $\vec{F}_{A \text{ em } B}$ (por exemplo, um pé chuta uma bola) ...

... o corpo B necessariamente exerce uma força $\vec{F}_{B \text{ em } A}$ (bola chuta de volta no pé).

As duas forças têm o mesmo módulo e a mesma direção, mas sentidos opostos: $\vec{F}_{A \text{ em } B} = -\vec{F}_{B \text{ em } A}$.

Não importa se um corpo é inanimado (como a bola de futebol na Figura 4.24) e o outro não (como a pessoa que chuta): eles necessariamente exercem forças mútuas que seguem a Equação 4.10.

Nesse enunciado, "ação" e "reação" são as duas forças opostas (na Figura 4.24, $\vec{F}_{A \text{ em } B}$ e $\vec{F}_{B \text{ em } A}$); algumas vezes nos referimos a elas como um **par de ação e reação**. Isso *não* significa nenhuma relação de causa e efeito; qualquer uma das forças pode ser considerada como a "ação" ou como a "reação". Algumas vezes, dizemos simplesmente que as forças são "iguais e opostas", querendo dizer que elas têm o mesmo módulo e a mesma direção, mas possuem sentidos opostos.

ATENÇÃO As duas forças no par de ação e reação atuam sobre corpos diferentes Enfatizamos que as duas forças descritas na terceira lei de Newton atuam em corpos *diferentes*. Isso é importante na solução de problemas envolvendo a primeira ou a segunda lei de Newton, que dizem respeito a forças que atuam sobre um corpo. Por exemplo, a força resultante que atua sobre a bola da Figura 4.24 é a soma vetorial do peso da bola com a força $\vec{F}_{A \text{ em } B}$ que o pé exerce sobre a bola. Nessa soma, você não deve incluir a força $\vec{F}_{B \text{ em } A}$, porque ela é exercida sobre o pé e não sobre a bola.

Na Figura 4.24, ação e reação são forças *de contato* que estão presentes somente enquanto os dois corpos se tocam. Porém, a terceira lei de Newton também se aplica às forças de *longo alcance* que não necessitam de contato físico entre os corpos, como no caso da atração gravitacional. Uma bola de pingue-pongue exerce sobre a Terra uma força gravitacional de baixo para cima de mesmo módulo que a força gravitacional de cima para baixo exercida pela Terra sobre a bola. Quando você deixa a bola cair, ela e a Terra se aproximam. O módulo da força resultante sobre cada um desses corpos é o mesmo, mas a aceleração da Terra é extremamente microscópica por causa de sua massa gigantesca. Apesar disso, ela se move!

EXEMPLO CONCEITUAL 4.8 QUAL FORÇA É MAIOR?

Seu carro esportivo enguiça e você o empurra até a oficina mais próxima. Quando o carro está começando a se mover, como a força que você exerce sobre o carro se compara com a força que o carro exerce sobre você? Como essas forças se comparam quando você empurra o carro com velocidade escalar constante?

SOLUÇÃO

Nos *dois* casos, a terceira lei de Newton diz que a força que você exerce sobre o carro é igual e contrária à força que o carro exerce sobre você. É verdade que a força que você faz para iniciar o movimento é bem maior que a força que você faz para deslocá-lo com velocidade constante. Porém, qualquer que seja a força que você faça sobre o carro, o carro exercerá sobre você uma força igual e contrária. A terceira lei de Newton sempre se aplica, estejam os corpos em repouso, movendo-se com velocidade constante ou acelerando.

Você poderá se perguntar como o carro "sabe" empurrar de volta com o mesmo módulo de força que você exerce sobre ele. Talvez ajude lembrar que as forças que você e o carro exercem mutuamente são, de fato, interações entre os átomos na superfície da sua mão e os átomos na superfície do carro. Essas interações são semelhantes a molas em miniatura entre átomos adjacentes, e uma mola comprimida exerce forças igualmente potentes sobre ambas as extremidades.

Fundamentalmente, porém, sabemos que objetos de massas diferentes exercem forças recíprocas igualmente potentes porque a experiência nos mostra isso. Nunca se esqueça de que a física não é uma mera coleção de regras e equações; mais do que isso, trata-se de uma descrição sistemática do mundo natural baseada em experiência e observação.

EXEMPLO CONCEITUAL 4.9 — APLICAÇÃO DA TERCEIRA LEI DE NEWTON: OBJETOS EM REPOUSO

Uma maçã está em repouso sobre uma mesa. Quais são as forças que atuam sobre ela? Quais são as forças de reação a cada uma das forças que atuam sobre ela? Quais são os pares de ação e reação?

SOLUÇÃO

A **Figura 4.25a** mostra as forças que atuam sobre a maçã. No diagrama, $\vec{F}_{\text{Terra sobre a maçã}}$ é o peso da maçã, isto é, a força gravitacional de cima para baixo exercida *pela* Terra *sobre* a maçã. Analogamente, $\vec{F}_{\text{mesa sobre a maçã}}$ é a força de baixo para cima exercida *pela* mesa *sobre* a maçã.

A Figura 4.25b mostra um dos pares de ação e reação envolvendo a maçã. Conforme a Terra puxa a maçã para baixo com força $\vec{F}_{\text{Terra sobre a maçã}}$, a maçã puxa a Terra para cima com uma força $\vec{F}_{\text{maçã sobre a Terra}}$ de mesma intensidade. Pela terceira lei de Newton (Equação 4.10), temos

$$\vec{F}_{\text{maçã sobre a Terra}} = -\vec{F}_{\text{Terra sobre a maçã}}$$

Também, como a mesa empurra a maçã para cima com uma força $\vec{F}_{\text{mesa sobre a maçã}}$, a reação correspondente é a força para baixo $\vec{F}_{\text{maçã sobre a mesa}}$ exercida pela maçã sobre a mesa (Figura 4.25c). Para esse par de ação e reação, temos

$$\vec{F}_{\text{maçã sobre a mesa}} = -\vec{F}_{\text{mesa sobre a maçã}}$$

As duas forças que atuam sobre a maçã, $\vec{F}_{\text{mesa sobre a maçã}}$ e $\vec{F}_{\text{Terra sobre a maçã}}$, *não* formam um par de ação e reação, ainda que tenham módulos iguais e sinais contrários. Elas não representam a interação mútua entre dois corpos; são duas forças distintas que atuam sobre o *mesmo* corpo. A Figura 4.25d mostra outro modo de examinar essa questão. Se você retirar repentinamente a mesa onde a maçã repousa, as duas forças $\vec{F}_{\text{maçã sobre a mesa}}$ e $\vec{F}_{\text{mesa sobre a maçã}}$ tornam-se nulas, porém $\vec{F}_{\text{maçã sobre a Terra}}$ e $\vec{F}_{\text{Terra sobre a maçã}}$ continuam presentes (a força gravitacional continua atuando). Como $\vec{F}_{\text{mesa sobre a maçã}}$ agora é igual a zero, ela não é igual e oposta a $\vec{F}_{\text{Terra sobre a maçã}}$. Portanto, este par não pode ser um par de ação e reação. *As duas forças de um par de ação e reação **nunca** atuam sobre o mesmo corpo.*

Figura 4.25 As duas forças em um par de ação e reação sempre atuam sobre corpos diferentes.

(a) As forças que atuam sobre a maçã.
(b) O par de ação e reação para a interação entre a maçã e a Terra.
(c) Pares de ação e reação sempre representam uma interação mútua de dois objetos diferentes.
(d) Eliminamos uma das forças que atuam sobre a maçã.

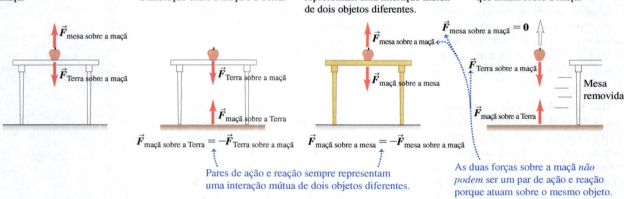

Pares de ação e reação sempre representam uma interação mútua de dois objetos diferentes.

As duas forças sobre a maçã *não podem* ser um par de ação e reação porque atuam sobre o mesmo objeto.

EXEMPLO CONCEITUAL 4.10 — APLICAÇÃO DA TERCEIRA LEI DE NEWTON: OBJETOS EM MOVIMENTO

Um pedreiro arrasta um bloco de mármore em um piso, puxando-o por meio de uma corda amarrada ao bloco (**Figura 4.26a**). O bloco pode ou não estar em equilíbrio. Como as diversas forças estão relacionadas? Quais são os pares de ação e reação?

SOLUÇÃO

Usaremos índices inferiores em todas as forças para auxiliar nas explicações: o bloco (B), a corda (C) e o pedreiro (P). Na Figura 4.26b, o vetor $\vec{F}_{\text{P em C}}$ representa a força exercida pelo *pedreiro* sobre a *corda*. Sua reação é a força igual e oposta $\vec{F}_{\text{C em P}}$ exercida pela *corda* sobre o *pedreiro*. O vetor $\vec{F}_{\text{C em B}}$ representa a força exercida pela *corda* sobre o *bloco*. Sua reação é a força igual e oposta $F_{\text{B em C}}$ exercida pelo *bloco* sobre a *corda*. As forças em cada par de ação e reação são iguais e opostas:

$$\vec{F}_{\text{C em P}} = -\vec{F}_{\text{P em C}} \quad \text{e} \quad \vec{F}_{\text{B em C}} = -\vec{F}_{\text{C em B}}$$

As forças $\vec{F}_{\text{P em C}}$ e $\vec{F}_{\text{B em C}}$ (Figura 4.26c) *não* constituem um par de ação e reação, pois essas duas forças atuam sobre o *mesmo* corpo (a corda), enquanto as duas forças de um par de ação e reação sempre *devem* atuar sobre corpos *diferentes*. Além disso, as forças $\vec{F}_{\text{P em C}}$ e $\vec{F}_{\text{B em C}}$ não possuem necessariamente o mesmo módulo. Aplicando a segunda lei de Newton, obtemos

$$\Sigma\vec{F} = \vec{F}_{\text{P em C}} + \vec{F}_{\text{B em C}} = m_{\text{corda}}\vec{a}_{\text{corda}}$$

Se o bloco e a corda estão acelerados (ou seja, aumentando ou reduzindo a velocidade escalar), a corda não está em equilíbrio e $\vec{F}_{\text{P em C}}$ possui módulo diferente do módulo de $\vec{F}_{\text{B em C}}$. Em contraste, o par de ação e reação $\vec{F}_{\text{P em C}}$ e $\vec{F}_{\text{C em P}}$ possui sempre o mesmo módulo, como também $\vec{F}_{\text{C em B}}$ e $\vec{F}_{\text{B em C}}$. A terceira lei de Newton vale sempre, tanto para um corpo em repouso quanto para um corpo em aceleração.

(Continua)

(*Continuação*)

No caso especial de uma corda em equilíbrio, as forças $\vec{F}_{\text{P em C}}$ e $\vec{F}_{\text{B em C}}$ possuem o mesmo módulo, mas com sentidos opostos. Esse caso, porém, é um exemplo da *primeira* lei de Newton e não da terceira. Outro modo de examinar a questão é que, em equilíbrio, $\vec{a}_{\text{corda}} = 0$ na equação anterior. Então, $F_{\text{B em C}} = -F_{\text{P em C}}$ em virtude da primeira ou da segunda lei de Newton.

Isso também é verdade quando a corda é acelerada, mas sua massa é desprezível em comparação com a massa do pedreiro ou do bloco. Nesse caso, $m_{\text{corda}} = 0$ na equação anterior, portanto novamente $\vec{F}_{\text{B em C}} = -\vec{F}_{\text{P em C}}$. Uma vez que, pela terceira lei de Newton, $\vec{F}_{\text{B em C}}$ é *sempre* igual a $-\vec{F}_{\text{C em B}}$ (elas constituem um par de ação e reação), nesse caso de "corda sem massa", $\vec{F}_{\text{C em B}}$ também é igual a $\vec{F}_{\text{P em C}}$.

Para o caso da "corda sem massa" e no caso da corda em equilíbrio, a força da corda sobre o bloco é igual em módulo e direção à força do pedreiro sobre a corda (Figura 4.26d). Logo, podemos imaginar que a corda "transmite" ao bloco a força que a pessoa exerce sobre a corda. Esse ponto de vista é útil, mas lembre-se de que ele vale *apenas* quando a corda estiver em equilíbrio ou quando sua massa for desprezível.

Figura 4.26 Identificação das forças em ação, quando um pedreiro puxa uma corda amarrada a um bloco.

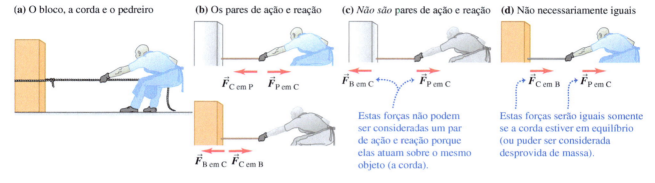

EXEMPLO CONCEITUAL 4.11 — UM PARADOXO DA TERCEIRA LEI DE NEWTON?

No Exemplo conceitual 4.10, observamos que o pedreiro puxa a combinação corda-bloco com toda força, que o puxa de volta. Por que, então, o bloco se move enquanto o pedreiro permanece estacionário?

SOLUÇÃO

A solução para esse aparente paradoxo está na diferença entre a *segunda* e a *terceira* lei de Newton. As únicas forças envolvidas na segunda lei de Newton são aquelas que atuam *sobre* o corpo. O vetor soma dessas forças determina como o corpo acelera (se de fato acelerar). Em contraposição, a terceira lei de Newton relaciona as forças que dois corpos *diferentes* exercem mutuamente. Sozinha, a terceira lei não revela nada sobre o movimento de qualquer um dos corpos.

Se a combinação corda-bloco está inicialmente em repouso, ela começa a deslizar se o pedreiro exercer uma força $\vec{F}_{\text{P em C}}$ que tenha módulo *maior* que a força de atrito exercida pelo piso sobre o bloco (**Figura 4.27**). (O bloco de mármore possui uma base lisa, que ajuda a minimizar o atrito.) Logo, existe uma força resultante sobre a combinação corda-bloco orientada para a direita e, por isso, ela acelera para a direita. Em contraposição, o pedreiro *não* se move porque a força resultante que atua sobre ele é *nula*. Ele calça sapatos com sola antiderrapante, de modo que a força de atrito exercida pelo piso sobre ele é forte o suficiente para contrabalançar na medida exata o puxão da corda, $\vec{F}_{\text{C em P}}$. (Tanto o bloco quanto o pedreiro também sentem uma força gravitacional de cima para baixo e uma força normal de baixo para cima exercida pelo piso. Como elas se equilibram entre si e se anulam, não as incluímos na Figura 4.27.)

Assim que o bloco começa a se mover, o pedreiro não precisa puxar com tanta força; ele precisa exercer apenas uma força suficiente para contrabalançar a força de atrito sobre o bloco. Logo, a força resultante sobre o bloco que se move é igual a zero, e o bloco continua a se mover em direção ao pedreiro a uma velocidade constante, de acordo com a primeira lei de Newton.

Concluímos que o bloco se move enquanto o pedreiro fica parado, porque diferentes valores de atrito atuam sobre eles. Se o piso estivesse encerado, de modo que houvesse pouco atrito entre ele e os sapatos do pedreiro, o ato de puxar a corda faria o bloco deslizar para a direita *e* o pedreiro deslizar para a esquerda.

Este exemplo ensina que, ao analisar o movimento de um corpo, você deve se lembrar de que somente as forças que atuam *sobre* um corpo determinam seu movimento. Sob esse ponto de vista, a terceira lei de Newton é meramente uma ferramenta que pode ajudar a determinar quais são essas forças.

Figura 4.27 As forças horizontais que atuam sobre a combinação bloco-corda (à esquerda) e o pedreiro (à direita). (As forças verticais não são mostradas.)

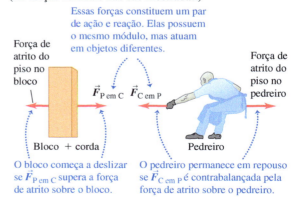

DADOS MOSTRAM

Força e movimento

Quando os alunos recebiam um problema sobre forças atuando sobre um objeto e como elas afetam o movimento dele, mais de 20% davam uma resposta incorreta. Erros comuns:

- Confusão sobre forças de contato. Se os seus dedos empurram um objeto, a força que você exerce atua somente quando seus dedos e o objeto estão em contato. Quando o contato acaba, a força não está mais presente, mesmo que o objeto ainda esteja se movendo.
- Confusão sobre a terceira lei de Newton. A terceira lei relaciona as forças que dois objetos exercem um sobre o outro. Por si só, essa lei não diz nada sobre duas forças que atuam sobre o mesmo objeto.

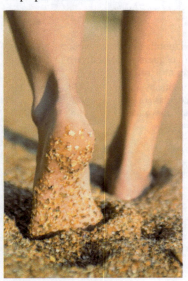

Figura 4.28 O simples fato de caminhar depende basicamente da terceira lei de Newton. Para se mover para a frente, você empurra o solo para trás com os pés. Em reação, o solo empurra seus pés (e, portanto, todo o seu corpo) com uma força para a frente de mesmo módulo. Essa força externa fornecida pelo solo produz a aceleração de seu corpo para a frente.

Quando um corpo, como a corda indicada na Figura 4.26, possui forças aplicadas em suas extremidades, dizemos que ele está sob *tensão*. A **tensão** em qualquer ponto é o módulo da força que atua nesse ponto (veja Figura 4.2c). Na Figura 4.26b, a tensão na extremidade direita da corda é o módulo de $\vec{F}_{\text{P em C}}$ (ou de $\vec{F}_{\text{C em P}}$), e a tensão na extremidade esquerda da corda é dada pelo módulo de $\vec{F}_{\text{B em C}}$ (ou $\vec{F}_{\text{C em B}}$). Quando a corda está em equilíbrio e nenhuma força atua em suas extremidades, a tensão é a *mesma* nas extremidades e através da corda. Portanto, caso o módulo de cada uma das forças $\vec{F}_{\text{B em C}}$ e $\vec{F}_{\text{P em C}}$ seja de 50 N, então a tensão na corda será de 50 N (*e não de* 100 N). O vetor força *total* $\vec{F}_{\text{B em C}} + \vec{F}_{\text{P em C}}$ que atua sobre a corda, nesse caso, é igual a zero!

Mais uma vez, enfatizamos uma verdade fundamental: as duas forças de um par de ação e reação *nunca* atuam sobre o mesmo corpo. Lembre-se de que esse fato simples pode ajudá-lo a esclarecer dúvidas sobre um par de ação e reação e sobre a terceira lei de Newton.

TESTE SUA COMPREENSÃO DA SEÇÃO 4.5 Você está dirigindo em uma estrada rural quando um mosquito se espatifa no seu para-brisa. Qual força possui módulo maior: a que o carro exerce sobre o mosquito ou a que o mosquito exerce sobre o carro? Ou os módulos são iguais? Se são diferentes, como relacionar esse fato com a terceira lei de Newton? Se são iguais, por que o mosquito se espatifou ao passo que o carro ficou intacto?

4.6 EXEMPLOS DE DIAGRAMAS DO CORPO LIVRE

As três leis de Newton contêm todos os princípios básicos necessários para a solução de uma grande variedade de problemas de mecânica. Essas leis possuem formas muito simples, mas sua aplicação em situações específicas pode apresentar desafios reais. Esta breve seção apresenta três noções e técnicas úteis na solução de quaisquer problemas referentes às leis de Newton. Você aprenderá outras no Capítulo 5, que também estende o uso das leis de Newton a situações mais complexas.

1. *A primeira e a segunda leis de Newton se aplicam a um corpo específico.* Quando você usar a primeira lei de Newton, $\Sigma \vec{F} = 0$, para uma situação de equilíbrio, ou a segunda lei de Newton, $\Sigma \vec{F} = m\vec{a}$, para uma situação sem equilíbrio, você deve definir logo de início o corpo sobre o qual você está falando. Isso pode parecer trivial, mas não é.

2. *Só as forças que atuam sobre o corpo importam.* A soma $\Sigma \vec{F}$ inclui todas as forças que atuam *sobre* o corpo em questão. Portanto, depois de escolher o corpo a ser analisado, você deve identificar todas as forças que atuam sobre ele. Não confunda as forças que atuam sobre esse corpo com as forças exercidas por ele sobre outro corpo. Por exemplo, para analisar uma pessoa caminhando, você deve incluir em $\Sigma \vec{F}$ a força que o solo exerce sobre a pessoa enquanto ela caminha, mas *não* a força que a pessoa exerce sobre o solo (**Figura 4.28**). Essas forças formam um par de ação e reação e estão relacionadas à terceira lei de Newton, mas somente o membro do par que atua sobre o corpo que você está analisando é que entra em $\Sigma \vec{F}$.

3. *Os diagramas do corpo livre são essenciais para ajudar a identificar as forças relevantes.* Um **diagrama do corpo livre** é um diagrama que mostra o corpo escolhido "livre" das suas vizinhanças, com vetores desenhados para mostrar o módulo, a direção e o sentido de todas as forças que atuam sobre o corpo e que são resultantes de vários outros corpos que interagem com ele. Já mostramos alguns diagramas do corpo livre nas figuras 4.17, 4.18, 4.20 e 4.25a. Seja cuidadoso e não se esqueça de incluir todas as forças que atuam *sobre* o corpo, tomando cuidado para *não* incluir as forças que esse corpo exerce sobre outros corpos. Em particular, as duas forças de um par de ação e reação *nunca* devem aparecer em um diagrama do corpo livre, porque elas nunca atuam sobre o mesmo corpo. Além disso, as forças que um corpo exerce sobre si mesmo nunca devem aparecer, porque forças internas não afetam o movimento do corpo.

ATENÇÃO Forças em diagramas do corpo livre Para que um diagrama do corpo livre seja completo, você *deve* ser capaz de responder à seguinte pergunta para cada uma das forças: "Que outro corpo está aplicando essa força?" Caso você não possa responder a essa pergunta, poderá estar considerando uma força inexistente. Fique especialmente alerta para evitar forças inexistentes, como "a força da aceleração" ou "a força $m\vec{a}$", discutida na Seção 4.3.

Quando o problema envolve mais de um corpo, você deve separar os corpos e desenhar um diagrama do corpo livre para cada um. Por exemplo, a Figura 4.26c mostra um diagrama do corpo livre separado para o caso em que a corda é considerada sem massa (de modo que nenhuma força gravitacional atua sobre ela). A Figura 4.27 também mostra diagramas para o pedreiro e para o bloco, mas estes *não* são diagramas do corpo livre completos porque não mostram todas as forças que atuam sobre cada corpo. (Não mencionamos as forças verticais — a força de peso exercida pela Terra e a força normal de baixo para cima exercida pelo piso.)

A **Figura 4.29** apresenta três situações reais e os respectivos diagramas do corpo livre completos. Note que, em cada situação, uma pessoa exerce uma força sobre algo que a cerca, mas a força que aparece no diagrama do corpo livre dessa pessoa é a força que aquilo que a cerca exerce de volta *sobre* ela.

TESTE SUA COMPREENSÃO DA SEÇÃO 4.6 A força de flutuação mostrada na Figura 4.29c é a metade de um par de ação e reação. Qual é a força que completa esse par? (i) O peso da mergulhadora; (ii) a força que impele para a frente; (iii) a força que puxa para trás; (iv) a força descendente que a mergulhadora exerce sobre a água; (v) a força para trás que a mergulhadora exerce sobre a água com o movimento das pernas. ❙

Figura 4.29 Exemplos de diagramas do corpo livre. Em cada caso, o diagrama mostra todas as forças externas que atuam sobre o objeto em questão.

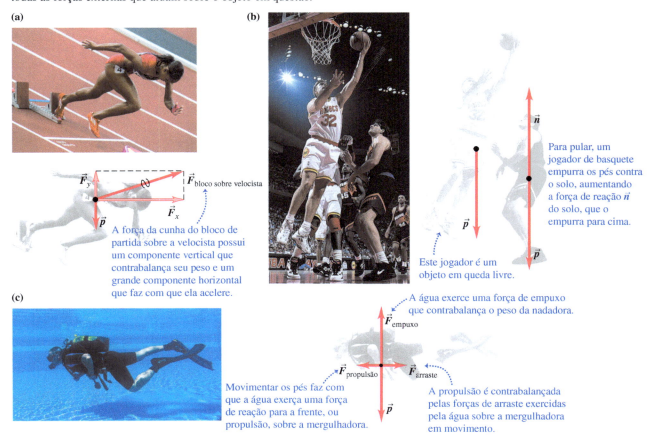

CAPÍTULO 4 RESUMO

Força como grandeza vetorial: força é a medida da interação entre dois corpos. É uma grandeza vetorial. Quando diversas forças atuam sobre um corpo, o efeito sobre seu movimento é o mesmo que o produzido pela ação de uma única força agindo sobre o corpo, dada pela soma vetorial (resultante) dessas forças (Exemplo 4.1).

$$\vec{R} = \Sigma\vec{F} = \vec{F}_1 + \vec{F}_2 + \vec{F}_3 + \cdots \quad (4.1)$$

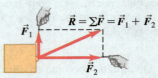

A força resultante sobre um corpo e a primeira lei de Newton: a primeira lei de Newton afirma que, quando a soma vetorial das forças que atuam sobre um corpo (a *força resultante*) é igual a zero, o corpo está em equilíbrio e possui aceleração nula. Quando o corpo está inicialmente em repouso, ele permanece em repouso; quando o corpo está inicialmente em movimento, ele continua em movimento com velocidade constante. Essa lei vale apenas em sistemas de referência inerciais (exemplos 4.2 e 4.3).

$$\Sigma\vec{F} = 0 \quad (4.3)$$

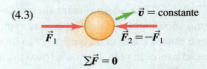

Massa, aceleração e a segunda lei de Newton: a propriedade inercial de um corpo é caracterizada pela sua *massa*. A aceleração de um corpo submetido à ação de um conjunto de forças é diretamente proporcional à soma vetorial das forças que atuam sobre o corpo (a *força resultante*) e inversamente proporcional à massa do corpo. Esta formulação é a segunda lei de Newton. Como na primeira, a segunda lei de Newton vale apenas em sistemas de referência inerciais. A unidade de força é definida em termos das unidades de massa e de aceleração. Em unidades SI, a unidade de força denomina-se newton (N), sendo igual a 1 kg · m/s² (exemplos 4.4 e 4.5).

$$\Sigma\vec{F} = m\vec{a} \quad (4.6)$$
$$\Sigma F_x = ma_x$$
$$\Sigma F_y = ma_y \quad (4.7)$$
$$\Sigma F_z = ma_z$$

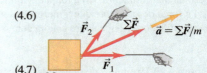

Peso: o peso $\vec{p}$ de um corpo é a força de atração gravitacional exercida pela Terra sobre o corpo. O peso é uma grandeza vetorial. O módulo do peso de um corpo em um local específico é igual ao produto de sua massa m pelo módulo da aceleração da gravidade g nesse local. O peso de um corpo depende do local onde ele se encontra; porém, a massa é sempre a mesma, independentemente do local (exemplos 4.6 e 4.7).

$$p = mg \quad (4.8)$$

Terceira lei de Newton e os pares de ação e reação: a terceira lei de Newton afirma que, quando dois corpos interagem, a força que o primeiro exerce sobre o segundo é exatamente igual em módulo e contrária à força que o segundo exerce sobre o primeiro. Essas forças são denominadas forças de ação e reação. Cada força de um par de ação e reação atua separadamente em somente um corpo; as forças de ação e reação nunca podem atuar sobre o mesmo corpo (exemplos 4.8 a 4.11).

$$\vec{F}_{A \text{ em } B} = -\vec{F}_{B \text{ em } A} \quad (4.10)$$

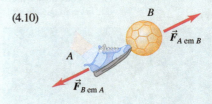

Problema em destaque   Elos em uma corrente

Uma aluna suspende uma corrente composta de três elos, cada um com massa $m = 0{,}250$ kg, por meio de uma corda leve. A corda está presa ao elo superior da corrente, que não balança. Ela puxa a corda para cima, de modo que a corda aplica uma força de 9,00 N à corrente, no sentido de baixo para cima. (a) Desenhe o diagrama do corpo livre para a corrente inteira, considerada como um corpo, e um para cada elo da corrente. (b) Use os diagramas da parte (a) e as leis de Newton para achar (i) a aceleração da corrente, (ii) a força exercida pelo elo superior sobre o elo do meio e (iii) a força exercida pelo elo do meio sobre o elo inferior. A corda deve ser considerada desprovida de massa.

GUIA DA SOLUÇÃO
IDENTIFICAR E PREPARAR
1. Há quatro objetos de interesse neste problema: a corrente como um todo e os três elos individuais. Para cada um desses quatro objetos, faça uma lista das forças externas que atuam sobre ele. Além da força da gravidade, sua lista deverá incluir apenas forças exercidas por outros objetos que *tocam* no objeto em questão.
2. Algumas das forças na sua lista formam pares de ação e reação (um desses pares é a força no elo superior sobre o elo do meio e a força do elo do meio sobre o elo superior). Identifique todos esses tipos de pares.
3. Use sua lista para ajudá-lo a desenhar um diagrama do corpo livre para cada um dos quatro objetos. Escolha os eixos de coordenadas.
4. Use sua lista para decidir quantas incógnitas existem neste problema. Quais destas são variáveis-alvo?

EXECUTAR
5. Escreva a equação da segunda lei de Newton para cada um dos quatro objetos, e escreva uma equação da terceira lei para cada par de ação e reação. Você deverá ter pelo menos tantas equações quantas incógnitas que existirem (veja a etapa 4). Será que consegue?
6. Resolva as equações para as variáveis-alvo.

AVALIAR
7. Você pode verificar seus resultados substituindo-os nas equações da etapa 6. Isso é especialmente importante se você acabou com mais equações na etapa 5 do que as que usou na etapa 6.
8. Classifique a força da corda sobre a corrente, a força do elo superior sobre o do meio, e a força do elo do meio sobre o elo inferior, em ordem do menor para o maior módulo. Essa classificação faz sentido? Explique.
9. Repita o problema para o caso em que a força para cima, exercida pela corda sobre a corrente, é de apenas 7,35 N. A classificação na etapa 8 é a mesma? Isso faz sentido?

PROBLEMAS

•, ••, •••: níveis de dificuldade. **PC**: problemas cumulativos, incorporando material de outros capítulos. **CALC**: problemas exigindo cálculo. **DADOS:** problemas envolvendo dados reais, evidência científica, projeto experimental e/ou raciocínio científico. **BIO**: problemas envolvendo biociências.

QUESTÕES PARA DISCUSSÃO

Q4.1 Pode um corpo permanecer em equilíbrio quando somente uma força atua sobre ele? Explique.

Q4.2 Uma bola lançada verticalmente de baixo para cima possui velocidade nula em seu ponto mais elevado. A bola está em equilíbrio nesse ponto? Por quê?

Q4.3 Um balão cheio de hélio fica suspenso no ar, nem subindo nem descendo. Ele está em equilíbrio? Quais as forças que atuam sobre ele?

Q4.4 Quando você voa de avião em uma noite com ar calmo, não tem a sensação de estar em movimento, embora o avião possa estar se deslocando a 800 km/h. Como você explica isso?

Q4.5 Quando as duas extremidades de uma corda são puxadas com forças de mesmo módulo, mas sentidos contrários, por que a tensão total na corda não é igual a zero?

Q4.6 Você amarra um tijolo na extremidade de uma corda e o faz girar em torno de você em um círculo horizontal. Descreva a trajetória do tijolo quando você repentinamente larga a corda.

Q4.7 Quando um carro para repentinamente, os passageiros tendem a se mover para a frente em relação aos seus assentos. Por quê? Quando um carro faz uma curva brusca, os passageiros tendem a escorregar para um lado do carro. Por quê?

Q4.8 Algumas pessoas dizem que, quando um carro para repentinamente, os passageiros são empurrados para a frente por uma "força de inércia" (ou uma "força de momento linear"). O que há de errado nessa explicação?

Q4.9 Um passageiro no interior de um ônibus sem janelas que está em movimento e observa que uma bola que estava em repouso no meio do ônibus começa a se mover para a traseira. Imagine dois modos diferentes de explicar o que ocorreu e descubra um método para decidir qual dos dois está correto.

Q4.10 Suponha que as unidades fundamentais da física sejam força, comprimento e tempo, em vez de massa, comprimento e tempo. Quais seriam as unidades de massa em termos dessas unidades fundamentais?

Q4.11 Por que a Terra é considerada um sistema de referência inercial apenas aproximado?

Q4.12 A segunda lei de Newton é válida para um observador no interior de um veículo que está acelerando, parando ou fazendo uma curva? Explique.

Q4.13 Alguns estudantes dizem que a grandeza $m\vec{a}$ é a "força da aceleração". É correto dizer que essa grandeza é uma força? Em caso afirmativo, onde essa força é exercida? Em caso negativo, qual é a melhor descrição para essa grandeza?

Q4.14 A aceleração de um corpo em queda livre é medida no interior de um elevador que está subindo com velocidade constante de 9,8 m/s. Que resultado é obtido?

Q4.15 Você pode brincar de segurar uma bola lançada por outra pessoa em um ônibus que se move com velocidade constante em uma estrada retilínea, do mesmo modo como se o ônibus estivesse em repouso. Isso é possível quando o ônibus se move com velocidade constante em uma curva? Explique por quê.

Q4.16 Alguns estudantes afirmam que a força da gravidade sobre um objeto é 9,8 m/s². O que há de errado com essa noção?

Q4.17 Por que um chute em uma rocha grande pode machucar mais o seu pé do que o chute em uma pedra pequena? A rocha grande sempre *deve* machucar mais? Explique.

Q4.18 "Não é a queda que machuca você; é a brusca parada no chão." Traduza isso usando a linguagem das leis de Newton do movimento.

Q4.19 Uma pessoa pode mergulhar na água pulando de uma altura de 10 m sem se machucar, mas, quando ela pula de uma altura de 10 m e cai sobre um piso de concreto, sofre sérias lesões. Qual é a razão dessa diferença?

Q4.20 Por que, por motivo de segurança, um carro é projetado para sofrer esmagamento na frente e na traseira? Por que não para colisões laterais e capotagens?

Q4.21 Quando um peso grande é suspenso por um fio no limite de sua elasticidade, puxando-se o fio suavemente o peso pode ser levantado; porém, se você puxar bruscamente, o fio se rompe. Explique isso usando as leis de Newton do movimento.

Q4.22 Um engradado grande é suspenso pela extremidade de uma corda vertical. A tensão na corda é maior quando o engradado está em repouso ou quando ele se move de baixo para cima com velocidade constante? Quando o engradado se move na vertical, a tensão na corda é maior quando o engradado está sendo acelerado ou quando sua velocidade diminui? Explique cada caso usando as leis de Newton do movimento.

Q4.23 Qual pedra sente um puxão maior em razão da gravidade da Terra: uma de 10 kg ou outra de 20 kg? Se você as deixar cair, por que a pedra de 20 kg não cai com o dobro da aceleração da pedra de 10 kg? Explique seu raciocínio.

Q4.24 Por que não é correto dizer que 1 kg é *igual* a 9,8 N?

Q4.25 Um cavalo puxa uma carroça. Uma vez que a carroça puxa o cavalo para trás com uma força igual e contrária à força exercida pelo cavalo sobre a carroça, por que esta não permanece em equilíbrio, independentemente da intensidade da força com a qual o cavalo a puxa?

Q4.26 Verdadeiro ou falso: você exerce uma força de empurrar P sobre um objeto e ele empurra você de volta com uma força F. Se o objeto está se deslocando a uma velocidade constante, então F é igual a P, mas, se o objeto está em aceleração, então P deve ser maior que F.

Q4.27 Um caminhão grande e um automóvel compacto colidem frontalmente. Durante a colisão, o caminhão exerce uma força $\vec{F}_{C\text{ em }A}$ sobre o automóvel, e este exerce uma força $\vec{F}_{A\text{ em }C}$ sobre o caminhão. As duas forças possuem o mesmo módulo ou uma delas é maior que a outra? Sua resposta depende do valor da velocidade de cada veículo antes da colisão? Por quê?

Q4.28 Quando um carro para em uma estrada plana, qual força é responsável pela redução da velocidade? Quando o carro aumenta a velocidade escalar na mesma estrada, qual força é responsável pelo aumento da velocidade? Explique.

Q4.29 Um carro pequeno está puxando uma caminhonete que estava enguiçada, e eles se movem ao longo de uma estrada com a mesma velocidade e a mesma aceleração. Quando o carro está acelerando, a força que ele exerce sobre a caminhonete possui módulo maior, menor ou igual à força que a caminhonete exerce sobre o carro? Qual veículo recebe a maior força resultante sobre ele, ou as duas forças resultantes possuem o mesmo módulo? Explique.

Q4.30 Em um cabo de guerra, duas pessoas puxam as extremidades de uma corda em sentidos opostos. Pela terceira lei de Newton, a força que A exerce sobre B possui módulo igual ao da força que B exerce sobre A. Então, o que determina qual é o vencedor? (*Dica:* desenhe um diagrama do corpo livre para cada pessoa.)

Q4.31 As caixas A e B estão em contato sobre uma superfície horizontal e sem atrito. Você empurra a caixa A com uma força horizontal de 100 N (**Figura Q4.31**). A caixa A pesa 150 N, e a caixa B pesa 50 N. A força que a caixa A exerce sobre a caixa B é igual, maior ou menor que 100 N? Explique.

Figura Q4.31

Q4.32 Um manual para aprendizes de piloto contém a seguinte passagem: "Quando o avião voa em uma altitude constante, sem subir nem descer, a força de sustentação que atua de baixo para cima sobre suas asas é igual ao peso do avião. Quando o avião está subindo com aceleração constante, a força de sustentação que atua de baixo para cima sobre suas asas é maior do que o peso do avião; quando o avião está descendo com aceleração constante, a força de sustentação que atua de baixo para cima é menor do que o peso do avião". Essas afirmações estão corretas? Explique.

Q4.33 Se suas mãos estão molhadas e não há nenhuma toalha disponível, você pode secar o excesso de umidade sacudindo-as. Por que esse movimento elimina a água?

Q4.34 Se você está agachado (como quando está olhando livros na prateleira de baixo de uma estante) e se levanta repentinamente, você pode sentir uma tontura momentânea. Como as leis de Newton explicam isso?

Q4.35 Quando um carro sofre uma colisão traseira, os passageiros podem sentir como se fossem chicoteados. Use as leis de Newton para explicar as causas disso.

Q4.36 Em uma colisão frontal entre dois veículos, os passageiros que não estiverem com cintos de segurança afivelados poderão ser lançados através do para-brisa. Use as leis de Newton para explicar as causas disso.

Q4.37 Em uma colisão frontal entre um carro compacto de 1.000 kg e outro grande de 2.500 kg, qual sofre a força maior? Explique. Qual sofre a maior aceleração? Explique o motivo. Agora, explique por que os passageiros no carro menor têm mais chance de se ferir do que os do carro maior, mesmo que a carroceria de ambos os carros seja igualmente resistente.

Q4.38 Suponha que você esteja em um foguete sem janelas, viajando no espaço sideral, distante de qualquer outro objeto. Sem olhar para fora do foguete ou fazer qualquer contato com o mundo externo, explique como você poderia determinar se o foguete está (a) movendo-se para a frente a uma velocidade constante equivalente a 80% da velocidade da luz e (b) acelerando para a frente.

EXERCÍCIOS

Seção 4.1 Força e interações

4.1 •• Dois cachorros puxam horizontalmente cordas amarradas a um poste; o ângulo entre as cordas é igual a 60,0°. Se o cachorro A exerce uma força de 270 N e o cachorro B, uma força de 300 N, ache o módulo da força resultante e o ângulo que ela faz com a corda do cachorro A.

4.2 • Para soltar uma caminhonete presa na lama, trabalhadores usam três cordas horizontais, produzindo os vetores de força mostrados na **Figura E4.2**. (a) Ache os componentes x e y de cada um dos três puxões. (b) Use os componentes para achar o módulo, a direção e o sentido do resultante dos três puxões.

Figura E4.2

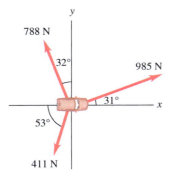

4.3 • **BIO Lesão no maxilar.** Em decorrência de uma lesão no maxilar, um paciente precisa usar uma faixa (**Figura E4.3**) que produz uma força resultante de 5,00 N para cima sobre seu queixo. A tensão é a mesma em toda a faixa. Até que tensão a faixa precisa ser ajustada para oferecer a força necessária para cima?

Figura E4.3

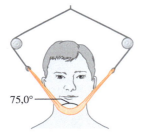

4.4 • Um homem está puxando um baú para cima ao longo da rampa de carga de um caminhão de mudanças. A rampa possui um ângulo de 20,0° e o homem exerce uma força $\vec{F}$ para cima cuja direção forma um ângulo de 30,0° com a rampa (**Figura E4.4**). (a) Qual deve ser o módulo da força $\vec{F}$ necessária para que o componente F_x paralelo à rampa possua módulo igual a 90,0 N? (b) Qual deve ser o módulo do componente F_y perpendicular à rampa nesse caso?

Figura E4.4

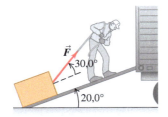

4.5 • Duas forças, $\vec{F}_1$ e $\vec{F}_2$, atuam sobre um ponto. O módulo de $\vec{F}_1$ é igual a 9,0 N, e sua direção forma um ângulo de 60,0° acima do eixo x no segundo quadrante. O módulo de $\vec{F}_2$ é igual a 6,0 N, e sua direção forma um ângulo de 53,1° abaixo do eixo x no terceiro quadrante. (a) Quais são os componentes x e y da força resultante? (b) Qual o módulo da força resultante?

Seção 4.3 Segunda lei de Newton

4.6 • Um elétron (massa = $9,11 \times 10^{-31}$ kg) deixa a extremidade de um tubo de imagem de TV com velocidade inicial zero e se desloca em linha reta até a grade de aceleração, que está a uma distância de 1,80 cm. Ele a atinge a $3,0 \times 10^6$ m/s. Se a força que o acelera for constante, calcule: (a) a aceleração; (b) o tempo para atingir a grade; (c) a força resultante, em newtons. A força gravitacional sobre o elétron é desprezível.

4.7 •• Uma patinadora de 68,5 kg movendo-se inicialmente a 2,4 m/s em uma pista de gelo plana chega ao repouso uniformemente em 3,52 s, em razão do atrito com o gelo. Que força o atrito exerce sobre a patinadora?

4.8 •• Você entra em um elevador, sobe em uma balança e aperta o botão para subir. Você se lembra que seu peso normal é 625 N. Desenhe um diagrama do corpo livre. (a) Quando o elevador tem uma aceleração para cima com módulo 2,5 m/s², qual é a leitura na balança? (b) Se você segurar um pacote de 3,85 kg por um barbante vertical leve, qual será a tensão nesse barbante quando o elevador acelerar como na parte (a)?

4.9 • Uma caixa está em repouso sobre um lago congelado, que é uma superfície horizontal sem atrito. Se um pescador aplica uma força horizontal de módulo 48,0 N sobre a caixa, produzindo uma aceleração de 2,2 m/s², qual é a massa da caixa?

4.10 •• Um estivador aplica uma força horizontal constante de 80,0 N a um bloco de gelo sobre uma superfície horizontal lisa. A força de atrito é desprezível. O bloco parte do repouso e se move 11,0 m em 5,00 s. (a) Qual é a massa do bloco de gelo? (b) Se o estivador parar de empurrar o bloco depois de 5,00 s, qual será a distância percorrida pelo bloco nos 5,0 s posteriores?

4.11 • Um disco de hóquei com massa de 0,160 kg está em repouso na origem ($x = 0$) em uma superfície horizontal sem atrito da pista. No instante $t = 0$, um jogador aplica sobre o disco uma força de 0,250 N paralela ao eixo x; ele continua a aplicar a força até $t = 2,00$ s. (a) Qual é a posição e a velocidade do disco no instante $t = 2,00$ s? (b) Se a mesma força for aplicada novamente no instante $t = 5,00$ s, qual será a posição e a velocidade do disco no instante $t = 7,00$ s?

4.12 • Um engradado com massa de 32,5 kg, inicialmente em repouso sobre o piso de um armazém, sofre uma força resultante horizontal de 14,0 N. (a) Qual é a aceleração produzida? (b) Qual é a distância percorrida pelo engradado em 10,0 s? (c) Qual é a velocidade escalar ao final de 10,0 s?

4.13 • Uma carreta de brinquedo pesando 4,50 kg está em aceleração por uma linha reta (o eixo x). O gráfico na **Figura E4.13** mostra essa aceleração em função do tempo. (a) Ache a força resultante máxima que atua sobre esse objeto. Quando essa força máxima ocorre? (b) Em que instantes a força resultante sobre o brinquedo é constante? (c) Quando a força resultante é igual a zero?

Figura E4.13

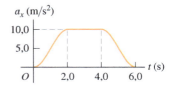

4.14 • Um gato de 2,75 kg move-se em linha reta (o eixo x). A Figura **E4.14** mostra um gráfico do componente x da velocidade desse gato em função do tempo. (a) Ache a força resultante máxima que atua sobre esse gato. Quando essa força ocorre? (b) Quando a força resultante sobre o gato é igual a zero? (c) Qual é a força resultante no instante 8,5 s?

Figura E4.14

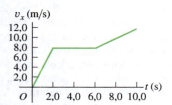

4.15 • Um pequeno foguete de 8,0 kg queima combustível que exerce uma força de baixo para cima, que varia com o tempo, sobre o foguete (considere massa constante). Essa força obedece à equação $F = A + Bt^2$. Medidas mostram que, no instante $t = 0$, a força é de 100,0 N e, no final dos primeiros 2,00 s, 150,0 N. (a) Ache as constantes A e B, incluindo suas unidades SI. (b) Ache a força *resultante* sobre esse foguete e sua aceleração (i) no instante após o combustível se inflamar e (ii) 3,00 s após a ignição. (c) Suponha que você estivesse usando esse foguete no espaço sideral, distante de toda gravidade. Qual seria sua aceleração 3,00 s após a ignição?

Seção 4.4 Massa e peso

4.16 • A mochila de uma astronauta pesa 17,5 N quando ela está na superfície terrestre, mas apenas 3,24 N na superfície de um asteroide. (a) Qual é a aceleração da gravidade nesse asteroide? (b) Qual é a massa da mochila no asteroide?

4.17 • O Super-Homem lança uma rocha de 2.400 N sobre seu adversário. Qual é a força horizontal que ele deve aplicar sobre a rocha para que ela se desloque com uma aceleração horizontal igual a 12,0 m/s²?

4.18 • BIO (a) Uma mosca comum tem massa de 210 μg. Quantos newtons ela pesa? (b) A massa de uma cigarrinha típica é 12,3 mg. Quantos newtons ela pesa? (c) Um gato doméstico normalmente pesa 45 N. Quantas libras ele pesa, e qual é sua massa em quilogramas?

4.19 • Na superfície de Io, uma das luas de Júpiter, a aceleração da gravidade é $g = 1,81$ m/s². Uma melancia pesa 44,0 N na superfície da Terra. (a) Qual sua massa na superfície da Terra? (b) Quais seriam sua massa e peso na superfície de Io?

Seção 4.5 Terceira lei de Newton

4.20 • Um pequeno carro com 380 kg de massa está empurrando uma caminhonete com massa de 900 kg no sentido leste em uma estrada plana. O carro exerce uma força horizontal de 1.600 N sobre a caminhonete. Qual o módulo da força que a caminhonete exerce sobre o carro?

4.21 • BIO Uma velocista de competição mundial que pesa 55 kg pode acelerar a partir do bloco de partida com uma aceleração aproximadamente horizontal cujo módulo é igual a 15 m/s². Que força horizontal a velocista deve exercer sobre o bloco de partida para produzir essa aceleração? Qual o corpo que exerce a força que impulsiona a velocista: o bloco ou a própria velocista?

4.22 •• O piso de um elevador exerce uma força normal de 620 N de baixo para cima sobre um passageiro que pesa 650 N. Quais são as forças de reação a essas duas forças? O passageiro está sendo acelerado? Em caso afirmativo, determine o módulo, a direção e o sentido da aceleração.

4.23 •• As caixas A e B estão em contato com uma superfície horizontal e sem atrito (**Figura E4.23**). A caixa A tem massa de 20,0 kg e a caixa B tem massa de 5,0 kg. Uma força horizontal de 250 N é exercida sobre a caixa A. Qual é o módulo da força que a caixa A exerce sobre a caixa B?

Figura E4.23

4.24 •• Uma estudante com massa de 45 kg pula de um trampolim elevado. Considerando a massa da Terra como $6,0 \times 10^{24}$ kg, qual é a aceleração da Terra no sentido da estudante quando ela acelera no sentido da Terra a 9,8 m/s²? Suponha que a força resultante sobre a Terra seja a força gravitacional que a estudante exerce sobre ela.

Seção 4.6 Exemplos de diagramas do corpo livre

4.25 •• Os engradados A e B estão em repouso lado a lado sobre uma superfície horizontal sem atrito. Eles possuem massas m_A e m_B, respectivamente. Quando uma força horizontal $\vec{F}$ é aplicada ao engradado A, os dois se movem para a direita. (a) Desenhe diagramas do corpo livre claramente designados para os engradados A e B. Indique quais pares de forças, se houver, são pares de ação e reação da terceira lei de Newton. (b) Se o módulo da força $\vec{F}$ for menor que o peso total dos dois engradados, isso fará com que eles se movam? Explique.

4.26 •• Você puxa horizontalmente o bloco B da **Figura E4.26**, fazendo com que ambos os blocos movam-se juntos, como uma unidade. Para esse sistema em movimento, faça um diagrama do corpo livre claramente designado para o bloco A, considerando que (a) a mesa é livre de atrito e (b) há atrito entre o bloco B e a mesa e a força de puxar é igual à força de atrito sobre o bloco B, por causa da mesa.

Figura E4.26

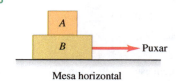

Mesa horizontal

4.27 • Uma bola está pendurada por um fio longo amarrado ao teto do vagão de um trem que viaja de oeste para leste sobre trilhos horizontais. Um observador no interior do vagão vê a bola suspensa, sem movimento. Faça um diagrama do corpo livre para a bola, claramente designado, considerando que (a) o trem possui velocidade uniforme e (b) o trem está aumentando a velocidade de forma uniforme. A força resultante sobre a bola é igual a zero em algum desses casos? Explique.

4.28 •• PC Uma bala de rifle calibre 22 viajando a 350 m/s atinge uma grande árvore e penetra em seu interior a uma profundidade de 0,130 m. A massa da bala é 1,80 g. Considere que a força de retardo seja constante. (a) Quanto tempo é necessário para que a bala pare? (b) Que força, em newtons, a árvore exerce sobre a bala?

4.29 •• Uma cadeira com massa de 12,0 kg está sobre um piso horizontal, que não está livre de atrito. Você empurra a cadeira com uma força $F = 40,0$ N, que forma um ângulo de 37,0° abaixo da horizontal, e a cadeira desliza ao longo do piso. (a) Faça um diagrama do corpo livre para a cadeira. (b) Use seu diagrama e as leis de Newton para calcular a força normal que o piso exerce sobre a cadeira.

PROBLEMAS

4.30 ••• Uma caixa grande contendo seu novo computador está na carroceria da sua caminhonete. Você está parado em um semáforo. A luz verde se acende e você pisa no acelerador, fazendo a caminhonete acelerar. Para sua aflição, a caixa começa a deslizar em direção à traseira do veículo. Desenhe diagramas do corpo livre separados para a caminhonete e para a caixa. Indique os pares de forças, se houver, que sejam os pares de ação e reação da terceira lei. (*Não* desprezo o atrito no leito da carroceria.)

4.31 •• PC Um balde com água pesando 5,60 kg é acelerado de baixo para cima por uma corda de massa desprezível cuja tensão de ruptura é igual a 75,0 N. Se o balde parte do repouso, qual é o tempo mínimo necessário para elevar o balde a uma distância vertical de 12,0 m sem romper a corda?

4.32 •• PC Você acabou de pousar no Planeta X e solta uma bola de 100 g, a partir do repouso, de uma altura de 10,0 m e cronometra que ela leva 3,4 s para atingir o solo. Ignore qualquer força sobre a bola exercida pela atmosfera do planeta. Quanto a bola de 100 g pesa na superfície do Planeta X?

4.33 •• Dois adultos e uma criança querem empurrar uma caixa apoiada sobre rodas na direção do ponto marcado com *x* na **Figura P4.33**. Os dois adultos empurram com forças horizontais $\vec{F}_1$ e $\vec{F}_2$, como mostra a figura. (a) Ache o módulo, a direção e o sentido da *menor* força que a criança deve exercer. Ignore os efeitos do atrito. (b) Se a criança exercer a força mínima determinada no item (a), a caixa acelera a 2,0 m/s² na direção e sentido do eixo +*x*. Qual é o peso da caixa?

Figura P4.33

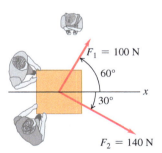

4.34 • PC Os motores de um navio-tanque enguiçaram e o vento está levando o navio diretamente para um recife, a uma velocidade escalar constante de 1,5 m/s (**Figura P4.34**). Quando o navio está a 500 m do recife, o vento cessa e os motores voltam a funcionar. O leme está emperrado, e a única alternativa é tentar acelerar diretamente para trás, para se afastar do recife. A massa do navio e da carga é de $3,6 \times 10^7$ kg, e os motores produzem uma força resultante horizontal de $8,0 \times 10^4$ N sobre o navio. Ele atingirá o recife? Se sim, o petróleo estará seguro? O casco resiste ao impacto de uma velocidade escalar de até 0,2 m/s. Ignore a força retardadora da água sobre o casco do navio-tanque.

Figura P4.34

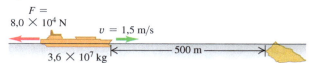

4.35 •• PC BIO **Um salto vertical em pé.** O jogador de basquete Darrell Griffith detém o recorde em salto vertical de 1,2 m. (Isso significa que ele se moveu de baixo para cima por 1,2 m após seus pés deixarem o chão.) Griffith pesava 890 N. (a) Qual é a velocidade dele quando deixa o chão? (b) Se o tempo da parte do salto imediatamente anterior a seus pés deixarem o chão foi de 0,300 s, qual foi sua velocidade média (módulo, direção e sentido) quando ele empurrava o corpo contra o chão? (c) Desenhe seu diagrama do corpo livre. Em termos das forças no diagrama, qual é a força resultante sobre ele? Use as leis de Newton e os resultados da parte (b) para calcular a força média que ele aplicou sobre o solo.

4.36 ••• PC Um anúncio publicitário afirma que um certo automóvel pode "parar em questão de centavos". Qual é a força resultante realmente necessária para parar um automóvel de 850 kg, com deslocamento inicial de 45,0 km/h, em uma distância igual ao diâmetro de uma moeda, calculado em 1,8 cm?

4.37 •• BIO **Biomecânica humana.** O arremesso de beisebol mais rápido foi medido a 46 m/s. Uma bola de beisebol comum tem massa de 145 g. Se o arremessador exerceu sua força (considerada horizontal e constante) por uma distância de 1,0 m, (a) que força ele produziu sobre a bola durante seu arremesso recordista? (b) Desenhe diagramas do corpo livre da bola durante o arremesso e logo *após* ela ter deixado a mão do arremessador.

4.38 •• BIO **Biomecânica humana.** O saque mais rápido do tênis, realizado por "Big Bill" Tilden, em 1931, teve uma velocidade de 73,14 m/s. A massa de uma bola de tênis é de 57 g, e a bola, que parte do repouso, normalmente está em contato com a raquete de tênis por 30,0 ms. Considerando aceleração constante, (a) que força a raquete desse jogador exerceu sobre a bola se esta foi atingida basicamente na horizontal? (b) Desenhe diagramas do corpo livre da bola durante o saque e logo após ela ter se soltado da raquete.

4.39 • Duas caixas, uma com massa de 4,0 kg e outra de 6,0 kg, estão em repouso sobre a superfície sem atrito de um lago congelado, ligadas por uma corda leve (**Figura P4.39**). Uma mulher usando um tênis de solado áspero (para exercer tração sobre o solo) puxa horizontalmente a caixa de 6,0 kg com uma força *F* que produz uma aceleração de 2,50 m/s². (a) Qual é a aceleração da caixa de 4,0 kg? (b) Desenhe um diagrama do corpo livre para a caixa de 4,0 kg. Use esse diagrama e a segunda lei de Newton para achar a tensão *T* na corda que conecta as duas caixas. (c) Desenhe um diagrama do corpo livre para a caixa de 6,0 kg. Qual é a direção e o sentido da força resultante sobre a caixa de 6,0 kg? Qual tem o maior módulo, a força *T* ou a força *F*? (d) Use a parte (c) e a segunda lei de Newton para calcular o módulo da força *F*.

Figura P4.39

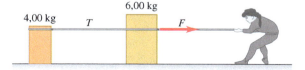

4.40 •• **PC** Dois blocos conectados por uma corda leve horizontal estão em repouso sobre uma superfície horizontal e sem atrito. O bloco A tem massa 15,0 kg, e o bloco B tem massa m. Uma força horizontal constante F = 60,0 N é aplicada ao bloco A (**Figura P4.40**). Nos primeiros 5,00 s depois que a força é aplicada, o bloco A se move 18,0 m para a direita. (a) Enquanto os blocos estão se movendo, qual é a tensão T na corda que conecta os dois blocos? (b) Qual é a massa do bloco B?

Figura P4.40

4.41 • **CALC** Para estudar o dano que a colisão com grandes pássaros pode causar a um avião, você projeta uma arma de teste, que vai acelerar objetos do tamanho de uma galinha, de modo que seu deslocamento ao longo do cano da arma seja dado por $x = (9,0 \times 10^3 \text{ m/s}^2)t^2 - (8,0 \times 10^4 \text{ m/s}^3)t^3$. O objeto deixa o fim do cano no instante $t = 0,025$ s. (a) Qual deve ser o comprimento do cano da arma? (b) Qual será o módulo da velocidade dos objetos quando deixam o final do cano? (c) Qual força resultante deve ser exercida sobre um objeto de 1,50 kg a (i) $t = 0$ e (ii) $t = 0,025$ s?

4.42 •• **PC** Um instrumento de 6,50 kg está pendurado por um cabo vertical no interior de uma espaçonave que está sendo lançada da superfície terrestre. Essa nave parte do repouso e alcança a altitude de 276 m em 15,0 s com aceleração constante. (a) Desenhe um diagrama do corpo livre para o instrumento nesse período de tempo. Indique qual força é a maior. (b) Ache a força que o cabo exerce sobre o instrumento.

4.43 •• **BIO** *Dinâmica de um inseto.* A cigarrinha (*Philaenus spumarius*), saltadora campeã do mundo dos insetos, tem uma massa de 12,3 mg e parte do solo (nos saltos mais enérgicos) a 4,0 m/s de uma partida vertical. O salto em si dura apenas 1,0 ms antes que o inseto esteja fora do solo. Considerando aceleração constante, (a) desenhe um diagrama do corpo livre dessa poderosa saltadora durante o salto; (b) ache a força que o solo exerce sobre a cigarrinha durante o salto; e (c) expresse a força na parte (b) em termos do peso da cigarrinha.

4.44 • Um elevador carregado possui massa total de 2.200 kg. Os cabos muito desgastados podem suportar uma tensão máxima de 28.000 N. (a) Faça um diagrama de força do corpo livre para o elevador. Em termos das forças que atuam em seu diagrama, qual é a força resultante sobre o elevador? Aplique a segunda lei de Newton para o elevador e ache a aceleração máxima de baixo para cima para o elevador, sem que os cabos se rompam. (b) Qual seria a resposta para o item (a), se o elevador estivesse na Lua, onde $g = 1,62$ m/s^2?

4.45 •• **PC** Após um exame anual, você sai do consultório do seu médico, onde pesava 683 N. Depois entra em um elevador que, convenientemente, possui uma balança. Ache o módulo, a direção e o sentido da aceleração do elevador se a balança mostrar (a) 725 N e (b) 595 N.

4.46 ••• **PC** A cabeça de um martelo de 4,9 N, que se desloca de cima para baixo com velocidade de 3,2 m/s, para, fazendo um prego penetrar 0,45 cm em uma placa de pinho. Além de seu peso, existe uma força de 15 N aplicada de cima para baixo sobre o martelo por uma pessoa que o está usando. Suponha que a aceleração da cabeça do martelo seja constante durante o contato com o prego e movendo-se para baixo. (a) Faça um diagrama do corpo livre para a cabeça do martelo. Identifique a força de reação a cada uma das forças incluídas no diagrama. (b) Determine a força $\vec{F}$ de cima para baixo exercida pela cabeça do martelo durante o contato com o prego e movendo-se para baixo. (c) Suponha que o prego esteja em contato com uma madeira dura e que a cabeça do martelo só se desloque 0,12 cm até parar. A força aplicada sobre o martelo é a mesma da parte (b). Qual será então a força $\vec{F}$ de cima para baixo exercida pela cabeça do martelo durante o contato com o prego e movendo-se para baixo?

4.47 •• **PC** *Pulando para o solo.* Um homem de 75,0 kg pula de uma plataforma de 3,10 m de altura acima do solo. Ele mantém as pernas esticadas à medida que cai, mas, no momento em que os pés tocam o solo, os joelhos começam a se dobrar e, considerando-o uma partícula, ele se move 0,60 m antes de parar. (a) Qual é sua velocidade no momento em que os pés tocam o solo? (b) Qual é sua aceleração (módulo, direção e sentido) quando ele diminui de velocidade, supondo uma aceleração constante? (c) Desenhe o diagrama do corpo livre para ele. Em termos das forças que atuam no diagrama, qual é a força resultante sobre ele? Use as leis de Newton e os resultados da parte (b) para calcular a força média que os pés dele exercem sobre o solo enquanto ele diminui de velocidade. Expresse essa força em newtons e também como um múltiplo do peso dele.

4.48 •• Os dois blocos indicados na **Figura P4.48** estão ligados por uma corda uniforme e pesada, com massa de 4,0 kg. Uma força de 200 N é aplicada de baixo para cima conforme indicado. (a) Desenhe três diagramas do corpo livre, um para o bloco de 6,0 kg, um para a corda de 4,0 kg e outro para o bloco de 5,0 kg. Para cada força, indique qual é o corpo que exerce a referida força. (b) Qual é a aceleração do sistema? (c) Qual é a tensão no topo da corda pesada? (d) Qual é a tensão no meio da corda?

Figura P4.48

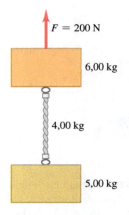

4.49 •• **PC** As caixas A e B estão conectadas em cada extremidade de uma corda leve na vertical (**Figura P4.49**). Uma força constante de baixo para cima, F = 80,0 N, é aplicada à caixa A. Partindo do repouso, a caixa B desce 12,0 m em 4,00 s. A tensão na corda que liga as duas caixas é de 36,0 N. Quais são as massas de (a) caixa B, (b) caixa A?

Figura P4.49

4.50 •• **PC** **Física extraterrestre.** Você aterrissou em um planeta desconhecido, Newtônio, e deseja saber o peso dos objetos lá. Quando você empurra uma certa ferramenta, partindo do repouso, sobre uma superfície horizontal sem atrito e com uma força de 12,0 N, a ferramenta se move 16,0 m nos primeiros 2,00 s. Em seguida, você observa que, se soltar essa ferramenta do repouso a 10,0 m acima do solo, ela leva 2,58 s para chegar ao solo. Qual é o peso da ferramenta em Newtônio e qual é o seu peso na Terra?

4.51 •• **PC CALC** Um objeto misterioso impulsionado por foguete, com massa de 45,0 kg, está inicialmente em repouso no meio da superfície horizontal e sem atrito de um lago coberto de gelo. Em seguida, é aplicada uma força no sentido leste e com módulo $F(t) = (16,8\ \text{N/s})t$. Que distância o objeto percorre nos primeiros 5,00 s depois que a força é aplicada?

4.52 ••• **CALC** A posição de um helicóptero de treinamento (peso de $2,75 \times 10^5$ N) em um teste é dada por $\vec{r} = (0,020\ \text{m/s}^3)t^3\hat{i} + (2,2\ \text{m/s})t\hat{j} - (0,060\ \text{m/s}^2)t^2\hat{k}$. Ache a força resultante sobre o helicóptero no instante $t = 5,0$ s.

4.53 •• **DADOS** A tabela[*] a seguir oferece dados de desempenho de automóvel para alguns tipos de carros:

Marca e modelo (ano)	Massa (kg)	Tempo (s) para ir de 0 a 100 km/h
Alpha Romeo 4C (2013)	895	4,4
Honda Civic 2.0i (2011)	1320	6,4
Ferrari F430 (2004)	1435	3,9
Ford Focus RS500 (2010)	1468	5,4
Volvo S60 (2013)	1650	7,2

*Fonte: <www.autosnout.com>.

(a) Durante uma aceleração de 0 a 100 km/h, qual carro tem a maior força média resultante atuando sobre ele? E a menor força? (b) Durante essa aceleração, para qual carro a força média resultante sobre um passageiro de 72,0 kg seria a maior? E a menor? (b) Quando a Ferrari F430 acelera de 0 a 160 km/h em 8,6 s, qual é a força média resultante atuando sobre ela? Como podemos comparar essa força resultante com a força média resultante durante a aceleração de 0 a 100 km/h? Explique por que essas forças médias resultantes poderiam diferir. (d) Discuta por que um carro possui uma velocidade máxima. Qual é a força resultante na Ferrari F430 quando ela está correndo em sua velocidade máxima, 315 km/h?

4.54 •• **DADOS** Uma caixa de 8,00 kg se encontra sobre um piso nivelado. Você dá um empurrão brusco na caixa e descobre que ela escorrega por 8,22 m em 2,8 s antes de parar novamente. (a) Você mede isso com um empurrão diferente e a caixa percorre 4,20 m em 2,0 s. Você acha que a caixa tem uma aceleração constante enquanto diminui a velocidade? Explique seu raciocínio. (b) Você acrescenta livros na caixa para aumentar sua massa. Repetindo o experimento, você dá um empurrão na caixa e mede o tempo necessário para que ela pare e a distância que ela percorre. Os resultados, incluindo o experimento inicial, sem a inclusão de mais massa, aparecem nesta tabela:

Massa acrescentada (kg)	Distância (m)	Tempo (s)
0	8,22	2,8
3,00	10,75	3,2
7,00	9,45	3,0
12,0	7,10	2,6

Em cada caso, seu empurrão deu à caixa a mesma velocidade inicial? Qual é a razão entre a maior velocidade inicial e a menor velocidade inicial para esses quatro casos? (c) A força média horizontal f exercida sobre a caixa pelo piso é a mesma em cada caso? Represente graficamente o módulo da força f contra a massa total m da caixa mais seu conteúdo, e use seu gráfico para determinar uma equação para f em função de m.

4.55 •• **DADOS** Você é o capitão de uma frota estelar seguindo destemidamente para onde nenhum homem jamais chegou. Você pousa em um planeta muito distante e visita um laboratório de teste de engenharia. Em um experimento, uma corda leve e curta é afixada ao topo de um bloco e uma força F constante de baixo para cima é aplicada à ponta solta da corda. O bloco possui massa m e está inicialmente em repouso. À medida que F varia, o tempo para o bloco se mover 8,00 m para cima é medido. Os valores que você coletou são dados nesta tabela:

F (N)	Tempo (s)
250	3,3
300	2,2
350	1,7
400	1,5
450	1,3
500	1,2

(a) Represente graficamente F versus a aceleração a do bloco. (b) Use seu gráfico para determinar a massa m do bloco e a aceleração da gravidade g na superfície do planeta. Observe que, mesmo nesse planeta, os valores medidos contêm algum erro experimental.

PROBLEMA DESAFIADOR

4.56 ••• **CALC** Um objeto de massa m está inicialmente em repouso na origem. No instante $t = 0$, aplica-se uma nova força $\vec{F}(t)$ cujos componentes são

$$F_x(t) = k_1 + k_2 y \qquad F_y(t) = k_3 t$$

onde k_1, k_2 e k_3 são constantes. Determine em função do tempo o vetor posição $\vec{r}(t)$ e o vetor velocidade $\vec{v}(t)$.

Problemas com contexto

BIO Forças sobre o corpo de uma dançarina. Dançarinas experimentam grandes forças associadas aos saltos que elas fazem. Por exemplo, quando uma dançarina para depois de um salto horizontal, a força exercida sobre a cabeça pelo pescoço precisa exceder o peso da cabeça o suficiente para fazer com que a cabeça diminua a velocidade e chegue ao repouso. A cabeça é cerca de 9,4% da massa de uma pessoa normal. A análise de vídeo de uma dançarina de 65 kg após um salto vertical mostra que sua cabeça desacelera de 4,0 m/s até o repouso em um tempo de 0,20 s.

4.57 Qual é o módulo da força média que seu pescoço exerce sobre sua cabeça durante a descida do salto? (a) 0 N; (b) 60 N; (c) 120 N; (d) 180 N.

4.58 Em comparação com o módulo da força média que seu pescoço exerce sobre sua cabeça durante a parada, a força que sua cabeça exerce sobre seu pescoço é: (a) a mesma; (b) maior;

(c) menor; (d) maior durante a primeira metade da descida e menor durante a segunda metade.

4.59 Enquanto a dançarina está no ar e mantendo uma pose fixa, qual é o módulo da força que seu pescoço exerce sobre sua cabeça? (a) 0 N; (b) 60 N; (c) 120 N; (d) 180 N.

4.60 As forças sobre uma dançarina podem ser medidas diretamente quando ela realiza um salto sobre uma placa de força, que mede a força entre seus pés e o solo. A **Figura P4.60** mostra um gráfico da força *versus* tempo durante um salto vertical realizado sobre uma placa de força. O que está acontecendo no instante 0,4 s? A dançarina está: (a) curvando suas pernas para que seu corpo esteja acelerando de cima para baixo; (b) empurrando seu corpo para cima com suas pernas e quase pronta para deixar o chão; (c) no ar e no topo de seu salto; (d) com seus pés acabando de tocar no chão ao descer.

Figura P4.60

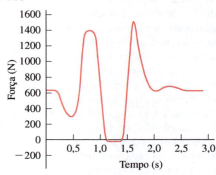

RESPOSTAS

Resposta à pergunta inicial do capítulo

(v) A terceira lei de Newton nos diz que o haltere empurra o halterofilista com uma força igual e contrária à força com que o halterofilista empurra o haltere em *todas* as circunstâncias, não importa como o haltere esteja se movendo. Porém, o módulo da força que o halterofilista exerce é diferente em circunstâncias diferentes. Esse módulo de força é igual ao peso do haltere quando ele está estacionário, movendo-se para cima ou para baixo com uma velocidade constante; ele é maior que o peso do haltere quando este acelera para cima; e é menor que o peso do haltere quando este acelera para baixo. Porém, em cada caso, o módulo da força do haltere sobre o halterofilista tem exatamente o mesmo módulo da força exercida pelo halterofilista sobre o haltere.

Respostas às perguntas dos testes de compreensão

4.1 Resposta: (iv) A força gravitacional sobre o engradado aponta diretamente de cima para baixo. Na Figura 4.5, o eixo *x* aponta para cima e para a direita, enquanto o eixo *y* aponta para cima e para a esquerda. Logo, a força gravitacional possui tanto o componente *x* quanto o componente *y* e ambos são negativos.

4.2 Resposta: (i), (ii) e (iv) Em (i), (ii) e (iv), o corpo não está em aceleração, por isso a força resultante sobre o corpo é igual a zero. [No item (iv), a caixa permanece estacionária sob o ponto de vista do sistema de referência inercial do solo quando o caminhão acelera para a frente, tal qual o patinador na Figura 4.10a.] No item (iii), a águia está se movendo em círculo; logo, está em aceleração e *não* em equilíbrio.

4.3 Resposta: (iii), (i) e (iv) (empate), (ii) A aceleração é igual à força resultante dividida pela massa. Logo, o módulo da aceleração em cada situação é:

(i) $a = (2,0\ \text{N})/(2,0\ \text{kg}) = 1,0\ \text{m/s}^2$;
(ii) $a = (8,0\ \text{N})/(2,0\ \text{N}) = 4,0\ \text{m/s}^2$;
(iii) $a = (2,0\ \text{N})/(8,0\ \text{kg}) = 0,25\ \text{m/s}^2$;
(iv) $a = (8,0\ \text{N})/(8,0\ \text{kg}) = 1,0\ \text{m/s}^2$.

4.4 O astronauta faria o dobro do esforço para caminhar, porque seu peso no planeta seria duas vezes maior que na Terra. Mas pegaria a bola deslocando-se horizontalmente com a mesma facilidade. A *massa* da bola é a mesma que na Terra; portanto, a força horizontal a ser exercida pelo astronauta para parar a bola (ou seja, dar a ela a mesma aceleração) seria a mesma que na Terra.

4.5 Pela terceira lei de Newton, as duas forças possuem o mesmo módulo. Como o carro possui massa muito maior que a do mosquito, ele sofre apenas uma aceleração mínima, imperceptível, em reação à força do impacto. Por outro lado, o mosquito, com sua massa minúscula, sofre uma aceleração catastroficamente grande.

4.6 Resposta: (iv) A força de flutuação é uma força *de baixo para cima* que a *água* exerce sobre a *mergulhadora*. Pela terceira lei de Newton, a outra metade do par de ação e reação é uma força *de cima para baixo* que a *mergulhadora* exerce sobre a *água* e possui o mesmo módulo que a força de flutuação. É verdade que o peso da mergulhadora também é orientado de cima para baixo e possui o mesmo módulo que a força de flutuação; entretanto, o peso atua sobre o mesmo corpo (a mergulhadora) que a força de flutuação e, portanto, essas forças não formam um par de ação e reação.

Problema em destaque

(b) (i) 2,20 m/s²; (ii) 6,00 N; (iii) 3,00 N

? Cada uma das sementes sopradas da ponta de um dente-de-leão (gênero *Taraxacum*) tem uma estrutura emplumada chamada de papo. O papo atua como um paraquedas e permite que a semente seja carregada pelo vento e flutue suavemente para o solo. Se uma semente com seu papo descer diretamente para baixo com velocidade constante, qual força atuando sobre a semente teria maior módulo? (i) A força da gravidade; (ii) a força de baixo para cima exercida pelo ar; (iii) as duas forças têm o mesmo módulo; (iv) depende da velocidade com que a semente desce.

5 APLICAÇÕES DAS LEIS DE NEWTON

OBJETIVOS DE APRENDIZAGEM
Ao estudar este capítulo, você aprenderá:
- **5.1** Como usar a primeira lei de Newton para resolver problemas referentes às forças que atuam sobre um corpo em equilíbrio.
- **5.2** Como usar a segunda lei de Newton para resolver problemas referentes às forças que atuam sobre um corpo em aceleração.
- **5.3** A natureza dos diversos tipos de força de atrito — estático, cinético, de rolamento e resistência de um fluido — e como resolver problemas que envolvem essas forças.
- **5.4** Como resolver problemas envolvendo as forças que atuam sobre um corpo que se move ao longo de uma trajetória circular.
- **5.5** As principais propriedades das quatro forças fundamentais da natureza.

Revendo conceitos de:
- **1.8** Componentes de um vetor a partir do módulo e da direção.
- **2.4** Movimento retilíneo com aceleração constante.
- **3.3** Movimento de projétil.
- **3.4** Movimento circular uniforme e não uniforme.
- **4.1** Superposição de forças.
- **4.2** Primeira lei de Newton.
- **4.3** Segunda lei de Newton.
- **4.4** Massa e peso.
- **4.5** Terceira lei de Newton.

Vimos no Capítulo 4 que as três leis de Newton do movimento, o fundamento da mecânica clássica, podem ser formuladas de modo simples. Porém, as *aplicações* dessas leis em situações como um barco quebra-gelo se deslocando sobre a superfície congelada de um lago, um tobogã deslizando morro abaixo ou um avião fazendo uma curva acentuada requerem habilidades analíticas e técnicas para a solução de problemas. Neste capítulo, vamos ajudá-lo a estender suas habilidades para a solução de problemas que você começou a desenvolver no capítulo anterior.

Começaremos com problemas envolvendo o equilíbrio, nos quais analisamos as forças que atuam sobre um corpo em repouso ou movendo-se com velocidade constante. A seguir, generalizaremos nossas técnicas para a solução de problemas que envolvem corpos que não estão em equilíbrio, para os quais precisamos considerar como relações entre as forças e o movimento. Vamos ensinar como descrever e analisar as forças de contato entre corpos em repouso ou quando um corpo desliza sobre uma superfície. Também analisaremos as forças que atuam sobre um corpo em movimento circular, com velocidade constante. Por fim, encerraremos o capítulo com uma breve discussão sobre a natureza fundamental da força e os tipos de força existentes em nosso universo físico.

5.1 USO DA PRIMEIRA LEI DE NEWTON: PARTÍCULAS EM EQUILÍBRIO

No Capítulo 4, aprendemos que um corpo está em *equilíbrio* quando em repouso ou em movimento retilíneo uniforme em um sistema de referência inercial. Uma lâmpada suspensa, uma mesa de cozinha, um avião voando em linha reta e plana a uma velocidade escalar constante — todos são exemplos de situações de equilíbrio.

Nesta seção, vamos considerar apenas o equilíbrio de corpos que podem ser modelados como partículas. (No Capítulo 11, veremos o que fazer quando um corpo não pode ser representado de forma adequada como partícula, como uma ponte que tem suporte em diversos pontos em sua extensão.) O princípio físico essencial é a primeira lei de Newton:

Primeira lei de Newton: $\sum \vec{F} = 0$ ... deverá ser *zero* se o corpo estiver em **equilíbrio**.
A força *resultante* sobre um corpo...

A soma dos componentes x da força sobre o corpo deverá ser zero.

A soma dos componentes y da força sobre o corpo deverá ser zero.

$$\sum F_x = 0 \qquad \sum F_y = 0 \qquad (5.1)$$

Esta seção é sobre o uso da primeira lei de Newton para resolver problemas envolvendo corpos em equilíbrio. Alguns deles podem parecer complicados, mas o importante é lembrar que *todos* os problemas envolvendo partículas em equilíbrio são resolvidos do mesmo modo. As seguintes recomendações da Estratégia para a Solução de Problemas 5.1 devem ser seguidas para todos esses problemas. Estude a estratégia com cuidado, acompanhe como ela é empregada nos exemplos resolvidos e tente aplicá-la quando for resolver os problemas propostos.

ESTRATÉGIA PARA A SOLUÇÃO DE PROBLEMAS 5.1 — PRIMEIRA LEI DE NEWTON: EQUILÍBRIO DE UMA PARTÍCULA

IDENTIFICAR *os conceitos relevantes:* você deve usar a *primeira* lei de Newton para qualquer problema referente às forças que atuam sobre um corpo em equilíbrio — ou seja, que está em repouso ou em movimento com velocidade constante. Por exemplo, um carro está em equilíbrio quando estacionado, mas também quando se desloca por uma estrada retilínea a uma velocidade escalar uniforme.

Se o problema envolve mais de um corpo e os corpos interagem entre si, você também precisa usar a *terceira* lei de Newton. Essa lei permite relacionar as forças que um corpo exerce sobre outro à força que o segundo corpo exerce sobre o primeiro.

Certifique-se de que você identificou as variáveis-alvo. Algumas variáveis-alvo comuns em problemas referentes a equilíbrio incluem o módulo e a direção (ângulo) de uma das forças, ou os componentes de uma força.

PREPARAR *o problema* usando os seguintes passos:

1. Faça um desenho com um esquema simples da situação física, mostrando as dimensões e os ângulos. Não é preciso ser um artista para isso!
2. Escolha um corpo que esteja em equilíbrio e desenhe um diagrama do corpo livre para ele. No momento, vamos considerá-lo como uma partícula, de modo que basta um ponto grosso para representar a partícula. Em seu diagrama do corpo livre, *não* inclua os outros corpos que interagem com ele, tal como uma superfície sobre a qual ele possa estar apoiado ou uma corda que o esteja puxando.
3. Agora, pergunte quais são os corpos que interagem com ele pelo contato ou por qualquer outra maneira. Em seu diagrama do corpo livre, desenhe o vetor força de cada interação e assinale cada força com um símbolo representando o *módulo* da força. Caso você saiba o ângulo da direção de uma força, desenhe-o e assinale seu valor. Inclua o peso do corpo, exceto nos casos em que ele possua massa desprezível (e, portanto, peso desprezível). Caso a massa seja dada, use $p = mg$ para determinar o peso. Uma superfície em contato com o corpo exerce uma força normal perpendicular à superfície e, possivelmente, uma força de atrito paralela à superfície. Uma corda ou corrente exerce uma força de puxar (nunca de empurrar) seguindo a direção de seu comprimento.
4. No diagrama do corpo livre, você *não* deve mostrar nenhuma força exercida *pelo* corpo sobre outros corpos. As somas indicadas nas equações 5.1 incluem somente forças que atuam *sobre* o corpo. Para cada força sobre o corpo, pergunte "Qual é o outro corpo que produz a força?". Caso não seja capaz de responder a essa pergunta, você pode estar imaginando uma força que não existe naquele local.
5. Defina um conjunto de eixos de coordenadas para que sejam incluídos em seu diagrama do corpo livre. (Se houver mais de um corpo no problema, escolha eixos separados para cada um.) Assinale o sentido positivo para cada eixo. Quando um corpo está em repouso ou desliza ao longo de uma superfície, geralmente é mais simples escolher um eixo paralelo e outro perpendicular à superfície, mesmo quando o plano for inclinado.

EXECUTAR *a solução* da seguinte forma:

1. Ache os componentes de cada força ao longo dos eixos de coordenadas. Desenhe uma linha ondulada sobre cada vetor força que tenha sido substituído pelos seus respectivos componentes, de modo a não contar os vetores duas vezes. Lembre-se de que o *módulo* de uma força é sempre positivo, enquanto o *componente* de uma força ao longo de uma dada direção pode ser positivo ou negativo.
2. Iguale a zero a soma algébrica de todos os componentes x das forças que atuam sobre o corpo. Em outra equação, iguale a zero a soma algébrica de todos os componentes y das forças. (*Nunca* adicione componentes x e y na mesma equação.)

(Continua)

(Continuação)

3. Caso existam dois ou mais corpos, repita as etapas anteriores para cada um. Caso haja interação entre os corpos, use a terceira lei de Newton para relacionar as forças mútuas entre eles.
4. Certifique-se de que você tenha um número de equações independentes igual ao número de incógnitas. A seguir, resolva essas equações para obter os valores das variáveis-alvo.

AVALIAR *sua resposta:* examine seus resultados e pergunte-se se eles fazem sentido. Quando o resultado é dado por símbolos ou por fórmulas, procure casos especiais (valores particulares ou casos extremos das diversas grandezas) para os quais você possa imaginar quais são os resultados esperados.

EXEMPLO 5.1 — EQUILÍBRIO EM UMA DIMENSÃO: TENSÃO EM UMA CORDA SEM MASSA

Uma ginasta com massa m_G = 50,0 kg está começando a subir em uma corda, de massa desprezível, presa ao teto de um ginásio. (a) Qual é o peso da ginasta? (b) Qual força (módulo, direção e sentido) a corda exerce sobre ela? (c) Qual é a tensão na extremidade superior da corda?

SOLUÇÃO

IDENTIFICAR E PREPARAR: a ginasta e a corda estão em equilíbrio; logo, podemos aplicar a primeira lei de Newton em ambos os corpos. Também usaremos a terceira lei de Newton para relacionar as forças que a ginasta e a corda exercem entre si. As variáveis-alvo são o peso da ginasta, p_G; a força que a corda exerce sobre a ginasta (denominada $T_{C\,em\,G}$); e a tensão que o teto exerce sobre a extremidade superior da corda (denominada $T_{T\,em\,C}$). Desenhamos a situação (**Figura 5.1a**) e fazemos diagramas do corpo livre separados para a ginasta (Figura 5.1b) e a corda (Figura 5.1c). Consideramos o eixo positivo y orientado de baixo para cima, conforme mostra a figura. Cada força atua na direção vertical e, portanto, possui somente um componente y. As duas forças $T_{C\,em\,G}$ e $T_{G\,em\,C}$ são a força de baixo para cima da corda sobre a ginasta (Figura 5.1b) e a força de cima para baixo da ginasta sobre a corda (Figura 5.1c). Essas forças formam um par de ação e reação. Portanto, pela terceira lei de Newton, devem possuir o mesmo módulo.

Figura 5.1 Nossos esquemas para este problema.

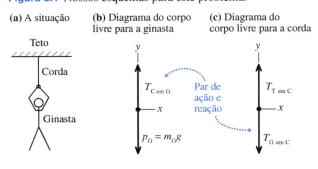

Note que a Figura 5.1c inclui apenas as forças que atuam *sobre* a corda. Particularmente, ela não inclui a força que a *corda* exerce sobre o *teto* (compare com a discussão da maçã do Exemplo Conceitual 4.9, na Seção 4.5).

EXECUTAR: (a) O módulo do peso da ginasta é o produto de sua massa e da aceleração da gravidade, g:

$$p_G = m_G g = (50{,}0 \text{ kg})(9{,}80 \text{ m/s}^2) = 490 \text{ N}$$

(b) A força gravitacional sobre a ginasta (seu peso) aponta no sentido negativo do eixo y, de modo que seu componente y é igual a $-p_G$. A força de baixo para cima exercida pela corda possui módulo desconhecido $T_{C\,em\,G}$ e componente positivo de y $+T_{C\,em\,G}$. Descobrimos isso usando a primeira lei de Newton a partir das equações 5.1:

$$\text{Ginasta:} \quad \Sigma F_y = T_{C\,em\,G} + (-p_G) = 0 \quad \text{logo}$$
$$T_{C\,em\,G} = p_G = 490 \text{ N}$$

A corda puxa a ginasta *para cima* com uma força $T_{C\,em\,G}$ de módulo 490 N. (Pela terceira lei de Newton, a ginasta puxa a corda *para baixo* com uma força de mesmo módulo, $T_{G\,em\,C}$ = 490 N.)

(c) Consideramos que a corda é desprovida de peso, de modo que as únicas forças atuando sobre ela são aquelas exercidas pelo teto (força de baixo para cima com módulo desconhecido $T_{T\,em\,C}$) e pela ginasta (força de cima para baixo com módulo $T_{G\,em\,C}$ = 490 N). Pela primeira lei de Newton, a força *resultante* vertical que atua sobre a corda em equilíbrio deverá ser zero:

$$\text{Corda:} \quad \Sigma F_y = T_{T\,em\,C} + (-T_{G\,em\,C}) = 0 \quad \text{logo,}$$
$$T_{T\,em\,C} = T_{G\,em\,C} = 490 \text{ N}$$

AVALIAR: a *tensão* em qualquer ponto da corda é o módulo da força que atua nesse ponto. Para essa corda desprovida de peso, a tensão $T_{G\,em\,C}$ na extremidade inferior da corda possui o mesmo valor que a tensão $T_{T\,em\,C}$ na extremidade superior. Na verdade, para uma corda ideal, sem peso, a tensão possui o mesmo valor em qualquer ponto de sua extensão. (Compare com a discussão do Exemplo Conceitual 4.10, na Seção 4.5.)

EXEMPLO 5.2 — EQUILÍBRIO EM UMA DIMENSÃO: TENSÃO EM UMA CORDA COM MASSA

Ache a tensão em cada extremidade da corda no Exemplo 5.1 supondo que o peso da corda seja 120 N.

SOLUÇÃO

IDENTIFICAR E PREPARAR: como no Exemplo 5.1, as variáveis-alvo são os módulos $T_{G\,em\,C}$ e $T_{T\,em\,C}$ das forças que atuam nas extremidades inferior e superior da corda, respectivamente. De novo, aplicamos a primeira lei de Newton para a ginasta e para a corda, e usamos a terceira lei de Newton para relacionar as forças que a ginasta e a corda exercem entre si. Novamente, desenhamos diagramas do corpo livre separados para a ginasta (**Figura 5.2a**) e para a corda (Figura 5.2b). Neste caso, há uma

(Continua)

(*Continuação*)

terceira força atuando sobre a corda: o peso da corda, de módulo $p_C = 120$ N.

EXECUTAR: o diagrama do corpo livre para a ginasta é o mesmo do Exemplo 5.1, portanto, sua condição de equilíbrio também é a mesma. Pela terceira lei de Newton, $T_{C\text{ em }G} = T_{G\text{ em }C}$, e temos novamente

Ginasta: $\quad \Sigma F_y = T_{C\text{ em }G} + (-p_G) = 0 \quad$ logo,

$$T_{C\text{ em }G} = T_{G\text{ em }C} = p_G = 490 \text{ N}$$

A condição de equilíbrio $\Sigma F_y = 0$ para a corda agora é

Corda: $\quad \Sigma F_y = T_{T\text{ em }C} + (-T_{G\text{ em }C}) + (-p_C) = 0$

Note que o componente y de $T_{T\text{ em }C}$ é positivo porque ele aponta no sentido $+y$, mas os componentes y, tanto de $T_{G\text{ em }C}$ quanto de p_C, são negativos. Quando explicitamos $T_{T\text{ em }C}$ e substituímos os valores $T_{G\text{ em }C} = T_{C\text{ em }G} = 490$ N e $p_C = 120$ N, encontramos:

$$T_{T\text{ em }C} = T_{G\text{ em }C} + p_C = 490 \text{ N} + 120 \text{ N} = 610 \text{ N}$$

AVALIAR: quando incluímos o peso da corda, a tensão é *diferente* em ambas as extremidades da corda: 610 N no topo e 490 N na extremidade inferior. A força $T_{T\text{ em }C} = 610$ N exercida pelo teto precisa sustentar tanto o peso de 490 N da ginasta quanto o de 120 N da corda.

Para observar isso de forma mais explícita, desenhe um diagrama do corpo livre para o corpo composto, que consiste na ginasta e na corda considerados como uma unidade (Figura 5.2c). Somente duas forças externas atuam sobre esse corpo composto: a força $T_{T\text{ em }C}$ exercida pelo teto e o peso total $p_G + p_C = 490$ N $+ 120$ N $= 610$ N. (As forças $T_{G\text{ em }C}$ e $T_{C\text{ em }G}$ são *internas* ao corpo composto. Como a primeira lei de Newton envolve somente forças *externas*, as internas não têm função.) Logo, a primeira lei de Newton aplicada a esse corpo composto é

Corpo composto: $\quad \Sigma F_y = T_{T\text{ em }C} + [-(p_G + p_C)] = 0$

logo, $T_{T\text{ em }C} = p_G + p_C = 610$ N.

Tratar a ginasta e a corda como um corpo composto é bem mais simples, mas não podemos determinar a tensão $T_{G\text{ em }C}$ na extremidade inferior da corda por meio desse método. *Moral da história: sempre que houver mais de um corpo em um problema que envolva as leis de Newton, a abordagem mais segura é tratar cada corpo separadamente.*

Figura 5.2 Nossos esquemas para este problema, incluindo o peso da corda.

(a) Diagrama do corpo livre para a ginasta
(b) Diagrama do corpo livre para a corda
(c) Diagrama do corpo livre para a ginasta e a corda, como um corpo composto

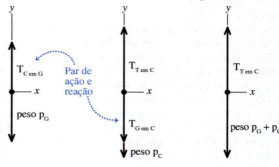

EXEMPLO 5.3 — EQUILÍBRIO EM DUAS DIMENSÕES

Na **Figura 5.3a**, o motor de um automóvel com peso p está suspenso por uma corrente que está ligada por um anel O a duas outras correntes, uma delas amarrada ao teto e a outra presa na parede. Ache as expressões para a tensão em cada uma das três correntes em função de p. Despreze o peso das correntes e do anel em comparação com o peso do motor.

SOLUÇÃO

IDENTIFICAR E PREPARAR: as variáveis-alvo são os módulos de tensão T_1, T_2 e T_3 nas três correntes (Figura 5.3a). Todos os corpos do exemplo estão em equilíbrio. Por isso, usaremos a primeira lei de Newton. Precisamos de três equações simultâneas, uma para cada variável-alvo. Entretanto, aplicar a primeira lei de Newton somente a um corpo fornece apenas *duas* equações — as equações x e y nas equações 5.1. Assim, para resolver o problema, temos de considerar mais de um corpo em equilíbrio. Analisaremos o motor (que sofre ação de T_1) e o anel (que está conectado às três correntes e, portanto, sofre ação das três tensões).

As figuras 5.3b e 5.3c mostram nossos diagramas do corpo livre, incluindo a escolha dos eixos de coordenadas. As duas forças que atuam sobre o motor são seu peso p e a força de tensão de baixo para cima T_1, exercida pela corrente vertical; as três forças que atuam sobre o anel são as tensões da corrente vertical (T_1), a corrente horizontal (T_2) e a corrente inclinada (T_3). Como a corrente vertical possui peso desprezível, ela exerce forças de módulo igual a T_1 em ambas as extremidades (veja o Exemplo 5.1). (Se o peso não fosse desprezível, essas duas forças teriam módulos diferentes, como ocorreu com a corda no Exemplo 5.2.) Também estamos desprezando o peso do anel, razão pela qual ele não é incluído nas forças da Figura 5.3c.

EXECUTAR: as forças que atuam sobre o motor estão orientadas somente ao longo do eixo y. Portanto, de acordo com a primeira lei de Newton (equações 5.1):

Motor: $\quad \Sigma F_y = T_1 + (-p) = 0 \quad$ e $\quad T_1 = p$

A corrente horizontal e a corrente inclinada não exercem forças sobre o motor em si, visto que essas forças não estão ligadas a ele, mas aparecem quando aplicamos a primeira lei de Newton ao anel. No diagrama do corpo livre do anel (Figura 5.3c), lembre-se de que T_1, T_2 e T_3 são os *módulos* das forças. Decompomos a força com magnitude T_3 em seus componentes x e y. Aplicando a primeira lei de Newton na forma de componentes ao anel, achamos as duas equações

Anel $\quad \Sigma F_x = T_3 \cos 60° + (-T_2) = 0$

Anel $\quad \Sigma F_y = T_3 \text{ sen } 60° + (-T_1) = 0$

Visto que $T_1 = p$, podemos reescrever a segunda equação como

$$T_3 = \frac{T_1}{\text{sen } 60°} = \frac{p}{\text{sen } 60°} = 1{,}2\, p$$

(*Continua*)

(*Continuação*)
Podemos agora usar esse resultado na primeira equação do anel:

$$T_2 = T_3 \cos 60° = p \frac{\cos 60°}{\sen 60°} = 0{,}58\, p$$

AVALIAR: a corrente presa ao teto exerce uma força sobre o anel com um componente *vertical* igual a T_1, que, por sua vez, é igual a p. Mas essa força também possui um componente horizontal, de modo que seu módulo T_3 é maior que o peso p do motor. Essa corrente está submetida à maior tensão e é a mais provável de ser rompida.

Para obter equações suficientes para solucionar o problema, tivemos de considerar não apenas as forças que atuam sobre o motor, mas, também, as que atuam sobre o segundo corpo (o anel que liga as correntes). Situações como essa são razoavelmente comuns em problemas referentes a equilíbrio, por isso tenha essa técnica em mente.

Figura 5.3 Nossos esquemas para este problema.

(a) Motor, correntes e anel

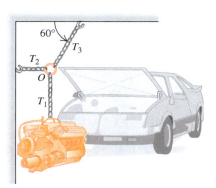

(b) Diagrama do corpo livre para o motor

(c) Diagrama do corpo livre para o anel O

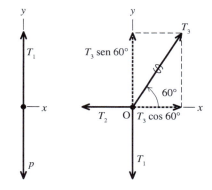

EXEMPLO 5.4 — UM PLANO INCLINADO

Um carro de peso p está em repouso sobre a rampa de um caminhão rebocador (**Figura 5.4a**). Somente um cabo ligando o carro ao rebocador o impede de deslizar para baixo ao longo da rampa. (O carro não está freado nem engrenado.) Ache a tensão no cabo e a força que a rampa exerce sobre os pneus.

SOLUÇÃO

IDENTIFICAR: o carro está em equilíbrio, portanto, usamos a primeira lei de Newton. A rampa exerce uma força à parte sobre cada pneu, mas, para simplificar, agrupamos todas elas em uma única força. Para simplificar ainda mais, desprezaremos qualquer força de atrito que a rampa possa exercer sobre os pneus (ver Figura 4.2b). Logo, podemos afirmar que a rampa exerce somente uma força sobre o carro, que é *perpendicular* à rampa. Como na Seção 4.1, designamos essa força como força *normal* (Figura 4.2a). As duas variáveis-alvo são o módulo T da tensão no cabo e o módulo n da força normal.

PREPARAR: a Figura 5.4 mostra a situação e um diagrama do corpo livre para o carro. As três forças que atuam sobre o carro são seu peso (módulo p), a tensão no cabo (módulo T) e a força normal (módulo n). Note que o ângulo α entre a rampa e a horizontal é igual ao ângulo α entre o vetor peso $\vec{p}$ e a força normal ao plano da rampa. Note, também, que escolhemos os eixos x e y para serem perpendiculares e paralelo ao plano da rampa, de modo que só precisamos achar uma força (o peso) nos componentes x e y. Se escolhêssemos os eixos nos planos horizontal e vertical, nossa tarefa seria mais difícil porque precisaríamos achar os componentes x e y para a força normal e a tensão.

EXECUTAR: para escrever os componentes x e y da primeira lei de Newton, precisamos encontrar os componentes do peso. Uma complicação é que o ângulo α na Figura 5.4b *não* é medido a partir do eixo $+x$ para o eixo $+y$. Portanto, *não podemos* usar diretamente as equações 1.5 para achar os componentes. (Talvez seja bom rever a Seção 1.8 para você verificar se entendeu este ponto importante.)

Uma alternativa para encontrar os componentes de $\vec{p}$ é considerar os triângulos retângulos indicados na Figura 5.4b. O seno de α é o módulo do componente x de $\vec{p}$ (ou seja, o lado do triângulo oposto ao ângulo α) dividido pelo módulo p (a hipotenusa do triângulo). Analogamente, o cosseno de α é o módulo do componente y (o lado do triângulo adjacente ao ângulo α) dividido pelo módulo p. Ambos os componentes são negativos, de modo que $p_x = -p\,\sen\alpha$ e $p_y = -p\cos\alpha$.

Figura 5.4 Um cabo mantém um carro em repouso sobre uma rampa.

(a) Carro sobre a rampa

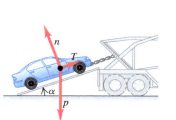

(b) Diagrama do corpo livre para o carro

Substituímos o peso pelos seus componentes.

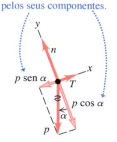

(*Continua*)

(*Continuação*)

Outra abordagem é reconhecer que um componente de $\vec{p}$ deve envolver o seno de α enquanto o outro envolve o cosseno de α. Para decidir qual é qual, desenhe um diagrama do corpo livre de modo que o ângulo α seja notadamente menor ou maior que 45°. (Você terá de resistir à tendência natural de desenhar ângulos tais que se aproximem de 45°.) Na Figura 5.4b, α é menor que 45°, de modo que o seno de α é menor que o cosseno de α. A figura mostra que o componente x de $\vec{p}$ é menor que o componente y, de modo que o componente x deve envolver o seno de α e o componente y deve envolver o cosseno de α. Novamente, obtemos $p_x = -p\,\text{sen}\,\alpha$ e $p_y = -p\cos\alpha$.

Na Figura 5.4b, desenhamos uma linha ondulada sobre o vetor original que representa o peso para que ele não seja contado duas vezes. Pela primeira lei de Newton, temos

$$\sum F_x = T + (-p\,\text{sen}\,\alpha) = 0$$

$$\sum F_y = n + (-p\cos\alpha) = 0$$

(Lembre-se de que, por definição, T, p e n são *módulos* de vetores e, portanto, são sempre positivos.) Resolvendo essas equações e explicitando T e n, achamos

$$T = p\,\text{sen}\,\alpha$$

$$n = p\cos\alpha$$

AVALIAR: nossas respostas para T e n dependem do valor de α. Podemos verificar essa dependência analisando alguns casos especiais. Se a rampa for horizontal ($\alpha = 0$), então obtemos $T = 0$ e $n = p$: nenhuma tensão T no cabo seria necessária para sustentar o carro e a força normal n seria igual ao peso. Se a rampa for vertical ($\alpha = 90°$), então $T = p$ e $n = 0$: a tensão T no cabo suporta todo o peso do carro e não há nada empurrando o carro contra a rampa.

ATENÇÃO Força normal e peso podem não ser iguais Trata-se de um erro comum supor, automaticamente, que o módulo n da força normal é igual ao peso p. Mas nosso resultado mostra que, em geral, isso *não* é verdadeiro. É sempre recomendável tratar n como uma variável e solucionar seu valor, como fizemos aqui.

Como observação final, perguntamos como as respostas para T e n seriam afetadas se o carro não estivesse em repouso, mas se fosse puxado para cima da rampa com velocidade escalar constante. Essa também é uma situação de equilíbrio, visto que a velocidade do carro é constante. Logo, os cálculos seriam exatamente iguais, e T e n teriam os mesmos valores obtidos para o carro em repouso. (É verdade que T deve ser maior que $p\,\text{sen}\,\alpha$ para *iniciar* o movimento do carro para cima da rampa, mas não foi isso o que perguntamos.)

EXEMPLO 5.5   EQUILÍBRIO DE CORPOS CONECTADOS POR CABO E POLIA

Blocos de granito estão sendo retirados de uma pedreira e transportados para cima de um plano inclinado de 15°. Por razões ambientais, o barro também está sendo despejado na pedreira para preencher buracos antigos. Para simplificar o processo, você projeta um sistema no qual o bloco de granito sobre um carrinho com rodas de aço (peso p_1, incluindo o bloco e o carrinho) é puxado para cima sobre trilhos de aço por um balde cheio de barro (peso p_2, incluindo o barro e o balde) que cai verticalmente para o interior da pedreira (**Figura 5.5a**). Desprezando o peso do cabo e os atritos na polia e nas rodas, determine a relação entre os pesos p_1 e p_2 para que o sistema se mova com velocidade escalar constante.

SOLUÇÃO

IDENTIFICAR E PREPARAR: o carrinho e o balde se movem com uma velocidade constante (ou seja, em linha reta a uma velocidade escalar constante). Logo, cada corpo está em equilíbrio e podemos aplicar a primeira lei de Newton a eles. Nossas duas variáveis-alvo são os pesos p_1 e p_2.

Figura 5.5 Nossos esquemas para este problema.

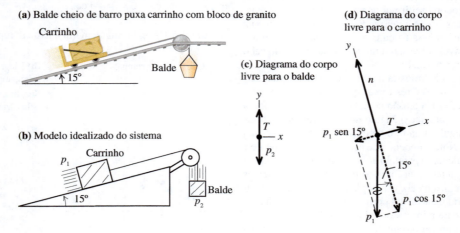

(*Continua*)

(*Continuação*)
A Figura 5.5b mostra nosso modelo idealizado para o sistema, e as figuras 5.5c e 5.5d, nossos diagramas do corpo livre. As forças que atuam sobre o balde são seu peso p_2 e uma tensão de baixo para cima exercida pelo cabo. Assim como para o carro na rampa do Exemplo 5.4, o carrinho possui *três* forças atuando sobre ele: seu peso p_1, uma força normal com módulo n exercida pelos trilhos e uma força de tensão proveniente do cabo. Como estamos supondo que o cabo tenha peso desprezível, as forças de tensão que ele exerce sobre o carrinho e sobre o balde têm o mesmo módulo T. (Ignoramos o atrito, considerando que os trilhos não exercem nenhuma força sobre o carrinho paralelo à inclinação.) Note que orientamos os eixos de forma diferente para cada corpo; as escolhas indicadas são as mais convenientes. Achamos os componentes da força do peso exatamente como fizemos no Exemplo 5.4. (Compare a Figura 5.5d com a Figura 5.4b.)

EXECUTAR: usando a relação $\sum F_y = 0$ para o balde na Figura 5.5c, achamos

$$\sum F_y = T + (-p_2) = 0 \quad \text{logo} \quad T = p_2$$

Usando a relação $\sum F_x = 0$ para o carrinho (com o bloco) na Figura 5.5d, achamos

$$\sum F_x = T + (-p_1 \operatorname{sen} 15°) = 0 \quad \text{logo} \quad T = p_1 \operatorname{sen} 15°$$

Igualando as duas expressões para T, encontramos

$$p_2 = p_1 \operatorname{sen} 15° = 0{,}26 p_1$$

AVALIAR: nossa análise não depende da direção do movimento do carrinho e do balde. Portanto, o sistema pode se deslocar com uma velocidade constante em *qualquer* direção, desde que o peso do balde com o barro seja igual a 26% do peso total do carrinho com o bloco. O que aconteceria se p_2 fosse maior que $0{,}26\,p_1$? Ou se fosse menor que $0{,}26\,p_1$?
Note que não foi necessário usar a equação $\sum F_y = 0$ para o carrinho com o bloco. Você é capaz de mostrar que $n = p_1 \cos 15°$?

TESTE SUA COMPREENSÃO DA SEÇÃO 5.1 Um semáforo de peso p está suspenso por dois cabos leves, um de cada lado. Cada cabo forma um ângulo de 45° com a horizontal. Qual é a tensão em cada cabo? (i) $p/2$; (ii) $p/\sqrt{2}$; (iii) p; (iv) $p\sqrt{2}$; (v) $2p$. ∎

5.2 USO DA SEGUNDA LEI DE NEWTON: DINÂMICA DE PARTÍCULAS

Agora estamos preparados para discutir problemas de *dinâmica*. Nesses problemas, aplicamos a segunda lei de Newton para corpos sobre os quais a força resultante é *diferente* de zero e, portanto, *não* estão em equilíbrio, mas sim em aceleração:

> **Segunda lei de Newton:** se a força *resultante* sobre um corpo não for zero... $\sum \vec{F} = m\vec{a}$ ... o corpo tem *aceleração* na mesma direção e sentido da força resultante.
> Massa do corpo
>
> Cada componente da força resultante sobre o corpo... $\sum F_x = ma_x \quad \sum F_y = ma_y$ ... é igual à massa do corpo vezes o componente de aceleração correspondente. (5.2)

A seguinte estratégia para a solução de problemas é muito semelhante à Estratégia 5.1 recomendada na Seção 5.1 para problemas de equilíbrio. Estude essa estratégia com cuidado, acompanhe como ela é empregada nos exemplos resolvidos e tente aplicá-la quando for resolver os problemas no final deste capítulo. Lembre-se de que *todos* os problemas de dinâmica podem ser resolvidos usando essa estratégia.

ATENÇÃO $m\vec{a}$ **não pertence a diagramas do corpo livre** Lembre-se de que a grandeza $m\vec{a}$ é o *resultado* das forças que atuam sobre um corpo, *não* uma força propriamente dita. Ao desenhar o diagrama do corpo livre para um corpo que está em aceleração (como a fruta na **Figura 5.6a**), tome cuidado para *não* incluir "a força $m\vec{a}$", porque *essa força não existe* (Figura 5.6c). Revise a Seção 4.3, caso esse ponto não esteja claro para você. Algumas vezes, desenhamos o vetor $\vec{a}$ ao *longo do* diagrama do corpo livre, como na Figura 5.6b; nesse caso, a aceleração *nunca* deve ser desenhada com sua extremidade tocando o corpo (posição reservada somente para as forças que atuam sobre o corpo).

Figura 5.6 Diagramas do corpo livre correto e incorreto, para um corpo em queda livre.

(a)  Somente a força da gravidade atua sobre esta fruta em queda livre.

(b) Diagrama do corpo livre correto 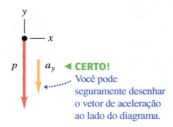 ◀ CERTO! Você pode seguramente desenhar o vetor de aceleração ao lado do diagrama.

(c) Diagrama do corpo livre incorreto 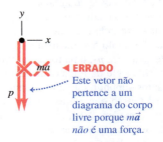 ◀ ERRADO Este vetor não pertence a um diagrama do corpo livre porque $m\vec{a}$ não é uma força.

ESTRATÉGIA PARA A SOLUÇÃO DE PROBLEMAS 5.2 SEGUNDA LEI DE NEWTON: DINÂMICA DE PARTÍCULAS

IDENTIFICAR *os conceitos relevantes:* você deve usar a segunda lei de Newton (equações 5.2) para resolver *qualquer* problema que envolva forças atuando sobre um corpo em aceleração.

Identifique a variável-alvo — geralmente, uma aceleração ou uma força. Se a variável-alvo for diferente disso, você deverá aplicar outro conceito. Por exemplo, suponha que você queira determinar a velocidade com que um trenó está se deslocando, quando chega ao pé de uma colina. Com a segunda lei de Newton, você encontrará a aceleração do trenó e, então, usará as relações de aceleração constantes da Seção 2.4 para achar a velocidade a partir da aceleração.

PREPARAR *o problema* usando os seguintes passos:
1. Faça um esquema da situação física e identifique um ou mais corpos que se movem. Desenhe um diagrama do corpo livre para cada corpo escolhido, mostrando todas as forças que estão atuando *sobre* o corpo. (As somas nas equações 5.2 incluem as forças que atuam sobre o corpo, mas *não* as forças exercidas por ele sobre outros corpos.) Para cada força em seu diagrama, tente responder à seguinte pergunta: "Que outro corpo está aplicando essa força?". Nunca inclua a grandeza $m\vec{a}$ em seu diagrama do corpo livre: ela não é uma força!
2. Identifique o *módulo* de cada força com símbolos algébricos. Geralmente, uma das forças é o peso do corpo; ele normalmente é identificado como $p = mg$.
3. Escolha seus eixos de coordenadas x e y e mostre-os no diagrama do corpo livre. Verifique se indicou o sentido positivo de cada eixo. Caso você saiba a direção e o sentido da aceleração, geralmente é mais simples escolher um dos eixos com essa direção e sentido. Caso existam dois ou mais corpos, você pode usar eixos de coordenadas separados para cada corpo.
4. Além da segunda lei de Newton, $\sum \vec{F} = m\vec{a}$, identifique outras equações que possam ser úteis. Por exemplo, você poderá necessitar de uma ou mais equações para o movimento com aceleração constante. Se houver mais de um corpo envolvido, podem existir relações entre os movimentos dos corpos; por exemplo, eles podem estar conectados por uma corda. Expresse quaisquer dessas relações como equações relacionando as acelerações dos diversos corpos.

EXECUTAR *a solução* como segue:
1. Para cada corpo, determine os componentes das forças ao longo dos eixos de coordenadas de cada objeto. Quando for representar uma força em termos de seus componentes, desenhe uma linha ondulada sobre cada vetor força que tenha sido substituído pelos seus respectivos componentes, para não contar os vetores duas vezes.
2. Liste todas as grandezas conhecidas e desconhecidas e identifique as variáveis-alvo.
3. Para cada corpo, escreva uma equação variável para cada componente da segunda lei de Newton, como nas equações 5.2. Escreva quaisquer equações adicionais que tenha identificado na etapa 4 de "Preparar". (Verifique se você possui equações para todas as variáveis-alvo.)
4. Faça a parte fácil — a matemática! Solucione as equações para achar as variáveis.

AVALIAR *sua resposta:* sua resposta possui as unidades corretas? (Quando for o caso, use a conversão 1 N = 1 kg · m/s².) O sinal algébrico está correto? Se possível, analise casos específicos ou extremos e compare os resultados com os esperados pela sua intuição. Pergunte-se: "Este resultado faz sentido?".

EXEMPLO 5.6 MOVIMENTO RETILÍNEO COM FORÇA CONSTANTE

Um barco projetado para deslizar no gelo está em repouso sobre uma superfície horizontal sem atrito (**Figura 5.7a**). Sopra um vento de modo que, 4,0 s após a partida, o barco atinge uma velocidade de 6,0 m/s (cerca de 22 km/h). Qual é a força horizontal constante F_V que o vento exerce sobre o barco? A massa total do barco mais a massa do velejador é igual a 200 kg.

SOLUÇÃO

IDENTIFICAR E PREPARAR: como nossa variável-alvo é uma das forças (F_V) que atuam sobre o barco em aceleração, usaremos a segunda lei de Newton. As forças que atuam sobre o barco e o velejador (consideradas como uma unidade) são o peso p, a força normal n exercida pela superfície e a força horizontal F_V. A Figura 5.7b mostra nosso diagrama do corpo livre.

(Continua)

(*Continuação*)

A força resultante e, portanto, a aceleração, estão orientadas para a direita, por isso escolhemos esse sentido para o eixo *x* positivo. A aceleração não é informada; precisamos achá-la. Supondo que o vento exerça uma força constante, a aceleração resultante é constante e podemos usar uma das fórmulas de aceleração constante da Seção 2.4.

O barco parte do repouso, de modo que sua velocidade inicial é $v_{0x} = 0$, e atinge uma velocidade $v_x = 6{,}0$ m/s após um tempo decorrido de $t = 4{,}0$ s. Uma equação que podemos usar para relacionar a aceleração a_x a essas grandezas é a Equação 2.8, $v_x = v_{0x} + a_x t$. Não há aceleração vertical e, portanto, esperamos que a força normal exercida pela superfície seja igual em módulo ao peso do barco.

EXECUTAR: as grandezas *conhecidas* são a massa $m = 200$ kg, as velocidades inicial e final $v_{0x} = 0$ e $v_x = 6{,}0$ m/s e o tempo decorrido $t = 4{,}0$ s. As três grandezas *desconhecidas* são a aceleração a_x, a força normal n e a força horizontal F_V. Logo, necessitamos de três equações.

As primeiras duas equações são as equações *x* e *y* para a segunda lei de Newton, equações 5.2. A força F_V está orientada no sentido positivo de *x*, enquanto as forças n e mg estão orientadas nos sentidos positivo e negativo de *y*, respectivamente. Logo, temos

$$\sum F_x = F_V = m a_x$$

$$\sum F_y = n + (-mg) = 0 \quad \text{logo} \quad n = mg$$

A terceira equação é a 2.8 para aceleração constante:

$$v_x = v_{0x} + a_x t$$

Para achar F_V, primeiro solucionamos a terceira equação para a_x e, depois, substituímos o resultado na equação de $\sum F_x$:

$$a_x = \frac{v_x - v_{0x}}{t} = \frac{6{,}0 \text{ m/s} - 0 \text{ m/s}}{4{,}0 \text{ s}} = 1{,}5 \text{ m/s}^2$$

$$F_V = m a_x = (200 \text{ kg})(1{,}5 \text{ m/s}^2) = 300 \text{ kg} \cdot \text{m/s}^2$$

Um kg · m/s² é igual a 1 newton (N). Portanto, a resposta final é

$$F_V = 300 \text{ N}$$

AVALIAR: nossas respostas para F_V e n possuem as unidades corretas para uma força, e (como era esperado) o módulo n da força normal é igual a mg. Parece razoável que a força F_V seja substancialmente *menor* do que mg?

Figura 5.7 Nossos esquemas para este problema.

(a) Um barco para deslizar no gelo e o velejador sobre uma superfície sem atrito

(b) Diagrama do corpo livre para o barco e o velejador

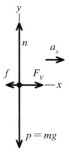

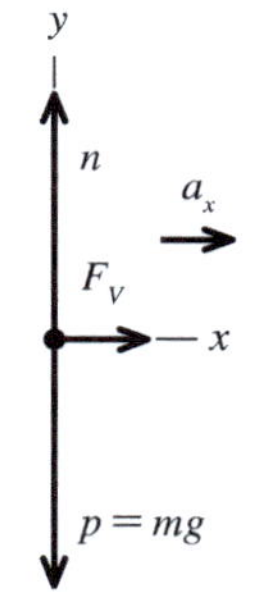

EXEMPLO 5.7 — MOVIMENTO RETILÍNEO COM ATRITO

Suponha que uma força de atrito horizontal constante de 100 N oponha-se ao movimento do barco no Exemplo 5.6. Neste caso, qual é a força constante F_V que o vento deve aplicar sobre o barco para provocar a mesma aceleração constante de $a_x = 1{,}5$ m/s²?

SOLUÇÃO

IDENTIFICAR E PREPARAR: também neste caso, a variável-alvo é F_V. Temos a aceleração *x*, de modo que precisaremos somente da segunda lei de Newton para achar F_V. Um novo diagrama do corpo livre é indicado na **Figura 5.8**. A diferença entre este diagrama e o indicado na Figura 5.7b é a inclusão da força de atrito $\vec{f}$, que aponta no sentido negativo do eixo *x* (oposta ao sentido do movimento). Como o vento precisa agora contornar a força de atrito para resultar na mesma aceleração do Exemplo 5.6, esperamos que nossa resposta para F_V seja maior que 300 N que encontramos antes.

EXECUTAR: agora as duas forças possuem componentes *x*: a força do vento (componente $x + F_V$) e a força de atrito (componente $x - f$). O componente *x* da segunda lei de Newton fornece

$$\sum F_x = F_V + (-f) = m a_x$$

$$F_V = m a_x + f = (200 \text{ kg})(1{,}5 \text{ m/s}^2) + (100 \text{ N}) = 400 \text{ N}$$

AVALIAR: como não há atrito, faz-se necessária uma força F_V maior em 100 N que a do Exemplo 5.6, pois o vento agora precisa empurrar contra mais 100 N para superar a força de atrito.

Figura 5.8 Diagrama do corpo livre para o barco e o velejador considerando uma força de atrito $\vec{f}$ que se opõe ao movimento.

EXEMPLO 5.8 — TENSÃO NO CABO DE UM ELEVADOR

Um elevador e sua carga possuem massa total igual a 800 kg (**Figura 5.9a**). O elevador está inicialmente descendo com velocidade igual a 10,0 m/s; a seguir, ele atinge o repouso em uma distância de 25,0 m. Ache a tensão T no cabo de suporte enquanto o elevador está diminuindo de velocidade até atingir o repouso.

SOLUÇÃO

IDENTIFICAR E PREPARAR: a variável-alvo é a tensão T, que determinaremos por meio da segunda lei de Newton. Como no Exemplo 5.6, teremos que determinar a aceleração usando as fórmulas de aceleração constante. Nosso diagrama do corpo livre na Figura 5.9b mostra as duas forças que atuam sobre o elevador: seu peso p e a força de tensão T do cabo. O elevador está se deslocando de cima para baixo com velocidade escalar decrescente, portanto, sua aceleração é de baixo para cima; optamos por esse sentido para o eixo positivo y.

O elevador está se movendo no sentido negativo do eixo y, portanto, sua velocidade inicial v_{0y} e o deslocamento $y - y_0$ são ambos negativos: $v_{0y} = -10{,}0$ m/s e $y - y_0 = -25{,}0$ m. A velocidade final é $v_y = 0$. Para achar a aceleração a_y a partir dessa informação, usaremos a Equação 2.13 na forma $v_y^2 = v_{0y}^2 + 2a_y(y - y_0)$. Quando obtivermos a_y, vamos substituí-la pelo componente y da segunda lei de Newton na Equação 5.2 e solucionar T. Como a força resultante deverá ser de baixo para cima, para dar uma aceleração nesse mesmo sentido, esperamos que T seja maior que o peso $p = mg = (800 \text{ kg})(9{,}80 \text{ m/s}^2) = 7.840$ N.

EXECUTAR: primeiro, vamos escrever a segunda lei de Newton. A força de tensão atua de baixo para cima enquanto o peso atua de cima para baixo; logo,

$$\sum F_y = T + (-p) = ma_y$$

Solucionamos a variável-alvo T como

$$T = p + ma_y = mg + ma_y = m(g + a_y)$$

Para determinar a_y, reescrevemos a equação da aceleração constante $v_y^2 = v_{0y}^2 + 2a_y(y - y_0)$:

$$a_y = \frac{v_y^2 - v_{0y}^2}{2(y - y_0)} = \frac{(0)^2 - (-10{,}0 \text{ m/s})^2}{2(-25{,}0 \text{ m})} = +2{,}00 \text{ m/s}^2$$

A aceleração é de baixo para cima (positiva), exatamente como deveria ser.

Agora podemos substituir a aceleração na equação para a tensão:

$$T = m(g + a_y) = (800 \text{ kg})(9{,}80 \text{ m/s}^2 + 2{,}0 \text{ m/s}^2) = 9.440 \text{ N}$$

AVALIAR: a tensão é maior do que o peso, como é de se esperar. Você consegue perceber que chegaríamos ao mesmo resultado para a_y e T, se o elevador se deslocasse *de baixo para cima* e *ganhasse* velocidade escalar a uma taxa de 2,0 m/s²?

Figura 5.9 Nossos esquemas para este problema.

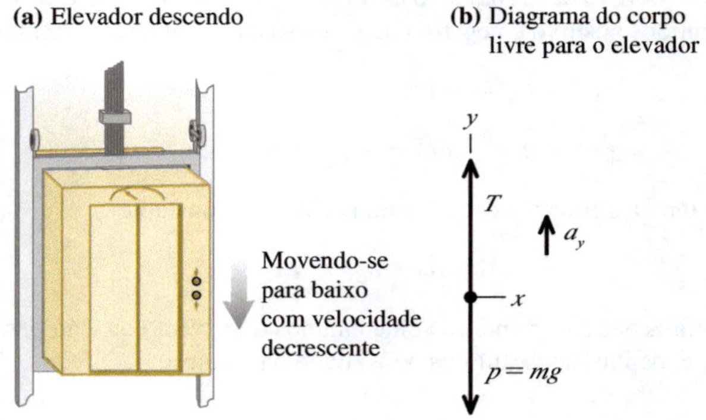

(a) Elevador descendo (b) Diagrama do corpo livre para o elevador

---

EXEMPLO 5.9 — PESO APARENTE DENTRO DE UM ELEVADOR EM ACELERAÇÃO

Uma mulher de 50,0 kg está sobre uma balança dentro do elevador do Exemplo 5.8. Qual é a leitura da balança?

SOLUÇÃO

IDENTIFICAR E PREPARAR: a balança (**Figura 5.10a**) lê o módulo da força de cima para baixo exercida *pela* passageira *sobre* a balança. Pela terceira lei de Newton, essa força possui módulo igual ao da força normal de baixo para cima, exercida *pela* balança *sobre* a passageira. Logo, nossa variável-alvo é o módulo n da força normal. Acharemos n aplicando a segunda lei de Newton para a passageira. Já conhecemos a aceleração dela; é a mesma do elevador, que calculamos no Exemplo 5.8.

A Figura 5.10b mostra o diagrama do corpo livre para a passageira. As forças que atuam sobre ela são a força normal n, exercida pela balança, e seu peso $p = mg = (50{,}0 \text{ kg})(9{,}80 \text{ m/s}^2) = 490$ N. (A força de tensão, que desempenhou uma função importante no Exemplo 5.8, não aparece aqui porque ela não atua diretamente sobre a passageira.) Pelo Exemplo 5.8, a aceleração y do elevador e da mulher é $a_y = +2{,}0 \text{ m/s}^2$. Como no Exemplo 5.8, a força de baixo para cima sobre o corpo acelerando para cima (neste caso, a força normal sobre a mulher) terá de ser maior que o peso do corpo para produzir a aceleração de baixo para cima.

EXECUTAR: pela segunda lei de Newton, temos

$$\sum F_y = n + (-mg) = ma_y$$
$$n = mg + ma_y = m(g + a_y)$$
$$= (50{,}0 \text{ kg})(9{,}80 \text{ m/s}^2 + 2{,}0 \text{ m/s}^2) = 590 \text{ N}$$

AVALIAR: nossa resposta para n implica que, enquanto o elevador está parando, a balança empurra a passageira para cima com uma força de 590 N. Pela terceira lei de Newton, ela empurra a balança para baixo com a mesma força; portanto, a leitura da balança é de 590 N, que é 100 N a mais do que seu peso real. A leitura da balança denomina-se **peso aparente**.

(Continua)

(*Continuação*)

A tensão que a passageira *sente* nos pés e nas pernas durante o movimento é maior que a tensão que ela sente quando o elevador está parado ou se movendo com velocidade constante. O que a passageira sentiria se o elevador acelerasse *de cima para baixo*, de modo que $a_y = -2{,}0$ m/s²? Seria esse o caso se o elevador se movesse de baixo para cima com redução na velocidade escalar, ou se movesse de cima para baixo com aumento na velocidade escalar. Para obter a resposta para essa situação, simplesmente inserimos o novo valor de a_y na equação para n:

$$n = m(g + a_y) = (50{,}0 \text{ kg})[9{,}80 \text{ m/s}^2 + (-2{,}0 \text{ m/s}^2)]$$
$$= 390 \text{ N}$$

Agora, a passageira sente como se pesasse somente 390 N, ou 100 N *a menos* que seu peso real.

Você também pode sentir esses efeitos: tente dar alguns passos dentro de um elevador que está parando após descer (quando seu peso aparente é maior que seu peso real p) ou parando após subir (quando seu peso aparente é menor que p).

Figura 5.10 Nossos esquemas para este problema.

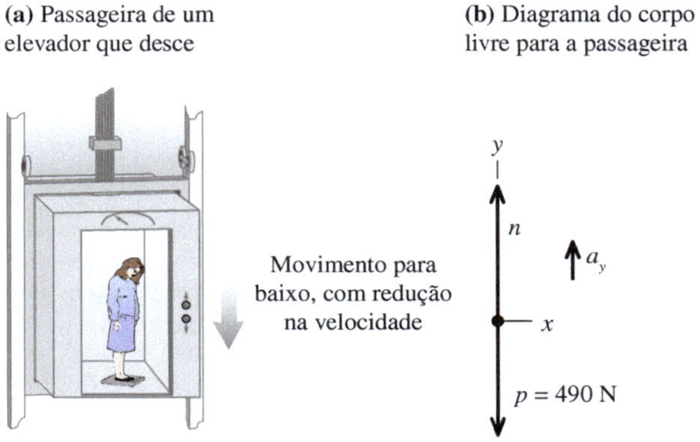

(a) Passageira de um elevador que desce

(b) Diagrama do corpo livre para a passageira

Movimento para baixo, com redução na velocidade

$p = 490$ N

Peso aparente e falta de peso aparente

Vamos generalizar o resultado do Exemplo 5.9. Quando uma passageira de massa m está sobre a balança dentro do elevador com aceleração a_y, a leitura do peso aparente dela na balança é

$$n = m(g + a_y)$$

Quando o elevador está acelerando para cima, a_y é positivo e n é maior que o peso da passageira $p = mg$. Quando o elevador está acelerando para baixo, a_y é negativo e n é menor que o peso. Se a passageira não souber que o elevador está acelerando, ela pode ter a sensação de que seu peso está mudando; é exatamente isso o que a balança indica.

Ocorre um caso extremo quando o elevador está acelerando para baixo com $a_y = -g$, ou seja, quando ele está em queda livre. Nesse caso, $n = 0$ e o peso aparente é zero, dando a *impressão* de que a passageira não possui peso. De modo análogo, um astronauta orbitando em torno da Terra em uma espaçonave experimenta uma *aparente falta de peso* (**Figura 5.11**). Em cada um desses casos, a pessoa não sofre realmente a falta de peso, porque ainda existe uma atração gravitacional. Porém, o efeito dessa queda livre é semelhante ao existente quando o corpo está no espaço sideral sem nenhuma força gravitacional atuando sobre ele. Nos dois casos, a pessoa e o respectivo veículo (o elevador ou a espaçonave) estão caindo juntos com a mesma aceleração g, de modo que não existe nenhuma força empurrando a pessoa contra o piso do elevador ou contra a parede da espaçonave.

Figura 5.11 Um astronauta em órbita se sente "sem peso" porque ele possui a mesma aceleração da espaçonave — e *não* porque está fora da atração da gravidade da Terra. (Discutiremos os movimentos dos corpos em órbita com detalhes no Capítulo 12.)

EXEMPLO 5.10 ACELERAÇÃO DESCENDO A MONTANHA

Um tobogã cheio de estudantes (peso total p) escorrega em uma encosta coberta de neve. A montanha possui uma inclinação constante α e o tobogã está tão bem lubrificado que não existe qualquer atrito. Qual é a aceleração do tobogã?

SOLUÇÃO

IDENTIFICAR E PREPARAR: nossa variável-alvo é a aceleração, que determinaremos por meio da segunda lei de Newton. Não há atrito, por isso as únicas forças que atuam sobre o tobogã são seu peso p e a força normal n exercida pela montanha.

A **Figura 5.12** mostra nosso esquema e o diagrama do corpo livre. Escolhemos um eixo paralelo e outro perpendicular ao plano da montanha, de modo que a aceleração (que é paralela à montanha) está orientada ao longo do sentido positivo do eixo x.

EXECUTAR: a força normal possui somente um componente y, mas o peso possui o componente x e o componente y: $p_x = p$ sen α e $p_y = -p$ cos α. (Compare com o Exemplo 5.4, no qual tínhamos $p_x = -p$ sen α. A diferença é que o eixo x positivo estava orientado para cima no Exemplo 5.4, ao passo que, na Figura 5.12b, está orientado para baixo.) A linha ondulada na Figura 5.12b remete ao fato de que decompusemos o peso em seus

(*Continua*)

(*Continuação*)

componentes. A aceleração está claramente no sentido $+x$, portanto, $a_y = 0$. A segunda lei de Newton na forma de componentes nos informa que

$$\sum F_x = p\,\text{sen}\,\alpha = ma_x$$

$$\sum F_y = n - p\cos\alpha = ma_y = 0$$

Como $p = mg$, a equação do componente x mostra que $mg\,\text{sen}\,\alpha = ma_x$, ou

$$a_x = g\,\text{sen}\,\alpha$$

Note que não precisamos da equação do componente y para achar a aceleração. Essa é a vantagem de escolher o eixo x ao longo da direção da aceleração! O que o componente y revela é o módulo da força normal que a montanha exerce sobre o tobogã:

$$n = p\cos\alpha = mg\cos\alpha$$

AVALIAR: observe que a força normal n não é igual ao peso do tobogã (compare com o Exemplo 5.4). Observe, também, que a massa m não aparece no resultado final da aceleração. Isso ocorre porque a força morro abaixo sobre o tobogã (um componente do peso) é proporcional a m, de modo que a massa é cancelada quando usamos $\sum F_x = ma_x$ para calcular a_x. Logo, *qualquer* tobogã, independentemente de sua massa e do número de passageiros, escorregando montanha abaixo sem atrito, tem uma aceleração $g\,\text{sen}\,\alpha$.
Se o plano for horizontal, $\alpha = 0$ e $a_x = 0$ (o tobogã não se acelera); se o plano for vertical, $\alpha = 90°$ e $a_x = g$ (o tobogã está em queda livre).

> **ATENÇÃO** **Erros comuns em diagramas do corpo livre** A **Figura 5.13** mostra tanto o modo correto (Figura 5.13a) quanto um modo *incorreto* (Figura 5.13b) de desenhar o diagrama do corpo livre do tobogã. O diagrama na Figura 5.13b está errado por dois motivos: a força normal deve ser desenhada perpendicularmente à superfície (lembre-se de que "normal" significa perpendicular) e não existe uma "força $m\vec{a}$".

Figura 5.12 Nossos esquemas para este problema.

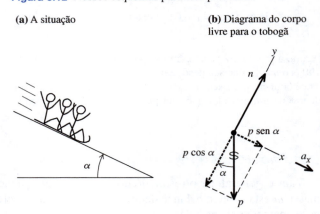

(a) A situação

(b) Diagrama do corpo livre para o tobogã

Figura 5.13 Diagramas correto e incorreto para um tobogã em uma montanha sem atrito.

(a) Diagrama do corpo livre correto para o trenó

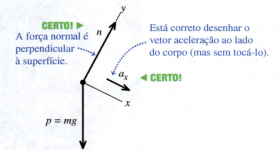

(b) Diagrama do corpo livre incorreto para o trenó

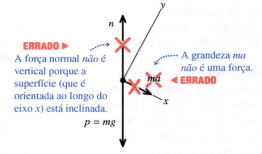

EXEMPLO 5.11 DOIS CORPOS COM A MESMA ACELERAÇÃO

Você empurra uma bandeja de 1,0 kg pelo balcão do refeitório com uma força constante de 9,0 N. Conforme a bandeja se move, ela empurra uma caixinha de leite de 0,50 kg (**Figura 5.14a**). A bandeja e a caixinha deslizam sobre uma superfície horizontal que está tão encerada que o atrito é desprezível. Calcule a aceleração da bandeja e da caixinha e a força horizontal que a bandeja exerce sobre o frasco.

SOLUÇÃO

IDENTIFICAR E PREPARAR: nossas *duas* variáveis-alvo são a aceleração do sistema composto pela bandeja e pelo frasco, e a força da bandeja sobre a caixinha de leite. Novamente, usaremos a segunda lei de Newton, mas teremos de aplicá-la a dois corpos diferentes para obter duas equações, uma para cada variável-alvo. Podemos adotar qualquer um dos seguintes métodos.
Método 1: podemos tratar a caixinha de leite (massa m_{CL}) e a bandeja (massa m_B) como corpos separados, cada qual com seu próprio diagrama do corpo livre (figuras 5.14b e 5.14c). Note que a força F que você exerce sobre a bandeja não aparece no diagrama do corpo livre para a caixinha de leite. Em vez disso, o que faz a caixinha acelerar é a força do módulo $F_{B\,em\,CL}$ exercida sobre ele pela bandeja. De acordo com a terceira lei de

(*Continua*)

(*Continuação*)
Newton, a caixinha exerce uma força de igual módulo sobre a bandeja: $F_{\text{CL em B}} = F_{\text{B em CL}}$. Consideramos a aceleração orientada no sentido positivo de x; tanto a bandeja quanto a caixinha se movem com a mesma aceleração a_x.

Método 2: podemos tratar a bandeja e a caixinha de leite como um corpo composto com massa total $m = m_B + m_{CL} = 1{,}50$ kg (Figura 5.14d). A única força horizontal que atua sobre esse corpo composto é a força F que você exerce. As forças $F_{\text{B em CL}}$ e $F_{\text{CL em B}}$ não entram em cena porque são *internas* a esse corpo composto e, de acordo com a segunda lei de Newton, somente as forças *externas* afetam a aceleração de um corpo (Seção 4.3). Logo, necessitaremos de uma equação adicional para achar o módulo $F_{\text{B em CL}}$ usando esse método; obteremos essa equação também aplicando a segunda lei de Newton à caixinha de leite, como no Método 1.

EXECUTAR: *Método 1*: as equações do componente x da segunda lei de Newton para a bandeja e para a caixinha são

Bandeja: $\sum F_x = F - F_{\text{CL em B}} = F - F_{\text{B em CL}} = m_B a_x$

Caixinha: $\sum F_x = F_{\text{B em CL}} = m_{CL} a_x$

Estas são duas equações simultâneas para as duas variáveis-alvo a_x e $F_{\text{B em CL}}$. (Duas equações são tudo o que precisamos, o que significa que os componentes y não são necessários neste exemplo.) Um modo fácil de resolver as duas equações para a_x é somá-las; isso elimina $F_{\text{B em CL}}$, fornecendo

$$F = m_B a_x + m_{CL} a_x = (m_B + m_{CL}) a_x$$

Resolvemos esta equação para achar a_x:

$$a_x = \frac{F}{m_B + m_{CL}} = \frac{9{,}0 \text{ N}}{1{,}00 \text{ kg} + 0{,}50 \text{ kg}} = 6{,}0 \text{ m/s}^2 = 0{,}61g$$

Substituindo esse valor na equação para a caixinha, obtemos

$$F_{\text{B em CL}} = m_{CL} a_x = (0{,}50 \text{ kg})(6{,}0 \text{ m/s}^2) = 3{,}0 \text{ N}$$

Método 2: o componente x da segunda lei de Newton para o corpo composto de massa m é

$$\sum F_x = F = m a_x$$

e a aceleração desse corpo composto é

$$a_x = \frac{F}{m} = \frac{9{,}0 \text{ N}}{1{,}50 \text{ kg}} = 6{,}0 \text{ m/s}^2$$

Então, ao analisar a caixinha de leite por si só, observamos que imprimir nele uma aceleração de 6,0 m/s² requer que a bandeja exerça uma força:

$$F_{\text{B em CL}} = m_{CL} a_x = (0{,}50 \text{ kg})(6{,}0 \text{ m/s}^2) = 3{,}0 \text{ N}$$

AVALIAR: seja qual for o método, os resultados são os mesmos. Para conferir as respostas, note que há forças diferentes atuando nos dois lados da bandeja: $F = 9{,}0$ N no lado direito e $F_{\text{CL em B}} = 3{,}0$ N no lado esquerdo. Portanto, a força horizontal sobre a bandeja é $F - F_{\text{CL em B}} = 6{,}0$ N, exatamente o suficiente para acelerar uma bandeja de 1,0 kg a 6,0 m/s².

O método de considerar dois corpos um único corpo composto funciona *somente* se os dois corpos possuem o mesmo módulo, direção *e* sentido de aceleração. Quando a aceleração é diferente, devemos tratar os dois corpos separadamente, como no próximo exemplo.

Figura 5.14 Uma bandeja e uma caixinha de leite empurrados sobre o balcão do refeitório.

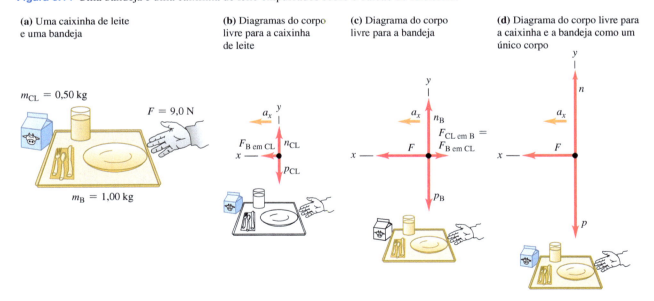

(a) Uma caixinha de leite e uma bandeja

(b) Diagramas do corpo livre para a caixinha de leite

(c) Diagrama do corpo livre para a bandeja

(d) Diagrama do corpo livre para a caixinha e a bandeja como um único corpo

EXEMPLO 5.12 DOIS CORPOS COM ACELERAÇÕES DE MESMO MÓDULO

Na **Figura 5.15a**, um cavaleiro com massa m_1 desliza sobre um trilho de ar horizontal sem atrito em um laboratório de física. Ele está ligado a um peso de laboratório de massa m_2 por um fio leve, flexível e não deformável, que passa sobre uma polia estacionária e sem atrito. Calcule a aceleração de cada corpo e a tensão no fio.

SOLUÇÃO

IDENTIFICAR E PREPARAR: o cavaleiro e o peso estão acelerando; portanto, novamente devemos usar a segunda lei de Newton. As três variáveis-alvo são a tensão T no fio e as acelerações dos dois corpos.

Os dois corpos se deslocam em direções diferentes — uma horizontal e outra vertical — de modo que não podemos considerá-los unidos como fizemos no Exemplo 5.11. As figuras 5.15b e 5.15c mostram nossos diagramas do corpo livre e sistemas de coordenadas separados para cada corpo. É conveniente considerar ambos os corpos acelerando nas direções positivas dos eixos, por isso escolhemos o sentido positivo do eixo y, orientado de cima para baixo, para o peso de laboratório.

Não existe atrito na polia, e consideramos que o fio não tem massa, de modo que a tensão T é a mesma em todos os pontos do fio; ele aplica uma força de módulo T em cada corpo. (Se quiser, revise o Exemplo Conceitual 4.10, no qual discutimos a força de tensão exercida por um fio sem massa.) Os pesos são $m_1 g$ e $m_2 g$.

Embora as *direções* das duas acelerações sejam diferentes, seus *módulos* são iguais. Isso ocorre porque o fio não se estica, portanto, os dois corpos devem percorrer as mesmas distâncias, no mesmo intervalo, e os módulos das suas velocidades em qualquer instante devem ser iguais. Quando a velocidade varia, isso se dá por valores iguais em um dado tempo, de modo que as acelerações de ambos os corpos devem ter o mesmo módulo a. Podemos expressar essa relação como $a_{1x} = a_{2y} = a$, o que significa que, efetivamente, temos apenas *duas* variáveis-alvo: a e a tensão T.

Figura 5.15 Nossos esquemas para este problema.

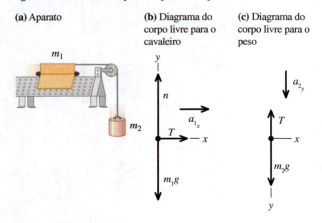

(a) Aparato (b) Diagrama do corpo livre para o cavaleiro (c) Diagrama do corpo livre para o peso

Quais resultados seriam esperados? Considerando $m_1 = 0$ (ou supondo que m_1 seja muito menor do que m_2), o peso de massa m_2 deveria cair em queda livre com a aceleração da gravidade g e o módulo da tensão na corda seria igual a zero. Considerando $m_2 = 0$ (ou supondo que m_2 seja muito menor do que m_1), deveríamos esperar aceleração com módulo igual a zero e a tensão na corda seria igual a zero.

EXECUTAR: a segunda lei de Newton fornece

$$\text{Cavaleiro:} \quad \Sigma F_x = T = m_1 a_{1x} = m_1 a$$
$$\text{Cavaleiro:} \quad \Sigma F_y = n + (-m_1 g) = m_1 a_{1y} = 0$$
$$\text{Peso de laboratório:} \quad \Sigma F_y = m_2 g + (-T) = m_2 a_{2y} = m_2 a$$

(Para o peso de laboratório, não há forças na direção x.) Nessas equações, usamos as relações $a_{1y} = 0$ (o cavaleiro não acelera verticalmente) e $a_{1x} = a_{2y} = a$.

A equação x para o cavaleiro e a equação para o peso de laboratório fornecem duas equações simultâneas envolvendo as variáveis-alvo T e a:

$$\text{Cavaleiro:} \quad T = m_1 a$$
$$\text{Peso de laboratório:} \quad m_2 g - T = m_2 a$$

Somando essas equações, podemos eliminar T e obtemos

$$m_2 g = m_1 a + m_2 a = (m_1 + m_2) a$$

de modo que o módulo da aceleração de cada corpo é

$$a = \frac{m_2}{m_1 + m_2} g$$

Substituindo esse valor na equação (para o cavaleiro) $T = m_1 a$, obtemos

$$T = \frac{m_1 m_2}{m_1 + m_2} g$$

AVALIAR: a aceleração em geral é menor do que g, como era esperado; a tensão do fio evita que o peso de laboratório caia livremente. A tensão T *não* é igual ao peso $m_2 g$ do peso de laboratório, sendo, porém, *menor* que o peso por um fator de $m_1/(m_1 + m_2)$. Caso T *fosse* igual ao peso $m_2 g$, então o peso de laboratório estaria em equilíbrio, mas não está.

Como era previsto, a aceleração é igual a g para $m_1 = 0$ e igual a zero para $m_2 = 0$, e $T = 0$ para $m_1 = 0$ ou $m_2 = 0$.

> **ATENÇÃO Tensão e peso podem ser diferentes** É um erro comum supor que, para um objeto preso a um fio vertical, a tensão no fio deve ser igual ao peso do objeto. Foi esse o caso no Exemplo 5.5, no qual a aceleração era zero, mas isso certamente estaria errado neste exemplo! A única abordagem segura é *sempre* tratar a tensão como uma variável, como fizemos aqui.

TESTE SUA COMPREENSÃO DA SEÇÃO 5.2 Suponha que você segure o cavaleiro do Exemplo 5.12, de modo que ele e o peso estejam inicialmente em repouso. Você dá um empurrão para a esquerda no cavaleiro (Figura 5.15a) e depois o solta. O fio permanece esticado enquanto o cavaleiro se move para a esquerda, para instantaneamente e, a seguir, move-se para a direita. No instante em que o cavaleiro possui velocidade zero, qual é a tensão no fio? (i) Maior que no Exemplo 5.12; (ii) igual ao Exemplo 5.12; (iii) menor que no Exemplo 5.12, mas maior que zero; (iv) igual a zero. ▮

5.3 FORÇAS DE ATRITO

Vimos diversos problemas nos quais o corpo fica em repouso ou desliza sobre superfícies que exercem forças sobre ele. Quando dois corpos interagem por contato (toque) direto entre suas superfícies, tratamos essa interação como *força de contato*. A força normal é um exemplo de força de contato; nesta seção, examinaremos outra força de contato: a força de atrito.

O atrito é importante em muitos aspectos de nossa vida cotidiana. O óleo no motor de um automóvel minimiza o atrito entre as partes móveis, porém, se não fosse o atrito entre os pneus e o solo, não poderíamos dirigir um carro nem fazer curvas. A força de arraste do ar — a força de atrito exercida pelo ar sobre um corpo que nele se move — faz aumentar o consumo de combustível de um carro, mas possibilita o uso do paraquedas. Sem atrito, os pregos pulariam facilmente, os bulbos das lâmpadas se desenroscariam sem nenhum esforço e a maioria das formas de locomoção animal seria impraticável (**Figura 5.16**).

Figura 5.16 Existe atrito entre as patas desta lagarta (o estágio larval de uma borboleta da família *Papilionidae*) e as superfícies sobre as quais ela caminha. Sem atrito, a lagarta não poderia mover-se para a frente ou subir em obstáculos.

Atrito estático e atrito cinético

Quando você tenta deslocar uma pesada caixa cheia de livros ao longo do solo, não consegue movê-la, a menos que aplique uma força superior a um certo valor mínimo. Depois que a caixa começa a se mover, normalmente você consegue continuar movendo-a com uma força menor que a aplicada para iniciar o movimento. Se você retira alguns livros da caixa, precisa fazer uma força menor tanto para começar o movimento quanto para mantê-lo. Quais as conclusões gerais que podemos extrair desse comportamento?

Primeiro, quando um corpo está em repouso ou desliza sobre uma superfície, sempre podemos decompor as forças de contato em componentes perpendiculares e paralelos à superfície (**Figura 5.17**). Chamamos o vetor componente perpendicular à superfície de força normal e a representamos por $\vec{n}$. O vetor componente paralelo à superfície (e perpendicular a $\vec{n}$) é a **força de atrito**, representada por $\vec{f}$. Caso as superfícies em contato não possuam atrito, $\vec{f}$ é igual a zero, mas ainda existe uma força normal. (Superfícies sem atrito são idealizações inatingíveis, assim como uma corda sem massa. Mas podemos considerá-las assim quando o atrito for suficientemente pequeno.) O sentido da força de atrito é sempre contrário ao sentido do movimento relativo entre as duas superfícies.

O tipo de atrito que atua quando um corpo está deslizando sobre uma superfície é denominado **força de atrito cinético** $\vec{f}_c$. O adjetivo "cinético" e o subscrito "c" servem para lembrar que existe um movimento relativo entre as duas superfícies. O *módulo* da força de atrito cinético geralmente cresce quando a força normal cresce. Por isso você realiza uma força maior para arrastar uma caixa cheia de livros do que para arrastá-la quando ela está vazia. Esse princípio também é usado no sistema de freio de um carro: quanto mais as pastilhas são comprimidas contra o disco, maior é o efeito da freada. Em muitos casos, verifica-se experimentalmente que o módulo da força de atrito cinético f_c é *proporcional* ao módulo n da força normal:

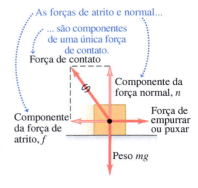

Figura 5.17 Quando um bloco é empurrado ou puxado ao longo de uma superfície, esta exerce uma força de contato sobre o bloco.

Módulo da força de atrito cinético $f_c = \mu_c n$ ⟵ Coeficiente de atrito cinético / Módulo da força normal (5.3)

Figura 5.18 Visão microscópica das forças de atrito e normal.

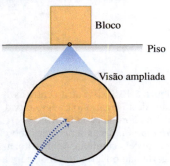

As forças de atrito e normal decorrem de interações entre moléculas nos pontos onde as superfícies de contato do bloco e do piso se tocam.

onde μ_c (pronuncia-se: "mi, índice c") é uma constante denominada **coeficiente de atrito cinético**. Quanto mais deslizante for uma superfície, menor será o seu coeficiente de atrito. Como se trata da razão entre duas grandezas, μ_c é um número puro, sem unidades.

> **ATENÇÃO** **Forças de atrito e normal são sempre perpendiculares** Lembre-se de que a Equação 5.3 *não* é uma equação vetorial porque $\vec{f}_c$ e $\vec{n}$ são sempre perpendiculares. Em vez disso, representa uma relação escalar entre os módulos das duas forças.

A Equação 5.3 é apenas uma representação aproximada de um fenômeno muito complexo. Em nível microscópico, as forças de atrito e normal decorrem de interações intermoleculares (fundamentalmente de natureza elétrica) entre duas superfícies rugosas nos pontos onde elas se tocam (**Figura 5.18**). À medida que um bloco desliza sobre um piso, ligações microscópicas se formam e se rompem, e o número total dessas ligações é variável; portanto, a força de atrito cinético não é rigorosamente constante. Alisar as superfícies em contato pode, na verdade, aumentar o atrito, visto que mais moléculas se tornam aptas a formar ligações; juntar duas superfícies lisas de um mesmo metal pode produzir uma "solda a frio". Os óleos lubrificantes diminuem o atrito porque uma película de óleo se forma entre as duas superfícies (como no caso do pistão e das paredes do cilindro no motor de um carro), impedindo-as de entrar em contato efetivo.

A **Tabela 5.1** mostra alguns valores típicos de μ_c. Embora esses valores sejam dados com dois algarismos significativos, eles são apenas aproximados, visto que forças de atrito podem depender da velocidade do corpo em relação à superfície. Por enquanto, vamos ignorar esses efeitos e supor que μ_c e f_c sejam independentes da velocidade, para podermos nos concentrar nos casos mais simples. A Tabela 5.1 também apresenta valores do coeficiente de atrito estático, que será definido mais adiante.

As forças de atrito também podem atuar quando *não* existe movimento relativo. Quando você tenta arrastar uma caixa cheia de livros, ela pode não se mover porque o solo exerce uma força igual e contrária sobre ela. Essa força denomina-se **força de atrito estático** $\vec{f}_s$.

Na **Figura 5.19a**, a caixa está em repouso, equilibrada pela ação do peso $\vec{p}$ e pela força normal $\vec{n}$, exercida de baixo para cima pelo solo sobre a caixa, que possui o mesmo módulo do peso ($n = p$). Agora, amarramos uma corda na caixa (Figura 5.19b) e aumentamos gradualmente a tensão T na corda. No início, a caixa permanece em repouso porque, à medida que T cresce, a força de atrito estático f_s também cresce, permanecendo com o mesmo módulo de T.

Em dado ponto, T torna-se maior que o máximo valor da força de atrito estático f_s que a superfície pode exercer. Então a caixa "quebra o vínculo" (a tensão é

TABELA 5.1 Valores aproximados dos coeficientes de atrito.

Materiais	Coeficiente de atrito estático, μ_s	Coeficiente de atrito cinético, μ_c
Aço com aço	0,74	0,57
Alumínio com aço	0,61	0,47
Cobre com aço	0,53	0,36
Latão com aço	0,51	0,44
Zinco com ferro fundido	0,85	0,21
Cobre com ferro fundido	1,05	0,29
Vidro com vidro	0,94	0,40
Cobre com vidro	0,68	0,53
Teflon® com Teflon®	0,04	0,04
Teflon® com aço	0,04	0,04
Borracha com concreto (seco)	1,0	0,8
Borracha com concreto (úmido)	0,30	0,25

Figura 5.19 Quando não existe movimento relativo entre as superfícies, o módulo da força de atrito estático f_s é menor ou igual a $\mu_s n$. Quando existe movimento relativo, o módulo da força de atrito cinético f_c é igual a $\mu_c n$.

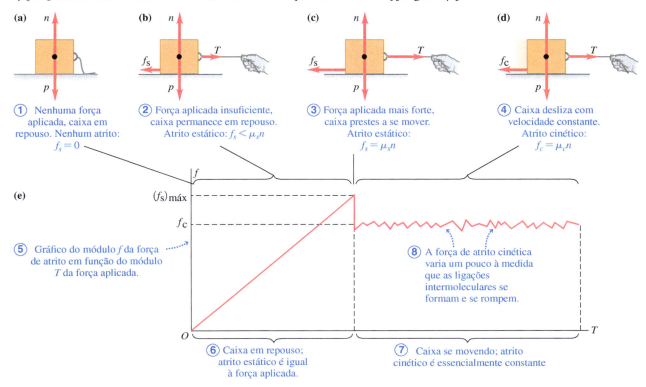

capaz de quebrar as ligações moleculares entre as superfícies da caixa e do solo) e começa a deslizar. A Figura 5.19c mostra um diagrama das forças quando T atinge esse valor crítico. Para um dado par de superfícies, o valor máximo de f_s depende da força normal. A experiência mostra que esse valor máximo, $(f_s)_{máx}$, é aproximadamente *proporcional* a n; chamamos o fator de proporcionalidade de μ_s de **coeficiente de atrito estático**. Na Tabela 5.1, são apresentados alguns valores típicos de μ_s. Em uma situação particular, a força de atrito estático pode ter qualquer valor entre zero (quando não existe nenhuma outra força paralela à superfície) até um valor máximo dado por $\mu_s n$:

$$f_s \le (f_s)_{máx} = \mu_s n \quad (5.4)$$

Módulo da força de atrito estático — Coeficiente de atrito estático
Força de atrito estático máxima — Módulo da força normal

Como a Equação 5.3, essa é uma relação entre módulos de vetores, *não* uma relação vetorial. O sinal de igual só vale quando a força T, paralela à superfície, atingiu seu valor crítico e o movimento está na iminência de começar (Figura 5.19c). Quando T for menor que esse valor (Figura 5.19b), o sinal da desigualdade é válido. Nesse caso, é necessário usar a condição de equilíbrio ($\sum \vec{F} = 0$) para achar f_s. Quando não existe nenhuma força aplicada ($T = 0$), como na Figura 5.19a, então também não existe nenhuma força de atrito estático ($f_s = 0$).

Logo que o deslizamento começa (Figura 5.19d), a força de atrito normalmente *diminui* (Figura 5.19e); manter a caixa deslizando é mais fácil que iniciar o movimento. Portanto, o coeficiente de atrito cinético geralmente é *menor* que o coeficiente de atrito estático para um dado par de superfícies, conforme mostra a Tabela 5.1.

Em alguns casos, as superfícies podem alternadamente aderir (atrito estático) e deslizar (atrito cinético). Essa é a causa daquele som horrível feito pelo giz quando é colocado em uma posição errada ao escrevermos sobre o quadro-negro. Outro fenômeno de aderência-deslizamento é o ruído que o limpador de para-brisa faz quando

Aplicação **Atrito estático e limpadores de para-brisa** O ruído dos limpadores de para-brisa no vidro seco é um fenômeno do tipo prender-deslizar. A paleta do limpador em movimento gruda momentaneamente no vidro, depois desliza quando a força aplicada à paleta pelo motor do limpador supera a força máxima de atrito estático. Quando o vidro é molhado pela chuva ou pela solução de limpeza do para-brisa, o atrito é reduzido e a paleta do limpador não gruda.

o vidro está seco; outro exemplo ainda é o violento som produzido quando os pneus deslizam no asfalto. Um exemplo mais positivo é o movimento do arco de um violino deslizando sobre a corda.

No trilho de ar linear usado em laboratórios de física, os cavaleiros se movem com muito pouco atrito, pois são suportados em uma camada de ar. A força de atrito depende da velocidade, porém, para velocidades usuais, o coeficiente de atrito efetivo é da ordem de 0,001.

EXEMPLO 5.13 ATRITO EM UM MOVIMENTO HORIZONTAL

Você está tentando mover um engradado de 500 N sobre um piso plano. Para iniciar o movimento, você precisa aplicar uma força horizontal de módulo igual a 230 N. Depois de iniciado o movimento do engradado, você necessita de apenas 200 N para manter o movimento com velocidade constante. Quais são os coeficientes de atrito estático e de atrito cinético?

SOLUÇÃO

IDENTIFICAR E PREPARAR: tanto o estado de repouso quanto o estado em que o corpo se move com velocidade constante são estados de equilíbrio; logo, podemos usar a primeira lei de Newton expressa pelas equações 5.1. Também necessitaremos das relações expressas nas equações 5.3 e 5.4, para achar as variáveis-alvo μ_s e μ_c.

As **figuras 5.20a** e 5.20b mostram nosso desenho e o diagrama do corpo livre para o instante imediatamente anterior ao início do movimento do engradado, quando a força de atrito estático possui seu valor máximo $(f_s)_{máx} = \mu_s n$. Quando a caixa está se movendo, a força de atrito se transforma na força cinética (Figura 5.20c). Seja qual for a situação, há quatro forças atuando sobre o engradado: a força do peso de cima para baixo (módulo $p = 500$ N), a força normal de baixo para cima (módulo n) exercida pelo piso, uma força de tensão (módulo T) para a direita, exercida pela corda, e uma força de atrito para a esquerda, exercida pelo piso. Como a corda na Figura 5.20a está em equilíbrio, a tensão é a mesma em ambas as extremidades. Logo, a força de tensão que a corda exerce sobre o engradado possui o mesmo módulo que a força que você exerce sobre a corda. Como é mais fácil manter o movimento do engradado com velocidade constante que iniciar seu movimento, esperamos que $\mu_c < \mu_s$.

EXECUTAR: um instante antes de o engradado começar a se mover (Figura 5.20b), temos, pelas equações 5.1:

$$\sum F_x = T + (-(f_s)_{máx}) = 0 \quad \text{então} \quad (f_s)_{máx} = T = 230 \text{ N}$$

$$\sum F_y = n + (-p) = 0 \quad \text{então} \quad n = p = 500 \text{ N}$$

Então usamos a Equação 5.4, $(f_s)_{máx} = \mu_s n$, para achar o valor de μ_s:

$$\mu_s = \frac{(f_s)_{máx}}{n} = \frac{230 \text{ N}}{500 \text{ N}} = 0,46$$

Depois que o engradado começa a se mover (Figura 5.20c), achamos

$$\sum F_x = T + (-f_c) = 0 \quad \text{então} \quad f_c = T = 200 \text{ N}$$

$$\sum F_y = n + (-p) = 0 \quad \text{então} \quad n = p = 500 \text{ N}$$

Usando $f_c = \mu_c n$, da Equação 5.3, obtemos

$$\mu_c = \frac{f_c}{n} = \frac{200 \text{ N}}{500 \text{ N}} = 0,40$$

AVALIAR: conforme esperado, o coeficiente de atrito cinético é menor que o coeficiente de atrito estático.

Figura 5.20 Nossos esquemas para este problema.

(a) Um engradado sendo puxado
(b) Diagrama do corpo livre para o engradado um instante antes de começar a se mover
(c) Diagrama do corpo livre para o engradado se movendo a uma velocidade escalar constante

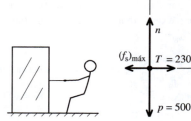
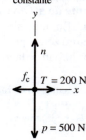

EXEMPLO 5.14 O ATRITO ESTÁTICO PODE SER MENOR QUE O VALOR MÁXIMO

No Exemplo 5.13, qual é a força de atrito se o engradado está em repouso sobre uma superfície e uma força horizontal de 50 N é aplicada sobre ele?

SOLUÇÃO

IDENTIFICAR E PREPARAR: a força aplicada é menor que o valor máximo da força de atrito estático, $(f_s)_{máx} = 230$ N. Logo, o engradado permanece em repouso e a força resultante que atua sobre ele é igual a zero. A variável-alvo é o módulo f_s da força de atrito. O diagrama do corpo livre é o mesmo da Figura 5.20b, mas com a substituição de $(f_s)_{máx}$ por f_s e $T = 230$ N por $T = 50$ N.

EXECUTAR: pelas condições de equilíbrio, equações 5.1, temos

$$\sum F_x = T + (-f_s) = 0 \quad \text{então} \quad f_s = T = 50 \text{ N}$$

AVALIAR: a força de atrito pode impedir o movimento do engradado toda vez que uma força horizontal menor do que $(f_s)_{máx} = \mu_s n = 230$ N for aplicada. Abaixo desse valor, f_s tem o mesmo módulo da força aplicada.

EXEMPLO 5.15 MINIMIZAÇÃO DO ATRITO CINÉTICO

No Exemplo 5.13, suponha que você tente mover o engradado amarrando uma corda em torno dele e puxando a corda para cima com um ângulo de 30° com a horizontal. Qual é a força que você deve fazer para manter o movimento com velocidade constante? Suponha $\mu_c = 0{,}40$.

SOLUÇÃO

IDENTIFICAR E PREPARAR: o engradado está em equilíbrio porque sua velocidade é constante. Portanto, novamente aplicamos a primeira lei de Newton. Como o engradado está em movimento, o solo exerce uma força de atrito *cinético*. A variável-alvo é o módulo T da força de tensão.

A **Figura 5.21** é um diagrama do corpo livre mostrando as forças que atuam sobre o engradado. A força de atrito cinético f_c continua sendo igual a $\mu_c n$, mas agora a força normal n *não é* mais igual ao peso do engradado. A força exercida pela corda tem um componente vertical que tende a levantar o engradado do solo; isso *reduz* n e, portanto, reduz f_c.

EXECUTAR: a partir das condições de equilíbrio e da Equação 5.3, $f_c = \mu_c n$, obtemos

$$\sum F_x = T\cos 30° + (-f_c) = 0 \quad \text{logo} \quad T\cos 30° = \mu_c n$$

$$\sum F_y = T\,\text{sen}\, 30° + n + (-p) = 0 \quad \text{logo} \quad n = p - T\,\text{sen}\, 30°$$

Temos um sistema de duas equações com duas incógnitas, T e n. Um modo de achar T é substituir o valor de n da segunda equação na primeira. Então, resolvemos essa equação explicitando o valor de T, com o seguinte resultado:

$$T\cos 30° = \mu_c(p - T\,\text{sen}\, 30°)$$

$$T = \frac{\mu_c p}{\cos 30° + \mu_c \,\text{sen}\, 30°} = 188\text{ N}$$

Podemos substituir esse resultado em qualquer uma das duas equações originais para obter n. Se usamos a segunda equação, obtemos

$$n = p - T\,\text{sen}\,30° = (500\text{ N}) - (188\text{ N})\,\text{sen}\,30° = 406\text{ N}$$

AVALIAR: como era esperado, a força normal é menor que o peso do engradado ($p = 500$ N). Acontece que a tensão exigida para manter o engradado em movimento é um pouco menor que a força de 200 N necessária quando você aplica uma força horizontal, conforme o Exemplo 5.13. Você conseguiria achar um ângulo em que a tensão necessária é *mínima*?

Figura 5.21 Nossos esquemas para este problema.

(a) Puxando um engradado com uma força que forma um ângulo com a horizontal

(b) Diagrama do corpo livre para o engradado em movimento

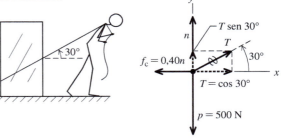

EXEMPLO 5.16 MOVIMENTO DE UM TOBOGÃ COM ATRITO I

Vamos voltar ao problema do tobogã estudado no Exemplo 5.10. A graxa envelheceu, e agora existe um coeficiente de atrito cinético μ_c. A inclinação é apenas suficiente para que o tobogã se desloque com velocidade constante. Deduza uma expressão para o ângulo de inclinação em função de p e de μ_c.

SOLUÇÃO

IDENTIFICAR E PREPARAR: a variável-alvo é o ângulo de inclinação α. O tobogã está em equilíbrio em razão sua velocidade constante, portanto, usamos a primeira lei de Newton na forma das equações 5.1.

Há três forças atuando sobre o tobogã: seu peso, a força normal e a força de atrito cinético. O movimento é de cima para baixo pela encosta da montanha. A **Figura 5.22** mostra um desenho e um diagrama do corpo livre (compare com a Figura 5.12b, no Exemplo 5.10). O módulo da força de atrito cinético é dado pela Equação 5.3, $f_c = \mu_c n$. Espera-se que, quanto maior o valor de μ_c, mais íngreme seja o declive requerido.

Figura 5.22 Nossos esquemas para este problema.

(a) A situação

(b) Diagrama do corpo livre para o tobogã

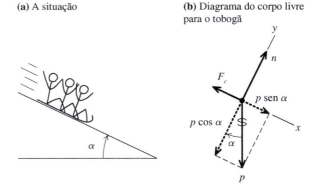

(Continua)

(*Continuação*)

EXECUTAR: as condições de equilíbrio são:

$$\sum F_x = p\,\text{sen}\,\alpha + (-f_c) = p\,\text{sen}\,\alpha - \mu_c n = 0$$

$$\sum F_y = n + (-p\cos\alpha) = 0$$

Reagrupando essas equações, obtemos

$$\mu_c n = p\,\text{sen}\,\alpha \quad \text{e} \quad n = p\cos\alpha$$

Assim como no Exemplo 5.10, a força normal n *não* é igual ao peso p. Eliminamos n dividindo a primeira dessas equações pela segunda, com o resultado

$$\mu_c = \frac{\text{sen}\,\alpha}{\cos\alpha} = \tan\alpha \quad \text{logo} \quad \alpha = \arctan\mu_c$$

AVALIAR: o peso p não aparece nessa expressão. *Qualquer* tobogã, independentemente de seu peso, desliza para baixo de um plano inclinado com velocidade constante, quando o coeficiente de atrito cinético for igual à tangente do ângulo da inclinação. A função arco-tangente aumenta à medida que seu argumento aumenta, de modo que é realmente verdade que o ângulo de inclinação α se eleva à medida que μ_c também aumenta.

EXEMPLO 5.17 MOVIMENTO DE UM TOBOGÃ COM ATRITO II

O mesmo tobogã com o mesmo coeficiente de atrito do Exemplo 5.16 *acelera* descendo uma encosta mais íngreme. Deduza uma expressão para a aceleração em termos de g, α, μ_c e p.

SOLUÇÃO

IDENTIFICAR E PREPARAR: o tobogã está acelerando e, portanto, não está mais em equilíbrio; vamos aplicar a segunda lei de Newton conforme a Equação 5.2. Nossa variável-alvo é a aceleração para baixo da encosta.

Nosso esquema e o diagrama do corpo livre (**Figura 5.23**) são quase iguais aos do Exemplo 5.16. O componente y de aceleração do tobogã a_y ainda é igual a zero, mas não o componente x a_x, de modo que desenhamos $p\,\text{sen}\,\alpha$, o componente do peso (colina abaixo), como um vetor maior do que a força de atrito (colina acima).

EXECUTAR: é conveniente expressar o peso como $p = mg$. Então, aplicando a segunda lei de Newton, obtemos o par de equações

$$\sum F_x = mg\,\text{sen}\,\alpha + (-f_c) = ma_x$$

$$\sum F_y = n + (-mg\cos\alpha) = 0$$

Pela segunda equação e pela Equação 5.3, obtemos uma expressão para f_c:

$$n = mg\cos\alpha$$

$$f_c = \mu_c n = \mu_c mg\cos\alpha$$

Substituindo esse resultado na equação para o componente x e explicitando a_x:

$$mg\,\text{sen}\,\alpha + (-\mu_c mg\cos\alpha) = ma_x$$

$$a_x = g(\text{sen}\,\alpha - \mu_c\cos\alpha)$$

AVALIAR: assim como no tobogã sem atrito do Exemplo 5.10, a aceleração não depende da massa m do tobogã. Isso porque todas as forças que atuam sobre o tobogã (peso, força normal e força de atrito cinético) são proporcionais a m.

Para conferir, discutimos agora alguns casos especiais. Em primeiro lugar, se a montanha fosse vertical, ($\alpha = 90°$), então sen $\alpha = 1$, cos $\alpha = 0$ e $a_x = g$ (o tobogã está em queda livre). Para certo valor de α, a aceleração é nula; isso acontece se

$$\text{sen}\,\alpha = \mu_c\cos\alpha \quad \text{e} \quad \mu_c = \tan\alpha$$

Obtivemos novamente o mesmo resultado do Exemplo 5.16. Se o ângulo for ainda menor, $\mu_c\cos\alpha$ é maior que sen α e a_x será *negativo*; se dermos um empurrão no tobogã para ele descer a montanha, ele poderá iniciar o movimento, mas terá uma velocidade decrescente e, afinal, vai parar. Por fim, se a montanha não gerar atrito, de modo que $\mu_c = 0$, retornamos ao resultado do Exemplo 5.10: $a_x = g\,\text{sen}\,\alpha$.

Observe que começamos com um exemplo muito simples (Exemplo 5.10) e o estendemos para situações cada vez mais genéricas. O resultado mais genérico apresentado neste exemplo abrangeu *todos* os anteriores como casos especiais. Não é necessário decorar esse resultado, mas é conveniente que você tente entender como o obtivemos e o seu significado.

Suponha que, em vez disso, inicialmente você empurre o tobogã para *cima*. O sentido da força de atrito agora se inverte, de modo que a aceleração é diferente da encontrada para o movimento para baixo. Verifica-se que a expressão de a_x é a mesma que a encontrada neste exemplo, exceto pelo fato de que, no lugar do sinal negativo, existe um sinal positivo. Você é capaz de provar isso?

Figura 5.23 Nossos esquemas para este problema.

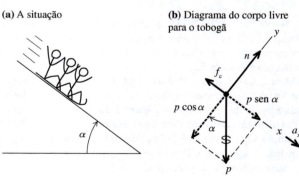

(a) A situação   (b) Diagrama do corpo livre para o tobogã

Atrito de rolamento

É muito mais fácil mover um armário cheio sobre um carrinho com rodas que arrastá-lo pelo piso. Mas quanto mais fácil? Podemos definir um **coeficiente de atrito de rolamento**, μ_r, como a força horizontal necessária para um deslocamento com velocidade constante sobre uma superfície plana dividida pela força normal de baixo para cima exercida pela superfície. Os engenheiros de transportes chamam μ_r de *resistência de tração*. Valores típicos de μ_r são de 0,002 a 0,003 para rodas de aço sobre trilhos de aço e de 0,01 a 0,02 para pneus de borracha sobre concreto. Esses valores mostram a razão pela qual um trem que se desloca sobre trilhos gasta muito menos combustível que um caminhão em uma rodovia.

Resistência de um fluido e velocidade terminal

Se você colocar sua mão para fora da janela de um carro que se move com alta velocidade, ficará convencido da existência da **resistência de um fluido**, a força que um fluido (um gás ou um líquido) exerce sobre o corpo que se move através dele. O corpo que se move exerce uma força sobre o fluido para afastá-lo de seu caminho. Pela terceira lei de Newton, o fluido exerce sobre o corpo uma força igual e contrária.

A força da resistência de um fluido possui *direção e sentido* sempre contrários aos da velocidade do corpo em relação ao fluido. O *módulo* da força da resistência de um fluido normalmente cresce com a velocidade do corpo através do fluido. Esse comportamento é muito diferente da força de atrito cinético entre superfícies em contato, que normalmente não depende da velocidade. Para pequenos objetos movendo-se em baixas velocidades, o módulo f da força da resistência de um fluido é aproximadamente proporcional à velocidade do corpo v:

$$f = kv \quad \text{(resistência de um fluido para baixas velocidades)} \quad (5.5)$$

onde k é um fator de proporcionalidade que depende da forma e do tamanho do corpo e das propriedades do fluido. A Equação 5.5 é apropriada para partículas de poeira caindo no ar ou um rolamento caindo no óleo. Quando o movimento ocorre no ar na velocidade de uma bola de tênis lançada ou em velocidades maiores que essa, a força é aproximadamente proporcional a v^2 em vez de v. Ela é, então, chamada de **força de arraste do ar**, ou simplesmente *arraste*. Aviões, gotas de chuva e ciclistas, todos sofrem a ação do arraste do ar. Nesse caso, a Equação 5.5 deve ser substituída por

$$f = Dv^2 \quad \text{(resistência de um fluido para altas velocidades)} \quad (5.6)$$

Em virtude da dependência de v^2, o arraste do ar cresce rapidamente com a velocidade. O arraste do ar sobre um automóvel é desprezível para baixas velocidades, mas é comparável ou maior que a resistência de rolamento quando o carro atinge a velocidade máxima permitida para uma rodovia. O valor de D depende da forma e do tamanho do corpo e da densidade do ar. Convidamos você a mostrar que as unidades da constante k na Equação 5.5 são N · s/m ou kg/s e que as unidades da constante D na Equação 5.6 são N · s^2/m^2 ou kg/m.

Em virtude dos efeitos da resistência do fluido, um objeto caindo em um fluido *não* terá aceleração constante. Para descrever seu movimento, não podemos usar as fórmulas do movimento com aceleração constante deduzidas no Capítulo 2. Em vez disso, é necessário fazer nova solução aplicando a segunda lei de Newton. Como um exemplo, suponha que você solte uma bola de metal na superfície de um balde de óleo e a deixe cair até o fundo (**Figura 5.24a**). Neste caso, a força de resistência do fluido é dada pela Equação 5.5. Quais são a aceleração, a velocidade e a posição da bola de metal em função do tempo?

> **DADOS MOSTRAM**
>
> **Atrito estático**
>
> Quando os alunos recebiam um problema sobre o módulo f_s da força de atrito estático atuando sobre um objeto em repouso, mais de 36% deles davam uma resposta incorreta. Erros comuns:
>
> - Supor que f_s é sempre igual a $\mu_s n$ (coeficiente de atrito estático × força normal sobre o objeto). Esse é o valor *máximo* de f_s; o valor real pode ser algo entre zero e esse máximo.
> - Esquecer de aplicar a primeira lei de Newton ao objeto em repouso. Essa é a única maneira correta de achar o valor de f_s exigido para impedir que o objeto acelere.

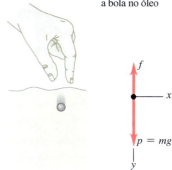

Figura 5.24 Movimento com resistência de um fluido.

(a) Uma bola de metal caindo através do óleo (b) Diagrama do corpo livre para a bola no óleo

O diagrama do corpo livre está indicado na Figura 5.24b. Consideramos o sentido positivo do eixo como de cima para baixo e desprezamos qualquer força associada ao empuxo no óleo. Como a bola está se deslocando de cima para baixo, sua velocidade escalar v é igual à sua velocidade y, v_y, e a força de resistência de um fluido está orientada no sentido $-y$. Não existem componentes x, de modo que a segunda lei de Newton fornece

$$\sum F_y = mg + (-kv_y) = ma_y \quad (5.7)$$

Quando a bola começa o movimento, $v_y = 0$, a força resistiva é nula, e a aceleração inicial é $a_y = g$. À medida que sua velocidade aumenta, a força resistiva também aumenta, até que finalmente ela se torna igual ao peso. No instante $mg - kv_y = 0$, a aceleração se anula e não ocorrerá mais nenhum aumento de velocidade. A velocidade final v_t, denominada **velocidade terminal**, é dada por $mg - kv_t = 0$ ou

$$v_t = \frac{mg}{k} \quad \text{(velocidade terminal, resistência do fluido } f = kv) \quad (5.8)$$

A **Figura 5.25** mostra como a aceleração, a velocidade e a posição da bola variam em função do tempo. À medida que o tempo passa, a aceleração tende a zero e a velocidade tende ao valor v_t (lembre-se de que escolhemos o sentido positivo do eixo y como de cima para baixo). A inclinação do gráfico de y versus t tende a ficar constante à medida que a velocidade se torna constante.

Para ver como os gráficos na Figura 5.25 foram deduzidos, devemos achar a relação entre velocidade e tempo durante o intervalo antes de o corpo atingir a velocidade terminal. Voltamos à segunda lei de Newton para a bola caindo, que agora reescrevemos usando $a_y = dv_y/dt$:

$$m\frac{dv_y}{dt} = mg - kv_y$$

Depois de reagrupar os termos e substituir mg/k por v_t, integramos ambos os membros, notando que $v_y = 0$ quando $t = 0$:

$$\int_0^v \frac{dv_y}{v_y - v_t} = -\frac{k}{m} \int_0^t dt$$

que se integra em

$$\ln \frac{v_t - v_y}{v_t} = -\frac{k}{m}t \quad \text{ou} \quad 1 - \frac{v_y}{v_t} = e^{-(k/m)t}$$

Aplicação BIO Pólen e resistência de um fluido Essas esferas pontudas são grãos de pólen de uma ambrósia-americana (*Ambrosia artemisiifolia*), também conhecida como carpineira ou cravo-da-roça. Elas são uma causa comum de febre do feno. Em decorrência de seu pequeno raio (cerca de 10 μm = 0,01 mm), quando são soltas no ar, a força de resistência ao fluido sobre elas é proporcional à sua velocidade. A velocidade terminal dada pela Equação 5.8 é de apenas cerca de 1 cm/s. Logo, um pequeno vento pode manter os grãos de pólen voando e levá-los por distâncias muito longe de sua origem.

Figura 5.25 Gráficos do movimento de um corpo caindo sem a resistência de um fluido e com a resistência de um fluido proporcionalmente à velocidade.

Aceleração *versus* tempo
- Sem resistência de um fluido: aceleração constante.
- Com resistência de um fluido: a aceleração diminui.

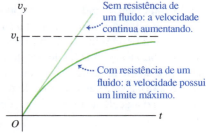

Velocidade *versus* tempo
- Sem resistência de um fluido: a velocidade continua aumentando.
- Com resistência de um fluido: a velocidade possui um limite máximo.

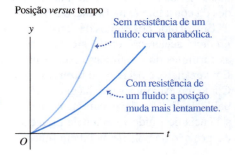

Posição *versus* tempo
- Sem resistência de um fluido: curva parabólica.
- Com resistência de um fluido: a posição muda mais lentamente.

e, finalmente,

$$v_y = v_t[1 - e^{-(k/m)t}] \qquad (5.9)$$

Note que v_y só se torna igual à velocidade terminal v_t no limite quando $t \to \infty$; a bola não atinge a velocidade terminal em nenhum intervalo de tempo finito.

A derivada de v_y, na Equação 5.9, fornece, a_y em função do tempo, e a integral de v_y fornece y em função do tempo. Deixamos para você a tarefa de completar as deduções; os resultados são

$$a_y = g e^{-(k/m)t} \qquad (5.10)$$

$$y = v_t \left[t - \frac{m}{k}\left(1 - e^{-(k/m)t}\right) \right] \qquad (5.11)$$

Agora examine novamente a Figura 5.25, que mostra os gráficos desses três relacionamentos.

Ao deduzirmos a velocidade terminal na Equação 5.8, admitimos que a força de resistência do fluido seja proporcional à velocidade. Para um objeto caindo no ar com velocidade elevada, de modo que a resistência do fluido seja proporcional a Dv^2, como na Equação 5.6, a velocidade terminal é atingida quando Dv^2 se iguala ao peso mg (**Figura 5.26a**). Convidamos você a provar que a velocidade terminal v_t é dada por

$$v_t = \sqrt{\frac{mg}{D}} \qquad \text{(velocidade terminal, resistência do fluido } f = Dv^2\text{)} \qquad (5.12)$$

Essa expressão da velocidade terminal explica por que um objeto mais pesado tende a cair com uma velocidade maior que a de objetos mais leves. Dois objetos que possuem a mesma forma física, porém massas diferentes (digamos, uma bola de tênis e uma bola de chumbo de mesmo raio), possuem o mesmo valor de D, porém diferentes valores de m. A velocidade do objeto de maior massa tem um módulo maior do que a velocidade do objeto de menor massa e o corpo cai com maior velocidade. O mesmo raciocínio explica por que uma folha de papel cai mais rapidamente quando é amassada em forma de bola; a massa m é a mesma, mas o tamanho menor produz um valor menor para D (um arraste do ar menor para uma dada velocidade) e um valor de v_t maior. Paraquedistas usam o mesmo princípio para controlar sua descida (Figura 5.26b).

A **Figura 5.27** mostra as trajetórias de uma bola de beisebol com e sem arraste do ar, admitindo um coeficiente $D = 1{,}3 \times 10^{-3}$ kg/m (apropriado para uma bola batida ao nível do mar). Você pode notar que o alcance da bola e a altura máxima atingida são substancialmente menores que o cálculo de arraste zero poderia sugerir. Portanto, a trajetória da bola de beisebol que calculamos no Exemplo 3.7 (Seção 3.3), ignorando-se o arraste do ar, é bastante irreal. O arraste do ar é uma parte importante do jogo de beisebol!

Figura 5.26 (a) Arraste do ar e velocidade terminal. (b) Ao mudar as posições dos braços e das pernas durante a queda, um paraquedista pode alterar o valor da constante D na Equação 5.6 e, portanto, ajustar o valor da velocidade terminal de sua queda (Equação 5.12).

(a) Diagramas do corpo livre para a queda com arraste do ar

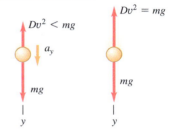

Antes da velocidade terminal: objeto acelerando, força de arraste menor que o peso.

Na velocidade terminal v_t: objeto em equilíbrio, força de arraste se iguala ao peso.

(b) Um paraquedista caindo com velocidade terminal

Figura 5.27 Trajetórias simuladas por computador de uma bola de beisebol lançada a 50 m/s, formando um ângulo de 35° acima da horizontal. Note que as escalas são diferentes nos eixos horizontal e vertical.

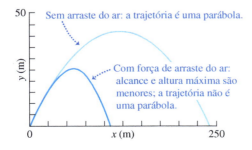

EXEMPLO 5.18 VELOCIDADE TERMINAL DE UM PARAQUEDISTA

Para um corpo humano caindo no ar em posição horizontal (Figura 5.26b), o valor da constante D na Equação 5.6 é aproximadamente igual a 0,25 kg/m. Considerando um paraquedista de 50,0 kg, ache sua velocidade terminal.

SOLUÇÃO

IDENTIFICAR E PREPARAR: este exemplo usa a relação entre velocidade terminal, massa e coeficiente de arraste. Usamos a Equação 5.12 para achar a variável-alvo v_t.

EXECUTAR: para $m = 50$ kg, encontramos:

$$v_t = \sqrt{\frac{mg}{D}} = \sqrt{\frac{(50 \text{ kg})(9,8 \text{ m/s}^2)}{0,25 \text{ kg/m}}}$$

$$= 44 \text{ m/s (aproximadamente 160 km/h)}$$

AVALIAR: a velocidade terminal é proporcional à raiz quadrada da massa do paraquedista; portanto, um paraquedista mais robusto, com o mesmo coeficiente de arraste D, mas o dobro da massa, teria uma velocidade terminal de $\sqrt{2} = 1,41$ vezes maior, ou 63 m/s. (Um paraquedista com massa maior também teria mais área frontal e, consequentemente, um coeficiente de arraste maior; portanto, sua velocidade terminal seria um pouco menor que 63 m/s.) Até a velocidade terminal do paraquedista mais leve é bastante alta; por isso, esses mergulhos no ar não duram muito. Um salto de uma altura de 2.800 m na velocidade terminal leva apenas (2.800 m)/(44 m/s) = 64 s.

Quando o paraquedista libera o paraquedas, o valor de D aumenta significativamente, e a velocidade terminal do paraquedas e do paraquedista sofre redução drástica para um valor muito mais baixo.

TESTE SUA COMPREENSÃO DA SEÇÃO 5.3 Considere uma caixa colocada sobre diferentes superfícies. (a) Em quais situações *não* há força de atrito atuando sobre a caixa? (b) Em quais situações há uma força de atrito *estático* atuando sobre a caixa? (c) Em quais situações há uma força de atrito *cinético* atuando sobre a caixa? (i) A caixa está em repouso sobre uma superfície horizontal áspera; (ii) a caixa está em repouso sobre uma superfície áspera inclinada; (iii) a caixa está no leito plano e de superfície áspera na traseira de um caminhão que está se movendo a uma velocidade constante por uma estrada reta e plana, e a caixa permanece no mesmo lugar, no meio do leito da carroceria; (iv) a caixa está no leito plano e de superfície áspera na traseira de um caminhão que está acelerando por uma estrada reta e plana, e a caixa permanece no mesmo lugar, no meio do leito da carroceria; (v) a caixa está no leito plano e de superfície áspera na traseira de um caminhão que está subindo pela encosta de uma montanha, e a caixa está deslizando em direção ao fundo do caminhão. ❙

5.4 DINÂMICA DO MOVIMENTO CIRCULAR

Discutimos o movimento circular uniforme na Seção 3.4. Mostramos que, quando uma partícula se desloca ao longo de uma circunferência com velocidade escalar constante, a aceleração da partícula tem um módulo constante a_{rad} dado por

$$a_{rad} = \frac{v^2}{R} \quad (5.13)$$

Módulo da aceleração de um objeto em **movimento circular uniforme**; Velocidade do objeto; Raio da trajetória circular do objeto.

O subscrito "rad" é um lembrete de que a aceleração da partícula é sempre orientada radialmente para o centro do círculo, perpendicular à velocidade instantânea. Explicamos na Seção 3.4 por que essa aceleração é chamada *aceleração centrípeta* ou *aceleração radial*.

Podemos também representar a aceleração centrípeta, a_{rad}, em termos do *período T*, o tempo necessário para uma rotação:

$$T = \frac{2\pi R}{v} \quad (5.14)$$

Em termos do período, a_{rad} é dada por

$$a_{rad} = \frac{4\pi^2 R}{T^2} \quad (5.15)$$

Módulo da aceleração de um objeto em **movimento circular uniforme**; Raio da trajetória circular do objeto; Período do movimento.

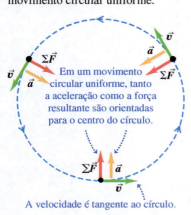

Figura 5.28 Força resultante, aceleração e velocidade no movimento circular uniforme.

Em um movimento circular uniforme, tanto a aceleração como a força resultante são orientadas para o centro do círculo.

A velocidade é tangente ao círculo.

O movimento circular uniforme, como qualquer movimento de uma partícula, é governado pela segunda lei de Newton. Para fazer a partícula acelerar em direção ao centro do círculo, a força resultante $\sum \vec{F}$ sobre a partícula sempre deve ser orientada para o centro (**Figura 5.28**). O módulo da aceleração é constante; logo, o módulo da força resultante F_{total} também é constante. Caso a força para dentro deixe de atuar, a partícula é expelida para fora, descrevendo uma linha reta tangente ao círculo (**Figura 5.29**).

O módulo da aceleração radial é dado por $a_{rad} = v^2/R$, logo o módulo F_{total} da força resultante sobre uma partícula de massa m em um movimento circular uniforme deverá ser

$$F_{total} = ma_{rad} = m\frac{v^2}{R} \quad \text{(movimento circular uniforme)} \quad (5.16)$$

O movimento circular uniforme pode ser produzido por *qualquer* conjunto de forças, desde que a força resultante $\sum \vec{F}$ seja sempre orientada para o centro do círculo e possua módulo constante. Note que o corpo não precisa se mover em torno de um círculo completo: a Equação 5.16 é válida para *qualquer* trajetória que possa ser considerada como parte de um arco circular.

Figura 5.29 O que acontece quando a força orientada para o centro deixa de atuar sobre um corpo em um movimento circular?

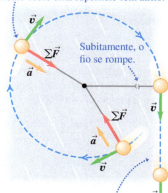

Nenhuma força resultante atua sobre a bola, de modo que ela obedece à primeira lei de Newton — ela se move em linha reta a uma velocidade constante.

ATENÇÃO **Evite usar a expressão "força centrífuga"** A **Figura 5.30** mostra tanto a forma correta (Figura 5.30a) quanto a *incorreta* (Figura 5.30b) de um diagrama do corpo livre para um movimento circular uniforme. A Figura 5.30b está incorreta porque inclui uma força extra para fora com módulo $m(v^2/R)$ para "manter o corpo no lugar" ou para "mantê-lo em equilíbrio". Há três razões para não se considerar essa força para fora, usualmente chamada de *força centrífuga* ("centrífuga" significa "fugindo do centro"). Em primeiro lugar, o corpo *não* "fica no lugar": ele está em movimento constante descrevendo uma trajetória circular. Como a direção da velocidade varia constantemente, o corpo acelera e *não* está em equilíbrio. Em segundo lugar, caso *existisse* uma força adicional orientada para fora, de modo a equilibrar a força orientada para dentro, não existiria nenhuma força resultante para dentro para causar o movimento circular uniforme, e o corpo deveria se mover em linha reta (Figura 5.29). Em terceiro lugar, a quantidade $m(v^2/R)$ *não* é uma força; ela corresponde ao membro $m\vec{a}$ de $\sum \vec{F} = m\vec{a}$ e não deve aparecer em $\sum \vec{F}$ (Figura 5.30a). É verdade que o passageiro de um carro que se desloca seguindo a trajetória circular de uma estrada plana tende a deslizar para fora da curva em resposta a uma "força centrífuga". Mas, conforme vimos na Seção 4.2, o que realmente ocorre é que o passageiro tende a manter seu movimento retilíneo, enquanto o lado externo do carro se "desloca para dentro" do passageiro à medida que o carro faz a curva (Figura 4.10c). *Em um sistema de referência inercial não existe nenhuma "força centrífuga" atuando sobre o corpo*. Não voltaremos a mencionar essa força e recomendamos fortemente que você também evite seu uso.

Figura 5.30 Formas certa e errada de representar o movimento circular uniforme.

(a) Diagrama do corpo livre correto

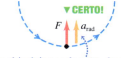

Se você incluir a aceleração, desenhe-a ao lado do corpo, para mostrar que ela não é uma força.

(b) Diagrama do corpo livre incorreto

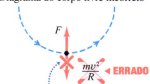

A grandeza mv^2/R não é uma força — ela não pertence a um diagrama do corpo livre.

EXEMPLO 5.19 FORÇA NO MOVIMENTO CIRCULAR UNIFORME

Um trenó com massa de 25,0 kg está em repouso sobre uma superfície horizontal de gelo, essencialmente sem atrito. Ele está amarrado a um poste fixado no gelo por uma corda de 5,0 m. Quando empurrado, o trenó gira uniformemente e faz um círculo em torno do poste (**Figura 5.31a**). Considerando que o trenó completa cinco rotações por minuto, ache a força F exercida sobre ele pela corda.

SOLUÇÃO

IDENTIFICAR E PREPARAR: o trenó está se deslocando em um movimento circular uniforme e, portanto, possui uma aceleração radial constante. Aplicaremos a segunda lei de Newton ao trenó, para achar o módulo F da força exercida pela corda (nossa variável-alvo).

Figura 5.31 (a) A situação. (b) O diagrama do corpo livre.

(a) Um trenó em movimento circular uniforme

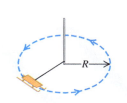

(b) O diagrama do corpo livre para o trenó

Apontamos o sentido positivo do eixo x para o centro do círculo.

(Continua)

168 Física I

(Continuação)

A Figura 5.31b mostra o diagrama do corpo livre para o trenó. A aceleração possui apenas um componente x, orientado para o centro do círculo; por isso é designado como a_{rad}. A aceleração não é dada, por isso necessitaremos determinar seu valor usando a Equação 5.13 ou a 5.15.

EXECUTAR: a força F aparece na segunda lei de Newton para a direção x:

$$\sum F_x = F = ma_{rad}$$

Podemos determinar a aceleração centrípeta a_{rad} usando a Equação 5.15. O trenó se move em um círculo de raio $R = 5{,}00$ m com um período $T = (60{,}0 \text{ s})/(5 \text{ rot}) = 12{,}0$ s, logo

$$a_{rad} = \frac{4\pi^2 R}{T^2} = \frac{4\pi^2 (5{,}00 \text{ m})}{(12{,}0 \text{ s})^2} = 1{,}37 \text{ m/s}^2$$

O módulo F da força exercida pela corda é, então:

$$F = ma_{rad} = (25{,}0 \text{ kg})(1{,}37 \text{ m/s}^2)$$
$$= 34{,}3 \text{ kg} \cdot \text{m/s}^2 = 34{,}3 \text{ N}$$

AVALIAR: você pode verificar nosso valor para a_{rad} primeiro usando a Equação 5.14, $v = 2\pi R/T$, para achar a velocidade e depois usando $a_{rad} = v^2/R$ a partir da Equação 5.13. Você chegou ao mesmo resultado?

Seria necessária uma força maior caso o trenó se movesse em torno do círculo a uma velocidade escalar v maior. Na verdade, se v dobrasse enquanto R permanecesse o mesmo, F seria quatro vezes maior. Você pode demonstrar isso? Como F variaria se v permanecesse o mesmo, mas o raio R dobrasse?

EXEMPLO 5.20 UM PÊNDULO CÔNICO

Um inventor propõe a construção de um pêndulo usando um peso de massa m na extremidade de um fio de comprimento L. Em vez de oscilar para a frente e para trás, o peso se move em um círculo horizontal com velocidade escalar constante v, e o fio faz um ângulo β constante com a direção vertical (**Figura 5.32a**). Esse sistema é chamado de *pêndulo cônico* porque o fio de suspensão descreve um cone. Ache a tensão F no fio e o período T (o tempo para uma rotação da bola).

SOLUÇÃO

IDENTIFICAR E PREPARAR: para achar as variáveis-alvo, a tensão F e o período T, necessitamos de duas equações. Estas serão os componentes horizontal e vertical da segunda lei de Newton aplicada ao peso. Encontraremos a aceleração do peso no sentido do centro do círculo usando uma das equações do movimento circular.

Um diagrama do corpo livre para o peso e um sistema de coordenadas estão indicados na Figura 5.32b. As forças sobre o peso na posição indicada são o peso mg e a tensão F no fio. Note que o centro da trajetória circular está no mesmo plano horizontal que o peso, e *não* na extremidade superior do fio. O componente horizontal da tensão é a força que produz a aceleração radial a_{rad}.

EXECUTAR: o sistema não possui aceleração vertical, e a horizontal é orientada para o centro do círculo, razão pela qual usamos o símbolo a_{rad}. A segunda lei de Newton, equações 5.2, diz

$$\sum F_x = F \text{ sen } \beta = ma_{rad}$$

$$\sum F_y = F \cos \beta + (-mg) = 0$$

Trata-se de um sistema de duas equações envolvendo as variáveis-alvo F e β. A equação para $\sum F_y$ fornece $F = mg/\cos \beta$. Substituindo esse resultado na equação para $\sum F_x$ e usando sen $\beta/\cos \beta = \tan \beta$, encontramos

$$a_{rad} = g \tan \beta$$

Para relacionar β ao período T, usamos a Equação 5.15 para a_{rad}, isolamos T e inserimos $a_{rad} = g \tan \beta$:

$$a_{rad} = \frac{4\pi^2 R}{T^2} \quad \text{logo} \quad T^2 = \frac{4\pi^2 R}{a_{rad}}$$

$$T = 2\pi \sqrt{\frac{R}{g \tan \beta}}$$

A Figura 5.32a mostra que $R = L$ sen β. Substituímos isso e usamos sen $\beta/\tan \beta = \cos \beta$:

$$T = 2\pi \sqrt{\frac{L \cos \beta}{g}}$$

AVALIAR: para um dado comprimento L, à medida que o ângulo β aumenta, cos β diminui, o período T se torna menor e a tensão $F = mg/\cos \beta$ aumenta. Contudo, o ângulo β nunca pode ser igual a 90°; isso exigiria que $T = 0$, $F = \infty$ e $v = \infty$. Um pêndulo cônico não serviria como um relógio muito bom, porque o período depende diretamente de β.

Figura 5.32 (a) A situação. (b) O diagrama do corpo livre.

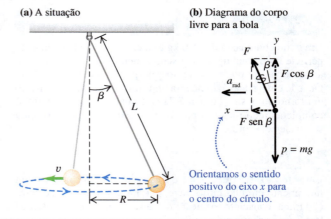

EXEMPLO 5.21 CONTORNANDO UMA CURVA PLANA

O carro do Exemplo 3.11 (Seção 3.4) está fazendo uma curva com raio R em uma estrada plana (**Figura 5.33a**). Se o coeficiente de atrito estático entre os pneus e a estrada for igual a μ_s, qual é a velocidade máxima $v_{máx}$ com a qual o carro pode completar a curva sem deslizar?

SOLUÇÃO

IDENTIFICAR E PREPARAR: a aceleração do carro enquanto faz a curva possui módulo $a_{rad} = v^2/R$. Logo, a velocidade escalar máxima $v_{máx}$ (nossa variável-alvo) corresponde à aceleração máxima a_{rad} e à força horizontal máxima sobre o carro no sentido do centro de sua trajetória circular. A única força horizontal que atua sobre o carro é a força de atrito exercida pela estrada. Portanto, necessitaremos da segunda lei de Newton e do que aprendemos sobre a força de atrito na Seção 5.3.

A Figura 5.33b mostra um diagrama do corpo livre para o carro, que inclui seu peso $p = mg$ e as duas forças exercidas pela estrada: a força normal n e a força de atrito horizontal f. A força de atrito deve ser orientada para o centro do círculo para causar a aceleração radial. Como o carro não se desloca na direção radial (ele não desliza no sentido do centro do círculo nem se afasta dele), a força de atrito é *estática* com um módulo máximo $f_{máx} = \mu_s n$ (Equação 5.4).

EXECUTAR: a aceleração no sentido do centro da trajetória circular é $a_{rad} = v^2/R$ e não há aceleração vertical. Logo, temos

$$\sum F_x = f = ma_{rad} = m\frac{v^2}{R}$$

$$\sum F_y = n + (-mg) = 0$$

A segunda equação mostra que $n = mg$. A primeira equação mostra que a força de atrito *necessária* para manter o carro em uma trajetória circular aumenta com a velocidade do carro. Porém, a força de atrito máxima *disponível* é $f_{máx} = \mu_s n = \mu_s mg$, e esta determina a velocidade máxima do carro. Substituindo f por $\mu_s mg$ e v por $v_{máx}$ na primeira equação, obtemos

$$\mu_s mg = m\frac{v_{máx}^2}{R} \quad \text{então} \quad v_{máx} = \sqrt{\mu_s gR}$$

Como exemplo, se $\mu_s = 0{,}96$ e $R = 230$ m, então

$$v_{máx} = \sqrt{(0{,}96)(9{,}8 \text{ m/s}^2)(230 \text{ m})} = 47 \text{ m/s}$$

ou cerca de 170 km/h. Essa é a velocidade máxima para este raio.

AVALIAR: se a velocidade do carro é menor do que $v_{máx} = \sqrt{\mu_s gR}$, a força de atrito necessária é menor que o valor máximo possível $f_{máx} = \mu_s mg$ e o carro pode fazer a curva facilmente. Se você tenta fazer a curva com velocidade *maior* que a velocidade máxima, o carro desliza. Você ainda pode descrever uma circunferência sem derrapar nessa velocidade mais alta, mas o raio teria de ser maior.

Note que a aceleração centrípeta máxima (denominada "aceleração lateral" no Exemplo 3.11) é igual a $\mu_s g$. Por isso, é melhor contornar uma curva em baixa velocidade, se a estrada está molhada ou coberta de gelo (qualquer uma dessas situações pode reduzir o valor de μ_s e, portanto, $\mu_s g$).

Figura 5.33 (a) A situação. (b) Diagrama do corpo livre.

(a) Um carro contorna uma curva em uma estrada plana

(b) Diagrama do corpo livre para o carro

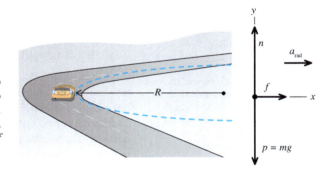

EXEMPLO 5.22 CONTORNANDO UMA CURVA INCLINADA

Para um carro se deslocando a uma certa velocidade, é possível inclinar o plano da curva (na direção transversal da pista) em um ângulo exato para que não seja necessário absolutamente nenhum atrito para manter o raio da curva do carro. Neste caso, o carro pode completar a curva sem deslizar, mesmo sobre uma pista com gelo. (A corrida de trenós se baseia nesse princípio.) Um engenheiro propõe reconstruir a curva do Exemplo 5.21, de modo que um carro com velocidade v possa completar a curva com segurança, mesmo quando não existe atrito (**Figura 5.34a**). Qual deve ser o ângulo β da inclinação lateral da curva?

SOLUÇÃO

IDENTIFICAR E PREPARAR: sem nenhum atrito, as únicas duas forças que atuam sobre o carro são seu peso e a força normal. Como a estrada é inclinada, a força normal (que atua perpendicularmente à superfície da estrada) possui um componente horizontal. Esse componente provoca a aceleração horizontal do carro no sentido do centro da trajetória curva do carro. Como forças e aceleração estão envolvidas, usaremos a segunda lei de Newton para achar a variável-alvo β.

O diagrama do corpo livre (Figura 5.34b) é semelhante ao diagrama do pêndulo cônico no Exemplo 5.20 (Figura 5.32b). A força normal que atua sobre o carro desempenha a função da força de tensão exercida pelo fio sobre o peso do pêndulo.

EXECUTAR: a força normal $\vec{n}$ é perpendicular ao plano da estrada e faz um ângulo β com a vertical (Figura 5.34b). Logo, ela possui um componente vertical $n \cos \beta$ e um componente horizontal $n \, \text{sen} \, \beta$. A aceleração no sentido do eixo x é a aceleração centrípeta, $a_{rad} = v^2/R$; não existe nenhuma aceleração na direção y. Portanto, as equações da segunda lei de Newton são

$$\sum F_x = n \, \text{sen} \, \beta = ma_{rad}$$

$$\sum F_y = n \cos \beta + (-mg) = 0$$

(Continua)

(*Continuação*)

A equação para $\sum F_y$ fornece $n = mg/\cos\beta$. Substituindo esse resultado na equação para $\sum F_x$ e usando $a_{rad} = v^2/R$, encontramos uma expressão para o ângulo de inclinação:

$$\tan\beta = \frac{a_{rad}}{g} = \frac{v^2}{gR} \quad \text{então} \quad \beta = \arctan\frac{v^2}{gR}$$

AVALIAR: o ângulo de inclinação depende da velocidade e do raio. Para um dado raio, nenhum ângulo pode ser correto para todas as velocidades. No projeto de rodovias e de estradas de ferro, as curvas são compensadas para uma inclinação exata relativa a uma velocidade média do tráfego sobre elas. Se $R = 230$ m e $v = 25$ m/s (uma velocidade de rodovia em torno de 88 km/h), então

$$\beta = \arctan\frac{(25\text{ m/s})^2}{(9{,}8\text{ m/s}^2)(230\text{ m})} = 15°$$

Esse valor está próximo dos intervalos de ângulos usados efetivamente nas rodovias.

Figura 5.34 (a) A situação. (b) Diagrama do corpo livre.

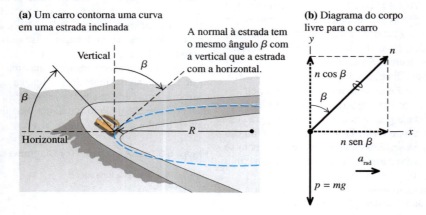

Curvas inclinadas e o voo de aviões

Os resultados do Exemplo 5.22 também se aplicam ao cálculo do ângulo correto para a inclinação de um avião quando ele faz uma curva voando ao longo de um plano (**Figura 5.35**). Quando um avião voa em linha reta a uma velocidade escalar e altura constantes, seu peso é precisamente equilibrado pela força de sustentação $\vec{L}$ exercida pelo ar. (A força de sustentação, de baixo para cima, que o ar exerce sobre as asas, é uma reação à força de empurrar que as asas exercem sobre o ar enquanto o atravessam.) Para fazer um avião mudar de direção, o piloto o inclina para um lado, de modo que a força de sustentação tenha um componente horizontal, como indicado na Figura 5.35. (O piloto também muda o ângulo em que as asas "cortam" o ar, de modo que o componente vertical da força de sustentação continua a equilibrar o peso.) O ângulo de inclinação está relacionado à velocidade escalar v do avião e o raio R da curva pela mesma expressão que no Exemplo 5.22: $\tan\beta = v^2/gR$. Para um avião fazer uma curva fechada (R pequeno) em alta velocidade (v grande), o valor $\tan\beta$ deve ser elevado e o ângulo de inclinação β deve se aproximar de 90°.

Também podemos aplicar os resultados do Exemplo 5.22 ao *piloto*. O diagrama do corpo livre para o piloto é exatamente igual ao mostrado na Figura 5.34b. A força normal $n = mg/\cos\beta$ é exercida sobre o piloto pelo assento. Como no Exemplo 5.9, n fornece o peso aparente do piloto, que é maior que seu peso real mg. Em uma curva fechada com um grande ângulo de inclinação β, o peso aparente do piloto pode ser muito elevado: $n = 5{,}8\,mg$ para um ângulo $\beta = 80°$ e $n = 9{,}6\,mg$ para $\beta = 84°$. Os pilotos ficam momentaneamente cegos nessas curvas excessivamente fechadas porque o peso aparente do sangue aumenta com o mesmo fator e o coração humano não é suficientemente forte para bombear esse sangue aparentemente "pesado" até o cérebro.

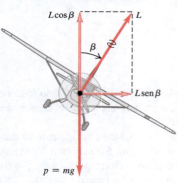

Figura 5.35 Um avião se inclina para um lado para mudar de direção. O componente vertical da força de sustentação $\vec{L}$ equilibra a força da gravidade; o componente horizontal de $\vec{L}$ causa a aceleração v^2/R.

Movimento em um círculo vertical

Nos exemplos 5.19, 5.20, 5.21 e 5.22, os corpos se movem em círculos situados em planos horizontais. Em princípio, o movimento circular uniforme em um círculo *vertical* não tem nenhuma diferença; contudo, neste caso o peso do corpo deve ser considerado cuidadosamente. O seguinte exemplo esclarecerá este ponto.

EXEMPLO 5.23 MOVIMENTO CIRCULAR UNIFORME EM UM CÍRCULO VERTICAL

Um passageiro na roda-gigante de um parque de diversões move-se em um círculo vertical de raio R com velocidade constante v. Supondo que o assento permaneça sempre na vertical durante o movimento, deduza relações para a força que o assento exerce sobre o passageiro no topo e na base do círculo.

SOLUÇÃO

IDENTIFICAR E PREPARAR: as variáveis-alvo são n_T, a força normal que o assento exerce sobre o passageiro no topo do círculo, e n_B, a força normal na base. Encontraremos essas forças usando a segunda lei de Newton e as equações do movimento circular uniforme.

A **Figura 5.36a** mostra a velocidade e a aceleração do passageiro nas duas posições. Note que a aceleração sempre aponta para o centro do círculo — de cima para baixo no topo do círculo e de baixo para cima na sua base. Em cada posição, as únicas forças atuantes são verticais: a força normal de baixo para cima e a força da gravidade de cima para baixo. Logo, precisamos somente do componente vertical da segunda lei de Newton. As figuras 5.36b e 5.36c mostram os diagramas do corpo livre para as duas posições. Nos dois casos, consideramos o sentido do eixo y positivo de baixo para cima (ou seja, *oposto* ao sentido da aceleração no topo do círculo).

EXECUTAR: no topo, a aceleração possui módulo v^2/R, porém seu componente vertical é negativo porque seu sentido é de cima para baixo, para dentro do círculo. Logo, $a_y = -v^2/R$, e a segunda lei de Newton nos diz que

Topo: $\quad \sum F_y = n_T + (-mg) = -m\dfrac{v^2}{R} \quad$ ou

$$n_T = mg\left(1 - \dfrac{v^2}{gR}\right)$$

No ponto inferior, a aceleração é de baixo para cima, portanto, $a_y = +v^2/R$, e a segunda lei de Newton diz que

Base: $\quad \sum F_y = n_B + (-mg) = +m\dfrac{v^2}{R} \quad$ ou

$$n_B = mg\left(1 + \dfrac{v^2}{gR}\right)$$

AVALIAR: o resultado para n_T revela que, no topo da roda-gigante, a força normal exercida pelo assento sobre o passageiro possui módulo *menor* que o peso do passageiro, $p = mg$. Caso a roda girasse com velocidade suficiente tal que $g - v^2/R$ se tornasse igual a zero, o assento não aplicaria *nenhuma* força, e o passageiro ficaria como que solto no ar. Caso v fosse ainda maior, n_T se tornaria negativo; isso significa que seria necessária a aplicação de uma força *de cima para baixo* (como a fornecida pelo cinto de segurança) para manter o passageiro no assento. Por outro lado, a força normal n_B na base é sempre *maior* que o peso do passageiro. Você sente o assento empurrá-lo para cima mais firmemente do que quando você está em repouso. Notamos que n_T e n_B são os valores do *peso aparente* do passageiro no topo e na base do círculo (Seção 5.2).

Figura 5.36 Nossos esquemas para este problema.

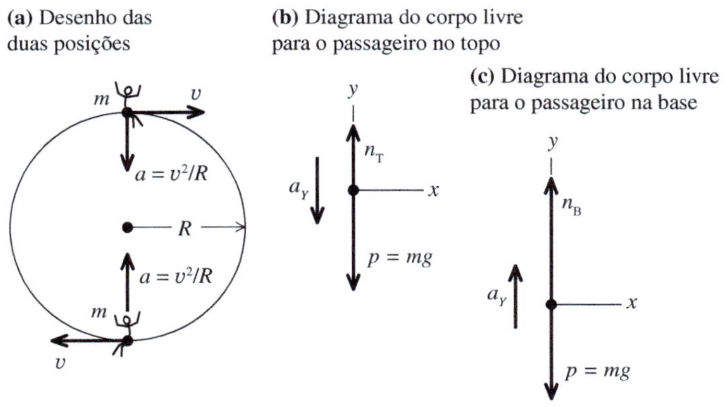

(a) Desenho das duas posições

(b) Diagrama do corpo livre para o passageiro no topo

(c) Diagrama do corpo livre para o passageiro na base

Figura 5.37 Uma bola girando em um círculo vertical.

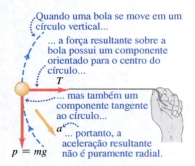

Aplicação BIO **Movimento circular em uma centrífuga** Uma ferramenta importante na investigação biológica e de medicina é a ultracentrífuga, um dispositivo que faz uso da dinâmica do movimento circular. Um tubo é preenchido com um solvente que contém várias partículas pequenas (por exemplo, contendo plaquetas sanguíneas e células brancas e vermelhas). O tubo é inserido na centrífuga, que gira a milhares de rotações por minuto. O solvente prove a força interna que mantém as partículas em movimento circular. As partículas lentamente afastam-se do eixo de rotação dentro do solvente. Como a velocidade de deslocamento depende da densidade e do tamanho das partículas, partículas de diferentes tipos se separam no tubo, facilitando bastante a análise.

Quando você amarra um fio a um objeto e o faz girar em um círculo vertical, a análise no Exemplo 5.23 não se aplica diretamente. A razão é que a velocidade v agora *não* é constante; em cada ponto da trajetória, exceto no topo e na base do círculo, a força resultante (e, portanto, a aceleração) *não* aponta para o centro do círculo (**Figura 5.37**). Logo, tanto $\sum \vec{F}$ quanto $\vec{a}$ possuem componentes tangentes ao círculo, o que significa que a velocidade varia. Logo, esse é um exemplo de um movimento circular *não uniforme* (veja a Seção 3.4). Ainda pior, não podemos usar as fórmulas do movimento com aceleração constante para relacionar as velocidades em diversos pontos porque *nem* o módulo *nem* a direção da aceleração permanecem constantes. As relações necessárias entre as velocidades nesses pontos são mais facilmente obtidas usando-se o conceito de energia. Consideraremos esses problemas no Capítulo 7.

TESTE SUA COMPREENSÃO DA SEÇÃO 5.4 Satélites são mantidos em órbita pela força da atração gravitacional do nosso planeta. Um satélite em uma órbita de raio menor move-se a uma velocidade mais elevada que um satélite em uma órbita de raio maior. Com base nessa informação, o que você conclui sobre a atração gravitacional da Terra para o satélite? (i) Ela aumenta à medida que aumenta a distância da Terra; (ii) é a mesma, seja qual for a distância da Terra; (iii) diminui à medida que aumenta a distância da Terra; (iv) essa informação por si só não é suficiente para responder a essa pergunta. ❙

5.5 FORÇAS FUNDAMENTAIS DA NATUREZA

Discutimos diversos tipos de forças — incluindo o peso, a tensão, o atrito, a resistência do fluido e a força normal — e encontraremos outras forças enquanto continuamos nossos estudos de física. Porém, existem quantos tipos diferentes de força? Nossos conhecimentos atuais mostram que todas elas podem ser descritas por apenas quatro classes de forças *fundamentais*, ou interações entre partículas (**Figura 5.38**). Duas delas são familiares em nossa vida cotidiana. As outras duas envolvem interações entre partículas subatômicas que não podem ser observadas diretamente com os sentidos.

Das duas classes familiares, as **interações gravitacionais** incluem a conhecida força de seu *peso*, que resulta da atração gravitacional que a Terra exerce sobre você. A atração gravitacional mútua entre as várias partes da Terra mantém nosso planeta unificado, assim como em outros planetas (Figura 5.38a). Newton concluiu que a atração gravitacional que o Sol exerce sobre a Terra mantém a Terra em uma órbita quase circular em torno do Sol. No Capítulo 13, as interações gravitacionais serão estudadas com detalhes, e analisaremos o papel vital desempenhado por elas no movimento de planetas e de satélites.

A segunda classe familiar, as **interações eletromagnéticas**, inclui as forças elétricas e magnéticas. Se você passar um pente no cabelo, ele poderá ser usado para atrair fragmentos de papel; essa interação decorre da carga elétrica sobre o pente. Todos os átomos contêm cargas elétricas positivas e negativas, de modo que os átomos e as moléculas interagem por meio de forças elétricas. As forças de contato, incluindo a força normal, o atrito e a resistência de um fluido, são combinações de todas essas forças exercidas pelos átomos de um corpo sobre átomos vizinhos de outro corpo (Figura 5.38b). As forças *magnéticas*, como as que ocorrem nas interações entre ímãs ou entre um ímã e um objeto de ferro, são, na verdade, produzidas por cargas elétricas em movimento. Por exemplo, um eletroímã produz interações magnéticas porque uma corrente elétrica passa através de seus fios. Estudaremos as interações eletromagnéticas em outro volume deste livro.

As forças gravitacionais não desempenham nenhum papel significativo em estruturas atômicas e moleculares, porque as forças elétricas são extraordinariamente mais fortes. A repulsão elétrica entre dois prótons é 10^{35} vezes maior que a atração gravitacional entre eles. Porém, as cargas elétricas positivas e negativas dos

Figura 5.38 Exemplos de interações fundamentais na natureza.

(a) A interação gravitacional
Saturno é mantido pela atração gravitacional mútua de todas as suas partes.

As partículas que compõem os anéis são mantidas em órbita pela força gravitacional de Saturno.

(b) A interação eletromagnética
As forças de contato entre o microfone e a mão da cantora são elétricas por natureza.

Este microfone usa efeitos elétricos e magnéticos para converter som em sinal elétrico, que pode ser amplificado e gravado.

(c) A interação forte
O núcleo de um átomo de ouro tem 79 prótons e 118 nêutrons.

A interação forte mantém os prótons e nêutrons juntos e contorna a repulsão elétrica dos prótons.

(d) A interação fraca
Cientistas descobrem a idade deste esqueleto antigo medindo seu carbono-14 — uma forma de carbono que é radioativa graças à interação fraca.

planetas são praticamente iguais, de modo que a força elétrica entre dois planetas quase se anula. As forças gravitacionais passam, então, a ser dominantes no movimento dos planetas e na estrutura interna das estrelas.

As outras duas classes de interações são menos familiares. Uma delas, a **interação forte**, é responsável pela força de coesão que mantém os núcleos no interior de um átomo (Figura 5.38c). Os núcleos contêm os nêutrons, que são neutros, e os prótons, que são cargas positivas. Os prótons se repelem mutuamente, e os núcleos não seriam estáveis caso não existisse uma força atrativa para compensar essa repulsão elétrica. Por essa razão, a interação forte também é conhecida como *força nuclear forte*. Ela tem alcance muito mais curto que a interação elétrica; porém, dentro do limite de seu alcance ela é muito mais forte. Sem a interação forte, os núcleos dos átomos essenciais à vida, como o carbono (seis prótons, seis nêutrons) e o oxigênio (oito prótons, oito nêutrons), não existiriam e você não estaria lendo estas palavras!

Finalmente, existe a **interação fraca**. Ela não desempenha nenhum papel direto na matéria ordinária, mas é de importância vital em interações entre as partículas fundamentais. A interação fraca é responsável por uma forma comum de radioatividade denominada decaimento beta, no qual um nêutron de um núcleo radioativo se transforma em um próton libertando um elétron e uma partícula essencialmente sem massa, chamada antineutrino. A interação fraca entre um antineutrino e a matéria ordinária é tão débil que um antineutrino poderia atravessar facilmente uma parede de chumbo com espessura de um milhão de quilômetros!

174 Física I

Uma aplicação importante da interação fraca é a *datação por radiocarbono*, uma técnica que permite aos cientistas determinar a idade de muitos espécimes biológicos (Figura 5.38d). O carbono que ocorre naturalmente inclui os átomos de carbono-12 (com seis prótons e seis nêutrons no núcleo) e de carbono-14 (com dois nêutrons adicionais). Organismos vivos tomam do ambiente átomos de carbono de ambos os tipos, mas param de fazê-lo quando morrem. A interação fraca torna os núcleos de carbono-14 instáveis — um dos nêutrons é alterado para um próton, um elétron e um antineutrino — e esses núcleos decaem a uma velocidade conhecida. Medindo-se a fração de carbono-14 que é deixada nos restos de um organismo, os cientistas podem determinar há quanto tempo o organismo morreu.

Na década de 1960, os físicos desenvolveram uma teoria que descrevia as interações fracas e eletromagnéticas como aspectos de uma única interação *eletrofraca*. Essa teoria passou por todos os testes experimentais a que foi submetida. O sucesso dessa iniciativa incentivou físicos a fazerem tentativas semelhantes, no sentido de unificar a interação forte com a interação fraca e com a interação eletromagnética; essas tentativas são conhecidas pela sigla GUT (iniciais de *grand unified theory*, que significa *teoria da grande unificação*). Também já foram dados os primeiros passos para uma possível unificação geral de todas as interações englobando-as na TOE (iniciais de *theory of everything*, que significa *teoria de todas as coisas*). Tais teorias são especulativas, e ainda existem muitas questões sem resposta nessa área bastante ativa na atualidade.

CAPÍTULO 5 RESUMO

Uso da primeira lei de Newton: quando um corpo está em equilíbrio em um sistema de referência inercial — ou seja, está em repouso ou movendo-se com velocidade constante —, a soma vetorial das forças que atuam sobre ele é igual a zero (primeira lei de Newton). O diagrama do corpo livre é essencial para identificar as forças que atuam sobre o corpo sendo considerado.
A terceira lei de Newton (ação e reação) geralmente também é necessária em problemas de equilíbrio. As duas forças de um par de ação e reação *nunca* atuam sobre o mesmo corpo (exemplos 5.1 a 5.5).
A força normal exercida sobre um corpo por uma superfície *nem* sempre é igual ao peso do corpo (Exemplo 5.4).

Forma vetorial:
$$\sum \vec{F} = 0 \qquad (5.1)$$
Forma dos componentes:
$$\sum F_x = 0 \qquad \sum F_y = 0$$

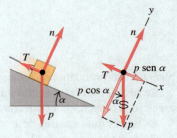

Uso da segunda lei de Newton: quando a soma vetorial das forças que atuam sobre um corpo *não* é igual a zero, o corpo possui uma aceleração, que está relacionada à força resultante pela segunda lei de Newton.
Como no caso dos problemas envolvendo equilíbrio, o diagrama do corpo livre é essencial para a solução de problemas envolvendo a segunda lei de Newton, e a força normal exercida sobre um corpo nem sempre é igual a seu peso (exemplos 5.6 a 5.12).

Forma vetorial:
$$\sum \vec{F} = m\vec{a} \qquad (5.2)$$
Forma dos componentes:
$$\sum F_x = ma_x \qquad \sum F_y = ma_y$$

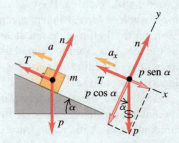

Atrito e resistência de um fluido: a força de contato entre dois corpos sempre pode ser representada em termos de uma força normal $\vec{n}$ perpendicular à superfície de contato e de uma força de atrito $\vec{f}$ paralela a essa superfície.

Quando um corpo está deslizando sobre uma superfície, a força de atrito é chamada de força *cinética*. Seu módulo f_c é aproximadamente igual ao módulo da força normal n multiplicado pelo coeficiente de atrito cinético μ_c.

Quando *não* há movimento relativo a uma superfície, a força de atrito é chamada de *estática*. A força de atrito *máxima* é aproximadamente igual ao módulo n da força normal multiplicado pelo coeficiente de atrito estático μ_s. A força de atrito estático *real* deve estar compreendida entre zero e seu valor máximo, dependendo da situação. Geralmente μ_s é maior que μ_c para um dado par de superfícies de contato (exemplos 5.13 a 5.17).

O atrito de rolamento é semelhante ao atrito cinético, mas a força da resistência de um fluido depende da velocidade escalar de um objeto que atravessa o fluido (Exemplo 5.18).

Módulo da força de atrito cinético:
$$f_c = \mu_c n \qquad (5.3)$$
Módulo da força de atrito estático:
$$f_s \leq (f_s)_{\text{máx}} = \mu_s n \qquad (5.4)$$

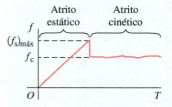

Forças em movimento circular: em um movimento circular uniforme, o vetor aceleração é dirigido para o centro do círculo. O movimento é governado pela segunda lei de Newton, $\sum \vec{F} = m\vec{a}$ (exemplos 5.19 a 5.23).

Aceleração no movimento circular uniforme:
$$a_{\text{rad}} = \frac{v^2}{R} = \frac{4\pi^2 R}{T^2} \qquad (5.13), (5.15)$$

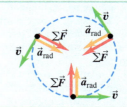

Problema em destaque Em um cone rotativo

Um pequeno bloco com massa m é colocado dentro de um cone invertido que está girando em torno de um eixo vertical de modo que o tempo para uma rotação do cone é T (**Figura 5.39**). As paredes do cone formam um ângulo β com a horizontal. O coeficiente de atrito estático entre o bloco e o cone é μ_s. Se o bloco tiver de permanecer a uma altura constante h acima do ápice do cone, quais são (a) o valor máximo de T e (b) o valor mínimo de T? (Ou seja, ache expressões para $T_{\text{máx}}$ e $T_{\text{mín}}$ em termos de β e h.)

Figura 5.39 Um bloco dentro de um cone giratório.

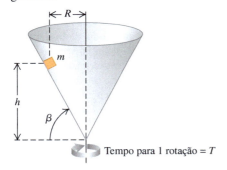

GUIA DA SOLUÇÃO
IDENTIFICAR E PREPARAR
1. Embora o bloco deva permanecer na mesma altura, sem subir nem descer no interior do cone, este *não* é um problema de equilíbrio. O bloco gira com o cone e está em movimento circular uniforme, de modo que possui uma aceleração orientada para o centro de sua trajetória circular.
2. Identifique as forças sobre o bloco. Qual é a direção e o sentido da força de atrito quando o cone está girando o mais lentamente possível, de modo que T possui seu valor máximo $T_{\text{máx}}$? Qual é a direção e o sentido da força de atrito quando o cone está girando o mais rapidamente possível, de modo que T possui seu valor mínimo $T_{\text{mín}}$? Nessas situações, a força de atrito estático tem seu módulo *máximo*? Explique o motivo.
3. Desenhe diagramas do corpo livre para o bloco quando o cone está girando com $T = T_{\text{máx}}$ e com $T = T_{\text{mín}}$. Escolha os eixos de coordenadas e lembre-se de que normalmente é mais fácil escolher um dos eixos para que esteja na direção e sentido da aceleração.
4. Qual é o raio da trajetória circular que o bloco segue? Expresse isso em termos de β e h.

(Continua)

(*Continuação*)

5. Relacione as grandezas desconhecidas e decida quais delas são as variáveis-alvo.

EXECUTAR

6. Escreva a segunda lei de Newton na forma dos componentes para o caso em que o cone está girando com $T = T_{máx}$. Escreva a aceleração em termos de $T_{máx}$, β e h, e escreva a força de atrito estático em termos da força normal n.
7. Resolva essas equações para a variável-alvo $T_{máx}$.
8. Repita as etapas 6 e 7 para o caso em que o cone está girando com $T = T_{mín}$ e resolva para a variável-alvo $T_{mín}$.

AVALIAR

9. Você irá obter algumas expressões bastante complicadas para $T_{máx}$ e $T_{mín}$; portanto, examine-as com cuidado. Elas possuem as unidades corretas? O tempo mínimo $T_{mín}$ é menor que o tempo máximo $T_{máx}$, como deveria?
10. Como ficariam suas expressões para $T_{máx}$ e $T_{mín}$ se $\mu_s = 0$? Verifique seus resultados comparando-os com o Exemplo 5.22, na Seção 5.4.

PROBLEMAS

•, ••, •••: níveis de dificuldade. **PC**: problemas cumulativos, incorporando material de outros capítulos. **CALC**: problemas exigindo cálculo. **DADOS**: problemas envolvendo dados reais, evidência científica, projeto experimental e/ou raciocínio científico. **BIO**: problemas envolvendo biociências.

QUESTÕES PARA DISCUSSÃO

Q5.1 Um homem está sentado em um assento suspenso por uma corda. A corda passa por uma polia presa ao teto e o homem segura a outra extremidade dela. Qual é a tensão na corda e que força o assento exerce sobre o homem? Desenhe um diagrama do corpo livre para o homem.

Q5.2 "Em geral, a força normal não é igual ao peso." Dê um exemplo em que os módulos dessas duas forças são iguais e pelo menos dois exemplos em que os módulos dessas duas forças não são iguais.

Q5.3 Um varal de roupas é amarrado entre dois postes. Por mais que você estique a corda, ela sempre fica com uma concavidade no centro. Explique por quê.

Q5.4 Um carro se desloca com velocidade constante subindo uma montanha íngreme. Discuta as forças que atuam sobre o carro. O que empurra o carro montanha acima?

Q5.5 Por razões médicas, é importante que um astronauta determine sua massa em intervalos de tempo regulares. Descreva um modo de medir massas em um ambiente aparentemente sem peso.

Q5.6 Quando você empurra uma caixa para cima de uma rampa, a força que você exerce empurrando horizontalmente é maior ou menor que a força que exerce empurrando paralelamente ao plano da rampa? Por quê?

Q5.7 Ao deixar cair sua bolsa em um elevador, a mulher nota que a bolsa não atinge o piso. Como o elevador está se movendo?

Q5.8 Um bloco está em repouso sobre um plano inclinado que possui atrito suficiente para impedir seu deslizamento para baixo. Para fazer o bloco se mover, é mais fácil empurrá-lo para cima ou para baixo do plano? Por quê?

Q5.9 Um engradado desliza para cima por uma superfície inclinada e depois desliza para baixo pela rampa, depois de parar momentaneamente perto do topo. Existe um atrito cinético entre a superfície da rampa e o engradado. Qual é maior? (i) A aceleração do engradado subindo a rampa; (ii) a aceleração do engradado descendo a rampa; (iii) ambas são iguais. Explique.

Q5.10 Uma caixa com livros está em repouso sobre um piso plano. Você deseja movê-la ao longo do piso com velocidade constante. Por que a força que você exerce puxando a caixa com um ângulo θ acima da horizontal é menor que a força que exerce empurrando a caixa com o mesmo ângulo abaixo da horizontal?

Q5.11 Quais das seguintes atividades você poderia fazer (ou não) em um mundo sem atrito? Explique seu raciocínio. (a) Ao dirigir, contornar uma curva de estrada sem inclinação; (b) saltar no ar; (c) começar a caminhar sobre uma calçada horizontal; (d) subir uma escada vertical; (e) mudar de pista enquanto dirige em uma estrada.

Q5.12 Quando você está descalço em pé sobre uma banheira úmida, o apoio parece ser razoavelmente seguro, embora o risco de escorregar seja grande. Explique isso em termos do coeficiente de atrito estático e do coeficiente de atrito cinético.

Q5.13 Você está empurrando uma caixa grande do fundo para a frente de um elevador de carga enquanto ele se move para o próximo andar. Em qual situação a força que você deve aplicar para mover a caixa é menor e em qual é maior: quando o elevador está acelerando de baixo para cima, quando está acelerando de cima para baixo ou quando está se deslocando a uma velocidade escalar constante? Explique.

Q5.14 É comum ouvirmos dizer que "o atrito sempre se opõe ao movimento". Dê pelo menos um exemplo em que (a) o atrito estático **causa** movimento e (b) o atrito cinético **causa** movimento.

Q5.15 Se existe uma força resultante atuando sobre uma partícula que descreve um movimento circular uniforme, por que a velocidade escalar da partícula permanece constante?

Q5.16 O ângulo de inclinação lateral de uma curva foi calculado para uma velocidade de 80 km/h. Contudo, a estrada está coberta de gelo e você pretende ter a cautela de se mover lentamente, abaixo desse limite. O que ocorrerá com seu carro? Por quê?

Q5.17 Você faz uma bola girar na extremidade de um fio leve descrevendo uma trajetória circular horizontal com velocidade constante. O fio pode chegar a estar efetivamente no plano horizontal? Em caso negativo, o fio se inclina acima ou abaixo do plano horizontal? Por quê?

Q5.18 A força centrífuga não foi incluída nos diagramas indicados nas figuras 5.34b e 5.35. Explique por quê.

Q5.19 Um professor faz uma rolha de borracha girar na extremidade de um fio em um plano horizontal na sala de aula. Aproxima-se de Carolina, que está sentada na primeira fila, e diz que irá largar o fio quando a rolha estiver passando em frente ao rosto dela. Carolina deve se preocupar?

Q5.20 Para manter dentro de certos limites as forças que atuam sobre os passageiros de uma montanha-russa, uma curva projetada para fazer uma volta completa deve ser, em vez de um círculo vertical perfeito, um raio de curvatura na base maior que o raio de curvatura no topo. Explique.

Q5.21 Uma bola de tênis é solta do alto de um tubo cilíndrico alto — primeiro com ar bombeado para fora do cilindro, de modo que não há resistência do ar, e novamente depois que o ar foi readmitido no cilindro. Você examina fotografias de múltipla exposição tiradas das duas quedas. Das fotos obtidas, como você poderia identificar as duas? Se puder, como?

Q5.22 Você joga uma bola de beisebol diretamente de baixo para cima com velocidade escalar v_0. Quando ela retorna ao ponto de onde foi lançada, como essa velocidade se relaciona com v_0 (a) na ausência de resistência do ar e (b) na presença de resistência do ar? Explique.

Q5.23 Você joga uma bola de beisebol diretamente de baixo para cima. Se a resistência do ar *não* for desprezada, como se compara o tempo que a bola leva para subir do ponto de onde ela foi lançada até sua altura máxima com o tempo que ela leva para descer de sua altura máxima até o ponto onde ela foi lançada? Explique sua resposta.

Q5.24 Você pega duas bolas de tênis idênticas e enche uma delas com água. Você as larga simultaneamente do topo de um prédio alto. Desprezando a resistência do ar, qual das bolas chega primeiro ao solo? Explique. No caso de *não* desprezarmos a resistência do ar, qual é a resposta?

Q5.25 Uma bola que está em repouso é solta e sofre a resistência do ar à medida que cai. Qual dos gráficos na **Figura Q5.25** representa melhor sua aceleração em função do tempo?

Figura Q5.25

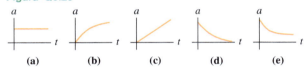

Q5.26 Uma bola que está em repouso é solta e sofre resistência do ar à medida que cai. Qual dos gráficos na **Figura Q5.26** representa melhor sua velocidade vertical em função do tempo?

Figura Q5.26

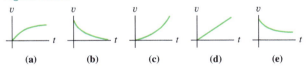

Q5.27 Quando uma bola de beisebol se move considerando a força de arraste do ar, quando ela percorre uma distância horizontal maior? (i) Quando sobe até a altura máxima de sua trajetória; (ii) quando desce da altura máxima até o solo; (iii) a mesma distância nos dois casos? Explique em termos das forças que atuam sobre a bola.

Q5.28 "Uma bola é lançada da extremidade de uma montanha elevada. Independentemente do ângulo de lançamento, em virtude da resistência do ar, ela por fim cairá verticalmente de cima para baixo." Justifique essa afirmação.

EXERCÍCIOS

Seção 5.1 Uso da primeira lei de Newton: partículas em equilíbrio

5.1 • Dois pesos de 25,0 N estão suspensos nas extremidades opostas de uma corda que passa sobre uma polia leve e sem atrito. O centro da polia está ligado a uma corrente presa ao teto. (a) Qual a tensão na corda? (b) Qual a tensão na corrente?

5.2 • Na **Figura E5.2**, cada bloco suspenso possui peso p. As polias não possuem atrito e as cordas possuem peso desprezível. Calcule, em cada caso, a tensão T na corda em termos do peso p.

Figura E5.2

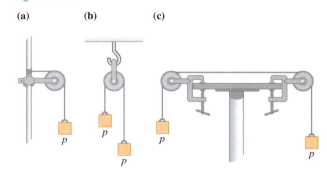

5.3 • Uma bola de demolição de 75,0 kg está suspensa por uma pesada corrente uniforme com massa de 26,0 kg. (a) Ache a tensão máxima e mínima na corrente. (b) Qual é a tensão em um ponto localizado a três quartos acima da base da corrente?

5.4 •• BIO **Lesões à coluna vertebral.** No tratamento de lesões da coluna, em geral é necessário fornecer uma tensão ao longo da coluna vertebral para esticá-la. Um dispositivo para fazer isso é a estrutura de Stryker (**Figura E5.4a**). Um peso P é preso ao paciente (às vezes, em torno de um colar cervical, Figura E5.4b), e o atrito entre o corpo da pessoa e a cama impede o deslizamento. (a) Se o coeficiente de atrito estático entre o corpo de um paciente de 78,5 kg e a cama é 0,75, qual é a força de tração máxima ao longo da coluna vertebral que P pode fornecer sem fazer com que o paciente deslize? (b) Sob as condições de tração máxima, qual é a tensão em cada cabo preso ao colar cervical?

Figura E5.4

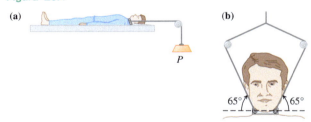

5.5 •• Um quadro está suspenso em uma parede por dois fios ligados em seus cantos superiores. Se os dois fios fazem o mesmo ângulo com a vertical, qual deve ser o ângulo se a tensão em cada fio for igual a 0,75 do peso do quadro? (Despreze o atrito entre a parede e o quadro.)

5.6 •• Uma bola grande de demolição é mantida em equilíbrio por dois cabos de aço leves (**Figura E5.6**). Se a massa m da bola for igual a 3.620 kg, qual é (a) a tensão T_B no cabo que faz um ângulo de 40° com a vertical? (b) A tensão T_A no cabo horizontal?

Figura E5.6

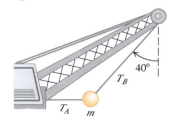

5.7 •• Ache a tensão em cada corda na **Figura E5.7**, sabendo que o peso suspenso é *p*.

Figura E5.7

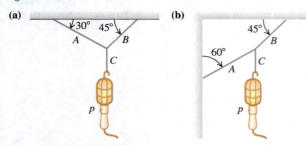

5.8 •• Um carro de 1.130 kg está seguro por um cabo leve, sobre uma rampa muito lisa (sem atrito), como indicado na **Figura E5.8**. O cabo forma um ângulo de 31,0° sobre a superfície da rampa, e a rampa ergue-se 25,0° acima da horizontal. (a) Desenhe um diagrama do corpo livre para o carro. (b) Ache a tensão no cabo. (c) Com que intensidade a superfície da rampa empurra o carro?

Figura E5.8

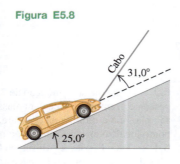

5.9 •• Um homem empurra um piano de 180 kg, de modo que ele desliza, com velocidade constante, descendo uma rampa inclinada de 19,0° acima da horizontal. Despreze o atrito que atua sobre o piano. Calcule o módulo da força aplicada pelo homem, se ela for (a) paralela ao plano inclinado e (b) paralela ao piso.

5.10 •• Na **Figura E5.10**, o peso *p* é igual a 60,0 N. (a) Qual é a tensão na corda diagonal? (b) Ache os módulos das forças horizontais $\vec{F}_1$ e $\vec{F}_2$ que devem ser exercidas para manter o sistema na posição mostrada.

Figura E5.10

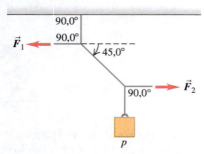

Seção 5.2 Uso da segunda lei de Newton: dinâmica de partículas

5.11 •• **BIO** **Fique acordado!** Uma astronauta está dentro de um foguete com $2{,}25 \times 10^6$ kg que está subindo verticalmente a partir da plataforma de lançamento. Você deseja que esse foguete alcance a velocidade do som (331 m/s) o mais rápido possível, mas os astronautas correm o perigo de desmaiar em uma aceleração maior que 4*g*. (a) Qual é a propulsão inicial máxima que os motores desse foguete poderão ter de modo a evitar o desmaio? Comece com um diagrama do corpo livre para o foguete. (b) Que força, em termos do peso *p* da astronauta, o foguete exerce sobre ela? Comece com um diagrama do corpo livre para a astronauta. (c) Qual é o menor tempo necessário para que o foguete alcance a velocidade do som?

5.12 •• O motor de um foguete de 125 kg (incluindo toda a carga) produz uma força vertical constante (a *propulsão*) de 1.720 N. No interior desse foguete, uma fonte de alimentação de 15,5 N está em repouso sobre o piso. (a) Ache a aceleração inicial do foguete. (b) Quando o foguete acelera inicialmente, qual é a força que o piso exerce sobre a fonte de energia? (*Dica*: comece com um diagrama do corpo livre para a fonte de alimentação.)

5.13 •• **PC** **A queda da *Genesis*.** Em 08 de setembro de 2004, a espaçonave *Genesis* caiu no deserto de Utah porque seu paraquedas não abriu. A cápsula de 210 kg atingiu a Terra a 311 km/h e penetrou o solo até uma profundidade de 81,0 cm. (a) Supondo que fosse constante, qual era sua aceleração (em m/s^2 e em *g*) durante o impacto? (b) Qual é a força que o solo exerceu sobre a cápsula durante o impacto? Expresse a força em newtons e como múltiplo do peso da cápsula. (c) Quanto tempo durou essa força?

5.14 •• Três trenós estão sendo puxados horizontalmente sobre uma superfície de gelo horizontal e sem atrito, por cordas horizontais (**Figura E5.14**). A força de puxar é horizontal e possui módulo de 190 N. Ache (a) a aceleração do sistema e (b) a tensão nas cordas *A* e *B*.

Figura E5.14

5.15 •• **Máquina de Atwood.** Uma carga de tijolos com 15,0 kg é suspensa pela extremidade de uma corda que passa sobre uma pequena polia sem atrito. Um contrapeso de 28,0 kg está preso na outra extremidade da corda (**Figura E5.15**). O sistema é liberado a partir do repouso. (a) Desenhe um diagrama do corpo livre para a carga de tijolos e outro para o contrapeso. (b) Qual é o módulo da aceleração de baixo para cima da carga de tijolos? (c) Qual é a tensão na corda durante o movimento da carga? Como essa tensão é relacionada com a carga? Como essa tensão é relacionada com o contrapeso?

5.16 •• **PC** Um bloco de gelo de 8,0 kg é liberado a partir do repouso no topo de uma rampa sem atrito de comprimento igual a 1,50 m e desliza para baixo atingindo uma velocidade de 2,50 m/s na base da rampa. (a) Qual é o ângulo entre a rampa e a horizontal? (b) Qual seria a velocidade escalar do gelo na base, se o movimento sofresse a oposição de uma força de atrito constante de 10,0 N paralela à superfície da rampa?

5.17 •• Uma corda leve está amarrada a um bloco com massa de 4,0 kg, que está em repouso sobre uma superfície horizontal e sem atrito. A corda horizontal passa por uma polia sem atrito e sem massa, e um bloco com massa *m* está suspenso na outra ponta. Quando os blocos são soltos, a tensão na corda é de 15,0 N.

(a) Desenhe dois diagramas do corpo livre, um para cada bloco. (b) Qual é a aceleração de cada bloco? (c) Ache a massa *m* do bloco suspenso. (d) Como a tensão se relaciona com o peso do bloco suspenso?

5.18 •• **PC** **Projeto pista de pouso.** Um avião de carga decola de um campo plano rebocando dois planadores, um atrás do outro. A massa de cada planador é de 700 kg, e a resistência total (força de arraste do ar mais atrito com a pista) em cada um pode ser considerada constante e igual a 2.500 N. A tensão no cabo de reboque entre o avião de carga e o primeiro planador não deve exceder 12.000 N. (a) Se a decolagem exige uma velocidade escalar de 40 m/s, qual deve ser a extensão mínima da pista? (b) Qual é a tensão na corda de reboque entre os dois planadores enquanto eles aceleram para a decolagem?

5.19 •• **PC** Uma rocha de 750,0 kg é erguida de uma pedreira com 125 m de profundidade, por uma corrente longa e uniforme com massa de 575 kg. Essa corrente tem força uniforme, mas em qualquer ponto ela pode suportar uma tensão máxima não superior a 2,50 vezes o seu peso, sem que se rompa. (a) Qual é a aceleração máxima que a rocha pode atingir para conseguir sair da pedreira e (b) quanto tempo leva para ela ser içada à aceleração máxima, considerando-se que parte do repouso?

5.20 •• **Peso aparente.** Um estudante de física de 550 N está sobre uma balança portátil apoiada sobre o piso de um elevador de 850 kg (incluindo o peso do estudante), suspenso por um cabo. Quando o elevador começa a se mover, a leitura da balança indica 450 N. (a) Ache a aceleração do elevador (módulo, direção e sentido). (b) Qual é a aceleração, quando a leitura da balança indica 670 N? (c) Se a leitura da balança indicar zero, o estudante terá motivo para se preocupar? Explique. (d) Qual é a tensão do cabo nos itens (a) e (c)?

5.21 •• **PC BIO** **Força durante um salto.** Ao saltar a partir de uma posição agachada, uma pessoa normalmente pode atingir uma altura máxima de 60 cm. Durante o salto, o corpo da pessoa dos joelhos para cima normalmente se levanta a uma distância de 50 cm. Para simplificar os cálculos e ainda obter um resultado razoável, considere que o *corpo inteiro* sobe essa distância durante o salto. (a) Com que velocidade inicial a pessoa sai do solo para atingir uma altura de 60 cm? (b) Desenhe um diagrama do corpo livre da pessoa durante o salto. (c) Em termos do peso *p* desse saltador, que força o solo exerce sobre ele ou ela durante o salto?

5.22 **PC CALC** Um foguete de teste de 2.540 kg é lançado verticalmente da plataforma de lançamento. Seu combustível (de massa desprezível) provê uma força propulsora tal que sua velocidade vertical em função do tempo é dada por $v(t) = At + Bt^2$, onde *A* e *B* são constantes e o tempo é medido a partir do instante em que o combustível entra em combustão. No instante da ignição, o foguete possui uma aceleração de baixo para cima de 1,50 m/s^2; 1,0 s depois, a velocidade de baixo para cima é de 2,0 m/s. (a) Determine *A* e *B*, incluindo suas unidades SI. (b) No instante de 4,0 s após a ignição, qual é a aceleração do foguete e (c) qual força propulsora o combustível em combustão exerce sobre ele, supondo que não haja resistência do ar? Expresse a propulsão em newtons e como múltiplo do peso do foguete. (d) Qual é a propulsão inicial em função do combustível?

5.23 •• **PC CALC** Uma caixa de 2,00 kg está se movendo para a direita com velocidade de 9,00 m/s em uma superfície horizontal e sem atrito. Em *t* = 0, uma força horizontal é aplicada à caixa. A força é direcionada para a esquerda e tem módulo $F(t) = (6,00 \text{ N/s}^2)t^2$. (a) A que distância a caixa se move a partir de sua posição em *t* = 0 antes que sua velocidade seja reduzida a zero? (b) Se a força continuar a ser aplicada, qual é a velocidade da caixa em *t* = 3,00 s?

5.24 •• **PC CALC** Um engradado de 5,00 kg é suspenso pela ponta de uma corda vertical curta com massa desprezível. Uma força para cima $F(t)$ é aplicada à extremidade da corda, e o peso do engradado acima de sua posição inicial é dado por $y(t) = (2,80 \text{ m/s})t + (0,610 \text{ m/s}^3)t^3$. Qual é o módulo de *F* quando *t* = 4,00 s?

Seção 5.3 Forças de atrito

5.25 • **BIO** **A posição de Trendelenburg.** Após emergências com grande perda de sangue, um paciente é colocado na posição de Trendelenburg, na qual o pé da cama é elevado para obter o máximo de fluxo sanguíneo para o cérebro. Se o coeficiente de atrito estático entre um paciente normal e os lençóis é 1,20, qual é o ângulo máximo no qual a cama pode ser inclinada com relação ao piso antes que o paciente comece a deslizar?

5.26 • Em um laboratório que conduz experiências sobre atrito, um bloco de 135 N repousa sobre uma mesa de superfície horizontal rugosa, puxada por um fio horizontal. A força de puxar cresce lentamente até o bloco começar a se mover e continua a aumentar depois disso. A **Figura E5.26** mostra um gráfico da força de atrito que atua sobre esse bloco em função da força de puxar. (a) Identifique as regiões do gráfico em que ocorrem o atrito estático e o atrito cinético. (b) Ache os coeficientes de atrito estático e cinético entre o bloco e a mesa. (c) Por que o gráfico se inclina de baixo para cima na primeira parte, mas depois se nivela? (d) Como seria o gráfico, se um tijolo de 135 N fosse colocado sobre o bloco e quais seriam os coeficientes de atrito neste caso?

Figura E5.26

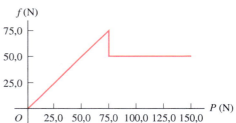

5.27 •• **PC** Um carregador de supermercado empurra uma caixa com massa de 16,8 kg sobre uma superfície horizontal com uma velocidade constante de 3,50 m/s. O coeficiente de atrito cinético entre a caixa e a superfície é 0,20. (a) Que força horizontal o trabalhador deve aplicar para manter o movimento? (b) Se a força calculada na parte (a) for removida, que distância a caixa deslizará até parar?

5.28 •• Uma caixa com bananas pesando 40,0 N está em repouso sobre uma superfície horizontal. O coeficiente de atrito estático entre a caixa e a superfície é igual a 0,40, e o coeficiente de atrito cinético entre a caixa e a superfície é igual a 0,20. (a) Se nenhuma força horizontal for aplicada sobre a caixa quando ela estiver em repouso, qual será o valor da força de atrito exercida sobre a caixa? (b) Se um macaco aplicar uma força horizontal de 6,0 N sobre a caixa, quando ela estiver em repouso, qual será o valor da força de atrito exercida sobre ela? (c) Qual é a força horizontal mínima que o macaco deve aplicar sobre a caixa para que ela comece a se mover? (d) Qual é a força horizontal mínima que o macaco deve aplicar sobre a caixa para que ela, depois de começar a se mover, possa manter-se em movimento com velocidade constante? (e) Se o macaco aplicar sobre a caixa uma força horizontal de 18,0 N, qual será o valor da força de atrito exercida sobre a caixa?

5.29 •• Uma caixa de ferramentas de 45,0 kg está em repouso sobre um piso horizontal. Você exerce sobre ela um impulso horizontal que aumenta gradualmente e observa que a caixa só começa a se mover quando sua força ultrapassa 313 N. A partir daí, você deve reduzir seu impulso para 208 N para mantê-la em movimento a uma velocidade regular de 25,0 cm/s. (a) Quais são os coeficientes de atrito estático e cinético entre a caixa e o piso? (b) Qual impulso você deve exercer para provocar uma aceleração de 1,10 m/s^2? (c) Suponha que você estivesse realizando a mesma experiência, mas na superfície lunar, onde a aceleração da gravidade é de 1,62 m/s^2. (i) Qual o módulo da força para iniciar o movimento? (ii) Qual seria a aceleração, se fosse mantida a força determinada no item (b)?

5.30 •• Algumas pedras rolando aproximam-se da base de uma colina com uma velocidade de 12 m/s. A colina está inclinada em 36° acima do plano horizontal e possui coeficientes de atrito cinético e estático de 0,45 e 0,65, respectivamente, com essas pedras. (a) Ache a aceleração das pedras enquanto elas deslizam até a colina. (b) Quando uma pedra alcança seu ponto mais alto, ela permanecerá ali ou deslizará colina abaixo? Se permanecer, mostre por quê. Se descer, ache sua aceleração no caminho de retorno.

5.31 •• Uma caixa com massa de 10,0 kg se move em uma rampa inclinada em um ângulo de 55,0° acima da horizontal. O coeficiente de atrito cinético entre a caixa e a superfície da rampa é μ_c = 0,300. Calcule o módulo da aceleração da caixa se você a empurra com uma força constante F = 120,0 N paralela à superfície da rampa e (a) orientada para a base da rampa, movendo-se para baixo; (b) orientada para o topo da rampa, movendo-se para cima.

5.32 •• Um caminhão de entregas está transportando uma caixa de ferramentas, mas ele está sem a porta traseira. A caixa cairá do caminhão se ela começar a deslizar. Os coeficientes de atrito cinético e estático entre a caixa e o leito nivelado do caminhão são 0,355 e 0,650, respectivamente. Partindo do repouso, qual é o tempo mais curto que o caminhão poderia acelerar uniformemente até 30,0 m/s sem que a caixa deslize? Desenhe um diagrama do corpo livre da caixa de ferramentas.

5.33 •• Você está descendo duas caixas por uma rampa, uma sobre a outra, e, como indica a **Figura E5.33**, você faz isso puxando uma corda paralela à superfície da rampa. As duas caixas se movem juntas, a uma velocidade escalar constante de 15,0 cm/s. O coeficiente do atrito cinético entre a rampa e a caixa inferior é 0,444, e o coeficiente de atrito estático entre as duas caixas é 0,800. (a) Qual força você deve aplicar para realizar isso? (b) Qual o módulo, a direção e o sentido da força de atrito sobre a caixa superior?

Figura E5.33

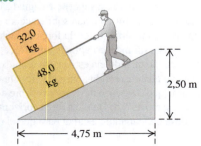

5.34 •• Considere o sistema indicado na **Figura E5.34**. O bloco A pesa 45 N e o bloco B, 25 N. Suponha que o bloco B desça com velocidade constante. (a) Ache o coeficiente de atrito cinético entre o bloco A e o topo da mesa. (b) Suponha que um gato, também com peso 45 N, caia no sono sobre o bloco A. Se o bloco B agora se move para baixo, qual é sua aceleração (módulo, direção e sentido)?

Figura E5.34

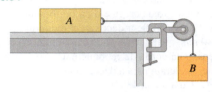

5.35 •• **PC Distância de freada.** (a) Se o coeficiente de atrito cinético entre os pneus e um pavimento seco for de 0,80, qual é a menor distância para fazer um carro parar travando o freio, quando o carro se desloca a 28,7 m/s? (b) Sobre um pavimento molhado, o coeficiente de atrito cinético se reduz a 0,25. A que velocidade você poderia dirigir no pavimento molhado para que o carro parasse na mesma distância calculada em (a)? (*Nota:* travar os freios *não* é a maneira mais segura de parar.)

5.36 •• **PC** Uma caixa de 25,0 kg cheia de livros repousa sobre uma rampa de carga que forma um ângulo α com a horizontal. O coeficiente de atrito cinético é 0,25, e o coeficiente de atrito estático é 0,35. (a) À medida que α aumenta, ache o ângulo mínimo no qual a caixa começa a deslizar. (b) Nesse ângulo, ache a aceleração depois que a caixa tiver começado a se mover. (c) Nesse ângulo, com que velocidade a caixa estará se movimentando depois de ter deslizado 5,0 m ao longo da rampa?

5.37 • Duas caixas estão ligadas por uma corda sobre uma superfície horizontal (**Figura E5.37**). A caixa A possui massa m_A e a caixa B possui massa m_B. O coeficiente de atrito cinético entre cada caixa e a superfície é μ_c. As caixas são empurradas para a direita com velocidade constante por uma força horizontal $\vec{F}$. Desenhe um ou mais diagramas do corpo livre para calcular, em termos de m_A, de m_B e de μ_c: (a) o módulo da força $\vec{F}$ e (b) a tensão na corda que conecta os blocos.

Figura E5.37

5.38 •• Uma caixa de massa m é arrastada ao longo de um assoalho horizontal que possui um coeficiente de atrito cinético μ_c por uma corda que é puxada para cima formando um ângulo θ acima da horizontal com uma força de módulo F. (a) Ache o módulo da força necessária para manter a caixa se movendo com velocidade constante em termos de m, de μ_c, de θ e de g. (b) Sabendo que você está estudando física, um professor pergunta-lhe qual seria a força necessária para fazer um paciente de 90,0 kg deslizar puxando-o com uma força que forma um ângulo de 25° acima da horizontal. Arrastando pesos amarrados a um par de calças velhas sobre o piso e usando um dinamômetro, você calculou μ_c = 0,35. Use esse valor e o resultado da parte (a) para responder à pergunta feita pelo professor.

5.39 •• **PC** Como indicado na Figura E5.34, o bloco A (massa de 2,25 kg) está em repouso sobre o topo de uma mesa. Ele é ligado a um bloco *B* (massa de 1,30 kg) por uma corda horizontal que passa sobre uma polia leve e sem atrito. O coeficiente de atrito cinético entre o bloco *A* e o topo da mesa é 0,450. Os blocos são liberados do repouso. Desenhe um ou mais diagramas do corpo livre para achar (a) a velocidade de cada bloco depois de terem se movido 3,0 cm; (b) a tensão na corda.

5.40 •• Uma bola de beisebol é atirada verticalmente para cima. A força de arraste é proporcional a v^2. Em termos de *g*, qual é o componente *y* da aceleração quando a velocidade é igual à metade da velocidade terminal, supondo que: (a) ela se mova para cima? (b) Ela se mova de volta para baixo?

5.41 •• Um engradado grande de massa *m* está em repouso sobre um piso horizontal. Os coeficientes de atrito entre o piso e o engradado são μ_s e μ_c. Uma mulher o empurra para baixo exercendo uma força $\vec{F}$ formando um ângulo θ abaixo da horizontal. (a) Ache o módulo da força $\vec{F}$ necessária para manter o engradado se movendo com velocidade constante. (b) Se μ_s for maior que um valor limite, a mulher não conseguirá mover o engradado por mais força que ela faça. Calcule esse valor crítico de μ_s.

5.42 • (a) No Exemplo 5.18 (Seção 5.3), qual seria o valor de *D* necessário para que o paraquedista tivesse v_t = 42 m/s? (b) Se a filha do paraquedista, cuja massa é de 45 kg, está caindo no ar e possui o mesmo *D* (0,25 kg/m) que o pai, qual seria a velocidade terminal dela?

Seção 5.4 Dinâmica do movimento circular

5.43 • Uma pedra com massa de 0,80 kg está presa à ponta de um fio com 0,90 m de extensão. O fio se romperá se a tensão ultrapassar 60,0 N. A pedra é girada em um círculo horizontal sobre uma mesa sem atrito; a outra ponta do fio permanece fixa. (a) Desenhe um diagrama do corpo livre para a pedra. (b) Ache a velocidade máxima que a pedra pode alcançar sem que o fio se parta.

5.44 • BIO **Força sobre o pulso de uma esquiadora.** Uma esquiadora de 52 kg gira em torno de um eixo vertical com seu corpo, com os braços esticados horizontalmente; ela faz 2,0 voltas a cada segundo. A distância de uma mão à outra é de 1,50 m. Medições biométricas indicam que cada mão normalmente compõe cerca de 1,25% do peso corporal. (a) Desenhe um diagrama do corpo livre de uma das mãos da esquiadora. (b) Que força horizontal seu pulso deverá exercer sobre sua mão? (c) Expresse a força no item (b) como um múltiplo do peso de sua mão.

5.45 •• Um pequeno carro guiado por controle remoto possui massa de 1,60 kg e se move com velocidade constante v = 12,0 m/s em um círculo vertical no interior de um cilindro metálico oco de raio igual a 5,00 m (**Figura E5.45**). Qual é o módulo da força normal exercida pela parede do cilindro sobre o carro (a) no ponto *A* (na base do círculo vertical) (b) e no ponto *B* (no topo do círculo vertical)?

Figura E5.45

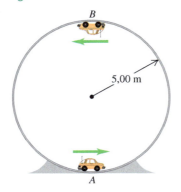

5.46 •• Um pequeno carro com massa de 0,800 kg trafega em velocidade constante no interior de uma pista que é um círculo vertical com raio de 5,00 m (Figura E5.45). Se a força normal exercida pela pista sobre o carro quando ele está no topo da pista (ponto *B*) é 6,00 N, qual a força normal sobre o carro quando ele está na base da pista (ponto *A*)?

5.47 • Um carrinho de brinquedo com massa *m* trafega em velocidade constante no interior de uma pista que é um círculo vertical com raio de 5,00 m (Figura E5.45). Se a força normal exercida pela pista sobre o carro quando ele está na base da pista (ponto *A*) é igual a 2,5*mg*, quanto tempo é necessário para que o carro complete uma volta pela pista?

5.48 • Uma curva plana (não compensada com inclinação lateral) de uma rodovia possui raio igual a 170,0 m. Um carro contorna a curva com uma velocidade de 25,0 m/s. (a) Qual é o coeficiente de atrito mínimo capaz de impedir o deslizamento do carro? (b) Suponha que a pista esteja coberta de gelo e o coeficiente de atrito entre os pneus e o pavimento seja apenas um terço do que foi obtido em (a). Qual deve ser a velocidade máxima do carro, de modo que possa fazer a curva com segurança?

5.49 •• Um carro de 1.125 kg e uma caminhonete de 2.250 kg se aproximam de uma curva na estrada que possui raio de 225 m. (a) A que ângulo o engenheiro deve inclinar essa curva, de modo que veículos com deslocamento de 65,0 mi/h possam contorná-la com segurança, seja qual for o estado dos pneus? A caminhonete mais pesada deve seguir mais lentamente que o carro mais leve? (b) Considerando que o carro e a caminhonete fazem a curva a 65,0 mi/h, ache a força normal sobre cada veículo em função da superfície da estrada.

5.50 •• O "balanço gigante" de um parque de diversões consiste em um eixo vertical central com diversos braços horizontais ligados em sua extremidade superior. Cada braço suspende um assento por meio de um cabo de 5,0 m de comprimento, e a extremidade superior do cabo está presa ao braço a uma distância de 3,0 m do eixo central (**Figura E5.50**). (a) Calcule o tempo para uma volta do balanço quando o cabo que suporta o assento faz um ângulo de 30,0° com a vertical. (b) O ângulo depende do passageiro para uma dada velocidade de rotação?

Figura E5.50

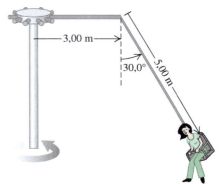

5.51 •• Em outra versão do "balanço gigante" (Exercício 5.50), o assento é conectado a dois cabos, um dos quais é horizontal (**Figura E5.51**). O assento balança em um círculo horizontal, a uma taxa de 28,0 rpm (rotações por minuto). Considerando que o assento pesa 255 N e uma pessoa de 825 N está sentada sobre ele, ache a tensão em cada cabo.

Figura E5.51

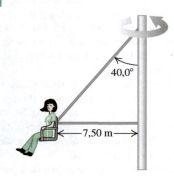

5.52 •• Um pequeno botão sobre uma plataforma rotativa horizontal com diâmetro de 0,520 m gira com a plataforma a 40,0 rpm, desde que o botão não esteja a uma distância maior que 0,220 m do eixo. (a) Qual é o coeficiente de atrito estático entre o botão e a plataforma? (b) Qual é a distância máxima ao eixo da plataforma que o botão pode ser colocado sem que ele deslize, se a plataforma gira a 60,0 rpm?

5.53 •• **Estação espacial girando.** Um problema para a vida humana no espaço exterior é o peso aparente igual a zero. Um modo de contornar o problema seria fazer a estação espacial girar em torno do centro com uma taxa constante. Isso criaria uma "gravidade artificial" na borda externa da estação espacial. (a) Se o diâmetro da estação espacial for igual a 800 m, quantas rotações por minuto seriam necessárias a fim de que a aceleração da "gravidade artificial" fosse igual a 9,80 m/s^2? (b) Se a estação espacial fosse projetada como área de espera para viajantes indo para Marte, seria desejável simular a aceleração da gravidade na superfície de Marte (3,70 m/s^2). Quantas rotações por minuto seriam necessárias neste caso?

5.54 • Uma roda-gigante em Yokohama, no Japão, possui um diâmetro de 100 m. Ela faz uma volta a cada 60 segundos, como o ponteiro de segundos de um relógio. (a) Calcule a velocidade de um passageiro quando a roda-gigante gira a essa velocidade. (b) Um passageiro pesa 882 N em uma balança no solo. Qual é seu peso aparente nos pontos mais alto e mais baixo da roda-gigante? (c) Qual deveria ser o tempo de uma volta para que o peso aparente no ponto mais alto fosse igual a zero? (d) Neste caso, qual deveria ser o peso aparente no ponto mais baixo?

5.55 •• Um avião faz uma volta circular completa em um plano vertical (em inglês um "*loop*") com um raio de 150 m. A cabeça do piloto sempre aponta para o centro do círculo. A velocidade do avião não é constante; o avião vai mais devagar no topo do círculo e tem velocidade maior na base do círculo. (a) No topo do círculo, o piloto possui peso aparente igual a zero. Qual é a velocidade do avião nesse ponto? (b) Na base do círculo, a velocidade do avião é de 280 km/h. Qual é o peso aparente do piloto nesse ponto? O peso real do piloto é 700 N.

5.56 •• Uma mulher de 50,0 kg pilota um avião mergulhando verticalmente para baixo e muda o curso para cima, de modo que o avião passa a descrever um círculo vertical. (a) Se a velocidade do avião na base do círculo for igual a 95,0 m/s, qual será o raio mínimo do círculo para que a aceleração nesse ponto não supere 4,00g? (b) Qual é seu peso aparente nesse ponto mais baixo?

5.57 • **Fique seco!** Uma corda é amarrada em um balde de água e o balde gira em um círculo vertical de raio 0,600 m. Qual deve ser a velocidade mínima do balde no ponto mais elevado do círculo para que a água não derrame?

5.58 •• Uma bola de boliche de 71,2 N está presa ao teto por uma corda de 3,80 m. A bola é empurrada para um lado e liberada; ela então oscila para a frente e para trás, como um pêndulo. Quando a corda passa pela vertical, a velocidade da bola é igual a 4,20 m/s. (a) Quais são o módulo, a direção e o sentido da aceleração da bola nesse instante? (b) Qual é a tensão na corda nesse instante?

5.59 •• BIO **Efeito da caminhada sobre o sangue.** Quando uma pessoa está caminhando, seus braços balançam formando um ângulo aproximado de 45° em meio segundo. Aproximadamente, suponha que o braço se mova com velocidade constante durante cada balanço. Um braço normal possui cerca de 70,0 cm de extensão, medidos a partir da articulação do ombro. (a) Qual é a aceleração de uma gota de sangue de 1,0 g nas pontas dos dedos na parte mais baixa do movimento? (b) Desenhe um diagrama do corpo livre para a gota de sangue no item (a). (c) Ache a força que o vaso sanguíneo precisa exercer sobre a gota de sangue no item (a). Em que direção e sentido essa força aponta? (d) Que força o vaso sanguíneo deveria exercer se o braço não estivesse balançando?

PROBLEMAS

5.60 •• Um arqueólogo aventureiro passa de um rochedo para outro deslocando-se lentamente com as mãos por uma corda esticada entre os rochedos. Ele para e fica em repouso no meio da corda (**Figura P5.60**). A corda se romperá se a tensão for maior que $2,50 \times 10^4$ N e se a massa do nosso herói for de 90,0 kg. (a) Se o ângulo θ for igual a 10,0°, qual é a tensão na corda? (b) Qual deve ser o menor valor de θ para a corda não se romper?

Figura P5.60

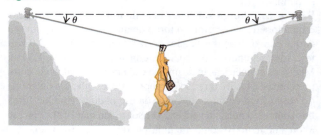

5.61 ••• Duas cordas estão conectadas a um cabo de aço que segura um peso suspenso, como indicado na **Figura P5.61**. (a) Desenhe um diagrama do corpo livre mostrando as forças que atuam sobre o nó que liga as duas cordas ao cabo de aço. Com base no diagrama de força, qual das duas cordas terá a maior tensão? (b) Se a tensão máxima que cada corda pode sustentar sem se romper é de 5.000 N, determine o valor máximo do peso pendente que essas cordas podem suportar com segurança. Ignore o peso das cordas e do cabo de aço.

5.62 •• Na **Figura P5.62**, um trabalhador levanta um peso p puxando uma corda para baixo com uma força $\vec{F}$. A polia superior está presa ao teto por uma corrente, e a polia inferior está presa ao peso por outra corrente. Desenhe um ou mais diagramas do corpo livre e ache, em termos de p, a tensão em cada corrente e o módulo da força $\vec{F}$, quando o peso é levantado com velocidade constante. Considere que a corda, as polias e as correntes possuem pesos desprezíveis.

Figura P5.61

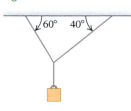

Figura P5.62

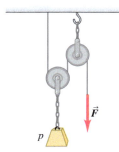

5.63 •• Em uma oficina mecânica, um motor de caminhão com massa de 409 kg é mantido no local por quatro cabos leves (**Figura P5.63**). O cabo A é horizontal, os cabos B e D são verticais e o cabo C forma um ângulo de 37,1° com uma parede vertical. Se a tensão no cabo A for 722 N, quais são as tensões nos cabos B e C?

Figura P5.63

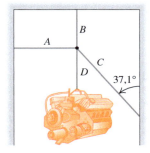

5.64 ••• Um fio horizontal segura uma bola sólida e uniforme de massa m sobre uma rampa inclinada, que forma um ângulo de 35,0° acima do plano horizontal. A superfície dessa rampa é perfeitamente lisa, e o fio está direcionado para o sentido oposto ao centro da bola (**Figura P5.64**). (a) Desenhe um diagrama do corpo livre para a bola. (b) Qual é a força que a superfície da rampa exerce sobre a bola? (c) Qual é a tensão no fio?

Figura P5.64

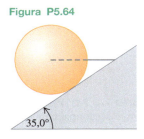

5.65 ••• Uma bola sólida e uniforme, de 45,0 kg e diâmetro de 32,0 cm, está presa a um suporte vertical livre de atrito por um fio de 30,0 cm e massa desprezível (**Figura P5.65**). (a) Faça um diagrama do corpo livre para a bola e use-o para achar a tensão no fio. (b) Qual é a força que a bola exerce sobre a parede?

Figura P5.65

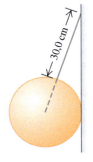

5.66 •• **PC** Uma caixa está deslizando com uma velocidade constante de 4,00 m/s no sentido +x sobre uma superfície horizontal e sem atrito. Em x = 0, a caixa encontra uma emenda áspera da superfície, e depois a superfície torna-se ainda mais áspera. Entre x = 0 e x = 2,00 m, o coeficiente de atrito cinético entre a caixa e a superfície é 0,200; entre x = 2,00 m e x = 4,00 m, ele é 0,400. (a) Qual é a coordenada x do ponto onde a caixa chega ao repouso? (b) Quanto tempo é necessário para a caixa chegar ao repouso depois de encontrar a primeira emenda áspera em x = 0?

5.67 •• **PC BIO Forças durante exercícios de barra fixa.** Quando você realiza um exercício de barra fixa, levanta seu queixo pouco acima de uma barra, apoiando-se apenas com seus braços. Normalmente, o corpo abaixo dos braços é levantado cerca de 30 cm em um tempo de 1,0 s, partindo do repouso. Suponha que o corpo inteiro de uma pessoa de 680 N realizando esse exercício seja levantado em 30 cm, e que metade do 1,0 s seja gasto acelerando para cima e a outra metade acelerando para baixo, uniformemente nos dois casos. Desenhe um diagrama do corpo livre para o corpo da pessoa e use-o para achar a força que seus braços deverão exercer sobre ele durante a parte de aceleração do exercício de barra fixa.

5.68 •• **PC CALC** Uma caixa de 2,00 kg é suspensa pela ponta de uma corda vertical leve. Uma força dependente do tempo é aplicada à extremidade superior da corda, e a caixa se move para cima com um módulo de velocidade que varia no tempo de acordo com $v(t) = (2,00 \text{ m/s}^2)t + (0,600 \text{ m/s}^3)t^2$. Qual é a tensão na corda quando a velocidade da caixa é 9,00 m/s?

5.69 ••• **CALC** Uma caixa de 3,00 kg que está a centenas de metros acima da superfície da terra é suspensa pela ponta de uma corda vertical com massa desprezível. Uma força para cima, dependente do tempo, é aplicada à ponta superior da corda e resulta em uma tensão de $T(t) = (36,0 \text{ N/s})t$ sobre a corda. A caixa está em repouso em t = 0. As únicas forças sobre a caixa são a tensão sobre ela e a gravidade. (a) Qual é a velocidade da caixa em (i) t = 1,00 s e (ii) t = 3,00 s? (b) Qual é a distância máxima que a caixa desce abaixo de sua posição inicial? (c) Em que valor de t a caixa retorna à sua posição inicial?

5.70 •• **PC** Uma caixa de 5,00 kg encontra-se em repouso na base de uma rampa com 8,00 m de extensão, inclinada a 30,0° acima da horizontal. O coeficiente de atrito cinético é $\mu_c = 0,40$, e o coeficiente de atrito estático é $\mu_s = 0,43$. Que força constante F, aplicada paralelamente à superfície da rampa, é necessária para empurrar a caixa até o topo da rampa em um tempo de 6,00 s?

5.71 •• Duas caixas estão ligadas por uma corda sobre uma superfície horizontal (Figura E5.37). O coeficiente de atrito cinético entre cada caixa e a superfície é $\mu_c = 0,30$. A caixa B tem massa de 5,00 kg e a caixa A tem massa m. Uma força F com módulo 40,0 N e direção 53,1° acima da horizontal é aplicada à caixa de 5,00 kg, e as duas caixas movem-se para a direita com $a = 1,50 \text{ m/s}^2$. (a) Qual é a tensão T na corda que conecta as caixas? (b) Qual é o valor de m?

5.72 ••• Uma caixa de 6,00 kg encontra-se sobre uma rampa inclinada 37,0° acima do plano horizontal. O coeficiente de atrito cinético entre a caixa e a rampa é $\mu_c = 0,30$. Que força *horizontal* é necessária para fazer a caixa subir com uma aceleração constante de 3,60 m/s²?

5.73 •• **PC** Uma caixa de 8,00 kg encontra-se sobre uma rampa inclinada em 33,0° acima do plano horizontal. O coeficiente de atrito cinético entre a caixa e a superfície da rampa é $\mu_c = 0,300$. Uma força *horizontal* constante F = 26,0 N é aplicada à caixa (**Figura P5.73**), que desce a rampa. Se a caixa estava inicialmente em repouso, qual é sua velocidade 2,00 s depois que a força é aplicada?

Figura P5.73

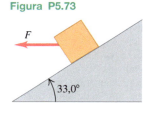

5.74 •• **PC** Na **Figura P5.74**, $m_1 = 20,0$ kg e $\alpha = 53,1°$. O coeficiente de atrito cinético entre o bloco de massa m_1 e o plano inclinado é $\mu_c = 0,40$. Qual deverá ser a massa m_2 do bloco suspenso se ele tiver que descer 12,0 m nos primeiros 3,00 s após o sistema ser liberado do repouso?

Figura P5.74

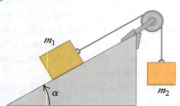

5.75 •• **PC** Você coloca um livro de massa igual a 5,00 kg contra uma parede vertical. Depois, aplica uma força constante $\vec{F}$ ao livro, onde $F = 96,0$ N e a força está a um ângulo de 60,0° acima do plano horizontal (**Figura P5.75**). O coeficiente de atrito cinético entre o livro e a parede é 0,300. Se o livro encontra-se inicialmente em repouso, qual é a velocidade depois que ele tiver subido 0,400 m pela parede?

Figura P5.75

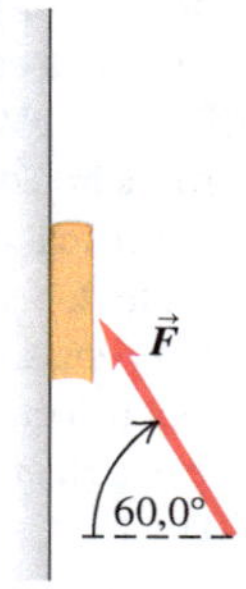

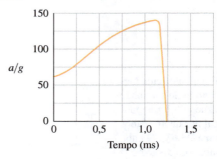

5.76 •• O bloco A, na **Figura P5.76**, pesa 60,0 N. O coeficiente de atrito estático entre o bloco e a superfície na qual ele se apoia é 0,25. O peso p é 12,0 N, e o sistema está em equilíbrio. (a) Ache a força de atrito exercida sobre o bloco A. (b) Ache o peso máximo p para o qual o sistema permanecerá em equilíbrio.

Figura P5.76

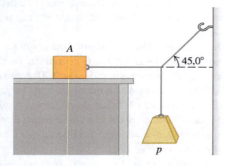

5.77 •• Um bloco de massa m_1 está sobre um plano inclinado com um ângulo de inclinação α e está ligado por uma corda que passa sobre uma polia pequena a um segundo bloco suspenso de massa m_2 (Figura P5.74). O coeficiente de atrito estático é μ_s e o coeficiente de atrito cinético é μ_c. (a) Ache a massa m_2 para a qual o bloco de massa m_1 sobe o plano com velocidade constante depois que entra em movimento. (b) Ache a massa m_2 para a qual o bloco de massa m_1 desce o plano com velocidade constante depois que entra em movimento. (c) Para que faixa de valores de m_2 os blocos permanecem em repouso depois que são liberados dele?

5.78 •• **BIO** **O salto de uma pulga.** Filmes de alta velocidade (3.500 quadros por segundo) do salto de uma pulga de 210 μg forneceram os dados para o gráfico da aceleração da pulga em função do tempo, como mostra a **Figura P5.78**. (Veja "The Flying Leap of the Flea", de M. Rothschild et al., *Scientific American*, edição de novembro de 1973.) Essa pulga tem cerca de 2 mm de comprimento e seu salto forma um ângulo de decolagem praticamente vertical. Use as medidas mostradas no gráfico para responder a estas questões: (a) ache a força resultante externa *inicial* que atua sobre a pulga. Como ela se relaciona com o peso da pulga? (b) Ache a força resultante externa *máxima* que atua sobre a pulga saltitante. Quando ocorre essa força máxima? (c) Use o gráfico para achar a velocidade escalar máxima da pulga.

Figura P5.78

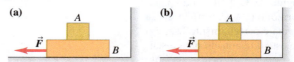

5.79 •• O bloco A da **Figura P5.79** pesa 1,20 N e o bloco B, 3,60 N. O coeficiente de atrito cinético entre todas as superfícies é 0,300. Determine o módulo da força horizontal $\vec{F}$ necessária para arrastar o bloco B para a esquerda com velocidade constante, quando (a) o bloco A está sobre o bloco B e se move com ele (Figura P5.79a); (b) o bloco A é mantido em repouso (Figura P5.79b).

Figura P5.79

5.80 ••• **PC** **Projeto de um elevador.** Você está projetando um elevador para um hospital. A força exercida sobre um passageiro pelo piso do elevador não deve exceder 1,60 vez o peso do passageiro. O elevador acelera de baixo para cima com aceleração constante por uma distância de 3,0 m e, depois, começa a reduzir a velocidade. Qual é a velocidade escalar máxima do elevador?

5.81 ••• **PC CALC** Você está em pé sobre uma balança portátil colocada no elevador de um prédio alto. Sua massa é 64 kg. O elevador parte do repouso e se desloca de baixo para cima com uma velocidade escalar que varia com o tempo, de acordo com $v(t) = (3,0 \text{ m/s}^2)t + (0,20 \text{ m/s}^3)t^2$. Quando $t = 4,0$ s, qual é a leitura da balança?

5.82 •• Um martelo está suspenso por uma corda leve presa ao topo do teto de um ônibus, teto esse que está paralelo à rua. O ônibus se desloca em linha reta sobre uma rua horizontal. Você observa que o martelo fica suspenso em repouso em relação ao ônibus, quando o ângulo entre a corda e o teto do ônibus é 56°. Qual é a aceleração do ônibus?

5.83 •• Uma embalagem de 40,0 kg está inicialmente em repouso no leito de uma caminhonete de 1.500 kg. O coeficiente de atrito estático entre a embalagem e o leito da caminhonete é 0,30, e o coeficiente de atrito cinético é 0,20. Antes de cada aceleração dada a seguir, o caminhão está viajando em sentido norte com velocidade constante. Ache o módulo, a direção e o sentido da força de atrito atuando sobre a embalagem (a) quando a caminhonete acelera a 2,20 m/s^2 no sentido norte e (b) quando acelera a 3,40 m/s^2 no sentido sul.

5.84 ••• Se o coeficiente de atrito estático entre a superfície de uma mesa e uma corda com massa grande é μ_s, qual a fração da corda que pode ficar suspensa abaixo da beirada da mesa sem que a corda deslize para baixo?

5.85 ••• Duas bolas idênticas de 15,0 kg, com 25,0 cm de diâmetro cada uma, estão suspensas por dois fios de 35,0 cm (**Figura P5.85**). Todo o aparato é suportado por um único fio de 18,0 cm e as superfícies das bolas são perfeitamente lisas. (a) Ache a tensão em cada um dos três fios. (b) Qual é a força exercida por uma bola sobre a outra?

Figura P5.85

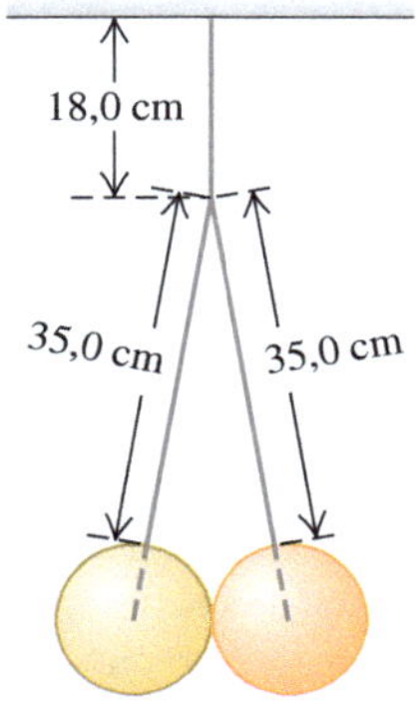

5.86 • **PC Processo de trânsito.** Você é convocado como perito no julgamento de uma violação de trânsito. Os fatos são estes: um motorista freou bruscamente e parou com aceleração constante. Medidas tomadas dos pneus e das marcas da derrapagem indicam que ele travou as rodas do carro, que percorreu 192 pés antes de parar e que o coeficiente de atrito cinético entre a rua e os pneus era 0,750. A acusação é que ele estava em excesso de velocidade em uma área de 45 milhas/h, mas ele alega inocência. Qual é a sua conclusão: culpado ou inocente? Qual era a velocidade do motorista quando ele freou?

5.87 ••• O bloco A da **Figura P5.87** pesa 1,90 N e o bloco B, 4,20 N. O coeficiente de atrito cinético entre todas as superfícies é 0,30. Determine o módulo da força horizontal $\vec{F}$ necessária para arrastar o bloco B para a esquerda com velocidade constante, considerando que A está conectado ao bloco B por meio de uma corda leve e flexível que passa sobre uma polia fixa sem atrito.

Figura P5.87

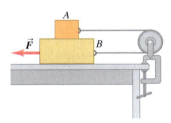

5.88 •• **PC Perda de carga.** Uma caixa de 12,0 kg está em repouso sobre o piso de um caminhão com a traseira aberta. Os coeficientes de atrito entre a caixa e o piso são $\mu_s = 0{,}19$ e $\mu_c = 0{,}15$. O caminhão para obedecendo a uma placa de parada obrigatória e recomeça a se mover com uma aceleração de 2,20 m/s². Se a caixa está a 1,80 m da traseira do caminhão quando ele começa a se mover, quanto tempo se passará até a caixa cair? Qual distância o caminhão percorre nesse intervalo?

5.89 •• O bloco A da **Figura P5.89** possui massa de 4,0 kg e o bloco B, de 12,0 kg. O coeficiente de atrito cinético entre o bloco B e a superfície horizontal é 0,25. (a) Determine a massa do bloco C, sabendo que o bloco B está se movendo para a direita e aumenta de velocidade com uma aceleração igual a 2,0 m/s². (b) Qual é a tensão em cada corda quando o bloco B possui essa aceleração?

Figura P5.89

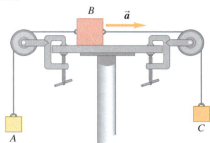

5.90 •• Dois blocos estão conectados por uma corda que passa sobre uma polia fixa sem atrito e repousam sobre planos inclinados (**Figura P5.90**). (a) Como os blocos devem se mover quando forem soltos a partir do repouso? (b) Qual é a aceleração de cada bloco? (c) Qual é a tensão na corda?

Figura P5.90

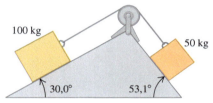

5.91 •• Em termos de m_1, m_2 e g, ache a aceleração de cada bloco na **Figura P5.91**. Não há atrito em lugar algum do sistema.

Figura P5.91

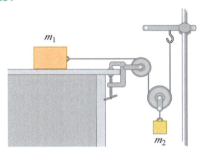

5.92 ••• Um bloco B com massa de 5 kg está sobre um bloco A com massa de 8 kg, que, por sua vez, está sobre o topo de uma mesa horizontal (**Figura P5.92**). Não há atrito entre o bloco A e o topo da mesa, mas o coeficiente de atrito cinético entre o bloco A e o topo da mesa é 0,750. Um fio leve ligado ao bloco A passa sobre uma polia fixa sem atrito e o bloco C está suspenso na outra extremidade do fio. Qual deve ser o maior valor da massa que o bloco C deve possuir para que os blocos A e B deslizem juntos quando o sistema for liberado do repouso?

Figura P5.92

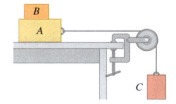

5.93 ••• Dois objetos com massas de 5,0 kg e 2,0 kg estão suspensos a 0,600 m acima do solo, presos nas extremidades de uma corda de 6,0 m que passa sobre uma polia fixa sem atrito. Os dois objetos partem do repouso. Calcule a altura máxima atingida pelo objeto de 2,0 kg.

5.94 •• **Atrito em um elevador.** Você está dentro de um elevador que está indo para o décimo oitavo andar do seu prédio. O elevador sobe com uma aceleração $a = 1,90$ m/s². Ao seu lado está uma caixa contendo seu computador novo; a massa total da caixa com o conteúdo é de 36,0 kg. Enquanto o elevador está acelerando, você empurra a caixa horizontalmente com velocidade constante para a porta do elevador. Se o coeficiente de atrito cinético entre a caixa e o piso do elevador é $\mu_c = 0,32$, qual é o módulo da força que você deve aplicar?

5.95 • Um bloco é colocado contra a frente vertical de um carrinho (**Figura P5.95**). Que aceleração o carrinho precisa ter para que o bloco A não caia? O coeficiente de atrito estático entre o bloco e o carrinho é μ_s. Como um observador no carrinho descreveria o comportamento do bloco?

Figura P5.95

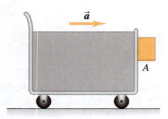

5.96 ••• Dois blocos de massas 4,0 kg e 8,0 kg estão ligados por um fio e deslizam 30° descendo um plano inclinado (**Figura P5.96**). O coeficiente de atrito cinético entre o bloco de 4,0 kg e o plano é igual a 0,25, e o coeficiente entre o bloco de 8,0 kg e o plano é igual a 0,35. (a) Qual é a aceleração de cada bloco? (b) Qual é a tensão na corda? (c) O que ocorreria se as posições dos blocos fossem invertidas, isto é, se o bloco de 4,0 kg estivesse acima do bloco de 8,0 kg?

Figura P5.96

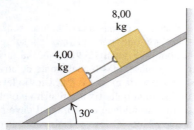

5.97 ••• Um bloco A, com peso $3p$, desliza sobre um plano inclinado S com inclinação de 36,9° a uma velocidade constante, enquanto a prancha B, com peso p, está em repouso sobre A. A prancha está ligada por uma corda no topo do plano (**Figura P5.97**). (a) Faça um diagrama de todas as forças que atuam sobre A. (b) Se o coeficiente de atrito cinético entre A e B for igual ao coeficiente de atrito cinético entre S e A, calcule seu valor.

Figura P5.97

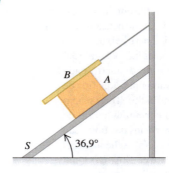

5.98 •• João senta-se na cadeira de uma roda-gigante que está girando a uma velocidade constante de 0,100 rotações/segundo. Quando João passa pelo ponto mais alto de sua trajetória circular, a força para cima que a cadeira exerce sobre ele é igual a um quarto de seu peso. Qual é o raio do círculo da trajetória de João? Trate-a como uma massa pontual.

5.99 ••• **Curva inclinada I.** Uma curva com raio de 120 m em uma estrada plana possui uma inclinação lateral correta para uma velocidade de 20 m/s. Caso um carro contorne essa curva com 30 m/s, qual deve ser o coeficiente de atrito estático mínimo entre os pneus e a estrada para que o carro não derrape?

5.100 •• **Curva inclinada II.** Considere uma estrada molhada com inclinação lateral como no Exemplo 5.22 (Seção 5.4), no qual há um coeficiente de atrito estático de 0,30 e um coeficiente de atrito cinético de 0,25 entre os pneus e a estrada. O raio da curva é $R = 50$ m. (a) Se o ângulo de inclinação lateral for $\beta = 25°$, qual é a velocidade *máxima* que um carro pode ter antes que ele deslize *subindo* o plano inclinado? (b) Qual é a velocidade *mínima* que um carro pode ter antes que ele deslize *descendo* o plano inclinado?

5.101 ••• Os blocos A, B e C são dispostos como indicado na **Figura P5.101** e ligados por cordas de massas desprezíveis. Os pesos de A e B são 25,0 N cada, e o coeficiente de atrito cinético entre cada bloco e a superfície é igual a 0,35. O bloco C desce com velocidade constante. (a) Desenhe dois diagramas do corpo livre separados mostrando as forças que atuam sobre A e sobre B. (b) Ache a tensão na corda que liga os blocos A e B. (c) Qual é o peso do bloco C? (d) Se a corda que liga o bloco A ao B fosse cortada, qual seria a aceleração do bloco C?

Figura P5.101

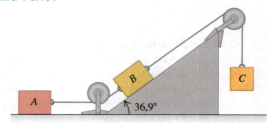

5.102 •• Você está viajando em um ônibus escolar. Quando o ônibus contorna uma curva plana com velocidade constante, uma lancheira com massa de 0,500 kg suspensa no teto do ônibus por um fio de 1,80 m de comprimento permanece em repouso em relação ao ônibus quando o fio faz um ângulo de 30,0° com a vertical. Nessa posição, a lancheira está a 50,0 m de distância do centro da curva. Qual é a velocidade v do ônibus?

5.103 •• **CALC** Uma pedra é jogada na água com velocidade igual a 3 mg/k, onde k é o coeficiente da Equação 5.5. Supondo que a relação entre a resistência do fluido e a velocidade seja dada pela Equação 5.5, ache a velocidade da pedra em função do tempo.

5.104 ••• Um bloco de 4,00 kg é preso a uma haste vertical por duas cordas. Quando o sistema gira em torno do eixo da haste, as cordas são estendidas conforme mostra a **Figura P5.104** e a tensão na corda superior é 80,0 N. (a) Qual é a tensão na corda inferior? (b) Quantas rotações por minuto o sistema realiza? (c) Ache o número de rotações por minuto no qual a corda inferior fica frouxa. (d) Explique o que acontece se o número de rotações por minuto for inferior ao do item (c).

Figura P5.104

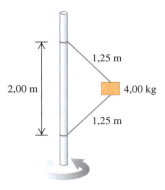

5.105 •• No rotor de um parque de diversões, as pessoas ficam em pé contra a parede interna de um cilindro oco vertical com raio de 2,5 m. O cilindro começa a girar e, quando atinge uma rotação de 0,60 por segundo, o piso onde as pessoas se apoiam desce cerca de 0,5 m. As pessoas ficam presas contra a parede sem tocar o chão. (a) Faça um diagrama de forças para um passageiro depois que o piso abaixou. (b) Qual deve ser o coeficiente de atrito estático mínimo necessário para que o passageiro não deslize para baixo na nova posição do piso? (c) Sua resposta do item (b) depende da massa do passageiro? (*Nota:* quando a viagem termina, o cilindro volta lentamente para o repouso. Quando ele diminui de velocidade, as pessoas deslizam até o piso.)

5.106 •• Uma pessoa de 70 kg está em uma carroça de 30 kg que se move a 12 m/s no topo de uma colina com formato do arco de um círculo cujo raio é de 40 m. (a) Qual é o peso aparente da pessoa, enquanto a carroça passa sobre o topo da colina? (b) Determine a velocidade escalar máxima com que a carroça pode se deslocar no topo da colina, sem perder contato com a superfície. Sua resposta depende da massa da carroça ou da massa da pessoa? Explique.

5.107 •• Uma pequena conta pode deslizar sem atrito ao longo de um aro circular situado em um plano vertical com raio igual a 0,100 m. O aro gira com uma taxa constante de 4,0 rotações por segundo em torno de um diâmetro vertical (**Figura P5.107**) (a) Ache o ângulo β para o qual a conta está em equilíbrio vertical. (É claro que ela possui uma aceleração radial orientada para o eixo da rotação.) (b) Verifique se é possível que a conta "suba" até uma altura igual ao centro do aro. (c) O que ocorreria se o aro girasse com 1,0 rotação por segundo?

Figura P5.107

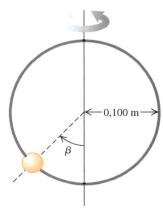

5.108 •• Uma veterana de física está trabalhando em um parque de diversões para pagar a mensalidade da faculdade. Ela pilota uma moto no interior de uma esfera de plástico transparente. Ao ganhar velocidade suficiente, ela faz um círculo vertical com raio igual a 13,0 m. Ela possui massa de 70,0 kg e sua moto possui massa de 40,0 kg. (a) Qual é sua velocidade mínima no topo do círculo para que os pneus da moto não percam o contato com a esfera? (b) Na base do círculo, sua velocidade é igual à metade do valor encontrado em (a). Qual é o módulo da força normal exercida pela esfera sobre a moto nesse ponto?

5.109 •• **DADOS** Em seu laboratório de física, um bloco de massa m está em repouso sobre uma superfície horizontal. Você prende uma corda leve ao bloco e aplica uma força horizontal à extremidade livre da corda. Então, descobre que o bloco permanece em repouso até que a tensão T na corda seja superior a 20,0 N. Para $T > 20,00$ N, você mede a aceleração do bloco quando T é mantida em um valor constante, e desenha os resultados (**Figura P5.109**). A equação para a linha reta que melhor se ajusta aos seus dados é $a = [0,182 \text{ m/(N} \cdot \text{s}^2)]T - 2,842 \text{ m/s}^2$. Para esse bloco e superfície: (a) qual é o coeficiente de atrito estático? (b) Qual é o coeficiente de atrito cinético? (c) Se o experimento fosse feito na superfície da Lua, onde g é muito menor que na Terra, o gráfico de a versus T ainda se ajustaria bem a uma linha reta? Em caso afirmativo, qual seria a diferença entre a inclinação e a interceptação da linha em relação aos valores na Figura P5.109? Ou seriam todas iguais?

Figura P5.109

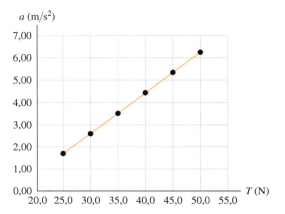

5.110 •• DADOS Uma estrada na direção leste passa por uma pequena colina. Você dirige um carro com massa m a uma velocidade constante v sobre o topo da colina, onde a forma da rodovia é bem próxima do arco de um círculo com raio R. Foram colocados sensores na superfície da estrada para medir a força para baixo que os carros exercem sobre a superfície em diversas velocidades. A tabela mostra os valores dessa força *versus* a velocidade do seu carro:

Velocidade (m/s)	6,00	8,00	10,0	12,0	14,0	16,0
Força (N)	8.100	7.690	7.050	6.100	5.200	4.200

Trate o carro como uma partícula. (a) Represente os valores graficamente de modo que se ajustem a uma linha reta. Você pode ter de elevar a velocidade, a força ou ambos à mesma potência. (b) Use seu gráfico do item (a) para calcular m e R. (c) Que velocidade máxima o carro poderá ter no topo da colina e ainda não perder contato com o solo?

5.111 •• DADOS Você é um engenheiro trabalhando para uma empresa de manufatura. Você está projetando um mecanismo que usa um cabo para arrastar blocos de metal pesados por uma distância de 8,00 m ao longo de uma rampa inclinada em 40,0° acima da horizontal. O coeficiente de atrito cinético entre esses blocos e a inclinação é $\mu_c = 0{,}350$. Cada bloco tem uma massa de 2.170 kg. O bloco será colocado na parte inferior da rampa, o cabo será preso e o bloco receberá um empurrão momentâneo para contornar o atrito estático. O bloco, então, deve acelerar a uma taxa constante para ser movido pelos 8,00 m em 4,20 s. O cabo é feito de uma corda de fios e paralelo à superfície da rampa. A tabela oferece a tensão de ruptura do cabo em função de seu diâmetro; a tensão de carga segura, que é 20% da tensão de ruptura; e a massa por metro linear do cabo:

Diâmetro do cabo (pol)	Tensão de ruptura (kN)	Carga segura (kN)	Massa por metro (kg/m)
$\frac{1}{4}$	24,4	4,89	0,16
$\frac{3}{8}$	54,3	10,9	0,36
$\frac{1}{2}$	95,2	19,0	0,63
$\frac{5}{8}$	149	29,7	0,98
$\frac{3}{4}$	212	42,3	1,41
$\frac{7}{8}$	286	57,4	1,92
1	372	74,3	2,50

Fonte: <www.engineeringtoolbox.com>.

(a) Qual é o diâmetro mínimo do cabo que poderá ser usado para fazer subir um bloco na rampa sem ultrapassar o valor da carga segura da tensão no cabo? Ignore a massa do cabo e selecione o diâmetro dentre os listados na tabela. (b) Você precisa conhecer os valores da carga segura para os diâmetros que não estão na tabela, de modo que formule a hipótese de que a tensão de ruptura e o limite de carga segura são proporcionais à seção transversal do cabo. Desenhe um gráfico que teste essa hipótese e discuta sua exatidão. Qual é sua estimativa do valor da carga segura para um cabo com diâmetro de $\frac{9}{16}$ pol? (c) O coeficiente de atrito estático entre o bloco e a rampa é $\mu_s = 0{,}620$, que é quase o dobro do valor do coeficiente de atrito cinético. Se o mecanismo emperrar e o bloco parar no meio da rampa, qual é a tensão no cabo? Ela é maior ou menor que o valor de quando o bloco está se movendo? (d) A tensão real no cabo, em sua extremidade superior, é maior ou menor que o valor calculado quando você ignora a massa do cabo? Se o cabo tem 9,00 m de extensão, é correto ignorar sua massa?

PROBLEMAS DESAFIADORES

5.112 ••• Movimento da cunha. Uma cunha de massa M repousa sobre o topo horizontal de uma mesa sem atrito. Um bloco de massa m é colocado sobre a cunha (**Figura P5.112a**). Não existe nenhum atrito entre o bloco e a cunha. O sistema é liberado a partir do repouso. (a) Ache a aceleração da cunha e os componentes horizontais e verticais da aceleração do bloco. (b) Suas respostas ao item (a) se reduzem ao valor esperado quando M for muito grande? (c) Em relação a um observador estacionário, qual é forma da trajetória do bloco?

Figura P5.112

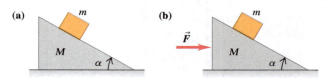

5.113 ••• Uma cunha de massa M repousa sobre o topo horizontal de uma mesa sem atrito. Um bloco de massa m é colocado sobre a cunha e uma força horizontal $\vec{F}$ é aplicada sobre ela (Figura P5.112b). Qual deve ser o módulo de $\vec{F}$ para que o bloco permaneça a uma altura constante em relação ao topo da mesa?

5.114 ••• Máquina dupla de Atwood. Na **Figura P5.114**, as massas m_1 e m_2 estão conectadas por um fio leve A que passa sobre uma polia leve e sem atrito B. O eixo da polia B é conectado por um segundo fio leve C que passa sobre uma segunda polia leve e sem atrito D a uma massa m_3. A polia D está fixa ao teto por seu eixo. O sistema é liberado a partir do repouso. Em termos de m_1, de m_2, de m_3 e de g, qual é (a) a aceleração do bloco m_3? (b) A aceleração da polia B? (c) A aceleração do bloco m_1? (d) A aceleração do bloco m_2? (e) A tensão na corda A? (f) A tensão na corda C? (g) O que suas expressões fornecem para $m_1 = m_2$ e $m_3 = m_1 + m_2$? O resultado era esperado?

Figura P5.114

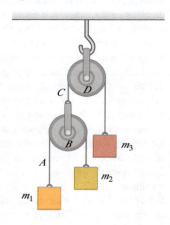

5.115 ••• Uma bola é mantida em repouso na posição A indicada na **Figura P5.115** por meio de dois fios leves. O fio horizontal é cortado e a bola começa a oscilar como um pêndulo. O ponto B é o mais afastado do lado direito da trajetória das oscilações. Qual é razão entre a tensão do fio na posição B e a tensão do fio na posição A antes de o fio horizontal ser cortado?

Figura P5.115

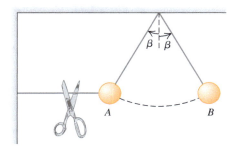

Problemas com contexto

Atrito e sapatos de alpinismo. Os sapatos fabricados para esportes de escalada e alpinismo são projetados para oferecer bastante atrito entre os pés e a superfície do solo. Esses sapatos em rocha lisa poderiam ter um coeficiente de atrito estático de 1,2 e um coeficiente de atrito cinético de 0,90.

5.116 Para uma pessoa que calça esses sapatos, qual é o ângulo máximo (em relação à horizontal) de uma rocha lisa que ela pode pisar sem deslizar? (a) 42°; (b) 50°; (c) 64°; (d) mais de 90°.

5.117 Se a pessoa pisa na superfície de uma rocha lisa que está inclinada em um ângulo grande o suficiente para que esses sapatos comecem a deslizar, o que acontecerá? (a) Ela deslizará por uma pequena distância e parará; (b) ela acelerará pela superfície; (c) ela deslizará descendo pela superfície com velocidade constante; (d) não podemos saber o que acontecerá sem conhecer sua massa.

5.118 Uma pessoa calçando esses sapatos apoia-se sobre uma rocha lisa e horizontal. Ela empurra o solo para começar a correr. Qual é a aceleração horizontal máxima que ela poderá ter sem deslizar? (a) 0,20g; (b) 0,75g; (c) 0,90g; (d) 1,2g.

RESPOSTAS

Resposta à pergunta inicial do capítulo
Resposta: (iii) A força para cima exercida pelo ar tem o mesmo módulo da força da gravidade. Embora a semente e o papo estejam descendo, sua velocidade vertical é constante, de modo que sua aceleração vertical é zero. De acordo com a primeira lei de Newton, a força vertical resultante sobre a semente e o papo também deverá ser zero. As forças verticais individuais deverão se equilibrar.

Respostas às perguntas dos testes de compreensão

5.1 Resposta: (ii) Os dois cabos estão arrumados simetricamente, portanto, a tensão em qualquer dos cabos tem o mesmo módulo T. O componente vertical da tensão de cada cabo é T sen 45° (ou, de forma equivalente, T cos 45°). Então, de acordo com a primeira lei de Newton aplicada às forças verticais, $2T$ sen 45° $- p = 0$. Logo, $T = p/(2$ sen 45°$) = p/\sqrt{2} = 0{,}71p$. Cada cabo suporta metade do peso do semáforo, mas a tensão é maior que $p/2$ porque somente o componente vertical da tensão se contrapõe ao peso.

5.2 Resposta: (ii) Seja qual for a velocidade instantânea do cavaleiro, sua aceleração é constante e possui o valor encontrado no Exemplo 5.12. De modo semelhante, a aceleração de um corpo em queda livre é a mesma, esteja ele subindo, descendo ou no ponto mais alto de seu movimento (Seção 2.5).

5.3 Respostas para (a): (i), (iii); respostas para (b): (ii), (iv); resposta para (c): (v). Nas situações (i) e (iii), a caixa não está acelerando (portanto, a força resultante sobre ela deve ser igual a zero) e não há nenhuma outra força atuando em paralelo à superfície horizontal; assim, nenhuma força de atrito se faz necessária para evitar o deslizamento. Nas situações (ii) e (iv), a caixa começaria a deslizar pela superfície, caso nenhum atrito estivesse presente e, por isso, um atrito estático deve atuar para impedir isso. Na situação (v), a caixa está deslizando sobre uma superfície áspera; portanto, uma força de atrito cinético atua sobre ela.

5.4 Resposta: (iii) Um satélite de massa m orbitando em torno da Terra à velocidade escalar v em uma órbita de raio r possui uma aceleração de módulo v^2/r, de modo que a força resultante atuando sobre ele a partir da gravidade terrestre possui módulo $F = mv^2/r$. Quanto mais distante o satélite estiver da Terra, maior o valor de r, menor o valor de v e, portanto, menores os valores de v^2/r e de F. Em outras palavras, a força gravitacional da Terra diminui com o aumento da distância.

Problema em destaque

(a) $T_{\text{máx}} = 2\pi\sqrt{\dfrac{h(\cos\beta + \mu_s \,\text{sen}\,\beta)}{g\tan\beta(\text{sen}\,\beta - \mu_s\cos\beta)}}$

(b) $T_{\text{mín}} = 2\pi\sqrt{\dfrac{h(\cos\beta - \mu_s \,\text{sen}\,\beta)}{g\tan\beta(\text{sen}\,\beta + \mu_s\cos\beta)}}$

? Um arremessador de beisebol trabalha com seu braço de lançamento para dar à bola uma propriedade chamada energia cinética, que depende da massa da bola e de sua velocidade. Qual tem a maior energia cinética? (i) Uma bola de massa 0,145 kg movendo-se a 20,0 m/s; (ii) uma bola menor, de massa 0,0145 kg, movendo-se a 200 m/s; (iii) uma bola maior, de massa 1,45 kg, movendo-se a 2,00 m/s; (iv) as três bolas têm a mesma energia cinética; (v) depende da direção na qual a bola se move.

6 TRABALHO E ENERGIA CINÉTICA

OBJETIVOS DE APRENDIZAGEM
Ao estudar este capítulo, você aprenderá:

6.1 O que significa uma força realizar um trabalho sobre um corpo e como calcular o trabalho realizado.

6.2 A definição da energia cinética (energia do movimento) de um corpo e como o trabalho total realizado sobre um corpo acarreta variação em sua energia cinética.

6.3 Como usar a relação entre o trabalho total e a variação na energia cinética quando as forças não são constantes, quando o corpo segue uma trajetória curva ou ambos.

6.4 Como solucionar problemas envolvendo potência (a taxa de realização de um trabalho).

Revendo conceitos de:
1.10 Produto escalar de dois vetores.
2.4 Movimento retilíneo com aceleração constante.
4.3 Segunda lei de Newton.
4.5 Terceira lei de Newton.
5.1, 5.2 Uso de componentes para achar a força resultante.

Suponha que você queira calcular a velocidade de uma flecha lançada de um arco. Você aplica as leis de Newton e as demais técnicas para a solução de problemas já aprendidas; porém, defronta-se com uma dificuldade inesperada: quando o arqueiro libera a flecha, o arco exerce uma força *variável* que depende da posição da flecha. Em vista disso, os métodos simples que você aprendeu não são suficientes para calcular a velocidade. Não se preocupe; ainda não terminamos de estudar a mecânica e existem outros métodos para lidar com esse tipo de problema.

O novo método, que será apresentado aqui, usa os conceitos de *trabalho* e *energia*. A importância do conceito de energia reside no *princípio da conservação de energia*: a energia é uma grandeza que pode ser convertida de uma forma para outra, mas que não pode ser criada nem destruída. No motor de um automóvel, a energia química armazenada no combustível é convertida parcialmente em energia térmica e parcialmente na energia mecânica que acelera o automóvel. Em um forno de micro-ondas, a energia eletromagnética obtida da companhia que fornece energia elétrica é convertida na energia térmica que cozinha o alimento. Nesses e em outros processos, a energia *total* permanece constante, ou seja, a soma de todas as formas de energia envolvidas permanece a mesma. Nenhuma exceção a essa conclusão jamais foi encontrada.

Usaremos o conceito de energia no restante deste livro para estudar uma imensa variedade de fenômenos físicos. Esse conceito o ajudará a compreender como funcionam os motores dos automóveis, como o disparador de *flash* de uma máquina fotográfica pode produzir um feixe instantâneo de luz e qual é o significado da famosa equação de Einstein, $E = mc^2$.

Contudo, neste capítulo, concentraremos nossa atenção na mecânica. Aprenderemos a calcular uma forma importante de energia, chamada *energia cinética*, ou energia do movimento, e como ela se relaciona com o conceito de *trabalho*. Consideraremos também a *potência*, definida como a taxa de variação com o tempo da realização de um trabalho. No Capítulo 7, expandiremos essas ideias para compreendermos mais a fundo os conceitos de energia e conservação de energia.

6.1 TRABALHO

Você provavelmente concorda que é um trabalho árduo puxar um sofá pesado em uma sala, levantar uma pilha de enciclopédias do chão até uma estante alta ou empurrar um automóvel enguiçado em uma estrada. Na verdade, todos esses exemplos correspondem ao significado cotidiano da palavra *trabalho* — ou seja, qualquer atividade que necessita de um esforço físico ou intelectual.

Na física, o trabalho possui uma definição muito mais precisa. Usando essa definição, verificaremos que em qualquer movimento, por mais complicado que seja, o trabalho total realizado por todas as forças sobre uma partícula é igual à variação de sua *energia cinética* — uma grandeza relacionada com a massa e a velocidade da partícula. Essa relação é empregada mesmo quando as forças aplicadas não são constantes, ou seja, um problema difícil ou impossível de resolver apenas com as técnicas aprendidas nos capítulos 4 e 5. Assim, os conceitos de trabalho e de energia cinética nos habilitam a resolver problemas de mecânica que não conseguiríamos resolver antes.

Nesta seção, veremos como definir trabalho e como calculá-lo em diferentes situações envolvendo forças *constantes*. Mais adiante neste capítulo, desenvolveremos as relações entre trabalho e energia cinética. Veremos, também, como aplicar esses conceitos a problemas em que essas forças *não* são constantes.

Os três exemplos de trabalho descritos anteriormente — puxar um sofá, levantar enciclopédias e empurrar um automóvel — possuem algo em comum. Em cada caso, você realiza um trabalho exercendo uma *força* sobre o corpo enquanto ele se *move* de um local para outro, ou seja, ocorre um *deslocamento* do corpo (**Figura 6.1**). Você realiza um trabalho maior quando a força é maior (você empurra o carro com mais intensidade) ou quando o deslocamento é maior (você desloca o carro por uma distância maior ao longo da estrada).

A definição física de trabalho é baseada nessas observações. Considere um corpo que se desloca a uma distância d ao longo de uma linha reta. (Por enquanto, consideraremos o corpo como uma partícula e poderemos, então, ignorar qualquer rotação ou mudança em sua forma.) Enquanto o corpo se move, uma força com módulo constante $\vec{F}$ atua sobre ele na mesma direção e no mesmo sentido de seu deslocamento $\vec{d}$ (**Figura 6.2**). Definimos o **trabalho** W realizado pela força constante nessas condições como o produto da força de módulo F e o deslocamento de módulo d:

$$W = Fd \quad \text{(força constante na direção e no sentido do deslocamento retilíneo)} \quad (6.1)$$

O trabalho realizado sobre o corpo é tanto maior quanto maior for ou a força F ou o deslocamento d, conforme nossas observações anteriores.

A unidade SI de trabalho é o **joule** (abreviada pela letra J e pronunciada como "jaule", nome dado em homenagem ao físico inglês do século XIX James Prescott Joule). Pela Equação 6.1, vemos que, em qualquer sistema de unidades, a unidade de trabalho é dada pela unidade de força multiplicada pela unidade de deslocamento. A unidade SI de força é o newton e a unidade de deslocamento é o metro, de modo que 1 joule é equivalente a 1 *newton · metro* (N · m):

1 joule = (1 newton) (1 metro)   ou   1 J = 1 N · m

Se você elevar um objeto com um peso de 1 N (o peso aproximado de uma maçã de tamanho médio) por uma distância de 1 m em uma velocidade constante, exercerá uma força de 1 N sobre o objeto na mesma direção de seu deslocamento de 1 m e, portanto, realizará 1 J de trabalho sobre ele.

Para exemplificar a Equação 6.1, pense em um homem empurrando um carro enguiçado. Se ele empurra o carro ao longo de um deslocamento $\vec{d}$ com uma força constante $\vec{F}$ na direção do movimento, o trabalho que ele realiza sobre o carro é

Figura 6.1 Estas pessoas estão realizando um trabalho enquanto empurram o carro enguiçado porque elas exercem uma força sobre o carro enquanto ele se desloca.

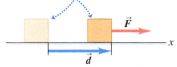

Figura 6.2 O trabalho realizado por uma força constante que atua na mesma direção e no mesmo sentido do deslocamento.

Quando um corpo se move ao longo de um deslocamento $\vec{d}$ enquanto uma força constante $\vec{F}$ atua sobre ele na mesma direção e sentido ...

... o trabalho realizado pela força sobre o corpo é $W = Fd$.

BIO Aplicação Trabalho e fibras musculares Nossa capacidade de realizar trabalho com nossos corpos vem dos músculos ligados aos ossos do nosso esqueleto. As células do tipo fibra muscular, mostradas nesta micrografia, podem se encurtar, fazendo com que o músculo como um todo se contraia e exerça força sobre os tendões aos quais está ligado. O músculo pode exercer uma força de cerca de 0,3 N por milímetro quadrado de área transversal: quanto maior a área transversal, mais fibras o músculo possui e mais força pode exercer quando se contrai.

dado pela Equação 6.1: $W = Fd$. Entretanto, e se alguém empurra o carro de modo a formar um ângulo ϕ com seu deslocamento (**Figura 6.3**)? Neste caso, $\vec{F}$ possui um componente $F_\parallel = F\cos\phi$ na direção do deslocamento $\vec{d}$ e um componente $F_\perp = F\,\text{sen}\,\phi$ que é perpendicular a $\vec{d}$. (Outras forças devem atuar sobre o carro para que ele se mova ao longo de $\vec{d}$, não na direção de $\vec{F}$. Porém, estamos interessados apenas no trabalho que a pessoa realiza e, por isso, vamos considerar somente a força que ela exerce.) No caso em questão, somente o componente paralelo $F_\parallel$ é atuante no movimento do carro; portanto, definimos o trabalho como o produto desse componente de força pelo módulo do deslocamento. Logo, $W = F_\parallel d = (F\cos\phi)d$, ou

Trabalho realizado sobre uma partícula pela **força constante** $\vec{F}$ durante **deslocamento retilíneo** $\vec{d}$ .... $W = Fd\cos\phi$ .... Módulo de $\vec{F}$ .... Ângulo entre $\vec{F}$ e $\vec{d}$ .... Módulo de $\vec{d}$ (6.2)

Se $\phi = 0$, de modo que $\vec{F}$ e $\vec{d}$ estão na mesma direção, então $\cos\phi = 1$ e retornamos para a Equação 6.1.

A Equação 6.2 possui a forma de um *produto escalar* entre dois vetores, introduzido na Seção 1.10: $\vec{A} \cdot \vec{B} = AB\cos\phi$. Talvez você queira rever aquela definição. Assim, podemos escrever a Equação 6.2 de modo mais compacto como

Trabalho realizado sobre uma partícula pela **força constante** $\vec{F}$ durante **deslocamento retilíneo** $\vec{d}$ .... $W = \vec{F} \cdot \vec{d}$ .... Produto escalar dos vetores $\vec{F}$ e $\vec{d}$ (6.3)

ATENÇÃO **Trabalho é uma grandeza escalar** É importante entender que o trabalho é uma grandeza *escalar*, embora seja obtido a partir do cálculo do produto *escalar* de duas grandezas vetoriais (a força e o deslocamento). Uma força de 5 N atuando rumo ao leste em um corpo que se move 6 m para o leste realiza o mesmo trabalho que o de uma força de 5 N atuando rumo ao norte em um corpo que se move 6 m para o norte.

Figura 6.3 O trabalho realizado por uma força constante que forma um ângulo em relação ao deslocamento.

EXEMPLO 6.1 — TRABALHO REALIZADO POR UMA FORÇA CONSTANTE

(a) Estêvão exerce uma força uniforme de 210 N sobre o carro enguiçado da Figura 6.3, conforme o desloca por uma distância de 18 m. O carro também está com um pneu furado, de modo que, para manter o movimento retilíneo, Estêvão deve empurrá-lo a um ângulo de 30° em relação à direção do movimento. Qual é o trabalho realizado por ele? (b) Disposto a cooperar mais, Estêvão empurra outro carro enguiçado com uma força uniforme $\vec{F} = (160\text{ N})\hat{\imath} - (40\text{ N})\hat{\jmath}$. O deslocamento do carro é $\vec{d} = (14\text{ m})\hat{\imath} + (11\text{ m})\hat{\jmath}$. Qual é o trabalho realizado por Estêvão neste caso?

SOLUÇÃO

IDENTIFICAR E PREPARAR: em ambos os itens, a variável-alvo é o trabalho W, realizado por Estêvão. Em cada caso, a força é constante e o deslocamento é retilíneo; logo, podemos usar a Equação 6.2 ou 6.3 diretamente. Como o ângulo entre $\vec{F}$ e $\vec{d}$ é dado em termos de componentes, é melhor calcular o produto escalar usando a Equação 1.19: $\vec{A} \cdot \vec{B} = A_x B_x + A_y B_y + A_z B_z$.

EXECUTAR: (a) Pela Equação 6.2,

$$W = Fd\cos\phi = (210\text{ N})(18\text{ m})\cos 30° = 3{,}3 \times 10^3 \text{ J}$$

(Continua)

(*Continuação*)

(b) Os componentes de $\vec{F}$ são $F_x = 160$ N e $F_y = -40$ N, e os componentes de $\vec{d}$ são $x = 14$ m e $y = 11$ m. (Não há componente z para vetor algum.) Logo, pelas equações 1.19 e 6.3, temos

$$W = \vec{F} \cdot \vec{d} = F_x x + F_y y$$
$$= (160 \text{ N})(14 \text{ m}) + (-40 \text{ N})(11 \text{ m})$$
$$= 1,8 \times 10^3 \text{ J}$$

AVALIAR: em cada caso, o trabalho realizado por Estêvão é maior do que 1.000 J. Isso demonstra que 1 joule corresponde a um trabalho relativamente pequeno.

Trabalho: positivo, negativo ou nulo

No Exemplo 6.1, o trabalho realizado para empurrar os carros era positivo. Mas é importante entender que ele também pode ser negativo ou nulo. Essa observação mostra a diferença essencial entre o conceito físico e a definição "cotidiana" de trabalho. Quando a força possui um componente na *mesma direção* e no *mesmo sentido* do deslocamento (ϕ entre zero e 90°), cos ϕ na Equação 6.2 é positivo e o trabalho W é *positivo* (**Figura 6.4a**). Quando a força possui um componente *contrário* ao do deslocamento (ϕ entre 90° e 180°), cos ϕ é negativo e o trabalho W é *negativo* (Figura 6.4b). Quando a força é *perpendicular* ao deslocamento, $\phi = 90°$ e o trabalho realizado pela força é igual a *zero* (Figura 6.4c). O trabalho negativo e o trabalho nulo merecem um exame mais cuidadoso, de modo que daremos alguns exemplos.

Existem diversas situações em que uma força atua, mas não realiza nenhum trabalho. Você pode imaginar que faz um trabalho duro para manter um haltere suspenso no ar por cinco minutos (**Figura 6.5**); porém, você não realiza nenhum trabalho sobre ele porque não há deslocamento algum. (Você fica cansado porque as fibras musculares do seu braço realizam trabalho ao se contrair e dilatar continuamente, e isso consome energia armazenada nos carboidratos e na gordura em seu corpo. À medida que esses depósitos de energia se esgotam, seus músculos se sentem fatigados, embora você não realize trabalho algum sobre o haltere.) Mesmo quando caminha com um livro na mão sobre um piso horizontal, você não realiza nenhum trabalho sobre ele. Nesse caso, o livro sofre um deslocamento, mas a força (vertical) que você exerce para sustentá-lo não possui nenhum componente na direção (horizontal) do deslocamento. Então, $\phi = 90°$ na Equação 6.2 e cos $\phi = 0$. Quando um corpo desliza ao longo de uma superfície, o trabalho realizado pela força normal sobre o corpo é igual a zero; e quando uma bola presa a um fio gira com movimento circular uniforme, o trabalho realizado pela tensão no fio sobre a bola também é igual a zero. Em ambos os exemplos, o trabalho

Figura 6.5 Um halterofilista não realiza nenhum trabalho sobre um haltere, contanto que o mantenha estático.

Figura 6.4 Uma força constante $\vec{F}$ pode realizar um trabalho positivo, negativo ou nulo, dependendo do ângulo entre $\vec{F}$ e o deslocamento $\vec{d}$.

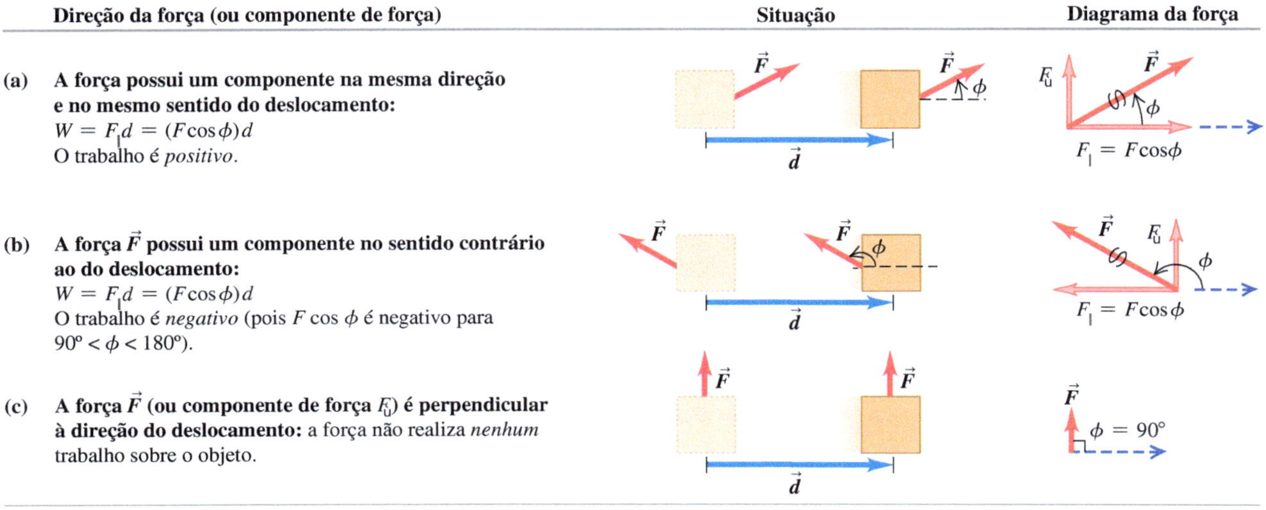

Direção da força (ou componente de força)	Situação	Diagrama da força
(a) **A força possui um componente na mesma direção e no mesmo sentido do deslocamento:** $W = F_\parallel d = (F \cos \phi) d$ O trabalho é *positivo*.		$F_\parallel = F \cos \phi$
(b) **A força $\vec{F}$ possui um componente no sentido contrário ao do deslocamento:** $W = F_\parallel d = (F \cos \phi) d$ O trabalho é *negativo* (pois $F \cos \phi$ é negativo para $90° < \phi < 180°$).		$F_\parallel = F \cos \phi$
(c) **A força $\vec{F}$ (ou componente de força $F_\parallel$) é perpendicular à direção do deslocamento:** a força não realiza *nenhum* trabalho sobre o objeto.		$\phi = 90°$

realizado é igual a zero porque a força aplicada não possui nenhum componente na direção do deslocamento.

Afinal, o que significa realizar um trabalho *negativo*? A resposta deriva da terceira lei de Newton do movimento. Quando um halterofilista abaixa um haltere como na **Figura 6.6a**, suas mãos e o haltere movem-se juntos com o mesmo deslocamento $\vec{d}$. O haltere exerce uma força $\vec{F}_{\text{M em H}}$ sobre suas mãos na mesma direção e no mesmo sentido do deslocamento, de modo que o trabalho realizado pelo *haltere* sobre suas *mãos* é positivo (Figura 6.6b). Pela terceira lei de Newton, as mãos do halterofilista exercem sobre o haltere uma força igual e contrária: $\vec{F}_{\text{M em H}} = -\vec{F}_{\text{H em M}}$ (Figura 6.6c). A força que impede o haltere de despencar no piso atua em sentido contrário ao de seu deslocamento. Logo, o trabalho realizado pelas *mãos* sobre o *haltere* é negativo. Como as mãos e o haltere possuem o mesmo deslocamento, o trabalho realizado pelas mãos sobre o haltere é de sinal contrário ao do trabalho realizado pelo haltere sobre as mãos. Em geral, quando um corpo realiza um trabalho negativo sobre outro corpo, este realiza um trabalho *positivo* sobre o primeiro.

Figura 6.6 As mãos deste halterofilista realizam um trabalho negativo sobre um haltere enquanto o haltere realiza um trabalho positivo sobre suas mãos.

(a) O halterofilista apoia um haltere no piso.

(b) O trabalho realizado pelo haltere sobre as mãos do halterofilista é *positivo*.

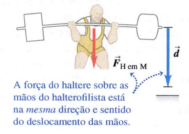

A força do haltere sobre as mãos do halterofilista está na *mesma* direção e sentido do deslocamento das mãos.

(c) O trabalho realizado pelas mãos do halterofilista sobre o haltere é *negativo*.

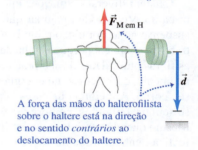

A força das mãos do halterofilista sobre o haltere está na direção e no sentido *contrários* ao deslocamento do haltere.

DADOS MOSTRAM

Trabalho positivo, negativo e nulo

Quando os alunos recebiam um problema exigindo que encontrassem o trabalho realizado por uma força constante durante um deslocamento retilíneo, mais de 59% davam uma resposta incorreta. Erros comuns:

- Esquecer que uma força realiza trabalho negativo se atuar em direção oposta ao deslocamento do objeto.
- Esquecer que, mesmo que uma força esteja presente, ela realiza trabalho zero se atuar perpendicularmente à direção do deslocamento.

ATENÇÃO **Fique atento para quem está realizando o trabalho** Sempre nos referimos ao trabalho realizado *por* uma força específica *sobre* um determinado corpo. Certifique-se sempre de especificar com precisão a força que realiza o trabalho mencionado. Quando você levanta um livro, está exercendo sobre ele uma força de baixo para cima e, portanto, o deslocamento do livro é de baixo para cima, de modo que o trabalho realizado pela força sobre o livro é positivo. Porém, o trabalho realizado pela força *gravitacional* (o peso) sobre o livro é *negativo* porque a força gravitacional possui sentido contrário ao do deslocamento de baixo para cima.

Trabalho total

Como calcular o trabalho quando *diversas* forças atuam sobre um corpo? Um método é usar a Equação 6.2 ou a Equação 6.3 para calcular o trabalho que cada força realiza sobre o corpo. A seguir, como o trabalho é uma grandeza escalar, o trabalho *total* W_{tot} realizado por todas as forças sobre o corpo é a soma algébrica de todos os trabalhos realizados pelas forças individuais. Um método alternativo para calcular o trabalho total W_{tot} consiste em calcular a soma vetorial de todas as forças que atuam sobre o corpo (ou seja, a força resultante) e, a seguir, usar essa soma vetorial como $\vec{F}$ na Equação 6.2 ou na Equação 6.3. Apresentamos um exemplo que ilustra esses dois métodos.

EXEMPLO 6.2 TRABALHO REALIZADO POR DIVERSAS FORÇAS

Um fazendeiro engata um trenó carregado de madeira ao seu trator e o puxa até uma distância de 20 m ao longo de um terreno horizontal (**Figura 6.7a**). O peso total do trenó carregado é igual a 14.700 N. O trator exerce uma força constante de 5.000 N, formando um ângulo de 36,9° acima da horizontal. Existe uma força de atrito de 3.500 N que se opõe ao movimento. Calcule o trabalho que cada força realiza sobre o trenó e o trabalho total realizado por todas as forças.

Figura 6.7 Cálculo do trabalho realizado sobre um trenó carregado de madeira sendo puxado por um trator.
(a)   (b) Diagrama do corpo livre para o trenó

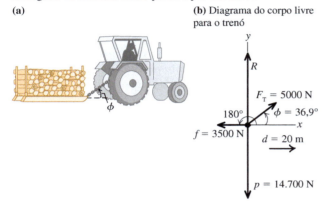

SOLUÇÃO

IDENTIFICAR E PREPARAR: como cada força é constante e o deslocamento é retilíneo, podemos calcular o trabalho aplicando os conceitos estudados nesta seção. Determinaremos o trabalho total de duas formas: (1) somando o trabalho realizado sobre o trenó por cada força e (2) achando o trabalho total realizado pela força resultante sobre o trenó. Em primeiro lugar, desenhamos um diagrama do corpo livre, mostrando todas as forças que atuam sobre o trenó, e escolhemos um sistema de coordenadas (Figura 6.7b). Para cada força — peso, força normal, força do trator e força de atrito —, conhecemos o ângulo entre o deslocamento (na direção positiva de x) e a força. Assim, podemos usar a Equação 6.2 para calcular o trabalho que cada força executa.

Como fizemos no Capítulo 5, a força resultante derivará da soma dos componentes das quatro forças. A segunda lei de Newton diz que, pelo fato de o movimento do trenó ser puramente horizontal, a força resultante possui somente um componente horizontal.

EXECUTAR: (1) O trabalho realizado pelo peso W_p é igual a zero porque sua direção é perpendicular ao deslocamento (compare com a Figura 6.4c.) Pela mesma razão, o trabalho realizado pela força normal W_n também é igual a zero. (Note que não precisamos calcular o módulo n para concluir isso.) Logo, $W_p = W_n = 0$.

Falta considerar o trabalho W_T feito pela força F_T exercida pelo trator e o trabalho W_f feito pela força de atrito f. Pela Equação 6.2,

$$W_T = F_T d \cos 36,9° = (5.000\ N)(20\ m)(0,800)$$
$$= 80.000\ N \cdot m = 80\ kJ$$

A força de atrito $\vec{f}$ possui sentido contrário ao do deslocamento, de modo que $\phi = 180°$ e $\cos \phi = -1$. Assim, novamente pela Equação 6.2,

$$W_f = fd \cos 180° = (3.500\ N)(20\ m)(-1)$$
$$= -70.000\ N \cdot m = -70\ kJ$$

O trabalho total W_{tot} realizado por todas as forças sobre o trenó é a soma *algébrica* do trabalho que cada força realiza:

$$W_{tot} = W_p + W_n + W_T + W_f = 0 + 0 +$$
$$80\ kJ + (-70\ kJ) = 10\ kJ$$

(2) No método alternativo, inicialmente calculamos a soma *vetorial* de todas as forças que atuam sobre o corpo (ou seja, a força resultante) e a seguir usamos essa soma vetorial para achar o trabalho total. A soma vetorial pode ser mais facilmente calculada usando-se os componentes. Pela Figura 6.7b,

$$\sum F_x = F_T \cos \phi + (-f) = (5.000\ N) \cos 36,9° - 3.500\ N = 500\ N$$
$$\sum F_y = F_T \text{ sen } \phi + n + (-p) = (5.000\ N) \text{ sen } 36,9° + n - 14.700\ N$$

Não precisamos, de fato, da segunda equação; sabemos que o componente y da força é perpendicular ao deslocamento, logo, ela não realiza trabalho. Além disso, não existe aceleração no eixo y e de qualquer forma o trabalho é nulo, pois $\sum F_y$ é mesmo igual a zero. Logo, o trabalho total é dado pelo trabalho da força resultante no eixo x:

$$W_{tot} = (\sum \vec{F}) \cdot \vec{d} = (\sum F_x)d = (500\ N)(20\ m) = 10.000\ J = 10\ kJ$$

AVALIAR: obtemos o mesmo resultado tanto para W_{tot} quanto para o encontrado calculando-se o trabalho que cada força realizou separadamente. Note que a força resultante na direção x é *diferente* de zero, o que significa que o trenó deve acelerar enquanto se move. Na Seção 6.2, retomaremos esse exemplo e veremos como usar o conceito de trabalho para explorar o movimento do trenó.

TESTE SUA COMPREENSÃO DA SEÇÃO 6.1 Um elétron se move em linha reta rumo leste com velocidade constante de 8×10^7 m/s. Sobre ele atuam forças elétricas, magnéticas e gravitacionais. O trabalho total realizado sobre o elétron em um deslocamento de 1 m é (i) positivo; (ii) negativo; (iii) zero; (iv) não há informação suficiente para responder. ❚

6.2 ENERGIA CINÉTICA E O TEOREMA DO TRABALHO-ENERGIA

O trabalho total realizado pelas forças externas sobre um corpo está relacionado com o deslocamento do corpo, ou seja, com variações em sua posição. Contudo, o trabalho total também é relacionado com a *velocidade* do corpo. Para ver isso, considere a **Figura 6.8**, que mostra três exemplos de um bloco deslizando sobre uma mesa sem atrito. As forças que atuam sobre o bloco são seu peso $\vec{p}$, a força normal $\vec{n}$ e a força $\vec{F}$ exercida pela mão sobre ele.

Na Figura 6.8a, a força resultante sobre o bloco está na mesma direção e no mesmo sentido de seu deslocamento. Pela segunda lei de Newton, isso significa que o corpo acelera; pela Equação 6.1, isso também significa que o trabalho total W_{tot} realizado sobre o bloco é positivo. O trabalho total na Figura 6.8b é *negativo*, porque a força resultante se opõe ao deslocamento; nesse caso, o bloco diminui de velocidade. Como a força resultante é nula na Figura 6.8c, a velocidade permanece constante e o trabalho total sobre o bloco é igual a zero. Concluímos que, *quando uma partícula sofre um deslocamento, ela aumenta de velocidade se $W_{tot} > 0$, diminui de velocidade quando $W_{tot} < 0$ e a velocidade permanece constante se $W_{tot} = 0$.*

Vamos fazer essas observações de modo mais quantitativo. Na **Figura 6.9**, uma partícula de massa m move-se ao longo do eixo x sob a ação de uma força resultante constante de módulo F orientada no sentido positivo do eixo x. A aceleração da partícula é constante, sendo dada pela segunda lei de Newton (Seção 4.3): $F = ma_x$. Suponha que a velocidade varie de v_1 a v_2 enquanto a partícula vai do ponto x_1 ao ponto x_2 realizando um deslocamento $d = x_2 - x_1$. Usando a equação do movimento com aceleração constante, Equação 2.13 na Seção 2.4, e substituindo v_{0x} por v_1, v_x por v_2 e $(x - x_0)$ por d, obtemos

$$v_2^2 = v_1^2 + 2a_x s$$

$$a_x = \frac{v_2^2 - v_1^2}{2s}$$

Figura 6.9 Uma força resultante constante $\vec{F}$ realiza um trabalho sobre um corpo em movimento.

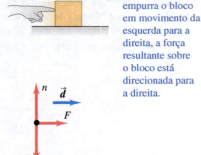

Figura 6.8 A relação entre o trabalho total realizado sobre um corpo e a variação da velocidade escalar do corpo.

(a)
Um bloco desliza da esquerda para a direita sobre uma superfície sem atrito.

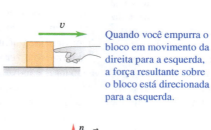

Quando você empurra o bloco em movimento da esquerda para a direita, a força resultante sobre o bloco está direcionada para a direita.

- O trabalho total realizado sobre o bloco durante um deslocamento $\vec{d}$ é positivo: $W_{tot} > 0$.
- O bloco aumenta a velocidade.

(b)

Quando você empurra o bloco em movimento da direita para a esquerda, a força resultante sobre o bloco está direcionada para a esquerda.

- O trabalho total realizado sobre o bloco durante um deslocamento $\vec{d}$ é negativo: $W_{tot} < 0$.
- O bloco reduz a velocidade.

(c)

Quando você empurra o bloco em movimento de cima para baixo, a força resultante sobre o bloco é igual a zero.

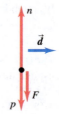

- O trabalho total realizado sobre o bloco durante um deslocamento $\vec{d}$ é nulo: $W_{tot} = 0$.
- A velocidade do bloco não varia.

Quando multiplicamos essa equação por m e igualamos a força resultante F com ma_x, achamos

$$F = ma_x = m\frac{v_2^2 - v_1^2}{2s} \quad \text{e}$$

$$Fd = \tfrac{1}{2}mv_2^2 - \tfrac{1}{2}mv_1^2 \tag{6.4}$$

Na Equação 6.4, o produto Fd é o trabalho realizado pela força resultante F e, portanto, é o trabalho total W_{tot} realizado por todas as forças que atuam sobre a partícula. A grandeza $\tfrac{1}{2}mv^2$ denomina-se **energia cinética** K da partícula:

$$\text{Energia cinética de uma partícula} \quad K = \tfrac{1}{2}mv^2 \tag{6.5}$$

sendo m a massa da partícula e v a velocidade da partícula.

Analogamente ao trabalho, a energia cinética é uma grandeza escalar; ela depende somente da massa e do módulo da velocidade da partícula, e não da direção do movimento (**Figura 6.10**). A energia cinética nunca pode ser negativa, sendo igual a zero somente quando a partícula está em repouso.

Podemos, agora, interpretar a Equação 6.4 em termos do trabalho e da energia cinética. O primeiro termo do membro direito da Equação 6.4 é $K_2 = \tfrac{1}{2}mv_2^2$, a energia cinética final da partícula (ou seja, depois do deslocamento). O segundo termo do membro direito é a energia cinética inicial, $K_1 = \tfrac{1}{2}mv_1^2$, e a diferença entre esses termos é a *variação* da energia cinética. Logo, a Equação 6.4 diz que:

Teorema do trabalho-energia: o trabalho realizado pela força resultante sobre a partícula fornece a variação da energia cinética da partícula.

$$\text{Trabalho total realizado sobre a partícula} = W_{tot} = K_2 - K_1 = \Delta K \tag{6.6}$$

Esse **teorema do trabalho-energia** concorda com nossas observações sobre o bloco descritas na Figura 6.8. Quando W_{tot} é *positivo*, a energia cinética *aumenta* (a energia cinética final K_2 é maior que a energia cinética inicial K_1) e a velocidade final da partícula é maior que sua velocidade inicial. Quando W_{tot} é *negativo*, a energia cinética *diminui* (K_2 é menor que K_1) e a velocidade final da partícula é menor que sua velocidade inicial. Quando $W_{tot} = 0$, a energia cinética é constante ($K_1 = K_2$) e a velocidade não se altera. Convém ressaltar que o teorema do trabalho-energia nos informa somente sobre variações da *velocidade escalar*, não sobre o vetor velocidade, visto que a energia cinética não depende da direção do movimento.

Pelas equações 6.4 ou 6.6, a energia cinética e o trabalho devem possuir as mesmas unidades. Logo, o joule é a unidade SI tanto para a energia cinética quanto para o trabalho (e, como veremos mais tarde, para todos os tipos de energia). Para conferir esse resultado, note que as unidades SI para $K = \tfrac{1}{2}mv^2$ são $kg \cdot (m/s)^2$ ou $kg \cdot m^2/s^2$; lembramos que $1\,N = 1\,kg \cdot m/s^2$, e, portanto,

$$1\,J = 1\,N \cdot m = 1\,(kg \cdot m/s^2) \cdot m = 1\,kg \cdot m^2/s^2$$

Como empregamos as leis de Newton para deduzir o teorema do trabalho-energia, podemos usar esse teorema apenas para um sistema de referência inercial. Note, também, que o teorema do trabalho-energia é válido para *qualquer* sistema de referência inercial, mas os valores de W_{tot} e de $K_2 - K_1$ podem diferir de um sistema de referência inercial para outro (porque o deslocamento e a velocidade de um corpo possuem valores diferentes para cada sistema de referência inercial).

Figura 6.10 Comparação da energia cinética $K = \tfrac{1}{2}mv^2$ de diferentes corpos.

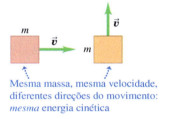

Mesma massa, mesma velocidade, diferentes direções do movimento: *mesma* energia cinética

O dobro da massa, mesma velocidade: o *dobro* da energia cinética

Mesma massa, o dobro da velocidade: *quatro vezes* a energia cinética

Deduzimos o teorema do trabalho-energia para o caso especial de um movimento retilíneo com forças constantes e, nos exemplos seguintes, vamos aplicá-lo somente para esse caso especial. Mostraremos na próxima seção que o teorema é válido no caso geral, mesmo quando as forças não são constantes e a trajetória é curva.

ESTRATÉGIA PARA A SOLUÇÃO DE PROBLEMAS 6.1 — TRABALHO E ENERGIA CINÉTICA

IDENTIFICAR *os conceitos relevantes:* o teorema do trabalho-energia, $W_{tot} = K_2 - K_1$, é extremamente útil para relacionar a velocidade escalar v_1 de um corpo em um ponto de seu movimento à sua velocidade escalar v_2 em outro ponto. (É menos útil em problemas que envolvem o *tempo* que um corpo leva para ir do ponto 1 ao ponto 2, porque o teorema do trabalho-energia não envolve tempo. Nesse caso, é melhor usar as relações entre tempo, posição, velocidade e aceleração descritas nos capítulos 2 e 3.)

PREPARAR *o problema* usando as seguintes etapas:
1. Escolha a posição inicial e a posição final do corpo e desenhe um diagrama do corpo livre, mostrando todas as forças que atuam sobre ele.
2. Escolha um sistema de coordenadas. (Quando o movimento é retilíneo, geralmente é mais fácil ter as posições inicial e final ao longo do eixo *x*.)
3. Faça uma lista de todas as grandezas conhecidas e desconhecidas e defina quais grandezas desconhecidas são suas variáveis-alvo. Esta pode ser a velocidade inicial ou final do corpo, o módulo de uma das forças que atuam sobre o corpo ou seu deslocamento.

EXECUTAR *a solução:* calcule o trabalho *W* realizado por cada força. Se a força for constante e o deslocamento retilíneo, você poderá aplicar a Equação 6.2 ou a Equação 6.3. (Ainda neste capítulo, veremos como lidar com forças variadas e trajetórias curvilíneas.) Certifique-se de verificar os sinais; quando uma força possui um componente na mesma direção e no mesmo sentido do deslocamento, *W* é positivo; quando uma força possui um componente na mesma direção, mas com sentido contrário ao do deslocamento, o trabalho é negativo; quando uma força é perpendicular ao deslocamento, o trabalho é igual a zero.

Para calcular o trabalho total W_{tot}, faça a soma de todos os trabalhos realizados pelas forças individuais que atuam sobre o corpo. Em alguns casos, é mais fácil calcular a soma vetorial de todas as forças que atuam sobre o corpo (a força resultante) e, a seguir, usar essa soma vetorial para calcular o trabalho total; esse valor também é igual a W_{tot}.

Escreva expressões para as energias cinéticas inicial e final, K_1 e K_2. Note que a energia cinética envolve a *massa* do corpo, não seu *peso*; se for dado o peso do corpo, será necessário calcular a massa pela relação $p = mg$.

Por fim, use a Equação 6.6, $W_{tot} = K_2 - K_1$, e a Equação 6.5, $K = \frac{1}{2}mv^2$, para resolver a variável-alvo. Lembre-se de que o lado direito da Equação 6.6 representa a variação da energia cinética do corpo entre os pontos 1 e 2; ou seja, é a energia cinética *final* menos a energia cinética *inicial*, nunca o inverso. (Se você puder deduzir o sinal de W_{tot}, poderá prever se o corpo acelera ou desacelera.)

AVALIAR *sua resposta:* verifique se a sua resposta faz sentido. É fundamental lembrar que a energia cinética $K = \frac{1}{2}mv^2$ nunca pode ser negativa. Se você chegar a um valor negativo de *K*, talvez tenha trocado as energias cinéticas inicial e final na equação $W_{tot} = K_2 - K_1$ ou cometido um erro de sinal em algum dos cálculos do trabalho.

EXEMPLO 6.3 — USO DO TRABALHO E DA ENERGIA PARA CALCULAR A VELOCIDADE

Vamos examinar novamente o trenó da Figura 6.7 e os resultados do Exemplo 6.2. Suponha que a velocidade inicial v_1 seja 2,0 m/s. Qual é a velocidade escalar do trenó após um deslocamento de 20 m?

SOLUÇÃO

IDENTIFICAR E PREPARAR: como temos a velocidade inicial $v_1 = 2{,}0$ m/s e queremos calcular a velocidade final v_2, usaremos o teorema do trabalho-energia, Equação 6.6 ($W_{tot} = K_2 - K_1$). A **Figura 6.11** mostra nosso desenho para este caso. A direção do movimento está no sentido positivo de *x*. No Exemplo 6.2, encontramos para o trabalho total de todas as forças: $W_{tot} = 10$ kJ, de modo que a energia cinética do trenó carregado deve aumentar em 10 kJ, e a velocidade do trenó também deve aumentar.

Figura 6.11 Nosso esquema para este problema.

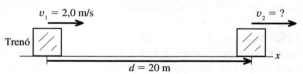

EXECUTAR: para escrever as expressões para as energias cinéticas inicial e final, necessitamos da massa do trenó e de sua carga. Sabemos que o *peso* combinado é 14.700 N; portanto, a massa é

$$m = \frac{p}{g} = \frac{14.700 \text{ N}}{9{,}8 \text{ m/s}^2} = 1.500 \text{ kg}$$

(Continua)

(*Continuação*)

Então, a energia cinética inicial K_1 é dada por

$$K_1 = \tfrac{1}{2}mv_1^2 = \tfrac{1}{2}(1.500 \text{ kg})(2,0 \text{ m/s})^2 = 3.000 \text{ kg} \cdot \text{m}^2/\text{s}^2$$
$$= 3.000 \text{ J}$$

A energia cinética final K_2 é

$$K_2 = \tfrac{1}{2}mv_2^2 = \tfrac{1}{2}(1.500 \text{ kg})v_2^2$$

O teorema do trabalho-energia, Equação 6.6, fornece

$$K_2 = K_1 + W_{\text{tot}} = 3.000 \text{ J} + 10.000 \text{ J} = 13.000 \text{ J}$$

Igualando as duas expressões anteriores de K_2, substituindo $1 \text{ J} = 1 \text{ kg} \cdot \text{m}^2/\text{s}^2$ e isolando a velocidade final v_2, achamos

$$v_2 = 4,2 \text{ m/s}$$

AVALIAR: o trabalho total é positivo, de modo que a energia cinética aumenta ($K_2 > K_1$), assim como a velocidade ($v_2 > v_1$). Este problema também pode ser resolvido sem o uso do teorema do trabalho-energia. Podemos achar a aceleração de $\sum \vec{F} = m\vec{a}$ e a seguir usamos as equações para o movimento com aceleração constante para achar v_2. Como a aceleração está sobre o eixo x,

$$a = a_x = \frac{\sum F_x}{m} = \frac{500 \text{ N}}{1500 \text{ kg}} = 0,333 \text{ m/s}^2$$

Então, pela Equação 2.13,

$$v_2^2 = v_1^2 + 2as = (2,0 \text{ m/s})^2 + 2(0,333 \text{ m/s}^2)(20 \text{ m})$$
$$= 17,3 \text{ m}^2/\text{s}^2$$
$$v_2 = 4,2 \text{ m/s}$$

Esse resultado é igual ao obtido quando usamos o teorema do trabalho-energia, porém, naquela solução, evitamos a etapa intermediária do cálculo da aceleração. Neste e no próximo capítulo, você encontrará vários problemas que *podem ser* resolvidos sem usar os conceitos de energia. Entretanto, notará que a solução torna-se mais fácil usando os métodos de energia. Quando um problema puder ser resolvido por dois métodos diferentes, o uso de ambos (como fizemos neste exemplo) é um bom meio de conferir os resultados.

EXEMPLO 6.4 FORÇAS SOBRE O MARTELO DE UM BATE-ESTACA

Em um bate-estaca, um martelo de aço de 200 kg é elevado até uma altura de 3,0 m acima do topo de uma viga I vertical que deve ser afundada no solo (**Figura 6.12a**). A seguir, o bate-estaca é solto, enterrando a viga em mais 7,4 cm. Os trilhos verticais que guiam a cabeça do martelo exercem sobre ele uma força de atrito constante igual a 60 N. Use o teorema do trabalho-energia para achar (a) a velocidade do bate-estaca no momento em que atinge a viga e (b) a força média exercida pelo bate-estaca sobre a mesma viga. Despreze os efeitos do ar.

Figura 6.12 (a) Um bate-estaca afunda uma viga I no solo. (b) e (c) Diagramas do corpo livre. Os comprimentos dos vetores não estão em escala.

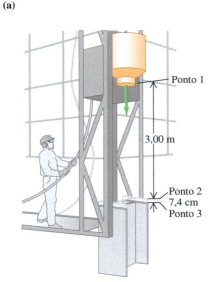
(a)

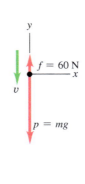
(b) Diagrama do corpo livre para a cabeça do martelo em queda livre

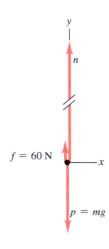
(c) Diagrama do corpo livre para a cabeça do martelo empurrando a viga

(*Continua*)

(*Continuação*)

SOLUÇÃO

IDENTIFICAR: usaremos o teorema do trabalho-energia para relacionar a velocidade escalar do bate-estaca em diferentes pontos e as forças que atuam sobre ela. Há *três* pontos de interesse: ponto 1, onde a cabeça do martelo parte do repouso; ponto 2, onde ocorre seu primeiro contato com a viga I; e o ponto 3, onde a cabeça do martelo para (Figura 6.12a). As duas variáveis-alvo são a velocidade escalar da cabeça do martelo no ponto 2 e a força que ela exerce entre os pontos 2 e 3. Logo, vamos aplicar o teorema do trabalho-energia duas vezes: uma para o movimento de 1 a 2 e outra para o movimento de 2 a 3.

PREPARAR: a Figura 6.12b mostra as forças verticais que atuam sobre a cabeça do martelo em sua queda livre, do ponto 1 ao ponto 2. (Podemos desprezar qualquer força horizontal que porventura exista, porque ela não realiza nenhum trabalho, uma vez que a cabeça do martelo se move verticalmente.) Nesta parte do movimento, nossa variável-alvo é a velocidade escalar v_2 da cabeça do martelo.

A Figura 6.12c mostra as forças verticais que atuam sobre a cabeça do martelo durante o movimento do ponto 2 ao ponto 3. Além das forças mostradas na Figura 6.12b, a viga I exerce uma força normal de baixo para cima com módulo n sobre a cabeça do martelo. Na verdade, essa força varia até a cabeça do martelo parar, mas, para simplificar, vamos tratar n como uma constante. Portanto, n representa o valor *médio* dessa força de baixo para cima durante o movimento. Nossa incógnita para esta parte do movimento é a força que a *cabeça do martelo* exerce sobre a viga I; é a força de reação à força normal exercida pela viga I e, portanto, pela terceira lei de Newton, seu módulo também é n.

EXECUTAR: (a) do ponto 1 ao ponto 2, as forças verticais são o peso de cima para baixo $p = mg = (200\text{ kg})(9,8\text{ m/s}^2) = 1.960\text{ N}$ e a força de atrito de baixo para cima $f = 60\text{ N}$. Logo, a força resultante de cima para baixo é $p - f = 1.900\text{ N}$. O deslocamento da cabeça do martelo de cima para baixo do ponto 1 ao ponto 2 é $d_{12} = 3,0\text{ m}$. Portanto, o trabalho total quando a cabeça do martelo vai do ponto 1 ao ponto 2 é

$$W_{\text{tot}} = (p-f)d_{12} = (1.900\text{ N})(3,0\text{ m}) = 5.700\text{ J}$$

No ponto 1, a cabeça do martelo está em repouso, então sua energia cinética inicial K_1 é igual a zero. Logo, a energia cinética K_2 no ponto 2 equivale ao trabalho total realizado sobre a cabeça do martelo entre os pontos 1 e 2:

$$W_{\text{tot}} = K_2 - K_1 = K_2 - 0 = \tfrac{1}{2}mv_2^2 - 0$$

$$v_2 = \sqrt{\frac{2W_{\text{tot}}}{m}} = \sqrt{\frac{2(5.700\text{ J})}{200\text{ kg}}} = 7,55\text{ m/s}$$

Esse é o valor da velocidade da cabeça do martelo no ponto 2, no momento em que ele atinge a viga I.

(b) No deslocamento de cima para baixo da cabeça do martelo, entre os pontos 2 e 3, seu deslocamento é $d_{23} = 7,4\text{ cm} = 0,074\text{ m}$, e a força resultante de cima para baixo que atua sobre ele é $p - f - n$ (Figura 6.12c). O trabalho total realizado sobre a cabeça do martelo durante esse deslocamento é

$$W_{\text{tot}} = (p - f - n)d_{23}$$

A energia cinética inicial para essa parte do movimento é K_2, que, pelo item (a), equivale a 5.700 J. A energia cinética final é $K_3 = 0$ (a cabeça do martelo termina em repouso). Então, pelo teorema do trabalho-energia,

$$W_{\text{tot}} = (p - f - n)d_{23} = K_3 - K_2$$

$$n = p - f - \frac{K_3 - K_2}{d_{23}}$$

$$= 1.960\text{ N} - 60\text{ N} - \frac{0\text{ J} - 5.700\text{ J}}{0,074\text{ m}} = 79.000\text{ N}$$

A força que a cabeça do martelo exerce de cima para baixo sobre a viga I possui esse mesmo módulo, 79.000 N (cerca de 9 toneladas) — mais de 40 vezes o peso da cabeça do martelo.

AVALIAR: a variação total da energia cinética da cabeça do martelo desde o ponto 1 até o ponto 3 é igual a zero; uma força resultante relativamente pequena produz trabalho positivo em um deslocamento grande e, a seguir, uma força resultante relativamente grande produz trabalho negativo em um deslocamento muito menor. O mesmo ocorre quando você acelera seu carro lentamente e a seguir colide com uma parede de tijolos. A força resultante, relativamente grande, necessária para reduzir a energia cinética até zero, é a responsável pelos danos ao seu carro — e possivelmente a você.

Figura 6.13 Transmitindo energia cinética a uma bola de sinuca.

Quando um jogador de sinuca bate na bola da vez que está em repouso, a energia cinética da bola após ser atingida é igual ao trabalho realizado sobre ela pelo taco.

Quanto maiores forem a força exercida pelo taco e a distância percorrida pela bola enquanto está em contato com ele, maior será a energia cinética da bola.

Significado de energia cinética

O Exemplo 6.4 fornece um raciocínio para entender o significado físico da energia cinética. A cabeça do martelo parte do repouso, e sua energia cinética quando atinge a viga I é igual ao trabalho total realizado pela força resultante sobre a cabeça do martelo até esse ponto. Esse resultado em geral é verdadeiro: para acelerar uma partícula de massa m a partir do repouso (energia cinética zero) até uma velocidade v, o trabalho total realizado sobre ela deve ser igual à variação da energia cinética desde zero até $K = \tfrac{1}{2}mv^2$:

$$W_{\text{tot}} = K - 0 = K$$

Portanto, *a energia cinética de uma partícula é igual ao trabalho total realizado para acelerá-la a partir do repouso até sua velocidade presente* (**Figura 6.13**). A definição $K = \tfrac{1}{2}mv^2$, Equação 6.5, não foi escolhida ao acaso; ela é a *única* definição que corresponde ao significado físico da energia cinética.

Na segunda parte do Exemplo 6.4, a energia cinética da cabeça do martelo foi usada para realizar um trabalho sobre a viga I e afundá-la no solo. Isso nos permite fazer outra interpretação para a energia cinética: *a energia cinética de uma partícula é igual ao trabalho total que ela pode realizar no processo de ser conduzida até o repouso*. Isso explica por que você puxa a mão e o braço para trás quando apanha uma bola no ar. No intervalo em que a bola chega ao repouso, ela realiza um trabalho (força × distância) sobre a sua mão que é igual à energia cinética inicial da bola. Puxando sua mão para trás, você maximiza a distância na qual a força atua e minimiza a força exercida sobre sua mão.

EXEMPLO CONCEITUAL 6.5 COMPARANDO ENERGIAS CINÉTICAS

Dois barcos que deslizam no gelo, como o descrito no Exemplo 5.6 (Seção 5.2), apostam corrida sobre um lago horizontal sem atrito (**Figura 6.14**). Os barcos possuem massas m e $2m$, respectivamente. A vela de um barco é idêntica à do outro, de modo que o vento exerce a mesma força constante $\vec{F}$ sobre cada barco. Os dois barcos partem do repouso e a distância entre a partida e a linha de chegada é igual a d. Qual dos dois barcos chegará ao final da linha com a maior energia cinética?

Figura 6.14 Uma corrida entre barcos que deslizam no gelo.

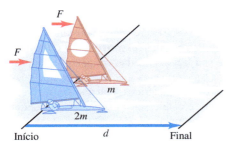

SOLUÇÃO

Se você simplesmente usasse a definição matemática de energia cinética, $K = \frac{1}{2}mv^2$, da Equação 6.5, a resposta deste problema não seria óbvia. O barco de massa $2m$ possui massa maior, de modo que você poderia pensar que ele teria a maior energia cinética ao final da linha. Porém, o barco menor, de massa m, tem maior aceleração e cruzaria a linha de chegada com velocidade maior, e você poderia pensar que *ele* teria a maior energia cinética no final da linha. Como podemos decidir?

O método correto para resolvermos este problema é lembrarmos que *a energia cinética de uma partícula é igual ao trabalho total realizado para acelerá-la a partir do repouso até sua velocidade presente*. Os dois barcos percorrem o mesmo deslocamento d, e somente a força horizontal F, paralela ao deslocamento, realiza trabalho sobre os dois barcos. Logo, o trabalho total realizado entre os pontos inicial e final é o *mesmo* para cada barco, $W_{tot} = Fd$. Na linha final, cada barco possui uma energia cinética igual ao trabalho total W_{tot} realizado sobre ele, porque os barcos partiram do repouso. Logo, os dois barcos possuem a *mesma* energia cinética na linha de chegada!

Você poderia supor que esta questão envolve uma "pegadinha", mas não se trata disso. Ao entender realmente o significado físico de grandezas como a energia cinética, você poderá resolver os problemas mais facilmente e com melhor percepção.

Note que não dissemos nada sobre o tempo que cada barco leva até chegar ao final da linha. Isso porque o teorema do trabalho-energia não faz nenhuma referência ao tempo; somente o deslocamento é importante para o trabalho. Na verdade, o barco de massa m leva menos tempo para chegar à linha de chegada que o barco de massa $2m$.

Trabalho e energia cinética em sistemas compostos

Nesta seção, tomamos o cuidado de usar o teorema do trabalho-energia somente para corpos considerados *partículas*, ou seja, massas pontuais que se movem. Novas sutilezas surgem para sistemas mais complexos que devem ser representados por diversas partículas com movimentos diferentes. Não podemos analisar essas sutilezas com detalhes neste capítulo, mas apresentamos um exemplo a seguir.

Considere um menino em pé apoiado sobre patins sem atrito sobre uma superfície horizontal, de frente para uma parede rígida (**Figura 6.15**). Ele empurra a parede e inicia um movimento para a direita. As forças que atuam sobre ele são seu peso $\vec{p}$, as forças normais de baixo para cima $\vec{n}_1$ e $\vec{n}_2$, exercidas pelo solo sobre seus patins, e a força horizontal $\vec{F}$ que a parede exerce sobre ele. Como não existe deslocamento vertical, $\vec{p}$, $\vec{n}_1$ e $\vec{n}_2$ não realizam trabalho. A força horizontal $\vec{F}$ acelera o menino para a direita; porém, as partes do corpo sobre as quais ela atua (as mãos) não se movem. Portanto, a força horizontal $\vec{F}$ também não realiza trabalho. Então, de onde vem a energia cinética do menino?

Figura 6.15 Forças externas atuando sobre um patinador que empurra uma parede. O trabalho realizado por essas forças é igual a zero, mas, apesar disso, sua energia cinética varia.

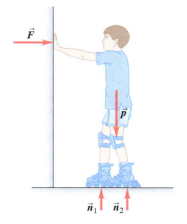

A explicação é que não podemos representar o menino simplesmente como uma massa pontual. Diferentes partes do corpo dele possuem movimentos diferentes; suas mãos permanecem paradas sobre a parede, porém seu tronco se afasta dela. As diversas partes do corpo interagem entre si, e uma parte poderá exercer forças e realizar trabalho sobre a outra. Sendo assim, a energia cinética *total* desse sistema *composto* de partes do corpo pode variar, embora nenhum trabalho seja realizado pelos corpos (como a parede) que são externos ao sistema. No Capítulo 8, estudaremos com mais detalhes o movimento de um conjunto de partículas que interagem entre si. Verificaremos que, de modo análogo ao do menino deste exemplo, a energia cinética total do sistema pode variar, mesmo quando nenhum trabalho é realizado por qualquer parte do sistema por algo externo a ele.

TESTE SUA COMPREENSÃO DA SEÇÃO 6.2 Classifique os seguintes corpos por ordem de sua energia cinética, da menor para a maior. (i) Um corpo de 2,0 kg movendo-se a 5,0 m/s; (ii) um corpo de 1,0 kg inicialmente em repouso, que passa a ter realizado sobre si 30 J de trabalho; (iii) um corpo de 1,0 kg inicialmente movendo-se a 4,0 m/s e que passa a ter 20 J de trabalho realizado sobre si; (iv) um corpo de 2,0 kg inicialmente movendo-se a 10 m/s e que passa a realizar um trabalho de 80 J sobre outro corpo. ∎

6.3 TRABALHO E ENERGIA COM FORÇAS VARIÁVEIS

Até o momento, neste capítulo, consideramos apenas *forças constantes*. Porém, o que ocorre quando você estica uma mola? Quanto mais ela se estica, maior é o esforço para você puxar, de modo que a força que você exerce *não* é constante enquanto a mola é esticada. Também restringimos nossos estudos ao movimento *retilíneo*. Podemos imaginar diversas situações em que as forças aplicadas variam em módulo, direção e sentido e o corpo se desloca em uma trajetória curva. É necessário que possamos calcular o trabalho realizado nesses casos mais genéricos. Felizmente, verificaremos que o teorema do trabalho-energia permanece válido, mesmo quando consideramos forças variáveis e quando o corpo descreve uma trajetória não retilínea.

Trabalho realizado por uma força variável em movimento retilíneo

Para não complicar muito de uma só vez, vamos considerar um movimento retilíneo pelo eixo x no qual a força F_x possui um componente x que pode mudar enquanto o corpo se movimenta. (Um exemplo do cotidiano é dirigir um carro por uma estrada retilínea com sinais de parada, fazendo com que o motorista alterne entre pisar no acelerador e frear.) Considere uma partícula movendo-se ao longo do eixo x, de um ponto x_1 a um ponto x_2 (**Figura 6.16a**). A Figura 6.16b mostra um gráfico do componente x da força em função da coordenada x da partícula. Para calcularmos o trabalho realizado por essa força, dividimos o deslocamento total em pequenos segmentos Δx_a, Δx_b e assim por diante (Figura 6.16c). Aproximamos o trabalho realizado pela força no deslocamento Δx_a como a força média F_{ax} nesse intervalo multiplicada pelo deslocamento Δx_a. Fazemos isso para cada segmento e depois somamos os resultados de todos os segmentos. O trabalho realizado pela força no deslocamento de x_1 a x_2 é dado aproximadamente por

$$W = F_{ax}\,\Delta x_a + F_{bx}\,\Delta x_b + \ldots$$

À medida que o número de segmentos aumenta e a largura de cada segmento torna-se cada vez menor, essa soma torna-se a *integral* de F_x de x_1 a x_2:

Figura 6.16 Cálculo do trabalho realizado por uma força variável F_x na direção de x, enquanto uma partícula se move de x_1 para x_2.

(a) Partícula que se move de x_1 para x_2 em resposta a uma variação da força na direção x

(b) A força F_x varia com a posição x ...

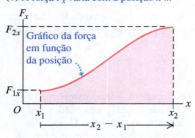

(c) ... mas por um curto deslocamento Δx, a força é basicamente constante

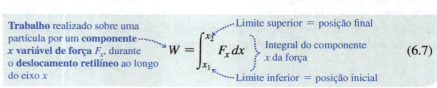

Trabalho realizado sobre uma partícula por um **componente** x **variável de força** F_x, durante o **deslocamento retilíneo** ao longo do eixo x

$$W = \int_{x_1}^{x_2} F_x\,dx \quad (6.7)$$

Limite superior = posição final
Integral do componente x da força
Limite inferior = posição inicial

Note que $F_{ax}\Delta x_a$ representa a *área* da primeira faixa vertical indicada na Figura 6.16c e que a integral na Equação 6.7 representa a área abaixo da curva da Figura 6.16b no deslocamento de x_1 a x_2. *Em um gráfico da força em função da posição, o trabalho total realizado pela força é representado pela área abaixo da curva entre as posições inicial e final*. Uma interpretação alternativa para a Equação 6.7 é que o trabalho W é igual à força média no intervalo considerado, multiplicada pelo deslocamento.

No caso especial em que F_x, o componente x da força, é constante, podemos retirá-lo da integral na Equação 6.7:

$$W = \int_{x_1}^{x_2} F_x\, dx = F_x \int_{x_1}^{x_2} dx = F_x(x_2 - x_1) \quad \text{(força constante)}$$

Porém, $x_2 - x_1 = d$, o deslocamento total da partícula. Portanto, no caso de uma força F constante, a Equação 6.7 diz que $W = Fd$, concordando com a Equação 6.1. A interpretação do trabalho como a área abaixo da curva de F_x em função de x também vale para uma força constante: $W = Fd$ é a área de um retângulo de altura F e largura d (**Figura 6.17**).

Vamos, agora, aplicar o que aprendemos ao caso da mola esticada. Para esticar a mola de uma distância x além de sua posição não deformada, devemos aplicar uma força de módulo igual em cada uma de suas extremidades (**Figura 6.18**). Quando o alongamento x não é muito grande, a força que aplicamos à extremidade da direita tem um componente x diretamente proporcional a x:

$$F_x = kx \quad \text{(força necessária para esticar uma mola)} \tag{6.8}$$

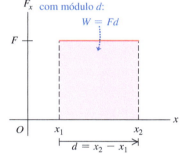

Figura 6.17 O trabalho realizado por uma força F constante no sentido do eixo x enquanto uma partícula se move de x_1 a x_2.

A área do retângulo embaixo do gráfico representa o trabalho realizado pela força constante com módulo F durante o deslocamento com módulo d:

$W = Fd$

onde k é uma constante denominada **constante da força** (ou constante da mola). As unidades de k são força dividida pela distância: N/m em unidades SI. Para a mola fraca típica de um brinquedo, a constante da mola é aproximadamente igual a 1 N/m; para molas duras, como as de suspensão de um automóvel, k é aproximadamente igual a 10^5 N/m. A observação de que a força é diretamente proporcional ao deslocamento quando este não é muito grande foi feita em 1678 por Robert Hooke, sendo conhecida como **lei de Hooke**. Na realidade, ela não deveria ser chamada de "lei", visto que é uma relação específica e não uma lei fundamental da natureza. As molas reais nem sempre obedecem à Equação 6.8 de modo exato; contudo, ela é um modelo idealizado bastante útil. A lei de Hooke será discutida com mais detalhes no Capítulo 11.

Para esticar qualquer mola, devemos realizar um trabalho. Aplicamos forças iguais e opostas às extremidades da mola e gradualmente aumentamos as forças. Mantemos a extremidade esquerda da mola em repouso, de modo que a força que atua nessa extremidade não realiza trabalho. A força que atua na extremidade móvel *realiza* trabalho. A **Figura 6.19** mostra um gráfico da força F_x em função de x, o alongamento da mola. O trabalho realizado por F quando o alongamento varia de zero a um valor máximo X é dado por

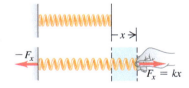

Figura 6.18 A força necessária para esticar a mola ideal é diretamente proporcional ao seu alongamento: $F_x = kx$.

Figura 6.19 Cálculo do trabalho realizado para esticar a mola em um alongamento X.

A área abaixo do gráfico representa o trabalho realizado sobre a mola, enquanto a mola é alongada de $x = 0$ até um valor máximo X:

$W = \tfrac{1}{2}kX^2$

$$W = \int_0^X F_x\, dx = \int_0^X kx\, dx = \tfrac{1}{2}kX^2 \tag{6.9}$$

Também podemos obter esse resultado graficamente. A área do triângulo sombreado indicado na Figura 6.19, que representa o trabalho total realizado pela força, é igual ao produto da base pela altura dividido por dois, ou seja

$$W = \tfrac{1}{2}(X)(kX) = \tfrac{1}{2}kX^2$$

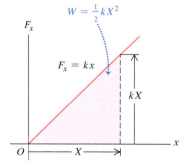

Essa equação diz também que o trabalho é a força *média kX*/2 multiplicada pelo deslocamento total *X*. Vemos que o trabalho total é proporcional ao *quadrado* do alongamento total *X*. Para esticar uma mola ideal em 2 cm, você deve realizar um trabalho quatro vezes maior que o necessário para esticá-la em 1 cm.

A Equação 6.9 supõe que a mola inicialmente estava sem nenhuma deformação. Se a mola sofre um alongamento inicial x_1, o trabalho realizado para esticá-la até um alongamento final x_2 (**Figura 6.20a**) é dado por

$$W = \int_{x_1}^{x_2} F_x \, dx = \int_{x_1}^{x_2} kx \, dx = \tfrac{1}{2} k x_2^2 - \tfrac{1}{2} k x_1^2 \qquad (6.10)$$

Use seu conhecimento de geometria para se convencer de que a área trapezoidal abaixo do gráfico na Figura 6.20b é dada pela expressão na Equação 6.10.

Se a mola possui espaço entre suas espirais, ela também pode ser comprimida, e a lei de Hooke vale igualmente quando a mola é esticada ou quando é comprimida. Nesse caso, a força *F* e o deslocamento *x* possuem sentidos contrários aos indicados na Figura 6.18, de modo que F_x e *x* na Equação 6.8 possuem sinais negativos. Como F_x e *x* estão invertidos, a força continua no mesmo sentido do deslocamento, e o trabalho será novamente positivo. Desse modo, o trabalho total continua sendo dado pela Equação 6.9 ou pela Equação 6.10, mesmo quando *X* é negativo ou quando x_1 ou x_2, ou ambos, são negativos.

> **ATENÇÃO** **Trabalho realizado sobre uma mola *versus* trabalho realizado por uma mola** Note que a Equação 6.10 fornece o trabalho que você deve produzir *sobre* uma mola para mudar seu comprimento. Por exemplo, se você estica uma mola que está originalmente em repouso, então $x_1 = 0$, $x_2 > 0$ e $W > 0$: a força que você aplica em uma das extremidades da mola está no mesmo sentido do deslocamento e o trabalho que você produz é positivo. Por outro lado, o trabalho que a *mola* realiza sobre o corpo ao qual está atrelado é dado pela *negativa* da Equação 6.10. Dessa forma, ao puxar a mola, ela realiza um trabalho negativo sobre você.

Figura 6.20 Cálculo do trabalho realizado para esticar uma mola de uma extensão a outra maior.

(a) Alongando uma mola de x_1 a x_2

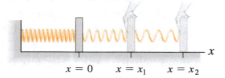

(b) Gráfico da força pela distância

A área trapezoidal sob o gráfico representa o trabalho realizado sobre a mola para alongá-la de $x = x_1$ para $x = x_2$: $W = \tfrac{1}{2} k x_2^2 - \tfrac{1}{2} k x_1^2$.

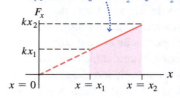

EXEMPLO 6.6 TRABALHO REALIZADO SOBRE UMA BALANÇA DE MOLA

Uma mulher pesando 600 N está em pé sobre uma balança de mola contendo uma mola rígida (**Figura 6.21**). No equilíbrio, a mola está comprimida 1,0 cm sob a ação do seu peso. Calcule a constante da força (da mola) e o trabalho total realizado durante a compressão sobre a mola.

SOLUÇÃO

IDENTIFICAR E PREPARAR: no equilíbrio, a força de baixo para cima exercida pela mola contrabalanceia a força de cima para baixo do peso da mulher. Usaremos esse princípio e a Equação 6.8 para determinar a constante da mola *k*, e usaremos a Equação 6.10 para calcular o trabalho *W* que a mulher realiza sobre a mola, para comprimi-la. Consideramos valores de *x* positivos para o alongamento da mola (de baixo para cima na Figura 6.21), de modo que o deslocamento da mola (*x*) e o componente *x* da força que a mulher exerce sobre ela (F_x) sejam ambos negativos. A força aplicada e o deslocamento estão no mesmo sentido, de modo que o trabalho realizado sobre a mola será positivo.

(Continua)

(*Continuação*)

Figura 6.21 Comprimindo uma balança de mola.

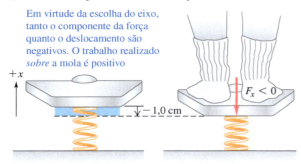

EXECUTAR: o topo da mola é deslocado por $x = -1{,}0$ cm $= -0{,}010$ m, e a força que a mulher realiza sobre a mola é $F_x = -600$ N. Pela Equação 6.8, a constante da força da mola é

$$k = \frac{F_x}{x} = \frac{-600 \text{ N}}{-0{,}010 \text{ m}} = 6{,}0 \times 10^4 \text{ N/m}$$

Então, usando $x_1 = 0$ e $x_2 = -0{,}010$ m na Equação 6.10, temos

$$W = \tfrac{1}{2}kx_2^2 - \tfrac{1}{2}kx_1^2$$
$$= \tfrac{1}{2}(6{,}0 \times 10^4 \text{ N/m})(-0{,}010 \text{ m})^2 - 0 = 3{,}0 \text{ J}$$

AVALIAR: o trabalho realizado é positivo, como era de se esperar. Nossa escolha arbitrária da direção positiva não possui nenhum efeito sobre a resposta para *W*. Você pode comprovar isso assumindo a direção positiva de *x* como sendo de cima para baixo, correspondente à compressão. Você consegue chegar aos mesmos valores de *k* e *W* encontrados aqui?

Teorema do trabalho-energia para um movimento retilíneo com força variável

Na Seção 6.2, deduzimos o teorema do trabalho-energia, $W_{tot} = K_2 - K_1$, para o caso especial de um movimento retilíneo com força resultante constante. Podemos agora provar que esse teorema também vale para o caso em que a força varia com a posição. Como na Seção 6.2, vamos considerar uma partícula que sofre um deslocamento *x* quando submetida a uma força resultante cujo componente *x* é F_x, que agora é variável. Como na Figura 6.16, dividimos o deslocamento total *x* em um grande número de pequenos deslocamentos Δx. Podemos aplicar o teorema do trabalho-energia, Equação 6.6, para cada segmento porque o valor de F_x em cada pequeno segmento é aproximadamente constante. A variação da energia cinética no segmento Δx_a é igual ao trabalho $F_{ax}\Delta x_a$, e assim por diante. A variação total da energia cinética é a soma das variações da energia cinética nos segmentos individuais e, portanto, é igual ao trabalho total realizado sobre a partícula no deslocamento total. Desse modo, a fórmula $W_{tot} = \Delta K$ permanece válida tanto no caso de uma força constante quanto no caso em que a força varia.

Agora, vamos fazer uma dedução alternativa para o teorema do trabalho-energia para o caso em que a força varia com a posição. Ela envolve uma troca da variável *x* para v_x na integral do trabalho. De início, notamos que a aceleração *a* de uma partícula pode ser expressa de vários modos, usando $a_x = dv_x/dt$, $v_x = dx/dt$, e a regra da derivação em cadeia:

$$a_x = \frac{dv_x}{dt} = \frac{dv_x}{dx}\frac{dx}{dt} = v_x\frac{dv_x}{dx} \quad (6.11)$$

Usando esse resultado na Equação 6.7, vemos que o trabalho total realizado pela força *resultante* F_x é

$$W_{tot} = \int_{x_1}^{x_2} F_x\, dx = \int_{x_1}^{x_2} ma_x\, dx = \int_{x_1}^{x_2} mv_x\frac{dv_x}{dx}\, dx \quad (6.12)$$

Agora $(dv_x/dx)dx$ é a variação de velocidade dv_x durante o deslocamento *dx*, de modo que, na Equação 6.12, podemos substituir $(dv_x/dx)dx$ por dv_x. Com isso,

BIO Aplicação Tendões são molas não ideais Os músculos exercem forças por meio dos tendões, que os conectam aos ossos. Um tendão consiste em fibras de colágeno longas, firmes e elásticas. O desenho mostra como o tendão da pata de um canguru se estica em resposta a uma força aplicada. O tendão não apresenta o comportamento simples e retilíneo de uma mola ideal, de modo que o trabalho que ele faz precisa ser descoberto por meio da integração (Equação 6.7). O tendão exerce menos força ao relaxar do que ao esticar. Como resultado, o tendão em relaxamento realiza apenas cerca de 93% do trabalho que foi feito para esticá-lo.

a variável de integração muda de x para v_x, portanto, os limites de integração devem ser trocados de x_1 a x_2 para os valores correspondentes de v_1 a v_2:

$$W_{\text{tot}} = \int_{v_1}^{v_2} mv_x\, dv_x$$

A integral de $v_x\, dv_x$ é simplesmente igual a $v_x^2/2$. Substituindo os limites superior e inferior da integral, achamos finalmente

$$W_{\text{tot}} = \tfrac{1}{2}mv_2^2 - \tfrac{1}{2}mv_1^2 \tag{6.13}$$

Esse resultado é igual ao da Equação 6.6. Portanto, o teorema do trabalho-energia permanece válido mesmo sem a hipótese de que a força resultante é constante.

EXEMPLO 6.7 MOVIMENTO COM FORÇA VARIÁVEL

Um cavaleiro com 0,100 kg de massa está ligado à extremidade de um trilho de ar horizontal por uma mola cuja constante é 20,0 N/m (**Figura 6.22a**). Inicialmente, a mola não está esticada e o cavaleiro se move com velocidade igual a 1,50 m/s da esquerda para a direita. Ache a distância máxima d que o cavaleiro pode se mover para a direita (a) supondo que o ar esteja passando no trilho e o atrito seja desprezível e (b) supondo que o ar não esteja fluindo no trilho e o coeficiente de atrito cinético seja $\mu_c = 0{,}47$.

Figura 6.22 (a) Um cavaleiro ligado pela extremidade de uma mola presa a um trilho de ar. (b) e (c) Diagramas do corpo livre.

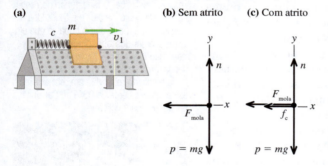

SOLUÇÃO

IDENTIFICAR E PREPARAR: a força exercida pela mola não é constante, então *não* podemos usar as fórmulas para movimento com aceleração constante deduzidas no Capítulo 2 para resolver este problema. Em vez disso, usaremos o teorema do trabalho-energia, que envolve a distância percorrida (nossa variável-alvo). Nas figuras 6.22b e 6.22c, escolhemos a direção positiva de x da esquerda para a direita (na direção do movimento do cavaleiro). Consideramos $x = 0$ na posição inicial do cavaleiro (quando a mola não está esticada) e $x = d$ (a variável-alvo) na posição onde o cavaleiro para. O movimento é exclusivamente horizontal; logo, somente forças horizontais realizam trabalho. Note que a Equação 6.10 fornece o trabalho realizado pelo *cavaleiro* sobre a *mola* quando ela é esticada, mas, para usar o teorema do trabalho-energia, necessitamos do trabalho realizado pela *mola* sobre o *cavaleiro*, que é a negativa da Equação 6.10. Esperamos que o cavaleiro se afaste mais sem atrito do que com atrito.

EXECUTAR: (a) Quando o cavaleiro se move de $x_1 = 0$ para $x_2 = d$, ele produz trabalho sobre a mola conforme a equação $W = \tfrac{1}{2}kd^2 - \tfrac{1}{2}k(0)^2 = \tfrac{1}{2}kd^2$. O total de trabalho realizado pela mola sobre o cavaleiro é a negativa desse valor, ou seja, $-\tfrac{1}{2}kd^2$. A mola estica até que o cavaleiro fique momentaneamente em repouso, de modo que a energia cinética final do cavaleiro K_2 é igual a zero. A energia cinética inicial do cavaleiro é igual a $\tfrac{1}{2}mv_1^2$, onde $v_1 = 1{,}50$ m/s é a velocidade inicial do cavaleiro. Usando o teorema do trabalho-energia, obtemos

$$-\tfrac{1}{2}kd^2 = 0 - \tfrac{1}{2}mv_1^2$$

Portanto, a distância d percorrida pelo cavaleiro é:

$$d = v_1\sqrt{\frac{m}{k}} = (1{,}50\text{ m/s})\sqrt{\frac{0{,}100\text{ kg}}{20{,}0\text{ N/m}}}$$
$$= 0{,}106\text{ m} = 10{,}6\text{ cm}$$

Em seguida, a mola esticada puxa o cavaleiro de volta para a esquerda, de modo que o repouso é apenas instantâneo.
(b) Quando o ar não circula, devemos incluir também o trabalho realizado pela força constante de atrito cinético. A força normal n possui módulo igual ao peso do cavaleiro, visto que o trilho é horizontal e não existe nenhuma outra força vertical. O módulo da força de atrito cinético é, então, $f_c = \mu_c n = \mu_c mg$. A força de atrito se opõe diretamente ao deslocamento; logo, o trabalho realizado pela força de atrito é

$$W_{\text{atri}} = f_c d \cos 180° = -f_c d = -\mu_c mgd$$

O trabalho total é a soma de W_{atri} com o trabalho realizado pela mola, ou seja, $-\tfrac{1}{2}kd^2$. Portanto, de acordo com o teorema do trabalho-energia,

$$-\mu_c mgd - \tfrac{1}{2}kd^2 = 0 - \tfrac{1}{2}mv_1^2 \quad \text{ou}$$
$$\tfrac{1}{2}kd^2 + \mu_c mgd - \tfrac{1}{2}mv_1^2 = 0$$

(Continua)

(*Continuação*)
Essa é uma equação do segundo grau para *d*. As duas soluções dessa equação são

$$d = -\frac{\mu_c mg}{k} \pm \sqrt{\left(\frac{\mu_c mg}{k}\right)^2 + \frac{mv_1^2}{k}}$$

Temos

$$\frac{\mu_c mg}{k} = \frac{(0,47)(0,100 \text{ kg})(9,80 \text{ m/s}^2)}{20,0 \text{ N/m}} = 0,02303 \text{ m}$$

$$\frac{mv_1^2}{k} = \frac{(0,100 \text{ kg})(1,50 \text{ m/s})^2}{20,0 \text{ N/m}} = 0,01125 \text{ m}^2$$

portanto

$$d = -(0,02303 \text{ m}) \pm \sqrt{(0,02303 \text{ m})^2 + 0,01125 \text{ m}^2}$$
$$= 0,086 \text{ m} \quad \text{ou} \quad -0,132 \text{ m}$$

Usamos o símbolo *d* para designar um deslocamento positivo, de modo que somente o valor do deslocamento positivo faz sentido. Logo, considerando o atrito, o cavaleiro se desloca até uma distância *d* = 0,086 m = 8,6 cm.

AVALIAR: se definirmos $\mu_c = 0$, nossa solução algébrica para *d*, no item (b), se reduz a $d = v_1\sqrt{m/k}$, o resultado do item (a) considerando ausência de atrito. Considerando o atrito, o cavaleiro percorre uma distância menor. Novamente, o repouso do cavaleiro é apenas instantâneo e a mola esticada puxa o cavaleiro para a esquerda; se ele vai retornar ou não depende do valor da força de atrito *estático*. Qual deveria ser o valor do coeficiente de atrito estático μ_s para impedir que o cavaleiro retorne para a esquerda?

Teorema do trabalho-energia para um movimento ao longo de uma curva

Podemos generalizar ainda mais nossa definição de trabalho de modo que inclua forças que variam em módulo, direção e sentido, bem como deslocamentos ao longo de trajetórias curvas. A **Figura 6.23a** mostra uma partícula deslocando-se de um ponto P_1 a um ponto P_2 ao longo de uma curva. Dividimos o segmento da curva entre esses pontos em muitos deslocamentos vetoriais infinitesimais, e cada deslocamento típico será representado por $d\vec{l}$. Cada vetor $d\vec{l}$ é tangente à trajetória em cada posição considerada. Seja $\vec{F}$ a força em um ponto típico da trajetória curva, e seja ϕ o ângulo entre $\vec{F}$ e $d\vec{l}$ nesse ponto. Então, o pequeno elemento de trabalho dW realizado sobre a partícula durante o deslocamento $d\vec{l}$ pode ser escrito como

$$dW = \vec{F} \cdot d\vec{l} = F \cos\phi \, dl = F_\parallel \, dl$$

onde $F_\parallel = F\cos\phi$ é o componente de $\vec{F}$ na direção paralela a $d\vec{l}$ (Figura 6.23b). O trabalho realizado por $\vec{F}$ sobre a partícula enquanto ela se desloca de P_1 a P_2 é

$$W = \int_{P_1}^{P_2} \vec{F} \cdot d\vec{l} = \int_{P_1}^{P_2} F\cos\phi \, dl = \int_{P_1}^{P_2} F_\parallel \, dl \quad (6.14)$$

Limite superior = posição final
Trabalho realizado sobre uma partícula por uma força variável $\vec{F}$ ao longo de uma **trajetória curva**
Produto escalar de $\vec{F}$ e deslocamento $d\vec{l}$
Limite inferior = posição inicial
Ângulo entre $\vec{F}$ e $d\vec{l}$
Componente de $\vec{F}$ paralelo a $d\vec{l}$

Figura 6.23 Uma força $\vec{F}$ que varia em módulo, direção e sentido atua sobre uma partícula que se desloca de um ponto P_1 a um ponto P_2 ao longo de uma curva.

(a)
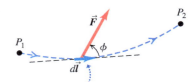

Durante um deslocamento infinitesimal $d\vec{l}$, o trabalho $\vec{F}$ realizado pela força dW é dado por:
$$dW = \vec{F} \cdot d\vec{l} = F\cos\phi \, dl$$

(b)
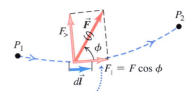

Apenas o componente de $\vec{F}$ paralelo ao deslocamento, $F_\parallel = F\cos\phi$, contribui para o trabalho realizado por $\vec{F}$.

A integral indicada na Equação 6.14 denomina-se *integral de linha*. Logo veremos como calcular uma integral desse tipo.

Podemos agora mostrar que o teorema do trabalho-energia, Equação 6.6, permanece válido mesmo para o caso de forças variáveis e deslocamentos ao longo de uma trajetória curva. A força $\vec{F}$ permanece essencialmente constante em qualquer deslocamento infinitesimal $d\vec{l}$ ao longo da trajetória, de modo que podemos aplicar o teorema do trabalho-energia no caso do movimento retilíneo para esse deslocamento. Portanto, a variação da energia cinética *K* da partícula nesse intervalo é igual ao trabalho $dW = F_\parallel \, dl = \vec{F} \cdot d\vec{l}$ realizado sobre a partícula. Somando esses trabalhos infinitesimais para todos os deslocamentos ao longo da trajetória, obtemos o trabalho total realizado, Equação 6.14, e isso é igual à variação total da energia cinética para a trajetória completa. Logo, $W_{tot} = \Delta K = K_2 - K_1$ é um resultado *geral*, qualquer que seja a trajetória e qualquer que seja a natureza das forças aplicadas. Isso pode ser demonstrado de modo mais rigoroso usando-se etapas como as descritas na dedução da Equação 6.11 à Equação 6.13.

Note que somente o componente da força resultante paralelo ao deslocamento, $F_\parallel$, realiza trabalho sobre a partícula, de modo que somente esse componente pode alterar a velocidade e a energia cinética da partícula. O componente perpendicular à trajetória, $F_\perp = F\,\text{sen}\,\phi$, não produz efeito algum sobre a velocidade da partícula; ele apenas altera a direção da velocidade da partícula.

Para calcular a integral de linha na Equação 6.14 em um problema específico, precisamos de uma descrição detalhada da trajetória e de como a força $\vec{F}$ varia ao longo da trajetória. Geralmente, expressamos a integral de linha em termos de alguma variável escalar, como no exemplo seguinte.

EXEMPLO 6.8 MOVIMENTO AO LONGO DE UMA CURVA

Em um piquenique familiar, você foi encarregado de empurrar seu primo, João, em um balanço (**Figura 6.24a**). Seu peso é p; o comprimento da corrente é R e você empurra João até que as correntes formem um ângulo θ_0 com a vertical. Para isso, você empurra com uma força horizontal variável $\vec{F}$ que começa em zero e cresce gradualmente até um valor suficiente para que João e o balanço movam-se lentamente e permaneçam aproximadamente em equilíbrio. (a) Qual é o trabalho total realizado por todas as forças sobre João? (b) Qual é o trabalho realizado pela tensão T nas correntes? (c) Qual é o trabalho que você realiza ao exercer a força variável $\vec{F}$? (Despreze o peso das correntes e do assento.)

Figura 6.24 (a) Empurrando seu primo João em um balanço. (b) Nosso diagrama do corpo livre.

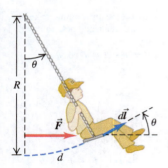
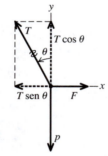

SOLUÇÃO

IDENTIFICAR E PREPARAR: o movimento ocorre ao longo de uma curva, por isso usaremos a Equação 6.14 para calcular o trabalho realizado pela força resultante, pela força de tensão e pela força $\vec{F}$. A Figura 6.24b mostra o diagrama do corpo livre e o sistema de coordenadas para algum ponto arbitrário no movimento de João. Substituímos a soma das tensões nas duas correntes por uma tensão única T.

EXECUTAR: (a) Há duas formas de calcular o trabalho total realizado durante o movimento: (1) calcular o trabalho total de cada força e depois somar todos os totais e (2) calcular o trabalho realizado pela força resultante. O segundo método é muito mais fácil neste caso porque João está quase em equilíbrio em cada ponto. Portanto, a força resultante sobre ele é igual a zero, a integral da força resultante na Equação 6.14 é igual a zero e o trabalho total realizado por todas as forças é igual a zero.

(b) Também é fácil determinar o trabalho total pela tensão T das correntes sobre João porque essa força é perpendicular à direção do movimento em todos os pontos da trajetória. Logo, em todos os pontos, o ângulo entre a tensão das correntes e o vetor deslocamento $d\vec{l}$ é igual a 90° e o produto escalar na Equação 6.14 é igual a zero. Portanto, o trabalho realizado pela tensão nas correntes é igual a zero.

(c) Para calcularmos o trabalho que você realiza ao exercer a força $\vec{F}$, devemos calcular a integral de linha na Equação 6.14. Dentro da integral está a quantidade $F \cos \phi\, dl$; vejamos como expressar cada termo nessa quantidade.

A Figura 6.24a mostra que o ângulo entre $\vec{F}$ e $d\vec{l}$ é θ, de modo que substituímos ϕ na Equação 6.14 por θ. O valor de θ varia à medida que João se move.

Para descobrir o módulo F da força $\vec{F}$, observe que a força resultante sobre João é nula (ele está quase em equilíbrio em todos os pontos); logo, $\sum F_x = 0$ e $\sum F_y = 0$. Pela Figura 6.24b, obtemos

$$\sum F_x = F + (-T\,\text{sen}\,\theta) = 0 \qquad \sum F_y = T\cos\theta + (-p) = 0$$

Eliminando T dessas duas equações, você pode mostrar que $F = p \tan \theta$. À medida que o ângulo θ aumenta, a tangente e F também aumentam (você precisa empurrar com mais força).

Para achar o módulo dl do deslocamento infinitesimal $d\vec{l}$, observe que João se movimenta no interior do arco de raio R (Figura 6.24a). O comprimento do arco d é igual ao raio R da circunferência multiplicado pelo ângulo θ (em radianos), logo $s = R\theta$. Portanto, o deslocamento $d\vec{l}$ correspondente a uma pequena variação do ângulo $d\theta$ possui módulo dado por $dl = ds = R\, d\theta$.

Quando juntamos tudo isso, a integral na Equação 6.14 resulta em

$$W = \int_{P_1}^{P_2} F \cos\phi\, dl = \int_0^{\theta_0} (p\tan\theta)\cos\theta(R\,d\theta) = \int_0^{\theta_0} pR\,\text{sen}\,\theta\, d\theta$$

(Continua)

(*Continuação*)

(Lembre-se de que tan θ = sen θ/cos θ, de modo que tan θ cos θ = sen θ.) Convertemos a integral de *linha* para uma integral *comum* em termos do ângulo θ. Os limites de integração são da posição inicial em $\theta = 0$ até a posição final em $\theta = \theta_0$. O resultado final é

$$W = pR \int_0^{\theta_0} \mathrm{sen}\,\theta\, d\theta = -pR \cos\theta \Big|_0^{\theta_0} = -pR(\cos\theta_0 - 1)$$
$$= pR(1 - \cos\theta_0)$$

AVALIAR: quando $\theta_0 = 0$, não existe deslocamento; neste caso, cos $\theta_0 = 1$ e $W = 0$, como era de se esperar. À medida que θ_0 aumenta, cos θ_0 diminui e $W = pR(1 - \cos\theta_0)$ aumenta. Assim, quanto mais você empurra João, mais trabalho você realiza. Você pode confirmar que a quantidade $R(1 - \cos\theta_0)$ é igual a h, o aumento na altura de João durante o deslocamento. Assim, o trabalho que você realiza para levantar João é praticamente igual ao peso dele multiplicado pela altura que você o levanta.

Podemos confirmar nossos resultados calculando o trabalho realizado pela força da gravidade $\vec{p}$. Pelo item (a), o trabalho total realizado sobre João é zero, e pelo item (b) o trabalho realizado pela tensão é zero. Assim, a gravidade deverá ter um valor de trabalho negativo, que equilibra o trabalho positivo realizado pela força $\vec{F}$ que calculamos no item (c).

Para variar, vamos calcular o trabalho realizado pela gravidade usando a forma da Equação 6.14, que envolve a quantidade $\vec{F} \cdot d\vec{l}$, e expressa a força $\vec{p}$ e o deslocamento $d\vec{l}$ em termos de seus componentes x e y. A força da gravidade possui componente x zero e um componente y igual a $-p$. A Figura 6.24a mostra que $d\vec{l}$ tem um módulo ds, um componente x de $ds \cos\theta$ e um componente y de ds sen θ.

Assim,

$$\vec{p} = \hat{j}(-p)$$
$$d\vec{l} = \hat{i}(ds \cos\theta) + \hat{j}(ds\, \mathrm{sen}\,\theta)$$

Use a Equação 1.19 para calcular o produto escalar $\vec{p} \cdot d\vec{l}$:

$$\vec{p} \cdot d\vec{l} = (-p)(ds\, \mathrm{sen}\,\theta) = -p\, \mathrm{sen}\,\theta\, ds$$

Usando $ds = R\, d\theta$, achamos o trabalho realizado pela força da gravidade:

$$\int_{P_1}^{P_2} \vec{p} \cdot d\vec{l} = \int_0^{\theta_0} (-p\, \mathrm{sen}\,\theta) R\, d\theta = -pR \int_0^{\theta_0} \mathrm{sen}\,\theta\, d\theta$$
$$= -pR(1 - \cos\theta_0)$$

O trabalho realizado pela gravidade é realmente o negativo do trabalho realizado pela força $\vec{F}$ que calculamos no item (c). A gravidade realiza um trabalho negativo porque a força puxa para baixo enquanto João move-se para cima.

Como já vimos, $R(1 - \cos\theta_0)$ é igual a h, o aumento na altura de João durante o deslocamento. Assim, o trabalho realizado pela gravidade ao longo da trajetória curva é $-mgh$, o *mesmo* trabalho que a gravidade teria feito se João tivesse se movimentado *diretamente para cima* por uma distância h. Este é um exemplo de um resultado mais geral que demonstraremos na Seção 7.1.

TESTE SUA COMPREENSÃO DA SEÇÃO 6.3 No Exemplo 5.20 (Seção 5.4), analisamos um pêndulo cônico. A velocidade escalar do peso do pêndulo permanece constante enquanto ele percorre o círculo mostrado na Figura 5.32a. (a) Para um círculo completo, qual é o trabalho que a força de tensão F realiza sobre o peso do pêndulo? (i) Um valor positivo; (ii) um valor negativo; (iii) zero. (b) Para um círculo completo, qual é o trabalho que a força gravitacional (peso W) realiza sobre o peso conectado na extremidade do pêndulo? (i) Um valor positivo; (ii) um valor negativo; (iii) zero. ∎

6.4 POTÊNCIA

A definição de trabalho não faz nenhuma referência ao tempo. Quando você levanta verticalmente um haltere pesando 100 N até uma altura de 1,0 m com velocidade constante, realiza um trabalho de (100 N) (1,0 m) = 100 J, independentemente de levar 1 segundo, 1 hora ou 1 ano para realizá-lo. Contudo, muitas vezes precisamos saber quanto tempo levamos para realizar um trabalho. Isso pode ser descrito pela *potência*. Na linguagem comum, "potência" em geral é sinônimo de "energia" ou "força". Na física, usamos uma definição muito mais precisa: **potência** é a *taxa* temporal da realização de um trabalho. Assim como trabalho e energia, a potência é uma grandeza escalar.

O trabalho médio realizado por unidade de tempo, ou **potência média** P_m, é definido como

$$P_m = \frac{\Delta W}{\Delta t} \quad \begin{array}{l}\text{Trabalho realizado durante}\\ \text{o intervalo}\\ \text{Duração do intervalo}\end{array} \quad (6.15)$$

Potência média durante o intervalo Δt

Figura 6.25 O mesmo total de trabalho é realizado em cada uma destas situações, mas a potência (a taxa de realização de um trabalho) é diferente.

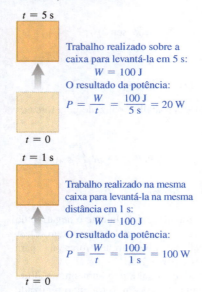

Figura 6.26 Origem de um sistema de propulsão com um hp (746 W).

BIO Aplicação Potência muscular
Os músculos esqueléticos oferecem a potência que faz com que os animais se movam. As fibras musculares que contam com o metabolismo anaeróbico não exigem oxigênio; elas produzem grandes quantidades de potência, mas são úteis apenas para atividades curtas. As fibras musculares que se metabolizam de forma aeróbica utilizam oxigênio e produzem menores quantidades de potência por longos intervalos. Os dois tipos de fibras são visíveis em um filé de peixe: o músculo branco (anaeróbico) é usado para rápidas explosões de velocidade, enquanto o músculo mais escuro (aeróbico) é usado para o nado sustentado.

A taxa de realização de um trabalho pode não ser constante. Podemos definir uma **potência instantânea** P como o quociente indicado na Equação 6.15 quando Δt tende a zero:

$$\text{Potência instantânea} \quad P = \lim_{\Delta t \to 0} \frac{\Delta W}{\Delta t} = \frac{dW}{dt} \quad \text{Taxa temporal do trabalho realizado} \qquad (6.16)$$

Potência média pelo intervalo infinitesimalmente curto

A unidade SI de potência é o **watt** (W), nome dado em homenagem ao inventor inglês James Watt. Um watt equivale a um joule por segundo: 1 W = 1 J/s (**Figura 6.25**). O quilowatt (1 kW = 10^3 W) e o megawatt (1 MW = 10^6 W) também são unidades muito usadas.

Outra unidade de potência comum é o *horsepower* (cuja sigla é "hp", que quer dizer "potência de cavalo") (**Figura 6.26**). O valor dessa unidade é derivado de experimentos realizados por James Watt, que mediu, em um minuto, verificou que um cavalo poderia realizar um trabalho equivalente a elevar 33.000 libras (lb) a uma distância de 1 pé, ou 33.000 pés · lb. Ou seja, um motor de 1 hp funcionando a plena capacidade produz 33.000 pés · lb/min de trabalho. Usando 1 pé = 0,3048 m, 1 lb = 4,448 N e 1 min = 60 s, podemos demonstrar que, aproximadamente,

$$1 \text{ hp} = 746 \text{ W} = 0{,}746 \text{ kW}$$

O watt é uma unidade familiar muito usada para potência *elétrica*; uma lâmpada de 100 W converte 100 J de energia elétrica em luz e calor a cada segundo. Porém, não existe nada intrinsecamente elétrico a respeito do watt. Uma lâmpada pode ser avaliada em hp e o motor de um carro, em quilowatts.

O *quilowatt-hora* (kW · h) é a unidade comercial de energia elétrica. Um quilowatt-hora é o trabalho total realizado em 1 h (3.600 s) quando a potência é de 1 quilowatt (10^3 J/s). Logo

$$1 \text{ kW} \cdot \text{h} = (10^3 \text{ J/s})(3.600 \text{ s}) = 3{,}6 \times 10^6 \text{ J} = 3{,}6 \text{ MJ}$$

O quilowatt-hora é uma unidade de *trabalho* ou de *energia*, não uma unidade de potência.

Na mecânica, também podemos escrever a potência em função da força e da velocidade. Suponha que uma força $\vec{F}$ atue sobre um corpo enquanto ele sofre um deslocamento vetorial $\Delta \vec{d}$. Se $F_\parallel$ for o componente da força $\vec{F}$ tangente à trajetória (paralelo a $\Delta \vec{d}$), então o trabalho realizado por essa força será $\Delta W = F_\parallel \Delta d$; a potência média será

$$P_m = \frac{F_\parallel \Delta d}{\Delta t} = F_\parallel \frac{\Delta d}{\Delta t} = F_\parallel v_m \qquad (6.17)$$

A potência instantânea P é o limite da potência média quando $\Delta t \to 0$:

$$P = F_\parallel v \qquad (6.18)$$

onde v é o módulo da velocidade instantânea. Podemos também escrever a Equação 6.18 em função do produto escalar:

$$\text{Potência instantânea para uma força realizando trabalho sobre uma partícula} \quad P = \vec{F} \cdot \vec{v} \quad \begin{array}{l}\text{Força que atua sobre a partícula} \\ \text{Velocidade da partícula}\end{array} \qquad (6.19)$$

EXEMPLO 6.9 | FORÇA E POTÊNCIA

Cada um dos quatro motores a jato de um avião Airbus A380 desenvolve uma propulsão (força que acelera o avião) igual a 322.000 N. Quando o avião está voando a 250 m/s (900 km/h), qual é a *potência instantânea* que cada motor desenvolve?

SOLUÇÃO

IDENTIFICAR, PREPARAR E EXECUTAR: nossa variável-alvo é a potência instantânea P, que é a taxa em que a propulsão realiza o trabalho.
Usaremos a Equação 6.18. A propulsão está no mesmo sentido da velocidade, de modo que $F_\parallel$ é exatamente igual à propulsão. Em $v = 250$ m/s, a potência desenvolvida por cada motor é

$$P = F_\parallel v = (3{,}22 \times 10^5 \text{ N})(250 \text{ m/s}) = 8{,}05 \times 10^7 \text{ W}$$

$$= (8{,}05 \times 10^7 \text{ W})\frac{1 \text{ hp}}{746 \text{ W}} = 108.000 \text{ hp}$$

AVALIAR: a velocidade escalar dos aviões modernos está diretamente relacionada à potência dos seus motores (**Figura 6.27**). Os motores dos aviões maiores da década de 1950, movidos a hélice, desenvolviam cerca de 3.400 hp ($2{,}5 \times 10^6$ W), com velocidades máximas de cerca de 600 km/h. Cada motor de um Airbus A380 desenvolve aproximadamente 30 vezes mais potência, permitindo que ele voe a cerca de 900 km/h e transporte uma carga muito mais pesada.
Se os motores estão em propulsão máxima enquanto o avião está em repouso no solo, de modo que $v = 0$, os motores desenvolvem potência *nula*. Força e potência não são a mesma coisa!

Figura 6.27 Um avião (a) movido a hélice e (b) a jato.

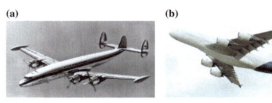

EXEMPLO 6.10 | UMA "ESCALADA DE POTÊNCIA"

Uma maratonista com massa de 50,0 kg sobe correndo as escadas da Willis Tower, em Chicago, o segundo edifício mais alto dos Estados Unidos, com altura de 443 m (**Figura 6.28**). Para que ela atinja o topo em 15,0 minutos, qual deve ser sua potência média em watts, em quilowatts e em hp?

Figura 6.28 Qual é a potência necessária para subir as escadas até o topo da Willis Tower em 15 minutos?

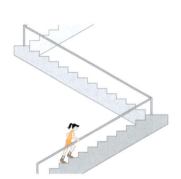 

SOLUÇÃO

IDENTIFICAR E PREPARAR: vamos considerar a corredora como uma partícula de massa m. Sua potência média P_m deve ser suficiente para elevá-la a uma velocidade escalar constante contra a gravidade.
Podemos calcular P_m de duas maneiras: (1) primeiro, determinando qual é o trabalho que ela deve realizar e dividindo o resultado pelo tempo decorrido, como na Equação 6.15, ou (2) calculando a força média de baixo para cima que ela deve exercer (na direção da subida) e multiplicando o resultado pela sua velocidade de baixo para cima, como na Equação 6.17.

EXECUTAR: (1) Como no Exemplo 6.8, o trabalho realizado para elevar a massa m contra a gravidade é igual ao peso mg multiplicado pela altura h. Logo, o trabalho realizado por ela é

$$W = mgh = (50{,}0 \text{ kg})(9{,}80 \text{ m/s}^2)(443 \text{ m})$$
$$= 2{,}17 \times 10^5 \text{ J}$$

O tempo é 15,0 min = 900 s; logo, pela Equação 6.15, sua potência média é

$$P_m = \frac{2{,}17 \times 10^5 \text{ J}}{900 \text{ s}} = 241 \text{ W} = 0{,}241 \text{ kW} = 0{,}323 \text{ hp}$$

(2) A força exercida é vertical, e o componente vertical do módulo da velocidade média é dado por (443 m)/(900 s) = 0,492 m/s; portanto, pela Equação 6.17, a potência média é

$$P_m = F_\parallel v_m = (mg)v_m$$
$$= (50{,}0 \text{ kg})(9{,}80 \text{ m/s}^2)(0{,}492 \text{ m/s}) = 241 \text{ W}$$

cujo resultado é igual ao anterior.

AVALIAR: na verdade, a potência *total* da corredora é muito maior que a calculada, 241 W. A razão é que ela não é uma partícula, mas um conjunto de muitas partes que realizam trabalho ao se moverem, como o trabalho realizado para respirar e o produzido pelo movimento de suas pernas. O cálculo feito indica apenas a parte de sua potência total correspondente ao trabalho realizado para elevá-la até o topo do edifício.

TESTE SUA COMPREENSÃO DA SEÇÃO 6.4 O ar que circunda um avião em voo exerce uma força de arraste que atua em oposição ao movimento do avião. Quando o Airbus A380 do Exemplo 6.9 está voando em linha reta, a altitude e velocidade constantes de 250 m/s, qual é a taxa em que a força de arraste produz trabalho sobre ele? (i) 432.000 hp; (ii) 108.000 hp; (iii) 0; (iv) −108.000 hp; (v) −432.000 hp. ∎

CAPÍTULO 6 RESUMO

Trabalho realizado por uma força: quando uma força constante $\vec{F}$ atua sobre uma partícula enquanto ela sofre um deslocamento retilíneo $\vec{d}$, o trabalho realizado por essa força é definido como o produto escalar de $\vec{F}$ e $\vec{d}$. A unidade de trabalho no sistema SI é 1 joule = 1 newton-metro (1 J = 1 N · m). O trabalho é uma grandeza escalar; ele possui um sinal algébrico (positivo ou negativo), mas não possui direção no espaço (exemplos 6.1 e 6.2).

$W = \vec{F} \cdot \vec{d} = Fd \cos \phi$ (6.2), (6.3)
ϕ = ângulo entre $\vec{F}$ e $\vec{d}$

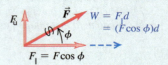

Energia cinética: a energia cinética K de uma partícula é igual ao trabalho realizado para acelerá-la a partir do repouso até a velocidade v. É também igual ao trabalho realizado para desacelerá-la até atingir o repouso. A energia cinética é uma grandeza escalar que não possui direção no espaço; ela é sempre positiva ou nula. Suas unidades são as mesmas de trabalho: 1 J = 1 N · m = 1 kg · m²/s².

$K = \frac{1}{2}mv^2$ (6.5)

Dobrando m o valor de K dobra.

Dobrando v o valor de K quadruplica.

Teorema do trabalho-energia: quando forças atuam sobre uma partícula enquanto ela sofre um deslocamento, a energia cinética da partícula varia de uma quantidade igual ao trabalho total realizado por todas as forças que atuam sobre ela. Essa relação é o teorema do trabalho-energia, que é sempre válido, não importando se as forças são constantes ou variáveis e se a trajetória é retilínea ou curva. O teorema se aplica somente para corpos que podem ser considerados partículas (exemplos 6.3 a 6.5).

$W_{tot} = K_2 - K_1 = \Delta K$ (6.6)

W_{tot} = Trabalho total realizado sobre a partícula ao longo da trajetória

$K_1 = \frac{1}{2}mv_1^2$

$K_2 = \frac{1}{2}mv_2^2 = K_1 + W_{tot}$

Trabalho realizado por uma força variável ou sobre uma trajetória curva: quando uma força varia durante um deslocamento retilíneo, o trabalho realizado por ela é dado por uma integral, Equação 6.7. (Veja os exemplos 6.6 e 6.7.) Quando uma partícula segue uma trajetória curva, o trabalho realizado sobre ela por uma força $\vec{F}$ é dado por uma integral que envolve o ângulo ϕ entre a força e o deslocamento. Essa relação vale mesmo quando o módulo da força e o ângulo ϕ variam durante o deslocamento (Exemplo 6.8).

$W = \int_{x_1}^{x_2} F_x \, dx$ (6.7)

$W = \int_{P_1}^{P_2} \vec{F} \cdot d\vec{l}$ (6.14)

$= \int_{P_1}^{P_2} F \cos \phi \, dl = \int_{P_1}^{P_2} F_\parallel \, dl$

Área = trabalho realizado pela força durante o deslocamento

Potência: a potência é a taxa temporal de realização de um trabalho. A potência média P_m é o trabalho ΔW realizado em um intervalo Δt e dividido por esse intervalo. A potência instantânea é o limite da velocidade média quando Δt tende a zero. Quando uma força $\vec{F}$ atua sobre uma partícula que se move com velocidade $\vec{v}$, a potência instantânea (taxa com a qual a força realiza trabalho) é o produto escalar de $\vec{F}$ e $\vec{v}$. A exemplo do trabalho e da energia cinética, a potência é uma grandeza escalar. A unidade de potência no sistema SI é 1 watt = 1 joule/segundo (1 W = 1 J/s). (Veja os exemplos 6.9 e 6.10.)

$P_m = \dfrac{\Delta W}{\Delta t}$ (6.15)

$P = \lim_{\Delta t \to 0} \dfrac{\Delta W}{\Delta t} = \dfrac{dW}{dt}$ (6.16)

$P = \vec{F} \cdot \vec{v}$ (6.19)

Trabalho realizado sobre uma caixa para levantá-la em 5 s:
$W = 100$ J
O resultado da potência:
$P = \dfrac{W}{t} = \dfrac{100 \text{ J}}{5 \text{ s}} = 20$ W

Problema em destaque Uma mola que não obedece à lei de Hooke

Considere uma mola suspensa, com massa desprezível, que *não* obedece à lei de Hooke. Quando puxada para baixo por uma distância x, ela exerce uma força para cima com módulo αx^2, onde α é uma constante positiva. Inicialmente, a mola suspensa está relaxada (não estendida). Então, prendemos um bloco de massa m à mola e o soltamos. Ele estica a mola enquanto ela desce (**Figura 6.29**). (a) Com que velocidade o bloco se move quando tiver descido a uma distância x_1? (b) Qual é o trabalho que a mola realiza sobre o bloco nesse ponto? (c) Ache a distância máxima x_2 na qual a mola se estica. (d) O bloco *permanecerá* no ponto encontrado no item (c)?

Figura 6.29 O bloco está preso a uma mola que não obedece à lei de Hooke.

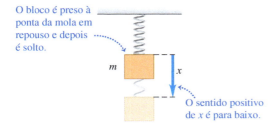

GUIA DA SOLUÇÃO
IDENTIFICAR E PREPARAR
1. A força da mola neste problema não é constante, de modo que é preciso usar o teorema do trabalho-energia. Você também precisará da Equação 6.7 para achar o trabalho realizado pela mola por determinado deslocamento.
2. Desenhe um diagrama do corpo livre para o bloco, incluindo sua escolha de eixos de coordenadas. Observe que x representa até que ponto a mola é *esticada*; portanto, escolha a direção positiva de x como sendo para baixo, como na Figura 6.29. Em seu eixo de coordenadas, rotule os pontos $x = x_1$ e $x = x_2$.
3. Crie uma lista de todas as incógnitas e decida quais delas são as variáveis-alvo.

EXECUTAR
4. Calcule o trabalho realizado sobre o bloco pela mola enquanto o bloco desce a uma distância x qualquer. (A integral não é difícil. Use o Apêndice B se precisar relembrar.) O trabalho realizado pela mola é positivo, negativo ou nulo?
5. Calcule o trabalho realizado sobre o bloco por quaisquer outras forças enquanto o bloco desce a uma distância x qualquer. Esse trabalho é positivo, negativo ou nulo?
6. Use o teorema do trabalho-energia para achar as variáveis-alvo. (Você também precisará de uma equação para a potência.) *Dica:* quando a mola estiver em sua extensão máxima, qual é a velocidade do bloco?
7. Para responder ao item (d), considere a força *resultante* que atua sobre o bloco quando ele está no ponto encontrado no item (c).

AVALIAR
8. Aprendemos, na Seção 2.5, que depois que um objeto liberado do repouso tiver caído livremente por uma distância x_1, sua velocidade é $\sqrt{2gx_1}$. Use isso para decidir se a sua resposta no item (a) faz sentido. Além disso, reflita se o sinal algébrico de sua resposta no item (b) faz sentido.
9. Ache o valor de x para o qual a força resultante sobre o bloco seria zero. Como este valor se relaciona com seu resultado para x_2? Isso é coerente com sua resposta no item (d)?

PROBLEMAS

•, ••, •••: níveis de dificuldade. **PC**: problemas cumulativos, incorporando material de outros capítulos. **CALC**: problemas exigindo cálculo. **DADOS:** problemas envolvendo dados reais, evidência científica, projeto experimental e/ou raciocínio científico. **BIO**: problemas envolvendo biociências.

QUESTÕES PARA DISCUSSÃO

Q6.1 O sinal de muitas grandezas físicas depende da escolha das coordenadas. Por exemplo, a_y para o movimento em queda livre pode ser negativo ou positivo, dependendo se escolhemos o sentido de baixo para cima ou o de cima para baixo como positivo. O mesmo se aplica ao trabalho? Em outras palavras, podemos tornar negativo um trabalho positivo em função da escolha das coordenadas? Explique.

Q6.2 Um elevador é suspenso pelos cabos mantendo velocidade constante. O trabalho total realizado sobre o elevador é positivo, negativo ou nulo? Explique.

Q6.3 Uma corda amarrada a um corpo é puxada, ocasionando aceleração do corpo. Porém, de acordo com a terceira lei de Newton, o corpo puxa a corda em sentido contrário com uma força de mesmo módulo. O trabalho total realizado será, então, igual a zero? Caso seja, como a energia cinética do corpo pode variar? Explique.

Q6.4 Considerando que seja necessário um trabalho total W para dar a um objeto uma velocidade escalar v e uma energia cinética K, partindo do repouso, qual será a velocidade escalar do objeto (em termos de v) e a energia cinética (em termos de K) se realizarmos o dobro do trabalho sobre ele, também partindo do repouso?

Q6.5 Quando uma força resultante não nula e de módulo constante atua sobre um objeto que se move, o trabalho total realizado sobre o objeto pode ser zero? Explique e forneça um exemplo para ilustrar sua resposta.

Q6.6 No Exemplo 5.5 (Seção 5.1), como podemos comparar o trabalho realizado pela tensão no cabo sobre o balde com o trabalho realizado pela tensão no cabo sobre o carro?

Q6.7 No Exemplo 5.20 (Seção 5.4), do pêndulo cônico, qual força realiza trabalho sobre o peso do pêndulo enquanto ele balança?

Q6.8 Para os casos mostrados na **Figura Q6.8**, o objeto é libertado do repouso no topo e não sofre resistência de atrito ou do ar. Em qual caso a massa terá (i) maior velocidade no ponto inferior e (ii) o máximo de trabalho realizado quando chegar ao ponto inferior?

Figura Q6.8

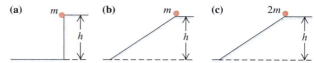

Q6.9 Uma força $\vec{F}$ está na direção do eixo x e seu módulo depende de x. Faça um gráfico possível de F versus x, de modo que a força realize um trabalho igual a zero sobre um objeto que se move de x_1 a x_2, embora o módulo da força não seja nulo em nenhum ponto x desse intervalo.

Q6.10 A energia cinética de um carro varia mais quando o carro acelera de 10 a 15 m/s ou quando ele acelera de 15 a 20 m/s? Explique.

Q6.11 Um tijolo de massa igual a 1,5 kg está caindo verticalmente com velocidade de 5,0 m/s. Um livro de física de 1,5 kg está deslizando sobre o assoalho com velocidade de 5,0 m/s. Um melão de massa igual a 1,5 kg está se deslocando com um vetor velocidade com um componente horizontal para a direita igual a 3,0 m/s e um componente vertical para cima igual a 4,0 m/s. Esses três objetos possuem o mesmo vetor velocidade? Esses três objetos possuem a mesma energia cinética? Explique o raciocínio usado para cada resposta.

Q6.12 O trabalho *total* realizado sobre um objeto durante um deslocamento pode ser negativo? Explique. Caso o trabalho total seja negativo, seu módulo pode ser maior que a energia cinética inicial do objeto? Explique.

Q6.13 Uma força resultante atua sobre um objeto e o acelera a partir do repouso até uma velocidade v_1. Ao fazer isso, a força realiza um trabalho igual a W_1. Qual deve ser o fator do aumento do trabalho para que o objeto atinja uma velocidade final três vezes maior, novamente partindo do repouso?

Q6.14 Um caminhão percorrendo uma estrada possui muita energia cinética em relação a um policial parado, mas nenhuma energia cinética em relação ao motorista do caminhão. Para esses dois sistemas de referência, o trabalho necessário para fazer o caminhão parar é o mesmo? Explique.

Q6.15 Você está segurando uma maleta pela alça, com o braço esticado para baixo, ao lado do corpo. A força exercida pela sua mão realiza trabalho sobre a maleta quando você (a) desce a uma velocidade escalar constante por um corredor horizontal e (b) sobe por uma escada rolante do primeiro ao segundo andar de um prédio? Para cada caso, justifique sua resposta.

Q6.16 Quando um livro desliza sobre o topo de uma mesa, a força de atrito realiza um trabalho negativo sobre ele. A força de atrito nunca pode realizar um trabalho *positivo*? Explique. (*Dica:* pense em uma caixa na traseira de um caminhão acelerando.)

Q6.17 Cronometre o tempo que você leva para subir as escadas de um edifício. Calcule a taxa média de realização de trabalho contra a força de gravidade. Expresse sua resposta em watts e em hp.

Q6.18 Física mal-empregada. Muitos termos da física são mal-empregados na linguagem cotidiana. Em cada caso a seguir, explique os erros envolvidos. (a) Uma pessoa *forte* é chamada de *potente*. O que há de errado nesse uso do conceito de *potência*? (b) Quando um operário carrega um saco de concreto por um pátio de construção plano, as pessoas dizem que ele realizou muito *trabalho*. Ele realizou mesmo?

Q6.19 Uma propaganda de um gerador elétrico portátil diz que seu motor a diesel é capaz de produzir 28.000 hp para gerar 30 MW de potência elétrica. Isso é possível? Explique.

Q6.20 Um carro está sendo acelerado enquanto seu motor fornece uma potência constante. A aceleração do carro é maior no início ou no final do deslocamento? Explique.

Q6.21 Considere um gráfico de potência instantânea *versus* o tempo, com o eixo vertical da potência P começando em $P = 0$. Qual o significado físico da área abaixo da curva de P versus t entre as linhas verticais t_1 e t_2? Como você poderia achar a potência média desse gráfico? Faça um gráfico P versus t, consistindo em duas seções de linhas retas e para o qual a potência máxima seja igual ao dobro da potência média.

Q6.22 Uma força resultante diferente de zero atua sobre um objeto. É possível que qualquer das seguintes grandezas seja constante: (a) a velocidade escalar do objeto; (b) o vetor velocidade do objeto; (c) a energia cinética do objeto?

Q6.23 Quando uma certa força é aplicada a uma mola ideal, a mola se alonga por uma distância x a partir de seu comprimento sem deformação e produz trabalho W. Caso seja aplicado o dobro da força, por qual distância (em termos de x) a mola se alonga a partir de seu comprimento sem deformação e qual é o trabalho (em termos de W) necessário para alongá-la por essa distância?

Q6.24 Considerando que é necessário um trabalho W para alongar uma mola por uma distância x a partir de seu comprimento sem deformação, qual trabalho (em termos de W) é necessário para alongar a mola por uma distância *adicional* x?

EXERCÍCIOS

Seção 6.1 Trabalho

6.1 • Você empurra um livro de física por 1,5 m sobre uma mesa horizontal com um impulso horizontal de 2,40 N, enquanto a força de atrito em oposição é de 0,600 N. Qual é o trabalho realizado por cada uma das seguintes forças sobre o livro: (a) seu impulso de 2,40 N, (b) a força de atrito, (c) a força normal da mesa e (d) a gravidade? (e) Qual é o trabalho resultante realizado sobre o livro?

6.2 • Usando um cabo com tensão de 1.350 N, um caminhão-reboque puxa um carro por 5,0 km ao longo de uma estrada horizontal. (a) Qual o trabalho realizado pelo cabo sobre o carro, se ele o puxa horizontalmente? E se o cabo puxar a um ângulo de 35,0° acima da horizontal? (b) Qual o trabalho realizado pelo cabo sobre o caminhão-reboque em ambos os casos do item (a)? (c) Qual o trabalho realizado pela gravidade sobre o carro no item (a)?

6.3 • Um trabalhador de uma fábrica exerce uma força horizontal para empurrar um engradado de 30,0 kg ao longo de um piso plano por uma distância de 4,5 m. O coeficiente de atrito cinético entre o engradado e o piso é igual a 0,25. (a) Qual o módulo da força aplicada pelo trabalhador? (b) Qual o trabalho realizado por essa força sobre o engradado? (c) Qual o trabalho realizado pelo atrito sobre o engradado? (d) Qual o trabalho realizado sobre o engradado pela força normal? E pela força da gravidade? (e) Qual o trabalho total realizado sobre o engradado?

6.4 •• Suponha que o trabalhador do Exercício 6.3 empurre o engradado para baixo em um plano inclinado 30° abaixo da horizontal. (a) Qual é o módulo da força aplicada pelo trabalhador para que o engradado se desloque com velocidade constante? (b) Qual é o trabalho realizado por essa força sobre o engradado quando ele se desloca de 4,5 m? (c) Qual é o trabalho realizado pelo atrito sobre o engradado durante esse deslocamento? (d) Qual é o trabalho realizado sobre o engradado pela força normal? E pela força da gravidade? (e) Qual é o trabalho total realizado sobre o engradado?

6.5 •• Um pintor de 75,0 kg sobe uma escada com 2,75 m de comprimento apoiada em uma parede vertical. A escada forma um ângulo de 30,0° com a parede. (a) Qual é o trabalho que a gravidade realiza sobre o pintor? (b) A resposta ao item (a) depende do fato de o pintor subir a uma velocidade escalar constante ou acelerar escada acima?

6.6 •• Dois rebocadores puxam um navio petroleiro. Cada rebocador exerce uma força constante de $1,80 \times 10^6$ N, um a 14° no sentido norte para oeste e outro a 14° na direção norte para leste, e o petroleiro é puxado até uma distância de 0,75 km do sul para o norte. Qual é o trabalho total realizado sobre o petroleiro?

6.7 • Dois blocos estão ligados por um fio muito leve que passa por uma polia sem massa e sem atrito (**Figura E6.7**). Deslocando-se com velocidade escalar constante, o bloco de 20,0 N se move 75,0 cm da esquerda para a direita e o bloco de 12,0 N move-se 75,0 cm de cima

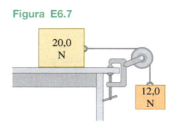

Figura E6.7

para baixo. Nesse processo, qual é o trabalho realizado (a) sobre o bloco de 12,0 N pela: (i) gravidade; e (ii) tensão no fio? (b) Sobre o bloco de 20,0 N (i) pela gravidade; (ii) pela tensão no fio; (iii) pelo atrito; e (iv) pela força normal? (c) Calcule o trabalho total realizado sobre cada bloco.

6.8 •• Um carrinho de supermercado carregado está sendo empurrado pelo pátio de um estacionamento sob vento forte. Você aplica uma força constante $\vec{F} = (30\text{ N})\hat{i} - (40\text{ N})\hat{j}$ ao carrinho enquanto ele percorre um deslocamento $\vec{d} = (-9{,}0\text{ m})\hat{i} - (3{,}0\text{ m})\hat{j}$. Qual é o trabalho da força exercida por você sobre o carrinho?

6.9 • Uma bola de 0,800 kg é amarrada à extremidade de um fio de 1,60 m de comprimento e balançada de modo a perfazer um círculo vertical. (a) Por um círculo completo, com início em qualquer ponto, calcule o trabalho total realizado sobre a bola (i) pela tensão no fio e (ii) pela gravidade. (b) Repita o item (a) para o movimento ao longo de um semicírculo, do ponto mais baixo ao ponto mais alto da trajetória.

6.10 •• Um pacote de 12,0 kg em uma sala de distribuição de encomendas desliza por 2,00 m rampa abaixo, inclinada em 53,0° abaixo do plano horizontal. O coeficiente de atrito cinético entre o pacote e a superfície da rampa é 0,40. Calcule o trabalho realizado sobre o pacote por (a) atrito, (b) gravidade e (c) a força normal. (d) Qual é o trabalho resultante realizado sobre o pacote?

6.11 • Uma caixa de papelão de 128,0 N é puxada em uma esteira de bagagem sem atrito, inclinada em 30,0° acima da horizontal por uma corda que exerce uma força de 72,0 N paralela à superfície da rampa. Se a caixa atravessa 5,20 m ao longo da superfície da rampa, calcule o trabalho realizado sobre ela (a) pela corda, (b) pela gravidade e (c) pela força normal da rampa. (d) Qual é o trabalho resultante realizado sobre a caixa? (e) Considere que a corda tenha um ângulo de 50,0° acima da horizontal, em vez de ser paralela à superfície da rampa. Qual é o trabalho que a corda realiza sobre a caixa neste caso?

6.12 •• Um monitor de computador embalado, pesando 10,0 kg, é arrastado com atrito 5,50 m para cima ao longo de uma esteira transportadora inclinada a um ângulo de 36,9° acima da horizontal. Se a velocidade do monitor for de 2,10 cm/s constantes, qual trabalho é realizado sobre o monitor (a) pelo atrito, (b) pela gravidade e (c) pela força normal da esteira transportadora?

6.13 •• Um engradado grande encontra-se sobre o piso de um depósito. Paulo e Beto aplicam forças horizontais constantes sobre o engradado. A força aplicada por Paulo tem módulo 48,0 N no sentido 61,0° do oeste para o sul. Qual é o trabalho realizado pela força de Paulo durante um deslocamento do engradado por 12,0 m a 22,0° no sentido do norte para o leste?

6.14 •• Você aplica uma força constante $\vec{F} = (-68{,}0\text{ N})\hat{i} + (36{,}0\text{ N})\hat{j}$ a um carro de 380 kg enquanto o carro percorre 48,0 m a 240,0° em sentido anti-horário a partir do eixo x positivo. Qual é o trabalho realizado pela força que você aplica sobre o carro?

6.15 •• Em uma fazenda, você está empurrando um porco teimoso com uma força horizontal constante de módulo 30,0 N a 37,0° em sentido anti-horário a partir do eixo x positivo. Qual é o trabalho realizado por essa força durante um deslocamento do porco que é (a) $\vec{d} = (5{,}00\text{ m})\hat{i}$; (b) $\vec{d} = -(6{,}00\text{ m})\hat{j}$; (c) $\vec{d} = -(2{,}00\text{ m})\hat{i} + (4{,}00\text{ m})\hat{j}$?

Seção 6.2 Energia cinética e o teorema do trabalho-energia

6.16 •• Um livro de 1,50 kg está deslizando ao longo de uma superfície horizontal áspera. No ponto A, ele está se movendo a 3,21 m/s, e, no ponto B, a velocidade foi reduzida para 1,25 m/s. (a) Qual é o trabalho realizado sobre o livro entre A e B? (b) Se −0,750 J de trabalho for realizado sobre o livro de B até C, com que velocidade ele estará a se mover no ponto C? (c) Com que velocidade ele estará a se mover em C se +0,750 J de trabalho foi feito sobre ele de B para C?

6.17 •• BIO **Energia animal.** Guepardos adultos, os mais rápidos dos grandes felinos, possuem uma massa de aproximadamente 70 kg e costumam correr a 32 m/s. (a) Quantos joules de energia cinética esse guepardo ligeiro possui? (b) Por qual fator sua energia cinética variaria se sua velocidade fosse dobrada?

6.18 • **Algumas energias cinéticas típicas.** (a) No modelo atômico de Bohr, o elétron de hidrogênio possui uma velocidade escalar orbital de 2.190 km/s. Qual é sua energia cinética? (Consulte o Apêndice F.) (b) Se você largar um peso de 1,0 kg de uma altura de 1,0 m, quantos joules de energia cinética ele terá quando atingir o solo? (c) É razoável afirmar que uma criança de 30 kg pode correr o suficiente para ter 100 J de energia cinética?

6.19 • **Cratera de meteoro.** Há cerca de 50.000 anos, um meteoro colidiu com a superfície terrestre, próximo de Flagstaff, Arizona (EUA). Medições do ano de 2005 estimam que esse meteoro teria massa aproximada de $1{,}4 \times 10^8$ kg (cerca de 150.000 toneladas) e que tenha atingido o solo a 12 km/s. (a) Quanta energia cinética esse meteoro liberou para o solo? (b) Como essa energia se relaciona com a energia liberada por uma bomba nuclear de 1,0 megaton? (Uma bomba de um megaton libera a mesma energia que um milhão de toneladas de TNT e 1,0 tonelada de TNT libera $4{,}184 \times 10^9$ J de energia.)

6.20 • Uma melancia de 4,80 kg é largada (do repouso) da extremidade do telhado de um edifício a uma altura de 18,0 m e a resistência do ar é desprezível. (a) Calcule o trabalho realizado pela gravidade sobre a melancia durante seu deslocamento do telhado ao solo. (b) Imediatamente antes de a melancia atingir o solo, qual é (i) sua energia cinética e (ii) sua velocidade escalar? (c) Qual das respostas nos itens (a) e (b) seria *diferente* se a resistência do ar fosse significativa?

6.21 •• Use o teorema do trabalho-energia para resolver os problemas a seguir. Você pode usar as leis de Newton para conferir suas respostas. Despreze a resistência do ar em todos os casos. (a) Um galho cai do topo de uma árvore de 95,0 m de altura, partindo do repouso. Qual é sua velocidade ao atingir o solo? (b) Um vulcão ejeta uma rocha diretamente de baixo para cima a 525 m no ar. Qual é a velocidade da rocha no instante em que saiu do vulcão?

6.22 •• Use o teorema do trabalho-energia para resolver os problemas a seguir. Você pode usar as leis de Newton para conferir suas respostas. (a) Uma esquiadora que se move a 5,0 m/s encontra um longo trecho horizontal áspero de neve com coeficiente de atrito cinético de 0,220 com seu esqui. Qual distância ela percorre nesse trecho antes de parar? (b) Suponha que o trecho áspero do item (a) tenha apenas 2,90 m de comprimento. Qual era a velocidade da esquiadora quando ela chegou ao final do trecho? (c) Na base de uma colina coberta de neve e sem atrito que se ergue a 25,0° acima da horizontal, um tobogã possui velocidade escalar de 12,0 m/s em direção à colina. Que altura vertical acima da base ela atinge antes de parar?

6.23 •• Você é membro de uma equipe de resgate nos Alpes. Você deve arremessar uma caixa de suprimentos de baixo para cima de uma encosta com ângulo de inclinação constante α, de modo que chegue a um esquiador em apuros, que está a uma distância vertical h acima da base da encosta. A encosta é escorregadia, mas existe algum atrito, com coeficiente de atrito cinético μ_c. Use o teorema do trabalho-energia para calcular a velocidade escalar mínima que você deve imprimir à caixa na base da encosta, de modo que ela chegue ao esquiador. Expresse sua resposta em termos de g, h, μ_c e α.

6.24 •• Você atira uma pedra de 3,00 N verticalmente para o ar a partir do nível do solo. Você observa que, quando alcança 15,0 m acima do solo, ela se desloca a 25,0 m/s de baixo para cima. Use o teorema do trabalho-energia para calcular (a) a velocidade escalar da pedra assim que deixou o solo e (b) sua altura máxima.

6.25 • Um trenó com massa igual a 12,0 kg se move em linha reta sobre uma superfície horizontal sem atrito. Em um ponto de sua trajetória, sua velocidade possui módulo igual a 4,00 m/s; depois de percorrer mais 2,50 m além desse ponto, sua velocidade possui módulo igual a 6,00 m/s. Use o teorema do trabalho-energia para achar a força que atua sobre o trenó, supondo que essa força seja constante e que ela atue no sentido do movimento do trenó.

6.26 •• Uma massa m desliza de cima para baixo em um plano ligeiramente inclinado a partir de uma altura vertical h, formando um ângulo α com a horizontal. (a) O trabalho realizado por uma força é a soma do trabalho realizado por seus componentes. Considere os componentes da gravidade paralela e perpendicular à superfície do plano. Calcule o trabalho realizado sobre a massa por cada um dos componentes e use esses resultados para mostrar que o trabalho realizado pela gravidade é exatamente o mesmo, caso a massa tivesse caído diretamente de cima para baixo pelo ar, de uma altura h. (b) Use o teorema do trabalho-energia para provar que a velocidade escalar da massa na base da inclinação seria a mesma, caso tivesse sido solta da altura h, independentemente do ângulo α da inclinação. Explique como essa velocidade escalar pode ser independente do ângulo da inclinação. (c) Use os resultados do item (b) para determinar a velocidade escalar de uma rocha que desliza de cima para baixo por uma colina coberta de gelo e sem atrito, partindo do repouso de um ponto que está 15,0 m acima da base.

6.27 • Um pacote contendo 12 latas de refrigerante (com massa de 4,30 kg) está inicialmente em repouso sobre uma superfície horizontal. A seguir, ele é empurrado 1,20 m em linha reta por um cão treinado que exerce uma força constante de módulo igual a 36,0 N. Use o teorema do trabalho-energia para achar a velocidade final do pacote se (a) não existe atrito entre o pacote e a superfície; (b) o coeficiente de atrito cinético entre o pacote e a superfície é igual a 0,30.

6.28 •• Uma bola de futebol de massa igual a 0,420 kg está se movendo inicialmente com velocidade de 2,00 m/s. Um jogador chuta a bola, exercendo uma força constante de módulo 40,0 N na mesma direção do movimento da bola. Por que distância o pé do jogador deverá estar em contato com a bola para aumentar sua velocidade para 6,00 m/s?

6.29 • Uma carroça pequena, com massa de 7,0 kg, move-se em linha reta sobre uma superfície horizontal sem atrito. Ela possui uma velocidade inicial de 4,00 m/s e, a seguir, é empurrada 3,0 m no mesmo sentido da velocidade inicial por uma força com módulo igual a 10,0 N. (a) Use o teorema do trabalho-energia para calcular a velocidade final da carroça. (b) Calcule a aceleração produzida pela força. Use essa aceleração nas relações cinemáticas do Capítulo 2 para calcular a velocidade final da carroça. Compare esse resultado com o obtido no item (a).

6.30 •• Um bloco de gelo com massa de 2,00 kg desliza 1,35 m de cima para baixo ao longo de um plano inclinado de 36,9° abaixo da horizontal. Sabendo que o bloco de gelo parte sem velocidade inicial, qual é sua velocidade final? Despreze o atrito.

6.31 • **Distância de parada.** Um carro se desloca sobre uma superfície horizontal com velocidade v_0 no momento em que os freios ficam bloqueados, de modo que os pneus deslizam em vez de rolar. (a) Use o teorema do trabalho-energia para calcular a distância mínima para o carro parar em função de v_0, de g e do coeficiente de atrito cinético μ_c entre os pneus e o solo. (b) Qual é o fator da variação da distância mínima para o carro parar se (i) o coeficiente de atrito cinético for dobrado ou (ii) a velocidade escalar inicial for dobrada ou (iii) tanto o atrito cinético quanto a velocidade escalar inicial forem dobrados?

6.32 •• Um engradado de 30 kg está inicialmente movendo-se com uma velocidade com módulo de 3,90 m/s em uma direção de 37,0° de norte a oeste. Qual é o trabalho que precisa ser realizado sobre o engradado para mudar sua velocidade para 5,62 m/s em uma direção a 63,0° de leste a sul?

Seção 6.3 Trabalho e energia com forças variáveis

6.33 • BIO **Reparo no coração.** Um cirurgião está usando material de um coração doado para reparar a aorta danificada de um paciente e precisa saber as características elásticas desse material aórtico. Os testes realizados sobre uma tira de 16,0 cm da aorta doada revelam que ela se estica por 3,75 cm quando uma força de 1,50 N é exercida sobre ela. (a) Qual é a constante de força dessa tira de material aórtico? (b) Se a distância máxima que ela puder esticar quando substituir a aorta no coração defeituoso for 1,14 cm, qual é a maior força que ela poderá exercer ali?

6.34 •• É necessário realizar um trabalho de 12,0 J para esticar 3,0 cm uma mola a partir de seu comprimento sem deformação. (a) Qual é a constante de força dessa mola? (b) Qual é o módulo de força necessário para alongar a mola em 3,0 cm a partir de seu comprimento sem deformação? (c) Calcule o trabalho necessário para esticar 4,0 cm essa mola a partir de seu comprimento sem deformação e qual força é necessária para comprimi-la nessa distância.

6.35 • Três massas idênticas de 8,50 kg são penduradas por três molas idênticas (**Figura E6.35**). Cada mola tem uma constante de força de 7,80 kN/m e tinha 12,0 cm de extensão antes que qualquer massa estivesse presa a ela. (a) Desenhe um diagrama de corpo livre de cada massa. (b) Qual é a distância de cada mola quando pendurada conforme mostrado? (*Dica:* primeiro isole apenas a massa inferior. Depois, trate as duas massas inferiores como um sistema. Por fim, trate todas as três massas como um sistema.)

Figura E6.35

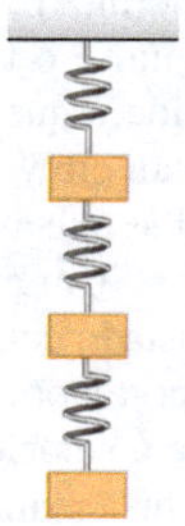

6.36 • Uma menina aplica uma força $\vec{F}$ paralela ao eixo x sobre um trenó de 10,0 kg que se desloca sobre a superfície congelada de um pequeno lago. À medida que ela controla a velocidade do trenó, o componente x da força que ela aplica varia com a coordenada x do modo indicado na Figura E6.36. Calcule o trabalho realizado pela força $\vec{F}$ quando o trenó se desloca (a) de $x = 0$ a $x = 8,0$ m; (b) de $x = 8,0$ m a $x = 12,0$ m; (c) de $x = 0$ a $x = 12,0$ m.

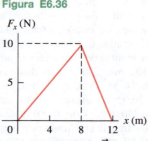

Figura E6.36

6.37 •• Suponha que o trenó do Exercício 6.36 esteja inicialmente em repouso em $x = 0$. Use o teorema do trabalho-energia para achar a velocidade do trenó em (a) $x = 8,0$ m; (b) $x = 12,0$ m. Despreze o atrito entre o trenó e a superfície do lago.

6.38 •• Uma mola com força constante de 300,0 N/m e comprimento não esticado de 0,240 m é esticada por duas forças, puxando em direções opostas nas extremidades opostas da mola, que aumentam para 15,0 N. A que distância a mola estará agora, e qual foi o trabalho necessário para esticá-la até essa distância?

6.39 •• Uma caixa de 6,0 kg que se move a 3,0 m/s sobre uma superfície horizontal sem atrito colide com uma mola leve com constante de força de 75 N/cm. Use o teorema do trabalho-energia para calcular a compressão máxima da mola.

6.40 •• **Pernas exercendo pressão.** Como parte de seu treino diário, você deita de costas e empurra com seus pés uma plataforma ligada a duas molas duras dispostas de modo que fiquem paralelas uma à outra. Quando você empurra a plataforma, as molas são comprimidas. Você realiza 80,0 J de trabalho para comprimir as molas 0,200 m a partir de seu comprimento sem deformação. (a) Qual é o módulo da força que você deve aplicar para manter a plataforma nessa posição? (b) Qual é o trabalho *adicional* que você deve realizar para mover a plataforma *mais* 0,200 m e qual é a força máxima que você deve aplicar?

6.41 •• (a) No Exemplo 6.7 (Seção 6.3), verificou-se que, com o trilho de ar desativado, o cavaleiro se deslocava 8,6 cm antes de parar instantaneamente. Qual deveria ser o coeficiente de atrito estático μ_s para impedir que o cavaleiro retornasse para a esquerda? (b) Sabendo que o coeficiente de atrito estático entre o trilho e o cavaleiro é $\mu_s = 0,60$, qual é a velocidade inicial máxima v_1 que o cavaleiro deve ter para que permaneça em repouso depois de parar instantaneamente? Com o trilho de ar desativado, o coeficiente de atrito cinético é $\mu_c = 0,47$.

6.42 • Um bloco de gelo de 4,0 kg é colocado contra uma mola horizontal cuja constante de força é $k = 200$ N/m, sendo comprimida em 0,025 m. A mola é liberada e acelera o bloco em uma superfície horizontal. Despreze o atrito e a massa da mola. (a) Calcule o trabalho realizado pela mola sobre o bloco quando ele se desloca de sua posição inicial até o local em que a mola retorna ao seu comprimento sem deformação. (b) Qual é a velocidade do bloco no instante em que ele abandona a mola?

6.43 • Uma força $\vec{F}$ é aplicada paralelamente ao eixo x a um modelo de carro com controle remoto de 2,0 kg. O componente x da força varia com a coordenada x do carro, conforme indicado na **Figura E6.43**. Calcule o trabalho realizado pela força $\vec{F}$ quando o

Figura E6.43

carro se desloca (a) de $x = 0$ a $x = 3,0$ m; (b) de $x = 3,0$ m a $x = 4,0$ m; (c) de $x = 4,0$ m a $x = 7,0$ m; (d) de $x = 0$ a $x = 7,0$ m; (e) de $x = 7,0$ m a $x = 2,0$ m.

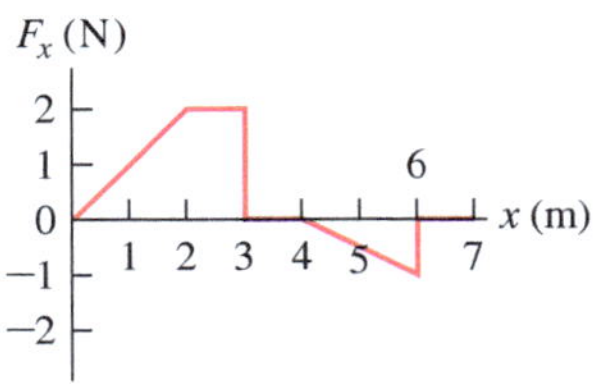

6.44 • Suponha que o modelo de carro de 2 kg do Exercício 6.43 esteja inicialmente em repouso em $x = 0$ e que $\vec{F}$ seja a força resultante atuando sobre o carro. Use o teorema do trabalho-energia para calcular a velocidade do carro em (a) $x = 3,0$ m; (b) $x = 4,0$ m; (c) $x = 7,0$ m.

6.45 •• Em um parque aquático, um trenó com seu condutor é impulsionado ao longo de uma superfície horizontal escorregadia pela liberação de uma grande mola comprimida. A constante da mola é $k = 40,0$ N/cm e a mola possui massa desprezível e repousa sobre uma superfície horizontal sem atrito. Uma extremidade está em contato com uma parede fixa. O trenó e seu condutor, com massa total de 70,0 kg, são empurrados contra a outra extremidade, comprimindo a mola em 0,375 m. A seguir, o trenó é liberado da mola sem velocidade inicial. Qual é a velocidade do trenó quando a mola (a) retorna ao seu comprimento sem deformação? (b) Ainda está 0,200 m comprimida?

6.46 • **Meia mola.** (a) Suponha que você corte pela metade uma mola ideal sem massa. Se a mola inteira possuía uma força constante k, qual é a constante de força de cada metade, em termos de k? (*Dica:* pense na mola original como duas metades iguais, cada uma produzindo a mesma força que a mola inteira. Você sabe por que as forças devem ser iguais?) (b) Se você cortar a mola em três partes iguais, qual é a constante de força de cada parte, em termos de k?

6.47 •• Um pequeno cavaleiro comprime uma mola na parte inferior de um trilho de ar inclinado a um ângulo de 40,0° acima da horizontal. O cavaleiro possui massa igual a 0,0900 kg. A mola possui massa desprezível e $k = 640$ N/m. Quando a mola é liberada, o cavaleiro se desloca até uma distância máxima de 1,80 m ao longo do trilho de ar antes de começar a escorregar de volta. Antes de atingir essa distância máxima, o cavaleiro perde o contato com a mola. (a) Calcule a distância em que a mola foi originalmente comprimida. (b) Quando o cavaleiro se deslocou em uma distância de 0,80 m ao longo do trilho de ar a partir de sua posição inicial contra a mola comprimida, ele ainda mantinha contato com a mola? Qual é a energia cinética do cavaleiro nesse ponto?

6.48 •• Um pedreiro engenhoso montou um dispositivo que dispara tijolos até a altura da parede onde ele está trabalhando. Ele coloca o tijolo comprimindo uma mola vertical com massa desprezível e constante da mola $k = 450$ N/m. Quando a mola é liberada, o tijolo é disparado de baixo para cima. Sabendo que o tijolo possui massa de 1,80 kg e que deve atingir uma altura máxima de 3,6 m acima de sua posição inicial sobre a mola comprimida, qual é a distância que a mola deve ser inicialmente comprimida? (O tijolo perde o contato com a mola no instante em que a mola retorna a seu comprimento sem deformação. Por quê?)

6.49 •• **CALC** Uma força na direção x positiva com módulo $F(x) = 18,0$ N $-$ $(0,530$ N/m$)x$ é aplicada a uma caixa de 6,00 kg apoiada sobre a superfície horizontal e sem atrito de um lago congelado. $F(x)$ é a única força horizontal sobre a caixa. Se a caixa está inicialmente em repouso em $x = 0$, qual é sua velocidade depois de ter atravessado 14,0 m?

Seção 6.4 Potência

6.50 •• Um engradado sobre um carrinho motorizado parte do repouso e move-se em sentido leste com uma aceleração constante de $a = 2,80$ m/s². Um trabalhador auxilia o carrinho empurrando o engradado com uma força em sentido leste com um módulo que depende do tempo, de acordo com $F(t) = (5,40$ N/s$)t$. Qual é a potência instantânea fornecida por essa força em $t = 5,00$ s?

6.51 • Quantos joules de energia uma lâmpada de 100 watts consome por hora? Qual é a velocidade com que uma pessoa de 70 kg teria de correr para produzir esse valor de energia cinética?

6.52 •• **BIO Você deve caminhar ou correr?** Da sua casa até o laboratório de física são 5,0 km. Como parte de seu programa de educação física, você poderia correr por essa distância a 10 km/h (que consome energia por volta de 700 W), ou então poderia caminhar sem pressa a 3,0 km/h (consumindo uma energia de 290 W). Qual escolha queimaria mais energia, e quanta energia (em joules) isso queimaria? Por que o exercício mais intenso queima menos energia que o menos intenso?

6.53 •• **Magnetar.** Em 27 de dezembro de 2004, astrônomos observaram o maior clarão de luz jamais registrado fora do sistema solar, proveniente da estrela de nêutron altamente magnética SGR 1806-20 (um *magnetar*). Em 0,20 s, essa estrela liberou a mesma energia que o Sol em 250.000 anos. Se P é a potência média do Sol, qual é a potência média (em termos de P) desse magnetar?

6.54 •• Uma pedra de 20,0 kg está deslizando sobre uma superfície horizontal áspera a 8,0 m/s e, eventualmente, para em função do atrito. O coeficiente de atrito cinético entre a pedra e a superfície é 0,200. Que potência média é produzida pelo atrito até que a pedra pare?

6.55 • Uma dupla de atletas de bicicleta *tandem* (bicicleta com dois assentos) deve superar uma força de 165 N para manter uma velocidade de 9,0 m/s. Calcule a potência em watts necessária para cada competidor, supondo que cada um deles pedale com a mesma potência. Expresse sua resposta em watts e em hp.

6.56 •• Quando seu motor de 75 kW (100 hp) fornece potência máxima, um avião monomotor com massa de 700 kg ganha altura com uma taxa de 2,5 m/s (ou 150 m/min). Qual é a fração da potência do motor usada para fazer o avião subir? (A potência restante é usada para superar os efeitos da resistência do ar e compensar as ineficiências da hélice e do motor.)

6.57 •• **Trabalhando como um cavalo.** Seu trabalho é colocar em um caminhão engradados de 30,0 kg, elevando-os a 0,90 m do chão até o caminhão. (a) Quantos engradados você coloca no caminhão em um minuto, supondo que sua potência média seja igual a 0,50 hp? (b) E para uma potência média de 100 W?

6.58 •• Um elevador possui massa de 600 kg, não incluindo a massa dos passageiros. O elevador foi projetado para subir com velocidade constante uma distância vertical de 20,0 m (cinco andares) em 16,0 s, sendo impulsionado por um motor que fornece uma potência máxima de 40 hp ao elevador. Qual é o número máximo de passageiros que o elevador pode transportar? Suponha que cada passageiro possua massa de 65,0 kg.

6.59 •• Um teleférico de esqui opera com um cabo de 300 m inclinado em 15,0°. O cabo se move a 12,0 km/h e a potência é fornecida simultaneamente para 50 esquiadores, cada um deles com massa igual a 70,0 kg. Estime a potência necessária para operar o teleférico.

6.60 • Você aplica uma força horizontal constante $\vec{F} = (-8,00 \text{ N})\hat{\imath} + (3,00 \text{ N})\hat{\jmath}$ a um engradado que desliza no piso de uma fábrica. No instante em que a velocidade do engradado é $\vec{v} = (3,20 \text{ m/s})\hat{\imath} + (2,20 \text{ m/s})\hat{\jmath}$, qual é a potência instantânea fornecida por essa força?

6.61 • **BIO** Enquanto paira no ar, um inseto voador comum aplica uma força média que equivale ao dobro de seu peso, a cada movimento de cima para baixo das asas. Suponha que a massa do inseto seja 10 g e que as asas se desloquem por uma distância média de cima para baixo de 1,0 cm, a cada batida de asas. Para 100 movimentos de cima para baixo por segundo, estime a potência média do inseto.

PROBLEMAS

6.62 ••• **CALC** Uma vaca está saindo do celeiro, apesar de você tentar puxá-la de volta. Nas coordenadas com origem na porta do celeiro, a vaca caminha de $x = 0$ até $x = 6,9$ m enquanto você aplica uma força com o componente $F_x = -[20,0 \text{ N} + (3,0 \text{ N/m})x]$. Qual é o trabalho que a força exercida por você realiza sobre a vaca durante seu deslocamento?

6.63 • Um carregador empurra uma mala de 20,0 kg para cima de uma rampa com inclinação de 32,0° acima da horizontal com uma força $\vec{F}$ de módulo igual a 160 N que atua paralelamente à rampa. O coeficiente de atrito cinético entre a rampa e a inclinação é dado por $\mu_c = 0,300$. Se a mala se desloca 3,80 m ao longo da rampa, calcule (a) o trabalho realizado sobre a mala pela força $\vec{F}$; (b) o trabalho realizado sobre a mala pela força gravitacional; (c) o trabalho realizado sobre a mala pela força normal; (d) o trabalho realizado sobre a mala pela força de atrito; (e) o trabalho total realizado sobre a mala; (f) se a velocidade da mala é nula na parte inferior da rampa, qual é sua velocidade depois que ela se desloca 3,80 m ao longo da rampa?

6.64 • **BIO** **Barra fixa.** Ao se exercitar em uma barra, elevando o queixo acima dela, o corpo de um homem se eleva 0,40 m. (a) Qual é o trabalho realizado pelo homem por quilograma de massa de seu corpo? (b) Os músculos envolvidos nesse movimento podem produzir 70 J de trabalho por quilograma de massa do músculo. Se o homem consegue fazer a elevação de 0,40 m no limite de seu esforço máximo, qual é o percentual da massa de seu corpo constituído por esses músculos? (Por comparação, a porcentagem *total* de músculos de um homem de 70 kg com 14% de gordura é próxima a 43%.) (c) Repita os cálculos da parte (b) para o filho do homem, cujos braços possuem a metade do comprimento dos do pai, porém com músculos que podem produzir 70 J de trabalho por quilograma de massa do músculo. (d) Adultos e crianças possuem aproximadamente a mesma porcentagem de músculos em seus corpos. Explique por que uma criança pode fazer uma flexão de braço na barra mais facilmente que seu pai.

6.65 ••• Considere os blocos do Exercício 6.7, que se movem 75,0 cm. Calcule o trabalho total realizado sobre cada bloco (a) caso não haja atrito entre a mesa e o bloco de 20,0 N e (b) supondo $\mu_s = 0,500$ e $\mu_c = 0,325$ entre a mesa e o bloco de 20,0 N.

6.66 •• Um pacote de 5,00 kg desliza para baixo de uma rampa inclinada 24,0° abaixo da horizontal. O coeficiente de atrito cinético entre o pacote e a rampa é $\mu_c = 0,310$. Calcule (a) o trabalho realizado sobre o pacote pelo atrito; (b) o trabalho realizado sobre o pacote pela gravidade; (c) o trabalho realizado sobre o pacote pela força normal; (d) o trabalho total realizado sobre o pacote. (e) Se o pacote possui uma velocidade de 2,20 m/s no topo da rampa, qual é sua velocidade depois de descer 2,80 m ao longo da rampa?

6.67 •• **PC** **BIO** **Lesão do "chicote".** Quando um carro é atingido por trás, seus passageiros sofrem uma aceleração repentina para a frente, que pode causar uma lesão séria no pescoço, conhecida como *lesão do "chicote"*. Durante a aceleração normal, os músculos do pescoço desempenham um papel importante na aceleração da cabeça, de modo que os ossos não sejam lesionados. Porém, durante uma forte aceleração repentina, os músculos não reagem imediatamente, pois são flexíveis; a maior parte da força de aceleração é fornecida pelos ossos do pescoço. Experimentos mostram que esses ossos serão fraturados se absorverem mais de 8,0 J de energia. (a) Se um carro parado em um semáforo é atingido pela traseira em uma colisão que dura 10,0 ms, qual é a maior velocidade que esse carro e seu motorista podem atingir sem quebrar os ossos do pescoço se a cabeça do motorista tem uma massa de 5,0 kg (o normal para uma pessoa de 70 kg)? Expresse sua resposta em m/s. (b) Qual é a aceleração dos passageiros durante a colisão do item

(a) e qual é o tamanho da força que está atuando para acelerar suas cabeças? Expresse a aceleração em m/s² e em g.

6.68 •• **CALC** Uma força resultante ao longo do eixo *x*, com componente *x* $F_x = -12{,}0$ N + $(0{,}300$ N/m²$)x^2$ é aplicada a um objeto de 5,00 kg que se encontra inicialmente na origem e movendo-se na direção *x* negativa com uma velocidade de 6,00 m/s. Qual é a velocidade do objeto quando ele atinge o ponto *x* = 5,00 m?

6.69 • **CALC Coeficiente de atrito variável.** Uma caixa desliza sobre uma superfície horizontal com velocidade escalar de 4,50 m/s quando, no ponto *P*, encontra uma área áspera. Nesta área áspera, o coeficiente de atrito não é constante, mas se inicia a 0,100 em *P* e aumenta linearmente conforme ultrapassa *P*, atingindo um valor de 0,600 a 12,5 m após o ponto *P*. (a) Use o teorema de trabalho-energia para achar a distância percorrida por essa caixa antes de parar. (b) Qual é o coeficiente de atrito no ponto de parada? (c) Qual distância a caixa percorreria, caso o coeficiente de atrito não aumentasse, e sim, em vez disso, tivesse o valor constante de 0,100?

6.70 •• **CALC** Considere uma certa mola que não obedece rigorosamente à lei de Hooke. Uma das extremidades da mola é mantida fixa. Para manter a mola comprimida ou esticada a uma distância *x*, é necessário aplicar uma força na extremidade livre da mola ao longo do eixo *x* com módulo dado por $F_x = kx - bx^2 + cx^3$. Aqui, $k = 100$ N/m, $b = 700$ N/m² e $c = 12.000$ N/m³. Note que, para *x* > 0, a mola está esticada e, para *x* < 0, a mola está comprimida. (a) Qual o trabalho necessário para *esticar* essa mola por 0,050 m a partir de seu comprimento sem deformação? (b) Qual é o trabalho necessário para *comprimir* essa mola por 0,050 m a partir de seu comprimento sem deformação? (c) É mais fácil comprimir ou esticar essa mola? Explique por que, em termos da dependência de F_x com *x*. (Muitas molas reais se comportam qualitativamente do mesmo modo.)

6.71 •• **PC** Um pequeno bloco com massa de 0,0600 kg está ligado a um fio que passa através de um buraco em uma superfície horizontal sem atrito (**Figura P6.71**). Inicialmente, o bloco gira a uma distância de 0,40 m do buraco com uma velocidade de 0,70 m/s. A seguir, o fio é puxado por baixo, fazendo o raio do círculo encurtar para 0,10 m. Nessa nova distância, verifica-se que sua velocidade passa para 2,80 m/s. (a) Qual era a tensão no fio quando o bloco possuía velocidade $v = 0{,}70$ m/s? (b) Qual é a tensão no fio quando o bloco possuía velocidade final $v = 2{,}80$ m/s? (c) Qual foi o trabalho realizado pela pessoa que puxou o fio?

Figura P6.71

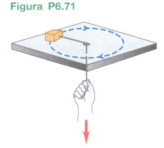

6.72 •• **CALC Bombardeio com próton.** Um próton com massa igual a $1{,}67 \times 10^{-27}$ kg é impulsionado com uma velocidade inicial de $3{,}0 \times 10^5$ m/s diretamente contra um núcleo de urânio situado a uma distância de 5,0 m. O próton é repelido pelo núcleo de urânio com uma força de módulo $F = \alpha/x^2$, onde *x* é a distância entre as duas partículas e $\alpha = 2{,}12 \times 10^{-26}$ N · m². Suponha que o núcleo de urânio permaneça em repouso. (a) Qual é a velocidade do próton quando ele está a uma distância de $8{,}0 \times 10^{-10}$ m do núcleo de urânio? (b) À medida que o próton se aproxima do núcleo de urânio, a força de repulsão faz sua velocidade diminuir até ficar momentaneamente em repouso, depois passando a se afastar do núcleo de urânio. Qual é a distância mínima entre o próton e o núcleo de urânio? (c) Qual é a velocidade do próton quando ele está novamente a uma distância de 5,0 m do núcleo de urânio?

6.73 •• Você foi designado para projetar para-choques com molas para as paredes de um estacionamento. Um carro de 1.200 kg se movendo a 0,65 m/s não pode comprimir as molas mais do que 0,090 m antes de parar. Qual deverá ser a constante de força da mola? Despreze a massa da mola.

6.74 •• Você e sua bicicleta possuem massa total igual a 80,0 kg. Quando você atinge a base de uma ponte, está se deslocando com uma velocidade de 5,0 m/s (**Figura P6.74**). No topo da ponte, você subiu uma distância vertical de 5,20 m e sua velocidade diminuiu para 1,50 m/s. Despreze o trabalho realizado pelo atrito e qualquer ineficiência na bicicleta ou em suas pernas. (a) Qual é o trabalho total realizado sobre você e sua bicicleta quando vai da base ao topo da ponte? (b) Qual é o trabalho realizado pela força que você aplica sobre os pedais?

Figura P6.74

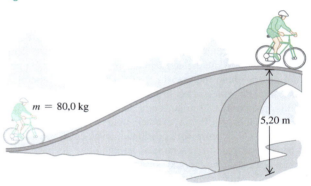

6.75 ••• Um livro de 2,50 kg é forçado contra uma mola de massa desprezível com uma constante de força igual a 250 N/m, comprimindo a mola até uma distância de 0,250 m. Quando ela é liberada, o livro desliza sobre o topo de uma mesa horizontal com coeficiente de atrito cinético $\mu_c = 0{,}30$. Use o teorema do trabalho-energia para calcular a distância máxima que o livro pode percorrer desde sua posição inicial até atingir o repouso.

6.76 •• A mola de uma espingarda de molas possui massa desprezível e a constante de força é dada por $k = 400$ N/m. A mola é comprimida 6,00 cm e uma bala de massa 0,0300 kg é colocada no cano horizontal contra a mola comprimida. A seguir, a mola é liberada e a bala recebe um impulso, saindo do cano da arma. O cano possui 6,00 cm de comprimento, de modo que a bala deixa o cano no mesmo ponto onde perde o contato com a mola. A arma é mantida de modo que o cano fique na horizontal. (a) Desprezando o atrito, calcule a velocidade da bala ao deixar o cano da arma. (b) Calcule a velocidade com que a bala deixa o cano da arma quando uma força resistiva constante de 6,00 N atua sobre ela enquanto ela se move ao longo do cano. (c) Para a situação descrita no item (b), em que posição ao longo do cano a bala possui velocidade máxima e qual é essa velocidade? (Neste caso, a velocidade máxima não ocorre na extremidade do cano.)

6.77 •• Uma extremidade de uma mola horizontal com constante de força igual a 130,0 N/m é presa a uma parede vertical. Um bloco de 4,00 kg apoiado sobre o piso é colocado contra a mola. O coeficiente de atrito cinético entre o bloco e o piso é $\mu_c = 0{,}400$. Você aplica uma força constante $\vec{F}$ ao bloco. $\vec{F}$ tem módulo $F = 82{,}0$ N e é dirigida contra a parede. No instante em que a mola é comprimida em 80,0 cm, quais são (a) a velocidade do bloco e (b) o módulo, a direção e o sentido da aceleração do bloco?

6.78 •• A extremidade de uma mola horizontal com constante de força igual a 76,0 N/m é presa a um poste vertical. Um bloco de 2,00 kg de gelo sem atrito é preso à outra extremidade e apoia-se no piso. A mola inicialmente não se encontra esticada nem comprimida. Uma força horizontal constante de 54,0 N é então aplicada ao bloco, no sentido contrário ao poste. (a) Qual é a velocidade do bloco quando a mola é esticada por 0,400 m? (b) Nesse instante, quais são o módulo, a direção e o sentido da aceleração do bloco?

6.79 • Um bloco de 5,0 kg se move com $v_0 = 6,00$ m/s sobre uma superfície horizontal sem atrito, dirigindo-se contra uma mola cuja constante de força é dada por $k = 500$ N/m e que possui uma de suas extremi-

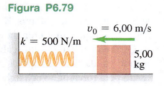

Figura P6.79

dades presa a uma parede (**Figura P6.79**). A massa da mola é desprezível. (a) Calcule a distância máxima que a mola pode ser comprimida. (b) Se a distância máxima que a mola pudesse ser comprimida fosse de 0,150 m, qual deveria ser o valor máximo de v_0?

6.80 ••• Uma professora de física está sentada em sua cadeira, que desliza sobre rolamentos sem atrito, sendo empurrada para cima de um plano inclinado a 30,0° acima da horizontal. A massa total da professora com sua cadeira é igual a 85,0 kg. Ela é empurrada por 2,50 m ao longo do plano inclinado por um grupo de alunos que, juntos, exercem uma força horizontal constante de 600 N. A professora possuía uma velocidade de 2,0 m/s na base da rampa. Use o teorema do trabalho-energia para calcular sua velocidade no topo da rampa.

6.81 •• Considere o sistema indicado na **Figura P6.81**. A corda e a polia possuem massas desprezíveis, e a polia não tem atrito. Inicialmente, o bloco de 6,00 kg desloca-se verticalmente para baixo e o bloco de 8,00 kg desloca-se para a direita, ambos com

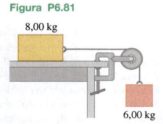

Figura P6.81

velocidade de 0,900 m/s. Os blocos entram em repouso após percorrerem 2,00 m. Use o teorema do trabalho-energia para calcular o coeficiente de atrito cinético entre o bloco de 8,0 kg e o topo da mesa.

6.82 •• Considere o sistema indicado da Figura P6.81. A corda e a polia possuem massas desprezíveis, e a polia não possui atrito. O coeficiente de atrito cinético entre o bloco de 8,00 kg e o topo da mesa é dado por $\mu_c = 0,250$. Os blocos são liberados a partir do repouso. Use métodos de energia para calcular a velocidade do bloco de 6,00 kg no momento em que ele desceu 1,50 m.

6.83 •• Em uma pista de patinação no gelo horizontal e essencialmente sem atrito, uma patinadora que desliza a 3,0 m/s encontra uma área áspera que reduz sua velocidade para 1,65 m/s, em virtude de uma força de atrito que corresponde a 25% do seu peso. Use o teorema do trabalho-energia para calcular o comprimento dessa área áspera.

6.84 •• **BIO** Qualquer pássaro, independentemente do tamanho, deve manter uma potência de saída de 10 a 25 W por quilograma de massa do corpo para poder voar batendo as asas. (a) Um beija-flor-gigante (*Patagona gigas*) possui massa de 70 g e bate as asas dez vezes por segundo enquanto está pairando. Estime o trabalho realizado por esse pássaro em cada batida de asa. (b) Um atleta de 70 kg pode manter uma potência de saída de 1,4 kW durante intervalos não superiores a alguns segundos; a potência de saída *estacionária* para um atleta típico é apenas cerca de 500 W. É possível um avião movido pela potência humana voar por um período longo batendo as asas? Explique.

6.85 •• Uma bomba deve elevar 800 kg de água por minuto de um poço com profundidade de 14,0 m e despejá-la com velocidade de 18,0 m/s. (a) Qual é o trabalho realizado por minuto para elevar a água? (b) Qual é o trabalho realizado para fornecer a energia cinética da água quando ela é despejada? (c) Qual é a potência de saída da bomba?

6.86 ••• A represa Grand Coulee possui 1.270 m de comprimento e 170 m de altura. A potência elétrica de saída obtida dos geradores em sua base é aproximadamente igual a 2.000 MW. Quantos metros cúbicos de água devem fluir por segundo do topo da represa para produzir essa potência, sabendo-se que 92% do trabalho realizado pela gravidade sobre a água é convertido em energia elétrica? (Cada metro cúbico de água possui massa de 1.000 kg.)

6.87 ••• Uma aluna de física leva parte do seu dia caminhando para se deslocar entre salas de aula ou durante os intervalos e, nesse período, ela gasta energia com uma taxa média de 280 W. No restante do dia ela permanece sentada, estudando ou repousando; durante essas atividades, ela gasta energia com uma taxa média de 100 W. Se ela gasta um total de $1,1 \times 10^7$ J de energia em um dia de 24 horas, qual é a parte do dia que ela gasta caminhando?

6.88 • **CALC** Um objeto é submetido à ação de diversas forças. Uma dessas forças é dada por $\vec{F} = \alpha xy \hat{\imath}$, uma força ao longo do eixo x cujo módulo depende da posição do objeto, sendo $\alpha = 2,50$ N/m². Calcule o trabalho realizado por essa força para os seguintes deslocamentos do objeto: (a) o objeto começa a se deslocar no ponto ($x = 0$, $y = 3,00$ m) e se move paralelamente ao eixo x até o ponto ($x = 2,00$ m, $y = 3,00$ m). (b) O objeto começa a se deslocar no ponto ($x = 2,00$ m, $y = 0$) e se move paralelamente ao eixo y até o ponto ($x = 2,00$ m, $y = 3,00$ m). (c) O objeto está inicialmente na origem e se move sobre a linha $y = 1,5x$ até o ponto ($x = 2,00$ m, $y = 3,00$ m).

6.89 • **BIO** **Potência do coração humano.** O coração humano é uma bomba potente e extremamente confiável. A cada dia, ele recebe e descarrega cerca de 7.500 L de sangue. Suponha que o trabalho realizado pelo coração seja igual ao trabalho necessário para elevar essa quantidade de sangue até uma altura igual à altura média de uma mulher (1,63 m). A densidade (massa por unidade de volume) do sangue é igual a $1,05 \times 10^3$ kg/m³. (a) Qual é o trabalho realizado pelo coração em um dia? (b) Qual é a potência de saída em watts?

6.90 •• **DADOS** A **Figura P6.90** mostra os resultados que a medição da força F exerceu sobre as duas extremidades de uma tira elástica para esticá-la a uma distância x de sua posição em repouso. (Fonte: <www.sciencebuddies.org>.) Os pontos de dados estão ajustados à equação $F = 33,55 x^{0,4871}$, onde F está em newtons e x, em metros. (a) Essa tira elástica obedece à lei de Hooke pela distância x mostrada no gráfico? Explique. (b) A rigidez de uma mola que obedece à lei de Hooke é medida pelo valor de sua constante de força k, onde $k = F/x$. Isso pode ser escrito como $k = dF/dx$ para enfatizar as quantidades que estão variando. Defina $k_{ef} = dF/dx$ e calcule k_{ef} como uma função de x para essa tira elástica. Para uma mola que obedece à lei de Hooke, k_{ef} é constante, independente de x. A rigidez dessa tira, medida por k_{ef}, aumenta ou diminui à medida que x aumenta, dentro da extensão dos dados? (c) Qual é o trabalho que deverá ser realizado para esticar a tira elástica de $x = 0$ até $x = 0{,}0400$ m? E de $x = 0{,}0400$ m para $x = 0{,}0800$ m? (d) Uma extremidade da tira elástica está presa a uma haste vertical fixa, e a tira é esticada horizontalmente por 0,0800 m a partir de seu comprimento original, não esticado. Um objeto de 0,300 kg em uma superfície horizontal e sem atrito é preso à extremidade livre da tira e liberado a partir do repouso. Qual é a velocidade do objeto depois que tiver percorrido 0,0400 m?

Figura P6.90

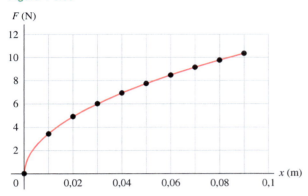

6.91 ••• **DADOS** Em um experimento no laboratório de física, a extremidade de uma mola horizontal que obedece à lei de Hooke é presa a uma parede. A mola é comprimida por 0,400 m e o bloco, com massa de 0,300 kg, é preso a ela. A mola é então liberada, e o bloco se move ao longo de uma superfície horizontal. Sensores eletrônicos medem a velocidade v do bloco depois que ele tiver atravessado uma distância d de sua posição inicial contra a mola comprimida. Os valores medidos são listados na tabela. (a) Os dados mostram que a velocidade v do bloco aumenta e depois diminui à medida que a mola retorna a seu comprimento original. Explique por que isso acontece, em termos do trabalho realizado sobre o bloco pelas forças que atuam sobre ele. (b) Use o teorema do trabalho-energia para derivar uma expressão para v^2 em termos de d. (c) Use um programa gráfico (por exemplo, Excel ou Matlab) para representar os dados como v^2 (eixo vertical) *versus* d (eixo horizontal). A equação que você derivou na parte (b) deverá mostrar que v^2 é uma função de segundo grau de d; portanto, no seu gráfico, ajuste os dados por um polinômio de segundo grau (quadrático) e faça com que o programa mostre a equação para essa linha de tendência. Use essa equação para achar a velocidade v máxima do bloco e o valor de d no qual essa velocidade ocorre. (d) Comparando a equação do programa gráfico com a fórmula que você derivou no item (b), calcule a constante de força k para a mola e o coeficiente de atrito cinético para a força de atrito que a superfície exerce sobre o bloco.

d (m)	v (m/s)
0	0
0,05	0,85
0,10	1,11
0,15	1,24
0,25	1,26
0,30	1,14
0,35	0,90
0,40	0,36

6.92 •• **DADOS** Para um experimento no laboratório de física, quatro colegas sobem as escadas do porão até o último andar do seu prédio — uma distância vertical de 16,0 m. Os colegas e suas massas são: Tatiana, 50,2 kg; Beto, 68,2 kg; Ricardo, 81,8 kg e Melissa, 59,1 kg. O tempo gasto por cada um deles aparece na **Figura P6.92**. (a) Considerando apenas o trabalho realizado contra a gravidade, qual deles obteve a maior potência de saída média? E a menor? (b) Chang está em boa condição física e possui massa de 62,3 kg. Se a sua potência de saída média é 1,00 hp, quantos segundos seriam necessários para ele subir pelas escadas?

Figura P6.92

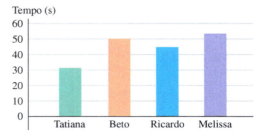

PROBLEMAS DESAFIADORES

6.93 ••• **CALC Mola com massa.** Geralmente desprezamos a energia cinética das espirais de uma mola, porém agora vamos tentar obter uma aproximação razoável sem desprezar esse fator. Seja M a massa da mola, L_0 seu comprimento normal antes da deformação e k a constante de força da mola. O trabalho realizado para esticar ou comprimir a mola a uma distância L é dado por $\frac{1}{2}kX^2$, onde $X = L - L_0$. Considere a mola descrita anteriormente e suponha que uma de suas extremidades esteja fixa e a outra se mova com velocidade v. Suponha que a velocidade ao longo da mola varie linearmente com a distância l da extremidade fixa. Suponha também que a massa M seja uniformemente distribuída ao longo da mola. (a) Calcule a energia cinética da mola em função de M e de v. (*Dica:* divida a mola em segmentos de comprimento dl; calcule a velocidade de cada segmento em função de l, de v e de L; ache a massa de cada segmento em função de dl, de M e de L; a seguir, integre de 0 a L. O resultado *não* será igual a $\frac{1}{2}Mv^2$, porque as partes da mola não se movem com a mesma velocidade.) Em uma espingarda de mola, a mola possui massa igual a 0,243 kg e a constante da mola é igual a 3.200 N/m; ela é comprimida 2,50 cm a partir de seu comprimento sem deformação. Quando o gatilho é puxado, a mola exerce uma força horizontal sobre uma bala de massa 0,053 kg. Despreze o trabalho realizado pelo atrito. Calcule a velocidade da bala quando a mola atinge seu comprimento sem deformação (b) desprezando a massa da mola; (c) incluindo a massa da mola usando o resultado do item (a). (d) No item (c), qual é a energia cinética da bala e a energia cinética da mola?

6.94 ••• **CALC** Quando um avião voa, está submetido a uma força de resistência do ar proporcional ao quadrado de sua velocidade v. Porém, existe uma força de resistência adicional, pois o avião possui asas. O ar que circula sobre as asas é empurrado para baixo e ligeiramente para a frente, de modo que, pela terceira lei de Newton, ele exerce sobre as asas do avião uma força orientada para cima e inclinada ligeiramente para trás (**Figura P6.94**). O componente da força orientado para cima é a força de sustentação que mantém o avião suspenso no ar, e o componente da força orientado para trás denomina-se *arraste induzido*. Para velocidades de um voo típico, o arraste induzido é inversamente proporcional a v^2, de modo que a força total de resistência do ar é dada por $F_{ar} = \alpha v^2 + \beta/v^2$, onde α e β são constantes positivas que dependem da forma e do tamanho do avião e da densidade do ar. Para um Cessna 150, um pequeno avião monomotor, $\alpha = 0{,}30$ N · s^2/m^2 e $\beta = 3{,}5 \times 10^5$ N · m^2/s^2. Em um voo com velocidade constante, o motor deve fornecer uma força orientada para a frente para igualar a força total de resistência do ar. (a) Calcule a velocidade (em km/h) desse avião para o qual ele atinja um *alcance* máximo (isto é, atinja a distância máxima para uma dada quantidade de combustível). (b) Calcule a velocidade (em km/h) para que esse avião tenha a *resistência* máxima (isto é, para que ele permaneça no ar por mais tempo).

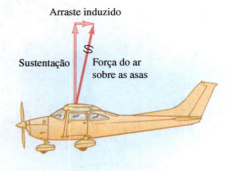

Figura P6.94

Problemas com contexto

BIO Energia de locomoção. Em solo plano, uma pessoa de 70 kg requer cerca de 300 W de potência metabólica para caminhar a uma velocidade constante de 5,0 km/h (1,4 m/s). Usando a mesma potência de saída metabólica, essa pessoa pode pedalar sobre uma bicicleta pela mesma extensão a 15 km/h.

6.95 Com base nas informações dadas, como a energia é usada para pedalar 1 km em comparação com aquela usada para caminhar por 1 km? Para pedalar pela mesma distância, é preciso (a) $\frac{1}{3}$ da energia da caminhada; (b) a mesma energia da caminhada; (c) 3 vezes a energia da caminhada; (d) 9 vezes a energia da caminhada.

6.96 Uma pessoa de 70 kg caminha a uma velocidade constante de 5,0 km/h sobre uma esteira com uma inclinação de 5,0%. (Ou seja, a distância vertical coberta é 5,0% da distância horizontal percorrida.) Se considerarmos que a potência metabólica exigida é igual à requerida para caminhar em uma superfície plana mais a taxa do trabalho para a subida vertical, quanta potência é necessária? (a) 300 W; (b) 315 W; (c) 350 W; (d) 370 W.

6.97 A energia cinética de uma pessoa é quantas vezes maior quando ela pedala em relação a quando ela caminha? Ignore a massa da bicicleta. (a) 1,7; (b) 3; (c) 6; (d) 9.

RESPOSTAS

Resposta à pergunta inicial do capítulo

Resposta: (ii) A expressão para a energia cinética é $K = \frac{1}{2}mv^2$. Se calcularmos K para as três bolas, encontramos (i) $K = \frac{1}{2}(0{,}145 \text{ kg}) \times (20{,}0 \text{ m/s})^2 = 29{,}0 \text{ kg} \cdot \text{m}^2/\text{s}^2 = 29{,}0 \text{ J}$, (ii) $K = \frac{1}{2}(0{,}0145 \text{ kg}) \times (200 \text{ m/s})^2 = 290 \text{ J}$ e (iii) $K = \frac{1}{2}(1{,}45 \text{ kg})(2{,}00 \text{ m/s})^2 = 2{,}90 \text{ J}$. A bola menor tem a menor massa de todas as três, mas também tem a maior velocidade e, portanto, a maior energia cinética. Como a energia cinética é uma grandeza escalar, ela não depende da direção do movimento.

Respostas às perguntas dos testes de compreensão

6.1 Resposta: (iii) O elétron possui uma velocidade com módulo constante; portanto, sua aceleração é igual a zero e (de acordo com a segunda lei de Newton) a força resultante sobre o elétron também é nula. Logo, o trabalho total realizado por todas as forças (equivalente ao trabalho realizado pela força resultante) deve ser, também, igual a zero. As forças individuais podem produzir trabalho diferente de zero, mas não é o que a questão pede.

6.2 Resposta: (iv), (i), (iii) e (ii) O corpo (i) possui energia cinética $K = \frac{1}{2}mv^2 = \frac{1}{2}(2{,}0 \text{ kg})(5{,}0 \text{ m/s})^2 = 25 \text{ J}$. O corpo (ii) possuía energia cinética inicial igual a zero e depois 30 J de trabalho realizado; portanto, sua energia cinética final é $K_2 = K_1 + W = 0 + 30 \text{ J} = 30 \text{ J}$. O corpo (iii) possuía energia cinética inicial $K_1 = \frac{1}{2}mv_1^2 = \frac{1}{2}(1{,}0 \text{ kg})(4{,}0 \text{ m/s})^2 = 8{,}0 \text{ J}$ e, depois, teve 20 J de trabalho realizado sobre ele, portanto sua energia cinética final é $K_2 = K_1 + W = 8{,}0 \text{ J} + 20 \text{ J} = 28 \text{ J}$. O corpo (iv) possuía energia cinética inicial $K_1 = \frac{1}{2}mv_1^2 = \frac{1}{2}(2{,}0 \text{ kg})(10{,}0 \text{ m/s})^2 = 100 \text{ J}$; quando ele produziu 80 J de trabalho sobre outro corpo, o outro corpo produziu –80 J de trabalho sobre o corpo (iv), portanto a energia cinética final do corpo (iv) é $K_2 = K_1 + W = 100 \text{ J} + (-80 \text{ J}) = 20 \text{ J}$.

6.3 Resposta: (a) (iii), (b) (iii) Em qualquer ponto do movimento do peso do pêndulo, a força de tensão e o peso atuam perpendicularmente ao movimento — ou seja, ambos atuam perpendicularmente a um deslocamento infinitesimal $d\vec{l}$ do peso do pêndulo. (Na Figura 5.32b, o deslocamento $d\vec{l}$ seria direcionado para fora no plano do diagrama do corpo livre.) Portanto, para cada força, o produto escalar no interior da integral na Equação 6.14 é $\vec{F} \cdot d\vec{l} = 0$, e o trabalho realizado ao longo de qualquer parte da trajetória circular (incluindo um círculo completo) é $W = \int \vec{F} \cdot d\vec{l} = 0$.

6.4 Resposta: (v) O avião possui uma velocidade cujo componente horizontal tem um módulo constante; portanto, o componente horizontal da força resultante sobre ele deve ser igual a zero. Logo, a força de arraste para trás deve ter o mesmo módulo que a força para a frente, em virtude da propulsão combinada dos quatro motores. Isso significa que a força de arraste deve produzir trabalho *negativo* sobre o avião à mesma taxa com que a força da propulsão combinada produz trabalho *positivo*. A propulsão combinada realiza trabalho a uma taxa de 4 (108.000 hp) = 432.000 hp; logo, a força de arraste deve realizar trabalho à taxa de –432.000 hp.

Problema em destaque

(a) $v_1 = \sqrt{\dfrac{2}{m}\left(mgx_1 - \dfrac{1}{3}\alpha x_1^3\right)} = \sqrt{2gx_1 - \dfrac{2\alpha x_1^3}{3m}}$

(b) $P = -F_{\text{mola}-1}v_1 = -\alpha x_1^2 \sqrt{2gx_1 - \dfrac{2\alpha x_1^3}{3m}}$

(c) $x_2 = \sqrt{\dfrac{3mg}{\alpha}}$ **(d)** Não

? Enquanto esta garça canadense (*Grus canadensis*) desliza pelo ar para fazer um pouso, ela desce por uma trajetória retilínea com velocidade de módulo constante. Durante o pouso, o que acontece com a energia mecânica (a soma da energia cinética e a energia potencial gravitacional)? (i) Permanece a mesma; (ii) aumenta pelo efeito da gravidade; (iii) aumenta pelo efeito do ar; (iv) diminui pelo efeito da gravidade; (v) diminui pelo efeito do ar.

7 ENERGIA POTENCIAL E CONSERVAÇÃO DA ENERGIA

OBJETIVOS DE APRENDIZAGEM
Ao estudar este capítulo, você aprenderá:

7.1 Como usar o conceito de energia potencial gravitacional em problemas que envolvem movimento vertical.

7.2 Como usar o conceito de energia potencial elástica em problemas que envolvem um corpo em movimento ligado a uma mola alongada ou comprimida.

7.3 A distinção entre forças conservativas e não conservativas e como solucionar problemas em que ambos os tipos de força atuam sobre um corpo em movimento.

7.4 Como calcular as propriedades de uma força conservativa quando você conhece a função energia potencial correspondente.

7.5 Como usar diagramas de energia para compreender o movimento de um objeto com deslocamento retilíneo sob influência de uma força conservativa.

Revendo conceitos de:

5.3 Atrito cinético e resistência de um fluido.

5.4 Dinâmica do movimento circular.

6.1, 6.2 Trabalho e o teorema do trabalho-energia.

6.3 Trabalho realizado por uma mola ideal.

Q uando uma saltadora pula de um trampolim para uma piscina, ela atinge a água com velocidade relativamente elevada, possuindo grande energia cinética — energia associada ao *movimento*. De onde provém essa energia? A resposta que aprendemos no Capítulo 6 é que a força gravitacional (seu peso) exerce um trabalho sobre a saltadora durante sua queda. A energia cinética da mergulhadora aumenta em quantidade igual ao trabalho realizado sobre ela.

Contudo, existe um modo alternativo muito útil para estudar conceitos envolvendo trabalho e energia cinética. Esse novo método se pauta no conceito de *energia potencial*, que é a energia associada com a *posição* da partícula, não com seu movimento. Segundo essa abordagem, existe *energia potencial gravitacional* mesmo no caso de a saltadora ficar parada sobre o trampolim. Durante a queda da saltadora, essa energia potencial é *transformada* em sua energia cinética.

Quando a saltadora pula na ponta do trampolim antes de saltar, a tábua encurvada acumula um segundo tipo de energia potencial, denominada *energia potencial elástica*. Discutiremos a energia potencial elástica de sistemas simples, como o de molas comprimidas ou alongadas. (Um terceiro tipo importante de energia potencial está associado com a posição relativa entre cargas elétricas. Esse tipo de energia potencial será estudado no Capítulo 23, Volume 3.)

Demonstraremos que, em alguns casos, a soma da energia potencial com a energia cinética, que fornece a *energia mecânica total* de um sistema, permanece constante durante o movimento do sistema. Isso nos conduzirá a uma formulação geral da *lei da conservação da energia*, um dos princípios mais fundamentais e abrangentes de todas as ciências.

7.1 ENERGIA POTENCIAL GRAVITACIONAL

Em muitas situações, tudo se passa como se a energia fosse armazenada em um sistema para ser recuperada posteriormente. Por exemplo, você precisa realizar um

224 Física I

Figura 7.1 Quanto maior a altura de uma bola de basquete, maior é a energia potencial gravitacional associada. Quando a bola cai, a energia potencial gravitacional é convertida em energia cinética e o módulo da sua velocidade aumenta.

trabalho para erguer uma pesada pedra acima de sua cabeça. Parece razoável que, elevando a pedra no ar, você esteja armazenando energia no sistema, que será mais tarde convertida em energia cinética quando a pedra cair.

Esse exemplo aponta para a ideia de que deve existir uma energia associada com a *posição* dos corpos em um sistema. Esse tipo de energia fornece o *potencial* ou a *possibilidade* da realização de um trabalho; quando uma pedra é elevada no ar, existe um potencial para um trabalho sobre ela ser realizado pela força da gravidade; porém, isso só ocorre quando a pedra é liberada. Por esse motivo, a energia associada com a posição denomina-se **energia potencial**. Nossa discussão sugere que existe uma energia potencial associada com o peso do corpo e com sua altura acima do solo, chamada de *energia potencial gravitacional* (**Figura 7.1**).

Agora, temos *duas* maneiras de descrever o que ocorre quando um corpo cai sem resistência do ar. Uma delas, que aprendemos no Capítulo 6, é que a energia cinética de um corpo em queda aumenta porque a força gravitacional da Terra sobre o corpo (o seu peso) realiza trabalho sobre ele. A outra maneira é afirmar que a energia cinética aumenta à medida que a energia potencial gravitacional diminui. Mais adiante nesta seção, vamos usar o teorema do trabalho-energia para mostrar que essas duas descrições de um corpo em queda são equivalentes.

Vamos começar deduzindo uma expressão para a energia potencial gravitacional. Consideremos um corpo de massa m que se move ao longo do eixo y (vertical), como mostra a **Figura 7.2**. As forças que atuam sobre ele são seu peso, com módulo $p = mg$, e possivelmente algumas outras forças; designamos a soma vetorial (a resultante) dessas outras forças por $\vec{F}_{\text{outra}}$. Vamos supor que o corpo esteja tão suficientemente próximo da superfície da Terra que consideramos seu peso constante. (Verificaremos no Capítulo 12 — Volume 2 — que o peso diminui com a altura.) Desejamos achar o trabalho realizado pelo peso quando o corpo cai de uma altura y_1 acima da origem até uma altura menor y_2 (Figura 7.2a). O peso e o deslocamento possuem o mesmo sentido, de modo que o trabalho W_{grav} realizado sobre o corpo por seu peso é positivo:

$$W_{\text{grav}} = Fd = p(y_1 - y_2) = mgy_1 - mgy_2 \qquad (7.1)$$

Essa expressão também fornece o trabalho correto quando o corpo se move *de baixo para cima* e y_2 é maior que y_1 (Figura 7.2b). Nesse caso, a quantidade $(y_1 - y_2)$ é negativa e W_{grav} é negativo porque o deslocamento possui sentido contrário ao do peso.

Figura 7.2 Durante o movimento vertical de um corpo desde uma altura inicial y_1 até uma altura final y_2, um trabalho é realizado pela força gravitacional $\vec{p}$ e a energia potencial gravitacional sofre variação.

(a) Um corpo se move de cima para baixo

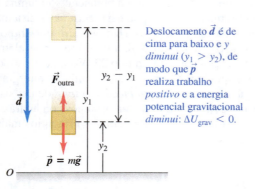

Deslocamento $\vec{d}$ é de cima para baixo e y *diminui* ($y_1 > y_2$), de modo que $\vec{p}$ realiza trabalho *positivo* e a energia potencial gravitacional *diminui*: $\Delta U_{\text{grav}} < 0$.

(b) Um corpo se move de baixo para cima

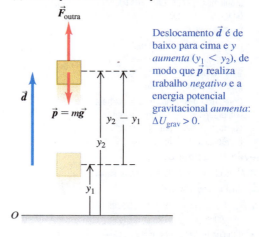

Deslocamento $\vec{d}$ é de baixo para cima e y *aumenta* ($y_1 < y_2$), de modo que $\vec{p}$ realiza trabalho *negativo* e a energia potencial gravitacional *aumenta*: $\Delta U_{\text{grav}} > 0$.

A Equação 7.1 mostra que podemos expressar W_{grav} em termos dos valores das quantidades mgy no início e no final do deslocamento. Essa grandeza, o produto do peso mg pela altura y acima da origem do sistema de coordenadas, denomina-se **energia potencial gravitacional**, U_{grav}:

$$U_{grav} = mgy \quad (7.2)$$

Energia potencial gravitacional associada a uma partícula. Coordenada vertical da partícula (y aumenta se a partícula se mover para cima). Massa da partícula. Aceleração devida à gravidade.

Seu valor inicial é $U_{grav,1} = mgy_1$ e seu valor final é $U_{grav,2} = mgy_2$. A variação de U_{grav} é seu valor final menos o inicial, ou $\Delta U_{grav} = U_{grav,2} - U_{grav,1}$. Usando a Equação 7.2, podemos reescrever a Equação 7.1 para o trabalho realizado pela força gravitacional durante o deslocamento de y_1 a y_2 do seguinte modo:

$$W_{grav} = U_{grav,1} - U_{grav,2} = -(U_{grav,2} - U_{grav,1}) = -\Delta U_{grav}$$

ou

Trabalho realizado pela força gravitacional sobre uma partícula... ... é igual ao **negativo da variação de energia potencial gravitacional**.

$$W_{grav} = mgy_1 - mgy_2 = U_{grav,1} - U_{grav,2} = -\Delta U_{grav} \quad (7.3)$$

Massa da partícula. Aceleração devida à gravidade. Coordenadas verticais inicial e final da partícula.

O sinal negativo antes de ΔU_{grav} é *fundamental*. Quando um corpo se move de baixo para cima, y aumenta, o trabalho realizado pela força gravitacional é negativo e a energia potencial gravitacional aumenta ($\Delta U_{grav} > 0$). Quando um corpo se move de cima para baixo, y diminui, o trabalho realizado pela força gravitacional é positivo e a energia potencial gravitacional diminui ($\Delta U_{grav} < 0$). É como sacar dinheiro do banco (diminuindo U_{grav}) e gastá-lo (realizando trabalho positivo). A unidade de energia potencial é o joule (J), a mesma usada para trabalho.

ATENÇÃO **A qual corpo a energia potencial gravitacional "pertence"?** *Não* é correto chamar $U_{grav} = mgy$ de "energia potencial gravitacional do corpo". A energia potencial gravitacional é uma propriedade do *conjunto* corpo e Terra. A energia potencial gravitacional cresce quando a Terra permanece fixa e a altura do corpo aumenta; ela também cresceria se o corpo permanecesse fixo no espaço e a Terra se afastasse do corpo. Note que a fórmula $U_{grav} = mgy$ envolve uma característica do corpo (sua massa m) e outra característica que depende da Terra (o valor de g).

Conservação da energia mecânica (somente forças gravitacionais)

Para verificar a utilidade do conceito de energia potencial gravitacional, suponha que o peso seja a *única* força atuando sobre o corpo, de modo que $\vec{F}_{outra} = \mathbf{0}$. O corpo então cai livremente sem resistência do ar e pode se mover para cima ou para baixo. Seja v_1 sua velocidade a uma altura y_1 e v_2 sua velocidade a uma altura y_2. O teorema do trabalho-energia, Equação 6.6, afirma que o trabalho total realizado sobre o corpo é igual à variação da energia cinética do corpo: $W_{tot} = \Delta K = K_2 - K_1$. Como a gravidade é a única força atuando sobre o corpo, então, pela Equação 7.3, $W_{tot} = W_{grav} = -\Delta U_{grav} = U_{grav,1} - U_{grav,2}$. Juntando tudo isso, obtemos

$$\Delta K = -\Delta U_{grav} \quad \text{ou} \quad K_2 - K_1 = U_{grav,1} - U_{grav,2}$$

BIO Aplicação Convertendo energia potencial gravitacional em energia cinética Quando um guarda-rios (*Alcedo atthis*) localiza um peixe saboroso, ele mergulha a partir do seu galho com suas asas dobradas para dentro, para minimizar a resistência do ar. Efetivamente, a única força atuando sobre o guarda-rios mergulhador é a força da gravidade, de modo que a energia mecânica é conservada: a energia potencial gravitacional perdida à medida que o guarda-rios desce é convertida na energia cinética do pássaro.

a qual pode ser escrita como

> **Se apenas a força gravitacional realiza trabalho, a energia mecânica total é conservada:**
> Energia cinética inicial — $K_1 = \frac{1}{2}mv_1^2$
> Energia potencial gravitacional inicial — $U_{\text{grav},1} = mgy_1$
>
> $$K_1 + U_{\text{grav},1} = K_2 + U_{\text{grav},2} \tag{7.4}$$
>
> Energia cinética final — $K_2 = \frac{1}{2}mv_2^2$
> Energia potencial gravitacional final — $U_{\text{grav},2} = mgy_2$

Agora, definimos a soma $K + U_{\text{grav}}$ da energia cinética com a energia potencial como E, a **energia mecânica total do sistema**. O "sistema" aqui considerado é o corpo de massa m com a Terra, visto que a energia potencial gravitacional U é uma propriedade compartilhada pela Terra e pelo corpo. Então, $E_1 = K_1 + U_{\text{grav},1}$ é a energia mecânica total a uma altura y_1, e $E_2 = K_2 + U_{\text{grav},2}$ é a energia mecânica total a uma altura y_2. A Equação 7.4 afirma que, quando somente o peso do corpo realiza trabalho sobre ele, então $E_1 = E_2$. Ou seja, E permanece constante; possui o mesmo valor em y_1 e em y_2. Porém, como y_1 e y_2 são dois pontos arbitrários no movimento do corpo, a energia mecânica total E possui o mesmo valor em *todos* os pontos durante o movimento do corpo:

$$E = K + U_{\text{grav}} = \text{constante}$$
(se somente a gravidade realiza trabalho)

Quando uma grandeza possui sempre o mesmo valor, dizemos que ela é uma grandeza *conservada*. *Quando somente a gravidade realiza trabalho, a energia mecânica total é constante, ou seja, ela é conservada* (**Figura 7.3**). Esse é nosso primeiro exemplo da **conservação da energia mecânica**.

Quando arremessamos uma bola no ar, sua velocidade diminui à medida que a energia cinética é convertida em energia potencial gravitacional: $\Delta K < 0$ e $\Delta U_{\text{grav}} > 0$. Quando a bola desce, a energia potencial é convertida em energia cinética e a velocidade da bola aumenta: $\Delta K > 0$ e $\Delta U_{\text{grav}} < 0$. Porém, a energia mecânica *total* (a energia cinética mais a energia potencial) possui o mesmo valor em cada ponto no movimento, desde que nenhuma outra força além da gravidade realize trabalho sobre a bola (ou seja, desde que a resistência do ar seja desprezível). Ainda é verdade que a força da gravidade realiza trabalho sobre o corpo quando ele sobe ou desce, contudo não precisamos mais calcular o trabalho diretamente; para isso, basta computar as variações de U_{grav}.

A Equação 7.4 também é válida se forças além da gravidade estiverem presentes, mas *não* realizarem trabalho. Veremos uma situação desse tipo mais adiante, no Exemplo 7.4.

Figura 7.3 No intervalo em que este atleta está no ar, somente a gravidade realiza trabalho sobre ele (desprezando-se os pequenos efeitos da resistência do ar). A energia mecânica E — a soma da energia cinética com a energia potencial gravitacional — se conserva.

ATENÇÃO **Escolha a "altura zero" para estar onde quer que queira** Uma questão importante sobre a energia potencial gravitacional é que não importa qual é a altura escolhida para $y = 0$, a origem das coordenadas. Quando deslocamos a origem de y, os valores de y_1 e y_2 variam, assim como os valores de $U_{grav,1}$ e $U_{grav,2}$. Porém, esse deslocamento não exerce nenhum efeito sobre a *diferença* na altura $y_2 - y_1$ ou sobre a *diferença* na energia potencial gravitacional $U_{grav,2} - U_{grav,1} = mg(y_2 - y_1)$. Conforme mostraremos no Exemplo 7.1, a grandeza fisicamente significativa não é o valor de U_{grav} em um dado ponto, mas somente a *diferença* de U_{grav} entre dois pontos. Logo, podemos considerar o valor de U_{grav} igual a zero em qualquer ponto escolhido.

EXEMPLO 7.1 — ALTURA DE UMA BOLA DE BEISEBOL USANDO A CONSERVAÇÃO DA ENERGIA

Você arremessa uma bola de beisebol de 0,145 kg verticalmente de baixo para cima, fornecendo-lhe uma velocidade inicial de módulo igual a 20,0 m/s. Calcule a altura máxima que ela atinge, supondo que a resistência do ar seja desprezível.

SOLUÇÃO

IDENTIFICAR E PREPARAR: depois que uma bola de beisebol deixa sua mão, somente a gravidade realiza trabalho sobre ela. Logo, podemos usar a conservação da energia mecânica e a Equação 7.4. Consideramos como ponto 1 onde a bola deixa sua mão e como ponto 2 onde a bola atinge a altura máxima. Como indica a Figura 7.2, assumimos a direção positiva de y como de baixo para cima. O módulo da velocidade da bola no ponto 1 é $v_1 = 20,0$ m/s; ao atingir a altura máxima, a bola fica instantaneamente em repouso, portanto, $v_2 = 0$. Tomamos a origem no ponto 1, de modo que $y_1 = 0$ (**Figura 7.4**). Nossa variável-alvo, a distância que a bola se move verticalmente entre os dois pontos, é o deslocamento $y_2 - y_1 = y_2 - 0 = y_2$.

Figura 7.4 Depois que uma bola de beisebol deixa sua mão, a energia mecânica $E = K + U$ é conservada.

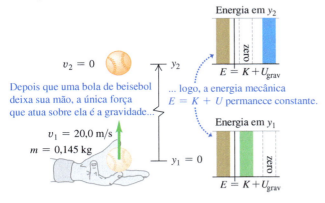

EXECUTAR: temos $y_1 = 0$, $U_{grav,1} = mgy_1 = 0$, e $K_2 = \frac{1}{2} mv_2^2 = 0$. Então, a Equação 7.4, $K_1 + U_{grav,1} = K_2 + U_{grav,2}$, torna-se

$$K_1 = U_{grav,2}$$

Como mostram os gráficos de barras para energia na Figura 7.4, a energia cinética da bola no ponto 1 é completamente convertida em energia potencial gravitacional no ponto 2. Substituímos $K_1 = \frac{1}{2} mv_1^2$ e $U_{grav,2} = mgy_2$ e resolvemos para y_2:

$$\tfrac{1}{2} mv_1^2 = mgy_2$$

$$y_2 = \frac{v_1^2}{2g} = \frac{(20,0 \text{ m/s})^2}{2(9,80 \text{ m/s}^2)} = 20,4 \text{ m}$$

AVALIAR: para confirmar, usamos o valor dado de v_1 e nosso resultado para y_2 para calcular a energia cinética no ponto 1 e a energia potencial gravitacional no ponto 2. Você deverá notar que estes são iguais: $K_1 = \frac{1}{2} mv_1^2 = 29,0$ J e $U_{grav,2} = mgy_2 = 29,0$ J. Note que poderíamos ter achado o resultado $y_2 = v_1^2/2g$ usando a Equação 2.13 na forma $v_{2y}^2 = v_{1y}^2 - 2g(y_2 - y_1)$.
O que ocorreria se você fizesse uma escolha diferente? Como exemplo, suponha que você escolha a origem 5,0 m abaixo do ponto 1, de modo que $y_1 = 5,0$ m. Então, a energia mecânica total no ponto 1 é parte cinética e parte potencial; no ponto 2, ela ainda é puramente potencial, porque $v_2 = 0$. Você notará que essa escolha de origem resulta em $y_2 = 25,4$ m, mas novamente $y_2 - y_1 = 20,4$ m. Em problemas como este, você fica livre para escolher a altura do ponto para o qual $U_{grav} = 0$. O significado físico da resposta não depende dessa escolha.

Quando outras forças, além da gravidade, realizam trabalho

Se outras forças além do peso atuam sobre o corpo, então $\vec{F}_{outra}$ indicada na Figura 7.2 *não* é igual a zero. Para o bate-estaca do Exemplo 6.4 (Seção 6.2), a força aplicada pelo cabo de sustentação e a força de atrito nos trilhos são exemplos de forças que devem ser incluídas para o cálculo da força resultante $\vec{F}_{outra}$. O trabalho da força da gravidade W_{grav} continua sendo dado pela Equação 7.3, mas o trabalho total W_{tot} agora é dado pela soma de W_{grav} com o trabalho realizado pela força $\vec{F}_{outra}$. Chamaremos esse trabalho adicional de W_{outra}, de modo que o trabalho total rea-

Figura 7.5 Enquanto este paraquedista se move de cima para baixo, a força de baixo para cima da resistência do ar realiza trabalho negativo W_{outra} sobre ele. Logo, a energia mecânica total $E = K + U$ diminui.

- $\vec{F}_{outra}$ e $\vec{d}$ são opostos, de modo que $W_{outra} < 0$.
- Logo, $E = K + U_{grav}$ deverá diminuir.
- A velocidade do paraquedista permanece constante, de modo que K é constante.
- O paraquedista desce, de modo que U_{grav} diminui.

lizado por todas as forças é $W_{tot} = W_{grav} + W_{outra}$. Igualando esse trabalho com a variação da energia cinética, temos

$$W_{outra} + W_{grav} = K_2 - K_1 \quad (7.5)$$

Também pela Equação 7.3, $W_{grav} = U_{grav,1} - U_{grav,2}$; logo, a Equação 7.5 torna-se

$$W_{outra} + U_{grav,1} - U_{grav,2} = K_2 - K_1$$

A relação anterior pode ser reescrita na forma

$$K_1 + U_{grav,1} + W_{outra} = K_2 + U_{grav,2} \quad (7.6)$$
(se outras forças além da gravidade realizam trabalho)

Podemos usar as expressões para os diversos termos de energia para reescrever a Equação 7.6:

$$\tfrac{1}{2} mv_1^2 + mgy_1 + W_{outra} = \tfrac{1}{2} mv_2^2 + mgy_2 \quad (7.7)$$
(se outras forças além da gravidade realizam trabalho)

O significado das equações 7.6 e 7.7 é o seguinte: *o trabalho total realizado por outras forças além da gravidade é igual à variação da energia mecânica total $E = K + U_{grav}$ do sistema, em que U_{grav} é a energia potencial gravitacional*. Quando W_{outra} é positivo, E aumenta e $K_2 + U_{grav,2}$ é maior que $K_1 + U_{grav,1}$. Quando W_{outra} é negativo, E diminui (**Figura 7.5**). No caso particular em que nenhuma força além da gravidade atua sobre o corpo, $W_{outra} = 0$. Então, a energia mecânica total é constante, e você obtém novamente a Equação 7.4.

ESTRATÉGIA PARA A SOLUÇÃO DE PROBLEMAS 7.1   PROBLEMAS USANDO A CONSERVAÇÃO DA ENERGIA MECÂNICA I

IDENTIFICAR *os conceitos relevantes:* inicialmente, decida se o problema deve ser resolvido pelos métodos da energia, usando diretamente a fórmula $\Sigma \vec{F} = m\vec{a}$ ou se você usará uma combinação desses dois métodos. O método da energia é particularmente útil quando você resolve problemas envolvendo forças variáveis ou movimentos com trajetórias curvas (analisadas mais adiante nesta seção). Contudo, quando o problema envolve um intervalo decorrido, o método da energia em geral *não* é a melhor escolha, porque não envolve tempo diretamente.

PREPARAR *o problema* usando as seguintes etapas:

1. Ao usar o método da energia, inicialmente defina os estados inicial e final (da posição e da velocidade) dos corpos em questão. Use um subscrito 1 para o estado inicial e um subscrito 2 para o estado final. Desenhe diagramas para mostrar esses estados.
2. Defina um sistema de coordenadas, particularmente o nível para o qual $y = 0$. Escolha o sentido positivo de y de baixo para cima. (As equações nesta seção exigem isso.)
3. Identifique todas as forças que realizam trabalho sobre cada corpo e que *não podem* ser descritas em termos de energia potencial. (Por enquanto, isso significa qualquer força que não seja a da gravidade. Na Seção 7.2, veremos que o trabalho realizado por uma mola ideal também pode ser expresso como uma variação na energia potencial.) Para cada corpo, desenhe um diagrama do corpo livre.
4. Faça uma lista das grandezas conhecidas e desconhecidas, incluindo as coordenadas e as velocidades em cada ponto. Identifique as variáveis-alvo.

EXECUTAR *a solução:* escreva expressões para as energias cinéticas e as energias potenciais iniciais e finais — ou seja, K_1, K_2, $U_{grav,1}$ e $U_{grav,2}$. Se nenhuma outra força realiza trabalho, use a Equação 7.4. Se houver outras forças que realizam trabalho, use a Equação 7.6. É útil desenhar gráficos de barras mostrando os valores iniciais e finais de K, $U_{grav,1}$ e $E = K + U_{grav}$. A seguir, resolva a equação para achar as variáveis-alvo.

AVALIAR *sua resposta:* verifique se sua resposta tem significado físico. Lembre-se de que o trabalho gravitacional está incluído em ΔU_{grav}, portanto, não o inclua novamente em W_{outra}.

EXEMPLO 7.2 TRABALHO E ENERGIA NO ARREMESSO DE UMA BOLA DE BEISEBOL

No Exemplo 7.1, suponha que sua mão se desloque 0,50 m para cima quando você está arremessando a bola, o que deixa sua mão com uma velocidade inicial de 20,0 m/s. (a) Supondo que a mão exerça uma força constante sobre a bola, ache o módulo dessa força. (b) Ache a velocidade da bola quando ela está 15,0 m acima da altura do ponto inicial onde ela deixa sua mão. Ignore a resistência do ar.

SOLUÇÃO

IDENTIFICAR E PREPARAR: no Exemplo 7.1, somente a gravidade realizou trabalho. Neste exemplo, porém, também devemos incluir o "outro" trabalho não gravitacional realizado pela sua mão. A **Figura 7.6** mostra um desenho da situação, incluindo um diagrama do corpo livre para a bola durante seu arremesso. Consideramos o ponto 1 como o local onde sua mão começa a se mover, o ponto 2, o local onde a bola deixa sua mão e o ponto 3, a posição da bola 15,0 m acima do ponto 2. A força não gravitacional $\vec{F}$ da sua mão atua somente entre os pontos 1 e 2. Usando o mesmo sistema de coordenadas do Exemplo 7.1, temos $y_1 = -0,50$ m, $y_2 = 0$ e $y_3 = 15,0$ m. A bola parte do repouso no ponto 1; portanto, $v_1 = 0$, e é dado que o módulo da velocidade da bola quando ela deixa sua mão é $v_2 = 20,0$ m/s. Nossas variáveis-alvo são (a) o módulo F da força da sua mão e (b) o módulo da velocidade v_{3y} no ponto 3.

Figura 7.6 (a) Aplicação dos conceitos de energia ao arremesso de uma bola de beisebol verticalmente de baixo para cima. (b) Diagrama do corpo livre para a bola quando ela é arremessada.

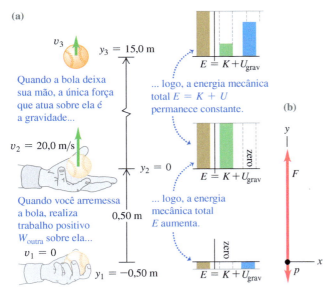

EXECUTAR: (a) para determinar o módulo de F, primeiro usaremos a Equação 7.6 para calcular o trabalho W_{outra} realizado por essa força. Temos

$K_1 = 0$

$U_{grav,1} = mgy_1 = (0,145 \text{ kg})(9,80 \text{ m/s}^2)(-0,50 \text{ m}) = -0,71$ J

$K_2 = \frac{1}{2}mv_2^2 = \frac{1}{2}(0,145 \text{ kg})(20,0 \text{ m/s})^2 = 29,0$ J

$U_{grav,2} = mgy_2 = (0,145 \text{ kg})(9,80 \text{ m/s}^2)(0) = 0$

(Não se preocupe porque $U_{grav,1}$ é negativa; o importante é a *diferença* entre energia potencial de um ponto a outro.) De acordo com a Equação 7.6,

$K_1 + U_{grav,1} + W_{outra} = K_2 + U_{grav,2}$

$W_{outra} = (K_2 - K_1) + (U_{grav,2} - U_{grav,1})$

$= (29,0 \text{ J} - 0) + [0 - (-0,71 \text{ J})] = 29,7$ J

Mas, como $\vec{F}$ é constante e de baixo para cima, o trabalho realizado por $\vec{F}$ é igual ao módulo da força vezes o desenvolvimento: $W_{outra} = F(y_2 - y_1)$. Logo,

$$F = \frac{W_{outra}}{y_2 - y_1} = \frac{29,7 \text{ J}}{0,50 \text{ m}} = 59 \text{ N}$$

Esse valor é aproximadamente 40 vezes maior que o peso da bola (1,42 N).

(b) Para achar v_{3y}, note que, entre os pontos 2 e 3, somente a gravidade atua sobre a bola. Logo, entre esses pontos, a energia mecânica é conservada e $W_{outra} = 0$. Pela Equação 7.4, podemos, então, achar K_3 e, a partir disso, achar v_{3y}:

$K_2 + U_{grav,2} = K_3 + U_{grav,3}$

$U_{grav,3} = mgy_3 = (0,145 \text{ kg})(9,80 \text{ m/s}^2)(15,0 \text{ m}) = 21,3$ J

$K_3 = (K_2 + U_{grav,2}) - U_{grav,3}$

$= (29,0 \text{ J} + 0 \text{ J}) - 21,3 \text{ J} = 7,7$ J

Uma vez que $K_3 = \frac{1}{2}mv_{3y}^2$, temos

$$v_{3y} = \pm\sqrt{\frac{2K_3}{m}} = \pm\sqrt{\frac{2(7,7 \text{ J})}{0,145 \text{ kg}}} = \pm 10 \text{ m/s}$$

O significado do sinal de mais ou menos é que a bola passa *duas vezes* pelo ponto 3, uma quando sobe e a outra quando desce. A energia cinética da bola $K_3 = 7,7$ J no ponto 3 e, portanto, sua *velocidade* nesse ponto, não dependem do sentido do movimento da bola. A velocidade v_{3y} é positiva (+10 m/s) quando a bola está subindo e negativa (−10 m/s) quando ela está descendo; o módulo da velocidade v_3 é igual a 10 m/s nos dois casos.

AVALIAR: no Exemplo 7.1, vimos que a bola atinge a altura máxima $y = 20,4$ m. Nesse ponto, toda a energia cinética que a bola possuía ao deixar sua mão em $y = 0$ foi convertida em energia potencial gravitacional. Em $y = 15,0$ m, a bola está a cerca de três quartos de sua altura máxima, portanto, cerca de três quartos de sua energia mecânica deve estar na forma de energia potencial. Você pode demonstrar que isso é verdadeiro a partir dos nossos resultados para K_3 e $U_{grav,3}$?

Energia potencial gravitacional para movimentos ao longo de uma trajetória curva

Figura 7.7 Cálculo da variação na energia potencial gravitacional para o deslocamento ao longo de uma trajetória curva.

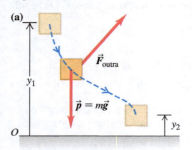

(a)

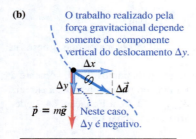

(b)

Em nossos dois exemplos iniciais, o corpo se deslocava ao longo de uma linha reta vertical. O que ocorre quando a trajetória é inclinada ou curva (**Figura 7.7a**)? Sobre o corpo atua uma força gravitacional $\vec{p} = m\vec{g}$ e, possivelmente, outras forças que possuem uma resultante chamada de $\vec{F}_{outra}$. Para calcular o trabalho realizado por W_{grav} durante esse deslocamento, dividimos a trajetória em pequenos segmentos $\Delta\vec{d}$; um segmento típico é indicado na Figura 7.7b. O trabalho realizado pela força gravitacional nesse segmento é o produto escalar da força pelo deslocamento. Em termos dos vetores unitários, a força é dada por $\vec{p} = m\vec{g} = -mg\hat{j}$ e o vetor deslocamento é dado por $\Delta\vec{d} = \Delta x\hat{i} + \Delta y\hat{j}$, de modo que

$$W_{grav} = \vec{p} \cdot \Delta\vec{d} = -mg\hat{j} \cdot (\Delta x\hat{i} + \Delta y\hat{j}) = -mg\Delta y$$

O trabalho realizado pela força gravitacional é o mesmo que seria obtido caso o corpo se deslocasse verticalmente de uma distância Δy, sem nenhum deslocamento horizontal. Isso é verdade para qualquer segmento, de modo que o trabalho *total* realizado pela força gravitacional é $-mg$ multiplicado pelo deslocamento vertical *total* $(y_2 - y_1)$:

$$W_{grav} = -mg(y_2 - y_1) = mgy_1 - mgy_2 = U_{grav,1} - U_{grav,2}$$

Esse resultado é igual ao indicado na Equação 7.1 ou na Equação 7.3, em que havíamos imaginado um deslocamento puramente vertical. Logo, mesmo quando a trajetória é curva, o trabalho total realizado pela força gravitacional depende somente da diferença de altura entre os dois pontos da trajetória. Esse trabalho não é afetado por nenhum componente horizontal do movimento que possa ocorrer. Portanto, *podemos usar a mesma expressão para a energia potencial gravitacional tanto para uma trajetória retilínea quanto para uma trajetória curva*.

EXEMPLO CONCEITUAL 7.3 ENERGIA NO MOVIMENTO DE UM PROJÉTIL

Um jogador bate duas bolas idênticas com a mesma velocidade inicial e a partir da mesma altura inicial, mas formando dois ângulos iniciais diferentes. Prove que, para uma dada altura h, as duas bolas possuem o mesmo módulo da velocidade, supondo que a resistência do ar seja desprezível.

Figura 7.8 Para as mesmas velocidades iniciais e para a mesma altura inicial, a velocidade de um projétil para uma dada altura h é sempre a mesma, desprezando-se a resistência do ar.

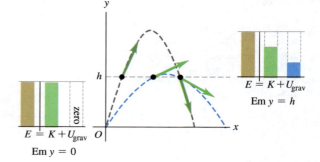

SOLUÇÃO

A única força que atua sobre cada bola depois que ela é lançada é seu peso. Logo, a energia mecânica total de cada bola permanece constante. A **Figura 7.8** mostra as trajetórias das duas bolas quando elas são lançadas com a mesma velocidade inicial, com a mesma altura inicial e, portanto, com a mesma energia mecânica total, porém com ângulos iniciais diferentes. Para todos os pontos com a mesma altura, a energia potencial é a mesma. Logo, a energia cinética nessa altura é a mesma para as duas bolas, e elas possuem a mesma velocidade.

EXEMPLO 7.4 VELOCIDADE NA PARTE INFERIOR DE UMA RAMPA CURVA

Seu primo Tobias pratica *skate* partindo do repouso e descendo de uma rampa curva e sem atrito. Se considerarmos Tobias e seu *skate* como uma partícula, seu centro se move ao longo de um quarto de círculo de raio $R = 3{,}00$ m (**Figura 7.9**). A massa total de Tobias e seu *skate* é igual a 25,0 kg. (a) Calcule sua velocidade na parte inferior da rampa. (b) Calcule a força normal que atua sobre ele na parte inferior da curva.

(*Continua*)

(*Continuação*)

Figura 7.9 (a) Tobias pratica *skate* descendo de uma rampa circular sem atrito. A energia mecânica total é constante. (b) Diagrama do corpo livre para Tobias e seu *skate* em diversos pontos sobre a rampa.

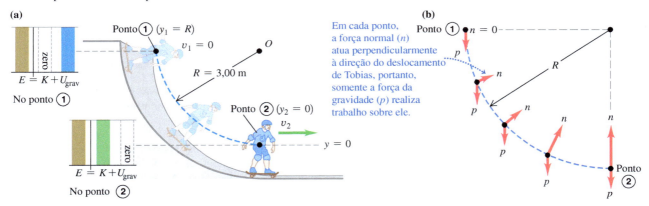

SOLUÇÃO

IDENTIFICAR: não podemos usar as equações do movimento para aceleração constante porque a aceleração de Tobias não é constante; a inclinação diminui à medida que ele desce. Em vez desse método, usaremos o conceito da conservação da energia mecânica. Como Tobias se move ao longo de um arco, também usaremos o que aprendemos sobre movimento circular na Seção 5.4.

PREPARAR: as únicas forças atuantes sobre Tobias são seu peso e a força normal $\vec{n}$ exercida pela rampa (Figura 7.9b). Embora essa força atue ao longo da trajetória, ela realiza trabalho igual a zero porque $\vec{n}$ é perpendicular ao vetor deslocamento de Tobias em todos os pontos desse percurso. Logo, $W_{outra} = 0$, e existe conservação da energia mecânica. Consideramos Tobias como uma partícula localizada no centro de seu corpo, o ponto 1 como o ponto inicial e o ponto 2 como o ponto situado na parte inferior da rampa encurvada (onde $y = 0$). Tobias parte do repouso no topo da rampa, logo $v_1 = 0$. Nossa variável-alvo no item (a) é sua velocidade v_2 na parte inferior. No item (b), queremos achar o módulo n da força normal no ponto 2. Para achar n, usaremos a segunda lei de Newton e a relação $a = v^2/R$.

EXECUTAR: (a) as diversas energias são

$$K_1 = 0 \qquad U_{grav,1} = mgR$$
$$K_2 = \tfrac{1}{2} m v_2^2 \qquad U_{grav,2} = 0$$

Pela conservação da energia mecânica, Equação 7.4,

$$K_1 + U_{grav,1} = K_2 + U_{grav,2}$$
$$0 + mgR = \tfrac{1}{2} m v_2^2 + 0$$
$$v_2 = \sqrt{2gR} = \sqrt{2(9{,}80 \text{ m/s}^2)(3{,}00 \text{ m})}$$
$$= 7{,}67 \text{ m/s}$$

Note que essa resposta não depende do formato circular da rampa; Tobias terá o mesmo módulo da velocidade $v_2 = \sqrt{2gR}$ na parte inferior de qualquer rampa com altura R, independentemente de sua forma.

(b) Para determinar o módulo n da força normal no ponto 2 usando a segunda lei de Newton, necessitamos do diagrama do corpo livre nesse ponto (Figura 7.9b). No ponto 2, Tobias se move com uma velocidade $v_2 = \sqrt{2gR}$ em uma circunferência de raio R; sua aceleração é radial e possui módulo

$$a_{rad} = \frac{v_2^2}{R} = \frac{2gR}{R} = 2g$$

O componente y da segunda lei de Newton fornece

$$\Sigma F_y = n + (-p) = m a_{rad} = 2mg$$
$$n = p + 2mg = 3mg$$
$$= 3(25{,}0 \text{ kg})(9{,}80 \text{ m/s}^2) = 735 \text{ N}$$

No ponto 2, a força normal é três vezes maior que o peso de Tobias. Esse resultado não depende do raio R da rampa. Aprendemos, nos exemplos 5.9 e 5.23, que o módulo n da força normal é o *peso aparente*, de modo que, na parte inferior da *parte curva* da rampa, Tobias terá a ilusão de que seu peso é três vezes maior que o seu peso real mg. Porém, assim que ele atinge a parte *horizontal* da rampa, à direita do ponto 2, a força normal se reduz para $p = mg$, e o peso de Tobias volta a ser normal. Você é capaz de explicar por quê?

AVALIAR: este exemplo mostra uma regra sobre o papel desempenhado pelas forças em problemas resolvidos mediante o método da energia: o que importa não é simplesmente se uma força *atua* ou não, mas sim se ela *realiza trabalho* ou não. Quando uma força não realiza trabalho, como a força normal $\vec{n}$ deste exemplo, ela não aparece de forma alguma nas equações 7.4 e 7.6.

EXEMPLO 7.5 UM CÍRCULO VERTICAL COM ATRITO

No Exemplo 7.4, suponha que a rampa possua atrito e que a velocidade de Tobias na base da rampa seja igual a 6,0 m/s, e não os 7,67 m/s que achamos lá. Qual é o trabalho realizado pela força de atrito sobre ele?

SOLUÇÃO

IDENTIFICAR E PREPARAR: a preparação é a mesma do Exemplo 7.4. A **Figura 7.10** indica que, novamente, a força normal não realiza trabalho algum, porém agora existe uma força de atrito $\vec{f}$ que *realiza* trabalho W_f. Neste caso, o trabalho não gravitacional realizado sobre Tobias entre os pontos 1 e 2, W_{outra}, é diferente de zero. Nossa variável-alvo é $W_f = W_{\text{outra}}$, que encontraremos usando a Equação 7.6. Como $\vec{f}$ aponta em sentido oposto ao movimento de Tobias, W_f é negativo.

EXECUTAR: os valores das grandezas energéticas são

$K_1 = 0$
$U_{\text{grav},1} = mgR = (25,0 \text{ kg})(9,80 \text{ m/s}^2)(3,00 \text{ m}) = 735 \text{ J}$
$K_2 = \frac{1}{2}mv_2^2 = \frac{1}{2}(25,0 \text{ kg})(6,00 \text{ m/s})^2 = 450 \text{ J}$
$U_{\text{grav},2} = 0$

Usando a Equação 7.6, obtemos

$$W_f = W_{\text{outra}}$$
$$= K_2 + U_{\text{grav},2} - K_1 - U_{\text{grav},1}$$
$$= 450 \text{ J} + 0 - 0 - 735 \text{ J}$$
$$= -285 \text{ J}$$

O trabalho realizado pela força de atrito é igual a −285 J, e a energia mecânica total *diminui* 285 J.

AVALIAR: nosso resultado para W_f é negativo. Você consegue ver por que isso deve ser assim por meio dos diagramas do corpo livre na Figura 7.10?
Seria muito difícil aplicar a segunda lei de Newton, $\Sigma \vec{F} = m\vec{a}$, diretamente a este problema, pois as forças normal e de atrito e a aceleração estão continuamente mudando em módulo e sentido, à medida que Tobias desce. Ao contrário, usando o método da energia, relacionamos o movimento no topo e na base da rampa sem entrar nos detalhes que ocorreram entre esses dois pontos.

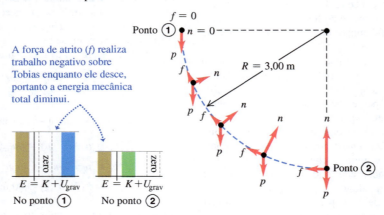

Figura 7.10 Diagrama do corpo livre e gráficos de barras para Tobias descendo a rampa com atrito.

EXEMPLO 7.6 UM PLANO INCLINADO COM ATRITO

Queremos deslizar uma caixa de 12 kg subindo uma rampa de 2,5 m inclinada em 30°. Um trabalhador, ignorando o atrito, calculou que ele poderia fazer a caixa chegar ao topo da rampa lançando-a com uma velocidade inicial de 5,0 m/s na base da rampa. Porém, o atrito *não* é desprezível; a caixa desliza 1,6 m subindo a rampa, para e desliza retornando para baixo (**Figura 7.11**). (a) Supondo que a força de atrito atuando sobre a caixa seja constante, calcule seu módulo. (b) Qual é a velocidade da caixa quando ela atinge a base da rampa?

SOLUÇÃO

IDENTIFICAR E PREPARAR: a força de atrito realiza trabalho sobre a caixa à medida que ela desliza do ponto 1, a base da rampa, até o ponto 2, onde a caixa para instantaneamente ($v_2 = 0$). O atrito também realiza trabalho quando a caixa desce a rampa, o que chamaremos de ponto 3 (Figura 7.11a). O sentido positivo do eixo y é para cima. Considerando $y = 0$ (e, portanto, $U_{\text{grav}} = 0$) no nível do solo (ponto 1), temos $y_1 = 0$, $y_2 = (1,6 \text{ m})$ sen 30° = 0,80 m e $y_3 = 0$. É dado que $v_1 = 5,0$ m/s. Nossa variável-alvo no item (a) é f, o módulo da força de atrito enquanto a caixa é deslizada para cima; acharemos isso usando o método da energia. No item (b), nossa variável-alvo é v_3, o módulo da velocidade na extremidade inferior da rampa. Calculamos o trabalho realizado pelo atrito à medida que a caixa desce, e depois usamos o método da energia para achar v_3.

EXECUTAR: (a) Os valores das grandezas energéticas são

$K_1 = \frac{1}{2}(12 \text{ kg})(5,0 \text{ m/s})^2 = 150 \text{ J}$
$U_{\text{grav},1} = 0$
$K_2 = 0$
$U_{\text{grav},2} = (12 \text{ kg})(9,8 \text{ m/s}^2)(0,80 \text{ m}) = 94 \text{ J}$
$W_{\text{outra}} = -fd$

(Continua)

(*Continuação*)

Figura 7.11 (a) Uma caixa desliza de baixo para cima até certo trecho de uma rampa, para e desliza de volta para baixo. (b) Gráficos de barras para a energia nos pontos 1, 2 e 3.

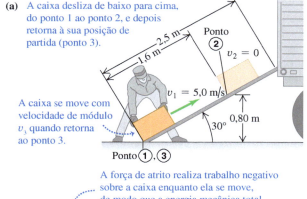

Aqui, $d = 1,6$ m. Usando a Equação 7.6, encontramos

$$K_1 + U_{grav,1} + W_{outra} = K_2 + U_{grav,2}$$
$$W_{outra} = -fd = (K_2 + U_{grav,2}) - (K_1 + U_{grav,1})$$
$$= (0 + 94 \text{ J}) - (150 \text{ J} + 0) = -56 \text{ J} = -fd$$
$$f = \frac{W_{outra}}{d} = \frac{56 \text{ J}}{1,6 \text{ m}} = 35 \text{ N}$$

A força de atrito de 35 N, que atua durante o deslocamento de 1,6 m, faz a energia mecânica da caixa diminuir de 150 J para 94 J (Figura 7.11b).

(b) Quando a caixa desce do ponto 2 ao ponto 3, o trabalho realizado pelo atrito tem o mesmo valor negativo que existia do ponto 1 ao ponto 2. (Tanto o deslocamento quanto a força de atrito invertem os respectivos sentidos, mas seus módulos permanecem constantes.) O trabalho total realizado pelo atrito entre os pontos 1 e 3 é dado por

$$W_{outra} = W_{atr} = -2fd = -2(56 \text{ N}) = -112 \text{ J}$$

Pelo resultado (a), $K_1 = 150$ J e $U_{grav,1} = 0$; além disso, $U_{grav,3} = 0$, pois $y_3 = 0$. Então, a Equação 7.6 fornece

$$K_1 + U_{grav,1} + W_{outra} = K_3 + U_{grav,3}$$
$$K_3 = K_1 + U_{grav,1} - U_{grav,3} + W_{outra}$$
$$= 150 \text{ J} + 0 - 0 + (-112 \text{ J}) = 38 \text{ J}$$

A caixa retorna para a base da rampa com somente 38 J dos 150 J originais da energia mecânica (Figura 7.11b). Usando a relação $K_3 = \frac{1}{2} m v_3^2$, achamos

$$v_3 = \sqrt{\frac{2K_3}{m}} = \sqrt{\frac{2(38 \text{ J})}{12 \text{ kg}}} = 2,5 \text{ m/s}$$

AVALIAR: a energia se perde pelo atrito, de modo que a velocidade da caixa ao retornar para a extremidade inferior da rampa, $v_3 = 2,5$ m/s, é menor que a velocidade com que ela deixou esse ponto, $v_1 = 5,0$ m/s. No item (b), aplicamos a Equação 7.6 aos pontos 1 e 3, considerando o percurso de ida e volta como um todo. Para uma solução alternativa, poderíamos usar a Equação 7.6 nos pontos 2 e 3, considerando o deslocamento da segunda metade do trajeto por si só. Tente resolver por esse método e verifique se obtém a mesma resposta para v_3.

TESTE SUA COMPREENSÃO DA SEÇÃO 7.1 A figura mostra duas rampas sem atrito. As alturas y_1 e y_2 são as mesmas para ambas as rampas. Se um bloco de massa m é liberado do repouso a partir da extremidade esquerda de cada rampa, qual bloco chega à extremidade direita com maior velocidade? (i) Bloco I; (ii) bloco II; (iii) a velocidade será a mesma para os dois blocos. ∎

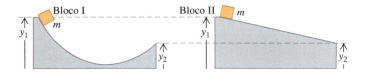

7.2 ENERGIA POTENCIAL ELÁSTICA

Há muitas situações em que encontramos energia potencial de natureza diferente da gravitacional. Um exemplo é um estilingue com tiras de borracha. A força que estica a tira realiza trabalho sobre ela, armazenando-o na tira esticada até o momento em que você a solta. A seguir, a tira fornece energia cinética para a pedra (um projétil).

Figura 7.12 O tendão de Aquiles, que une a parte de trás do tornozelo ao osso do calcanhar, funciona como uma mola natural. Quando se estica e depois relaxa, armazena e libera energia potencial elástica. A ação dessa mola reduz o trabalho realizado pelos músculos da panturrilha quando você corre.

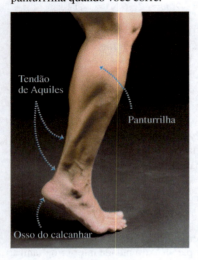

Esse esquema é o mesmo que ocorre na bola de beisebol do Exemplo 7.2: um trabalho é realizado sobre o sistema, posteriormente convertido em energia cinética. Descrevemos o processo de armazenamento de energia em um corpo deformável, como uma mola ou uma tira de borracha, em termos da *energia potencial elástica* (**Figura 7.12**). Dizemos que um corpo é *elástico* quando ele volta a ter a mesma forma e o mesmo tamanho que possuía antes da deformação.

Para sermos específicos, consideraremos o processo de energia em molas ideais, como as que foram discutidas na Seção 6.3. É necessário exercer uma força $F = kx$ para manter tal mola ideal com uma deformação x, sendo k a constante da força da mola. A mola ideal é uma aproximação útil porque muitos corpos elásticos mostram essa proporcionalidade direta entre a força $\vec{F}$ e a deformação (ou deslocamento) x, contanto que x seja suficientemente pequeno.

Vamos adotar um procedimento análogo ao utilizado para estudar a energia potencial gravitacional. Começaremos com o trabalho realizado pela força elástica (da mola) e depois usaremos o teorema do trabalho-energia. A diferença é que a energia potencial gravitacional é uma energia dividida entre o corpo e a Terra, mas a energia potencial elástica é armazenada somente na mola (ou em outro corpo elástico).

A **Figura 7.13** mostra a mola ideal da Figura 6.18, que tem a extremidade esquerda fixa e a extremidade direita presa a um bloco de massa m que pode se mover ao longo do eixo x. Na Figura 7.13a, o corpo está em equilíbrio no ponto $x = 0$, quando a mola não está nem esticada nem comprimida. Movemos o bloco lateralmente, comprimindo ou esticando a mola, e a seguir deixamos a mola livre. Quando o bloco se move de um valor positivo x_1 a outro valor positivo x_2, qual é o trabalho realizado pela força elástica (da mola) sobre o bloco?

Na Seção 6.3, verificamos que o trabalho realizado *sobre* a mola para mover sua extremidade desde uma posição inicial x_1 até uma posição final x_2 é dado por

$$W = \tfrac{1}{2} k x_2^2 - \tfrac{1}{2} k x_1^2 \tag{7.8}$$
(trabalho realizado *sobre* a mola)

onde k é a constante da mola. Se continuamos a esticar a mola, realizamos um trabalho positivo sobre ela; quando a deixamos relaxar enquanto seguramos sua extremidade, realizamos um trabalho negativo sobre ela. Vemos também que a expressão anterior do trabalho continua válida quando a mola é comprimida em vez de esticada, de modo que x_1, x_2 ou ambos são negativos. Agora devemos de-

Figura 7.13 Cálculo do trabalho realizado por uma mola amarrada a um bloco sobre uma superfície horizontal. A grandeza x é o alongamento ou a compressão da mola.

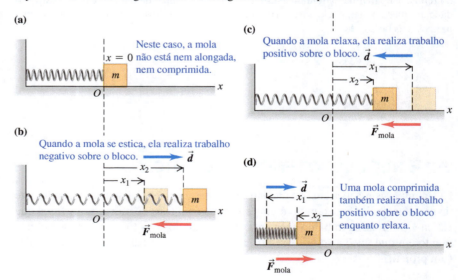

terminar o trabalho realizado *pela* mola. Pela terceira lei de Newton, concluímos que este trabalho será igual e de sinal contrário ao outro. Portanto, trocando os sinais na Equação 7.8, verificamos que o trabalho W_{el} realizado pela mola em um deslocamento de x_1 a x_2 é dado por

$$W_{el} = \tfrac{1}{2}kx_1^2 - \tfrac{1}{2}kx_2^2$$
(trabalho realizado *pela* mola) (7.9)

O subscrito "el" indica *elástico*. Quando x_1 e x_2 são positivos e $x_2 > x_1$ (Figura 7.13b), a mola realiza um trabalho negativo sobre o bloco, que se move no sentido $+x$ enquanto a mola puxa o bloco no sentido $-x$. Ao se esticar mais, o bloco diminui de velocidade. Quando x_1 e x_2 são positivos e $x_2 < x_1$ (Figura 7.13c), a mola realiza um trabalho positivo quando relaxa e o bloco aumenta de velocidade. Quando a mola pode ser tanto comprimida quanto esticada, de modo que x_1, x_2 ou ambos são negativos, a expressão de W_{el} continua válida. Na Figura 7.13d, x_1 e x_2 são negativos, porém x_2 é menos negativo que x_1; a mola comprimida realiza trabalho positivo conforme relaxa, acelerando o bloco.

Como no caso do trabalho gravitacional, podemos representar o trabalho realizado pela mola em termos de uma quantidade no início e no final do deslocamento. Essa quantidade é a **energia potencial elástica**, dada por $\tfrac{1}{2}kx^2$:

$$U_{el} = \tfrac{1}{2}kx^2 \quad (7.10)$$

Energia potencial elástica armazenada em uma mola — Constante de força da mola — Alongamento da mola ($x > 0$ se esticada, $x < 0$ se comprimida)

A **Figura 7.14** mostra um gráfico da Equação 7.10. A unidade de U_{el} é o joule (J), usada para *todas* as outras grandezas de energia e de trabalho; para conferir essa unidade usando a Equação 7.10, lembre-se de que as unidades de k são N/m e que $1\ N \cdot m = 1\ J$. Agora, podemos usar a Equação 7.10 para reescrever a Equação 7.9 para determinar o trabalho W_{el} realizado pela mola:

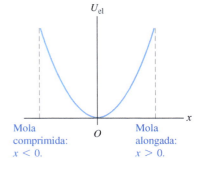

Figura 7.14 O gráfico de energia potencial elástica da mola ideal é uma parábola: $U_{el} = \tfrac{1}{2}kx^2$, em que x é o alongamento ou a compressão da mola. A energia potencial elástica U_{el} nunca pode ser negativa.

$$W_{el} = \tfrac{1}{2}kx_1^2 - \tfrac{1}{2}kx_2^2 = U_{el,1} - U_{el,2} = -\Delta U_{el} \quad (7.11)$$

Trabalho realizado pela força elástica... ... é igual ao **negativo da variação na energia potencial elástica.**
Constante de força da mola — Alongamentos inicial e final da mola

Quando alongamos mais a mola que já está alongada, como na Figura 7.13b, W_{el} é negativo e U_{el} aumenta; uma quantidade maior de energia potencial elástica é armazenada na mola. Quando a mola comprimida relaxa, como na Figura 7.13c, x diminui, W_{el} é positivo e U_{el} diminui; a mola perde energia potencial elástica. Porém, como indicado na Figura 7.14, U_{el} é sempre positivo, tanto para valores de x positivos quanto negativos, e as equações 7.10 e 7.11 são válidas em ambos os casos. Quanto maior for o valor da compressão *ou* do alongamento da mola, maior é o valor da sua energia potencial elástica.

> **ATENÇÃO** **Energia potencial gravitacional *versus* energia potencial elástica** Uma diferença importante entre a energia potencial gravitacional $U_{grav} = mgy$ e a energia potencial elástica $U_{el} = \tfrac{1}{2}kx^2$ é que *não* temos a liberdade de escolher arbitrariamente o valor $x = 0$. Para ser coerente com a Equação 7.10, $x = 0$ *deve* ser necessariamente o ponto para o qual a mola não está comprimida nem alongada. Para essa posição, sua energia potencial elástica é igual a zero e a força que ele exerce também é nula.

O teorema do trabalho-energia afirma que $W_{tot} = K_2 - K_1$, qualquer que seja o tipo de força atuante sobre o corpo. Quando a força elástica é a *única* força que atua sobre o corpo, então

BIO Aplicação Energia potencial elástica de um guepardo Quando um guepardo (*Acinonyx jubatus*) galopa, sua traseira é flexionada e se estende bastante. A flexão da traseira estica tendões e músculos no topo do dorso e também o comprime, armazenando energia potencial elástica. Quando o animal se lança no próximo salto, essa energia é liberada, permitindo que ele corra de modo mais eficiente.

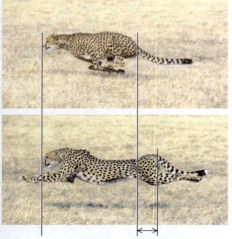

Diferença no comprimento entre nariz e cauda

$$W_{tot} = W_{el} = U_{el,1} - U_{el,2}$$

e, portanto,

Se somente a força elástica realiza trabalho, a energia mecânica total é conservada:

Energia cinética inicial — $K_1 = \frac{1}{2}mv_1^2$
Energia potencial elástica inicial — $U_{el,1} = \frac{1}{2}kx_1^2$

$$K_1 + U_{el,1} = K_2 + U_{el,2} \quad (7.12)$$

Energia cinética final — $K_2 = \frac{1}{2}mv_2^2$
Energia potencial elástica final — $U_{el,2} = \frac{1}{2}kx_2^2$

Neste caso, a energia mecânica total $E = K + U_{el}$ (a soma da energia cinética com a energia potencial *elástica*) se *conserva*. Um exemplo disso é o movimento do bloco da Figura 7.13, desde que não haja atrito na superfície horizontal, de modo que somente a força da mola realiza trabalho.

Para que a Equação 7.12 seja estritamente correta, a mola ideal que estamos considerando também precisa ter *massa nula*. Caso a mola possuísse massa, ela também possuiria energia cinética durante o movimento das espirais para a frente e para trás. Podemos desprezar a energia cinética da mola quando sua massa for muito menor que a massa m do bloco preso em sua extremidade. Por exemplo, um automóvel comum possui massa aproximadamente igual a 1.200 kg ou mais. As molas da suspensão do carro possuem massa de apenas alguns quilogramas, portanto, a massa das molas da suspensão pode ser desprezada quando estudamos as oscilações do carro sobre sua suspensão.

Situações com energia potencial gravitacional e elástica

A Equação 7.12 é válida somente quando a única energia potencial no sistema é a energia potencial elástica. O que ocorre quando existem *simultaneamente* forças gravitacionais e elásticas, como no caso de um corpo preso na extremidade de uma mola verticalmente pendurada? E se o trabalho também é realizado por outras forças que *não podem* ser descritas em termos da energia potencial, como a força da resistência do ar sobre um bloco em movimento? Então o trabalho total é a soma do trabalho realizado pela força gravitacional (W_{grav}), o trabalho realizado pela força elástica (W_{el}) e aquele realizado por outras forças (W_{outra}): $W_{tot} = W_{grav} + W_{el} + W_{outra}$. Pelo teorema do trabalho-energia, obtemos

$$W_{grav} + W_{el} + W_{outra} = K_2 - K_1$$

O trabalho realizado pela força gravitacional é $W_{grav} = U_{grav,1} - U_{grav,2}$, e o trabalho realizado pela mola é $W_{el} = U_{el,1} - U_{el,2}$. Logo, podemos reescrever o teorema do trabalho-energia para esse caso mais generalizado como

$$K_1 + U_{grav,1} + U_{el,1} + W_{outra} = K_2 + U_{grav,2} + U_{el,2} \quad (7.13)$$
(válido em geral)

ou, analogamente,

Relação geral para a energia cinética e a energia potencial:

Energia cinética inicial — Energia cinética final

$$K_1 + U_1 + W_{outra} = K_2 + U_2 \quad (7.14)$$

Energia potencial inicial de todos os tipos — Trabalho realizado por outras forças (não associadas à energia potencial) — Energia potencial final de todos os tipos onde $U = U_{grav} + U_{el} = mgy + \frac{1}{2}kx^2$ é a *soma* da energia potencial gravitacional com a energia potencial elástica. Resumindo, chamamos U simplesmente de "energia potencial".

A Equação 7.14 é *o enunciado mais geral* da relação entre a energia cinética, a energia potencial e o trabalho realizado pelas outras forças, segundo o qual

O trabalho realizado por todas as forças além das gravitacionais e elásticas é igual à variação da energia mecânica total do sistema $E = K + U$.

O "sistema" é composto pelo corpo de massa m, a Terra com a qual ele interage por meio da força gravitacional e a mola, cuja constante de força é k.

Quando W_{outra} é positiva, $E = K + U$ aumenta; quando W_{outra} é negativa, E diminui. Quando as forças gravitacionais e as elásticas são as *únicas* forças que atuam sobre o corpo, então $W_{outra} = 0$ e a energia mecânica total (incluindo as energias potenciais gravitacional e elástica) se conserva. (Compare a Equação 7.14 às equações 7.6 e 7.7, que descrevem situações em que há energia potencial gravitacional, mas não há energia potencial elástica.)

O salto em cama elástica (**Figura 7.15**) é um exemplo que envolve as transformações que ocorrem entre as energias cinética, potencial elástica e potencial gravitacional. Quando o saltador desce a partir do ponto alto do salto, a energia potencial gravitacional U_{grav} diminui e a energia cinética K aumenta. Quando o saltador toca na cama elástica, parte da energia mecânica é convertida em energia potencial elástica U_{el} armazenada nas molas da cama. No ponto mais baixo da trajetória (U_{grav} é mínima), o saltador para momentaneamente ($K = 0$) e as molas estão esticadas ao máximo (U_{el} é máxima). Em seguida, as molas convertem sua energia de volta a K e U_{grav}, impulsionando o saltador para cima.

Figura 7.15 Um salto na cama elástica envolve a inter-relação entre as energias cinética, potencial gravitacional e potencial elástica. Em razão da resistência do ar e das forças de atrito dentro da corda da cama elástica, a energia mecânica não é conservada. É por isso que o efeito por fim termina, a menos que o saltador permanecesse realizando trabalho com suas pernas, para compensar a energia perdida.

A energia potencial gravitacional aumenta enquanto o saltador sobe.

A energia cinética aumenta quando o saltador move-se mais rápido.

A energia potencial elástica aumenta quando a cama elástica é esticada.

ESTRATÉGIA PARA A SOLUÇÃO DE PROBLEMAS 7.2   PROBLEMAS USANDO ENERGIA MECÂNICA II

A Estratégia para a solução de problemas 7.1 (Seção 7.1) também é útil para a solução de problemas em que existam simultaneamente forças gravitacionais e elásticas. A única recomendação nova é que agora você deve incluir na energia potencial U a energia potencial elástica $U_{el} = \frac{1}{2}kx^2$, onde x é o deslocamento da mola medido *a partir de seu comprimento sem deformação*. O trabalho realizado pelas forças gravitacionais e elásticas é incluído em suas respectivas energias potenciais; o trabalho W_{outra} realizado pelas outras forças deve ser incluído separadamente.

EXEMPLO 7.7   MOVIMENTO COM ENERGIA POTENCIAL ELÁSTICA

Um cavaleiro com massa $m = 0,200$ kg está em repouso sobre um trilho de ar sem atrito, ligado a uma mola cuja constante é dada por $k = 5,00$ N/m. Você puxa o cavaleiro fazendo a mola se alongar 0,100 m e a seguir o libera a partir do repouso. O cavaleiro começa a se mover retornando para sua posição inicial ($x = 0$). Qual é o componente x da sua velocidade no ponto $x = 0,080$ m?

SOLUÇÃO

IDENTIFICAR E PREPARAR: quando o cavaleiro começa a se mover, a energia potencial elástica é convertida em energia cinética. O cavaleiro permanece sempre na mesma altura durante o movimento, de modo que a energia potencial gravitacional não influi no movimento, e $U = U_{el} = \frac{1}{2}kx^2$. A **Figura 7.16** mostra nossos desenhos. A força da mola é a única força que realiza trabalho sobre o cavaleiro, logo, $W_{outra} = 0$ na Equação 7.14.

Consideramos como ponto 1 o local onde o cavaleiro é liberado (ou seja, $x_1 = 0,100$ m) e como ponto 2 o local onde $x_2 = 0,080$ m. Sabemos a velocidade no ponto $v_{1x} = 0$; nossa variável-alvo é a velocidade v_{2x}.

Figura 7.16 Nossos desenhos e os gráficos de barras da energia para este problema.

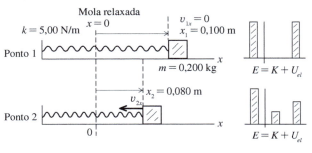

(Continua)

238 Física I

(*Continuação*)

EXECUTAR: as grandezas energéticas são dadas por

$$K_1 = \tfrac{1}{2}mv_{1x}^2 = \tfrac{1}{2}(0{,}200 \text{ kg})(0)^2 = 0$$
$$U_1 = \tfrac{1}{2}kx_1^2 = \tfrac{1}{2}(5{,}00 \text{ N/m})(0{,}100 \text{ m})^2 = 0{,}0250 \text{ J}$$
$$K_2 = \tfrac{1}{2}mv_{2x}^2$$
$$U_2 = \tfrac{1}{2}kx_2^2 = \tfrac{1}{2}(5{,}00 \text{ N/m})(0{,}080 \text{ m})^2 = 0{,}0160 \text{ J}$$

Usamos a Equação 7.14 com $W_{\text{outra}} = 0$ para determinar K_2 e depois v_{2x}:

$$K_2 = K_1 + U_1 - U_2 = 0 + 0{,}0250 \text{ J} - 0{,}0160 \text{ J} = 0{,}0090 \text{ J}$$

$$v_{2x} = \pm\sqrt{\frac{2K_2}{m}} = \pm\sqrt{\frac{2(0{,}0090 \text{ J})}{0{,}200 \text{ kg}}} = \pm 0{,}30 \text{ m/s}$$

Escolhemos o valor negativo da raiz porque o cavaleiro se desloca no sentido $-x$; a resposta procurada é $v_{2x} = -0{,}30$ m/s.

AVALIAR: mais cedo ou mais tarde, a mola se comprimirá e empurrará o cavaleiro de volta para a direita na direção positiva de x (Figura 7.13d). A solução $v_{2x} = +0{,}30$ m/s nos diz que, quando o cavaleiro passar por $x = 0{,}080$ enquanto se desloca para a direita, o módulo da sua velocidade será 0,30 m/s — a mesma velocidade de quando ele passa por esse ponto ao se deslocar para a esquerda.

EXEMPLO 7.8 MOVIMENTO COM ENERGIA POTENCIAL ELÁSTICA E TRABALHO REALIZADO POR OUTRAS FORÇAS

Para o sistema do Exemplo 7.7, suponha que o cavaleiro esteja em repouso na posição inicial $x = 0$, quando a mola ainda não está deformada. Então, aplicamos sobre o cavaleiro uma força $\vec{F}$ constante no sentido $+x$ com módulo igual a 0,610 N. Qual é a velocidade do cavaleiro no ponto $x = 0{,}100$ m?

SOLUÇÃO

IDENTIFICAR E PREPARAR: embora a força $\vec{F}$ que você aplica seja constante, a força da mola não é; portanto, a aceleração do cavaleiro não será constante. A energia mecânica total não é conservada por causa do trabalho realizado pela força $\vec{F}$, de modo que W_{outra} na Equação 7.14 não é zero. Como no Exemplo 7.7, ignoramos a energia potencial gravitacional porque a altura do cavaleiro não varia. Logo, temos somente a energia potencial elástica e, portanto, $U = U_{\text{el}} = \tfrac{1}{2}kx^2$. Desta vez, consideramos o ponto 1 como o local onde $x_1 = 0$, a velocidade $v_{1x} = 0$, e o ponto 2, o local no qual $x = 0{,}100$ m. O deslocamento do cavaleiro é, então, $\Delta x = x_2 - x_1 = 0{,}100$ m. Nossa variável-alvo é v_{2x}, a velocidade no ponto 2.

EXECUTAR: a força $\vec{F}$ é constante e está no mesmo sentido do deslocamento, de modo que o trabalho realizado por essa força é $F\Delta x$. Logo, as grandezas energéticas são dadas por

$$K_1 = 0$$
$$U_1 = \tfrac{1}{2}kx_1^2 = 0$$
$$K_2 = \tfrac{1}{2}mv_{2x}^2$$
$$U_2 = \tfrac{1}{2}kx_2^2 = \tfrac{1}{2}(5{,}00 \text{ N/m})(0{,}100 \text{ m})^2 = 0{,}0250 \text{ J}$$
$$W_{\text{outra}} = F\Delta x = (0{,}610 \text{ N})(0{,}100 \text{ m}) = 0{,}0610 \text{ J}$$

Inicialmente, a energia mecânica total é zero; o trabalho realizado por $\vec{F}$ faz a energia mecânica total crescer para 0,0610 J, dos quais 0,0250 J correspondem à parcela da energia potencial elástica. A parte restante corresponde à parcela da energia cinética. Pela Equação 7.14,

$$K_1 + U_1 + W_{\text{outra}} = K_2 + U_2$$
$$K_2 = K_1 + U_1 + W_{\text{outra}} - U_2$$
$$= 0 + 0 + 0{,}0610 \text{ J} - 0{,}0250 \text{ J} = 0{,}0360 \text{ J}$$

$$v_{2x} = \sqrt{\frac{2K_2}{m}} = \sqrt{\frac{2(0{,}0360 \text{ J})}{0{,}200 \text{ kg}}} = 0{,}60 \text{ m/s}$$

Escolhemos a raiz quadrada positiva porque o cavaleiro está se movendo na direção positiva de x.

AVALIAR: para testar nossa resposta, imagine o que seria diferente se desconectássemos o cavaleiro da mola. Então $\vec{F}$ seria a única força a realizar trabalho, haveria energia potencial igual a zero em todos os instantes e a Equação 7.14 forneceria

$$K_2 = K_1 + W_{\text{outra}} = 0 + 0{,}0610 \text{ J}$$

$$v_{2x} = \sqrt{\frac{2K_2}{m}} = \sqrt{\frac{2(0{,}0610 \text{ J})}{0{,}200 \text{ kg}}} = 0{,}78 \text{ m/s}$$

Encontramos uma velocidade $v_{2x} = 0{,}60$ m/s inferior a 0,78 m/s porque a mola realiza trabalho negativo sobre o cavaleiro enquanto ela se alonga (Figura 7.13b).

Ao parar de empurrar o cavaleiro quando ele atinge o ponto $x = 0{,}100$ m, além desse ponto, a única força que realiza trabalho sobre o cavaleiro é a força da mola. Portanto, para $x > 0{,}100$ m, a energia mecânica total $E = K + U = 0{,}0610$ J é mantida constante. A velocidade do cavaleiro vai diminuir enquanto a mola continua a se alongar; por isso, a energia cinética K diminui enquanto a energia potencial aumenta. O cavaleiro vai chegar ao repouso em um ponto $x = x_3$; nesse ponto, a energia cinética é nula e a energia potencial $U = U_{\text{el}} = \tfrac{1}{2}kx_3^2$ é igual à energia mecânica total 0,0610 J. Você conseguiria mostrar que o cavaleiro chega ao repouso em $x_3 = 0{,}156$ m? (Ele se move por 0,056 m adicionais depois que você para de empurrar.) Se não há atrito algum, o cavaleiro permanecerá em repouso?

EXEMPLO 7.9 MOVIMENTO COM AS FORÇAS GRAVITACIONAL, ELÁSTICA E DE ATRITO

Um elevador de 2.000 kg (19.600 N) com os cabos quebrados cai a 4,0 m/s sobre a mola de amortecimento no fundo do poço. A mola é projetada para fazer o elevador parar quando sofre uma compressão de 2,0 m (**Figura 7.17**). Durante o movimento, uma braçadeira de segurança exerce sobre o elevador uma força de atrito constante igual a 17.000 N. Qual é a constante de força k necessária para a mola?

(*Continua*)

(*Continuação*)

Figura 7.17 A queda de um elevador é amortecida por uma mola e por uma força de atrito constante.

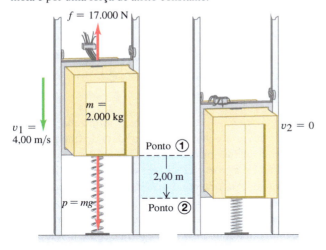

SOLUÇÃO

IDENTIFICAR E PREPARAR: usaremos o método da conservação da energia e a Equação 7.14 para determinar a constante da força k, que aparece na expressão para a energia potencial elástica. Note que neste problema existem, *simultaneamente*, energias potenciais gravitacional e elástica. Além disso, a energia mecânica total do sistema não é conservada porque o trabalho realizado pela força de atrito W_{outra} sobre o elevador é negativo. Considere o ponto 1 como o ponto onde o elevador toca a parte superior da mola, e o ponto 2 como o ponto no qual o elevador está em repouso. Escolhendo a origem no ponto 1, temos $y_1 = 0$ e $y_2 = -2,0$ m. Com essa escolha, a coordenada do ponto superior da mola coincide com a do elevador, de modo que a energia potencial elástica em qualquer posição situada entre os pontos 1 e 2 é dada por $U_{el} = \frac{1}{2}ky^2$. A energia potencial gravitacional é $U_{grav} = mgy$, como sempre. Conhecemos os módulos das velocidades do elevador no ponto inicial e no ponto final, bem como o módulo da força de atrito; portanto, o único elemento desconhecido é a constante da força da mola k (nossa variável-alvo).

EXECUTAR: a velocidade inicial do elevador é $v_1 = 4,0$ m/s, de modo que a energia cinética inicial é

$$K_1 = \tfrac{1}{2}mv_1^2 = \tfrac{1}{2}(2.000 \text{ kg})(4,00 \text{ m/s})^2 = 16.000 \text{ J}$$

O elevador para no ponto 2, logo, $K_2 = 0$. A energia potencial no ponto 1, $U_1 = U_{grav} + U_{el}$, é zero; U_{grav} é zero porque $y_1 = 0$ e $U_{el} = 0$ porque a mola ainda não está comprimida. No ponto 2, existem simultaneamente energias potenciais gravitacional e elástica; logo,

$$U_2 = mgy_2 + \tfrac{1}{2}ky_2^2$$

A energia potencial gravitacional no ponto 2 é

$$mgy_2 = (2.000 \text{ kg})(9,80 \text{ m/s}^2)(-2,0 \text{ m}) = -39.200 \text{ J}$$

A "outra" força é a força de atrito de 17.000 N, que age no sentido oposto ao do movimento ao longo do deslocamento de 2,0 m, logo

$$W_{outra} = -(17.000 \text{ N})(2,0 \text{ m}) = -34.000 \text{ J}$$

Substituindo esses valores na Equação 7.14, $K_1 + U_1 + W_{outra} = K_2 + U_2$:

$$K_1 + 0 + W_{outra} = 0 + (mgy_2 + \tfrac{1}{2}ky_2^2)$$

$$k = \frac{2(K_1 + W_{outra} - mgy_2)}{y_2^2}$$

$$= \frac{2[16.000 \text{ J} + (-34.000 \text{ J}) - (-39.200 \text{ J})]}{(-2,00 \text{ m})^2}$$

$$= 1,06 \times 10^4 \text{ N/m}$$

Esse valor é aproximadamente um décimo da grandeza da constante da mola de suspensão de um carro.

AVALIAR: pode parecer que existe um paradoxo aqui. A energia potencial elástica da mola no ponto 2 é

$$\tfrac{1}{2}ky_2^2 = \tfrac{1}{2}(1,06 \times 10^4 \text{ N/m})(-2,0 \text{ m})^2 = 21.200 \text{ J}$$

Esse valor é *maior* que energia mecânica total no ponto 1,

$$E_1 = K_1 + U_1 = 16.000 \text{ J} + 0 = 16.000 \text{ J}$$

Porém, a força de atrito faz a energia mecânica total *diminuir* em 34.000 J entre os pontos 1 e 2. Isso significa que surgiu energia do nada? Não mesmo. No ponto 2 também existe uma energia potencial gravitacional *negativa* $mgy_2 = -39.200$ J. A energia mecânica total no ponto 2, portanto, não é 21.200 J, mas

$$E_2 = K_2 + U_2 = 0 + \tfrac{1}{2}ky_2^2 + mgy_2$$
$$= 0 + 21.200 \text{ J} + (-39.200 \text{ J}) = -18.000 \text{ J}$$

Isso é exatamente igual à energia mecânica inicial de 16.000 J menos a energia de 34.000 J dissipada pelo atrito.

O elevador ficará em repouso no fundo do poço? No ponto 2, a mola comprimida exerce uma força de baixo para cima de módulo $F_{mola} = (1,06 \times 10^4 \text{ N/m})(2,0 \text{ m}) = 21.200$ N, ao passo que a força da gravidade atuando de cima para baixo sobre o elevador é apenas $p = mg = (2.000 \text{ kg})(9,80 \text{ m/s}^2) = 19.600$ N. Logo, caso não exista atrito, haverá uma força resultante de baixo para cima de 21.200 N – 19.600 N = 1.600 N, e o elevador voltaria a oscilar de baixo para cima. Entretanto, há atrito na braçadeira que pode exercer uma força de até 17.000 N; logo, a braçadeira pode impedir o elevador de tornar a oscilar.

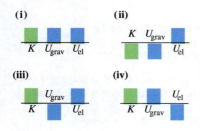

TESTE SUA COMPREENSÃO DA SEÇÃO 7.2 Considere a situação do Exemplo 7.9 no instante em que o elevador está se movendo de cima para baixo e a mola está comprimida em 1,0 m. Qual dos gráficos de barras de energia na figura ao lado mostra mais precisamente a energia cinética K, a energia potencial gravitacional U_{grav} e a energia potencial elástica U_{el} nesse instante? ∎

7.3 FORÇAS CONSERVATIVAS E FORÇAS NÃO CONSERVATIVAS

Em nossa discussão da energia potencial, falamos sobre "armazenar" a energia cinética para convertê-la em energia potencial, com a ideia de que podemos recuperá-la novamente sob a forma de energia cinética. Por exemplo, quando você joga uma bola de baixo para cima no ar, sua velocidade diminui à medida que a energia cinética é convertida em energia potencial gravitacional. Porém, quando ela volta para baixo, a conversão se inverte e sua velocidade aumenta à medida que a energia potencial é convertida de volta em energia cinética. Desprezando a resistência do ar, a velocidade da bola quando você a agarra é igual à velocidade de quando você a jogou para cima.

Outro exemplo é o de um cavaleiro que se move sobre um trilho de ar horizontal sem atrito quando colide contra uma mola presa na extremidade do trilho. A mola se comprime e o cavaleiro para momentaneamente, antes de ser rebatido para trás. Caso o atrito seja nulo, o cavaleiro possuirá as mesmas velocidade e energia cinética que possuía antes da colisão. Novamente, existe conversão nos dois sentidos de energia cinética em energia potencial e vice-versa. Nos dois exemplos, a energia mecânica total, que é a soma das energias cinética e potencial, permanece constante ou é *conservada* durante o movimento.

Forças conservativas

Uma força capaz de converter energia cinética em energia potencial e de fazer a conversão inversa denomina-se **força conservativa**. Já vimos dois exemplos: a força gravitacional e a força da mola. (Mais adiante neste livro, estudaremos outra força conservativa, que é a força elétrica entre objetos com carga elétrica.) Uma característica básica de uma força conservativa é que o trabalho realizado por ela é sempre *reversível*. Tudo o que depositamos no "banco" de energia pode ser retirado depois sem nenhuma perda. Outra característica importante é que, quando um corpo segue várias trajetórias para ir de um ponto 1 a um ponto 2, a força conservativa realiza sempre o mesmo trabalho sobre o corpo em qualquer uma dessas trajetórias (**Figura 7.18**). Por exemplo, se um corpo permanece próximo da superfície terrestre, a força gravitacional $m\vec{g}$ é independente da altura, e o trabalho realizado por essa força depende somente da variação na altura. Quando um corpo se move ao longo de uma trajetória fechada, com o ponto final coincidindo com o inicial, o trabalho *total* realizado pela força gravitacional é sempre igual a zero.

Resumindo, o trabalho realizado por uma força conservativa possui sempre quatro características:

1. É dado pela diferença entre os valores inicial e final da função *energia potencial*.
2. É reversível.
3. É independente da trajetória do corpo e depende apenas dos pontos inicial e final.
4. Quando o ponto final coincide com o inicial, o trabalho realizado é igual a zero.

Quando as *únicas* forças que realizam trabalho são conservativas, a energia mecânica total $E = K + U$ permanece constante.

DADOS MOSTRAM

Conservação da energia

Quando os alunos recebem um problema sobre a conservação da energia mecânica para o movimento ao longo de uma trajetória curva, mais de 32% davam uma resposta incorreta. Erros comuns:

- Esquecer que a variação na energia potencial gravitacional ao longo de uma trajetória curva depende apenas da diferença entre as alturas final e inicial, e não da forma da trajetória.
- Esquecer que, se a gravidade for a única força que realiza trabalho, a energia mecânica é conservada. Então, a variação na energia cinética ao longo da trajetória é determinada unicamente pela mudança na energia potencial gravitacional. A forma da trajetória não importa.

Figura 7.18 O trabalho realizado por uma força conservativa, como a gravidade, depende apenas dos pontos inicial e final de uma trajetória, não da trajetória específica percorrida entre esses pontos.

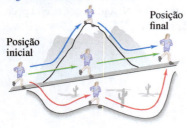

O trabalho realizado pela força gravitacional é o mesmo para as três trajetórias, porque a força gravitacional é conservativa.

Forças não conservativas

Nem todas as forças são conservativas. Considere a força de atrito que atua sobre a caixa que desliza na rampa no Exemplo 7.6 (Seção 7.1). Quando o corpo desliza para cima e a seguir retorna ao ponto inicial, o trabalho total realizado sobre ele pela força de atrito *não* é igual a zero. Quando o sentido do movimento é invertido, a força de atrito também é invertida, e a força de atrito realiza trabalho *negativo* em *ambos* os sentidos. Quando um carro com os freios bloqueados derrapa em um pavimento com velocidade decrescente (e energia cinética decrescente), a energia cinética perdida não pode ser recuperada invertendo-se o sentido do movimento ou por qualquer outro processo, e a energia mecânica *não* é conservada. Portanto, *não* existe uma função que forneça a energia potencial de uma força de atrito.

Pelo mesmo motivo, a força de resistência de um fluido (Seção 5.3) não é conservativa. Quando você joga uma bola de baixo para cima, a resistência do ar realiza um trabalho negativo na subida *e* na descida da bola. A bola volta para a sua mão com velocidade e energia cinética menores que a velocidade e a energia cinética no momento em que você lançou a bola, e não existe nenhum processo capaz de recuperar a energia mecânica perdida.

A força que não é conservativa denomina-se **força não conservativa**. O trabalho realizado por uma força não conservativa *não pode* ser representado por nenhuma função que forneça uma energia potencial. Algumas forças não conservativas, como a de atrito cinético ou a de resistência de um fluido, produzem uma perda ou dissipação da energia mecânica; esse tipo de força denomina-se **força dissipativa**. Existem, também, forças não conservativas que produzem um *aumento* na energia mecânica. Os fragmentos das explosões de fogos de artifício se espalham com energias cinéticas elevadas por causa das reações químicas da pólvora com o oxigênio. As forças oriundas dessas reações não são conservativas, visto que o processo não é reversível. (Imagine a volta espontânea dos fragmentos das explosões para reconstruir os fogos de artifício queimados!)

EXEMPLO 7.10 — O TRABALHO REALIZADO PELA FORÇA DE ATRITO DEPENDE DA TRAJETÓRIA

Você deseja mudar a disposição de seus móveis e desloca um sofá de 40,0 kg por uma distância de 2,50 m pela sala. Contudo, a trajetória retilínea é bloqueada por uma pesada mesa que você não deseja deslocar. Em vez disso, você desloca o sofá ao longo de uma trajetória com dois trechos ortogonais, um com 2,0 m de comprimento e o outro com 1,50 m. Em comparação com o trabalho que seria realizado na trajetória retilínea, qual é o trabalho excedente que você deve realizar para deslocar o sofá ao longo da trajetória com os dois trechos ortogonais? O coeficiente de atrito cinético é $\mu_c = 0{,}200$.

SOLUÇÃO

IDENTIFICAR E PREPARAR: neste caso, o trabalho é realizado tanto por você quanto pela força de atrito, portanto, você deve usar a inter-relação entre energias incluindo outras forças além da elástica e da gravitacional. Usaremos essa relação para encontrar uma conexão entre o trabalho que *você* realiza e o trabalho realizado pelo *atrito*. A **Figura 7.19** mostra o esquema deste exemplo. O sofá está em repouso nos pontos 1 e 2, logo, $K_1 = K_2 = 0$. Não há energia potencial elástica (não há molas) e a energia potencial gravitacional não varia porque o sofá se move apenas horizontalmente, ou seja, $U_1 = U_2$. Pela Equação 7.14, vemos que $W_{outra} = 0$. O trabalho realizado pela resultante das outras forças é a soma do trabalho positivo que você realiza, $W_{você}$, com o trabalho negativo, W_{atri}, realizado pela força de atrito. Como essa soma é igual a zero, temos

Figura 7.19 Nosso desenho para este problema.

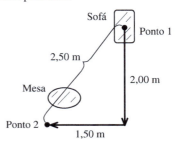

$$W_{você} = -W_{atri}$$

Assim, para determinar $W_{você}$, calcularemos o trabalho realizado pelo atrito.

EXECUTAR: como o piso é horizontal, a força normal sobre o sofá é igual ao seu peso mg, e o módulo da força de atrito é $f_c = \mu_c n = \mu_c mg$. O trabalho realizado por você em cada trajetória é dado por

$$W_{você} = -W_{atri} = -(-f_c d) = +\mu_c mgd$$
$$= (0{,}200)(40{,}0 \text{ kg})(9{,}80 \text{ m/s}^2)(2{,}50 \text{ m})$$
$$= 196 \text{ J} \quad \text{(trajetória retilínea)}$$

(Continua)

(*Continuação*)

$$W_{você} = -W_{atri} = +\mu_c mgd$$
$$= (0,200)\,(40,0\text{ kg})\,(9,80\text{ m/s}^2)\,(2,00\text{ m} + 1,50\text{ m})$$
$$= 274\text{ J} \quad \text{(nas duas trajetórias ortogonais)}$$

Logo, o trabalho excedente que você deve realizar é dado pela diferença 274 J – 196 J = 78 J.

AVALIAR: o atrito realiza diferentes forças sobre o sofá, –196 J e –274 J, nas duas trajetórias ortogonais entre os pontos 1 e 2. Logo, o atrito é uma força *não conservativa*.

EXEMPLO 7.11 CONSERVATIVA OU NÃO CONSERVATIVA?

Em determinada região do espaço, a força que atua sobre um elétron é dada por $\vec{F} = Cx\hat{j}$, onde C é uma constante positiva. O elétron percorre uma trajetória quadrada no plano *xy* (**Figura 7.20**). Calcule o trabalho realizado pela força $\vec{F}$ durante um percurso em sentido anti-horário em torno do quadrado. Essa força é conservativa ou não conservativa?

Figura 7.20 Uma força $\vec{F} = Cx\hat{j}$ atua sobre um elétron que percorre uma trajetória quadrada.

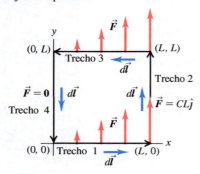

SOLUÇÃO

IDENTIFICAR E PREPARAR: a força $\vec{F}$ não é constante e, em geral, não é paralela ao deslocamento. Para calcular o trabalho realizado pela força $\vec{F}$, usaremos a expressão geral do trabalho, Equação 6.14:

$$W = \int_{P_1}^{P_2} \vec{F} \cdot d\vec{l}$$

onde $d\vec{l}$ é um deslocamento infinitesimal. Vamos calcular o trabalho realizado pela força $\vec{F}$ em cada trecho da trajetória quadrada e, a seguir, somar os resultados para achar o trabalho total na trajetória fechada. Se esse trabalho na trajetória fechada for zero, a força $\vec{F}$ é conservativa e pode ser representada por uma função de energia potencial.

EXECUTAR: no primeiro trecho da trajetória, de (0, 0) a (*L*, 0), a força é variável, mas sua direção é sempre perpendicular ao deslocamento. Logo, $\vec{F} \cdot d\vec{l} = 0$, e o trabalho realizado no primeiro trecho é $W_1 = 0$. A força possui sempre o mesmo valor $\vec{F} = CL\hat{j}$ no segundo trecho da trajetória, de (*L*, 0) a (*L*, *L*). O deslocamento nesse trecho é orientado no sentido +*y*, logo, $d\vec{l} = dy\hat{j}$ e

$$\vec{F} \cdot d\vec{l} = CL\hat{j} \cdot dy\hat{j} = CL\,dy$$

O trabalho realizado no segundo trecho da trajetória é, então,

$$W_2 = \int_{(L,0)}^{(L,L)} \vec{F} \cdot d\vec{l} = \int_{y=0}^{y=L} CL\,dy = CL\int_0^L dy = CL^2$$

No terceiro trecho da trajetória, de (*L*, *L*) a (0, *L*), a força $\vec{F}$ é novamente perpendicular ao deslocamento, portanto, $W_3 = 0$. No último trecho da trajetória, de (0, *L*) a (0, 0), a força é igual a zero, de modo que $W_4 = 0$. O trabalho realizado pela força $\vec{F}$ ao longo da trajetória fechada é dado por

$$W = W_1 + W_2 + W_3 + W_4 = 0 + CL^2 + 0 + 0 = CL^2$$

O ponto inicial coincide com o ponto final da trajetória, porém o trabalho total realizado pela força $\vec{F}$ não é zero. Trata-se de uma força *não conservativa*; ela *não pode* ser representada por uma energia potencial.

AVALIAR: como $W > 0$, a energia mecânica do elétron *cresce* à medida que ele se desloca ao longo da espiral quadrada. Isso não é uma curiosidade matemática; trata-se de um modelo do que ocorre em um gerador de energia elétrica. Um fio formando uma espiral se desloca através de um campo magnético, que produz uma força não conservativa análoga à discutida neste exemplo. O elétron ganha energia na medida em que se desloca ao longo da espiral, e essa energia é transportada por uma linha de transmissão até o consumidor. (No Capítulo 29, discutiremos com mais detalhes como isso funciona.)

Caso o elétron se deslocasse no *sentido horário* em vez de no anti-horário, a força $\vec{F}$ não sofreria nenhuma alteração, mas o sentido do deslocamento infinitesimal $d\vec{l}$ se inverteria. Logo, o trabalho teria sinal contrário, e o trabalho realizado para percorrer a espiral no sentido horário seria $W = -CL^2$. Esse comportamento é diferente do comportamento da força de atrito não conservativa. Quando um corpo desliza ao longo de uma superfície com atrito, o trabalho realizado pela força de atrito é sempre negativo, independentemente do sentido do movimento (veja o Exemplo 7.6 na Seção 7.1).

Lei da conservação da energia

Forças não conservativas não podem ser representadas em termos de energia potencial. Porém, podemos descrever os efeitos dessas forças usando outros tipos de energias diferentes da potencial e da cinética. Quando o freio é acionado e o carro desliza até parar, tanto a superfície da estrada quanto os pneus se aquecem.

A energia associada com a mudança de estado de um sistema denomina-se **energia interna**. A energia interna de um corpo aumenta quando sua temperatura aumenta e diminui quando sua temperatura diminui.

Para entender o significado da energia interna, imagine um bloco deslizando sobre uma superfície áspera. O trabalho realizado sobre o bloco pela força de atrito é *negativo*, e a variação da energia interna do bloco e da superfície é *positiva* (o bloco e a superfície se aquecem). Experiências meticulosas mostram que a variação da energia interna é *exatamente* igual ao módulo do trabalho realizado pela força de atrito. Em outras palavras,

$$\Delta U_{int} = -W_{outra}$$

onde ΔU_{int} é a variação da energia interna. Substituindo isso na Equação 7.14:

$$K_1 + U_1 - \Delta U_{int} = K_2 + U_2$$

Escrevendo $\Delta K = K_2 - K_1$ e $\Delta U = U_2 - U_1$, podemos finalmente escrever

Lei da conservação da energia:
$$\underbrace{\Delta K}_{\text{Mudança na energia cinética}} + \underbrace{\Delta U}_{\text{Mudança na energia potencial}} + \underbrace{\Delta U_{int}}_{\text{Mudança na energia interna}} = 0 \qquad (7.15)$$

Esse resultado notável é uma forma geral da **lei da conservação da energia**. Em um dado processo, podem ocorrer variações da energia cinética, da energia potencial e da energia interna do sistema. Contudo, a *soma* dessas variações é sempre igual a zero. Havendo diminuição de uma dessas formas de energia, ocorrerá aumento de outra (**Figura 7.21**). Quando estendemos nossa definição de energia para incluir a energia interna, a Equação 7.15 mostra que *a energia nunca pode ser criada ou destruída; ela pode apenas mudar de uma forma para outra*. Nenhuma exceção a essa regra jamais foi observada.

Note que o conceito de trabalho não foi usado na Equação 7.15. Em vez disso, essa relação nos convida a pensar puramente em termos de conversões de uma forma de energia para outra. Por exemplo, quando você lança uma bola verticalmente de baixo para cima, converte uma parte da energia interna de suas moléculas em energia cinética da bola. A seguir, essa energia é convertida em energia potencial à medida que a bola sobe e é convertida novamente em energia cinética quando a bola desce. Caso haja resistência do ar, uma parte dessa energia é usada para aquecer a bola e o ar, fazendo aumentar a energia interna da bola e do ar. Quando a bola cai em suas mãos, a energia potencial é convertida em energia cinética. Se você agarra a bola, toda energia que não foi perdida para o ar volta a se tornar energia interna; a bola e sua mão ficam mais quentes do que estavam quando a bola foi lançada.

Nos capítulos 19 e 20, estudaremos a relação da energia interna com as variações de temperatura, trocas de calor e trabalho realizado. Essas grandezas constituem o núcleo de uma parte da física denominada *termodinâmica*.

Aplicação Forças não conservativas e energia interna em um pneu
Um pneu de automóvel se deforma e flexiona como uma mola enquanto gira, mas não como uma mola ideal: forças de atrito internas não conservativas atuam dentro da borracha do pneu. Como resultado, a energia mecânica se perde e é convertida em energia interna. Assim, a temperatura de um pneu aumenta enquanto ele gira, fazendo com que a pressão do ar dentro dele também aumente. É por isso que a pressão dos pneus deve ser verificada antes de dirigir o carro, quando eles estão frios.

Figura 7.21 A bateria desse helicóptero de rádio-controle contém $2,4 \times 10^4$ J de energia elétrica. Quando essa energia termina, a energia interna da bateria diminui por esse valor, de modo que $\Delta U_{int} = -2,4 \times 10^4$ J. Essa energia pode ser convertida em energia cinética para fazer com que as pás do rotor e o helicóptero sigam mais rapidamente, ou em energia potencial gravitacional, para fazer o helicóptero subir.

EXEMPLO 7.12 TRABALHO REALIZADO PELO ATRITO

Vamos examinar novamente o Exemplo 7.5 (Seção 7.1), no qual seu primo Tobias pratica *skate* descendo uma rampa curva. Ele começa com energia cinética zero e energia potencial igual a 735 J, e na base ele possui 450 J de energia cinética e energia potencial igual a zero. Logo, $\Delta K = +450$ J e $\Delta U = -735$ J. O trabalho $W_{outra} = W_{atri}$ realizado pelas forças não conservativas é igual a -285 J, de modo que a variação de energia interna é dada por $\Delta U_{int} = -W_{outra} = +285$ J. As rodas, os rolamentos e a rampa tornam-se ligeiramente mais quentes quando Tobias desce a rampa. De acordo com a Equação 7.15, a soma dessas variações de energia deve ser igual a zero:

$$\Delta K + \Delta U + \Delta U_{int} = +450 \text{ J} + (-735 \text{ J}) + 285 \text{ J} = 0$$

A energia total do sistema (incluindo formas não mecânicas de energia) sempre se conserva.

TESTE SUA COMPREENSÃO DA SEÇÃO 7.3 Em uma usina hidroelétrica, a queda da água é usada para fazer uma turbina girar ("roda d'água"), e esta, por sua vez, aciona o gerador elétrico. Em relação à quantidade de energia potencial gravitacional liberada pela queda d'água, quanta energia elétrica é produzida? (i) A mesma; (ii) mais; (iii) menos. ∎

7.4 FORÇA E ENERGIA POTENCIAL

Para os dois tipos de força conservativa estudados (a elástica e a gravitacional), começamos com uma descrição do comportamento da *força* e, a partir disso, deduzimos uma expressão para a *energia potencial*. Por exemplo, para um corpo de massa m em um campo gravitacional uniforme, a força gravitacional é dada por $F_y = -mg$. Vimos que a energia potencial correspondente é dada por $U(y) = mgy$. A força que a mola ideal exerce sobre o corpo é $F_x = -kx$, e a função da energia potencial correspondente é dada por $U(x) = \frac{1}{2}kx^2$.

Ao estudar física, porém, você encontrará situações em que lhe é dada uma expressão para a *energia potencial* em função da posição para que seja calculada a *força* correspondente. Veremos vários exemplos desse tipo, quando estudarmos as forças elétricas mais adiante neste livro: em geral, é mais fácil calcular a energia potencial elétrica primeiro e, depois, determinar a força elétrica correspondente.

A seguir, mostraremos como proceder para calcular a força que corresponde a uma dada expressão de energia potencial. Inicialmente, considere um movimento retilíneo, sendo x a coordenada. Designamos o componente x da força, uma função de x, por $F_x(x)$, e a energia potencial por $U(x)$. Essa notação serve para lembrarmos de que tanto F_x quanto U são *funções* de x. Lembramo-nos agora de que o trabalho W realizado por uma força conservativa em qualquer deslocamento é igual, mas de sinal contrário, à variação ΔU da energia potencial:

$$W = -\Delta U$$

Vamos aplicar esse resultado a um pequeno deslocamento Δx. O trabalho realizado pela força $F_x(x)$ durante esse deslocamento é aproximadamente igual a $F_x(x)\Delta x$. Devemos dizer "aproximadamente" porque $F_x(x)$ varia ligeiramente ao longo do deslocamento Δx. Logo,

$$F_x(x)\,\Delta x = -\Delta U \quad \text{e} \quad F_x(x) = -\frac{\Delta U}{\Delta x}$$

Você já deve ter percebido o que virá. Tomamos o limite quando $\Delta x \to 0$; nesse limite, a variação de F_x torna-se desprezível, e achamos a expressão exata

> **Força da energia potencial:** no movimento em uma dimensão, o valor de uma força conservativa no ponto x... $F_x(x) = -\dfrac{dU(x)}{dx}$ ...é a negativa da derivada em x da função de energia potencial associada. (7.16)

Esse resultado faz sentido; em regiões onde $U(x)$ varia rapidamente com x (ou seja, onde $dU(x)/dx$ é grande), ocorre a realização de um trabalho grande em um dado deslocamento, e a força correspondente possui módulo elevado. Por outro lado, quando $F_x(x)$ está orientada no sentido positivo do eixo x, $U(x)$ diminui quando x cresce. Logo, $F_x(x)$ e $dU(x)/dx$ realmente devem possuir sinais contrários. O significado físico da Equação 7.16 é que *uma força conservativa sempre atua no sentido de conduzir o sistema a uma energia potencial mais baixa*.

Para conferir, considere a função da energia potencial elástica, $U(x) = \frac{1}{2}kx^2$. Usando a Equação 7.16, obtemos

$$F_x(x) = -\frac{d}{dx}\left(\tfrac{1}{2}kx^2\right) = -kx$$

que é a expressão correta da força exercida por uma mola ideal (**Figura 7.22a**). Analogamente, para a energia potencial gravitacional, temos $U(y) = mgy$; tomando o cuidado de substituir x por y na escolha do eixo, obtemos $F_y = -dU/dy = -d(mgy)/dy = -mg$, que é a expressão correta para a força gravitacional (Figura 7.22b).

Figura 7.22 Uma força conservativa é a derivada negativa da energia potencial correspondente.

(a) Energia potencial e força da mola em função de x

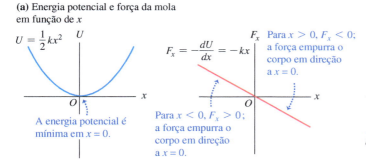

(b) Energia potencial gravitacional e força em função de y

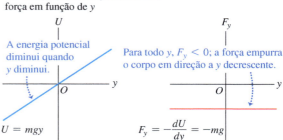

EXEMPLO 7.13 FORÇA ELÉTRICA E SUA ENERGIA POTENCIAL

Uma partícula com carga elétrica é mantida em repouso no ponto $x = 0$, enquanto uma segunda partícula com a mesma carga pode mover-se livremente ao longo do sentido positivo do eixo x. A energia potencial do sistema é $U(x) = C/x$, onde C é uma constante positiva que depende do módulo das cargas. Deduza, em função da posição, uma expressão para o componente x da força que atua sobre a carga que se move em função de sua posição.

SOLUÇÃO

IDENTIFICAR E PREPARAR: a energia potencial $U(x)$ foi fornecida, e devemos encontrar a função da força usando a Equação 7.16, $F_x(x) = -dU(x)/dx$.

EXECUTAR: a derivada em relação a x da função $1/x$ é $-1/x^2$. Logo, a força que atua sobre a carga que se move para $x > 0$ é dada por

$$F_x(x) = -\frac{dU(x)}{dx} = -C\left(-\frac{1}{x^2}\right) = \frac{C}{x^2}$$

AVALIAR: o componente x da força é positivo, correspondendo a uma interação repulsiva entre cargas elétricas de mesmo sinal. A energia potencial é muito elevada quando as partículas estão próximas (x é pequeno) e tende a zero quando as partículas se afastam (x é grande). A força empurra a carga móvel para os valores x mais positivos, para os quais a energia potencial é menor. (Estudaremos as forças elétricas em detalhes no Capítulo 21.)

Força e energia potencial em três dimensões

Podemos estender a análise anterior para três dimensões, onde a partícula pode se mover ao longo do eixo x, y ou z, ou então mover-se no espaço com componentes simultaneamente em todas essas direções, quando está sob a ação de uma força que possui componentes F_x, F_y e F_z. Cada componente da força pode ser uma função das coordenadas x, y e z. A função da energia potencial U é sempre uma função dessas três coordenadas espaciais. A variação da energia potencial ΔU quando a partícula se move de uma pequena distância Δx ao longo do eixo x é novamente dada por $-F_x \Delta x$; ela não depende de F_y ou de F_z, que são componentes da força perpendicular ao deslocamento e não realizam trabalho. Sendo assim, temos novamente a expressão aproximada

$$F_x = -\frac{\Delta U}{\Delta x}$$

Determinamos os componentes y e z exatamente da mesma maneira:

$$F_y = -\frac{\Delta U}{\Delta y} \qquad F_z = -\frac{\Delta U}{\Delta z}$$

246 Física I

Aplicação **Topografia e gradiente da energia potencial** Quanto maior a elevação de um lago no Parque Nacional de Banff, no Canadá, maior a energia potencial gravitacional U_{grav}. Pense em um eixo x que corre horizontalmente de oeste a leste e um eixo y que corre horizontalmente de sul para norte. Então, a função $U_{grav}(x, y)$ nos informa a elevação como uma função da posição no parque. Onde as montanhas possuem inclinações íngremes, $\vec{F} = -\vec{\nabla} U_{grav}$ tem um módulo grande e há uma grande força empurrando-o ao longo da superfície da montanha para uma região de menor elevação (e, portanto, U_{grav} menor). Existe uma força nula ao longo da superfície do lago, que está na mesma elevação por toda a sua extensão. Logo, U_{grav} é constante em todos os pontos na superfície do lago, e $\vec{F} = -\vec{\nabla} U_{grav} = 0$.

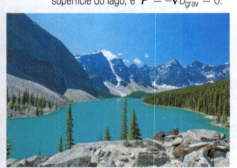

Para fazer essas relações tornarem-se exatas, precisamos tomar os limites quando $\Delta x \to 0$, $\Delta y \to 0$ e $\Delta z \to 0$, de modo que essas relações se transformem nas respectivas derivadas. Como U é uma função dessas três coordenadas, devemos lembrar que, ao calcular cada uma dessas derivadas, somente uma coordenada varia de cada vez. Calculamos a derivada de U em relação a x supondo y e z constantes e somente x variando, e assim por diante. Esse tipo de derivada denomina-se *derivada parcial*. A notação usual para a derivada parcial é $\partial U/\partial x$ e assim por diante; o símbolo ∂ é um d modificado para lembrar-nos da diferença entre os dois tipos de derivada. Logo, escrevemos

Força obtida da energia potencial: no **movimento tridimensional**, o valor em determinado ponto de cada componente de uma força conservativa...

$$F_x = -\frac{\partial U}{\partial x} \quad F_y = -\frac{\partial U}{\partial y} \quad F_z = -\frac{\partial U}{\partial z} \quad (7.17)$$

... é a negativa da derivativa parcial nesse ponto da função de energia potencial associada.

Podemos usar vetores unitários para escrever uma expressão vetorial compacta para a força $\vec{F}$:

Força obtida da energia potencial: o valor vetorial de uma força conservativa em determinado ponto...

$$\vec{F} = -\left(\frac{\partial U}{\partial x}\hat{\imath} + \frac{\partial U}{\partial y}\hat{\jmath} + \frac{\partial U}{\partial z}\hat{k}\right) = -\vec{\nabla} U \quad (7.18)$$

... é a negativa do gradiente nesse ponto da função da energia potencial associada.

Na Equação 7.18, tomamos a derivada parcial de U em relação a cada uma das coordenadas, multiplicamos pelo respectivo vetor unitário e fazemos a soma vetorial. Essa operação, geralmente abreviada como $\vec{\nabla} U$, é chamada de **gradiente** de U.

Para conferirmos, substituindo a expressão da energia potencial gravitacional $U = mgy$ na Equação 7.18, encontramos:

$$\vec{F} = -\vec{\nabla}(mgy) = -\left(\frac{\partial(mgy)}{\partial x}\hat{\imath} + \frac{\partial(mgy)}{\partial y}\hat{\jmath} + \frac{\partial(mgy)}{\partial z}\hat{k}\right) = (-mg)\hat{\jmath}$$

Este resultado é a expressão familiar da força gravitacional.

EXEMPLO 7.14 FORÇA E ENERGIA POTENCIAL EM DUAS DIMENSÕES

Um disco de hóquei com coordenadas x e y desliza sobre uma mesa de ar sem atrito. Sobre ele atua uma força conservativa oriunda de uma energia potencial dada pela função

$$U(x, y) = \tfrac{1}{2} k(x^2 + y^2)$$

Observe que $r = \sqrt{x^2 + y^2}$ é a distância na superfície da mesa do disco de hóquei até a origem. Deduza uma expressão vetorial para a força que atua sobre o disco e ache uma expressão para o módulo da força.

SOLUÇÃO

IDENTIFICAR E PREPARAR: a partir da função $U(x,y)$, precisamos encontrar os componentes dos vetores e o módulo da força conservativa $\vec{F}$ correspondente. Usaremos a Equação 7.18 para achar os componentes. A função U não depende de z, portanto, a derivada parcial de U em relação a z é $\partial U/\partial z = 0$, e a força não possui nenhum componente de z. A seguir, determinamos o módulo F da força usando a fórmula para o módulo de um vetor: $F = \sqrt{F_x^2 + F_y^2}$.

EXECUTAR: os componentes de x e y da força $\vec{F}$ são

$$F_x = -\frac{\partial U}{\partial x} = -kx \quad F_y = -\frac{\partial U}{\partial y} = -ky$$

Pela Equação 7.18, a expressão vetorial para a força é

$$\vec{F} = (-kx)\hat{\imath} + (-ky)\hat{\jmath} = -k(x\hat{\imath} + y\hat{\jmath})$$

O módulo da força em cada ponto é dado por

$$F = \sqrt{(-kx)^2 + (-ky)^2} = k\sqrt{x^2 + y^2} = kr$$

(Continua)

(*Continuação*)

AVALIAR: como $x\hat{i} + y\hat{j}$ é simplesmente o vetor de posição $\vec{r}$ da partícula, podemos reescrever nosso resultado como $\vec{F} = -k\vec{r}$. Isso representa uma força que é oposta em sentido ao vetor de posição da partícula — ou seja, uma força dirigida para a origem, $r = 0$. Essa é a força que seria exercida sobre o disco se ele estivesse preso a uma extremidade de uma mola que obedece à lei de Hooke e possui um comprimento não esticado muito pequeno em comparação às outras distâncias no problema. (A outra extremidade é presa à mesa de *air hockey* em $r = 0$.)

Para conferir nosso resultado, note que $U = \frac{1}{2}kr^2$. Podemos encontrar a força substituindo x por r na Equação 7.16:

$$F_r = -\frac{dU}{dr} = -\frac{d}{dr}\left(\tfrac{1}{2}kr^2\right) = -kr$$

Exatamente como calculamos anteriormente, a força possui módulo kr; o sinal negativo indica que a força possui direção radial no sentido da origem (em $r = 0$).

TESTE SUA COMPREENSÃO DA SEÇÃO 7.4 Uma partícula que se desloca ao longo do eixo x sofre ação de uma força conservativa F_x. Em um dado ponto, a força é igual a zero. (a) Qual das seguintes afirmações sobre o valor da função de energia potencial $U(x)$ nesse ponto é correta? (i) $U(x) = 0$; (ii) $U(x) > 0$; (iii) $U(x) < 0$; (iv) não há informação suficiente para responder. (b) Qual das seguintes afirmações sobre o valor da derivada de $U(x)$ nesse ponto é correta? (i) $dU(x)/dx = 0$; (ii) $dU(x)/dx > 0$; (iii) $dU(x)/dx < 0$; (iv) não há informação suficiente para responder. ∎

7.5 DIAGRAMAS DE ENERGIA

Quando uma partícula se desloca em linha reta sob a ação de uma força conservativa, podemos inferir diversas possibilidades de movimentos examinando o gráfico da função $U(x)$ da energia potencial. A **Figura 7.23a** mostra um cavaleiro de massa m que se move ao longo do eixo x em um trilho de ar. A mola exerce sobre o cavaleiro uma força na direção do eixo x dada por $F_x = -kx$. A Figura 7.23b mostra um gráfico da energia potencial correspondente $U(x) = \frac{1}{2}kx^2$. Se a força elástica da mola for a *única* força horizontal atuando sobre o cavaleiro, a energia mecânica total $E = K + U$ permanecerá constante, não dependendo de x. Assim, o gráfico de E em função de x é uma linha reta horizontal. Usamos o termo **diagrama de energia** para um gráfico como esse, que mostra tanto a função da energia potencial $U(x)$ quanto a energia da partícula sujeita à força que corresponde a $U(x)$.

A distância vertical entre a curva de U e a curva de E para cada ponto do diagrama dada pela diferença $E - U$ fornece a energia cinética K nesse ponto. Note que K possui seu valor máximo para $x = 0$. Ele se anula para os valores de x referentes à intersecção das duas curvas, indicados no diagrama por A e $-A$. Portanto, a velocidade v possui seu valor máximo para $x = 0$ e se anula para $x = \pm A$, os pontos que, para um dado valor da energia total E, correspondem ao deslocamento *máximo* possível a partir de $x = 0$. A energia potencial U nunca pode ser maior que a energia total E; se isso ocorresse, K teria valor negativo, o que é impossível. Trata-se de um movimento oscilatório entre os extremos $x = A$ e $x = -A$.

Pela Equação 7.16, para cada ponto, a força F_x sobre o cavaleiro é dada pela inclinação da curva $U(x)$ com sinal contrário: $F_x = -dU/dx$ (Figura 7.22a). Quando a partícula está em $x = 0$, a inclinação e a força são iguais a zero, portanto, essa é uma posição de *equilíbrio*. Quando x é positivo, a inclinação da curva $U(x)$ é positiva e a força F_x é negativa, orientada para a origem. Quando x é negativo, a inclinação da curva $U(x)$ é negativa e a força F_x é positiva, orientada novamente para a origem. Essa força, algumas vezes, é chamada de *força restauradora*; quando o cavaleiro se desloca para qualquer um dos lados de $x = 0$, a força resultante tende a "restaurar" sua posição para $x = 0$. Situação análoga ocorre quando uma bola de gude rola dentro de um recipiente com fundo redondo. Dizemos que $x = 0$ é um ponto de **equilíbrio estável**. De modo geral, *qualquer mínimo na curva da energia potencial corresponde a um ponto de equilíbrio estável*.

A **Figura 7.24a** mostra uma função da energia potencial $U(x)$ hipotética e geral. A Figura 7.24b mostra a força correspondente $F_x = -dU/dx$. Os pontos x_1 e

Figura 7.23 (a) Um cavaleiro sobre um trilho de ar. A mola exerce uma força $F_x = -kx$. (b) A função da energia potencial.

(a)
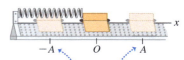
Os limites do movimento do cavaleiro estão em $x = A$ e $x = -A$.

(b)
No gráfico, os limites do movimento correspondem aos pontos de intersecção da curva da energia potencial U com a linha reta horizontal que representa a energia mecânica total E.

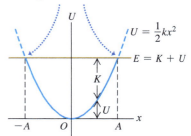

Figura 7.24 Os máximos e mínimos de uma função da energia potencial $U(x)$ correspondem aos pontos onde $F_x = 0$.

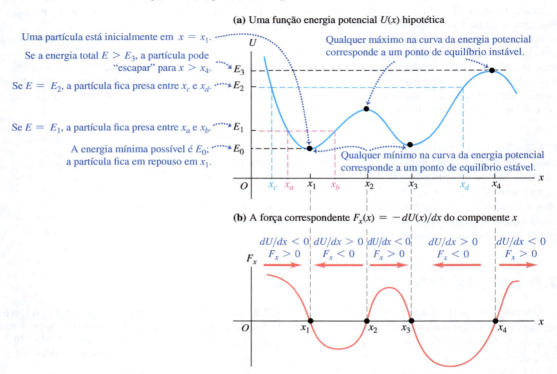

(a) Uma função energia potencial $U(x)$ hipotética

Uma partícula está inicialmente em $x = x_1$.

Se a energia total $E > E_3$, a partícula pode "escapar" para $x > x_4$.

Se $E = E_2$, a partícula fica presa entre x_c e x_d.

Se $E = E_1$, a partícula fica presa entre x_a e x_b.

A energia mínima possível é E_0; a partícula fica em repouso em x_1.

Qualquer máximo na curva da energia potencial corresponde a um ponto de equilíbrio instável.

Qualquer mínimo na curva da energia potencial corresponde a um ponto de equilíbrio estável.

(b) A força correspondente $F_x(x) = -dU(x)/dx$ do componente x

---

Aplicação Acrobatas em equilíbrio Cada uma destas acrobatas está em equilíbrio *instável*. A energia potencial gravitacional é mais baixa, não importa de que maneira uma acrobata se incline, de modo que, se ela começar a cair, continuará caindo. Permanecer em equilíbrio exige atenção constante das acrobatas.

x_3 são pontos de equilíbrio estável. Em cada um desses pontos, F_x é igual a zero porque a inclinação da curva $U(x)$ é nula. Quando a partícula se desloca para qualquer um dos lados, a força a empurra de volta para o ponto de equilíbrio. A inclinação da curva $U(x)$ também é nula nos pontos x_2 e x_4, que também são pontos de equilíbrio. Contudo, quando a partícula se desloca um pouco para a direita de qualquer um desses pontos, a inclinação da curva $U(x)$ torna-se negativa e a força correspondente F_x torna-se positiva, empurrando a partícula para longe do ponto de equilíbrio. Quando a partícula se desloca um pouco para a esquerda, a força F_x torna-se negativa, empurrando a partícula novamente para longe do ponto de equilíbrio. Situação análoga ocorre quando uma bola de gude rola a partir do equilíbrio no topo de uma bola de boliche. Os pontos x_2 e x_4 correspondem a pontos de **equilíbrio instável**; *qualquer máximo na curva da energia potencial corresponde a um ponto de equilíbrio instável*.

ATENÇÃO Energia potencial e o sentido de uma força conservativa O sentido de uma força sobre um corpo *não* é determinado pelo sinal da energia potencial U. Em vez disso, é o sinal de $F_x = -dU/dx$ que é relevante. Como discutimos na Seção 7.1, o que possui sentido físico é a *diferença* de U entre dois pontos, e é exatamente o que $F_x = -dU/dx$ indica. Isso significa que você sempre pode adicionar uma constante ao valor da energia potencial sem alterar a física da situação envolvida.

Quando a partícula possui energia total E_1 e está inicialmente em repouso próximo do ponto x_1, ela pode se mover somente na região entre x_a e x_b delimitada pela interseção entre a reta E_1 e os gráficos de U (Figura 7.24a). Novamente, U não pode ser maior que E_1 porque K não pode ter valores negativos. Dizemos que a partícula se move em um *poço de potencial*, e x_a e x_b são os *pontos de inversão* do movimento da partícula (porque nesses pontos a partícula para momentaneamente e inverte o sentido do movimento). Quando a energia total aumenta para o nível E_2, a partícula pode se mover em uma região maior, entre x_c e x_d. Quando a energia total é maior que E_3, a partícula pode "escapar" e se deslocar para valores infinitamente grandes de x. No outro extremo, E_0 representa o menor valor possível da energia total do sistema.

TESTE SUA COMPREENSÃO DA SEÇÃO 7.5 A curva na Figura 7.24b possui um máximo em um ponto entre x_2 e x_3. Qual das seguintes afirmações descreve corretamente o que ocorre com a partícula quando ela está nesse ponto? (i) A aceleração da partícula é igual a zero; (ii) a partícula acelera no sentido positivo do eixo x; o módulo da aceleração é menor que em qualquer outro ponto entre x_2 e x_3; (iii) a partícula acelera no sentido positivo do eixo x; o módulo da aceleração é maior que em qualquer outro ponto entre x_2 e x_3; (iv) a partícula acelera no sentido negativo do eixo x; o módulo da aceleração é menor que em qualquer outro ponto entre x_2 e x_3; (v) a partícula acelera no sentido negativo do eixo x; o módulo da aceleração é maior que em qualquer outro ponto entre x_2 e x_3. ∎

CAPÍTULO 7 RESUMO

Energia potencial gravitacional e energia potencial elástica: o trabalho realizado por uma força gravitacional constante sobre uma partícula pode ser representado como uma variação da energia potencial gravitacional, $U_{grav} = mgy$. Essa energia é uma propriedade compartilhada entre a partícula e a Terra. Uma energia potencial também é associada com a força elástica $F_x = -kx$ exercida por uma mola ideal, sendo x a deformação da mola comprimida ou dilatada. O trabalho realizado por essa força pode ser representado como uma variação na energia potencial elástica da mola, $U_{el} = \frac{1}{2} kx^2$.

$$W_{grav} = mgy_1 - mgy_2$$
$$= U_{grav,1} - U_{grav,2}$$
$$= -\Delta U_{grav} \quad (7.2), (7.3)$$

$$W_{el} = \frac{1}{2}kx_1^2 - \frac{1}{2}kx_2^2 \quad (7.10), (7.11)$$
$$= U_{el,1} - U_{el,2} = -\Delta U_{el}$$

Quando a energia mecânica total é conservada: a energia potencial total U é a soma da energia potencial gravitacional com as energias potenciais elásticas: $U = U_{grav} + U_{el}$. Se apenas a força gravitacional e a força elástica realizam trabalho sobre uma partícula, existe conservação da soma da energia cinética com a energia potencial. A soma $E = K + U$ é chamada de energia mecânica total. (Veja os exemplos 7.1, 7.3, 7.4 e 7.7.)

$$K_1 + U_1 = K_2 + U_2 \quad (7.4), (7.12)$$

Quando a energia mecânica não é conservada: quando, além da força gravitacional e da força elástica, outras forças realizam trabalho sobre uma partícula, o trabalho W_{outra} realizado pela resultante das outras forças é igual à variação da energia mecânica total do sistema (soma da energia cinética com a energia potencial). (Veja os exemplos 7.2, 7.5, 7.6, 7.8 e 7.9.)

$$K_1 + U_1 + W_{outra} = K_2 + U_2 \quad (7.14)$$

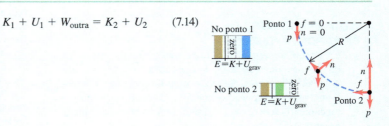

Forças conservativas, forças não conservativas e a lei da conservação da energia: uma força pode ser conservativa ou não conservativa. Uma força é conservativa quando a relação trabalho-energia cinética é completamente reversível. O trabalho realizado por uma força conservativa sempre pode ser representado pela variação de uma energia potencial, mas o trabalho realizado por uma força não conservativa não pode. O trabalho realizado por uma força conservativa se manifesta por meio da variação da energia interna de corpos. A soma das energias cinética, potencial e interna é sempre conservada. (Veja os exemplos 7.10 a 7.12.)

$$\Delta K + \Delta U + \Delta U_{int} = 0 \quad (7.15)$$

Cálculo da força a partir da energia potencial: para um movimento retilíneo, uma força conservativa $F_x(x)$ é a derivada negativa de sua função da energia potencial U associada. Em três dimensões, os componentes de uma força conservativa são derivadas parciais negativas de U. (Veja os exemplos 7.13 e 7.14.)

$$F_x(x) = -\frac{dU(x)}{dx} \quad (7.16)$$

$$F_x = -\frac{\partial U}{\partial x} \quad F_y = -\frac{\partial U}{\partial y}$$
$$F_z = -\frac{\partial U}{\partial z} \quad (7.17)$$

$$\vec{F} = -\left(\frac{\partial U}{\partial x}\hat{i} + \frac{\partial U}{\partial y}\hat{j} + \frac{\partial U}{\partial z}\hat{k}\right) \quad (7.18)$$
$$= -\vec{\nabla} U$$

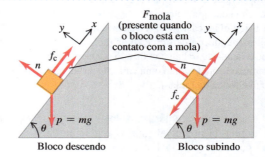

Equilíbrio instável — Equilíbrio estável

Problema em destaque   Uma mola com atrito em uma rampa

Um pacote de 2,00 kg é solto em uma rampa com 53,1° de inclinação a 4,00 m de uma mola longa com constante de força igual a $1,20 \times 10^2$ N/m presa à base da rampa (**Figura 7.25**). Os coeficientes de atrito entre o pacote e a rampa são $\mu_s = 0,400$ e $\mu_c = 0,200$. A massa da mola é desprezível. (a) Qual é a compressão máxima da mola? (b) O pacote bate na mola e volta para cima pela rampa. A que distância da posição original ele retorna? (c) Qual é a variação na energia interna do pacote e da rampa desde o ponto em que o pacote é solto até ele retornar à sua altura máxima?

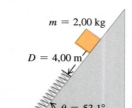

Figura 7.25 A situação inicial.

$m = 2,00$ kg
$D = 4,00$ m
$\theta = 53,1°$

GUIA DA SOLUÇÃO
IDENTIFICAR E PREPARAR
1. Este problema envolve a força gravitacional, uma força da mola e a força de atrito, bem como a força normal que atua sobre o pacote. Como a força da mola não é constante, você terá de usar os métodos da energia. A energia mecânica é conservada durante alguma parte do movimento? Por quê?
2. Desenhe diagramas do corpo livre para o pacote à medida que ele desce pela rampa e sobe novamente. Inclua sua escolha de eixos de coordenadas (veja a seguir). (*Dica:* se você escolher $x = 0$ para ser a ponta da mola não comprimida, poderá usar $U_{el} = \frac{1}{2}kx^2$ para a energia potencial elástica da mola.)
3. Identifique os três pontos críticos no movimento do pacote: sua posição inicial, sua posição quando parado com a mola comprimida ao máximo e sua posição quando tiver retornado até o ponto mais alto possível na rampa. (*Dica:* você pode considerar que o pacote não está mais em contato com a mola na última dessas posições. Se isso não estiver correto, você calculará um valor de x que lhe informa que a mola ainda está parcialmente comprimida nesse ponto.)
4. Relacione as grandezas incógnitas e decida quais delas são as variáveis-alvo.

EXECUTAR
5. Ache o módulo da força de atrito que atua sobre o pacote. O módulo dessa força depende do sentido do movimento do pacote na rampa, ou se o pacote está ou não em contato com a mola? O *sentido* da força de atrito depende de qualquer um desses fatores?
6. Escreva a equação geral da energia para o movimento do pacote entre os dois primeiros pontos que você identificou na etapa 3. Use essa equação para descobrir a distância em que a mola é comprimida quando o pacote está em seu ponto mais baixo. (*Dica:* você terá de resolver uma equação do segundo grau. Para decidir qual das duas soluções dessa equação é a correta, lembre-se de que a distância em que a mola é comprimida é positiva.)
7. Escreva a equação geral da energia para o movimento do pacote entre o segundo e o terceiro ponto que você identificou na etapa 3. Use essa equação para descobrir a distância até onde o pacote retorna.
8. Calcule a variação na energia interna para o trajeto do pacote descendo e subindo na rampa. Lembre-se de que o valor em que a energia interna *aumenta* é igual ao valor em que a energia mecânica total *diminui*.

AVALIAR
9. Foi correto considerar, no item (b), que o pacote não está mais em contato com a mola quando ele atinge sua altura máxima no retorno?
10. Verifique seu resultado do item (c), descobrindo o trabalho total realizado pela força de atrito por todo o trajeto. Isso está de acordo com seu resultado do item 8?

PROBLEMAS

•, ••, •••: níveis de dificuldade. **PC**: problemas cumulativos, incorporando material de outros capítulos. **CALC**: problemas exigindo cálculo. **DADOS:** problemas envolvendo dados reais, evidência científica, projeto experimental e/ou raciocínio científico. **BIO**: problemas envolvendo biociências.

QUESTÕES PARA DISCUSSÃO

Q7.1 Uma bola de beisebol é lançada verticalmente de baixo para cima com velocidade inicial v_0. Caso a resistência do ar *não* seja desprezada, quando a bola retorna para sua altura inicial, sua velocidade é menor que v_0. Usando os conceitos de energia, explique por que isso acontece.

Q7.2 Um projétil possui a mesma energia cinética, seja qual for o ângulo da projeção. Por que ele não atinge a mesma altura máxima em qualquer caso?

Q7.3 Um objeto é lançado do repouso no topo de uma rampa. Se a rampa não tiver atrito, a velocidade de um objeto em sua base depende de sua forma ou apenas de sua altura? Explique. E se houver atrito na rampa?

Q7.4 Um ovo é solto do telhado de um edifício, partindo do repouso, e cai ao solo. A queda é observada por um estudante situado no telhado do edifício, que usa coordenadas com origem no telhado, e por outro estudante no solo, que usa coordenadas com a origem no solo. Verifique se os dois estudantes atribuem valores iguais ou diferentes para cada uma das seguintes grandezas: energia potencial gravitacional inicial, energia potencial gravitacional final, variação da energia potencial gravitacional e energia cinética do ovo imediatamente antes de atingir o solo. Explique.

Q7.5 Um professor de física suspende uma bola de boliche ligada por uma corda longa ao teto de um grande anfiteatro usado para conferências. Para ilustrar sua crença na lei da conservação da energia, ele vai para um dos lados do tablado, puxa a bola para esse lado até que ela fique em contato com seu nariz, e a seguir a liberta. A bola oscila ao longo de um grande arco por sobre o tablado, depois retorna e para momentaneamente bem diante do nariz do destemido professor. Contudo, um dia depois da primeira demonstração, ele se distrai ao olhar para um aluno que estava do outro lado do tablado e *empurra* a bola para um ponto mais além da posição de seu nariz e repete a experiência. Conte o resto dessa história e explique a razão de seu final potencialmente trágico.

Q7.6 É possível uma força de atrito *aumentar* a energia mecânica de um sistema? Em caso afirmativo, forneça exemplos.

Q7.7 Uma mulher salta sobre um trampolim, atingindo pontos ligeiramente mais elevados a cada salto. Explique como ela faz a energia mecânica total do sistema aumentar.

Q7.8 Física fraturada. É comum as pessoas chamarem a conta de energia elétrica de conta de *luz*, mas a grandeza na qual a conta se baseia é expressa em *quilowatt-hora*. Pelo que as pessoas estão realmente sendo cobradas?

Q7.9 (a) Um livro é levantado por uma distância vertical de 0,800 m. Durante esse deslocamento, a força gravitacional que atua sobre o livro realiza trabalho positivo ou negativo? A energia potencial gravitacional do livro aumenta ou diminui? (b) Uma lata de leite condensado cai do repouso a uma distância vertical de 2,00 m. Durante esse deslocamento, a força gravitacional que atua sobre a lata realiza trabalho positivo ou negativo? A energia potencial gravitacional da lata aumenta ou diminui?

Q7.10 (a) Um bloco de madeira é empurrado contra uma mola, que é comprimida em 0,080 m. A força exercida pela mola sobre o bloco realiza trabalho positivo ou negativo? A energia potencial armazenada na mola aumenta ou diminui? (b) Um bloco de madeira é colocado contra uma mola vertical comprimida em 6,00 cm. A mola é liberada e empurra o bloco para cima. A partir do ponto onde a mola está comprimida em 6,00 cm até onde ela está comprimida em 2,00 cm a partir de seu comprimento em equilíbrio e o bloco moveu-se 4,00 cm para cima, a força da mola realiza trabalho positivo ou negativo sobre o bloco? Durante esse movimento, a energia potencial armazenada na mola aumenta ou diminui?

Q7.11 Uma pedra de 1,0 kg e outra de 10,0 kg são soltas partindo do repouso à mesma altura acima do solo. A resistência do ar pode ser desprezada. Quais destas afirmações sobre as pedras são verdadeiras? Justifique cada resposta. (a) As duas possuem a mesma energia potencial gravitacional inicial. (b) As duas terão a mesma aceleração enquanto caírem. (c) As duas terão a mesma velocidade quando atingirem o solo. (d) As duas terão a mesma energia cinética quando atingirem o solo.

Q7.12 Dois objetos com massas diferentes são lançados verticalmente no ar por meio de duas molas comprimidas e depois liberadas. As duas molas são comprimidas pela mesma distância antes do lançamento. Ignore a resistência do ar e a massa das molas. Quais destas afirmações sobre as massas são verdadeiras? Justifique cada resposta. (a) Ambos atingem a mesma altura máxima. (b) Em sua altura máxima, ambos possuem a mesma energia potencial gravitacional, se o potencial gravitacional inicial de cada massa for zero.

Q7.13 Quando as pessoas estão com frio, elas, em geral, esfregam as mãos para se aquecer. Como esse gesto produz calor? De onde vem esse calor?

Q7.14 Uma caixa desliza para baixo ao longo de uma rampa e o trabalho é realizado sobre a caixa pelas forças da gravidade e do atrito. O trabalho de cada uma dessas forças pode ser expresso em termos da variação em uma função energia potencial? Para cada força, explique por que sim e por que não.

Q7.15 Em termos físicos, explique por que o atrito é uma força não conservativa. Ele armazena energia para uso futuro?

Q7.16 Visto que somente variações de energia potencial são relevantes em um problema qualquer, um estudante decide fazer a energia potencial elástica de uma mola igual a zero, quando a mola está esticada a uma distância x_1. O estudante decide, portanto, fazer $U = \frac{1}{2} k(x - x_1)^2$. Isso está correto? Explique.

Q7.17 A Figura 7.22a mostra a função da energia potencial para a força $F_x = -kx$. Faça um gráfico para a função da energia potencial da força $F_x = +kx$. Para essa força, $x = 0$ seria um ponto de equilíbrio? O equilíbrio seria estável ou instável? Explique.

Q7.18 A Figura 7.22b mostra a função da energia potencial associada com a força gravitacional entre um objeto e a Terra. Use esse gráfico para explicar por que um objeto, quando liberado, sempre cai em direção ao solo.

Q7.19 Para um sistema com duas partículas, geralmente fazemos a energia potencial tender a zero quando a distância entre as partículas tende ao infinito. Ao fazer essa escolha, explique por que, quando a distância entre as partículas é finita, a energia potencial é positiva para partículas que se repelem e negativa para partículas que se atraem.

Q7.20 Por que os pontos $x = A$ e $x = -A$ na Figura 7.23b são denominados *pontos de inversão*? Qual é a relação entre E e U em um ponto de inversão?

Q7.21 Uma partícula está em *equilíbrio indiferente* quando a força resultante sobre ela é zero e permanece zero quando ela é ligeiramente deslocada em qualquer sentido. Faça um gráfico para a função da energia potencial nas vizinhanças de um equilíbrio indiferente, para o caso do movimento em uma dimensão. Forneça um exemplo de um objeto em equilíbrio indiferente.

Q7.22 A força resultante sobre uma partícula de massa m possui uma energia potencial indicada no gráfico da Figura 7.24a. Se a energia total for E_1, faça um gráfico para a velocidade v da partícula em função de sua posição x. Para qual valor de x sua velocidade é máxima? Faça um gráfico de v versus x, quando a energia total for E_2.

Q7.23 A função da energia potencial de uma força $\vec{F}$ é $U = \alpha x^3$, onde α é uma constante positiva. Qual é a direção de $\vec{F}$?

EXERCÍCIOS

Seção 7.1 Energia potencial gravitacional

7.1 • Certo dia, uma alpinista de 75 kg sobe do nível de 1.500 m de um rochedo vertical até o topo, a 2.400 m. No dia seguinte, ela desce do topo até a base do rochedo, que está a uma elevação de 1.350 m. Qual é a variação da energia potencial gravitacional dela (a) no primeiro dia e (b) no segundo dia?

7.2 • BIO **A que altura podemos saltar?** A altura máxima que um ser humano normal pode saltar a partir de uma posição inicial agachada é cerca de 60 cm. Em quanto a energia potencial gravitacional aumenta no caso de uma pessoa de 72 kg nesse salto? De onde vem essa energia?

7.3 •• PC Uma mala postal de 90 kg é suspensa por uma corda vertical de 3,5 m de comprimento. Um funcionário desloca a mala lateralmente para uma posição a 2,0 m de sua posição original, sempre mantendo a corda esticada. (a) Qual é o módulo da força horizontal necessária para manter a mala na nova posição? (b) Para deslocar a mala até essa posição, qual é o trabalho realizado (i) pela corda e (ii) pelo funcionário?

7.4 •• BIO **Calorias alimentares.** A *caloria alimentar*, igual a 4.186 J, é uma medida de quanta energia é liberada quando o corpo metaboliza alimentos. Uma certa barra de frutas e cereais contém 140 calorias alimentares. (a) Se um atleta de 65 kg come uma barra, até que altura ele deve subir em uma montanha para "gastar" as calorias, supondo que toda a energia do alimento se transforma em energia potencial gravitacional crescente? (b) Se, como é comum, apenas 20% das calorias alimentares se transformam em energia mecânica, qual seria a resposta do item (a)? (*Nota:* neste e em todos os outros problemas, estamos supondo que 100% das calorias alimentares consumidas são absorvidas e usadas pelo corpo. Isso não acontece. A "eficiência metabólica" de uma pessoa é a porcentagem das calorias consumidas realmente usada; o corpo elimina o restante. A eficiência metabólica varia bastante de uma pessoa para outra.)

7.5 • Uma bola de beisebol é lançada do telhado de um edifício de 22,0 m de altura com uma velocidade inicial de 12,0 m/s e dirigida formando um ângulo de 53,1° acima da horizontal. (a) Qual é a velocidade da bola imediatamente antes de atingir o solo? Use o método da energia e despreze a resistência do ar. (b) Qual seria a resposta da parte (a) se a velocidade inicial formasse um ângulo de 53,1° *abaixo* da horizontal? (c) Se você não desprezar a resistência do ar, a maior velocidade será obtida na parte (a) ou na parte (b)?

7.6 •• Uma caixa de massa M começa a se deslocar a partir do repouso, no topo de uma rampa sem atrito e inclinada a um ângulo α acima da horizontal. Calcule o módulo da sua velocidade na extremidade inferior da rampa a uma distância d do ponto de partida. Faça isso de duas formas: (a) Considere que o nível no qual a energia potencial é igual a zero situa-se na extremidade inferior da rampa, com y positivo orientado de baixo para cima. (b) Considere o nível zero para a energia potencial no topo da rampa, com y positivo orientado de baixo para cima. (c) Por que a força normal não foi considerada na solução?

7.7 •• BIO **Energia humana *versus* energia de inseto.** Para seu tamanho, a pulga comum é um dos saltadores mais talentosos do mundo animal. Uma pulga de 2,0 mm e 0,50 mg pode atingir uma altura de 20 cm em um único salto. (a) Ignorando o arraste do ar, qual é a velocidade de decolagem dessa pulga? (b) Calcule a energia cinética da pulga ao levantar voo e sua energia cinética por quilograma de massa. (c) Se um humano de 65 kg e 2,0 m pudesse saltar à mesma altura, comparando sua altura com a da pulga, a que altura o humano poderia saltar e de que velocidade de salto ele precisaria? (d) A maioria dos humanos não consegue saltar mais do que 60 cm a partir de uma posição agachada. Qual é a energia cinética por quilograma de massa no salto de uma pessoa de 65 kg? (e) Onde a pulga armazena a energia que lhe permite fazer esses saltos repentinos?

7.8 •• BIO **Fraturas nos ossos.** A energia máxima que um osso pode absorver sem se quebrar depende de características como área transversal e elasticidade. Para os ossos humanos saudáveis da perna, com aproximadamente 6,0 cm² de área transversal, essa energia foi medida experimentalmente em cerca de 200 J. (a) De aproximadamente que altura máxima uma pessoa de 60 kg poderia saltar e parar rigidamente na vertical sobre os dois pés sem quebrar suas pernas? (b) Você provavelmente ficará surpreso com a pequena altura encontrada na resposta do item (a). Obviamente, as pessoas saltam de alturas muito maiores sem quebrar as pernas. Como isso pode acontecer? O que mais absorve a energia quando elas saltam de alturas maiores? (*Dica:* como a pessoa toca o solo no item (a)? Como as pessoas normalmente tocam no solo quando saltam de alturas maiores?) (c) Por que as pessoas mais idosas seriam muito mais passíveis de fraturar os ossos do que as mais jovens, mesmo em quedas simples (como ao cair enquanto tomam banho)?

7.9 •• PC Uma pequena pedra de massa igual a 0,20 kg é liberada a partir do repouso no ponto A situado no topo de um recipiente hemisférico grande com raio $R = 0,50$ m (**Figura E7.9**). Suponha que o tamanho da pedra seja pequeno em comparação com R, de modo que a pedra possa ser tratada como uma partícula, e suponha que a pedra deslize sem rolar. O trabalho realizado pela força de atrito quando ela se move do ponto A ao B situado na base do recipiente é igual a 0,22 J. (a) Entre os pontos A e B, qual é o trabalho realizado sobre a pedra pela (i) força normal e (ii) gravidade? (b) Qual é a velocidade da pedra ao atingir o ponto B? (c) Das

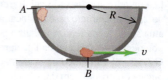

Figura E7.9

três forças que atuam sobre a pedra enquanto ela desliza de cima para baixo no recipiente, qual é constante (se é que existe alguma) e qual não é? Explique. (d) Assim que a pedra atinge o ponto B, qual é a força normal que atua sobre ela no fundo do recipiente?

7.10 •• Uma criança de 25,0 kg brinca em um balanço com cordas de suporte de 2,20 m de extensão. Seu irmão a puxa para trás até que as cordas estejam a 42,0° da vertical e a solta do repouso. (a) Qual é sua energia potencial assim que ela é liberada, em comparação com a energia potencial na parte inferior do movimento do balanço? (b) Com que velocidade ela estará se movendo na parte mais baixa? (c) Quanto trabalho a tensão nas cordas realiza enquanto ela balança da posição inicial até a parte mais baixa do movimento?

7.11 •• Você está testando uma nova montanha-russa em um parque de diversões com um carro vazio de massa de 120 kg. Uma parte da trajetória é uma volta vertical com raio de 12,0 m. No ponto inferior da volta (ponto A), o carro tem uma velocidade com módulo igual a 25,0 m/s e, no topo da volta (ponto B), ele tem velocidade de 8,0 m/s. Enquanto o carro desliza do ponto A para o ponto B, quanto trabalho é realizado pelo atrito?

7.12 • **Tarzan e Jane.** No alto de uma árvore, Tarzan observa Jane em outra árvore. Ele agarra a extremidade de um cipó de 20,0 m de comprimento que faz um ângulo de 45° com a vertical, abandona o galho de sua árvore, balança para baixo e depois sobe em direção aos braços de Jane. Quando ele chega, seu cipó faz um ângulo de 30° com a vertical. Verifique se Tarzan dará um abraço suave em Jane ou se a empurrará para fora da árvore, calculando sua velocidade no instante imediatamente anterior ao que atinge Jane. Despreze a resistência do ar e a massa do cipó.

7.13 •• **PC** Um forno de micro-ondas de 10,0 kg é empurrado 6,0 m para cima em uma rampa inclinada com um ângulo de 36,9° acima da horizontal, por uma força constante $\vec{F}$ de módulo igual a 110 N atuando paralelamente à rampa. O coeficiente de atrito cinético entre o forno e a rampa é igual a 0,250. (a) Qual é o trabalho realizado pela força $\vec{F}$ sobre o forno? (b) Qual é o trabalho realizado pela força de atrito sobre o forno? (c) Calcule o aumento da energia potencial para o forno. (d) Use suas respostas dos itens (a), (b) e (c) para calcular o aumento da energia cinética do forno. (e) Use $\Sigma \vec{F} = m\vec{a}$ para calcular a aceleração do forno. Supondo que o forno inicialmente esteja em repouso, use a aceleração dele para calcular sua velocidade depois de se deslocar por 6,0 m. A partir daí, calcule o aumento de energia cinética e compare o resultado com o obtido no item (d).

Seção 7.2 Energia potencial elástica

7.14 •• Uma mola ideal de massa desprezível tem 12,0 cm de comprimento quando nada está preso a ela. Ao pendurarmos um peso de 3,15 kg nessa mola, seu comprimento passa a ser 13,40 cm. Para que armazene 10,0 J de energia potencial, qual deve ser seu comprimento *total*? Suponha que a mola continue a obedecer à lei de Hooke.

7.15 •• Uma força de 520 N mantém uma certa mola esticada por uma distância de 0,200 m. (a) Qual é a energia potencial da mola quando ela está esticada em 0,200 m? Qual é sua energia potencial quando está comprimida em 5,00 cm?

7.16 • **BIO Tendões.** Os tendões são fibras elásticas fortes, que conectam músculos aos ossos. Até certo ponto, eles obedecem à lei de Hooke. Em testes de laboratório sobre um tendão em particular, descobriu-se que, quando um objeto de 250 g era pendurado a ele, o tendão esticava 1,23 cm. (a) Ache a constante de força desse tendão em N/m. (b) Em virtude de sua espessura, a tensão máxima que esse tendão pode suportar sem que se rompa é 138 N. Até que ponto o tendão pode se esticar sem romper e quanta energia está armazenada nele nesse ponto?

7.17 • Uma mola armazena energia potencial U_0 quando está comprimida em uma distância x_0 em relação a seu comprimento sem deformação. (a) Em termos de U_0, quanta energia ela armazena quando está comprimida (i) no dobro e (ii) pela metade? (b) Em termos de x_0, em quanto ela deve estar comprimida a partir de seu comprimento sem deformação, para armazenar (i) o dobro da energia e (ii) metade da energia?

7.18 • Um estilingue lança verticalmente uma pedrinha de 10 g até uma altura de 22,0 m. (a) Qual é a energia potencial elástica armazenada nas tiras de borracha do estilingue? (b) Qual seria a altura atingida por uma pedrinha de 25 g lançada pelo estilingue, supondo essa mesma energia potencial elástica armazenada? (c) Quais são os efeitos físicos que você está desprezando ao resolver este problema?

7.19 •• A constante de uma certa mola de massa desprezível é dada por $k = 800$ N/m. (a) Qual deve ser a distância da compressão dessa mola para que ela armazene uma energia potencial igual a 1,20 J? (b) Você coloca uma das extremidades da mola verticalmente sobre o solo e, então, deixa cair sobre a mola um livro de 1,60 kg a partir do repouso. Calcule a distância da compressão máxima dessa mola.

7.20 • Uma peça de queijo de 1,20 kg é colocada sobre uma mola de massa desprezível e constante $k = 1.800$ N/m que está comprimida em 15,0 cm. Até que altura acima da posição inicial o queijo se eleva, quando a mola é liberada? (O queijo *não* está preso à mola.)

7.21 •• A constante de uma determinada mola de massa desprezível é dada por $k = 1.600$ N/m. (a) Qual deve ser a distância da compressão dessa mola para que ela armazene uma energia potencial igual a 3,20 J? (b) Você coloca uma das extremidades da mola verticalmente sobre o solo. Deixa cair sobre a mola um livro de 1,20 kg a partir de uma altura de 0,80 m acima da extremidade superior da mola. Calcule a distância da compressão máxima dessa mola.

7.22 •• (a) Para o elevador do Exemplo 7.9 (Seção 7.2), qual era a velocidade dele quando ele desceu 1,0 m a partir do ponto 1 da Figura 7.17? (b) Quando o elevador desceu 1,0 m a partir do ponto 1 da Figura 7.17, qual era sua aceleração?

7.23 •• Uma massa de 2,50 kg é empurrada contra uma mola horizontal de força constante 25,0 N/cm sobre uma mesa de ar sem atrito. A mola é presa ao tampo da mesa, e a massa não está presa à mola. Quando a mola foi suficientemente comprimida para armazenar 11,5 J de energia potencial, a massa é subitamente liberada do repouso. (a) Ache o módulo da maior velocidade que a massa atinge. Quando isso ocorre? (b) Qual é a maior aceleração da massa e quando ela ocorre?

7.24 •• Um bloco de 2,50 kg sobre um piso horizontal está preso a uma mola horizontal que está inicialmente comprimida em 0,0300 m. A mola tem constante de força igual a 840 N/m. O coeficiente de atrito cinético entre o piso e o bloco é $\mu_c = 0,40$. O bloco e a mola são liberados do repouso, e o bloco desliza pelo piso. Qual é a velocidade do bloco quando ele tiver se movimentado a uma distância de 0,0200 m de sua posição inicial? (Neste ponto, a mola é comprimida em 0,0100 m.)

7.25 •• Solicitaram a você que projetasse uma mola que deve fornecer a um satélite de 1.160 kg uma velocidade de 2,50 m/s em relação a uma estação espacial em órbita. Sua mola deve fornecer ao satélite uma aceleração máxima de 5,00g. Você pode desprezar a massa da mola, a energia cinética do recuo da estação e variações da energia potencial gravitacional. (a) Qual deve ser a constante da mola? (b) Qual a distância que a mola deve ser comprimida?

Seção 7.3 Forças conservativas e forças não conservativas

7.26 • Um trabalhador de 75 kg sobe por uma escada de 7,0 m até o telhado plano de uma casa. Ele caminha 12 m sobre o telhado, desce por outra escada vertical de 7,0 m e finalmente caminha pelo solo de volta a seu ponto de partida. Quanto trabalho a gravidade realiza sobre ele (a) enquanto ele sobe; (b) enquanto ele desce; (c) enquanto ele caminha sobre o telhado e sobre o solo? (d) Qual é o trabalho total realizado sobre ele pela gravidade no percurso completo? (e) Com base na resposta do item (d), você afirmaria que a gravidade é uma força conservativa ou não conservativa? Explique.

7.27 • Um livro de 0,60 kg desliza sobre uma mesa horizontal. A força de atrito cinético sobre o livro possui módulo igual a 1,8 N. (a) Qual é o trabalho realizado pela força de atrito durante um deslocamento de 3,0 m da direita para a esquerda? (b) O livro se desloca agora 3,0 m da esquerda para a direita voltando ao ponto inicial. Durante o segundo deslocamento de 3,0 m, qual o trabalho realizado pela força de atrito? (c) Qual o trabalho total realizado pela força de atrito durante o deslocamento total de ida e volta ao ponto inicial? (d) Com base em sua resposta do item (c), você afirmaria que a força de atrito é conservativa ou não conservativa? Explique.

7.28 •• CALC Em uma experiência, uma das forças que atuam sobre um próton é dada por $\vec{F} = -\alpha x^2 \hat{i}$, onde $\alpha = 12$ N/m². (a) Qual é o trabalho realizado pela força $\vec{F}$ quando o próton se desloca ao longo de uma linha reta do ponto (0,10 m, 0) ao ponto (0,10 m, 0,40 m)? (b) E ao longo de uma linha reta do ponto (0,10 m, 0) ao ponto (0,30 m, 0)? (c) E ao longo de uma linha reta do ponto (0,30 m, 0) ao ponto (0,10 m, 0)? (d) A força $\vec{F}$ é conservativa? Explique. Se a força $\vec{F}$ for conservativa, qual é a função da energia potencial associada a ela? Seja $U = 0$ para $x = 0$.

7.29 •• Uma esquiadora de 62 kg está se movendo a 6,50 m/s sobre um platô horizontal, sem atrito, coberto de neve, quando encontra um trecho áspero com 4,20 m de extensão. O coeficiente de atrito cinético entre esse trecho e seus esquis é 0,300. Depois de cruzar o trecho áspero e retornar à neve sem atrito, ela desce esquiando em uma colina de gelo, sem atrito, com 2,50 m de altura. (a) Qual é a velocidade da esquiadora quando chega à parte de baixo da colina? (b) Quanta energia interna foi gerada na travessia do trecho áspero?

7.30 • Enquanto um homem está trabalhando em um telhado inclinado em 36° acima da horizontal, ele acidentalmente esbarra em sua caixa de ferramentas de 85,0 N, fazendo com que ela deslize para baixo a partir do repouso. Se a caixa começar a deslizar a 4,25 m da borda mais baixa do telhado, com que velocidade ela estará se movendo assim que atingir a beira do telhado se a força de atrito cinético sobre ela for 22,0 N?

Seção 7.4 Força e energia potencial

7.31 •• CALC Uma força paralela ao eixo x atua sobre uma partícula que se desloca ao longo desse eixo. Essa força produz uma energia potencial dada por $U(x) = \alpha x^4$, onde $\alpha = 0,630$ J/m⁴. Qual é a força (módulo, direção e sentido) quando a partícula se encontra em $x = -0,800$ m?

7.32 •• CALC A energia potencial entre dois átomos de hidrogênio separados por uma grande distância x é dada por $U(x) = -C_6/x^6$, onde C_6 é uma constante positiva. Qual é a força que um átomo exerce sobre o outro? Essa força é de atração ou de repulsão?

7.33 •• CALC Um pequeno bloco com massa de 0,0400 kg está se movendo no plano xy. A força resultante sobre o bloco é descrita pela função de energia potencial $U(x, y) = (5,80 \text{ J/m}^2)x^2 - (3,60 \text{ J/m}^3)y^3$. Quais são o módulo, a direção e o sentido da aceleração do bloco quando ele está no ponto ($x = 0,300$ m, $y = 0,600$ m)?

7.34 •• CALC Um objeto se desloca no plano xy submetido à ação de uma força conservativa descrita pela função energia potencial dada por $U(x, y) = \alpha[(1/x^2) + (1/y^2)]$, onde α é uma constante positiva. Deduza uma expressão para a força em termos dos vetores unitários $\hat{i}$ e $\hat{j}$.

Seção 7.5 Diagramas de energia

7.35 •• CALC A energia potencial entre dois átomos em uma molécula diatômica é dada por $U(r) = (a/r^{12}) - (b/r^6)$, onde r é a distância entre os átomos e a e b são constantes positivas. (a) Determine a força $F(r)$ que um átomo exerce sobre o outro em função de r. Faça dois gráficos: um para $U(r)$ em função de r e outro para $F(r)$ em função de r. (b) Determine a distância entre os átomos para que haja equilíbrio. Esse equilíbrio é estável? (c) Suponha que a distância entre os átomos seja igual à distância de equilíbrio encontrada no item (b). Qual é a energia mínima que deve ser fornecida para produzir *dissociação* da molécula — isto é, para separar os átomos até uma distância infinita? Esse valor denomina-se *energia de dissociação* da molécula. (d) Para a molécula de CO, a distância de equilíbrio entre o átomo de carbono e o átomo de oxigênio é igual a 1,13 × 10⁻¹⁰ m e a energia de dissociação é igual a 1,54 × 10⁻¹⁸ J por molécula. Calcule os valores das constantes a e b.

7.36 • Uma bola de gude move-se ao longo do eixo x. A energia potencial é indicada na **Figura E7.36**. (a) Para quais valores de x indicados no gráfico a força é igual a zero? (b) Para quais valores de x indicados no gráfico o equilíbrio é estável? (c) Para quais valores de x indicados no gráfico o equilíbrio é instável?

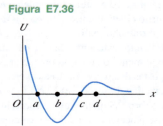

Figura E7.36

PROBLEMAS

7.37 ••• Em um canteiro de obras, um balde de concreto de 65 kg está suspenso por um cabo leve (porém forte), que passa sobre um polia leve sem atrito e está conectado a uma caixa de 80,0 kg sobre uma laje horizontal (**Figura P7.37**). O cabo puxa a caixa horizontalmente, e um saco de cascalho de 50,0 kg repousa sobre o topo da caixa. Os coeficientes de atrito entre a caixa e a laje são indicados na figura. (a) Ache a força de atrito sobre o saco de cascalho e sobre a caixa. (b) Subitamente, um operário apanha o saco de cascalho. Use a conservação da energia para determinar a velocidade do balde após ele ter descido 2,0 m partindo do repouso. (Use as leis de Newton para conferir sua resposta.)

Figura P7.37

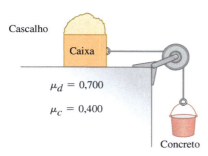

7.38 •• Dois blocos com massas diferentes estão amarrados a cada extremidade de uma corda leve que passa sobre uma polia leve e sem atrito, suspensa a partir do teto. As massas são liberadas do repouso, e a mais pesada começa a descer. Após essa massa descer 1,20 m, sua velocidade é 3,00 m/s. Se a massa total dos dois blocos é 22,0 kg, qual é a massa de cada bloco?

7.39 • Um bloco de 0,50 kg é empurrado contra uma mola horizontal de massa desprezível, comprimindo-a até uma distância igual a 0,20 m (**Figura P7.39**). Quando o bloco é liberado, ele se move sobre o topo de uma mesa horizontal até uma distância de 1,0 m antes de parar. A constante da mola é igual a 100 N/m. Calcule o coeficiente de atrito cinético μ_c entre o bloco e a mesa.

Figura P7.39

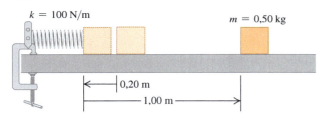

7.40 • Um bloco de 2,0 kg é empurrado contra uma mola de massa desprezível e constante $k = 400$ N/m, comprimindo a mola até uma distância igual a 0,220 m. Quando o bloco é liberado, ele se move ao longo de uma superfície horizontal sem atrito e sobe um plano inclinado de 37,0° (**Figura P7.40**). (a) Qual é a velocidade do bloco enquanto ele desliza ao longo da superfície horizontal depois de abandonar a mola? (b) Qual é a distância máxima que ele atinge ao subir o plano inclinado até parar antes de voltar para a base do plano?

Figura P7.40

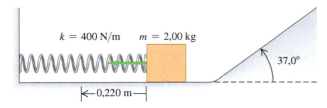

7.41 •• Um carro de montanha-russa com 350 kg parte do repouso no ponto A e desce para realizar um *loop* sem atrito (**Figura P7.41**). (a) Com que velocidade o carro se move no ponto B? (b) Com que rigidez ele pressiona o trilho no ponto B?

Figura P7.41

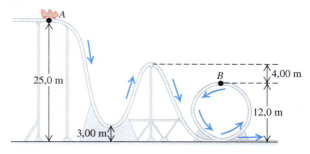

7.42 •• **PC Fazendo uma volta completa (um *loop*).** Um carro em um parque de diversões se desloca sem atrito ao longo do trilho indicado na **Figura P7.42**. Ele parte do repouso no ponto A, situado a uma altura h acima da base do círculo. Considere o carro como uma partícula. (a) Qual é o menor valor de h (em função de R) para que o carro atinja o topo do círculo (ponto B) sem cair? (b) Se $h = 3,50R$ e $R = 14,0$ m, calcule a velocidade, o componente radial da aceleração e o componente tangencial da aceleração dos passageiros quando o carro está no ponto C, que está na extremidade de um diâmetro horizontal. Use um diagrama aproximadamente em escala para mostrar esses componentes da aceleração.

Figura P7.42

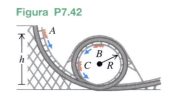

7.43 •• Um pedaço de madeira de 2,0 kg desliza sobre uma superfície curva (**Figura P7.43**). As laterais curvadas da superfície são perfeitamente lisas, mas o fundo horizontal áspero tem 30 m de comprimento e possui um coeficiente de atrito cinético de 0,20 com a madeira. A madeira parte do repouso 4,0 m acima do fundo áspero. (a) Onde esse objeto vai parar? (b) Qual é o trabalho total realizado pelo atrito para o movimento, desde a liberação inicial até a parada do pedaço de madeira?

Figura P7.43

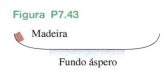

7.44 •• **Subindo e descendo a colina.** Uma rocha de 28,0 kg se aproxima da base de uma colina com uma velocidade cujo módulo é igual a 15 m/s. Essa colina tem inclinação de baixo para cima a um ângulo constante de 40,0° acima da horizontal. Os coeficientes de atrito estático e de atrito cinético entre a colina e a rocha são 0,75 e 0,20, respectivamente. (a) Use a conservação da energia para determinar a altura máxima acima da base da colina atingida pela rocha. (b) A rocha permanecerá em repouso em seu ponto mais alto ou vai deslizar de volta para a base? (c) Se a rocha deslizar de volta, ache sua velocidade quanto ela atingir a base da colina.

7.45 •• Uma pedra de 15,0 kg desliza de cima para baixo ao longo de uma colina coberta de neve (**Figura P7.45**), deixando o ponto A com velocidade de 10,0 m/s. Não há atrito na colina entre os pontos A e B, mas há atrito no nível do solo à base da colina, entre *B* e a parede. Após chegar à região horizontal áspera, a pedra se desloca por 100 m e, então, colide com uma mola leve, porém comprida, com força constante de 2,0 N/m. Os coeficientes de atrito cinético e estático entre a pedra e o plano horizontal são 0,20 e 0,80, respectivamente. (a) Qual é a velocidade da pedra quando ela atinge o ponto *B*? (b) A que distância a pedra comprimirá a mola? (c) A pedra se moverá novamente após ter sido parada pela mola?

7.46 •• **PC** Um bloco de 2,8 kg desliza sobre a colina coberta de gelo e livre de atrito mostrada na **Figura P7.46**. O topo da colina é horizontal e ergue-se a 70 m de sua base. Qual é o módulo da velocidade mínima que o bloco deve ter na base da colina para não cair no vale do outro lado da colina?

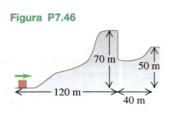

Figura P7.46

7.47 ••• *Bungee jump.* Uma corda de *bungee jump* tem 30,0 m de comprimento e, quando esticada a uma distância *x*, exerce uma força restauradora de módulo *kx*. Seu sogro (massa de 95 kg) está parado sobre uma plataforma a 45,0 cm do solo, e uma ponta da corda é amarrada firmemente a seu tornozelo enquanto a outra ponta é presa à plataforma. Você prometeu a ele que, ao saltar da plataforma, ele cairá uma distância máxima de 41,0 m antes que a corda o pare. Você tinha várias cordas para escolher e fez um teste com cada uma, esticando-as, prendendo uma ponta a uma árvore e puxando a outra ponta com uma força de 380,0 N. Ao fazer isso, a que distância a corda do *bungee jump* que você deve escolher terá esticado?

7.48 ••• Você está projetando uma rampa de descarga para engradados contendo equipamentos de ginástica. Os engradados de 1.470 N movem-se a 1,8 m/s no topo de uma rampa com inclinação de 22,0° para baixo. A rampa exerce sobre cada engradado uma força de atrito cinético igual a 515 N, e a força máxima de atrito estático também possui esse valor. Cada engradado comprimirá uma mola na extremidade inferior da rampa e atingirá o repouso depois de percorrer uma distância de 5,0 m ao longo da rampa. Depois de parar, o engradado não deve voltar a deslizar para trás. Calcule qual deve ser a constante da mola que preenche os requisitos desse projeto.

7.49 ••• O Grande Sandini é um acrobata de circo, com massa de 60,0 kg, que é lançado por um canhão (na realidade, um canhão com molas). Você não encontra muitos homens com essa bravura, e por isso o auxilia a projetar um novo canhão. Esse novo canhão deve possuir mola muito grande com massa pequena e uma constante da mola igual a 1.100 N/m, que ele deve comprimir com uma força de 4.400 N. A parte interna do cano do canhão é revestida com Teflon®, de modo que a força de atrito média é apenas igual a 40 N durante o trajeto de 4,0 m em que ele se move no interior do cano. Com que velocidade ele emerge da extremidade do cano, situada 2,5 m acima de sua posição de equilíbrio inicial?

7.50 •• Um foguete de 1.500 kg deve ser lançado com velocidade inicial de baixo para cima de 50,0 m/s. Para não sobrecarregar os motores, os engenheiros vão lançá-lo do repouso sobre uma rampa que se ergue a 53° acima do plano horizontal (**Figura P7.50**). Da base, a rampa aponta de baixo para cima e lança o foguete verticalmente. Os motores fornecem uma propulsão constante para a frente de 2.000 N, e o atrito com a superfície da rampa é uma constante de 500 N. A que distância da base da rampa o foguete deve ser acionado, conforme medido ao longo da superfície da rampa?

Figura P7.50

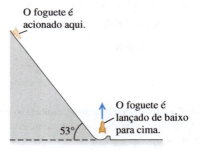

7.51 •• Um sistema de dois baldes de tinta é liberado do repouso com o balde de 12,0 kg estando 2,00 m acima do piso (**Figura P7.51**). Use o princípio da conservação da energia para achar a velocidade com a qual esse balde atinge o solo. Ignore o atrito e a massa da polia.

7.52 •• A tabela a seguir mostra os dados de uma simulação feita em computador para o arremesso de uma bola de beisebol de massa igual a 0,145 kg, considerando a resistência do ar:

t	X	y	v_x	v_y
0	0	0	30,0 m/s	40,0 m/s
3,05 s	70,2 m	53,6 m	18,6 m/s	0
6,59 s	124,4 m	0	11,9 m/s	–28,7 m/s

Qual foi o trabalho realizado pelo ar sobre a bola de beisebol (a) quando ela se deslocou da posição inicial até sua altura máxima e (b) quando ela se deslocou de sua altura máxima de volta para a posição inicial? (c) Explique por que o valor encontrado em (b) é menor que a resposta do item (a).

7.53 •• **PC** Uma batata de 0,300 kg é presa a um barbante com comprimento de 2,50 m, e a outra ponta do barbante é presa a um suporte rígido. A batata é alinhada horizontalmente a partir do ponto de suporte, com o barbante totalmente firmado, e depois é liberada. (a) Qual é a velocidade da batata no ponto mais baixo de seu movimento? (b) Nesse ponto, qual é a tensão no barbante?

7.54 •• Uma esquiadora de 60,0 kg parte do repouso no topo de uma pista de esqui inclinada com uma altura de 65,0 m. (a) Supondo que as forças de atrito realizem um trabalho total de −10,5 kJ enquanto ela desce, qual é sua velocidade na base da pista inclinada? (b) Movendo-se horizontalmente agora, a esquiadora atravessa um trecho com neve macia, onde μ_c = 0,20. Sabendo que esse trecho possui extensão de 82,0 m e que a resistência média do ar sobre a esquiadora é igual a 160 N, qual é sua velocidade no final desse trecho? (c) A esquiadora colide com um pequeno monte de neve, penetrando 2,5 m nele até parar. Qual é a força média exercida pelo obstáculo até ela parar?

7.55 •• **PC** Uma esquiadora parte com velocidade inicial desprezível do topo de uma esfera de neve com raio muito grande e sem atrito, deslocando-se diretamente para baixo (**Figura P7.55**). Em que ponto ela perde o contato com a esfera e voa seguindo a direção da tangente? Ou seja, no momento em que ela perde o contato com a esfera, qual é o ângulo α entre a vertical e a linha que liga a esquiadora ao centro da esfera de neve?

Figura P7.55

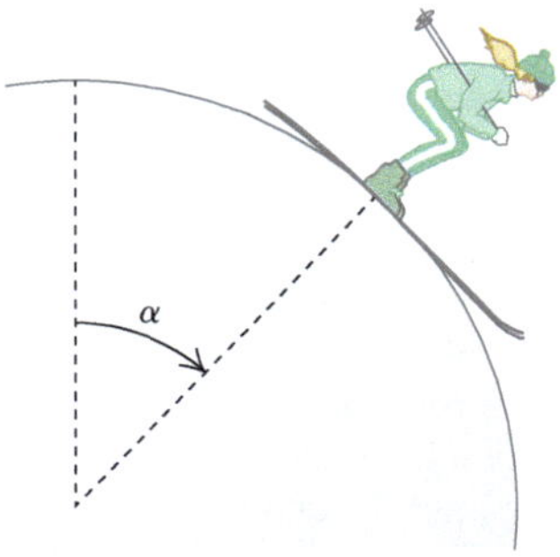

7.56 •• Uma bola é lançada para cima com velocidade inicial de 15 m/s em um ângulo de 60,0° acima da horizontal. Use a conservação da energia para achar a maior altura da bola acima do solo.

7.57 •• Em um posto para carga de caminhões do correio, um pacote de 0,200 kg é liberado do repouso no ponto A sobre um trilho com forma de um quarto de circunferência de raio igual a 1,60 m (**Figura P7.57**). O tamanho do pacote é muito menor que 1,60 m, de modo que ele pode ser considerado como uma partícula. Ele desliza para baixo ao longo do trilho e atinge o ponto B com uma velocidade de 4,80 m/s. Depois de passar pelo ponto B, ele desliza uma distância de 3,0 m sobre uma superfície horizontal até parar no ponto C. (a) Qual é o coeficiente de atrito cinético entre o pacote e a superfície horizontal? (b) Qual é o trabalho realizado pela força de atrito ao longo do arco circular do ponto A ao ponto B?

Figura P7.57

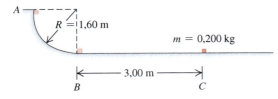

7.58 ••• O freio de um caminhão de massa m deixa de funcionar quando ele está descendo uma estrada montanhosa coberta de gelo inclinada por um ângulo α (**Figura P7.58**). Inicialmente, o caminhão desce a montanha com velocidade v_0. Depois de percorrer com atrito desprezível uma distância L até a base da montanha, o motorista vira o volante e faz o caminhão subir uma rampa de emergência para caminhões inclinada para cima com um ângulo β constante. A rampa para caminhões é pavimentada com areia fofa, que possui um atrito de rolamento igual a μ_r. Qual é a distância percorrida pelo caminhão ao subir a rampa até parar? Use o método da energia.

Figura P7.58

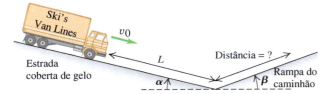

7.59 •• **CALC** Uma certa mola *não* obedece à lei de Hooke; ao ser comprimida ou esticada, ela exerce uma força restauradora com módulo $F_x(x) = -\alpha x - \beta x^2$, onde $\alpha = 60,0$ N/m e $\beta = 18,0$ N/m². A massa da mola é desprezível. (a) Calcule a função da energia potencial $U(x)$ dessa mola. Considere $U = 0$ para $x = 0$. (b) Um objeto de massa igual a 0,900 kg apoiado em uma superfície horizontal sem atrito está preso a essa mola, sendo puxado para a direita (no sentido $+x$), esticando a mola até uma distância de 1,0 m, e a seguir é liberado. Qual é a velocidade do objeto no ponto situado a 0,50 m à direita do ponto de equilíbrio $x = 0$?

7.60 •• **PC** Um trenó com seu passageiro possuem uma massa conjunta de 125 kg. Ele trafega na velocidade indicada até chegar a uma colina com gelo perfeitamente liso (**Figura P7.60**). A que distância da base do penhasco o trenó irá parar?

Figura P7.60

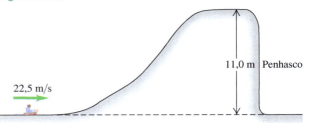

7.61 •• **CALC** Uma força conservadora $\vec{F}$ está atuando no sentido $+x$ e possui módulo $F(x) = \alpha/(x + x_0)^2$, onde $\alpha = 0,800$ N · m² e $x_0 = 0,200$ m. (a) Qual é a função da energia potencial $U(x)$ para essa força? Considere que $U(x) \to 0$ quando $x \to \infty$. (b) Um objeto com massa $m = 0,500$ kg é liberado do repouso em $x = 0$ e move-se no sentido $+x$. Se $\vec{F}$ é a única força atuando sobre o objeto, qual é a velocidade do objeto quando ele atinge $x = 0,400$ m?

7.62 •• Um bloco de 3,0 kg está conectado a duas molas ideais horizontais com constantes de força $k_1 = 25,0$ N/cm e $k_2 = 20,0$ N/cm (**Figura P7.62**). O sistema está inicialmente em equilíbrio sobre uma superfície horizontal, sem atrito. O bloco é empurrado 15,0 cm para a direita e liberado do repouso. (a) Qual é o módulo da velocidade máxima do bloco? Em que ponto do movimento ocorre essa velocidade máxima? (b) Qual é a compressão máxima da mola 1?

Figura P7.62

7.63 •• Um bloco de gelo de 0,150 kg é colocado contra uma mola horizontal comprimida no alto de uma mesa com 1,20 m de altura acima do solo. A mola tem constante de força igual a 1.900 N/M e está inicialmente comprimida por 0,045 m. A massa da mola é desprezível. A mola é liberada, e o bloco desliza sobre a mesa, se projeta para o ar e cai no solo. Desprezando o atrito entre a mesa e o bloco, qual é a velocidade do bloco de gelo quando ele atinge o solo?

7.64 •• Um peixe está preso em uma mola vertical e, quando ele é lentamente abaixado até atingir sua posição de equilíbrio, a mola fica comprimida a uma distância d. Quando o mesmo peixe está preso a essa mola e cai a partir da posição da mola sem deformação, qual é a distância máxima que a mola fica comprimida? (*Dica:* calcule a constante de força da mola em termos da distância d e da massa m do peixe.)

7.65 ••• **CALC** Você é um engenheiro industrial de uma empresa de entregas. Como parte do sistema de manuseio de pacotes, uma pequena caixa com massa de 1,60 kg é colocada contra uma mola leve comprimida em 0,280 m. A mola tem constante de força $k = 45,0$ N/m. A mola e a caixa são liberadas do repouso e a caixa trafega por uma superfície horizontal para a qual o coeficiente de atrito cinético com a caixa é $\mu_c = 0,300$. Quando a caixa tiver percorrido 0,280 m e a mola tiver atingido seu comprimento de equilíbrio, a caixa perde contato com a mola. (a) Qual é a velocidade da caixa no instante em que ela deixa a mola? (b) Qual é a velocidade máxima da caixa durante seu movimento?

7.66 •• Um cesto com peso insignificante é pendurado por uma balança de molas vertical com constante de força 1.500 N/m. (a) Se você subitamente colocasse um bloco de cimento de 3,0 kg no cesto, ache a distância máxima que a mola esticará. (b) Se, em vez disso, você soltar o bloco 1,0 m acima do cesto, até que ponto a mola se esticará em seu alongamento máximo?

7.67 ••• **CALC** Um peixe de 3,00 kg é preso à extremidade inferior de uma mola vertical com massa desprezível e constante de força igual a 900 N/m. Inicialmente, a mola está em seu estado de repouso, nem esticada nem comprimida. O peixe é, então, liberado do repouso. (a) Qual é sua velocidade depois de ter descido 0,0500 m da posição inicial? (b) Qual é a velocidade máxima do peixe enquanto ele desce?

7.68 •• Você está projetando um novo brinquedo para um parque de diversões. Um carrinho com dois passageiros move-se horizontalmente com velocidade $v = 6,00$ m/s. Você considera que a massa total do carrinho mais os passageiros é 300 kg. O carrinho atinge uma mola leve presa a uma parede, momentaneamente repousa quando a mola está comprimida e depois readquire velocidade enquanto se move no sentido contrário. Para que a diversão seja assustadora, porém segura, a aceleração máxima do carrinho durante esse movimento deverá ser de $3,00g$. Ignorando o atrito, qual é (a) a constante de força exigida para a mola e (b) a distância máxima que a mola será comprimida?

7.69 • Uma mola cuja constante é igual a 40,0 N/m, e com comprimento de 0,60 m, está presa a um bloco de 0,500 kg apoiado em repouso sobre uma mesa de ar horizontal sem atrito, sendo A a posição inicial do ponto de contato entre o bloco e a mola (**Figura P7.69**). A massa da mola é desprezível. Você move o bloco para a direita ao longo da superfície, puxando-o com uma força horizontal constante de 20,0 N. (a) Qual é a velocidade do bloco quando sua parte traseira atinge o ponto B, situado a 0,25 m à direita do ponto A? (b) Quando a parte traseira do bloco atinge o ponto B, você o libera. No movimento posterior, qual é a distância mínima entre o bloco e a parede onde a mola está presa?

Figura P7.69

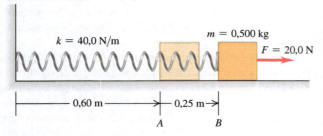

7.70 ••• **PC** Um pequeno bloco com massa de 0,0400 kg desliza em um círculo vertical de raio $R = 0,500$ m no interior de uma pista circular. Durante uma das voltas do bloco, quando ele se encontra na parte inferior de sua trajetória, no ponto A, a força normal exercida pela pista sobre o bloco tem módulo de 3,95 N. Nessa mesma volta, quando o bloco atinge o topo da trajetória (ponto B), a força normal exercida sobre o bloco tem módulo 0,680 N. Quanto trabalho é realizado pelo atrito sobre o bloco durante o movimento do bloco do ponto A até o ponto B?

7.71 ••• **PC** Um pequeno bloco com massa de 0,0500 kg desliza em um círculo vertical de raio $R = 0,800$ m no interior de uma pista circular. Não há atrito entre a pista e o bloco. Na parte inferior de sua trajetória, a força normal exercida pela pista sobre o bloco tem módulo de 3,40 N. Qual é o módulo da força normal que a pista exerce sobre o bloco quando ele está no topo de sua trajetória?

7.72 •• **PC Pêndulo.** Uma pequena pedra com massa de 0,12 kg está presa a um fio de 0,80 m comprimento, de massa desprezível, formando um pêndulo, que oscila até um ângulo de 45° com a vertical. Despreze a resistência do ar. (a) Qual é a velocidade da pedra quando ela passa pela posição vertical? Qual é a tensão no fio (b) quando ele faz um ângulo de 45° com a vertical, e (c) quando ele passa pela posição vertical?

7.73 ••• Um bloco de madeira com massa igual a 1,50 kg é colocado contra uma mola comprimida na base de um plano inclinado de 30,0° (ponto A). Quando a mola é liberada, projeta o bloco para cima do plano inclinado. No ponto B, situado a uma distância de 6,0 m acima do ponto A, o bloco está subindo o plano inclinado com velocidade de 7,0 m/s e não está mais em contato com a mola. O coeficiente de atrito cinético entre o bloco e o plano inclinado é $\mu_c = 0,50$. A massa da mola é desprezível. Calcule a energia potencial inicialmente armazenada na mola.

7.74 •• **CALC** Um pequeno objeto com massa $m = 0,0900$ kg move-se ao longo do eixo $+x$. A única força sobre o objeto é uma força conservativa que tem a função da energia potencial $U(x) = -\alpha x^2 + \beta x^3$, onde $\alpha = 2,00$ J/m^2 e $\beta = 0,300$ J/m^3. O objeto é liberado do repouso a um x pequeno. Quando o objeto está em $x = 4,00$ m, qual é (a) sua velocidade e (b) sua aceleração (módulo, direção e sentido)? (c) Qual é o valor máximo de x alcançado pelo objeto durante seu movimento?

7.75 ••• **CALC** Um instrumento cortante controlado por um microprocessador possui diversas forças atuando sobre ele. Uma das forças é dada por $\vec{F} = -\alpha xy^2 \hat{\jmath}$, uma força orientada no sentido negativo do eixo y cujo módulo depende da posição do instrumento. Para $\alpha = 2,50$ N/m^3, considere o deslocamento do instrumento desde a origem até o ponto ($x = 3,00$ m, $y = 3,00$ m). (a) Calcule o trabalho realizado pela força $\vec{F}$ sobre o instrumento para um deslocamento ao longo da reta $y = x$ que conecta esses dois pontos. (b) Calcule o trabalho realizado pela força $\vec{F}$ sobre o instrumento quando ele é inicialmente deslocado ao longo do eixo x até o ponto ($x = 3,0$ m, $y = 0$) e a seguir deslocado paralelamente ao eixo y até o ponto ($x = 3,0$ m, $y = 3,0$ m). (c) Compare os resultados dos trabalhos realizados por $\vec{F}$ nessas duas trajetórias. A força $\vec{F}$ é conservativa ou não conservativa? Justifique sua resposta.

7.76 • Uma força conservativa isolada, paralela ao eixo x, atua sobre uma partícula que se desloca ao longo do eixo x. A força corresponde ao gráfico de energia potencial indicado na **Figura P7.76**. A partícula é liberada a partir do repouso no ponto A. (a)

Qual a direção e o sentido da força que atua sobre a partícula no ponto *A*? (b) E no ponto *B*? (c) Para qual valor de *x* sua energia cinética é máxima? (d) Qual é a força que atua sobre a partícula no ponto *C*? (e) Qual o valor máximo de *x* atingido pela partícula durante seu movimento? (f) Para quais valores de *x* a partícula está em equilíbrio estável? (g) Onde ela está em equilíbrio instável?

Figura P7.76

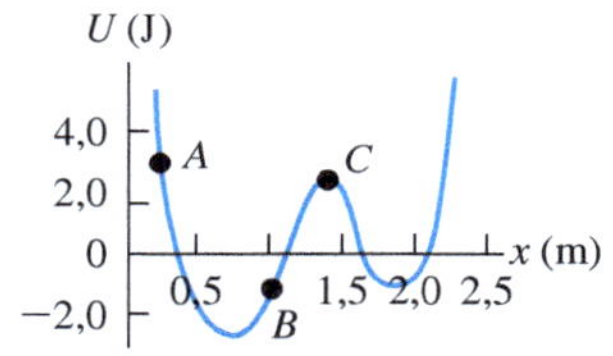

7.77 •• **DADOS** Você está projetando um pêndulo para uma feira de ciências. O pêndulo é feito a partir da conexão de uma esfera de bronze com massa *m* à ponta inferior de um longo fio de metal leve de comprimento (desconhecido) *L*. Um dispositivo próximo ao topo do fio mede a tensão no fio e a transmite para seu notebook. Quando o fio está na vertical e a esfera está em repouso, o centro da esfera está 0,800 m acima do piso e a tensão no fio é igual a 265 N. Mantendo o fio esticado, você puxa a esfera para um lado (usando uma escada, se for preciso) e o solta suavemente. Você registra a altura *h* do centro da esfera a partir do piso no ponto onde a esfera foi liberada e a tensão *T* no fio à medida que a esfera passa por seu ponto mais baixo. Os resultados são estes:

h (m)	0,800	2,00	4,00	6,00	8,00	10,0	12,0
T (N)	265	274	298	313	330	348	371

Suponha que a esfera possa ser tratada como uma massa pontual, ignore a massa do fio e considere que a energia mecânica é conservada durante cada medição. (a) Desenhe o gráfico de *T* em função de *h* e use-o para calcular *L*. (b) Se a resistência de ruptura do fio for 822 N, de que altura máxima *h* a esfera pode ser liberada se a tensão no fio não puder ultrapassar metade da resistência de ruptura? (c) O pêndulo está balançando quando você saiu ao final do dia. Você tranca as portas do local e ninguém entra no prédio até que você retorne na manhã seguinte. Você encontra a esfera pendurada em repouso. Usando as considerações de energia, como poderia explicar esse comportamento?

7.78 •• **DADOS** Uma longa rampa fabricada em ferro fundido é inclinada a um ângulo constante $\theta = 52,0°$ acima da horizontal. Blocos pequenos, cada um com massa de 0,42 kg, mas fabricados de materiais diferentes, são lançados do repouso a uma altura vertical *h* acima da base da rampa. Em cada caso, o coeficiente de atrito estático é tão pequeno que os blocos começam a deslizar rampa abaixo assim que são lançados. Você deverá determinar *h* de modo que cada bloco tenha uma velocidade de 4,00 m/s quando atingir a base da rampa. Você conhece estes coeficientes de atrito de deslizamento (cinético) para diferentes pares de materiais:

Material 1	Material 2	Coeficiente de atrito de deslizamento
Ferro fundido	Ferro fundido	0,15
Ferro fundido	Cobre	0,29
Ferro fundido	Chumbo	0,43
Ferro fundido	Zinco	0,85

Fonte: <www.engineershandbook.com>.

(a) Use as considerações de trabalho e energia para achar o valor necessário de *h* se o bloco for feito de (i) ferro fundido; (ii) cobre; (iii) zinco. (b) Qual será o valor exigido de *h* para o bloco de cobre se sua massa for dobrada para 0,84 kg? (c) Para determinado bloco, se θ for aumentado enquanto *h* é mantido igual, a velocidade *v* do bloco na base da rampa aumenta, diminui ou permanece a mesma?

7.79 •• **DADOS** Uma única força conservativa *F*(*x*) atua sobre uma pequena esfera de massa *m* enquanto ela se move ao longo do eixo *x*. Você solta a esfera do repouso em $x = -1,50$ m. À medida que ela se move, você mede sua velocidade em função da posição. Você usa os dados de velocidade para calcular a energia cinética *K*; a **Figura P7.79** mostra seus dados. (a) Considere que *U*(*x*) seja a função da energia potencial para *F*(*x*). *U*(*x*) é simétrico em relação a $x = 0$? [Se for, então $U(x) = U(-x)$.] (b) Se você definir $U = 0$ em $x = 0$, qual é o valor de *U* em $x = -1,50$ m? (c) Desenhe o gráfico de *U*(*x*). (d) Em que valores de *x* (se houver algum) $F = 0$? (e) Para que intervalo de valores de *x* entre $x = -1,50$ m e $x = +1,50$ m *F* é positivo? E negativo? (f) Se você soltar a esfera do repouso em $x = -1,30$ m, qual é o maior valor de *x* que ela alcança durante seu movimento? E qual o maior valor de energia cinética que ela tem durante seu movimento?

Figura P7.79

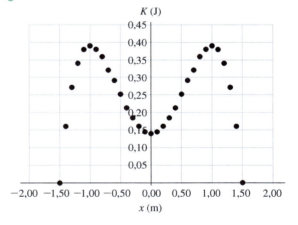

PROBLEMA DESAFIADOR

7.80 ••• **CALC** Um próton de massa *m* move-se em uma dimensão. A função da energia potencial é dada por $U(x) = (\alpha/x^2) - (\beta/x)$, onde α e β são constantes positivas. O próton é liberado a partir do repouso no ponto $x_0 = \alpha/\beta$. (a) Mostre que *U*(*x*) pode ser escrita do seguinte modo

$$U(x) = \frac{\alpha}{x_0^2}\left[\left(\frac{x_0}{x}\right)^2 - \frac{x_0}{x}\right]$$

Faça um gráfico de *U*(*x*). Calcule $U(x_0)$ e localize o ponto x_0 no gráfico. (b) Calcule $v(x)$, a velocidade do próton em função da posição. Faça um gráfico de $v(x)$ e forneça uma descrição qualitativa do movimento. (c) Para qual valor de *x* a velocidade do próton é máxima? Qual é o valor dessa velocidade máxima? (d) Qual é a força que atua sobre o próton no ponto calculado no item (c)? (e) Em vez de considerar o ponto inicial anterior, suponha que o próton seja liberado no ponto $x_1 = 3\alpha/\beta$. Localize o ponto x_1 no gráfico de *U*(*x*). Calcule $v(x)$ e forneça uma descrição qualitativa do movimento. (f) Para cada ponto em que o próton é liberado ($x = x_0$ e $x = x_1$), determine os valores máximo e mínimo de *x* atingidos durante o movimento.

Problemas com contexto

BIO A mola de DNA. Uma molécula de DNA, com sua estrutura helicoidal dupla, em algumas situações pode se comportar como uma mola. A medição da força exigida para esticar moléculas de DNA isoladas sob diversas condições pode oferecer informações sobre as propriedades biofísicas do DNA. Uma técnica para medir a força de alongamento utiliza uma pequena viga em balanço (ou cantiléver), que consiste em uma viga apoiada em uma extremidade e livre para se mover na outra, como um pequeno trampolim. A viga é construída de modo que obedeça à lei de Hooke — ou seja, o deslocamento de sua extremidade livre é proporcional à força aplicada a ela. Como diferentes vigas possuem diferentes constantes de força, sua resposta precisa primeiro ser calibrada aplicando uma força conhecida e determinando a deflexão resultante da viga. Depois, uma extremidade de uma molécula de DNA é presa à extremidade livre da viga, e a outra ponta da molécula é presa a uma pequena plataforma que pode ser movimentada para longe da viga, esticando o DNA. O DNA esticado puxa a viga, envergando ligeiramente a extremidade desta. A deflexão medida é, então, usada para determinar a força sobre a molécula de DNA.

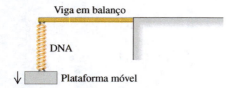

7.81 Durante o processo de calibragem, observa-se que a viga é envergada em 0,10 nm quando uma força de 3,0 pN é aplicada a ela. Que envergamento da viga corresponderia a uma força de 6,0 pN? (a) 0,07 nm; (b) 0,14 nm; (c) 0,20 nm; (d) 0,40 nm.

7.82 Um segmento de DNA é colocado no lugar e esticado. A **Figura P7.82** mostra um gráfico da força exercida sobre o DNA em função do deslocamento da plataforma. Com base nesse gráfico, qual afirmação é a melhor interpretação do comportamento do DNA por esse intervalo de deslocamentos? O DNA (a) não segue a lei de Hooke, pois sua constante de força aumenta à medida que a força sobre ele aumenta; (b) segue a lei de Hooke e tem uma constante de força de aproximadamente 0,1 pN/nm; (c) segue a lei de Hooke e tem uma constante de força de aproximadamente 10 pN/nm; (d) não segue a lei de Hooke, pois sua constante de força diminui à medida que a força sobre ele aumenta.

Figura P7.82

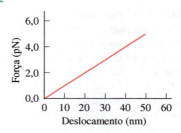

7.83 Com base na Figura P7.82, quanta energia potencial elástica é armazenada no DNA quando ele é esticado por 50 nm? (a) $2,5 \times 10^{-19}$ J; (b) $1,2 \times 10^{-19}$ J; (c) $5,0 \times 10^{-12}$ J; (d) $2,5 \times 10^{-12}$ J.

7.84 A plataforma move-se a uma velocidade constante enquanto alonga o DNA. Qual dos gráficos da **Figura P7.84** melhor representa a potência fornecida à plataforma com o passar do tempo?

Figura P7.84

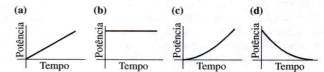

RESPOSTAS

Resposta à pergunta inicial do capítulo

Resposta: (v) À medida que a garça desce, a resistência do ar dirigida em sentido oposto ao seu movimento impede que sua velocidade aumente. Como a velocidade da garça é a mesma, sua energia cinética K permanece constante, mas a energia potencial gravitacional U_{grav} diminui à medida que ela desce. Logo, a energia mecânica total $E = K + U_{grav}$ diminui. A energia mecânica perdida se transforma em aquecimento da pele da garça (ou seja, um aumento em sua energia interna) e agitação do ar através do qual a garça passa (um aumento na energia interna do ar). Veja a Seção 7.3.

Respostas às perguntas dos testes de compreensão

7.1 Resposta: (iii) A energia cinética inicial $K_1 = 0$, a energia potencial inicial $U_1 = mgy_1$ e a energia potencial final $U_2 = mgy_2$ são as mesmas para os dois blocos. A energia mecânica é conservada em ambos os casos, de modo que a energia cinética final $K_2 = \frac{1}{2}mv_2^2$ também é igual para os dois blocos. Logo, o módulo da velocidade na extremidade da direita é o *mesmo* para ambos os casos!

7.2 Resposta: (iii) O elevador ainda está se deslocando de cima para baixo, portanto, a energia cinética K é positiva (lembre-se de que K nunca pode ser negativo); o elevador está abaixo do ponto 1, portanto, $y < 0$ e $U_{grav} < 0$; e a mola está comprimida, portanto, $U_{el} > 0$.

7.3 Resposta: (iii) Em razão do atrito nas turbinas e entre a água e as turbinas, parte da energia potencial serve para aumentar as temperaturas da água e do mecanismo.

7.4 Resposta: (a) (iv), (b) (i) Quando $F_x = 0$ em um ponto, então a derivada de $U(x)$ deve ser igual a zero nesse ponto porque $F_x = -dU(x)/dx$. Entretanto, isso não revela nada sobre o *valor* de $U(x)$ nesse ponto.

7.5 Resposta: (iii) A Figura 7.24b mostra o componente x da força, F_x. Onde ele é máximo (mais positivo), o componente x da força e a aceleração possuem valores mais positivos que nos valores adjacentes de x.

Problema em destaque

(a) 1,06 m **(b)** 1,32 m **(c)** 20,7 J

? Qual das três balas a seguir (todas com o mesmo comprimento e diâmetro) podem causar maior estrago a esta cenoura? (i) Uma bala calibre 22 movendo-se a 220 m/s, como mostrado aqui; (ii) uma bala com metade da massa movendo-se com o dobro da velocidade; (iii) uma bala com o dobro da massa movendo-se com metade da velocidade; (iv) todas causam o mesmo dano.

8 MOMENTO LINEAR, IMPULSO E COLISÕES

OBJETIVOS DE APRENDIZAGEM

Ao estudar este capítulo, você aprenderá:

8.1 O significado do momento linear de uma partícula e como o impulso da força resultante que atua sobre ela causa variação no momento linear.

8.2 As condições que determinam que o momento total de um sistema de partículas seja constante (conservado).

8.3 Como usar a conservação do momento para solucionar problemas em que dois corpos se chocam e quais são as distinções entre colisão elástica, inelástica e completamente inelástica.

8.4 Como analisar o que acontece no importante caso especial de uma colisão elástica.

8.5 A definição do centro de massa de um sistema e o que determina como o centro de massa se move.

8.6 Como analisar situações como a propulsão de um foguete, na qual a massa de um corpo varia enquanto ele se desloca.

Revendo conceitos de:

3.5 Velocidade relativa.
4.2 Sistemas de referência inerciais.
6.1, 6.2 Trabalho, energia cinética e o teorema do trabalho-energia.
6.3 Trabalho realizado por uma mola ideal.

Há muitas questões envolvendo forças que não podem ser solucionadas com a aplicação direta da segunda lei de Newton, $\sum \vec{F} = m\vec{a}$. Por exemplo, quando um caminhão colide frontalmente com um carro, o que determina o sentido do movimento dos destroços resultantes da colisão? Em um jogo de sinuca, o que determina o manejo do taco para que você possa acertar a bola da vez de modo que ela empurre a bola oito para dentro da caçapa? E quando um meteorito colide com a superfície terrestre, quanta energia cinética do meteorito é liberada no impacto?

Uma observação comum nas respostas a essas perguntas é que elas envolvem forças sobre as quais pouco se sabe: as forças que atuam entre o carro e o caminhão, entre as duas bolas de sinuca ou entre o meteorito e a Terra. Como mostraremos neste capítulo, é um fato notável que você não precisa conhecer *nada* sobre essas forças para responder a essas perguntas!

Em nossa abordagem, usaremos dois conceitos novos, o *momento linear* e o *impulso*, e uma nova lei da conservação, a *lei da conservação do momento linear*. Essa lei da conservação é tão importante quanto a lei da conservação da energia. A lei da conservação do momento linear é útil em situações nas quais as leis de Newton são inadequadas, como no caso de corpos que se deslocam com velocidades muito elevadas (próximas à velocidade da luz), ou então para corpos microscópicos (como as partículas que constituem o átomo). No domínio da mecânica newtoniana, a conservação do momento linear nos permite analisar muitas situações que se tornariam extremamente difíceis se tentássemos usar as leis de Newton diretamente. Entre essas situações estão os problemas que envolvem *colisões*, nos quais, durante uma dada colisão, os corpos podem exercer forças mútuas muito grandes por um curto intervalo. Também usaremos ideias de momento linear para resolver problemas nos quais a massa de um objeto muda à medida que ele se move, incluindo o importante caso especial de um foguete (que perde massa à medida que gasta combustível).

8.1 MOMENTO LINEAR E IMPULSO

Na Seção 6.2, reformulamos a segunda lei de Newton, $\sum \vec{F} = m\vec{a}$, em termos do teorema do trabalho-energia. Esse teorema nos auxiliou no tratamento de um grande número de problemas e nos conduziu ao princípio da conservação da energia. Vamos retornar à expressão $\sum \vec{F} = m\vec{a}$ e mostrar, ainda, outro modo útil de reformular essa lei fundamental.

A segunda lei de Newton em relação ao momento linear

Considere uma partícula de massa constante m. Como $\vec{a} = d\vec{v}/dt$, podemos escrever a segunda lei de Newton para esta partícula na forma

$$\sum \vec{F} = m\frac{d\vec{v}}{dt} = \frac{d}{dt}(m\vec{v}) \tag{8.1}$$

Como a massa m da partícula é constante, podemos colocá-la dentro dos parênteses da derivada. Logo, a segunda lei de Newton afirma que a força resultante $\sum \vec{F}$ que atua sobre a partícula é igual à derivada em relação ao tempo da grandeza $m\vec{v}$, o produto da massa da partícula pela sua velocidade. Essa grandeza é chamada de **momento** ou **momento linear** da partícula:

Momento linear de uma partícula (uma grandeza vetorial) $\vec{p} = m\vec{v}$ ← Massa da partícula
← Velocidade da partícula (8.2)

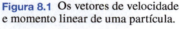

Quanto maior a massa m e o módulo da velocidade v de uma partícula, maior será o módulo do seu momento linear mv. É importante lembrar que o momento linear é uma grandeza *vetorial* que possui direção e sentido que coincidem com a direção e o sentido do vetor velocidade (**Figura 8.1**). Logo, um carro que se desloca para o norte a 20 m/s e outro carro idêntico que se desloca para o leste com a mesma velocidade escalar possuem o mesmo *módulo* de momento linear (mv), mas diferentes *vetores* de momento linear ($m\vec{v}$), porque suas direções e sentidos são diferentes.

Em geral, expressamos o momento linear de uma partícula em termos dos seus componentes. Se a partícula possui componentes de velocidade v_x, v_y e v_z, então seus componentes de momento linear p_x, p_y e p_z (que também podemos chamar de *momento linear x*, *momento linear y* e *momento linear z*) são dados por

$$p_x = mv_x \qquad p_y = mv_y \qquad p_z = mv_z \tag{8.3}$$

Esses três componentes são equivalentes à Equação 8.2.

As unidades do módulo do momento linear são unidades de massa vezes a velocidade; no SI, as unidades de momento linear são dadas por kg · m/s. Em inglês, "momento" é escrito como "*momentum*", cujo plural é "*momenta*".

Substituindo a definição de momento linear da Equação 8.2 na Equação 8.1, obtemos

Segunda lei de Newton em termos do momento linear: a força resultante que atua sobre uma partícula... $\sum \vec{F} = \dfrac{d\vec{p}}{dt}$ ... é igual à taxa de variação do momento linear da partícula. (8.4)

A força resultante (soma vetorial de todas as forças) que atua sobre uma partícula é dada pela taxa de variação do momento linear da partícula em relação ao tempo. Foi esta forma, e não $\sum \vec{F} = m\vec{a}$, que Newton usou no enunciado de sua segunda lei (embora ele chamasse o momento linear de "quantidade

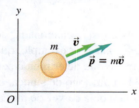

Figura 8.1 Os vetores de velocidade e momento linear de uma partícula.

O momento linear $\vec{p}$ é uma grandeza vetorial; o momento linear de uma partícula possui a mesma direção e sentido de sua velocidade $\vec{v}$.

de movimento"). Essa lei vale somente para sistemas de referência inerciais (veja a Seção 4.2). De acordo com a Equação 8.4, uma variação rápida do momento linear necessita de uma força resultante grande, enquanto uma variação lenta do momento linear necessita de uma força resultante menor (**Figura 8.2**).

O teorema do impulso-momento linear

O momento linear $\vec{p} = m\vec{v}$ e a energia cinética de uma partícula $K = \frac{1}{2}mv^2$ dependem da massa e da velocidade da partícula. Qual é a principal diferença entre essas duas grandezas? Uma resposta puramente matemática indica que o momento linear é um vetor cujo módulo depende do módulo da velocidade, enquanto a energia cinética é uma grandeza escalar proporcional ao quadrado do módulo da velocidade. Porém, para constatar a diferença *física* entre o momento linear e a energia cinética, é necessário definir uma grandeza intimamente relacionada com o momento linear, denominada *impulso*.

Primeiro, vamos considerar uma força resultante $\Sigma\vec{F}$ *constante* atuando sobre a partícula durante um intervalo Δt de t_1 a t_2. O **impulso** da força resultante, designado pelo vetor $\vec{J}$, é definido como a força resultante multiplicada pelo intervalo:

$$\vec{J} = \Sigma\vec{F}(t_2 - t_1) = \Sigma\vec{F}\Delta t \quad (8.5)$$

Impulso de uma força resultante constante — Força resultante constante — Intervalo durante o qual a força resultante atua

Figura 8.2 Quando você pisa no solo depois de saltar, seu momento linear, que era um valor no sentido de cima para baixo, passa a ser zero. É melhor parar com os joelhos dobrados, para que suas pernas possam flexionar: você leva um tempo relativamente longo para parar, e a força que o solo exerce sobre suas pernas é pequena. Se você parar com as pernas estendidas, levará menos tempo, a força sobre suas pernas será maior e a possibilidade de lesão será maior.

O impulso é uma grandeza vetorial; ele possui a mesma direção e o mesmo sentido do vetor força resultante $\Sigma\vec{F}$. No SI, as unidades de impulso são dadas por newton-segundo (N · s). Como 1 N = 1 kg · m/s², um conjunto alternativo para as unidades de impulso é dado por kg · m/s, ou seja, o impulso possui as mesmas unidades de momento linear.

Para verificarmos qual é a utilidade do conceito de impulso, vamos examinar novamente a segunda lei de Newton formulada em termos do momento linear, Equação 8.4. Quando a força resultante $\Sigma\vec{F}$ é constante, então $d\vec{p}/dt$ também é constante. Nesse caso, $d\vec{p}/dt$ é igual à variação *total* do momento linear $\vec{p}_2 - \vec{p}_1$ ocorrida durante o intervalo $t_2 - t_1$ dividida por este intervalo:

$$\Sigma\vec{F} = \frac{\vec{p}_2 - \vec{p}_1}{t_2 - t_1}$$

Multiplicando a equação anterior por $(t_2 - t_1)$, achamos

$$\Sigma\vec{F}(t_2 - t_1) = \vec{p}_2 - \vec{p}_1$$

Comparando esse resultado com a Equação 8.5, obtemos

Teorema do impulso-momento linear: o impulso da força resultante sobre uma partícula durante um intervalo é igual à variação no momento linear dessa partícula durante esse intervalo:

$$\vec{J} = \vec{p}_2 - \vec{p}_1 = \Delta\vec{p} \quad (8.6)$$

Impulso da força resultante durante o intervalo — Momento linear final — Momento linear inicial — Variação do momento linear

BIO Aplicação **Impulso de um pica-pau** O pica-pau cristado (*Dryocopus pileatus*) é conhecido por bater seu bico contra uma árvore até 20 vezes por segundo e até 12.000 vezes por dia. A força do impacto pode ser de até 1.200 vezes o peso da cabeça desse pássaro. Como o impacto dura muito pouco tempo, o impulso — a força resultante durante o impacto multiplicada por sua duração — é relativamente pequeno. (O pica-pau possui um grosso esqueleto de osso esponjoso, além de cartilagem que absorve o impacto; isso evita lesões.)

O teorema do impulso-momento linear também é válido quando as forças não são constantes. Para verificar isso, integramos ambos os membros da segunda lei de Newton $\Sigma\vec{F} = d\vec{p}/dt$ com o decorrer do tempo entre os limites t_1 e t_2:

$$\int_{t_1}^{t_2}\Sigma\vec{F}\,dt = \int_{t_1}^{t_2}\frac{d\vec{p}}{dt}\,dt = \int_{\vec{p}_1}^{\vec{p}_2}d\vec{p} = \vec{p}_2 - \vec{p}_1$$

Figura 8.3 O significado da área sob um gráfico ΣF_x versus t.

(a)

A área sob a curva da força resultante *versus* tempo é igual ao impulso da força resultante:

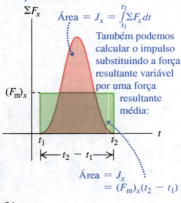

Também podemos calcular o impulso substituindo a força resultante variável por uma força resultante média:

Área = J_x = $(F_m)_x(t_2 - t_1)$

(b)

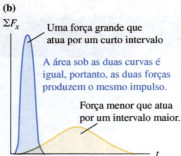

Uma força grande que atua por um curto intervalo

A área sob as duas curvas é igual, portanto, as duas forças produzem o mesmo impulso.

Força menor que atua por um intervalo maior.

Figura 8.4 O teorema do impulso-momento linear explica como os *air-bags* reduzem a possibilidade de lesões minimizando a força sobre o ocupante de um automóvel.

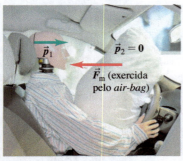

- Teorema do impulso-momento linear:
  $$\vec{J} = \vec{p}_2 - \vec{p}_1 = \vec{F}_m \Delta t$$
- O impulso é o mesmo, não importa como o motorista é levado ao repouso (logo, $\vec{p}_2 = 0$).
- Em comparação com o choque contra o volante, o choque contra o *air-bag* leva o motorista ao repouso por um intervalo Δt maior.
- Logo, com um *air-bag*, a força média $\vec{F}_m$ sobre o motorista é menor.

Pela Equação 8.6, vemos que a integral do membro esquerdo define o impulso da força resultante:

$$\vec{J} = \int_{t_1}^{t_2} \Sigma \vec{F} dt \quad (8.7)$$

Impulso de uma **força resultante geral** (constante ou variável) — Limite superior = hora final; Tempo integral da força resultante; Limite inferior = hora inicial

Se a força resultante $\Sigma \vec{F}$ é constante, a integral na Equação 8.7 reduz-se à Equação 8.5. Podemos definir uma força *média* $\vec{F}_m$ de forma que, mesmo quando a força resultante $\Sigma \vec{F}$ não é constante, o impulso $\vec{J}$ é dado por

$$\vec{J} = \vec{F}_m (t_2 - t_1) \quad (8.8)$$

Quando $\Sigma \vec{F}$ é constante, $\Sigma \vec{F} = \vec{F}_m$ e a Equação 8.8 reduz-se à Equação 8.5.

A **Figura 8.3a** mostra um gráfico do componente x da força resultante ΣF_x em função do tempo durante uma colisão. Isso poderia representar a força exercida pelo pé de um jogador sobre uma bola de futebol que permanece em contato com o pé entre os instantes t_1 e t_2. Essa área é igual à área do retângulo delimitada por t_1, t_2 e $(F_m)_x$. Logo, $(F_m)_x(t_2 - t_1)$ é igual ao impulso efetivo da força que varia com o tempo neste mesmo intervalo. Note que uma grande força exercida por um curto período pode ter o mesmo impulso que uma força menor por um período mais longo, se as áreas embaixo das curvas de força *versus* tempo forem iguais (Figura 8.3b). Usamos esta ideia na Figura 8.2: uma pequena força atuando por um tempo relativamente longo (como ao pisar o chão com suas pernas encurvadas) tem o mesmo efeito de uma força maior atuando por um tempo curto (como ao pisar com as pernas esticadas). O *airbag* de um automóvel (**Figura 8.4**) usa o mesmo princípio.

O impulso e o momento linear são grandezas vetoriais, e as relações da Equação 8.5 à Equação 8.8 são equações vetoriais. Geralmente, é mais fácil usá-las na forma dos componentes:

$$J_x = \int_{t_1}^{t_2} \Sigma F_x dt = (F_m)_x(t_2 - t_1) = p_{2x} - p_{1x} = mv_{2x} - mv_{1x}$$
$$J_y = \int_{t_1}^{t_2} \Sigma F_y dt = (F_m)_y(t_2 - t_1) = p_{2y} - p_{1y} = mv_{2y} - mv_{1y} \quad (8.9)$$

e relações análogas para o componente z.

Comparação entre momento linear e energia cinética

Agora, veremos a diferença fundamental entre o momento linear e a energia cinética de uma partícula. O teorema do impulso-momento linear, $\vec{J} = \vec{p}_2 - \vec{p}_1$, afirma que as variações do momento linear de uma partícula são produzidas pelo impulso, que depende do *tempo* durante o qual a força resultante atua. Em contraste, o teorema do trabalho-energia, $W_{tot} = K_2 - K_1$, afirma que, quando um trabalho é realizado sobre uma partícula, ocorre uma variação de sua energia cinética; o trabalho total depende da *distância* ao longo da qual a força resultante atua.

Considere uma partícula que parte do repouso no instante t_1, de modo que $\vec{v}_1 = 0$. Seu momento linear inicial é $\vec{p}_1 = m\vec{v}_1 = 0$, e sua energia cinética inicial é $K_1 = \frac{1}{2}mv_1^2 = 0$. Suponha, agora, que uma força resultante constante $\vec{F}$ atue sobre a partícula entre os instantes t_1 e t_2. Durante esse intervalo, a partícula se desloca por uma distância d na direção da força. De acordo com a Equação 8.6, o momento linear da partícula no instante t_2 é

$$\vec{p}_2 = \vec{p}_1 + \vec{J} = \vec{J}$$

onde $\vec{J} = \vec{F}(t_2 - t_1)$ é o impulso que atua sobre a partícula. Logo, *o momento linear de uma partícula é igual ao impulso que a acelera do repouso à sua velocidade atual*; o impulso é igual ao módulo da força resultante que acelerou a partícula multiplicado pelo *tempo* necessário para essa aceleração. Compare com a energia cinética da partícula que, no instante t_2, é dada por $K_2 = W_{\text{tot}} = Fd$, ou seja, é igual ao *trabalho* total realizado sobre a partícula para acelerá-la a partir do repouso. O trabalho total realizado é igual ao módulo da força resultante que acelerou a partícula multiplicado pela *distância* necessária para essa aceleração (**Figura 8.5**).

Vejamos, agora, um exemplo para ilustrar a distinção entre momento linear e energia cinética. Suponha que você tenha de escolher entre agarrar uma bola de 0,50 kg que se desloca a 4,0 m/s ou uma de 0,10 kg que se desloca a 20 m/s. Qual das duas bolas seria mais fácil de agarrar? Ambas possuem o mesmo módulo do momento linear, $p = mv = (0{,}50~\text{kg})(4{,}0~\text{m/s}) = (0{,}10~\text{kg})(20~\text{m/s}) = 2{,}0~\text{kg} \cdot \text{m/s}$. Porém, elas possuem diferentes valores de energia cinética $K = \frac{1}{2}mv^2$; a bola maior e mais lenta possui $K = 4{,}0$ J, ao passo que a bola menor e mais veloz possui $K = 20$ J. Uma vez que as duas bolas possuem o mesmo módulo do momento linear, ambas necessitam do mesmo *impulso* para fazê-las entrar em repouso. Contudo, o *trabalho* realizado por sua mão ao fazer a bola de 0,10 kg parar é cinco vezes maior que o realizado para fazer a bola de 0,50 kg parar, porque a bola menor possui energia cinética cinco vezes maior que a da bola maior. Portanto, para uma dada força média exercida por sua mão, ela leva o mesmo tempo (o intervalo para você agarrar a bola) para fazer as bolas entrarem em repouso, mas o deslocamento da sua mão e do seu braço é cinco vezes maior para agarrar a bola mais leve que o deslocamento para agarrar a bola mais pesada. Para minimizar o esforço do seu braço, você deveria escolher agarrar a bola de 0,50 kg, que possui menor energia cinética.

O teorema do impulso-momento linear e o teorema do trabalho-energia se baseiam nas leis de Newton. Eles fornecem *integrais* do movimento, relacionando o movimento entre dois instantes de tempo separados por um intervalo finito. Ao contrário, a segunda lei de Newton propriamente dita (na forma $\Sigma\vec{F} = m\vec{a}$ ou $\Sigma\vec{F} = d\vec{p}/dt$) fornece uma equação *diferencial* do movimento, relacionando a força com a taxa de variação da velocidade ou com a taxa de variação do momento linear em cada instante.

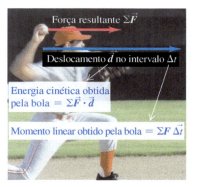

Figura 8.5 A *energia cinética* de uma bola de beisebol arremessada é igual ao trabalho que o jogador realiza sobre a bola (força multiplicada pela distância que a bola percorre durante o arremesso). O *momento linear* da bola é igual ao impulso que o jogador imprime à bola (força multiplicada pelo tempo necessário para fazer a bola ganhar velocidade).

EXEMPLO CONCEITUAL 8.1 MOMENTO LINEAR *VERSUS* ENERGIA CINÉTICA

Considere novamente a competição entre dois barcos que deslizam na superfície de um lago congelado descrita no Exemplo 6.5 (Seção 6.2). Os barcos possuem massas m e $2m$, respectivamente, e o vento exerce a mesma força horizontal e constante $\vec{F}$ sobre eles (Figura 6.14). Ambos os barcos partem do repouso e cruzam a linha de chegada, situada a uma distância d do ponto inicial. Qual deles atravessa a linha de chegada com o maior momento linear?

SOLUÇÃO

No Exemplo Conceitual 6.5, perguntamos qual dos dois barcos atravessa a linha de chegada com a maior *energia cinética*. Respondemos isso lembrando que *a energia cinética de um corpo é igual ao trabalho total realizado para acelerá-lo a partir do repouso*. Os barcos partiram do repouso, e o trabalho total realizado entre o ponto inicial e a linha de chegada é o mesmo para os dois (porque a força resultante e o deslocamento possuem os mesmos valores para ambos). Portanto, ambos cruzam a linha de chegada com a mesma energia cinética.

Analogamente, para comparar os *momentos* lineares dos barcos, usamos a ideia de que *o momento de cada barco é igual ao impulso que o acelerou a partir do repouso*. Assim como no Exemplo Conceitual 6.5, a força resultante em cada barco é igual à força horizontal e constante $\vec{F}$ do vento. Seja Δt o intervalo entre o instante inicial e o instante em que o barco cruza a linha de chegada, de modo que o impulso sobre cada barco nesse intervalo é dado por $\vec{J} = \vec{F}\,\Delta t$. Como o barco começa a se deslocar a partir do repouso, esse valor é precisamente igual ao momento linear do barco na linha de chegada:

$$\vec{p} = \vec{F}\,\Delta t$$

Os dois barcos estão submetidos à ação da mesma força $\vec{F}$, mas eles não gastam o mesmo intervalo Δt entre o instante inicial e o instante em que cruzam a linha de chegada. O barco com massa $2m$ possui massa maior e, portanto, desloca-se com menor aceleração, levando mais tempo para percorrer a distância d; então, existe um impulso grande fornecido a esse barco entre o instante inicial e o instante em que ele cruza a linha de chegada. Logo, o barco com massa $2m$ cruza a linha de chegada com um momento linear maior que o do barco com massa m (porém a energia cinética é a mesma para os dois barcos). Você é capaz de mostrar que o barco com massa $2m$ cruza a linha de chegada com momento linear $\sqrt{2}$ vezes maior que o momento linear do barco com massa m?

EXEMPLO 8.2 — UMA BOLA COLIDINDO COM UMA PAREDE

Suponha que você jogue uma bola de massa igual a 0,40 kg contra uma parede. Ela colide com a parede quando está se movendo horizontalmente para a esquerda a 30 m/s, retornando horizontalmente para a direita a 20 m/s. (a) Calcule o impulso da força resultante sobre a bola durante sua colisão com a parede. (b) Sabendo que a bola permanece em contato com a parede durante 0,010 s, ache a força horizontal média que a parede exerce sobre a bola durante a colisão.

> **ATENÇÃO** **O momento linear é um vetor** Como o momento linear é um vetor, tivemos de incluir um sinal negativo ao escrever $p_{1x} = -12$ kg · m/s. Se o tivéssemos omitido por negligência, teríamos calculado o impulso como 8,0 kg · m/s − (12 kg · m/s) = −4 kg · m/s. Essa resposta incorreta afirmaria que a parede havia de alguma forma dado um chute na bola para a *esquerda*! Certifique-se de levar em consideração nos seus cálculos a *direção* e o *sentido* do momento linear.

SOLUÇÃO

IDENTIFICAR E PREPARAR: há informação suficiente para determinar os valores inicial e final do momento linear da bola. Portanto, podemos usar o teorema do impulso-momento linear para determinar o impulso. A seguir, aplicaremos a definição de impulso para calcular a força média. A **Figura 8.6** mostra o nosso desenho. O movimento é puramente horizontal, de modo que necessitamos de um único eixo. Considere o eixo x horizontal, com sentido positivo para a direita. Nossa variável no item (a) é o componente x do impulso, J_x, que obteremos usando a Equação 8.9. No item (b), nossa variável é o componente x médio da força $(F_m)_x$; conhecendo J_x, também podemos determinar essa força por meio da Equação 8.9.

Figura 8.6 Nosso desenho para este problema.

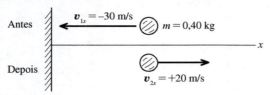

EXECUTAR: (a) Em função da escolha do eixo x, os componentes x inicial e final do momento linear da bola são dados por

$$p_{1x} = mv_{1x} = (0{,}40 \text{ kg})(-30 \text{ m/s}) = -12 \text{ kg} \cdot \text{m/s}$$
$$p_{2x} = mv_{2x} = (0{,}40 \text{ kg})(+20 \text{ m/s}) = +8{,}0 \text{ kg} \cdot \text{m/s}$$

De acordo com a Equação 8.9, o componente x do impulso é igual à *variação* do momento linear x:

$$J_x = p_{2x} - p_{1x}$$
$$= 8{,}0 \text{ kg} \cdot \text{m/s} - (-12 \text{ kg} \cdot \text{m/s}) = 20 \text{ kg} \cdot \text{m/s} = 20 \text{ N} \cdot \text{s}$$

(b) O intervalo da colisão é $t_2 - t_1 = \Delta t = 0{,}010$ s. Pela Equação 8.9, $J_x = (F_m)_x (t_2 - t_1) = (F_m)_x \Delta t$, logo

$$(F_m)_x = \frac{J_x}{\Delta t} = \frac{20 \text{ N} \cdot \text{s}}{0{,}010 \text{ s}} = 2.000 \text{ N}$$

AVALIAR: o componente x do impulso J_x é positivo — ou seja, para a direita na Figura 8.6. O impulso representa o "chute" que a parede dá na bola, e esse "chute" certamente aponta para a direita.

A força que a parede exerce sobre a bola possui um módulo grande de 2.000 N (equivalente ao peso de um objeto de 200 kg) para produzir uma variação no momento linear da bola nesse curto intervalo. As outras forças que atuam sobre a bola durante a colisão são muito pequenas em comparação com essa força; por exemplo, a força gravitacional é somente 3,9 N. Logo, no breve intervalo durante a colisão, podemos ignorar todas as outras forças que atuam sobre a bola. A **Figura 8.7** mostra a colisão entre uma bola de tênis e uma raquete.

Note que o valor de 2.000 N que calculamos é exatamente a força horizontal *média* que a parede exerce sobre a bola durante o impacto. Ela corresponde à linha horizontal $(F_m)_x$ na Figura 8.3a. A força resultante horizontal é igual a zero antes do impacto, cresce até um valor máximo e a seguir diminui até zero, quando a bola perde contato com a parede. Quando a bola é relativamente rígida, como uma bola de beisebol ou de golfe, a colisão dura um intervalo pequeno e a força máxima é grande, como indicado na curva da Figura 8.3b. Quando a bola é macia, como uma de tênis, a colisão dura um intervalo grande e a força máxima é pequena, como indicado na curva da Figura 8.3b.

Figura 8.7 Comumente, o intervalo durante o qual uma bola de tênis permanece em contato com uma raquete é aproximadamente igual a 0,01 s. A bola visivelmente se achata por causa da enorme força exercida pela raquete.

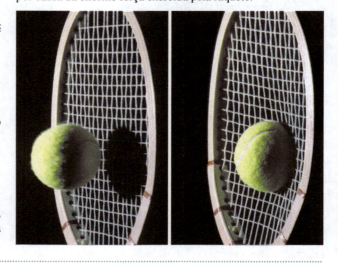

EXEMPLO 8.3 — CHUTANDO UMA BOLA DE FUTEBOL

A massa de uma bola de futebol é igual a 0,40 kg. Inicialmente, ela se desloca da direita para a esquerda a 20 m/s e a seguir é chutada, deslocando-se 45° para cima e para a direita, com velocidade igual a 30 m/s (**Figura 8.8a**). Calcule o impulso da força resultante e a força resultante média, supondo um tempo de colisão $\Delta t = 0,010$ s.

Figura 8.8 (a) Chutando uma bola de futebol. (b) Determinando a força média por meio de seus componentes.

(a) Diagrama antes e depois

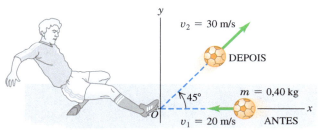

(b) Força média sobre a bola

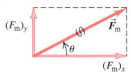

SOLUÇÃO

IDENTIFICAR E PREPARAR: a bola move-se em duas dimensões, de modo que precisamos tratar o momento linear e o impulso como grandezas vetoriais. Orientando o eixo Ox horizontalmente para a direita e o eixo Oy verticalmente para cima, nossas incógnitas são os componentes do impulso resultante sobre a bola, J_x e J_y, e os componentes da força resultante média sobre a bola, $(F_m)_x$ e $(F_m)_y$. Determinaremos essas incógnitas com o uso do teorema do impulso-momento linear em forma dos componentes x e y da Equação 8.9.

EXECUTAR: usando cos 45° = sen 45° = 0,707, achamos os componentes do vetor velocidade antes e depois do chute:

$$v_{1x} = -20 \text{ m/s} \qquad v_{1y} = 0$$
$$v_{2x} = v_{2y} = (30 \text{ m/s})(0,707) = 21,2 \text{ m/s}$$

Pelas equações 8.9, os componentes do impulso são

$$J_x = p_{2x} - p_{1x} = m(v_{2x} - v_{1x})$$
$$= (0,40 \text{ kg})[21,2 \text{ m/s} - (-20 \text{ m/s})] = 16,5 \text{ kg} \cdot \text{m/s}$$

$$J_y = p_{2y} - p_{1y} = m(v_{2y} - v_{1y})$$
$$= (0,40 \text{ kg})(21,2 \text{ m/s} - 0) = 8,5 \text{ kg} \cdot \text{m/s}$$

Pela Equação 8.8, os componentes da força resultante média que atua sobre a bola são

$$(F_m)_x = \frac{J_x}{\Delta t} = 1.650 \text{ N} \qquad (F_m)_y = \frac{J_y}{\Delta t} = 850 \text{ N}$$

O módulo e a direção do vetor $\vec{F}_m$ (Figura 8.8b) são

$$F_m = \sqrt{(1.650 \text{ N})^2 + (850 \text{ N})^2} = 1,9 \times 10^3 \text{ N}$$
$$\theta = \arctan \frac{850 \text{ N}}{1.650 \text{ N}} = 27°$$

Note que, como a bola não estava inicialmente em repouso, sua velocidade final *não* possui direção igual à da força média que atua sobre ela.

AVALIAR: a força resultante média $\vec{F}_m$ inclui o efeito da força gravitacional, que é muito pequeno; o peso da bola é somente 3,9 N. Como no Exemplo 8.2, a força média que atua durante a colisão é exercida quase inteiramente pelo corpo que colide com a bola (neste caso o pé do jogador de futebol).

TESTE SUA COMPREENSÃO DA SEÇÃO 8.1 Ordene as seguintes situações de acordo com o módulo do impulso da força resultante, do maior para o menor valor. Em cada situação, um automóvel de 1.000 kg move-se em linha reta ao longo de uma rodovia na direção leste-oeste. O automóvel move-se inicialmente (i) para o leste a 25 m/s, e para após 10 s; (ii) para o leste a 25 m/s, e para após 5 s; (iii) encontra-se em repouso, e uma força resultante de 2.000 N, orientada para leste, é aplicada sobre ele por 10 s; (iv) para o leste a 25 m/s e uma força resultante de 2.000 N, orientada para oeste, é aplicada sobre ele por 10 s; (v) para o leste a 25 m/s; após um período de 30 s, o automóvel inverte sua direção e termina se movendo para oeste a 25 m/s. ∎

8.2 CONSERVAÇÃO DO MOMENTO LINEAR

O conceito de momento linear é particularmente importante quando ocorre *interação* entre dois ou mais corpos. Para ver por quê, vamos considerar, inicialmente, um sistema ideal de dois corpos que interagem entre si, mas não com nenhum outro corpo — por exemplo, dois astronautas que se tocam enquanto flutuam em uma região sem campo gravitacional no espaço sideral (**Figura 8.9**). Considere os astronautas como partículas. Cada partícula exerce uma força sobre

Figura 8.9 Dois astronautas empurram-se mutuamente enquanto estão em uma região do espaço sem campo gravitacional.

Nenhuma força externa atua sobre o sistema composto pelos dois astronautas e, por isso, seu momento linear total é conservado.

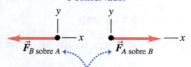

As forças que os astronautas exercem mutuamente formam um par de ação e reação.

a outra; de acordo com a terceira lei de Newton, as duas forças sempre possuem o mesmo módulo e a mesma direção, porém seus sentidos são contrários. Portanto, os *impulsos* que atuam sobre essas partículas possuem o mesmo módulo e a mesma direção, mas seus sentidos são contrários e as variações do momento linear também são iguais e contrárias.

Vamos prosseguir introduzindo nova terminologia. Para um sistema qualquer, denominam-se **forças internas** as forças que as partículas de um sistema exercem sobre as outras. Denominam-se **forças externas** as forças exercidas sobre qualquer parte de um sistema por um corpo no exterior do sistema. Para o sistema indicado na Figura 8.9, as forças internas são a força $\vec{F}_{B\ sobre\ A}$, exercida pela partícula B sobre a partícula A, e a força $\vec{F}_{A\ sobre\ B}$, exercida pela partícula A sobre a partícula B. Não existe neste caso *nenhuma* força externa, e dizemos que se trata de um **sistema isolado**.

A força resultante sobre a partícula A é $\vec{F}_{B\ sobre\ A}$, e a força resultante sobre a partícula B é $\vec{F}_{A\ sobre\ B}$, de modo que, pela Equação 8.4, as taxas de variação dos momentos lineares dessas partículas são dadas por

$$\vec{F}_{B\ sobre\ A} = \frac{d\vec{p}_A}{dt} \qquad \vec{F}_{A\ sobre\ B} = \frac{d\vec{p}_B}{dt} \qquad (8.10)$$

O momento linear de cada partícula varia, mas essas variações não são independentes. De acordo com a terceira lei de Newton, as duas forças, $\vec{F}_{B\ sobre\ A}$ e $\vec{F}_{A\ sobre\ B}$, possuem o mesmo módulo e a mesma direção, mas seus sentidos são contrários. Ou seja, $\vec{F}_{B\ sobre\ A} = -\vec{F}_{A\ sobre\ B}$, de modo que $\vec{F}_{B\ sobre\ A} + \vec{F}_{A\ sobre\ B} = \mathbf{0}$. Somando as duas equações da Equação 8.10, obtemos

$$\vec{F}_{B\ sobre\ A} + \vec{F}_{A\ sobre\ B} = \frac{d\vec{p}_A}{dt} + \frac{d\vec{p}_B}{dt} = \frac{d(\vec{p}_A + \vec{p}_B)}{dt} = \mathbf{0} \qquad (8.11)$$

Figura 8.10 Dois patinadores empurram-se mutuamente enquanto deslizam ao longo de uma superfície horizontal sem atrito. (Compare com a Figura 8.9.)

As forças que os patinadores exercem mutuamente formam um par de ação e reação.

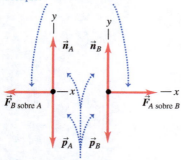

Embora as forças normal e gravitacional sejam externas, sua soma vetorial é igual a zero e o momento linear total se conserva.

As taxas das variações dos momentos lineares também são iguais e contrárias, de modo que a taxa de variação da soma vetorial $\vec{p}_A + \vec{p}_B$ é igual a zero. Definimos, agora, o **momento linear total $\vec{P}$** do sistema de duas partículas como a soma vetorial dos momentos lineares de cada partícula. Logo,

$$\vec{P} = \vec{p}_A + \vec{p}_B \qquad (8.12)$$

Então, a Equação 8.11 torna-se

$$\vec{F}_{B\ sobre\ A} + \vec{F}_{A\ sobre\ B} = \frac{d\vec{P}}{dt} = \mathbf{0} \qquad (8.13)$$

A taxa de variação do momento linear *total* $\vec{P}$ é igual a zero. Portanto, o momento linear total do sistema é constante, embora os momentos lineares de cada partícula que compõe o sistema possam variar.

Quando forças externas também estão presentes, devem ser incluídas no membro esquerdo da Equação 8.13, com as forças internas. Neste caso, o momento linear total em geral não permanece constante. Porém, quando a soma vetorial das forças externas é igual a zero, como na **Figura 8.10**, essas forças não têm efeito sobre o lado esquerdo da Equação 8.13, e $d\vec{P}/dt$ é novamente igual a zero. Assim, podemos formular o seguinte enunciado geral:

> **Quando a soma vetorial das forças externas que atuam sobre um sistema é igual a zero, o momento linear total do sistema permanece constante.**

Esse é o enunciado mais simples da **lei da conservação do momento linear**. Esse princípio é uma consequência direta da terceira lei de Newton. O ponto importante dessa lei é que sua aplicação não depende da natureza detalhada das forças internas entre as partículas constituintes do sistema. Isso significa que podemos aplicar a lei da conservação do momento linear mesmo quando (como geralmente ocorre) sabemos muito pouco a respeito das forças internas entre as partículas. Usamos a segunda lei de Newton para deduzir esse princípio; logo, devemos tomar cuidado e aplicá-lo somente em sistemas de referência inerciais.

Podemos generalizar esse princípio para um sistema contendo um número qualquer de partículas A, B, C, ... que interagem apenas mediante forças internas. O momento linear total desse sistema é dado por

> O momento linear total de um sistema de partículas A, B, C, ...
>
> $$\vec{P} = \vec{p}_A + \vec{p}_B + \cdots = m_A\vec{v}_A + m_B\vec{v}_B + \cdots \qquad (8.14)$$
>
> ... é igual à soma vetorial dos momentos lineares de todas as partículas no sistema.

Elaboramos um raciocínio semelhante ao anterior: a taxa de variação do momento linear total produzida pela soma de cada par de ação e reação das forças internas entre as partículas é igual a zero. Logo, a taxa de variação do momento linear total do sistema inteiro é igual a zero quando a soma vetorial das forças externas que atuam sobre ele é zero. As forças internas podem alterar o momento linear interno de partículas individuais do sistema, porém elas não alteram o momento linear *total* do sistema.

> **ATENÇÃO A conservação do momento linear significa a conservação de seus componentes** Quando você aplicar a lei da conservação do momento linear, é essencial lembrar-se de que o momento linear é uma grandeza *vetorial*. Assim, você deve usar as regras da soma vetorial para calcular o momento linear total de um sistema (**Figura 8.11**). O uso de componentes geralmente é mais simples. Se p_{Ax}, p_{Ay} e p_{Az} são os componentes do momento linear de uma partícula A e, analogamente, para os componentes das outras partículas, então a Equação 8.14 pode ser escrita de modo equivalente por meio das equações
>
> $$P_x = p_{Ax} + p_{Bx} + ..., \quad P_y = p_{Ay} + p_{By} + ..., \quad P_z = p_{Az} + p_{Bz} + ... \qquad (8.15)$$
>
> Quando a soma vetorial das forças externas que atuam sobre um sistema é igual a zero, então os componentes P_x, P_y e P_z são todos constantes.

De certo modo, a lei da conservação do momento linear é mais geral que o princípio da conservação da energia mecânica. Por exemplo, a energia mecânica se conserva somente quando as forças internas são *conservativas* — isto é, quando elas permitem uma conversão recíproca nos dois sentidos entre energia cinética e energia potencial. Porém, a lei da conservação do momento linear vale mesmo quando existem forças que *não* são conservativas. Neste capítulo, vamos analisar casos em que existem conservação do momento linear e conservação da energia mecânica, e outros casos em que existe apenas conservação do momento linear. Esses dois princípios desempenham um papel fundamental em diversas áreas da física e iremos encontrá-los no decorrer de nossos estudos dessa matéria.

Figura 8.11 Ao aplicar a conservação do momento linear, lembre-se de que o momento linear é uma grandeza vetorial!

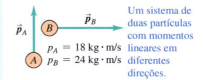

Um sistema de duas partículas com momentos lineares em diferentes direções.
$p_A = 18$ kg · m/s
$p_B = 24$ kg · m/s

NÃO É POSSÍVEL calcular o módulo do momento linear total somando os módulos dos momentos lineares individuais!

$P = p_A + p_B = 42$ kg · m/s ◀ ERRADO

Em vez disso, usamos a soma vetorial:

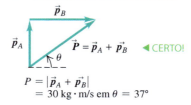

◀ CERTO!

$P = |\vec{p}_A + \vec{p}_B|$
$= 30$ kg · m/s em $\theta = 37°$

ESTRATÉGIA PARA A SOLUÇÃO DE PROBLEMAS 8.1   CONSERVAÇÃO DO MOMENTO LINEAR

IDENTIFICAR *os conceitos relevantes:* verifique se a soma vetorial das forças externas que atuam sobre o sistema é nula. Caso contrário, você não pode usar a lei da conservação do momento linear.

PREPARAR *o problema* usando os seguintes passos:
1. Considere cada corpo como uma partícula. Faça um esquema para "antes" e "depois" do evento, incluindo vetores para representar todas as velocidades conhecidas. Use um símbolo algébrico para cada módulo, ângulo e componente. Use letras para designar cada partícula e os subscritos 1 e 2 para designar as grandezas "antes" e "depois". Inclua quaisquer valores que forem dados.
2. Defina o sistema de coordenadas. Faça um desenho mostrando os eixos das coordenadas indicando o sentido positivo de cada eixo.
3. Identifique as variáveis-alvo.

EXECUTAR *a solução:*
4. Escreva uma equação algébrica igualando os componentes x do momento linear total inicial e final, usando $p_x = mv_x$ para cada partícula. Escreva outra equação algébrica correspondente para os componentes y. Os componentes podem ser positivos ou negativos; tome muito cuidado com os sinais!
5. Em alguns problemas, considerações de energia (discutidas na Seção 8.4) podem fornecer equações adicionais referentes às velocidades.
6. Resolva as equações para obter as variáveis-alvo.

AVALIAR *sua resposta:* sua resposta faz sentido em termos físicos? Se a variável-alvo for o momento linear de um dado corpo, verifique se a direção e o sentido do momento linear são razoáveis.

EXEMPLO 8.4 RECUO DE UM RIFLE

Um atirador segura um rifle de massa $m_R = 3{,}0$ kg frouxamente, de modo que a arma possa recuar livremente ao disparar. Ele atira uma bala de massa $m_B = 5{,}0$ g horizontalmente com velocidade relativa ao solo dada por $v_{Bx} = 300$ m/s. Qual é a velocidade de recuo v_{Rx} do rifle? Quais são os valores da energia cinética final e do momento linear total final da bala? E do rifle?

SOLUÇÃO

IDENTIFICAR E PREPARAR: consideramos um modelo ideal no qual desprezamos a força que a mão do atirador exerce sobre o rifle. Como não existe nenhuma força resultante externa atuando sobre o sistema (rifle e bala) no momento do disparo, o momento linear horizontal total do sistema é o mesmo antes e depois do disparo (ou seja, ele se conserva). A **Figura 8.12** mostra nosso desenho. Considere o sentido positivo do eixo Ox como o sentido apontado pelo rifle. Inicialmente, o rifle e a bala estão em repouso, de modo que o componente x do momento linear total é igual a zero. Depois que a bala é disparada, o componente x de seu momento linear é igual a $p_{Bx} = m_B v_{Bx}$ e o do rifle é $p_{Rx} = m_R v_{Rx}$.

As variáveis-alvo são v_{Rx}, p_{Bx}, p_{Rx} e as energias cinéticas finais da bala e do rifle, $K_B = \tfrac{1}{2} m_B v_{Bx}^2$ e $K_R = \tfrac{1}{2} m_R v_{Rx}^2$.

Figura 8.12 Nosso desenho para este problema.

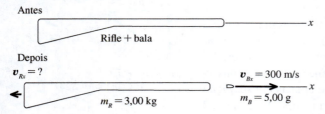

EXECUTAR: a lei da conservação do momento linear aplicada ao componente x fornece

$$P_x = 0 = m_B v_{Bx} + m_R v_{Rx}$$

$$v_{Rx} = -\frac{m_B}{m_R} v_{Bx} = -\left(\frac{0{,}00500 \text{ kg}}{3{,}00 \text{ kg}}\right)(300 \text{ m/s}) = -0{,}500 \text{ m/s}$$

O sinal negativo significa que o recuo ocorre em sentido contrário ao da velocidade da bala.

A energia cinética e o momento linear final da bala e do rifle são

$p_{Bx} = m_B v_{Bx} = (0{,}00500 \text{ kg})(300 \text{ m/s}) = 1{,}50 \text{ kg} \cdot \text{m/s}$

$K_B = \tfrac{1}{2} m_B v_{Bx}^2 = \tfrac{1}{2}(0{,}00500 \text{ kg})(300 \text{ m/s})^2 = 225 \text{ J}$

$p_{Rx} = m_R v_{Rx} = (3{,}0 \text{ kg})(-0{,}500 \text{ m/s}) = -1{,}50 \text{ kg} \cdot \text{m/s}$

$K_R = \tfrac{1}{2} m_R v_{Rx}^2 = \tfrac{1}{2}(3{,}0 \text{ kg})(-0{,}500 \text{ m/s})^2 = 0{,}375 \text{ J}$

AVALIAR: o momento linear da bala é igual e contrário ao *momento linear* do rifle, graças à terceira lei de Newton: eles foram submetidos a forças de interação iguais e contrárias que atuaram ao mesmo *tempo* (ou seja, impulsos iguais e contrários). Porém, a bala adquiriu uma *energia cinética* maior que a do rifle porque se deslocou a uma *distância* maior que a dele durante a interação. Logo, o trabalho realizado pela força sobre a bala é maior que o trabalho realizado pela força sobre o rifle. A razão entre a energia cinética da bala e a do rifle, 600:1, é inversamente proporcional à razão entre a massa da bala e a massa do rifle; na verdade, podemos provar que esse resultado é sempre válido em qualquer evento de recuo (veja o Exercício 8.26).

EXEMPLO 8.5 COLISÃO AO LONGO DE UMA LINHA RETA

Dois cavaleiros com massas diferentes se deslocam em sentidos contrários em um trilho de ar linear sem atrito (**Figura 8.13a**). Depois da colisão (Figura 8.13b), o cavaleiro B se afasta com velocidade final de $+2{,}0$ m/s (Figura 8.13c). Qual é a velocidade final do cavaleiro A? Como se comparam as variações de velocidade e de momento linear desses cavaleiros?

Figura 8.13 Colisão entre dois cavaleiros sobre um trilho de ar.

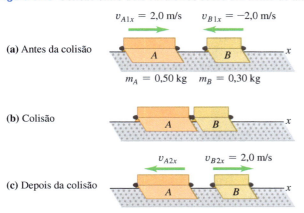

SOLUÇÃO

IDENTIFICAR E PREPARAR: assim como para os patinadores na Figura 8.10, a força resultante na vertical que atua sobre cada cavaleiro é igual a zero; a força resultante que atua sobre cada cavaleiro é a força horizontal que um cavaleiro exerce sobre o outro. Como a força resultante externa que atua sobre o *sistema* constituído pelos dois cavaleiros é igual a zero, o momento linear total permanece constante. Considere um eixo Ox ao longo do trilho de ar, com o sentido positivo da esquerda para a direita. Temos as massas dos cavaleiros e os componentes x de suas respectivas velocidades, além da velocidade final do cavaleiro B. Nossas variáveis-alvo são v_{A2x} (o componente x final da velocidade do cavaleiro A) e as variações no momento linear e na velocidade dos dois cavaleiros (o valor *após* a colisão menos o valor *antes* da colisão).

EXECUTAR: o componente x do momento linear total antes da colisão é dado por

$$P_x = m_A v_{A1x} + m_B v_{B1x}$$
$$= (0{,}50 \text{ kg})(2{,}0 \text{ m/s}) + (0{,}30 \text{ kg})(-2{,}0 \text{ m/s})$$
$$= 0{,}40 \text{ kg} \cdot \text{m/s}$$

Esse valor é positivo (da esquerda para a direita na Figura 8.13), porque A tem um módulo de momento linear maior que B. Como o componente x do momento linear total depois da colisão permanece o mesmo, temos

$$P_x = m_A v_{A2x} + m_B v_{B2x}$$

Explicitando o valor de v_{A2x}:

$$v_{A2x} = \frac{P_x - m_B v_{B2x}}{m_A} = \frac{0{,}40 \text{ kg} \cdot \text{m/s} - (0{,}30 \text{ kg})(2{,}0 \text{ m/s})}{0{,}50 \text{ kg}}$$

As variações nos momentos lineares do componente x são

$$m_A v_{A2x} - m_A v_{A1x} = (0{,}50 \text{ kg})(-0{,}40 \text{ m/s})$$
$$- (0{,}50 \text{ kg})(2{,}0 \text{ m/s})$$
$$= -1{,}2 \text{ kg} \cdot \text{m/s}$$
$$m_B v_{B2x} - m_B v_{B1x} = (0{,}30 \text{ kg})(2{,}0 \text{ m/s})$$
$$- (0{,}30 \text{ kg})(-2{,}0 \text{ m/s})$$
$$= +1{,}2 \text{ kg} \cdot \text{m/s}$$

As variações nas velocidades do componente x são

$$v_{A2x} - v_{A1x} = (-0{,}40 \text{ m/s}) - 2{,}0 \text{ m/s} = -2{,}4 \text{ m/s}$$
$$v_{B2x} - v_{B1x} = 2{,}0 \text{ m/s} - (-2{,}0 \text{ m/s}) = +4 \text{ m/s}$$

AVALIAR: ambos os cavaleiros experimentaram impulsos de mesmo módulo e forças de interação opostas pelo mesmo tempo durante sua colisão. Pelo teorema do impulso-momento linear, eles experimentaram impulsos iguais e opostos e, portanto, variações de módulos iguais e opostos no momento linear. Mas, pela segunda lei de Newton, o cavaleiro com menos massa (B) teve um módulo da aceleração maior (e, portanto, maior variação da velocidade).

EXEMPLO 8.6 COLISÃO EM UM PLANO HORIZONTAL

A **Figura 8.14a** mostra dois robôs em combate que deslizam sobre uma superfície sem atrito. O robô A, com massa de 20 kg, move-se com velocidade de 2,0 m/s paralelamente ao eixo Ox. Ele colide com o robô B, com massa de 12 kg, que está inicialmente em repouso. Depois da colisão, verifica-se que a velocidade do robô A é de 1,0 m/s, com uma direção que faz um ângulo $\alpha = 30°$ com a direção inicial (Figura 8.14b). Qual é a velocidade final do robô B?

SOLUÇÃO

IDENTIFICAR E PREPARAR: não existe nenhuma força externa horizontal, de modo que os componentes x e y do momento linear total horizontal são conservados. Logo, a soma dos componentes na direção x do momento linear *antes* da colisão (subscrito 1) deverá ser igual à soma *depois* da colisão (subscrito 2) e, analogamente, para a soma dos componentes na direção y. Nossa variável-alvo é $\vec{v}_{B2}$, a velocidade final do robô B.

(Continua)

(*Continuação*)

EXECUTAR: as equações de conservação do momento linear e suas soluções para v_{B2x} e v_{B2y} são

$$m_A v_{A1x} + m_B v_{B1x} = m_A v_{A2x} + m_B v_{B2x}$$

$$v_{B2x} = \frac{m_A v_{A1x} + m_B v_{B1x} - m_A v_{A2x}}{m_B}$$

$$= \frac{\begin{bmatrix}(20 \text{ kg})(2{,}0 \text{ m/s}) + (12 \text{ kg})(0) \\ -(20 \text{ kg})(1{,}0 \text{ m/s})(\cos 30°)\end{bmatrix}}{12 \text{ kg}}$$

$$= 1{,}89 \text{ m/s}$$

$$m_A v_{A1y} + m_B v_{B1y} = m_A v_{A2y} + m_B v_{B2y}$$

$$v_{B2y} = \frac{m_A v_{A1y} + m_B v_{B1y} - m_A v_{A2y}}{m_B}$$

$$= \frac{\begin{bmatrix}(20 \text{ kg})(0) + (12 \text{ kg})(0) \\ -(20 \text{ kg})(1{,}0 \text{ m/s})(\text{sen } 30°)\end{bmatrix}}{12 \text{ kg}}$$

$$= -0{,}83 \text{ m/s}$$

A Figura 8.14b mostra o movimento do robô *B* depois da colisão. O módulo de $\vec{v}_{B2}$ é

$$v_{B2} = \sqrt{(1{,}89 \text{ m/s})^2 + (-0{,}83 \text{ m/s})^2} = 2{,}1 \text{ m/s}$$

e o ângulo que sua velocidade forma com o sentido positivo do eixo *Ox* é dado por

$$\beta = \arctan \frac{-0{,}83 \text{ m/s}}{1{,}89 \text{ m/s}} = -24°$$

AVALIAR: podemos conferir nossa resposta verificando se os componentes do momento linear antes e depois da colisão são os mesmos. Inicialmente, todo o momento linear está no robô *A*, que possui momento linear x $m_A v_{A1x}$ = (20 kg) (2,0 m/s) = 40 kg · m/s e momento linear y igual a zero; o robô *B* possui momento linear igual a zero. Depois, os componentes dos momentos lineares são $m_A v_{A2x}$ = (20 kg) (1,0 m/s) (cos 30°) = 17 kg · m/s e $m_B v_{B2x}$ = (12 kg) (1,89 m/s) = 23 kg · m/s; o momento linear x total é 40 kg · m/s, o mesmo de antes da colisão. Os componentes y finais são $m_A v_{A2y}$ = (20 kg) (1,0 m/s) (sen 30°) = 10 kg · m/s e $m_B v_{B2y}$ = (12 kg)(–0,83 m/s) = –10 kg · m/s. Logo, o componente y do momento linear total após a colisão possui o mesmo valor (zero) de antes da colisão.

Figura 8.14 Vistas de topo das velocidades do robô.

(a) Antes da colisão

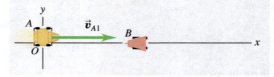

(b) Depois da colisão

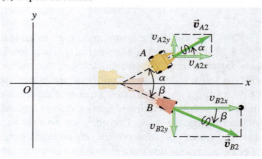

TESTE SUA COMPREENSÃO DA SEÇÃO 8.2 Um brinquedo contendo uma mola comprimida em seu interior repousa sobre uma superfície horizontal sem atrito. Quando a mola se estende, o brinquedo se quebra em três partes de igual massa, *A*, *B* e *C*, que deslizam ao longo da superfície. A parte *A* se move no sentido negativo de *x*, enquanto a parte *B*, no sentido negativo de *y*. (a) Quais são os sinais dos componentes da velocidade da parte *C*? (b) Qual das três partes se move com maior velocidade? ∎

8.3 CONSERVAÇÃO DO MOMENTO LINEAR E COLISÕES

Para a maioria das pessoas, o termo *colisão* provavelmente está associado a algum desastre envolvendo automóveis. Também usaremos o termo com esse sentido, mas estenderemos seu significado de modo que inclua qualquer vigorosa interação entre dois corpos com uma duração relativamente curta. Portanto, incluímos não apenas acidentes envolvendo automóveis, mas, também, bolas que colidem em uma mesa de bilhar, nêutrons que se chocam com núcleos atômicos em um reator nuclear, o impacto de um meteoro na superfície terrestre e a chegada de uma nave espacial nas proximidades da superfície de Saturno.

Quando as forças entre os corpos forem muito maiores que as forças externas, como em geral ocorre na maior parte das colisões, podemos desprezar completamente as forças externas e considerar os corpos como um sistema *isolado*. Então, existe conservação do momento linear na colisão, e o momento linear total do sistema é o mesmo antes e depois da colisão. Um bom exemplo é dado por dois carros colidindo em um cruzamento com gelo na pista. Mesmo o caso de dois carros colidindo em uma pista seca pode ser tratado como um sistema isolado quando, durante a colisão, as forças entre os corpos forem muito maiores que as forças de atrito entre os pneus e o pavimento.

Colisões elásticas e inelásticas

Quando as forças entre os corpos também forem *conservativas*, de modo que nenhuma energia mecânica é adquirida ou perdida durante a colisão, a energia *cinética* total do sistema é a mesma antes e depois da colisão. Esse tipo de colisão denomina-se **colisão elástica**. Uma colisão entre duas bolas de gude ou entre duas bolas de bilhar é quase completamente elástica. A **Figura 8.15** mostra um modelo para uma colisão elástica. Quando os cavaleiros colidem, as molas ficam momentaneamente comprimidas, e parte da energia cinética inicial é momentaneamente convertida em energia potencial elástica. A seguir, a mola se expande, os corpos se separam e essa energia potencial é reconvertida em energia cinética.

Uma colisão na qual a energia cinética total do sistema depois da colisão é *menor* do que antes dela denomina-se **colisão inelástica**. Uma bala se encravando em um bloco de madeira e uma almôndega caindo em um prato de espaguete são exemplos de colisão inelástica. Uma colisão inelástica na qual os corpos em colisão aderem-se e movem-se como um só corpo após a colisão é chamada de **colisão completamente inelástica**. Um exemplo desse tipo de colisão é indicado na **Figura 8.16**; substituímos os para-choques de molas da Figura 8.15 por Velcro® para garantir que os cavaleiros fiquem unidos depois da colisão.

> **ATENÇÃO Uma colisão inelástica não tem de ser *completamente* inelástica** Existem muitos casos de colisão inelástica nas quais os corpos *não* ficam unidos. Quando dois carros se chocam em um "engavetamento", o trabalho realizado para deformar o para-choque não pode ser recuperado como energia cinética do carro, portanto, a colisão é inelástica (**Figura 8.17**).

Lembre-se da seguinte regra: **em toda colisão na qual as forças externas sejam desprezíveis, o momento linear se conserva e o momento linear total é sempre o mesmo antes e depois;** *somente* **no caso da colisão elástica a energia cinética total antes é igual à energia cinética total depois.**

Colisões completamente inelásticas

Vamos examinar o que ocorre com a energia cinética e com o momento linear em uma colisão *completamente* inelástica entre dois corpos (A e B), como indicado na Figura 8.16. Como os dois corpos ficam colados depois da colisão, eles devem possuir a mesma velocidade final $\vec{v}_2$:

$$\vec{v}_{A2} = \vec{v}_{B2} = \vec{v}_2$$

Figura 8.16 Dois cavaleiros sofrem uma colisão completamente inelástica. As molas das extremidades de cada cavaleiro são substituídas por Velcro® para garantir que os cavaleiros fiquem unidos depois da colisão.

Figura 8.15 Dois cavaleiros sofrem uma colisão elástica sobre uma superfície sem atrito. Cada cavaleiro possui um para-choque de mola de aço que exerce uma força conservativa sobre o outro cavaleiro.

(a) Antes da colisão

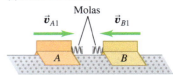

(b) Colisão elástica

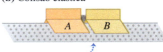

A energia cinética é armazenada como energia potencial em molas comprimidas.

(c) Depois da colisão

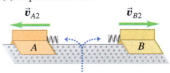

O sistema dos dois cavaleiros possui a mesma energia cinética antes e depois da colisão.

Figura 8.17 Um automóvel é projetado para colisões inelásticas, de modo que sua estrutura absorve a maior parte possível da energia da colisão. A energia absorvida não pode ser recuperada, uma vez que ela é usada para produzir uma deformação permanente no carro.

(a) Antes da colisão

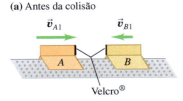

(b) Colisão completamente inelástica

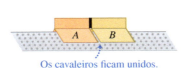

Os cavaleiros ficam unidos.

(c) Depois da colisão

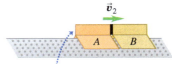

O sistema dos dois cavaleiros possui menos energia cinética após a colisão do que antes dela.

A lei da conservação do momento linear fornece a relação

$$m_A\vec{v}_{A1} + m_B\vec{v}_{B1} = (m_A + m_B)\vec{v}_2 \quad \text{(colisão completamente inelástica)} \quad (8.16)$$

Conhecendo-se as massas e as velocidades iniciais, podemos calcular a velocidade final comum $\vec{v}_2$.

Suponha, por exemplo, que um corpo com massa m_A e componente x da velocidade v_{A1x} colida inelasticamente com outro corpo com massa m_B que está inicialmente em repouso ($v_{B1x} = 0$). Pela Equação 8.16, o componente x da velocidade v_{2x} dos dois corpos depois da colisão é dado por

$$v_{2x} = \frac{m_A}{m_A + m_B} v_{A1x} \quad \begin{array}{l}\text{(colisão completamente inelástica,}\\ B \text{ inicialmente em repouso)}\end{array} \quad (8.17)$$

Vamos verificar que a energia cinética total depois dessa colisão completamente inelástica é menor do que antes da colisão. O movimento ocorre somente ao longo do eixo x; portanto, as energias cinéticas K_1 e K_2 antes e depois da colisão, respectivamente, são dadas por

$$K_1 = \tfrac{1}{2} m_A v_{A1x}^2$$

$$K_2 = \tfrac{1}{2}(m_A + m_B)v_{2x}^2 = \tfrac{1}{2}(m_A + m_B)\left(\frac{m_A}{m_A + m_B}\right)^2 v_{A1x}^2$$

A razão entre a energia cinética final e a inicial é dada por

$$\frac{K_2}{K_1} = \frac{m_A}{m_A + m_B} \quad \begin{array}{l}\text{(colisão completamente inelástica,}\\ B \text{ inicialmente em repouso)}\end{array} \quad (8.18)$$

O membro direito dessa equação é sempre menor que um porque o denominador é sempre maior que o numerador. Mesmo quando a velocidade inicial de m_B não é zero, não é difícil mostrar que a energia cinética total depois de uma colisão completamente inelástica é sempre menor que a energia cinética total antes da colisão.

Importante: não recomendamos que você decore a Equação 8.17 ou a Equação 8.18! Elas foram deduzidas apenas para provar que a energia cinética total é sempre perdida em uma colisão completamente inelástica.

EXEMPLO 8.7 — UMA COLISÃO COMPLETAMENTE INELÁSTICA

Suponha que, na colisão descrita no Exemplo 8.5 (Seção 8.2), os dois cavaleiros não sejam rebatidos, mas permaneçam colados após a colisão. Calcule a velocidade final e compare a energia cinética inicial com a final.

SOLUÇÃO

IDENTIFICAR E PREPARAR: não há forças externas na direção x, de modo que o componente x do momento linear é conservado. A **Figura 8.18** mostra o nosso desenho. Nossas variáveis-alvo são a velocidade x final, v_{2x}, e as energias cinéticas inicial e final, K_1 e K_2.

Figura 8.18 Nosso desenho para este problema.

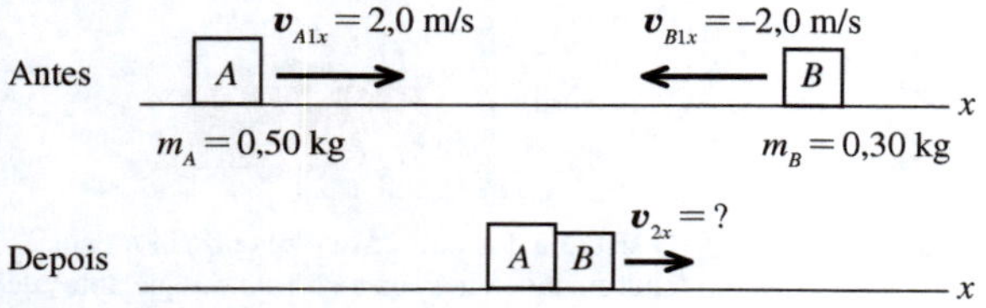

Antes: $v_{A1x} = 2{,}0$ m/s, $m_A = 0{,}50$ kg; $v_{B1x} = -2{,}0$ m/s, $m_B = 0{,}30$ kg

Depois: A e B juntos, $v_{2x} = ?$

EXECUTAR: usando a conservação do momento linear,

$$m_A v_{A1x} + m_B v_{B1x} = (m_A + m_B)v_{2x}$$

$$v_{2x} = \frac{m_A v_{A1x} + m_B v_{B1x}}{m_A + m_B}$$

$$= \frac{(0{,}50 \text{ kg})(2{,}0 \text{ m/s}) + (0{,}30 \text{ kg})(-2{,}0 \text{ m/s})}{0{,}50 \text{ kg} + 0{,}30 \text{ kg}}$$

$$= 0{,}50 \text{ m/s}$$

Como v_{2x} é positivo, os cavaleiros movem-se para a direita após a colisão. Antes da colisão, as energias cinéticas são:

$$K_A = \tfrac{1}{2} m_A v_{A1x}^2 = \tfrac{1}{2}(0{,}50 \text{ kg})(2{,}0 \text{ m/s})^2 = 1{,}0 \text{ J}$$

$$K_B = \tfrac{1}{2} m_B v_{B1x}^2 = \tfrac{1}{2}(0{,}30 \text{ kg})(-2{,}0 \text{ m/s})^2 = 0{,}60 \text{ J}$$

(Continua)

(*Continuação*)

A energia cinética total antes da colisão é $K_1 = K_A + K_B = 1,6$ J. A energia cinética após a colisão é

$$K_2 = \tfrac{1}{2}(m_A + m_B)v_{2x}^2 = \tfrac{1}{2}(0,50 \text{ kg} + 0,30 \text{ kg})(0,50 \text{ m/s})^2$$
$$= 0,10 \text{ J}$$

AVALIAR: a energia cinética final é apenas $\frac{1}{16}$ do valor inicial; $\frac{15}{16}$ é a fração convertida de energia mecânica em outras formas de energia. Se existisse uma bola de goma de mascar entre os cavaleiros, ela se amassaria e se aqueceria. Caso existisse uma mola, ela se comprimiria até os cavaleiros se encaixarem, então a energia seria convertida em energia potencial elástica da mola. Em ambos os casos, embora a energia *cinética* não seja conservada, existe conservação da energia *total* do sistema. Contudo, em um sistema isolado, o momento linear é *sempre* conservado, tanto na colisão elástica quanto na inelástica.

EXEMPLO 8.8 — PÊNDULO BALÍSTICO

A **Figura 8.19** mostra um pêndulo balístico, um sistema simples para medir a velocidade de uma bala. A bala, com massa m_B, é disparada contra um bloco de madeira com massa m_M, suspenso como um pêndulo, com o qual produz uma colisão completamente inelástica. Depois do impacto com a bala, o bloco oscila atingindo uma altura máxima y. Conhecendo-se os valores de y, m_B e m_M, qual é a velocidade inicial v_1 da bala?

Figura 8.19 Um pêndulo balístico.

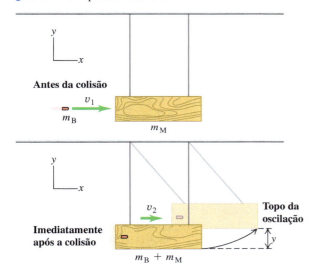

SOLUÇÃO

IDENTIFICAR: vamos analisar o evento em duas etapas: (1) a penetração da bala que fica retida na madeira e (2) a subsequente oscilação do bloco para cima. Durante a primeira etapa, a bala penetra tão rapidamente na madeira que o bloco não possui tempo suficiente para se afastar consideravelmente da posição vertical. Logo, durante o impacto, os fios de suporte permanecem quase verticais, então a força externa horizontal atuando sobre o sistema é desprezível e o componente horizontal do momento linear se conserva. No entanto, a energia mecânica *não* é conservada nessa etapa porque uma força não conservativa realiza trabalho (a força de atrito entre a bala e a madeira).

Na segunda etapa, o bloco e a bala se movem formando um só corpo. As únicas forças são a gravidade (uma força conservativa) e a tensão nos fios (que não realizam nenhum trabalho). Logo, quando o corpo começa a subir para a direita, existe conservação da *energia mecânica*. Porém, o momento linear nessa etapa *não* é conservado, porque existe uma força externa resultante atuando sobre o sistema (as forças da gravidade e a tensão nos fios não se anulam quando os fios se inclinam).

PREPARAR: considere o eixo positivo de x apontando para a direita e o eixo positivo de y apontando para cima. Nossa variável-alvo é v_1. Outra grandeza desconhecida é do módulo da velocidade v_2 do sistema imediatamente após a colisão. Usaremos a conservação do momento linear na primeira etapa para relacionar v_1 a v_2, e usaremos a conservação da energia na segunda etapa para relacionar v_2 à altura h.

EXECUTAR: na primeira etapa, as velocidades estão todas no sentido positivo de x. A lei da conservação do momento linear fornece

$$m_B v_1 = (m_B + m_M)v_2$$
$$v_1 = \frac{m_B + m_M}{m_B} v_2$$

No início da segunda etapa, o sistema possui energia cinética $K = \tfrac{1}{2}(m_B + m_M)v_2^2$. O sistema oscila para cima e atinge o repouso momentaneamente a uma altura y, onde a energia cinética é igual a zero e a energia potencial é $(m_B + m_M)gy$; a seguir, ela oscila descendo. A lei da conservação da energia fornece

$$\tfrac{1}{2}(m_B + m_M)v_2^2 = (m_B + m_M)gy$$
$$v_2 = \sqrt{2gy}$$

Substituindo v_2 por essa expressão na equação do momento linear, obtemos o valor da incógnita v_1:

$$v_1 = \frac{m_B + m_M}{m_B}\sqrt{2gy}$$

AVALIAR: vamos conferir nossas respostas inserindo números reais. Se $m_B = 5,0$ g $= 0,00500$ kg, $m_M = 2,00$ kg e $y = 3,0$ cm $= 0,0300$ m:

$$v_1 = \frac{0,00500 \text{ kg} + 2,00 \text{ kg}}{0,00500 \text{ kg}}\sqrt{2(9,80 \text{ m/s}^2)(0,0300 \text{ m})}$$
$$= 307 \text{ m/s}$$
$$v_2 = \sqrt{2gy} = \sqrt{2(9,80 \text{ m/s}^2)(0,0300 \text{ m})} = 0,767 \text{ m/s}$$

A velocidade v_2 do bloco logo após a colisão é *muito* menor que a velocidade inicial v_1 da bala. A energia cinética da bala imediatamente antes da colisão é igual a $\tfrac{1}{2}(0,00500 \text{ kg})(307 \text{ m/s})^2 = 236$ J. A energia cinética da bala imediatamente depois da colisão é igual a $\tfrac{1}{2}(2,005 \text{ kg})(0,767 \text{ m/s})^2 = 0,590$ J. Quase toda a energia cinética é dissipada pelo trabalho de penetração da bala na madeira e pelo aquecimento da unidade bloco-bala.

EXEMPLO 8.9 — ANÁLISE DA COLISÃO DE UM AUTOMÓVEL

Um carro compacto com massa de 1.000 kg está se deslocando para o norte em linha reta a uma velocidade de 15 m/s quando colide contra um caminhão de 2.000 kg de massa que se desloca para leste a 10 m/s. Felizmente, todos os ocupantes usavam cintos de segurança e ninguém se feriu, porém os veículos se engavetaram e passaram a se deslocar, após a colisão, como um único corpo. A seguradora pediu para você calcular a velocidade dos carros unidos após a colisão. Qual é a sua resposta?

SOLUÇÃO

IDENTIFICAR E PREPARAR: quaisquer forças horizontais (como o atrito) sobre os veículos durante a colisão são muito pequenas em comparação com as forças que os veículos em colisão exercem mutuamente. (Vamos justificar essa afirmação posteriormente.) Logo, podemos tratar os carros como um sistema isolado, e o momento linear do sistema é conservado. Na **Figura 8.20**, desenhamos nosso esquema e um sistema de coordenadas com eixos x e y. Podemos calcular o momento linear total antes da colisão, $\vec{P}$, usando a Equação 8.15. O momento linear possui o mesmo valor imediatamente antes da colisão; logo, ao acharmos $\vec{P}$, poderemos obter a velocidade $\vec{V}$ imediatamente após a colisão (nossa segunda variável) usando a relação $\vec{P} = M\vec{V}$, onde $M = m_C + m_T = 3.000$ kg. Usaremos os subscritos C e T (de *truck*) para o carro e o caminhão, respectivamente.

EXECUTAR: pela Equação 8.15, os componentes de $\vec{P}$ são

$$P_x = p_{Cx} + p_{Tx} = m_C v_{Cx} + m_T v_{Tx}$$
$$= (1000 \text{ kg})(0) + (2000 \text{ kg})(10 \text{ m/s})$$
$$= 2{,}0 \times 10^4 \text{ kg} \cdot \text{m/s}$$

Figura 8.20 Esquematização do problema.

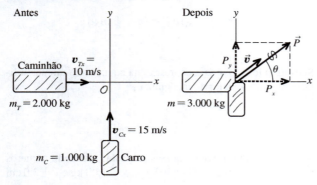

$$P_y = p_{Cy} + p_{Ty} = m_C v_{Cy} + m_T v_{Ty}$$
$$= (1000 \text{ kg})(15 \text{ m/s}) + (2000 \text{ kg})(0)$$
$$= 1{,}5 \times 10^4 \text{ kg} \cdot \text{m/s}$$

O módulo de $\vec{P}$ é

$$P = \sqrt{(2{,}0 \times 10^4 \text{ kg} \cdot \text{m/s})^2 + (1{,}5 \times 10^4 \text{ kg} \cdot \text{m/s})^2}$$
$$= 2{,}5 \times 10^4 \text{ kg} \cdot \text{m/s}$$

e sua direção e sentido são indicados na Figura 8.20, onde o ângulo θ é dado por

$$\tan \theta = \frac{P_y}{P_x} = \frac{1{,}5 \times 10^4 \text{ kg} \cdot \text{m/s}}{2{,}0 \times 10^4 \text{ kg} \cdot \text{m/s}} = 0{,}75 \quad \theta = 37°$$

De $\vec{P} = M\vec{V}$, deduzimos que a direção da velocidade $\vec{V}$ imediatamente após a colisão também é $\theta = 37°$. O módulo da velocidade é

$$V = \frac{P}{M} = \frac{2{,}5 \times 10^4 \text{ kg} \cdot \text{m/s}}{3000 \text{ kg}} = 8{,}3 \text{ m/s}$$

AVALIAR: como você pode mostrar, a energia cinética inicial é $2{,}1 \times 10^5$ J e o valor final é $1{,}0 \times 10^5$ J. Nesta colisão inelástica, a energia cinética total é menor depois da colisão que antes dela. Agora podemos justificar a afirmação de que podemos desprezar as forças externas sobre os veículos durante a colisão. O peso do carro é cerca de 10.000 N; se o coeficiente de atrito cinético é 0,5, a força de atrito sobre o carro durante o impacto é cerca de 5.000 N. A energia cinética inicial do carro é $\frac{1}{2}$(1.000 kg) (15 m/s)$^2 = 1{,}1 \times 10^5$ J, de modo que $-1{,}1 \times 10^5$ J de trabalho deverá fazer o carro parar. Se o carro ficou 0,2 m amassado ao parar, uma força de módulo $(1{,}1 \times 10^5 \text{ J})/(0{,}20 \text{ m}) = 5{,}5 \times 10^5$ N seria necessária; isso é 110 vezes a força de atrito. Assim, é razoável tratar a força de atrito externa como desprezível em comparação com as forças internas que os veículos exercem mutuamente.

Classificação de colisões

É importante lembrar que podemos classificar as colisões em função da energia (**Figura 8.21**). Uma colisão na qual a energia cinética é conservada denomina-se *elástica*. (Exploraremos esse conceito em profundidade na próxima seção.) Uma colisão na qual a energia cinética total diminui denomina-se *inelástica*. Quando os dois corpos possuem uma velocidade final comum, diz-se que a colisão é *totalmente inelástica*. Também há casos em que a energia cinética final é *maior* que o valor inicial. Por exemplo, o recuo de um rifle, discutido no Exemplo 8.4 (Seção 8.2).

Figura 8.21 As colisões são classificadas em função da energia.

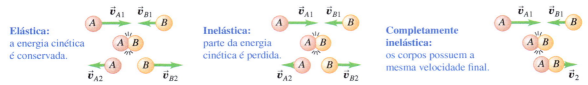

Por fim, enfatizamos novamente que, em alguns casos, podemos usar a conservação do momento linear quando há forças externas atuando sobre o sistema, se a força resultante externa que atua sobre os corpos em colisão for pequena em comparação às forças internas durante a colisão (como no Exemplo 8.9).

TESTE SUA COMPREENSÃO DA SEÇÃO 8.3 Para cada uma das seguintes situações, determine se a colisão é elástica ou inelástica. Caso seja inelástica, determine se o é completamente. (a) Você solta uma bola. Ela colide com o piso e quica de volta ao alcance de sua mão. (b) Você solta outra bola, que colide com o solo e quica de volta até a metade da altura de onde foi solta. (c) Você solta uma bola feita de barro, que para ao colidir com o solo. ∎

8.4 COLISÕES ELÁSTICAS

Conforme foi discutido na Seção 8.3, uma *colisão elástica* em um sistema isolado é aquela na qual existe conservação da energia cinética (e do momento linear). Uma colisão elástica ocorre quando as forças atuando entre os corpos que colidem são *conservativas*. Quando duas bolas de bilhar colidem, elas se deformam um pouco nas adjacências da superfície de contato, mas recuperam a forma inicial. Uma parte da energia cinética é momentaneamente armazenada sob a forma de energia potencial elástica, mas, logo a seguir, a energia elástica é reconvertida em energia cinética (**Figura 8.22**).

Vamos examinar a colisão elástica *unidimensional* entre dois corpos A e B, na qual todas as velocidades estão sobre a mesma linha reta. Escolhemos o eixo Ox como essa linha reta, de modo que cada momento linear e cada velocidade terá apenas um componente x. Os componentes x das velocidades antes da colisão são designados por v_{A1x} e v_{B1x} e, depois da colisão, os componentes são designados por v_{A2x} e v_{B2x}. Como existe conservação da energia cinética, temos

$$\tfrac{1}{2} m_A v_{A1x}^2 + \tfrac{1}{2} m_B v_{B1x}^2 = \tfrac{1}{2} m_A v_{A2x}^2 + \tfrac{1}{2} m_B v_{B2x}^2$$

e a lei da conservação do momento linear fornece

$$m_A v_{A1x} + m_B v_{B1x} = m_A v_{A2x} + m_B v_{B2x}$$

Quando forem conhecidas as massas m_A e m_B e as velocidades iniciais v_{A1x} e v_{B1x}, o sistema constituído pelas duas equações anteriores poderá ser resolvido para determinar as duas velocidades finais v_{A2x} e v_{B2x}.

Colisões elásticas com um corpo inicialmente em repouso

A solução geral para as equações anteriormente demonstradas é um pouco complicada, de modo que vamos nos concentrar no caso particular em que o corpo B está em repouso antes da colisão (logo, $v_{B1x} = 0$). Imagine o corpo B como um alvo que deve ser atingido pelo corpo A. Então, pela conservação da energia cinética e aplicando-se a lei da conservação do momento linear, temos, respectivamente,

Figura 8.22 As bolas de bilhar se deformam muito pouco ao colidirem umas com as outras e rapidamente retornam à forma original. Portanto, a força de interação entre duas bolas é quase perfeitamente conservativa, e a colisão é quase perfeitamente elástica.

DADOS MOSTRAM

Conservação de momento linear

Quando os alunos recebiam um problema sobre conservação de momento linear, mais de 29% davam uma resposta incorreta. Erros comuns:

- Esquecer que o momento linear $\vec{p}$ é um vetor. Seus componentes podem ser positivos ou negativos, dependendo da direção de $\vec{p}$.
- Somar momentos lineares incorretamente. Se dois vetores de momento linear apontam em direções diferentes, você não poderá achar o momento total simplesmente somando os módulos dos dois momentos.

Figura 8.23 Colisões elásticas em linha reta entre corpos com diferentes massas.

(a) A bola de pingue-pongue em movimento atinge a bola de boliche inicialmente em repouso

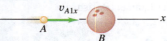

(b) A bola de boliche em movimento atinge a bola de pingue-pongue inicialmente em repouso

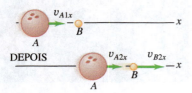

Figura 8.24 Uma colisão elástica em linha reta entre dois corpos de mesma massa.

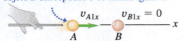

$$\tfrac{1}{2} m_A v_{A1x}^2 = \tfrac{1}{2} m_A v_{A2x}^2 + \tfrac{1}{2} m_B v_{B2x}^2 \tag{8.19}$$

$$m_A v_{A1x} = m_A v_{A2x} + m_B v_{B2x} \tag{8.20}$$

Podemos resolver o sistema anterior obtendo v_{A2x} e v_{B2x} em termos das massas e da velocidade inicial v_{A1x}. Isso envolve uma manipulação algébrica trabalhosa, porém necessária. Sem esforço, não há recompensa! O método mais simples é um pouco indireto, mas ele revelará uma característica interessante das colisões elásticas.

Inicialmente, reescreva as equações 8.19 e 8.20 do seguinte modo:

$$m_B v_{B2x}^2 = m_A (v_{A1x}^2 - v_{A2x}^2) = m_A (v_{A1x} - v_{A2x})(v_{A1x} + v_{A2x}) \tag{8.21}$$

$$m_B v_{B2x} = m_A (v_{A1x} - v_{A2x}) \tag{8.22}$$

Agora, divida a Equação 8.21 pela Equação 8.22, para obter

$$v_{B2x} = v_{A1x} + v_{A2x} \tag{8.23}$$

Substituímos esse resultado na Equação 8.22 para eliminar v_{B2x} e, a seguir, explicitamos v_{A2x}:

$$m_B(v_{A1x} + v_{A2x}) = m_A(v_{A1x} - v_{A2x})$$

$$v_{A2x} = \frac{m_A - m_B}{m_A + m_B} v_{A1x} \tag{8.24}$$

Finalmente, substitua esse resultado na Equação 8.23 para obter

$$v_{B2x} = \frac{2m_A}{m_A + m_B} v_{A1x} \tag{8.25}$$

Agora, já podemos interpretar os resultados. Suponha que o corpo A seja uma bola de pingue-pongue e que o corpo B seja uma bola de boliche. É previsível que a bola A seja rebatida para trás com uma velocidade cujo módulo é quase igual ao da velocidade inicial, porém com sentido oposto (**Figura 8.23a**), e esperamos que a velocidade da bola B seja muito menor. As equações fazem uma previsão exata desses resultados. Quando a massa m_A é muito menor que a massa m_B, a fração indicada na Equação 8.24 é aproximadamente igual a (−1), de modo que v_{A2x} é aproximadamente igual a $-v_{A1x}$. A fração indicada na Equação 8.25 é muito menor que a unidade, de modo que v_{B2x} é muito menor que v_{A1x}. A Figura 8.23b mostra o caso oposto, no qual A é a bola de boliche e B é a bola de pingue-pongue, e m_A é muito maior que m_B. O que você espera que ocorra? Confira suas previsões comparando-as com as previsões baseadas nas equações 8.24 e 8.25.

Outro caso interessante ocorre quando as massas são iguais (**Figura 8.24**). Quando $m_A = m_B$, as equações 8.24 e 8.25 fornecem $v_{A2x} = 0$ e $v_{B2x} = v_{A1x}$. Ou seja, o corpo que se movia fica em repouso; ele fornece toda a sua energia cinética e todo o seu momento linear ao corpo que antes estava em repouso. Esse comportamento é familiar a todos os jogadores de bilhar.

Colisões elásticas e velocidade relativa

Vamos retomar o caso mais generalizado em que A e B possuem massas diferentes. A Equação 8.23 pode ser reescrita como

$$v_{A1x} = v_{B2x} - v_{A2x} \tag{8.26}$$

Nessa expressão, $v_{B2x} - v_{A2x}$ é a velocidade de B em relação a A *depois* da colisão; de acordo com a Equação 8.26, esse resultado é igual a v_{A1x}, que é igual e *contrária* à velocidade de B em relação a A *antes* da colisão. (Discutimos o conceito de velocidade relativa na Seção 3.5.) A velocidade relativa tem o mesmo módulo, mas sinal oposto, antes e depois da colisão. O sinal muda porque, antes da colisão, os corpos A e B se aproximam e, depois da colisão, eles se afastam. Se você descrever essa colisão em relação a outro sistema de coordenadas que se move com velocidade constante em relação ao primeiro, as velocidades dos corpos serão diferentes, mas as velocidades *relativas* não se alterarão. Portanto, nossa afirmação sobre as velocidades relativas é verdadeira para *qualquer* colisão elástica em linha reta entre dois corpos, mesmo quando nenhum deles está inicialmente em repouso. *Em uma colisão elástica retilínea entre dois corpos, a velocidade relativa antes da colisão é igual e contrária à velocidade relativa depois da colisão.* Isso significa que, se B está em movimento antes da colisão, a Equação 8.26 torna-se

$$v_{B2x} - v_{A2x} = -(v_{B1x} - v_{A1x}) \tag{8.27}$$

Verifica-se que uma relação *vetorial* semelhante à Equação 8.27 é uma propriedade geral de *todas* as colisões elásticas, mesmo quando nenhum corpo está inicialmente em repouso e quando as velocidades não estão contidas na mesma linha. Esse resultado permite fazer uma definição equivalente alternativa para uma colisão elástica: *em uma colisão elástica, a velocidade relativa entre os dois corpos tem módulo igual antes e depois da colisão.* Quando essa condição é satisfeita, a energia cinética total também é conservada.

Quando a colisão elástica entre dois corpos não é frontal, as velocidades não estão contidas na mesma linha. Quando todas as velocidades estão contidas em um plano, existem dois componentes para cada velocidade e um total de quatro incógnitas. A lei da conservação do momento linear para componentes x e y e a conservação da energia fornecem apenas três equações. Para determinar as velocidades finais univocamente, precisamos de uma informação adicional, como a direção ou o módulo de uma das velocidades finais.

EXEMPLO 8.10   UMA COLISÃO ELÁSTICA EM LINHA RETA

Repetimos a experiência do trilho de ar do Exemplo 8.5 (Seção 8.2), porém agora adicionamos para-choques de molas ideais nas extremidades dos cavaleiros para que as colisões sejam elásticas. Quais são as velocidades de A e de B depois da colisão?

SOLUÇÃO

IDENTIFICAR E PREPARAR: a força resultante externa atuando sobre o sistema composto pelos dois cavaleiros é igual a zero, e o momento linear do sistema é conservado. A **Figura 8.25** mostra o esquema deste exemplo. Descobriremos as variáveis-alvo, v_{A2x} e v_{B2x}, usando a Equação 8.27, que relaciona as velocidades relativas em uma colisão elástica, e a equação da conservação do momento linear.

EXECUTAR: usando a Equação 8.27,

$$v_{B2x} - v_{A2x} = -(v_{B1x} - v_{A1x})$$
$$= -(-2,0 \text{ m/s} - 2,0 \text{ m/s}) = 4,0 \text{ m/s}$$

De acordo com a lei da conservação do momento linear, temos

$$m_A v_{A1x} + m_B v_{B1x} = m_A v_{A2x} + m_B v_{B2x}$$
$$(0,50 \text{ kg})(2,0 \text{ m/s}) + (0,30 \text{ kg})(-2,0 \text{ m/s})$$
$$= (0,50 \text{ kg})v_{A2x} + (0,30 \text{ kg})v_{B2x}$$
$$0,50 v_{A2x} + 0,30 v_{B2x} = 0,40 \text{ m/s}$$

(Na última equação, dividimos os dois lados por 1 kg, para eliminar essa unidade. Isso torna as unidades iguais às da primeira equação.) Resolvendo essas duas equações simultâneas, obtemos

$$v_{A2x} = -1,0 \text{ m/s}$$
$$v_{B2x} = 3,0 \text{ m/s}$$

Figura 8.25 Esquematização do problema.

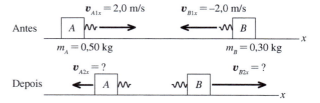

(Continua)

(*Continuação*)

AVALIAR: os dois corpos invertem o sentido de suas velocidades; *A* move-se para a esquerda a 1,0 m/s e *B* move-se para a direita a 3,0 m/s. Esse resultado é diferente do obtido no Exemplo 8.5, pois aquela colisão *não* era elástica. O cavaleiro *A*, com massa maior, move-se mais lentamente na colisão e, portanto, perde energia cinética. Por outro lado, *B*, o cavaleiro com massa menor, move-se mais rapidamente e ganha energia cinética. A energia cinética *total* antes da colisão (como calculado no Exemplo 8.7) é 1,6 J.

$$\tfrac{1}{2}(0{,}50 \text{ kg})(-1{,}0 \text{ m/s})^2 + \tfrac{1}{2}(0{,}30 \text{ kg})(0{,}3 \text{ m/s})^2 = 1{,}6 \text{ J}$$

As energias cinéticas antes e depois dessa colisão elástica são iguais. A energia cinética é transferida de *A* para *B*, mas nenhuma energia é perdida.

> **ATENÇÃO** **Tome cuidado com as equações de colisão elástica** Você *não* poderia ter resolvido esse problema usando as equações 8.24 e 8.25. Essas equações se aplicam *somente* a situações em que o corpo *B* está inicialmente *em repouso*. Sempre solucione o problema usando equações aplicáveis a uma ampla variedade de casos.

EXEMPLO 8.11 — MODERADOR EM UM REATOR NUCLEAR

Nêutrons com velocidades elevadas são produzidos em um reator nuclear durante os processos de fissão de núcleos de urânio. Para impedir que os nêutrons desencadeiem novos processos de fissão, eles devem ser freados por colisões com núcleos no *moderador* do reator. O primeiro reator nuclear (construído em 1942 na Universidade de Chicago) usava o carbono (grafite) como moderador da reação. Suponha que um nêutron (massa igual a 1,0 u), deslocando-se a $2{,}6 \times 10^7$ m/s, sofre uma colisão elástica frontal com um núcleo de carbono (massa igual a 12 u), que estava inicialmente em repouso. As forças externas que atuam durante a colisão são desprezíveis. Quais são as velocidades após a colisão? (1 u é uma *unidade de massa atômica* equivalente a $1{,}66 \times 10^{-27}$ kg.)

SOLUÇÃO

IDENTIFICAR E PREPARAR: sabemos que as forças externas podem ser desprezadas (portanto, o momento linear é conservado na colisão) e que a colisão é elástica (portanto, a energia cinética também é conservada). Como indica o esquema na **Figura 8.26**, consideramos que o eixo *x* está apontado no sentido em que o nêutron inicialmente se move. Como a colisão é frontal, tanto o nêutron quanto o núcleo de carbono se movem ao longo desse mesmo eixo após a colisão. Como o núcleo de carbono estava inicialmente em repouso, podemos usar as equações 8.24 e 8.25 com *A* substituído por n (para o nêutron) e *B* substituído por C (para o núcleo de carbono). Temos $m_n = 1{,}0$ u, $m_C = 12$ u e $v_{n1x} = 2{,}6 \times 10^7$ m/s. As variáveis-alvo são as velocidades finais v_{n2x} e v_{C2x}, do nêutron e do núcleo de carbono, respectivamente.

Figura 8.26 Esquematização do problema.

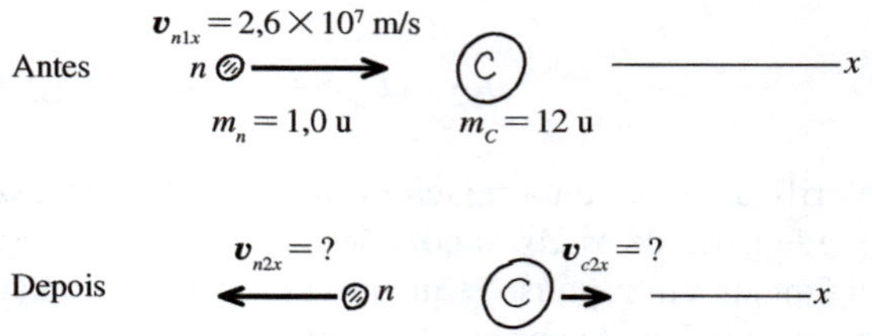

Antes: $v_{n1x} = 2{,}6 \times 10^7$ m/s, $m_n = 1{,}0$ u, $m_C = 12$ u

Depois: $v_{n2x} = ?$, $v_{C2x} = ?$

EXECUTAR: deixamos para você a tarefa de fazer os cálculos. (*Dica:* não há motivos para converter as unidades de massa atômica para kg.) Os resultados são dados por

$$v_{n2x} = -2{,}2 \times 10^7 \text{ m/s} \qquad v_{C2x} = 0{,}4 \times 10^7 \text{ m/s}$$

AVALIAR: o nêutron termina com $|(m_n - m_C)/(m_n + m_C)| = \tfrac{11}{13}$ do módulo de sua velocidade inicial, e o núcleo de carbono recua com uma velocidade de $|2m_n/(m_n + m_C)| = \tfrac{2}{13}$ da velocidade inicial do nêutron. Como a energia cinética é proporcional ao quadrado da velocidade, a energia cinética final do nêutron é $\left(\tfrac{11}{13}\right)^2$, ou cerca de 0,72 de seu valor inicial. Supondo que ele realize uma segunda colisão igual a essa, sua energia cinética torna-se $(0{,}72)^2$, ou cerca de metade de seu valor inicial, e assim por diante. Depois de várias colisões, o nêutron se deslocará lentamente e será capaz de ativar a reação de fissão em um núcleo de urânio.

EXEMPLO 8.12 — UMA COLISÃO ELÁSTICA EM DUAS DIMENSÕES

A situação descrita na **Figura 8.27** é uma colisão elástica entre dois discos de hóquei (com massas $m_A = 0{,}500$ kg e $m_B = 0{,}300$ kg) sobre uma mesa de ar sem atrito. O disco *A* possui velocidade inicial de 4,0 m/s no sentido positivo do eixo Ox e uma velocidade final de 2,0 m/s cuja direção α é desconhecida. O disco *B* está inicialmente em repouso. Calcule a velocidade final v_{B2} do disco *B* e os ângulos α e β indicados na figura.

SOLUÇÃO

IDENTIFICAR E PREPARAR: usaremos as equações para a conservação da energia e a conservação do momento linear *x* e *y*. Essas três equações deverão ser suficientes para solucionar as três variáveis-alvo.

Figura 8.27 Uma colisão elástica não frontal.

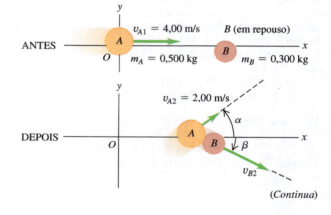

(*Continua*)

(*Continuação*)

EXECUTAR: como a colisão é elástica, a energia cinética inicial é igual à energia cinética final do sistema:

$$\tfrac{1}{2}m_A v_{A1}^2 = \tfrac{1}{2}m_A v_{A2}^2 + \tfrac{1}{2}m_B v_{B2}^2$$

$$v_{B2}^2 = \frac{m_A v_{A1}^2 - m_A v_{A2}^2}{m_B}$$

$$= \frac{(0,500 \text{ kg})(4,00 \text{ m/s})^2 - (0,500 \text{ kg})(2,00 \text{ m/s})^2}{0,300 \text{ kg}}$$

$$v_{B2} = 4,47 \text{ m/s}$$

A lei da conservação do momento linear total fornece para os componentes x e y

$$m_A v_{A1x} = m_A v_{A2x} + m_B v_{B2x}$$
$$(0,500 \text{ kg})(4,0 \text{ m/s}) = (0,500 \text{ kg})(2,00 \text{ m/s})(\cos \alpha)$$
$$+ (0,300 \text{ kg})(4,47 \text{ m/s})(\cos \beta)$$
$$0 = m_A v_{A2y} + m_B v_{B2y}$$
$$0 = (0,500 \text{ kg})(2,0 \text{ m/s})(\operatorname{sen} \alpha)$$
$$-(0,300 \text{ kg})(4,47 \text{ m/s})(\operatorname{sen} \beta)$$

Trata-se de um sistema com duas equações para as incógnitas α e β. Você mesmo poderá fornecer os detalhes da solução. (*Dica:* ache $\cos \beta$ na primeira equação e $\operatorname{sen} \beta$ na segunda; a seguir, eleve ao quadrado cada uma dessas equações e some os resultados membro a membro. Como $\operatorname{sen}^2 \beta + \cos^2 \beta = 1$, eliminamos β, restando uma equação para a qual você pode obter o valor de $\cos \alpha$ e, por conseguinte, α. A seguir, substitua esse valor em qualquer uma das duas equações e determine o valor de β. Os resultados são

$$\alpha = 36{,}9° \quad \beta = 26{,}6°$$

AVALIAR: uma forma rápida de conferir as respostas é se certificar de que o momento linear y, que era igual a zero antes da colisão, permanece nulo depois. Os momentos lineares y dos discos são

$$p_{A2y} = (0{,}500 \text{ kg})(2{,}0 \text{ m/s})(\operatorname{sen} 36{,}9°) = +0{,}600 \text{ kg} \cdot \text{m/s}$$
$$p_{B2y} = -(0{,}300 \text{ kg})(4{,}47 \text{ m/s})(\operatorname{sen} 26{,}6°) = -0{,}600 \text{ kg} \cdot \text{m/s}$$

A soma desses valores é realmente igual a zero, como deveria ser.

TESTE SUA COMPREENSÃO DA SEÇÃO 8.4 A maioria dos reatores nucleares atuais usa água como moderador (veja o Exemplo 8.11). As moléculas de água (massa $m_A = 18{,}0$ u) constituem um moderador melhor ou pior que os átomos de carbono? (Uma vantagem da água é que ela também age como um líquido de resfriamento para o núcleo radioativo do reator.) ▌

8.5 CENTRO DE MASSA

Podemos reformular a lei da conservação do momento linear de um modo útil em termos do conceito de **centro de massa**. Considere diversas partículas cujas massas são m_1, m_2 e assim por diante. Suponha que as coordenadas de m_1 sejam (x_1, y_1), as de m_2 sejam (x_2, y_2), e assim por diante. Definimos o centro de massa do sistema como o ponto cujas coordenadas $(x_{\text{cm}}, y_{\text{cm}})$ são dadas por

$$x_{\text{cm}} = \frac{m_1 x_1 + m_2 x_2 + m_3 x_3 + \ldots}{m_1 + m_2 + m_3 + \ldots} = \frac{\sum_i m_i x_i}{\sum_i m_i}$$

(centro de massa) (8.28)

$$y_{\text{cm}} = \frac{m_1 y_1 + m_2 y_2 + m_3 y_3 + \ldots}{m_1 + m_2 + m_3 + \ldots} = \frac{\sum_i m_i y_i}{\sum_i m_i}$$

Podemos expressar a posição do centro de massa como um vetor $\vec{r}_{\text{cm}}$:

Vetor de posição do **centro de massa** de um sistema de partículas → $\vec{r}_{\text{cm}} = \dfrac{m_1 \vec{r}_1 + m_2 \vec{r}_2 + m_3 \vec{r}_3 + \cdots}{m_1 + m_2 + m_3 + \cdots} = \dfrac{\sum_i m_i \vec{r}_i}{\sum_i m_i}$ (8.29)

↑ Vetores de posição das partículas individuais
↓ Massas individuais das partículas

Usando termos estatísticos, dizemos que o centro de massa é a posição correspondente a uma *média ponderada das massas* das partículas.

EXEMPLO 8.13 CENTRO DE MASSA DE UMA MOLÉCULA DE ÁGUA

A **Figura 8.28** mostra a estrutura simplificada de uma molécula de água. A distância entre os átomos é dada por $d = 9{,}57 \times 10^{-11}$ m. Cada átomo de hidrogênio possui massa igual a 1,0 u, e o átomo de oxigênio possui massa igual a 16,0 u. Calcule a posição do centro de massa.

Figura 8.28 Onde está o centro de massa de uma molécula de água?

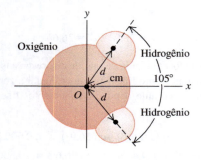

SOLUÇÃO

IDENTIFICAR E PREPARAR: quase toda a massa do átomo está concentrada em seu núcleo, cujo raio é cerca de 10^{-5} vezes o raio geral do átomo. Portanto, podemos seguramente representar cada átomo como uma partícula pontual. A Figura 8.28 indica o sistema de coordenadas, com o eixo x escolhido para estar ao longo do eixo de simetria da molécula. Usaremos as equações 8.28 para determinar as coordenadas x_{cm} e y_{cm}.

EXECUTAR: o átomo de oxigênio está em $x = 0$, $y = 0$. A coordenada x de cada átomo de hidrogênio é dada por $d \cos(105°/2)$; as coordenadas y são $\pm d \operatorname{sen}(105°/2)$. Usando as equações 8.28,

$$x_{cm} = \frac{\begin{bmatrix}(1{,}0\,\text{u})(d\cos 52{,}5°) + (1{,}0\,\text{u})(d\cos 52{,}5°) \\ + (16{,}0\,\text{u})(0)\end{bmatrix}}{1{,}0\,\text{u} + 1{,}0\,\text{u} + 16{,}0\,\text{u}} = 0{,}068d$$

$$y_{cm} = \frac{\begin{bmatrix}(1{,}0\,\text{u})(d\operatorname{sen} 52{,}5°) + (1{,}0\,\text{u})(-d\operatorname{sen} 52{,}5°) \\ + (16{,}0\,\text{u})(0)\end{bmatrix}}{1{,}0\,\text{u} + 1{,}0\,\text{u} + 16{,}0\,\text{u}} = 0$$

Substituindo o valor $d = 9{,}57 \times 10^{-11}$ m, encontramos

$$x_{cm} = (0{,}068)(9{,}57 \times 10^{-11}\,\text{m}) = 6{,}5 \times 10^{-12}\,\text{m}$$

AVALIAR: o centro de massa está muito mais próximo do átomo de oxigênio porque a massa desse átomo é muito maior que a massa do átomo de hidrogênio. Note que o centro de massa está situado sobre o *eixo de simetria* dessa molécula. Ao girar a molécula 180° em torno desse eixo, ela ficaria exatamente com a mesma forma de antes. A posição do centro de massa não é alterada por essa rotação, de modo que ele ainda *deverá* estar situado sobre o eixo de simetria.

Figura 8.29 Localização do centro de massa de um objeto simétrico.

Se um objeto homogêneo possui um centro geométrico, é aí que o centro de massa está localizado.

Se um objeto possui um eixo de simetria, o centro de massa se situa ao longo dele. Como no caso do anel, o centro de massa pode não estar no interior do objeto.

Para um corpo sólido, para o qual existe (pelo menos em nível macroscópico) uma distribuição contínua de massas, as somas indicadas nas equações 8.28 devem ser substituídas por integrais. Os cálculos podem se tornar bastante complicados, porém podemos fazer algumas afirmações gerais sobre esses problemas (**Figura 8.29**). Em primeiro lugar, quando um corpo homogêneo possui um centro geométrico, como uma bola de bilhar, um cubo de açúcar ou uma lata de suco de laranja, o centro de massa coincide com o centro geométrico. Em segundo lugar, quando um corpo possui um eixo de simetria, como uma roda ou uma polia, o centro de massa está sempre situado sobre esse eixo. Em terceiro lugar, não existe nada que diga que o centro de massa de um corpo deva estar na parte maciça do corpo. Por exemplo, o centro de massa de um anel está situado exatamente no centro do buraco.

Movimento do centro de massa

Para visualizarmos o significado do centro de massa de uma coleção de partículas, devemos perguntar o que ocorre com o centro de massa quando as partículas se movem. Os componentes x e y das coordenadas da velocidade do centro de massa, v_{cmx} e v_{cmy}, são dados pela derivada em relação ao tempo de x_{cm} e y_{cm}. Também, dx_1/dt é o componente x da velocidade da partícula 1 e assim por diante. Logo, $dx_1/dt = v_{1x}$ e assim por diante. Tomando as derivadas em relação ao tempo das equações 8.28, obtemos

$$v_{cmx} = \frac{m_1 v_{1x} + m_2 v_{2x} + m_3 v_{3x} + \ldots}{m_1 + m_2 + m_3 + \ldots}$$

$$v_{cmy} = \frac{m_1 v_{1y} + m_2 v_{2y} + m_3 v_{3y} + \ldots}{m_1 + m_2 + m_3 + \ldots}$$

(8.30)

Essas equações são equivalentes a uma única equação vetorial que pode ser obtida tomando-se a derivada em relação ao tempo da Equação 8.29:

$$\vec{v}_{cm} = \frac{m_1\vec{v}_1 + m_2\vec{v}_2 + m_3\vec{v}_3 + \ldots}{m_1 + m_2 + m_3 + \ldots} \qquad (8.31)$$

Vamos representar a massa *total* $m_1 + m_2 + \ldots$ por M. Então, a Equação 8.31 pode ser reescrita como

$$\underbrace{M\vec{v}_{cm}}_{\text{Velocidade do centro de massa}} = \underbrace{m_1\vec{v}_1 + m_2\vec{v}_2 + m_3\vec{v}_3 + \cdots}_{\text{Momento linear total do sistema}} = \vec{P} \qquad (8.32)$$

(Massa total de um sistema de partículas; Momentos lineares das partículas individuais)

Portanto, demonstramos que *o momento linear total $\vec{P}$ é igual à massa total multiplicada pela velocidade do centro de massa*. Quando você agarra uma bola de beisebol, você está realmente agarrando uma quantidade muito grande de massas moleculares m_1, m_2, m_3, … O impulso que você sente é decorrente do momento linear total da coleção de partículas inteira. Porém, esse impulso é igual ao fornecido por uma única partícula de massa $M = m_1 + m_2 + m_3 + \ldots$ que se move com velocidade $\vec{v}_{cm}$, a velocidade do centro de massa do sistema inteiro. Logo, a Equação 8.32 ajuda a justificar a representação de um corpo com massa distribuída como se fosse uma partícula.

Para um sistema de partículas no qual a força resultante externa é igual a zero, o momento linear total $\vec{P}$ é constante e a velocidade do centro de massa $\vec{v}_{cm} = \vec{P}/M$ também é constante. A **Figura 8.30** mostra um exemplo. O movimento total da chave inglesa parece ser complicado, mas o movimento do centro de massa segue uma linha reta, como se toda a massa do corpo estivesse concentrada nesse ponto.

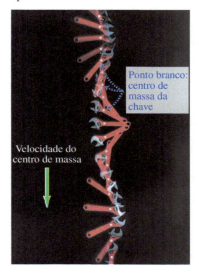

Figura 8.30 A força externa total que atua sobre a chave de rosca é aproximadamente igual a zero. À medida que ela gira sobre uma superfície horizontal sem atrito (vista de cima), o centro de massa se desloca ao longo de uma linha reta com uma velocidade aproximadamente constante.

EXEMPLO 8.14 — UM CABO DE GUERRA SOBRE O GELO

Jaime (massa de 90,0 kg) está a uma distância de 20,0 m de Ramon (massa de 60,0 kg), e ambos estão em pé sobre a superfície lisa de um lago congelado. Na metade da distância entre os dois, uma caneca contendo a bebida favorita deles está apoiada sobre o gelo. Eles puxam as extremidades de uma corda leve esticada entre eles. Quando Jaime se desloca 6,0 m no sentido da caneca, em que sentido Ramon se desloca e qual é a distância percorrida por ele?

SOLUÇÃO

IDENTIFICAR E PREPARAR: a superfície gelada é horizontal e (provavelmente) não possui atrito; logo, a força externa resultante que atua sobre Ramon, Jaime e a corda que os une é nula. O momento linear total do sistema permanece constante. Inicialmente não existe nenhum movimento e, assim, o momento linear total é igual a zero. Portanto, a velocidade do centro de massa é igual a zero e o centro de massa deverá permanecer em repouso. Coloque a origem do eixo Ox no local onde se encontra a caneca e considere o sentido positivo voltado para Ramon, conforme ilustrado na **Figura 8.31**. Usamos a primeira das equações 8.28 para calcular a posição do centro de massa; podemos desprezar a massa da corda.

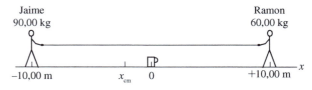

Figura 8.31 Esquematização do problema.

EXECUTAR: as coordenadas x iniciais de Jaime e de Ramon são $-10{,}0$ m e $+10{,}0$ m, respectivamente; então a coordenada x do centro de massa é

$$x_{cm} = \frac{(90{,}0\text{ kg})(-10{,}0\text{ m}) + (60{,}0\text{ kg})(10{,}0\text{ m})}{90{,}0\text{ kg} + 60{,}0\text{ kg}} = -2{,}0\text{ m}$$

Quando Jaime se desloca 6,0 m no sentido da caneca, sua nova coordenada x passa para $-4{,}0$ m; vamos chamar de x_2 a nova coordenada x de Ramon. O centro de massa não se move, logo

(Continua)

(*Continuação*)

$$x_{cm} = \frac{(90{,}0 \text{ kg})(-4{,}0 \text{ m}) + (60{,}0 \text{ kg})x_2}{90{,}0 \text{ kg} + 60{,}0 \text{ kg}} = -2{,}0 \text{ m}$$

$$x_2 = 1{,}0 \text{ m}$$

Jaime se deslocou 6,0 m e ainda está a uma distância de 4,0 m da caneca, enquanto Ramon se deslocou 9,0 m e está a uma distância de 1,0 m da caneca.

AVALIAR: a razão entre as duas distâncias percorridas, (6,0 m)/(9,0 m) = $\frac{2}{3}$, é igual à razão *inversa* entre suas massas. Você é capaz de dizer por quê? Como a superfície não possui atrito, eles devem continuar se movendo, colidindo no centro de massa; Ramon chegará à caneca antes. Esse resultado é completamente independente da intensidade da força realizada por Ramon ou por Jaime; aumentar a intensidade da força apenas faz com que se movam mais rapidamente.

Forças externas e movimento do centro de massa

Quando a força externa resultante sobre um sistema de partículas não é igual a zero, então o momento linear total não é conservado e a velocidade do centro de massa do sistema deve variar. Vamos analisar essa situação com mais detalhes.

As equações 8.31 e 8.32 fornecem a *velocidade* do centro de massa em termos das velocidades das partículas individuais. Prosseguindo mais um pouco, tomamos a derivada em relação ao tempo dessas equações para mostrar que as *acelerações* são relacionadas do mesmo modo. Seja $\vec{a}_{cm} = d\vec{v}_{cm}/dt$ a aceleração do centro de massa; então, podemos escrever

$$M\vec{a}_{cm} = m_1\vec{a}_1 + m_2\vec{a}_2 + m_3\vec{a}_3 + \ldots \quad (8.33)$$

Agora $m_1\vec{a}_1$ é igual à soma vetorial das forças que atuam sobre a primeira partícula e assim por diante, portanto, o membro direito da Equação 8.33 é igual à soma vetorial $\sum \vec{F}$ de *todas* as forças que atuam sobre *todas* as partículas. De modo semelhante ao método usado na Seção 8.2, podemos classificar cada força como *externa* ou *interna*. Então, a soma vetorial de todas as forças que atuam sobre todas as partículas é dada por

$$\sum \vec{F} = \sum \vec{F}_{ext} + \sum \vec{F}_{int} = M\vec{a}_{cm}$$

Em virtude da terceira lei de Newton, todas as forças internas se cancelam aos pares, e $\sum \vec{F}_{int} = \mathbf{0}$. O que sobra no membro esquerdo é a soma apenas das forças *externas*:

Força externa resultante sobre um corpo ou um conjunto de partículas $\quad \sum \vec{F}_{ext} = M\vec{a}_{cm} \quad$ Massa total do corpo ou conjunto de partículas — Aceleração do centro de massa $\quad (8.34)$

Quando forças externas atuam sobre um corpo ou um conjunto de partículas, o centro de massa se move exatamente como se toda a massa estivesse concentrada nesse ponto e estivesse submetida a uma força igual à resultante de todas as forças que atuam sobre o sistema.

Esse resultado desempenha um papel central na mecânica como um todo. Na verdade, você já usou esse resultado em diversas ocasiões; sem ele, ao aplicar as leis de Newton, você não poderia representar um corpo estendido como uma partícula pontual. Ele explica por que somente forças *externas* podem alterar o movimento de um corpo estendido. Se você puxar seu cinto para cima, ele reage com uma força igual e contrária para baixo sobre suas mãos; essas são forças *internas* que se cancelam e não produzem nenhum efeito sobre o movimento do seu corpo.

Suponha que um projétil disparado por um canhão esteja descrevendo uma trajetória parabólica (desprezando a resistência do ar) quando explode no ar, separando-se em dois fragmentos de massas iguais (**Figura 8.32**). Os fragmentos seguem novas trajetórias parabólicas, porém o centro de massa continua a descrever sua trajetória parabólica original, exatamente como se toda a massa ainda estivesse concentrada nesse ponto.

Figura 8.32 Um projétil explode no ar separando-se em dois fragmentos. Desprezando-se a resistência do ar, o centro de massa continua na mesma trajetória parabólica que descrevia antes da explosão.

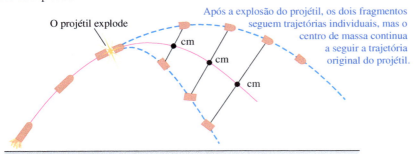

Aplicação **Achando planetas além do nosso sistema solar** Os planetas em órbita de estrelas distantes são tão pequenos que não podem ser vistos nem mesmo com os melhores telescópios. Mas eles podem ser detectados usando-se a ideia de que um planeta e sua estrela-pai descrevem uma órbita em torno de seu centro de massa (cm) comum. Se observarmos uma estrela "balançando" em torno de um ponto, podemos deduzir que existe um planeta acompanhante não visto e até mesmo determinar a massa desse planeta. Centenas de planetas em estrelas distantes foram descobertos dessa maneira.

Essa propriedade do centro de massa é importante quando analisamos o movimento de um corpo rígido. No Capítulo 10, descreveremos o movimento de um corpo rígido como uma combinação do movimento de translação do centro de massa e um movimento de rotação em torno de um eixo passando pelo centro de massa. Essa propriedade também desempenha um papel importante no movimento dos corpos celestes. Não é correto dizer que a Lua orbita em torno da Terra; em vez disso, a Lua e a Terra descrevem uma órbita em torno de seu centro de massa comum.

Existe, ainda, mais um modo útil para descrevermos o movimento de um sistema de partículas. Usando a relação $\vec{a}_{cm} = d\vec{v}_{cm}/dt$, podemos reescrever a Equação 8.33 do seguinte modo:

$$M\vec{a}_{cm} = M\frac{d\vec{v}_{cm}}{dt} = \frac{d(M\vec{v}_{cm})}{dt} = \frac{d\vec{P}}{dt} \quad (8.35)$$

Passamos a massa para dentro do sinal de derivada porque M, a massa total do sistema, permanece constante. Substituindo a Equação 8.35 na Equação 8.34, achamos

$$\sum \vec{F}_{ext} = \frac{d\vec{P}}{dt} \quad \text{(corpo estendido ou sistema de partículas)} \quad (8.36)$$

Essa equação parece com a Equação 8.4. A diferença é que a Equação 8.36 descreve um *sistema de partículas*, como um corpo rígido, enquanto a Equação 8.4 descreve uma única partícula. A interação entre as partículas de um sistema pode alterar os momentos individuais das partículas; porém, o momento linear *total* do sistema $\vec{P}$ só pode ser alterado pela ação das forças externas ao sistema.

Quando a força resultante externa ao sistema é nula, as equações 8.34 e 8.36 mostram que a aceleração $\vec{a}_{cm}$ do centro de massa é igual a zero (logo, a velocidade do centro de massa $\vec{v}_{cm}$ é constante) e o momento linear total $\vec{P}$ é constante. Isso é uma reafirmação do que vimos na Seção 8.3: se a força externa resultante em um sistema for zero, o momento linear é conservado.

TESTE SUA COMPREENSÃO DA SEÇÃO 8.5 O centro de massa na Figura 8.32 continuará na mesma trajetória parabólica, mesmo após um dos fragmentos atingir o solo? Justifique sua resposta. ∎

8.6 PROPULSÃO DE UM FOGUETE

As considerações sobre o momento linear são particularmente úteis para analisarmos um sistema cuja massa das partes pode variar com o tempo. Em tais casos, não podemos usar diretamente a segunda lei de Newton na forma $\sum \vec{F} = m\vec{a}$, porque m varia. A propulsão de um foguete fornece um exemplo típico e interessante para esse tipo de análise. Um foguete é impulsionado para a frente pela

Aplicação BIO Propulsão a jato em lulas Tanto um motor a jato quanto uma lula utilizam variações em suas massas para fornecer propulsão: eles aumentam sua massa tomando um fluido (ar para um motor a jato, água para uma lula) em baixa velocidade, depois diminuem sua massa ejetando esse fluido em alta velocidade. A lula-de-recifes-do-caribe (*Sepioteuthis sepioidea*), mostrada aqui, pode usar a propulsão a jato para saltar até uma altura de 2 m acima da água e voar a uma distância total de 10 m — cerca de 50 vezes o tamanho de seu corpo!

ejeção traseira dos gases resultantes da queima do combustível que inicialmente está dentro dele (por isso o combustível do foguete também é chamado de *propelente*). A força orientada para a frente sobre o foguete é a reação da força para trás exercida sobre o material ejetado. A massa total do sistema é constante, porém a massa do foguete diminui à medida que o material é ejetado.

Como um exemplo simples, consideramos um foguete disparado no espaço sideral, onde não existe nem resistência do ar nem força gravitacional. Seja m a massa do foguete, que sofre variação em função da queima do combustível. Escolhemos o eixo Ox com o sentido positivo no mesmo sentido do movimento do foguete. A **Figura 8.33a** mostra o foguete em um instante t, quando sua massa é m e o componente x de sua velocidade é v. (Para simplificar, vamos abandonar o subscrito x nesta análise.) O componente x do momento linear total nesse instante é $P_1 = mv$. Em um curto intervalo dt, a massa do foguete varia em uma quantidade dm. Essa quantidade é inerentemente negativa porque a massa do foguete *diminui* com o tempo. Durante o intervalo dt, uma quantidade de massa *positiva* $-dm$ resultante da combustão é ejetada do foguete. Seja v_{ex} o módulo da *velocidade* de exaustão desse material *em relação ao foguete*; o combustível queimado é ejetado em um sentido oposto ao do movimento, portanto, o componente x do *vetor velocidade* em relação ao foguete é $-v_{ex}$. O componente x da velocidade do combustível queimado v_{comb} em relação ao nosso sistema de coordenadas é

$$v_{comb} = v + (-v_{ex}) = v - v_{ex}$$

e o componente x do momento linear da massa ejetada $(-dm)$ é dado por

$$(-dm)\,v_{comb} = (-dm)\,(v - v_{ex})$$

Conforme indicado na Figura 8.33b, no final do intervalo dt, o componente x da velocidade do foguete com o combustível ainda não queimado é $v + dv$, e sua massa diminuiu para $m + dm$ (lembre-se de que dm é negativa). O momento linear do foguete nesse instante é

$$(m + dm)\,(v + dv)$$

Logo, o componente x do momento linear *total* P_2 do foguete mais o combustível queimado no instante $t + dt$ é

$$P_2 = (m + dm)\,(v + dv) + (-dm)\,(v - v_{ex})$$

De acordo com nossa hipótese inicial, o foguete e o combustível constituem um sistema isolado. Portanto, existe conservação do momento linear, e o componente x do momento linear do sistema deve ser o mesmo tanto no instante t quanto no instante $t + dt$: $P_1 = P_2$. Logo,

$$mv = (m + dm)\,(v + dv) + (-dm)\,(v - v_{ex})$$

Figura 8.33 Um foguete se movendo no espaço sideral, sem gravidade, (a) no instante de tempo t e (b) no instante $t + dt$.

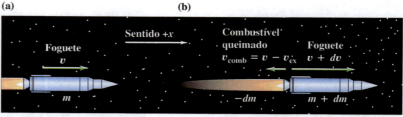

No tempo t, o foguete possui massa m e o componente x de velocidade v.

No tempo $t + dt$, o foguete possui massa $m + dm$ (sendo dm inerentemente *negativo*) e o componente x de velocidade $v + dv$. O combustível queimado possui componente x de velocidade $v_{comb} = v - v_{ex}$ e massa $-dm$. (O sinal negativo é necessário para tornar $-dm$ *positivo*, já que dm é negativo.)

Isso pode ser simplificado para

$$m\,dv = -dm\,v_{\text{ex}} - dm\,dv$$

Podemos desprezar o termo $(-dm\,dv)$ porque é o produto de duas grandezas infinitesimais e, portanto, é muito menor que os demais termos. Abandonando esse termo, dividindo por dt e reagrupando, achamos

$$m\frac{dv}{dt} = -v_{\text{ex}}\frac{dm}{dt} \qquad (8.37)$$

O termo dv/dt é a aceleração do foguete, de modo que o membro esquerdo da Equação 8.37 (massa vezes aceleração) fornece a força resultante F, ou força de *propulsão* do foguete:

$$F = -v_{\text{ex}}\frac{dm}{dt} \qquad (8.38)$$

A força de propulsão é proporcional à velocidade relativa v_{ex} do combustível queimado e à taxa de variação da massa desse combustível queimada por unidade de tempo, $-dm/dt$. (Lembre-se de que dm/dt é uma quantidade negativa porque representa a taxa de variação da massa do foguete; logo, F é positiva.)

O componente x da aceleração do foguete é

$$a = \frac{dv}{dt} = -\frac{v_{\text{ex}}}{m}\frac{dm}{dt} \qquad (8.39)$$

Figura 8.34 Para que haja uma propulsão para cima suficiente para superar a gravidade, o veículo de lançamento *Atlas V* consome mais de 1.000 kg de combustível por segundo e ejeta o combustível queimado com velocidade de cerca de 4.000 m/s.

Essa aceleração é positiva porque v_{ex} é positiva (lembre-se de que ela é o *módulo da velocidade* da exaustão) e dm/dt é negativa. A massa m do foguete diminui continuamente à medida que o combustível é consumido. Quando v_{ex} e dm/dt permanecem constantes, a aceleração cresce até que toda a massa do combustível seja consumida.

A Equação 8.38 nos diz que um foguete queima combustível a uma taxa muito rápida (ou $-dm/dt$ elevada) e ejeta o combustível queimado com uma velocidade relativa alta (v_{ex} elevada), como na **Figura 8.34**. No início do uso da propulsão de foguetes, quem não entendia a lei da conservação do momento linear pensava que um foguete não poderia funcionar no espaço sideral porque "não haveria matéria no espaço para servir como base de impulsão". Pelo contrário, a propulsão do foguete funciona *melhor* no espaço vazio, onde não existe resistência do ar! O veículo de lançamento indicado na Figura 8.34 *não* está "empurrando o solo" para subir.

Quando a velocidade de exaustão v_{ex} permanece constante, podemos integrar a Equação 8.39 para achar a relação entre a velocidade v em qualquer instante e a massa restante m neste instante. Sendo m_0 a massa e v_0 a velocidade no instante $t = 0$, a Equação 8.39 pode ser reescrita na forma

$$dv = -v_{\text{ex}}\frac{dm}{m}$$

Vamos mudar as variáveis de integração para v' e m', e assim podemos usar v e m como os limites superiores das integrais (a velocidade final e a massa final). A seguir, integramos ambos os membros, usamos os limites de v_0 a v, de m_0 a m, e passamos a constante v_{ex} para fora da integral:

$$\int_{v_0}^{v} dv' = -\int_{m_0}^{m} v_{\text{ex}} \frac{dm'}{m'} = -v_{\text{ex}} \int_{m_0}^{m} \frac{dm'}{m'}$$

$$v - v_0 = -v_{\text{ex}} \ln\frac{m}{m_0} = v_{\text{ex}} \ln\frac{m_0}{m}$$

(8.40)

A razão m_0/m é a massa original dividida pela massa depois que todo o combustível queimado é expelido. Em aeronaves espaciais funcionais, essa razão é projetada com o valor mais elevado possível para maximizar o ganho de velocidade, o que significa que quase toda a massa inicial do foguete se refere ao combustível. A velocidade final do foguete deve possuir módulo maior (em geral *muito* maior) que a velocidade relativa v_{ex} se $\ln(m_0/m) > 1$, ou seja, se $m_0/m > e = 2,71828\ldots$

Na análise feita, sempre imaginamos que o foguete se deslocava no espaço vazio sem campo gravitacional. Contudo, quando um foguete é lançado da superfície de um planeta, devemos levar em conta a ação do campo gravitacional, como na Figura 8.34.

EXEMPLO 8.15 ACELERAÇÃO DE UM FOGUETE

Um foguete está no espaço sideral, longe de qualquer planeta, quando seu motor é acionado. Na primeira etapa da queima, o foguete ejeta $\frac{1}{120}$ de sua massa inicial m_0 com uma velocidade relativa igual a 2.400 m/s. Qual é a aceleração inicial do foguete?

SOLUÇÃO

IDENTIFICAR E PREPARAR: conhecemos a velocidade de exaustão v_{ex} do foguete e a fração da massa inicial que é perdida durante o primeiro segundo de disparo, o que deve ser suficiente para acharmos dm/dt. Usaremos a Equação 8.39 para achar a aceleração do foguete.

EXECUTAR: a taxa inicial de variação da massa é dada por

$$\frac{dm}{dt} = -\frac{m_0/120}{1\ \text{s}} = -\frac{m_0}{120\ \text{s}}$$

Pela Equação 8.39,

$$a = -\frac{v_{\text{ex}}}{m_0}\frac{dm}{dt} = -\frac{2.400\ \text{m/s}}{m_0}\left(-\frac{m_0}{120\ \text{s}}\right) = 20\ \text{m/s}^2$$

AVALIAR: observe que a resposta obtida não depende do valor de m_0. Para um mesmo valor de v_{ex}, a aceleração inicial de uma nave espacial de 120.000 kg ejetando 1.000 kg/s de combustível queimado seria igual à aceleração inicial de um astronauta de 60 kg equipado com um pequeno foguete que ejetasse 0,5 kg/s.

EXEMPLO 8.16 VELOCIDADE DE UM FOGUETE

Suponha que $\frac{3}{4}$ da massa inicial m_0 do foguete do Exemplo 8.15 seja de combustível, de modo que o combustível seja consumido com uma taxa constante em um intervalo total de 90 s. A massa final do foguete é $m = m_0/4$. Se o foguete parte do repouso em nosso sistema de coordenadas, calcule sua velocidade nesse instante final.

SOLUÇÃO

IDENTIFICAR, PREPARAR E EXECUTAR: conhecemos a velocidade inicial $v_0 = 0$, a velocidade de exaustão $v_{\text{ex}} = 2.400$ m/s e a massa final m em termos da massa inicial m_0. Aplicaremos a Equação 8.40 para achar a velocidade final v:

$$v = v_0 + v_{\text{ex}}\ln\frac{m_0}{m} = 0 + (2.400\ \text{m/s})(\ln 4) = 3.327\ \text{m/s}$$

AVALIAR: vamos examinar o que ocorre à medida que o foguete ganha velocidade. (Para ilustrar nosso conceito, usamos mais algarismos que os significativos.) No início do voo, quando a velocidade do foguete é zero, o combustível ejetado se move para trás com velocidade de 2.400 m/s em relação ao nosso sistema de coordenadas. Quando o foguete se move para a frente e ganha velocidade, a velocidade do combustível em relação ao nosso sistema diminui; quando a velocidade do foguete alcança 2.400 m/s, essa velocidade relativa é *zero*. [Uma vez sabendo a taxa de consumo de combustível, você pode resolver a Equação 8.40 para mostrar que isso ocorre em cerca de $t = 75,6$ s.] O combustível queimado ejetado nesse instante se move *para a frente*, e não para trás, em nosso sistema de coordenadas. Em relação ao nosso sistema de referência, a última porção do combustível ejetado possui uma velocidade para a frente de 3.327 m/s – 2.400 m/s = 927 m/s.

TESTE SUA COMPREENSÃO DA SEÇÃO 8.6 (a) Se um foguete no espaço sideral livre de gravidade possui a mesma força de propulsão em qualquer instante, sua aceleração é constante, crescente ou decrescente? (b) Se o foguete possui a mesma aceleração a qualquer momento, a força de propulsão é constante, crescente ou decrescente? ▌

CAPÍTULO 8 RESUMO

Momento linear de uma partícula: o momento linear $\vec{p}$ de uma partícula é uma grandeza vetorial definida pelo produto da massa m e da velocidade $\vec{v}$ da partícula. De acordo com a segunda lei de Newton, a força resultante que atua sobre uma partícula é igual à taxa de variação em seu momento linear.

$$\vec{p} = m\vec{v} \tag{8.2}$$

$$\sum \vec{F} = \frac{d\vec{p}}{dt} \tag{8.4}$$

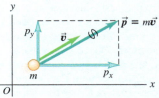

Impulso e momento linear: o impulso $\vec{J}$ é o produto de uma força resultante constante $\sum \vec{F}$ que atua sobre uma partícula durante um intervalo Δt, entre t_1 e t_2. Quando $\sum \vec{F}$ varia com o tempo, $\vec{J}$ é a integral da força resultante no decorrer do intervalo. Em todo caso, a variação do momento linear de uma partícula em um dado intervalo é igual ao impulso da força resultante que atua sobre a partícula nesse intervalo. O momento linear de uma partícula é igual ao impulso necessário para acelerá-la desde o repouso até sua velocidade final (veja os exemplos 8.1 a 8.3).

$$\vec{J} = \sum \vec{F}(t_2 - t_1) = \sum \vec{F}\,\Delta t \tag{8.5}$$

$$\vec{J} = \int_{t_1}^{t_2} \sum \vec{F}\,dt \tag{8.7}$$

$$\vec{J} = \vec{p}_2 - \vec{p}_1 \tag{8.6}$$

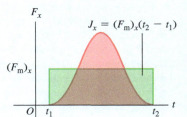

Lei da conservação do momento linear: força interna é uma força exercida por uma parte de um sistema sobre outra parte do mesmo sistema. Força externa é uma força exercida por algo fora de um sistema sobre uma parte do sistema. Caso a força resultante externa que atua sobre um sistema seja igual a zero, o momento linear total do sistema $\vec{P}$ (a soma vetorial dos momentos lineares de cada partícula que compõe o sistema) é constante ou conservado. Cada componente do momento linear total do sistema é conservado separadamente (veja os exemplos 8.4 a 8.6).

$$\vec{P} = \vec{p}_A + \vec{p}_B + \ldots$$
$$= m_A\vec{v}_A + m_B\vec{v}_B + \ldots \tag{8.14}$$
Se $\sum \vec{F} = 0$, então $\vec{P} =$ constante.

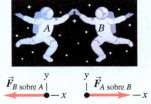

Colisões: em colisões de qualquer tipo, os momentos lineares inicial e final são iguais. Em uma colisão elástica entre dois corpos, a energia cinética total final também é igual à energia cinética total inicial, e as velocidades relativas inicial e final possuem módulos iguais. Em uma colisão inelástica entre dois corpos, a energia cinética total final é menor que a energia cinética total inicial. Quando os dois corpos possuem a mesma velocidade final, a colisão é completamente inelástica (veja os exemplos 8.7 a 8.12).

Centro de massa: o vetor posição do centro de massa de um sistema de partículas, $\vec{r}_{cm}$, é uma média ponderada das posições $\vec{r}_1, \vec{r}_2, \ldots$ de cada partícula individual. O momento linear total $\vec{P}$ de um sistema é igual à massa total do sistema M multiplicada pela velocidade $\vec{v}_{cm}$ do centro de massa do sistema, o qual se move como se a massa total do sistema M estivesse concentrada nesse ponto. Quando a força externa resultante sobre um sistema é igual a zero, a velocidade do centro de massa $\vec{v}_{cm}$ é constante. Quando a força externa resultante é diferente de zero, o centro de massa acelera, como se fosse uma partícula de massa M sob ação da mesma força resultante externa (exemplos 8.13 e 8.14).

$$\vec{r}_{cm} = \frac{m_1\vec{r}_1 + m_2\vec{r}_2 + m_3\vec{r}_3 + \ldots}{m_1 + m_2 + m_3 + \ldots}$$

$$= \frac{\sum_i m_i \vec{r}_i}{\sum_i m_i} \tag{8.29}$$

$$\vec{P} = m_1\vec{v}_1 + m_2\vec{v}_2 + m_3\vec{v}_3 + \ldots$$
$$= M\vec{v}_{cm} \tag{8.32}$$

$$\sum \vec{F}_{ext} = M\vec{a}_{cm} \tag{8.34}$$

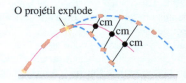

Propulsão de foguete: na propulsão de um foguete, sua massa varia à medida que a massa do combustível é queimada e expelida. A análise do movimento do foguete deve levar em conta o momento linear do próprio foguete, bem como o momento linear do combustível queimado e expelido (veja os exemplos 8.15 e 8.16).

Problema em destaque — Uma colisão após a outra

A esfera A, com massa de 0,600 kg, está inicialmente movendo-se para a direita a 4,00 m/s. A esfera B, com massa de 1,80 kg, está inicialmente à direita da esfera A e movendo-se para a direita a 2,00 m/s. Depois que as duas esferas colidem, a esfera B está movendo-se a 3,00 m/s na mesma direção de antes. (a) Qual é a velocidade (módulo, direção e sentido) da esfera A após essa colisão? (b) A colisão é elástica ou inelástica? (c) A esfera B sofre, então, uma colisão fora do centro com a esfera C, que tem massa de 1,20 kg e está inicialmente em repouso. Após a colisão, a esfera B está movendo-se a 19,0° em relação à sua direção inicial a 2,00 m/s. Qual é a velocidade (módulo, direção e sentido) da esfera C após essa colisão? (d) Qual é o impulso (módulo, direção e sentido) transferido à esfera B pela esfera C quando colidem? (e) Essa segunda colisão é elástica ou inelástica? (f) Qual é a velocidade (módulo, direção e sentido) do centro de massa do sistema das três esferas (A, B e C) após a segunda colisão? Nenhuma força externa atua sobre qualquer uma das esferas neste problema.

GUIA DA SOLUÇÃO

IDENTIFICAR E PREPARAR

1. O momento linear é conservado nessas colisões. Você poderia explicar por quê?
2. Escolha os eixos x e y, e use sua escolha de eixos para desenhar três figuras que mostram as esferas (i) antes da primeira colisão, (ii) depois da primeira colisão, mas antes da segunda, e (iii) após a segunda colisão. Atribua subscritos aos valores em cada situação (i), (ii) e (iii).
3. Faça uma lista das variáveis-alvo e escolha as equações que você usará para resolvê-las.

EXECUTAR

4. Determine a velocidade da esfera A após a primeira colisão. A esfera perde ou ganha velocidade na colisão? Isso faz sentido?
5. Agora que você sabe as velocidades de A e B após a primeira colisão, decida se ela é elástica. (Como você fará isso?)
6. Como a segunda colisão tem duas dimensões, será preciso que *ambos* os componentes do momento linear sejam conservados. Use isso para descobrir a velocidade e a direção da esfera C após a segunda colisão. (*Dica:* depois da primeira colisão, a esfera B mantém a mesma velocidade até atingir a esfera C.)
7. Use a definição de impulso para achar o impulso transmitido à esfera B pela esfera C. Lembre-se de que o impulso é um vetor.
8. Use a mesma técnica empregada na etapa 5 para decidir se a segunda colisão é elástica.
9. Ache a velocidade do centro de massa após a segunda colisão.

AVALIAR

10. Compare as direções dos vetores que você encontrou nas etapas 6 e 7. Isso é uma coincidência? Por quê?
11. Ache a velocidade do centro de massa antes e depois da primeira colisão. Compare com o resultado da etapa 9. Novamente, isso é uma coincidência? Por quê?

PROBLEMAS

•, ••, •••: níveis de dificuldade. **PC**: problemas cumulativos, incorporando material de outros capítulos. **CALC**: problemas exigindo cálculo. **DADOS:** problemas envolvendo dados reais, evidência científica, projeto experimental e/ou raciocínio científico. **BIO**: problemas envolvendo biociências.

QUESTÕES PARA DISCUSSÃO

Q8.1 Para rachar um tronco de lenha usando um martelo e uma cunha, um martelo pesado é mais eficiente que um martelo leve? Por quê?

Q8.2 Suponha que você agarre uma bola de beisebol e a seguir seja convidado a agarrar uma bola de boliche que possua o mesmo momento linear ou a mesma energia cinética da bola de beisebol. Qual você escolheria? Explique.

Q8.3 Quando gotas de chuva caem do céu, o que acontece com seu momento linear quando elas colidem com o solo? Sua resposta também seria válida para o caso da famosa maçã de Newton?

Q8.4 Um carro possui a mesma energia cinética quando se desloca a 30 m/s do norte para o sul e quando se desloca a 30 m/s a noroeste. O momento linear é o mesmo nos dois casos? Explique.

Q8.5 Um caminhão acelera ao percorrer uma rodovia. Um sistema de referência inercial está fixo no solo com origem em um poste de cerca. Um segundo sistema de referência inercial está fixo no interior de um carro de polícia que está percorrendo a estrada com velocidade constante. O momento linear do caminhão é o mesmo nos dois sistemas? Explique. A taxa de variação do momento linear do caminhão é a mesma nos dois sistemas? Explique.

Q8.6 (a) Se o momento linear de um corpo pontual *isolado* é igual a zero, a energia cinética desse corpo também deverá ser zero? (b) Se o momento linear de um *par* de corpos pontuais for igual a zero, a energia cinética desses objetos também deverá ser zero? (c) Se a energia cinética de um par de objetos pontuais for igual a zero, o momento linear desses objetos também deverá ser zero? Explique o raciocínio em cada caso.

Q8.7 Uma senhora segurando uma pedra grande está em pé sobre uma camada de gelo horizontal sem atrito. Ela lança a pedra com uma velocidade v_0, formando um ângulo α acima da horizontal. Considere o sistema constituído pela mulher com a pedra. Existe conservação do momento linear do sistema? Justifique. Algum componente do momento linear do sistema é conservado? Novamente, justifique sua resposta.

Q8.8 No Exemplo 8.7 (Seção 8.3), no qual os dois cavaleiros da Figura 8.18 ficam colados após a colisão, a colisão é inelástica porque $K_2 < K_1$. No Exemplo 8.5 (Seção 8.2), a colisão é inelástica? Explique.

Q8.9 Em uma colisão completamente inelástica entre dois corpos, quando eles permanecem unidos após a colisão, podemos achar um valor igual a zero para a energia cinética final do sistema? Caso sua resposta seja afirmativa, forneça um exemplo em que isso ocorre. Quando a energia cinética final do sistema for igual a zero, qual deverá ser o momento linear inicial do sistema? A energia cinética inicial do sistema é igual a zero? Explique.

Q8.10 Como a energia cinética é dada por $K = \frac{1}{2}mv^2$ e o momento linear é dado por $\vec{P} = m\vec{v}$, é fácil mostrar que $K = p^2/2m$. Então, como é possível existir um evento para o qual o momento linear do sistema seja constante, porém a energia cinética total do sistema seja variável?

Q8.11 Em cada um dos exemplos 8.10, 8.11 e 8.12 (Seção 8.4), verifique se os vetores velocidade relativa antes e depois da colisão possuem o mesmo módulo. Em cada um desses casos, o que ocorre com a *direção* e o *sentido* do vetor velocidade relativa?

Q8.12 A probabilidade de um copo quebrar quando cai sobre um piso de concreto é maior do que quando ele cai sobre um piso de madeira. Por quê? (Tome como referência a Figura 8.3b.)

Q8.13 Na Figura 8.23b, a energia cinética da bola de pingue-pongue depois de sua interação com a bola de boliche é maior do que antes. De onde provém esse aumento de energia? Descreva o evento em termos de conservação da energia.

Q8.14 Uma metralhadora dispara sobre uma placa de aço. A força média oriunda do impacto da bala quando ela é refletida é maior ou menor que a força quando a bala amassa e fica colada na placa? Explique.

Q8.15 Uma força resultante de 4 N atua durante 0,25 s sobre um corpo que estava inicialmente em repouso, fazendo-o atingir uma velocidade final igual a 5 m/s. Como uma força resultante de 2 N poderia produzir a mesma velocidade final?

Q8.16 Uma força resultante com um componente x dado por ΣF_x atua sobre um corpo durante o intervalo de t_1 a t_2. O componente x do momento linear possui o mesmo valor para t_1 e para t_2, porém ΣF_x não é igual a zero em nenhum instante entre t_1 e t_2. O que você pode afirmar a respeito do gráfico de ΣF_x versus t?

Q8.17 Um jogador de tênis bate em uma bola de tênis com uma raquete. Considere o sistema constituído por bola e raquete. O momento linear total desse sistema é o mesmo imediatamente antes e imediatamente depois da batida? O momento linear total do sistema, imediatamente depois da batida, é o mesmo que o momento linear total do sistema dois segundos depois, quando a bola está no ponto superior de sua trajetória no ar? Explique qualquer diferença entre as duas situações.

Q8.18 No Exemplo 8.4 (Seção 8.2), considere o sistema constituído por rifle e bala. Qual é a velocidade do centro de massa do sistema depois do disparo? Explique.

Q8.19 Um ovo é largado do alto de um edifício e cai até atingir o solo. À medida que o ovo cai, o que ocorre com o momento linear do sistema constituído por ovo e Terra?

Q8.20 Uma mulher está em pé no meio da superfície sem atrito de um lago gelado. Ela poderia se locomover atirando objetos, mas suponha que não possua nada para atirar. Ela poderia se locomover até a margem do lago *sem* jogar nada?

Q8.21 No ponto mais alto de sua trajetória parabólica, um projétil explode em dois fragmentos. É possível que *ambos* os fragmentos caiam diretamente para baixo após a explosão? Justifique sua resposta.

Q8.22 Quando um objeto se rompe em duas partes (por explosão, decaimento radioativo, recuo etc.), o fragmento mais leve produz energia cinética maior que o outro mais pesado. Isso ocorre em decorrência da lei da conservação do momento linear, mas essa ocorrência também pode ser explicada usando as leis de Newton para o movimento?

Q.8.23 Uma maçã cai de uma árvore sem sofrer nenhuma resistência do ar. Conforme ela cai, qual destas afirmações é verdadeira? (a) Somente o seu momento linear é conservado; (b) somente a sua energia mecânica é conservada; (c) tanto o momento linear quanto a energia mecânica são conservados; (d) sua energia cinética é conservada.

Q.8.24 Dois pedaços de barro se colidem e ficam unidos. Durante a colisão, qual destas afirmações é verdadeira? (a) Somente o momento linear do barro é conservado; (b) somente a sua energia mecânica é conservada; (c) tanto o seu momento linear quanto a sua energia mecânica são conservados; (d) sua energia cinética é conservada.

Q.8.25 Dois objetos, de massas M e $5M$, estão em repouso sobre uma mesa horizontal, sem atrito, com uma mola comprimida de massa insignificante entre eles. Quando a mola é liberada, quais das afirmações a seguir são verdadeiras? (a) Os dois objetos recebem módulos iguais de momento linear. (b) Os dois objetos recebem quantidades iguais de energia cinética da mola. (c) O objeto mais pesado ganha mais energia cinética que o objeto mais leve. (d) O objeto mais leve ganha mais energia cinética que o objeto mais pesado. Explique seu raciocínio em cada um desses casos.

Q.8.26 Um veículo utilitário muito pesado colide frontalmente com um carro compacto muito leve. Qual destas afirmações sobre a colisão é correta? (a) A quantidade de energia cinética perdida pelo utilitário é igual à quantidade de energia cinética ganha pelo carro; (b) a quantidade de momento linear perdida pelo utilitário é igual à quantidade de momento linear ganha pelo carro; (c) o carro sofre a ação de uma força muito maior durante a colisão que o utilitário; (d) ambos os veículos perdem a mesma quantidade de energia cinética.

EXERCÍCIOS

Seção 8.1 Momento linear e impulso

8.1 • (a) Qual é o módulo do momento linear de um caminhão de 10.000 kg que se desloca com velocidade de 12,0 m/s? (b) Qual deve ser a velocidade de um carro utilitário de 2.000 kg para que ele tenha (i) o mesmo momento linear do caminhão? (ii) A mesma energia cinética?

8.2 • Em uma competição masculina de arremesso, o peso possui massa de 7,30 kg e é liberado com uma velocidade cujo módulo é igual a 15,0 m/s, formando um ângulo de 40° acima do plano horizontal e sobre a perna esquerda esticada de um competidor. Quais são os componentes vertical e horizontal iniciais do momento linear desse peso?

8.3 • Os objetos A, B e C estão se movendo conforme mostra a **Figura E8.3**. Ache os componentes x e y do momento linear resultante das partículas se definirmos que o sistema consiste em (a) A e C, (b) B e C, (c) todos os três objetos.

Figura E8.3

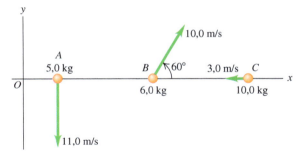

8.4 • Dois veículos se aproximam de um cruzamento. Um deles é uma caminhonete de 2.500 kg que se desloca a 14,0 m/s do leste para oeste (no sentido negativo de x), e o outro é um carro de passeio de 1.500 kg que segue do sul para o norte (no sentido positivo de y), a 23,0 m/s. (a) Ache os componentes x e y do momento linear resultante desse sistema. (b) Quais são o módulo, a direção e o sentido do momento linear resultante?

8.5 • Em uma partida de futebol americano, um atacante de 110 kg está correndo da esquerda para a direita a 2,75 m/s, enquanto outro atacante de 125 kg está correndo diretamente em sua direção a 2,60 m/s. Quais são (a) o módulo, a direção e o sentido do momento linear resultante desses dois atletas e (b) a energia cinética total deles?

8.6 •• **BIO Biomecânica.** A massa de uma bola de tênis padrão é de 57 g (embora possa variar ligeiramente), e testes mostraram que a bola está em contato com a raquete por 30 ms. (Esse número também pode variar, dependendo da raquete e do movimento.) Vamos considerar um tempo de contato de 30,0 ms. A bola com o saque mais rápido que se conhece foi de "Big Bill" Tilden, em 1931, e sua velocidade foi medida em 73 m/s. (a) Que impulso e que força Big Bill exerceu sobre a bola de tênis nesse saque recorde? (b) Se o adversário de Big Bill retornasse esse saque com uma velocidade de 55 m/s, que força e que impulso ele teria exercido sobre a bola, considerando apenas o movimento horizontal?

8.7 • **Força sobre uma bola de golfe.** Uma bola de golfe de 0,0450 kg que estava inicialmente em repouso passa a se deslocar a 25,0 m/s depois de receber o impulso de um taco. Se o taco e a bola permaneceram em contato durante 2,00 ms, qual é a força média do taco sobre a bola? O efeito do peso da bola durante seu contato com o taco é importante? Justifique sua resposta.

8.8 • **Força sobre uma bola de beisebol.** Uma bola de beisebol possui massa igual a 0,145 kg. (a) Sabendo que a velocidade da bola arremessada é de 45,0 m/s e a velocidade da bola rebatida é de 55,0 m/s na mesma direção, mas em sentido contrário, calcule o módulo da variação do momento linear e do impulso aplicado pelo bastão sobre a bola. (b) Se o bastão e a bola permanecem em contato durante 2,0 ms, qual é o módulo da força média do bastão sobre a bola?

8.9 • Um disco de hóquei de 0,160 kg move-se sobre uma superfície horizontal com gelo e sem atrito. No instante $t = 0$, o disco se move para a direita a 3,0 m/s. (a) Determine o módulo, a direção e o sentido da velocidade do disco após ele ter sofrido a ação de uma força de 25,0 N aplicada durante 0,050 s para a direita. (b) Se, em vez disso, fosse aplicada uma força de 12,0 N de $t = 0$ a $t = 0,050$ s para a esquerda, qual seria a velocidade final do disco de hóquei?

8.10 •• Uma bola de beisebol de 0,145 kg é golpeada por um bastão. Imediatamente antes do impacto, a bola se desloca a 40,0 m/s horizontalmente para a direita e abandona o bastão se movendo com velocidade de 52,0 m/s para a esquerda, formando um ângulo de 30° acima da horizontal. Considerando que o bastão e a bola permanecem em contato durante 1,75 ms, calcule o módulo do componente horizontal e do componente vertical da força média do bastão sobre a bola.

8.11 • **CALC** No instante $t = 0$, um foguete de 2.150 kg no espaço sideral aciona um motor que exerce uma força crescente sobre ele no sentido positivo de x. Essa força obedece à equação $F_x = At^2$, onde t é o intervalo, e possui módulo de 781,25 N quando $t = 1,25$ s. (a) Ache o valor da constante A, incluindo suas unidades no SI. (b) Qual é o impulso que o motor exerce sobre o foguete durante o intervalo de 1,50 s a partir de 2,0 s após a ignição do motor? (b) Qual é a variação da velocidade do foguete durante esse intervalo? Suponha massa constante.

8.12 •• **BIO Fratura óssea.** Testes experimentais mostraram que o osso será fraturado se estiver sujeito a uma densidade de força de $1,03 \times 10^8$ N/m². Suponha que uma pessoa de 70 kg esteja andando de patins descuidadamente e uma viga de metal atinja sua testa e pare completamente seu movimento para a frente. Se a área de contato com a testa do patinador for de 1,5 cm², qual é a maior velocidade com que ele pode atingir a parede sem quebrar algum osso se sua cabeça estiver em contato com a viga por 10,0 ms?

8.13 • Uma pedra de 2,0 kg está deslizando a 5,0 m/s da esquerda para a direita sobre uma superfície horizontal sem atrito, quando é repentinamente atingida por um objeto que exerce uma grande força horizontal sobre ela, por um curto período. O gráfico na **Figura E8.13** mostra o módulo dessa força em função do tempo. (a) Qual é o impulso que essa força exerce sobre a pedra? (b) Imediatamente após a força cessar, ache o módulo, a direção e o sentido da velocidade da pedra se a força atuar (i) para a direita e (ii) para a esquerda.

Figura E8.13

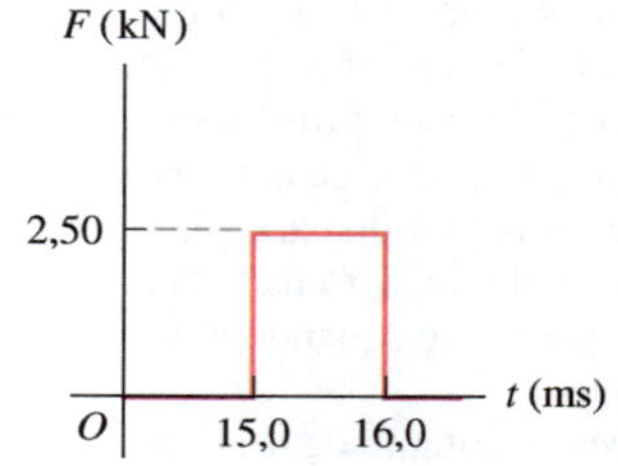

Gráfico: F (kN) vs t (ms); pulso retangular de altura 2,50 kN entre 15,0 e 16,0 ms.

8.14 •• **CALC** Partindo de $t = 0$, uma força resultante horizontal $\vec{F} = (0,280 \text{ N/s})t\hat{\imath} + (-0,450 \text{ N/s}^2)t^2\hat{\jmath}$ é aplicada a uma caixa com um momento linear inicial $\vec{p} = (-3,00 \text{ kg} \cdot \text{m/s})\hat{\imath} + (4,00 \text{ kg} \cdot \text{m/s})\hat{\jmath}$. Qual é o momento linear da caixa em $t = 2,00$ s?

8.15 •• No aquecimento para uma partida de tênis, uma jogadora atinge a bola de 57,0 g verticalmente com sua raquete. Se a bola estiver parada imediatamente antes de ser atingida e subir 5,50 m de altura, que impulso ela transferiu à bola?

Seção 8.2 Conservação do momento linear

8.16 • Uma astronauta de 68,5 kg está no espaço fazendo um reparo na estação espacial orbital. Ela lança fora uma ferramenta de 2,25 kg a 3,20 m/s em relação à estação espacial. Qual será o módulo da velocidade e em que direção e sentido ela começará a se mover?

8.17 •• Os gases que se expandem ao deixar o cano de um rifle também contribuem para o recuo. Uma bala de calibre 30 possui massa igual a 0,00720 kg e velocidade de 601 m/s em relação ao cano, quando disparada de um rifle com massa igual a 2,80 kg. Um rifle apoiado frouxamente recua com velocidade de 1,85 m/s em relação à Terra. Calcule o momento linear dos gases de propulsão em relação a um sistema de coordenadas fixo na Terra, no momento em que eles abandonam a boca do rifle.

8.18 • Dois patinadores, um pesando 625 N e outro 725 N, empurram-se mutuamente sobre o gelo sem atrito. (a) Se o patinador mais pesado desliza a 1,50 m/s, com que velocidade o mais leve deslizará? (b) Quanta energia cinética é "criada" durante a manobra dos patinadores, e de onde vem essa energia?

8.19 • **BIO Propulsão animal.** Lulas e polvos se impulsionam expelindo água. Eles fazem isso armazenando água em uma cavidade e repentinamente contraindo essa cavidade para expelir a água através de um orifício. Uma lula de 6,5 kg (incluindo a água) está em repouso quando de repente avista um perigoso predador. (a) Se a lula possui 1,75 kg de água em sua cavidade, com qual módulo da velocidade ela deve expelir essa água para subitamente atingir uma velocidade com módulo de 2,50 m/s e assim conseguir escapar do predador? Despreze qualquer efeito da força de arraste da água circundante. (b) Qual o valor da energia cinética que a lula cria com essa manobra?

8.20 •• Você está em pé sobre uma camada de gelo que cobre o estacionamento de um estádio de futebol em um país frio; despreze o atrito entre seus pés e o gelo. Um amigo joga para você uma bola de 0,600 kg, que se desloca horizontalmente com velocidade de 10,0 m/s. Sua massa é igual a 70,0 kg. (a) Se você agarra a bola, com que velocidade você e a bola se deslocarão logo a seguir? (b) Se a bola colide com você e rebate em seu peito, passando a adquirir uma velocidade horizontal de 8,0 m/s em sentido oposto ao inicial, com que velocidade você se desloca após a colisão?

8.21 •• Sobre uma mesa de ar horizontal sem atrito, o disco de hóquei A (com massa igual a 0,250 kg) se desloca ao encontro do disco B (com massa igual a 0,350 kg), que inicialmente está em repouso. Depois da colisão, o disco A possui velocidade igual a 0,120 m/s para a esquerda e o disco B possui velocidade igual a 0,650 m/s para a direita. (a) Qual era a velocidade do disco A antes da colisão? (b) Calcule a variação da energia cinética total do sistema ocorrida durante a colisão.

8.22 •• Quando os carros são equipados com para-choques flexíveis, eles vão bater e recuar nas colisões em baixa velocidade, causando, assim, menos danos. Em um desses acidentes, um carro de 1.750 kg que se desloca para a direita a 1,50 m/s colide com um carro de 1.450 kg que segue para a esquerda a 1,10 m/s. Medidas indicam que a velocidade do carro mais pesado logo após a colisão era 0,250 m/s no sentido original. Despreze qualquer atrito da pista durante a colisão. (a) Qual era a velocidade do carro mais leve logo após a colisão? (b) Calcule a variação na energia cinética combinada do sistema composto pelos dois carros durante essa colisão.

8.23 •• Duas massas idênticas de 0,900 kg são pressionadas contra extremos opostos de uma mola leve, de força constante de 1,75 N/cm, comprimindo a mola por 20,0 cm a partir de seu comprimento normal. Ache a velocidade de cada massa quando ela tiver se libertado da mola em uma mesa horizontal e sem atrito.

8.24 • O bloco A na Figura **E8.24** possui massa igual a 1,0 kg, e o bloco B possui massa igual a 3,0 kg. Os dois blocos se aproximam, comprimindo a mola S entre eles; a seguir, o sistema é liberado a partir do repouso sobre uma superfície horizontal sem atrito. A mola possui massa desprezível, não está presa a nenhum dos blocos e cai sobre a mesa depois que se expande. O bloco B adquire uma velocidade de 1,20 m/s. (a) Qual a velocidade final do bloco A? (b) Qual foi a energia potencial armazenada na mola comprimida?

Figura E8.24

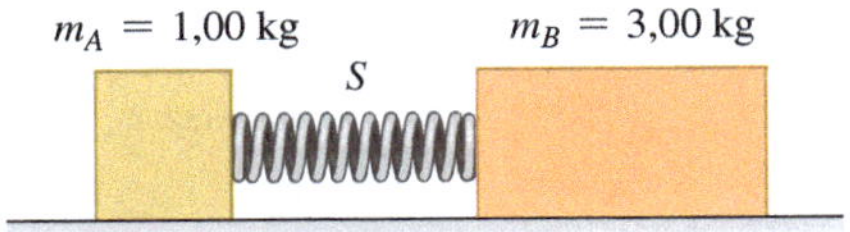

$m_A = 1,00$ kg $\quad$ $m_B = 3,00$ kg

8.25 •• Um caçador está parado sobre um lago congelado e essencialmente sem atrito, quando usa um rifle que dispara balas de 4,20 g a 965 m/s. A massa do caçador (incluindo sua arma) é 72,5 kg, e o caçador segura a arma firmemente após o disparo. Ache a velocidade de recuo do caçador, caso ele dispare o rifle (a) horizontalmente e (b) formando um ângulo de 56,0° acima do plano horizontal.

8.26 • Um núcleo atômico se rompe repentinamente em duas partes (fissões). A parte A, de massa m_A, se desloca para a esquerda com uma velocidade com módulo igual a v_A. A parte B, de massa m_B, se desloca para a direita com velocidade v_B. (a) Use a lei de conservação do momento linear para explicitar v_B em termos de m_A, m_B e v_A. (b) Use os resultados da parte (a) para mostrar que $K_A/K_B = m_B/m_A$, onde K_A e K_B são as energias cinéticas das duas partes.

8.27 •• Daniel (massa de 65,0 kg) e Rebeca (massa de 45,0 kg) estão praticando patinação sobre uma pista de gelo. Enquanto está parado amarrando o cordão de seu patim, Daniel é atingido por Rebeca, que se deslocava a 13,0 m/s antes de colidir com ele. Depois da colisão, a velocidade de Rebeca possui módulo igual a 8,0 m/s e forma um ângulo de 53,1° com a direção de sua velocidade inicial. Ambos se movem sobre a superfície horizontal sem atrito da pista de gelo. (a) Quais são o módulo, a direção e o sentido da velocidade de Daniel depois da colisão? (b) Qual é a variação da energia cinética total dos dois patinadores como resultado da colisão?

8.28 •• Você está parado sobre uma ampla camada de gelo sem atrito e segura uma pedra grande. Para sair do gelo, você joga a pedra de modo que ela atinja a velocidade de 12,0 m/s em relação à superfície terrestre, formando um ângulo de 35,0° acima do plano horizontal. Se a sua massa for 70,0 kg e a massa da rocha for 3,0 kg, qual será o módulo da sua velocidade após lançar a pedra? (Veja Questão para discussão Q8.7.)

8.29 •• Você (massa de 55 kg) está sobre um skate sem atrito (massa de 5,0 kg) em linha reta a uma velocidade de 4,5 m/s. Um amigo parado em uma sacada acima de você solta um pacote de farinha de trigo de 2,5 kg diretamente nos seus braços. (a) Qual é a sua nova velocidade enquanto você segura o pacote? (b) Como o pacote caiu verticalmente, como isso pode afetar seu movimento *horizontal*? Explique. (c) Agora, você tenta se livrar do peso extra lançando o pacote diretamente para cima. Qual será sua velocidade enquanto o pacote está no ar? Explique.

8.30 • Uma astronauta no espaço não pode usar uma balança convencional para determinar a massa de um objeto. Mas ela possui recursos para medir a distância e o tempo com precisão. Ela sabe que sua própria massa é 78,4 kg, mas não tem certeza sobre a massa de um grande tubo de gás no foguete sem ar. Quando esse tubo está se aproximando dela a 3,50 m/s, ela o empurra, diminuindo a velocidade do tubo para 1,20 m/s (mas sem conseguir revertê-lo) e impelindo-a a uma velocidade cujo módulo é igual a 2,40 m/s. Qual é a massa desse tubo?

8.31 •• **Colisão de asteroides.** Dois asteroides de igual massa no cinturão entre Marte e Júpiter colidem entre si com um estouro luminoso. O asteroide A, que se deslocava inicialmente a 40,0 m/s, é desviado em 30,0° de sua direção original, enquanto o asteroide B se desloca a 45,0° da direção original de A (**Figura E8.31**). (a) Ache o módulo da velocidade de cada asteroide após a colisão. (b) Qual fração da energia cinética original do asteroide A se dissipa durante essa colisão?

Figura E8.31

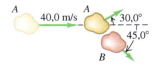

Seção 8.3 Conservação do momento linear e colisões

8.32 • Dois patinadores colidem e seguram um ao outro sobre gelo sem atrito. Um deles, de 70,0 kg de massa, está se movendo para a direita a 4,00 m/s, enquanto o outro, de massa 65,0 kg, está se movendo para a esquerda a 2,50 m/s. Quais são o módulo, a direção e o sentido da velocidade desses patinadores logo após a colisão?

8.33 •• Um peixe de 15,0 kg que nada a 1,10 m/s subitamente engole um peixe de 4,50 kg que estava inicialmente em repouso. Despreze qualquer efeito do arraste da água. (a) Ache o módulo da velocidade do peixe maior imediatamente após ele devorar o menor. (b) Quanta energia mecânica foi dissipada nessa refeição?

8.34 • Duas lontras brincalhonas deslizam ao encontro uma da outra sobre uma superfície horizontal lamacenta (e, portanto, sem atrito). Uma delas, com massa de 7,50 kg, desliza para a esquerda a 5,00 m/s, enquanto a outra, com massa de 5,75 kg, escorrega para a direita a 6,00 m/s. Elas se agarram firmemente após colidirem. (a) Ache o módulo, a direção e o sentido da velocidade dessas lontras logo após a colisão. (b) Quanta energia mecânica se dissipa durante essa brincadeira?

8.35 • **Missão "Impacto Profundo".** Em julho de 2005, a missão "Impacto Profundo", da Nasa, espatifou uma sonda de 372 kg contra o cometa Tempel 1, atingindo a superfície a 37.000 km/h. O módulo da velocidade original do cometa nesse instante era aproximadamente 40.000 km/h, e sua massa foi estimada na ordem de $(0,10$ a $2,5) \times 10^{14}$ kg. Use o menor valor da massa estimada. (a) Qual variação na velocidade do cometa essa colisão produziu? Essa variação seria perceptível? (b) Suponha que esse cometa fosse atingir a Terra e se fundir com ela. Em quanto ele alteraria a velocidade do nosso planeta? Essa mudança seria perceptível? (A massa da Terra é $5,97 \times 10^{24}$ kg.)

8.36 • Um carro esportivo de 1.050 kg se desloca com velocidade de 15,0 m/s para oeste em uma estrada horizontal quando colide com um caminhão de 6.320 kg que se desloca para leste na mesma estrada a 10,0 m/s. Os dois veículos ficam engavetados após a colisão. (a) Qual é a velocidade (módulo, direção e sentido) dos veículos logo após a colisão? (b) Qual deveria ser a velocidade do caminhão para que os dois veículos ficassem parados logo após a colisão? (c) Calcule a variação da energia cinética total do sistema dos dois veículos para a situação descrita na parte (a) e na parte (b). Em qual das duas situações ocorre a maior variação em módulo da energia cinética total?

8.37 •• Em um campo de futebol lamacento, um zagueiro de 110 kg se choca com um jogador meio de campo de 85 kg. Imediatamente antes da colisão, o zagueiro se deslocava com velocidade de 8,8 m/s para o norte e o outro jogador se deslocava com velocidade de 7,2 m/s para o leste. Qual é a velocidade (módulo, direção e sentido) com a qual os dois jogadores se movem unidos imediatamente após a colisão?

8.38 •• **Análise de acidente.** Dois carros colidem em uma interseção. O carro A, com massa de 2.000 kg, está indo do oeste para o leste, enquanto o carro B, com massa de 1.500 kg, está indo do norte para o sul a 15 m/s. Como resultado, os dois carros se engavetam, movendo-se como se fossem um. Como uma testemunha especializada, você inspeciona a cena e determina que, após a colisão, os carros amassados se moveram em um ângulo de 65° a sudeste do ponto de impacto. (a) Com que velocidade os carros amassados se moveram logo após a colisão? (b) Qual era a velocidade do carro A imediatamente antes da colisão?

8.39 •• João (massa 55,0 kg) está deslizando rumo leste com velocidade de 8,00 m/s sobre a superfície de um lago congelado. Ele colide com Jonas (massa 48,0 kg), que está inicialmente em repouso. Após a colisão, João está deslizando a 5,00 m/s em uma direção 34,0° a nordeste. Qual é a velocidade de Jonas (módulo, direção e sentido) após a colisão? Ignore o atrito.

8.40 •• **BIO Em defesa dos pássaros.** Para proteger seus filhotes no ninho, os falcões-peregrinos voam em alta velocidade contra aves de rapina (como corvos). Em um desses episódios, um falcão de 600 g que voa a 20,0 m/s atinge um corvo de 1,50 kg que voa a 9,0 m/s. O falcão atingiu o corvo em uma direção ortogonal à sua trajetória original e recuou a 5,0 m/s. (Esses números foram estimados pelo autor, enquanto observava esse ataque ocorrer no norte do Novo México.) (a) Em que ângulo o falcão mudou a direção do movimento do corvo? (b) Qual foi a velocidade do corvo logo após a colisão?

8.41 • Em um cruzamento na cidade de São Paulo, um carro compacto com massa de 950 kg que se deslocava de oeste para leste colide com uma picape com massa de 1.900 kg que se deslocava do sul para o norte e avançou o sinal vermelho (**Figura E8.41**). Em virtude da colisão, os dois veículos ficam engavetados e, após a colisão, se deslocam a 16,0 m/s na direção a 24,0° nordeste. Calcule o módulo da velocidade de cada veículo antes da colisão. Como estava chovendo muito, o atrito entre os veículos e a estrada pode ser desprezado.

Figura E8.41

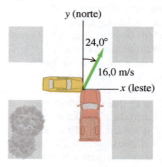

8.42 •• Uma bala de 5,00 g é disparada horizontalmente sobre um bloco de madeira de 1,20 kg que está em repouso sobre uma superfície horizontal. O coeficiente de atrito cinético entre a superfície e o bloco é igual a 0,20. A bala fica cravada na madeira, e observa-se que o bloco desliza por 0,310 m até parar. Qual era a velocidade inicial da bala?

8.43 •• **Um pêndulo balístico.** Uma bala de 12,0 g é disparada com velocidade de 380 m/s sobre um pêndulo balístico com massa igual a 6,00 kg, suspenso por uma corda de 70,0 cm de comprimento (veja o Exemplo 8.8, na Seção 8.3). Calcule (a) a altura vertical alcançada pelo pêndulo; (b) a energia cinética inicial da bala; (c) a energia cinética da bala e do pêndulo imediatamente depois de a bala ficar retida na madeira do pêndulo.

8.44 •• **Combinando leis da conservação.** Um bloco de 15,0 kg é preso a uma mola horizontal muito leve com constante de força 500,0 N/m e está apoiado sobre uma mesa horizontal sem atrito (**Figura E8.44**). De repente, o bloco é atingido por uma pedra de 3,00 kg seguindo na horizontal a 8,00 m/s para a direita, quando a pedra recua a 2,00 m/s horizontalmente para a esquerda. Determine a distância máxima que o bloco comprimirá a mola após a colisão.

Figura E8.44

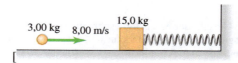

8.45 •• **PC** Um ornamento de 0,800 kg está pendurado por um fio de 1,50 m quando, repentinamente, é atingido por um míssil de 0,200 kg trafegando horizontalmente a 12,0 m/s. O míssil incorpora-se ao ornamento durante a colisão. Qual é a tensão no fio imediatamente após a colisão?

Seção 8.4 Colisões elásticas

8.46 •• Um cavaleiro de 0,150 kg move-se a 0,80 m/s para a direita sobre um trilho de ar horizontal sem atrito. Ele colide frontalmente com um cavaleiro de 0,300 kg que se move a 2,20 m/s para a esquerda. Supondo colisão elástica, determine o módulo, a direção e o sentido de cada cavaleiro depois da colisão.

8.47 •• Os blocos A (massa 2,0 kg) e B (massa 6,0 kg) movem-se sobre uma superfície horizontal sem atrito. Inicialmente, o bloco B está em repouso e o bloco A se move em direção a ele com velocidade de 2,00 m/s. Os blocos estão equipados com para-choques de mola ideal, como no Exemplo 8.10 (Seção 8.4). A colisão é frontal, de modo que todo movimento antes e depois da colisão ocorre ao longo de uma linha reta. (a) Ache a energia máxima armazenada nos para-choques de mola e a velocidade de cada bloco nesse instante. (b) Ache a velocidade de cada bloco após eles se separarem.

8.48 • Uma bola de gude de 10,0 g desloca-se com velocidade de 0,400 m/s para a esquerda sobre uma pista horizontal sem atrito e colide frontalmente com outra bola de gude de 30,0 g que se desloca com velocidade de 0,200 m/s para a direita (**Figura E8.48**). (a) Determine o módulo, a direção e o sentido de cada bola depois da colisão. (Como a colisão é frontal, todos os movimentos ocorrem ao longo da mesma linha.) (b) Calcule a *variação do momento linear* (isto é, o momento linear depois da colisão menos o momento linear antes da colisão) para cada bola de gude. Compare os valores obtidos para cada bola. (c) Calcule a *variação de energia cinética* (isto é, a energia cinética depois da colisão menos a energia cinética antes da colisão) para cada bola. Compare os valores obtidos para cada bola.

Figura E8.48

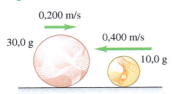

8.49 •• **Moderadores.** Os reatores nucleares do Canadá usam moderadores de *água pesada*, nos quais ocorrem colisões elásticas entre nêutrons e dêuterons de massa 2,0 u (veja o Exemplo 8.11, na Seção 8.4). (a) Qual a velocidade de um nêutron, expressa em função de sua velocidade inicial, depois de uma colisão frontal com um dêuteron que estava inicialmente em repouso? (b) Qual é sua energia cinética, expressa como uma fração de sua energia cinética inicial? (c) Quantas colisões sucessivas iguais a essa seriam necessárias para reduzir a velocidade de um nêutron até 1/59.000 de seu valor original?

8.50 •• Você está controlando um acelerador de partículas, enviando um feixe de $1,50 \times 10^7$ m/s de prótons (massa m) a um alvo gasoso de um elemento desconhecido. Seu detector mostra que alguns prótons são rebatidos diretamente para trás depois de uma colisão com um núcleo do elemento desconhecido. Todos esses prótons são rebatidos para trás com velocidade igual a $1,20 \times 10^7$ m/s. Despreze as velocidades iniciais dos núcleos dos alvos e suponha que as colisões sejam elásticas. (a) Calcule a massa do núcleo do elemento desconhecido. Expresse sua resposta em função da massa m do próton. (b) Qual é a velocidade do núcleo do elemento desconhecido imediatamente depois dessa colisão?

Seção 8.5 Centro de massa

8.51 • As massas e as coordenadas dos centros de massa de três barras de chocolate são dadas por: (1) 0,300 kg, (0,200 m, 0,300 m); (2) 0,400 kg, (0,100 m, −0,400 m); (3) 0,200 kg, (−0,300 m, 0,600 m). Calcule as coordenadas do centro de massa do sistema constituído por essas três barras de chocolate.

8.52 • Determine a posição do centro de massa do sistema constituído pelo Sol e por Júpiter. (Como a massa de Júpiter é muito maior que as massas dos demais planetas, essa resposta fornece essencialmente a posição do centro de massa do sistema solar.) A posição desse centro de massa está dentro ou fora do Sol? Use os dados do Apêndice F.

8.53 •• **Plutão e Charon.** O diâmetro de Plutão é de aproximadamente 2.370 km, e o diâmetro de seu satélite Charon é 1.250 km. Embora haja variação, em geral eles estão a 19.700 km de distância, de um centro a outro. Supondo que Plutão e Charon possuam a mesma composição e, portanto, a mesma densidade média, ache a localização do centro de massa desse sistema em relação ao centro de Plutão.

8.54 • Um utilitário de 1.200 kg desloca-se a 12,0 m/s ao longo de um elevado retilíneo. Outro carro de 1.800 kg, deslocando-se a 20,0 m/s, tem seu centro de massa situado a uma distância de 40,0 m na frente do centro de massa do utilitário (**Figura E8.54**). (a) Calcule a posição do centro de massa do sistema constituído pelos dois carros. (b) Calcule o módulo do momento linear total do sistema usando os dados citados. (c) Calcule a velocidade do centro de massa do sistema. (d) Calcule o módulo do momento linear total do sistema usando a velocidade do centro de massa do sistema. Compare sua resposta com o resultado obtido no item (b).

Figura E8.54

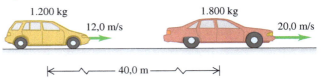

8.55 • A peça de uma máquina consiste em uma barra fina e uniforme de 4,00 kg, com 1,50 m de comprimento, e está presa por uma dobradiça perpendicular a uma barra vertical semelhante, com massa de 3,00 kg e comprimento de 1,80 m. A barra mais longa possui uma bola pequena, porém densa, de 2,00 kg em uma das extremidades (**Figura E8.55**). Qual é a distância percorrida horizontal e verticalmente pelo centro de massa dessa peça, caso a barra vertical gire 90° no sentido anti-horário de modo a tornar toda a peça horizontal?

Figura E8.55

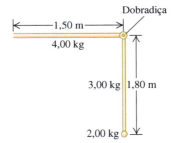

8.56 • Em um dado instante, o centro de massa de um sistema de duas partículas está localizado sobre o eixo Ox no ponto $x = 2,0$ m e possui velocidade igual a $(5,0$ m/s$)\hat{\imath}$. Uma das partículas está sobre a origem. A outra possui massa de 0,10 kg e está em repouso sobre o eixo Ox no ponto $x = 8,0$ m. (a) Qual é a massa da partícula sobre a origem? (b) Calcule o momento linear total do sistema. (c) Qual é a velocidade da partícula que está sobre a origem?

8.57 •• No Exemplo 8.14 (Seção 8.5), Ramon puxa a corda atingindo uma velocidade de 1,10 m/s. Qual é a velocidade de Jaime?

8.58 • **CALC** Um sistema possui duas partículas. No instante $t = 0$, uma das partículas está na origem; a outra, com massa igual a 0,50 kg, está sobre o eixo Oy no ponto $y = 6,0$ m. Para $t = 0$, o centro de massa do sistema está sobre o eixo Oy no ponto $y = 2,4$ m. A velocidade do centro de massa do sistema é dada por $(0{,}75 \text{ m/s}^3)t^2\hat{\imath}$. (a) Calcule a massa total do sistema. (b) Ache a aceleração do centro de massa em função do tempo t. (c) Calcule a força externa resultante que atua sobre o sistema no instante $t = 3{,}0$ s.

8.59 • **CALC** Um modelo de avião com controle remoto possui momento linear dado por $[(-0{,}75 \text{ kg} \cdot \text{m/s}^3)t^2 + (3{,}0 \text{ kg} \cdot \text{m/s})]\hat{\imath} + (0{,}25 \text{ kg} \cdot \text{m/s}^2)t\hat{\jmath}$. (a) Quais são os componentes x, y e z da força resultante que atua sobre o avião?

8.60 •• **BIO Mudando seu centro de massa.** Para manter os cálculos bem simples, mas ainda razoáveis, modelamos o membro inferior do corpo humano que possui 92,0 cm (medidos a partir do quadril), supondo que a coxa e a parte inferior desse membro (que inclui a perna e o pé) possuem tamanhos iguais e são uniformes. Para uma pessoa de 70,0 kg, a massa da coxa é de 8,60 kg, enquanto que a massa da parte inferior desse membro (incluindo a perna e o pé) é de 5,25 kg. Ache o local do centro de massa do membro inferior do corpo humano, em relação ao quadril, quando o membro inferior estiver (a) esticado horizontalmente e (b) encurvado no joelho formando um ângulo reto, com a coxa permanecendo na horizontal.

Seção 8.6 Propulsão de um foguete

8.61 •• Um astronauta de 70 kg flutuando no espaço no interior de uma UMM (unidade de manobra tripulada) de 110 kg sofre uma aceleração de 0,029 m/s² quando aciona um dos motores de propulsão. (a) Sabendo que a velocidade do gás N_2 emitido em relação ao astronauta é igual a 490 m/s, qual foi a quantidade de gás usada pelo motor de propulsão em 5,0 s? (b) Qual é a força de propulsão desse motor?

8.62 • Um pequeno foguete queima 0,0500 kg de combustível por segundo, expelindo-o como um gás cuja velocidade em relação ao foguete possui módulo igual a 1.600 m/s. (a) Qual é a força de propulsão sobre o foguete? (b) O foguete poderia se deslocar no espaço sideral, onde não existe atmosfera? Em caso afirmativo, como você faria para mudar a direção do movimento? Você poderia frear o foguete?

8.63 •• Obviamente um foguete pode ser acelerado até atingir velocidades muito elevadas, porém qual deve ser uma velocidade máxima razoável? Considere um foguete disparado a partir do repouso no espaço sideral, onde a gravidade é desprezível. (a) Se a velocidade relativa do gás de exaustão é 2.000 m/s e você deseja que a velocidade final do foguete seja de $1{,}0 \times 10^{-3}\,c$, onde c é a velocidade da luz no vácuo, qual deve ser a fração da massa inicial do foguete e combustível que *não* é combustível? (b) Qual deve ser essa fração para que a velocidade final do foguete seja de 3.000 m/s?

PROBLEMAS

8.64 •• Uma bola de aço de massa igual a 40,0 g é solta de uma altura de 2,00 m sobre uma barra de aço horizontal. A bola é rebatida até uma altura de 1,60 m. (a) Calcule o impulso comunicado para a bola durante a colisão. (b) Sabendo que a bola permanece em contato com a barra durante 2,00 ms, calcule a força média exercida sobre a bola durante a colisão.

8.65 •• Imediatamente antes de colidir com a raquete, uma bola de tênis pesando 0,560 N possui uma velocidade igual a $(20{,}0 \text{ m/s})\hat{\imath} - (4{,}0 \text{ m/s})\hat{\jmath}$. Durante os 3,00 ms em que a raquete ficou em contato com a bola, a força resultante é constante e igual a $-(380 \text{ N})\hat{\imath} + (110 \text{ N})\hat{\jmath}$. (a) Quais são os componentes x e y do impulso da força resultante que atuam sobre a bola? (b) Quais são os componentes x e y da velocidade final da bola?

8.66 • Três discos de hóquei idênticos possuindo ímãs que se repelem estão sobre uma mesa de ar horizontal. Eles são mantidos unidos e, a seguir, são liberados simultaneamente. O módulo da velocidade em cada instante é sempre o mesmo para os discos. Um deles se move para o oeste. Determine a direção e o sentido da velocidade de cada um dos outros discos.

8.67 •• Os blocos A (massa 2,00 kg) e B (massa 10,00 kg) movem-se sobre uma superfície horizontal sem atrito. Inicialmente, o bloco B está se movendo para a esquerda a 0,500 m/s e o bloco A se move para a direita com velocidade de 2,00 m/s. Os blocos estão equipados com para-choques de mola ideal, como no Exemplo 8.10 (Seção 8.4). A colisão é frontal, portanto, todo o movimento antes e depois da colisão ocorre ao longo de uma linha reta. (a) Ache a energia máxima armazenada nos para-choques de mola e a velocidade de cada bloco nesse instante. (b) Ache a velocidade de cada bloco após eles se separarem.

8.68 •• Um carrinho de estrada de ferro, impulsionado manualmente, move-se ao longo de um trilho horizontal sem atrito e com resistência do ar desprezível. Nos casos a seguir, o carrinho possui massa total (carro mais tudo o que está em seu interior) igual a 200 kg e se desloca a 5,0 m/s para leste. Calcule a *velocidade final* do carrinho em cada caso, supondo que ele não abandone os trilhos. (a) Um corpo com 25,0 kg de massa é lançado lateralmente para fora do carrinho com velocidade de módulo igual a 2,0 m/s em relação à velocidade inicial do carrinho. (b) Um corpo com 25,0 kg de massa é lançado para fora do carrinho no sentido contrário ao de seu movimento e com velocidade de módulo igual a 5,00 m/s em relação à velocidade inicial do carrinho. (c) Um corpo com 25,0 kg de massa é lançado para dentro do carrinho com velocidade de módulo igual a 6,0 m/s em relação ao solo e com sentido contrário ao da velocidade inicial do carrinho.

8.69 • As esferas A (massa 0,020 kg), B (massa 0,030 kg) e C (massa 0,050 kg) se aproximam da origem deslizando sobre uma mesa de ar sem atrito. As velocidades iniciais de A e de B são indicadas na **Figura P8.69**. Todas as três esferas atingem a origem no mesmo instante e ficam coladas. (a) Quais devem ser os componentes x e y da velocidade inicial de C para que os três objetos unidos se desloquem a 0,50 m/s no sentido do eixo $+Ox$ após a colisão? (b) Se C possui a velocidade encontrada no item (a), qual é a variação da energia cinética do sistema das três esferas ocasionada pela colisão?

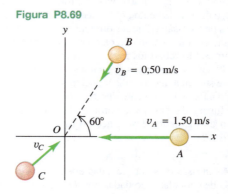

Figura P8.69

8.70 ••• Você e seus amigos estão fazendo uma experiência de física sobre um lago congelado que serve como uma superfície horizontal, sem atrito. Samuel, com massa de 80,0 kg, é empurrado e desliza na direção leste. Abigail, com massa de 50,0 kg, é empurrada no sentido norte. Eles colidem e, após a colisão, Samuel se move a 37,0° do leste para o norte com uma velocidade cujo módulo é igual a 6,00 m/s e Abigail se move a 23,0° do leste para o sul com uma velocidade de 9,00 m/s. (a) Qual era a velocidade de cada um antes da colisão? (b) Em quanto a energia cinética total das duas pessoas diminuiu durante a colisão?

8.71 •• **PC** Um bloco de madeira de 8,00 kg situa-se na borda de uma mesa sem atrito, 2,20 m acima do piso. Uma bola de barro de 0,500 kg desliza ao longo do percurso da mesa com uma velocidade de 24,0 m/s, atinge o bloco de madeira e adere a ele. O objeto combinado deixa a borda da mesa e cai no chão. Que distância horizontal o objeto combinado terá percorrido quando alcançar o piso?

8.72 ••• **PC** Um pequeno bloco de madeira com massa de 0,800 kg é suspenso pela ponta de uma corda leve com 1,60 m de extensão. O bloco encontra-se inicialmente em repouso. Uma bola com massa de 12,0 g é disparada no bloco com uma velocidade horizontal v_0. A bola atinge o bloco e fica embutida nele. Após a colisão, o objeto combinado balança na ponta da corda. Quando o bloco tiver subido até uma altura vertical de 0,800 m, a tensão na corda é de 4,80 N. Qual era a velocidade inicial v_0 da bola?

8.73 •• **Combinando leis da conservação.** Um bloco de gelo de 5,0 kg desliza a 12,0 m/s sobre o piso de um vale coberto de gelo quando colide e prende-se a outro bloco de gelo de 5,00 kg que estava inicialmente em repouso (**Figura P8.73**). Como o vale é de gelo, não há atrito. Após a colisão, até que altura acima do plano do vale os blocos combinados subirão?

Figura P8.73

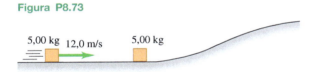

8.74 •• **PC** O bloco B (massa de 4,00 kg) está em repouso na borda de uma plataforma lisa, a 2,60 m acima do piso. O bloco A (massa de 2,00 kg) desliza com uma velocidade de 8,00 m/s ao longo da plataforma em direção ao bloco B. A alcança B e ricocheteia com uma velocidade de 2,00 m/s. A colisão projeta B horizontalmente para fora da plataforma. Qual é a velocidade de B imediatamente antes de alcançar o piso?

8.75 •• Dois blocos têm uma mola comprimida entre eles, como no Exercício 8.24. A mola tem força constante de 720 N/m e, inicialmente, é comprimida 0,225 m de seu comprimento original. Para cada bloco, qual é (a) a aceleração logo após os blocos serem liberados; (b) a velocidade final após os blocos deixarem a mola?

8.76 •• **Análise de acidente de automóvel.** Você é chamado como testemunha especializada para analisar o seguinte acidente de automóvel: o carro B, com massa de 1.900 kg, estava parado em um sinal vermelho quando foi atingido por trás pelo carro A, com massa de 1.500 kg. Os carros travaram os para-choques durante a colisão e deslizaram até parar com os freios travados em todas as rodas. As medições das marcas no asfalto deixadas pelos pneus mostraram uma distância de 7,15 m. O coeficiente de atrito cinético entre os pneus e o asfalto foi 0,65. (a) Qual era a velocidade do carro A imediatamente antes da colisão? (b) Se o limite de velocidade era de 50 km/h, o carro A estava acima do limite e, se estava, em quantos km/h ele estava *excedendo* o limite de velocidade?

8.77 •• **Análise de acidente.** Um automóvel sedan de 1.500 kg entra em um cruzamento largo trafegando de norte a sul quando é atingido por um utilitário de 2.200 kg trafegando de leste a oeste. Os dois carros se engavetam em decorrência do impacto e deslizam como se fossem um depois disso. Medições no local mostram que o coeficiente de atrito cinético entre os pneus desses carros e o pavimento é 0,75, e os carros deslizam até parar em um ponto 5,39 m a oeste e 6,43 m a sul do ponto de impacto. Qual era a velocidade de cada carro imediatamente antes da colisão?

8.78 ••• **PC** Uma armação de 0,150 kg, quando suspensa por uma mola, estica essa mola em 0,0400 m. Um pedaço de massa de 0,200 kg parte do repouso sobre a armação de uma altura de 30,0 cm (**Figura P8.78**). Determine a distância máxima que a armação se move a partir de sua posição de equilíbrio inicial.

Figura P8.78

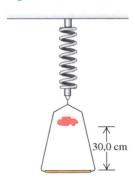

8.79 • Uma bala de 8,0 g disparada por um rifle penetra e fica retida em um bloco de 0,992 kg ligado a uma mola e apoiado sobre uma superfície horizontal sem atrito (**Figura P8.79**). O impacto produz uma compressão de 15,0 cm na mola. A calibração mostra que uma força de 0,750 N comprime a mola 0,250 cm. (a) Calcule o módulo da velocidade do bloco imediatamente após o impacto. (b) Qual era a velocidade inicial da bala?

Figura P8.79

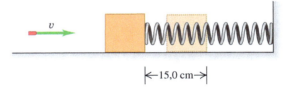

8.80 •• **Uma bala ricocheteando.** Uma pedra de 0,100 kg está em repouso sobre uma superfície horizontal sem atrito. Uma bala de 6,0 g, se deslocando horizontalmente a 350 m/s, colide com a pedra e ricocheteia ao longo da superfície com velocidade de 250 m/s em uma direção ortogonal à sua velocidade inicial. (a) Determine o módulo, a direção e o sentido da velocidade da pedra após o impacto. (b) A colisão é perfeitamente elástica?

8.81 •• Um dublê de cinema (massa 80,0 kg) está em pé sobre a borda de uma janela situada a 5,0 m acima do piso (**Figura P8.81**). Segurando uma corda amarrada a um lustre, ele oscila para baixo para atingir o vilão do filme (massa 70,0 kg), que está em pé diretamente abaixo do lustre. (Suponha que o centro de massa do dublê se mova para baixo 5,0 m. Ele larga a corda no instante em que atinge o vilão.) (a) Com que velocidade os dois adversários engalfinhados começam a deslizar ao longo do piso? (b) Sabendo que o coeficiente de atrito cinético entre seus corpos e o piso é dado por $\mu_C = 0,250$, até que distância eles deslizam ao longo do piso?

Figura P8.81

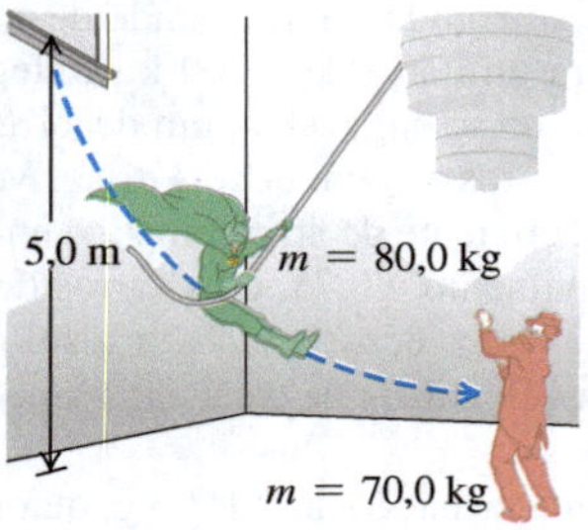

5,0 m ; m = 80,0 kg ; m = 70,0 kg

8.82 •• **PC** Duas massas idênticas são liberadas do repouso em um recipiente hemisférico liso e raio R, a partir da posição indicada na **Figura P8.82**. Despreze o atrito entre as massas e a superfície do recipiente. Se elas colarem ao colidir, que altura acima da parte inferior do recipiente as massas atingirão após a colisão?

Figura P8.82

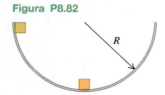

8.83 •• Uma bola de massa M que se move horizontalmente a 4,0 m/s colide elasticamente com um bloco de massa $3M$, que está inicialmente suspenso em repouso a partir do teto por um fio de 50,0 cm. Ache o ângulo máximo com que o bloco oscila após ser atingido.

8.84 ••• **PC** Uma esfera de chumbo de 20,00 kg está presa a um gancho suspenso por um fio fino com 2,80 m de comprimento e está livre para oscilar formando um círculo completo. De súbito, a esfera de chumbo é atingida horizontalmente por um dardo de aço de 5,00 kg que a penetra. Qual deve ser a velocidade inicial mínima do dardo para que o conjunto dê uma volta completa após a colisão?

8.85 •• Uma bala de 4,0 g é disparada horizontalmente com velocidade de 400 m/s contra um bloco de madeira de 0,800 kg, inicialmente em repouso sobre uma superfície horizontal. A bala atravessa o bloco e emerge com uma velocidade reduzida para 190 m/s. O bloco desliza ao longo da superfície até uma distância de 72,0 cm de sua posição inicial. (a) Qual é o coeficiente de atrito cinético entre o bloco e a superfície? (b) Qual é a diminuição da energia cinética da bala? (c) Qual é a energia cinética do bloco no instante em que a bala emerge dele?

8.86 •• Uma bala de 5,0 g *atravessa* um bloco de madeira de 1,00 kg suspenso por um fio de comprimento igual a 2,0 m. O centro de massa do bloco sobe até uma altura de 0,38 cm. Sabendo que a velocidade inicial da bala era de 450 m/s, ache a velocidade dela no instante em que emerge do bloco.

8.87 •• **PC** No centro de distribuição de uma transportadora de carga, um carrinho aberto com massa de 50,0 kg roda da direita para a esquerda com uma velocidade cujo módulo é igual a 5,0 m/s (**Figura P8.87**). Despreze o atrito entre o carrinho e o piso. Um pacote de 15,0 kg desliza de cima para baixo por uma calha de transporte que está inclinada a 37° do plano horizontal e deixa o final da calha com velocidade de 3,00 m/s. O pacote cai dentro do carrinho e eles rodam juntos. Considerando que o final da calha está a uma distância vertical de 4,0 m acima do fundo do carrinho, quais são (a) o módulo da velocidade do pacote pouco antes de cair dentro do carrinho e (b) o módulo da velocidade final do carrinho?

Figura P8.87

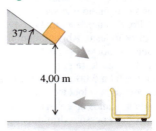

8.88 ••• **Decaimento do nêutron.** Um nêutron em repouso decai (se rompe) para um próton e um elétron. Uma energia é liberada no processo de decaimento e se transforma em energia cinética do próton e do elétron. A massa de um próton é 1.836 vezes maior que a massa de um elétron. Qual fração da energia cinética total liberada se converte em energia cinética do próton?

8.89 • **Antineutrino.** No decaimento beta, um núcleo emite um elétron. Um núcleo de ^{210}Bi (bismuto) em repouso sofre um decaimento beta para ^{210}Po (polônio). Suponha que o elétron emitido se mova para a direita com um momento linear de $5,60 \times 10^{-22}$ kg · m/s. O núcleo de ^{210}Po, com massa $3,50 \times 10^{-25}$ kg, recua para a esquerda a uma velocidade $1,14 \times 10^3$ m/s. A conservação do momento linear requer que uma segunda partícula, chamada de antineutrino, também seja emitida. Calcule o módulo, a direção e o sentido do momento linear do antineutrino que é emitido nesse decaimento.

8.90 •• João e Jane estão sentados em um trenó que está inicialmente em repouso sobre uma superfície de gelo sem atrito. O peso de João é igual a 800 N, o peso de Jane é igual a 600 N e o peso do trenó é igual a 1.000 N. Ao notar a presença de uma aranha venenosa no interior do trenó, eles pulam para fora imediatamente. João pula para a esquerda com velocidade (em relação ao gelo) igual a 5,00 m/s formando um ângulo de 30,0° acima da horizontal, e Jane pula para a direita, com velocidade (em relação ao gelo) igual a 7,00 m/s, formando um ângulo de 36,9° acima da horizontal. Determine o módulo, a direção e o sentido da velocidade do trenó depois que eles pulam para fora.

8.91 •• Os amigos Beto e Ernesto estão parados em extremidades opostas de um tronco uniforme flutuando em um lago. O tronco tem 3,0 m de extensão e massa de 20,0 kg. Beto tem massa de 30,0 kg e Ernesto, de 40,0 kg. Inicialmente, o tronco e os dois amigos estão em repouso em relação à margem. Então Beto oferece um biscoito a Ernesto, e Ernesto caminha até a extremidade de Beto no tronco para apanhá-lo. Em relação à margem, que distância o tronco se moveu quando Ernesto alcançou Beto? Ignore qualquer força horizontal que a água exerça sobre o tronco e considere que nenhum dos dois amigos cai do tronco.

8.92 •• Uma mulher de 45,0 kg está em pé em uma canoa de 60,0 kg com 5,00 m de extensão. Ela percorre de um ponto a 1,00 m de uma extremidade a um ponto a 1,00 m da outra extremidade (**Figura P8.92**). Se você ignorar a resistência ao movimento da canoa na água, o quanto a canoa se move durante esse processo?

Figura P8.92

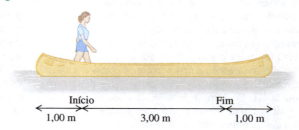

8.93 •• Você está em pé sobre um bloco de concreto apoiado sobre um lago congelado. Suponha que não exista atrito entre o bloco e a superfície do lago congelado. O peso do bloco é cinco vezes maior que o seu. Se você caminhar para a frente com velocidade de 2,0 m/s, com que velocidade o bloco se moverá em relação ao gelo?

8.94 •• PC Um foguete de fogos de artifício é disparado verticalmente de baixo para cima com velocidade de 18,0 m/s e direção de 51,0° acima da horizontal. Durante o voo, o foguete explode e se parte em dois pedaços de mesma massa (ver Figura 8.32). (a) Qual é a distância horizontal desde o ponto de lançamento que o centro de massa das duas partes estará após elas terem parado no solo? (b) Se uma parte parar a uma distância horizontal de 26,0 m do ponto de lançamento, onde a outra parte parará?

8.95 •• Um projétil de 7,0 kg explode em dois fragmentos, sendo um deles com massa de 2,0 kg e o outro com massa de 5,0 kg. Se o fragmento mais pesado ganhar 100 J de energia cinética com a explosão, quanta energia cinética o mais leve ganhará?

8.96 •• PC Um projétil de 20,0 kg é disparado com velocidade de 80,0 m/s, formando um ângulo de 60,0° acima da horizontal. No ponto mais elevado de sua trajetória, o projétil explode se dividindo em dois fragmentos de mesma massa, e um deles cai verticalmente com velocidade inicial igual a zero. Despreze a resistência do ar. (a) Supondo um solo horizontal, qual é a distância entre o ponto inicial do disparo e o ponto onde o segundo fragmento atinge o solo? (b) Qual é a quantidade de energia liberada na explosão?

8.97 ••• PC Um foguete de fogos de artifício é disparado verticalmente para cima. Na sua altura máxima de 80,0 m, ele explode e se parte em dois pedaços, um com massa de 1,40 kg e o outro com massa de 0,28 kg. Na explosão, 860 J de energia química são convertidos em energia cinética dos dois fragmentos. (a) Qual é o módulo da velocidade de cada fragmento logo após a explosão? (b) É observado que os dois fragmentos atingem o solo ao mesmo tempo. A que distância um do outro eles caem no solo? Suponha que o solo seja plano e a resistência do ar, desprezível.

8.98 ••• Um projétil de 12,0 kg é lançado a um ângulo de 55,0° acima do plano horizontal, com uma velocidade inicial cujo módulo é igual a 150 m/s. Ao atingir a altura máxima, ele explode em dois fragmentos, sendo um deles três vezes mais pesado que o outro. Os dois fragmentos atingem o solo ao mesmo tempo. Considere que a resistência do ar é desprezível. Se o fragmento mais pesado aterrissar no mesmo ponto de onde o projétil foi lançado, onde o fragmento mais leve cairá no solo e quanta energia foi liberada na explosão?

8.99 • PC Um bandido solta uma carroça com duas caixas de ouro, com massa total de 300 kg, quando a carroça está em repouso a 50 m da base de uma ladeira com inclinação de 6,0°. O bandido planeja fazer a carroça rolar ladeira abaixo e continuar se deslocando no terreno horizontal até cair em uma ribanceira, no fundo da qual os outros bandidos da quadrilha esperavam. Porém, Zorro (massa 75,0 kg) e Tonto (massa 60,0 kg) aguardavam no alto de uma árvore situada a uma distância de 40 m da ribanceira. Eles saltaram verticalmente sobre a carroça no instante em que ela passava embaixo da árvore (**Figura P8.99**). (a) Sabendo que dispunham de apenas 5,0 s para pegar o ouro e pular da carroça antes que ela caísse na ribanceira, teriam eles conseguido realizar a tarefa? Despreze o atrito de rolamento. (b) Quando os dois heróis pulam para o interior da carroça, a energia cinética do sistema carroça mais heróis é conservada? Caso não seja, em quanto ela aumenta ou diminui?

Figura P8.99

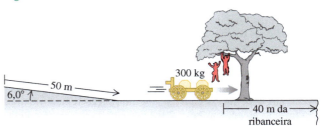

8.100 •• DADOS Um Prius 2004 com um motorista de 150 lb e nenhum passageiro pesa 3.071 lb. O carro encontra-se inicialmente em repouso. Começando em $t = 0$, uma força resultante horizontal $F_x(t)$ na direção positiva do eixo x é aplicada ao carro. A força em função do tempo é dada na **Figura P8.100**. (a) Para o intervalo $t = 0$ a $t = 4,50$ s, qual é o impulso aplicado ao carro? (b) Qual é a velocidade do carro em $t = 4,50$ s? (c) Em $t = 4,50$ s, a força resultante de 3.500 N é substituída por uma força de freio constante $B_x = -5.200$ N. Quando a força de freio é aplicada inicialmente, quanto tempo o carro leva para parar? (d) Quanto trabalho deverá ser feito sobre o carro pela força de freio para parar o carro? (e) Que distância o carro trafega desde o momento em que a força de freio é aplicada inicialmente até a parada do carro?

Figura P8.100

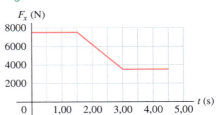

8.101 •• DADOS No seu trabalho em um laboratório da polícia, é preciso projetar um aparato para medir as velocidades no cano das balas disparadas das armas. Sua solução é conectar um bloco de madeira de 2,00 kg que se apoia sobre uma superfície horizontal a uma mola horizontal leve. A outra ponta da mola é presa a uma parede. Inicialmente, a mola está em seu comprimento de equilíbrio. Uma bala é disparada horizontalmente no bloco e permanece embutida nele. Depois que a bala atinge o bloco, este comprime a mola a uma distância máxima d. Você mediu que o coeficiente de atrito cinético entre o bloco e a superfície horizontal é 0,38. A tabela a seguir lista algumas armas de fogo que você testará:

ID da bala	Tipo	Massa da bala (grãos)	Velocidade do cano (pés/s)
A	Glaser Blue calibre 38	80	1.667
B	Federal calibre 38	125	945
C	Remington calibre 44	240	851
D	Winchester calibre 44	200	819
E	Glaser Blue calibre 45 ACP	140	1.355

Fonte: <www.chuckhawks.com>

Um grão é uma unidade de massa igual a 64,80 mg. (a) Das balas de A até E, qual produzirá a máxima compressão da mola? E a mínima? (b) Você deseja que a compressão máxima da mola seja 0,25 m. Qual deverá ser a constante de força da mola? (c) Para a bala que produz a compressão mínima da mola, qual é a compressão d se a mola tiver a constante de força calculada no item (b)?

8.102 •• DADOS Para o Departamento de Segurança Pública do Texas, você está investigando um acidente que ocorreu bem cedo em uma manhã chuvosa em uma seção remota de uma rodovia estadual. Um Prius 2012 viajando para o norte colidiu em um cruzamento com um Dodge Durango 2013, que estava trafegando em sentido leste. Após a colisão, os destroços dos dois veículos se juntaram e deslizaram pelo solo até atingirem uma árvore. Você mede e verifica que a árvore está a cerca de 11 m do ponto de impacto. A linha desde o ponto de impacto até a árvore está em uma direção 39° a nordeste. Pela experiência, você estima que o coeficiente de atrito cinético entre o solo e os destroços é de 0,45. Pouco antes da colisão, um policial com um radar mediu a velocidade do Prius como sendo 80 km/h e, de acordo com uma testemunha, o motorista do Prius não tentou reduzir. Quatro pessoas com massa total aproximadamente igual a 230 kg estavam no Durango. A única pessoa no Prius era o motorista, com massa aproximada de 75 kg. O Durango com seus passageiros tinha um peso de 3.250 kgf, e o Prius com seu motorista tinha um peso de 1.520 kgf. (a) Qual era a velocidade do Durango imediatamente antes da colisão? (b) Com que velocidade os destroços se deslocavam imediatamente antes de atingirem a árvore?

PROBLEMAS DESAFIADORES

8.103 • CALC Uma gota de chuva com massa variável. Em um problema de propulsão de um foguete, a massa é variável. Outro problema com massa variável é fornecido por uma gota de chuva caindo no interior de uma nuvem que contém muitas gotas minúsculas. Algumas dessas gotículas aderem à gota que cai, fazendo, portanto, *aumentar* sua massa à medida que ela cai. A força sobre a gota de chuva é dada por

$$F_{ext} = \frac{dp}{dt} = m\frac{dv}{dt} + v\frac{dm}{dt}$$

Suponha que a massa da gota de chuva dependa da distância x percorrida durante sua queda. Então, $m = kx$, onde k é uma constante, portanto, $dm/dt = kv$. Como $F_{ext} = mg$, obtemos

$$mg = m\frac{dv}{dt} + v(kv)$$

Ou, dividindo por k,

$$xg = x\frac{dv}{dt} + v^2$$

Essa equação diferencial possui uma solução na forma $v = at$, onde a é uma aceleração constante. Considere a velocidade inicial da gota igual a zero. (a) Usando a solução proposta para v, determine a aceleração a. (b) Calcule a distância percorrida pela gota até o instante $t = 3,0$ s. (c) Sabendo que $k = 2,0$ g/m, ache a massa da gota de chuva para $t = 3,0$ s. (Para muitos outros aspectos intrigantes deste problema, veja o artigo de K. S. Krane, *American Journal of Physics*, Vol. 49 (1981), p. 113-117.)

8.104 •• CALC Na Seção 8.5, calculamos o centro de massa considerando objetos compostos por um número *finito* de massas puntiformes ou objetos que, por simetria, pudessem ser representados por um número finito de massas puntiformes. Para um objeto cuja distribuição de massas não permite uma determinação simples do centro de massa mediante considerações de simetria, as somas indicadas nas equações 8.28 devem ser generalizadas para integrais:

$$x_{cm} = \frac{1}{M}\int x\,dm \qquad y_{cm} = \frac{1}{M}\int y\,dm$$

onde x e y são as coordenadas de uma pequena porção do objeto de massa dm. A integração é feita sobre o volume total do objeto. Considere uma barra delgada de comprimento L e massa M, e seja A a área da seção reta da barra. Suponha um sistema de coordenadas com origem na extremidade esquerda da barra e com o eixo $+Ox$ ao longo da barra. (a) Sabendo que a densidade $\rho = M/V$ do objeto é uniforme, integre as relações anteriores para mostrar que a coordenada x do centro de massa da barra coincide com seu centro geométrico. (b) Sabendo que a densidade do objeto varia linearmente com x, ou seja, $\rho = \alpha x$, onde α é uma constante positiva, determine a coordenada x do centro de massa da barra.

8.105 •• CALC Use os métodos do Problema desafiador 8.104 para determinar as coordenadas x e y do centro de massa de uma placa metálica semicircular com densidade uniforme e espessura t. Chame de a o raio da placa. Então, a massa da placa é $M = \frac{1}{2}\rho\pi a^2 t$. Use o sistema de coordenadas indicado na **Figura P8.105**.

Figura P8.105

Problemas com contexto

BIO Momento linear e o peixe-arqueiro. Peixes-arqueiros são peixes tropicais que caçam atirando gotas d'água de suas bocas em insetos acima da superfície da água para jogá-los na água, onde o peixe pode comê-los. Um peixe de 65 g em repouso na superfície da água pode expelir uma gota d'água de 0,30 g em uma curta rajada de 5,0 ms. Medições em alta velocidade mostram que a água tem uma velocidade de 2,5 m/s imediatamente depois que o peixe arqueiro a expele.

8.106 Qual é o momento linear de uma gota d'água imediatamente depois de sair da boca do peixe? (a) $7,5 \times 10^{-4}$ kg·m/s; (b) $1,5 \times 10^{-4}$ kg·m/s; (c) $7,5 \times 10^{-3}$ kg·m/s; (d) $1,5 \times 10^{-3}$ kg·m/s.

8.107 Qual é a velocidade do peixe-arqueiro imediatamente depois de expelir a gota d'água? (a) 0,0025 m/s; (b) 0,012 m/s; (c) 0,75 m/s; (d) 2,5 m/s.

8.108 Qual é a força média que o peixe exerce sobre a gota d'água? (a) 0,00015 N; (b) 0,00075 N; (c) 0,075 N; (d) 0,15 N.

8.109 O peixe atira a gota em um inseto que paira sobre a superfície da água, de modo que, imediatamente antes de colidir com o inseto, a gota ainda está se movendo na velocidade que tinha quando saiu da boca do peixe. Na colisão, a gota se prende ao inseto e a velocidade do inseto e da água imediatamente após a colisão é medida como sendo 2,0 m/s. Qual é a massa do inseto? (a) 0,038 g; (b) 0,075 g; (c) 0,24 g; (d) 0,38 g.

RESPOSTAS

Resposta à pergunta inicial do capítulo
Resposta: (ii) Todas as três balas têm um momento linear que possui o mesmo módulo dado por $p = mv$ (o produto da massa pela velocidade), mas a bala veloz e leve tem o dobro da energia cinética $K = \frac{1}{2}mv^2$ da bala calibre 22 e quatro vezes a energia cinética da bala pesada. Logo, a bala leve pode realizar mais trabalho sobre a cenoura (e causar mais dano) no processo de chegar a uma parada (ver Seção 8.1).

Respostas às perguntas dos testes de compreensão

8.1 Resposta: (**v**); (**i**) e (**ii**) (**empatados em segundo lugar**); (**iii**) e (**iv**) (**empatados em terceiro lugar**) Usamos duas interpretações do impulso da força resultante: (1) a força resultante multiplicada pelo tempo em que ela atua e (2) a variação no momento linear da partícula sobre a qual a força resultante atua. A escolha da interpretação depende da informação dada. Consideramos o sentido positivo de x apontado para leste. (i) A força não é fornecida, por isso usamos a interpretação 2: $J_x = mv_{2x} - mv_{1x} = (1.000 \text{ kg}) (0) = (1.000 \text{ kg}) (25 \text{ m/s}) = -25.000 \text{ kg} \cdot \text{m/s}$, logo, o módulo do impulso é $25.000 \text{ kg} \cdot \text{m/s} = 25.000 \text{ N} \cdot \text{s}$. (ii) Pelo mesmo motivo do item (i), usamos a interpretação 2, e o módulo do impulso é novamente $25.000 \text{ N} \cdot \text{s}$. (iii) A velocidade final não é fornecida, por isso usamos a interpretação 1: $J_x = (\sum F_x)_m (t_2 - t_1) = (2.000 \text{ N}) (10 \text{ s}) = 20.000 \text{ N} \cdot \text{s}$, logo, o módulo do impulso é $20.000 \text{ N} \cdot \text{s}$. (iv) Pelo mesmo motivo do item (iii), usamos a interpretação 1: $J_x = (\sum F_x)_m (t_2 - t_1) = (-2.000 \text{ N}) (10 \text{ s}) = -20.000 \text{ N} \cdot \text{s}$, logo, o módulo do impulso é $20.000 \text{ N} \cdot \text{s}$. (v) A força não é dada, por isso usamos a interpretação 2: $J_x = mv_{2x} - mv_{1x} = (1.000 \text{ kg}) (-25 \text{ m/s}) - (1.000 \text{ kg}) (25 \text{ m/s}) = -50.000 \text{ kg} \cdot \text{m/s}$, logo, o módulo do impulso é $50.000 \text{ kg} \cdot \text{m/s} = 50.000 \text{ N} \cdot \text{s}$.

8.2 Respostas: (**a**) $v_{C2x} > 0$, $v_{C2y} > 0$; (**b**) **parte** C Não há nenhuma força horizontal externa, portanto, os componentes x e y do momento linear total do sistema são ambos conservados. Ambos os componentes do momento linear total são nulos antes do alongamento da mola, portanto, eles devem permanecer nulos após o alongamento da mola. Então,

$$P_x = 0 = m_A v_{A2x} + m_B v_{B2x} + m_C v_{C2x}$$
$$P_y = 0 = m_A v_{A2y} + m_B v_{B2y} + m_C v_{C2y}$$

Sabemos que $m_A = m_B = m_C$, $v_{A2x} < 0$, $v_{A2y} = 0$, $v_{B2x} = 0$ e $v_{B2y} < 0$. Você pode solucionar as equações anteriores para demonstrar que $v_{C2x} = -v_{A2x} > 0$ e $v_{C2y} = -v_{B2y} > 0$, de modo que os componentes de velocidade da parte C são ambos positivos. A parte C possui uma velocidade cujo módulo é $\sqrt{v_{C2x}^2 + v_{C2y}^2} = \sqrt{v_{A2x}^2 + v_{B2y}^2}$, que é maior que o módulo da velocidade da parte A ou da parte B.

8.3 Respostas: (**a**) **elástica**; (**b**) **inelástica**; (**c**) **completamente inelástica** Em cada caso, a energia potencial gravitacional é convertida em energia cinética enquanto a bola cai, e a colisão se dá entre a bola e o solo. No item (a), toda a energia inicial é reconvertida em energia potencial gravitacional, portanto, nenhuma energia cinética é perdida no quicar da bola, e a colisão é elástica. No item (b), a energia potencial gravitacional final é menor que a inicial, portanto, parte da energia cinética se perdeu no quicar da bola. Assim, a colisão é inelástica. No item (c), a bola perde toda a energia cinética que possui, a bola e o solo se unem, e a colisão é completamente inelástica.

8.4 Respostas: pior Após uma colisão com uma molécula de água inicialmente em repouso, o módulo da velocidade do nêutron é $|(m_n - m_A)/(m_n + m_A)| = |(1,0 \text{ u} - 18 \text{ u})/(1,0 \text{ u} + 18 \text{ u})| = \frac{17}{19}$ do módulo da sua velocidade inicial, e sua energia cinética é $\left(\frac{17}{19}\right)^2 = 0,80$ do valor inicial. Portanto, uma molécula de água é um pior moderador se comparado com um átomo de carbono, cujos números correspondem a $\frac{11}{13}$ e $\left(\frac{11}{13}\right)^2 = 0,72$.

8.5 Respostas: não Se a gravidade é a única força atuando sobre o sistema composto pelos dois fragmentos, o centro de massa seguirá a trajetória parabólica de um objeto em queda livre. Entretanto, quando um fragmento cai, o solo exerce uma força normal sobre ele. Daí a força resultante sobre o sistema sofreu variação, e a trajetória do centro de massa varia em resposta.

8.6 Respostas: (**a**) **crescente**; (**b**) **decrescente** Pelas equações 8.37 e 8.38, a força de propulsão F é igual a $m(dv/dt)$, onde m é a massa do foguete e dv/dt é a sua aceleração. Considerando que m diminui no decorrer do tempo, se a força de propulsão F for constante, então a aceleração deverá aumentar no decorrer do tempo (a mesma força atua sobre uma massa menor); se a aceleração dv/dt for constante, a força de propulsão deverá diminuir no decorrer do tempo (uma força menor é tudo o que se necessita para acelerar uma massa menor).

Problema em destaque
(**a**) 1,00 m/s para a direita
(**b**) Elástica
(**c**) 1,93 m/s a –30,4°
(**d**) 2,31 kg · m/s a 149,6°
(**e**) Inelástica
(**f**) 1,67 m/s no sentido positivo de x

? Cada lâmina da hélice de um avião girando é como uma haste longa e fina. Se cada uma fosse esticada de modo a dobrar seu comprimento (enquanto a massa de cada lâmina e a velocidade angular da hélice permanecem inalteradas), por qual fator a energia cinética de cada lâmina girando aumentaria? (i) 2; (ii) 4; (iii) 8; (iv) a energia cinética não seria alterada; (v) a energia cinética diminuiria, e não aumentaria.

9 ROTAÇÃO DE CORPOS RÍGIDOS

OBJETIVOS DE APRENDIZAGEM
Ao estudar este capítulo, você aprenderá:

9.1 Como descrever a rotação de um corpo rígido em termos da coordenada, da velocidade e da aceleração angulares.

9.2 Como analisar a rotação do corpo rígido quando a aceleração angular é constante.

9.3 Como relacionar a rotação de um corpo rígido à velocidade e à aceleração lineares de um dado ponto no corpo.

9.4 O significado do momento de inércia de um corpo em torno de um eixo de rotação e como ele se relaciona com a energia cinética na rotação.

9.5 Como relacionar os valores do momento de inércia de um corpo para dois eixos de rotação diferentes, porém paralelos.

9.6 Como calcular o momento de inércia de corpos com formas variadas.

Revendo conceitos de:

1.10 Produto vetorial de dois vetores.

2.2-2.4 Velocidade linear, aceleração linear e movimento com aceleração constante.

3.4 Movimento em um círculo.

7.1 Uso da energia mecânica para resolver problemas.

O que existe em comum entre os movimentos de uma hélice de avião, de um disco de Blu-ray, de uma roda-gigante e de uma lâmina de serra circular? Nenhum desses movimentos pode ser representado adequadamente como o movimento de um *ponto*; cada um deles envolve um corpo que *gira* em torno de um eixo que permanece estacionário em algum sistema de referência inercial.

A rotação ocorre em todas as escalas, desde o movimento de elétrons em átomos até movimentos de galáxias inteiras. Precisamos desenvolver métodos genéricos para analisar o movimento de corpos que giram. Neste capítulo e no próximo, vamos considerar corpos com tamanho e forma definidos, que, no caso geral, podem possuir um movimento de rotação combinado com um movimento de translação.

Os corpos do mundo real podem ser ainda mais complicados; as forças que atuam sobre eles podem deformá-los — esticando-os, torcendo-os e comprimindo-os. Por enquanto, desprezamos essas deformações e supomos que o corpo possua uma forma definida e imutável. Esse modelo de corpo ideal denomina-se **corpo rígido**. Neste capítulo e no próximo, vamos considerar a rotação de um corpo rígido.

Começaremos com uma linguagem cinemática para *descrever* o movimento de rotação. A seguir, examinaremos a energia cinética na rotação, que é a chave para usarmos os métodos de energia no estudo do movimento de rotação. Depois disso, no Capítulo 10, desenvolveremos os princípios da dinâmica que relacionam as forças que atuam sobre um corpo com seu movimento de rotação.

9.1 VELOCIDADE ANGULAR E ACELERAÇÃO ANGULAR

Ao analisarmos o movimento de rotação, inicialmente vamos examinar a rotação do corpo rígido em torno de um *eixo fixo* — que permanece em repouso em relação a algum referencial inercial e não muda de direção em relação a esse eixo. O corpo rígido que gira pode ser o eixo de um motor, uma peça de carne girando no espeto ou um carrossel.

A **Figura 9.1** mostra um corpo rígido girando em torno de um eixo fixo. O eixo passa através do ponto O perpendicularmente ao plano do diagrama, o qual resolvemos chamar de plano xy. Uma forma de descrever a rotação desse corpo é escolher um ponto específico P sobre o corpo e acompanhar os valores de x e de y desse ponto. Esse método não é muito conveniente, pois requer dois números (as duas coordenadas x e y) para especificar a posição do corpo durante sua rotação. Em vez disso, notamos que a linha OP permanece fixa no corpo e gira com ele. O ângulo θ que essa linha faz com o eixo $+Ox$ é uma **coordenada angular** exclusiva que descreve completamente a posição da rotação do corpo.

A coordenada angular θ de um corpo rígido girando em torno de um eixo fixo pode ser positiva ou negativa. Escolhendo como positivo o sentido contrário ao da rotação dos ponteiros do relógio a partir do sentido positivo do eixo Ox, o ângulo θ na Figura 9.1 é positivo. Se, em vez desse sentido, escolhêssemos como positivo o sentido igual ao da rotação dos ponteiros do relógio, o ângulo θ na Figura 9.1 seria negativo. Quando estudamos o momento de uma partícula ao longo de uma linha reta, foi crucial a especificação do deslocamento positivo ao longo da reta; ao discutirmos o momento de rotação em torno de um eixo fixo, torna-se igualmente crucial especificar o sentido positivo da rotação.

Para descrever o movimento de rotação, a maneira mais natural de medir o ângulo θ não é em graus, mas sim em **radianos**. Como indicado na **Figura 9.2a**, um radiano (1 rad) é o ângulo subtendido quando o comprimento de arco relativo a esse ângulo for igual ao raio da circunferência considerada. Na Figura 9.2b, um ângulo θ é subtendido por um arco de comprimento s em uma circunferência de raio r. O valor de θ (em radianos) é igual a s dividido por r:

$$\theta = \frac{s}{r} \quad \text{ou} \quad s = r\theta \quad (\theta \text{ em radianos}) \tag{9.1}$$

Um ângulo em radianos é a razão entre dois comprimentos; logo, ele é representado por um número puro, sem dimensões. Se $s = 3{,}0$ m e $r = 2{,}0$ m, então $\theta = 1{,}5$; porém, escrevemos o resultado como 1,5 rad para distinguir esse caso do ângulo medido em graus ou número de voltas.

O comprimento de uma circunferência (ou seja, o comprimento do arco total que delimita a fronteira do círculo) é igual a 2π vezes o raio, de modo que existem 2π (cerca de 6,283) radianos em uma volta completa (360°). Logo,

$$1 \text{ rad} = \frac{360°}{2\pi} = 57{,}3°$$

De modo semelhante, $180° = \pi$ rad, $90° = \pi/2$ rad e assim por diante. Se tivéssemos medido o ângulo θ em graus, teríamos de incluir um fator extra $(2\pi/360)$ ao membro direito da Equação 9.1, $s = r\theta$. Ao medirmos um ângulo em radianos, mantemos mais simples a relação entre o ângulo e o comprimento de arco.

Velocidade angular

A coordenada θ na Figura 9.1 especifica a posição de rotação de um corpo rígido em um dado instante. Podemos descrever o *movimento* de rotação de um corpo rígido em termos de uma taxa de variação do ângulo θ. Vamos fazer isso de modo semelhante ao método usado na descrição do movimento retilíneo no Capítulo 2. Na **Figura 9.3a**, uma linha de referência OP de um corpo que gira faz um ângulo θ_1 com o eixo $+Ox$ no instante t_1. Em um instante posterior t_2, o ângulo mudou para θ_2. Definimos a **velocidade angular média** ω_{mz} (a letra grega ômega) do corpo em um intervalo $\Delta t = t_2 - t_1$ como a razão entre o **deslocamento angular** $\Delta\theta = \theta_2 - \theta_1$ e o intervalo de tempo Δt:

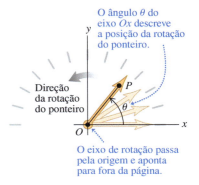

Figura 9.1 O ponteiro de um velocímetro (um exemplo de corpo rígido) girando em sentido anti-horário em torno de um eixo fixo.

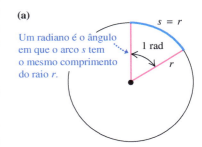

Figura 9.2 Medição de ângulos em radianos.

Figura 9.3 (a) Deslocamento angular $\Delta\theta$ de um corpo em rotação. (b) Todos os pontos de um corpo rígido giram com a mesma velocidade angular $\Delta\theta/\Delta t$.

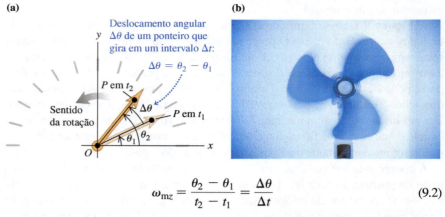

$$\omega_{mz} = \frac{\theta_2 - \theta_1}{t_2 - t_1} = \frac{\Delta\theta}{\Delta t} \qquad (9.2)$$

O índice inferior z indica que o corpo na Figura 9.3a está girando em torno do eixo z, que é perpendicular ao plano do diagrama. A **velocidade angular instantânea** ω_z é o limite de ω_{mz} quando Δt tende a zero:

A **velocidade angular instantânea** de um corpo rígido girando em torno do eixo z ...

$$\omega_z = \lim_{\Delta t \to 0} \frac{\Delta\theta}{\Delta t} = \frac{d\theta}{dt} \qquad (9.3)$$

... é igual ao limite da velocidade angular média do corpo quando o intervalo aproxima-se de zero ... ... e é igual à taxa de variação instantânea da coordenada angular do corpo.

Quando nos referimos a uma "velocidade angular", estamos falando da velocidade angular instantânea, e não da velocidade angular média.

A velocidade angular ω_z pode ser positiva ou negativa, dependendo da direção em que o corpo rígido está girando (**Figura 9.4**). O módulo da *velocidade* angular será designado por ω, notação que usaremos nas seções 9.3 e 9.4. Assim como o módulo da velocidade v comum (linear), o módulo da velocidade angular nunca é negativo.

Figura 9.4 A velocidade angular média de um corpo rígido (aqui indicado) e a velocidade angular instantânea podem ser positivas ou negativas.

Escolhemos o ângulo θ para aumentar na rotação do sentido anti-horário.

Rotação no sentido anti-horário:
θ aumenta, então a velocidade angular é positiva.
$\Delta\theta > 0$, logo
$\omega_{mz} = \Delta\theta/\Delta t > 0$

Rotação no sentido horário:
θ diminui, então a velocidade angular é negativa.
$\Delta\theta < 0$, logo
$\omega_{mz} = \Delta\theta/\Delta t < 0$

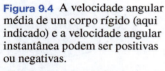

O eixo de rotação (eixo z) passa pela origem e aponta para fora da página.

ATENÇÃO **Velocidade angular *versus* velocidade linear** Lembre-se sempre da distinção entre a velocidade angular ω_z e a velocidade comum, ou *velocidade linear*, v_x (Seção 2.2). Se um objeto possui velocidade v_x, o objeto como um todo está se *movendo* ao longo do eixo x. Por outro lado, se um objeto possui velocidade angular ω_z, ele está *girando* em torno do eixo z. *Não* queremos dizer que o objeto está se movendo ao longo do eixo z.

Pontos diferentes de um corpo rígido em rotação se movem em distâncias diferentes em um dado instante, dependendo da distância entre o ponto e o eixo de rotação. Porém, como o corpo é rígido, *todos* os pontos giram a um mesmo ângulo no mesmo instante (Figura 9.3b). Portanto, *em um dado instante, todos os pontos de um corpo rígido giram com a mesma velocidade angular*.

Quando o ângulo θ é medido em radianos, a unidade de velocidade angular é o radiano por segundo (rad/s). Outras unidades, como a rotação por minuto (rot/min ou rpm), são usadas com frequência. Visto que 1 rot = 2π rad, duas conversões úteis são

$$1 \text{ rot/s} = 2\pi \text{ rad/s} \qquad \text{e} \qquad 1 \text{ rot/min} = 1 \text{ rpm} = \frac{2\pi}{60}\text{rad/s}$$

Ou seja, 1 rad/s é aproximadamente igual a 10 rpm.

EXEMPLO 9.1 — CÁLCULO DA VELOCIDADE ANGULAR

A posição angular θ de um volante de automóvel com 0,36 m é dada por

$$\theta = (2{,}0 \text{ rad/s}^3)t^3$$

(a) Ache o ângulo θ, em radianos e em graus, nos instantes $t_1 = 2{,}0$ s e $t_2 = 5{,}0$ s. (b) Ache a distância percorrida por uma partícula na periferia do volante nesse intervalo. (c) Calcule a velocidade angular média, em rad/s e em rot/min (rpm), nesse intervalo. (d) Ache as velocidades angulares instantâneas para $t_1 = 2{,}0$ s e $t_2 = 5{,}0$ s.

SOLUÇÃO

IDENTIFICAR E PREPARAR: nossas variáveis-alvo são θ_1 e θ_2 (as posições angulares nos instantes t_1 e t_2) e o deslocamento angular $\Delta\theta = \theta_2 - \theta_1$. Devemos determinar esses valores a partir da expressão dada para θ em função do tempo. Conhecendo $\Delta\theta$, acharemos a distância trafegada e a velocidade angular média entre t_1 e t_2 usando as equações 9.1 e 9.2, respectivamente. Para calcular as velocidades angulares instantâneas ω_{1z} (no instante t_1) e ω_{2z} (no instante t_2), tomaremos as derivadas de θ em relação ao tempo, como na Equação 9.3.

EXECUTAR: (a) Substituímos os valores de t na equação fornecida para θ:

$$\theta_1 = (2{,}0 \text{ rad/s}^3)(2{,}0 \text{ s})^3 = 16 \text{ rad}$$
$$= (16 \text{ rad})\frac{360°}{2\pi \text{ rad}} = 920°$$
$$\theta_2 = (2{,}0 \text{ rad/s}^3)(5{,}0 \text{ s})^3 = 250 \text{ rad}$$
$$= (250 \text{ rad})\frac{360°}{2\pi \text{ rad}} = 14.000°$$

(b) O volante gira com um deslocamento angular de $\Delta\theta = \theta_2 - \theta_1 = 250$ rad $-$ 16 rad $= 234$ rad. O raio r é a metade do diâmetro, ou 0,18 m. Para usar a Equação 9.1, os ângulos *precisam* ser expressos em radianos:

$$s = r\theta_2 - r\theta_1 = r\Delta\theta = (0{,}18 \text{ m})(234 \text{ rad}) = 42 \text{ m}$$

Abandonamos "radianos" das unidades de s porque θ é um número sem dimensões; assim como r, s é uma distância medida em metros.

(c) Na Equação 9.2, temos

$$\omega_{mz} = \frac{\theta_2 - \theta_1}{t_2 - t_1} = \frac{250 \text{ rad} - 16 \text{ rad}}{5{,}0 \text{ s} - 2{,}0 \text{ s}} = 78 \text{ rad/s}$$

$$= \left(78 \frac{\text{rad}}{\text{s}}\right)\left(\frac{1 \text{ rot}}{2\pi \text{ rad}}\right)\left(\frac{60 \text{ s}}{1 \text{ min}}\right) = 740 \text{ rot/min}$$

(d) Usando a Equação 9.3,

$$\omega_z = \frac{d\theta}{dt} = \frac{d}{dt}[(2{,}0 \text{ rad/s}^3)t^3] = (2{,}0 \text{ rad/s}^3)(3t^2)$$
$$= (6{,}0 \text{ rad/s}^3)t^2$$

Nos instantes $t_1 = 2{,}0$ s e $t_2 = 5{,}0$ s, temos

$$\omega_{1z} = (6{,}0 \text{ rad/s}^3)(2{,}0 \text{ s})^2 = 24 \text{ rad/s}$$
$$\omega_{2z} = (6{,}0 \text{ rad/s}^3)(5{,}0 \text{ s})^2 = 150 \text{ rad/s}$$

AVALIAR: a velocidade angular $\omega_z = (6{,}0 \text{ rad/s}^3)t^2$ aumenta com o tempo. Os resultados numéricos são compatíveis com esse resultado; a velocidade angular instantânea ao final do intervalo ($\omega_{2z} = 150$ rad/s) é maior que no início ($\omega_{1z} = 24$ rad/s), e a velocidade angular média $\omega_{mz} = 78$ rad/s pelo intervalo é um intermediário entre esses dois valores.

Velocidade angular como vetor

Como vimos, nossa notação para a velocidade angular ω_z em torno do eixo z é reminiscente da notação v_x para a velocidade comum ao longo do eixo x (Seção 2.2). Assim como v_x é o componente x do vetor velocidade $\vec{v}$, ω_z é o componente z de um *vetor* velocidade angular $\vec{\omega}$ direcionado ao longo do eixo de rotação. Como indica a **Figura 9.5a**, a direção de $\vec{\omega}$ é dada pela regra da mão direita que usamos para definir o produto vetorial na Seção 1.10. Quando a rotação se dá em torno do eixo z, então $\vec{\omega}$ possui somente um componente z. Esse componente é positivo se $\vec{\omega}$ estiver ao longo do eixo positivo de z, e negativo se $\vec{\omega}$ estiver ao longo do eixo negativo de z (Figura 9.5b).

A formulação do vetor é especialmente útil em situações nas quais a direção do eixo de rotação *varia*. Examinaremos esse tipo de situação brevemente ao final do Capítulo 10. Neste capítulo, porém, consideramos somente situações em que o eixo de rotação é fixo. Portanto, no decorrer deste capítulo, usaremos a expressão "velocidade angular" para nos referirmos a ω_z, o componente de $\vec{\omega}$ ao longo do eixo.

Figura 9.5 (a) A regra da mão direita para o sentido do vetor velocidade angular $\vec{\omega}$. A inversão do sentido de rotação inverte o sentido de $\vec{\omega}$. (b) O sinal de ω_z para a rotação ao longo do eixo z.

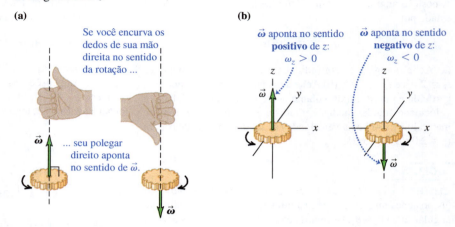

ATENÇÃO **O vetor velocidade angular é perpendicular ao plano de rotação, e não nele** É um erro comum pensar que o vetor velocidade angular de um objeto $\vec{\omega}$ aponta no sentido em que alguma parte específica do objeto está se movendo. Outro erro é pensar que $\vec{\omega}$ é um "vetor curvo" que aponta em torno do eixo de rotação na direção da rotação (como as setas curvas nas figuras 9.1, 9.3 e 9.4). Nada disso é verdade! A velocidade angular é um atributo do corpo rígido em rotação *inteiro*, e não de qualquer parte dele, e não existe algo do tipo vetor curvo. Escolhemos a direção de $\vec{\omega}$ para estar ao longo do eixo de rotação — *perpendicular* ao plano de rotação — porque esse eixo é comum a todas as partes de um corpo rígido em rotação.

Aceleração angular

Quando a velocidade angular de um corpo rígido varia, ele possui uma *aceleração angular*. Quando você pedala sua bicicleta com mais vigor para fazer as rodas girarem mais rapidamente ou quando freia para fazê-las pararem, você está imprimindo às rodas uma aceleração angular.

Se ω_{1z} e ω_{2z} forem as velocidades angulares instantâneas nos instantes t_1 e t_2, definimos a **aceleração angular média** α_{mz} no intervalo $\Delta t = t_2 - t_1$ como a variação da velocidade angular dividida por Δt (**Figura 9.6**):

$$\alpha_{mz} = \frac{\omega_{2z} - \omega_{1z}}{t_2 - t_1} = \frac{\Delta \omega_z}{\Delta t} \tag{9.4}$$

A **aceleração angular instantânea** α_z é o limite de α_{mz} quando $\Delta t \to 0$:

Figura 9.6 Cálculo da aceleração angular média de um corpo rígido em rotação.

A aceleração angular média é a variação na velocidade angular dividida pelo intervalo:

$$\alpha_{mz} = \frac{\omega_{2z} - \omega_{1z}}{t_2 - t_1} = \frac{\Delta \omega_z}{\Delta t}$$

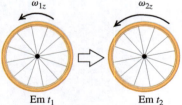

A **aceleração angular instantânea** de um corpo rígido girando em torno do eixo z... $\alpha_z = \lim_{\Delta t \to 0} \frac{\Delta \omega_z}{\Delta t} = \frac{d\omega_z}{dt}$ (9.5)

... é igual ao limite da aceleração angular média do corpo quando o intervalo aproxima-se de zero... ... e é igual à taxa instantânea de variação da velocidade angular do corpo.

A unidade usual de aceleração angular é o radiano por segundo por segundo, ou rad/s². Daqui por diante usaremos a expressão "aceleração angular" para designar a aceleração angular instantânea, não a aceleração angular média.

Como $\omega_z = d\theta/dt$, podemos também expressar a aceleração angular como a derivada de segunda ordem da coordenada angular:

$$\alpha_z = \frac{d}{dt}\frac{d\theta}{dt} = \frac{d^2\theta}{dt^2} \tag{9.6}$$

Você deve ter notado que usamos letras gregas para designar grandezas cinemáticas angulares: θ para posição angular, ω_z para velocidade angular e α_z para aceleração angular. Essas grandezas são análogas, respectivamente, a x para posição, v_x para velocidade e a_x para aceleração, referentes ao movimento retilíneo. Em cada caso, a velocidade é a taxa de variação da posição com o tempo, e a aceleração é a taxa de variação da velocidade com o tempo. Algumas vezes, usaremos as expressões "velocidade *linear*" para v_x e "aceleração *linear*" para a_x, a fim de acentuar a diferença entre essas grandezas e as grandezas *angulares* introduzidas neste capítulo.

Quando a aceleração angular α_z é positiva, a velocidade angular ω_z é crescente; quando α_z é negativa, ω_z é decrescente. O movimento é acelerado quando α_z e ω_z possuem o mesmo sinal, e o movimento é retardado quando α_z e ω_z possuem sinais contrários. (Essas relações são precisamente semelhantes às relações entre a aceleração *linear* a_x e a velocidade linear v_x para o movimento retilíneo; veja a Seção 2.3).

EXEMPLO 9.2 CÁLCULO DA ACELERAÇÃO ANGULAR

Para o volante do Exemplo 9.1, (a) ache a aceleração angular média entre $t_1 = 2{,}0$ s e $t_2 = 5{,}0$ s. (b) Ache as acelerações angulares instantâneas para $t_1 = 2{,}0$ s e $t_2 = 5{,}0$ s.

SOLUÇÃO

IDENTIFICAR E PREPARAR: usamos as equações 9.4 e 9.5 para as acelerações angulares média e instantânea.

EXECUTAR: (a) pelo Exemplo 9.1, os valores de ω_z nos dois tempos são

$$\omega_{1z} = 24 \text{ rad/s} \qquad \omega_{2z} = 150 \text{ rad/s}$$

Pela Equação 9.4, a aceleração angular média é

$$\alpha_{mz} = \frac{150 \text{ rad/s} - 24 \text{ rad/s}}{5{,}0 \text{ s} - 2{,}0 \text{ s}} = 42 \text{ rad/s}^2$$

(b) Descobrimos, no Exemplo 9.1, que $\omega_z = (6{,}0 \text{ rad/s}^3)t^2$ para o volante. Pela Equação 9.5, o valor de α_z em qualquer instante t é

$$\alpha_z = \frac{d\omega_z}{dt} = \frac{d}{dt}[(6{,}0 \text{ rad/s}^3)(t^2)] = (6{,}0 \text{ rad/s}^3)(2t)$$
$$= (12 \text{ rad/s}^3)\,t$$

Logo,

$$\alpha_{1z} = (12 \text{ rad/s}^3)(2{,}0 \text{ s}) = 24 \text{ rad/s}^2$$
$$\alpha_{2z} = (12 \text{ rad/s}^3)(5{,}0 \text{ s}) = 60 \text{ rad/s}^2$$

AVALIAR: a aceleração angular *não* é constante nesta situação. A velocidade angular ω_z é sempre crescente porque α_z é sempre positiva. Além disso, a taxa de crescimento da velocidade angular é ela própria crescente, visto que α_z aumenta com o tempo.

Aceleração angular como vetor

Como fizemos com a velocidade angular, é útil definir um *vetor* de aceleração angular $\vec{\alpha}$. Em termos matemáticos, $\vec{\alpha}$ é a derivada de tempo do vetor velocidade angular $\vec{\omega}$. Quando um objeto gira em torno de um eixo fixo z, $\vec{\alpha}$ possui apenas um componente z: a grandeza α_z. Nesse caso, $\vec{\alpha}$ está orientada na mesma direção de $\vec{\omega}$ quando a rotação é acelerada e no sentido contrário quando a rotação é retardada (**Figura 9.7**).

O vetor $\vec{\alpha}$ será especialmente útil no Capítulo 10, quando estudarmos o que ocorre quando a direção do eixo de rotação varia. Neste capítulo, porém, o eixo de rotação estará sempre fixo e necessitamos usar apenas o componente z, α_z.

Figura 9.7 Quando o eixo de rotação é fixo, os vetores de aceleração e de velocidade angular estão ao longo desse eixo.

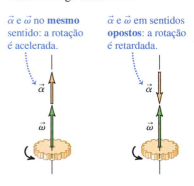

$\vec{\alpha}$ e $\vec{\omega}$ no **mesmo** sentido: a rotação é acelerada.

$\vec{\alpha}$ e $\vec{\omega}$ em sentidos **opostos**: a rotação é retardada.

TESTE SUA COMPREENSÃO DA SEÇÃO 9.1 A figura mostra um gráfico de ω_z e α_z versus tempo para um dado corpo em rotação. (a) Em quais intervalos a rotação é acelerada? (i) $0 < t < 2$ s; (ii) 2 s $< t < 4$ s; (iii) 4 s $< t < 6$ s. (b) Em quais intervalos a rotação é retardada? (i) $0 < t < 2$ s; (ii) 2 s $< t < 4$ s; (iii) 4 s $< t < 6$ s. ▌

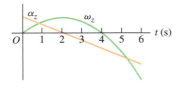

9.2 ROTAÇÃO COM ACELERAÇÃO ANGULAR CONSTANTE

No Capítulo 2, verificamos que o movimento retilíneo é particularmente simples quando a aceleração é constante. Isso também é verdade no caso do movimento de rotação em torno de um eixo fixo. Quando a aceleração angular é constante, podemos deduzir equações para a velocidade e para a posição angular usando exatamente o mesmo procedimento utilizado para estudar o movimento retilíneo na Seção 2.4. De fato, as equações deduzidas a seguir são iguais às equações 2.8, 2.12, 2.13 e 2.14, se trocarmos x por θ, v_x por ω_z e a_x por α_z. Sugerimos que você faça uma revisão da Seção 2.4 antes de continuar.

Seja ω_{0z} a velocidade angular de um corpo rígido no instante $t = 0$ e seja ω_z sua velocidade angular em um instante posterior t. A aceleração angular α_z é constante e igual à aceleração média para qualquer intervalo. Usando a Equação 9.4 no intervalo entre 0 e t, obtemos

$$\alpha_z = \frac{\omega_z - \omega_{0z}}{t - 0} \quad \text{ou}$$

Velocidade angular no instante t de um corpo rígido com **aceleração angular constante** — $\omega_z = \omega_{0z} + \alpha_z t$ — Velocidade angular do corpo no instante 0 / Tempo / Aceleração angular constante do corpo (9.7)

O produto $\alpha_z t$ é a variação total de ω_z entre $t = 0$ e o instante posterior t; a velocidade angular ω_z no instante t é dada pela soma de ω_{0z} com essa variação total.

Quando a aceleração angular é constante, a velocidade angular varia com uma taxa uniforme, de modo que seu valor médio entre 0 e t é dado pela média entre o valor inicial e o valor final:

$$\omega_{mz} = \frac{\omega_{0z} + \omega_z}{2} \tag{9.8}$$

Também sabemos que ω_{mz} é dada pelo deslocamento total $(\theta - \theta_0)$ dividido pelo intervalo $(t - 0)$:

$$\omega_{mz} = \frac{\theta - \theta_0}{t - 0} \tag{9.9}$$

Quando aplicamos as equações 9.8 e 9.9 e multiplicamos o resultado por t, obtemos

Posição angular no instante t de um corpo rígido com **aceleração angular constante** — $\theta - \theta_0 = \frac{1}{2}(\omega_{0z} + \omega_z)t$ — Posição angular do corpo no instante 0 / Tempo / Velocidade angular do corpo no instante 0 / Velocidade angular do corpo no instante t (9.10)

Para obter uma relação entre θ e t que não contenha ω_z, substituímos a Equação 9.7 pela Equação 9.10:

$$\theta - \theta_0 = \tfrac{1}{2}[\omega_{0z} + (\omega_{0z} + \alpha_z t)]t \quad \text{ou}$$

Posição angular no instant t de um corpo rígido com **aceleração angular constante** — $\theta = \theta_0 + \omega_{0z}t + \tfrac{1}{2}\alpha_z t^2$ — Posição angular do corpo no instante 0 / Tempo / Velocidade angular do corpo no instante 0 / Aceleração angular constante do corpo (9.11)

BIO Aplicação Movimento de rotação nas bactérias As bactérias *Escherichia coli* (com cerca de 2 μm por 0,5 μm) são encontradas nas partes inferiores do intestino dos humanos e em outros animais com sangue quente. As bactérias nadam girando seus longos filamentos em forma de espiral, que atuam como as lâminas de uma hélice. Cada filamento é impulsionado por um motor incrível (feito de proteína), localizado na base da célula bacteriana. O motor pode girar o filamento em velocidades angulares de 200 a 1.000 rot/min (cerca de 20 a 100 rad/s) e pode variar sua velocidade para dar ao filamento uma aceleração angular.

Ou seja, se no instante inicial $t = 0$ o corpo possui posição angular θ_0 e velocidade angular ω_{0z}, então sua posição angular θ em qualquer instante posterior t é a soma de três termos: sua posição angular inicial θ_0, mais a rotação $\omega_{0z}t$ que ele teria se a velocidade angular fosse constante, mais uma rotação adicional $\frac{1}{2}\alpha_z t^2$ produzida pela velocidade angular variável.

Seguindo o mesmo procedimento adotado para o movimento retilíneo na Seção 2.4, podemos combinar as equações 9.7 e 9.11 para obter uma relação entre θ e ω_z que não contenha t. Convidamos você a fazer os detalhes da dedução, seguindo o mesmo procedimento para obter a Equação 2.13. (Veja o Exercício 9.12.) Obtemos

Velocidade angular no instante t de um corpo rígido com **aceleração angular constante**

$$\omega_z^2 = \omega_{0z}^2 + 2\alpha_z(\theta - \theta_0) \qquad (9.12)$$

Velocidade angular do corpo no instante 0
Aceleração angular constante do corpo
Posição angular do corpo no instante t
Posição angular do corpo no instante 0

ATENÇÃO **Aceleração angular constante** Não se esqueça que todos os resultados anteriores valem *somente* quando a aceleração angular α_z permanece *constante*; tome cuidado para não aplicar essas relações em problemas com α_z *variável*. A **Tabela 9.1** mostra as analogias entre as equações 9.7, 9.10, 9.11 e 9.12 para rotação em torno de um eixo fixo com aceleração angular constante e as respectivas relações para um movimento retilíneo com aceleração linear constante.

TABELA 9.1 Comparação entre o movimento linear e o movimento angular com aceleração constante.

Movimento retilíneo com aceleração linear constante		Rotação em torno de um eixo fixo com aceleração angular constante	
a_x = constante		α_z = constante	
$v_x = v_{0x} + a_x t$	(2.8)	$\omega_z = \omega_{0z} + \alpha_z t$	(9.7)
$x = x_0 + v_{0x}t + \frac{1}{2}a_x t^2$	(2.12)	$\theta = \theta_0 + \omega_{0z}t + \frac{1}{2}\alpha_z t^2$	(9.11)
$v_x^2 = v_{0x}^2 + 2a_x(x - x_0)$	(2.13)	$\omega_z^2 = \omega_{0z}^2 + 2\alpha_z(\theta - \theta_0)$	(9.12)
$x - x_0 = \frac{1}{2}(v_{0x} + v_x)t$	(2.14)	$\theta - \theta_0 = \frac{1}{2}(\omega_{0z} + \omega_z)t$	(9.10)

EXEMPLO 9.3 ROTAÇÃO COM ACELERAÇÃO ANGULAR CONSTANTE

Você acabou de assistir a um filme em Blu-ray, e o disco está diminuindo a rotação para parar. A velocidade angular do disco no instante $t = 0$ é igual a 27,5 rad/s e sua aceleração angular é uma constante e igual a $-10,0$ rad/s^2. Uma linha PQ na superfície do disco coincide com o eixo $+Ox$ no instante $t = 0$ (**Figura 9.8**). (a) Qual é a velocidade angular do disco no instante $t = 0,300$ s? (b) Qual é o ângulo formado entre a linha PQ e o eixo $+Ox$ nesse instante?

Figura 9.8 Linha PQ em um disco de Blu-ray girando em $t = 0$.

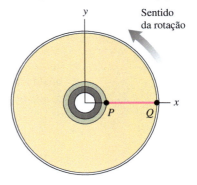

SOLUÇÃO

IDENTIFICAR E PREPARAR: a aceleração angular do disco é constante, portanto, podemos usar qualquer equação deduzida nesta seção (Tabela 9.1). Nossas variáveis-alvo são a velocidade angular ω_z e o deslocamento angular θ no instante $t = 0,300$ s. Dados $\omega_{0z} = 27,5$ rad/s, $\theta_0 = 0$ e $\alpha_z = -10,0$ rad/s^2, é mais fácil usar as equações 9.7 e 9.11 para achar as variáveis-alvo.

EXECUTAR: (a) Pela Equação 9.7, no instante $t = 0,300$ s, temos

$$\omega_z = \omega_{0z} + \alpha_z t = 27,5 \text{ rad/s} + (-10,0 \text{ rad/s}^2)(0,300 \text{ s})$$
$$= 24,5 \text{ rad/s}$$

(b) Pela Equação 9.11, temos

$$\theta = \theta_0 + \omega_{0z}t + \frac{1}{2}\alpha_z t^2$$
$$= 0 + (27,5 \text{ rad/s})(0,300 \text{ s}) + \frac{1}{2}(-10,0 \text{ rad/s}^2)(0,300 \text{ s})^2$$
$$= 7,80 \text{ rad} = 7,80 \text{ rad}\left(\frac{1 \text{ rot}}{2\pi \text{ rad}}\right) = 1,24 \text{ rot}$$

(Continua)

(*Continuação*)

O disco girou uma volta completa mais um deslocamento angular adicional de 0,24 rotação, ou seja, através de um ângulo adicional de (0,24 rot) (360°/rot) = 87°. Logo, a linha *PQ* forma um ângulo de 87° com o eixo +*Ox*.

AVALIAR: a resposta para o item (a) indica que a velocidade angular diminuiu, conforme deveria, já que $\alpha_z < 0$. Podemos também usar a resposta para ω_z no item (a) com a Equação 9.12 para conferir o resultado obtido para θ no item (b). Para isso, resolvemos a Equação 9.12 para θ:

$$\omega_z^2 = \omega_{0z}^2 + 2\alpha_z(\theta - \theta_0)$$

$$\theta = \theta_0 + \left(\frac{\omega_z^2 - \omega_{0z}^2}{2\alpha_z}\right)$$

$$= 0 + \frac{(24{,}5 \text{ rad/s})^2 - (27{,}5 \text{ rad/s})^2}{2(-10{,}0 \text{ rad/s}^2)} = 7{,}80 \text{ rad}$$

Isso coincide com o resultado obtido anteriormente no item (b).

TESTE SUA COMPREENSÃO DA SEÇÃO 9.2 Suponha que o disco no Exemplo 9.3 estivesse inicialmente girando ao dobro da velocidade (55,0 rad/s em vez de 27,5 rad/s) e diminuísse a rotação ao dobro da taxa ($-20{,}0$ rad/s² em vez de $-10{,}0$ rad/s²). (a) Em comparação com a situação no Exemplo 9.3, quanto tempo levaria para o disco parar? (i) O mesmo tempo; (ii) o dobro do tempo; (iii) 4 vezes mais tempo; (iv) metade do tempo; (v) $\frac{1}{4}$ do tempo. (b) Em comparação com a situação no Exemplo 9.3, por quantas rotações o disco giraria antes de parar? (i) O mesmo número de rotações; (ii) o dobro de rotações; (iii) 4 vezes o número de rotações; (iv) metade do número de rotações; (v) $\frac{1}{4}$ do número de rotações. ▌

9.3 RELAÇÕES ENTRE A CINEMÁTICA LINEAR E A ANGULAR

Como podemos achar a velocidade linear e a aceleração de um dado ponto em um corpo girando? Precisamos responder a essa pergunta a fim de prosseguir com nossos estudos de rotação. Por exemplo, para achar a energia cinética de um corpo em rotação, devemos iniciar com a fórmula $K = \frac{1}{2}mv^2$ para uma partícula, e isso requer o conhecimento de v para cada partícula do corpo. Portanto, é conveniente desenvolver relações gerais entre a velocidade *angular* e a aceleração de um corpo rígido girando em torno de um eixo fixo e entre a velocidade *linear* e a aceleração de um ponto específico ou de uma partícula específica no corpo.

Velocidade linear na rotação de um corpo rígido

Quando um corpo rígido gira em torno de um eixo fixo, cada partícula do corpo se move em uma trajetória circular. O círculo fica sobre um plano perpendicular ao eixo e possui centro no eixo. A velocidade de uma partícula é diretamente proporcional à velocidade angular do corpo; quanto mais rápido ele gira, maior é a velocidade de cada partícula. Na **Figura 9.9**, o ponto *P* está a uma distância constante *r* do eixo de rotação, de modo que ele gira em um círculo de raio *r*. A qualquer instante, a Equação 9.1 relaciona o ângulo θ (em radianos) e o comprimento de arco *s*:

$$s = r\theta$$

Derivando essa equação em relação ao tempo, notando que *r* é constante para uma dada partícula e tomando o módulo de ambos os membros da equação, obtemos:

$$\left|\frac{ds}{dt}\right| = r\left|\frac{d\theta}{dt}\right|$$

Agora |*ds/dt*| é o valor absoluto da taxa de variação do comprimento de arco, que é igual à velocidade *linear v* da partícula. O valor absoluto da taxa de varia-

Figura 9.9 Um corpo rígido girando em torno de um eixo fixo através do ponto O.

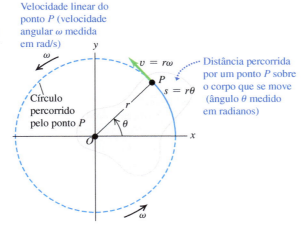

ção do ângulo, |dθ/dt|, é o módulo da **velocidade angular** instantânea em rad/s que é designado por ω. Logo,

$$v = r\omega \quad (9.13)$$

Velocidade linear de um ponto em um corpo rígido em rotação = Velocidade angular do corpo rígido em rotação × Distância entre esse ponto e o eixo de rotação

Quanto mais afastado o ponto estiver do eixo, maior será sua velocidade linear. A *direção* do *vetor* velocidade linear é tangente à sua trajetória circular em cada um de seus pontos (Figura 9.9).

> **ATENÇÃO** **Velocidade linear *versus* vetor velocidade** Lembre-se da distinção entre a *velocidade linear v* e a *velocidade angular ω*, que aparecem na Equação 9.13, e o *módulo da velocidade* linear v_x e o *módulo da velocidade* angular ω_z. As grandezas sem os índices inferiores, v e ω, nunca são negativas; são módulos dos vetores $\vec{v}$ e $\vec{\omega}$, respectivamente, e seus valores indicam somente com que rapidez uma partícula se move (v) ou gira (ω). As grandezas correspondentes com índices inferiores, v_x e ω_z, podem ser tanto positivas quanto negativas; seus sinais indicam o sentido do movimento.

Aceleração linear na rotação de um corpo rígido

Podemos representar a aceleração $\vec{a}$ de uma partícula que se move ao longo da circunferência em termos do componente centrípeto e do componente tangencial, a_{rad} e a_{tan} (**Figura 9.10**), como fizemos na Seção 3.4. (Seria uma boa ideia fazer uma revisão dessa seção agora.) Verificamos que o **componente tangencial da aceleração** a_{tan}, o componente paralelo à velocidade instantânea, atua fazendo alterar o *módulo* da velocidade da partícula, fornecendo a taxa de variação do módulo da sua velocidade linear. Derivando a Equação 9.13 em relação ao tempo, achamos

$$a_{tan} = \frac{dv}{dt} = r\frac{d\omega}{dt} = r\alpha \quad (9.14)$$

Aceleração tangencial de um ponto em um corpo rígido em rotação · Taxa de variação da velocidade linear desse ponto · Distância entre o eixo de rotação e esse ponto · Taxa de variação da velocidade angular do corpo

Esse componente de $\vec{a}$ é sempre tangente à trajetória circular do ponto P (Figura 9.10).

A grandeza $\alpha = d\omega/dt$ na Equação 9.14 é a taxa de variação da *velocidade* angular. Não é o mesmo que o componente $\alpha_z = d\omega_z/dt$, que é a taxa de variação da

Figura 9.10 Um corpo rígido cuja rotação está acelerando. A aceleração do ponto P possui um componente a_{rad} em direção ao eixo de rotação (perpendicular a $\vec{v}$) e um componente a_{tan} ao longo do círculo que o ponto P segue (paralelo a $\vec{v}$).

Componentes das acelerações radial e tangencial:
• $a_{rad} = \omega^2 r$ é a aceleração centrípeta do ponto P.
• $a_{tan} = r\alpha$ é a rotação do ponto P que está acelerando (o corpo possui aceleração angular).

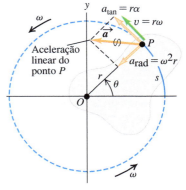

velocidade angular. Por exemplo, considere um corpo girando de modo que seu vetor velocidade angular aponte na direção $-z$ (Figura 9.5b). Se o corpo está ganhando velocidade angular a uma taxa de 10 rad/s por segundo, então $\alpha = 10$ rad/s^2. Mas ω_z é negativo e se torna mais negativo à medida que a rotação ganha velocidade angular, portanto, $\alpha_z = -10$ rad/s^2. A regra para rotação em torno de um eixo fixo é que α é igual a α_z se ω_z for positivo, mas igual a $-\alpha_z$ se ω_z for negativo.

O componente da aceleração $\vec{a}$ indicada na Figura 9.10, direcionado para o interior do eixo de rotação, é o **componente da aceleração centrípeta** a_{rad}, sendo associado com a variação de *direção* da velocidade do ponto P. Na Seção 3.4, utilizamos a relação $a_{rad} = v^2/r$. Podemos expressar esse resultado em termos de ω usando a Equação 9.13:

$$a_{rad} = \frac{v^2}{r} = \omega^2 r \quad (9.15)$$

Aceleração centrípeta de um ponto em um corpo rígido em rotação · · · Velocidade linear desse ponto · · · Velocidade angular do corpo · · · Distância entre o eixo de rotação e esse ponto

Esse resultado é verdadeiro em cada instante, *mesmo quando ω e v não são constantes*. A aceleração centrípeta sempre aponta no sentido do eixo de rotação.

ATENÇÃO **Use ângulos em radianos em todas as equações** É importante lembrarmos que a Equação 9.1, $s = r\theta$, vale *somente* quando θ é medido em radianos. A mesma observação se aplica para qualquer equação deduzida a partir dessa relação, incluindo as equações 9.13, 9.14 e 9.15. Ao trabalhar com essas equações, você **deve** usar somente grandezas angulares em radianos, não em rotações ou em graus (**Figura 9.11**).

As equações 9.1, 9.13 e 9.14 também se aplicam para qualquer partícula que possua a mesma velocidade tangencial de um ponto em um corpo rígido em rotação. Por exemplo, quando uma corda enrolada em torno de um cilindro se desenrola sem deslizar nem se esticar, sua velocidade e sua aceleração em qualquer instante são iguais às respectivas velocidade e aceleração tangencial de qualquer ponto situado na periferia do cilindro. O mesmo princípio se aplica para situações como a corrente da bicicleta e a coroa, correias e polias que giram sem deslizar e assim por diante. Teremos oportunidades de usar essas relações mais adiante neste capítulo e no Capítulo 10. Note que a Equação 9.15 para a aceleração centrípeta a_{rad} se aplica para a corda ou para a corrente *somente* nos pontos em que existe contato com o cilindro ou com a roda dentada. Os demais pontos não possuem a mesma aceleração orientada para o centro que esses pontos sobre o cilindro ou sobre a roda dentada possuem.

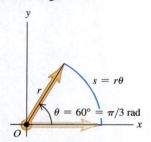

Figura 9.11 Sempre use radianos ao relacionar grandezas lineares com grandezas angulares.

Em qualquer equação que relacione grandezas lineares com grandezas angulares, os ângulos DEVEM ser expressos em radianos...

CERTO! ▶ $s = (\pi/3)r$

... nunca em graus ou rotações.

ERRADO ▶ $s = 60r$

EXEMPLO 9.4 LANÇAMENTO DE UM DISCO

Um atleta lança um disco ao longo de uma circunferência de raio igual a 80 cm. Em um dado instante, o lançador gira com velocidade angular de 10,0 rad/s, que aumenta a uma taxa de 50 rad/s^2. Nesse instante, determine os componentes tangencial e centrípeto da aceleração do disco e o módulo da aceleração.

SOLUÇÃO

IDENTIFICAR E PREPARAR: tratamos o disco como uma partícula deslocando-se ao longo de uma trajetória circular (**Figura 9.12a**); logo, podemos usar os conceitos desenvolvidos nesta seção. Conhecemos o raio $r = 0,800$ m, $\omega = 10,0$ rad/s e $\alpha = 50,0$ rad/s^2 (Figura 9.12b). Usaremos as equações 9.14 e 9.15 para achar os componentes de aceleração a_{tan} e a_{rad}, respectivamente; depois, encontraremos seu módulo a usando o teorema de Pitágoras.

EXECUTAR: pelas equações 9.14 e 9.15,

$$a_{tan} = r\alpha = (0,800 \text{ m})(50,0 \text{ rad/s}^2) = 40,0 \text{ m/s}^2$$
$$a_{rad} = \omega^2 r = (10,0 \text{ rad/s})^2 (0,800 \text{ m}) = 80,0 \text{ m/s}^2$$

Então,

$$a = \sqrt{a_{tan}^2 + a_{rad}^2} = 89,4 \text{ m/s}^2$$

(*Continua*)

(*Continuação*)

AVALIAR: note que omitimos a unidade "radiano" dos resultados de a_{tan}, a_{rad} e a; podemos fazer isso porque "radiano" é uma grandeza que não possui dimensão. Você é capaz de mostrar que, se a velocidade angular dobrar para 20,0 rad/s enquanto α permanece o mesmo, o módulo da aceleração a aumentará para 322 m/s²?

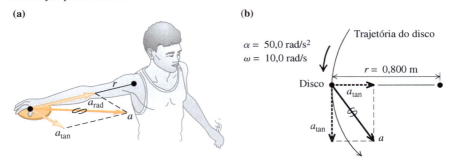

Figura 9.12 (a) Girando um disco em círculo. (b) O esquema indica os componentes da aceleração para o disco.

EXEMPLO 9.5 — PROJETO DE UMA HÉLICE

Você está projetando a hélice de um avião que deve girar a 2.400 rpm (**Figura 9.13a**). A velocidade do avião deve ser de 75,0 m/s, e a velocidade da extremidade da lâmina da hélice não pode superar 270 m/s. (Isso é cerca de 80% da velocidade do som no ar. Se as extremidades das lâminas se deslocassem com a velocidade do som, elas produziriam um ruído muito alto.) (a) Qual é o raio máximo que a hélice pode ter? (b) Com esse raio, qual é a aceleração da extremidade da hélice?

SOLUÇÃO

IDENTIFICAR E PREPARAR: o objeto de interesse neste exemplo é uma partícula na extremidade da hélice; as variáveis-alvo são a distância da partícula a partir do eixo e sua aceleração. Note que a velocidade linear dessa partícula pelo ar (que não pode exceder 270 m/s) deve-se tanto à rotação da hélice quanto ao deslocamento para a frente do avião. A Figura 9.13b mostra que a velocidade $\vec{v}_{extrem}$ é a soma vetorial de sua velocidade tangencial em razão da rotação da hélice de módulo $v_{tan} = \omega r$, dado pela Equação 9.13, e a velocidade para a frente do avião de módulo $v_{avião} = 75,0$ m/s. A hélice gira em um plano perpendicular à direção do voo, de modo que $\vec{v}_{tan}$ e $\vec{v}_{avião}$ são perpendiculares entre si, e podemos usar o teorema de Pitágoras para obter uma expressão para v_{extrem} a partir de v_{tan} e $v_{avião}$. A seguir, vamos determinar que $v_{extrem} = 270$ m/s e solucionar o raio r. A velocidade angular da hélice é constante, portanto, a aceleração da extremidade da hélice possui somente um componente radial; acharemos esse componente usando a Equação 9.15.

EXECUTAR: inicialmente convertemos ω para rad/s (veja a Figura 9.11):

$$\omega = 2.400 \text{ rpm} = \left(2.400 \frac{\text{rot}}{\text{min}}\right)\left(\frac{2\pi \text{ rad}}{1 \text{ rot}}\right)\left(\frac{1 \text{ min}}{60 \text{ s}}\right) = 251 \text{ rad/s}$$

(a) Pela Figura 9.13b e a Equação 9.13,

$$v_{extrem}^2 = v_{avião}^2 + v_{tan}^2 = v_{avião}^2 + r^2\omega^2, \text{ logo}$$

$$r^2 = \frac{v_{extrem}^2 - v_{avião}^2}{\omega^2} \quad \text{e} \quad r = \frac{\sqrt{v_{extrem}^2 - v_{avião}^2}}{\omega}$$

Se $v_{extrem} = 270$ m/s, o raio máximo da hélice é

$$r = \frac{\sqrt{(270 \text{ m/s})^2 - (75,0 \text{ m/s})^2}}{251 \text{ rad/s}} = 1,03 \text{ m}$$

Figura 9.13 (a) Um avião com propulsão a hélice em voo. (b) O esquema indica os componentes de velocidade para a extremidade da hélice.

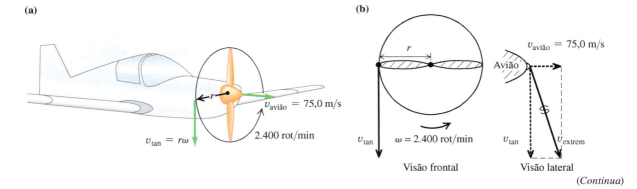

(*Continua*)

(*Continuação*)

(b) A aceleração centrípeta da partícula é, pela Equação 9.15,

$$a_{\text{rad}} = \omega^2 r = (251 \text{ rad/s})^2 (1,03 \text{ m})$$
$$= 6,5 \times 10^4 \text{ m/s}^2 = 6.600g$$

A aceleração tangencial a_{tan} é zero porque ω é constante.

AVALIAR: de acordo com $\sum \vec{F} = m\vec{a}$, a hélice deve exercer uma força igual a $6,5 \times 10^4$ N sobre cada quilograma do material em sua extremidade! É por isso que as hélices são fabricadas com materiais leves e duros, geralmente ligas de alumínio.

DADOS MOSTRAM

Atrito estático

Quando os alunos recebiam um problema sobre o movimento de pontos sobre um corpo rígido em rotação, mais de 21% davam uma resposta incorreta. Erros comuns:

- Confusão entre aceleração centrípeta e tangencial. Os pontos em um corpo rígido possuem uma aceleração centrípeta (radial) a_{rad} sempre que o corpo está girando, mas só possuem uma aceleração tangencial a_{tan} se a velocidade angular estiver variando.
- Esquecer que os valores de a_{rad} e a_{tan} em um ponto dependem da distância desse ponto até o eixo de rotação.

TESTE SUA COMPREENSÃO DA SEÇÃO 9.3 As informações são armazenadas em um disco de Blu-ray (Figura 9.8) em um padrão codificado constituído por pequenos sulcos. Esses sulcos são agrupados ao longo de uma trilha em forma de espiral orientada de dentro para fora até a periferia do disco. À medida que o disco gira dentro de um aparelho, a trilha é percorrida a uma velocidade *linear* constante. Como a velocidade de rotação ω do disco deve variar conforme a cabeça de leitura do aparelho se move pela trilha? (i) A velocidade angular ω deve aumentar; (ii) ω deve diminuir; (iii) ω deve permanecer inalterada. ∎

9.4 ENERGIA NO MOVIMENTO DE ROTAÇÃO

Um corpo rígido girando é constituído por massas em movimento; logo, ele possui energia cinética. Como veremos, é possível expressar essa energia cinética em termos da velocidade angular do corpo e de uma nova grandeza denominada *momento de inércia*, que depende da massa do corpo e de como a massa é distribuída.

Para começar, imaginamos um corpo constituído por um grande número de partículas com massas m_1, m_2, ... situadas a distâncias r_1, r_2, ... do eixo de rotação. As partículas são identificadas por um índice i: a massa da i-ésima partícula é m_i e sua distância *perpendicular* ao eixo de rotação é r_i. (As partículas não estão necessariamente distribuídas no mesmo plano.)

Quando um corpo rígido gira em torno de um eixo fixo, a velocidade v_i da i-ésima partícula é dada pela Equação 9.13, $v_i = r_i\omega$, onde ω é a velocidade angular do corpo. Partículas diferentes possuem valores diferentes de r_i, porém ω possui sempre o mesmo valor para todas (senão o corpo não seria rígido). A energia cinética da i-ésima partícula pode ser expressa por

$$\tfrac{1}{2} m_i v_i^2 = \tfrac{1}{2} m_i r_i^2 \omega^2$$

A energia cinética *total* do corpo é a soma das energias cinéticas de todas as partículas que constituem o corpo:

$$K = \tfrac{1}{2} m_1 r_1^2 \omega^2 + \tfrac{1}{2} m_2 r_2^2 \omega^2 + \cdots = \sum_i \tfrac{1}{2} m_i r_i^2 \omega^2$$

Colocando em evidência o fator comum $\omega^2/2$, obtemos

$$K = \tfrac{1}{2}(m_1 r_1^2 + m_2 r_2^2 + \cdots)\omega^2 = \tfrac{1}{2}\left(\sum_i m_i r_i^2\right)\omega^2$$

A grandeza entre parênteses, obtida multiplicando-se a massa de cada partícula pelo quadrado da distância ao eixo de rotação e somando-se esses produtos, é designada por I e denomina-se **momento de inércia** do corpo em relação a esse eixo de rotação:

Momento de inércia de um corpo para determinado eixo de rotação — Massas das partículas que compõem o corpo

$$I = m_1 r_1^2 + m_2 r_2^2 + \cdots = \sum_i m_i r_i^2 \qquad (9.16)$$

Distâncias perpendiculares das partículas a partir do eixo de rotação

A palavra "momento" dá a ideia de que I depende da maneira como a massa do corpo é distribuída no espaço; ela não tem nada a ver com o "momento" do tempo. Para um corpo com um dado eixo de rotação e uma dada massa total, quanto mais afastadas as partículas estiverem do eixo de rotação, maior será o momento de inércia I. Em um corpo rígido, as distâncias r_i são todas constantes e I não depende de como o corpo está girando em torno de um dado eixo. A unidade SI do momento de inércia é quilograma vezes metro^2 (kg · m^2).

Usando a Equação 9.16, vemos que a **energia cinética de rotação** K de um corpo rígido é

Energia cinética de rotação de um corpo rígido girando em torno de um eixo ········→ $K = \frac{1}{2}I\omega^2$ ←········ Momento de inércia do corpo para um dado eixo de rotação (9.17)
Velocidade angular do corpo

A energia cinética dada pela Equação 9.17 *não* é uma nova forma de energia; ela é a soma das energias cinéticas das partículas individuais que constituem o corpo rígido em rotação. Ao usarmos a Equação 9.17, ω *deve* ser medida em radianos por segundo, e não em rotações por segundo ou em graus por segundo, para obtermos K em joules; isso ocorre porque usamos $v_i = r_i\omega$ na dedução que fizemos.

A Equação 9.17 fornece uma interpretação física simples para o momento de inércia: *quanto maior for o momento de inércia, maior será a energia cinética do corpo rígido girando com uma dada velocidade angular ω*. Aprendemos, no Capítulo 6, que a energia cinética de um corpo é igual ao trabalho realizado para acelerar esse corpo a partir do repouso. Assim, quanto maior for o momento de inércia de um corpo, mais difícil será fazê-lo girar a partir do repouso e mais difícil será fazê-lo parar quando estiver girando (**Figura 9.14**). Por essa razão, algumas vezes a grandeza I também é chamada de *inércia rotacional*.

Figura 9.14 Um dispositivo que pode girar livremente em torno de um eixo vertical. Para que o momento de inércia varie, os dois cilindros de massa igual podem ser travados em qualquer posição ao longo do eixo horizontal.

• Massa próxima ao eixo
• Pequeno momento de inércia
• Fácil fazer o dispositivo começar a girar

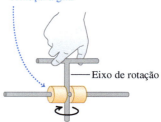

• Massa distante do eixo
• Maior momento de inércia
• Mais difícil fazer o dispositivo começar a girar

EXEMPLO 9.6 MOMENTOS DE INÉRCIA EM RELAÇÃO A DIFERENTES EIXOS DE ROTAÇÃO

Certa peça de uma máquina (**Figura 9.15**) consiste em três discos ligados por suportes leves. (a) Qual é o momento de inércia desse corpo em relação a um eixo 1 que passa pelo centro do disco A, perpendicular ao plano do desenho? (b) Qual é o momento de inércia em torno de um eixo 2 que passa pelos centros dos discos B e C? (c) Qual é a energia cinética do corpo se ele gira em torno do eixo 1 com velocidade angular $\omega = 4{,}0$ rad/s?

Figura 9.15 Peça de uma máquina de forma estranha.

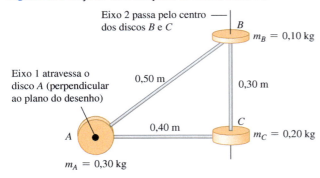

SOLUÇÃO

IDENTIFICAR E PREPARAR: vamos considerar os discos como partículas pesadas localizadas nos centros dos discos, conectadas por hastes com massas desprezíveis. Nos itens (a) e (b), usaremos a Equação 9.16 para obter os momentos de inércia. Dado o momento de inércia para o eixo 1, usaremos a Equação 9.17 no item (c) para obter a energia cinética na rotação.

EXECUTAR: (a) A partícula no ponto A está *sobre* o eixo 1, atravessando A. Assim, sua distância r ao eixo é igual a zero e em nada contribui para o momento de inércia. Logo, somente B e C contribuem na Equação 9.16:

$$I_1 = \Sigma m_i r_i^2 = (0{,}10 \text{ kg})(0{,}50 \text{ m})^2 + (0{,}20 \text{ kg})(0{,}40 \text{ m})^2$$
$$= 0{,}057 \text{ kg} \cdot \text{m}^2$$

(b) As partículas em B e C estão *sobre* o eixo 2; logo, nenhuma delas contribui para o momento de inércia. Somente A contribui:

$$I_2 = \Sigma m_i r_i^2 = (0{,}30 \text{ kg})(0{,}40 \text{ m})^2 = 0{,}048 \text{ kg} \cdot \text{m}^2$$

(c) Usando a Equação 9.17,

$$K_1 = \tfrac{1}{2}I_1\omega^2 = \tfrac{1}{2}(0{,}057 \text{ kg} \cdot \text{m}^2)(4{,}0 \text{ rad/s})^2 = 0{,}46 \text{ J}$$

AVALIAR: o momento de inércia para o eixo 2 é maior que aquele para o eixo 1. Portanto, dentre os dois eixos, é mais fácil fazer o corpo girar em torno do eixo 2.

BIO Aplicação Momento de inércia da asa de um pássaro Quando um pássaro bate suas asas, ele as gira para cima e para baixo em relação ao ombro. Um beija-flor tem asas pequenas com um pequeno momento de inércia, de modo que o pássaro pode mover suas asas rapidamente (até 70 batidas por segundo). Ao contrário, o condor-dos-andes (*Vultur gryphus*) possui asas imensas, difíceis de mover em razão de seu grande momento de inércia. Os condores batem suas asas em torno de uma batida por segundo para iniciar o voo, mas na maior parte do tempo preferem planar, mantendo suas asas abertas e paradas.

ATENÇÃO O momento de inércia depende da escolha do eixo O Exemplo 9.6 mostra que o momento de inércia de um corpo depende da localização e da orientação do eixo. Não é suficiente dizer "O momento de inércia de um corpo é 0,048 kg · m²". É necessário ser mais específico e dizer "O momento de inércia de um corpo *em relação ao eixo que passa por B e C* é 0,048 kg · m²".

No Exemplo 9.6, representamos o corpo por um conjunto de massas puntiformes e avaliamos diretamente a soma indicada na Equação 9.16. Quando o corpo é uma distribuição *contínua* de matéria, como um cilindro maciço ou uma placa, a soma se transforma em uma integral e precisamos usar o cálculo integral para obter o momento de inércia. Mostraremos diversos exemplos desse tipo de cálculo na Seção 9.6; enquanto isso, apresentamos os momentos de inércia de diversas formas familiares em termos da massa e das dimensões do corpo na **Tabela 9.2**. Cada corpo indicado nessa tabela é *uniforme*, ou seja, a densidade é a mesma em todos os pontos das partes sólidas dos respectivos corpos.

ATENÇÃO Cálculo do momento de inércia Podemos ser tentados a calcular o momento de inércia de um corpo supondo que toda a massa do corpo esteja concentrada em seu centro de massa e, a seguir, multiplicando a massa pelo quadrado da distância entre o centro de massa e o eixo de rotação, mas isso não funciona! Por exemplo, quando uma barra uniforme fina de comprimento L e massa M está pivotada em torno de um eixo perpendicular à barra passando pela sua extremidade, seu momento de inércia é dado por $I = ML^2/3$ [caso (b) da Tabela 9.2]. Se você imaginasse a massa da barra concentrada em seu centro, a uma distância $L/2$ do eixo, você obteria o resultado *errado* $I = M(L/2)^2 = ML^2/4$.

Agora que sabemos como calcular a energia cinética de um corpo rígido girando, podemos aplicar os princípios de energia do Capítulo 7 para o movimento de rotação. A Estratégia para a solução de problemas a seguir, com os exemplos que se seguem, mostra como isso é feito.

TABELA 9.2 Momentos de inércia de diversos corpos.

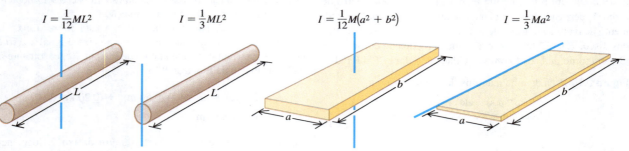

(a) Barra delgada, eixo passa pelo centro
$$I = \tfrac{1}{12}ML^2$$

(b) Barra delgada, eixo passa por uma extremidade
$$I = \tfrac{1}{3}ML^2$$

(c) Placa retangular, eixo passa pelo centro
$$I = \tfrac{1}{12}M(a^2 + b^2)$$

(d) Placa retangular fina, eixo passa ao longo da borda
$$I = \tfrac{1}{3}Ma^2$$

(e) Cilindro oco
$$I = \tfrac{1}{2}M(R_1^2 + R_2^2)$$

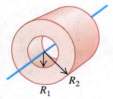

(f) Cilindro maciço
$$I = \tfrac{1}{2}MR^2$$

(g) Cilindro oco com paredes finas
$$I = MR^2$$

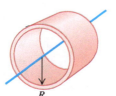

(h) Esfera sólida
$$I = \tfrac{2}{5}MR^2$$

(i) Esfera oca com paredes finas
$$I = \tfrac{2}{3}MR^2$$

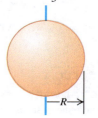

ESTRATÉGIA PARA A SOLUÇÃO DE PROBLEMAS 9.1   ENERGIA NA ROTAÇÃO

IDENTIFICAR *os conceitos relevantes:* você pode usar as relações entre trabalho e energia e a conservação da energia para achar relações envolvendo a posição e o movimento de um corpo rígido em rotação ao redor de um eixo fixo. Geralmente o método da energia não se aplica para problemas que envolvem passagem de tempo. No Capítulo 10, veremos como abordar problemas de rotação desse tipo.

PREPARAR *o problema* usando as mesmas etapas da Estratégia para a solução de problemas 7.1 (Seção 7.1), com o seguinte acréscimo:

5. Você pode usar as equações 9.13 e 9.14 em problemas que envolvem uma corda (ou algo assim) enrolada em torno de um corpo rígido que gira, se a corda não deslizar. Essas equações relacionam a velocidade linear e a aceleração tangencial de um ponto sobre um corpo rígido com a velocidade angular e a aceleração angular do corpo. (Veja os exemplos 9.7 e 9.8.)

6. Use a Tabela 9.2 para achar os momentos de inércia. Use o teorema dos eixos paralelos, Equação 9.19 (para a derivada na Seção 9.5), para determinar os momentos de inércia para a rotação em torno dos eixos paralelos aos mostrados na tabela.

EXECUTAR *a solução:* escreva expressões para as energias cinéticas inicial e final e as energias potenciais K_1, K_2, U_1 e U_2 e para o trabalho não conservativo W_{outro} (se houver), onde K_1 e K_2 agora devem incluir qualquer energia cinética de rotação $K = \frac{1}{2}I\omega^2$. Substitua essas expressões na Equação 7.14, $K_1 + U_1 + W_{outro} = K_2 + U_2$ (se o trabalho não conservativo for realizado), ou na Equação 7.12, $K_1 + U_1 = K_2 + U_2$ (se somente o trabalho conservativo for realizado) e solucione as variáveis-alvo. É útil desenhar gráficos de barra para mostrar os valores inicial e final de K, U e $E = K + U$.

AVALIAR *sua resposta:* confira se sua resposta tem sentido físico.

EXEMPLO 9.7   DESENROLANDO UM CABO I

Um cabo leve, flexível e não deformável é enrolado diversas vezes em torno da periferia de um tambor, um cilindro maciço com massa igual a 50 kg e diâmetro de 0,120 m, que pode girar em torno de um eixo estacionário horizontal mantido por mancais sem atrito (**Figura 9.16**). A extremidade livre do cabo é puxada com uma força constante de módulo igual a 9,0 N, deslocando-se por uma distância de 2,0 m. Ele se desenrola sem deslizar e faz o cilindro girar. O cilindro está inicialmente em repouso. Calcule sua velocidade angular e a velocidade linear final do cabo.

Figura 9.16 Um cabo é desenrolado de um cilindro (perspectiva lateral).

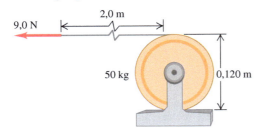

SOLUÇÃO

IDENTIFICAR: solucionaremos este problema usando os métodos de energia. Consideraremos que o cabo leve não possui massa, de modo que somente o cilindro possui energia cinética. Não há variação na energia potencial gravitacional. Existe atrito entre o cabo e o cilindro, porém, como o cabo não desliza, não existe movimento do cabo em relação ao cilindro e nenhuma energia mecânica é perdida em virtude do atrito. Como o cabo não possui massa, a força que ele exerce sobre a borda do cilindro é igual à força aplicada F.

PREPARAR: o ponto 1 é quando o cabo começa a se mover. O cilindro parte do repouso, portanto, $K_1 = 0$. O ponto 2 é quando o cabo se move por uma distância $d = 2,0$ m e o cilindro possui energia cinética $K_2 = \frac{1}{2}I\omega^2$. Uma de nossas variáveis-alvo é ω; a outra é a velocidade linear do cabo no ponto 2, que é igual à velocidade tangencial v do cilindro nesse ponto. Usaremos a Equação 9.13 para achar v a partir de ω.

EXECUTAR: o trabalho realizado sobre o cilindro é $W_{outro} = Fd = (9,0 \text{ N})(2,0 \text{ m}) = 18$ J. De acordo com a Tabela 9.2, o momento de inércia é

$$I = \frac{1}{2}mR^2 = \frac{1}{2}(50 \text{ kg})(0,060 \text{ m})^2 = 0,090 \text{ kg} \cdot \text{m}^2$$

(O raio R é metade do diâmetro do cilindro.) Pela Equação 7.14, a relação $K_1 + U_1 + W_{outro} = K_2 + U_2$ fornece

$$0 + 0 + W_{outro} = \frac{1}{2}I\omega^2 + 0$$

$$\omega = \sqrt{\frac{2W_{outro}}{I}} = \sqrt{\frac{2(18 \text{ J})}{0,090 \text{ kg} \cdot \text{m}^2}} = 20 \text{ rad/s}$$

Pela Equação 9.13, a velocidade tangencial final do cilindro e, portanto, a velocidade final do cabo, é

$$v = R\omega = (0,060 \text{ m})(20 \text{ rad/s}) = 1,2 \text{ m/s}$$

AVALIAR: se a massa do cabo não pudesse ser desprezada, parte dos 18 J de trabalho realizado iria para a energia cinética do cabo. Logo, o cilindro acabaria com menos energia cinética e menor velocidade angular do que calculamos aqui.

EXEMPLO 9.8 — DESENROLANDO UM CABO II

Enrolamos um cabo leve e flexível em torno de um cilindro maciço com massa M e raio R. O cilindro gira com atrito desprezível em torno de um eixo horizontal estacionário. Amarramos a extremidade livre do cabo a um objeto de massa m e liberamos o bloco a partir do repouso a uma distância h acima do solo. À medida que o bloco cai, o cabo se desenrola sem se esticar nem deslizar. Calcule a velocidade do bloco que cai e a velocidade angular do cilindro no instante em que o objeto atinge o solo.

Figura 9.17 Esquematização do problema.

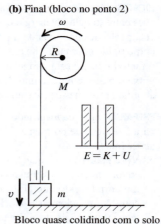

(a) Inicial (bloco no ponto 1)   (b) Final (bloco no ponto 2)

Bloco e cilindro em repouso   Bloco quase colidindo com o solo

SOLUÇÃO

IDENTIFICAR: como no Exemplo 9.7, o cabo não desliza e o atrito não realiza trabalho. Consideramos que o cabo não possui massa, de modo que as forças que ele exerce sobre o cilindro e o bloco possuem módulos iguais. Na extremidade superior, a força e o deslocamento estão no mesmo sentido, e na outra extremidade a força possui sentido contrário ao do deslocamento, de modo que o cabo não realiza um trabalho *resultante* e $W_{\text{outro}} = 0$. Somente a gravidade realiza trabalho e, por isso, a energia mecânica é conservada.

PREPARAR: a **Figura 9.17a** mostra a situação imediatamente antes que o bloco comece a cair (ponto 1). A energia cinética inicial é $K_1 = 0$. Consideramos a energia potencial gravitacional igual a zero quando o bloco está no nível do solo (ponto 2); logo $U_1 = mgh$ e $U_2 = 0$. (Podemos ignorar a energia potencial gravitacional do cilindro girando, visto que sua altura não varia.) Imediatamente antes de o objeto colidir com o solo (Figura 9.17b), tanto o bloco quanto o cilindro possuem energia cinética. Logo

$$K_2 = \tfrac{1}{2}mv^2 + \tfrac{1}{2}I\omega^2$$

O momento de inércia do cilindro é $I = \tfrac{1}{2}MR^2$. Também, $v = R\omega$, uma vez que a velocidade da massa que cai deve ser igual à velocidade tangencial de um corpo na periferia do cilindro.

EXECUTAR: usamos as expressões para K_1, U_1, K_2 e U_2 e a relação $\omega = v/R$ na Equação 7.4, $K_1 + U_1 = K_2 + U_2$. Então solucionamos v:

$$0 + mgh = \tfrac{1}{2}mv^2 + \tfrac{1}{2}\left(\tfrac{1}{2}MR^2\right)\left(\frac{v}{R}\right)^2 + 0 = \tfrac{1}{2}\left(m + \tfrac{1}{2}M\right)v^2$$

$$v = \sqrt{\frac{2gh}{1 + M/2m}}$$

A velocidade angular final é obtida da relação $\omega = v/R$.

AVALIAR: quando a massa M é muito maior que m, v é muito pequeno; quando M é muito menor que m, v é aproximadamente igual a $\sqrt{2gh}$, que é a velocidade de um corpo em queda livre a partir de uma altura h. Esses dois resultados são os que você poderia esperar.

Energia potencial gravitacional para um corpo estendido

Figura 9.18 Em uma técnica denominada "inversão de Fosbury", em homenagem ao seu criador, esta atleta encurva seu corpo quando passa sobre a barra no salto em altura. Em consequência, seu centro de massa passa efetivamente *por baixo* da barra. Essa técnica necessita de um menor aumento da energia potencial gravitacional (Equação 9.18) que a técnica antiga, na qual o centro de massa passava por cima da barra.

No Exemplo 9.8, o cabo possuía massa desprezível, de modo que ignoramos sua energia cinética e a energia potencial gravitacional associada ao cabo. Quando a massa *não* é desprezível, precisamos aprender a calcular a *energia potencial gravitacional* associada com um corpo de massa estendida. Quando a aceleração da gravidade g é a mesma em todos os pontos do corpo, a energia potencial gravitacional é a mesma que a de uma partícula com massa total do corpo centralizada em seu centro de massa. Suponha que você oriente o eixo Oy verticalmente de baixo para cima. Então, para um corpo de massa total M, a energia potencial gravitacional U é simplesmente

$$U = Mgy_{\text{cm}} \quad \text{(energia potencial gravitacional para um corpo estendido)} \quad (9.18)$$

onde y_{cm} é a coordenada y do centro de massa. A expressão se aplica para qualquer corpo estendido, independentemente de ele ser rígido ou não (**Figura 9.18**).

Para provar a Equação 9.18, novamente consideramos o corpo como um conjunto de elementos de massa m_i. A energia potencial de um elemento de massa m_i é $m_i g y_i$, de modo que a energia potencial é dada por

$$U = m_1 g y_1 + m_2 g y_2 + \ldots = (m_1 y_1 + m_2 y_2 + \ldots)g$$

Porém, pela Equação 8.28, que define as coordenadas do centro de massa,

$$m_1 y_1 + m_2 y_2 + \ldots = (m_1 + m_2 + \ldots) y_{cm} = M y_{cm}$$

onde $M = m_1 + m_2 + \ldots$ é a massa total. Combinando essa relação com a expressão anterior de U, achamos $U = M g y_{cm}$, concordando com a Equação 9.18.

Deixamos a aplicação da Equação 9.18 para os problemas. No Capítulo 10, usaremos essa equação para nos ajudar a analisar problemas de corpos rígidos que possuem eixos de rotação que se movem.

TESTE SUA COMPREENSÃO DA SEÇÃO 9.4 Suponha que o cilindro e o bloco do Exemplo 9.8 possuam a mesma massa, de modo que $m = M$. Imediatamente antes de o bloco atingir o solo, qual afirmação é correta sobre a relação entre a energia cinética do bloco em queda e a energia cinética na rotação do cilindro? (i) O bloco possui mais energia cinética que o cilindro. (ii) O bloco possui menos energia cinética que o cilindro. (iii) O bloco e o cilindro possuem o mesmo valor de energia cinética. ❙

9.5 TEOREMA DOS EIXOS PARALELOS

Na Seção 9.4, dissemos que um corpo rígido não possui somente um momento de inércia. De fato, ele possui um número infinito de momentos de inércia, porque existe um número infinito de eixos de rotação. No entanto, existe uma relação simples, chamada **teorema dos eixos paralelos**, entre o momento de inércia de um corpo em relação ao centro de massa do corpo e o momento de inércia em relação a outro eixo paralelo ao eixo original (**Figura 9.19**):

Teorema dos eixos paralelos: momento de inércia de um corpo para um eixo de rotação em relação ao ponto P

$$I_P = I_{cm} + M d^2 \quad (9.19)$$

Momento de inércia do corpo para um eixo paralelo em relação ao centro de massa · Massa do corpo · Distância entre dois eixos paralelos

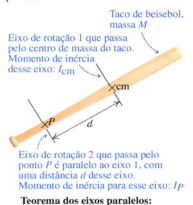

Figura 9.19 Teorema dos eixos paralelos.

Taco de beisebol, massa M. Eixo de rotação 1 que passa pelo centro de massa do taco. Momento de inércia desse eixo: I_{cm}.
Eixo de rotação 2 que passa pelo ponto P é paralelo ao eixo 1, com uma distância d desse eixo. Momento de inércia para esse eixo: I_P.

Teorema dos eixos paralelos:
$I_P = I_{cm} + M d^2$

Para demonstrarmos esse teorema, consideramos dois eixos paralelos ao eixo Oz: um passando pelo centro de massa e o outro passando pelo ponto P (**Figura 9.20**). Inicialmente, tomamos uma fatia muito fina do corpo, paralela ao plano xy e perpendicular ao eixo Oz. A origem do nosso sistema de coordenadas coincide com o centro de massa do corpo; as coordenadas do centro de massa são, portanto, $x_{cm} = y_{cm} = z_{cm} = 0$. O eixo que passa no centro de massa atravessa a fatia no ponto O, e o eixo paralelo passa através do ponto P, cujas coordenadas x e y são (a, b). A distância entre esse eixo e o que passa pelo centro de massa é igual a d, sendo $d^2 = a^2 + b^2$.

Podemos escrever uma expressão para o momento de inércia I_P em relação ao eixo passando através do ponto P. Seja m_i um elemento de massa da fatia, com coordenadas (x_i, y_i, z_i). Então o momento de inércia I_{cm} da fatia em relação ao eixo que passa no centro de massa (em O) é dado por

$$I_{cm} = \sum_i m_i (x_i^2 + y_i^2)$$

O momento de inércia da fatia em relação ao eixo que passa no ponto P é

$$I_P = \sum_i m_i [(x_i - a)^2 + (y_i - b)^2]$$

Estas expressões não envolvem a coordenada z_i medida perpendicularmente a todas as fatias; logo, podemos estender as somas para incluir *todas* as partículas em *todas* as fatias. Então, I_P fornece o momento de inércia do corpo *inteiro* em relação a um eixo passando pelo ponto P. A seguir, desenvolvendo os termos elevados ao quadrado e reagrupando-os, obtemos

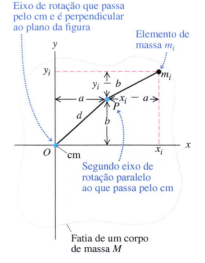

Figura 9.20 O elemento de massa m_i possui coordenadas (x_i, y_i) em relação ao eixo que passa no centro de massa (cm) e coordenadas $(x_i - a, y_i - b)$ em relação ao eixo paralelo que passa no ponto P.

Eixo de rotação que passa pelo cm e é perpendicular ao plano da figura.
Elemento de massa m_i.
Segundo eixo de rotação paralelo ao que passa pelo cm.
Fatia de um corpo de massa M.

$$I_P = \sum_i m_i(x_i^2 + y_i^2) - 2a\sum_i m_i x_i - 2b\sum_i m_i y_i + (a^2 + b^2)\sum_i m_i$$

A primeira soma é I_{cm}. Pela Equação 8.28, que define o centro de massa, a segunda e a terceira soma são proporcionais a x_{cm} e y_{cm}; estes são nulos porque a origem do nosso sistema coincide com o centro de massa. O último termo é d^2, multiplicado pela massa total, ou Md^2, e isso completa a demonstração de que $I_P = I_{cm} + Md^2$.

Como mostra a Equação 9.19, o momento de inércia de um corpo rígido em relação a um eixo passando em seu centro de massa é menor que o momento de inércia em relação a qualquer outro eixo paralelo. Assim, é mais fácil fazer um corpo girar quando o eixo de rotação passa através do centro de massa. Isso sugere que é bastante natural que um corpo rígido gire em torno de um eixo que passe em seu centro de massa; desenvolveremos essa ideia de modo mais quantitativo no Capítulo 10.

EXEMPLO 9.9 USO DO TEOREMA DOS EIXOS PARALELOS

Uma das peças de uma articulação mecânica (**Figura 9.21**) possui massa igual a 3,6 kg. Medimos seu momento de inércia em relação a um eixo situado a uma distância de 0,15 m de seu centro de massa e encontramos o valor $I_P = 0{,}132$ kg · m². Qual é o momento de inércia I_{cm} em relação a um eixo paralelo que passa pelo centro de massa?

Figura 9.21 Cálculo de I_{cm} a partir da medida de I_P.

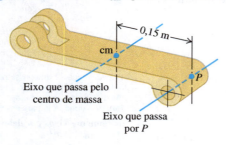

SOLUÇÃO

IDENTIFICAR, PREPARAR E EXECUTAR: determinaremos a variável-alvo I_{cm} usando o teorema dos eixos paralelos, Equação 9.19. Reagrupando a equação, obtemos

$$I_{cm} = I_P - Md^2 = 0{,}132 \text{ kg} \cdot \text{m}^2 - (3{,}6 \text{ kg})(0{,}15 \text{ m})^2$$
$$= 0{,}051 \text{ kg} \cdot \text{m}^2$$

AVALIAR: conforme esperamos, I_{cm} é menor que I_P; o momento de inércia para um eixo que passa pelo centro de massa é inferior ao que passa por qualquer outro eixo paralelo.

TESTE SUA COMPREENSÃO DA SEÇÃO 9.5 Um taco de bilhar é uma vara de madeira com composição uniforme e afilada, de modo que o diâmetro em uma das extremidades é maior que o da outra extremidade. Use o teorema dos eixos paralelos para decidir se um taco de bilhar possui um momento de inércia maior (i) para um eixo que passa pela extremidade mais grossa do taco e perpendicular a seu comprimento ou (ii) para um eixo que passa pela extremidade mais delgada do taco e perpendicular a seu comprimento. ▌

9.6 CÁLCULOS DO MOMENTO DE INÉRCIA

Quando um corpo rígido é uma distribuição contínua de massas — como um cilindro maciço ou uma esfera maciça — ele não pode ser representado por massas puntiformes. Neste caso, a *soma* das massas e distâncias que definem o momento de inércia (Equação 9.16) se transforma em uma *integral*. Imagine o corpo como se ele estivesse dividido em pequenos elementos de massa dm, de modo que todos os pontos no interior de um dado elemento estejam essencialmente a mesma distância perpendicular ao eixo de rotação. Chamamos essa distância de r, como anteriormente. Então, o momento de inércia é

$$I = \int r^2 \, dm \qquad (9.20)$$

Para calcularmos essa integral, devemos representar r e dm em termos da mesma variável de integração. Quando o objeto é efetivamente unidimensional, como as barras delgadas (a) e (b) na Tabela 9.2, podemos usar uma coordenada x ao longo do comprimento e relacionar dm com um incremento dx. Para um objeto em três dimensões, geralmente é mais fácil escrever dm em termos de um elemento de volume dV e a *densidade* ρ do corpo. A densidade ou massa específica é dada por $\rho = dm/dV$, de modo que a Equação 9.20 pode ser escrita como

$$I = \int r^2 \rho \, dV$$

Esta expressão indica que o momento de inércia de um corpo depende de como sua densidade varia em relação a seu volume (**Figura 9.22**). Quando o corpo possui densidade uniforme, a constante ρ pode ser retirada da integral:

$$I = \rho \int r^2 \, dV \tag{9.21}$$

Para usarmos esta equação, devemos relacionar o elemento de volume dV com as diferenciais das variáveis de integração, como $dV = dx\, dy\, dz$. O elemento dV sempre deve ser escolhido de modo que todos os pontos em seu interior estejam aproximadamente situados à mesma distância do eixo de rotação. Os limites da integral são determinados pela forma e pelas dimensões do corpo. Para corpos com formas geométricas regulares, essa integração normalmente é bem fácil de executar.

Figura 9.22 Medindo pequenas variações nas órbitas dos satélites, os geofísicos podem determinar o momento de inércia da Terra. Isso nos informa como a massa de nosso planeta está distribuída em seu interior. Os dados revelam que a Terra é muito mais densa no centro que nas camadas externas.

EXEMPLO 9.10   CILINDRO OCO OU MACIÇO, GIRANDO EM TORNO DO EIXO DE SIMETRIA

A **Figura 9.23** mostra um cilindro oco com densidade de massa uniforme ρ e comprimento L, raio interno R_1 e raio externo R_2. (Esse objeto poderia ser um cilindro de aço para máquina de impressão.) Usando a integração, determine seu momento de inércia em relação ao eixo de simetria do cilindro.

Figura 9.23 Determinação do momento de inércia de um cilindro oco em relação a seu eixo de simetria.

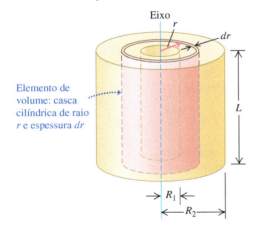

SOLUÇÃO

IDENTIFICAR E PREPARAR: escolhemos como elemento de volume uma casca cilíndrica fina de raio r, espessura dr e comprimento L. Todas as partes desse elemento de massa estão situadas a uma mesma distância r do eixo do cilindro. O volume do elemento é aproximadamente igual ao volume de uma placa com espessura dr, comprimento L e largura $2\pi r$ (a circunferência da casca cilíndrica). Portanto, a massa da casca é

$$dm = \rho \, dV = \rho(2\pi r L \, dr)$$

Usaremos essa expressão na Equação 9.20 e faremos a integração de $r = R_1$ para $r = R_2$.

EXECUTAR: pela Equação 9.20, o momento de inércia é dado por

$$I = \int r^2 \, dm = \int_{R_1}^{R_2} r^2 \rho(2\pi r L \, dr)$$

$$= 2\pi \rho L \int_{R_1}^{R_2} r^3 \, dr = \frac{2\pi \rho L}{4}(R_2^4 - R_1^4)$$

$$= \frac{\pi \rho L}{2}(R_2^2 - R_1^2)(R_2^2 + R_1^2)$$

[Na etapa anterior, usamos a identidade $a^2 - b^2 = (a-b)(a+b)$.] Vamos expressar esse resultado em termos da massa total M do corpo, que é sua densidade ρ multiplicada pelo volume total V. O volume do cilindro é

$$V = \pi L(R_2^2 - R_1^2)$$

de modo que a massa total M é

$$M = \rho V = \pi L \rho (R_2^2 - R_1^2)$$

Comparando com a expressão anterior para I, vemos que

$$I = \tfrac{1}{2} M(R_1^2 + R_2^2)$$

(Continua)

(*Continuação*)

AVALIAR: este resultado é indicado no caso (e) da Tabela 9.2. No caso de um cilindro maciço, com raio externo $R_2 = R$ e raio interno $R_1 = 0$, seu momento de inércia é

$$I = \tfrac{1}{2}MR^2$$

de acordo com o caso (f). Caso o cilindro possua uma parede muito fina, temos $R_1 \approx R_2 = R$ e o momento de inércia é

$$I = MR^2$$

de acordo com o caso (g). Poderíamos prever esse último resultado; em uma casca cilíndrica, todas as massas estão situadas a uma mesma distância $r = R$ do eixo; logo, $I = \int r^2\, dm = R^2 \int dm = MR^2$.

EXEMPLO 9.11 — ESFERA HOMOGÊNEA COM RAIO *R*, EIXO PASSANDO PELO CENTRO

Determine o momento de inércia de uma esfera maciça e uniforme com densidade ρ (como uma bola de bilhar) em relação a um eixo que passa pelo seu centro.

SOLUÇÃO

IDENTIFICAR E PREPARAR: dividimos a esfera em discos finos de espessura dx (**Figura 9.24**), cujos momentos de inércia conhecemos pela Tabela 9.2, caso (f). Vamos fazer a integração deles para calcular o momento de inércia total.

EXECUTAR: o raio e, portanto, o volume e a massa de um disco, dependem de sua distância x do centro da esfera. O raio r do disco indicado na Figura 9.24 é

$$r = \sqrt{R^2 - x^2}$$

Seu volume é

$$dV = \pi r^2 dx = \pi(R^2 - x^2)dx$$

e sua massa é

$$dm = \rho\, dV = \pi\rho(R^2 - x^2)dx$$

Pela Tabela 9.2, caso (f), o momento de inércia de um disco de raio r e massa dm é

$$dI = \tfrac{1}{2}r^2\, dm = \tfrac{1}{2}(R^2 - x^2)[\pi\rho(R^2 - x^2)dx]$$
$$= \frac{\pi\rho}{2}(R^2 - x^2)^2\, dx$$

Integrando a expressão anterior de $x = 0$ a $x = R$, obtemos o momento de inércia do hemisfério da direita. O momento de inércia total I para a esfera inteira, incluindo os dois hemisférios, é o dobro desse valor:

$$I = (2)\frac{\pi\rho}{2}\int_0^R (R^2 - x^2)^2\, dx$$

Integrando, encontramos

$$I = \frac{8\pi\rho R^5}{15}$$

O volume da esfera é $V = 4\pi R^3/3$, de modo que, em termos de sua massa M, sua densidade é dada por

$$\rho = \frac{M}{V} = \frac{3M}{4\pi R^3}$$

Logo, nossa expressão para I torna-se

$$I = \left(\frac{8\pi R^5}{15}\right)\left(\frac{3M}{4\pi R^3}\right) = \tfrac{2}{5}MR^2$$

AVALIAR: este resultado concorda com a expressão indicada na Tabela 9.2, caso (h). Note que o momento de inércia $I = \tfrac{2}{5}MR^2$ de uma esfera homogênea de massa M e raio R é menor que o momento de inércia $I = \tfrac{1}{2}MR^2$ de um *cilindro* sólido que possui a mesma massa e o mesmo raio, pois uma parte maior da massa da esfera está localizada próximo de seu eixo.

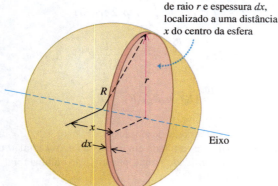

Figura 9.24 Determinação do momento de inércia de uma esfera em relação a um eixo que passa através de seu centro.

TESTE SUA COMPREENSÃO DA SEÇÃO 9.6 Dois cilindros ocos possuem o mesmo raio interno e externo e a mesma massa, mas comprimentos diferentes. Um é feito de madeira de baixa densidade e o outro, de chumbo de alta densidade. Qual cilindro possui o maior momento de inércia em torno de seu eixo de simetria? (i) O cilindro de madeira; (ii) o cilindro de chumbo; (iii) os dois momentos de inércia se equivalem. ‖

CAPÍTULO 9 RESUMO

Cinemática das rotações: quando um corpo rígido gira em torno de um eixo fixo (geralmente designado como eixo z), sua posição é descrita por uma coordenada angular θ. A velocidade angular ω_z é definida como a derivada da coordenada θ em relação ao tempo, e a aceleração angular α_z é definida como a derivada da velocidade angular ω_z ou a derivada de segunda ordem da coordenada angular de θ (exemplos 9.1 e 9.2). Se a aceleração angular é constante, então θ, ω_z e α_z são relacionadas por equações cinemáticas simples, semelhantes àquelas para o movimento retilíneo com aceleração linear constante (Exemplo 9.3).

$$\omega_z = \lim_{\Delta t \to 0} \frac{\Delta \theta}{\Delta t} = \frac{d\theta}{dt} \quad (9.3)$$

$$\alpha_z = \lim_{\Delta t \to 0} \frac{\Delta \omega_z}{\Delta t} = \frac{d\omega_z}{dt} \quad (9.5)$$

Somente α_z constante:
$$\theta = \theta_0 + \omega_{0z} t + \tfrac{1}{2}\alpha_z t^2 \quad (9.11)$$
$$\theta - \theta_0 = \tfrac{1}{2}(\omega_{0z} + \omega_z)t \quad (9.10)$$
$$\omega_z = \omega_{0z} + \alpha_z t \quad (9.7)$$
$$\omega_z^2 = \omega_{0z}^2 + 2\alpha_z(\theta - \theta_0) \quad (9.12)$$

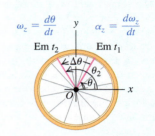

Relação entre cinemática linear e angular: a velocidade angular ω de um corpo rígido é o módulo de sua velocidade angular. A taxa de variação de ω_z é $\alpha = d\omega/dt$. Para uma partícula do corpo que esteja a uma distância r do eixo de rotação, a velocidade v e os componentes da aceleração $\vec{a}$ estão relacionados a ω e α (exemplos 9.4 e 9.5).

$$v = r\omega \quad (9.13)$$

$$a_{\tan} = \frac{dv}{dt} = r\frac{d\omega}{dt} = r\alpha \quad (9.14)$$

$$a_{\text{rad}} = \frac{v^2}{r} = \omega^2 r \quad (9.15)$$

Momento de inércia e energia cinética da rotação: o momento de inércia I de um corpo girando em torno de um dado eixo é uma medida de sua inércia rotacional: quanto maior for o momento de inércia, mais difícil será alterar o estado de rotação do corpo. O momento de inércia pode ser expresso como uma soma das partículas m_i que compõem o corpo, cada qual em sua própria distância perpendicular r_i do eixo. A energia cinética na rotação de um corpo rígido que gira em torno de um eixo fixo depende da velocidade angular ω e do momento de inércia I para esse eixo de rotação (exemplos 9.6 a 9.8).

$$I = m_1 r_1^2 + m_2 r_2^2 + \cdots$$
$$= \sum_i m_i r_i^2 \quad (9.16)$$
$$K = \tfrac{1}{2} I \omega^2 \quad (9.17)$$

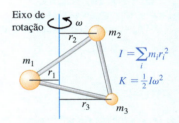

Cálculo do momento de inércia: o teorema dos eixos paralelos relaciona os momentos de inércia de um corpo rígido de massa M em torno de dois eixos paralelos: um que passa através de seu centro de massa (momento de inércia I_{cm}) e um paralelo situado a uma distância d do primeiro eixo (momento de inércia I_P) (Exemplo 9.9). Se o corpo possui uma distribuição de massa contínua, o momento de inércia pode ser calculado pela integração (exemplos 9.10 e 9.11).

$$I_P = I_{\text{cm}} + Md^2 \quad (9.19)$$

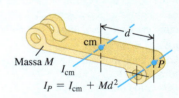

Problema em destaque: Uma vareta fina e uniforme em rotação

A **Figura 9.25** mostra uma vareta uniforme e fina, com massa M e comprimento L. Poderia ser uma batuta nas mãos de um maestro em uma banda (sem enfeites de borracha na ponta). (a) Use a integração para determinar seu momento de inércia em torno de um eixo que passa por O, a uma distância qualquer h de uma extremidade. (b) Inicialmente, a vareta está em repouso. Ela recebe uma aceleração angular constante de módulo α em torno do eixo que passa por O. Determine quanto trabalho é realizado sobre a vareta em um instante t. (c) No instante t, qual é a aceleração *linear* do ponto na vareta mais distante de seu eixo?

Figura 9.25 Uma vareta fina com um eixo passando por O.

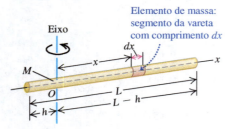

GUIA DA SOLUÇÃO

IDENTIFICAR E PREPARAR

1. Faça uma lista das variáveis-alvo para este problema.
2. Para calcular o momento de inércia da vareta, você terá que dividi-la em elementos de massa infinitesimais. Se um elemento possui comprimento dx, qual é a massa desse elemento? Quais são os limites de integração?
3. Qual é a velocidade angular da vareta no instante t? Qual é a relação entre o trabalho exigido para acelerar a vareta a partir do repouso até essa velocidade angular e a energia cinética da vareta no instante t?
4. No instante t, o ponto na vareta mais afastado do eixo possui uma aceleração centrípeta? E uma aceleração tangencial? Justifique.

EXECUTAR

5. Realize a integração necessária para achar o momento de inércia.
6. Use seu resultado da etapa 5 para calcular o trabalho realizado no instante t para acelerar a vareta a partir do repouso.
7. Ache os componentes da aceleração linear para o ponto em questão no instante t. Use-os para achar o módulo da aceleração.

AVALIAR

8. Verifique seus resultados para os casos especiais $h = 0$ (o eixo passa por uma extremidade da vareta) e $h = L/2$ (o eixo passa pelo meio da vareta). Esses limites são coerentes com a Tabela 9.2? E com o teorema dos eixos paralelos?
9. O módulo de aceleração do item 7 é constante? Você esperaria que fosse?

PROBLEMAS

•, ••, •••: níveis de dificuldade. **PC**: problemas cumulativos, incorporando material de outros capítulos. **CALC**: problemas exigindo cálculo. **DADOS**: problemas envolvendo dados reais, evidência científica, projeto experimental e/ou raciocínio científico. **BIO**: problemas envolvendo biociências.

QUESTÕES PARA DISCUSSÃO

Q9.1 Qual das seguintes fórmulas é válida quando a aceleração angular de um objeto *não* é constante? Explique seu raciocínio em cada caso. (a) $v = r\omega$; (b) $a_{\tan} = r\alpha$; (c) $\omega = \omega_0 + \alpha t$; (d) $a_{\tan} = r\omega^2$; (e) $K = \frac{1}{2}I\omega^2$.

Q9.2 Uma molécula diatômica pode ser modelada como dois pontos de massa, m_1 e m_2, ligeiramente separados (**Figura Q9.2**). Se a molécula está orientada ao longo do eixo y, ela possui energia cinética K quando gira em torno do eixo x. Qual será sua energia cinética (em termos de K) se ela girar na mesma velocidade angular em torno (a) do eixo z e (b) do eixo y?

Figura Q9.2

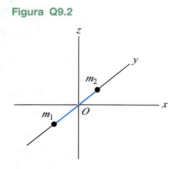

Q9.3 Qual é a diferença entre as acelerações tangencial e radial de um ponto em um corpo em rotação?

Q9.4 Na **Figura Q9.4**, todos os pontos da corrente possuem a mesma velocidade linear v. O módulo da aceleração linear a também é o mesmo para todos os pontos ao longo da corrente? Qual é a relação existente entre a aceleração angular das duas rodas dentadas? Explique.

Figura Q9.4

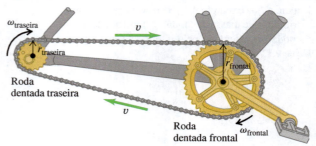

Q9.5 Na Figura Q9.4, qual é a relação entre a aceleração radial de um ponto sobre o dente de uma das rodas e a aceleração radial de um ponto sobre o dente da outra roda dentada? Explique o raciocínio que você usou.

Q9.6 Um volante gira com velocidade angular constante. Um ponto de sua periferia possui aceleração tangencial? Possui aceleração radial? Essas acelerações possuem um módulo constante? Possuem direção constante? Explique o raciocínio usado em cada caso.

Q9.7 Qual é o objetivo do ciclo de rotação da máquina de lavar roupa? Explique em termos de componentes da aceleração.

Q9.8 Você está projetando um volante para armazenar energia cinética. Se todos os seguintes objetos uniformes tiverem a mesma massa e a mesma velocidade angular, qual armazenará mais energia cinética? Qual armazenará menos? Explique seu raciocínio. (a) Uma esfera sólida com diâmetro D girando em torno de um diâmetro; (b) um cilindro sólido com diâmetro D girando em torno de um eixo perpendicular a cada face e passando pelo seu centro; (c) um cilindro oco de paredes finas, com diâmetro D e girando em torno de um eixo perpendicular ao plano da face circular em seu centro; (d) uma barra sólida e fina, com comprimento D, girando em torno de um eixo perpendicular a ela em seu centro.

Q9.9 Você consegue imaginar um corpo que possua o mesmo momento de inércia para todos os eixos possíveis? Em caso afirmativo, forneça um exemplo; se sua resposta for negativa, explique por que isso seria impossível. Você pode imaginar um corpo que possua o mesmo momento de inércia em relação a todos os eixos passando em um ponto específico? Caso isso seja possível, forneça um exemplo e diga onde o ponto deve estar localizado.

Q9.10 Para maximizar o momento de inércia de um volante e minimizar seu peso, qual deve ser sua forma e como sua massa deve ser distribuída? Explique.

Q9.11 Como você poderia determinar experimentalmente o momento de inércia de um corpo de forma irregular em relação a um dado eixo?

Q9.12 Um corpo cilíndrico possui massa M e raio R. Sua massa pode ser distribuída ao longo do corpo de tal modo que seu momento de inércia em relação a seu eixo de simetria seja maior que MR^2? Explique.

Q9.13 Explique como a parte (b) da Tabela 9.2 poderia ser usada para deduzir o resultado indicado na parte (d).

Q9.14 Uma casca esférica oca de raio R, girando em torno de um eixo que passa pelo seu centro, possui energia cinética de rotação K. Caso deseje modificar essa esfera, de modo que ela passe a ter três vezes mais energia cinética com a mesma velocidade angular enquanto mantém a mesma massa, qual deveria ser o seu raio em termos de R?

Q9.15 Para que as relações de I fornecidas nas partes (a) e (b) da Tabela 9.2 sejam válidas, é necessário que a barra tenha uma seção transversal circular? Existe alguma restrição sobre a área da seção transversal para que essas relações sejam válidas? Explique.

Q9.16 Na parte (d) da Tabela 9.2, a espessura da placa deve ser menor que a para que a expressão de I possa ser aplicada. Porém, na parte (c), a expressão se aplica para qualquer espessura da placa. Explique.

Q9.17 Duas bolas idênticas, A e B, estão cada qual amarradas a um fio muito leve, e cada fio envolve a borda de uma polia sem atrito e de massa M. A única diferença é que a polia para a bola A é um disco maciço, enquanto a da bola B é um disco oco, como no item (e) da Tabela 9.2. Se as duas bolas forem liberadas do repouso e percorrerem a mesma distância ao cair, qual delas terá mais energia cinética? Ou ambas terão a mesma energia cinética? Explique seu raciocínio.

Q9.18 Uma polia sofisticada é composta de quatro bolas idênticas nas extremidades de raios que se projetam de um tambor giratório (**Figura Q9.18**). Uma caixa é atada a uma corda leve e fina que envolve a borda do tambor. Ao ser liberada do repouso, a caixa adquire uma velocidade linear V, após ter caído por uma distância d. A seguir, as quatro bolas são movidas de fora para dentro de modo a se aproximarem do tambor, e a caixa é novamente liberada do repouso. Após cair por uma distância d, sua velocidade linear será igual, maior ou menor que V? Demonstre ou explique por quê.

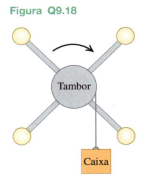

Figura Q9.18

Q9.19 Qualquer unidade de ângulo — radiano, grau ou rotação — pode ser usada em alguma equação do Capítulo 9, mas somente ângulos em radianos podem ser usados em outras. Identifique as equações para as quais o uso do ângulo em radianos é obrigatório e aquelas para as quais você pode usar qualquer unidade de ângulo, e diga o raciocínio que foi usado em cada caso.

Q9.20 Ao calcular o momento de inércia de um objeto, podemos tratar toda a sua massa como se estivesse concentrada no centro de massa do objeto? Justifique sua resposta.

Q9.21 Uma roda está girando em torno de um eixo perpendicular ao plano da roda e passa pelo seu centro. O módulo da velocidade angular da roda aumenta a uma taxa constante. O ponto A está na borda da roda e o ponto B está no meio do caminho entre a borda e o centro da roda. Para cada uma das seguintes grandezas, seu módulo é maior no ponto A, no ponto B ou é o mesmo em ambos os pontos? (a) Velocidade angular; (b) velocidade tangencial; (c) aceleração angular; (d) aceleração tangencial; (e) aceleração radial. Justifique cada uma de suas respostas.

Q9.22 Estime seu próprio momento de inércia em torno de um eixo vertical que passa pelo centro do topo de sua cabeça quando você está parado em pé e com seus braços esticados. Faça aproximações razoáveis e meça ou estime as quantidades necessárias.

EXERCÍCIOS

Seção 9.1 Velocidade angular e aceleração angular

9.1 • (a) Calcule o ângulo em radianos subtendido por um arco de 1,50 m de comprimento ao longo de uma circunferência de raio igual a 2,50 m. Qual é esse ângulo em graus? (b) Um arco de comprimento igual a 14,0 cm subtende um ângulo de 128° em um círculo. Qual é o raio da circunferência desse círculo? (c) O ângulo entre dois raios de um círculo de raio igual a 1,50 m é de 0,700 rad. Qual é o comprimento do arco sobre a circunferência desse círculo compreendido entre os dois raios?

9.2 • A hélice de um avião gira a 1.900 rpm (rot/min). (a) Calcule a velocidade angular da hélice em rad/s. (b) Quantos segundos a hélice leva para girar a 35°?

9.3 • **PC CALC** A velocidade angular de um volante obedece à equação $\omega_z(t) = A + Bt^2$, onde t está em segundos e A e B são constantes, com valores numéricos de 2,75 (para A) e 1,50 (para B). (a) Quais são as unidades de A e B se ω_z está em rad/s? (b) Calcule a aceleração angular do volante para (i) $t = 0$ e (ii) $t = 5,00$ s. (c) Qual é o ângulo em que o volante gira durante os primeiros 2,00 s? (*Dica:* veja a Seção 2.6.)

9.4 •• **CALC** As pás de um ventilador giram com velocidade angular dada por $\omega_z(t) = \gamma - \beta t^2$, onde $\gamma = 5,0$ rad/s e $\beta = 0,800$ rad/s^3. (a) Calcule a aceleração angular em função do tempo. (b) Calcule a aceleração angular instantânea α_z para $t = 3,0$ s e a aceleração angular média α_{mz} para o intervalo de $t = 0$ até $t = 3,00$ s. Como essas duas grandezas podem ser comparadas? Caso elas sejam diferentes, explique por quê?

9.5 •• **CALC** Uma criança está empurrando um gira-gira. O deslocamento angular do gira-gira varia com o tempo de acordo com a relação $\theta(t) = \gamma t + \beta t^3$, onde $\gamma = 0,400$ rad/s e $\beta = 0,0120$ rad/s^3. (a) Calcule a velocidade angular do gira-gira em função do tempo. (b) Qual é o valor da velocidade angular inicial? (c) Calcule o valor da velocidade angular instantânea ω_z para $t = 5,00$ s e a velocidade angular média ω_{mz} para o intervalo de $t = 0$ até $t = 5,00$ s. Mostre que ω_{mz} *não* é igual à média das velocidades angulares instantâneas para $t = 0$ e $t = 5,0$ s e explique a razão dessa diferença.

9.6 • **CALC** Para $t = 0$, a corrente de um motor elétrico de corrente contínua (CC) é invertida, produzindo um deslocamento angular do eixo do motor dado por $\theta(t) = (250 \text{ rad/s})t - (20,0 \text{ rad/s}^2)t^2 - (1,50 \text{ rad/s}^3)t^3$. (a) Em que instante a velocidade angular do eixo do motor se anula? (b) Calcule a aceleração angular no instante em que a velocidade angular do eixo do motor é igual a zero. (c) Quantas rotações foram feitas pelo eixo do motor desde o instante em que a corrente foi invertida até o momento em que a velocidade angular se anulou? (d) Qual era a velocidade angular do eixo do motor para $t = 0$ quando a corrente foi invertida? (e) Calcule a velocidade angular média no intervalo desde $t = 0$ até o instante calculado no item (a).

9.7 • **CALC** O ângulo θ descrito por uma unidade de disco girando é dado por $\theta(t) = a + bt - ct^3$, onde a, b e c são constantes positivas tais que, se t for dado em segundos, θ deve ser medido em radianos. Quanto $t = 0$, $\theta = \pi/4$ rad e a velocidade angular é 2,00 rad/s, e quando $t = 1,50$ s, a aceleração angular é 1,25 rad/s^2. (a) Calcule a, b e c, incluindo suas unidades. (b) Qual é a aceleração angular quando $\theta = \pi/4$ rad? (c) Quais são θ e a velocidade angular quando a aceleração angular é 3,50 rad/s^2?

9.8 • Uma roda gira em torno de um eixo que está na direção z. A velocidade angular ω_z é $-6,00$ rad/s para $t = 0$, aumenta linearmente no decorrer do tempo e é $+4,00$ rad/s para $t = 7,00$ s. Consideramos a rotação anti-horária como positiva. (a) A aceleração angular nesse intervalo é positiva ou negativa? (b) Em qual intervalo a velocidade angular da roda aumenta? Diminui? (c) Qual é o deslocamento angular da roda para $t = 7,00$ s?

Seção 9.2 Rotação com aceleração angular constante

9.9 • A roda de uma bicicleta possui velocidade angular de 1,50 rad/s. (a) Se sua aceleração angular é constante e igual a 0,200 rad/s^2, qual é sua velocidade angular para $t = 2,50$ s? (b) Qual foi o ângulo pelo qual a roda girou entre $t = 0$ e $t = 2,50$ s?

9.10 •• Um ventilador elétrico é desligado, e sua velocidade angular diminui uniformemente de 500 rpm até 200 rpm em 4,00 s. (a) Ache a aceleração angular em rot/s^2 e o número de rotações feitas no intervalo de 4,0 s. (b) Durante quantos segundos a mais a roda continuará a girar até parar, supondo que a aceleração angular calculada no item (a) permaneça constante?

9.11 •• A lâmina rotatória de um liquidificador gira com aceleração angular constante igual a 1,50 rad/s^2. (a) Partindo do repouso, quanto tempo ela leva para atingir uma velocidade angular de 36,0 rad/s? (b) Qual é o número de rotações descritas pela rotação da lâmina nesse intervalo?

9.12 • (a) Deduza a Equação 9.12 combinando a Equação 9.7 com a Equação 9.11 para eliminar t. (b) A velocidade angular da hélice de um avião aumenta de 12,0 rad/s até 16,0 rad/s, quando ela sofre um deslocamento angular de 7,00 rad. Qual é a aceleração angular em rad/s^2?

9.13 •• Uma plataforma giratória gira com aceleração angular constante de 2,25 rad/s^2. Após 4,0 s, ela girou por um ângulo de 30,0 rad. Qual era a velocidade angular da roda no início do intervalo de 4,0 s?

9.14 • A lâmina de uma serra circular de diâmetro igual a 0,200 m começa a girar a partir do repouso. Em 6,0 s, ela se acelera com velocidade angular constante até uma velocidade angular igual a 140 rad/s. Calcule a aceleração angular e o deslocamento angular total da lâmina.

9.15 •• Um volante de alta velocidade em um motor está girando a 500 rpm quando subitamente ocorre uma falha no fornecimento de energia. O volante possui massa de 40,0 kg e diâmetro de 75,0 cm. A energia elétrica fica desligada por 30,0 s e, nesse período, o volante diminui a velocidade em função do atrito em seus mancais. Enquanto a energia está desligada, o volante faz 200 voltas completas. (a) Qual é a taxa de rotação do volante quando a energia retorna? (b) Quanto tempo após o início da falta de energia teria levado para o volante parar, caso a energia não tivesse retornado, e quantas rotações o volante teria feito nesse período?

9.16 •• Para $t = 0$, a roda de um esmeril possui velocidade angular igual a 24,0 rad/s. Ela possui uma aceleração angular constante igual a 30,0 rad/s^2 quando um freio é acionado em $t = 2,0$ s. A partir desse instante, ela gira 432 rad à medida que para com uma aceleração angular constante. (a) Qual foi o deslocamento angular total da roda desde $t = 0$ até o instante em que ela parou? (b) Em que instante ela parou? (c) Qual foi o módulo de sua aceleração quando ela diminuía de velocidade?

9.17 •• Um dispositivo de segurança faz a lâmina de uma serra mecânica reduzir sua velocidade angular de um valor ω_1 no repouso, completando 1,00 rotação. Com essa mesma aceleração constante, quantas rotações seriam necessárias para fazer a lâmina parar a partir de uma velocidade angular ω_3 três vezes maior, $\omega_3 = 3\omega_1$?

Seção 9.3 Relações entre a cinemática linear e a angular

9.18 • Em um charmoso hotel do século XIX, um elevador antigo está conectado a um contrapeso por um cabo que passa por um disco giratório de 2,50 m de diâmetro (**Figura E9.18**). O elevador sobe e desce ao se girar o disco, e o cabo não desliza pela borda do disco, mas gira com ele. (a) A quantas rpm o disco deve girar para que o elevador suba a 25,0 cm/s? (b) Para colocar o elevador em movimento, ele deve ser acelerado a $\frac{1}{8}g$.

Figura E9.18

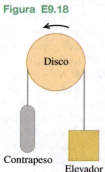

Qual deve ser a aceleração angular do disco, em rad/s²? (c) A qual ângulo (em radianos e em graus) o disco girou, após levantar o elevador 3,25 m entre dois andares?

9.19 • Usando dados do Apêndice F, juntamente com o fato de que a Terra gira em torno de seu eixo uma vez por dia, calcule (a) a velocidade angular orbital da Terra (em rad/s) em função de seu movimento em torno do Sol, (b) sua velocidade angular (em rad/s) em função de seu giro axial, (c) a velocidade tangencial da Terra em torno do Sol (supondo-se uma órbita circular), (d) a velocidade tangencial de um ponto na linha do Equador na Terra em função do giro axial do planeta e (e) os componentes radial e tangencial da aceleração do ponto no item (d).

9.20 • **CD.** Um CD armazena músicas em uma configuração codificada constituída por pequenos sulcos com profundidade de 10^{-7} m. Esses sulcos são agrupados ao longo de uma trilha em forma de espiral orientada de dentro para fora até a periferia do disco; o raio interno da espiral é igual a 25,0 mm e o raio externo é igual a 58,0 mm. À medida que o disco gira em um aparelho de reprodução, a trilha é percorrida com uma velocidade *linear* constante de 1,25 m/s. (a) Qual é a velocidade angular do CD quando a parte mais interna da trilha está sendo percorrida? E quando a parte mais externa está sendo percorrida? (b) O tempo máximo para a reprodução do som de um CD é igual a 74,0 min. Qual seria o comprimento total da trilha desse CD, caso a espiral fosse esticada para formar uma linha reta? (c) Qual é a aceleração angular média para esse CD de máxima duração durante o tempo de reprodução de 74,0 min? Considere como positivo o sentido da rotação do disco.

9.21 •• Uma roda com diâmetro de 40,0 cm parte do repouso e gira com aceleração angular constante de 3,0 rad/s². No instante em que a roda realiza sua segunda rotação, calcule a aceleração radial de um ponto da borda, de duas formas: (a) usando a relação $a_{rad} = \omega^2 r$ e (b) a partir da relação $a_{rad} = v^2/r$.

9.22 •• Você está projetando um eixo cilíndrico rotativo para erguer 800 N de baldes de cimento a partir do solo até um terraço a 78,0 m do solo. Os baldes serão presos a um gancho na extremidade livre de um cabo que passa pela borda do eixo; à medida que o eixo gira, os baldes são erguidos. (a) Qual deve ser o diâmetro do eixo para erguer os baldes a regulares 2,0 cm/s, quando ele gira a 7,5 rpm? (b) Se, em vez disso, o eixo deve dar aos baldes uma aceleração de baixo para cima de 0,400 m/s², qual deve ser a aceleração angular do eixo?

9.23 • Um volante de raio igual a 0,300 m parte do repouso e se acelera com aceleração angular constante de 0,600 rad/s². Calcule o módulo das acelerações tangencial, radial e resultante de um ponto da periferia do volante (a) no início; (b) depois de ele ter girado um ângulo de 60,0°; (c) depois de ele ter girado um ângulo de 120,0°.

9.24 •• Uma plataforma giratória possui diâmetro de 0,750 m e está girando em torno de um eixo fixo com uma velocidade angular inicial igual a 0,250 rot/s e aceleração angular igual a 0,900 rot/s². (a) Calcule a velocidade angular depois de 0,200 s. (b) Quantas rotações foram feitas pela plataforma durante esse intervalo? (c) Qual é a velocidade tangencial de um ponto na extremidade da plataforma para $t = 0,200$ s? (d) Qual é o módulo da aceleração *resultante* de um ponto na extremidade da plataforma para $t = 0,200$ s?

9.25 •• **Centrífuga.** Uma propaganda afirma que uma centrífuga precisa somente de 0,127 m de espaço na bancada para produzir uma aceleração radial de 3.000g a 5.000 rot/min. Calcule o raio necessário dessa centrífuga. A afirmação da propaganda é viável?

9.26 • Para $t = 3,00$ s, um ponto na periferia de uma roda com raio de 0,200 m possui uma velocidade tangencial igual a 50,0 m/s quando a roda está freando com uma aceleração tangencial constante com módulo igual a 10,0 m/s². (a) Calcule a aceleração angular constante da roda. (b) Calcule as velocidades angulares para $t = 3,00$ s e $t = 0$. (c) Qual foi o deslocamento angular do giro da roda entre $t = 0$ e $t = 3,00$ s? (d) Em qual instante a aceleração radial torna-se igual a g?

9.27 • **Furadeira elétrica.** De acordo com o manual do fabricante, ao furar um buraco com diâmetro igual a 12,7 mm na madeira, no plástico ou no alumínio, a furadeira deve ter uma velocidade de operação igual a 1.250 rot/min. Para uma broca com diâmetro de 12,7 mm girando com uma velocidade constante igual a 1.250 rot/min, calcule (a) a velocidade linear máxima de qualquer ponto da broca; (b) a aceleração radial máxima de qualquer ponto da broca.

Seção 9.4 Energia no movimento de rotação

9.28 • Quatro pequenas esferas, todas consideradas como pontos com massa de 0,200 kg, estão dispostas nos vértices de um quadrado de lado igual a 0,400 m e conectadas por hastes leves (**Figura E9.28**). Calcule o momento de inércia do sistema em relação a um eixo (a) perpendicular ao quadrado e passando pelo seu centro (um eixo passando pelo ponto O na figura); (b) cortando ao meio dois lados opostos do quadrado (um eixo ao longo da linha AB indicada na figura); (c) passando pelo centro da esfera superior da esquerda e pelo centro da esfera inferior da direita e através do ponto O.

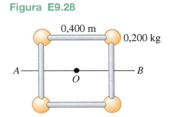

Figura E9.28

9.29 • Calcule o momento de inércia de cada um dos seguintes objetos uniformes em relação aos eixos indicados. Se necessário, consulte a Tabela 9.2. (a) Uma barra delgada de 2,50 kg e 75,0 cm de comprimento, em relação a um eixo perpendicular a ela e passando (i) por uma das extremidades, (ii) pelo seu centro e (iii) em relação a um eixo paralelo à barra e passando por ela. (b) Uma esfera de 3,0 kg e 38,0 cm de diâmetro, em relação a um eixo passando pelo seu centro, se a esfera for (i) maciça e (ii) uma casca oca de paredes finas. (c) Um cilindro de 8,0 kg, 19,5 cm de comprimento e 12,0 cm de diâmetro, em relação ao eixo central do cilindro, se o cilindro for (i) oco de paredes finas e (ii) maciço.

9.30 •• Pequenos blocos, todos com a mesma massa m, estão presos às extremidades e ao centro de uma barra leve de comprimento igual a L e massa desprezível. Calcule o momento de inércia do sistema em relação a um eixo perpendicular à barra passando (a) pelo centro da barra e (b) por um ponto a um quarto do comprimento a partir de uma das extremidades.

9.31 • Uma barra uniforme possui duas pequenas bolas coladas às suas extremidades. A barra possui 2,00 m de comprimento e massa de 4,00 kg, enquanto as bolas possuem 0,300 kg cada uma e podem ser tratadas como pontos de massa. Ache o momento de inércia desse sistema em relação a cada um dos seguintes eixos: (a) um eixo perpendicular à barra e que passa pelo seu centro; (b) um eixo perpendicular à barra e que passa por uma das bolas; (c) um eixo paralelo à barra e que passa por ambas as bolas; (d) um eixo paralelo à barra e a uma distância de 0,500 m dela.

9.32 •• Você é o gerente de projeto de uma empresa de manufatura. Uma das peças de máquina na linha de montagem é uma vareta fina e uniforme com 60,0 cm de extensão e massa de 0,400 kg. (a) Qual é o momento de inércia dessa vareta para um eixo em seu centro, perpendicular à vareta? (b) Um de seus engenheiros propôs reduzir o momento de inércia entortando a vareta em seu centro para criar uma forma em V, com um ângulo de 60,0° em seu vértice. Qual seria o momento de inércia dessa vareta entortada em relação a um eixo perpendicular ao plano do V em seu vértice?

9.33 •• Uma roda de carroça é feita como indicado na **Figura E9.33**. O raio da roda é igual a 0,300 m e o aro possui massa igual a 1,40 kg. Cada um dos seus oito raios, distribuídos ao longo dos diâmetros, possui comprimento de 0,300 m e massa igual a 0,280 kg. Qual é o momento de inércia da roda em relação a um eixo perpendicular ao plano da roda e passando pelo seu centro? (Use as fórmulas indicadas na Tabela 9.2.)

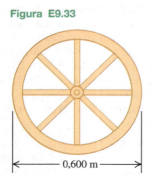
Figura E9.33

9.34 •• Uma hélice de avião possui comprimento igual a 2,08 m (de uma extremidade à outra) e massa de 117 kg. A hélice está girando a 2.400 rot/min em relação a um eixo que passa pelo seu centro. Considere a hélice como uma barra delgada. (a) Qual é sua energia cinética de rotação? (b) Suponha que, em virtude de restrições de peso, você teve de reduzir a massa da hélice a 75,0% da sua massa original, mas precisou manter os mesmos tamanho e energia cinética. Qual deveria ser sua velocidade angular, em rpm?

9.35 •• Um disco composto de diâmetro externo de 140,0 cm é constituído de um disco maciço uniforme com raio de 50,0 cm e densidade de área de 3,0 g/cm^2, cercado por um anel concêntrico com raio interno de 50,0 cm, raio externo de 70,0 cm e densidade de área de 2,00 g/cm^2. Ache o momento de inércia desse objeto em relação a um eixo perpendicular ao plano do objeto e que passa pelo seu centro.

9.36 • Uma roda está girando em relação a um eixo que passa pelo seu centro com aceleração angular constante. Partindo do repouso, em $t = 0$, a roda gira por 8,20 rotações em 12,0 s. Em $t = 12,0$ s, a energia cinética da roda é 36,0 J. Para um eixo que passa pelo seu centro, qual é o momento de inércia da roda?

9.37 • Uma esfera uniforme com massa de 28,0 kg e raio de 0,380 m está girando em velocidade angular constante em torno de um eixo estacionário que se encontra ao longo de um diâmetro da esfera. Se a energia cinética da esfera é 236 J, qual é a velocidade tangencial de um ponto na periferia da esfera?

9.38 •• Uma casca esférica oca tem massa de 8,20 kg e raio de 0,220 m. Ela está inicialmente em repouso e, depois, gira em torno de um eixo estacionário que se encontra ao longo de um diâmetro com uma aceleração constante de 0,890 rad/s^2. Qual é a energia cinética da casca depois de ter girado por 6,00 rotações?

9.39 •• Um volante de motor a gasolina deve fornecer uma energia cinética igual a 500 J, quando sua velocidade angular diminui de 650 rot/min para 520 rot/min. Qual é o momento de inércia necessário?

9.40 •• Você deve projetar uma plataforma giratória industrial com 60,0 cm de diâmetro e energia cinética de 0,250 J quando gira a 45,0 rpm (rot/min). (a) Qual deve ser o momento de inércia da plataforma em relação ao eixo de rotação? (b) Se sua oficina construir essa plataforma no formato de um disco maciço e uniforme, qual deve ser sua massa?

9.41 •• Desejamos armazenar energia em um volante de 70,0 kg que possui forma de um disco maciço uniforme com raio $R = 1,20$ m. Para impedir danos estruturais, a aceleração radial máxima de um ponto em sua periferia é igual a 3.500 m/s^2. Qual é a energia cinética máxima que pode ser armazenada no volante?

9.42 • Uma corda leve e flexível é enrolada diversas vezes em torno da periferia de um *cilindro* oco com raio de 0,25 m e massa igual a 40,0 N, que gira sem atrito em torno de um eixo horizontal fixo. O cilindro é ligado ao eixo por meio de raios com momentos de inércia desprezíveis. O cilindro inicialmente está em repouso. A extremidade livre da corda é puxada com uma força constante P até uma distância de 5,00 m; nesse ponto, a extremidade da corda se move a 6,00 m/s. Sabendo que a corda não desliza sobre o cilindro, qual é o valor de P?

9.43 •• Uma polia sem atrito possui o formato de um disco maciço e uniforme com massa de 2,50 kg e raio de 20,0 cm. Uma pedra de 1,50 kg é presa a um cabo muito leve que envolve a borda da polia (**Figura E9.43**), e o sistema é liberado a partir do repouso. (a) A que distância a pedra deve cair para que a polia tenha 4,50 J de energia cinética? (b) Qual porcentagem da energia cinética total a polia possui?

Figura E9.43
Polia de 2,50 kg
Pedra de 1,50 kg

9.44 •• Um balde com massa m é preso a um cabo sem massa que envolve a borda externa de uma polia uniforme e sem atrito, com raio R, semelhante ao sistema indicado na Figura E9.43. Em termos das variáveis enunciadas, qual deve ser o momento de inércia da polia para que ela sempre tenha metade da energia cinética do balde?

9.45 •• **PC** Um fio fino e leve é preso em torno da periferia de uma roda (**Figura E9.45**). A roda gira sem atrito em torno de um eixo horizontal estacionário que passa pelo centro da roda. Esta é um disco uniforme com raio $R = 0,280$ m. Um objeto de massa $m = 4,20$ kg é suspenso a partir da extremidade livre do fio. O sistema é liberado do repouso e o objeto suspenso desce com aceleração constante. Se o objeto suspenso se move para baixo por uma distância de 3,00 m em 2,00 s, qual é a massa da roda?

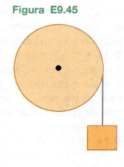
Figura E9.45

9.46 •• Uma escada uniforme de 2,0 m e massa de 9,0 kg está recostada em uma parede vertical formando um ângulo de 53,0° em relação ao solo. Um operário empurra a escada contra a parede, deixando-a na posição vertical. Qual é o aumento na energia potencial gravitacional da escada?

9.47 •• **Fator de escala de *I*.** Quando multiplicamos todas as dimensões de um objeto por um fator de escala *f*, sua massa e seu volume ficam multiplicados por f^3. (a) O momento de inércia ficará multiplicado por qual fator? (b) Sabendo que um modelo feito com uma escala de $\frac{1}{48}$ possui uma energia cinética de rotação igual a 2,5 J, qual será a energia cinética do objeto feito com o mesmo material, sem nenhuma redução de escala e girando com a mesma velocidade angular?

Seção 9.5 Teorema dos eixos paralelos

9.48 •• Calcule o momento de inércia de um aro (um anel fino) de massa M e raio R em relação a um eixo perpendicular ao plano do aro passando pela sua periferia.

9.49 •• Em relação a qual eixo uma esfera uniforme de madeira leve possui o mesmo momento de inércia de uma casca cilíndrica de chumbo de mesma massa e raio em relação a um diâmetro?

9.50 • (a) Para a placa retangular fina indicada na parte (d) da Tabela 9.2, ache o momento de inércia em relação a um eixo situado sobre o plano da placa passando pelo seu centro e paralelo ao eixo indicado na figura. (b) Ache o momento de inércia da placa em relação a um eixo situado sobre o plano da placa passando pelo seu centro e perpendicular ao eixo mencionado no item (a).

9.51 •• Uma placa metálica retangular fina de massa M tem lados com comprimentos a e b. Use o teorema dos eixos paralelos para determinar seu momento de inércia em relação a um eixo perpendicular ao plano da placa passando por um de seus vértices.

9.52 •• Uma barra delgada e uniforme de massa M e comprimento L é encurvada em seu centro, de modo que os dois segmentos passam a ser perpendiculares um ao outro. Ache o momento de inércia em relação a um eixo perpendicular a seu plano e que passe (a) pelo ponto onde os dois segmentos se encontram e (b) pelo ponto na metade da linha que conecta as duas extremidades.

Seção 9.6 Cálculos do momento de inércia

9.53 •• **CALC** Use a Equação 9.20 para calcular o momento de inércia de um disco maciço, uniforme, de raio R e massa M, em relação a um eixo perpendicular ao plano do disco passando pelo seu centro.

9.54 • **CALC** Use a Equação 9.20 para calcular o momento de inércia de uma barra delgada de massa M e comprimento L em relação a um eixo perpendicular à barra e passando pela sua extremidade.

9.55 •• **CALC** Uma barra delgada de comprimento L possui massa por unidade de comprimento variando a partir da extremidade esquerda, onde $x = 0$, de acordo com $dm/dx = \gamma x$, onde γ é uma constante com unidades de kg/m². (a) Calcule a massa total da barra em termos de γ e de L. (b) Use a Equação 9.20 para calcular o momento de inércia da barra em relação a um eixo perpendicular à barra e passando pela sua extremidade esquerda. Use a relação encontrada na parte (a) para expressar I em termos de M e de L. Como seu resultado é comparado com o obtido para uma barra uniforme? Explique essa comparação. (c) Repita o procedimento da parte (b) para um eixo passando pela extremidade direita da barra. Como seu resultado se compara com o obtido nas partes (b) e (c)? Explique.

PROBLEMAS

9.56 •• **CALC** Um disco uniforme com raio $R = 0,400$ m e massa de 30,0 kg gira em um plano horizontal sobre um eixo vertical sem atrito, que passa pelo centro do disco. O ângulo através do qual o disco gira varia com um tempo de acordo com $\theta(t) = (1,10 \text{ rad/s})t + (6,30 \text{ rad/s}^2)t^2$. Qual é a aceleração linear resultante de um ponto na periferia do disco no instante em que ele tiver girado por 0,100 rot?

9.57 •• **PC** Uma lâmina de serra circular com raio de 0,120 m parte do repouso e gira em um plano vertical com uma aceleração angular constante de 2,00 rot/s². Depois que a lâmina tiver girado por 155 rotações, um pequeno pedaço da lâmina se solta de seu topo. Depois que o pedaço se solta, ele trafega com uma velocidade inicialmente horizontal e igual à velocidade tangencial da periferia da lâmina. O pedaço trafega a uma distância vertical de 0,820 m até o solo. A que distância o pedaço trafega horizontalmente, desde quando se soltou da lâmina até atingir o solo?

9.58 • **CALC** O rolo da impressora de uma gráfica gira por um ângulo $\theta(t) = \gamma t^2 - \beta t^3$, onde $\gamma = 3,20$ rad/s² e $\beta = 0,500$ rad/s³. (a) Calcule a velocidade angular do rolo em função do tempo. (b) Calcule a aceleração angular do rolo em função do tempo. (c) Qual é a velocidade angular positiva máxima e para qual valor de t isso ocorre?

9.59 •• **PC CALC** Um disco com raio igual a 25,0 cm está livre para girar em torno de um eixo perpendicular a ele e que passa pelo seu centro. Ele possui um fio delgado, porém forte, enrolado em torno de sua borda e o fio está preso a uma bola que é puxada tangencialmente afastando-se da borda do disco (**Figura P9.59**). O módulo da força de puxar aumenta e produz uma aceleração da bola, que segue a equação $a(t) = At$, onde t está em segundos e A é uma constante. O cilindro parte do repouso e, ao final do terceiro segundo, a aceleração da bola é 1,80 m/s². (a) Determine A. (b) Expresse a aceleração do disco em função do tempo. (c) Quanto tempo depois de começar a girar o disco atinge uma velocidade angular de 15,0 rad/s? (d) Qual é o ângulo do giro do disco ao atingir 15,0 rad/s? (*Dica: veja a Seção 2.6.*)

Figura P9.59

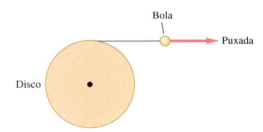

9.60 •• Você está projetando um volante rotativo de metal, que será usado para armazenar energia. O volante deverá ser um disco uniforme com raio de 25,0 cm. Partindo do repouso em $t = 0$, o volante gira com aceleração angular constante de 3,00 rad/s² em torno de um eixo perpendicular ao volante em seu centro. Se o volante possui uma densidade (massa por volume unitário) de 8.600 kg/m³, que espessura ele deverá ter para armazenar 800 J de energia cinética em $t = 8,00$ s?

9.61 •• Você deverá projetar um dispositivo para atirar uma pequena bola de gude verticalmente para cima. A bola está em uma pequena caneca presa à periferia de uma roda com raio de 0,260 m; a caneca é coberta por uma tampa. A roda parte do repouso e gira em torno de um eixo horizontal perpendicular à roda em seu centro. Depois que a roda tiver girado por 20,0 rotações, a caneca está na mesma altura do centro da roda. Nesse ponto do movimento, a tampa se abre e a bola segue verticalmente para cima até uma altura máxima h acima do centro da roda. Se a roda gira com uma aceleração angular constante α, que valor de α é necessário para que a bola atinja uma altura $h = 12,0$ m?

9.62 •• Engenheiros projetam um sistema por meio do qual uma massa m em queda livre imprime energia cinética a um tambor uniforme em rotação, ao qual a massa está presa por um cabo delgado e leve, enrolado em volta do tambor (**Figura P9.62**). Não há nenhum atrito significativo no eixo do tambor e tudo parte do repouso. Esse sistema está sendo testado na Terra, mas é para ser usado em Marte, onde a aceleração da gravidade é 3,71 m/s². Nos testes na Terra, quando m possui 15,0 kg e deve cair por 5,0 m, ela fornece 250,0 J de energia cinética ao tambor. (a) Quando o sistema for operado em Marte, qual distância a massa de 15,0 kg terá de cair para gerar o mesmo valor de energia cinética para o tambor? (b) Qual é a velocidade da massa de 15,0 kg em Marte quando o tambor obtiver 250,0 J de energia cinética?

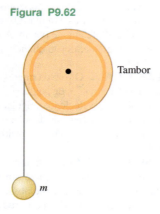

Figura P9.62

9.63 • A correia de um aspirador de pó é enrolada sobre um eixo de raio igual a 0,45 cm e uma roda de raio igual a 1,80 cm. O arranjo envolvendo a correia, o eixo e a roda é semelhante ao descrito na Figura Q9.4 envolvendo a corrente e as rodas dentadas de uma bicicleta. O motor faz o eixo girar com 60,0 rot/s e a correia faz a roda girar, que, por sua vez, está ligada a outro eixo que empurra a sujeira para fora do tapete que está sendo aspirado. Suponha que a correia não deslize nem sobre o eixo nem sobre a roda. (a) Qual é a velocidade de um ponto sobre a correia? (b) Qual é a velocidade angular da roda em rad/s?

9.64 •• O motor de uma serra de mesa gira com 3.450 rot/min. Uma polia ligada ao eixo do motor movimenta uma segunda polia com metade do diâmetro por meio de uma correia em V. Uma serra circular de diâmetro igual a 0,208 m está montada sobre o mesmo eixo da segunda polia. (a) O operador é descuidado, e a lâmina lança para trás um pequeno pedaço de madeira. A velocidade do pedaço de madeira é igual à velocidade tangencial na periferia da lâmina. Qual é essa velocidade? (b) Calcule a aceleração radial nos pontos sobre a periferia da lâmina para entender por que o pó da madeira serrada não fica grudado em seus dentes.

9.65 ••• Ao pedalar uma bicicleta com várias marchas, o ciclista pode selecionar o raio da roda dentada traseira, que é fixa ao eixo de roda traseiro. A roda dentada dianteira de uma bicicleta possui raio de 12,0 cm. Se o módulo da velocidade angular da roda dentada dianteira é 0,600 rot/s, qual seria o raio da roda dentada traseira para que a velocidade tangencial de um ponto na borda da roda traseira seja igual a 5,0 m/s? A roda traseira possui raio de 0,330 m.

9.66 ••• A unidade de disco de um computador é ligada a partir do repouso e possui aceleração angular constante. Se levou 0,0865 s para a unidade fazer sua *segunda* rotação completa, (a) quanto tempo ela levou para fazer a primeira rotação e (b) qual é sua aceleração angular, em rad/s²?

9.67 ••• Foi informado que as usinas hidrelétricas devem aproveitar as horas fora do pico (como tarde da noite) para gerar energia mecânica e armazená-la para atender à demanda em horários de pico, como no meio do dia. Uma sugestão é armazenar a energia em grandes volantes que giram sobre mancais praticamente livres de atrito. Considere um volante feito de ferro (densidade 7.800 kg/m³) no formato de um disco delgado e uniforme de 10,0 cm. (a) Qual deve ser o diâmetro desse disco para armazenar 10,0 megajoules de energia cinética ao girar a 90,0 rpm em torno de um eixo perpendicular ao disco, em seu centro? (b) Qual será a aceleração centrípeta de um ponto na borda quando o disco gira nessa taxa?

9.68 •• Um disco uniforme possui raio R_0 e massa M_0. Seu momento de inércia para um eixo perpendicular ao plano do disco no centro do disco é $\frac{1}{2}M_0R_0^2$. Você deverá dividir o momento de inércia do disco ao meio, cortando uma parte circular no centro do disco. Em termos de R_0, qual deverá ser o raio do pedaço circular que você removerá?

9.69 •• **Medição de I.** Como estagiário de uma empresa de engenharia, você é solicitado a medir o momento de inércia de uma grande roda, para girar em torno de um eixo que passa pelo seu centro. Você mede o diâmetro da roda, que é de 0,640 m. Depois você monta a roda, usando mancais livres de atrito, sobre um eixo horizontal que passa pelo centro da roda. Você enrola uma corda leve em volta da roda e pendura um bloco de madeira de 8,20 kg na extremidade livre da corda, como indica a Figura E9.45. Você libera o sistema do repouso e descobre que o bloco desce 12,0 m em 4,00 s. Qual é o momento de inércia da roda para esse eixo?

9.70 ••• Um disco maciço uniforme de massa m e raio R está apoiado sobre um eixo horizontal passando em seu centro. Um pequeno objeto de massa m está colado na borda do disco. Se este for liberado do repouso com o pequeno objeto situado na extremidade de um raio horizontal, ache a velocidade angular quando o pequeno objeto estiver diretamente embaixo do eixo.

9.71 •• **PC** Uma régua de medição com massa igual a 0,180 kg possui um pivô em uma de suas extremidades, de modo que ela pode girar sem atrito em torno de um eixo horizontal. A régua é mantida em uma posição horizontal e a seguir é liberada. Enquanto ela oscila passando pela vertical, calcule (a) a variação da energia potencial gravitacional ocorrida; (b) a velocidade angular da régua; (c) a velocidade linear na extremidade da régua oposta ao eixo. (d) Compare a resposta da parte (c) com a velocidade de um objeto caindo de uma altura de 1,00 m a partir do repouso.

9.72 •• Uma aluna de física com massa de 43,0 kg está parada na beira da laje plana de um prédio, 12,0 m acima da calçada. Um cão pouco amigável está correndo em sua direção na laje. Ao lado dela há uma roda montada sobre um eixo horizontal em seu centro. A roda, usada para transportar objetos do solo à laje, tem uma manivela leve presa a ele e uma corda leve ao seu redor; a ponta livre da corda está pendurada acima da beira da laje. A aluna agarra a ponta da corda e salta da laje. Se a roda possui raio de 0,300 m e um momento de inércia de 9,60 kg · m² para rotação em torno do eixo, quanto tempo ela levará para alcançar a calçada, e com que velocidade ela estará a se deslocar imediatamente antes de parar? Despreze o atrito.

9.73 ••• Uma barra delgada e uniforme tem 80,0 cm de comprimento e massa de 0,120 kg. Uma pequena esfera de 0,0200 kg é soldada em uma extremidade da barra, e uma pequena esfera de 0,0500 kg é soldada na outra extremidade. A barra, girando em torno de um eixo estacionário e sem atrito, localizado no centro, é mantida na horizontal e liberada do repouso. Qual é a velocidade linear da esfera de 0,0500 kg quando ela passar pelo seu ponto mais baixo?

9.74 •• Exatamente uma volta de uma corda flexível de massa m é enrolada na periferia de um cilindro uniforme maciço de massa M e raio R. O cilindro gira sem atrito em torno de um eixo horizontal ao longo de seu eixo. Uma das extremidades da corda está presa ao cilindro. Este começa a girar com velocidade angular ω_0. Depois de uma rotação, a corda se desenrolou e nesse instante ela está pendurada verticalmente tangente ao cilindro. Calcule a velocidade angular do cilindro e a velocidade linear da extremidade inferior da corda nesse instante. Despreze a espessura da corda. (*Dica:* use a Equação 9.18.)

9.75 • A polia indicada na Figura **P9.75** possui raio R e momento de inércia I. A corda não desliza sobre a polia e esta gira em um eixo sem atrito. O coeficiente de atrito cinético entre o bloco A e o topo da mesa é μ_c. O sistema é liberado a partir do repouso, e o bloco B começa a descer. O bloco A possui massa m_A e o bloco B possui massa m_B. Use métodos de conservação da energia para calcular a velocidade do bloco B em função da distância d que ele desceu.

Figura P9.75

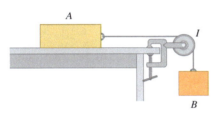

9.76 •• A polia indicada na **Figura P9.76** possui raio 0,160 m e momento de inércia 0,380 kg · m². A corda não desliza sobre a periferia da polia. Use métodos de conservação da energia para calcular a velocidade do bloco de 4,0 kg no momento em que ele atinge o solo.

Figura P9.76

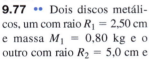

9.77 •• Dois discos metálicos, um com raio $R_1 = 2{,}50$ cm e massa $M_1 = 0{,}80$ kg e o outro com raio $R_2 = 5{,}0$ cm e massa $M_2 = 1{,}60$ kg, são soldados juntos e montados em um eixo sem atrito passando pelo centro comum (**Figura P9.77**). (a) Qual é o momento de inércia total dos dois discos? (b) Um fio fino é enrolado em torno do disco menor, e um bloco de 1,50 kg é suspenso pela extremidade livre do fio. Se o bloco é liberado do repouso a uma distância de 2,0 m acima do solo, qual é sua velocidade no momento em que atinge o solo? (c) Repita o cálculo do item (b), agora com o fio enrolado em torno do disco maior. Em qual caso a velocidade final do bloco é maior? Explique.

Figura P9.77

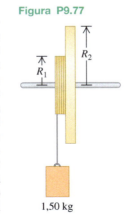

9.78 •• Um fio fino e leve é enrolado em torno de uma roda, como mostra a Figura E9.45. A roda gira em torno de um eixo horizontal estacionário, que passa pelo centro da roda. A roda possui raio de 0,180 m e momento de inércia para a rotação em torno do eixo de $I = 0{,}480$ kg · m². Um pequeno bloco, com massa de 0,340 kg, é suspenso pela ponta livre do fio. Quando o sistema é liberado do repouso, o bloco desce com aceleração constante. Os mancais no eixo da roda são enferrujados, de modo que o atrito nesse ponto realiza $-9{,}00$ J de trabalho enquanto o bloco desce 3,00 m. Qual é o módulo da velocidade angular da roda depois que o bloco tiver descido 3,00 m?

9.79 ••• No sistema indicado na Figura 9.17, uma massa de 12,0 kg é liberada do repouso e cai, fazendo com que o cilindro uniforme de 10,0 kg e diâmetro de 30,0 cm gire em torno de um eixo sem atrito que passa pelo seu centro. Quanto a massa terá de cair para fornecer ao cilindro 480 J de energia cinética?

9.80 • Na **Figura P9.80**, o cilindro e a polia giram sem atrito em torno de um eixo horizontal fixo que passa pelos seus centros. Uma corda leve é enrolada em volta do cilindro, passa sobre a polia e possui uma caixa de 3,00 kg suspensa por sua extremidade livre. Não há deslizamento entre a corda e a superfície da polia. O cilindro uniforme possui massa de 5,0 kg e raio de 40,0 cm. A polia é um disco uniforme com massa de 2,0 kg e raio de 20,0 cm. A caixa é liberada do repouso e cai à medida que a corda se desenrola do cilindro. Ache o módulo da velocidade da caixa após ela ter caído 2,50 m.

Figura P9.80

9.81 •• BIO **A energia cinética da caminhada.** Se uma pessoa de massa M simplesmente se movesse para a frente com velocidade V, sua energia cinética seria $\frac{1}{2}MV^2$. Porém, além de possuir um movimento para a frente, várias partes do seu corpo (como os braços e as pernas) sofrem rotação. Portanto, sua energia cinética total é a soma da energia do seu movimento para a frente mais a energia cinética da rotação de seus braços e pernas. A finalidade deste problema é verificar qual é a contribuição do movimento de rotação para a energia cinética de uma pessoa. Medições biomédicas mostram que os braços e as mãos juntos normalmente compõem 13% da massa de uma pessoa, enquanto as pernas e os pés juntos compõem 37%. Para um cálculo bruto (porém racional), podemos modelar os braços e as pernas como barras uniformes finas girando em torno dos ombros e do quadril, respectivamente. Em uma caminhada veloz, braços e pernas movem-se por um ângulo aproximado de ± 30° (um total de 60°) a partir da posição vertical em aproximadamente 1 segundo. Suponha que eles sejam mantidos eretos, em vez de se encurvarem, o que não é muito correto. Considere uma pessoa de 75 kg caminhando a 5,0 km/h, tendo braços com 70 cm e pernas com 90 cm. (a) Qual é a velocidade angular média de seus braços e pernas? (b) Usando a velocidade angular média do item (a), calcule a quantidade de energia cinética de rotação nos braços e nas pernas dessa pessoa enquanto caminha. (c) Qual é a energia cinética total ocasionada pelo seu movimento para a frente e sua rotação? (d) Que porcentagem de sua energia cinética refere-se à rotação de suas pernas e braços?

9.82 •• BIO **A energia cinética da corrida.** Usando o Problema 9.81 como guia, aplique-o a uma pessoa correndo a 12 km/h, com seus braços e pernas girando por ± 30° em $\frac{1}{2}$ s. Como antes, suponha que braços e pernas sejam mantidos eretos.

9.83 •• **BIO A energia da rotação humana.** Uma dançarina está girando a 72 rpm em torno de um eixo que passa pelo centro de seus braços esticados (**Figura P9.83**). Pelas medições biomédicas, a distribuição típica de massa em um corpo humano é a seguinte:
Cabeça: 7,0%
Braços: 13% (para ambos)
Tronco e pernas: 80%
Suponha que você seja essa dançarina. Usando essa informação mais as medidas de comprimento do seu próprio corpo, calcule (a) seu momento de inércia em torno de seu eixo de giro e (b) sua energia cinética de rotação. Use a Tabela 9.2 para modelar aproximações razoáveis para as partes pertinentes do seu corpo.

Figura P9.83

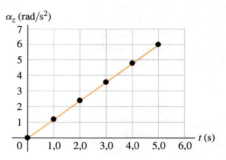

9.84 ••• Uma haste uniforme fina é dobrada em forma de um quadrado de lado a. Sendo M a massa total, ache o momento de inércia em relação a um eixo situado no plano do quadrado e que passa através de seu centro. (*Dica:* use o teorema dos eixos paralelos.)

9.85 •• **CALC** Uma esfera com raio $R = 0,200$ m tem densidade ρ que diminui com a distância r a partir do centro da esfera, de acordo com $\rho = 3,00 \times 10^3$ kg/m^3 − $(9,00 \times 10^3$ kg/m$^4)r$. (a) Calcule a massa total da esfera. (b) Calcule o momento de inércia da esfera para um eixo ao longo de um diâmetro.

9.86 •• **CALC Estrelas de nêutrons e restos de supernovas.** A nebulosa do Caranguejo é uma nuvem de gás luminoso que possui uma extensão de 10 anos-luz, localizada a uma distância aproximadamente igual a 6.500 anos-luz da Terra (**Figura P9.86**). São os restos da *explosão de uma supernova*, observada da Terra no ano de 1054. A nebulosa do Caranguejo libera energia com uma taxa aproximada de 5×10^{31} W, cerca de 10^5 vezes maior que a taxa de emissão de energia do Sol. A nebulosa do Caranguejo obtém essa energia da energia cinética da rotação muito rápida de uma *estrela de nêutrons* que existe em seu centro. Esse objeto completa um giro a cada 0,0331 s, e esse período cresce $4,22 \times 10^{-13}$ s a cada segundo que se passa. (a) Supondo que a taxa de energia perdida pela estrela de nêutrons seja igual à taxa com a qual a energia é libertada pela nebulosa, calcule o momento de inércia da estrela de nêutrons. (b) Teorias de supernovas afirmam que a estrela de nêutrons na nebulosa do Caranguejo possui massa aproximadamente igual a 1,4 vez a massa do Sol. Modelando a estrela de nêutrons como uma esfera uniforme, calcule seu raio em quilômetros. (c) Qual é a velocidade linear de um ponto sobre o equador da estrela de nêutrons? Compare o resultado com a velocidade da luz. (d) Suponha que a estrela de nêutrons seja uniforme e calcule sua densidade. Compare o resultado com a densidade de uma rocha comum (3.000 kg/m^3) e com a densidade do núcleo de um átomo (cerca de 10^{17} kg/m^3). Justifique a afirmação de que uma estrela de nêutrons é essencialmente um enorme núcleo atômico.

Figura P9.86

9.87 •• **DADOS** Uma técnica está testando um motor de velocidade variável, controlado por computador. Ela prende um disco fino ao eixo do motor, com o eixo no centro do disco. Este parte do repouso e sensores ligados ao eixo do motor medem a aceleração angular α_z do eixo em função do tempo. Os resultados de um teste aparecem na **Figura P9.87**: (a) Quantas rotações o disco terá feito nos primeiros 5,0 s? Você pode usar a Equação 9.11? Explique. Qual é a velocidade angular, em rad/s, do disco (b) em $t = 5,0$ s; (c) quando ele tiver girado por 2,00 rotações?

Figura P9.87

9.88 •• **DADOS** Você está analisando o movimento de um grande volante com raio de 0,800 m. Em uma rodada de testes, o volante parte do repouso e gira com aceleração angular constante. Um acelerômetro na borda do volante mede o módulo da aceleração resultante a de um ponto localizado na borda em função do ângulo $\theta - \theta_0$, através do qual o volante girou. Você coleta os seguintes resultados:

$\theta - \theta_0$ (rad)	0,50	1,00	1,50	2,00	2,50	3,00	3,50	4,00
a (m/s^2)	0,678	1,07	1,52	1,98	2,45	2,92	3,39	3,87

Construa um gráfico de a^2 (em m^2/s^4) *versus* $(\theta - \theta_0)^2$ em (rad^2). (a) Quais são a inclinação e a interceptação do eixo y da linha reta que oferece a melhor correspondência aos dados? (b) Use a inclinação do item (a) para determinar a aceleração angular do volante. (c) Qual é a velocidade linear de um ponto na borda do volante quando a roda tiver girado por um ângulo de 135º? (d) Quando o volante tiver girado por um ângulo de 90,0º, qual é o ângulo entre a velocidade linear de um ponto em sua borda e a aceleração resultante desse ponto?

9.89 •• **DADOS** Você está reformando um Chevrolet 1965. Para decidir se irá substituir o volante por um mais novo e mais leve, você deseja determinar o momento de inércia do volante original, com diâmetro de 35,6 cm. Ele não é um disco uniforme e, portanto, você não pode usar $I = \frac{1}{2}MR^2$ para calcular o momento de inércia. Você remove o volante do carro e usa rolamentos de baixo atrito para montá-lo sobre uma haste horizontal, estacionária, que passa pelo centro do volante, que pode então girar livremente (cerca de 2 m acima do chão). Depois de fixar uma ponta de um longo pedaço de linha de pesca à borda do volante, você enrola a linha por algumas voltas em torno da borda e suspende um bloco de metal de 5,60 kg pela ponta solta da linha. Quando o bloco é liberado do repouso, ele desce enquanto o volante gira. Com fotografias de alta velocidade, você mede a distância d que o bloco desceu em função do tempo desde que foi liberado. A equação para o gráfico mostrado na **Figura P9.89**, que oferece um bom ajuste aos pontos de dados, é $d = (165 \text{ cm/s}^2)t^2$. (a) Com base no gráfico, o bloco cai com aceleração constante? Explique. (b) Use o gráfico para calcular a velocidade do bloco quando ele tiver descido 1,50 m. (c) Aplique os métodos da conservação de energia mecânica ao sistema de volante e bloco para calcular o momento de inércia do volante. (d) Você está satisfeito porque a linha de pesca não se parte. Aplique a segunda lei de Newton ao bloco para determinar a tensão na linha enquanto o bloco descia.

Figura P9.89

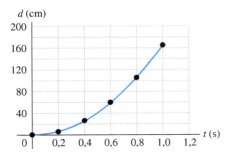

PROBLEMAS DESAFIADORES

9.90 ••• **CALC** Determine o momento de inércia de um cone maciço uniforme em relação a um eixo que passa através de seu centro (**Figura P9.90**). O cone possui massa M e altura h. O raio do círculo de sua base é igual a R.

Figura P9.90

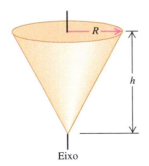

9.91 ••• **CALC** Em um CD, a música é codificada em uma configuração de minúsculos sulcos dispostos ao longo de uma trilha que avança formando uma espiral do interior à periferia do disco. À medida que o disco gira no interior de um aparelho de CD, a trilha é varrida com velocidade *linear* constante $v = 1{,}25$ m/s. Como o raio da trilha espiral aumenta à medida que o disco gira, a velocidade *angular* do disco deve variar enquanto o CD está girando. (Veja o Exercício 9.20.) Vejamos qual é a aceleração angular necessária para manter v constante. A equação de uma espiral é dada por $r(\theta) = r_0 + \beta\theta$, onde r_0 é o raio da espiral para $\theta = 0$ e β é uma constante. Em um CD, r_0 é o raio interno da trilha espiral. Considerando o sentido da rotação do CD como positivo, β deve ser positivo, de modo que r e θ crescem à medida que o disco gira. (a) Quando o disco gira através de um pequeno ângulo $d\theta$, a distância varrida ao longo da trilha é $ds = r d\theta$. Usando a expressão anterior para $r(\theta)$, integre ds para calcular a distância total s varrida ao longo da trilha em função do ângulo total θ descrito pela rotação do disco. (b) Como a trilha é varrida com velocidade linear constante v, a distância total s encontrada na parte (a) é igual a vt. Use esse resultado para achar θ em função do tempo. Existem duas soluções para θ; escolha a positiva e explique por que devemos escolhê-la. (c) Use sua expressão de $\theta(t)$ para determinar a velocidade angular ω_z e a aceleração angular α_z em função do tempo. O valor de α_z é constante? (d) Em um CD, o raio da trilha mais interna é igual a 25,0 mm, o raio da trilha cresce 1,55 μm em cada volta e o tempo de duração é igual a 74,0 min. Calcule os valores de r_0 e de β e ache o número total de voltas feitas durante o tempo total da reprodução do som. (e) Usando os resultados obtidos nos itens (c) e (d), faça um gráfico de ω_z (em rad/s) *versus* t e um gráfico de α_z (em rad/s^2) *versus* t desde $t = 0$ até $t = 74{,}0$ min.

Problemas com contexto

BIO Enguia giratória. Enguias americanas (*Anguilla rostrata*) são peixes de água doce com corpos longos e delgados, que podemos tratar como se fossem cilindros uniformes com 1,0 m de comprimento e 10 cm de diâmetro. Uma enguia compensa sua pequena mandíbula e dentes segurando sua presa com a boca e depois girando seu corpo rapidamente ao redor de seu longo eixo, para arrancar um pedaço de carne. Há registro de que essas enguias giram em até 14 rotações por segundo quando se alimentam dessa forma. Embora esse método de alimentação seja custoso em termos de energia, ele permite que a enguia se alimente de presas maiores do que poderia fazer normalmente.

9.92 Um pesquisador em campo usa o recurso de câmera lenta de sua câmera para gravar um vídeo de uma enguia girando em sua velocidade máxima. A câmera registra 120 quadros por segundo. Por qual ângulo a enguia gira de um quadro para o seguinte? (a) 1°; (b) 10°; (c) 22°; (d) 42°.

9.93 Observa-se que a enguia gira a 14 rotações por segundo em sentido horário e, 10 segundos depois, a 8 rotações por segundo em sentido anti-horário. Qual é o módulo da aceleração angular média da enguia durante esse período? (a) 6/10 rad/s^2; (b) 6π/10 rad/s^2; (c) 12π/10 rad/s^2; (d) 44π/10 rad/s^2.

9.94 A enguia possui uma certa quantidade de energia cinética de rotação ao fazer 14 giros por segundo. Se, em vez disso, ela nadasse em linha reta, com que velocidade ela teria de nadar para ter a mesma quantidade de energia cinética de quando está girando? (a) 0,5 m/s; (b) 0,7 m/s; (c) 3 m/s; (d) 5 m/s.

9.95 Uma nova espécie de enguia foi descoberta, com a mesma massa, porém com um quarto do comprimento e o dobro do diâmetro da enguia americana. Qual é a relação entre seu momento de inércia em torno de seu eixo longo e o da enguia americana? A nova espécie tem (a) metade do momento de inércia da enguia americana; (b) o mesmo momento de inércia; (c) o dobro do momento de inércia da enguia americana; (d) quatro vezes o momento de inércia da enguia americana.

RESPOSTAS

Resposta à pergunta inicial do capítulo
Resposta: (ii) A energia cinética de rotação de um corpo rígido girando em torno de um eixo é $K = \frac{1}{2}I\omega^2$, onde I é o momento de inércia do corpo para esse eixo e ω é a velocidade angular. A Tabela 9.2 mostra que o momento de inércia para uma haste delgada de massa M e comprimento L com um eixo que passa por uma extremidade (como uma lâmina da turbina) é $I = 1/3ML^2$. Se dobramos L enquanto M e ω permanecem iguais, tanto o momento de inércia I quanto a energia cinética K aumentam por um fator de $2^2 = 4$.

Respostas às perguntas dos testes de compreensão
9.1 Respostas: (a) (i) e (iii), (b) (ii) A rotação é acelerada quando a velocidade angular e a aceleração angular possuem o mesmo sinal e retardada quando possuem sinais contrários. Logo, ela é acelerada para $0 < t < 2$ s (ω_z e α_z são ambas positivas) e para 4 s $< t < 6$ s (ω_z e α_z são ambas negativas), mas é retardada para 2 s $< t < 4$ s (ω_z é positiva e α_z é negativa). Note que o corpo está girando em uma direção para $t < 4$ s (ω_z é positiva) e na direção oposta para $t > 4$ s (ω_z é negativa).

9.2 Respostas: (a) (i), (b) (ii) Quando o disco fica em repouso, $\omega_z = 0$. Pela Equação 9.7, o *tempo* quando isso ocorre é $t = (\omega_z - \omega_{0z})/\alpha_z = -\omega_{0z}/\alpha_z$ (esse tempo é positivo porque α_z é negativa). Se dobrarmos a velocidade angular inicial ω_{0z} e também dobrarmos a aceleração angular α_z, a razão entre elas não varia, e a rotação para no mesmo intervalo. O *ângulo* pelo qual o disco gira é dado pela Equação 9.10: $\theta - \theta_0 = \frac{1}{2}(\omega_{0z} + \omega_z)t = \frac{1}{2}\omega_{0z}t$ (considerando a velocidade angular final $\omega_z = 0$). A velocidade angular inicial ω_{0z} foi duplicada, mas o tempo t é o mesmo, portanto, o deslocamento angular $\theta - \theta_0$ (e, portanto, o número de rotações) foi duplicado. Pode-se chegar à mesma conclusão pela Equação 9.12.

9.3 Resposta: (ii) Pela Equação 9.13, $v = r\omega$. Para manter uma velocidade linear constante v, a velocidade angular ω deve diminuir à medida que a cabeça de leitura se move para a periferia (r maior).

9.4 Resposta: (i) A energia cinética no bloco em queda é $\frac{1}{2}mv^2$, e a energia cinética no cilindro em rotação é $\frac{1}{2}I\omega^2 = \frac{1}{2}(\frac{1}{2}mR^2)(v/R)^2 = \frac{1}{4}mv^2$. Logo, a energia cinética total do sistema é $\frac{3}{4}mv^2$, dos quais dois terços estão no bloco e um terço no cilindro.

9.5 Resposta: (ii) Uma parte maior da massa do taco está concentrada na extremidade mais grossa, portanto, o centro de massa está mais próximo dessa extremidade. O momento de inércia passando por um ponto P em qualquer das extremidades é $I_P = I_{cm} + Md^2$; a extremidade mais delgada está mais distante do centro de massa, por isso a distância d e o momento de inércia I_P são maiores na extremidade mais delgada.

9.6 Resposta: (iii) O resultado do Exemplo 9.10 *não* depende do comprimento L do cilindro. O momento de inércia depende somente da distribuição *radial* da massa, não de sua distribuição ao longo do eixo.

Problema em destaque

(a) $I = \left[\dfrac{M}{L}\left(\dfrac{x^3}{3}\right)\right]_{-h}^{L-h} = \frac{1}{3}M(L^2 - 3Lh + 3h^2)$

(b) $W = \frac{1}{6}M(L^2 - 3Lh + 3h^2)\alpha^2 t^2$

(c) $a = (L - h)\alpha\sqrt{1 + \alpha^2 t^4}$

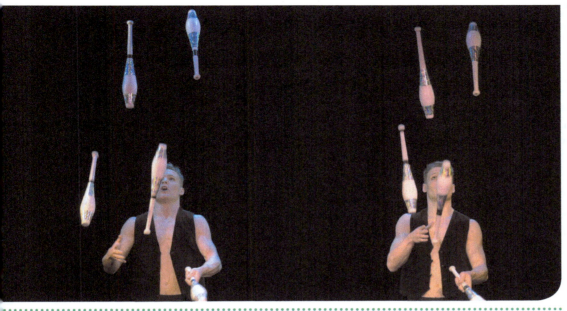

? Estes malabaristas lançam as claves compostas indicadas de modo que elas girem no ar. Cada clave tem composição uniforme, de modo que seu peso é concentrado na parte mais grossa dela. Se ignorarmos a resistência do ar, mas não os efeitos da gravidade, a velocidade angular de cada clave no ar (i) aumenta continuamente; (ii) diminui continuamente; (iii) aumenta e diminui alternadamente; ou (iv) permanece a mesma?

10 DINÂMICA DO MOVIMENTO DE ROTAÇÃO

OBJETIVOS DE APRENDIZAGEM

Ao estudar este capítulo, você aprenderá:

- **10.1** O que significa o torque produzido por uma força.
- **10.2** Como o torque resultante sobre um corpo afeta seu movimento de rotação.
- **10.3** Como analisar o movimento de um corpo que gira e também se move como um todo pelo espaço.
- **10.4** Como solucionar problemas que envolvem trabalho e potência para corpos em rotação.
- **10.5** A que se refere o momento angular de uma partícula ou de um corpo rígido.
- **10.6** Como o momento angular de um sistema pode permanecer constante mesmo que o corpo mude de forma.
- **10.7** Por que um giroscópio em rotação passa pelo movimento de precessão.

Revendo conceitos de:

- **1.10** Produto vetorial de dois vetores.
- **5.2** Segunda lei de Newton.
- **6.1-6.4** Trabalho, o teorema do trabalho-energia e potência.
- **8.2, 8.3, 8.5** Forças internas e externas, colisões inelásticas e movimento do centro de massa.
- **9.1-9.5** Movimento rotacional e o teorema dos eixos paralelos.

Nos capítulos 4 e 5, aprendemos que uma força resultante aplicada sobre um corpo fornece uma aceleração a ele. Mas o que produz aceleração *angular* em um corpo? Ou seja, o que é necessário para fazer um corpo fixo começar a girar ou fazer um em rotação parar? É necessária uma força, porém ela deve ser aplicada de modo a provocar uma ação giratória ou de torção.

Neste capítulo, vamos definir uma nova grandeza física, o *torque*, que descreve a ação giratória ou o efeito de torção de uma força. Verificaremos que o torque resultante que atua sobre um corpo rígido determina sua aceleração angular, do mesmo modo que a força resultante sobre um corpo determina sua aceleração linear. Examinaremos, também, o conceito de trabalho e de potência no movimento de rotação para compreendermos problemas como a transmissão de energia por um motor elétrico. Em seguida, desenvolveremos um novo princípio de conservação, a *conservação do momento angular*, que é extremamente útil para entender o movimento de rotação de corpos rígidos e não rígidos. Finalizaremos este capítulo com o estudo do *giroscópio*, um dispositivo rotatório que parece não obedecer ao senso comum e que não deixa o objeto cair quando você pensa que ele deveria cair — mas que, na verdade, se comporta de acordo com a dinâmica do movimento de rotação.

10.1 TORQUE

Sabemos que as forças que atuam sobre um corpo podem afetar seu **movimento de translação** — ou seja, o movimento do corpo como um todo pelo espaço. Agora, queremos aprender quais aspectos de uma força determinam sua eficácia em causar ou alterar o movimento de *rotação*. O módulo, a direção e o sentido da força são importantes, mas o ponto de aplicação da força também é relevante. Na **Figura 10.1**, uma chave de boca é usada para afrouxar uma porca presa fir-

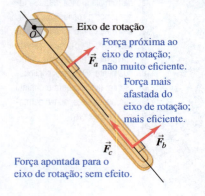

Figura 10.1 Qual das três forças indicadas é mais eficiente para afrouxar a porca presa firmemente?

Eixo de rotação

$\vec{F}_a$ Força próxima ao eixo de rotação; não muito eficiente.

Força mais afastada do eixo de rotação; mais eficiente.

$\vec{F}_c$ $\vec{F}_b$

Força apontada para o eixo de rotação; sem efeito.

mente. A força $\vec{F}_b$, aplicada próxima à extremidade do punho da chave, é mais eficiente que a força $\vec{F}_a$ aplicada nas proximidades da porca. A força $\vec{F}_c$ não ajuda em nada; ela é aplicada no mesmo ponto da força $\vec{F}_b$ e possui o mesmo módulo, porém sua direção coincide com a direção do punho da chave. A medida quantitativa de como a ação de uma força pode provocar ou alterar o movimento de rotação de um corpo é chamada de *torque*; dizemos que $\vec{F}_a$ aplica um torque em torno do ponto O para a chave na Figura 10.1, $\vec{F}_b$ aplica um torque maior em torno de O e $\vec{F}_c$ aplica torque nulo em torno de O.

A **Figura 10.2** mostra três exemplos de como calcular o torque. O corpo na figura pode girar em torno de um eixo passando pelo ponto O e é perpendicular ao plano da figura. O corpo está submetido a três forças, situadas no plano da figura. A tendência da força $\vec{F}_1$ para produzir rotação em torno do ponto O depende do módulo de F_1. Depende, também, da distância *perpendicular* l_1 entre o ponto O e a **linha de ação** da força (isto é, a linha ao longo da qual o vetor força se encontra). Denominamos a distância l_1 **braço da alavanca** (ou **braço do momento**) da força $\vec{F}_1$ em torno do ponto O. O esforço de torção depende simultaneamente de F_1 e de l_1, por isso definimos o **torque** (ou *momento*) da força $\vec{F}_1$ em relação ao ponto O como o produto $F_1 l_1$. Usaremos a letra grega τ ("tau") para o torque. Para uma força de módulo F cuja linha de ação seja perpendicular a uma distância l ao ponto O, o torque é

$$\tau = Fl \tag{10.1}$$

Os físicos normalmente usam o termo "torque", enquanto os engenheiros usam "momento" (a menos que se refiram a um eixo rotor).

O braço da alavanca de força $\vec{F}_1$ na Figura 10.2 é a distância perpendicular l_1, e o braço da alavanca da força $\vec{F}_2$ é a distância perpendicular l_2. A linha de ação da força $\vec{F}_3$ passa pelo ponto de referência O, de modo que o braço da alavanca para $\vec{F}_3$ é zero e seu torque em relação ao ponto O é igual a zero. Analogamente, a força $\vec{F}_c$ na Figura 10.1 possui torque nulo em relação ao ponto O. Por outro lado, $\vec{F}_b$ possui torque maior que o torque da força $\vec{F}_a$ porque seu braço da alavanca é maior.

> **ATENÇÃO** **Torque é sempre medido em torno de um ponto** Note que o torque é *sempre* definido em relação a um ponto específico. Se deslocarmos a posição desse ponto, o torque de cada força também pode mudar. Por exemplo, o torque da força $\vec{F}_3$ na Figura 10.2 é igual a zero em relação ao ponto O, mas *não* é zero em torno de A. Quando descrevemos o torque de uma certa força, não é suficiente falar "o torque da força $\vec{F}$"; devemos falar "o torque da força $\vec{F}$ em relação ao ponto X" ou "o torque de $\vec{F}$ em torno de X".

A força $\vec{F}_1$ na Figura 10.2 tende a fazer uma rotação em torno de O no sentido *contrário ao dos ponteiros do relógio*, enquanto a força $\vec{F}_2$ tende a produzir uma rotação no *mesmo sentido dos ponteiros do relógio*. Para distinguirmos entre essas duas possibilidades, escolheremos um sentido positivo para a rotação. Escolhemos como *torque positivo o que produz rotação no sentido anti-horário e torque negativo o que produz rotação no sentido horário*. Sendo assim, os torques de $\vec{F}_1$ e de $\vec{F}_2$ em torno de O são

$$\tau_1 = +F_1 l_1 \quad \tau_2 = -F_2 l_2$$

A Figura 10.2 mostra essa escolha para o sinal de torque. Frequentemente usamos o símbolo ↺ para indicar a escolha do sentido positivo da rotação.

A unidade SI de torque é Newton × metro. Em nossa discussão sobre trabalho e energia, denominamos essa combinação de joule. Porém, o torque *não* é trabalho nem energia, e deve ser expresso explicitamente como Newton × metro, e *não* como joule.

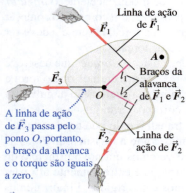

Figura 10.2 O torque de uma força em relação a um ponto é o produto do módulo da força pelo braço da alavanca.

$\vec{F}_1$ tende a causar rotação no *sentido contrário* ao dos ponteiros do relógio em relação ao ponto O, portanto, seu torque é *positivo*: $\tau_1 = +\vec{F}_1 l_1$

Linha de ação de $\vec{F}_1$

$\vec{F}_1$

A

Braços da alavanca de $\vec{F}_1$ e $\vec{F}_2$

$\vec{F}_3$

l_1
l_2
O

$\vec{F}_2$

Linha de ação de $\vec{F}_2$

A linha de ação de $\vec{F}_3$ passa pelo ponto O, portanto, o braço da alavanca e o torque são iguais a zero.

$\vec{F}_2$ tende a causar rotação no *sentido horário* dos ponteiros do relógio em relação ao ponto O, portanto, seu torque é *negativo*: $\tau_2 = -F_2 l_2$

A **Figura 10.3** mostra uma força $\vec{F}$ aplicada em um ponto P, definido pelo vetor posição $\vec{r}$ em relação a um ponto escolhido O. Existem três modos de calcular o torque de $\vec{F}$:

1. Determinar o braço da alavanca l e usar $\tau = Fl$.
2. Determinar o ângulo ϕ entre os vetores $\vec{r}$ e $\vec{F}$; o braço da alavanca é r sen ϕ, de modo que $\tau = rF$ sen ϕ.
3. Representar $\vec{F}$ em termos de um componente radial F_{rad} ao longo da direção de $\vec{r}$ e do componente tangencial F_{tan} ortogonal a $\vec{r}$, ambos tendo ângulos retos. (Chamamos esse componente de *tangencial* porque, caso haja rotação do corpo, o ponto onde a força atua descreve uma circunferência, e esse componente é tangente a esse círculo.) Então, $F_{tan} = F$ sen ϕ e $\tau = r(F$ sen $\phi) = F_{tan}r$. O componente F_{rad} *não* possui nenhum torque em relação ao ponto O porque o braço da alavanca em relação a esse ponto é igual a zero (compare com as forças $\vec{F}_c$ na Figura 10.1 e $\vec{F}_3$ na Figura 10.2).

Resumindo essas três expressões para o torque, temos

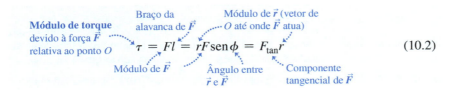

(10.2)

Figura 10.3 Três formas de calcular o torque da força $\vec{F}$ em torno do ponto O. Nesta Figura, $\vec{r}$ e $\vec{F}$ estão no plano da página e o vetor torque $\vec{\tau}$ aponta para fora da página e em direção a você.

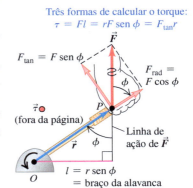

Torque como vetor

Vimos na Seção 9.1 que a velocidade angular e a aceleração angular podem ser representadas como vetores; isso também é verdade para o torque. Para verificar como fazer isso, note que a grandeza rF sen ϕ na Equação 10.2 é o módulo do *produto vetorial* $\vec{r} \times \vec{F}$ que foi definido na Seção 1.10. (Volte e faça uma revisão dessa definição.) Agora, generalizamos a definição de torque da seguinte forma: quando uma força $\vec{F}$ atua em um ponto cujo vetor posição é $\vec{r}$ em relação a uma origem O, como na Figura 10.3, o torque $\vec{\tau}$ da força em relação ao ponto O é a grandeza *vetorial*

$$\vec{\tau} = \vec{r} \times \vec{F}$$ (10.3)

O torque, como definido pela Equação 10.2, nada mais é que o módulo do vetor torque $\vec{r} \times \vec{F}$. A direção de $\vec{\tau}$ é simultaneamente perpendicular a $\vec{r}$ e a $\vec{F}$. Em particular, quando $\vec{r}$ e $\vec{F}$ estão localizadas em um plano perpendicular ao eixo de rotação, como na Figura 10.3, então o vetor torque $\vec{\tau} = \vec{r} \times \vec{F}$ possui a mesma direção do eixo de rotação, sendo seu sentido dado pela regra da mão direita (Figura 1.30 e **Figura 10.4**).

Visto que $\vec{\tau} = \vec{r} \times \vec{F}$ é perpendicular ao plano dos vetores $\vec{r}$ e $\vec{F}$, é comum termos diagramas como o da Figura 10.4, em que um dos vetores é orientado perpendicularmente à página. Usamos um ponto (●) para representar um vetor que aponta para fora da página e uma cruz (✗) para representar um vetor que aponta para dentro da página (veja as figuras 10.3 e 10.4).

Nas próximas seções, normalmente consideraremos a rotação de um corpo em torno de um eixo orientado em uma dada direção constante. Nesse caso, apenas o componente do torque ao longo desse eixo tem importância, e normalmente chamamos esse componente de torque em relação ao *eixo* especificado.

Figura 10.4 O vetor torque $\vec{\tau} = \vec{r} \times \vec{F}$ aponta na direção ao longo do eixo do parafuso, perpendicular tanto a $\vec{r}$ quanto a $\vec{F}$. Os dedos da mão direita se encurvam na direção da rotação que o torque tende a causar.

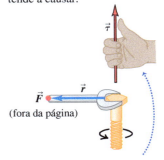

Se você apontar os dedos da sua mão direita na direção de $\vec{r}$ e, a seguir, encurvá-los na direção de $\vec{F}$, seu polegar estendido apontará na direção de $\vec{\tau}$.

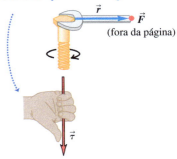

EXEMPLO 10.1 APLICANDO UM TORQUE

Um bombeiro hidráulico, incapaz de afrouxar a conexão de um tubo, encaixa um pedaço de tubo de sucata (uma "alavanca") sobre a haste do grifo. A seguir, ele usa todo seu peso de 900 N, ficando em pé na extremidade da alavanca. A distância entre o centro da conexão e o ponto onde o peso atua é igual a 0,80 m (**Figura 10.5a**), e o eixo da alavanca faz um ângulo de 19° com a horizontal. Calcule o módulo, a direção e o sentido do torque que ele aplica em torno do centro da conexão do tubo.

SOLUÇÃO

IDENTIFICAR E PREPARAR: a Figura 10.5b mostra os vetores $\vec{r}$ e $\vec{F}$ e o ângulo entre eles ($\phi = 109°$). A Equação 10.1 ou a 10.2 fornecerá o módulo do torque, e a regra da mão direita com a Equação 10.3, $\vec{\tau} = \vec{r} \times \vec{F}$, fornecerá a direção do torque.
EXECUTAR: para usar a Equação 10.1, primeiro calculamos o braço de alavanca l. Como indica a Figura 10.5b,

$$l = r \operatorname{sen} \phi = (0,80 \text{ m}) \operatorname{sen} 109° = 0,76 \text{ m}$$

Agora, podemos achar o módulo do torque usando a Equação 10.1:

$$\tau = Fl = (900 \text{ N})(0,76 \text{ m}) = 680 \text{ N} \cdot \text{m}$$

Obtemos o mesmo resultado pela Equação 10.2:

$$\tau = rF \operatorname{sen} \phi = (0,80 \text{ m})(900 \text{ N})(\operatorname{sen} 109°) = 680 \text{ N} \cdot \text{m}$$

Alternativamente, podemos achar $F_{\tan}$, o componente tangencial de $\vec{F}$ que atua perpendicularmente ao vetor $\vec{r}$. A Figura 10.5b mostra que esse componente faz um ângulo de $109° - 90° = 19°$ a partir de $\vec{F}$, de modo que $F_{\tan} = F(\cos 19°) = (900 \text{ N})(\cos 19°) = 851 \text{ N}$. Então, pela Equação 10.2,

$$\tau = F_{\tan} r = (851 \text{ N})(0,80 \text{ m}) = 680 \text{ N} \cdot \text{m}$$

Se você encurvar os dedos da mão direita da direção de $\vec{r}$ (no plano da Figura 10.5b, para a esquerda e para cima) para a direção de $\vec{F}$ (diretamente para baixo), seu polegar direito apontará para fora do plano da figura. Essa é a direção do torque $\vec{\tau}$.
AVALIAR: para conferir a direção de $\vec{\tau}$, note que a força na Figura 10.5 tende a produzir uma rotação em torno de O no sentido anti-horário. Se você encurvar os dedos da mão direita em um sentido anti-horário, o polegar apontará para fora do plano da Figura 10.5, que é de fato a direção do torque.

Figura 10.5 (a) Afrouxando a conexão de um tubo ficando em pé na extremidade de uma "alavanca". (b) Diagrama vetorial para achar o torque em torno de O.

(a) Diagrama da situação

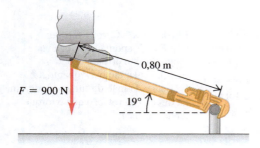

(b) Diagrama de corpo livre

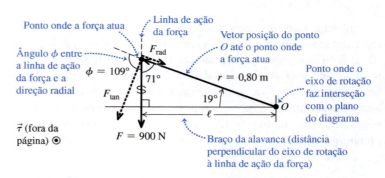

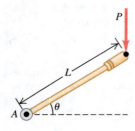

TESTE SUA COMPREENSÃO DA SEÇÃO 10.1 A figura mostra uma força P sendo aplicada a uma extremidade de uma alavanca de comprimento L. Qual é o módulo do torque dessa força em torno do ponto A? (i) $PL \operatorname{sen} \theta$; (ii) $PL \cos \theta$; (iii) $PL \tan \theta$; (iv) $PL/\operatorname{sen}\theta$; (v) PL. ∎

10.2 TORQUE E ACELERAÇÃO ANGULAR DE UM CORPO RÍGIDO

Agora estamos preparados para desenvolver uma relação fundamental para a dinâmica da rotação de um corpo rígido. Mostraremos que a aceleração angular de um corpo rígido que gira é diretamente proporcional à soma dos componentes do torque ao longo do eixo de rotação. O fator de proporcionalidade é o momento de inércia.

Para desenvolvermos essa relação, vamos começar como fizemos na Seção 9.4, imaginando o corpo rígido constituído por um grande número de partículas. Escolhemos para o eixo da rotação o eixo Oz; a primeira partícula possui massa m_1 e está a uma distância r_1 desse eixo (**Figura 10.6**). A *força resultante* $\vec{F}_1$ que atua sobre essa partícula possui um componente $F_{1,\text{rad}}$ ao longo da direção radial, um componente $F_{1,\text{tan}}$ tangente à circunferência de raio r_1, ao longo da qual a partícula se move quando o corpo gira, e um componente F_{1z} ao longo do eixo de rotação. A segunda lei de Newton para o componente tangencial fornece

$$F_{1,\text{tan}} = m_1 a_{1,\text{tan}} \tag{10.4}$$

Podemos expressar o componente tangencial da aceleração da primeira partícula em termos da aceleração angular α_z do corpo, usando a Equação 9.14: $a_{1,\text{tan}} = r_1 \alpha_z$. Usando essa relação e multiplicando ambos os membros da Equação 10.4 por r_1, obtemos

$$F_{1,\text{tan}} r_1 = m_1 r_1^2 \alpha_z \tag{10.5}$$

Pela Equação 10.2, $F_{1,\text{tan}} r_1$ é precisamente o módulo do *torque* da força resultante em relação ao eixo de rotação, igual ao componente τ_{1z} do vetor torque ao longo do eixo de rotação. O subscrito z é um lembrete de que o torque afeta a rotação em torno do eixo z, da mesma forma que o subscrito em F_{1z} é um lembrete de que essa força afeta o movimento da partícula 1 ao longo do eixo z.

Nenhum dos componentes $F_{1,\text{rad}}$ ou F_{1z} contribui para o torque em torno do eixo Oz, visto que nenhum deles tende a produzir variação da rotação da partícula em torno desse eixo. Então, $\tau_{1z} = F_{1,\text{tan}} r_1$ é o torque resultante que atua sobre a partícula em relação ao eixo de rotação. Também, $m_1 r_1^2$ é I_1, o momento de inércia da partícula em torno do eixo de rotação. Levando isso em conta, podemos reescrever a Equação 10.5 como

$$\tau_{1z} = I_1 \alpha_z = m_1 r_1^2 \alpha_z$$

Escrevemos uma equação análoga a essa para cada partícula do corpo e a seguir somamos todas essas equações:

$$\tau_{1z} + \tau_{2z} + \ldots = I_1 \alpha_z + I_2 \alpha_z + \ldots$$
$$= m_1 r_1^2 \alpha_z + m_2 r_2^2 \alpha_z + \ldots$$

ou

$$\sum \tau_{iz} = \left(\sum m_i r_i^2\right) \alpha_z \tag{10.6}$$

O membro esquerdo da Equação 10.6 é a soma de todos os torques em torno do eixo de rotação, que atua sobre todas as partículas. O membro direito é $I = \sum m_i r_i^2$, o momento de inércia total em torno do eixo de rotação, multiplicado pela aceleração angular α_z. Note que α_z é a mesma para todas as partículas, porque trata-se de um corpo *rígido*. Logo, a Equação 10.6 diz que, para o corpo rígido como um todo,

Forma análoga da segunda lei de Newton para a rotação de um corpo rígido:

Torque resultante sobre um corpo rígido em torno do eixo z $\quad \sum \tau_z = I \alpha_z \quad$ Momento de inércia do corpo rígido em torno do eixo z / Aceleração angular do corpo rígido em torno do eixo z $\tag{10.7}$

Do mesmo modo que a segunda lei de Newton afirma que a *força* resultante sobre uma partícula causa uma *aceleração* na direção da força resultante, a Equação 10.7 diz que o *torque* resultante sobre um corpo rígido em torno de um eixo causa uma *aceleração angular* em torno desse eixo (**Figura 10.7**).

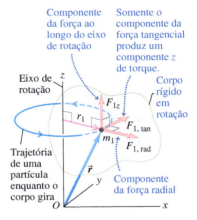

Figura 10.6 Enquanto um corpo rígido gira em torno do eixo z, uma força resultante $\vec{F}_1$ atua sobre uma partícula do corpo. Somente o componente da força $F_{1,\text{tan}}$ pode afetar a rotação, porque somente ele exerce um torque em torno de O com um componente z (ao longo do eixo de rotação).

DADOS MOSTRAM

Torque e aceleração angular

Quando os alunos recebiam um problema sobre torque e movimento de rotação, mais de 22% davam uma resposta incorreta. Erros comuns:

- Esquecer que o torque devido a uma força depende de seu módulo, do ponto de aplicação e da direção que ela forma com o vetor posição do ponto onde a força é aplicada.

- Confusão em relação ao sinal do torque e da aceleração angular: sentido anti-horário é positivo; sentido horário é negativo.

Figura 10.7 Para afrouxar ou apertar um parafuso, é necessário fornecer a ele uma aceleração angular e, portanto, aplicar um torque. Essa tarefa é facilitada usando-se uma chave de fenda com um cabo de raio grande, para que o braço da alavanca da força que você aplica com a sua mão seja maior.

Figura 10.8 Por que somente os torques *externos* alteram o movimento de rotação de um corpo rígido: duas partículas quaisquer de um corpo rígido exercem forças iguais e contrárias entre si. Se essas forças atuam ao longo da linha que une as duas partículas, os braços das alavancas são iguais e os torques dessas forças são iguais e contrários.

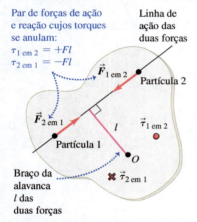

Par de forças de ação e reação cujos torques se anulam:
$\tau_{1\,em\,2} = +Fl$
$\tau_{2\,em\,1} = -Fl$

Note que, como deduzimos que a aceleração angular α_z é a mesma para todas as partículas no corpo, a Equação 10.7 vale *somente* para corpos *rígidos*. Portanto, essa equação não se aplica a um tanque de água girando ou um tornado fazendo girar a massa de ar, quando a aceleração angular é diferente para diferentes partículas do corpo. Observe também que, como na dedução usamos a Equação 9.14, $a_{\tan} = r\alpha_z$, α_z deve ser medido em rad/s².

O torque sobre cada partícula é decorrente da força resultante que atua sobre essa partícula, dada pela soma vetorial das forças internas e externas (definidas na Seção 8.2). De acordo com a terceira lei de Newton, as forças *internas* que um par de partículas exerce mutuamente entre si em um corpo rígido são iguais e opostas (**Figura 10.8**). Se essas forças atuam ao longo da linha que une as duas partículas, seus braços da alavanca em relação a qualquer eixo também são iguais. Assim, os torques para esse par de partículas são iguais e contrários e fornecem uma resultante igual a zero. Logo, *todos* os torques internos produzem uma resultante igual a zero, de modo que a soma $\sum \tau_z$ na Equação 10.7 inclui apenas os torques das forças *externas*.

Frequentemente, uma das forças externas mais importantes que atuam sobre um corpo é o seu *peso*. Essa força não é concentrada em um único ponto; ela atua em cada partícula constituinte do corpo. Contudo, em razão do fato de $\vec{g}$ ser constante em todos os pontos do corpo, sempre obteremos o torque correto (em torno de qualquer eixo específico) se imaginarmos que o peso total do corpo esteja concentrado em seu *centro de massa*. Demonstraremos esse resultado no Capítulo 11, mas, por enquanto, precisaremos usar esse resultado em alguns problemas deste capítulo.

ESTRATÉGIA PARA A SOLUÇÃO DE PROBLEMAS 10.1   DINÂMICA DAS ROTAÇÕES PARA CORPOS RÍGIDOS

Nossa estratégia para a solução de problemas de dinâmica das rotações é semelhante à usada na Seção 5.2 para resolver problemas que envolvem a aplicação da segunda lei de Newton.

IDENTIFICAR *os conceitos relevantes:* a Equação 10.7, $\sum \tau_z = I\alpha_z$, é útil sempre que os torques atuam sobre um corpo rígido. Em alguns casos, talvez você consiga usar uma abordagem de energia, como fizemos na Seção 9.4. Entretanto, se a incógnita é uma força, um torque, uma aceleração angular ou um intervalo de tempo decorrido, usar $\sum \tau_z = I\alpha_z$ quase sempre é melhor.

PREPARAR *o problema* usando as seguintes etapas:
1. Desenhe um esquema da situação e selecione o corpo ou corpos a serem analisados. Indique o eixo de rotação.
2. Faça um diagrama do corpo livre para cada corpo e mostre a *forma* do corpo, incluindo todas as dimensões e ângulos. Identifique as quantidades pertinentes com símbolos algébricos.
3. Escolha um sistema de coordenadas para o corpo, indicando o sentido positivo da rotação de cada corpo (horário ou anti-horário). Caso você saiba previamente o sentido de α_z, considere como positivo esse sentido da rotação.

EXECUTAR *a solução:*
1. Para cada corpo do problema, defina se eles possuem movimento de translação, de rotação ou ambos. Dependendo do tipo de movimento, aplique a fórmula $\sum \vec{F} = m\vec{a}$ (como na Seção 5.2), $\sum \tau_z = I\alpha_z$, ou as duas fórmulas simultaneamente.
2. Expresse sob forma algébrica quaisquer relações *geométricas* entre os movimentos de dois ou mais corpos. Um exemplo é um fio que se desenrola de uma polia enquanto ela gira ou, então, uma roda que rola sem deslizar (caso que será discutido na Seção 10.3). Em geral, essas relações aparecem como relações entre acelerações lineares e/ou angulares.
3. Verifique se o número de equações é compatível com o número de incógnitas. A seguir, resolva as equações para achar as variáveis-alvo.

AVALIAR *sua resposta:* confira se os sinais algébricos dos resultados fazem sentido. Por exemplo, se você está puxando a linha de um carretel, suas respostas *não* podem indicar que o carretel está girando na direção que enrola o fio de volta no carretel! Confira os resultados algébricos para casos especiais ou para valores-limite das grandezas.

EXEMPLO 10.2 — DESENROLANDO UM CABO I

A **Figura 10.9a** mostra a mesma situação analisada no Exemplo 9.7 usando métodos de energia. Qual é a aceleração do cabo?

SOLUÇÃO

IDENTIFICAR E PREPARAR: não podemos usar o método de energia da Seção 9.4, que não envolve aceleração. Em vez disso, aplicaremos a dinâmica da rotação ao cilindro para achar sua aceleração angular (Figura 10.9b). Depois, encontraremos uma relação entre o movimento do cabo e o movimento da borda do cilindro, e usaremos isso para determinar a aceleração do cabo. O cilindro gira no sentido anti-horário quando o cabo é puxado, por isso consideramos o sentido anti-horário como positivo. A força resultante sobre o cilindro deve ser igual a zero porque seu centro de massa permanece em repouso. A força F exercida pelo cabo produz um torque ao longo do eixo de rotação. O peso (módulo igual a Mg) e a força normal (módulo n) exercida pelo cilindro atuam ao longo de linhas que cortam o eixo e, portanto, *não* possuem torque em relação a esse eixo.

EXECUTAR: a força F possui um braço da alavanca igual ao raio $R = 0,060$ m do cilindro; logo, o torque é $\tau_z = FR$. (Esse torque é positivo, uma vez que tende a causar uma rotação no sentido anti-horário.) Pela Tabela 9.2, caso (f), o momento de inércia do cilindro em torno do eixo de rotação é $I = \frac{1}{2}MR^2$. Então a Equação 10.7 nos diz que:

$$\alpha_z = \frac{\tau_z}{I} = \frac{FR}{MR^2/2} = \frac{2F}{MR} = \frac{2(9,0\text{ N})}{(50\text{ kg})(0,060\text{ m})} = 6,0\text{ rad/s}^2$$

(Podemos acrescentar o "rad" ao resultado porque um radiano é uma grandeza sem dimensão.)

Para obter a aceleração linear do cabo, lembre-se da Seção 9.3, quando observamos que a aceleração de um cabo desenrolando-se de um cilindro é a mesma que o componente tangencial da aceleração de um ponto do cabo tangente à periferia do cilindro. Essa aceleração tangencial é dada pela Equação 9.14:

$$a_{\tan} = R\alpha_z = (0,060\text{ m})(6,0\text{ rad/s}^2) = 0,36\text{ m/s}^2$$

AVALIAR: você é capaz de usar esse resultado com uma equação do Capítulo 2 para determinar a velocidade do cabo depois que ele é puxado por 2,0 m? Seu resultado confere com o do Exemplo 9.7?

Figura 10.9 (a) Cilindro e cabo. (b) Diagrama do corpo livre do cilindro.

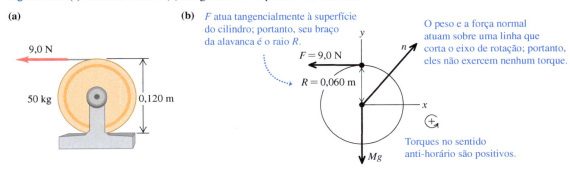

EXEMPLO 10.3 — DESENROLANDO UM CABO II

No Exemplo 9.8 (Seção 9.4), quais são a aceleração do bloco em queda e a tensão no cabo?

SOLUÇÃO

IDENTIFICAR E PREPARAR: vamos aplicar a dinâmica da translação ao bloco suspenso e a dinâmica rotacional ao cilindro. Como no Exemplo 10.2, há uma relação entre a aceleração linear do bloco (a variável-alvo) e a aceleração angular do cilindro. A **Figura 10.10** mostra um esquema da situação e um diagrama do corpo livre para cada um dos dois corpos. Consideramos como positiva a rotação no sentido anti-horário e o sentido positivo do eixo Oy correspondendo ao sentido do objeto descendo.

EXECUTAR: para o bloco, a segunda lei de Newton fornece

$$\sum F_y = mg + (-T) = ma_y$$

Para o cilindro, o único torque existente é produzido pela tensão T no cabo. Aplicando a Equação 10.7 ao cilindro, obtemos

$$\sum \tau_z = RT = I\alpha_z = \tfrac{1}{2}MR^2\alpha_z$$

Como no Exemplo 10.2, a aceleração do cabo é a mesma que a aceleração tangencial de um ponto sobre a periferia do cilindro. De acordo com a Equação 9.14, essa aceleração é dada por $a_y = a_{\tan} = R\alpha_z$. Usamos essa relação para substituirmos $R\alpha_z$ por a_y na relação anterior, e a seguir dividimos o resultado por R. O resultado obtido é $T = \tfrac{1}{2}Ma_y$. Agora, substituímos T na equação da segunda lei de Newton para o bloco e explicitamos a aceleração a_y:

$$mg - \tfrac{1}{2}Ma_y = ma_y$$

$$a_y = \frac{g}{1 + M/2m}$$

Para achar a tensão T no cabo, substituímos nossa expressão para a_y na equação do bloco:

$$T = mg - ma_y = mg - m\left(\frac{g}{1 + M/2m}\right) = \frac{mg}{1 + 2m/M}$$

(Continua)

(*Continuação*)

AVALIAR: a aceleração é positiva (na direção de cima para baixo) e menor que *g*, como era de se esperar, já que o cabo está segurando o objeto. Note que a tensão no cabo *não* é igual ao peso *mg* do bloco; caso fosse, o bloco não poderia se acelerar. Vamos testar o resultado examinando alguns casos particulares. Quando a massa *M* é muito maior que *m*, a tensão é aproximadamente igual ao peso *mg* e a aceleração correspondente é muito menor que *g*. Quando *M* é zero, $T = 0$ e $a_y = g$; neste caso, o objeto cai livremente. Se o objeto começa a se deslocar a partir do repouso ($v_{0y} = 0$) e de uma altura *h* acima do solo, sua velocidade *y* quando atinge o solo é dada por $v_y^2 = v_{0y}^2 + 2a_y h = 2a_y h$. Portanto,

$$v_y = \sqrt{2a_y h} = \sqrt{\frac{2gh}{1 + M/2m}}$$

Este resultado é igual ao obtido por considerações de energia no Exemplo 9.8.

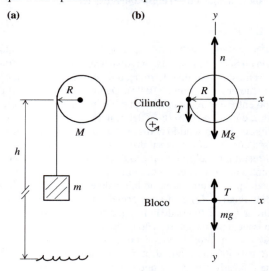

Figura 10.10 (a) Esboço da situação. (b) Diagramas do corpo livre para o cilindro e o bloco. Consideramos que o cabo possui massa desprezível.

TESTE SUA COMPREENSÃO DA SEÇÃO 10.2 A figura mostra um cavaleiro de massa m_1 que pode deslizar sem atrito sobre um trilho de ar horizontal. Ele está preso a um objeto de massa m_2 por um fio de massa desprezível. A polia possui raio *R* e momento de inércia *I* em torno de seu eixo de rotação. Quando liberado, o objeto suspenso acelera para baixo, o cavaleiro acelera para a direita e o fio faz girar a polia sem deslizar nem esticar. Classifique os módulos das seguintes forças que atuam durante o movimento, em ordem decrescente. (i) A força de tensão (módulo T_1) na parte horizontal do fio; (ii) a força de tensão (módulo T_2) na parte vertical do fio; (iii) o peso $m_2 g$ do objeto suspenso. ❙

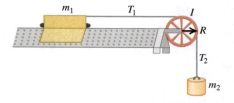

Figura 10.11 O movimento de um corpo rígido é a combinação do movimento translacional do centro de massa e de rotação em torno do centro de massa.

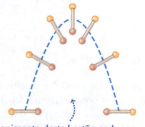

O movimento deste bastão pode ser representado como uma combinação de...

... **translação** do centro de massa...   ... mais **rotação** em torno do centro de massa.

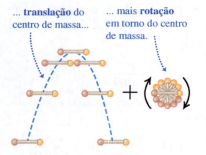

10.3 ROTAÇÃO DE UM CORPO RÍGIDO EM TORNO DE UM EIXO MÓVEL

Podemos estender nossa análise da dinâmica do movimento de rotação para casos em que o eixo de rotação se move. Quando isso acontece, dizemos que o corpo sofre um **movimento combinado de rotação e translação**. A chave para compreender tais situações é a seguinte: todo movimento possível de um corpo rígido pode ser representado como uma combinação do *movimento de translação do centro de massa* e *de uma rotação em torno de um eixo passando pelo centro de massa*. Isso é verdade mesmo quando o centro de massa se acelera, de modo que ele não pode estar em repouso em nenhum sistema de referência inercial. A **Figura 10.11** ilustra isso para o movimento de um bastão: seu centro de massa segue uma trajetória parabólica, como se houvesse uma partícula com a massa do bastão localizada em seu centro de massa. Uma bola rolando é outro exemplo de movimento combinado de rotação e translação.

Movimento combinado de rotação e translação: relações envolvendo energia

Está além do escopo deste livro demonstrar que todo movimento de um corpo rígido sempre pode ser dividido em um movimento de translação do centro de massa e de rotação em torno do centro de massa. Porém, *podemos* demonstrar que isso é verdade para a energia cinética K de um corpo rígido que possui movimento combinado de translação e rotação. Neste caso, K é a soma de duas partes:

Energia cinética de um corpo rígido com translação e rotação

$$K = \tfrac{1}{2}Mv_{cm}^2 + \tfrac{1}{2}I_{cm}\omega^2 \qquad (10.8)$$

- Energia cinética de *translação* do centro de massa (cm)
- Energia cinética de *rotação* em torno do eixo passando pelo cm
- Massa do corpo
- Velocidade do cm
- Momento de inércia do corpo em torno do eixo passando pelo cm
- Velocidade angular do corpo

Para demonstrar essa relação, novamente imaginamos que o corpo rígido seja constituído por partículas. Considere uma partícula típica com massa m_i, conforme mostra a **Figura 10.12**. A velocidade $\vec{v}_i$ dessa partícula em relação a um sistema de referência inercial é a soma vetorial da velocidade $\vec{v}_{cm}$ do centro de massa e da velocidade $\vec{v}_i{}'$ da partícula *relativa* ao centro de massa:

$$\vec{v}_i = \vec{v}_{cm} + \vec{v}_i{}' \qquad (10.9)$$

A energia cinética K_i dessa partícula no referencial inercial é $\tfrac{1}{2}m_i v_i^2$, a qual pode ser sempre expressa como $\tfrac{1}{2}m_i(\vec{v}_i \cdot \vec{v}_i)$. Substituindo a Equação 10.9 nesta última forma, obtemos

$$K_i = \tfrac{1}{2}m_i(\vec{v}_{cm} + \vec{v}_i{}') \cdot (\vec{v}_{cm} + \vec{v}_i{}')$$
$$= \tfrac{1}{2}m_i(\vec{v}_{cm} \cdot \vec{v}_{cm} + 2\vec{v}_{cm} \cdot \vec{v}_i{}' + \vec{v}_i{}' \cdot \vec{v}_i{}')$$
$$= \tfrac{1}{2}m_i(v_{cm}^2 + 2\vec{v}_{cm} \cdot \vec{v}_i{}' + v_i'^2)$$

A energia cinética total é a soma $\sum K_i$ para todas as partículas que constituem o corpo. Escrevendo os três termos da equação anterior como somas separadas, encontramos

$$K_i = \sum K_i = \sum (\tfrac{1}{2}m_i v_{cm}^2) + \sum (m_i \vec{v}_{cm} \cdot \vec{v}_i{}') + \sum(\tfrac{1}{2}m_i v_i'^2)$$

O primeiro e o segundo termos possuem fatores comuns que podem ser colocados em evidência:

$$K = \tfrac{1}{2}(\sum m_i)v_{cm}^2 + \vec{v}_{cm} \cdot (\sum m_i \vec{v}_i{}') + \sum(\tfrac{1}{2}m_i v_i'^2) \qquad (10.10)$$

Agora obtemos a recompensa pelos nossos esforços. No primeiro termo, $\sum m_i$ é a massa total M. O segundo termo é zero porque $\sum m_i \vec{v}_i{}'$ é M vezes a velocidade do centro de massa *em relação ao centro de massa*, que é igual a zero por definição. O último termo é a soma da energia cinética das partículas, determinada pelo cálculo de suas velocidades em relação ao centro de massa. Usando as mesmas etapas que conduziram à Equação 9.17 para a energia cinética da rotação de um corpo rígido, podemos escrever esse último termo como $\tfrac{1}{2}I_{cm}\omega^2$, onde I_{cm} é o momento de inércia em relação ao eixo que passa pelo centro de massa e ω é a velocidade angular. Desse modo, a Equação 10.10 se transforma na Equação 10.8:

$$K = \tfrac{1}{2}Mv_{cm}^2 + \tfrac{1}{2}I_{cm}\omega^2$$

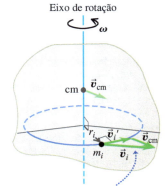

Figura 10.12 Um corpo rígido com movimento combinado de translação e rotação.

A velocidade $\vec{v}_i$ de uma partícula de um corpo rígido em rotação e translação = (velocidade $\vec{v}_{cm}$ do centro de massa) + (velocidade da partícula $\vec{v}_i{}'$ em relação ao centro de massa)

Rolamento sem deslizamento

Um caso importante do movimento combinado de rotação e translação é o **rolamento sem deslizamento**. A roda ilustrada na **Figura 10.13** é simétrica, de modo que seu centro de massa é dado pelo seu centro geométrico. Visualizamos o movimento em um referencial inercial para o qual a superfície em que a roda gira está em repouso. Nesse sistema, o ponto sobre a roda que está em contato com a superfície deve permanecer instantaneamente *em repouso*, de modo que ele não escorregue. Logo, a velocidade $\vec{v}_1'$ do ponto de contato em relação ao centro de massa deve ser igual e contrária à velocidade do centro de massa $\vec{v}_{cm}$. Sendo R o raio da roda e ω sua velocidade angular, então o módulo do vetor $\vec{v}_1'$ é $R\omega$; logo, devemos ter

> Condição para o rolamento sem deslizamento:
> Velocidade do centro de massa da roda $\cdots\blacktriangleright v_{cm} = R\omega \blacktriangleleft\cdots$ Raio da roda
> $\blacktriangleright\cdots$ Velocidade angular da roda   (10.11)

Como mostra a Figura 10.13, a velocidade em um ponto da roda é a soma vetorial da velocidade do centro de massa com a velocidade do ponto relativo ao centro de massa. Logo, enquanto o ponto de contato 1 está instantaneamente em repouso, o ponto 3 no topo da roda se desloca com o *dobro da velocidade* do centro de massa, e os pontos 2 e 4 nos lados da roda possuem velocidades formando um ângulo de 45° com a horizontal.

Em qualquer instante podemos supor que a roda esteja girando em torno de um "eixo instantâneo" de rotação que passa no ponto de contato com o solo. A velocidade angular ω é a mesma tanto para esse eixo como para um eixo passando pelo centro de massa; um observador no centro de massa vê a periferia da roda girar com o mesmo número de voltas por segundo que um observador na periferia olhando o centro de massa girar em torno dele. Se estudarmos o movimento da roda que gira na Figura 10.13 sob esse ponto de vista, a energia cinética da roda é $K = \frac{1}{2}I_1\omega^2$, onde I_1 é o momento de inércia da roda em torno de um eixo que passa pelo ponto 1. Porém, pelo teorema dos eixos paralelos, Equação 9.19, $I_1 = I_{cm} + MR^2$, onde M é a massa total da roda e I_{cm} é o momento de inércia em relação a um eixo que passa pelo centro de massa. Logo, usando a Equação 10.11, descobrimos que a energia cinética da roda é dada conforme a Equação 10.8:

$$K = \tfrac{1}{2}I_1\omega^2 = \tfrac{1}{2}I_{cm}\omega^2 + \tfrac{1}{2}MR^2\omega^2 = \tfrac{1}{2}I_{cm}\omega^2 + \tfrac{1}{2}Mv_{cm}^2$$

Figura 10.13 O movimento de uma roda girando é a soma do movimento de translação do centro de massa com o movimento de rotação da roda em torno do centro de massa.

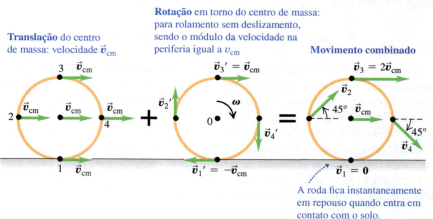

BIO Aplicação Movimento combinado de translação e rotação Uma semente de bordo consiste em uma vagem presa a uma asa muito mais leve e plana. O fluxo de ar em torno da asa faz a semente reduzir a velocidade de queda para cerca de 1 m/s e a faz girar em torno de seu centro de massa. A queda lenta da semente significa que uma brisa pode levá-la para alguma distância da árvore-pai. Na ausência de vento, o centro de massa da semente cai diretamente na vertical.

ATENÇÃO **Rolamento sem deslizamento** Note que a relação $v_{cm} = R\omega$ se aplica *somente* quando há rolamento sem deslizamento. Quando um carro de corrida inicia movimento, os pneus traseiros giram muito rapidamente, muito embora o carro mal se mova; portanto, $R\omega$ é maior que v_{cm} (**Figura 10.14**). Se o piloto pisar no freio com demasiada força, fazendo o carro derrapar, os pneus vão parar de girar e $R\omega$ será menor que v_{cm}.

Figura 10.14 A fumaça provocada pelos pneus traseiros deste carro de corrida indica que os pneus estão deslizando sobre a estrada, de modo que v_{cm} *não* é igual a $R\omega$.

Quando um corpo rígido muda de altura à medida que se move, devemos levar em conta a energia potencial gravitacional. Conforme discutimos na Seção 9.4, a energia potencial gravitacional U, associada com qualquer corpo estendido de massa M, rígido ou não, é igual à energia potencial gravitacional de uma partícula de massa M localizada no centro de massa do corpo. Ou seja,

$$U = Mgy_{cm}$$

EXEMPLO 10.4   VELOCIDADE DE UM IOIÔ PRIMITIVO

Um ioiô primitivo é feito enrolando-se um fio diversas vezes em torno de um cilindro de massa M e raio R (**Figura 10.15**). Você mantém a extremidade do fio presa enquanto o cilindro é liberado do repouso. O fio se desenrola, mas não desliza nem se dilata à medida que o cilindro cai e gira. Use considerações de energia para achar a velocidade v_{cm} do centro de massa do cilindro sólido depois que ele caiu até uma distância h.

Figura 10.15 Cálculo da velocidade de um ioiô primitivo.

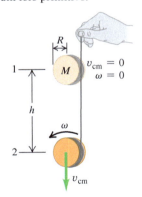

SOLUÇÃO

IDENTIFICAR E PREPARAR: como a extremidade superior do fio permanece fixa, sua mão não realiza nenhum trabalho sobre o sistema fio e cilindro. Existe atrito entre o fio e o cilindro, porém, como o fio não desliza sobre a superfície do cilindro, não ocorre nenhuma perda de energia mecânica.

Portanto, podemos usar a lei da conservação da energia mecânica. A energia cinética do fio é igual a zero porque sua massa é desprezível. A energia cinética inicial do cilindro é $K_1 = 0$, e sua energia cinética final K_2 é dada pela Equação 10.8; o fio sem massa não possui energia cinética. O momento de inércia é $I_{cm} = \frac{1}{2}MR^2$ e, pela Equação 9.13, $\omega = v_{cm}/R$, porque o cilindro não desliza sobre o fio. As energias potenciais são $U_1 = Mgh$ e $U_2 = 0$.

EXECUTAR: pela Equação 10.8, a energia cinética no ponto 2 é

$$K_2 = \tfrac{1}{2}Mv_{cm}^2 + \tfrac{1}{2}\left(\tfrac{1}{2}MR^2\right)\left(\frac{v_{cm}}{R}\right)^2 = \tfrac{3}{4}Mv_{cm}^2$$

A energia cinética é $1\tfrac{1}{2}$ vez maior, como se o ioiô estivesse caindo com uma velocidade cujo módulo é igual a v_{cm} sem girar. Dois terços do total de energia cinética $\left(\tfrac{1}{2}Mv_{cm}^2\right)$ são de translação e um terço $\left(\tfrac{1}{4}Mv_{cm}^2\right)$ é de rotação. Finalmente, usando a conservação de energia,

$$K_1 + U_1 = K_2 + U_2$$
$$0 + Mgh = \tfrac{3}{4}Mv_{cm}^2 + 0$$
$$v_{cm} = \sqrt{\tfrac{4}{3}gh}$$

AVALIAR: nenhuma energia mecânica foi perdida ou ganha, de modo que, do ponto de vista da energia, o fio é simplesmente um meio de converter parte da energia potencial gravitacional (liberada quando o cilindro cai) em energia cinética de rotação, em vez de energia cinética de translação. Como nem toda a energia liberada vai para a translação, v_{cm} é menor que $\sqrt{2gh}$, a velocidade que um objeto atinge ao cair de uma altura h sem qualquer fio preso.

EXEMPLO 10.5   COMPETIÇÃO ENTRE CORPOS GIRANDO

Em uma demonstração durante a aula de física, o professor faz uma "competição" entre vários corpos rígidos arredondados, deixando-os rolar do alto de um plano inclinado (**Figura 10.16**). Qual é a forma do corpo que alcança primeiro a parte inferior do plano inclinado?

SOLUÇÃO

IDENTIFICAR E PREPARAR: o atrito cinético não realiza nenhum trabalho quando o corpo rola sem deslizar. Podemos também ignorar os efeitos do *atrito de rolamento*, introduzido na Seção 5.3, desde que os corpos e o plano sejam perfeitamente

(Continua)

(*Continuação*)

rígidos. (Mais adiante nesta seção, explicaremos o motivo dessa conclusão.) Portanto, podemos usar a conservação de energia. Cada corpo parte do repouso no topo do plano inclinado com altura h, de modo que $K_1 = 0$, $U_1 = Mgh$ e $U_2 = 0$. A energia cinética na parte inferior da inclinação é dada pela Equação 10.8. Como os corpos rolam sem deslizar, $\omega = v_{cm}/R$. Podemos expressar os momentos de inércia dos quatro corpos redondos na Tabela 9.2, casos (f) a (i), como $I_{cm} = cMR^2$, onde c é um número puro menor ou igual a 1 e que depende da forma do corpo. O objetivo é encontrar o valor de c que fornece ao corpo a maior velocidade v_{cm} depois que seu centro de massa tiver descido a uma distância vertical h.

EXECUTAR: pela conservação de energia,

$$K_1 + U_1 = K_2 + U_2$$

$$0 + Mgh = \tfrac{1}{2}Mv_{cm}^2 + \tfrac{1}{2}cMR^2\left(\frac{v_{cm}}{R}\right)^2 + 0$$

$$Mgh = \tfrac{1}{2}(1+c)Mv_{cm}^2$$

$$v_{cm} = \sqrt{\frac{2gh}{1+c}}$$

AVALIAR: para determinado valor de c, a velocidade v_{cm} depois de descer por uma distância h *independe* da massa M e raio R do corpo. Logo, *todos* os cilindros sólidos uniformes $(c = \tfrac{1}{2})$ possuem a mesma velocidade na parte inferior, independentemente de sua massa e raio. Os valores de c nos dizem que a ordem de chegada para os corpos uniformes será a seguinte: (1) qualquer esfera sólida $(c = \tfrac{2}{5})$, (2) qualquer cilindro sólido $(c = \tfrac{1}{2})$, (3) qualquer esfera oca e de parede fina $(c = \tfrac{2}{3})$ e (4) qualquer cilindro oco de parede fina $(c = 1)$. Corpos com um c pequeno ganham dos corpos com um c grande porque gastam menos energia cinética na rotação, deixando uma parte maior para a energia cinética de translação.

Figura 10.16 Qual é o corpo que rola mais rapidamente para baixo do plano inclinado, e por quê?

Movimento combinado de rotação e translação: dinâmica

Podemos também analisar o movimento combinado de rotação e translação de um corpo rígido do ponto de vista da dinâmica. Conforme verificamos na Seção 8.5, para um corpo estendido, a aceleração do centro de massa é a mesma de uma partícula submetida à força externa resultante que atua sobre o corpo rígido real:

$$\sum \vec{F}_{ext} = M\vec{a}_{cm} \qquad (10.12)$$

Força externa resultante sobre um corpo · · · · Massa total do corpo · · · · Aceleração do centro de massa

O movimento de rotação em torno do centro de massa é descrito pela segunda lei de Newton na rotação, Equação 10.7:

$$\sum \tau_z = I_{cm}\alpha_z \qquad (10.13)$$

Torque resultante sobre um corpo rígido em torno do eixo z passando pelo centro de massa · · · · Momento de inércia do corpo rígido em torno do eixo z · · · · Aceleração angular do corpo rígido em torno do eixo z

Figura 10.17 O eixo da roda de uma bicicleta passa pelo centro de massa da roda e é um eixo de simetria. Portanto, o giro da roda é descrito pela Equação 10.13, desde que a bicicleta não vire nem tombe lateralmente (o que faria alterar a orientação do eixo).

Não é imediatamente óbvio que a Equação 10.13 possa ser aplicada ao movimento de translação de um corpo rígido; afinal, nossa dedução da fórmula $\sum \tau_z = I\alpha_z$ na Seção 10.2 utilizava a hipótese de que o eixo de rotação permanecia fixo. Porém, a Equação 10.13 vale *mesmo quando o eixo de rotação se move*, desde que as duas condições a seguir sejam obedecidas:

1. O eixo que passa no centro de massa deve ser um eixo de simetria.
2. O eixo não pode mudar de direção.

Essas condições são atendidas por muitos tipos de rotação (**Figura 10.17**). Note que, em geral, esse eixo *não* está em repouso em um sistema de referência inercial.

Podemos, agora, resolver problemas de dinâmica envolvendo um corpo rígido que possui simultaneamente movimento de translação e rotação, desde que o eixo de rotação satisfaça, ao mesmo tempo, as duas condições mencionadas anteriormente. A Estratégia para a solução de problemas 10.1 (Seção 10.2) é igualmente útil aqui, e seria conveniente revê-la agora. Lembre-se de que, quando um corpo realiza simultaneamente um movimento de rotação e de translação, devemos separar as equações do movimento *para o mesmo corpo*: a Equação 10.12 descreve o movimento de translação do centro de massa e a Equação 10.13 descreve o movimento de rotação de um eixo passando pelo centro de massa.

EXEMPLO 10.6   ACELERAÇÃO DE UM IOIÔ PRIMITIVO

Para o ioiô primitivo do Exemplo 10.4 (**Figura 10.18a**), ache a aceleração de cima para baixo do cilindro e a tensão no fio.

Figura 10.18 Dinâmica de um ioiô primitivo (veja a Figura 10.15).

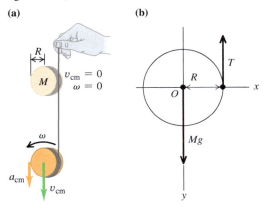

SOLUÇÃO

IDENTIFICAR E PREPARAR: um diagrama do corpo livre do ioiô é indicado na Figura 10.18b, incluindo a escolha do sentido positivo do eixo de referência. As variáveis-alvo do problema são a_{cmy} e T. Usaremos a Equação 10.12 para o movimento de translação do centro de massa e a Equação 10.13 para o movimento de rotação em torno do centro de massa. Também usaremos a Equação 10.11, que diz que o fio não desliza sobre o cilindro. Assim como no Exemplo 10.4, o momento de inércia do ioiô para um eixo que passa pelo centro de massa é $I_{cm} = \frac{1}{2}MR^2$.

EXECUTAR: pela Equação 10.12,

$$\sum F_y = Mg + (-T) = Ma_{cmy} \qquad (10.14)$$

Pela Equação 10.13,

$$\sum \tau_z = TR = I_{cm}\alpha_z = \frac{1}{2}MR^2\alpha_z \qquad (10.15)$$

Pela Equação 10.11, $v_{cmz} = R\omega_z$; a derivada dessa equação em relação ao tempo fornece

$$a_{cm\,y} = R\alpha_z \qquad (10.16)$$

Agora, usamos a Equação 10.16 para eliminar α_z da Equação 10.15 e, a seguir, resolvemos as equações 10.14 e 10.15 simultaneamente para obter T e a_{cmy}:

$$a_{cmy} = \tfrac{2}{3}g \qquad T = \tfrac{1}{3}Mg$$

AVALIAR: o fio desacelera a queda do ioiô, mas não o suficiente para pará-lo completamente. Logo, $a_{cm\,y}$ é menor que o valor de queda livre g e T é menor que o peso Mg do ioiô.

EXEMPLO 10.7   ACELERAÇÃO DE UMA ESFERA ROLANDO

Uma bola de boliche sólida desce sem deslizar pela rampa de retorno ao longo da pista inclinada a um ângulo β com a horizontal (**Figura 10.19a**). Qual é a aceleração da bola e o módulo da força de atrito sobre a bola? Considere a bola como uma esfera sólida homogênea, desprezando seus orifícios.

SOLUÇÃO

IDENTIFICAR E PREPARAR: a Figura 10.19b é um diagrama do corpo livre, mostrando que somente a força de atrito exerce um torque em torno do centro de massa. As variáveis-alvo do problema são a aceleração do centro de massa da bola, a_{cmx}, e o módulo da força de atrito, f. (Como a bola não desliza no ponto de contato instantâneo com a rampa, esta é uma força de atrito *estática*; ela impede o deslizamento e dá à bola sua aceleração angular.) Usamos as equações 10.12 e 10.13 como no Exemplo 10.6.

EXECUTAR: o momento de inércia da bola é dado por $I_{cm} = \tfrac{2}{5}MR^2$. As equações do movimento são

$$\sum F_x = Mg\,\text{sen}\,\beta + (-f) = Ma_{cm\,x} \qquad (10.17)$$

$$\sum \tau_z = fR = I_{cm}\alpha_z = \left(\tfrac{2}{5}MR^2\right)\alpha_z \qquad (10.18)$$

Como a bola rola sem deslizar, temos a mesma relação cinemática $a_{cmx} = R\alpha_z$, como no Exemplo 10.6, para eliminar α_z da Equação 10.18:

$$fR = \tfrac{2}{5}MRa_{cm\,x}$$

Esta equação e a 10.17 formam um sistema de duas equações com as duas incógnitas a_{cmx} e f. Explicitando f na Equação 10.17, substitua o resultado na equação anterior para eliminar f e, a seguir, explicite a_{cmx} para obter

$$a_{cm\,x} = \tfrac{5}{7}g\,\text{sen}\,\beta$$

Finalmente, substituindo essa aceleração na Equação 10.17 e explicitando f:

$$f = \tfrac{2}{7}Mg\,\text{sen}\,\beta$$

AVALIAR: a aceleração da bola é apenas $\tfrac{5}{7}$ daquela de um objeto *deslizando* por uma inclinação sem atrito. Quando a bola

(*Continua*)

(*Continuação*)

percorre uma distância vertical *h* ao descer a rampa, o deslocamento ao longo da rampa é *h*/sen β. Você deve ser capaz de mostrar que a velocidade da bola no fim da rampa é dada por $v_{cm} = \sqrt{\frac{10}{7}gh}$, o mesmo resultado do Exemplo 10.5 com $c = \frac{2}{5}$.

Se a bola estivesse rolando *para cima* sem deslizar, a força de atrito estaria direcionada para cima como na Figura 10.19b. Você consegue ver por quê?

Figura 10.19 Uma bola de boliche rolando para baixo de uma rampa.

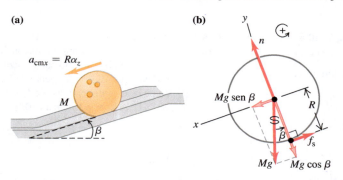

Atrito de rolamento

BIO Aplicação Rolando por reprodução Um dos poucos organismos que utiliza a rolagem como meio de locomoção é a erva daninha chamada cardo russo (*Kali tragus*). A planta se solta de sua base, formando uma erva arredondada que dispersa suas sementes enquanto rola. Como a erva se deforma facilmente, ela está sujeita a um atrito de rolagem substancial. Logo, ela rapidamente diminui a velocidade até parar, a menos que seja impulsionada pelo vento.

No Exemplo 10.5, dissemos que podemos desprezar o atrito de rolamento quando o corpo que rola e a superfície de apoio são corpos rígidos perfeitos. Na **Figura 10.20a**, uma esfera perfeitamente rígida está rolando para baixo de um plano inclinado perfeitamente rígido. A linha de ação da força normal passa pelo centro da esfera, de modo que seu torque é zero; não existe nenhum atrito de deslizamento no ponto de contato, portanto, a força de atrito não realiza trabalho. A Figura 10.20b mostra uma situação mais realista, na qual a superfície "enruga" na parte frontal da esfera e esta passa por uma depressão rasa. Por causa dessa deformação, as forças de contato sobre a esfera não mais atuam sobre um único ponto, porém sobre uma área; as forças são concentradas sobre a parte frontal da esfera, conforme indicado. Como resultado, a força normal agora exerce um torque que se opõe à rotação. Além disso, existe um certo deslizamento da esfera sobre a superfície por causa da deformação, produzindo uma perda de energia mecânica. A combinação desses dois efeitos origina o fenômeno do *atrito de rolamento*. Este também ocorre quando o corpo é deformável, como um pneu de automóvel. Geralmente, o corpo que rola e a superfície são rígidos a ponto de podermos desprezar o atrito de rolamento, como fizemos em todos os exemplos desta seção.

Figura 10.20 Rolando para baixo (a) de uma superfície perfeitamente rígida e (b) de uma superfície deformada. A deformação no item (b) é exagerada, e a força *n* é o componente da força de contato que aponta em direção normal ao plano da superfície antes de estar deformada.

(a) Uma esfera perfeitamente rígida rolando para baixo de um plano inclinado perfeitamente rígido

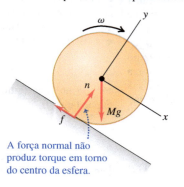

A força normal não produz torque em torno do centro da esfera.

(b) Uma esfera rígida rolando sobre uma superfície deformada

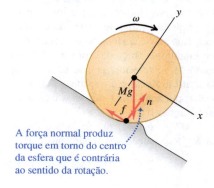

A força normal produz torque em torno do centro da esfera que é contrária ao sentido da rotação.

TESTE SUA COMPREENSÃO DA SEÇÃO 10.3 Suponha que o cilindro maciço usado como um ioiô no Exemplo 10.6 seja substituído por um cilindro oco com a mesma massa e o mesmo raio. (a) A aceleração do ioiô vai (i) aumentar, (ii) diminuir ou (iii) permanecer a mesma? (b) A tensão do fio vai (i) aumentar, (ii) diminuir ou (iii) permanecer a mesma? ▮

10.4 TRABALHO E POTÊNCIA NO MOVIMENTO DE ROTAÇÃO

Quando você pedala, aplica forças a um corpo que gira e realiza um trabalho sobre ele. Eventos semelhantes ocorrem em muitas outras situações da vida real, como a rotação do eixo de um motor que faz girar um aparelho eletrodoméstico ou o motor de um carro impulsionando um veículo. Vejamos como aplicar as noções sobre trabalho, do Capítulo 6, ao movimento de rotação.

Suponha que uma força tangencial $\vec{F}_{tan}$ atue sobre a periferia de uma roda com um pivô central — por exemplo, no caso de uma criança correndo enquanto empurra um pequeno gira-gira em um parque de diversões (**Figura 10.21a**). A roda gira produzindo um deslocamento angular infinitesimal $d\theta$ em torno de um eixo fixo durante um intervalo de tempo infinitesimal dt (Figura 10.21b). O trabalho dW realizado pela força $\vec{F}_{tan}$ enquanto um ponto da periferia se move uma distância ds é $dW = F_{tan}\, ds$. Se $d\theta$ for medido em radianos, então $ds = R\,d\theta$ e

$$dW = F_{tan}\, R\, d\theta$$

Mas $F_{tan}R$ é o *torque* τ_z produzido pela força $\vec{F}_{tan}$. Logo

$$dW = \tau_z\, d\theta \qquad (10.19)$$

Enquanto o disco gira de θ_1 a θ_2, o trabalho total realizado pelo torque é

Figura 10.21 Uma força tangencial atuando sobre um corpo que gira produz trabalho.

(a)

A criança aplica uma força tangencial.

(b) Vista do topo de um gira-gira
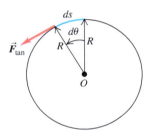

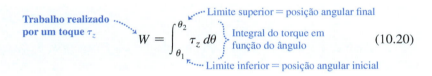

Trabalho realizado por um toque τ_z
$$W = \int_{\theta_1}^{\theta_2} \tau_z\, d\theta \qquad (10.20)$$
Limite superior = posição angular final
Integral do torque em função do ângulo
Limite inferior = posição angular inicial

Quando o torque permanece *constante* enquanto o ângulo varia, então o trabalho é o produto entre o torque e o deslocamento angular:

Trabalho realizado por um torque constante τ_z
$$W = \tau_z(\theta_2 - \theta_1) = \tau_z\Delta\theta \qquad (10.21)$$
Torque
Posição angular final menos inicial = deslocamento angular

Quando um torque é expresso em newton × metro (N × m) e o deslocamento angular é dado em radianos, o trabalho é expresso em joules. A Equação 10.21 usada para o movimento de rotação é análoga à Equação 6.1, $W = Fd$, e a Equação 10.20 é análoga à Equação 6.7, $W = \int F_x\, dx$, para o trabalho realizado por uma força em um deslocamento retilíneo.

Caso a força indicada na Figura 10.21 tivesse um componente axial (paralelo ao eixo de rotação) ou radial (apontado para o eixo ou afastando-se dele), esse componente não realizaria nenhum trabalho porque o deslocamento do ponto de aplicação possui somente um componente tangencial. Um componente axial ou radial da força também não produziria nenhuma contribuição para o torque em torno do eixo de rotação, de modo que as equações 10.20 e 10.21 permanecem válidas para *qualquer* força, independentemente da natureza de seus componentes.

Quando um torque realiza trabalho sobre um corpo rígido, a energia cinética varia por uma quantidade igual ao trabalho realizado. Podemos provar isso usando exatamente o mesmo procedimento adotado nas equações 6.11 a 6.13 para a energia cinética de translação de uma partícula. Inicialmente, indicamos por τ_z o torque *resultante* sobre o corpo, de modo que, pela Equação 10.7, $\tau_z = I\alpha_z$; estamos supondo que o corpo é rígido, portanto, o momento de inércia I é constante. A seguir, transformamos a integral da Equação 10.20 em uma integral sobre ω_z, do seguinte modo:

$$\tau_z\, d\theta = (I\alpha_z)d\theta = I\frac{d\omega_z}{dt}d\theta = I\frac{d\theta}{dt}d\omega_z = I\omega_z\, d\omega_z$$

Uma vez que τ_z é o torque resultante, a integral na Equação 10.20 é o trabalho *total* realizado sobre o corpo rígido que gira. Essa equação torna-se, então,

O trabalho total realizado sobre um corpo rígido em rotação = trabalho realizado pelo torque externo resultante

$$W_{tot} = \int_{\omega_1}^{\omega_2} I\omega_z\, d\omega_z = \tfrac{1}{2}I\omega_2^2 - \tfrac{1}{2}I\omega_1^2 \quad (10.22)$$

Energia cinética de rotação final
Energia cinética de rotação inicial

Figura 10.22 A energia cinética do rotor principal de um helicóptero é igual ao trabalho total realizado para colocá-lo em rotação. Ao girar em uma velocidade constante, um trabalho positivo é realizado no rotor pelo motor e um trabalho negativo é realizado sobre ele pela resistência do ar. Logo, o trabalho resultante sendo realizado é zero e a energia cinética permanece constante.

A variação da energia cinética da rotação de um corpo *rígido* é igual ao trabalho realizado pelas forças externas ao corpo (**Figura 10.22**). Essa equação é análoga à Equação 6.13, o teorema do trabalho-energia para uma partícula.

Qual é a relação entre *potência* e torque? Dividindo ambos os membros da Equação 10.19 pelo intervalo dt durante o qual ocorre o deslocamento angular, obtemos

$$\frac{dW}{dt} = \tau_z \frac{d\theta}{dt}$$

Porém, dW/dt é a taxa da realização do trabalho, ou *potência P*, e $d\theta/dt$ é a velocidade angular ω_z:

Potência decorrente de um torque atuando sobre um corpo rígido

$$P = \tau_z \omega_z \quad (10.23)$$

Torque com relação ao eixo de rotação do corpo
Velocidade angular do corpo em torno do eixo

Essa relação é o análogo da relação $P = \vec{F} \cdot \vec{v}$, que foi desenvolvida na Seção 6.4 para o movimento de uma partícula.

EXEMPLO 10.8 CÁLCULO DA POTÊNCIA PELO TORQUE

Um motor elétrico exerce um torque constante de 10 N · m sobre um rotor de esmeril, que possui um momento de inércia de 2,0 kg · m² em torno de seu eixo. O sistema parte do repouso. Ache o trabalho W realizado pelo motor em 8,0 s e a energia cinética K do rotor nesse momento. Qual é a potência média P_m entregue pelo motor?

SOLUÇÃO

IDENTIFICAR E PREPARAR: o único torque atuando é aquele decorrente do motor. Como esse torque é constante, a aceleração angular α_z do rotor de esmeril é constante. Usaremos a Equação 10.7 para determinar α_z e, em seguida, usaremos isso nas equações de cinemática da Seção 9.2 para calcular o ângulo

(Continua)

(*Continuação*)

Δθ através do qual o rotor gira em 8,0 s e sua velocidade angular final, ω_z. A partir destes, calcularemos W, K e P_m.

EXECUTAR: temos $\sum \tau_z = 10$ N · m e $I = 2{,}0$ kg · m², de modo que $\sum \tau_z = I\alpha_z$ resulta em $\alpha_z = 5{,}0$ rad/s². Pelas equações 9.11 e 10.21,

$$\Delta\theta = \tfrac{1}{2}\alpha_z t^2 = \tfrac{1}{2}(5{,}0 \text{ rad/s}^2)(8{,}0 \text{ s})^2 = 160 \text{ rad}$$
$$W = \tau_z \Delta\theta = (10 \text{ N} \cdot \text{m})(160 \text{ rad}) = 1.600 \text{ J}$$

Pelas equações 9.7 e 9.17,

$$\omega_z = \alpha_z t = (5{,}0 \text{ rad/s}^2)(8{,}0 \text{ s}) = 40 \text{ rad/s}$$
$$K = \tfrac{1}{2}I\omega_z^2 = \tfrac{1}{2}(2{,}0 \text{ kg} \cdot \text{m}^2)(40 \text{ rad/s})^2 = 1.600 \text{ J}$$

A potência média é o trabalho realizado dividido pelo intervalo:

$$P_m = \frac{1.600 \text{ J}}{8{,}0 \text{ s}} = 200 \text{ J/s} = 200 \text{ W}$$

AVALIAR: a energia cinética inicial era nula; portanto, o trabalho realizado W equivale à energia cinética final K (Equação 10.22). Foi exatamente isso o que calculamos. Podemos conferir o resultado $P_m = 200$ W considerando a potência *instantânea* $P = \tau_z\omega_z$. Como ω_z cresce continuamente, P também cresce continuamente; seu valor cresce de zero no instante inicial $t = 0$ até $(10 \text{ N} \cdot \text{m})(40 \text{ rad/s}) = 400$ W no instante final $t = 8{,}0$ s. Tanto ω_z quanto P crescem *uniformemente* com o tempo, de modo que a potência *média* é apenas metade desse valor máximo, ou 200 W.

TESTE SUA COMPREENSÃO DA SEÇÃO 10.4 Você aplica torques iguais a dois cilindros diferentes, e o cilindro 1 possui um momento de inércia que é o dobro do cilindro 2. Cada cilindro está inicialmente em repouso. Após uma rotação completa, qual deles possui maior energia cinética? (i) O cilindro 1; (ii) o cilindro 2; (iii) ambos possuem a mesma energia cinética. ▮

10.5 MOMENTO ANGULAR

Para cada grandeza referente ao movimento de rotação definida nos capítulos 9 e 10, existe uma grandeza análoga referente ao movimento de translação de uma partícula. A grandeza análoga ao *momento linear* de uma partícula é o **momento angular**, uma grandeza vetorial designada por $\vec{L}$. Sua relação com o momento $\vec{p}$ (que geralmente é chamado de *momento linear*) é exatamente a mesma que a relação que liga o torque com a força, $\vec{\tau} = \vec{r} \times \vec{F}$. Para uma partícula com massa constante m e velocidade $\vec{v}$, o momento angular é

Momento angular de uma partícula em relação à origem O de um sistema de referência inercial

$$\vec{L} = \vec{r} \times \vec{p} = \vec{r} \times m\vec{v} \quad (10.24)$$

Vetor posição da partícula relativa a O
Momento linear da partícula = massa vezes velocidade

O valor de $\vec{L}$ depende da escolha da origem O, visto que envolve o vetor posição $\vec{r}$ da partícula em relação à origem O. As unidades de momento angular são kg · m²/s.

Na **Figura 10.23**, uma partícula se move no plano xy; seu vetor posição $\vec{r}$ e seu momento linear $\vec{p} = m\vec{v}$ estão indicados. O vetor $\vec{L}$ do momento angular é ortogonal ao plano xy. A regra da mão direita para o produto vetorial mostra que sua direção está ao longo do eixo $+Oz$ e seu módulo é

$$L = mvr \text{ sen } \phi = mvl \quad (10.25)$$

onde l é a distância perpendicular do ponto O à linha da direção do vetor $\vec{v}$. Essa distância desempenha o papel do "braço da alavanca" para o vetor momento linear.

Quando uma força resultante $\vec{F}$ atua sobre uma partícula, sua velocidade e seu momento linear variam, de modo que seu momento angular também pode variar. Podemos mostrar que a *taxa de variação* do momento angular é igual ao torque da força resultante. Tomando a derivada da Equação 10.24 em relação ao tempo e usando a regra da derivada de um produto, encontramos:

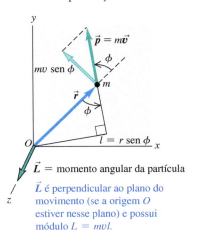

Figura 10.23 Cálculo do momento angular $\vec{L} = \vec{r} \times m\vec{v} = \vec{r} \times \vec{p}$ de uma partícula com massa m se movendo no plano xy.

$\vec{L}$ = momento angular da partícula

$\vec{L}$ é perpendicular ao plano do movimento (se a origem O estiver nesse plano) e possui módulo $L = mvl$.

$$\frac{d\vec{L}}{dt} = \left(\frac{d\vec{r}}{dt} \times m\vec{v}\right) + \left(\vec{r} \times m\frac{d\vec{v}}{dt}\right) = (\vec{v} \times m\vec{v}) + (\vec{r} \times m\vec{a})$$

O primeiro termo é zero porque contém o produto vetorial do vetor $\vec{v} = d\vec{r}/dt$ por ele mesmo. No segundo termo, substituímos $m\vec{a}$ pela força resultante $\vec{F}$ e obtemos

$$\frac{d\vec{L}}{dt} = \vec{r} \times \vec{F} = \vec{\tau} \qquad (10.26)$$

(para uma partícula sob ação da força resultante $\vec{F}$)

A taxa de variação do momento angular de uma partícula é igual ao torque da força resultante que atua sobre ela. Compare esse resultado com a Equação 8.4: a taxa de variação $d\vec{p}/dt$ do momento *linear* de uma partícula é igual à força resultante que atua sobre ela.

Momento angular de um corpo rígido

Podemos usar a Equação 10.25 para achar o momento angular total de um *corpo rígido* que gira em torno do eixo Oz com velocidade angular ω. Inicialmente, considere uma fatia fina do corpo situada sobre o plano xy (**Figura 10.24**). Cada partícula dessa fatia se move em um círculo centralizado na origem, e em cada instante sua velocidade $\vec{v}_i$ é perpendicular ao vetor posição $\vec{r}_i$, conforme indicado. Logo, na Equação 10.25, $\phi = 90°$ para cada partícula. Uma partícula com massa m_i a uma distância r_i do ponto O possui velocidade $v_i = r_i\omega$. Pela Equação 10.25, o módulo L_i de seu momento angular é

$$L_i = m_i(r_i\omega)r_i = m_i r_i^2 \omega \qquad (10.27)$$

A direção e o sentido do momento angular de cada partícula, de acordo com a regra da mão direita, são dados pelo eixo $+Oz$.

O momento angular *total* da fatia do corpo que está sobre o plano xy é a soma $\sum L_i$ dos momentos angulares L_i de todas as partículas. Somando ambos os membros da Equação 10.27, obtemos o resultado

$$L = \sum L_i = \left(\sum m_i r_i^2\right)\omega = I\omega$$

onde I é o momento de inércia da fatia em torno do eixo Oz.

Podemos adotar esse procedimento para todas as fatias do corpo paralelas ao plano xy. Para os pontos que não estão sobre o plano xy, surge uma complicação porque os vetores $\vec{r}$ possuem componentes na direção e no sentido do eixo Oz, assim como ao longo dos eixos Ox e Oy; isso faz com que o momento angular de cada partícula possua um componente perpendicular ao eixo Oz. Contudo, *se o eixo Oz for um eixo de simetria*, os componentes perpendiculares de partículas que estejam em lados opostos se anulam (**Figura 10.25**). Logo, quando um corpo gira em torno de um eixo de simetria, seu vetor momento angular $\vec{L}$ permanece ao longo do eixo de simetria, e seu módulo é dado por $L = I\omega$.

O vetor velocidade angular $\vec{\omega}$ também permanece ao longo do eixo de rotação, conforme discutimos no final da Seção 9.1. Portanto, para um corpo rígido que gira em torno de um eixo de simetria, $\vec{L}$ e $\vec{\omega}$ possuem a mesma direção e o mesmo sentido (**Figura 10.26**). Logo, é válida a seguinte relação *vetorial*

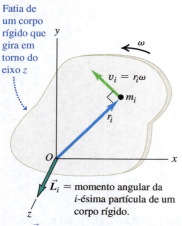

Figura 10.24 Cálculo do momento angular de uma partícula de massa m_i em um corpo rígido girando com uma velocidade angular cujo módulo é igual a ω. (Compare com a Figura 10.23.)

$\vec{L}_i$ é perpendicular ao plano do movimento (se a origem O estiver nesse plano) e possui módulo $L_i = m_i v_i r_i = m_i r_i^2 \omega$.

Momento angular de um corpo rígido girando em torno de um eixo de simetria → $\vec{L} = I\vec{\omega}$ ← Momento de inércia do corpo do eixo de simetria / Vetor de velocidade angular do corpo   (10.28)

Figura 10.25 Duas partículas de mesma massa localizadas simetricamente de cada lado do eixo de rotação de um corpo rígido. Os vetores do momento angular $\vec{L}_1$ e $\vec{L}_2$ das partículas individuais não estão sobre o eixo de rotação, porém, a soma vetorial $\vec{L}_1 + \vec{L}_2$ permanece ao longo desse eixo.

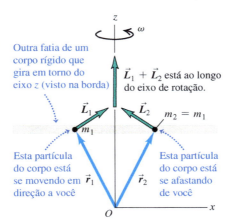

Figura 10.26 Para a rotação em torno de um eixo de simetria, $\vec{\omega}$ e $\vec{L}$ são vetores paralelos e estão sobre o eixo de simetria. As direções e os sentidos de ambos os vetores são obtidos pela mesma regra da mão direita (compare com a Figura 9.5).

Pela Equação 10.26, a taxa de variação do momento angular de uma partícula é igual ao torque da força resultante sobre a partícula. Para qualquer sistema de partículas (tanto para corpos rígidos como não rígidos), a taxa de variação do momento angular *total* é igual à soma dos torques de todas as forças que atuam sobre todas as partículas. Os torques das forças *internas* se anulam quando a linha de ação dessas forças une as duas partículas, como na Figura 10.8, e, portanto, a soma dos torques inclui somente torques das forças *externas*. (Um cancelamento semelhante ocorreu em nossa discussão do movimento do centro de massa na Seção 8.5.) Logo, concluímos que

$$\sum \vec{\tau} = \frac{d\vec{L}}{dt} \quad (10.29)$$

Para um sistema de partículas: soma dos torques externos no sistema. Taxa de variação do momento angular $\vec{L}$ do sistema.

Finalmente, quando o sistema de partículas for um corpo rígido girando em torno de um eixo de simetria, então $L_z = I\omega_z$ e I é constante. Quando esse eixo possui direção fixa no espaço, então os vetores $\vec{L}$ e $\vec{\omega}$ variam apenas em módulo, mas a direção e o sentido não variam. Nesse caso, $dL_z/dt = Id\omega_z/dt = I\alpha_z$, ou

$$\sum \tau_z = I\alpha_z$$

que é novamente a relação básica para a dinâmica da rotação de um corpo rígido. Caso o corpo *não* seja rígido, I pode variar; nesse caso, L varia, mesmo quando ω permanece constante. Para um corpo não rígido, a Equação 10.29 ainda permanece válida, embora a Equação 10.7 não seja mais válida.

Quando o eixo de rotação *não* é um eixo de simetria, o momento angular em geral *não* é paralelo ao eixo (**Figura 10.27**). À medida que o corpo gira, o vetor

Figura 10.27 Quando o eixo de rotação de um corpo rígido não é um eixo de simetria, o vetor momento angular $\vec{L}$ em geral não se encontra ao longo do eixo de rotação. Mesmo quando $\vec{\omega}$ é constante, a direção de $\vec{L}$ pode variar, e torna-se necessário um torque externo para manter a rotação.

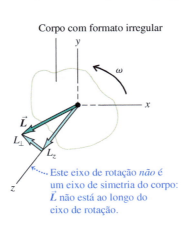

momento angular $\vec{L}$ descreve um cone em torno do eixo de rotação. Como $\vec{L}$ varia, deve existir um torque resultante externo atuando sobre o corpo, embora o módulo da velocidade angular ω permaneça constante. Se o corpo for uma roda não balanceada de um carro, esse torque será fornecido por atrito nos mancais, causando seu desgaste. O "balanceamento" de uma roda significa fazer a distribuição de massas de modo que o eixo de rotação seja um eixo de simetria; então, o vetor $\vec{L}$ aponta ao longo do eixo de rotação, e nenhum torque resultante é necessário para manter a roda girando.

Na rotação em torno de um eixo fixo, normalmente usamos a expressão "momento angular do corpo" para fazer referência somente ao *componente* de $\vec{L}$ ao longo do eixo de rotação do corpo (o eixo Oz mostrado na Figura 10.27), com um sinal positivo ou negativo para indicar o sentido da rotação, como no caso da velocidade angular.

EXEMPLO 10.9 MOMENTO ANGULAR E TORQUE

A hélice da turbina de um motor a jato possui momento de inércia $2,5$ kg · m² em torno do eixo de rotação. Quando a turbina começa a girar, sua velocidade angular em função do tempo é dada por $\omega_z = (40 \text{ rad/s}^3)t^2$. (a) Calcule o momento angular da hélice em função do tempo e ache seu valor no instante $t = 3,0$ s. (b) Determine o torque resultante que atua sobre a hélice em função do tempo e calcule seu valor para $t = 3,0$ s.

SOLUÇÃO

IDENTIFICAR E PREPARAR: a hélice da turbina gira em torno de seu eixo de simetria (o eixo z). Logo, o vetor do momento angular possui somente um componente z, L_z, o qual podemos determinar a partir da velocidade angular ω_z. Como a direção do momento angular é constante, o torque resultante também possui somente um componente τ_z ao longo do eixo de rotação. Usaremos a Equação 10.28 para determinar L_z a partir de ω_z, e depois a Equação 10.29 para determinar τ_z.

EXECUTAR: (a) Pela Equação 10.28,

$$L_z = I\omega_z = (2,5 \text{ kg} \cdot \text{m}^2)(40 \text{ rad/s}^3)t^2 = (100 \text{ kg} \cdot \text{m}^2/\text{s}^3)t^2$$

(Abandonamos o "rad" na resposta porque um radiano é uma grandeza sem dimensão.) No instante $t = 3,0$ s, $L_z = 900$ kg · m²/s.
(b) Pela Equação 10.29,

$$\tau_z = \frac{dL_z}{dt} = (100 \text{ kg} \cdot \text{m}^2/\text{s}^3)(2t) = (200 \text{ kg} \cdot \text{m}^2/\text{s}^3)t$$

No instante $t = 3,0$ s,

$$\tau_z = (200 \text{ kg} \cdot \text{m}^2/\text{s}^3)(3,0 \text{ s}) = 600 \text{ kg} \cdot \text{m}^2/\text{s}^2 = 600 \text{ N} \cdot \text{m}$$

AVALIAR: para conferir nossa expressão para τ_z, note que a aceleração angular da hélice da turbina é $\alpha_z = d\omega_z/dt = (40 \text{ rad/s}^3)(2t) = (80 \text{ rad/s}^3)t$. Pela Equação 10.7, o torque sobre a hélice é $\tau_z = I\alpha_z = (2,5 \text{ kg} \cdot \text{m}^2)(80 \text{ rad/s}^3)t = (200 \text{ kg} \cdot \text{m}^2/\text{s}^3)t$, como calculamos anteriormente.

TESTE SUA COMPREENSÃO DA SEÇÃO 10.5 Uma bola é presa a uma extremidade de um pedaço de fio. Você segura a outra extremidade do fio e gira a bola descrevendo um círculo em torno da sua mão. (a) Se a bola se move com uma velocidade cujo módulo permanece constante, seu momento linear $\vec{p}$ é constante? Por quê? (b) Seu momento angular $\vec{L}$ é constante? Por quê? ▮

10.6 CONSERVAÇÃO DO MOMENTO ANGULAR

Acabamos de mostrar que o momento angular pode ser usado como uma formulação alternativa do princípio fundamental da dinâmica das rotações, e também é a base para formular o **princípio da conservação do momento angular**. Como a conservação da energia e a conservação do momento linear, esse princípio constitui uma lei universal da conservação, válida em todas as escalas, desde sistemas atômicos e nucleares até o movimento de galáxias. Esse princípio decorre diretamente da Equação 10.29: $\sum \vec{\tau} = d\vec{L}/dt$. Quando $\sum \vec{\tau} = \mathbf{0}$, então $d\vec{L}/dt = \mathbf{0}$, em que $\vec{L}$ é um vetor constante.

> **Quando o torque externo resultante que atua sobre um sistema é igual a zero, o momento angular do sistema permanece constante (se conserva).**

Uma acrobata circense, um mergulhador e um patinador que dá uma pirueta apoiado na ponta de um único patim sobre o gelo utilizam esse princípio. Suponha que uma acrobata tenha acabado de sair de um salto com os braços e pernas estendidos, girando no sentido anti-horário em torno de seu centro de massa. Quando ela fecha os braços e as pernas, seu momento de inércia I_{cm} em relação ao centro de massa passa de um valor grande I_1 a um valor muito menor I_2. A única força externa que atua sobre a acrobata é seu peso, que não possui nenhum torque em relação a um eixo passando pelo centro de massa. Logo, o momento angular da acrobata $L_z = I_{cm}\omega_z$ permanece constante, e sua velocidade angular ω_z cresce à medida que I_{cm} diminui. Ou seja,

$$I_1\omega_{1z} = I_2\omega_{2z}$$
(torque externo resultante igual a zero) (10.30)

Figura 10.28 Um gato em queda produz torção em diversas partes de seu corpo e em diferentes direções, de modo que caia em pé. Em todas as etapas durante a queda, o momento angular do gato como um todo permanece nulo.

Quando uma patinadora ou uma bailarina gira com os braços estendidos e a seguir os recolhe, sua velocidade angular aumenta à medida que seu momento de inércia diminui. Em cada caso, existe conservação de momento angular no sistema porque o torque externo resultante é igual a zero.

Quando um sistema possui muitas partes, as forças internas entre as partes produzem variações dos momentos angulares das partes, porém o momento angular *total* não varia. Fornecemos um exemplo a seguir. Considere dois corpos, A e B, que interagem entre si e com nenhum outro corpo, como os astronautas mencionados na Seção 8.2 (Figura 8.9). Suponha que o corpo A exerça uma força $\vec{F}_{A\text{ em }B}$ sobre o corpo B; o torque correspondente (em relação a qualquer ponto que você escolher) é $\vec{\tau}_{A\text{ em }B}$. De acordo com a Equação 10.29, esse torque é igual à taxa de variação do momento angular do corpo B:

$$\vec{\tau}_{A\text{ em }B} = \frac{d\vec{L}_B}{dt}$$

Ao mesmo tempo, o corpo B exerce sobre A uma força $\vec{F}_{B\text{ em }A}$, com o torque correspondente $\vec{\tau}_{B\text{ em }A}$, e

$$\vec{\tau}_{B\text{ em }A} = \frac{d\vec{L}_A}{dt}$$

Pela terceira lei de Newton, $\vec{F}_{B\text{ em }A} = -\vec{F}_{A\text{ em }B}$. Além disso, se as forças atuam ao longo da mesma linha, como na Figura 10.8, seus braços da alavanca em relação ao eixo escolhido são iguais. Logo, os *torques* dessas forças são iguais e de sentidos contrários, e $\vec{\tau}_{B\text{ em }A} = -\vec{\tau}_{A\text{ em }B}$. Assim, quando somamos as duas equações anteriores, obtemos:

$$\frac{d\vec{L}_A}{dt} + \frac{d\vec{L}_B}{dt} = 0$$

ou, como $\vec{L}_A + \vec{L}_B$ é o momento angular *total* $\vec{L}$ do sistema,

$$\frac{d\vec{L}}{dt} = 0 \qquad (10.31)$$
(torque externo resultante igual a zero)

Ou seja, o momento angular total do sistema permanece constante. Os torques das forças internas podem transferir momento angular de uma parte para outra do corpo, mas não podem alterar o momento angular *total* do sistema (**Figura 10.28**).

EXEMPLO 10.10 QUALQUER UM PODE SER UM BAILARINO

Um professor de física está em pé sobre o centro de uma mesa giratória, mantendo os braços estendidos horizontalmente com um haltere de 5,0 kg em cada mão (**Figura 10.29**). Ele está girando em torno de um eixo vertical e completa uma volta em 2,0 s. Calcule a nova velocidade angular do professor, quando ele aproxima os dois halteres do abdome. Seu momento de inércia (sem os halteres) é igual a 3,0 kg · m², quando seus braços estão estendidos, diminuindo para 2,2 kg · m² quando suas mãos estão próximas do abdome. Os halteres estão inicialmente a uma distância de 1,0 m do eixo e a distância final é igual a 0,20 m.

Figura 10.29 Diversão com a conservação do momento angular.

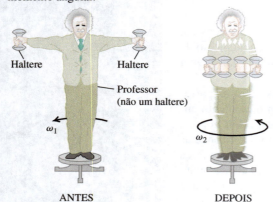

SOLUÇÃO

IDENTIFICAR, PREPARAR E EXECUTAR: nenhum torque externo atua em torno do eixo vertical z, de modo que L_z é constante. Podemos usar a Equação 10.30 para achar a velocidade angular final ω_{2z}. O momento do sistema é $I = I_{prof} + I_{haltere}$. Tratamos cada haltere como uma partícula de massa m que contribui mr^2 para $I_{haltere}$, onde r é a distância perpendicular do eixo de rotação até o haltere. Inicialmente, temos

$$I_1 = 3,0 \text{ kg} \cdot \text{m}^2 + 2(5,0 \text{ kg})(1,0 \text{ m})^2 = 13 \text{ kg} \cdot \text{m}^2$$

$$\omega_{1z} = \frac{1 \text{ rot}}{2,0 \text{ s}} = 0,50 \text{ rot/s}$$

O momento de inércia final é

$$I_2 = 2,2 \text{ kg} \cdot \text{m}^2 + 2(5,0 \text{ kg})(0,20 \text{ m})^2 = 2,6 \text{ kg} \cdot \text{m}^2$$

Pela Equação 10.30, a velocidade angular final é

$$\omega_{2z} = \frac{I_1}{I_2}\omega_{1z} = \frac{13 \text{ kg} \cdot \text{m}^2}{2,6 \text{ kg} \cdot \text{m}^2}(0,50 \text{ rot/s}) = 2,5 \text{ rot/s} = 5\omega_{1z}$$

Note que não precisamos transformar "revolução" para "radianos" nos cálculos realizados. Por quê?

AVALIAR: o momento angular permaneceu constante, mas a velocidade angular aumentou por um fator de 5, de $\omega_{1z} = (0,50 \text{ rot/s}) \times (2\pi \text{ rad/rot}) = 3,14 \text{ rad/s}$ a $\omega_{2z} = (2,5 \text{ rot/s})(2\pi \text{ rad/rev}) = 15,7 \text{ rad/s}$. As energias cinéticas inicial e final são

$$K_1 = \tfrac{1}{2}I_1\omega_{1z}^2 = \tfrac{1}{2}(13 \text{ kg} \cdot \text{m}^2)(3,14 \text{ rad/s})^2 = 64 \text{ J}$$

$$K_2 = \tfrac{1}{2}I_2\omega_{2z}^2 = \tfrac{1}{2}(2,6 \text{ kg} \cdot \text{m}^2)(15,7 \text{ rad/s})^2 = 320 \text{ J}$$

O aumento de cinco vezes na energia cinética veio do trabalho que o professor realizou ao puxar os braços e os halteres para junto de si.

EXEMPLO 10.11 "COLISÃO" EM ROTAÇÃO

A **Figura 10.30** mostra dois discos: um deles (A) é o volante de um motor e o outro (B) é um disco ligado a um eixo de transmissão. Seus momentos de inércia são I_A e I_B; inicialmente, eles estão girando com a mesma velocidade angular ω_A e ω_B, respectivamente. A seguir, empurramos os dois discos juntos, aplicando forças que atuam ao longo do eixo, de modo que sobre nenhum deles surge torque em relação ao eixo. Os discos se deslocam unidos e acabam atingindo a mesma velocidade angular final ω. Deduza uma expressão para ω.

SOLUÇÃO

IDENTIFICAR, PREPARAR E EXECUTAR: não existe nenhum torque externo, de modo que o único torque que atua sobre cada disco é o que um exerce sobre o outro. Logo, o momento angular total do sistema dos dois discos é conservado. No equilíbrio final, eles giram juntos como se constituíssem um único corpo com momento de inércia total $I = I_A + I_B$ e velocidade angular ω. A Figura 10.30 mostra que todas as velocidades angulares apontam na mesma direção, por isso podemos considerar ω_A, ω_B e ω como os componentes da velocidade angular ao longo do eixo de rotação. A conservação do momento angular fornece

Figura 10.30 Quando o torque externo total é igual a zero, o momento angular se conserva.

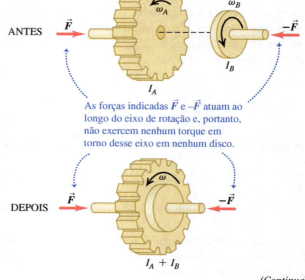

(Continua)

(*Continuação*)

$$I_A\omega_A + I_B\omega_B = (I_A + I_B)\omega$$
$$\omega = \frac{I_A\omega_A + I_B\omega_B}{I_A + I_B}$$

AVALIAR: essa "colisão" entre dois discos é semelhante a uma colisão completamente inelástica (Seção 8.3). Quando dois objetos em movimento de translação ao longo do mesmo eixo se unem e aderem um ao outro, o momento linear do sistema é conservado. Aqui, dois objetos em movimento de *rotação* ao longo do mesmo eixo "colidem" e aderem um ao outro, e o momento *angular* do sistema é conservado.

A energia cinética de um sistema diminui em uma colisão completamente inelástica. Aqui, a energia cinética se perde porque as forças internas não conservadoras (atrito) atuam enquanto os dois discos se esfregam. Suponha que o volante *A* tenha uma massa de 2,0 kg, um raio de 0,20 m e uma velocidade angular interna de 50 rad/s (cerca de 500 rpm), e o disco ligado *B* tenha uma massa de 4,0 kg, um raio de 0,10 m e uma velocidade angular inicial de 200 rad/s. Você conseguiria mostrar que a energia cinética final é apenas dois terços da energia cinética inicial?

EXEMPLO 10.12 MOMENTO ANGULAR EM UMA AÇÃO POLICIAL

Uma porta pivotante, de largura igual a 1,00 m e massa de 15 kg, é articulada com dobradiças em um dos lados de modo que possa girar livremente em torno de um eixo vertical. Um policial dá um tiro com uma bala de 10 g e velocidade de 400 m/s exatamente no centro da porta e em uma direção perpendicular ao plano da porta. A bala é encravada ali. Calcule a velocidade angular da porta. A energia cinética se conserva?

SOLUÇÃO

IDENTIFICAR E PREPARAR: considere um sistema formado pela porta e a bala em seu interior. Não existe nenhum torque externo em torno do eixo definido pelas dobradiças, de modo que o momento angular em torno desse eixo deve se conservar. A **Figura 10.31** mostra a esquematização do problema. O momento angular inicial está totalmente na bala e é dado pela Equação 10.25. O momento angular final é o de um corpo rígido composto pela porta e a bala encravada nela. Consideraremos esses dois elementos como iguais e explicitaremos o módulo da velocidade angular ω da porta e da bala.

EXECUTAR: pela Equação 10.25, o momento angular inicial da bala é:

$$L = mvl = (0{,}010 \text{ kg})(400 \text{ m/s})(0{,}50 \text{ m}) = 2{,}0 \text{ kg} \cdot \text{m}^2/\text{s}$$

O momento angular final é $I\omega$, onde $I = I_{\text{porta}} + I_{\text{bala}}$. Pela Tabela 9.2, caso (d), para uma porta de largura $d = 1{,}00$ m,

$$I_{\text{porta}} = \frac{Md^2}{3} = \frac{(15 \text{ kg})(1{,}00 \text{ m})^2}{3} = 5{,}0 \text{ kg} \cdot \text{m}^2$$

O momento de inércia da bala (em relação a um eixo passando pelas dobradiças) é

$$I_{\text{bala}} = ml^2 = (0{,}010 \text{ kg})(0{,}50 \text{ m})^2 = 0{,}0025 \text{ kg} \cdot \text{m}^2$$

A conservação do momento angular exige que $mvl = I\omega$, ou

$$\omega = \frac{mvl}{I} = \frac{2{,}0 \text{ kg} \cdot \text{m}^2/\text{s}}{5{,}0 \text{ kg} \cdot \text{m}^2 + 0{,}0025 \text{ kg} \cdot \text{m}^2} = 0{,}40 \text{ rad/s}$$

As energias cinéticas inicial e final são

$$K_1 = \tfrac{1}{2}mv^2 = \tfrac{1}{2}(0{,}010 \text{ kg})(400 \text{ m/s})^2 = 800 \text{ J}$$
$$K_2 = \tfrac{1}{2}I\omega^2 = \tfrac{1}{2}(5{,}0025 \text{ kg} \cdot \text{m}^2)(0{,}40 \text{ rad/s})^2 = 0{,}40 \text{ J}$$

AVALIAR: a energia cinética final é apenas 1/2.000 da energia cinética inicial! Não esperávamos que a energia cinética fosse conservada: a colisão é inelástica porque as forças de atrito não conservadoras atuam durante o impacto. A velocidade angular final da porta é bastante lenta: a 0,40 rad/s, a porta leva 3,9 s para oscilar 90° ($\pi/2$ radianos).

Figura 10.31 A porta pivotante vista de cima.

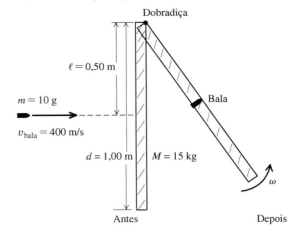

TESTE SUA COMPREENSÃO DA SEÇÃO 10.6 Se as calotas polares se derretessem por completo em decorrência do aquecimento global, o gelo derretido se redistribuiria pela superfície terrestre. Essa variação faria com que a duração do dia (o tempo necessário para a Terra girar uma vez sobre seu eixo) (i) aumentasse; (ii) diminuísse; (iii) permanecesse inalterada. (*Dica*: use os conceitos de momento angular. Considere que o Sol, a Lua e os planetas exercem torques desprezíveis sobre a Terra.) ▍

10.7 GIROSCÓPIOS E PRECESSÃO

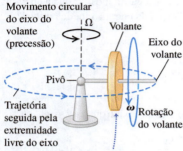

Figura 10.32 Um giroscópio suportado em uma de suas extremidades. O movimento circular horizontal do volante e seu eixo é denominado precessão. A velocidade angular de precessão é representada por Ω.

Quando o volante e seu eixo estão parados, eles caem sobre a superfície da mesa. Quando o volante gira, ele e seu eixo "flutuam" no ar, enquanto se movem em círculo em torno de um pivô.

Em todas as situações analisadas neste capítulo até o momento, o eixo de rotação ou permanecia fixo ou se movia, porém mantendo sempre a mesma direção (como no caso do rolamento sem deslizamento). Entretanto, diversos fenômenos físicos novos, alguns até inesperados, podem ocorrer quando o eixo de rotação muda de direção. Por exemplo, considere um giroscópio de brinquedo suportado em uma de suas extremidades (**Figura 10.32**). Se o eixo do volante for inicialmente colocado em posição horizontal e solto a seguir, sua extremidade livre começará a cair sob a ação da gravidade — *se* o volante não estava girando inicialmente. Porém, quando o volante *está* girando inicialmente, o que ocorre é bastante diferente. Um movimento possível é o movimento circular uniforme do eixo em um plano horizontal, combinado com o movimento de rotação do volante em torno desse eixo. Esse movimento surpreendente, que não é intuitivo, denomina-se **precessão**. A precessão ocorre na natureza, em máquinas que giram, como no caso do giroscópio. Enquanto você lê estas palavras, a própria Terra está sofrendo precessão: seu eixo de rotação (o eixo que liga o polo norte ao polo sul) muda lentamente de direção, e a direção desse eixo só retorna exatamente à posição inicial depois de um ciclo completo de precessão, que dura 26.000 anos.

Para estudarmos o estranho fenômeno da precessão, devemos nos lembrar que a velocidade angular, o momento angular e o torque são grandezas *vetoriais*. Em particular, precisamos da relação geral entre o torque resultante $\sum \vec{\tau}$ que atua sobre um corpo e a taxa de variação do momento angular $\vec{L}$, dada pela Equação 10.29, $\sum \vec{\tau} = d\vec{L}/dt$. Inicialmente, vamos aplicar essa equação ao caso em que o volante *não* está girando (**Figura 10.33a**). Tomamos a origem sobre o ponto O do pivô e supomos que o volante seja simétrico, com massa M e momento de inércia I em torno do eixo do volante. O eixo do volante está inicialmente ao longo do eixo Ox. As únicas forças que atuam sobre o giroscópio são a força normal $\vec{n}$, que atua sobre o pivô (com atrito desprezível), e o peso $\vec{p}$ do volante que atua no centro de massa, situado a uma distância r do pivô. A força normal possui torque nulo em relação ao pivô, e o peso possui um torque $\vec{\tau}$ na direção do eixo Oy, como indicado na Figura 10.33a. Inicialmente não existe rotação, e o momento angular inicial $\vec{L}_i$ é igual a zero. Pela Equação 10.29, a *variação* $d\vec{L}$ do momento angular em um intervalo curto dt depois do início é dada por

$$d\vec{L} = \vec{\tau} dt \tag{10.32}$$

Figura 10.33 (a) Se o volante na Figura 10.32 não está girando inicialmente, seu momento angular inicial é igual a zero. (b) Em cada intervalo sucessivo dt, o torque produz variação $d\vec{L} = \vec{\tau} dt$ do momento angular. O volante adquire um momento angular $\vec{L}$ na mesma direção que $\vec{\tau}$, e o eixo do volante cai.

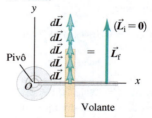

(a) O volante que não gira cai

Quando o volante não está girando, seu peso cria um torque em torno do pivô, fazendo com que ele caia ao longo de uma trajetória circular até que seu eixo fique em repouso sobre a superfície da mesa.

(b) Vista de cima para baixo da queda do volante

Na queda, o volante gira em torno do pivô e assim adquire um momento angular $\vec{L}$. A *direção* de $\vec{L}$ permanece constante.

Essa variação está na direção do eixo Oy porque $\vec{\tau}$ também está. À medida que decorre cada intervalo dt, o momento angular varia em incrementos adicionais $d\vec{L}$ na direção Oy porque a direção do torque é constante (Figura 10.33b). O aumento crescente do momento angular horizontal significa que o giroscópio gira para baixo com velocidade crescente em torno do eixo Oy, até que atinja o suporte ou então caia na mesa onde se apoia.

Vamos, agora, analisar o que ocorre quando o volante *está* inicialmente girando, de modo que o momento angular inicial $\vec{L}_i$ não é igual a zero (**Figura 10.34a**). Uma vez que o volante gira em torno do eixo de simetria, $\vec{L}_i$ está ao longo desse eixo. Porém, cada variação de momento angular $d\vec{L}$ é perpendicular ao eixo, porque o torque $\vec{\tau} = \vec{r} \times \vec{p}$ é perpendicular ao eixo (Figura 10.34b). Isso faz com que a *direção* de $\vec{L}$ varie, mas não seu módulo. As variações de $d\vec{L}$ ocorrem sempre no plano xy horizontal, de modo que o vetor momento angular e o eixo do volante que com ele se move estão sempre em um plano horizontal. Ou seja, o eixo não cai — ele apenas sofre precessão.

Caso isso ainda lhe pareça difícil, pense em uma bola presa a um fio. Se ela estiver inicialmente em repouso e você puxar o fio para si, a bola também se deslocará para você. Porém, se a bola estiver inicialmente se movendo e você puxar o fio perpendicularmente à direção do movimento da bola, ela se moverá em um círculo em torno de sua mão; ela não se aproximará de sua mão. No primeiro caso, a bola possuía momento linear $\vec{p}$ zero para começar; quando você aplica uma força $\vec{F}$ orientada para si durante um intervalo dt, a bola adquire um momento linear $d\vec{p} = \vec{F}dt$, que também está orientado para você. No entanto, quando a bola já possui um momento linear $\vec{p}$, uma variação do momento $d\vec{p}$ perpendicular a $\vec{p}$ produzirá uma variação da direção do movimento, e não uma variação do módulo de sua velocidade. Troque $\vec{p}$ por $\vec{L}$ e $\vec{F}$ por $\vec{\tau}$ neste raciocínio, e você verá que a precessão é simplesmente o análogo rotacional do movimento circular uniforme.

No instante indicado na Figura 10.34a, o giroscópio possui momento angular $\vec{L}$. Depois de um intervalo curto dt, o momento angular passa para $\vec{L} + d\vec{L}$; a variação infinitesimal do momento angular é $d\vec{L} = \vec{\tau}dt$, que é perpendicular a $\vec{L}$. Como indica o diagrama vetorial da **Figura 10.35**, isso significa que o eixo do volante do giroscópio girou de um ângulo pequeno $d\phi$ dado por $d\phi = |d\vec{L}|/|\vec{L}|$. A taxa com a qual o eixo se move, $d\phi/dt$, denomina-se **velocidade angular de precessão**; representando essa grandeza por Ω, achamos

$$\Omega = \frac{d\phi}{dt} = \frac{|d\vec{L}|/|\vec{L}|}{dt} = \frac{\tau_z}{L_z} = \frac{pr}{I\omega} \tag{10.33}$$

Figura 10.34 (a) O volante gira inicialmente com momento angular $\vec{L}_i$. As forças (não indicadas) são análogas às da Figura 10.33a. (b) Como o momento angular inicial não é zero, cada variação $d\vec{L} = \vec{\tau}dt$ no momento angular é perpendicular a $\vec{L}$. Isso faz com que o módulo de $\vec{L}$ permaneça o mesmo, mas sua direção sofra uma variação contínua.

(a) Volante em rotação

Quando o volante está girando, o sistema se inicia com um momento angular $\vec{L}_i$ paralelo ao eixo de rotação do volante.

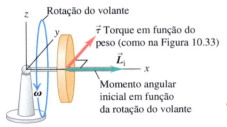

(b) Vista do topo

Agora o efeito do torque deve fazer com que o momento angular sofra precessão em torno do pivô. O giroscópio gira em torno de seu pivô sem cair.

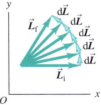

Figura 10.35 Visão detalhada de parte da Figura 10.34b.

Em um intervalo dt, o vetor momento angular e o eixo do volante (ao qual é paralelo) realizam uma precessão por meio de um ângulo $d\phi$.

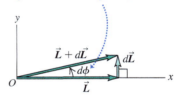

Portanto, a velocidade angular de precessão é *inversamente* proporcional à velocidade angular da rotação em torno do eixo. Um giroscópio que roda rapidamente realiza uma precessão lenta; caso o atrito nos mancais faça diminuir a velocidade angular do volante, a velocidade angular de precessão *aumenta*! A velocidade angular de precessão da Terra é muito lenta (1 rot/26.000 anos), porque sua velocidade angular em torno do eixo, ou velocidade angular de *spin* L_z, é grande e o torque τ_z, em razão das influências gravitacionais do Sol e da Lua, é relativamente pequeno.

À medida que o giroscópio realiza uma precessão, seu centro de massa se move em um círculo de raio r sobre um plano horizontal. Seu componente vertical da aceleração é zero, de modo que a força normal de baixo para cima $\vec{n}$, exercida pelo pivô, deve ter módulo precisamente igual ao peso. O movimento circular do centro de massa com velocidade angular Ω necessita de uma força $\vec{F}$ orientada para o interior do círculo, com módulo $F = M\Omega^2 r$. Essa força também deve ser fornecida pelo pivô.

Uma hipótese básica que fizemos em nossa análise do giroscópio foi que o vetor momento angular $\vec{L}$ está associado somente com o momento angular de *spin* do volante e é puramente horizontal. Contudo, também, existirá um componente vertical do momento angular associado com o movimento de precessão do giroscópio. Ignorando isso, estamos tacitamente supondo que a precessão é *lenta*; isto é, que a velocidade angular de precessão Ω é muito menor que a velocidade angular de *spin* ω. Como a Equação 10.33 mostra, um valor elevado de ω automaticamente fornece um valor pequeno de Ω, de modo que essa aproximação é razoável. Quando a precessão não é lenta, surgem efeitos adicionais, como um movimento ondulado para cima e para baixo, denominado *nutação* do eixo do volante, que se superpõe ao movimento de precessão. Você pode ver o movimento de nutação ocorrendo em um giroscópio à medida que sua velocidade angular de *spin* diminui, de modo que Ω aumenta, e o componente vertical de $\vec{L}$ não pode mais ser desprezado.

EXEMPLO 10.13 — UM GIROSCÓPIO EM PRECESSÃO

A **Figura 10.36a** mostra a vista de topo da roda de um giroscópio cilíndrico. O pivô está no ponto O, e a massa do eixo é desprezível. (a) Vista de cima para baixo, a precessão ocorre no sentido horário ou anti-horário? (b) Se o giroscópio leva 4,0 s para uma revolução de precessão, qual deve ser a velocidade angular da roda?

SOLUÇÃO

IDENTIFICAR E PREPARAR: determinaremos a direção da precessão usando a regra da mão direita como na Figura 10.34, que mostra o mesmo tipo de giroscópio da Figura 10.36. Usaremos a relação entre velocidade angular de precessão Ω e a velocidade angular de *spin* ω, a Equação 10.33, para achar o valor de ω.

EXECUTAR: (a) a regra da mão direita mostra que $\vec{\omega}$ e $\vec{L}$ são orientados para a esquerda (Figura 10.36b). O peso $\vec{p}$ aponta para o interior da página nessa vista de topo e atua no centro de massa (designado por um ×); o torque $\vec{\tau} = \vec{r} \times \vec{p}$ está orientado para o topo da página, então $d\vec{L}/dt$ também está orientado para o topo da página. A soma de um pequeno vetor $d\vec{L}$ ao vetor $\vec{L}$ inicial faz a direção de $\vec{L}$ mudar conforme mostrado, de modo que a precessão vista de cima para baixo ocorre no sentido horário.

(b) Tome cuidado para não confundir ω e Ω! Foi fornecido o valor $\Omega = (1 \text{ rot})/(4,0 \text{ s}) = (2\pi \text{ rad})/(4,0 \text{ s}) = 1,57 \text{ rad/s}$. O peso é mg e, se a roda for um cilindro sólido, uniforme, seu momento de inércia em torno do eixo de simetria é dado por $I = \frac{1}{2}mR^2$. Pela Equação 10.33, encontramos

$$\omega = \frac{pr}{I\Omega} = \frac{mgr}{(mR^2/2)\,\Omega} = \frac{2gr}{R^2\Omega}$$

$$= \frac{2(9,8 \text{ m/s}^2)(2,0 \times 10^{-2} \text{ m})}{(3,0 \times 10^{-2} \text{ m})^2 (1,57 \text{ rad/s})}$$

$$= 280 \text{ rad/s} = 2.600 \text{ rot/min}$$

AVALIAR: a velocidade angular de precessão Ω é apenas cerca de 0,6% da velocidade angular de *spin* ω, de modo que este é um exemplo de precessão lenta.

(Continua)

(*Continuação*)

Figura 10.36 Qual é o sentido e qual é o módulo da velocidade do movimento de precessão deste giroscópio?

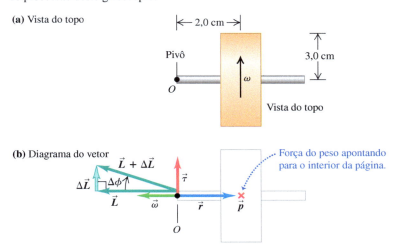

TESTE SUA COMPREENSÃO DA SEÇÃO 10.7 Suponha que a massa do volante na Figura 10.34 fosse duplicada, enquanto todas as demais dimensões e a velocidade angular do *spin* permanecessem as mesmas. Qual efeito essa variação teria sobre a velocidade angular de precessão Ω? (i) Ω aumentaria por um fator de 4; (ii) Ω dobraria; (iii) Ω não seria afetada; (iv) Ω teria a metade do valor; (v) Ω teria um quarto do valor. ❙

CAPÍTULO 10 RESUMO

Torque: quando uma força $\vec{F}$ atua sobre um corpo, o torque τ dessa força em relação a um ponto O possui um módulo dado pelo produto do módulo de força F e o braço da alavanca l. De acordo com uma definição generalizada, o vetor torque $\vec{\tau}$ é igual ao produto vetorial de $\vec{r}$ (o vetor posição do ponto em que a força atua) por $\vec{F}$ (Exemplo 10.1).

$$\tau = Fl = rF\,\text{sen}\,\phi = F_{\text{tan}}r \quad (10.2)$$
$$\vec{\tau} = \vec{r} \times \vec{F} \quad (10.3)$$

Dinâmica da rotação: o análogo rotacional da segunda lei de Newton diz que o torque resultante que atua sobre um corpo é igual ao produto do momento de inércia do corpo pela sua aceleração angular. (Veja os exemplos 10.2 e 10.3.)

$$\sum \tau_z = I\alpha_z \quad (10.7)$$

Movimento combinado de translação e rotação: quando um corpo rígido possui simultaneamente movimentos de rotação e de translação, a energia cinética pode ser expressa como a soma da energia cinética da translação do centro de massa e da energia cinética da rotação em torno de um eixo passando pelo centro de massa. Assim, a energia cinética é uma soma das energias cinéticas de translação e rotação. Em termos da dinâmica, a segunda lei de Newton descreve o movimento do centro de massa, e o equivalente rotacional da segunda lei de Newton descreve a rotação do centro de massa, e o equivalente rotacional da segunda lei de Newton descreve a rotação em torno do centro

$$K = \tfrac{1}{2}Mv_{\text{cm}}^2 + \tfrac{1}{2}I_{\text{cm}}\omega^2 \quad (10.8)$$
$$\sum \vec{F}_{\text{ext}} = M\vec{a}_{\text{cm}} \quad (10.12)$$
$$\sum \tau_z = I_{\text{cm}}\alpha_z \quad (10.13)$$
$$v_{\text{cm}} = R\omega \quad (10.11)$$
(rolamento sem deslizamento)

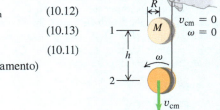

de massa. No caso do rolamento sem deslizamento, há uma relação especial entre o movimento do centro de massa e o movimento de rotação. (Veja os exemplos 10.4 a 10.7.)

Trabalho realizado por um torque: um torque que atua sobre um corpo rígido enquanto este gira realiza trabalho sobre esse corpo. O trabalho pode ser expresso como uma integral do torque. Segundo o teorema do trabalho-energia, o trabalho rotacional total realizado sobre um corpo rígido é igual à variação da energia cinética na rotação. A potência, ou a taxa em que o torque realiza trabalho, é o produto do torque pela velocidade angular. (Veja o Exemplo 10.8.)

$$W = \int_{\theta_1}^{\theta_2} \tau_z \, d\theta \quad (10.20)$$

$$W = \tau_z(\theta_2 - \theta_1) = \tau_z \Delta\theta \quad (10.21)$$
(apenas torque constante)

$$W_{tot} = \tfrac{1}{2}I\omega_2^2 - \tfrac{1}{2}I\omega_1^2 \quad (10.22)$$

$$P = \tau_z \omega_z \quad (10.23)$$

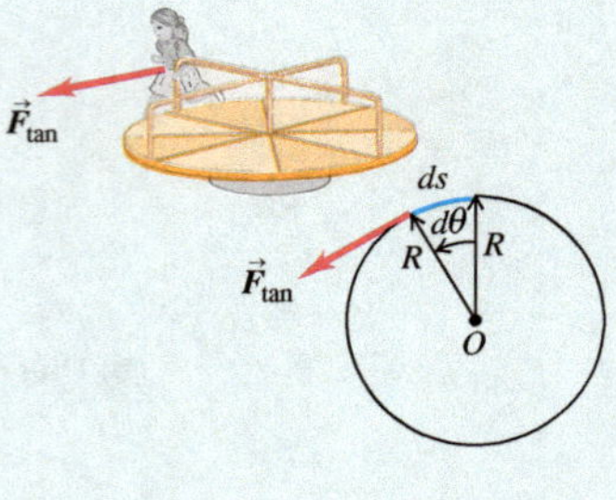

Momento angular: o momento angular de uma partícula em relação a um ponto O é o produto vetorial do vetor posição $\vec{r}$ da partícula em relação a O pelo seu momento linear $\vec{p} = m\vec{v}$. Quando um corpo simétrico gira em torno de um eixo de simetria fixo, seu momento angular é dado pelo produto de seu momento de inércia pelo seu vetor velocidade angular $\vec{\omega}$. Quando um corpo não é simétrico ou o eixo de rotação (z) não é um eixo de simetria, o componente do momento angular em torno do eixo de rotação é igual a $I\omega_z$. (Veja o Exemplo 10.9.)

$$\vec{L} = \vec{r} \times \vec{p} = \vec{r} \times m\vec{v} \quad (10.24)$$
(partícula)

$$\vec{L} = I\vec{\omega} \quad (10.28)$$
(corpo rígido girando em torno do eixo de simetria)

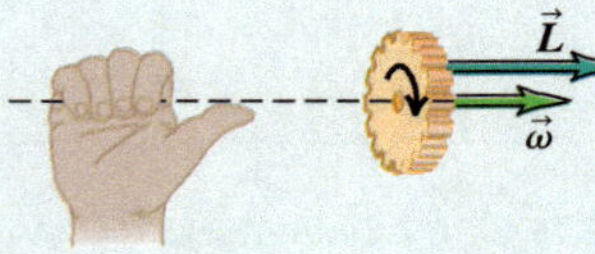

Dinâmica do movimento de rotação e o momento angular: o torque resultante externo que atua sobre um sistema é igual à taxa de variação de seu momento angular. Quando o torque resultante externo que atua sobre um sistema é igual a zero, o momento angular total do sistema é constante (se conserva). (Veja os exemplos 10.10 a 10.13.)

$$\sum \vec{\tau} = \frac{d\vec{L}}{dt} \quad (10.29)$$

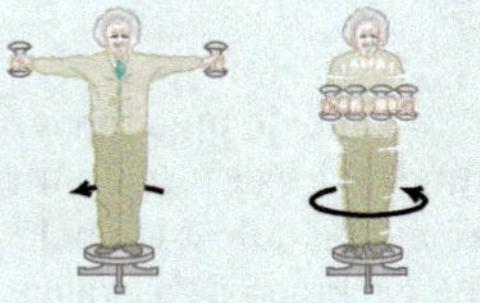

Problema em destaque Física no bilhar

Uma bola de bilhar (uma esfera sólida uniforme com massa m e raio R) está em repouso sobre uma mesa de sinuca nivelada. Usando um taco, você acerta a bola com um golpe certeiro e horizontal, com magnitude F a uma altura h acima de seu centro (**Figura 10.37**). A força da tacada é muito maior que a força de atrito f que a superfície da mesa exerce sobre a bola. A tacada ocorre por um tempo curto Δt. (a) Para que valor de h a bola rolará sem deslizar? (b) Se você atingir a bola bem no centro ($h = 0$), a bola deslizará pela mesa por um tempo, mas por fim rolará sem deslizar. Qual será então a velocidade de seu centro de massa?

Figura 10.37

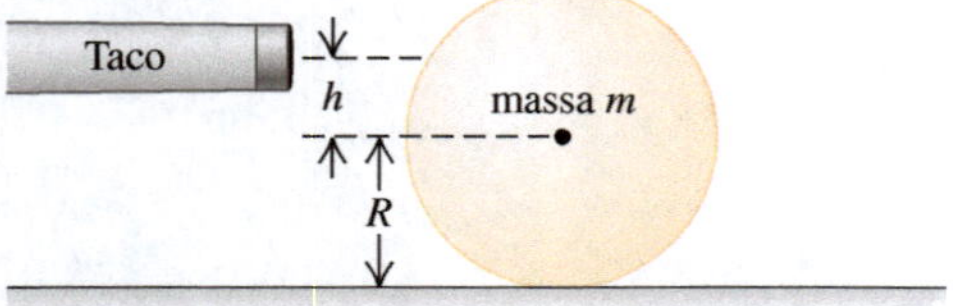

GUIA DA SOLUÇÃO
IDENTIFICAR E PREPARAR
1. Desenhe um diagrama do corpo livre para a bola para a situação na parte (a), incluindo sua escolha de eixos de coordenada. Observe que o taco exerce uma força de impulso sobre a bola e um torque de impulso ao redor do centro de massa.

2. A força do taco aplicada por um tempo Δt dá ao centro de massa da bola uma velocidade v_{cm}, e o torque do taco aplicado por esse mesmo tempo dá à bola uma velocidade angular ω. Como v_{cm} e ω devem estar relacionados para que a bola role sem deslizar?

3. Desenhe dois diagramas de corpo livre para a bola no item (b): um mostrando as forças durante a tacada e o outro mostrando as forças após a tacada, mas antes que a bola esteja rolando sem deslizar.

(Continua)

(*Continuação*)

4. Qual é a velocidade angular da bola no item (b) logo após a tacada? Enquanto a bola está deslizando, v_{cm} aumenta ou diminui? ω aumenta ou diminui? Qual é o relacionamento entre v_{cm} e ω quando a bola finalmente está rolando sem deslizar?

EXECUTAR

5. No item (a), use o teorema do impulso-momento para achar a velocidade do centro de massa da bola imediatamente após a tacada. Depois, use a versão de rotação do teorema do impulso-momento para achar a velocidade angular imediatamente após a tacada. (*Dica:* para escrever a versão de rotação do teorema do impulso-momento, lembre-se de que a relação entre torque e momento angular é a mesma que aquela entre força e momento linear.)

6. Use seus resultados do item 5 para achar o valor de h que fará com que a bola role sem deslizar imediatamente após a tacada.

7. No item (b), novamente ache a velocidade do centro de massa da bola e a velocidade angular logo após a tacada. Depois, escreva a segunda lei de Newton para os movimentos de translação e de rotação das bolas enquanto ela desliza. Use essas equações para escrever expressões para v_{cm} e ω como funções do tempo gasto t desde a tacada.

8. Usando seus resultados do item 7, ache o tempo t em que v_{cm} e ω têm a relação correta para rolar sem deslizar. Depois, ache o valor de v_{cm} nesse instante.

AVALIAR

9. Se você tiver acesso a uma mesa de sinuca, teste os resultados dos itens (a) e (b) por si só!

10. Você conseguiria mostrar que, se tivesse usado um cilindro oco em vez de uma bola sólida, teria de atingir o topo do cilindro para causar um rolamento sem deslizamento, como no item (a)?

PROBLEMAS

•, ••, •••: níveis de dificuldade. **PC**: problemas cumulativos, incorporando material de outros capítulos. **CALC**: problemas exigindo cálculo. **DADOS:** problemas envolvendo dados reais, evidência científica, projeto experimental e/ou raciocínio científico. **BIO**: problemas envolvendo biociências.

QUESTÕES PARA DISCUSSÃO

Q10.1 Uma única força aplicada a um corpo pode alterar simultaneamente seus movimentos de translação e de rotação? Explique.

Q10.2 Suponha que você possa escolher qualquer tipo de roda para o projeto de um carro para competir em uma corrida de carros de rolimã (veículos de quatro rodas sem motor que descem ao longo de uma encosta a partir do repouso). Seguindo as regras do limite máximo para o peso do carro somado ao peso do competidor, você usaria rodas grandes e pesadas ou rodas pequenas e leves? Você usaria rodas maciças ou rodas ocas com a massa concentrada na periferia da roda? Explique.

Q10.3 Ciclistas experientes afirmam que, se for para reduzir o peso de uma bicicleta, é mais eficaz fazê-lo nas rodas em vez de reduzir o quadro da bicicleta. Por que a redução no peso das rodas facilita mais a ação do ciclista do que reduzir o mesmo peso no quadro?

Q10.4 Quanto mais fortemente você pisar no freio enquanto o carro se desloca para a frente, mais para baixo a parte dianteira se move (e a parte traseira se move mais para cima). Por quê? O que ocorre durante a aceleração? Por que os carros de corrida do tipo *dragster* não usam apenas tração nas rodas dianteiras?

Q10.5 Quando uma acrobata anda sobre uma corda esticada, ela abre e estende os braços lateralmente. Ela faz isso para que seja mais fácil se equilibrar, caso tombe para um lado ou para o outro. Explique como isso funciona. (*Dica:* raciocine usando a Equação 10.7.)

Q10.6 Quando um motor elétrico é acionado, ele leva mais tempo para atingir sua velocidade final quando existe um rotor de esmeril preso ao eixo do motor. Por quê?

Q10.7 O trabalho realizado por uma força é o produto da força pela distância. O torque em função de uma força é o produto da força pela distância. Isso significa que o torque e o trabalho são equivalentes? Explique.

Q10.8 Um cliente importante traz uma bola de estimação à sua empresa de engenharia, querendo saber se ela é maciça ou oca. Ele tentou dar leves batidas nela, mas isso forneceu pouca informação. Prepare uma experiência simples e barata que você possa realizar de forma rápida, sem causar danos à preciosa bola, para descobrir se ela é maciça ou oca.

Q10.9 Você criou duas versões do mesmo objeto, a partir do mesmo material com densidade uniforme. Para uma versão, todas as dimensões de uma delas são exatamente o dobro da outra. Se o mesmo torque atua sobre ambas as versões, e considerando a aceleração angular da menor como α, qual será a aceleração angular da versão maior em relação a α?

Q10.10 Duas massas idênticas, presas a polias com atrito desprezível por dois fios bem leves enrolados na borda das polias, são liberadas do repouso. Ambas as polias possuem a mesma massa e o mesmo diâmetro, mas uma é maciça e a outra é um aro. À medida que as massas caem, em qual dos casos a tensão no fio é maior, ou ela é mesma? Justifique sua resposta.

Q10.11 A força da gravidade atua sobre o bastão na Figura 10.11, produzindo torques que provocam variação na velocidade angular de um corpo. Por que, então, a velocidade angular do bastão na figura é constante?

Q10.12 Uma certa bola maciça e uniforme atinge uma altura máxima h_0 ao rolar de baixo para cima de uma colina, sem deslizar. Que altura máxima (em termos de h_0) ela atingirá, caso você (a) dobre seu diâmetro, (b) dobre sua massa, (c) dobre tanto o diâmetro quanto a massa, (d) dobre o módulo da sua velocidade angular na base da colina?

Q10.13 Uma roda está rolando sem deslizar sobre uma superfície horizontal. Em um sistema de referência inercial no qual a superfície está em repouso, existe algum ponto sobre a roda que possua uma velocidade puramente vertical? Existe algum ponto sobre a roda que possua velocidade com um componente horizontal com sentido oposto ao da velocidade do centro de massa? Explique. Caso a roda deslize durante o giro, suas respostas se modificam? Explique.

Q10.14 Um aro, um cilindro maciço e uniforme, uma casca esférica e uma esfera maciça e uniforme são liberados do repouso no topo de um plano inclinado. Qual é a ordem de chegada desses itens na parte inferior da inclinação? Importa se as massas e os raios dos objetos são os mesmos? Explique.

Q10.15 Uma bola está rolando, sem deslizar, sobre uma superfície horizontal de modo que o módulo da sua velocidade seja v, quando encontra uma colina que se ergue a um ângulo constante acima da horizontal. Em qual caso ela subirá a colina: se a colina possuir atrito suficiente para impedir o deslizamento ou se for perfeitamente lisa? Justifique suas respostas em ambos os casos em termos da conservação da energia e em termos da segunda lei de Newton.

Q10.16 Você está em pé no centro de um carrossel horizontal girando em um parque de diversões. O carrossel gira sobre apoios sem atrito, e sua rotação é livre (ou seja, não existe nenhum motor fazendo o carrossel girar). Quando você caminha até a periferia do carrossel, diga o que ocorre com o momento angular total do sistema constituído por você e o carrossel. O que ocorre com a velocidade angular do carrossel? Explique suas respostas.

Q10.17 Aquecimento global. À medida que o clima na Terra continua a aquecer, o gelo nas calotas polares continua derretendo e se juntando aos oceanos. Que efeito isso terá sobre a duração do dia? Justifique sua resposta. (*Dica:* consulte um mapa para ver onde ficam os oceanos.)

Q10.18 Se dois objetos girando têm o mesmo momento angular, eles necessariamente têm a mesma energia cinética de rotação? Em caso afirmativo, eles necessariamente têm o mesmo momento angular? Explique.

Q10.19 Uma estudante está sentada sobre um banco giratório sem atrito, com os braços esticados enquanto segura pesos iguais em cada mão. Se, de repente, ela soltar os pesos, sua velocidade angular aumentará, permanecerá igual ou diminuirá? Explique.

Q10.20 Uma partícula se move em linha reta com velocidade constante, e a distância entre a reta e a origem é igual a l. Em relação à origem, o momento angular da partícula é igual ou diferente de zero? À medida que a partícula se desloca ao longo da reta, seu momento angular em relação à origem varia?

Q10.21 No Exemplo 10.10 (Seção 10.6), a velocidade angular ω varia e isso deve significar que existe uma aceleração angular diferente de zero. Porém, não existe nenhum torque em torno do eixo de rotação quando as forças que o professor aplica sobre os pesos estão orientadas radialmente para dentro. Então, pela Equação 10.7, α_z deve ser igual a zero. Explique o que há de errado nesse raciocínio que leva a uma aparente contradição.

Q10.22 No Exemplo 10.10 (Seção 10.6), a energia cinética de rotação do professor com os halteres aumenta. Contudo, como não existem torques externos, não existe nenhum trabalho capaz de alterar a energia cinética da rotação. Então, pela Equação 10.22, a energia cinética deve permanecer constante! Explique o que há de errado nesse raciocínio que leva a uma aparente contradição. De *onde* vem a energia cinética extra?

Q10.23 Conforme discutimos na Seção 10.6, o momento angular de uma acrobata no circo se conserva à medida que ela se move pelo ar. Seu momento *linear* se conserva? Explique sua resposta.

Q10.24 Quando você segura, por um intervalo mínimo, um ovo fresco que está girando e a seguir o solta, o ovo começa a girar novamente. Quando você repete a experiência com um ovo cozido, ele permanece parado. Experimente fazer isso. Explique sua resposta.

Q10.25 Um helicóptero possui um rotor grande principal que gira em um plano horizontal e ocasiona força de sustentação. Existe, também, um rotor pequeno na traseira do helicóptero que gira em um plano vertical. Qual é a finalidade do rotor traseiro? (*Dica:* caso não existisse o rotor traseiro, o que ocorreria quando o piloto variasse a velocidade angular do rotor principal?) Alguns helicópteros não possuem rotor traseiro, mas dois rotores principais grandes que giram em um plano horizontal. Por que é importante que esses rotores girem em sentidos contrários?

Q10.26 Em um projeto comum de giroscópio, o volante e seu eixo permanecem no interior de uma estrutura leve e esférica, com o volante no centro da estrutura. A seguir, o giroscópio é equilibrado no topo de um pivô, de modo que o volante fique diretamente acima do pivô. O giroscópio realiza precessão quando é liberado enquanto o volante está girando? Explique.

Q10.27 Um giroscópio realiza um movimento de precessão em torno de um eixo vertical. O que acontece com a velocidade angular de precessão se as seguintes mudanças forem feitas, com todas as outras variáveis permanecendo iguais? (a) A velocidade angular do volante giratório é dobrada; (b) o peso total é dobrado; (c) o momento de inércia em torno do eixo do volante giratório é dobrado; (d) a distância do pivô ao centro de gravidade é dobrada. (e) O que acontece se todas as variáveis nos itens de (a) até (d) forem dobrados? Em cada caso, justifique sua resposta.

Q10.28 Um giroscópio leva 3,8 s para fazer uma precessão de 1,0 revolução em torno de um eixo vertical. Dois minutos depois, ele leva 1,9 s para fazer uma precessão de 1,0 revolução. Ninguém tocou no giroscópio. Explique o que ocorreu.

Q10.29 Um giroscópio realiza um movimento de precessão como indicado na Figura 10.32. O que ocorrerá se você colocar suavemente algum peso em um ponto o mais afastado possível do pivô, ou seja, na extremidade do eixo do volante?

Q10.30 Uma bala sai de um rifle girando sobre seu eixo. Explique como isso evita que a bala vire e que ela mantenha a extremidade aerodinâmica apontada para a frente.

EXERCÍCIOS

Seção 10.1 Torque

10.1 • Calcule o torque (módulo, direção e sentido) em torno de um ponto O de uma força $\vec{F}$ em cada uma das situações esquematizadas na **Figura E10.1**. Em cada caso, a força $\vec{F}$ e a barra estão no plano da página, o comprimento da barra é igual a 4,0 m e a força possui módulo $F = 10,0$ N.

Figura E10.1

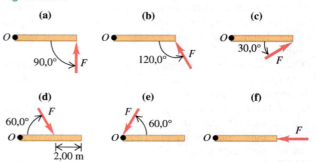

10.2 • Calcule o torque resultante em torno de um ponto O para as duas forças aplicadas mostradas na **Figura E10.2**. A barra e as forças estão sobre o plano da página.

Figura E10.2

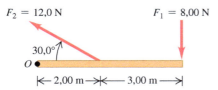

10.3 •• Uma placa metálica quadrada de lado igual a 0,180 m possui um eixo pivotado perpendicularmente ao plano da página passando em seu centro O (**Figura E10.3**). Calcule o torque resultante em torno desse eixo produzido pelas três forças mostradas na figura, sabendo que os módulos das forças são $F_1 = 18,0$ N, $F_2 = 26,0$ N e $F_3 = 14,0$ N. O plano da placa e de todas essas forças é o plano da página.

Figura E10.3

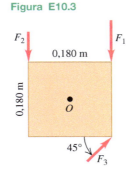

10.4 • Três forças são aplicadas a uma roda com raio igual a 0,350 m, conforme mostra a **Figura E10.4**. Uma força é perpendicular à borda, outra é tangente a ela e a outra forma um ângulo de 40° com o raio. Qual é o torque resultante da roda produzido por essas três forças em relação a um eixo perpendicular à roda e que passa através de seu centro?

Figura E10.4

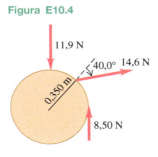

10.5 • Uma força atuando sobre uma peça de uma máquina é dada pela expressão $\vec{F} = (-5,0 \text{ N})\hat{\imath} + (4,0 \text{ N})\hat{\jmath}$. O vetor da origem ao ponto onde a força é aplicada é dado por $\vec{r} = (-0,450 \text{ m})\hat{\imath} + (0,150 \text{ m})\hat{\jmath}$. (a) Faça um diagrama mostrando $\vec{r}$, $\vec{F}$ e a origem. (b) Use a regra da mão direita para determinar a direção e o sentido do torque. (c) Calcule o vetor torque para um eixo na origem, produzido por essa força. Verifique se a direção e o sentido do torque são iguais aos obtidos no item (b).

10.6 • Uma barra de metal está no plano xy com uma extremidade da barra na origem. Uma força $\vec{F} = (7,00 \text{ N})\hat{\imath} + (-3,0 \text{ N})\hat{\jmath}$ é aplicada à barra no ponto $x = 3,00$ m, $y = 4,00$ m. (a) Em termos dos vetores unitários $\hat{\imath}$ e $\hat{\jmath}$, qual é o vetor de posição $\vec{r}$ para o ponto onde a força é aplicada? (b) Quais são o módulo, a direção e o sentido do torque com relação à origem produzida por $\vec{F}$?

10.7 • Um operário está usando uma chave de boca para afrouxar uma porca. A ferramenta tem 25,0 cm de comprimento, e ele exerce uma força de 17,0 N sobre a extremidade do cabo, formando um ângulo de 37° com o cabo (**Figura E10.7**).

Figura E10.7

(a) Qual o torque que o operário exerce sobre o centro da porca? (b) Qual o torque máximo que ele pode exercer com essa força, e como a força deve ser orientada?

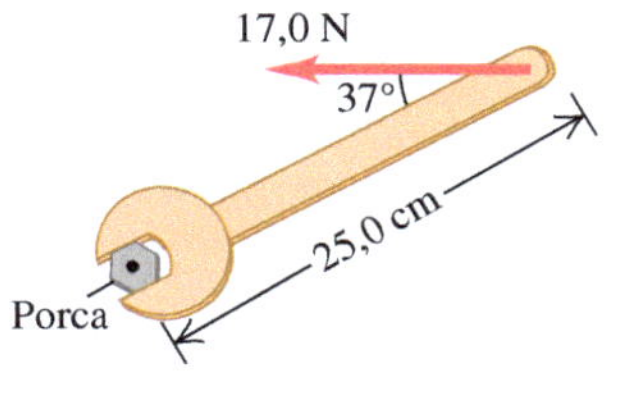

Seção 10.2 Torque e aceleração angular de um corpo rígido

10.8 •• Um disco uniforme com massa de 40,0 kg e raio de 0,200 m é girado em seu centro em torno de um eixo estacionário horizontal sem atrito. O disco inicialmente está em repouso, e depois uma força constante $F = 30,0$ N é aplicada tangente à borda do disco. (a) Qual é o módulo v da velocidade tangencial de um ponto na borda do disco após o disco ter girado por 0,200 rotação? (b) Qual é o módulo a da aceleração resultante de um ponto na borda do disco depois que o disco tiver girado por 0,200 rotação?

10.9 •• O volante de uma máquina possui momento de inércia igual a 1,60 kg · m² em torno de seu eixo de rotação. Qual é o torque constante necessário para que, partindo do repouso, sua velocidade angular atinja o valor de 400 rot/min em 8,0 s?

10.10 • Uma corda é enrolada em torno da periferia de uma roda maciça e uniforme de raio igual a 0,250 m e massa de 9,20 kg. A corda é puxada por uma força constante horizontal de 40,0 N para a direita e tangencialmente à roda. A roda está montada sobre mancais com atrito desprezível sobre um eixo horizontal que passa por seu centro. (a) Calcule a aceleração angular da roda e a aceleração da parte da corda que já foi puxada para fora da roda. (b) Ache o módulo, a direção e o sentido da força que o eixo exerce sobre a roda. (c) Qual das respostas nos itens (a) e (b) sofreria variação, caso a força de puxar fosse de baixo para cima em vez de horizontal?

10.11 •• A peça de uma máquina tem o formato de uma esfera maciça e uniforme com massa de 225 g e diâmetro de 3,00 cm. Ela está girando em torno de um eixo com atrito desprezível que passa pelo seu centro, mas, em um ponto em seu equador, ela está roçando contra uma parte metálica, resultando em uma força de atrito de 0,0200 N nesse ponto. (a) Ache a aceleração angular. (b) Quanto tempo levará para que o módulo da velocidade rotacional seja reduzido em 22,5 rad/s?

10.12 •• **PC** Uma pedra é suspensa pela extremidade livre de um cabo que está enrolado na periferia externa de uma polia, de modo semelhante ao indicado na Figura 10.10. A polia é um disco uniforme com massa de 10,0 kg e raio de 30,0 cm, que gira sobre mancais com atrito desprezível. Você mede que a pedra se desloca 12,6 m nos primeiros 3,00 s a partir do repouso. Ache (a) a massa da pedra e (b) a tensão no cabo.

10.13 •• **PC** Um livro de 2,00 kg está em repouso sobre uma superfície horizontal sem atrito. Uma corda amarrada ao livro passa sobre uma polia com diâmetro igual a 0,150 m e sua outra extremidade está presa a outro livro suspenso, com massa de 3,00 kg. O sistema é solto a partir do repouso, e os livros se deslocam 1,20 m em 0,800 s. (a) Qual é a tensão em cada parte da corda? (b) Qual é o momento de inércia da polia em torno de seu eixo de rotação?

10.14 •• **PC** Um balde com água de 15,0 kg é suspenso por uma corda enrolada em torno de um cilindro sólido com diâmetro de 0,300 m e massa igual a 12,0 kg. O cilindro é pivotado sobre um eixo sem atrito passando em seu centro. O balde é liberado a partir do repouso no topo de um poço e cai 10,0 m até atingir a água. (a) Qual é a tensão na corda enquanto o balde está caindo? (b) Com que velocidade o balde atinge a água? (c) Qual é o tempo de queda? (d) Enquanto o balde está caindo, qual é a força exercida pelo eixo sobre o cilindro?

10.15 • Uma roda gira sem atrito em torno de um eixo horizontal estacionário, no centro da roda. Uma força tangencial constante, igual a 80,0 N, é aplicada à borda da roda. A roda tem raio de 0,120 m. Partindo do repouso, a roda tem uma velocidade angular de 12,0 rot/s depois de 2,00 s. Qual é o momento de inércia da roda?

10.16 •• Uma caixa de 12,0 kg em repouso sobre uma superfície horizontal e livre de atrito está atada a um peso de 5,0 kg por um cabo delgado e leve que passa sobre uma polia com atrito desprezível (**Figura E10.16**). A polia possui a forma de um disco maciço e uniforme com massa de 2,00 kg e diâmetro de 0,500 m. Após o sistema ser liberado, ache (a) a tensão no cabo sobre ambos os lados da polia, (b) a aceleração da caixa e (c) os componentes horizontal e vertical da força que o eixo exerce sobre a polia.

Figura E10.16

12,0 kg

5,00 kg

Seção 10.3 Rotação de um corpo rígido em torno de um eixo móvel

10.17 • Um aro de 2,20 kg e 1,20 m de diâmetro está rolando da esquerda para a direita sem deslizar, sobre um piso horizontal a constantes 2,60 rad/s. (a) Com que velocidade seu centro está se movendo? (b) Qual é a energia cinética total do aro? (c) Ache o vetor velocidade de cada um dos seguintes pontos, vistos por uma pessoa em repouso sobre o chão: (i) o ponto mais alto do aro; (ii) o ponto mais baixo do aro; (ii) um ponto do lado direito do aro, a meio caminho entre o topo e a base. (d) Ache o vetor velocidade para cada um dos pontos no item (c), só que do ponto de vista de alguém que se move com a mesma velocidade do aro.

10.18 •• BIO Ginástica. Podemos modelar aproximadamente um rolo de ginástica como um cilindro sólido uniforme com massa de 75 kg e diâmetro de 1,0 m. Se ele rola para a frente a 0,5 rot/s, (a) quanta energia cinética total ele possui, e (b) que porcentagem de sua energia cinética total é rotacional?

10.19 • Qual fração da energia cinética total é rotacional para os seguintes objetos que rolam sem deslizar sobre uma superfície horizontal? (a) Um cilindro maciço e uniforme; (b) uma esfera uniforme; (c) uma esfera oca de paredes finas; (d) um cilindro oco com raio externo R e raio interno $R/2$.

10.20 •• Um fio é enrolado diversas vezes em torno da periferia de um pequeno aro de raio 8,0 cm e massa de 0,180 kg. A extremidade livre do fio é mantida fixa e o aro é liberado a partir do repouso (**Figura E10.20**). Após o aro cair por 75,0 cm, calcule (a) a velocidade angular do aro em rotação e (b) o módulo da velocidade em seu centro.

Figura E10.20

0,0800 m

10.21 •• Uma bola maciça é liberada do repouso e desliza para baixo pela encosta de uma colina com inclinação de 65,0° com o plano horizontal. (a) Qual valor mínimo o coeficiente de atrito estático entre as superfícies da colina e da bola deve ter para que não ocorra deslizamento algum? (b) O coeficiente de atrito calculado no item (a) é suficiente para impedir que uma bola oca (como uma bola de futebol) deslize? Justifique sua resposta. (c) No item (a), por que usamos o coeficiente de atrito estático e não o coeficiente de atrito cinético?

10.22 •• Uma casca esférica, oca, de massa igual a 2,00 kg, rola sem deslizar ao longo de um plano inclinado de 38,0°. (a) Ache a aceleração, a força de atrito e o coeficiente de atrito mínimo necessário para impedir o deslizamento. (b) Como suas respostas do item (a) seriam alteradas caso a massa fosse dobrada para 4,0 kg?

10.23 •• Uma roda de 392 N sai do eixo de um caminhão em movimento e rola sem deslizar ao longo de uma estrada inclinada. Na base de um morro, ela está girando a 25,0 rad/s. O raio da roda é igual a 0,600 m e seu momento de inércia em torno do eixo de rotação é igual a $0,800MR^2$. O atrito realiza trabalho sobre a roda à medida que ela sobe o morro até parar, a uma altura h acima da base do morro; esse trabalho possui módulo igual a 2.600 J. Calcule h.

10.24 •• Uma bola de gude homogênea rola para baixo a partir do topo da lateral esquerda de uma tigela simétrica, partindo do repouso. O topo de cada lateral está a uma distância h do fundo da tigela. A metade esquerda da tigela é áspera o suficiente para fazer a bola de gude rolar sem deslizar, mas a metade direita não possui nenhum atrito porque está coberta de óleo. (a) A que altura da lateral lisa a bola de gude subirá, se medida verticalmente a partir do fundo? (b) A que altura a bola de gude iria se ambos os lados fossem tão ásperos quanto o esquerdo? (c) A que você atribui o fato de que a bola sobe *mais* com o atrito do lado direito do que sem atrito?

10.25 •• Um fio fino e leve está enrolado na borda externa de um cilindro oco uniforme com massa de 4,75 kg, tendo os raios interno e externo conforme mostra a **Figura E10.25**. O cilindro é liberado do repouso. (a) Até que distância o cilindro deverá cair antes que seu centro esteja se movendo a 6,66 m/s? (b) Se você simplesmente soltasse esse cilindro sem qualquer fio, com que velocidade seu centro estaria se movendo quando tivesse caído a uma distância igual à da parte (a)? (c) Por que existem duas respostas diferentes, se o cilindro cai pela mesma distância nos dois casos?

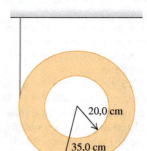

Figura E10.25

20,0 cm

35,0 cm

10.26 •• Uma bola subindo uma inclinação. Uma bola de boliche rola sem deslizar para cima de uma rampa inclinada de um ângulo β com a horizontal (veja o Exemplo 10.7 na Seção 10.3). Considere a bola uma esfera maciça homogênea e ignore seus orifícios. (a) Faça um diagrama do corpo livre para a bola. Explique por que a força de atrito deve possuir sentido *para cima*. (b) Qual é a aceleração do centro de massa da bola? (c) Qual deve ser o coeficiente de atrito estático mínimo para impedir o deslizamento?

10.27 •• Uma bola de futebol de tamanho 5, com diâmetro de 22,6 cm e massa de 426 g, rola subindo uma colina sem deslizar, chegando a uma altura máxima de 5,00 m acima da base da colina. Podemos modelar essa bola como uma esfera oca com paredes finas. (a) Com que velocidade ela estava girando na base da colina? (b) Quanta energia cinética rotacional ela tinha naquele momento?

10.28 •• Um ciclista está descendo uma colina a 11,0 m/s quando, para seu espanto, uma de suas rodas de 2,25 kg se solta enquanto ele está a 75,0 m acima do pé da colina. Podemos modelar a roda como um cilindro de paredes finas com 85,0 cm de diâmetro e ignorar a pequena massa dos raios. (a) Com que velocidade a roda estará se movendo quando atingir o pé da colina se ela rolou sem deslizar por todo o percurso da descida? (b) Quanta energia cinética total a roda terá ao atingir a base da colina?

Seção 10.4 Trabalho e potência no movimento de rotação

10.29 • Um gira-gira de um parque possui raio de 2,40 m e momento de inércia igual a 2.100 kg · m² em torno de um eixo vertical passando em seu centro e gira com atrito desprezível. (a) Uma criança aplica uma força de 18,0 N tangencialmente à periferia do brinquedo durante 15,0 s. Se o gira-gira está inicialmente em repouso, qual é sua velocidade angular depois desse instante de 15,0 s? (b) Qual é o trabalho realizado pela criança sobre o carrossel? (c) Qual é a potência média fornecida pela criança?

10.30 • Um motor fornece 175 hp para a hélice de um avião a uma rotação de 2.400 rot/min. (a) Qual é o torque fornecido pelo motor do avião? (b) Qual é o trabalho realizado pelo motor em uma revolução da hélice?

10.31 • A roda de um esmeril de 2,80 kg possui forma cilíndrica com raio igual a 0,100 m. (a) Qual deve ser o torque constante capaz de levá-la do repouso a uma velocidade angular de 1.200 rot/min em 2,5 s? (b) Que ângulo ela girou durante esse intervalo? (c) Use a Equação 10.21 para calcular o trabalho realizado pelo torque. (d) Qual é a energia cinética do esmeril quando ele está girando a 1.200 rot/min? Compare sua resposta com o resultado do item (c).

10.32 •• Um motor elétrico consome 9,00 kJ de energia elétrica em 1,00 min. Se um terço dessa energia é consumida no aquecimento e em outras formas de energia interna e o restante é a produção do motor, qual é o torque desenvolvido por esse motor, se ele gira a 2.500 rpm?

10.33 • (a) Calcule o torque desenvolvido por um motor industrial com potência de 150 kW para uma velocidade angular de 4.000 rot/min. (b) Um tambor de massa desprezível, com diâmetro igual a 0,400 m, é ligado ao eixo do motor e a potência disponível do motor é usada para elevar um peso pendurado em uma corda enrolada em torno do tambor. Qual é o peso máximo que pode ser elevado com velocidade constante? (c) Com que velocidade constante o peso sobe?

10.34 •• A hélice propulsora de um avião possui comprimento de 2,08 m (de uma extremidade a outra) e sua massa é de 117 kg. Logo no início do funcionamento do motor, ele aplica um torque de 1.950 N · m na hélice, que começa a se mover a partir do repouso. (a) Qual é a aceleração angular da hélice? Considere a hélice como uma barra fina e veja a Tabela 9.2. (b) Qual é a velocidade angular da hélice propulsora quando ela atinge 5,00 rot? (c) Qual é o trabalho realizado pelo motor durante as 5,00 rot iniciais? (d) Qual é a potência média fornecida pela máquina durante as 5,00 rot iniciais? (e) Qual é a potência instantânea do motor no instante em que a hélice propulsora completa essas 5,00 rot?

Seção 10.5 Momento angular

10.35 • Uma pedra de 2,00 kg possui uma velocidade horizontal com módulo de 12,0 m/s quando está no ponto *P* na **Figura E10.35**. (a) Nesse instante, qual é o módulo, a direção e o sentido de seu momento angular em relação ao ponto *O*? (b) Caso a única força que atue sobre a pedra seja seu peso, qual é a taxa de variação (módulo, direção e sentido) do momento angular nesse instante?

Figura E10.35

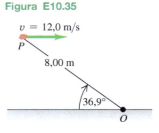

10.36 •• Uma mulher com massa de 50 kg está em pé sobre a periferia de um grande disco que gira com 0,80 rot/s em torno de um eixo que passa através de seu centro. O disco possui massa de 110 kg e raio igual a 4,0 m. Calcule o módulo do momento angular total do sistema mulher-disco. (Suponha que a mulher possa ser tratada como um ponto.)

10.37 •• Ache o módulo do momento angular do ponteiro dos segundos de um relógio em torno do eixo que passa pelo centro de massa da face frontal do relógio. Esse ponteiro possui comprimento de 15,0 cm e massa de 6,00 g. Considere-o uma barra delgada girando com velocidade angular constante em torno de uma de suas extremidades.

10.38 •• (a) Calcule o módulo do momento angular da Terra descrevendo uma órbita em volta do Sol. É razoável modelá-la como uma partícula? (b) Calcule o módulo do momento angular da Terra em função de sua rotação em torno de um eixo que passa pelos polos norte e sul, modelando-a como uma esfera uniforme. Consulte o Apêndice E e os dados de astronomia no Apêndice F.

10.39 •• **CALC** Uma esfera oca com paredes finas de massa igual a 12,0 kg e diâmetro de 48,0 cm está girando em torno de um eixo que passa pelo seu centro. O ângulo (em radianos) em que ele gira em função do tempo (em segundos) é dado por $(t) = At^2 + Bt^4$, onde *A* possui o valor numérico de 1,50 e *B*, de 1,10. (a) Quais são as unidades das constantes *A* e *B*? (b) No instante de 3,0 s, ache (i) o momento angular da esfera e (ii) o torque resultante sobre a esfera.

Seção 10.6 Conservação do momento angular

10.40 • **PC** Um pequeno bloco apoiado sobre uma mesa horizontal sem atrito possui massa de 0,0250 kg. Ele está preso a uma corda sem massa que passa através de um buraco na superfície (**Figura E10.40**). No início, o bloco está girando a uma distância de 0,300 m do buraco com uma velocidade angular de 2,85 rad/s. A seguir, a corda é puxada por baixo, fazendo com que o raio do círculo se encurte para 0,150 m. O bloco pode ser considerado uma partícula. (a) O momento angular é conservado? Por quê? (b) Qual é a nova velocidade angular? (c) Calcule a variação da energia cinética do bloco. (d) Qual foi o trabalho realizado ao puxar a corda?

Figura E10.40

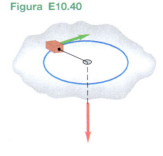

10.41 •• Sob determinadas circunstâncias, uma estrela pode sofrer um colapso e se transformar em um objeto extremamente denso, constituído principalmente por nêutrons e chamado *estrela de nêutrons*. A densidade de uma estrela de nêutrons é aproximadamente 10^{14} vezes maior que a da matéria comum.

Suponha que a estrela seja uma esfera maciça e homogênea antes e depois do colapso. O raio inicial da estrela era de $7,0 \times 10^5$ km (comparável com o raio do Sol); seu raio final é igual a 16 km. Supondo que a estrela original completasse um giro em 30 dias, ache a velocidade angular da estrela de nêutrons.

10.42 •• Uma mergulhadora pula de um trampolim com os braços estendidos verticalmente para cima e pernas esticadas para baixo, fornecendo-lhe um momento de inércia em torno do eixo de rotação igual a 18 kg · m². Então, ela se agacha formando uma pequena bola, fazendo seu momento de inércia diminuir para 3,6 kg · m². Quando está agachada, ela realiza uma rotação completa em 1,0 s. Caso ela não se agachasse, quantas rotações faria no intervalo de tempo de 1,5 s desde o trampolim até atingir a água?

10.43 •• Um patinador girando. Podemos considerar as mãos e os braços esticados para fora de um patinador que se prepara para girar como uma barra delgada cujo eixo de giro passa pelo seu centro de gravidade (**Figura E10.43**). Quando as mãos e os braços se aproximam do corpo e se cruzam em torno dele para executar o giro, eles podem ser considerados um cilindro oco com parede fina. A massa total das mãos e dos braços é igual a 8,0 kg. Quando esticadas para fora, a envergadura é de 1,8 m; quando encolhidas, elas formam um cilindro de raio igual a 25 cm. O momento de inércia das partes restantes do corpo em relação ao eixo de rotação é constante e igual a 0,40 kg · m². Se sua velocidade angular inicial é de 0,40 rot/s, qual é sua velocidade angular final?

Figura E10.43

10.44 •• Uma porta sólida de madeira com largura de 1,00 m e altura de 2,00 m é articulada em um de seus lados e possui massa total de 40,0 kg. Inicialmente aberta e em repouso, a porta é atingida por uma porção de lama pegajosa de massa igual a 0,500 kg, que se desloca perpendicularmente à porta com velocidade de 12,0 m/s imediatamente antes do impacto. Calcule a velocidade angular final da porta. A lama tem contribuição significativa para o momento de inércia?

10.45 •• Uma mesa giratória grande possui forma de disco com raio de 2,0 m e massa igual a 120 kg. A mesa giratória está inicialmente a 3,0 rad/s em torno de um eixo vertical que passa em seu centro. Repentinamente, um paraquedista de 70 kg pousa suavemente em um ponto próximo da periferia da mesa. (a) Ache a velocidade angular da mesa giratória depois do pouso do paraquedista. (Suponha que ele possa ser considerado uma partícula.) (b) Calcule a energia cinética do sistema antes e depois do pouso do paraquedista. Por que essas energias cinéticas são diferentes?

10.46 •• Colisão de um asteroide! Suponha que um asteroide se desloque diretamente para o centro da Terra e venha a colidir com o nosso planeta na altura da linha do Equador, penetrando na superfície terrestre. Qual teria de ser a massa desse asteroide, em relação à massa M da Terra, para que o dia ficasse 25% mais longo do que atualmente, em decorrência da colisão? Suponha que o asteroide seja muito pequeno em comparação com a Terra e que esta seja homogênea.

10.47 •• Um pequeno inseto de 10,0 g está pousado sobre uma das extremidades de uma barra delgada e uniforme, que está inicialmente em repouso sobre uma mesa horizontal lisa. A outra extremidade da barra pivoteia em torno de um prego martelado na mesa e pode girar livremente, com atrito desprezível. A barra possui massa de 50,0 g e tem 100 cm de comprimento. O inseto salta em sentido horizontal, perpendicular à barra, com uma velocidade cujo módulo é igual a 20,0 cm/s em relação à mesa. (a) Qual é o módulo da velocidade angular da barra logo após o vivaz inseto saltar? (b) Qual é a energia cinética total do sistema logo após o inseto saltar? (c) De onde vem essa energia?

10.48 •• Uma barra uniforme e fina com comprimento de 0,500 m gira em um círculo sobre uma mesa sem atrito. O eixo de rotação é perpendicular ao comprimento da barra em uma extremidade e é estacionário. A barra tem uma velocidade angular de 0,400 rad/s e um momento de inércia em torno do eixo de $3,00 \times 10^{-3}$ kg · m². Um inseto inicialmente parado sobre a barra no eixo de rotação decide pular para a outra ponta da barra. Quando o inseto atinge a ponta da barra e fica parado lá, sua velocidade tangencial é de 0,160 m/s. O inseto pode ser tratado como uma partícula. Qual é a massa (a) da barra e (b) do inseto?

10.49 •• Uma barra de metal delgada e uniforme, que tem 2,00 m de comprimento e pesa 90,0 N, está suspensa verticalmente do teto por um pivô com atrito desprezível. De repente, ela é atingida em um ponto que está 1,50 m abaixo do teto por uma pequena bola de 3,00 kg, movendo-se inicialmente, no sentido horizontal, a 10,0 m/s. A bola rebate na mesma direção, mas em sentido contrário, com uma velocidade cujo módulo é igual a 6,0 m/s. (a) Calcule a velocidade angular da barra logo após a colisão. (b) Durante a colisão, por que o momento angular se conserva, mas o momento linear não?

10.50 •• Uma porta de madeira sólida e quadrada, uniforme, com 4,5 kg de massa e 1,5 m em cada lado, está pendurada verticalmente a partir de um pivô sem atrito no centro de sua borda superior. Um corvo de 1,1 kg, voando horizontalmente a 5,0 m/s, bate no centro dessa porta e retorna a 2,0 m/s na direção oposta. (a) Qual é a velocidade angular da porta imediatamente depois de ser atingida pelo pássaro infeliz? (d) Durante a colisão, por que o momento angular se conserva, mas o momento linear não?

Seção 10.7 Giroscópios e precessão

10.51 •• O rotor (volante) de um giroscópio de brinquedo possui massa de 0,140 kg. Seu momento de inércia em relação ao seu eixo é igual a $1,20 \times 10^{-4}$ kg · m². A massa do suporte é de 0,0250 kg. O giroscópio é suportado em um único pivô (**Figura E10.51**) e seu centro de massa está situado a uma distância de 4,00 cm do

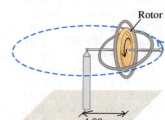

Figura E10.51

pivô. O giroscópio possui movimento de precessão em um plano horizontal, completando uma rotação em 2,20 s. (a) Ache a força de baixo para cima exercida pelo pivô. (b) Ache a velocidade angular com a qual o rotor gira em torno de seu eixo, expressa em rot/min. (c) Faça um diagrama, desenhando vetores para mostrar o momento angular do rotor e o torque que atua sobre ele.

10.52 • **Um giroscópio na Lua.** Certo giroscópio realiza precessão a uma taxa de 0,50 rad/s quando usado na Terra. Se fosse levado para uma base lunar, onde a aceleração da gravidade é 0,165 g, qual seria sua taxa de precessão?

10.53 • **Estabilização do Telescópio Espacial Hubble.** O Telescópio Espacial Hubble é estabilizado até um ângulo de cerca de 2 milionésimos de grau por meio de uma série de giroscópios que rodam a 19.200 rpm. Embora a estrutura desses giroscópios seja mesmo bastante complexa, podemos modelar cada um deles como um cilindro de paredes finas com massa de 2,0 kg e diâmetro de 5,0 cm, girando em torno de seu eixo central. Qual deveria ser a intensidade de um torque para fazer com que esses giroscópios realizassem precessão por um ângulo de $1,0 \times 10^{-6}$ grau durante uma exposição de 5,0 horas de uma galáxia?

PROBLEMAS

10.54 •• Um esmeril de 50,0 kg é um disco sólido de diâmetro igual a 0,520 m. Você comprime um machado sobre a periferia com uma força normal de 160 N (**Figura P10.54**). O coeficiente de atrito cinético entre a lâmina e a pedra do esmeril é igual a 0,60, e existe um torque do atrito constante igual a 6,50 N · m entre o eixo do esmeril e seus mancais. (a) Ache a força que deve ser aplicada tangencialmente à extremidade do eixo da manivela de 0,500 m de comprimento para acelerar a roda do esmeril desde zero até 120 rot/min em 9,0 s. (b) Depois que o esmeril atinge a velocidade de 120 rot/min, qual é a força tangencial que deve ser aplicada à extremidade da manivela para manter a velocidade angular constante de 120 rot/min? (c) Quanto tempo o esmeril levaria para reduzir sua velocidade angular de 120 rot/min até zero quando a única força atuante for apenas a força de atrito no eixo?

Figura P10.54

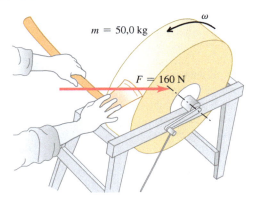

10.55 ••• Um esmeril em forma de disco sólido com diâmetro de 0,520 m e massa de 50,0 kg gira a 850 rot/min. Você pressiona um machado contra sua periferia com uma força normal de 160 N (Figura P10.54), e o esmeril atinge o repouso em 7,50 s. Ache o coeficiente de atrito entre o machado e o esmeril. Despreze o atrito nos mancais.

10.56 ••• Uma casca esférica uniforme de 8,40 kg e 50,0 cm de diâmetro possui quatro pequenas massas de 2,0 kg presas à superfície externa e igualmente espaçadas entre si. Esse sistema está girando em torno de um eixo que passa pelo centro da esfera e por duas das pequenas massas (**Figura P10.56**). Qual

Figura P10.56

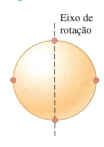

torque de atrito é necessário para reduzir a velocidade angular de 75,0 rpm para 50 rpm em 30,0 s?

10.57 ••• Uma barra delgada e uniforme de 3,80 kg e 80,0 cm de comprimento possui uma bola muito pequena de 2,50 kg grudada em cada extremidade (**Figura P10.57**). Ela é sustentada horizontalmente por um eixo fino, horizontal e com atrito desprezível, que passa pelo seu centro e é perpendicular à barra. Subitamente, a bola do lado direito se descola e cai, mas a outra permanece grudada na barra. (a) Ache a aceleração angular da barra logo após a bola cair. (b) A aceleração angular permanecerá constante enquanto a barra continua a oscilar? Em caso negativo, a aceleração aumentará ou diminuirá? (c) Ache a velocidade angular da barra logo após ela oscilar pela sua posição vertical.

Figura P10.57

10.58 •• Você está projetando um sistema elevador simples para um antigo depósito, que está sendo convertido para apartamentos do tipo *loft*. Um elevador de 22.500 N deverá ser acelerado para cima conectando-o a um contrapeso por meio de um cabo leve (porém forte!), passando por uma polia sólida e uniforme, em forma de disco. O cabo não desliza no ponto de contato com a superfície da polia. Não existe qualquer atrito significativo no eixo da polia, mas sua massa é de 875 kg e ela tem 1,50 m de diâmetro. (a) Qual massa deverá ser a massa do contrapeso de modo que acelere o elevador para cima por 6,75 m nos primeiros 3,00 s, partindo do repouso? (b) Qual é a tensão no cabo em cada lado da polia?

10.59 •• **A máquina de Atwood.** A **Figura P10.59** ilustra uma máquina de Atwood. Ache as acelerações lineares dos blocos *A* e *B*, a aceleração angular da roda *C* e a tensão em cada lado da corda se não houver deslizamento entre a corda e a superfície da roda. Considere que as massas dos blocos *A* e *B* sejam 4,00 kg e 2,00 kg, respectivamente, o momento de inércia da roda em torno do seu eixo seja 0,220 kg · m² e o raio da roda seja 0,120 m.

Figura P10.59

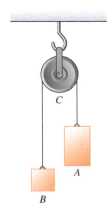

10.60 ••• O mecanismo indicado na **Figura P10.60** é usado para elevar um engradado de suprimentos do depósito de um navio. O engradado possui massa total de 50 kg. Uma corda é enrolada em um cilindro de madeira que gira em torno de um eixo de metal. O cilindro possui raio igual a 0,25 m e momento de inércia $I = 2,9$ kg · m² em torno do eixo. O engradado é suspenso pela

Figura P10.60

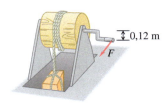

extremidade livre da corda. Uma extremidade do eixo está pivotada em mancais sem atrito; uma manivela está presa à outra extremidade. Quando a manivela gira, sua extremidade gira em torno de um círculo vertical de raio igual a 0,12 m, o cilindro gira e o engradado sobe. Calcule o módulo da força $\vec{F}$ aplicada tangencialmente à extremidade da manivela para elevar o engradado com uma aceleração de 1,40 m/s². (A massa da corda e o momento de inércia do eixo e da manivela podem ser desprezados.)

10.61 •• Um grande rolo de papel de 16,0 kg com raio $R = 18,0$ cm está em repouso contra uma parede e é mantido no lugar por um suporte ligado a uma barra que passa em seu centro (**Figura P10.61**). A barra pode girar sem atrito no suporte, e o momento de inércia do papel e da barra em torno do disco é igual a 0,260 kg · m². A outra extremidade da barra está presa à parede por uma articulação sem atrito, de modo que a barra faz um ângulo de 30,0° com a parede. O peso da barra é desprezível. O coeficiente de atrito cinético entre o papel e a parede é $\mu_c =$ 0,25. Uma força constante vertical $F = 60,0$ N é aplicada ao papel, e este desenrola. (a) Qual é o módulo da força que a barra exerce sobre o papel enquanto ele desenrola? (b) Qual é a aceleração angular do rolo?

Figura P10.61

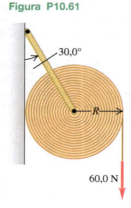

10.62 •• Um bloco de massa $m = 5,0$ kg desliza para baixo de uma superfície horizontal inclinada a 36,9° com a horizontal (**Figura P10.62**). O coeficiente de atrito cinético é 0,25. Um fio amarrado ao bloco é enrolado em torno de um volante que gira em torno de um eixo passando em O. O volante possui massa de 25,0 kg e momento de inércia de 0,500 kg · m² em relação ao eixo de rotação. O fio puxa a roda sem deslizar a uma distância perpendicular ao eixo igual a 0,200 m. (a) Qual é a aceleração do bloco para baixo do plano? (b) Qual é a tensão no fio?

Figura P10.62

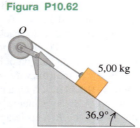

10.63 ••• Dois discos metálicos, um com raio $R_1 = 2,50$ cm e massa $M_1 = 0,80$ kg e outro com raio $R_2 = 5,00$ cm e massa $M_2 = 1,60$ kg, são unidos por uma solda e montados sobre um eixo sem atrito passando no centro comum dos discos, como no Problema 9.77. (a) Um fio leve é enrolado em torno da periferia do disco menor, e um bloco de 1,50 kg é suspenso na extremidade livre do fio. Qual é o módulo da aceleração de cima para baixo do bloco depois que ele é liberado? (b) Repita os cálculos da parte (a), agora supondo que o fio seja enrolado na periferia do disco maior. Em qual dos dois casos a aceleração é maior? Sua resposta faz sentido?

10.64 •• Um rolo de cortar grama com forma de uma casca cilíndrica de massa M é puxado horizontalmente com uma força constante horizontal F aplicada por um cabo ligado ao eixo. Sabendo que ele rola sem deslizar, calcule a aceleração e a força de atrito.

10.65 • Dois pesos estão ligados por uma corda muito leve e flexível, que passa sobre uma polia de 80,0 N com atrito desprezível e raio de 0,300 m. A polia é um disco maciço e uniforme e está suspensa por um gancho preso ao teto (**Figura P10.65**). Qual força o teto exerce sobre o gancho?

Figura P10.65

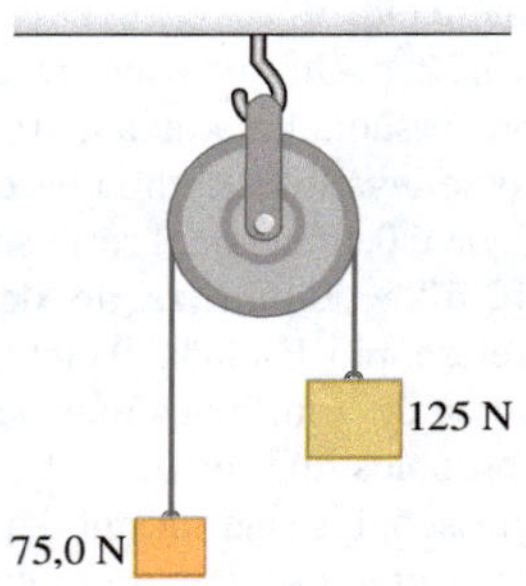

10.66 •• Você reclama sobre a segurança anti-incêndio para o senhorio do seu prédio de apartamentos de vários andares. Ele está disposto a instalar um dispositivo de evacuação se for barato e confiável, e pede para que você o projete. Sua proposta é montar uma grande roda (com raio de 0,400 m) sobre um eixo no centro e enrolar uma corda longa e leve em torno dela, com a extremidade livre da corda pendurada perto da borda do teto. Os moradores sairiam para o teto e, um por vez, agarrariam a ponta livre da corda, saltariam do teto e seriam baixados para o térreo. (Ignore o atrito no eixo.) Você quer que uma pessoa de 90,0 kg desça com uma aceleração de $g/4$. (a) Se a roda puder ser tratada como um disco uniforme, que massa ela deverá ter? (b) Quando a pessoa desce, qual é a tensão na corda?

10.67 • **O ioiô.** Um ioiô é feito usando-se dois discos uniformes, cada um com massa m e raio R ligados por um eixo leve de raio b. Um fio leve e fino é enrolado diversas vezes em torno do eixo e, a seguir, é mantido fixo enquanto o ioiô é liberado do repouso, caindo verticalmente à medida que o fio desenrola. Calcule a aceleração linear e a aceleração angular do ioiô e a tensão no fio.

10.68 •• **PC** Uma casca esférica de paredes finas com massa m e raio r parte do repouso e rola sem deslizar para baixo da trilha indicada na **Figura P10.68**. Os pontos A e B estão em uma parte circular da trilha que contém o raio R. O diâmetro da casca é muito pequeno, se comparado com h_0 e R, e o atrito de rolamento é desprezível. (a) Qual é a altura mínima h_0 para que a casca esférica complete uma volta na parte circular da trajetória? (b) Com que intensidade a trilha empurra a casca no ponto B, que está no mesmo nível do centro da circunferência? (c) Suponha que a trilha possua atrito desprezível e que a casca tenha sido liberada da mesma altura h_0 calculada no item (a). Nesse caso ela completaria uma volta? Como você sabe? (d) No item (c), com que intensidade a trilha empurra a casca no ponto A, o topo da circunferência? Com que intensidade ela empurrou a casca no item (a)?

Figura P10.68

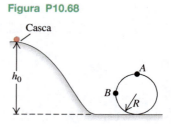

10.69 •• Uma bola de basquete (que pode ser considerada como uma casca esférica oca) roda por uma colina em direção a um vale e depois sobe no lado oposto, partindo do repouso em uma altura H_0 acima da base. Na **Figura P10.69**, a parte áspera do terreno impede o deslizamento, enquanto a parte lisa não possui atrito. (a) A que altura, em termos de H_0, a bola subirá no outro lado? (b) Por que a bola não retorna à altura H_0? Ela perdeu parte de sua energia potencial original?

Figura P10.69

10.70 •• **PC** Uma bola maciça e uniforme rola sem deslizar para cima de uma colina, como indica a **Figura P10.70**. No topo da colina, ela se move horizontalmente e cai pelo rochedo vertical. (a) A que distância da base do rochedo a bola aterrissa e com que velocidade ela está se movendo assim que cai? (b) Note que, quando a bola aterrissa, ela possui uma velocidade de translação cujo módulo é maior do que quando estava na base da colina. Isso significa que de alguma forma a bola ganhou energia? Explique!

Figura P10.70

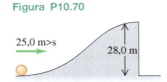

10.71 •• **Pedras rolando.** Uma pedra esférica, uniforme e maciça parte do repouso e rola para baixo de uma colina de 50,0 m de altura, conforme indica a **Figura P10.71**. A metade superior da colina é áspera o suficiente para fazer a pedra rolar sem deslizar, mas a metade inferior está coberta de gelo e não há atrito. Qual é a velocidade de translação da pedra quando ela atinge a base da colina?

Figura P10.71

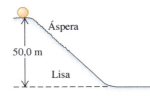

10.72 ••• Você está projetando um sistema para movimentar cilindros de alumínio do solo para uma doca de carga. Você usa uma rampa de madeira resistente, com 6,00 m de extensão e inclinada em 37,0° acima da horizontal. Cada cilindro é preso por uma alça leve e sem atrito, passando pelo seu centro, e uma corda leve (porém forte) é presa a essa alça. Cada cilindro é uniforme e possui massa de 460 kg e raio de 0,300 m. Os cilindros são empurrados rampa acima, aplicando-se uma força constante $\vec{F}$ à ponta livre da corda. $\vec{F}$ é paralela à superfície da rampa e não exerce torque sobre o cilindro. O coeficiente de atrito estático entre a superfície da rampa e o cilindro é 0,120. (a) Qual é o maior módulo que $\vec{F}$ pode ter, de modo que o cilindro ainda role sem deslizar enquanto sobre pela rampa? (b) Se o cilindro partir do repouso na base da rampa e rolar sem deslizar enquanto sobe, qual é o menor tempo que ele levará para alcançar o topo da rampa?

10.73 •• Uma roda de 42,0 cm de diâmetro, que consiste em uma borda e seis raios, é feita de um material plástico rígido, porém fino, com densidade de massa linear de 25,0 g/cm. Essa roda é liberada do repouso no topo de uma colina de 58,0 m de altura. (a) Com que velocidade ela está rolando quando atinge a base da colina? (b) Em que sua resposta mudaria, se a densidade de massa linear e o diâmetro da roda fossem duplicados?

10.74 ••• Uma barra uniforme de 0,0300 kg e comprimento de 0,400 m gira em um plano horizontal em torno de um eixo fixo passando em seu centro e perpendicular à barra. Dois pequenos anéis, cada um com massa de 0,0200 kg, são montados de forma que eles possam deslizar ao longo da barra. Eles inicialmente estão presos por pregadores em distâncias afastadas de 0,0500 m do centro da barra, e o sistema começa a girar com 48,0 rot/min. Sem alterar nada no sistema, os pregadores são liberados e os anéis deslizam ao longo da barra e saem pelas suas extremidades. (a) Qual é a velocidade angular da barra no instante em que os anéis atingem as extremidades dela? (b) Qual é a velocidade angular da barra depois que os anéis saem pelas suas extremidades?

10.75 • Um cilindro homogêneo de massa M e raio $2R$ está em repouso sobre o topo de uma mesa. Um fio é ligado por meio de um suporte duplo preso às extremidades de um eixo sem atrito passando através do centro do cilindro, de modo que este pode girar em torno do eixo. O fio passa sobre uma polia em forma de disco de massa M e raio R montada em um eixo sem atrito que passa em seu centro. Um bloco de massa M é suspenso na extremidade livre do fio (**Figura P10.75**). O fio não desliza sobre a superfície da polia, e o cilindro rola sem deslizar sobre o topo da mesa. Calcule o módulo da aceleração do bloco quando o sistema é liberado a partir do repouso.

Figura P10.75

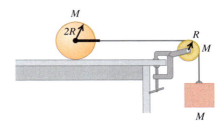

10.76 •• **Tarzan e Jane no século XXI.** Tarzan meteu-se em uma briga com os animais e mais uma vez precisou ser resgatado por Jane. Jane, com 60,0 kg, parte do repouso em uma altura de 5,00 m nas árvores e balança até o solo usando um cipó fino, porém muito rígido, com 30,0 kg e 8,00 m de comprimento. Ela chega no momento exato de agarrar Tarzan, com 72,0 kg, das garras de um hipopótamo zangado. Qual é a velocidade angular de Jane (e do cipó) (a) imediatamente antes de agarrar Tarzan e (b) imediatamente depois que o agarra? (c) Até que altura Tarzan e Jane subirão em seu primeiro balanço depois do resgate audacioso?

10.77 ••• Uma bola de 5,00 kg é abandonada de uma altura de 12,0 m acima de uma das extremidades de uma barra uniforme que está girando em seu centro. A barra possui massa de 8,00 kg e tem 4,00 m de comprimento. Na outra extremidade da barra, há outra bola de 5,0 kg, que não está presa a ela. A bola largada adere à barra após a colisão. Qual altura a outra bola atingirá após a colisão?

10.78 •• A porta sólida de madeira de um ginásio tem largura de 1,00 m e altura de 2,00 m, sua massa total é igual a 35,0 kg e ela possui uma dobradiça em um de seus lados. A porta está aberta e em repouso quando uma bola de basquete colide frontalmente em seu centro, aplicando sobre ela uma força média igual a 1.500 N durante 8,00 ms. Calcule a velocidade angular da porta depois da colisão. [*Dica*: integrando a Equação 10.29, obtemos $\Delta L_z = \int_{t_1}^{t_2} (\sum \tau_z) \, dt = (\sum \tau_z)_m \Delta t$. Denomina-se impulso angular $\int_{t_1}^{t_2} (\sum \tau_z) \, dt$.]

10.79 •• Uma barra uniforme de comprimento L repousa sobre uma superfície horizontal sem atrito. A barra possui um pivô, de modo que ela pode girar sem atrito em torno de um eixo passando por uma das suas extremidades. A barra inicialmente está em repouso. Uma bala se deslocando com velocidade v ortogonal à barra e paralela à superfície atinge o centro da barra e permanece retida em seu interior. A massa da bala é um quarto da massa da barra. (a) Qual é a velocidade angular final da barra? (b) Determine a razão entre a energia cinética do sistema depois da colisão e a energia cinética da bala antes da colisão.

10.80 •• **PC** Uma mesa giratória grande, com raio de 6,00 m, gira em torno de um eixo vertical fixo, fazendo uma volta em 8,00 s. O momento de inércia da mesa em torno de seu eixo é de 1.200 kg · m². Você para, descalço, na borda da mesa e lentamente caminha em direção ao centro, seguindo uma linha radial pintada na superfície da mesa. Sua massa é de 70,0 kg. Como o raio da mesa é grande, uma boa aproximação é tratar a si mesmo como uma massa pontual. Suponha que você possa manter seu equilíbrio ajustando as posições dos seus pés. Você acha que consegue alcançar um ponto a 3,00 m do centro da mesa antes que seus pés comecem a deslizar. Qual é o coeficiente de atrito cinético entre a planta dos seus pés e a superfície da mesa giratória?

10.81 •• Em seu trabalho como engenheiro mecânico, você está projetando um sistema de volante e eixo de transmissão como o do Exemplo 10.11. O disco A é fabricado de um material mais leve que o disco B, e o momento de inércia do disco A em torno do eixo é um terço daquele do disco B. O momento de inércia do eixo é desprezível. Com o eixo de transmissão desconectado, A é levado a uma velocidade angular ω_0; B está inicialmente em repouso. O torque de aceleração é então retirado de A, e A é acoplado a B. (Ignore o atrito do rolamento.) As especificações de projeto permitem um máximo de 2.400 J de energia térmica criada quando a conexão é feita. Qual poderá ser o valor máximo da energia cinética original do disco A de modo a não ultrapassar o valor máximo permitido da energia térmica?

10.82 •• Um time de hóquei no gelo local lhe pediu para projetar um aparelho para medir a velocidade do disco de hóquei depois de uma tacada certeira. Você projeta uma barra uniforme com 2,00 m de extensão, pivotada em torno de uma extremidade, de modo que esteja livre para girar horizontalmente sobre o gelo, sem atrito. A haste de 0,800 kg possui uma leve cesta na outra extremidade, para apanhar o disco de 0,163 kg. O disco desliza pelo gelo com velocidade $\vec{v}$ (perpendicular à barra), atinge a cesta e é apanhado. Após a colisão, a barra gira. Se a barra fizer uma volta a cada 0,736 s após o disco ser apanhado, qual é a velocidade do disco imediatamente antes de atingir a barra?

10.83 ••• Você está projetando um escorregador para um parque aquático. Em uma posição sentada, os frequentadores do parque deslizam por uma distância h descendo no tobogã, com atrito desprezível. Quando alcançam a base do escorregador, eles agarram uma alça na extremidade inferior de uma barra uniforme de 6,00 m de extensão. A barra é pendurada verticalmente, inicialmente em repouso. O extremo superior da barra é pivotado em torno de um eixo estacionário, sem atrito. A barra com a pessoa pendurada na ponta balança por um ângulo de 72,0°, e depois a pessoa se solta e cai em uma piscina. Trate a pessoa como uma massa pontual. O momento de inércia da barra é dado por $I = \frac{1}{3}ML^2$, onde $L = 6,00$ m é o comprimento da barra e $M = 24,0$ kg é sua massa. Para uma pessoa com massa de 70,0 kg, qual deverá ser a altura h a fim de que a barra tenha um ângulo de balanço máximo de 72,0° após a colisão?

10.84 •• **Aceleração repentina de uma estrela de nêutrons.** Ocasionalmente, uma estrela de nêutrons (Exercício 10.41) sofre uma aceleração repentina e inesperada, conhecida como *glitch*. Uma explicação é que o *glitch* ocorre quando a crosta da estrela de nêutrons sofre uma pequena sedimentação, fazendo diminuir o momento de inércia em torno do eixo de rotação. Uma estrela de nêutrons com velocidade angular $\omega_0 = 70,4$ rad/s sofreu um *glitch* em outubro de 1975, fazendo sua velocidade angular aumentar para $\omega = \omega_0 + \Delta\omega$, onde $\Delta\omega/\omega_0 = 2,01 \times 10^{-6}$. Se o raio da estrela de nêutrons era de 11 km, qual foi sua diminuição na sedimentação dessa estrela? Suponha que a estrela de nêutrons seja uma esfera maciça e homogênea.

10.85 ••• Uma ave de 500,0 g está voando horizontalmente a 2,25 m/s, quando inadvertidamente colide com uma barra vertical fixa, atingindo-a a 25,0 cm abaixo do topo (**Figura P10.85**). A barra homogênea com 0,750 m de comprimento e massa de 1,50 kg está presa por uma dobradiça na sua base. A colisão atordoa a ave, que cai ao chão em seguida (mas logo se recupera para continuar voando). Qual é a velocidade angular da barra (a) logo após ser atingida pelo pássaro e (b) assim que atinge o solo?

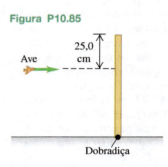

Figura P10.85

10.86 ••• **PC** Um pequeno bloco de massa 0,130 kg está amarrado por um fio que passa por um orifício em uma superfície horizontal (veja a Figura E10.40). O bloco está inicialmente em um círculo com raio igual a 0,800 m em torno do orifício com velocidade tangencial igual a 4,00 m/s. O fio a seguir é puxado por baixo lentamente, fazendo o raio do círculo se reduzir. A tensão de ruptura do fio é igual a 30,0 N. Qual é o raio do círculo quando o fio se rompe?

10.87 • Um velocista de 55 kg corre na periferia de uma mesa giratória montada em um eixo vertical sem atrito passando em seu centro. A velocidade do corredor em relação à Terra possui módulo de 2,8 m/s. A mesa giratória gira em sentido contrário com velocidade angular de módulo igual a 0,20 rad/s em relação à Terra. O raio da mesa é de 3,0 m e seu momento de inércia em torno do eixo de rotação é igual a 80 kg · m². Calcule a velocidade angular do sistema quando o velocista fica em repouso em relação à mesa giratória. (O velocista pode ser considerado uma partícula.)

10.88 •• **DADOS** O motor V6 em uma caminhonete Chevrolet Silverado 1500 2014 produz uma potência máxima de 285 hp a 5.300 rpm e um torque máximo de 305 pés · lb a 3.900 rpm. (a) Calcule o torque, tanto em pés · lb quanto em N · m, a 5.300 rpm. Sua resposta em pés · lb é menor que o valor máximo especificado? (b) Calcule a potência, tanto em hp quanto em watts, a 3.900 rpm. Sua resposta em hp é menor que o valor máximo especificado? (c) A relação entre potência em hp e torque em pés · lb em determinada velocidade angular em rpm frequentemente é escrita como hp = [torque (em pés · lb) × rpm]/c, onde c é uma constante. Qual é o valor numérico de c? (d) O motor de um Chevrolet Camaro ZL1 2012 produz 580 hp a 6.000 rpm. Qual é o torque (em pés · lb) a 6.000 rpm?

10.89 •• **DADOS** Você tem um objeto de cada uma destas formas, todas com massa de 0,840 kg: um cilindro sólido uniforme, um cilindro oco com parede fina, uma esfera sólida uniforme e uma esfera oca com parede fina. Você solta cada objeto do repouso à mesma altura vertical h acima da base de uma longa rampa de madeira inclinada em 35,0° a partir da horizontal. Cada objeto rola sem deslizar descendo a rampa. Você mede o tempo t gasto para cada objeto alcançar a base da rampa; a **Figura P10.89** mostra os resultados. (a) Pelos gráficos de barras, identifique os objetos de A até D pela forma. (b) Qual dos objetos de A até D tem a maior energia cinética total na base da rampa, ou todos os objetos têm a mesma energia cinética? (c) Qual dos objetos de A até D tem a maior energia cinética rotacional $\frac{1}{2}I\omega^2$ na base da rampa, ou todos eles têm a mesma energia cinética rotacional? (d) Qual é o menor coeficiente de atrito estático exigido para todos os quatro objetos rolarem sem deslizar?

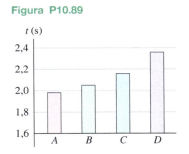

Figura P10.89

10.90 ••• **DADOS** Você está testando um pequeno volante (raio de 0,166 m) que será usado para armazenar uma pequena quantidade de energia. O volante é pivotado com rolamentos de baixo atrito em torno de um eixo passando pelo centro do volante. Um fio fino e leve é enrolado várias vezes em torno da borda do volante. Seu laboratório tem um dispositivo que pode aplicar uma força horizontal especificada $\vec{F}$ à extremidade livre do fio. O dispositivo registra o módulo dessa força como uma função da distância horizontal que a extremidade do fio percorreu e o tempo gasto desde que a força foi aplicada pela primeira vez. O volante está inicialmente em repouso. (a) Você começa com um teste para determinar o momento de inércia I do volante. O módulo F da força é uma constante de 25,0 N, e a extremidade do fio move-se por 8,35 m em 2,00 s. Qual é o valor de I? (b) Em um segundo teste, o volante novamente parte do repouso, mas a extremidade livre do fio percorre 6,00 m; a **Figura P10.90** mostra o módulo de força F como uma função da distância d que a extremidade da corda se moveu. Qual é a energia cinética do volante quando $d = 6{,}00$ m? (c) Qual é a velocidade angular do volante, em rot/min, quando $d = 6{,}00$ m?

Figura P10.90

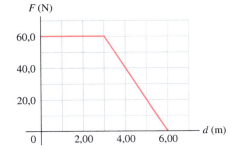

PROBLEMAS DESAFIADORES

10.91 ••• **PC CALC** Um bloco de massa m está girando com velocidade linear v_1 em um círculo de raio r_1 sobre uma superfície horizontal sem atrito (veja a Figura E10.40). O fio é puxado por baixo até que o raio do círculo no qual o bloco se move é reduzido a um valor r_2. (a) Calcule a tensão T no fio em função de r, a distância entre o bloco e o orifício. Dê sua resposta em função da velocidade inicial v_1 e do raio r_1. (b) Use a relação $W = \int_{r_1}^{r_2} \vec{T}(r) \cdot d\vec{r}$ para calcular o trabalho realizado pela tensão $\vec{T}$ quando r varia desde r_1 até r_2. (c) Compare o resultado do item (b) com a variação da energia cinética do bloco.

10.92 ••• Quando um objeto rola sem deslizar, a força de atrito de rolamento é muito menor que a força de atrito quando o objeto desliza sem rolar; uma moeda de um real rola sobre sua periferia mais rapidamente do que quando ela desliza com sua face voltada para baixo (veja a Seção 5.3). Quando um objeto rola sem deslizar ao longo de uma superfície horizontal, podemos desprezar a força de atrito, de modo que a_x e α_z são nulos e v_x e ω_z são aproximadamente constantes. Rolar sem deslizar implica $v_x = r\omega_z$ e $a_x = r\alpha_z$. Quando um objeto se desloca sobre uma superfície *sem* obedecer a essas igualdades, o atrito (cinético) de deslizamento está atuando sobre o objeto à medida que ele desliza, até que o rolamento sem deslizamento comece a ocorrer. Um cilindro homogêneo de massa M e raio R girando com velocidade angular ω_0 em torno de um eixo passando em seu centro é lançado sobre uma superfície horizontal sobre a qual o coeficiente de atrito cinético é μ_c. (a) Faça um diagrama do corpo livre para o cilindro sobre a superfície. Pense com atenção no sentido da força de atrito sobre o cilindro. Calcule as acelerações a_x do centro de massa do cilindro e a aceleração angular α_z em torno do centro de massa do cilindro. (b) No início o cilindro desliza sem rolar, então $\omega_z = \omega_0$, mas $v_x = 0$. O rolamento sem deslizamento começa quando $v_x = R\,\omega_z$. Calcule a *distância* que o cilindro percorre no momento em que o deslizamento termina. (c) Calcule o trabalho realizado pela força de atrito sobre o cilindro desde o momento em que ele toca a superfície até o momento em que começa o rolamento sem deslizamento.

10.93 ••• Um giroscópio de demonstração pode ser construído retirando-se o pneu de uma roda de bicicleta com diâmetro de 0,650 m, enrolando-se um fio de chumbo no aro e fixando-o nele. O eixo se projeta 0,200 m para cada lado da roda, e uma garota apoia as extremidades do eixo em suas mãos. A massa do sistema é igual a 8,0 kg; toda a sua massa pode ser considerada concentrada em sua periferia. O eixo é horizontal, e a roda gira em torno do eixo com 5,0 rot/s. Ache o módulo, a direção e o sentido da força que cada mão exerce sobre o eixo (a) quando ele está em repouso; (b) quando está girando em um plano horizontal em torno de seu centro com 0,050 rot/s; (c) quando o eixo está girando em um plano horizontal em torno de seu centro com 0,300 rot/s. (d) Com que taxa o eixo deve girar, de modo que ele possa ser suportado apenas em uma de suas extremidades?

Problemas com contexto

BIO Momento de inércia humano. O momento de inércia do corpo humano em torno de um eixo passando pelo seu centro de massa é importante na aplicação da biomecânica para esportes como mergulho e ginástica. Podemos medir o momento de inércia do corpo em uma posição em particular enquanto uma pessoa permanece nessa posição em uma mesa giratória horizontal, com o centro de massa do corpo no eixo de rotação da mesa. A mesa giratória com a pessoa sobre ela é, então, acelerada a partir do repouso por um torque produzido usando uma corda envolvida em uma polia no eixo da mesa giratória. A partir da tensão medida na corda e a aceleração angular, podemos calcular o momento de inércia do corpo em torno de um eixo que atravessa o centro de massa.

10.94 O momento de inércia da mesa giratória vazia é 1,5 kg · m². Com um torque constante de 2,5 N · m, o sistema mesa-pessoa leva 3,0 s para girar do repouso para uma velocidade angular de 1,0 rad/s. Qual é o momento de inércia da pessoa em torno do eixo que passa pelo centro de massa? Ignore o atrito no eixo da mesa. (a) 2,5 kg · m²; (b) 6,0 kg · m²; (c) 7,5 kg · m²; (d) 9,0 kg · m².

Visão do alto de uma ginasta parada na posição de salto mortal sobre uma mesa giratória.

10.95 Enquanto a mesa giratória está sendo acelerada, a pessoa de repente estende suas pernas. O que acontece com a mesa? (a) Ela ganha velocidade de repente; (b) ela gira com velocidade constante; (c) sua aceleração diminui; (d) de repente, ela para de girar.

10.96 Dobrar o torque produz uma aceleração angular maior. Qual das seguintes alternativas faria isso, supondo que a tensão na corda não muda? (a) Aumentar o diâmetro da polia por um fator de $\sqrt{2}$; (b) aumentar o diâmetro da polia por um fator de 2; (c) aumentar o diâmetro da polia por um fator de 4; (d) diminuir o diâmetro da polia por um fator de $\sqrt{2}$.

10.97 Se o centro de massa do corpo não fosse colocado no eixo de rotação da mesa giratória, como o momento de inércia medido da pessoa se relaciona com o momento de inércia para rotação em torno do centro de massa? (a) O momento de inércia medido seria muito grande; (b) o momento de inércia medido seria muito pequeno; (c) os dois momentos de inércia seriam os mesmos; (d) isso depende de onde o centro de massa do corpo é colocado em relação ao centro da mesa giratória.

RESPOSTAS

Resposta à pergunta inicial do capítulo

(iv) Uma clave lançada no ar gira em torno de seu centro de massa (que está localizado em sua extremidade mais grossa). Esse também é o ponto no qual a força gravitacional atua sobre a clave, de modo que essa força não exerce torque sobre ela. Logo, a clave gira com momento angular constante, e sua velocidade angular permanece a mesma.

Respostas às perguntas dos testes de compreensão

10.1 Resposta: (ii) A força P atua ao longo de uma linha vertical, portanto, o braço da alavanca é a distância horizontal de A até a linha de ação. Esse é o componente horizontal da distância L, que é $L \cos \theta$. Logo, o módulo do torque é o produto do módulo da força P pelo braço da alavanca $L \cos \theta$, ou $\tau = PL \cos \theta$.

10.2 Respostas: (iii), (ii), (i) Para o objeto suspenso de massa m_2 acelerar de cima para baixo, a força resultante que atua sobre ele deve estar apontada de cima para baixo. Logo, o módulo $m_2 g$ da força do peso de cima para baixo deve ser maior que o módulo T_2 da força de tensão de baixo para cima. Para que a polia tenha uma aceleração angular no sentido horário, o torque resultante que atua sobre a polia também deve estar nesse sentido. A tensão T_2 tende a girar a polia no sentido horário, enquanto a tensão T_1 tende a girar a polia no sentido contrário. Ambas as forças de tensão possuem o mesmo braço da alavanca R, portanto, existe um torque no sentido horário $T_2 R$ e um toque no sentido anti-horário $T_1 R$. Para que o torque resultante esteja no sentido horário, T_2 deve ser maior que T_1. Logo, $m_2 g > T_2 > T_1$.

10.3 Respostas: (a) (ii), (b) (i) Se você refizer o cálculo do Exemplo 10.6 com um cilindro oco (momento de inércia $I_{cm} = MR^2$), em vez de um cilindro maciço (momento de inércia $I_{cm} = \frac{1}{2}MR^2$), você obterá $a_{cmy} = \frac{1}{2}g$ e $T = \frac{1}{2}Mg$ (em vez de $a_{cmy} = \frac{2}{3}g$ e $T = \frac{1}{3}Mg$ para um cilindro maciço). Logo, a aceleração é menor, mas a tensão é maior. Você poderá chegar à mesma conclusão sem fazer o cálculo. O maior momento de inércia significa que o cilindro oco girará de forma mais lenta e, portanto, rolará de cima para baixo mais devagar. Para retardar o movimento de cima para baixo, uma maior força de tensão de baixo para cima é necessária, de modo a se opor à força de gravidade de cima para baixo.

10.4 Resposta: (iii) Você aplica o mesmo torque pelo mesmo deslocamento angular para ambos os cilindros. Logo, pela Equação 10.21, você realiza o mesmo trabalho para ambos os cilindros e fornece a mesma energia cinética para ambos. (Aquele com o momento de inércia menor acaba com um módulo da velocidade angular maior, mas não é essa a questão. Compare com o Exemplo conceitual 6.5, na Seção 6.2.)

10.5 Respostas: (a) **não**, (b) **sim** Enquanto a bola segue a trajetória circular, o módulo de $\vec{p} = m\vec{v}$ permanece o mesmo (o módulo da velocidade é constante), mas sua direção muda, portanto, o vetor do momento linear não é constante. Mas $\vec{L} = \vec{r} \times \vec{p}$ é constante: a bola mantém um módulo constante (o módulo da velocidade e a distância perpendicular de sua mão em relação à bola são ambas constantes) e uma direção constante (ao longo do eixo de rotação, perpendicular ao plano do movimento da bola). O momento linear varia porque há uma *força* resultante $\vec{F}$ que atua sobre a bola (em direção ao centro do círculo). O momento angular permanece constante porque não há *torque* resultante; o vetor $\vec{r}$ aponta da sua mão para a bola, e a força $\vec{F}$ que atua sobre a bola aponta para a sua mão, portanto, o produto vetorial $\vec{\tau} = \vec{r} \times \vec{F}$ é igual a zero.

10.6 Resposta: (i) Na ausência de quaisquer torques externos, o momento angular da Terra $L_z = I\omega_z$ permaneceria constante. O gelo derretido se deslocaria dos polos para o equador — ou seja, distante do eixo de rotação de nosso planeta — e o momento de inércia I da Terra aumentaria levemente. Portanto, a velocidade angular ω_z diminuiria suavemente e o dia seria um pouco mais longo.

10.7 Resposta: (iii) Duplicar a massa do volante significa duplicar tanto seu momento de inércia I quanto seu peso p, portanto, a razão I/p não varia. A Equação 10.33 mostra que a velocidade angular de precessão escalar depende dessa razão, de modo que não há *nenhum* efeito sobre o valor de Ω.

Problema em destaque

(a) $h = \dfrac{2R}{5}$ **(b)** $\frac{5}{7}$ da velocidade que tinha logo após o golpe

? Este aqueduto romano usa o princípio do arco para sustentar o peso da estrutura e a água que ela transporta. Os blocos que compõem o arco estão sendo (i) comprimidos, (ii) alongados, (iii) uma combinação de ambos ou (iv) nem comprimidos nem alongados?

11 EQUILÍBRIO E ELASTICIDADE

OBJETIVOS DE APRENDIZAGEM

Ao estudar este capítulo, você aprenderá:

- **11.1** As condições que devem ser atendidas para um corpo ou uma estrutura estarem em equilíbrio.
- **11.2** O que significa o centro de gravidade de um corpo e como ele se relaciona com sua estabilidade.
- **11.3** Como solucionar problemas que envolvem corpos rígidos em equilíbrio.
- **11.4** Como analisar situações em que um corpo é deformado por tensão, compressão, pressão ou cisalhamento.
- **11.5** O que ocorre quando um corpo é tão alongado que se deforma ou se rompe.

Revendo conceitos de:

- **4.2, 5.1** Primeira lei de Newton.
- **5.3** Atrito estático.
- **6.3, 7.2** Lei de Hooke para uma mola ideal.
- **8.5** Centro de massa.
- **10.2, 10.5** Torque, dinâmica de rotação e momento angular.

Dedicamos muito esforço para entender por que e como os corpos se aceleram em decorrência das forças que atuam sobre eles. Porém, muitas vezes, estamos interessados em garantir que os corpos *não* se acelerem. Toda construção, desde um arranha-céu até o mais humilde barracão, deve ser projetada de modo que se evitem desabamentos. Preocupações semelhantes ocorrem com uma ponte pênsil, uma escada apoiada sobre uma parede ou um guindaste que suspende um recipiente cheio de concreto.

Um corpo modelado como uma *partícula* está em equilíbrio quando a soma vetorial de todas as forças que atuam sobre ele é nula. Porém, para as situações que acabamos de mencionar, essa condição não é suficiente. Quando as forças atuam em pontos diferentes sobre um corpo com massa distribuída, uma condição adicional deve ser satisfeita para garantir que o corpo não possa *girar*: a soma dos *torques* em relação a qualquer ponto deve ser igual a zero. Essa condição se pauta nos princípios da dinâmica das rotações, desenvolvidos no Capítulo 10. Podemos calcular o torque em função do peso de um corpo usando o conceito de centro de gravidade, que será introduzido neste capítulo.

Um corpo rígido idealizado não se encurva, não se alonga, nem se deforma quando forças são aplicadas sobre ele. Mas todos os materiais reais são *elásticos* e se deformam parcialmente. As propriedades elásticas dos materiais são extremamente importantes. Você espera que as asas de um avião possam se encurvar ligeiramente, mas é melhor que elas não se quebrem. Os tendões nos membros do seu corpo precisam se alongar quando você se exercita, mas devem retornar ao seu tamanho anterior quando você para. Muitos dos dispositivos encontrados em nosso cotidiano, desde fitas elásticas até uma ponte pênsil, dependem das propriedades elásticas dos materiais. Neste capítulo, vamos introduzir os conceitos de *tensão*, *deformação* e *módulo de elasticidade*, bem como um princípio simples conhecido como *lei de Hooke*, que nos ajudam a prever as deformações que podem ocorrer quando se aplicam forças a corpos reais (não perfeitamente rígidos).

Figura 11.1 Para estar em equilíbrio estático, um corpo em repouso deve satisfazer *ambas* as condições de equilíbrio: não pode apresentar nenhuma tendência a acelerar como um todo nem começar a girar.

(a) Este corpo está em equilíbrio estático.

Condições para o equilíbrio:

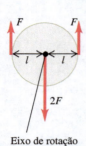

Primeira condição atendida: força resultante = 0, portanto, o corpo em repouso não possui nenhuma tendência a começar a se mover como um todo.

Segunda condição atendida: o torque resultante em torno do eixo = 0, portanto, o corpo em repouso não tende a girar.

Eixo de rotação (perpendicular à figura)

(b) Este corpo não possui nenhuma tendência a acelerar como um todo, mas tende a começar a girar.

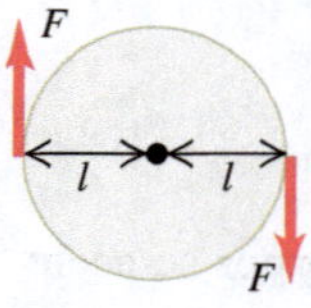

Primeira condição atendida: força resultante = 0, portanto, o corpo em repouso não possui nenhuma tendência a começar a se mover como um todo.

Segunda condição NÃO atendida: há um torque resultante no sentido horário em torno do eixo, portanto o corpo em repouso começará a girar no sentido horário.

(c) Este corpo possui uma tendência a acelerar como um todo, mas não a começar a girar.

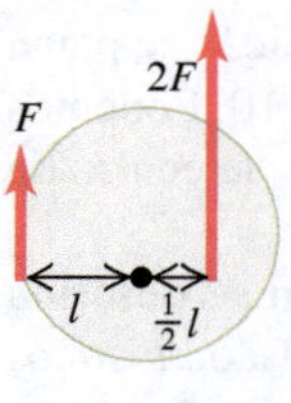

Primeira condição NÃO atendida: há uma força resultante de baixo para cima, portanto, o corpo em repouso começará a se mover de baixo para cima.

Segunda condição atendida: o torque resultante em torno do eixo = 0, portanto, o corpo em repouso não tende a girar.

11.1 CONDIÇÕES DE EQUILÍBRIO

Vimos, nas seções 4.2 e 5.1, que uma partícula está em *equilíbrio* — ou seja, a partícula não se acelera — em um sistema de referência inercial quando a soma vetorial de todas as forças que atuam sobre a partícula é igual a zero, $\sum \vec{F} = 0$. O enunciado equivalente para um corpo *com massa distribuída* é que o centro de massa do corpo possui aceleração nula, quando a soma vetorial de todas as forças que atuam sobre o corpo é igual a zero, conforme discutido na Seção 8.5. Normalmente, esse enunciado é conhecido como a **primeira condição de equilíbrio**:

Primeira condição de equilíbrio: Para o centro de massa de um corpo em repouso permanecer em repouso... $\sum \vec{F} = 0$ ... a *força externa resultante* sobre o corpo deverá ser *nula*. (11.1)

Uma segunda condição para que o corpo com massa distribuída esteja em equilíbrio é que ele não possa ter nenhuma tendência a *girar*. Um corpo rígido, que em um sistema de referência inercial não está girando em torno de um certo ponto, possui momento angular zero em torno desse ponto. Para que ele não gire em torno desse ponto, a taxa de variação do momento angular *também* deve ser igual a zero. Pela discussão da Seção 10.5, particularmente a Equação 10.29, isso significa que a soma dos torques produzidos por todas as forças externas que atuam sobre o corpo deve ser nula. Um corpo rígido em equilíbrio não pode ter nenhuma tendência a girar em torno de *nenhum* ponto, de modo que a soma dos torques externos deve ser igual a zero em relação a qualquer ponto. Esta é a **segunda condição de equilíbrio**:

Segunda condição de equilíbrio: Para um corpo que não está em rotação permanecer sem girar... $\sum \vec{\tau} = 0$ ... o *torque externo resultante* em torno de qualquer ponto no corpo deve ser *nulo*. (11.2)

Neste capítulo, aplicaremos a primeira e a segunda condição de equilíbrio para situações em que o corpo rígido está em repouso (sem translação nem rotação). Diz-se que esse corpo está em **equilíbrio estático** (**Figura 11.1**). Porém, as mesmas condições também valem quando o corpo possui movimento de *translação* uniforme (sem rotação), como um avião que se desloca na mesma altitude com velocidade constante em módulo, direção e sentido. Esse corpo está em equilíbrio, mas esse equilíbrio não é estático.

TESTE SUA COMPREENSÃO DA SEÇÃO 11.1 Qual destas situações satisfaz tanto à primeira quanto à segunda condição de equilíbrio? (i) Uma gaivota planando a um ângulo constante abaixo do plano horizontal e a uma velocidade com módulo constante; (ii) o virabrequim de um automóvel que gira a uma velocidade angular com módulo crescente no motor de um carro estacionado; (iii) uma bola de beisebol que é lançada, mas que não gira enquanto cruza o ar. ▮

11.2 CENTRO DE GRAVIDADE

Na maioria dos problemas de equilíbrio, uma das forças que atuam sobre um corpo é o seu peso. Precisamos ser capazes de calcular o *torque* dessa força. O peso não atua sobre um único ponto; ele age de forma dispersa sobre todos os pontos do corpo. Entretanto, sempre podemos calcular o torque do peso de um corpo supondo que a força total da gravidade (o peso) esteja concentrada em um ponto chamado **centro de gravidade** (abreviado por "cg"). A aceleração devida à gravidade diminui com a altitude; porém, se pudermos desprezar essa variação ao longo da vertical do corpo, o centro de gravidade coincidirá com seu *centro de* *massa* (abreviado por "cm"), definido na Seção 8.5. Esse resultado foi formulado na Seção 10.2 sem prova, e agora vamos demonstrá-lo.

Inicialmente, vamos fazer uma revisão da definição de centro de massa. Para uma coleção de partículas com massas $m_1, m_2, \ldots$ e coordenadas (x_1, y_1, z_1), $(x_2, y_2, z_2), \ldots$, as coordenadas x_{cm}, y_{cm} e z_{cm} do centro de massa são dadas por

$$x_{cm} = \frac{m_1 x_1 + m_2 x_2 + m_3 x_3 + \cdots}{m_1 + m_2 + m_3 + \cdots} = \frac{\sum_i m_i x_i}{\sum_i m_i}$$

$$y_{cm} = \frac{m_1 y_1 + m_2 y_2 + m_3 y_3 + \cdots}{m_1 + m_2 + m_3 + \cdots} = \frac{\sum_i m_i y_i}{\sum_i m_i} \quad \text{(centro de massa)} \quad (11.3)$$

$$z_{cm} = \frac{m_1 z_1 + m_2 z_2 + m_3 z_3 + \cdots}{m_1 + m_2 + m_3 + \cdots} = \frac{\sum_i m_i z_i}{\sum_i m_i}$$

Também x_{cm}, y_{cm} e z_{cm} são as coordenadas do vetor posição $\vec{r}_{cm}$ do centro de massa, de modo que as equações 11.3 são equivalentes à equação vetorial

Vetor posição do centro de massa de um sistema de partículas

Vetores posição de partículas individuais

$$\vec{r}_{cm} = \frac{m_1 \vec{r}_1 + m_2 \vec{r}_2 + m_3 \vec{r}_3 + \cdots}{m_1 + m_2 + m_3 + \cdots} = \frac{\sum_i m_i \vec{r}_i}{\sum_i m_i} \quad (11.4)$$

Massas das partículas individuais

Agora, vamos considerar o torque gravitacional sobre um corpo de forma arbitrária (**Figura 11.2**). Suponhamos que a aceleração da gravidade $\vec{g}$ permaneça constante em todos os pontos do corpo. Cada partícula do corpo sofre ação da força gravitacional, e o peso total do corpo é a soma vetorial de um grande número de forças paralelas. Uma partícula típica possui massa m_i e peso $\vec{p}_i = m_i \vec{g}$. Se $\vec{r}_i$ for o vetor posição dessa partícula em relação a uma origem arbitrária O, o vetor torque $\vec{\tau}_i$ do peso $\vec{p}_i$ em relação a O é, pela Equação 10.3,

$$\vec{\tau}_i = \vec{r}_i \times \vec{p}_i = \vec{r}_i \times m_i \vec{g}$$

O torque *total* produzido pelas forças gravitacionais sobre todas as partículas é

$$\vec{\tau} = \sum_i \vec{\tau}_i = \vec{r}_1 \times m_1 \vec{g} + \vec{r}_2 \times m_2 \vec{g} + \cdots$$
$$= (m_1 \vec{r}_1 + m_2 \vec{r}_2 + \cdots) \times \vec{g}$$
$$= \left(\sum_i m_i \vec{r}_i\right) \times \vec{g}$$

Quando multiplicamos e dividimos isso pela massa total do corpo,

$$M = m_1 + m_2 + \ldots = \sum_i m_i$$

obtemos

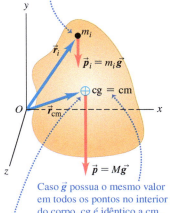

Figura 11.2 O centro de gravidade (cg) e o centro de massa (cm) de um corpo de massa distribuída.

O torque gravitacional em torno de O sobre uma partícula de massa m_i no interior do corpo é $\vec{\tau}_i = \vec{r}_i \times \vec{p}_i$.

Caso $\vec{g}$ possua o mesmo valor em todos os pontos no interior do corpo, cg é idêntico a cm.

O torque gravitacional total em torno de O sobre o corpo todo pode ser calculado supondo que o peso do corpo esteja aplicado ao cg: $\vec{\tau} = \vec{r}_{cm} \times \vec{p}$.

Figura 11.3 A aceleração da gravidade na base do Petronas Towers na Malásia é somente 0,014% maior que no topo dos seus 452 m de altura. O centro de gravidade das torres está somente cerca de 2 cm abaixo do centro de massa.

$$\vec{\tau} = \frac{m_1\vec{r}_1 + m_2\vec{r}_2 + \cdots}{m_1 + m_2 + \cdots} \times M\vec{g} = \frac{\sum_i m_i\vec{r}_i}{\sum_i m_i} \times M\vec{g}$$

A fração indicada nesta equação nada mais é que o vetor posição $\vec{r}_{cm}$ do centro de massa, cujas componentes são x_{cm}, y_{cm} e z_{cm}, conforme indicado na Equação 11.4, e $M\vec{g}$ é igual ao peso total $\vec{p}$ do corpo. Logo,

$$\vec{\tau} = \vec{r}_{cm} \times M\vec{g} = \vec{r}_{cm} \times \vec{p} \qquad (11.5)$$

O torque gravitacional total, dado pela Equação 11.5, é obtido como se o peso total $\vec{p}$ estivesse atuando no ponto dado pelo vetor posição $\vec{r}_{cm}$ do centro de massa, que também chamamos de *centro de gravidade*. **Se $\vec{g}$ possui um valor constante em todos os pontos de um corpo, seu centro de gravidade coincide com seu centro de massa.** Note, contudo, que o centro de massa é definido independentemente da existência de qualquer efeito gravitacional.

Embora o valor de $\vec{g}$ varie em função da elevação, a variação é extremamente leve (**Figura 11.3**). Por isso, neste capítulo, vamos supor que o centro de massa coincida com o centro de gravidade, a menos que se diga explicitamente o contrário.

Determinação e uso do centro de gravidade

Em geral, podemos usar considerações de simetria para determinar a posição do centro de gravidade de um corpo, do mesmo modo que fizemos no caso do centro de massa. O centro de gravidade de uma esfera homogênea, de um cubo ou de uma placa retangular coincide com o centro geométrico de cada um desses corpos. O centro de gravidade de um cilindro reto ou de um cone se encontra sobre seus respectivos eixos de simetria.

Para um corpo de forma mais complexa, algumas vezes podemos localizar o centro de gravidade imaginando o corpo constituído por partes simétricas. Por exemplo: podemos considerar o corpo humano como um conjunto de cilindros sólidos, e a cabeça é considerada uma esfera. A seguir, podemos calcular o centro de gravidade da combinação usando as equações 11.3, tomando m_1, m_2, ... como as massas individuais e (x_1, y_1, z_1), (x_2, y_2, z_2), ... como as coordenadas do centro de gravidade.

Quando a gravidade atua sobre um corpo suportado ou suspenso em um único ponto, o centro de gravidade sempre deve estar diretamente acima, abaixo ou no próprio ponto de suspensão. Caso não fosse assim, o peso exerceria um torque em relação ao ponto de suspensão, e o corpo não estaria em equilíbrio de rotação. Esse fato pode ser mostrado pela **Figura 11.4**.

Usando o mesmo raciocínio, podemos ver que um corpo apoiado em diferentes pontos deve possuir seu centro de gravidade em algum local entre as extremidades da área delimitada pelos pontos de apoio. Isso explica como um carro pode se deslocar em uma pista retilínea, mas inclinada, desde que o ângulo de inclinação seja relativamente pequeno (**Figura. 11.5a**), mas deve se virar quando o ângulo é grande demais (Figura 11.5b). O caminhão da Figura 11.5c possui um centro de gravidade mais elevado que o do carro e deve virar em inclinações menores que a do carro.

Quanto mais baixo for o centro de gravidade e maior for a área de suporte, mais difícil é o corpo tombar. Animais de quatro patas, como um veado ou um cavalo, possuem uma grande área de suporte delimitada pelas suas pernas; portanto, eles são naturalmente estáveis e necessitam de patas pequenas. Animais que andam

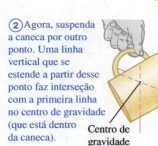

Figura 11.4 Cálculo do centro de gravidade de um corpo de forma irregular — neste caso, uma caneca.

Qual é o centro de gravidade desta caneca?

① Suspenda a caneca a partir de qualquer ponto. Uma linha vertical que se estende a partir do ponto de suspensão passa pelo centro de gravidade.

② Agora, suspenda a caneca por outro ponto. Uma linha vertical que se estende a partir desse ponto faz interseção com a primeira linha no centro de gravidade (que está dentro da caneca).

Centro de gravidade

Figura 11.5 Em (a), o centro de gravidade está dentro da área limitada pelos pontos de apoio e o carro está em equilíbrio. O carro em (b) e o caminhão em (c) devem virar porque seus respectivos centros de gravidade estão fora da área limitada pelos apoios.

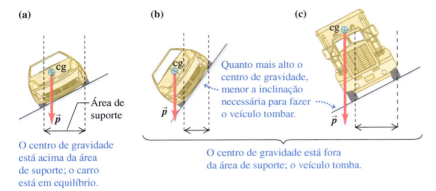

eretos sobre duas pernas, como os pássaros e o homem, necessitam de pés relativamente grandes para aumentar a área de suporte. Quando um animal com duas patas possui um corpo achatado e quase horizontal, como a galinha ou o dinossauro *Tyrannosaurus rex*, ele deve realizar uma delicada ação de equilíbrio para andar, mantendo seu centro de gravidade sobre um dos pés em contato com o solo. A galinha faz isso movendo a cabeça; o *Tyrannosaurus rex*, provavelmente, fazia movendo seu enorme rabo.

EXEMPLO 11.1 — EQUILIBRADO EM UMA PRANCHA

Uma prancha uniforme, de comprimento $L = 6{,}0$ m e massa $M = 90$ kg, repousa sobre dois cavaletes separados por uma distância $D = 1{,}5$ m, localizados em pontos equidistantes do centro de gravidade da prancha. Seu primo Tobias tenta ficar em pé na extremidade direita da prancha. Qual deve ser sua massa para que a prancha permaneça em repouso?

SOLUÇÃO

IDENTIFICAR E PREPARAR: para apenas se equilibrar, a massa m de Tobias deverá ser tal que o centro de gravidade do sistema prancha-Tobias esteja diretamente acima do cavalete do lado direito (**Figura 11.6**). Consideramos a origem no ponto C, o centro geométrico e o centro de gravidade da prancha, e tomamos o eixo positivo x apontando horizontalmente para a direita. Assim, os centros de gravidade da prancha e de Tobias estão em $x_P = 0$ e $x_T = L/2 = 3{,}0$ m, respectivamente, e o cavalete do lado direito está em $x_S = D/2$. Usaremos as equações 11.3 para localizar o centro de gravidade x_{cg} do sistema prancha-Tobias.

EXECUTAR: pela primeira parte das equações 11.3, temos

$$x_{cg} = \frac{M(0) + m(L/2)}{M + m} = \frac{m}{M + m}\frac{L}{2}$$

Definimos $x_{cg} = x_S$ e isolamos m:

$$\frac{m}{M + m}\frac{L}{2} = \frac{D}{2}$$

$$mL = (M + m)D$$

$$m = M\frac{D}{L - D} = (90 \text{ kg})\frac{1{,}5 \text{ m}}{6{,}0 \text{ m} - 1{,}5 \text{ m}} = 30 \text{ kg}$$

AVALIAR: para conferir o resultado, vamos repetir o cálculo com a origem no apoio do cavalete da direita. Agora, $x_S = 0$, $x_P = -D/2$ e $x_T = (L/2) - (D/2)$, e é preciso que $x_{cg} = x_S = 0$:

$$x_{cg} = \frac{M(-D/2) + m[(L/2) - (D/2)]}{M + m} = 0$$

$$m = \frac{MD/2}{(L/2) - (D/2)} = M\frac{D}{L - D} = 30 \text{ kg}$$

O resultado (a massa) não depende da escolha arbitrária da origem.

Um adulto de 60 kg manteria o equilíbrio ficando em pé no meio da distância entre a extremidade da prancha e o cavalete do lado direito. Você é capaz de explicar por quê?

Figura 11.6 Nosso desenho para este problema.

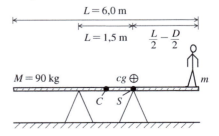

TESTE SUA COMPREENSÃO DA SEÇÃO 11.2 Uma pedra está presa à extremidade esquerda de uma régua uniforme que possui a mesma massa da pedra. Para que a combinação da pedra com a régua fique em equilíbrio sobre o objeto triangular, conforme a **Figura 11.7**, a que distância da extremidade esquerda da régua o triângulo deve ser colocado? (i) menos de 0,25 m; (ii) 0,25 m; (iii) entre 0,25 m e 0,50 m; (iv) 0,50 m; (v) mais de 0,50 m. ∎

Figura 11.7 Em que ponto a régua e a pedra estarão em equilíbrio?

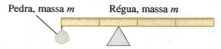

Pedra, massa m Régua, massa m

11.3 SOLUÇÃO DE PROBLEMAS DE EQUILÍBRIO DE CORPOS RÍGIDOS

Existem apenas dois princípios básicos para o equilíbrio de corpos rígidos: a soma vetorial das forças que atuam sobre o corpo deve ser igual a zero e a soma dos torques em torno de qualquer ponto deve ser zero. Para simplificarmos, restringiremos nossa atenção para situações em que todas as forças estejam sobre um único plano, o qual chamaremos de plano xy. Então, só precisamos considerar os componentes x e y da força na Equação 11.1 e, na Equação 11.2, basta considerar o componente z do torque (perpendicular ao plano xy). Desse modo, a primeira e a segunda condições de equilíbrio são dadas por

$$\sum F_x = 0 \quad \text{e} \quad \sum F_y = 0$$
(primeira condição de equilíbrio, forças no plano xy) (11.6)

$$\sum \tau_z = 0$$
(segunda condição de equilíbrio, forças no plano xy)

> **ATENÇÃO** **Escolha do ponto de referência para o cálculo de torques** Em problemas referentes ao equilíbrio, a escolha do ponto de referência para o cálculo de torques em $\sum \tau_z$ é totalmente arbitrária. Mas, uma vez feita a escolha, você deve usar o *mesmo* ponto para calcular *todos* os torques que atuam sobre um corpo. É útil escolher o ponto para simplificar ao máximo os cálculos.

O desafio consiste em aplicar esses princípios simples em problemas específicos. A Estratégia para a solução de problemas 11.1, a seguir, é muito semelhante às sugestões dadas na Seção 5.1 para o equilíbrio de uma partícula. Você deve compará-la com a Estratégia 10.1 para problemas de dinâmica das rotações, apresentada na Seção 10.2.

ESTRATÉGIA PARA A SOLUÇÃO DE PROBLEMAS 11.1   EQUILÍBRIO DE UM CORPO RÍGIDO

IDENTIFICAR *os conceitos relevantes:* a primeira e a segunda condições de equilíbrio ($\sum F_x = 0$, $\sum F_y = 0$ e $\sum \tau_z = 0$) são úteis sempre que há um corpo rígido que não está em rotação nem em aceleração no espaço.

PREPARAR *o problema* seguindo estas etapas:
1. Faça um desenho esboçando a situação física e identifique o corpo em equilíbrio a ser analisado. Desenhe o corpo com precisão; *não* o represente como um ponto. Inclua dimensões.
2. Desenhe um diagrama do corpo livre mostrando as forças que atuam *sobre* o corpo selecionado. Mostre o ponto do corpo no qual cada força atua.

3. Escolha eixos coordenados e especifique sua direção. Especifique um sentido positivo de rotação para os torques. Represente as forças em termos das componentes ao longo dos eixos que você escolheu.

4. Escolha um ponto de referência para o cálculo dos torques. Escolha sensatamente; você poderá eliminar de sua equação de torque qualquer força cuja linha de ação passa pelo ponto escolhido. O corpo não precisa estar necessariamente preso a um eixo que passa pelo ponto de referência.

EXECUTAR *a solução* como segue:

1. Escreva as equações que representam as condições de equilíbrio. Lembre-se de que $\sum F_x = 0$, $\sum F_y = 0$ e $\sum \tau_z = 0$ são equações *separadas*. Você pode calcular o torque de uma força achando o torque de cada componente separadamente, cada qual com seu braço da alavanca e sinal e, a seguir, somando os resultados.
2. Para obter tantas equações quantas incógnitas que existirem, você pode ter de calcular torques com relação a dois ou mais pontos de referência; escolha-os sensatamente também.

AVALIAR *sua resposta:* verifique seus resultados escrevendo $\sum \tau_z = 0$ em função de um ponto de referência diferente. Você deverá obter as mesmas respostas.

EXEMPLO 11.2 — LOCALIZANDO SEU CENTRO DE GRAVIDADE ENQUANTO VOCÊ SE EXERCITA

A *prancha* (**Figura 11.8a**) é uma ótima maneira de fortalecer os músculos abdominais, das costas e dos braços. Você também pode usar essa posição de exercício para localizar seu centro de gravidade. Mantendo a posição de prancha com uma balança sob seus dedos dos pés e outra sob seus antebraços, um atleta mediu que 66,0% do seu peso era apoiado por seus antebraços e 34,0% pelos dedos de seus pés. (Ou seja, as forças normais totais sobre seus antebraços e dedos dos pés foram $0,660p$ e $0,340p$, respectivamente, onde p é o peso do atleta.) Ele possui 1,80 m de altura e, na posição de prancha, a distância dos dedos de seus pés até o meio de seus antebraços é 1,53 m. A que distância dos dedos está seu centro de gravidade?

Figura 11.8 Um atleta em posição de prancha.

(a)

(b)

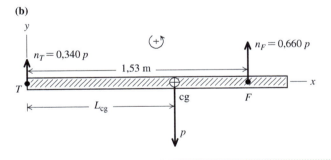

SOLUÇÃO

IDENTIFICAR E PREPARAR: podemos usar as duas condições para o equilíbrio, equações 11.6, para um atleta em repouso. Assim, tanto a força resultante quanto o torque resultante sobre o atleta são zero. A Figura 11.8b mostra um diagrama do corpo livre, incluindo os eixos x e y e nossa convenção de que os torques em sentido anti-horário são positivos. O peso p atua no centro de gravidade, que está entre os dois suportes (como deve estar; veja a Seção 11.2). Nossa variável-alvo é a distância L_{cg}, o braço de alavanca do peso em relação aos dedos dos pés T; portanto, é razoável obter torques em relação a T. O torque em função do peso é negativo (ele tende a causar uma rotação em sentido horário em torno de T), e o torque em função da força normal de baixo para cima nos antebraços, F, é positivo (ele tende a causar uma rotação no sentido anti-horário em torno de T).

EXECUTAR: a primeira condição de equilíbrio é satisfeita (Figura 11.8b): $\sum F_x = 0$, visto que não existe nenhum componente x e $\sum F_y = 0$, porque $0,340p + 0,660p + (-p) = 0$. Escrevemos a equação do torque e resolvemos para L_{cg}:

$$\sum \tau_R = 0,340p(0) - pL_{cg} + 0,660p(1,53 \text{ m}) = 0$$

$$L_{cg} = 1,01 \text{ m}$$

AVALIAR: o centro de gravidade está ligeiramente abaixo do umbigo do nosso atleta (como para a maioria das pessoas) e mais perto de seus antebraços que de seus pés, motivo pelo qual seus antebraços suportam a maior parte de seu peso. Você pode conferir seu resultado escrevendo a equação do torque em relação aos antebraços F. Você verá que seu centro de gravidade está a 0,52 m dos seus antebraços, ou (1,53 m) − (0,52 m) = 1,01 m dos dedos de seus pés.

EXEMPLO 11.3 — A ESCADA DESLIZARÁ?

Sir Lancelot, que pesa 800 N, está invadindo um castelo subindo em uma escada uniforme de 5,0 m de comprimento e que pesa 180 N (**Figura 11.9a**). A base da escada está apoiada sobre a borda de uma pedra e a escada está sobre um fosso, em equilíbrio contra uma parede vertical sem atrito. A escada faz um ângulo de 53,1° com a horizontal. Lancelot para a um terço do percurso da escada. (a) Calcule a força normal e a força de atrito na base da escada. (b) Ache o coeficiente de atrito estático mínimo para impedir que a base da escada escorregue. (c) Determine o módulo, a direção e o sentido da força de contato com a base da escada.

SOLUÇÃO

IDENTIFICAR E PREPARAR: o sistema composto por Sir Lancelot e a escada está fixo, portanto, podemos usar as duas condições do equilíbrio para solucionar o item (a). No item (b), também necessitaremos da relação entre a força de atrito estático, o coeficiente de atrito estático e a força normal (veja na Seção 5.3). A força de contato requisitada no item (c) é a soma vetorial das forças normal e de atrito na base da escada, que calculamos no item (a). A Figura 11.9b mostra o diagrama do corpo livre, com as direções x e y conforme indicado e os torques

(Continua)

(*Continuação*)

no sentido anti-horário como positivos. A escada é descrita como "uniforme", de modo que seu centro de gravidade esteja em seu centro geométrico. O peso de 800 N de Lancelot atua como um ponto na escada a um terço do caminho a partir da base em direção à parede.

A parede exerce somente uma força normal n_1 no topo da escada. As forças que atuam na base são a força normal de baixo para cima n_2 e a força de atrito estático f_s, que deve ser orientada para a direita para impedir o deslizamento. Os módulos n_2 e f_s são as variáveis do item (a). Pela Equação 5.4, esses módulos estão relacionados por $f_s \leq \mu_s n_2$, onde μ_s, o coeficiente de atrito estático, é a variável-alvo do item (b).

EXECUTAR: (a) pelas equações 11.6, a primeira condição de equilíbrio fornece

$$\Sigma F_x = f_s + (-n_1) = 0$$
$$\Sigma F_y = n_2 + (-800\text{ N}) + (-180\text{ N}) = 0$$

Estas são duas equações para as três incógnitas n_1, n_2 e f_s. A segunda equação fornece $n_2 = 980$ N. Para obter uma terceira equação, usamos a segunda condição de equilíbrio. Podemos achar os torques em relação ao ponto B, sobre o qual n_2 e f_s não possuem nenhum torque. O ângulo de 53,1° cria um triângulo retângulo 3-4-5, de modo que, pela Figura 11.9b, vemos que o braço da alavanca para o peso da escada é igual a 1,5 m, o braço da alavanca para o peso de Sir Lancelot é 1,0 m e o braço da alavanca para n_1 é 4,0 m. A equação do torque para o ponto B é

$$\Sigma \tau_B = n_1(4{,}0\text{ m}) - (180\text{ N})(1{,}5\text{ m})$$
$$- (800\text{ N})(1{,}0\text{ m}) + n_2(0) + f_s(0) = 0$$

Explicitando n_1, obtemos $n_1 = 268$ N. Agora substituímos esse valor na equação $\Sigma F_x = 0$ e obtemos $f_s = 268$ N.

(b) A força de atrito estático f_s não pode ser maior que $\mu_s n_2$, portanto, o coeficiente de atrito *mínimo* para impedir o deslizamento é

$$(\mu_s)_{\text{mín}} = \frac{f_s}{n_2} = \frac{268\text{ N}}{980\text{ N}} = 0{,}27$$

(c) Os componentes da força de contato $\vec{F}_B$ na base da escada são a força de atrito f_s e força normal n_2, portanto,

$$\vec{F}_B = f_s \hat{\imath} + n_2 \hat{\jmath} = (268\text{ N})\hat{\imath} + (980\text{ N})\hat{\jmath}$$

O módulo, a direção e o sentido de $\vec{F}_B$ (Figura 11.9c) são

$$F_B = \sqrt{(268\text{ N})^2 + (980\text{ N})^2} = 1.020\text{ N}$$
$$\theta = \arctan \frac{980\text{ N}}{268\text{ N}} = 75°$$

AVALIAR: conforme indicado na Figura 11.9c, a força de contato $\vec{F}_B$ *não* é dirigida ao longo da escada. Você é capaz de mostrar que, se $\vec{F}_B$ fosse dirigida ao longo da escada, deveria existir um torque resultante no sentido contrário ao dos ponteiros do relógio em relação ao topo da escada, impossibilitando o equilíbrio?

À medida que Lancelot sobe a escada, o braço da alavanca e o torque de seu peso em relação ao ponto B aumentam. Isso faz aumentar os valores de n_1, f_s e o coeficiente de atrito exigido $(\mu_s)_{\text{mín}}$, de modo que a escada provavelmente deslizará enquanto ele sobe (veja o Exercício 11.10). Um modo simples de evitar o deslizamento é usar uma escala com um ângulo maior (digamos, 75° em vez de 53,1°). Isso diminui os braços da alavanca com relação a B dos pesos da escada e Lancelot e aumenta o braço da alavanca de n_1, todos diminuindo a força de atrito exigida.

Se tivéssemos assumido o atrito na parede, bem como no piso, o problema seria impossível de resolver usando apenas as condições de equilíbrio. (Experimente!) A dificuldade é que não seria mais adequado tratar o corpo como sendo perfeitamente rígido. Outro problema desse tipo é uma mesa de quatro pés; não há como usar apenas as condições de equilíbrio para determinar a força em cada pé separado.

Figura 11.9 (a) Sir Lancelot para a um terço do percurso da escada, com receio de que ela deslize. (b) Diagrama do corpo livre para o sistema composto por Sir Lancelot e a escada. (c) A força de contato em B é a superposição entre a força normal e a força de atrito estático.

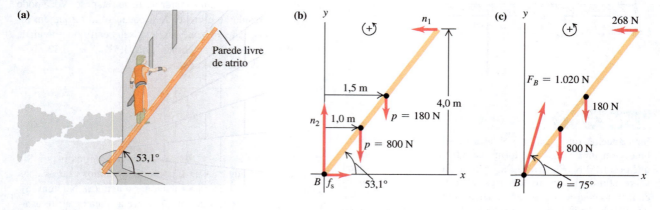

EXEMPLO 11.4 — EQUILÍBRIO E AÇÃO DE BOMBEAR

A **Figura 11.10a** mostra um braço humano erguendo um haltere. O antebraço está em equilíbrio sob a ação do peso $\vec{p}$ do haltere, da tensão $\vec{T}$ no tendão conectado ao músculo bíceps e da força $\vec{E}$ exercida sobre o antebraço pelo braço na articulação do cotovelo. Desprezamos o peso do antebraço em si. (Para maior clareza, o ponto A ao qual o tendão está ligado foi desenhado mais afastado do cotovelo que em sua posição real.) Dados o peso p e o ângulo θ entre a força de tensão e a horizontal, determine T e os dois componentes $\vec{E}$ (um total de três incógnitas escalares).

Figura 11.10 (a) A situação. (b) Diagrama do corpo livre do antebraço. O peso do antebraço é desprezado, e a distância D foi exagerada para dar maior clareza.

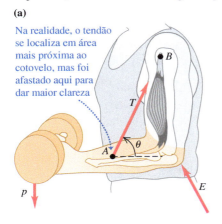
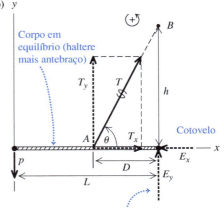

SOLUÇÃO

IDENTIFICAR E PREPARAR: o sistema está em repouso; portanto, novamente usamos as condições do equilíbrio. Representamos $\vec{T}$ e $\vec{E}$ em termos de seus componentes (Figura 11.10b). Também imaginaremos que os sentidos de E_x e E_y são os indicados na figura; os sinais de E_x e E_y dados por nossa solução nos dão os sentidos corretos. As variáveis-alvo do problema são T, E_x e E_y.

EXECUTAR: a forma mais simples de achar a tensão T é tomarmos os torques em relação à articulação do cotovelo, de modo que a equação do torque não contenha E_x, E_y ou T_x, e depois resolver para T_y e, portanto, T:

$$\sum \tau_{\text{cotovelo}} = Lp - DT_y = 0$$

$$T_y = \frac{Lp}{D} = T\,\text{sen}\,\theta \quad \text{e} \quad T = \frac{Lp}{D\,\text{sen}\,\theta}$$

Para achar E_x e E_y, usamos a primeira condição de equilíbrio,

$$\sum F_x = T_x + (-E_x) = 0$$

$$E_x = T_x = T\cos\theta = \frac{Lp}{D\,\text{sen}\,\theta}\cos\theta$$

$$= \frac{Lp}{D}\cot\theta = \frac{Lp}{D}\frac{D}{h} = \frac{Lp}{h}$$

$$\sum F_y = T_y + E_y + (-p) = 0$$

$$E_y = p - \frac{Lp}{D} = -\frac{(L-D)p}{D}$$

O sinal negativo para E_y indica que nossa hipótese sobre o sentido de E_y, indicado na Figura 11.10b, estava errada; o sentido correto é verticalmente *para baixo*.

AVALIAR: podemos conferir os resultados para E_x e E_y tomando os torques em relação aos pontos A e B, em torno dos quais T possui torque zero:

$$\sum \tau_A = (L-D)p + DE_y = 0 \quad \text{logo} \quad E_y = -\frac{(L-D)p}{D}$$

$$\sum \tau_B = Lp - hE_x = 0 \quad \text{logo} \quad E_x = \frac{Lp}{h}$$

Como um exemplo específico, suponha $p = 200$ N, $D = 0{,}050$ m, $L = 0{,}30$ m e $\theta = 80°$, de modo que $h = D\tan\theta = (0{,}050 \text{ m})(5{,}67) = 0{,}28$ m. Usando nossos resultados para T, E_x e E_y, encontramos

$$T = \frac{Lp}{D\,\text{sen}\,\theta} = \frac{(0{,}30 \text{ m})(200 \text{ N})}{(0{,}050 \text{ m})(0{,}98)} = 1.220 \text{ N}$$

$$E_y = -\frac{(L-D)p}{D} = -\frac{(0{,}30 \text{ m} - 0{,}050 \text{ m})(200 \text{ N})}{0{,}050 \text{ m}}$$
$$= -1.000 \text{ N}$$

$$E_x = \frac{Lp}{h} = \frac{(0{,}30 \text{ m})(200 \text{ N})}{0{,}28 \text{ m}} = 210 \text{ N}$$

O módulo da força no cotovelo é

$$E = \sqrt{E_x^2 + E_y^2} = 1.020 \text{ N}$$

Observe que T e E são *muito* maiores que o peso de 200 N do haltere. Um antebraço pesa apenas cerca de 20 N, de modo que foi razoável ignorar seu peso.

> **DADOS MOSTRAM**
>
> **Equilíbrio de corpos rígidos**
>
> Quando os alunos recebiam um problema sobre equilíbrio de corpos rígidos, mais de 24% davam uma resposta incorreta. Erros comuns:
>
> - Deixar de incluir um sinal de mais ou menos para levar em conta o sentido do torque.
> - Esquecer que, quando uma força atua no ponto em torno do qual você calcula os torques, essa força causa torque zero.

TESTE SUA COMPREENSÃO DA SEÇÃO 11.3 Uma placa metálica de sinalização (peso p) de uma loja está suspensa pela extremidade de uma haste horizontal de comprimento L e massa desprezível (**Figura 11.11**). A haste está sustentada por um cabo que forma um ângulo θ com o plano horizontal e por uma dobradiça no ponto P. Classifique os seguintes módulos de força por ordem decrescente: (i) o peso p da placa; (ii) a tensão no cabo; (iii) o componente vertical da força exercida sobre a vara pela dobradiça no ponto P. ▮

Figura 11.11 Quais são a tensão no cabo diagonal e a força exercida pela dobradiça em P?

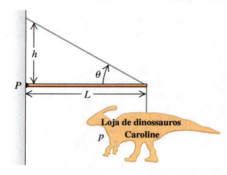

11.4 TENSÃO, DEFORMAÇÃO E MÓDULOS DE ELASTICIDADE

O corpo rígido é um modelo idealizado útil, mas a dilatação, a compressão e a torção de corpos rígidos quando aplicamos forças sobre um corpo real são muito importantes e não podem ser desprezadas. A **Figura 11.12** mostra três exemplos. Queremos estudar a relação entre as forças e as deformações para cada caso.

Não é preciso olhar muito longe para achar um corpo deformável; é tão simples quanto seu nariz (**Figura 11.13**). Se você segurar a ponta do seu nariz entre seus dedos indicador e polegar, verá que, quanto mais puxar o nariz para fora ou empurrá-lo para dentro, mais ele se estica ou comprime. De modo semelhante, quanto mais você apertar seus dedos, mais da ponta do seu nariz será comprimida. Se você tentar girar a ponta do seu nariz, verá uma quantidade maior de torção se aplicar forças maiores.

Essas observações ilustram uma regra. Para cada tipo de deformação, introduziremos uma **tensão** ao seu nariz; a tensão caracteriza a intensidade das forças que produzem a deformação, com base na "força por unidade de área". E, em cada caso, a tensão causa uma **deformação**. Versões mais cuidadosas dos experimentos com seu nariz sugerem que, para tensões relativamente pequenas, a deformação resultante é proporcional à tensão: quanto maiores as forças de deformação, maior a deformação resultante. Essa proporcionalidade denomina-se **lei de Hooke**, e a razão entre tensão e deformação denomina-se **módulo de elasticidade**:

Figura 11.12 Três tipos de tensão.
(a) As cordas do violão submetidas a uma *dilatação* pelas forças que atuam sobre suas extremidades.
(b) Um mergulhador sob *compressão*, comprimido de todos os lados pela força da pressão da água.
(c) Uma fita sob *cisalhamento*, torcida e cortada por forças exercidas pela tesoura.

Lei de Hooke: $\dfrac{\text{Tensão}}{\text{Deformação}} = \text{Módulo de elasticidade}$ (11.7)

- Tensão: Medida das forças aplicadas para deformar um corpo
- Deformação: Medida de quanta deformação resulta da tensão
- Módulo de elasticidade: Propriedade do material do qual o corpo é composto

Figura 11.13 Quando você comprime seu nariz, a força por área que você aplica é denominada *tensão*. A fração da variação no tamanho do seu nariz (a mudança de tamanho dividida pelo tamanho inicial) é denominada *deformação*. A deformação é *elástica* porque seu nariz retorna ao tamanho inicial quando você para de comprimi-lo.

O valor do módulo elástico depende do material do qual o corpo é composto, mas não de sua forma ou tamanho. Se um material retorna ao seu estado original depois que a tensão é removida, ele é chamado de **elástico**; a lei de Hooke é um caso especial de comportamento elástico. Se, em vez disso, um material permanecer deformado depois que a tensão é removida, ele é chamado de **plástico**. Aqui, vamos considerar apenas o comportamento elástico; retornaremos ao comportamento plástico na Seção 11.5.

Já usamos uma forma da lei de Hooke na Seção 6.3: a dilatação de uma mola ideal é proporcional à força aplicada. Lembre-se de que a lei de Hooke não é realmente uma lei geral, mas sim um resultado experimental válido somente em um intervalo limitado de tensões. Na Seção 11.5, veremos o que acontece além desse intervalo limitado.

Tensão e deformação na dilatação e na compressão

O comportamento elástico mais simples de entender é a dilatação de uma barra, de uma haste ou de um fio, quando suas extremidades são puxadas (Figura 11.12a). A **Figura 11.14** mostra um objeto cuja seção reta possui área A e comprimento l_0, submetido a forças iguais e contrárias $F_\perp$ em ambas as extremidades (garantindo que o objeto não tende a se mover nem para a esquerda nem para a direita). Dizemos que o objeto está submetido a uma tensão. Já falamos muito sobre a tensão em cordas e em fios; aqui, o conceito é o mesmo. O subscrito $\perp$ serve para nos lembrar de que as forças atuam em uma direção perpendicular à seção reta.

Definimos **tensão de dilatação** na seção reta como a razão entre a força $F_\perp$ e a área A da seção reta:

$$\text{Tensão de dilatação} = \frac{F_\perp}{A} \tag{11.8}$$

Essa grandeza é *escalar* porque $F_\perp$ é o *módulo* de uma força. A unidade SI de tensão é o **Pascal** (abreviada por Pa, cujo nome é uma homenagem ao cientista e filósofo francês do século XVII Blaise Pascal). A Equação 11.8 mostra que um Pascal é igual a um Newton por metro quadrado (N/m²):

$$1 \text{ Pascal} = 1 \text{ Pa} = 1 \text{ N/m}^2$$

No sistema inglês, a unidade de tensão mais comum é a libra por polegada ao quadrado (lb/pol² ou psi). Estes são os fatores de conversão:

$$1 \text{ psi} = 6.895 \text{ Pa} \quad \text{e} \quad 1 \text{ Pa} = 1,450 \times 10^{-4} \text{ psi}$$

As unidades de tensão são as mesmas que as da *pressão*, que encontraremos em capítulos posteriores.

Quando está sob tensão, o objeto mostrado na Figura 11.14 se alonga a um comprimento $l = l_0 + \Delta l$. A dilatação Δl não ocorre somente nas extremidades: todas as partes da barra sofrem dilatações na mesma proporção. A **deformação de dilatação** do objeto é a fração da variação do comprimento, definida como a razão entre a dilatação Δl e o comprimento original l_0:

$$\text{Tensão de compressão} = \frac{l - l_0}{l_0} = \frac{\Delta l}{l_0} \tag{11.9}$$

A deformação de dilatação é a dilatação por unidade de comprimento. É uma razão entre dois comprimentos, sempre medidos com as mesmas unidades; portanto, se trata de um número puro (adimensional), sem nenhuma unidade.

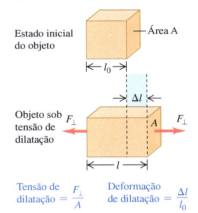

Figura 11.14 Um objeto sob tensão. A força resultante que atua sobre o objeto é nula, mas o objeto se deforma. A tensão de dilatação (razão entre a força e a área da seção reta) produz uma deformação de dilatação (a dilatação dividida pelo comprimento inicial). A dilatação Δl foi exagerada para dar maior clareza.

A experiência mostra que, para uma tensão de dilatação suficientemente pequena, a tensão e a deformação são proporcionais, como na Equação 11.7. O módulo de elasticidade correspondente denomina-se **módulo de Young**, representado por Y:

BIO Aplicação Módulo de Young de um tendão O tendão tibial anterior conecta seus pés ao grande músculo que corre ao lado da sua tíbia. (Você pode sentir esse tendão na frente do seu tornozelo.) Medições mostram que esse tendão tem um módulo de Young de $1{,}2 \times 10^9$ Pa, muito menos do que para os metais listados na Tabela 11.1. Logo, esse tendão estica-se substancialmente (até 2,5% de seu comprimento) em resposta às tensões experimentadas ao caminhar e ao correr.

$$Y = \frac{\text{Tensão de dilatação}}{\text{Deformação de dilatação}} = \frac{F_\perp / A}{\Delta l / l_0} = \frac{F_\perp}{A} \frac{l_0}{\Delta l} \quad (11.10)$$

Módulo de Young para tensão; Força aplicada perpendicular à seção reta; Comprimento original (ver Figura 11.14); Área da seção reta do objeto; Dilatação (ver Figura 11.14)

Uma vez que a tensão é um número puro, as unidades do módulo de Young são as mesmas que as da tensão: força por unidade de área. Alguns valores típicos são indicados na **Tabela 11.1**. (Esta tabela também fornece valores de dois outros módulos elásticos, que discutiremos mais tarde neste capítulo.) Um material com valor elevado de Y é relativamente não deformável; é necessário exercer uma tensão muito elevada para obter uma dada deformação. Por exemplo, o valor de Y para o aço (2×10^{11} Pa) é muito maior que o de um tendão ($1{,}2 \times 10^9$ Pa).

Quando as forças sobre as extremidades de um objeto são de empurrar em vez de puxar (**Figura 11.15**), a barra está submetida a uma **compressão**, e a tensão é uma **tensão de compressão**. A **deformação de compressão** de um objeto submetido a uma compressão é definida do mesmo modo que a deformação de dilatação, porém Δl possui sentido contrário. A lei de Hooke e a Equação 11.10 são válidas tanto para a compressão quanto para a dilatação, desde que a tensão de compressão não seja muito elevada. Para muitos materiais, o módulo de Young possui o mesmo valor tanto para a tensão de dilatação quanto para a tensão de compressão. Os materiais compósitos, como o concreto e a pedra, constituem uma exceção; eles podem suportar tensão de compressão, mas não suportam tensão de dilatação comparável. A pedra era o material de construção primitivo, usado nas civilizações antigas, como Babilônia, Assíria e Roma; portanto, suas estruturas destinavam-se a evitar tensões de dilatação. Isso explica por que essas civilizações fizeram uso extensivo de arcos em entradas e pontes, nas quais o peso do material sobreposto comprime as pedras do arco, unindo-as sem exercer nenhuma tensão sobre elas.

Em muitas situações, um corpo pode ser submetido simultaneamente a uma tensão de dilatação e a uma tensão de compressão. Como exemplo, uma viga horizontal suportada em cada extremidade que se encurva sob a ação do próprio peso. Como resultado, o topo da viga está submetido a uma compressão, enquanto

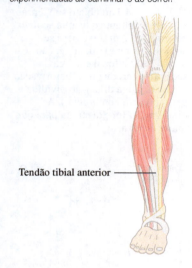

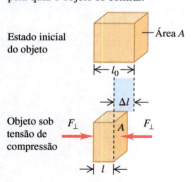

Figura 11.15 Um objeto em compressão. A tensão e a deformação de compressão são definidas da mesma forma que a tensão e a deformação de dilatação (Figura 11.14), exceto pelo fato de que, neste caso, Δl denota a distância pela qual o objeto se contrai.

Tensão de compressão $= \dfrac{F_\perp}{A}$ Deformação de compressão $= \dfrac{\Delta l}{l_0}$

TABELA 11.1 Módulos de elasticidade aproximados.

Material	Módulo de Young, Y (Pa)	Módulo de compressão, B (Pa)	Módulo de cisalhamento, S (Pa)
Alumínio	$7{,}0 \times 10^{10}$	$7{,}5 \times 10^{10}$	$2{,}5 \times 10^{10}$
Bronze	$9{,}0 \times 10^{10}$	$6{,}0 \times 10^{10}$	$3{,}5 \times 10^{10}$
Cobre	11×10^{10}	14×10^{10}	$4{,}4 \times 10^{10}$
Ferro	21×10^{10}	16×10^{10}	$7{,}7 \times 10^{10}$
Chumbo	$1{,}6 \times 10^{10}$	$4{,}1 \times 10^{10}$	$0{,}6 \times 10^{10}$
Níquel	21×10^{10}	17×10^{10}	$7{,}8 \times 10^{10}$
Borracha de silicone	$0{,}001 \times 10^{10}$	$0{,}2 \times 10^{10}$	$0{,}0002 \times 10^{10}$
Aço	20×10^{10}	16×10^{10}	$7{,}5 \times 10^{10}$
Tendão (típico)	$0{,}12 \times 10^{10}$	—	—

a parte inferior está sob tensão de dilatação (**Figura 11.16a**). Para minimizar a tensão e, portanto, o encurvamento, a viga deve ser projetada de modo que sua seção reta seja grande no topo e na parte inferior. Não existe tensão de dilatação nem tensão de compressão ao longo da linha central da viga, de modo que essa parte pode ter uma seção reta pequena: isso ajuda a minimizar o peso da barra e também a reduzir a tensão. O resultado é uma viga em forma de I, comumente usada na construção de edifícios (Figura 11.16b).

Figura 11.16 (a) Uma viga suportada em ambas as extremidades está submetida tanto à compressão quanto à tensão. (b) O formato da seção reta de uma viga I minimiza tanto a tensão quanto o peso.

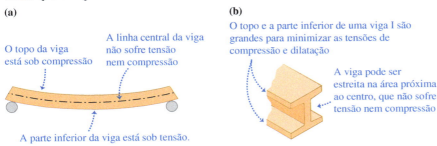

EXEMPLO 11.5   TENSÃO E DEFORMAÇÃO DE DILATAÇÃO

Um eixo de aço de 2,0 m de comprimento possui seção reta com área de 0,30 cm². O eixo está suspenso por uma das extremidades em uma estrutura de suporte, e uma fresadora de 550 kg é suspensa na extremidade inferior do eixo. Determine a tensão, a deformação e a dilatação do eixo.

SOLUÇÃO

IDENTIFICAR, PREPARAR E EXECUTAR: o eixo está sob tensão, de modo que podemos usar a Equação 11.8 para achar a tensão de dilatação; a Equação 11.9, com o valor do módulo de Young Y para o aço da Tabela 11.1, para achar a deformação correspondente; e a Equação 11.10 para achar a dilatação Δl:

$$\text{Tensão} = \frac{F_\perp}{A} = \frac{(550 \text{ kg})(9{,}8 \text{ m/s}^2)}{3{,}0 \times 10^{-5} \text{ m}^2} = 1{,}8 \times 10^8 \text{ Pa}$$

$$\text{Deformação} = \frac{\Delta l}{l_0} = \frac{\text{Tensão}}{Y} = \frac{1{,}8 \times 10^8 \text{ Pa}}{20 \times 10^{10} \text{ Pa}} = 9{,}0 \times 10^{-4}$$

$$\text{Dilatação} = \Delta l = (\text{Deformação}) \times l_0$$
$$= (9{,}0 \times 10^{-4})(2{,}0 \text{ m}) = 0{,}0018 \text{ m} = 1{,}8 \text{ mm}$$

AVALIAR: o pequeno valor dessa dilatação, que resulta de uma carga igual a cerca de meia tonelada, é uma confirmação da rigidez do aço. (Ignoramos a tensão relativamente pequena decorrente do peso do próprio eixo.)

Tensão e deformação volumétrica

Quando um mergulhador submerge no oceano profundo, a água exerce uma pressão aproximadamente uniforme sobre sua superfície e o comprime, fazendo com que seu volume seja ligeiramente menor (Figura 11.12b). Essa situação é diferente das tensões de dilatação e de compressão que discutimos anteriormente. A pressão uniforme em todas as direções é uma **tensão volumétrica de compressão** (ou **tensão volumétrica**), e a deformação resultante — **deformação de compressão volumétrica** (ou **deformação volumétrica**) — é uma variação em seu volume.

Se um objeto for imerso em um fluido (líquido ou gás) em repouso, esse fluido exercerá uma força sobre todas as partes do objeto; essa força será *perpendicular* à superfície. (Se tentarmos fazer um fluido exercer uma força paralela à superfície, ele escoará lateralmente para se opor a esse esforço.) A força $F_\perp$ por unidade de área que o fluido exerce sobre a superfície de um objeto imerso denomina-se **pressão** p do fluido:

BIO Aplicação Tensão volumétrica sobre um peixe-diabo negro O peixe-diabo negro (*Melanocetus johnsoni*) é encontrado em oceanos do mundo inteiro em profundidades de até 1.000 m, onde a pressão (ou seja, a tensão volumétrica) é de cerca de 100 atmosferas. O peixe-diabo negro é capaz de suportar essa tensão porque não possui espaços de ar internos, ao contrário dos peixes encontrados nas partes superiores do oceano, onde as pressões são menores. Os maiores peixes-diabo negro possuem cerca de 12 cm de comprimento.

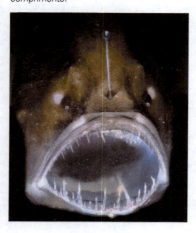

Figura 11.17 Um objeto sob tensão volumétrica. Sem a tensão, o cubo possui volume V_0; quando submetido à tensão, o cubo possui um volume menor V. A variação de volume ΔV está exagerada para dar maior clareza.

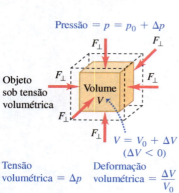

Pressão em um fluido $\longrightarrow p = \dfrac{F_\perp}{A}$ ← Força que o fluido aplica à superfície de um objeto imerso

← Área sobre a qual a força é exercida (11.11)

A pressão possui as mesmas unidades de tensão; as unidades comumente usadas são 1 Pa (= 1 N/m²) e 1 lb/pol² (1 psi) e 1 **atmosfera** (1 atm). Uma atmosfera é aproximadamente igual à pressão média exercida pela atmosfera ao nível do mar:

$$1 \text{ atmosfera} = 1 \text{ atm} = 1{,}013 \times 10^5 \text{ Pa} = 14{,}7 \text{ lb/pol}^2$$

ATENÇÃO **Pressão *versus* força** Ao contrário da força, a pressão não possui nenhuma direção intrínseca. A pressão sobre a superfície de um objeto imerso é a mesma, seja qual for a orientação da superfície. Portanto, a pressão é uma grandeza *escalar*, não uma grandeza vetorial.

A pressão em um fluido aumenta com a profundidade. Por exemplo, a pressão no oceano aumenta aproximadamente 1 atm a cada 10 m. Porém, se um objeto imerso for relativamente pequeno, podemos ignorar essas diferenças de pressão para fins de cálculo da tensão volumétrica. Então, trataremos a pressão como tendo o mesmo valor em todos os pontos na superfície de um objeto imerso.

A pressão desempenha o mesmo papel da tensão em uma deformação volumétrica. A deformação correspondente é a fração da variação do volume (**Figura 11.17**) — ou seja, a razão entre a variação de volume ΔV e o volume inicial V_0:

$$\text{Deformação (volumétrica)} = \dfrac{\Delta V}{V_0} \qquad (11.12)$$

A deformação volumétrica é uma variação de volume por unidade de volume. Tal como as deformações de dilatação e de compressão, ela é dada por um número puro, sem unidades.

Quando a lei de Hooke é obedecida, um aumento na pressão (tensão volumétrica) produz uma deformação volumétrica *proporcional* (fração da variação do volume). O módulo de elasticidade correspondente (a razão entre a tensão e a deformação) denomina-se **módulo de compressão**, designado pela letra B. Quando a pressão sobre um corpo varia de uma quantidade pequena Δp, desde p_0 até $p_0 + \Delta p$, e a deformação volumétrica correspondente é $\Delta V/V_0$, a lei de Hooke assume a forma

Módulo de compressão $\longrightarrow B = \dfrac{\text{Tensão volumétrica}}{\text{Deformação volumétrica}} = -\dfrac{\Delta p}{\Delta V/V_0}$ (11.13)

Variação no volume (ver Figura 11.17) ← Pressão adicional sobre objeto
← Volume original (ver Figura 11.17)

Incluímos um sinal negativo nessa equação, porque um *aumento* de pressão sempre produz uma *diminuição* de volume. Em outras palavras, quando Δp é positivo, ΔV é negativo. O módulo de compressão B é uma grandeza positiva.

Para pequenas variações de pressão em um sólido ou em um líquido, consideramos B constante. O módulo de compressão de um *gás*, contudo, depende da pressão inicial p_0. A Tabela 11.1 inclui valores do módulo de compressão para diversos materiais. Sua unidade, força por unidade de área, é a mesma da pressão (e da tensão de compressão ou da tensão de dilatação).

O inverso do módulo de compressão denomina-se **compressibilidade**, e é designado pela letra k. Pela Equação 11.13,

$$k = \frac{1}{B} = -\frac{\Delta V/V_0}{\Delta p} = -\frac{1}{V_0}\frac{\Delta V}{\Delta p} \quad \text{(compressibilidade)} \qquad (11.14)$$

A compressibilidade é dada pela fração da diminuição do volume, $-\Delta V/V_0$, por unidade de Δp da pressão. As unidades de compressibilidade são dadas pelo *inverso da unidade de pressão*, Pa^{-1} ou atm^{-1}.

Os valores da compressibilidade k para diversos líquidos são indicados na **Tabela 11.2**. Por exemplo, a compressibilidade da água é igual a $46,4 \times 10^{-6}$ atm^{-1}, o que significa que, para cada aumento de pressão de uma atmosfera, o volume de água diminui de 46,4 partes por milhão para cada aumento de 1 atm na pressão. Materiais com módulos de compressão B pequenos ou compressibilidades k elevadas podem ser comprimidos com facilidade.

TABELA 11.2 Compressibilidades de líquidos.

Líquido	Compressibilidade, k	
	Pa^{-1}	atm^{-1}
Dissulfeto de carbono	93×10^{-11}	94×10^{-6}
Álcool etílico	110×10^{-11}	111×10^{-6}
Glicerina	21×10^{-11}	21×10^{-6}
Mercúrio	$3,7 \times 10^{-11}$	$3,8 \times 10^{-6}$
Água	$45,8 \times 10^{-1}$	$46,4 \times 10^{-6}$

EXEMPLO 11.6   TENSÃO E DEFORMAÇÃO VOLUMÉTRICA

Uma prensa hidráulica contém $0,25$ m³ (250 L) de óleo. Calcule a diminuição de volume do óleo quando ele é submetido a um aumento de pressão $\Delta p = 1,6 \times 10^7$ Pa (cerca de 160 atm ou 2.300 psi). O módulo de compressão do óleo é $B = 5,0 \times 10^9$ Pa (cerca de $5,0 \times 10^4$ atm) e sua compressibilidade é $k = 1/B = 20 \times 10^{-6}$ atm^{-1}.

SOLUÇÃO

IDENTIFICAR, PREPARAR E EXECUTAR: este exemplo usa os conceitos de tensão e deformação volumétrica. Conhecemos o módulo de compressão e a compressibilidade e nossa variável-alvo é a variação de volume ΔV. Usando a Equação 11.13 para calcular ΔV, encontramos

$$\Delta V = -\frac{V_0 \Delta p}{B} = -\frac{(0,25 \text{ m}^3)(1,6 \times 10^7 \text{ Pa})}{5,0 \times 10^9 \text{ Pa}}$$
$$= -8,0 \times 10^{-4} \text{ m}^3 = -0,80 \text{ L}$$

Alternativamente, podemos usar a Equação 11.14, com as conversões de unidade aproximadas dadas anteriormente:

$$\Delta V = -kV_0\Delta p = -(20 \times 10^{-6} \text{ atm}^{-1})(0,25 \text{ m}^3)(160 \text{ atm})$$
$$= -8,0 \times 10^{-4} \text{ m}^3$$

AVALIAR: note que ΔV é negativa, indicando que o volume diminui quando a pressão aumenta. Embora o aumento da pressão de 160 atm seja muito grande, a *fração* da variação de volume é muito pequena:

$$\frac{\Delta V}{V_0} = \frac{-8,0 \times 10^{-4} \text{ m}^3}{0,25 \text{ m}^3} = -0,0032 \quad \text{ou} \quad -0,32\%$$

Tensão e deformação de cisalhamento

A terceira situação envolvendo uma relação de tensão-deformação denomina-se *cisalhamento*. A fita indicada na Figura 11.12c está submetida a uma **tensão de cisalhamento**: uma parte da fita está sendo empurrada para cima enquanto outra parte adjacente está sendo empurrada para baixo, produzindo uma deformação na fita. A **Figura 11.18** mostra um corpo sendo deformado por uma tensão de cisalhamento. Na figura, forças de módulo igual, mas direção contrária, atuam

Figura 11.18 Corpo submetido a uma tensão de cisalhamento. São aplicadas forças tangentes às superfícies opostas do objeto (em contraste com a situação na Figura 11.14, na qual as forças atuam perpendicularmente às superfícies). A deformação x está exagerada para fins de clareza.

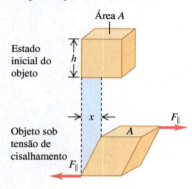

Tensão de cisalhamento $= \dfrac{F_\parallel}{A}$ Deformação de cisalhamento $= \dfrac{x}{h}$

tangencialmente às superfícies das extremidades opostas do objeto. Definimos a tensão de cisalhamento como a força $F_\parallel$ tangente à superfície de um material, dividida pela área A sobre a qual ela atua:

$$\text{Tensão de cisalhamento} = \frac{F_\parallel}{A} \quad (11.15)$$

A tensão de cisalhamento, assim como os outros dois tipos de tensão, é uma força por unidade de área.

A Figura 11.18 mostra que uma face do objeto sob tensão de cisalhamento é deslocada por uma distância x em relação à face oposta. Definimos a **deformação de cisalhamento** como a razão entre o deslocamento x e a dimensão transversal h:

$$\text{Deformação de cisalhamento} = \frac{x}{h} \quad (11.16)$$

Em uma situação real, x é quase sempre muito menor que h. Assim como todos os tipos de deformação, a deformação de cisalhamento é um número sem dimensões; ela é uma razão entre dois comprimentos.

Quando as forças são suficientemente pequenas para que a lei de Hooke seja válida, a deformação é *proporcional* à tensão de cisalhamento. O módulo de elasticidade correspondente (a razão entre a tensão e a deformação de cisalhamento) denomina-se **módulo de cisalhamento**, designado pela letra S:

$$S = \frac{\text{Tensão de cisalhamento}}{\text{Deformação de cisalhamento}} = \frac{F_\parallel/A}{x/h} = \frac{F_\parallel}{A}\frac{h}{x} \quad (11.17)$$

Módulo de cisalhamento para o cisalhamento. Força aplicada tangente à superfície do objeto. Dimensão transversa (ver Figura 11.18). Área sobre a qual a força é exercida. Deformação (ver Figura 11.18).

Diversos valores do módulo de cisalhamento são indicados na Tabela 11.1. Para um dado material, o valor de S é geralmente de 1/3 a 1/2 do valor do módulo de Young Y da tensão de dilatação. Lembre-se de que os conceitos de tensão de cisalhamento, deformação de cisalhamento e módulo de cisalhamento aplicam-se somente para materiais *sólidos*. A explicação é que o *cisalhamento* refere-se à deformação de um objeto que possui uma forma definida (ver Figura 11.18). Esse conceito não se aplica a gases e líquidos, que não possuem uma forma definida.

EXEMPLO 11.7 — TENSÃO E DEFORMAÇÃO DE CISALHAMENTO

Suponha que o corpo na Figura 11.18 seja a placa de bronze na base de uma escultura em uma praça; ela sofre a ação de forças de cisalhamento produzidas por um terremoto. A placa possui uma face quadrada com lado igual a 0,80 m e sua profundidade é igual a 0,50 cm. Qual é a força mínima que deve ser exercida sobre cada aresta para que o deslocamento x seja igual a 0,16 mm?

SOLUÇÃO

IDENTIFICAR E PREPARAR: este exemplo usa a relação entre tensão, deformação e módulo de cisalhamento. A variável-alvo do problema é a força $F_\parallel$ exercida paralelamente a cada aresta, como indica a Figura 11.18. Primeiro calculamos a deformação de cisalhamento usando a Equação 11.16 e, a seguir, determinamos a tensão de cisalhamento pela Equação 11.17. Então poderemos resolver a incógnita $F_\parallel$ pela Equação 11.15. A Tabela 11.1 contém o módulo de cisalhamento do bronze. Note que h, na Figura 11.18, representa 0,80 m de comprimento de cada lado da placa quadrada, e a área A na Equação 11.15 é o produto do comprimento de 0,80 m pela espessura de 0,50 cm.

EXECUTAR: pela Equação 11.16,

$$\text{Deformação de cisalhamento} = \frac{x}{h} = \frac{1{,}6 \times 10^{-4}\text{ m}}{0{,}80\text{ m}} = 2{,}0 \times 10^{-4}$$

Pela Equação 11.17,

Tensão de cisalhamento = (Deformação de cisalhamento) $\times S$
$= (2{,}0 \times 10^{-4})(3{,}5 \times 10^{10}\text{ Pa}) = 7{,}0 \times 10^6\text{ Pa}$

Por fim, pela Equação 11.15,

(Continua)

(*Continuação*)

$F_\parallel$ = (Tensão de cisalhamento) × A

= $(7{,}0\times10^6$ Pa$)$ $(0{,}80$ m$)$ $(0{,}0050$ m$)$ = $2{,}8\times10^4$ N

AVALIAR: essa força de cisalhamento fornecida pelo terremoto tem mais de 3 toneladas! O bronze possui um grande módulo de cisalhamento, o que significa que ele é intrinsecamente difícil de deformar. Além disso, a placa é relativamente espessa (0,50 cm). Portanto, a área A é relativamente grande e uma grande força $F_\parallel$ é necessária para fornecer a tensão necessária $F_\parallel/A$.

TESTE SUA COMPREENSÃO DA SEÇÃO 11.4 Uma barra de cobre com área de seção reta de 0,500 cm² e comprimento de 1,0 m é dilatada em $2{,}0 \times 10^{-2}$ mm, e uma barra de aço com a mesma área de seção reta, mas 0,100 m de comprimento, é dilatada em $2{,}0 \times 10^{-3}$ mm. (a) Qual das duas barras possui maior *deformação* de dilatação? (i) A barra de cobre; (ii) a barra de aço; (iii) a deformação é a mesma em ambos os casos. (b) Qual das duas barras possui *tensão* de dilatação maior? (i) A barra de cobre; (ii) a barra de aço; (iii) a tensão é a mesma em ambos os casos. ❙

11.5 ELASTICIDADE E PLASTICIDADE

A lei de Hooke — a proporcionalidade entre a tensão e a deformação em deformações elásticas — possui um limite de validade. Nas seções anteriores, usamos frases como "desde que as forças sejam suficientemente pequenas para que a lei de Hooke seja válida". Quais *são* exatamente os limites efetivos para a aplicação da lei de Hooke? Sabemos que, se puxamos, comprimimos ou torcemos *qualquer objeto* com força suficiente, ele pode se encurvar ou quebrar. Como podemos precisar melhor esse conceito?

Para tratar dessas questões, vamos examinar um gráfico da tensão em função da deformação. A **Figura 11.19** mostra um gráfico típico de tensão *versus* deformação para um metal como o cobre ou ferro doce. A deformação é indicada como uma *porcentagem* da dilatação; a escala horizontal não é uniforme depois da primeira parte de curva, que vai até uma deformação inferior a 1%. O primeiro trecho é uma linha reta, indicando que a lei de Hooke é válida com a tensão diretamente proporcional à deformação. Essa porção linear termina no ponto *a*; a tensão nesse ponto denomina-se *limite de proporcionalidade*.

De *a* até *b*, a tensão e a deformação não são mais proporcionais, e a lei de Hooke *não* é obedecida. Porém, de *a* até *b* (e entre *O* e *a*), o comportamento do material é *elástico*: caso a carga da tensão seja removida gradualmente, começando em qualquer ponto entre *O* e *b*, a curva é retraçada e o material retorna a seu comprimento inicial. Essa deformação elástica é *reversível*.

O ponto *b*, o final dessa região, denomina-se *ponto de ruptura*; a tensão nesse ponto atingiu o chamado *limite elástico*. Quando aumentamos a tensão acima do ponto *b*, a deformação continua a crescer. Porém, quando removemos a carga em algum ponto posterior a *b*, digamos *c*, o material *não* mais retorna ao seu comprimento original. Em vez disso, ele segue a linha indicada pelas setas na Figura 11.19. O material sofreu uma deformação *irreversível* e adquiriu uma *deformação permanente*. Esse é o comportamento *plástico* mencionado na Seção 11.4.

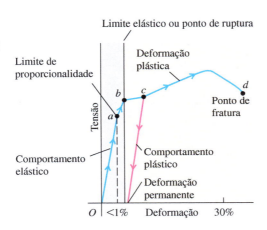

Figura 11.19 Diagrama típico de tensão *versus* deformação para um metal dúctil submetido à tensão.

Quando o material se torna plástico, um pequeno aumento na tensão produz um grande aumento na deformação, até atingir o ponto *d*, no qual ocorre *fratura* do material. É isso o que acontece se uma corda de violão da Figura 11.12a é apertada demasiadamente: ela se quebra no ponto de fratura. O aço é *quebradiço* porque se quebra logo após alcançar seu limite elástico; outros materiais, como ferro doce, são *dúcteis* — eles podem possuir uma grande dilatação permanente sem que se quebrem. (O material representado na Figura 11.19 é dúctil, pois pode ser esticado em mais de 30% antes de quebrar.)

Figura 11.20 Diagrama típico da tensão contra deformação para a borracha vulcanizada. As curvas são diferentes para tensão crescente ou decrescente, um fenômeno denominado histerese elástica.

Ao contrário de materiais como o metal, os materiais biológicos elásticos, como tendões e ligamentos, não têm nenhuma região plástica realmente. Isso porque esses materiais são feitos de um conjunto de fibras microscópicas; quando forçados além do limite elástico, as fibras se separam uma da outra. (Um ligamento ou tendão rompido é aquele que fraturou dessa forma.)

Se um material ainda estiver dentro de sua região elástica, algo muito curioso pode ocorrer quando um objeto é dilatado e a seguir volta a relaxar. A **Figura 11.20** mostra uma curva de tensão *versus* deformação para uma borracha vulcanizada que foi esticada até cerca de sete vezes seu comprimento inicial. A tensão não é proporcional à deformação, mas o comportamento é elástico porque, quando a tensão é removida, o material retorna ao seu comprimento original. Contudo, quando se aumenta a tensão, o material segue uma curva *diferente* da que é seguida quando se aumenta e diminui a tensão. Esse caso denomina-se *histerese elástica*. O trabalho realizado pelo material quando ele retorna ao seu estado inicial é menor que o realizado sobre o material para deformá-lo; neste caso, existem forças não conservativas associadas com o atrito interno. A borracha que possui uma histerese elástica elevada é muito útil para absorver vibrações, como em montagem de máquinas e nas buchas dos amortecedores dos carros. Os tendões apresentam um comportamento similar.

A tensão necessária para produzir a fratura real de um material denomina-se *tensão de fratura*, *limite de rigidez* ou (no caso da tensão de dilatação) *rigidez de tensão*. Dois materiais, como dois tipos de aço, podem possuir constantes elásticas muito semelhantes, porém tensões de fratura muito diferentes. A **Tabela 11.3** fornece alguns valores típicos da tensão de fratura para diversos materiais submetidos a tensões. Comparando as tabelas 11.1 e 11.3, vemos que ferro e aço são comparativamente *rígidos* (têm quase o mesmo valor do módulo de Young), mas o aço é *mais forte* (tem uma tensão de fratura maior que a do ferro).

TABELA 11.3 Tensão de ruptura aproximada de alguns materiais.

Material	Tensão de ruptura (Pa ou N/m^2)
Alumínio	$2,2 \times 10^8$
Bronze	$4,7 \times 10^8$
Vidro	10×10^8
Ferro	$3,0 \times 10^8$
Aço	$5-20 \times 10^8$
Tendão (típico)	1×10^8

TESTE SUA COMPREENSÃO DA SEÇÃO 11.5 Ao estacionar o carro em uma rua movimentada, você acidentalmente bate a traseira do veículo em um poste de aço. Você puxa o carro para a frente até não tocar mais o poste e sai para verificar o dano. Como estará o para-choque traseiro se a deformação causada pelo impacto for (a) menor que o limite proporcional; (b) maior que o limite proporcional, mas menor que o ponto de ruptura; (c) maior que o ponto de ruptura, mas menor que o ponto de fratura; e (d) maior que o ponto de fratura? ▮

CAPÍTULO 11 RESUMO

Condições de equilíbrio: para um corpo rígido estar em equilíbrio, duas condições devem ser obedecidas. A primeira é que a soma vetorial das forças deve ser igual a zero. A segunda é que a soma dos torques em relação a qualquer ponto deve ser igual a zero. O torque decorrente do peso de um corpo pode ser obtido supondo que o peso do corpo esteja concentrado no centro de gravidade, que é o mesmo ponto do centro de massa se $\vec{g}$ possuir o mesmo valor em todos os pontos (exemplos 11.1 a 11.4).

$$\sum \vec{F} = 0 \qquad (11.1)$$

$$\sum \vec{\tau} = 0 \quad \text{em torno de } qualquer \text{ ponto} \qquad (11.2)$$

$$\vec{r}_{cm} = \frac{m_1 \vec{r}_1 + m_2 \vec{r}_2 + m_3 \vec{r}_3 + \cdots}{m_1 + m_2 + m_3 + \cdots} \qquad (11.4)$$

Tensão, deformação e lei de Hooke: a lei de Hooke afirma que, em deformações elásticas, a tensão (força por unidade de área) é proporcional à deformação (fração da deformação). A constante de proporcionalidade é denominada módulo de elasticidade.

$$\frac{\text{Tensão}}{\text{Deformação}} = \text{Módulo de elasticidade} \quad (11.7)$$

Tensão de dilatação e de compressão: a tensão de dilatação é a força de dilatação por unidade de área, $F_\perp/A$. A deformação de dilatação é a fração da variação de comprimento, $\Delta l/l_0$. O módulo de elasticidade é denominado módulo de Young, Y. A tensão e a deformação de compressão são definidas da mesma maneira (Exemplo 11.5).

$$Y = \frac{\text{Tensão de dilatação}}{\text{Deformação de dilatação}} = \frac{F_\perp/A}{\Delta l/l_0} =$$
$$= \frac{F_\perp}{A}\frac{l_0}{\Delta l} \quad (11.10)$$

Tensão volumétrica: a pressão de um fluido é a força por unidade de área. A tensão volumétrica é a variação de pressão, Δp, e a deformação volumétrica é a fração da variação de volume, $\Delta V/V_0$. O módulo de elasticidade é denominado módulo de compressão, B. A compressibilidade, k, é o inverso do módulo de compressão: $k = 1/B$ (Exemplo 11.6).

$$p = \frac{F_\perp}{A} \quad (11.11)$$

$$B = \frac{\text{Tensão volumétrica}}{\text{Deformação volumétrica}} =$$
$$= -\frac{\Delta p}{\Delta V/V_0} \quad (11.13)$$

Tensão de cisalhamento: a tensão de cisalhamento é a força por unidade de área, $F_\parallel/A$, no caso de uma força aplicada tangente ou paralela a uma superfície. A deformação de cisalhamento é o deslocamento x de um lado dividido pela dimensão transversal h. O módulo de elasticidade é denominado módulo de cisalhamento, S (Exemplo 11.7).

$$S = \frac{\text{Tensão de cisalhamento}}{\text{Deformação de cisalhamento}} =$$
$$= \frac{F_\parallel/A}{x/h} = \frac{F_\parallel}{A}\frac{h}{x} \quad (11.17)$$

Limites da lei de Hooke: o limite de proporcionalidade corresponde à tensão máxima para a qual a tensão e a deformação são proporcionais. Além do limite de proporcionalidade, a lei de Hooke não é mais válida. O limite de elasticidade é a tensão acima da qual ocorre uma deformação irreversível. A tensão de fratura, ou limite de rigidez, é a tensão acima da qual ocorre fratura do material.

Problema em destaque Em equilíbrio e sob tensão

Um eixo de cobre horizontal, uniforme e sólido, possui comprimento l_0, área reta A, módulo de Young Y, módulo de compressão B, módulo de cisalhamento S e massa m. Ele é apoiado por um pivô sem atrito em sua extremidade direita e por um cabo a uma distância $l_0/4$ de sua extremidade esquerda (**Figura 11.21**). Tanto o pivô quanto o cabo estão presos de modo que exercem forças uniformemente sobre a seção reta do eixo. O cabo forma um ângulo θ com o eixo e o comprime. (a) Ache a tensão no cabo. (b) Ache o módulo, a direção e o sentido da força exercida pelo pivô sobre a extremidade direita do eixo. Qual é a relação entre esse módulo e a tensão no cabo? Qual é a relação entre esse ângulo e θ? (c) Ache a variação no comprimento do eixo pelas tensões exercidas pelo cabo e o pivô sobre o eixo. (A variação no comprimento é pequena em comparação com o comprimento original l_0.) (d) Por qual fator a sua resposta no item (c) aumentaria se o eixo de cobre sólido tivesse o dobro do tamanho, mas a mesma área reta?

GUIA DA SOLUÇÃO
IDENTIFICAR E PREPARAR
1. Desenhe um diagrama do corpo livre para o eixo. Tenha o cuidado de colocar cada força no local correto.
2. Relacione as quantidades desconhecidas e decida quais são as variáveis-alvo.
3. Que condições deverão ser atendidas de modo que o eixo permaneça em repouso? Que tipo de tensão (e deformação

(Continua)

(*Continuação*)

resultante) é envolvido? Use suas respostas para selecionar as equações apropriadas.

EXECUTAR

4. Use suas equações para resolver as variáveis-alvo. (*Dica*: você pode facilitar a solução escolhendo cuidadosamente o ponto em torno do qual os torques são calculados.)
5. Use a trigonometria para decidir se a força do pivô ou a tensão no cabo possuem maior magnitude e se o ângulo da força do pivô é maior, menor ou igual a θ.

AVALIAR

6. Verifique se suas respostas fazem sentido. Qual força (a tensão do cabo ou a força do pivô) apoia mais o peso do eixo? Isso faz sentido?

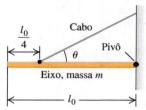

Figura 11.21 Quais são as forças sobre o eixo? Quais são a tensão e a deformação?

PROBLEMAS

•, ••, •••: níveis de dificuldade. **PC**: problemas cumulativos, incorporando material de outros capítulos. **CALC**: problemas exigindo cálculo. **DADOS**: problemas envolvendo dados reais, evidência científica, projeto experimental e/ou raciocínio científico. **BIO**: problemas envolvendo biociências.

QUESTÕES PARA DISCUSSÃO

Q11.1 Um corpo rígido girando com movimento de rotação uniforme em torno de um eixo fixo satisfaz a primeira e a segunda condições de equilíbrio? Explique sua resposta. Isso significa que cada parte do corpo está em equilíbrio? Explique.

Q11.2 (a) É possível que um corpo esteja em equilíbrio translacional (a primeira condição), mas *não* em equilíbrio rotacional (a segunda condição)? Ilustre sua resposta com um exemplo simples. (b) Um objeto pode estar em equilíbrio rotacional, mas *não* em equilíbrio translacional? Justifique sua resposta com um exemplo simples.

Q11.3 Os pneus de um carro algumas vezes são "balanceados" sobre uma máquina que usa um pivô que faz a roda girar em torno do centro. Pesos são colocados na periferia da roda até que ela não se incline mais do plano horizontal. Discuta esse procedimento em termos do centro de gravidade.

Q11.4 O centro de gravidade de um corpo sólido está sempre situado no interior do material que constitui o corpo? Caso sua resposta seja negativa, forneça um contraexemplo.

Q11.5 Na Seção 11.2, sempre admitimos que o valor de g é o mesmo ao longo de todos os pontos do corpo. Essa aproximação *não* é boa quando as dimensões do corpo são suficientemente grandes, visto que o valor de g diminui com a altura. Caso isso seja levado em consideração, verifique se o centro de gravidade de um eixo vertical longo está acima, abaixo ou coincide com o centro de massa do eixo. Explique como esse resultado pode ser usado para manter um eixo longo de uma espaçonave em órbita apontando para a Terra. (Isso seria útil no caso de um satélite usado em meteorologia para que ele possa apontar a lente de sua câmera para a Terra.) A Lua não é exatamente esférica, mas ligeiramente alongada. Explique como esse mesmo efeito pode ser responsável pelo fato de a Lua manter sempre a mesma face apontando para a Terra.

Q11.6 Você deseja equilibrar uma chave de boca suspendendo-a em um único ponto. O equilíbrio é estável, instável ou indiferente quando você suspende a chave em um único ponto acima, abaixo ou sobre o centro de gravidade? Para cada caso, forneça o raciocínio que você seguiu para obter a resposta. (Dizemos que um corpo rígido está em equilíbrio *estável* quando uma pequena rotação do corpo produz um torque que tende a fazer o corpo voltar ao equilíbrio; está em equilíbrio *instável* quando uma pequena rotação produz um torque que tende a afastar o corpo de sua posição de equilíbrio; e está em equilíbrio *indiferente* quando uma pequena rotação do corpo não produz nenhum torque.)

Q11.7 Você pode permanecer em pé sobre um assoalho e, a seguir, erguer seu corpo apoiando-o sobre as pontas dos pés. Por que você não consegue fazer isso quando os dedos de seu pé tocam a parede de sua sala? (Tente fazer isso!).

Q11.8 Você usa um prego horizontal como pivô para suspender livremente uma ferradura de cavalo passando o prego através de um dos buracos da peça. A seguir, você suspende pelo mesmo prego um fio longo com um peso em sua extremidade, de modo que o fio fique suspenso verticalmente em frente à ferradura, sem tocá-la. Como você sabe que o centro de gravidade da ferradura está situado ao longo da linha por trás do fio? Como você poderia localizar o centro de gravidade repetindo esse procedimento usando outro buraco da ferradura? O centro de gravidade está situado no interior do material da ferradura?

Q11.9 Um objeto consiste em uma bola com peso p colada à extremidade de uma barra uniforme também de peso p. Se você liberar a bola do repouso, com a barra horizontal, qual será seu comportamento enquanto ela cai, se a resistência do ar for desprezível? Ela vai (a) permanecer horizontal; (b) girar em torno de seu centro de gravidade; (c) girar em torno da bola; ou (d) girar de modo que a bola oscile de cima para baixo? Explique seu raciocínio.

Q11.10 Suponha que o objeto da Questão 11.9 seja liberado do repouso com a barra inclinada a 60° acima do plano horizontal, com a bola na extremidade superior. Durante a queda, a bola vai (a) girar em torno de seu centro de gravidade até ficar horizontal; (b) girar em torno de seu centro de gravidade até ficar vertical com a bola na parte inferior; (c) girar em torno da bola até ficar vertical com a bola na parte inferior; ou (d) permanecer a 60° do plano horizontal?

Q11.11 Por que uma esquiadora aquática que se move com velocidade constante se inclina para trás? Qual é o fator que determina o ângulo de sua inclinação? Desenhe o diagrama do corpo livre para a esquiadora para justificar suas respostas.

Q11.12 Nos tempos das carroças, quando uma delas atolava na lama, as pessoas seguravam firmemente os raios das rodas e tentavam girá-las em vez de simplesmente empurrar a carroça. Por quê?

Q11.13 O poderoso Zimbo alega que os músculos de suas pernas são tão fortes que ele pode ficar em pé e inclinar o corpo para a frente para apanhar uma maçã sobre o chão com os dentes. Você pagaria para ver o desempenho dele ou desconfiaria da alegação? Por quê?

Q11.14 Por que é mais fácil manter um haltere de 10 kg em suas mãos com o braço estendido verticalmente para baixo do que mantê-lo com seu braço estendido horizontalmente?

Q11.15 Algumas características de uma pessoa, como altura e massa, são fixas (ao menos por períodos relativamente longos). (a) A localização do centro de gravidade do corpo; e (b) o momento de inércia do corpo em torno de um eixo que passa pelo centro de massa da pessoa também são fixas? Explique seu raciocínio.

Q11.16 Durante a gravidez, a maioria das mulheres desenvolve dores nas costas por inclinar o corpo para trás ao caminhar. Por que elas têm de andar assim?

Q11.17 Por que um copo de vidro de forma cônica com uma base pequena tomba com mais facilidade que um copo de vidro cilíndrico? O fato de o copo estar cheio ou vazio é importante?

Q11.18 Quando uma geladeira alta e pesada é empurrada por um assoalho rugoso, o que determina se ela escorrega ou tomba?

Q11.19 Uma viga uniforme é suspensa horizontalmente e presa a uma parede por uma pequena dobradiça (**Figura Q11.19**). Quais são as direções (para cima ou para baixo, e para a esquerda ou para a direita) dos componentes da força que a dobradiça exerce *sobre a viga*? Explique.

Figura Q11.19

Q11.20 Se um fio de metal tem o comprimento dobrado e seu diâmetro triplicado, por qual fator seu módulo de Young varia?

Q11.21 Um cabo de metal de diâmetro D se alonga em 0,100 mm ao sustentar um peso p. Se um cabo com o mesmo comprimento for usado para sustentar um peso três vezes maior, qual teria de ser o seu diâmetro (em termos de D), de modo que ele ainda se alongue por somente 0,100 mm?

Q11.22 Compare as propriedades mecânicas de um cabo de aço, feito com muitos fios entrelaçados, com as propriedades de um cabo de aço maciço com o mesmo diâmetro. Quais são as vantagens de cada cabo?

Q11.23 O material em um osso humano é essencialmente igual ao existente no osso de um elefante, porém o elefante possui pernas mais grossas. Explique o por quê, em termos da tensão de ruptura.

Q11.24 Existe uma pequena, mas apreciável quantidade de histerese elástica no grande tendão da parte posterior da pata de um cavalo. Explique como isso pode causar lesão ao tendão, quando o cavalo corre com alta velocidade ou durante um tempo demasiado longo.

Q11.25 Quando um bloco de borracha é usado para absorver vibrações em uma máquina por meio de histerese elástica, conforme visto na Seção 11.5, o que acontece com a energia associada com as vibrações?

EXERCÍCIOS

Seção 11.2 Centro de gravidade

11.1 •• Uma barra uniforme de 0,120 kg e 50,0 cm de comprimento possui uma pequena massa de 0,055 kg colada em sua extremidade esquerda e uma pequena massa de 0,110 kg colada na outra extremidade. Você deseja equilibrar esse sistema horizontalmente sobre um sustentáculo colocado bem abaixo de seu centro de gravidade. A que distância da extremidade esquerda o sustentáculo deve ser colocado?

11.2 •• A **Figura E11.2** indica o centro de gravidade de um objeto irregular de 5,00 kg. Você necessita mover o centro de gravidade por 2,20 cm para a esquerda, colando uma pequenina massa de 1,50 kg, que passará a ser considerada como parte do objeto. Onde você deve colar essa massa adicional?

Figura E11.2

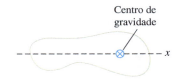

11.3 • Um eixo uniforme possui 2,00 m de comprimento e massa de 1,80 kg. Um grampo de 2,4 kg é preso ao eixo. A que distância o centro de gravidade deverá estar do grampo a partir da extremidade esquerda do eixo a fim de que o centro de gravidade do objeto composto esteja a 1,20 m da extremidade esquerda do eixo?

Seção 11.3 Solução de problemas de equilíbrio de corpos rígidos

11.4 • Um alçapão uniforme de 300 N existente em um pavimento está articulado em um de seus lados. Encontre a força resultante orientada de baixo para cima necessária para começar a abri-lo e a força total exercida sobre essa porta pelas dobradiças supondo (a) que a força de baixo para cima seja aplicada em seu centro e (b) que a força de baixo para cima seja aplicada no centro da aresta oposta à aresta das dobradiças.

11.5 •• **Levantando uma escada.** Uma escada transportada em um caminhão de bombeiro possui 20,0 m de comprimento. A escada pesa 3.400 N, e o centro de gravidade está situado em seu centro. A escada é articulada em uma extremidade (*A*) com um eixo de apoio (**Figura E11.5**); o torque pelo atrito no eixo pode ser desprezado. A escada é levantada para sua posição mediante uma força aplicada por um pistão hidráulico em *C*. O ponto *C* está a 8,0 m do ponto *A*, e a força $\vec{F}$ exercida pelo pistão faz um ângulo de 40° com a escada. Qual deve ser o módulo de $\vec{F}$ para que a escada esteja na iminência de ser levantada de seu apoio no ponto *B*? Comece com um diagrama do corpo livre para a escada.

396 Física I

Figura E11.5

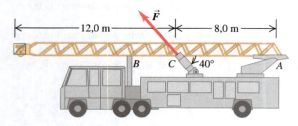

11.6 •• Duas pessoas transportam uma prancha de madeira uniforme com 3,00 m de comprimento e peso de 160 N. Se uma das pessoas aplica uma força de baixo para cima de 60 N em uma extremidade, em qual ponto a outra pessoa deve suspender a prancha? Comece com um diagrama do corpo livre para a prancha.

11.7 •• Duas pessoas transportam um motor elétrico pesado, colocando-o sobre uma prancha leve com 2,00 m de comprimento. Uma das pessoas suspende uma das extremidades com uma força de 400 N e a outra suspende a outra extremidade com uma força de 600 N. (a) Qual é o peso do motor e em que ponto ao longo da tábua seu centro de gravidade está localizado? (b) Suponha que a prancha não seja leve, mas pese 200 N, com o centro de gravidade localizado em seu centro, e as duas pessoas exerçam as mesmas forças de antes. Qual é o peso do motor nesse caso, e onde seu centro de gravidade está localizado?

11.8 •• Uma prateleira uniforme, de 60,0 cm e 50,0 N, é horizontalmente sustentada por dois cabos verticais presos ao teto inclinado (**Figura E11.8**). Uma ferramenta muito pequena de 25,0 N é colocada sobre a prateleira no meio do caminho entre os pontos em que os cabos estão presos. Ache a tensão em cada cabo. Comece com um diagrama do corpo livre para a prateleira.

Figura E11.8

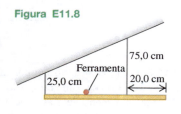

11.9 •• Uma barra uniforme de 350 N e 1,50 m é suspensa horizontalmente por dois cabos verticais presos em cada extremidade. O cabo A pode suportar uma tensão máxima de 500,0 N sem se romper e o cabo B pode suportar até 400,0 N. Você deseja colocar um pequeno peso sobre essa barra. (a) Qual é o peso máximo que você pode colocar sem romper qualquer dos dois cabos e (b) em que ponto você deve colocar esse peso?

11.10 •• Uma escada uniforme de 5,0 m de comprimento repousa contra uma parede vertical sem atrito e sua extremidade inferior está situada a 3,0 m da parede. A escada pesa 160 N. O coeficiente de atrito estático entre o solo e a base da escada é igual a 0,40. Um homem pesando 740 N sobe a escada lentamente. Comece desenhando um diagrama do corpo livre para a escada. (a) Qual é a força de atrito máxima que o solo pode exercer sobre a escada em sua extremidade inferior? (b) Qual é a força de atrito efetiva quando o homem sobe 1,0 m ao longo da escada? (c) Até que distância ao longo da escada ele pode subir antes que a escada comece a escorregar?

11.11 • Uma prancha de trampolim com 3,0 m de comprimento é suportada em um ponto situado a 1,00 m de uma de suas extremidades, e uma mergulhadora pesando 500 N está em pé na outra extremidade (**Figura E11.11**). A prancha possui seção reta uniforme e pesa 280 N. Calcule (a) a força exercida sobre o ponto de suporte; (b) a força na extremidade esquerda.

Figura E11.11

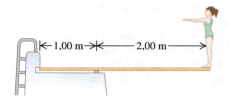

11.12 • Uma viga de alumínio uniforme com 9,00 m de comprimento e peso de 300 N repousa simetricamente sobre dois suportes separados por uma distância de 5,00 m (**Figura E11.12**). Um adolescente pesando 600 N parte do ponto A e caminha para a direita. (a) Em um mesmo diagrama, construa dois gráficos mostrando as forças de baixo para cima F_A e F_B exercidas sobre a viga nos pontos A e B, em função da coordenada x do adolescente. Seja 1 cm = 100 N na escala vertical e 1 cm = 1,0 m na escala horizontal. (b) Pelo seu diagrama, até que distância à direita do ponto B ele pode caminhar sem que a viga tombe? (c) Qual será a distância máxima até a extremidade direita da viga em que o ponto de suporte B pode ser colocado para que o adolescente possa atingir essa extremidade sem que comece a tombar?

Figura E11.12

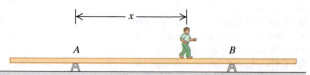

11.13 • Determine a tensão T em cada cabo e o módulo, a direção e o sentido da força exercida sobre a viga pelo pivô em cada um dos arranjos indicados na **Figura E11.13**. Em cada caso, seja p o peso da caixa suspensa, cheia de objetos de arte. A viga de suporte é uniforme e também possui peso p. Comece cada caso com um diagrama do corpo livre para a viga.

Figura E11.13

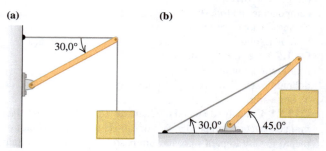

11.14 • A viga horizontal da **Figura E11.14** pesa 190 N e seu centro de gravidade está localizado em seu centro. Ache (a) a tensão no cabo; (b) os componentes horizontal e vertical da força exercida sobre a viga na parede.

11.15 •• O braço mostrado na **Figura E11.15** pesa 2.600 N e está preso a um pivô sem atrito

Figura E11.14

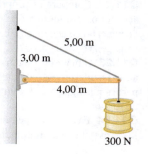

em sua extremidade inferior. Ele não é uniforme; a distância de seu centro de gravidade a partir do pivô é 35% de seu comprimento. Ache (a) a tensão do cabo de sustentação e (b) os componentes horizontal e vertical da força exercida sobre o braço em sua extremidade inferior. Comece com um diagrama do corpo livre do braço.

11.16 •• Suponha que você não consiga levantar mais de 650 N sem ajuda. (a) Quanto você pode levantar, usando um carrinho de mão de 1,40 m, que pesa 80,0 N e cujo centro de gravidade está a 0,50 m do centro da roda (**Figura E11.16**)? O centro de gravidade da carga transportada no carrinho de mão também está a 0,50 m do centro da roda. (b) De onde vem a força que o capacita a levantar mais de 650 N usando o carrinho de mão?

11.17 •• Uma viga uniforme com 9,00 m de comprimento é articulada em uma parede vertical e mantida horizontalmente por um cabo de 5,00 m de comprimento preso à parede 4,00 m acima da dobradiça (**Figura E11.17**). O metal desse cabo possui uma resistência de teste de 1,00 kN, o que significa que ele se romperá se a tensão nele exceder essa quantidade. (a) Desenhe um diagrama do corpo livre da viga. (b) Qual é a viga mais pesada que o cabo poderá suportar nessa configuração? (c) Ache os componentes horizontal e vertical da força que a dobradiça exerce sobre a viga. O componente vertical é de baixo para cima ou de cima para baixo?

11.18 •• Um guindaste de 15.000 N gira em torno de um eixo livre de atrito na sua base e está suportado por um cabo que forma um ângulo de 25° com o guindaste (**Figura E11.18**). O guindaste tem 16 m de comprimento e não é homogêneo; seu centro de gravidade está a 7,0 m do eixo, medido ao longo do guindaste. O cabo está preso a 3,0 m da extremidade superior do guindaste. Quando o guindaste é erguido a 55° acima do plano horizontal, sustentando um *pallet* de tijolos pesando 11.000 N por uma corda leve de 2,2 m, ache: (a) a tensão no cabo e (b) os componentes horizontal e vertical da força que o eixo exerce sobre o guindaste. Comece com um diagrama do corpo livre para o guindaste.

11.19 •• Em um jardim zoológico, uma barra uniforme de 3,00 m de comprimento e 190 N é mantida em posição horizontal por meio de duas cordas amarradas em suas extremidades (**Figura E11.19**). A corda da esquerda faz um ângulo de 150° com a barra e a corda da direita faz um ângulo θ com a horizontal. Um mico de 90 N está pendurado em equilíbrio a 0,50 m da extremidade direita da barra, olhando atentamente para você. Calcule o módulo da tensão em cada corda e o valor do ângulo θ. Comece com um diagrama do corpo livre para a barra.

Figura E11.15

Figura E11.16

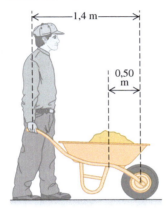

Figura E11.17

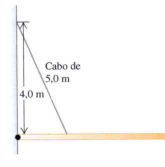

Figura E11.18

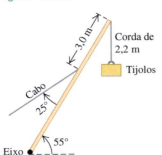

Figura E11.19

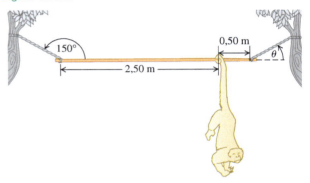

11.20 •• Uma viga não uniforme com 4,50 m de comprimento e pesando 1,40 kN faz um ângulo de 25,0° com a horizontal. Ela é mantida na horizontal com o auxílio de um pivô sem atrito em sua extremidade direita superior e por um cabo ortogonal à viga situado a 3,0 m abaixo da sua extremidade (**Figura E11.20**). O centro de gravidade da viga está a 2,0 m ao longo da viga e do pivô. Um equipamento leve exerce uma força de 5,00 kN de cima para baixo na extremidade inferior esquerda da viga. Calcule a tensão T no cabo e os componentes horizontal e vertical da força exercida sobre a viga pelo pivô. Comece desenhando um diagrama do corpo livre para a viga.

Figura E11.20

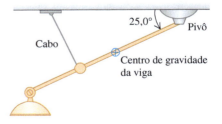

11.21 • **Um binário.** Denomina-se conjugado ou *binário* duas forças de mesmo módulo, mesma direção e sentidos contrários, aplicadas a dois pontos diferentes de um corpo. Duas forças antiparalelas de mesmo módulo, $F_1 = F_2 = 8,0$ N, são aplicadas sobre um eixo conforme indicado na **Figura E11.21**. (a) Qual deve ser a distância l entre as forças sabendo que elas devem produzir um torque efetivo de 6,40 N · m em torno da extremidade esquerda do eixo? (b) O sentido do torque é igual ou contrário ao sentido da rotação dos ponteiros do relógio? (c) Repita os itens

(a) e (b) considerando um pivô situado no ponto do eixo onde a força $\vec{F}_2$ é aplicada.

Figura E11.21

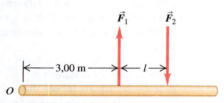

11.22 •• BIO Um bom exercício. Você está fazendo exercícios em uma máquina Nautilus de uma academia, para fortalecer seus músculos do ombro (deltoides). Seus braços são levantados verticalmente e podem girar em torno da articulação do ombro, e você agarra o cabo da máquina em sua mão 64,0 cm a partir da articulação. O músculo deltoide está preso ao úmero a 15,0 cm da articulação do ombro e forma um ângulo de 12,0° com esse osso (**Figura E11.22**). Se você tiver preparado a tensão no cabo da máquina para 36,0 N em cada braço, qual é a tensão em cada deltoide se você simplesmente segurar seus braços esticados no lugar? (*Dica:* comece criando um diagrama do corpo livre do seu braço.)

Figura E11.22

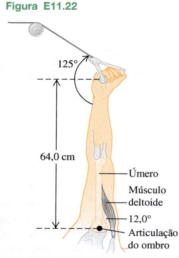

11.23 •• BIO Músculos do pescoço. Uma estudante encurva sua cabeça a 40,0° da vertical enquanto lê atentamente seu livro de física, girando a cabeça em torno da vértebra superior (ponto *P* na **Figura E11.23**). Sua cabeça tem uma massa de 4,50 kg (um valor típico), e seu centro de massa é 11,0 cm do ponto de pivô *P*. Os músculos de seu pescoço estão a 1,50 cm do ponto *P*, medidos *perpendiculares* a esses músculos. O pescoço em si e as vértebras são mantidos na vertical. (a) Desenhe um diagrama do corpo livre da cabeça da estudante. (b) Determine a tensão em seus músculos.

Figura E11.23

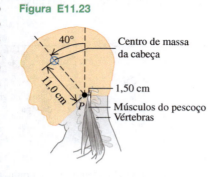

Seção 11.4 Tensão, deformação e módulos de elasticidade

11.24 • BIO Músculo do bíceps. Um bíceps relaxado necessita de uma força de 25,0 N para uma dilatação de 3,0 cm; o mesmo músculo sob tensão máxima necessita de uma força de 500 N para produzir a mesma dilatação. Calcule o módulo de Young do tecido muscular em cada um desses casos, supondo que o músculo seja um cilindro uniforme com uma área de seção reta igual a 50,0 cm^2 e comprimento igual a 0,200 m.

11.25 •• Um arame circular de aço de 2,0 m de comprimento não pode se dilatar mais do que 0,25 cm quando uma tensão de 700 N é aplicada a cada uma de suas extremidades. Qual é o diâmetro mínimo necessário para esse arame?

11.26 •• Dois eixos redondos, um de aço e outro de cobre, são ligados pelas suas extremidades. Cada eixo possui comprimento de 0,750 m e diâmetro igual a 1,50 cm. A combinação é submetida a uma tensão de dilatação com módulo igual a 4.000 N. Para cada eixo, qual é (a) a deformação? (b) E a dilatação?

11.27 •• Um eixo metálico possui uma área de seção reta igual a 0,50 cm^2 e 4,00 m de comprimento e se dilata 0,20 cm sob a ação de uma força de tensão com módulo igual a 5.000 N. Qual é o módulo de Young desse metal?

11.28 •• Tensão na corda de um alpinista. Uma corda de náilon usada em alpinismo dilata-se 1,10 m sob o peso de um alpinista de 65,0 kg. Sabendo que a corda possui comprimento igual a 45,0 m e diâmetro igual a 7,0 mm, qual é o módulo de Young desse material?

11.29 •• Para construir uma grande escultura, um artista pendura uma esfera de alumínio de 6,0 kg de massa presa a um fio de aço de 0,50 m de comprimento com área da seção reta igual a $2,5 \times 10^{-3}$ cm^2. À parte inferior da esfera ele prende outro fio de aço semelhante, na extremidade do qual ele pendura um cubo de bronze de massa igual a 10,0 kg. Para cada fio, calcule (a) a tensão de dilatação; (b) o alongamento.

11.30 •• Um poste vertical sólido com diâmetro de 25 cm e 2,50 m de comprimento deve suportar uma carga de 8.000 kg. O peso do poste deve ser desprezado. Calcule: (a) a tensão no poste; (b) a deformação do poste; (c) a variação do comprimento do poste quando a carga é aplicada.

11.31 •• BIO Compressão do osso humano. O módulo de compressão para o osso é de 15 GPa. (a) Se uma mergulhadora em treinamento estiver vestindo um traje pressurizado, por quanto a pressão teria de ser elevada (em atmosferas) acima da pressão atmosférica para comprimir seus ossos em 0,10% de seu volume original? (b) Dado que a pressão no oceano aumenta em $1,0 \times 10^4$ Pa para cada metro de profundidade abaixo da superfície, a que profundidade essa mergulhadora teria de ir para que seus ossos fossem comprimidos em 0,10%? A compressão dos ossos seria um problema com o qual ela precisaria se preocupar ao mergulhar?

11.32 • Uma barra de ouro maciça é puxada verticalmente para cima a partir do casco do *Titanic* submerso. (a) O que ocorre com seu volume quando ela passa da pressão do local onde o navio se encontra até a pressão menor existente na superfície do oceano? (b) A diferença de pressão é proporcional à profundidade. Quantas vezes maior seria a variação de volume, se o navio estivesse em uma profundidade duas vezes maior? (c) O módulo de compressão do chumbo é igual a um quarto do módulo de compressão do ouro. Calcule a razão entre a variação volumétrica de uma barra sólida de chumbo e a variação volumétrica de uma barra de ouro com o mesmo volume inicial, considerando a mesma variação de pressão.

11.33 • Uma amostra de óleo com volume inicial de 600 cm^3 é submetida a um aumento de pressão de $3,6 \times 10^6$ Pa, e o volume diminui em 0,45 cm^3. Qual é o módulo de compressão do material? Qual é a sua compressibilidade?

11.34 •• Na Depressão Challenger na Fossa das Marianas, a profundidade do mar é de 10,9 km e a pressão é igual a $1,16 \times 10^8$ Pa (cerca de $1,15 \times 10^3$ atm). (a) Caso 1 m³ de água seja transportado da superfície até essa profundidade, qual seria sua variação de volume? (A pressão atmosférica normal é de aproximadamente $1,0 \times 10^5$ Pa. Suponha que k para a água do mar seja igual ao valor da água doce indicado na Tabela 11.2.) (b) Qual é a densidade da água do mar nessa profundidade? (Na superfície, a densidade da água do mar é $1,03 \times 10^3$ kg/m³.)

11.35 •• Um cubo de cobre mede 6,0 cm em cada lado. A face inferior é mantida presa por uma cola muito potente a uma superfície horizontal plana, enquanto uma força horizontal F é aplicada à face superior paralela a um dos cantos. (Consulte a Tabela 11.1.) (a) Mostre que a cola exerce uma força F sobre a face inferior que é igual, mas contrária à força na face superior. (b) Quanto F deve ser para provocar uma deformação de 0,250 mm no cubo? (c) Se a mesma experiência fosse conduzida com um cubo de chumbo do mesmo tamanho que o de cobre, qual seria a deformação causada pela mesma força calculada no item (b)?

11.36 •• Uma placa quadrada de aço possui 10,0 cm de lado e 0,500 cm de espessura. (a) Ache a tensão de cisalhamento resultante quando uma força de módulo $9,0 \times 10^5$ N é aplicada a cada um dos quatro lados, paralelamente ao lado. (b) Ache o deslocamento x em centímetros.

11.37 • Em testes de laboratório com um cubo de 9,25 cm de um certo material, uma força de 1.375 N, direcionada ao cubo a 8,50° (**Figura E11.37**), faz com que o cubo se deforme por um ângulo de 1,24°. Qual é o módulo de cisalhamento do material?

Figura E11.37

Seção 11.5 Elasticidade e plasticidade

11.38 •• Um fio de bronze deve sustentar uma força de tensão de 350 N sem se romper. Qual deveria ser seu diâmetro mínimo?

11.39 •• Em um laboratório de teste de materiais, um fio metálico fabricado com uma liga nova se rompe quando uma força de tensão de dilatação de 90,8 N é aplicada perpendicularmente a cada uma de suas extremidades. Sabendo que o diâmetro do fio é igual a 1,84 mm, qual é a tensão de ruptura da liga?

11.40 • Um fio de aço de comprimento igual a 4,0 m possui uma seção reta com área de 0,050 cm². Seu limite de proporcionalidade possui um valor 0,0016 vez seu módulo de Young (Tabela 11.1). Sua tensão de ruptura é 0,0065 vez seu módulo de Young. O fio é amarrado em sua extremidade superior e fica pendurado verticalmente. (a) Qual é o peso máximo que pode ser suspenso pelo fio sem que o limite de proporcionalidade seja superado? (b) Qual seria a dilatação do fio submetido a essa tensão? (c) Qual é o peso máximo que o fio pode suportar?

11.41 •• **PC** Um cabo de aço, cuja área da seção reta é igual a 3,00 cm², possui limite elástico igual a $2,40 \times 10^8$ Pa. Calcule a aceleração máxima de baixo para cima que esse cabo pode suportar, quando for usado para sustentar um elevador de 1.200 kg, para que a tensão no cabo não ultrapasse um terço de seu limite de elasticidade.

PROBLEMAS

11.42 ••• Uma porta de 1,00 m de largura e 2,00 m de altura pesa 330 N e é suportada por duas dobradiças, uma situada a 0,50 m a partir do topo e a outra a 0,50 m a partir do ponto inferior. Cada dobradiça suporta metade do peso total da porta. Supondo que o centro de gravidade da porta esteja localizado em seu centro, ache o componente horizontal de força que cada dobradiça exerce sobre a porta.

11.43 ••• Uma caixa de massa desprezível está em repouso na extremidade esquerda de uma prancha de 2,0 m e 25,0 kg (**Figura P11.43**). A largura da caixa é 75,0 cm, e areia deve ser uniformemente distribuída dentro dela. O centro de gravidade da prancha irregular está a 50,0 cm da extremidade direita. Qual massa de areia deve ser colocada dentro da caixa de modo que a prancha se equilibre horizontalmente sobre o sustentáculo colocado bem abaixo de seu ponto médio?

Figura P11.43

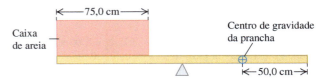

11.44 • Sir Lancelot cavalga lentamente para fora do castelo em Camelot atravessando a ponte levadiça de 12,0 m de comprimento que passa sobre o fosso (**Figura P11.44**). Ele não sabe que seus inimigos enfraqueceram parcialmente o cabo que sustenta a extremidade frontal da ponte, de modo que ele deve se romper sob uma tensão de $5,80 \times 10^3$ N. A ponte possui massa igual a 200 kg e o centro de gravidade está localizado em seu centro. Lancelot, sua lança, sua armadura e seu cavalo possuem massa igual a 600 kg. Verifique se o cabo se romperá antes que Lancelot atinja a extremidade da ponte. Caso ele se rompa, qual é a distância entre os centros de gravidade do cavalo e do cavaleiro no momento em que o cabo se rompe?

Figura P11.44

11.45 ••• **Escalada de montanha.** Escaladores de montanhas geralmente usam uma corda para descerem pela encosta de um penhasco (essa manobra é denominada *rapel*). Eles descem pela encosta com o corpo praticamente horizontal e os pés apoiados contra o penhasco (**Figura P11.45**). Suponha que um escalador de 82,0 kg e 1,90 m de altura, com o centro de gravidade localizado a 1,1 m dos pés, desça fazendo rapel por uma encosta vertical com o corpo erguido a 35,0° acima do plano horizontal. Ele segura a corda a 1,40 m dos pés, e ela forma um ângulo de 25,0°

Figura P11.45

com a face da encosta. (a) Que tensão essa corda deve suportar? (b) Ache os componentes horizontal e vertical da força que a face do penhasco exerce sobre os pés do escalador. (c) Qual é o coeficiente de atrito mínimo para impedir que os pés do escalador escorreguem pela face da encosta, se ele apoiar um pé de cada vez contra a encosta?

11.46 •• Uma viga uniforme de 8,0 m e massa de 1.150 kg está presa por uma dobradiça a uma parede e sustentada por um cabo delgado preso a 2,0 m da extremidade livre da viga (**Figura P11.46**). O cabo fica entre a viga e a parede, formando um ângulo de 30,0° acima da horizontal. (a) Desenhe o diagrama do corpo livre da viga. (b) Determine a tensão no cabo. (c) Com que força a viga é empurrada para dentro da parede?

Figura P11.46

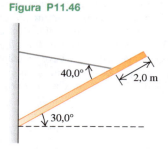

11.47 •• Uma barra uniforme de 255 N e 2,00 m de comprimento carrega um peso de 225 N na extremidade direita e um peso desconhecido P em direção à extremidade esquerda (**Figura P11.47**). Se P é colocado a 50,0 cm da extremidade esquerda da barra, o sistema se equilibra horizontalmente quando o sustentáculo está localizado a 75,0 cm da extremidade direita. (a) Ache P. b) Se P for movido 25,0 cm para a direita, por qual distância e em que sentido o sustentáculo deve ser deslocado para restabelecer o equilíbrio?

Figura P11.47

11.48 ••• A orelha de um martelo é usada para arrancar um prego de uma tábua (**Figura P11.48**). O prego faz um ângulo de 60° com a tábua, e a força $\vec{F}_1$ necessária para arrancar o prego tem módulo igual a 400 N. O contato entre a cabeça do martelo e a tábua ocorre no ponto A, situado a uma distância de 0,080 m do ponto onde o prego está cravado na madeira. Uma força horizontal $\vec{F}_2$ é aplicada ao cabo do martelo a uma distância de 0,300 m acima da tábua. Qual é o módulo de força $\vec{F}_2$ que deve ser aplicada para produzir a força de 400 N (F_1) necessária para arrancar o prego? (Despreze o peso do martelo.)

Figura P11.48

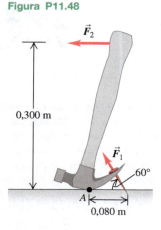

11.49 •• Você abre um restaurante e deseja atrair clientes pendurando uma placa externa (**Figura P11.49**). A viga horizontal homogênea que sustenta a placa tem 1,50 m de comprimento, massa de 16,0 kg e está presa à parede por uma dobradiça. A placa em si é uniforme e possui massa de 28,0 kg e comprimento total de 1,20 m. Os dois cabos que sustentam a placa têm, cada um, 32,0 cm de comprimento, estão a 90,0 cm de distância um do outro e estão equidistantes do meio da placa. O cabo que sustenta a viga tem 2,0 m de comprimento. (a) Qual é a tensão mínima a ser suportada pelo cabo para evitar que a placa desabe? (b) Que força vertical mínima a dobradiça deve ser capaz de suportar sem ser arrancada da parede?

Figura P11.49

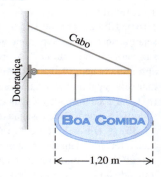

11.50 • A extremidade A da barra AB da **Figura P11.50** repousa sobre uma superfície horizontal sem atrito, e a extremidade B está articulada. Uma força horizontal $\vec{F}$ de módulo igual a 220 N é aplicada à extremidade A. Despreze o peso da barra. Quais são os componentes vertical e horizontal da força exercida pela barra sobre a articulação no ponto B?

Figura P11.50

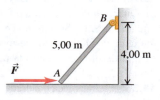

11.51 •• BIO **Apoiando uma perna quebrada.** Um terapeuta diz a um paciente de 74 kg com uma perna quebrada que ele precisa suspendê-la para que fique horizontalmente em uma atadura com gesso. Para diminuir o desconforto, a perna deve ser apoiada por uma faixa vertical presa ao centro de massa do sistema perna-atadura (**Figura P11.51**). Para cumprir essas instruções, o paciente consulta uma tabela de distribuições de massa típicas e descobre que as duas pernas superiores (coxas) normalmente compõem 21,5% do peso corporal e o centro de massa de cada coxa está a 18,0 cm da articulação do quadril. O paciente também lê que as duas pernas inferiores (incluindo os pés) compõem 14,0% do peso corporal, com um centro de massa a 69,0 cm da articulação do quadril. A atadura com gesso tem massa de 5,50 kg e seu centro de massa está a 78,0 cm do quadril. A que distância da articulação do quadril a faixa de suporte deve ser presa à atadura com gesso?

Figura P11.51

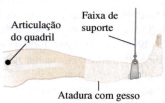

11.52 • **Um caminhão em uma ponte levadiça.** Uma betoneira carregada com cimento se desloca sobre uma ponte levadiça, onde enguiça em um ponto com seu centro de gravidade a três quartos a partir do início do vão elevado da ponte. O motorista pede socorro pelo rádio, aplica o freio de mão e aguarda. A seguir, um barco se aproxima, e a ponte é elevada por meio de um cabo ligado ao extremo oposto ao do ponto onde a ponte é articulada (**Figura P11.52**). O vão da ponte levadiça possui comprimento igual a 40,0 m e possui massa de 18.000 kg; seu centro de gravidade está localizado no meio da ponte. A betoneira, juntamente com o motorista, possui massa total de 30.000 kg. Quando a ponte é elevada até um ângulo de 30° acima da horizontal, o cabo faz um ângulo de 70° com a superfície da ponte. (a) Qual é a tensão T no cabo quando a ponte levadiça é mantida nessa posição? (b) Ache os componentes horizontal e vertical da força que a articulação exerce sobre o vão da ponte.

Figura P11.52

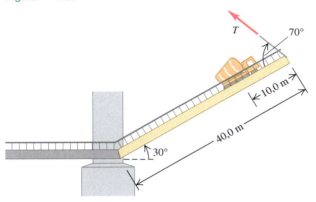

braço em direção a uma posição horizontal, a força no bíceps aumenta, diminui ou permanece igual? Por quê?

Figura P11.54

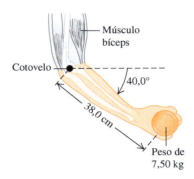

11.53 •• BIO **Levantamentos de perna.** Em uma versão simplificada da ação da musculatura nos exercícios de levantamento de perna, os músculos abdominais puxam o fêmur (osso da coxa) para elevar a perna girando-a em torno de uma extremidade (**Figura P11.53**). Quando você está deitado horizontalmente, esses músculos formam um ângulo de aproximadamente 5° com o fêmur e, se você levantar suas pernas, os músculos permanecem aproximadamente horizontais, de modo que o ângulo θ aumenta. Suponha, para simplificar, que esses músculos se conectem ao seu fêmur em apenas um ponto, a 10 cm da articulação do quadril (embora, na realidade, a situação seja mais complicada). Para uma pessoa de 80 kg com uma perna de 90 cm de comprimento, a massa da perna é de 15 kg e seu centro de massa está a 44 cm de seu quadril, conforme medido ao longo da perna. Se a pessoa levantasse sua perna a 60° acima da horizontal, o ângulo entre os músculos abdominais e seu fêmur também estaria em torno de 60°. (a) Com sua perna levantada a 60°, ache a tensão no músculo abdominal em cada perna. Desenhe um diagrama do corpo livre. (b) Quando a tensão nesse músculo é maior: quando a perna está levantada a 60° ou quando a pessoa começa a levantá-la do solo? Por quê? (Experimente por si só.) (c) Se os músculos abdominais conectados ao fêmur fossem perfeitamente horizontais quando uma pessoa estivesse deitada, ela poderia levantar sua perna? Por quê?

Figura P11.53

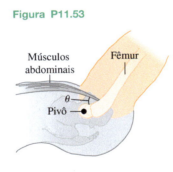

11.54 •• BIO **Levantamento de haltere.** Uma halterofilista de 72 kg realizando exercícios de levantamento para os braços segura um peso de 7,50 kg. Seu braço se movimenta em torno do cotovelo, começando a 40,0° abaixo da horizontal (**Figura P11.54**). Medições biométricas mostraram que, juntos, antebraços e mãos compõem 6,00% do peso de uma pessoa. Como o braço superior é mantido na vertical, o músculo bíceps sempre atua verticalmente e está ligado aos ossos do antebraço 5,50 cm a partir do cotovelo. O centro de massa da combinação antebraço-mão dessa pessoa está a 16,0 cm do cotovelo, ao longo dos ossos do antebraço, e ela segura o peso a 38,0 cm de seu cotovelo. (a) Desenhe um diagrama do corpo livre do antebraço. (b) Que força o bíceps exerce sobre o antebraço? (c) Determine o módulo, a direção e o sentido da força que o cotovelo exerce sobre o antebraço. (d) À medida que a halterofilista levanta seu

11.55 •• BIO **Dores nas costas durante a gravidez.** As mulheres frequentemente sofrem de dores nas costas durante a gravidez. Modele uma mulher (sem incluir seu feto) como um cilindro uniforme com diâmetro de 30 cm e massa de 60 kg. Modele o feto como uma esfera de 10 kg com 25 cm de diâmetro e centralizado a cerca de 5 cm *fora* da frente do corpo da mulher. (a) O quanto a gravidez muda o local horizontal do centro de massa da mulher? (b) Como a variação no item (a) afeta o modo como a grávida deve ficar em pé e caminhar? Em outras palavras, o que ela deve fazer com sua postura para compensar o centro de massa deslocado? (c) Você poderia explicar por que ela poderia ter dores nas costas?

11.56 • Você é solicitado a projetar o móbile decorativo indicado na **Figura P11.56**. Os fios e as barras têm peso desprezível, e as barras devem ficar horizontalmente suspensas. (a) Desenhe um diagrama do corpo livre para cada barra. (b) Ache os pesos das bolas *A*, *B* e *C*. Ache as tensões nos fios S_1, S_2 e S_3. (c) O que você pode dizer sobre a localização horizontal do centro de gravidade do móbile? Explique.

Figura P11.56

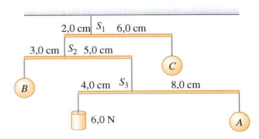

11.57 •• Uma viga uniforme de 7,5 m e 6.490 N de peso está presa por uma dobradiça a uma parede e sustentada por um cabo delgado preso a 1,5 m da extremidade livre da viga. O cabo fica entre a viga e a parede, formando um ângulo de 40° com a viga. Qual é a tensão no cabo quando a viga está a um ângulo de 30,0° acima da horizontal?

11.58 •• PC Uma ponte levadiça uniforme deve ser mantida suspensa a um ângulo de 37° acima da horizontal, para permitir que os navios passem por baixo dela. A ponte pesa 45.000 N e tem 14,0 m de comprimento. Um cabo é conectado a 3,5 m da dobradiça em torno da qual a ponte gira (conforme medido ao longo da ponte) e puxa a ponte horizontalmente para mantê-la fixa. (a) Qual é a tensão no cabo? (b) Ache o módulo, a direção e o sentido da força que a dobradiça exerce sobre a ponte. (c)

Se o cabo se partir de repente, qual é o módulo da aceleração angular da ponte levadiça logo após a ruptura do cabo? (d) Qual é a velocidade angular da ponte levadiça quando ela se tornar horizontal?

11.59 •• BIO Exercícios de alongamento de tendão. Como parte de um programa de exercícios, uma pessoa de 75 kg levanta seu peso inteiro na ponta de um pé (**Figura P11.59**). O tendão de Aquiles puxa diretamente para cima no osso do calcanhar do seu pé. Esse tendão tem 25 cm de comprimento, uma área reta de 78 mm² e módulo de Young de 1.470 MPa. (a) Desenhe um diagrama do corpo livre do pé da pessoa (tudo abaixo do tornozelo). Ignore o peso do pé. (b) Que força é exercida pelo tendão de Aquiles sobre o calcanhar durante esse exercício? Expresse sua resposta em newtons e em múltiplos do peso da pessoa. (c) Em quantos milímetros o exercício estica o tendão de Aquiles?

Figura P11.59

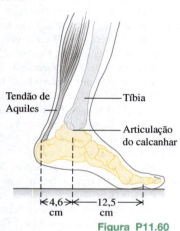

11.60 •• A **Figura P11.60** mostra uma viga uniforme com 6,0 m de comprimento sendo suspensa em um ponto situado 1,0 m à direita de seu centro. A viga pesa 140 N e faz um ângulo de 30,0° com a vertical. Na extremidade direita da viga está suspenso um peso de 100,0 N; um peso desconhecido p está suspenso em sua outra extremidade. (a) Sabendo que o sistema está em equilíbrio, qual é o valor de p? Despreze a espessura da viga. (b) Suponha que a viga faça outro ângulo de 45,0° com a vertical. Qual seria o valor de p nesse caso?

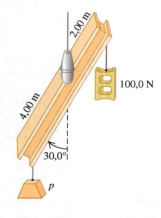

Figura P11.60

11.61 ••• Um mastro de sustentação uniforme horizontal com 5,00 m de comprimento e pesando 200 N está articulado em uma parede vertical a uma de suas extremidades. Uma dublê de cinema pesando 600 N está suspensa em sua outra extremidade. O mastro é suportado por um cabo que liga sua extremidade livre a um ponto da parede diretamente acima do contato com o mastro. (a) Sabendo que a tensão no cabo não deve exceder 1.000 N, qual é a altura mínima acima do mastro em que o cabo deve ser ligado à parede? (b) Supondo que o cabo esteja ligado a um ponto da parede situado a 0,50 m abaixo desse ponto, qual deve ser o aumento da tensão em newtons para que o mastro permaneça na direção horizontal?

11.62 • Uma decoração natalina consiste em duas esferas brilhantes de vidro com massas de 0,0240 kg e 0,0360 kg, suspensas a um eixo uniforme de massa 0,120 kg e comprimento igual a 1,00 m (**Figura P11.62**). O eixo está preso ao teto por meio das cordas E e F em cada ponta, de modo que ele permanece na horizontal. Calcule a tensão em cada uma das cordas, desde a corda A até a F.

Figura P11.62

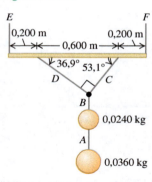

11.63 •• BIO Cachorro olhando para baixo. O exercício de ioga do "cachorro olhando para baixo" exige esticar suas mãos diretamente acima da cabeça e encurvar-se para baixo contra o piso. Esse exercício é realizado por uma pessoa de 750 N, como mostra a **Figura P11.63**. Quando ele encurva seu corpo no quadril a um ângulo de 90° entre suas pernas e tronco, suas pernas, tronco, cabeça e braços possuem as dimensões indicadas. Além do mais, suas pernas e pés pesam um total de 277 N, e seu centro de massa está a 41 cm a partir da articulação do quadril, medidos ao longo de suas pernas. O tronco, a cabeça e os braços da pessoa pesam 473 N, e seu centro de gravidade está a 65 cm da articulação do quadril, medidos ao longo da parte superior do corpo. (a) Determine a força normal que o piso exerce sobre cada pé e cada mão, supondo que a pessoa não favoreça sua mão ou seu pé. (b) Ache a força de atrito em cada pé e em cada mão, supondo que ela é a mesma tanto nos dois pés quanto nas duas mãos (mas não necessariamente a mesma nos pés e nas mãos). [*Dica*: primeiro trate o corpo inteiro como um sistema; depois, isole suas pernas (ou a parte superior do seu corpo).]

Figura P11.63

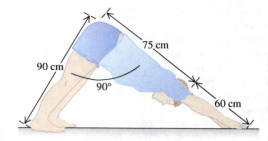

11.64 •• Uma barra de metal homogênea com 8,00 m de comprimento e massa de 30,0 kg é presa um uma extremidade ao lado de um prédio por uma dobradiça sem atrito. A barra é mantida a um ângulo de 64,0° acima da horizontal por um cabo fino e leve, que corre de uma ponta da barra oposta à dobradiça até um ponto na parede acima da dobradiça. O cabo forma um ângulo de 37,0° com a barra. Sua massa é de 65,0 kg. Você segura a barra perto da dobradiça e se pendura nela, com as mãos próximas e seus pés fora do chão. Para impressionar seus amigos, você pretende deslocar suas mãos lentamente em direção à extremidade do topo da barra. (a) Se o cabo se partir quando sua tensão superar 455 N, a que distância da extremidade superior da barra você estará quando isso acontecer?

(b) Imediatamente antes que o cabo se parta, quais são o módulo e a direção da força resultante que a dobradiça exerce sobre a barra?

11.65 • Um operário deve virar um engradado retangular homogêneo de 1.250 N, puxando um dos seus lados verticais a 53,0° (**Figura P11.65**). O piso é áspero o suficiente para impedir que o engradado deslize. (a) Qual força de puxar é necessária para fazer com que o engradado comece a tombar? (b) Com que força o piso empurra o engradado? (c) Ache a força de atrito sobre o engradado. (d) Qual é o coeficiente mínimo de atrito estático necessário para impedir que o engradado deslize sobre o piso?

Figura P11.65

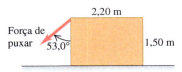

11.66 ••• A extremidade de uma régua homogênea é colocada contra uma parede vertical (**Figura P11.66**). A outra extremidade é mantida por uma linha de peso desprezível, que faz um ângulo θ com a régua. O coeficiente de atrito estático entre a extremidade da régua e a parede é igual a 0,40. (a) Qual é o valor do ângulo máximo θ para que a régua se mantenha em equilíbrio? (b) Considere $\theta = 15°$. Um bloco com a mesma massa da régua é suspenso da régua a uma distância x da parede, conforme indicado. Qual deve ser o valor mínimo de x para o qual a régua permaneça em equilíbrio? (c) Quando $\theta = 15°$, qual deve ser o coeficiente de atrito estático, de modo que o bloco possa ser amarrado a 10 cm da parede sem que a régua escorregue?

Figura P11.66

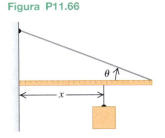

11.67 •• Dois amigos transportam uma caixa de 200 kg subindo os degraus de uma escada. A caixa possui 1,25 m de comprimento e altura de 0,500 m, com centro de gravidade localizado em seu centro. Os degraus da escada possuem uma inclinação de 45,0° com a horizontal, de modo que sua face inferior é paralela à inclinação da escada (**Figura P11.67**). Supondo que a força aplicada pelos amigos sobre a caixa possua direção vertical, qual

Figura P11.67

é o módulo de cada uma dessas forças? Quem realiza mais esforço: o que está na parte de cima ou o que está na parte de baixo da escada?

11.68 •• **BIO** **Antebraço.** No braço humano, o antebraço e a mão giram em torno da articulação do cotovelo. Considere um modelo simplificado em que o músculo bíceps está preso ao antebraço a uma distância de 3,80 cm da articulação do cotovelo. Suponha que, juntos, a mão e o antebraço de uma pessoa pesem 15,0 N e que o centro de gravidade esteja a 15,0 cm do cotovelo (não chega a meio caminho para a mão). O antebraço é mantido em posição horizontal, formando um ângulo retângulo com o braço superior, e o músculo do bíceps exerce uma força perpendicular ao antebraço. (a) Desenhe um diagrama do corpo livre para o antebraço e ache a força exercida pelo bíceps quando a mão está vazia. (b) Agora a pessoa segura um peso de 80,0 N, com o antebraço ainda na posição horizontal. Suponha que o centro de gravidade desse peso esteja a 33,0 cm do cotovelo. Construa um diagrama do corpo livre para o antebraço, e ache a força agora exercida pelo bíceps. Explique por que o músculo do bíceps precisa ser muito forte. (c) Sob as condições estabelecidas no item (b), ache o módulo, a direção e o sentido da força que a articulação do cotovelo exerce sobre o antebraço. (d) Enquanto segura o peso de 80,0 N, a pessoa levanta o antebraço até ele formar um ângulo de 53° acima do plano horizontal. Se o bíceps continua a exercer sua força perpendicularmente ao antebraço, qual é essa força quando o antebraço está nessa posição? A força aumentou ou diminuiu em relação a seu valor no item (b)? Explique por que isso ocorre e teste sua resposta fazendo esse movimento com o próprio braço.

11.69 •• **BIO** **CALC** Retome a situação no Exemplo 11.4 (Seção 11.3), em que se segura um haltere. O peso máximo que pode ser sustentado daquela forma está limitado à tensão T máxima permitida para o tendão (determinada pela força dos tendões) e pela distância D a partir do cotovelo até onde o tendão se prende ao antebraço. (a) Seja $T_{máx}$ o valor máximo da tensão no tendão. Use os resultados do Exemplo 11.4 para expressar $p_{máx}$ (o peso máximo que pode ser sustentado) em termos de $T_{máx}$, L, D e h. Sua equação *não* deve incluir o ângulo θ. (b) Os tendões de diferentes primatas se prendem ao antebraço com diferentes valores de D. Calcule a derivada de $p_{máx}$ em relação a D e determine se a derivada é positiva ou negativa. (c) O tendão de um chimpanzé está preso ao antebraço em um ponto mais afastado do cotovelo que no caso dos humanos. Use isso para explicar por que os chimpanzés possuem braços mais fortes que os humanos. (A desvantagem é que os chimpanzés possuem braços menos flexíveis que os humanos.)

11.70 ••• Em um parque municipal, uma viga de madeira não uniforme com 4,00 m de comprimento é suspensa horizontalmente por um leve cabo de aço em cada ponta. O cabo na extremidade esquerda forma um ângulo de 30,0° com a vertical e possui tensão de 620 N. O cabo na extremidade direita da viga forma um ângulo de 50,0° com a vertical. Como funcionário do Departamento Municipal de Parques e Jardins, você precisa descobrir o peso da viga e o local de seu centro de gravidade.

11.71 •• Você é estagiário em uma empresa de arquitetura. Um eixo de aço uniforme com 8,00 m deverá ser fixado a uma parede por uma dobradiça sem atrito em uma extremidade. O eixo deve ser mantido a 22,0° abaixo da horizontal por um cabo leve preso à extremidade do eixo oposta à dobradiça. O cabo forma um ângulo de 30,0° com o eixo e está preso à parede em um ponto acima da dobradiça. O cabo se romperá se a tensão for superior a 650 N. (a) Para qual massa do eixo o cabo se romperá? (b) Se o eixo tem uma massa 10,0 kg menor que o valor calculado no item (a), quais são o módulo, a direção e o sentido da força que a dobradiça exerce sobre o eixo?

11.72 •• Você deseja fazer uma roda de bicicleta de massa m e raio R subir uma calçada de altura h. Para fazer isso, você aplica uma força horizontal $\vec{F}$ (**Figura P11.72**). Qual é o menor módulo dessa força para fazer a roda subir o desnível quando a força é aplicada (a) no centro de gravidade da roda e (b) no topo da roda? (c) Em qual dos dois casos você precisa realizar uma força menor?

11.73 • **O portão de uma fazenda.** Um portão de 4,0 m de largura e 2,0 m de altura pesa 700 N. Seu centro de gravidade está localizado em seu centro, e ele está articulado nos pontos *A* e *B*. Para aliviar a tensão na dobradiça superior, um fio *CD* é ligado conforme indicado na **Figura P11.73**. A tensão no ponto *CD* é aumentada até que a força horizontal na dobradiça *A* seja igual a zero. (a) Qual é a tensão no fio *CD*? (b) Qual é o módulo do componente horizontal da força na dobradiça *B*? (c) Qual é a soma dos componentes verticais das forças que atuam em *A* e em *B*?

Figura P11.72
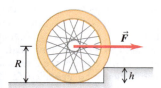

Figura P11.73
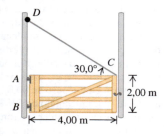

11.74 • Quando você coloca um bloco uniforme na extremidade de uma mesa, o centro de gravidade do bloco deve ficar sobre a mesa para que o bloco não caia. (a) Para que você possa empilhar dois blocos idênticos na extremidade da mesa, o centro de gravidade do bloco superior deve estar sobre o inferior e o centro de gravidade do conjunto dos dois blocos deve permanecer sobre a mesa. Determine, em função do comprimento *L*, qual deve ser a distância máxima *D* entre as extremidades da mesa e do bloco superior para que o sistema permaneça em equilíbrio (**Figura P11.74**). (b) Repita a parte (a) para três blocos idênticos e para quatro blocos. (c) É possível colocar uma pilha de blocos de modo que o bloco superior não fique diretamente sobre a mesa? Quantos blocos seriam necessários para isso? (Tente fazer isso.)

Figura P11.74
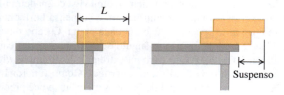

11.75 ••• Duas bolas de gude homogêneas, de 75,0 g e 2,00 cm de diâmetro, são empilhadas como indica a **Figura P11.75**, dentro de um recipiente com 3,00 cm de largura. (a) Ache a força que o recipiente exerce sobre as bolas nos pontos de contato *A*, *B* e *C*. (b) Qual força uma bola exerce sobre a outra?

Figura P11.75
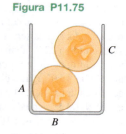

11.76 •• Duas vigas idênticas e uniformes, pesando 260 N cada, estão ligadas em uma extremidade por uma dobradiça de atrito desprezível. Uma barra transversal leve, presa no meio das vigas, mantém um ângulo de 53,0° entre elas. As vigas estão suspensas por cabos verticais de modo a formar um "V", como indica a **Figura P11.76**. (a) Qual força a barra transversal exerce sobre cada viga? (b) A barra está sujeita à tensão ou à compressão? (c) Qual força (módulo, direção e sentido) a dobradiça no ponto *A* exerce sobre cada viga?

Figura P11.76

11.77 • Um engenheiro está projetando um sistema de esteira para transportar fardos de feno para dentro de um vagão (**Figura P11.77**). Cada fardo possui largura de 0,25 m, altura de 0,50 m, profundidade de 0,80 m (dimensão perpendicular ao plano da figura) e massa de 30,0 kg. O centro de gravidade de cada fardo está em seu centro geométrico. O coeficiente de atrito estático entre o fardo de feno e a esteira é igual a 0,60, e a esteira se move com velocidade uniforme. (a) O ângulo β da esteira é lentamente aumentado. Para um dado ângulo crítico, o fardo pode tombar (caso não escorregue antes) e, para outro ângulo crítico, ele poderá escorregar (caso não tombe antes). Encontre esses dois ângulos críticos e diga o que ocorre para o menor ângulo. (b) O resultado da parte (a) seria diferente se o coeficiente de atrito fosse 0,40?

Figura P11.77

11.78 • Um peso *P* é suspenso, quando preso a um poste de metal vertical e uniforme, por uma corda delgada que passa por uma polia com massa e atrito desprezíveis. A corda é presa ao poste em um ponto localizado 40,0 cm abaixo do topo e puxa no sentido horizontal em relação ao poste (**Figura P11.78**). O poste gira em torno de uma dobradiça em sua base, possui 1,75 m de altura e pesa 55,0 N. Um cabo delgado conecta o topo do poste a uma parede vertical. O prego que prende esse cabo à parede vai saltar, se uma força *para fora* maior que 22,0 N atuar sobre ele. (a) Qual é o maior peso *p* que pode ser suportado dessa forma sem que o prego seja arrancado da parede? (b) Qual é o *módulo* da força que a dobradiça exerce sobre o poste?

Figura P11.78
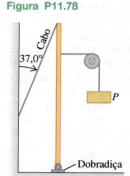

11.79 •• A porta de uma garagem é apoiada sobre um trilho superior (**Figura P11.79**). As rodas *A* e *B* enferrujaram, portanto não giram mais, podendo apenas deslizar ao longo do trilho. O coeficiente de atrito estático é igual a 0,52. A distância entre as rodas é igual a 2,0 m, e cada uma delas está a 0,50 m das laterais verticais adjacentes da porta. A porta é uniforme e pesa 950 N. Ela é empurrada para a esquerda por uma força horizontal $\vec{F}$. (a)

Sabendo que *h* é igual a 1,60 m, qual deve ser o componente vertical da força exercida sobre cada roda pelo trilho? (b) Calcule o valor máximo de *h* sem que uma das rodas abandone o trilho.

11.80 ••• **Construtores de pirâmides.** Construtores de pirâmides da antiguidade estão equilibrando uma laje de pedra homogênea e retangular, que está tombada a um ângulo θ acima do plano horizontal, usando uma corda (**Figura P11.80**). A corda é segurada por cinco trabalhadores que dividem igualmente a força. (a) Se $\theta = 20{,}0°$, que força cada trabalhador exerce sobre a corda? (b) À medida que θ aumenta, cada trabalhador tem de exercer mais ou menos força que no item (a), supondo que eles não mudem o ângulo da corda? Por quê? (c) Qual é o ângulo em que os trabalhadores não precisarão mais exercer *nenhuma força* para equilibrar a laje? O que ocorre se θ exceder esse valor?

11.81 ••• **PC** Um corpo de massa 12,0 kg, amarrado à extremidade de um fio de alumínio que possui comprimento inicial de 0,70 m, é enrolado em uma roda vertical que gira com velocidade constante de 120 rot/min. A área de seção reta do fio possui área igual a 0,014 cm². Calcule a dilatação do fio quando o corpo está (a) no ponto mais baixo da trajetória; (b) no ponto mais alto da trajetória.

11.82 •• **Lei de Hooke para um cabo.** Um cabo de comprimento l_0 e área de seção reta *A* suspende um peso *P*. (a) Mostre que, se o cabo obedecer à Equação 11.7, ele se comportará como uma mola de força constante AY/l_0, onde *Y* é o módulo de Young para o material do qual o cabo é feito. (b) Qual seria a força constante para um cabo de cobre de 75,0 cm de comprimento e calibre 16 (diâmetro = 1,291 mm)? Consulte a Tabela 11.1. (c) Qual teria de ser *P* para alongar o cabo no item (b) por 1,25 mm?

11.83 ••• Um eixo de 1,05 m de comprimento e peso desprezível é suportado em suas extremidades por fios *A* e *B* de comprimentos iguais (**Figura P11.83**). A área da seção reta de *A* é igual a 2,00 mm² e a de *B* é igual a 4,00 mm². O módulo de Young de *A* é igual a 1,80 $\times 10^{11}$ Pa; o de *B* é igual a 1,20 $\times 10^{11}$ Pa. Para qual ponto ao longo do eixo o peso *p* deve ser suspenso para produzir (a) tensões iguais em *A* e em *B*? (b) Deformações iguais em *A* e em *B*?

11.84 ••• **PC** Uma atração em um parque de diversões consiste em carrinhos em forma de avião ligados por cabos de aço (**Figura P11.84**). Cada cabo possui comprimento igual a 15,0 m e área da sua seção reta igual a 8,00 cm². (a) Ache a dilatação do cabo quando o carrinho está em repouso. (Suponha que o peso total de cada carrinho com dois passageiros seja igual a 1.900 N.)

Figura P11.79

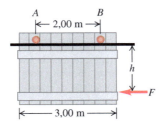

Figura P11.80

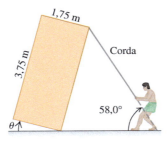

Figura P11.83

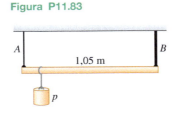

(b) Quando o brinquedo está em movimento, o carrinho gira com velocidade angular máxima de 12,0 rot/min. Qual é a dilatação do cabo nesse caso?

11.85 ••• **PC BIO Tensão no osso da canela.** As tensões de compressão em nossos ossos são importantes na vida cotidiana. O módulo de Young para um osso é aproximadamente igual a 1,4 $\times 10^{10}$ Pa. Um osso só pode suportar uma variação de comprimento de cerca de 1,0% para não fraturar. (a) Calcule a força máxima que pode ser aplicada a um osso que possua seção reta com área mínima de 3,0 cm². (Essa área é aproximadamente igual à área de uma tíbia, ou osso da canela, em sua região mais estreita.) (b) Estime a altura máxima da qual um homem de 70 kg pode pular sem fraturar a tíbia. Considere igual a 0,030 s o intervalo entre o momento em que ele toca o solo e o instante em que ele entra em repouso, e suponha que a tensão seja igualmente distribuída entre as duas pernas.

11.86 •• **DADOS** Você utiliza um fio longo e fino para montar um pêndulo em uma feira de ciências. O fio tem um comprimento não esticado de 22,0 m e uma seção reta com diâmetro de 0,860 mm; ele é feito de uma liga com uma grande tensão de ruptura. Uma extremidade do fio será presa ao teto, e uma esfera metálica de 9,50 kg será presa à outra extremidade. À medida que o pêndulo balança, o deslocamento angular máximo do fio a partir da vertical será de 36,0°. Você precisa determinar o tamanho máximo que o fio esticará durante esse movimento. Assim, antes de prender a esfera metálica, você suspende uma massa de teste (massa *m*) pela ponta inferior do fio. Então você mede o aumento no comprimento Δl do fio para diversas massas de teste diferentes. A **Figura P11.86**, um gráfico de Δl em função de *m*, mostra os resultados e a linha reta que oferece o melhor ajuste aos dados. A equação para essa linha é $\Delta l = (0{,}422 \text{ mm/kg})m$. (a) Suponha que $g = 9{,}80$ m/s² e use a Figura P11.86 para calcular o módulo de Young *Y* para esse fio. (b) Você remove as massas de teste, prende a esfera de 9,50 kg e solta a esfera do repouso, com o fio deslocado por 36,0°. Calcule a quantidade que o fio esticará enquanto balança pela vertical. Ignore a resistência do ar.

Figura P11.84

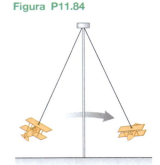

Figura P11.86

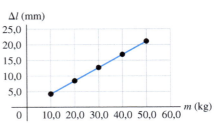

11.87 •• **DADOS** Você precisa medir a massa *M* de uma barra longa de 4,00 m. A barra tem uma seção reta, mas alguns furos feitos ao longo de sua extensão, e você suspeita que seu centro de gravidade não está no meio da barra, a qual é muito grande para você pesar na sua balança. Assim, primeiro você equilibra a barra em um pivô tipo ponta de faca e determina que o centro de gravidade da barra está a 1,88 m de sua extremidade esquerda. Depois você coloca a barra no pivô de modo que o ponto de suporte esteja a 1,50 m da extremidade esquerda da barra. Em seguida, suspende uma massa de 2,00 kg (m_1) a partir da barra em um ponto a 0,200 m da extremidade esquerda. Por fim, você suspende uma massa $m_2 = 1,00$ kg a partir da barra a uma distância x da extremidade esquerda e ajusta x de modo que a barra fique equilibrada. Essa etapa é repetida para outros valores de m_2 e você registra cada valor correspondente de x. A tabela a seguir mostra os resultados obtidos.

m_2 (kg)	1,00	1,50	2,00	2,50	3,00	4,00
x (m)	3,50	2,83	2,50	2,32	2,16	2,00

(a) Desenhe um diagrama do corpo livre para a barra quando m_1 e m_2 forem suspensos dela. (b) Aplique a equação do equilíbrio estático $\sum \tau_z = 0$ com o eixo no local do pivô. Resolva a equação para x como uma função de m_2. (c) Desenhe x versus $1/m_2$. Use a inclinação da linha de melhor ajuste e a equação derivada no item (b) para calcular a massa M da barra. Use $g = 9,80$ m/s². (d) Qual é a interceptação y da linha reta que se encaixa aos dados? Explique por que tem esse valor.

11.88 ••• **DADOS** Você é um engenheiro civil trabalhando no projeto interior de uma loja em um shopping center. Uma barra uniforme com 2,00 m de extensão e massa de 8,50 kg deve ser presa à parede em uma extremidade, por meio de uma dobradiça que permite que a barra gire livremente com muito pouco atrito. A barra será mantida em uma posição horizontal por um cabo leve a partir de um ponto na barra (uma distância x da dobradiça) até um ponto na parede acima da dobradiça. O cabo forma um ângulo θ com a barra. O arquiteto propôs quatro formas possíveis de conectar o cabo e lhe pediu para avaliá-las:

Alternativa	A	B	C	D
x (m)	2,00	1,50	0,75	0,50
θ (graus)	30	60	37	75

(a) Há uma preocupação sobre a resistência do cabo que será exigido. Qual conjunto de valores de x e θ na tabela produz a menor tensão no cabo? E a maior? (b) Existe preocupação em relação à força de ruptura da parede de reboco, onde a dobradiça será presa. Qual é o conjunto de valores de x e θ que produz o menor componente horizontal de força que a barra exerce sobre a dobradiça? E o maior? (c) Também há preocupação a respeito da resistência exigida da dobradiça e a resistência de sua conexão com a parede. Qual é o conjunto de valores de x e θ que produz o menor módulo do componente vertical da força que a barra exerce sobre a dobradiça? E o maior? (Dica: a direção do componente vertical da força que a dobradiça exerce sobre a barra depende de onde o cabo está preso ao longo da barra.) (d) Existe alguma alternativa dada na tabela preferível às outras? Alguma das alternativas deverá ser evitada? Discuta.

PROBLEMAS DESAFIADORES

11.89 ••• Duas escadas, uma de 4,00 m e outra de 3,00 m de comprimento, estão articuladas em um ponto A e ligadas entre si por uma corda horizontal situada a 0,90 m acima do solo (**Figura P11.89**). As escadas pesam 480 N e 360 N, respectivamente, e o centro de gravidade de cada uma se localiza em seu respectivo centro. Suponha que o piso esteja encerado e sem atrito. (a) Ache a força de baixo para cima na parte inferior de cada escada. (b) Ache a tensão na corda. (c) Ache o módulo da força que uma escada exerce sobre a outra no ponto A. (d) Supondo que um pintor com 800 N esteja em pé sobre o ponto A, calcule a tensão na corda horizontal.

Figura P11.89

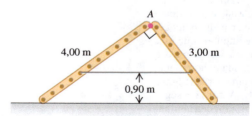

11.90 ••• **Golpeando um poste.** A extremidade de um poste que pesa 400 N e de altura h está apoiada sobre uma superfície horizontal com $\mu_s = 0,30$. A extremidade superior do poste está sustentada por uma corda amarrada à superfície horizontal e fazendo um ângulo de 36,9° com o poste (**Figura P11.90**). Uma força horizontal $\vec{F}$ é aplicada sobre o poste conforme indicado. (a) Quando a força $\vec{F}$ é aplicada em seu centro, qual deve ser seu módulo máximo para que o poste não comece a deslizar? (b) Se o ponto de aplicação da força está situado a seis décimos da altura do poste a partir de sua base, qual deve ser o módulo máximo da força para que o poste não comece a deslizar? (c) Mostre que, se o ponto de aplicação da força estiver situado em um ponto muito elevado, o poste não poderá deslizar, por maior que seja o módulo da força. Ache a altura crítica para o ponto de aplicação dessa força.

Figura P11.90

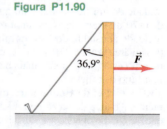

11.91 ••• **PC** Um molinete está pendurando um peixe de 4,50 kg por meio de um fio de aço com 1,50 m de comprimento e cuja seção reta possui área de $5,0 \times 10^{-3}$ cm². A extremidade superior do fio está firmemente presa a um suporte. (a) Calcule o valor da dilatação do fio provocada pelo peixe que está suspenso. O molinete a seguir aplica uma força $\vec{F}$ sobre o peixe, puxando-o lentamente para baixo 0,500 mm de sua posição de equilíbrio inicial. Para esse movimento para baixo, calcule (b) o trabalho realizado pela gravidade; (c) o trabalho realizado pela força $\vec{F}$; (d) o trabalho realizado pela força que o fio exerce sobre o peixe; (e) a variação de energia potencial elástica (a energia potencial associada com a tensão de dilatação do fio). Compare as respostas dos itens (d) e (e).

Problemas com contexto

BIO Torques e cabo de guerra. Em um estudo da biomecânica do cabo de guerra, um competidor de 2,0 m de altura e 80,0 kg no meio da fila é considerado um corpo rígido inclinado por um ângulo de 30,0° com a vertical. O competidor está puxando uma corda mantida na horizontal a uma distância de 1,5 m de seus pés (medida ao longo da linha do corpo).

No momento mostrado na figura, o homem está estacionário e a tensão na corda à sua frente é $T_1 = 1.160$ N. Como há atrito entre a corda e suas mãos, a tensão na corda atrás dele, T_2, não é igual a T_1. Seu centro de massa está a meio caminho entre seus pés e o alto de sua cabeça. O coeficiente de atrito estático entre seus pés e o solo é 0,65.

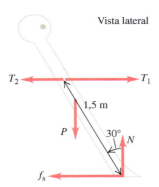

Vista lateral

11.92 Qual é a tensão T_2 na corda por trás dele? (a) 590 N; (b) 650 N; (c) 860 N; (d) 1.100 N.

11.93 Se ele se inclinar ligeiramente para trás (aumentando o ângulo entre seu corpo e a vertical), mas permanecer estacionário em sua nova posição, qual das seguintes afirmações é verdadeira? Suponha que a corda permaneça na horizontal. (a) A diferença entre T_1 e T_2 aumentará, equilibrando o torque aumentado em torno de seus pés que esse peso produz quando ele se inclina mais para trás; (b) a diferença entre T_1 e T_2 diminuirá, equilibrando o torque aumentado em torno de seus pés que esse peso produz quando ele se inclina mais para trás; (c) nem T_1 nem T_2 mudará, pois nenhuma outra força está variando; (d) tanto T_1 quanto T_2 variarão, mas a diferença entre eles permanecerá igual.

11.94 Seu corpo está novamente inclinado a 30,0° com a vertical, mas agora a altura na qual a corda é mantida acima do solo — porém ainda paralela a ele — varia. A tensão na corda à frente do competidor (T_1) é medida como uma função da distância mais curta entre a corda e o solo (a altura de manutenção). A tensão T_1 diminui à medida que a altura de manutenção aumenta. O que poderia explicar essa observação? À medida que a altura de manutenção aumenta, (a) o braço do momento da corda em torno de seus pés diminui em razão do ângulo que seu corpo forma com a vertical; (b) o braço do momento do peso em torno de seus pés diminui em razão do ângulo que seu corpo forma com a vertical; (c) é necessária uma tensão menor na corda para produzir um torque suficiente para equilibrar o torque do peso em torno de seus pés; (d) seu centro de massa move-se para baixo para compensar, de modo que é exigida menos tensão na corda para manter o equilíbrio.

11.95 Seu corpo está inclinado para trás a 30,0° com a vertical, mas o coeficiente de atrito estático entre seus pés e o solo de repente se reduz para 0,50. O que acontecerá? (a) Seu corpo inteiro acelerará para frente; (b) seus pés deslizarão para a frente; (c) seus pés deslizarão para trás; (d) seus pés não deslizarão.

RESPOSTAS

Resposta à pergunta inicial do capítulo

(i) Cada pedra no arco está sob compressão, não tensão. Isso se dá porque as forças sobre as pedras tendem a empurrá-las para o interior, no sentido do centro do arco, e assim as comprimem umas contra as outras. Em comparação com uma parede de sustentação maciça, uma parede com arcos é tão forte quanto, porém sua construção é muito mais econômica.

Respostas às perguntas dos testes de compreensão

11.1 Resposta: (i) A situação (i) atende a ambas as condições de equilíbrio porque a gaivota possui aceleração nula (portanto, $\sum \vec{F} = 0$) e não tende à rotação (portanto, $\sum \vec{\tau} = 0$). A situação (ii) satisfaz a primeira condição porque o virabrequim como um todo não acelera pelo espaço, mas não satisfaz a segunda condição; o virabrequim possui aceleração angular, portanto, $\sum \vec{\tau}$ é diferente de zero. A situação (iii) satisfaz a segunda condição (não há tendência à rotação), mas não a primeira; a bola de beisebol acelera quando arremessada (em função da gravidade), portanto $\sum \vec{F}$ é diferente de zero.

11.2 Resposta: (ii) Em equilíbrio, o centro de gravidade deve estar no ponto de suporte. Como a pedra e a régua possuem a mesma massa e, portanto, o mesmo peso, o centro de gravidade do sistema está no meio do caminho entre seus respectivos centros. O centro de gravidade da régua é de 0,50 m a partir da extremidade esquerda (ou seja, no meio da régua), portanto, o centro de gravidade do sistema pedra-régua é de 0,25 m a partir da extremidade esquerda.

11.3 Resposta: (ii), (i), (iii) Trata-se da mesma situação descrita no Exemplo 11.4, com a barra substituindo o antebraço, a dobradiça substituindo o cotovelo e o cabo substituindo o tendão. A única diferença é que o ponto de ligação do cabo se situa na extremidade da barra e, portanto, as distâncias D e L são idênticas. Pelo Exemplo 11.4, a tensão é

$$T = \frac{Lp}{L \operatorname{sen} \theta} = \frac{p}{\operatorname{sen} \theta}$$

Como $\operatorname{sen} \theta$ é menor que 1, a tensão T é maior que o peso p. O componente vertical da força exercida pela dobradiça é

$$E_y = -\frac{(L-L)p}{L} = 0$$

Nessa situação, a dobradiça não exerce *nenhuma* força vertical. Para verificar isso, calcule os torques em torno da extremidade direita da barra horizontal: a única força que exerce um torque em torno desse ponto é o componente vertical da força da dobradiça, portanto, esse componente de força deve ser igual a zero.

11.4 Respostas: (a) (iii), (b) (ii) No item (a), a barra de cobre possui 10 vezes a dilatação Δl da barra de aço, mas também possui 10 vezes o comprimento original l_0. Portanto, a deformação de dilatação $\Delta l/l_0$ é a mesma para ambas as barras. No item (b), a tensão é igual ao módulo Y de Young multiplicado pela deformação. Pela Tabela 11.1, o aço possui maior valor de Y, portanto, uma tensão maior é exigida para produzir a mesma deformação.

11.5 Em (a) e (b), o para-choque retoma o formato original (embora a pintura possa estar arranhada). Em (c), o para-choque terá uma deformação permanente. Em (d), o para-choque será cortado ou quebrado.

Problema em destaque

(a) $T = \dfrac{2mg}{3 \operatorname{sen} \theta}$

(b) $F = \dfrac{2mg}{3 \operatorname{sen} \theta} \sqrt{\cos^2 \theta + \tfrac{1}{4} \operatorname{sen}^2 \theta}$, $\quad \phi = \arctan\left(\tfrac{1}{2} \tan \theta\right)$

(c) $\Delta l = \dfrac{2mgl_0}{3AY \tan \theta}$ (d) 4

APÊNDICE A

O SISTEMA INTERNACIONAL DE UNIDADES

O Sistema Internacional de Unidades, abreviado por SI, é o sistema desenvolvido pela Conferência Geral sobre Pesos e Medidas, um congresso internacional, e adotado por quase todos os países industrializados do mundo. O material apresentado a seguir foi adaptado do *National Institute of Standards and Technology* (<http://physics.nist.gov/cuu>).

Grandeza	Nome da unidade	Símbolo	
Unidades básicas do SI			
comprimento	metro	m	
massa	quilograma	kg	
tempo	segundo	s	
corrente elétrica	ampère	A	
temperatura termodinâmica	kelvin	K	
quantidade de substância	mol	mol	
intensidade luminosa	candela	cd	
Unidades derivadas do SI			**Unidades equivalentes**
área	metro quadrado	m^2	
volume	metro cúbico	m^3	
frequência	hertz	Hz	s^{-1}
massa específica (densidade)	quilograma por metro cúbico	kg/m^3	
velocidade	metro por segundo	m/s	
velocidade angular	radiano por segundo	rad/s	
aceleração	metro por segundo ao quadrado	m/s^2	
aceleração angular	radiano por segundo ao quadrado	rad/s^2	
força	newton	N	$kg \cdot m/s^2$
pressão (tensão mecânica)	pascal	Pa	N/m^2
viscosidade cinemática	metro quadrado por segundo	m^2/s	
viscosidade dinâmica	newton-segundo por metro quadrado	$N \cdot s/m^2$	
trabalho, energia, calor	joule	J	$N \cdot m$
potência	watt	W	J/s
carga elétrica	coulomb	C	$A \cdot s$
diferença de potencial, força eletromotriz	volt	V	J/C, W/A
intensidade do campo elétrico	volt por metro	V/m	N/C
resistência elétrica	ohm	Ω	V/A
capacitância	farad	F	$A \cdot s/V$
fluxo magnético	weber	Wb	$V \cdot s$
indutância	henry	H	$V \cdot s/A$
densidade de fluxo magnético	tesla	T	Wb/m^2
intensidade do campo magnético	ampère por metro	A/m	
força magnetomotriz	ampère	A	
fluxo luminoso	lúmen	lm	$cd \cdot sr$
luminância	candela por metro quadrado	cd/m^2	
iluminamento	lux	lx	lm/m^2
número de onda	um por metro	m^{-1}	
entropia	joule por kelvin	J/K	
calor específico	joule por quilograma-kelvin	$J/kg \cdot K$	
condutividade térmica	watt por metro-kelvin	$W/m \cdot K$	
intensidade da radiação	watt por estereorradiano	W/sr	
atividade (de uma fonte radioativa)	becquerel	Bq	s^{-1}

dose de radiação	gray	Gy	J/kg
equivalente da dose de radiação	sievert	Sv	J/kg
Unidades suplementares do SI			
ângulo plano	radiano	rad	
ângulo sólido	estereorradiano	sr	

DEFINIÇÕES DAS UNIDADES DO SI

metro (m) O *metro* é um comprimento igual à distância percorrida pela luz no vácuo em um intervalo de tempo igual à fração 1/299.792.458 do segundo.

quilograma (kg) O *quilograma* é uma unidade de massa igual à massa de um protótipo internacional do quilograma. (O protótipo internacional do quilograma é um cilindro de uma liga de platina-irídio preservado em uma galeria da Agência Internacional de Pesos e Medidas em Sèvres, na França.)

segundo (s) O *segundo* é o intervalo de tempo correspondente a 9.192.631.770 ciclos da radiação emitida durante a transição entre dois níveis hiperfinos do estado fundamental do átomo de césio 133.

ampère (A) O *ampère* é uma corrente constante que, ao ser mantida em dois fios retilíneos e paralelos de comprimentos infinitos de seções retas desprezíveis e separados por uma distância de 1 m no vácuo, produz entre os fios uma força igual a 2×10^{-7} N para cada metro de comprimento dos fios.

kelvin (K) O *kelvin*, unidade de temperatura termodinâmica, é a fração igual a 1/273,16 da temperatura termodinâmica correspondente ao ponto triplo da água.

ohm (Ω) O *ohm* é a resistência elétrica entre dois pontos de um condutor que transporta uma corrente de 1 A quando uma diferença de potencial constante de 1 volt é aplicada entre esses dois pontos, esse trecho do condutor não pode ser fonte de nenhuma força eletromotriz.

coulomb (C) O *coulomb* é a carga elétrica transportada em um segundo por uma corrente de 1 A.

candela (cd) A *candela* é a intensidade luminosa, em dada direção, de uma fonte que emite uma radiação monocromática com frequência igual a 540×10^{12} hertz e cuja intensidade da radiação nessa direção equivale a 1/683 watt por estereorradiano.

molécula-grama (mol) O *mol* é a quantidade de uma substância que contém um número de unidades elementares equivalente ao número de átomos existentes em 0,012 kg de carbono 12. Essas unidades elementares devem ser especificadas e podem ser átomos, moléculas, íons, elétrons, outras partículas ou grupos de tais partículas especificadas.

newton (N) O *newton* é a força que fornece para uma massa de 1 quilograma uma aceleração de um metro por segundo por segundo.

joule (J) O *joule* é o trabalho realizado quando o ponto de aplicação de uma força constante de 1 N é deslocado até uma distância de 1 metro na direção da força.

watt (W) O *watt* é a potência que dá origem a uma produção de energia com uma taxa igual a 1 joule por segundo.

volt (V) O *volt* é a diferença de potencial elétrico entre dois pontos de um condutor que transporta uma corrente constante igual a 1 ampère, quando a potência entre esses dois pontos é igual a 1 W.

weber (Wb) O *weber* é o fluxo magnético que, ao atravessar um circuito com uma espira, produz nela uma força eletromotriz igual a 1 V quando o fluxo é reduzido a zero com uma taxa uniforme em um segundo.

lúmen (lm) O *lúmen* é o fluxo luminoso emitido em um ângulo sólido igual a 1 estereorradiano por uma fonte pontual uniforme cuja intensidade é igual a 1 candela.

farad (F) O *farad* é a capacitância de um capacitor que possui uma diferença de potencial de 1 V entre suas placas quando ele é carregado por uma carga elétrica igual a 1 coulomb.

henry (H) O *henry* é a indutância de um circuito fechado no qual uma força eletromotriz de 1 V é produzida quando a corrente elétrica no circuito varia com uma taxa uniforme de 1 A por segundo.

radiano (rad) O *radiano* é o ângulo plano entre dois raios do círculo que cortam a circunferência formando um arco de comprimento igual ao raio.

estereorradiano (sr) O *estereorradiano* é um ângulo sólido que, possuindo seu vértice no centro de uma esfera, corta a superfície da esfera formando uma calota cuja área superficial é equivalente à área de um quadrado de lado igual ao raio da esfera.

prefixos do SI Os nomes dos múltiplos e submúltiplos das unidades do SI podem ser formados usando-se a lista dos prefixos apresentados no Apêndice F.

APÊNDICE B

RELAÇÕES MATEMÁTICAS ÚTEIS

Álgebra

$$a^{-x} = \frac{1}{a^x} \qquad a^{(x+y)} = a^x a^y \qquad a^{(x-y)} = \frac{a^x}{a^y}$$

Logaritmos: Se $\log a = x$, então $a = 10^x$. $\log a + \log b = \log(ab)$ $\quad \log a - \log b = \log(a/b) \quad \log(a^n) = n \log a$
Se $\ln a = x$, então $a = e^x$. $\quad \ln a + \ln b = \ln(ab) \qquad \ln a - \ln b = \ln(a/b) \qquad \ln(a^n) = n \ln a$

Equação do segundo grau: Se $ax^2 + bx + c = 0$, $\quad x = \dfrac{-b \pm \sqrt{b^2 - 4ac}}{2a}$.

Série binomial

$$(a+b)^n = a^n + na^{n-1}b + \frac{n(n-1)a^{n-2}b^2}{2!} + \frac{n(n-1)(n-2)a^{n-3}b^3}{3!} + \cdots$$

Trigonometria

No triângulo retângulo ABC, $x^2 + y^2 = r^2$.

Definições das funções trigonométricas:

$\operatorname{sen} \alpha = y/r \qquad \cos \alpha = x/r \qquad \tan \alpha = y/x$

Identidades:

$\operatorname{sen}^2 \alpha + \cos^2 \alpha = 1 \qquad \tan \alpha = \dfrac{\operatorname{sen} \alpha}{\cos \alpha}$

$\operatorname{sen} 2\alpha = 2 \operatorname{sen} \alpha \cos \alpha \qquad \cos 2\alpha = \cos^2 \alpha - \operatorname{sen}^2 \alpha = 2\cos^2 \alpha - 1 = 1 - 2\operatorname{sen}^2 \alpha$

$\operatorname{sen} \tfrac{1}{2}\alpha = \sqrt{\dfrac{1 - \cos \alpha}{2}} \qquad \cos \tfrac{1}{2}\alpha = \sqrt{\dfrac{1 + \cos \alpha}{2}}$

$\operatorname{sen}(-\alpha) = -\operatorname{sen} \alpha \qquad \operatorname{sen}(\alpha \pm \beta) = \operatorname{sen} \alpha \cos \beta \pm \cos \alpha \operatorname{sen} \beta$

$\cos(-\alpha) = \cos \alpha \qquad \cos(\alpha \pm \beta) = \cos \alpha \cos \beta \mp \operatorname{sen} \alpha \operatorname{sen} \beta$

$\operatorname{sen}(\alpha \pm \pi/2) = \pm \cos \alpha \qquad \operatorname{sen} \alpha + \operatorname{sen} \beta = 2\operatorname{sen}\tfrac{1}{2}(\alpha + \beta)\cos\tfrac{1}{2}(\alpha - \beta)$

$\cos(\alpha \pm \pi/2) = \mp \operatorname{sen} \alpha \qquad \cos \alpha + \cos \beta = 2\cos\tfrac{1}{2}(\alpha + \beta)\cos\tfrac{1}{2}(\alpha - \beta)$

Para *qualquer* triângulo $A'B'C'$ (não necessariamente um triângulo retângulo) com lados a, b e c e ângulos α, β e γ:

Lei dos senos: $\dfrac{\operatorname{sen} \alpha}{a} = \dfrac{\operatorname{sen} \beta}{b} = \dfrac{\operatorname{sen} \gamma}{c}$

Lei dos cossenos: $c^2 = a^2 + b^2 - 2ab \cos \gamma$

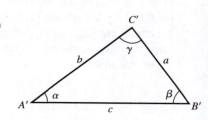

Geometria

Comprimento de uma circunferência de raio r: $C = 2\pi r$
Área de um círculo de raio r: $A = \pi r^2$
Volume de uma esfera de raio r: $V = 4\pi r^3/3$

Área da superfície de uma esfera de raio r: $A = 4\pi r^2$
Volume de um cilindro de raio r e altura h: $V = \pi r^2 h$

Cálculo diferencial e integral

Derivadas:

$$\frac{d}{dx}x^n = nx^{n-1} \qquad \frac{d}{dx}\ln ax = \frac{1}{x} \qquad \frac{d}{dx}e^{ax} = ae^{ax}$$

$$\frac{d}{dx}\operatorname{sen} ax = a\cos ax \qquad \frac{d}{dx}\cos ax = -a\operatorname{sen} ax$$

Integrais:

$$\int x^n dx = \frac{x^{n+1}}{n+1} \quad (n \neq -1) \qquad \int \frac{dx}{x} = \ln x \qquad \int e^{ax} dx = \frac{1}{a}e^{ax}$$

$$\int \operatorname{sen} ax\, dx = -\frac{1}{a}\cos ax \qquad \int \cos ax\, dx = \frac{1}{a}\operatorname{sen} ax \qquad \int \frac{dx}{\sqrt{a^2 - x^2}} = \operatorname{arcsen} \frac{x}{a}$$

$$\int \frac{dx}{\sqrt{x^2 + a^2}} = \ln(x + \sqrt{x^2 + a^2}) \qquad \int \frac{dx}{x^2 + a^2} = \frac{1}{a}\arctan\frac{x}{a} \qquad \int \frac{dx}{(x^2 + a^2)^{3/2}} = \frac{1}{a^2}\frac{x}{\sqrt{x^2 + a^2}}$$

$$\int \frac{x\, dx}{(x^2 + a^2)^{3/2}} = -\frac{1}{\sqrt{x^2 + a^2}}$$

Séries de potências (convergentes para os valores de x indicados):

$$(1 + x)^n = 1 + nx + \frac{n(n-1)x^2}{2!} + \frac{n(n-1)(n-2)}{3!}x^3 + \cdots \; (|x| < 1)$$

$$\operatorname{sen} x = x - \frac{x^3}{3!} + \frac{x^5}{5!} - \frac{x^7}{7!} + \cdots \text{ (todo } x)$$

$$\cos x = 1 - \frac{x^2}{2!} + \frac{x^4}{4!} - \frac{x^6}{6!} + \cdots \text{ (todo } x)$$

$$\tan x = x + \frac{x^3}{3} + \frac{2x^5}{15} + \frac{17x^7}{315} + \cdots \; (|x| < \pi/2)$$

$$e^x = 1 + x + \frac{x^2}{2!} + \frac{x^3}{3!} + \cdots \text{ (todo } x)$$

$$\ln(1 + x) = x - \frac{x^2}{2} + \frac{x^3}{3} - \frac{x^4}{4} + \cdots \; (|x| < 1)$$

APÊNDICE C

ALFABETO GREGO

Nome	Maiúscula	Minúscula
Alfa	A	α
Beta	B	β
Gama	Γ	γ
Delta	Δ	δ
Épsilon	E	ϵ
Zeta	Z	ζ
Eta	H	η
Teta	Θ	θ
Iota	I	ι
Capa	K	κ
Lambda	Λ	λ
Mu	M	μ
Nu	N	ν
Xi	Ξ	ξ
Ômicron	O	o
Pi	Π	π
Rô	P	ρ
Sigma	Σ	σ
Tau	T	τ
Úpsilon	Y	υ
Fi	Φ	ϕ
Qui	X	χ
Psi	Ψ	ψ
Ômega	Ω	ω

APÊNDICE D

TABELA PERIÓDICA DOS ELEMENTOS

Grupo periódico	1	2	3	4	5	6	7	8	9	10	11	12	13	14	15	16	17	18
1	1 H 1.008																	2 He 4.003
2	3 Li 6.941	4 Be 9.012											5 B 10.811	6 C 12.011	7 N 14.007	8 O 15.999	9 F 18.998	10 Ne 20.180
3	11 Na 22.990	12 Mg 24.305											13 Al 26.982	14 Si 28.086	15 P 30.974	16 S 32.065	17 Cl 35.453	18 Ar 39.948
4	19 K 39.098	20 Ca 40.078	21 Sc 44.956	22 Ti 47.867	23 V 50.942	24 Cr 51.996	25 Mn 54.938	26 Fe 55.845	27 Co 58.933	28 Ni 58.693	29 Cu 63.546	30 Zn 65.409	31 Ga 69.723	32 Ge 72.64	33 As 74.922	34 Se 78.96	35 Br 79.904	36 Kr 83.798
5	37 Rb 85.468	38 Sr 87.62	39 Y 88.906	40 Zr 91.224	41 Nb 92.906	42 Mo 95.94	43 Tc (98)	44 Ru 101.07	45 Rh 102.906	46 Pd 106.42	47 Ag 107.868	48 Cd 112.411	49 In 114.818	50 Sn 118.710	51 Sb 121.760	52 Te 127.60	53 I 126.904	54 Xe 131.293
6	55 Cs 132.905	56 Ba 137.327	71 Lu 174.967	72 Hf 178.49	73 Ta 180.948	74 W 183.84	75 Re 186.207	76 Os 190.23	77 Ir 192.217	78 Pt 195.078	79 Au 196.967	80 Hg 200.59	81 Tl 204.383	82 Pb 207.2	83 Bi 208.980	84 Po (209)	85 At (210)	86 Rn (222)
7	87 Fr (223)	88 Ra (226)	103 Lr (262)	104 Rf (261)	105 Db (262)	106 Sg (266)	107 Bh (264)	108 Hs (269)	109 Mt (268)	110 Ds (271)	111 Rg (272)	112 Uub (285)	113 Uut (284)	114 Uuq<to>(289)	115 Uup (288)	116 Uuh (292)	117 Uus	118 Uuo

Lantanídeos	57 La 138.905	58 Ce 140.116	59 Pr 140.908	60 Nd 144.24	61 Pm (145)	62 Sm 150.36	63 Eu 151.964	64 Gd 157.25	65 Tb 158.925	66 Dy 162.500	67 Ho 164.930	68 Er 167.259	69 Tm 168.934	70 Yb 173.04
Actinídeos	89 Ac (227)	90 Th (232)	91 Pa (231)	92 U (238)	93 Np (237)	94 Pu (244)	95 Am (243)	96 Cm (247)	97 Bk (247)	98 Cf (251)	99 Es (252)	100 Fm (257)	101 Md (258)	102 No (259)

Para cada elemento indica-se a massa atômica média da mistura dos isótopos do elemento que se encontram na natureza. Para os elementos que não possuem isótopos estáveis, indica-se entre parênteses a massa atômica média aproximada do elemento de maior duração. Todas as massas atômicas são expressas usando-se unidades de massa atômica (1 u = $1{,}660538921(73) \times 10^{-27}$ kg), que equivale a grama por mol (g/mol).

APÊNDICE E

FATORES DE CONVERSÃO DAS UNIDADES

COMPRIMENTO
1 m = 100 cm = 1.000 mm = 10^6 μm = 10^9 nm
1 km = 1.000 m = 0,6214 mi
1 m = 3,281 pés = 39,37 pol
1 cm = 0,3937 pol
1 pol = 2,540 cm
1 pé = 30,48 cm
1 yd = 91,44 cm
1 mi = 5.280 pés = 1,609 km
1 Å = 10^{-10} m = 10^{-8} cm = 10^{-1} nm
1 milha náutica = 6.080 pés
1 ano-luz = 9,461 × 10^{15} m

ÁREA
1 cm^2 = 0,155 pol^2
1 m^2 = 10^4 cm^2 = 10,76 $pés^2$
1 pol^2 = 6,452 cm^2
1 $pé^2$ = 144 pol^2 = 0,0929 m^2

VOLUME
1 litro = 1.000 cm^3 = 10^{-3} m^3 = 0,03531 $pé^3$ = 61,02 pol^3
1 $pé^3$ = 0,02832 m^3 = 28,32 litros = 7,477 galões
1 galão = 3,788 litros

TEMPO
1 min = 60 s
1 h = 3.600 s
1 d = 86.400 s
1 a = 365,24 d = 3,156 × 10^7 s

ÂNGULO
1 rad = 57,30° = 180°/π
1° = 0,01745 rad = π/180 rad
1 rotação = 360° = 2π rad
1 rot/min (rpm) = 0,1047 rad/s

VELOCIDADE
1 m/s = 3,281 pés/s
1 pé/s = 0,3048 m/s
1 mi/min = 60 mi/h = 88 pés/s
1 km/h = 0,2778 m/s = 0,6214 mi/h
1 mi/h = 1,466 pés/s = 0,4470 m/s = 1,609 km/h
1 furlong/fortnight = 1,662 × 10^{-4} m/s

ACELERAÇÃO
1 m/s^2 = 100 cm/s^2 = 3,281 $pés/s^2$
1 cm/s^2 = 0,01 m/s^2 = 0,03281 $pé/s^2$
1 $pé/s^2$ = 0,3048 m/s^2 = 30,48 cm/s^2
1 mi/h · s = 1,467 $pé/s^2$

MASSA
1 kg = 10^3 g = 0,0685 slug
1 g = 6,85 × 10^{-5} slug
1 slug = 14,59 kg
1 u = 1,661 × 10^{-27} kg
1 kg possui uma massa de 2,205 lb quando g = 9,80 m/s^2

FORÇA
1 N = 10^5 dina = 0,2248 lb
1 lb = 4,448 N = 4,448 × 10^5 dina

PRESSÃO
1 Pa = 1 N/m^2 = 1,450 × 10^{-4} lb/pol^2 = 0,209 $lb/pé^2$
1 bar = 10^5 Pa
1 lb/pol^2 = 6.895 Pa
1 $lb/pé^2$ = 47,88 Pa
1 atm = 1,013 × 10^5 Pa = 1,013 bar
  = 14,7 lb/pol^2 = 2.117 $lb/pé^2$
1 mm Hg = 1 torr = 133,3 Pa

ENERGIA
1 J = 10^7 ergs = 0,239 cal
1 cal = 4,186 J (com base em temperatura de 15°)
1 pé · lb = 1,356 J
1 Btu = 1055 J = 252 cal = 778 pés · lb
1 eV = 1,602 × 10^{-19} J
1 kWh = 3,600 × 10^6 J

EQUIVALÊNCIA ENTRE MASSA E ENERGIA
1 kg ↔ 8,988 × 10^{16} J
1 u ↔ 931,5 MeV
1 eV ↔ 1,074 × 10^{-9} u

POTÊNCIA
1 W = 1 J/s
1 hp = 746 W = 550 pés · lb/s
1 Btu/h = 0,293 W

APÊNDICE F

CONSTANTES NUMÉRICAS

Constantes físicas fundamentais*

Nome	Símbolo	Valor
Velocidade da luz no vácuo	c	$2,99792458 \times 10^8$ m/s
Módulo da carga do elétron	e	$1,60217653(35) \times 10^{-19}$ C
Constante gravitacional	G	$6,67384(80) \times 10^{-11}$ N·m²/kg²
Constante de Planck	h	$6,62606957(29) \times 10^{-34}$ J·s
Constante de Boltzmann	k	$1,3806488(13) \times 10^{-23}$ J/K
Número de Avogadro	N_A	$6,02214129(27) \times 10^{23}$ moléculas/mol
Constante dos gases	R	$8,3144621(75)$ J/mol·K
Massa do elétron	m_e	$9,10938291(40) \times 10^{-31}$ kg
Massa do próton	m_p	$1,672621777(74) \times 10^{-27}$ kg
Massa do nêutron	m_n	$1,674927351(74) \times 10^{-27}$ kg
Constante magnética	μ_0	$4\pi \times 10^{-7}$ Wb/A·m
Constante elétrica	$\epsilon_0 = 1/\mu_0 c^2$	$8,854187817\ldots \times 10^{-12}$ C²/N·m²
	$1/4\pi\epsilon_0$	$8,987551787\ldots \times 10^9$ N·m²/C²

Outras constantes úteis*

Equivalente mecânico do calor		4,186 J/cal (15° calorias)
Pressão da atmosfera padrão	1 atm	$1,01325 \times 10^5$ Pa
Zero absoluto	0 K	$-273,15$ °C
Elétron-volt	1 eV	$1,602176565(35) \times 10^{-19}$ J
Unidade de massa atômica	1 u	$1,660538921(73) \times 10^{-27}$ kg
Energia de repouso do elétron	$m_e c^2$	$0,510998928(11)$ MeV
Volume de um gás ideal (0 °C e 1 atm)		$22,413968(20)$ litro/mol
Aceleração da gravidade (padrão)	g	$9,80665$ m/s²

*Fonte: National Institute of Standards and Technology (<**http://physics.nist.gov/cuu**>). Os números entre parênteses indicam as incertezas dos dígitos finais dos números principais; por exemplo, o número 1,6454(21) significa 1,6454 ± 0,0021. Os valores que não possuem incertezas são exatos.

Dados astronômicos[†]

Corpo	Massa (kg)	Raio (m)	Raio orbital (m)	Período orbital
Sol	$1{,}99 \times 10^{30}$	$6{,}96 \times 10^{8}$	—	—
Lua	$7{,}35 \times 10^{22}$	$1{,}74 \times 10^{6}$	$3{,}84 \times 10^{8}$	27,3 d
Mercúrio	$3{,}30 \times 10^{23}$	$2{,}44 \times 10^{6}$	$5{,}79 \times 10^{10}$	88,0 d
Vênus	$4{,}87 \times 10^{24}$	$6{,}05 \times 10^{6}$	$1{,}08 \times 10^{11}$	224,7 d
Terra	$5{,}97 \times 10^{24}$	$6{,}37 \times 10^{6}$	$1{,}50 \times 10^{11}$	365,3 d
Marte	$6{,}42 \times 10^{23}$	$3{,}39 \times 10^{6}$	$2{,}28 \times 10^{11}$	687,0 d
Júpiter	$1{,}90 \times 10^{27}$	$6{,}99 \times 10^{7}$	$7{,}78 \times 10^{11}$	11,86 a
Saturno	$5{,}68 \times 10^{26}$	$5{,}82 \times 10^{7}$	$1{,}43 \times 10^{12}$	29,45 a
Urano	$8{,}68 \times 10^{25}$	$2{,}54 \times 10^{7}$	$2{,}87 \times 10^{12}$	84,02 a
Netuno	$1{,}02 \times 10^{26}$	$2{,}46 \times 10^{7}$	$4{,}50 \times 10^{12}$	164,8 a
Plutão[‡]	$1{,}31 \times 10^{22}$	$1{,}15 \times 10^{6}$	$5{,}91 \times 10^{12}$	247,9 a

[†]*Fonte:* NASA (<http://solarsystem.nasa.gov.planets/>). Para cada corpo, o "raio" é o seu raio médio e o "raio orbital" é a distância média entre o corpo e o Sol (para os planetas) ou medida a partir da Terra (no caso da Lua).

[‡] Em agosto de 2006, o International Astronomical Union reclassificou Plutão e outros pequenos corpos na órbita do Sol como "planetas anões".

Prefixos para as potências de dez

Potência de dez	Prefixos	Abreviaturas
10^{-24}	Iocto-	y
10^{-21}	zepto-	z
10^{-18}	atto-	a
10^{-15}	femto-	f
10^{-12}	pico-	p
10^{-9}	nano-	n
10^{-6}	micro-	μ
10^{-3}	mili-	m
10^{-2}	centi-	c
10^{3}	quilo-	k
10^{6}	mega-	M
10^{9}	giga-	G
10^{12}	tera-	T
10^{15}	peta-	P
10^{18}	exa-	E
10^{21}	zeta-	Z
10^{24}	iota-	Y

Exemplos:

1 femtômetro = 1 fm = 10^{-15} m   1 milivolt = 1 mV = 10^{-3} V
1 picossegundo = 1 ps = 10^{-12} s   1 quilopascal = 1 kPa = 10^{3} Pa
1 nanocoulomb = 1 nC = 10^{-9} C   1 megawatt = 1 MW = 10^{6} W
1 microkelvin = 1 μK = 10^{-6} K   1 gigahertz = 1 GHz = 10^{9} Hz

RESPOSTAS DOS PROBLEMAS ÍMPARES

CAPÍTULO 1

1.1 (a) 1,61 km (b) $3,28 \times 10^3$ pés
1.3 1,02 ns
1.5 5,36 L
1.7 31,7 anos
1.9 (a) 23,4 km/L (b) 1,4 tanque
1.11 9,0 cm
1.13 $4,2 \times 10^{-12}$ cm^3, $1,3 \times 10^{-5}$ mm^2
1.15 0,45%
1.17 (a) não (b) não (c) não (d) não (e) não
1.19 $\approx 4 \times 10^8$
1.21 ≈$ 70 milhões
1.23 2×10^5
1.25 7,8 km, 38° nordeste
1.27 $A_x = 0, A_y = -8,00$ m, $B_x = 7,50$ m, $B_y = 13,0$ cm, $C_x = -10,9$ cm, $C_y = -5,07$ m, $D_x = -7,99$ m, $D_y = 6,02$ m
1.29 (a) −6,00 m (b) 11,3 m
1.31 (a) 9,01 m, 33,7° (b) 9,01 m, 33,7° (c) 22,3 m, 250° (d) 22,3 m, 70,3°
1.33 2,81 km, 38,5° noroeste
1.35 (a) 2,48 cm, 18,4° (b) 4,09 cm, 83,7° (c) 4,09 cm, 264°
1.37 $\vec{A} = -(8,00 \text{ m})\hat{j}$,
$\vec{B} = (7,50 \text{ m})\hat{i} + (+13,0 \text{ m})\hat{j}$,
$\vec{C} = (-10,9 \text{ m})\hat{i} + (-5,07 \text{ m})\hat{j}$,
$\vec{D} = (-7,99 \text{ m})\hat{i} + (6,02 \text{ m})\hat{j}$
1.39 (a) $\vec{A}$ (1,23 m)$\hat{i}$ + (3,38 m)$\hat{j}$,
$\vec{B} = (-2,08$ m)$\hat{i}$ + (−1,20 m)$\hat{j}$
(b) $\vec{C} = (12,0$ m)$\hat{i}$ + (14,9 m)$\hat{j}$
(c) 19,2 m, 51,2°
1.41 (a) $A = 5,38, B = 4,36$
(b) $-5,00\hat{i} + 2,00\hat{j} + 7,00\hat{k}$
(c) 8,83, sim
1.43 (a) -104 m^2 (b) -148 m^2 (c) 40,6 m^2
1.45 (a) 165° (b) 28° (c) 90°
1.47 (a) $(-63,9$ m$^2)\hat{k}$ (b) $(63,9$ m$^2)\hat{k}$
1.49 (a) 5,51 g/cm^3
(b) $1,1 \times 10^6$ g/cm^3
(c) $4,7 \times 10^{14}$ g/cm^3
1.51 (a) $1,64 \times 10^4$ km (b) $2,57 r_E$
1.53 (a) 2.200 g (b) 2,1 m
1.55 (a) $(2,8 \pm 0,3)$cm^3 (b) 170 ± 20
1.57 $\approx 6 \times 10^{27}$
1.59 179 N, 358 N, 45,8° nordeste, ou 393 N, 786 N, 45,8° sudeste
1.61 144 m, 41° sudoeste
1.63 7,55 N
1.65 60,9 km, 33,0° sudoeste
1.67 28,8 m, 11,4° nordeste
1.69 71,9 m, 64,1° noroeste
1.71 160 N, 13° abaixo da horizontal
1.73 (a) 818 m, 15,8° sudoeste
1.75 18,6° sudeste, 29,6 m
1.77 28,2 m
1.79 124°
1.81 156 m^2
1.83 28,0 m
1.85 $C_x = -8,0, C_y = -6,1$
1.87 D, F, B, C, A, E
1.89 (b) (i) 0,9857 AU (ii) 1,3820 AU (iii) 1,695 AU (c) 54,6°
1.91 (a) 76,2 ly (b) 129°
1.93 opção (a)

CAPÍTULO 2

2.1 25,0 m
2.3 55 min
2.5 (a) 0,312 m/s (b) 1,56 m/s
2.7 (a) 12,0 m/s (b) (i) 0 (ii) 15,0 m/s (iii) 12,0 m/s (c) 13,3 m/s
2.9 (a) 2,33 m/s, 2,33 m/s (b) 2,33 m/s, 0,33 m/s
2.11 6,7 m/s, 6,7 m/s, 0, −40,0 m/s, −40,0 m/s, −40,0 m/s, 0
2.13 (a) não (b) (i) 12,8 m/s^2 (ii) 3,50 m/s^2 (iii) 0,718 m/s^2
2.15 (a) 2,00 cm/s, 50,0 cm, $-0,125$ cm/s^2
(b) 16,0 s (c) 32,0 s
(d) 6,20 s, 1,23 cm/s; 25,8 s, −1,23 cm/s; 36,4 s, −2,55 cm/s
2.17 (a) 0,500 m/s^2 (b) 0, 1,00 m/s^2
2.19 (a) 8,33 m/s (b) 1,11 m/s^2
2.21 (a) 675 m/s^2 (b) 0,0667 s
2.23 1,70 m
2.25 0,38 m
2.27 (a) $3,1 \times 10^6$ m/s^2 = $3,2 \times 10^5$ g
(b) 1,6 ms (c) não
2.29 (a) (i) 5,59 m/s^2 (ii) 7,74 m/s^2
(b) (i) 179 m (ii) $1,28 \times 10^4$ m
2.31 (a) 0, 6,3 m/s^2, −11,2 m/s^2
(b) 100 m, 230 m, 320 m
2.33 2,69 m/s
2.35 (a) 2,94 m/s (b) 0,600 s
2.37 1,67 s
2.39 (a) 33,5 m (b) 15,8 m/s
2.41 (a) $t = \sqrt{2d/g}$ (b) 0,190 s
2.43 (a) 646 m (b) 16,4 s, 112 m/s
2.45 (a) 249 m/s^2 (b) 25,4 (c) 101 m
(d) não (se a for constante)
2.47 0,0868 m/s^2
2.49 37,6 m/s
2.51 (a) 467 m (b) 110 m/s
2.53 (a) $x = (0,25$ m/s$^3)t^3 - (0,010$ m/s$^4)t^4$,
$v_x = (0,75$ m/s$^3)t^2 - (0,040$ m/s$^4)t^3$
(b) 39,1 m/s
2.55 (a) 10,0 m (b) (i) 8,33 m/s (ii) 9,09 m/s (iii) 9,52 m/s
2.57 250 km
2.59 (a) 197 m/s (b) 169 m/s
2.61 (a) 92,0 m (b) 92,0 m
2.63 67 m
2.65 (a) 7,56 s (b) 37,2 m (c) 25,7 m/s (automóvel), 15,9 m/s (caminhão)
2.67 (a) 15,9 s (b) 393 m (c) 29,5 m/s
2.69 (a) −4,00 m (b) 12,0 m/s
2.71 (a) 2,64H (b) 2,64T
2.73 (a) 6,69 m/s (b) 4,49 m (c) 1,42 s
2.75 (a) 3,3 s (b) 9H
2.77 6,75 s
2.79 (a) 380 m (b) 184 m
2.81 (a) 0,625 m/s^3 (b) 107 m
2.83 (a) carro A (b) 2,27 s, 5,73 s (c) 1,00 s, 4,33 s (d) 2,67 s
2.85 (a) 0,0510 s^2/m (b) menor (c) não
2.87 4,8
2.89 (a) 8,3 m/s (b) (i) 0,411 m (ii) 1,15 km (c) 9,8 m/s (d) 4,9 m/s
2.91 opção (b)

CAPÍTULO 3

3.1 (a) 1,4 m/s, −1,3 m/s (b) 1,9 m/s, 317°
3.3 (a) 7,1 cm/s, 45°
(b) 5,0 cm/s, 90°; 7,1 cm/s, 45°; 11 cm/s, 27°
3.5 (b) $-8,67$ m/s^2, $-2,33$m/s^2
(c) 8,98 m/s^2, 195°
3.7 (b) $\vec{v} = \alpha\hat{i} - 2\beta t\hat{j}, \vec{a} = -2\beta\hat{j}$
(c) 5,4 m/s, 297°; 2,4 m/s^2, 270°
(d) aumentando a velocidade e virando à direita
3.9 (a) 1,13 m (b) 0,528 m
(c) $v_x = 1,10$ m/s, $v_y = -4,70$ m/s, 4,83 m/s, 76,8° abaixo da horizontal
3.11 2,57 m
3.13 (a) 24,1 m/s (b) 31,0 m/s
3.15 1,28 m/s^2
3.17 (a) 0,683 s, 2,99 s
(b) 24,0 m/s, 11,3 m/s; 24,0 m/s, −11,3 m/s
(c) 30,0 m/s, 36,9° abaixo da horizontal
3.19 (a) 1,5 m (b) −0,89 m/s
3.21 (a) 13,6 m (b) 34,6 m/s (c) 103 m
3.23 (a) 0,034 m/s^2 = 0,0034g (b) 1,4 h
3.25 120 m/s^2
3.27 (a) 2,57 m/s^2 para cima
(b) 2,57 m/s^2 para baixo
(c) 14,7 s
3.29 (a) 32,9 m/s (b) 27,7 m/s^2 (c) 35,5 rpm
3.31 (a) 14 s (b) 70 s
3.33 0,36 m/s, 52,5° sudoeste
3.35 (a) 4,7 m/s, 25° sudeste (b) 120 s
(c) 240 m
3.37 (a) 24° sudoeste (b) 5,5 h
3.39 (a) $A = 0, B = 2,00$ m/s^2
$C = 50,0$ m, $D = 0,500$ m/s^3
(b) $\vec{a} = (4,00$ m/s$^2)\hat{i}, \vec{v} = 0$
(c) $v_x = 40,0$ m/s, $v_y = 150$ m/s, 155 m/s
(d) $\vec{r} = (200$ m)$\hat{i}$ + (550 m)$\hat{j}$
3.41 $2b/3c$
3.43 (a) 128 m (b) 315 m
3.45 31 m/s
3.47 274 m
3.49 795 m
3.51 33,7 m
3.53 (a) 42,8 m/s (b) 42,0 m
3.55 (a) 16,6 m/s
(b) 10,9 m/s, 40,5° abaixo da horizontal
3.57 (a) 1,50 m/s (b) 4,66 m
3.59 (a) 6,91 m (c) não

3.61 (a) 4,25 m/s (b) 10,6 m
3.63 (a) 17,8 m/s
(b) no rio, 28,4 m horizontalmente a partir do ponto de decolagem
3.65 (a) 49,5 m/s (b) 50 m
3.67 (a) 81,6 m (b) 245 m
(c) na carreta
3.69 (a) 13,3 m/s (b) 3,8 m
3.71 (a) 44,7 km/h, 26,6° sudoeste
(b) 10,5° noroeste
3.73 7,39 m/s, 12,4° nordeste
3.75 3,01 m/s, 33,7° nordeste
3.77 (a) gráfico de R^2 versus h (b) 16,4 m/s
(c) 23,8 m
3.79 70,5°
3.81 5,15 s
3.83 opção (b)
3.85 opção (c)

CAPÍTULO 4

4.1 494 N, 31,8°
4.3 3,15 N
4.5 (a) −8,10 N, 3,00 N (b) 8,64 N
4.7 46,7 N, oposto ao movimento da patinadora
4.9 21,8 kg
4.11 (a) 3,12 m, 3,12 m/s (b) 21,9 m, 6,24 m/s
4.13 (a) 45,0 N, entre 2,0 s e 4,0 s
(b) entre 2,0 s e 4,0 s (c) 0 s, 6,0 s
4.15 (a) $A = 100$ N, $B = 12,5$ N/s^2
(b) (i) 21,6 N, 2,70 m/s^2
(ii) 134 N, 16,8 m/s^2 (c) 26,6 m/s^2
4.17 2.940 N
4.19 (a) 4,49 kg (b) 4,49 kg, 8,13 N
4.21 825 N, blocos
4.23 50 N
4.25 (b) sim
4.27 (a) sim (b) não
4.29 (b) 142 N
4.31 2,58 s
4.33 (a) 17 N, 90° sentido horário a partir do eixo x
(b) 840 N
4.35 (a) 4,85 m/s (b) 16,2 m/s^2 para cima
(c) 1.470 N para cima (sobre ele), 2.360 N para baixo (sobre o solo)
4.37 (a) 153 N
4.39 (a) 2,50 m/s^2 (b) 10,0 N
(c) para a direita, $F > T$ (d) 25,0 N
4.41 (a) 4,4 m (b) 300 m/s
(c) (i) $2,7 \times 10^4$ N (ii) $9,0 \times 10^3$ N
4.43 (b) 0,049 N (c) $410mg$
4.45 (a) 0,603 m/s^2, para cima
(b) 1,26 m/s^2, para baixo
4.47 (a) 7,79 m/s
(b) 50,6 m/s^2 para cima
(c) $F_{solo} - mg$ para cima, 4.530 N para cima, $6,16mg$
4.49 (a) 4,34 kg (b) 5,30 kg
4.51 7,78 m
4.53 (a) maior: Ferrari; menor: Alpha Romeo e Honda Civic (b) maior: Ferrari; menor: Volvo
(c) 7,5 kN, menor (d) zero
4.55 (b) 26 kg, 8,3 m/s^2
4.57 opção (d)
4.59 opção (a)

CAPÍTULO 5

5.1 (a) 25,0 N (b) 50,0 N
5.3 (a) 990 N, 735 N (b) 926 N
5.5 48°
5.7 (a) $T_A = 0,732p$, $T_B = 0,897p$, $T_C = p$
(b) $T_A = 2,73p$, $T_B = 3,35p$, $T_C = p$
5.9 574 N 607 N
5.11 (a) $1,10 \times 10^8$ N (b) $5p$ (c) 8,4 s
5.13 (a) 4.610 m/s^2 = $470g$
(b) $9,70 \times 10^5$ N = $471p$ (c) 0,0187 s
5.15 (a) 2,96 m/s^2 (c) 191 N; maior; menor
5.17 (b) 3,75 m/s^2 (c) 2,48 kg
(d) $T <$ peso do bloco suspenso
5.19 (a) 0,832 m/s^2 (b) 17,3 s
5.21 (a) 3,4 m/s (c) $2,2p$
5.23 (a) 14,0 m (b) 18,0 m/s
5.25 50°
5.27 (a) 33 N (b) 3,1 m
5.29 (a) μ_s: 0,710; μ_c: 0,472 (b) 258 N
(c) (i) 51,8 N (ii) 4,97 m/s^2
5.31 (a) 18,3 m/s^2 (b) 2,29 m/s^2
5.33 (a) 57,1 N (b) 146 N subindo a rampa
5.35 (a) 52,5 m (b) 16,0 m/s
5.37 (a) $\mu_c(m_A + m_B)g$ (b) $\mu_c m_A g$
5.39 (a) 0,218 m/s (b) 11,7 N
5.41 (a) $\dfrac{\mu_c mg}{\cos\theta - \mu_c \sen\theta}$ (b) $1/\tan\theta$
5.43 (b) 8,2 m/s
5.45 (a) 61,8 N (b) 30,4 N
5.47 3,66 s
5.49 (a) 21,0°, não
(b) 11.800 N (carro), 23.600 N (caminhonete)
5.51 6.200 N (cabo horizontal), 1.410 N (cabo superior)
5.53 (a) 1,5 rot/min (b) 0,92 rot/min
5.55 (a) 38,3 m/s = 138 km/h (b) 3.580 N
5.57 2,42 m/s
5.59 (a) 1,73 m/s^2 (c) 0,0115 N para cima
(d) 0,0098 N
5.61 (a) corda formando ângulo de 60°
(b) 6.400 N
5.63 $T_B = 4.960$ N, $T_C = 1.200$ N
5.65 (a) 470 N (b) 163 N
5.67 762 N
5.69 (a) (i) −3,80 m/s (ii) 24,6 m/s (b) 4,36 m
(c) 2,45 s
5.71 (a) 11,4 N (b) 2,57 kg
5.73 12,3 m/s
5.75 1,78 m/s
5.77 (a) $m_1(\sen\alpha + \mu_c \cos\alpha)$
(b) $m_1(\sen\alpha - \mu_c \cos\alpha)$
(c) $m_1(\sen\alpha - \mu_s \cos\alpha) \le m_2 \le m_1(\sen\alpha + \mu_s \cos\alpha)$
5.79 (a) 1,44 N (b) 1,80 N
5.81 920 N
5.83 (a) 88,0 N para o norte (b) 78 N para o sul
5.85 (a) 294 N (fio de 18,0 cm), 152 N, 152 N
(b) 40,0 N
5.87 3,0 N
5.89 (a) 12,9 kg (b) $T_{AB} = 47,2$ N, $T_{BC} = 101$ N
5.91 $a_1 = \dfrac{2m_2 g}{4m_1 + m_2}$, $a_2 = \dfrac{m_2 g}{4m_1 + m_2}$
5.93 1,46 m acima do solo
5.95 g/μ_s
5.97 (b) 0,452
5.99 0,34
5.101 (b) 8,8 N (c) 31,0 N (d) 1,54 m/s^2
5.103 $v = (2mg/k)\left[\dfrac{1}{2} + e^{-(k/m)t}\right]$
5.105 (b) 0,28 (c) não
5.107 (a) 81,1° (b) não
(c) A conta desliza até o fundo do aro.
5.109 (a) 0,371 (b) 0,290
(c) sim, mesma inclinação, interceptação menos negativa
5.111 (a) 5/8 pol
(b) 23,9 kN
(c) 3,57 kN, menor
(d) maior; correto
5.113 $F = (M + m)g \tan\alpha$
5.115 $\cos^2\beta$
5.117 opção (b)

CAPÍTULO 6

6.1 (a) 3,60 J (b) −0,900 J
(c) 0 (d) 0 (e) 2,70 J
6.3 (a) 74 N (b) 333 J
(c) −330 J (d) 0, 0 (e) 0
6.5 (a) −1.750 J (b) não
6.7 (a) (i) 9,00 J (ii) −9,00 J
(b) (i) 0 (ii) 9,00 J (iii) −9,00 J
(iv) 0 (c) zero para cada bloco
6.9 (a) (i) 0 (ii) 0 (b) (i) 0 (ii) −25,1 J
6.11 (a) 374 J (b) −333 J (c) 0 (d) 41 J
(e) 352 J
6.13 −572 J
6.15 (a) 120 J (b) –108 J (c) 24,3 J
6.17 (a) 36.000 J (b) 4
6.19 (a) $1,0 \times 10^{16}$ J (b) 2,4 vezes
6.21 (a) 43,2 m/s (b) 101 m/s
6.23 $\sqrt{2gh(1 + \mu_c/\tan\alpha)}$
6.25 48,0 N
6.27 (a) 4,48 m/s (b) 3,61 m/s
6.29 (a) 4,96 m/s (b) 1,43 m/s^2; 4,96 m/s, igual
6.31 (a) $v_0^2/2\mu_c g$ (b) (i) $\frac{1}{2}$ (ii) 4 (iii) 2
6.33 (a) 40,0 m (b) 0,456 N
6.35 13,1 cm (inferior), 14,1 cm (meio), 15,2 cm (superior)
6.37 (a) 2,83 m/s (b) 3,46 m/s
6.39 8,5 cm
6.41 (a) 1,76 (b) 0,666 m/s
6.43 (a) 4,0 J (b) 0 (c) −1,0 J (d) 3,0 J
(e) −1,0 J
6.45 (a) 2,83 m/s (b) 2,40 m/s
6.47 (a) 0,0565 m (b) não, 0,57 J
6.49 8,17 m/s
6.51 360.000 J; 100 m/s
6.53 $(3,9 \times 10^{13})P$
6.55 745 W ≈ 1 hp
6.57 (a) 84,6/min (b) 22,7/min
6.59 29,6 kW
6.61 0,20 W
6.63 (a) 608 J (b) −395 J (c) 0 (d) −189 J
(e) 24 J (f) 1,5 m/s
6.65 (a) 5,62 J (20,0-N bloco), 3,38 J (12,0-N bloco)
(b) 2,58 J (20,0-N bloco), 1,54 J (12,0-N bloco)
6.67 (a) 1,8 m/s
(b) 180 m/s ≈$18g$, 900 N
6.69 (a) 5,11 m (b) 0,304 (c) 10,3 m
6.71 (a) 0,074 N (b) 4,7 N (c) 0,22 J
6.73 $6,3 \times 10^4$ N/m
6.75 1,1 m
6.77 (a) 2,39 m/s
(b) 9,42 m/s, afastando da parede
6.79 (a) 0,600 m (b) 1,50 m/s
6.81 0,786
6.83 1,3 m
6.85 (a) $1,10 \times 10^5$ J (b) $1,30 \times 10^5$ J
(c) 3,99 kW
6.87 3,6 h
6.89 (a) $1,26 \times 10^5$ J (b) 1,46 W
6.91 (b) $v^2 = -\dfrac{k}{m}d^2 + 2d\left[\dfrac{k}{m}(0,400 \text{ m}) - \mu_c g\right]$
(c) 1,29 m/s, 0,204 m (d) 12,0 N/m, 0,800
6.93 (a) $Mv^2/6$ (b) 6,1 m/s (c) 3,9 m/s
(d) 0,40 J, 0,60 J
6.95 opção (a)
6.97 opção (d)

CAPÍTULO 7

7.1 (a) $6,6 \times 10^5$ J (b) $-7,7 \times 10^5$ J
7.3 (a) 610 N (b) (i) 0 (ii) 550 J
7.5 (a) 24,0 m/s (b) 24,0 m/s (c) item (b)
7.7 (a) 2,0 m/s (b) $9,8/10^{-7}$ J, 2,0 J/kg
(c) 200 m, 63 m/s (d) 5,9 J/kg
(e) em suas pernas agachadas

Respostas dos problemas ímpares **419**

7.9 (a) (i) 0 (ii) 0,98 J (b) 2,8 m/s
(c) Apenas a gravidade é constante.
(d) 5,1 N
7.11 −5.400 J
7.13 (a) 660 J (b) −118 J (c) 353 J (d) 190 J
(e) 3,16 m/s², 6,16 m/s, 190 J
7.15 (a) 52,0 J (b) 3,25 J
7.17 (a) (i) $4U_0$ (ii) $U_0/4$
(b) (i) $x_0\sqrt{2}$ (ii) $x_0/\sqrt{2}$
7.19 (a) 5,48 cm (b) 3,92 cm
7.21 (a) 6,32 cm (b) 12 cm
7.23 (a) 3,03 m/s, ao sair da mola
(b) 95,9 m/s², quando a mola tem compressão máxima
7.25 (a) 4,46 × 10 N/m (b) 0,128 m
7.27 (a) −5,4 J (b) −5,4 J (c) −10,8 J
(d) não conservativa
7.29 (a) 8,16 m/s (b) 766 J
7.31 1,29 N, sentido +Ox
7.33 130 m/s², 132° no sentido anti-horário a partir do eixo x
7.35 (a) $F(r) = (12a/r^{13}) - (6b/r^7)$
(b) $(2a/b)^{1/6}$, sim (c) $b^2/4a$
(d) $a = 6{,}67 \times 10^{-138}$ J · m¹², $b = 6{,}41 \times 10^{-78}$ J · m⁶
7.37 (a) zero (cascalho), 637 N (caixa)
(b) 2,99 m/s
7.39 0,41
7.41 (a) 16,0 m/s (b) 11.500 N
7.43 (a) 20,0 m ao longo do fundo áspero
(b) −78,4 J
7.45 (a) 22,2 m/s (b) 16,4 m/s (c) não
7.47 0,602 m
7.49 15,5 m/s
7.51 4,4 m/s
7.53 (a) 7,00 m/s (b) 8,82 N
7.55 48,2°
7.57 (a) 0,392 (b) −0,83 J
7.59 (a) $U(x) = \frac{1}{2}\alpha x^2 + \frac{1}{3}\beta x^3$ (b) 7,85 m/s
7.61 (a) $\alpha/(x + x_0)$ (b) 3,27 m/s
7.63 7,01 m/s
7.65 (a) 0,747 m/s (b) 0,931 m/s
7.67 (a) 0,480 m/s (b) 0,566 m/s
7.69 (a) 3,87 m/s (b) 0,10 m
7.71 0,456 N
7.73 119 J
7.75 (a) −50,6 J (b) −67,5 J
(c) não conservativa
7.77 (a) 57,0 m (b) 16,5 m
(c) trabalho negativo realizado pela resistência do ar
7.79 (a) sim (b) 0,14 J (d) −1,0 m, 0, 1,0 m
(e) positivo: −1,5 m < x < −1,0 m e 0 < x < 1,0 m; negativo: −1,0 m < x < 0 e 1,0 m < x < 1,5 m (f) −0,55 m, 0,12 J
7.81 opção (c)
7.83 opção (b)

CAPÍTULO 8

8.1 (a) $1{,}20 \cdot 10^5$ kg · m/s
(b) (i) 60,0 m/s (ii) 26,8 m/s
8.3 (a) −30 kg · m/s, −55 kg · m/s
(b) 0, 52 kg · m/s (c) 0, −3,0 kg · m/s
8.5 (a) 22,5 kg · m/s, para a esquerda
(b) 838 J
8.7 562 N, não significativo
8.9 (a) 10,8 m/s, para a direita
(b) 0,750 m/s, para a esquerda
8.11 (a) 500 N/s² (b) 5.810 N · s (c) 2,70 m/s
8.13 (a) 2,50 N · s, na direção da força
(b) (i) 6,25 m/s, para a direita
(ii) 3,75 m/s, para a direita
8.15 0,593 kg · m/s
8.17 0,87 kg · m/s, na mesma direção em que a bala está se dirigindo
8.19 (a) 6,79 m/s (b) 55,2 J
8.21 (a) 0,790 m/s (b) −0,0023 J
8.23 1,97 m/s
8.25 (a) 0,0559 m/s (b) 0,0313 m/s
8.27 (a) 7,20 m/s, 38,0° no sentido original de Rebeca
(b) −680 J
8.29 (a) 4,3 m/s (c) 4,3 m/s
8.31 (a) A: 29,3 m/s; B: 20,7 m/s (b) 19,6%
8.33 (a) 0,846 m/s (b) 2,10 J
8.35 (a) $-1{,}4 \times 10^{-6}$ km/h, não
(b) $-6{,}7 \times 10^{-8}$ km/h, não
8.37 5,9 m/s, 58° nordeste
8.39 5,46 m/s, 36,0° sudeste
8.41 19,5 m/s (carro), 21,9 m/s (picape)
8.43 (a) 2,93 cm (b) 866 J (c) 1,73 J
8.45 13,6 N
8.47 (a) 3,00 J; 0,500 m/s para ambos
(b) A: −1,00 m/s; B: 1,00 m/s
8.49 (a) $v_1/3$ (b) $K_1/9$ (c) 10
8.51 (0,0444 m, 0,0556 m)
8.53 2.520 km
8.55 0,700 m para a direita e 0,700 m para cima
8.57 0,73 m/s
8.59 $F_x = -(1{,}50$ N/s$)t$, $F_y = 0{,}25$ N, $F_z = 0$
8.61 (a) 0,053 kg (b) 5,19 N
8.63 (a) $7{,}2 \times 10^{-66}$ (b) 0,223
8.65 (a) −1,14 N · s, 0,330 N · s
(b) 0,04 m/s, 1,8 m/s
8.67 (a) 5,21 J, −0,0833 m/s
(b) −2,17 m/s (A), 0,333 m/s (B)
8.69 (a) 1,75 m/s, 0,260 m/s (b) −0,092 J
8.71 0,946 m
8.73 1,8 m
8.75 (a) $a_A = 162$ m/s², $a_B = 54{,}0$ m/s²
(b) $v_A = 5{,}23$ m/s, $v_B = 1{,}74$ m/s
8.77 12 m/s (utilitário), 21 m/s (sedan)
8.79 (a) 2,60 m/s (b) 325 m/s
8.81 (a) 5,3 m/s (b) 5,7 m
8.83 53,7°
8.85 (a) 0,0781 (b) 248 J (c) 0,441 J
8.87 (a) 9,35 m/s (b) 3,29 m/s
8.89 $1{,}61 \times 10^{-22}$ kg · m/s, para a esquerda
8.91 1,33 m
8.93 0,400 m/s
8.95 250 J
8.97 (a) 71,6 m/s (pedaço de 0,28 kg), 14,3 m/s (pedaço de 1,40 kg) (b) 347 m
8.99 (a) sim (b) não, diminui de 4.800 J
8.101 (a) máxima: C, mínima: B
(b) 69 N/m (c) 0,12 m
8.103 (a) $g/3$ (b) 14,7 m (c) 29,4 g
8.105 0, $4a/3\pi$
8.107 opção (b)
8.109 opção (b)

CAPÍTULO 9

9.1 (a) 0,600 rad, 34,4°
(b) 6,27 cm (c) 1,05 m
9.3 (a) rad/s, rad/s³ (b) (i) 0 (ii) 15,0 rad/s²
(c) 9,50 rad
9.5 (a) $\omega_z = \gamma + 3\beta\, t^2$ (b) 0,400 rad/s
(c) 1,30 rad/s, 0,700 rad/s
9.7 (a) $\pi/4$ rad, 2,00 rad/s, −0,139 rad/s³
(b) 0 (c) 19,5 rad, 9,36 rad/s
9.9 (a) 2,00 rad/s (b) 4,38 rad
9.11 (a) 24,0 s (b) 68,8 rot
9.13 3,00 rad/s
9.15 (a) 300 rpm (b) 75,0 s, 312 rot
9.17 9,00 rot
9.19 (a) $1{,}99 \times 10^{-7}$ rad/s
(b) $7{,}27 \times 10^{-5}$ rad/s (c) $2{,}98 \times 10^{-4}$ m/s
(d) 463 m/s (e) 0,0337 m/s², 0
9.21 (a) 15,1 m/s² (b) 15,1 m/s²
9.23 (a) 0,180 m/s², 0, 0,180 m/s²
(b) 0,180 m/s², 0,377 m/s², 0,418 m/s²
(c) 0,180 m/s², 0,754 m/s², 0,775 m/s²
9.25 0,107 m, não
9.27 (a) 0,831 m/s (b) 109 m/s²
9.29 (a) (i) 0,469 kg · m² (ii) 0,117 kg · m²
(iii) 0
(b) (i) 0,0433 kg · m² (ii) 0,0722 kg · m²
(c) (i) 0,0288 kg · m² (ii) 0,0144 kg · m²
9.31 (a) 1,93 kg · m² (b) 6,53 kg · m²
(c) 1,15 kg · m²
9.33 0,193 kg · m²
9.35 8,52 kg · m²
9.37 6,49 m/s
9.39 0,600 kg · m²
9.41 $7{,}35 \times 10^4$ J
9.43 (a) 0,673 m (b) 45,5%
9.45 46,5 kg
9.47 (a) f^5 (b) $6{,}37 \times 10^8$ J
9.49 um eixo que é paralelo a um diâmetro e está a $0{,}516R$ do centro
9.51 $M(a^2 + b^2)/3$
9.53 $\frac{1}{2}MR^2$
9.55 (a) $\gamma L^2/2$ (b) $ML^2/2$ (c) $ML^2/6$
9.57 7,68 m
9.59 (a) 0,600 m/s³ (b) $\alpha = (2{,}40$ rad/s³$)t$
(c) 3,54 s (d) 17,7 rad
9.61 13,8 rad/s²
9.63 (a) 1,70 m/s (b) 94,2 rad/s
9.65 2,99 cm
9.67 (a) 7,36 m (b) 327 m/s²
9.69 4,65 kg · m²
9.71 (a) −0,882 J (b) 5,42 m/s (c) 5,42 m/s
(d) 5,42 m/s em comparação com 4,43 m/s
9.73 1,46 m/s
9.75 $\sqrt{\dfrac{2gd(m_B - \mu_c m_A)}{m_A + m_B + I/R^2}}$
9.77 (a) $2{,}25 \times 10^{-3}$ kg · m² (b) 3,40 m/s
(c) 4,95 m/s
9.79 13,9 m
9.81 (a) 1,05 rad/s (b) 5,0 J
(c) 78,5 J (d) 6,4%
9.85 (a) 55,3 kg (b) 0,804 kg · m²
9.87 (a) 4,0 rot, não (b) 15 rad/s (c) 9,5 rad/s
9.89 (a) sim (b) 3,15 m/s (c) 0,348 kg · m²
(c) 36,4 N
9.91 (a) $s(\theta) = r_0\theta + \dfrac{\beta}{2}\theta^2$
(b) $\theta(t) = \dfrac{1}{\beta}\left(\sqrt{r_0^2 + 2\beta v t} - r_0\right)$
(c) $\omega_z(t) = \dfrac{v}{\sqrt{r_0^2 + 2\beta v t}}$
$\alpha_z(t) = -\dfrac{\beta v^2}{(r_0^2 + 2\beta v t)^{3/2}}$, não
(d) 25,0 mm, 0,247 μm/rad, $2{,}13 \times 10^4$ rot
9.93 opção (d)
9.95 opção (d)

CAPÍTULO 10

10.1 (a) 40,0 N · m, saindo da página
(b) 34,6 N · m, saindo da página
(c) 20,0 N · m, saindo da página
(d) 17,3 N · m, dentro da página (e) 0 (f) 0
10.3 2,50 N · m, saindo da página
10.5 (b) $-\hat{k}$ (c) $(-1{,}05$ N · m$)\hat{k}$

10.7 (a) 2,56 N · m
      (b) 4,25 N · m, perpendicular ao cabo
10.9 8,38 N · m
10.11 (a) 14,8 rad/s^2 (b) 1,52 s
10.13 (a) 7,5 N (no livro sobre a mesa), 18,2 N
          (no livro pendurado)
      (b) 0,16 kg · m^2
10.15 0,255 kg · m^2
10.17 (a) 1,56 m/s (b) 5,35 J
      (c) (i) 3,12 m/s à direita (ii) 0
          (iii) 2,21 m/s a 45° abaixo da horizontal
      (d) (i) 1,56 m/s à direita (ii) 1,56 m/s à
          esquerda (iii) 1,56 m/s para baixo
10.19 (a) $\frac{1}{3}$ (b) $\frac{2}{7}$ (c) $\frac{2}{5}$ (d) $\frac{5}{13}$
10.21 (a) 0,613 (b) não (c) não há deslizamento
10.23 14,0 m
10.25 (a) 3,76 m (b) 8,58 m/s
10.27 (a) 67,9 rad/s (b) 8,35 J
10.29 (a) 0,309 rad/s (b) 100 J (c) 6,67 W
10.31 (a) 0,704 N · m (b) 157 rad (c) 111 J
      (d) 111 J
10.33 (a) 358 N · m (b) 1.790 N (c) 83,8 m/s
10.35 (a) 115 kg · m^2/s entrando na página
      (b) 125 kg · m^2/s saindo da página
10.37 $4,71 \times 10^{-6}$ kg · m^2/s
10.39 (a) A: rad/s^2; B: rad/s^4
      (b) (i) 59,0 kg · m^2/s (ii) 56,1 N · m
10.41 4.600 rad/s
10.43 1,14 rot/s
10.45 (a) 1,38 rad/s (b) 1.080 J, 495 J
10.47 (a) 0,120 rad/s (b) $3,20 \times 10^{-4}$ J
      (c) trabalho realizado pelo inseto
10.49 (a) 5,88 rad/s
10.51 (a) 1,62 N (b) 1.800 rot/min
10.53 $2,4 \times 10^{-12}$ N · m
10.55 0,483
10.57 (a) 16,3 rad/s^2 (b) não, diminui
      (c) 5,70 rad/s
10.59 0,921 m/s^2, 7,68 rad/s^2, 35,5 N (em A),
      21,4 N (em B)
10.61 (a) 293 N (b) 16,2 rad/s^2
10.63 (a) 2,88 m/s^2 (b) 6,13 m/s^2
10.65 270 N
10.67 $a = \dfrac{2g}{2 + (R/b)^2}$, $\alpha = \dfrac{2g}{2b + R^2/b}$,
      $T = \dfrac{2mg}{2(b/R)^2 + 1}$
10.69 (a) $3H_0/5$
10.71 29,0 m/s
10.73 (a) 26,0 m/s (b) não mudaria
10.75 $g/3$
10.77 1,87 m
10.79 (a) $\frac{6}{19}v/L$ (b) $\frac{3}{19}$
10.81 3.200 J
10.83 5,41 m
10.85 (a) 2,00 rad/s (b) 6,58 rad/s
10.87 0,776 rad/s
10.89 (a) A: esfera sólida, B: cilindro sólido, C:
          esfera oca, D: cilindro oco
      (b) mesma energia (c) D (d) 0,350
10.91 (a) $mv_1^2 r_1^2/r^3$ (b) $\dfrac{mv_1^2}{2} r_1^2 \left(\dfrac{1}{r_2^2} - \dfrac{1}{r_1^2} \right)$
      (c) mesmo
10.93 (a) 39,2 N para cima, 39,2 N para cima
      (b) 60,0 N para cima, 18,4 N para cima
      (c) 165 N para cima, 86,2 N para
          baixo (d) 0,0940 rot/s
10.95 opção (c)
10.97 opção (a)

CAPÍTULO 11

11.1 29,8 cm
11.3 1,35 m
11.5 6,6 kN
11.7 (a) 1.000 N, 0,800 m da extremidade
          onde a força de 600 N é aplicada
      (b) 800 N, 0,75 m da extremidade onde
          a força de 600 N é aplicada
11.9 (a) 550 N (b) 0,614 m de A
11.11 (a) 1.920 N (b) 1.140 N
11.13 (a) $T = 2,60p$; 3,28p, 37,6°
      (b) $T = 4,10p$; 5,39p, 48,8°
11.15 (a) 3.410 N (b) 3.410 N, 7.600 N
11.17 533 N (c) 600 N, 267 N; para baixo
11.19 220 N (esquerda), 255 N (direita), 42°
11.21 (a) 0,800 m (b) sentido horário
      (c) 0,800 m, sentido horário
11.23 (a) 208 N
11.25 1,9 mm
11.27 $2,0 \times 10^{11}$ Pa
11.29 (a) $3,1 \times 10^{-3}$ (superior),
          $2,0 \times 10^{-3}$ (inferior)
      (b) 1,6 mm (superior), 1,0 mm (inferior)
11.31 (a) 150 atm (b) 1,5 km, não
11.33 $4,8 \times 10^9$ Pa, $2,1 \times 10^{-10}$ Pa^{-1}
11.35 (b) $6,6 \times 10^5$ N (c) 1,8 mm
11.37 $7,36 \times 10^6$ Pa
11.39 $3,41 \times 10^7$ Pa
11.41 10,2 m/s^2
11.43 20,0 kg
11.45 (a) 525 N (b) 222 N, 328 N (c) 1,48
11.47 (a) 140 N (b) 6 cm para a direita
11.49 (a) 409 N (b) 161 N
11.51 49,9 cm
11.53 (a) 370 N
      (b) quando começa a elevar sua perna (c) não
11.55 (a) 3 cm (b) inclinar para trás
11.57 5.500 N
11.59 (b) 2.000 N = 2,72mg (c) 4,4 mm
11.61 (a) 4,90 m (b) 60 N
11.63 (a) 175 N em cada mão, 200 N em cada pé
      (b) 91 N em cada mão e em cada pé
11.65 (a) 1.150 N (b) 1.940 N
      (c) 918 N (d) 0,473
11.67 590 N (pessoa acima), 1.370 N
      (pessoa abaixo); pessoa acima
11.69 (a) $\dfrac{T_{\text{máx}} hD}{L\sqrt{h^2 + D^2}}$
      (b) $\dfrac{T_{\text{máx}} h}{L\sqrt{h^2 + D^2}} \left(1 - \dfrac{D^2}{h^2 + D^2} \right)$, positiva
11.71 (a) 71,5 kg
      (b) 380 N, 25,2° acima da horizontal
11.73 (a) 375 N (b) 325 N (c) 512 N
11.75 (a) 0,424 N (A), 1,47 N (B), 0,424 N (C)
      (b) 0,848 N
11.77 (a) 27° para tombar, 31° deslizar,
          tomba primeiro
      (b) 27° para tombar, 22° para
          deslizar, desliza primeiro
11.79 (a) 80 N (A), 870 N (B) (b) 1,92 m
11.81 (a) 1,0 cm (b) 0,86 cm
11.83 (a) 0,70 m de A (b) 0,60 m de A
11.85 (a) $4,2 \times 10^4$ N (b) 65 m
11.87 (b) $x = 1,50 \text{ m} + \dfrac{(1,30 \text{ m})m_1 - (0,38 \text{ m})M}{m_2}$
      (c) 1,59 kg (d) 1,50 m
11.89 (a) 391 N (escada de 4,00 m), 449
          N (escada de 3,00 m)
      (b) 322 N (c) 334 N (d) 937 N
11.91 (a) 0,66 mm (b) 0,022 J (c) $8,35 \times 10^{-3}$ J
      (d) $-3,04 \times 10^{-2}$ J (e) $3,04 \times 10^{-2}$ J
11.93 opção (a)
11.95 opção (d)

CRÉDITOS

Sobre a capa do livro O projeto arquitetônico exibido na capa deste livro foi baseado em um desenho feito por Leonardo da Vinci em 1502 para ser uma ponte de pedra na Turquia. As anotações de Leonardo da Vinci permaneceram cerca de 500 anos na obscuridade. Finalmente, em 2001, o artista norueguês Vebjørn Sand, em colaboração com a Administração de Estradas da Noruega, transformou em realidade aquele desenho de Leonardo da Vinci e projetou esta elegante ponte que foi construída nas proximidades de Oslo. O caminho para pedestres na parte superior da ponte é sustentado por três arcos parabólicos.

Capítulo 1 Abertura: Minerva Studio/Shutterstock; 1.1a: Michele Perbellini/Shutterstock; 1.1b: Studio Bazile/Thales/ESA; 1.4: AFP/Getty Images/Newscom; 1.5ab: NASA; 1.5c: JPL/NASA; 1.5d: Photodisc/Getty Images; 1.5e: Chad Baker/Photodisc/Getty Images; 1.5f: Veeco Instruments, Inc; 1.6: Pearson; 1.7: ND/Roger Viollet/Getty Images; Appl. p. 10: Tyler Olsen/Shutterstock

Capítulo 2 Abertura: Vibe Images/Fotolia; 2.4: Michael Dalder/Reuters/Landov; 2.5: Wolfgang Rattay/Reuters; Appl. p. 46: NASA; 2.22: Richard Megna/Fundamental Photographs; 2.26: Andreas Stirnberg/Getty Images; 2.27: Guichaoua/Alamy; E2.54 (gráfico): Fonte: "The Flying Leap of the Flea" por M. Rothschild, Y. Schlein, K. Parker, C. Neville e S. Sternberg na *Scientific American* de novembro de 1973

Capítulo 3 Abertura: Feng Li/Getty Images; Appl. p. 71: Luca Lozzi/Getty Images; 3.8: Dominique Douieb/PhotoAlto Agency/Getty Images; 3.16: Richard Megna/Fundamental Photographs; 3.19: Fundamental Photographs; Appl. p. 85: David Wall/Alamy; 3.31: Hart Matthews JHM/GAC/Reuters

Capítulo 4 Abertura: Monkey Business/Fotolia; p. 105 (lei): Newton, Isaac. 1845. *Newton's Principia: The Mathematical Principles*. Andrew Mott (trad.) Nova York: Daniel Adee; Appl. p. 106: Prisca Koller/Fotolia; 4.11: Wayne Eastep/The Image Bank/Getty Images; 4.16: Albert Gea/Reuters; p. 111 (lei): Newton, Isaac. 1845. *Newton's Principia: The Mathematical Principles*. Andrew Mott (trad.) Nova York: Daniel Adee; Appl. p. 111: Kadmy/Fotolia; 4.19: Cheryl A. Meyer/Shutterstock; p. 116 (lei): Newton, Isaac. 1845. *Newton's Principia: The Mathematical Principles*. Andrew Mott (trad.) Nova York: Daniel Adee; 4.28: Maksym Gorpenyuk/Shutterstock; 4.29a: PCN Black Photography/Alamy; 4.29b: John W. McDonough/Sports Illustrated/Getty Images; 4.29c: Roy Pedersen/Fotolia; P4.53 (tabela): Dados de <www.autosnout.com>

Capítulo 5 Abertura: Brian A Jackson/Shutterstock; 5.11: NASA; 5.16: Efired/Shutterstock; Appl. p. 144: Alex Kosev/Shutterstock; Appl. p. 148: Eye of Science/Science Source; 5.26b: 2happy/Shutterstock; Appl. p. 155: Suthep/Shutterstock; 5.38a: JPL/Space Science Institute/NASA; 5.38b: Jason Stitt/Shutterstock; 5.38c: FikMik/Shutterstock; 5.38d: Shots Studio/Shutterstock; P5.78 (gráfico): Fonte: "The Flying Leap of the Flea" by M. Rothschild, Y. Schlein, K. Parker, C. Neville e S. Sternberg in the November 1973 *Scientific American;* P5.111 (tabela): Cortesia da The Engineering Toolbox. <www.engineeringtoolbox.com/wire-rope-strength-d_1518.html>

Capítulo 6 Abertura: Brocreative/Shutterstock; 6.1: mariiya/Fotolia; Appl. p. 173: Steve Gschmeissner/Science Source; 6.13: Mikadun/Shutterstock; Appl. p. 186: Steve Gschmeissner/Science Source; 6.26: Fox Photos/Hulton Archive/Getty Images; Appl. p. 190: Gayvoronskaya_Yana/Shutterstock; 6.27a: Keystone/Hulton Archive/Getty Images; 6.27b: Anthony Hall/Fotolia; 6.28: Fandu/Fotolia; P6.90 (gráfico): Dados de Science Buddies. <www.sciencebuddies.org/science-fair-projects/project_ideas/Physics_ Springs_Tutorial.shtml>

Capítulo 7 Abertura: Nagel Photography/Shutterstock; 7.1: Alistair Michael Thomas/Shutterstock; Appl. p. 205: Erni/Shutterstock; 7.3: Robert F. Bukaty/AP Images; 7.5: hinnamsaisuy/Shutterstock; 7.12: ejwhite/Shutterstock; Appl. p. 214: G. Ronald Austing/Science Source; 7.15: JNP/Shutterstock; Appl. p. 220: fotoedu/Shutterstock; 7.21: Kletr/Shutterstock; Appl. p. 223: LaiQuocAnh/Shutterstock; Appl. p. 224: Peter Menzel/Science Source; P7.78 (tabela): Cortesia da the EngineersHandbook.com

Capítulo 8 Abertura: Colorful High Speed Photographs/Moment Select/Getty Images; 8.2: Alex Emanuel Koch/Shutterstock; Appl. p. 239: Willie Linn/Shutterstock; 8.4: Vereshchagin Dmitry/Shutterstock; 8.5: Jim Cummins/The Image Bank/Getty Images; 8.7ab: Andrew Davidhazy; 8.17: FPG/Archive Photos/Getty Images; 8.22: David Leah/The Image Bank/Getty Images; 8.30: Richard Megna/Fundamental Photographs; Appl. p. 258: Elliotte Rusty Harold/Shutterstock; 8.34: NASA; P8.101 (tabela): Cortesia da Chuck Hawks. <www.chuckhawks.com/handgun_power_chart.htm>

Capítulo 9 Abertura: Blanscape/Shutterstock; 9.3b: connel/Shutterstock; Appl. p. 278: Hybrid Medical Animation/Science Source; Appl. p. 285 (topo): Dan Rodney/Shutterstock; Appl. p. 285 (inferior): Ammit Jack/Shutterstock; 9.18: David J. Phillip/AP Images; 9.19: DenisNata/Shutterstock; 9.22: NASA; P9.86: NASA

Capítulo 10 Abertura: Lonely Planet Images; 10.7: 68/Ocean/Corbis; Appl. p. 311 (direita): Bruce MacQueen/Shutterstock; Appl. p. 311 (esquerda): David Lentink/Science Source; 10.14: Robert Young/Fotolia; 10.17: gorillaimages/Shutterstock; Appl. p. 315: Chris DeRidder/Shutterstock; 10.22: Bjorn Heller/Shutterstock; 10.28: Gerard Lacz/Photoshot; P10.88: Dados de Chevrolet

Capítulo 11 Abertura: nito/Shutterstock; 11.3: Turleyt/Fotolia; 11.8a: Maridav/Shutterstock; 11.12a: Benjamin Marin Rubio/Shutterstock; 11.12b: Richard Carey/Fotolia; 11.12c: Andrew Bret Wallis/Photodisc/Getty Images; 11.13: Djomas/Shutterstock; Appl. p. 350: Dante Fenolio/Science Source

ÍNDICE REMISSIVO

Nota: os números de página seguidos de *f* indicam figuras; aqueles seguidos de *t* indicam tabelas.

Δx, 38–39

A

Ação de bombear, equilíbrio e, 383
Aceleração, 44
    angular, 302–307, 309t, 338–342
    calculando por integração, 58–61
    centrípeta, 92–93, 166
    componente centrípeto da, 311
    componente paralelo da, 80–82, 93
    componente perpendicular da, 80–82, 93
    componente radial da, 93
    componente tangencial, 93, 311
    constante, 48–54. *Ver também*
Aceleração constante
    convenções de sinais, 47
    da esfera rolando, 347–348
    determinando velocidade
        e posição, 58–61
    do foguete, 285–288
    do ioiô, 347
    do projétil, 82–85
    em torno da curva, 77, 78, 92
    força resultante e, 119–125
    instantânea, 45–46, 77–79, 91. *Ver também* Aceleração instantânea
    linear, 307, 309t
    massa e, 120–121, 126–128, 129
    média, 44–45, 77–79. *Ver também*
Aceleração média
    movimento circular e, 90–94
    movimento circular uniforme e, 90–93
    peso e, 121, 126–127
    primeira lei de Newton e, 114–119
    queda livre e, 2, 55–58, 126–127
    resistência a fluido e, 163–166
    segunda lei de Newton e, 119–125
    sistema de referência inercial e, 117–119, 123
    tolerância humana para, 50, 93
    unidades, 125
    variação de, determinando posição e velocidade para, 58–61
    versus velocidade, 44–45
Aceleração angular, 302–307, 309t, 338–342
    cálculo da, 307
    como vetor, 307
    constante, 308–309, 309t
    torque e, 338–342
    velocidade angular e, 306–307
    versus aceleração linear, 309
Aceleração angular constante, 309t
    rotação com, 308–310
Aceleração angular instantânea, 306
Aceleração angular média, 306
Aceleração centrípeta, 92–93, 166
Aceleração constante, 48–54
    da gravidade, 55–58
    de corpos em queda livre, 55–58
    de projéteis, 82
    equações do movimento com, 52
Aceleração da gravidade, 55, 126–127
Aceleração instantânea, 45–46, 77–79, 91.
Ver também Aceleração
    angular, 306
Aceleração linear, 307
    constante, 309t
    na rotação do corpo rígido, 311–314
    versus aceleração angular, 309t
Aceleração linear constante, 309t
Acurácia, 8
    versus precisão, 10
Adição de vetores, 13–15, 17–20
Air bags, 264
Algorismos significativos, 8–10
Ângulo(s)
    radianos e, 303, 312
Aristóteles, 55
Arraste, 163–165
Arredondamento, dígitos significativos no, 9–10
Atmosfera, 388
Atrito, 114, 157–166
    cinético, 157–162, 166, 241
    coeficientes de, 158, 159, 163
    e sapatos de alpinismo, 189
    estático, 157–162
    fenômeno de aderência-deslizamento e, 159–160
    módulo de, 158
    resistência dos fluidos e, 163–166
    rolamento, 163, 345–346
Atrito cinético, 157–161
    coeficiente de, 158
    como força não conservadora, 241
Atrito de rolamento, 163, 348–349
Atrito estático, 157–162
Aviões
    curvas inclinadas e, 170

B

Balança de molas, 111
Braço da alavanca, 336

Braço do momento, 336

C

Cabo de guerra, 283–284, 406
Cabos, enrolando/desenrolando, 317–318, 341–342
Cálculos
    unidades de medida nos.
Ver Unidades de medida
Calorias alimentar (kcal), 252
Cama elástica, 237
Centímetro, 5, 125
Centro de gravidade, 376–380
Centro de massa, 281–285
    centro de gravidade e, 376–380
    forças externas e, 284–285
    movimento de rotação/translação
combinado e, 343
    movimento do, 284–285
    torque e, 340
CGS, sistema métrico, 125
Cilindros, momento de inércia de, 316t, 321–322
Cinemática, 37. *Ver também* Movimento
    linear *versus* angular, 310–314
Cinemática angular *versus* linear, 310–314
Cinemática linear *versus* angular, 310–314
Círculo
    centro de massa, circunferência do, 303
Círculo vertical, movimento
circular uniforme no, 171
Coeficiente de atrito cinético, 158
Coeficiente de atrito estático, 159
Colisões, 272–277
    classificação de, 276–277
    conservação de momento linear e, 272–277
    elásticas, 273, 277–281
    energia cinética em, 273
    inelásticas, 273–276
Colisões elásticas, 273, 276, 277–281
    velocidade relativa e, 278–281
Colisões inelásticas, 273–276
Componente centrípeto da aceleração, 311
Componente tangencial da aceleração, 311
Componentes de vetores, 15–20, 22–24, 112–113
Compressão, 387
Compressibilidade de fluidos, 388–389

Índice remissivo **423**

Comprimento
  unidades de, 5, 6
Conjunto permanente, 391–392
Conservação de energia, 190, 225–227, 242–244
Conservação de momento angular, 354–357
Conservação de momento linear, 267–272
  colisões e, 272–277
Constante de força, 203
Constante de mola, 203
Coordenada angular, 303
Coordenadas angulares 303
Corpo humano
  momento angular do, 353–354
  momento de inércia do, 373–374
  volume do pulmão, 35
Corpo rígido, 302
Corpos estendidos,
  energia potencial gravitacional para, 318–319, 345
Curvas
  aceleração em torno, 77, 78, 92
  energia potencial gravitacional e, 230–233
  inclinadas, 170
  movimento ao longo de, 207–209
  teorema do trabalho-energia, 197

D

Datação por radiocarbono, 174
Definição operacional, 4
Deformação, 384–391
  cisalhamento, 389–391
  compressão, 386
  elástica, 384–389
  elasticidade e, 391
  lei de Hooke e, 375, 384, 385
  módulo de elasticidade e, 384
  plástica, 391–392
  reversível, 391
  tensão, 384
  tensão e deformação e, 385–391
  volume, 387–389
  volumétrica, 387–389
Deformação de cisalhamento, 389–391
Deformação de compressão, 387
Deformação plástica, 391–392
Deformação volumétrica, 387–389
Deformações elásticas, lei de Hooke e, 384, 390, 391
Derivadas, 41
  parciais, 246
Derivadas parciais, 246–247
Desaceleração, 47
Deslocamento, 12, 19. *Ver também* Posição
  angular, 303
  trabalho e, 191–192, 196–198
  velocidade média e, 38–40
Deslocamento angular, 303
  torque e, 349–350
Diagrama de tensão-deformação, 391f, 392f
Diagramas de energia, 247–249
Diagramas de movimento, 44

Diagramas do corpo livre, 132–133
Diferencial do movimento, 265
Dina, 125
Dinâmica, 110. *Ver também* Forças; Massa; Movimento
  do movimento circular, 166–172
  do movimento de rotação, 335–361
Direção, 11
  da força, 11
  de vetores, 11, 14–17
Dispersão de semente, balística, 108
Distância
  unidades de, 125
DNA, 260

E

Einstein, Albert, 97
Eixo de rotação, 305, 311–312
  fixo, 302–303
  momento de inércia para, 338–339
  movendo, 342–349
  mudança na direção, 305, 311–312
  passando pelo centro de massa, 342
  teorema do eixo paralelo e, 319–320
Eixo de simetria, momento angular e, 352–354
Elasticidade, 375–392
Empurrando trenó, primeira lei de Newton e, 116
Energia
  cinética. *Ver* Energia cinética
  conservação de, 190, 242–244
  conversão de, 243
  da locomoção, 222
  elétrica, 190
  interna, 220
  potencial, 223–249. *Ver também* Energia potencial
  total, 190
  trabalho e, 191–211. *Ver também* Trabalho
Energia cinética, 197
  com forças constantes, 191
  com forças variáveis, 201–202
  como grandeza escalar, 197
  em colisões, 273
  em sistemas compostos, 201–202
  energia potencial e, 223, 224, 240
  forças conservativas e, 240
  momento de inércia e, 314–317
  rotacional, 314–319, 342
  teorema do trabalho-energia e, 196–202
  torque e, 350
  unidades de, 197
  versus momento, 263–267
Energia cinética rotacional, 314–319, 343
Energia elétrica, 210
  unidades de, 210
Energia mecânica
  conservação da, 225–227
  conservativas *versus* forças não conservativas, 240–244
  total, 226
Energia mecânica total, 223

Energia potencial, 223–249
  diagramas de energia e, 247–249
  elástica, 233–240, 244
  energia cinética e, 223, 224, 240
  equilíbrio e, 247–248
  força e, 244–247
  forças conservativas e, 240–245
  forças elétricas e, 244–245
  gradiente de, 246
  gravitacional, 223–233, 318–319, 345
  posição e, 224–225
Energia potencial elástica, 223, 233–240, 244
  energia potencial gravitacional e, 235
Energia potencial gravitacional, 223–233
  energia potencial elástica e, 234, 236–240
  forças não gravitacionais e, 227–229
  movimentos ao longo de uma trajetória curva e, 230–233
  para corpos estendidos, 318–319, 345
Energia total, 190
Equação do movimento com aceleração constante, 49
Equilíbrio, 116, 375–392
  centro de gravidade e, 376–380
  corpo com massa distribuída, 376–384
  corpo rígido, 375, 376, 380–384
  energia potencial e, 247–249
  estático, 376
  estável, 247
  instável, 248
  peso e, 376–380
  primeira condição de, 376
  primeira lei de Newton e, 116
  rotação e, 376
  segunda condição de, 376
  torque e, 376
Equilíbrio do corpo com massa distribuída, 376–384
Equilíbrio do corpo rígido, 376, 380–384
Equilíbrio estático, 376
Equilíbrio estável, 247
Equilíbrio instável, 248
Erro fracionário, 9
Erro percentual, 9
Erro, da medida, 8
Esferas
  momento de inércia de, 316t, 320
  rolando, aceleração de, 347–348
Estimativas de ordem de grandeza, 11
Estimativas, ordem de grandeza, 11
Experimentos
  teorias e, 2

F

Fenômeno de aderência-deslizamento, 159–160
Fibras musculares, trabalho realizado por, 191
Física
  como ciência experimental, 2
  como processo, 2
  estratégias de solução de problemas para, 2–4

natureza da, 2
visão geral da, 2
Fluidos
compressibilidade de, 388
Fluxo sanguíneo, 71
Força centrífuga, 167
Força de arraste do ar, 163–166
Força de atrito, 111, 114, 157
Força elétrica, 172–173
energia potencial e, 245
Força gravitacional, 111, 172–173
interação gravitacional, 172–173
Força normal, 111, 157
Força nuclear forte, 173
Força por unidade de área, 386
Força resultante, 113, 268
aceleração e, 117–123
momento e, 262–264
movimento circular e, 120
movimento do centro de massa e, 282–284
primeira lei de Newton e, 114–119
segunda lei de Newton e, 119–123
torque e, 338–339, 351–352
zero, 114–117, 118–119
Força resultante zero, 114–116, 118
Forças, 111–114
atrito, 111, 114–116, 157–166. *Ver também* Atrito
centrífugas, 167
componentes, 245–247
conservadoras, 240–244, 247–249
constantes, 191–192
de contato, 111, 129, 157
diagramas do corpo livre para, 132–133
direção das, 11. *Ver também* Vetores
dissipativa, 241
elétricas. *Ver* Força elétrica
energia potencial e, 244–247
externas, 268
fundamentais, 172–174
iguais e opostas, 128–132
interações de partículas e, 172–174
interações fortes, 173–174
interações fracas, 173–174
internas, 268, 284, 340
linha de ação das, 336
longo alcance, 111
magnéticas, 172–174
massa e, 120–121
medição de, 111–112
módulo das, 11, 14, 111
não conservadoras, 241–242
normais, 111, 157
nucleares fortes, 173
pares ação-reação e, 128–132
peso como, 111
potência e, 211
propriedades das, 111
resistência a fluidos, 163–166
resultantes. *Ver* Força resultante
sobre o corpo de uma dançarina, 141
superposição de, 112–114
tensão, 111. *Ver também* Tensão
torque, 335–338
unidades das, 6, 111
versus pressão, 387–388
Forças conservadoras, 240–244
colisões elásticas e, 273
Forças constantes, 191

Forças de longo alcance, 111
Forças dissipativa, 241
Forças externas, 284
movimento do centro de massa e, 284–285
torque e, 340
Forças fundamentais, 172–174
Forças internas, 268
torque e, 340
Forças magnéticas como forças fundamentais, 172–174
Forças não conservativas, 241–244
Fratura, 392

G

g (módulo de aceleração da gravidade), 55, 126–127
Galileu Galilei, 2, 55, 110
Gás
módulo de compressão do, 388
Giroscópios, 358–361
Gradiente,
energia potencial, 246
Gráfico $v_x t$, 46–48
Gráficos
$a_x t$, 49
parabólicos, 50
$v_x t$, 46–48
xt, 40, 43–44
Gráficos $a_x t$, 49
Gráficos de barra para energia, 227
Gráficos parabólicos, 50
Gráficos xt, 40
velocidade em, 43–44
Grama (quilograma), 5, 125
Grandeza vetorial, 11
Grandezas físicas, 4
unidades de, 4–6. *Ver também* Unidades de medida
Gravidade, 111
aceleração da. *Ver* Aceleração da gravidade
peso e, 111
Gravitação, 111, 172–173
aceleração por causa da. *Ver* Aceleração da gravidade
como força fundamental, 172–173

H

Histerese elástica, 392
Hooke, lei de, 203, 375, 384
deformações elásticas e, 375, 385
limites da, 384
Horsepower, 210

I

Impulso, 263
Incerteza
fracionária (percentual), 9
na medição, 9

Inércia, 115
lei da, 117
massa e, 120
momento de. *Ver* Momento de inércia
rotacional, 315
Inércia rotacional, 315
Integração, velocidade e posição por, 58–61
Integrais
de linha, 207, 208–209
momento de inércia, 320–321
Integrais do movimento, 265
Integral de linha, 207, 208
Interação eletromagnética, 172–174
Interação forte, 173
Interações. *Ver* Interações de partículas
Interações de partículas
eletromagnéticas, 172–174
fortes, 173
fracas, 173, 174
gravitacionais, 172–174
tipos fundamentais de, 172–174
Interações eletrofracas, 174
Interações fracas, 173–174
Inverso do módulo de, 388, 389

J

Joule, 191, 197
Joule, James, 191

L

Lei da conservação de energia, 190, 225–226, 242–244
Lei da inércia, 117. *Ver também* Primeira lei de Newton do movimento
Leis da física, 2
Leis de Newton do movimento, 110–189
aplicação das, 132–133
diagramas do corpo livre para, 132–133
primeira lei, 110, 114–119. *Ver também* primeira lei de Newton do movimento
segunda lei, 119–125. *Ver também* segunda lei de Newton do movimento
sistema de referência inercial e, 117–119
terceira lei, 128–132. *Ver também* terceira lei de Newton do movimento
Libra (libra-força), 125
Libras por polegada quadrada, 385
Limite de rigidez, 392
Limite de validade, 2
Limite elástico, 391
Linha de ação, 336
Líquidos
compressibilidade de, 388–389
Luz,
velocidade da, 4–5

M

Massa, 120, 126
aceleração e, 120–121
centro de, 281–285
força e, 120–121

inercial, 120
  medição de, 120–121, 125
  peso e, 120–121, 126–128
  segunda lei de Newton e, 119–120, 122, 123–125
  velocidade terminal e, 164–166
  unidades de, 5, 120–121, 125
Massa inercial, 120, 127. *Ver também* Massa
Materiais dúcteis, 392
Material elástico, 385
Material plástico, 385, 391–392
Material quebradiço, 392
Mecânica, 37
  clássica (Newtoniana), 110
Mecânica Newtoniana, 110
Medição
  acurácia na, 8–9
  algarismos significativos, 8–10
  incerteza na, 8
  precisão na, 10
  unidades de, 4–6. *Ver também* Unidades de medida
Método dos componentes, 15
Metro, 5
Micrograma, 6
Micrômetro, 6
Microssegundo, 6
Miligrama, 6
Milímetro, 6
Milissegundo, 6
Modelos, 3
  idealizados, 3–4
Modelos idealizados, 3–4
Módulo de cisalhamento, 386t, 390
Módulo de compressão, 388
Módulo de vetores, 11–12, 15–17
Módulo elástico, 384
  cisalhamento, 389–391
  de compressão, 385–387
  de Young, 386
Molas
  energia potencial elástica da, 233–239
  trabalho realizado sobre/por, 202–205
Momento, 261–288
  angular. *Ver* Momento angular
  colisões e, 272–277
  como vetor, 262, 266
  componentes do, 262
  conservação de, 267–272, 273–274
  e o peixe arqueiro, 300
  força resultante e, 262
  impulso e, 262–267
  linear, 262, 351
  módulo do, 262
  propulsão de foguete e, 285–288
  segunda lei de Newton e, 262–263
  taxa de variação de, 262
  teorema do impulso-momento e, 263–264
  terceira lei de Newton e, 267–269
  total, 268, 283
  unidades de, 262
  versus energia cinética, 264–265
Momento angular, 351–357
  como vetor, 352, 358

conservação, 354–357
  de giroscópio, 358–361
  do corpo, 352–354
  eixo de simetria e, 352–354
  precessão e, 358–361
  rotação e, 351–357
  taxa de variação de, 351, 352
  torque e, 351–354
Momento de inércia, 314–317
  cálculo do, 316, 320–322
  da barra delgada, 316t
  da esfera, 316t, 322
  da placa retangular, 316t
  do cilindro, 316t, 321–322
  teorema do eixo paralelo e, 319–320
  torque e, 338–340
Momento linear, 262, 351
Momento total, 268–269, 283
Montanha-russa, 93
Movimento. *Ver também* Movimento retilíneo
  ao longo da curva. *Ver* Curvas
  circular, 90–94, 166–172. *Ver também* Movimento circular
  do centro de massa, 282–285
  em duas ou três dimensões, 73–99
  leis de Newton do, 110–189. *Ver também* Leis de Newton do movimento
  projétil, 82–90. *Ver também* Movimento de projétil
  retilíneo, 37–61. *Ver também* Movimento retilíneo
  sistema de referência para, 94–95
  translação, 335, 342–347
Movimento circular, 90–94
  aceleração e, 90–93
  dinâmica, 166–172
  força resultante e, 119–120
  não uniforme, 93–94, 172
  uniforme, 90–93*Ver também* Movimento circular uniforme
  versus movimento de projétil, 92
Movimento circular não uniforme, 93–94, 172
Movimento circular uniforme, 90–93, 166–172
  aceleração centrípeta e, 92–93
  dinâmica do, 166–172
  força resultante e, 120
  no círculo vertical, 171–172
  período do, 92
  versus movimento circular não uniforme, 93
  versus movimento de projétil, 92
Movimento de projétil, 82–90
  aceleração e, 82–85
  componentes do, 82–84
  resistência do ar e, 84
  trajetória e, 82, 84
  velocidade e, 82–84
  versus movimento circular, 92
Movimento de rotação
  aceleração angular e, 308–310, 338–342
  aceleração linear no, 311–314
  com aceleração angular constante, 308–310
  com movimento de translação, 342–349

coordenadas para, 303
  corpo rígido, 302–322. *Ver também* Rotação de corpo rígido
  dinâmica do, 335–361
  direção do, 303, 336
  do giroscópio, 358–361
  eixo de movimento, 342–349
  eixo fixo, 302–303, 307
  em torno do eixo de simetria, 352–353
  energia cinética e, 314–319
  energia no, 314–319
  equilíbrio e, 376
  momento angular e, 351–354
  no rolamento sem deslizamento, 344–346
  potência e, 349–351
  precessão e, 358–361
  segunda lei de Newton do movimento e, 339, 349–351
  torque e, 335–342
  trabalho e, 349–351
  unidades de, 304
  velocidade angular e, 302–307
  velocidade linear no, 310–311
Movimento de translação, 335
  com movimento de rotação, 342–349
Movimento retilíneo, 37–61
  achando posição e velocidade por integração, 58–61
  com aceleração constante, 48–54
  com aceleração instantânea, 44–48
  com aceleração média, 44–45
  com aceleração variável, 58–61
  com velocidade média, 38–43
  de corpos em queda livre, 55–58
  deslocamento e, 38–40
  diagramas de movimento do, 44
  gráfico do, 39–40, 43–44, 46–48
  tempo e, 38–40
  teorema do trabalho-energia para, 196–201
  velocidade instantânea e, 40–44
  velocidade relativa e, 94–99
Multiplicação de vetores, 18

N

Nanômetro, 6
Nanossegundo, 6
Newton (N), 6, 114–115, 121
Newton-metro, 191, 336
Notação científica, 10

P

Padrão de referência, 4
Padrões, referência, 4
Parábola, equação para, 84
Pares ação-reação, 128–132
Partículas, 3, 38
Pascal, 385
Pascal, Blaise, 385
Pêndulo
  balístico, 294
Pêndulos balísticos, 275
Período do movimento circular uniforme, 92

Pés-libras, 125
Peso, 111, 126–128
   aceleração e, 121, 126–127
   equilíbrio e, 376–380
   massa e, 120–121, 126–128
   medição de, 127–128
   torque e, 340
Pi, valor de, 9
Planetas, detecção de, 285f
Posição. *Ver também* Deslocamento
   com aceleração variável, 58–61
   com aceleração constante, 48–50
   energia potencial e, 224–225
   por integração, 58–61
Potência, 209–211
   elétrica, 210
   força e, 210
   instantânea, 210
   média, 209
   movimento de rotação e, 349–351
   velocidade e, 210
Potência elétrica, 210. *Ver também* Potência
Potência instantânea, 210, 211
Potência média, 209
Potências de 10
   notação, 10
Precessão, 358–361
Precisão, *versus* acurácia, 10
Prefixos, para unidades de medida, 5–6
Pressão, 387, 388
   atmosférica, 388
   como quantidade escalar, 388
   em fluidos, 387, 388
   inverso do módulo de, 388, 389
   módulo/tensão de compressão e, 387–389
   unidades de, 385, 388, 389
   versus força, 388
Pressão atmosférica, 388
   aceleração média, 44–45, 77–79
Pressão em um fluido, 388
Primeira condição para equilíbrio, 376
Primeira lei de Newton do movimento, 110, 114–119
   aplicação da, 132–133
   enunciado da, 115
   equilíbrio e, 116
   força resultante e, 114–117
   inércia e, 115, 117–119
Princípios
   diferencial do movimento, 265
   físicos, 2
   integral do movimento, 265
Produto
   escalar, 21–22
   vetor, 21, 24–25
Produto escalar, 21–24
Produto vetorial, 21, 24–27
Projétil, 82
Propulsão de foguete, 285–288
Quantidades escalares, 11–12
Queda livre
   aceleração e, 2, 55–58, 126–127
   resistência do fluido e, 163–166
Quilograma, 5, 125

Quilômetro, 5
Quilowatt, 5, 210
Quilowatt-hora, 210

R

Radianos, 303, 312
Regra da mão direita, 25
Resistência de tração, 163
Resistência do ar, movimento do projétil e, 82–84
Resistência do fluido, 163–166
Resultante, 13
Rigidez
   de tensão, 392
   limite de, 392
Rigidez de tensão, 392
Rolamento sem deslizamento, 344–346
Rotação com eixo fixo, 302–303
Rotação de corpo rígido, 302–322. *Ver também* Movimento de rotação
   aceleração angular, 308–310
   aceleração linear na, 311–314
   com movimento de translação, 342–349
   dinâmica da, 335–361
   em torno do eixo em movimento, 342–349
   em torno do eixo fixo, 302–303
   energia cinética na, 314–319
   momento de inércia e, 314–318
   velocidade angular, 302–307
   velocidade linear na, 310–311
Rotação do eixo de movimento, 342–351

S

Segunda condição de equilíbrio, 376
Segunda lei de Newton do movimento, 119–125
   aceleração e, 119–123
   análogo rotacional da, 339, 349–351
   aplicação da, 123–125, 132–133
   enunciado da, 121–123
   equações componentes para, 123
   força resultante e, 119–125
   massa e, 120–121, 122, 126–128
   momento e, 262–263
   peso e, 120–121, 126–128
   resistência do fluido e, 163–165
   sistemas de referência inerciais e, 123
Segundo, 4
Sistema da mão direita, 26
Sistema de referência, 94
   velocidade relativa e, 94–95
Sistema de referência inercial, 117–119, 123
   primeira lei de Newton e, 117–119
   segunda lei de Newton e, 123
Sistema inglês, 6. *Ver também* Unidades de medida
Sistema Internacional (SI), unidades, 4, 6
Sistema isolado, 268
Slug, 125

Solução de problemas
   estratégias para, 2–4
   modelos idealizados para, 3–4
Soma vetorial, 13, 18–20
Subtração
   algarismos significativos na, 9
   de vetores, 13–15
Superposição de forças, 112–114

T

Temperatura como escalar, 11
   deformação elástica, 384–389
   elasticidade e, 391
   plasticidade e, 391
Tempo
   movimento retilíneo e, 38–40
   potência e, 209
   unidades de, 4, 6
Tensão, 111, 384–391
   atrito estático e, 158
   cisalhamento, 389–391
   compressão, 386
   de fratura (ruptura), 392, 392t
   deformação e, 384–391
   elástica, 384–389
   elasticidade e, 391
   módulo de elasticidade e, 384
   terceira lei de Newton e, 132
   unidades de, 385
   volume, 387–389
   volumétrica, 387–389
Tensão de cisalhamento, 389–391
Tensão de ruptura, 392
Tensão elástica, 384–389
   elasticidade e, 391
   plasticidade e, 391
Tensão volumétrica, 387–389
Teorema do eixo paralelo, 319–320
Teorema do impulso-momento, 263–264
Teorema do trabalho-energia, 196–202
   para forças constantes, 191–193
   para forças variáveis, 202–209
   para movimento ao longo da curva, 207–209
   para movimento retilíneo, 202–205
   para sistemas compostos, 201–202
Teoria, 2
   limite de validade da, 2
Teoria da relatividade, 97
Teoria de todas as coisas (TOE), 174
Teorias físicas, 2
Terceira lei de Newton do movimento, 128–132
   aplicação da, 130–131, 132–133
   enunciado da, 128
   momento e, 268–269
   pares ação-reação e, 128–132
   resistência do fluido e, 163–166
   tensão e, 132
Torque, 335–342
   aceleração angular e, 338–342
   aplicação de, 338
   atrito e, 347–348

cálculo de, 336
centro de massa e, 340
como vetor, 337–338
constante, 349
de forças internas *versus* externas, 340
deslocamento angular e, 349–350
direção de, 336
energia cinética e, 350
equilíbrio e, 376
força resultante e, 338, 339, 340
gravitacional, 377–378
momento angular e, 351–354
módulo de, 337
medição de, 336
momento de inércia e, 338–339
peso e, 340
positivo *versus* negativo, 336
resultante, 339
trabalho realizado por, 349–351
unidade de, 336
Torque constante, 349
Torque gravitacional, 377–378
Torque resultante, 339, 346, 350
Torre inclinada de Pisa, 2
Trabalho, 191–209
como quantidade escalar, 192
deslocamento e, 191–192, 196–198
em sistemas compostos, 201–202
energia cinética e, 196–202
negativo, 193–194
positivo, 193–194
potência e, 209–211
realizado por forças constantes, 191–193
realizado por forças variáveis, 202–205
realizado por torque, 349–351
realizado sobre/por molas, 202–205
regras de sinal para, 193–194
taxa de, 209–211
total, 194–195, 265
unidades de, 191
variação de velocidade e, 205–207
zero, 193–194
Trabalho negativo, 193–194, 196
Trabalho positivo, 193–194
Trabalho total, 194–195, 265
Trabalho zero, 193–194
Trajetória, 82, 84
Trajetória parabólica, 84
Transformação de velocidade de Galileu, 96
Trenó, 82

U

Unidades de medida, 4–8. *Ver também* Medição
algarismos significativos e, 8–10
coerência para, 7
conversão de, 6–8
derivadas, 5
dimensionalmente coerentes, 7
em equações, 6–7
incerteza e, 8
no sistema inglês, 6
no sistema métrico CGS, 125
no sistema SI, 4, 6

nos cálculos, 7
para aceleração, 125
para comprimento, 5, 6
para energia cinética, 197
para força, 6, 111
para massa, 5, 120, 125
para momento, 262
para peso, 125
para pressão, 385
para rotação, 303
para tempo, 4, 6
para torque, 336
para trabalho, 191
para velocidade, 40
para volume, 8
prefixos para, 5–6
Unidades SI, 4, 6. *Ver também* Unidades de medida
Unidades, coerência dimensional das, 6

V

Validade, limite de, 2
Variável-alvo, 3
Velocidade
angular, 303–305
como função do tempo
com aceleração variável, 58–61
com aceleração constante, 48–52
convenções de sinal para, 39, 47
de projétil, 82–84
gráficos de, 40, 43–44
instantânea, 40–44, 74–76. *Ver também* Velocidade instantânea
linear, 304, 307
média, 38–40, 74–76. *Ver também* Velocidade média
módulo de, 40–41. *Ver também* Velocidade escalar
movimento retilíneo e, 38–44, 58–61
potência e, 210
primeira lei de Newton e, 114–119
relativa, 94–99. *Ver também* Velocidade relativa
transformação de velocidade de Galileu e, 96
unidades de, 40
versus aceleração, 44
versus velocidade escalar, 41, 42, 75
Velocidade angular, 303–305
aceleração angular e, 306–307
cálculo, 305
como vetor, 305–306
instantânea, 304, 311
média, 303–304
precessão, 359
taxa de variação de, 311–312
versus velocidade linear, 304
Velocidade angular de precessão, 359
Velocidade angular instantânea, 304
Velocidade angular média, 303–304
Velocidade escalar, 41
angular, 304, 310–311, 359
arraste do ar e, 163–165

da luz, 4, 5
de foguete, 285–288
de projétil, 84
do ioiô, 347
instantânea, 41, 42
média, 41, 42
medição da, 5
terminal, 163–166
trabalho e, 196–198
unidades de, 6, 7
versus velocidade angular, 41–42, 74, 311
Velocidade escalar média, 42
Velocidade instantânea, 41, 311. *Ver também* Velocidade
angular, 303–305
movimento em duas ou três dimensões e, 40–44
movimento retilíneo e, 40–44. *Ver também* Velocidade
versus velocidade instantânea, 41
versus velocidade média, 40–41, 68–69
Velocidade linear, 307
versus velocidade angular, 304
Velocidade linear, na rotação do corpo rígido, 310–311
Velocidade média. *Ver também* Velocidade
movimento em duas ou três dimensões e, 74–76
movimento retilíneo e, 38–40
versus velocidade escalar média, 42
versus velocidade instantânea, 40–43, 74–76
Velocidade relativa, 94–99. *Ver também* Velocidade
colisões elásticas e, 273
em duas ou três dimensões, 96–99
em uma dimensão, 94–96
sistema de referência para, 94
transformação de velocidade de Galileu e, 96
Velocidade terminal, 163–166
Vetor aceleração média, 77
Vetor de aceleração instantânea, 77–79. *Ver também* Vetores de aceleração
Vetor velocidade instantânea, 74–75
Vetor velocidade média, 74–76
Vetores, 11–27
aceleração, 37, 77–82, 307. *Ver também* Vetores de aceleração
adição (soma) de, 13–15, 17–20
antiparalelos, 12
componentes, 15
componentes de, 15–20, 22–24, 112–114
deslocamento, 12, 19
direção de, 11, 16–18
força, 11, 111–114
módulo de, 11, 16–18
momento, 262, 269
momento angular, 352, 358
multiplicação de, 18
negativo, 12
notação para, 12
paralelos, 12

posição, 73–76
regra da mão direita para, 25
subtração de, 13–15
torque, 337–338
unidade, 20
velocidade, 37, 73–76, 305–306
velocidade angular, 305–306
Vetores antiparalelos, 12
Vetores de aceleração, 37, 77–82, 307
Vetores de força, 11, 111–114
Vetores de posição, 73–76
Vetores de velocidade, 37, 73–76, 305–306
Vetores paralelos, 12
Vetores unitários, 20–21
Vetores, componentes, 15
Volume unidades de, 8

W

Watt, 210
Watt, James, 210

X

Young, módulo de, 386–387

SOBRE OS AUTORES

Roger A. Freedman é conferencista de física na Universidade da Califórnia em Santa Bárbara (UCSB). Ele fez a graduação no *campus* da Universidade da Califórnia em San Diego e Los Angeles, e as pesquisas para sua tese de doutorado versaram sobre teoria nuclear, na Universidade de Stanford, sob a orientação do professor J. Dirk Walecka. O dr. Freedman ingressou na UCSB em 1981, depois de ter trabalhado por três anos em pesquisa e ensino de física na Universidade de Washington.

Na UCSB, lecionou no Departamento de Física, bem como no College of Creative Studies, um setor da universidade destinado a alunos de graduação altamente motivados e competentes. Ele publicou trabalhos de pesquisa em física nuclear, física das partículas elementares e física do laser. Ultimamente, tem lutado para tornar as aulas de física uma experiência mais interativa, com o uso de sistemas de resposta em sala de aula e vídeos pré-aula.

Nos anos 1970, o dr. Freedman trabalhou como letrista de revistas de quadrinhos e ajudou a organizar a San Diego Comic-Con (atualmente, a maior convenção de cultura popular do mundo) durante seus primeiros anos. Hoje, quando não está lecionando ou debruçado sobre um computador, dr. Freedman está voando (ele tem licença de piloto comercial) ou com sua esposa, Caroline, animando os remadores da equipe masculina e feminina da UCSB.

À MEMÓRIA DE HUGH YOUNG (1930-2013)

Hugh D. Young foi professor emérito de física na Universidade Carnegie Mellon em Pittsburgh, Pennsylvania. Ele estudou na Carnegie-Mellon tanto na graduação quanto na pós-graduação, obtendo o título de Ph.D. na teoria de partículas fundamentais, sob a orientação do professor Richard Cutkosky. Young começou a trabalhar na Carnegie Mellon em 1956 e aposentou-se em 2004. Ele também atuou duas vezes como professor visitante na Universidade da Califórnia, em Berkeley.

A carreira do professor Young girou inteiramente em torno do ensino de graduação. Ele escreveu diversos livros de física em nível de graduação e, em 1973, foi coautor, com Francis Sears e Mark Zemansky, dos famosos livros de introdução à física. Além de sua participação no livro *University Physics*, de Sears e Zemansky, ele foi autor de *College Physics*, dos mesmos autores.

O professor Young obteve o título de bacharel em performance de órgão pela Carnegie Mellon em 1972 e foi organista associado por vários anos na Catedral de St. Paul, em Pittsburgh. Ele frequentemente se aventurava no deserto para caminhar, escalar ou explorar cavernas com os alunos do Explorers Club da Carnegie Mellon, que fundou como aluno de graduação e depois assessorou. O professor Young e sua esposa, Alice, hospedavam até 50 alunos a cada ano para jantares de Ação de Graças em sua casa.

Sempre generoso, dr. Young expressava sua admiração de forma ardente: "Estendo meus cordiais agradecimentos aos meus colegas da Carnegie Mellon, em especial aos professores Robert Kraemer, Bruce Sherwood, Ruth Chabay, Helmut Vogel e Brian Quinn, por discussões estimulantes sobre pedagogia da Física e por seu apoio e incentivo durante a elaboração das sucessivas edições deste livro. Agradeço também às muitas gerações de estudantes da Carnegie Mellon, por me ajudarem a entender o que é ser um bom professor e um bom escritor e por me mostrarem o que funciona ou não. É sempre um prazer e um privilégio expressar minha gratidão à minha esposa, Alice, e minhas filhas, Gretchen e Rebecca, pelo amor, apoio e amparo emocional durante a elaboração das sucessivas edições deste livro. Quem dera todos os homens e mulheres fossem abençoados com o amor que elas me dedicam." Nós, da Pearson, apreciamos seu profissionalismo, boa índole e cooperação. Sentiremos falta dele.

A. Lewis Ford é professor de física na Universidade A&M do Texas. Ele recebeu o grau de *Bachelor of Arts* (B.A.) na Universidade Rice em 1968 e o título de Ph.D. em físico-química na Universidade do Texas, em Austin, em 1972. Depois de um pós-doutorado de um ano na Universidade de Harvard, ele começou a trabalhar na faculdade de física da Universidade A&M do Texas, em 1973, e ali permanece até hoje. Suas pesquisas versam sobre física atômica teórica, particularmente em colisões atômicas. Na Universidade A&M do Texas, lecionou em diversos cursos de graduação e de pós-graduação, porém se dedicou mais à física básica.